# 공유압기능사

Craftsman Hydro-pneumatic

공학박사 · 기술사 **김순채** 지음

　21세기의 엔지니어는 능력이 있어야 미래가 보장된다. 산업 구조는 편리성을 추구하는 방향으로 발전하며, 회사는 최소의 비용으로 최대의 효과를 위해 공유압 시스템을 설계, 제작, 운영 및 보수와 유지를 하는 엔지니어가 필요하다. 따라서 현장에 근무하는 엔지니어는 자신의 능력을 배양하기 위해 끊임없는 노력과 자기 개발을 해야 한다.

　21세기는 글로벌 시대이다. 우리는 이제 세계 여러 국가와 경쟁하여 우위를 차지해야 경쟁력이 있으며 세계를 향해 나아갈 수가 있다. 또한 기업은 우수한 인재와 체계적인 기업 구조를 창출하여 선진 여러 기업과 선의의 경쟁을 해야 하는 시대에 살아가고 있다.

　따라서 산업 분야에 종사하고 있는 엔지니어는 기업의 효율화에 따른 선진 산업 구조를 이해하고 회사의 이익을 창출해 나가는 기술력과 자신의 능력을 갖춤으로써 미래가 보장될 것이다. 또한 세계는 정보화 산업의 발달로 인해 하나가 되었으며 자신의 분야뿐만 아니라 모두가 공유하는 분야도 결코 소홀히 하면 안 될 것이다.

　공유압 기능사는 산업 기계와 자동화 시스템에 적용되는 공유압을 이해하고 능력으로 상징되는 기능사를 취득함으로써 자부심과 업무 처리에 효율성을 부여한다. 따라서 본 수험서는 다음과 같은 부분에 집중시켜 합격할 수 있는 능력을 향상시켰다.

### 이 책의 특징
❶ NCS 체계의 모의고사를 풀어봄으로써 합격을 유도하였다.
❷ 공유압의 기초 이론과 실무적인 이론을 이해하고 활용하도록 하였다.
❸ 공유압 회로에 쉽게 접근하도록 기초 회로와 응용 회로에 대한 이해를 쉽게 하였다.
❹ 현장에서 공유압 회로도를 해독하고 판독하는 능력을 배양하도록 유도하였다.
❺ KS 규격를 준수하여 회로도 설계와 실무에서 응용하는 능력을 배양하도록 하였다.
❻ 단원마다 과년도 출제문제와 출제 예상문제를 제시하여 기능사 시험 대비에 효율성을 부여하였다.
❼ 생동감과 체계적인 동영상 강의로 기능사 시험 대비와 현장에서의 적용 방법을 향상시켰다.

　　본서가 출판되기까지 준비하는 과정 중에 어려울 때나 나약할 때 항상 기도에 응답하시는 주님께 영광을 돌린다. 또한 많은 분량을 꼼꼼히 검토하며 지적하시는 편집부 직원들, 동영상 촬영과 편집을 위해 수고하신 분들에게도 감사함을 전한다. 이 시간에도 한국의 기술 서적의 리더로서 발전을 위해 수고하시는 이종춘 회장님께도 감사드린다.

　　또한 항상 나의 곁에서 같은 인생을 체험하며 위로하는 가족에게 영광을 돌리며 지금도 나를 위해 기도하시는 모든 분들께도 주님의 축복하심과 은혜가 충만하시기를 기도한다.

　　끝으로 본서를 구입한 공학도와 엔지니어들이 모두 합격하시기를 간절히 소망하며 여러분의 앞날에 무궁한 발전이 있기를 기원한다.

**공학박사 · 기술사 김순채**

# ✳ NCS(국가직무능력표준) 안내

## 1 국가직무능력표준(NCS)이란?

국가직무능력표준(NCS, National Competency Standards)은 산업현장에서 직무를 수행하기 위해 요구되는 지식·기술·태도 등의 내용을 국가가 산업부문별, 수준별로 체계화한 것이다.

### (1) 국가직무능력표준(NCS) 개념도

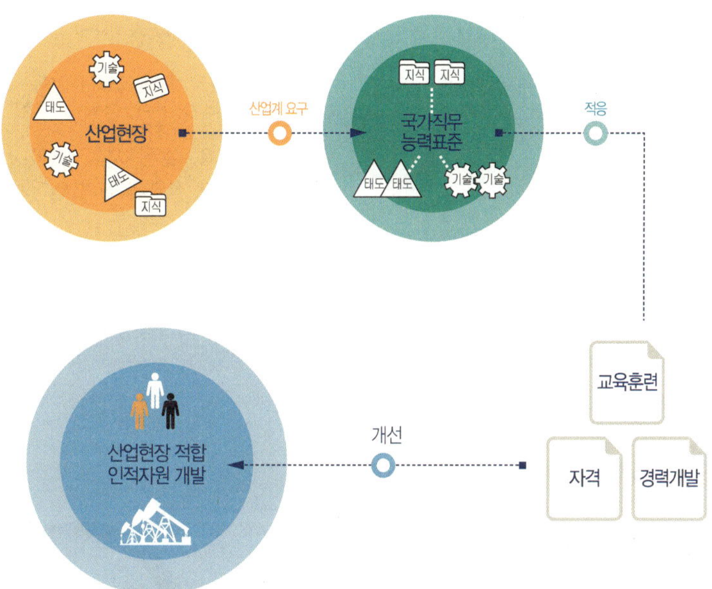


**직무능력 : 일을 할 수 있는 On – spec인 능력**

① 직업인으로서 기본적으로 갖추어야 할 공통
   능력 → 직업기초능력
② 해당 직무를 수행하는 데 필요한 역량(지식,
   기술, 태도) → 직무수행능력

**보다 효율적이고 현실적인 대안 마련**

① 실무 중심의 교육·훈련 과정 개편
② 국가자격의 종목 신설 및 재설계
③ 산업현장 직무에 맞게 자격시험 전면 개편
④ NCS 채용을 통한 기업의 능력 중심 인사관리
   및 근로자의 평생경력 개발 관리 지원

### (2) 국가직무능력표준(NCS) 학습모듈

국가직무능력표준(NCS)이 현장의 '직무요구서'라고 한다면, NCS 학습모듈은 NCS 능력단위를 교육훈련에서 학습할 수 있도록 구성한 '교수·학습자료'이다.

NCS 학습모듈은 구체적 직무를 학습할 수 있도록 이론 및 실습과 관련된 내용을 상세하게 제시하고 있다.

## 2 국가직무능력표준(NCS)이 왜 필요한가?

능력 있는 인재를 개발해 핵심 인프라를 구축하고, 나아가 국가경쟁력을 향상시키기 위해 국가직무능력표준이 필요하다.

### (1) 국가직무능력표준(NCS) 적용 전/후

🔍 지금은

- 직업 교육·훈련 및 자격제도가 산업현장과 불일치
- 인적자원의 비효율적 관리 운용

국가직무
능력표준

➕ 이렇게 바뀝니다.

- 각각 따로 운영되었던 교육·훈련, 국가직무능력표준 중심 시스템으로 전환 (일–교육·훈련–자격 연계)
- 산업현장 직무 중심의 인적자원 개발
- 능력중심사회 구현을 위한 핵심 인프라 구축
- 고용과 평생직업능력개발 연계를 통한 국가경쟁력 향상

### (2) 국가직무능력표준(NCS) 활용범위

| 기업체 | 교육훈련기관 | 자격시험기관 |
|---|---|---|
| – 현장 수요 기반의 인력채용 및 인사관리 기준<br>– 근로자 경력개발<br>– 직무기술서 | – 직업교육 훈련과정 개발<br>– 교수계획 및 매체, 교재 개발<br>– 훈련기준 개발 | – 자격종목의 신설·통합·폐지<br>– 출제기준 개발 및 개정<br>– 시험문항 및 평가방법 |

# ③ 과정평가형 자격취득

## (1) 개념

국가직무능력표준(NCS)에 따라 편성·운영되는 교육·훈련과정을 일정수준 이상 이수하고 평가를 거쳐 합격기준을 통과한 사람에게 국가기술자격을 부여하는 제도이다.

## (2) 시행대상

「국가기술자격법 제10조 제1항」의 과정평가형 자격 신청자격에 충족한 기관 중 공모를 통하여 지정된 교육·훈련기관의 단위과정별 교육·훈련을 이수하고 내부평가에 합격한 자

## (3) 교육·훈련생 평가

① **내부평가(지정교육·훈련기관)**
- ㉠ 평가대상 : 능력단위별 교육·훈련과정의 75% 이상 출석한 교육·훈련생
- ㉡ 평가방법 : 지정받은 교육·훈련과정의 능력단위별로 평가
  - → 능력단위별 내부평가 계획에 따라 자체 시설·장비를 활용하여 실시
- ㉢ 평가시기 : 해당 능력단위에 대한 교육·훈련이 종료된 시점에서 실시하고 공정성과 투명성이 확보되어야 함
  - → 내부평가 결과 평가점수가 일정수준(40%) 미만인 경우에는 교육·훈련기관 자체적으로 재교육 후 능력단위별 1회에 한해 재평가 실시

② **외부평가(한국산업인력공단)**
- ㉠ 평가대상 : 단위과정별 모든 능력단위의 내부평가 합격자
- ㉡ 평가방법 : 1차·2차 시험으로 구분 실시
  - •1차 시험 : 지필평가(주관식 및 객관식 시험)
  - •2차 시험 : 실무평가(작업형 및 면접 등)

## (4) 합격자 결정 및 자격증 교부

① **합격자 결정기준**

내부평가 및 외부평가 결과를 각각 100점을 만점으로 하여 평균 80점 이상 득점한 자

② **자격증 교부**

기업 등 산업현장에서 필요로 하는 능력보유 여부를 판단할 수 있도록 교육·훈련기관명·기간·시간 및 NCS 능력단위 등을 기재하여 발급

---

★ NCS에 대한 자세한 사항은 국가직무능력표준 홈페이지(www.ncs.go.kr)에서 확인해주시기 바랍니다. ★

# ✳ CBT [Computer Based Test] 안내

## 1 CBT란?

CBT란 Computer Based Test의 약자로, 컴퓨터 기반 시험을 의미한다.

정보기기운용기능사, 정보처리기능사, 굴삭기운전기능사, 지게차운전기능사, 제과기능사, 제빵기능사, 한식조리기능사, 양식조리기능사, 일식조리기능사, 중식조리기능사, 미용사(일반), 미용사(피부) 등 12종목은 이미 오래 전부터 CBT 시험을 시행하고 있으며, **공유압기능사는 2016년 5회 시험부터 CBT 시험이 시행**된다.

CBT 필기시험은 컴퓨터로 보는 만큼 수험자가 답안을 제출함과 동시에 합격 여부를 확인할 수 있다.

## 2 CBT 시험과정

한국산업인력공단에서 운영하는 홈페이지 **큐넷(Q-net)**에서는 누구나 쉽게 CBT 시험을 볼 수 있도록 실제 자격시험 환경과 동일하게 구성한 **가상 웹 체험 서비스를 제공**하고 있으며, 그 과정을 요약한 내용은 아래와 같다.

### (1) 시험시작 전 신분 확인절차

수험자가 자신에게 배정된 좌석에 앉아 있으면 신분 확인절차가 진행된다.

이것은 시험장 감독위원이 컴퓨터에 나온 수험자 정보와 신분증이 일치하는지를 확인하는 단계이다.

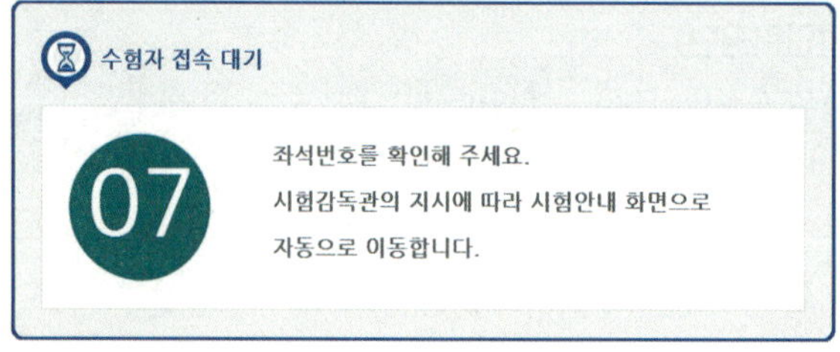


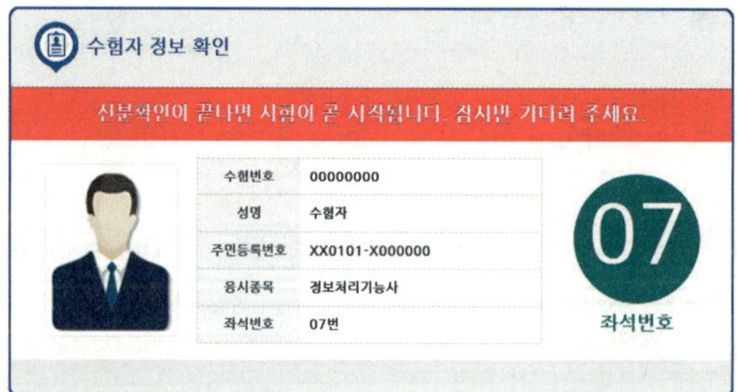

## (2) CBT 시험안내 진행

신분 확인이 끝난 후 시험시작 전 CBT 시험안내가 진행된다.

안내사항 > 유의사항 > 메뉴 설명 > 문제풀이 연습 > 시험준비 완료

① 시험 [**안내사항**]을 확인한다.
- 시험은 총 5문제로 구성되어 있으며, 5분간 진행된다. (자격종목별로 시험문제 수와 시험시간은 다를 수 있다. (공유압기능사 필기－60문제/1시간))
- 시험 도중 수험자의 PC에 장애가 발생한 경우 손을 들어 시험감독관에게 알리면 긴급장애조치 또는 자리이동을 할 수 있다.
- 시험이 끝나면 합격 여부를 바로 확인할 수 있다.

② 시험 [**유의사항**]을 확인한다.

시험 중 금지되는 행위 및 저작권 보호에 관한 유의사항이 제시된다.

③ 문제풀이 [**메뉴 설명**]을 확인한다.

문제풀이 기능 설명을 유의해서 읽고 기능을 숙지해야 한다.

④ 자격검정 CBT [**문제풀이 연습**]을 진행한다.

실제 시험과 동일한 방식의 문제풀이 연습을 통해 CBT 시험을 준비한다.
- CBT 시험문제 화면의 기본 글자크기는 150%이다. 글자가 크거나 작을 경우 크기를 변경할 수 있다.
- 화면배치는 1단 배치가 기본 설정이다. 더 많은 문제를 볼 수 있는 2단 배치와 한 문제씩 보기 설정이 가능하다.

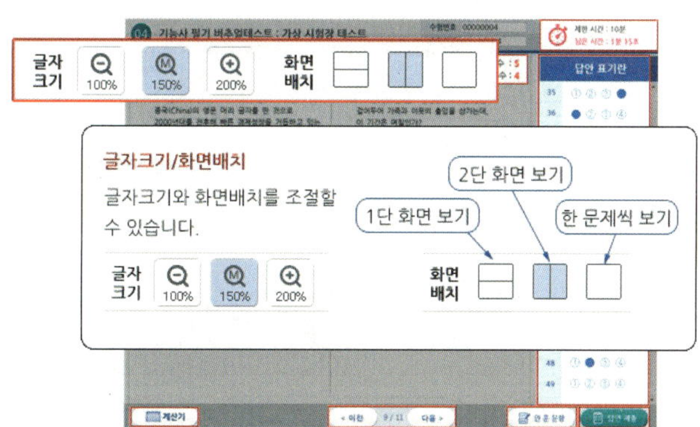

• 답안은 문제의 보기번호를 클릭하거나 답안표기 칸의 번호를 클릭하여 입력할 수 있다.

• 입력된 답안은 문제화면 또는 답안표기 칸의 보기번호를 클릭하여 변경할 수 있다.

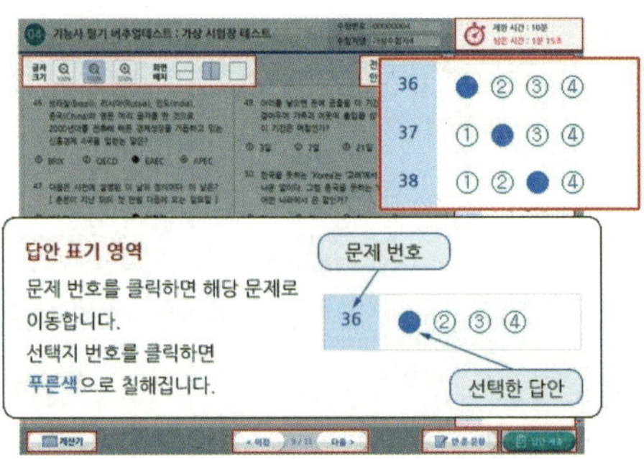

• 페이지 이동은 아래의 페이지 이동 버튼 또는 답안표기 칸의 문제번호를 클릭하여 이동할
  수 있다.

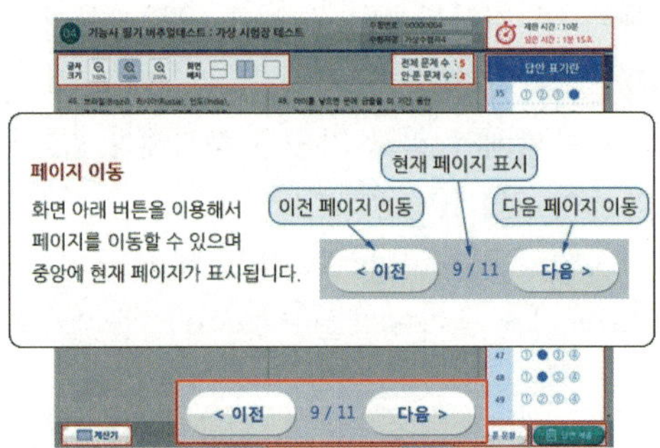

• 응시종목에 계산문제가 있을 경우 좌측 하단의 계산기 기능을 이용할 수 있다.

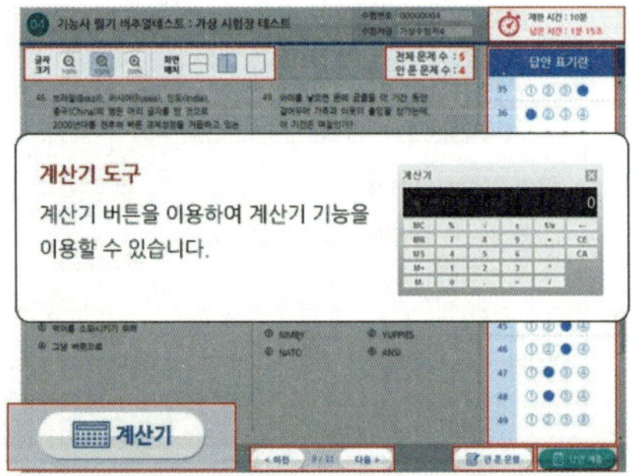

- 안 푼 문제 확인은 답안 표기란 좌측에 안 푼 문제 수를 확인하거나 답안 표기란 하단 [안 푼 문제] 버튼을 클릭하여 확인할 수 있다. 안 푼 문제번호 보기 팝업창에 안 푼 문제번호가 표시된다. 번호를 클릭하면 해당 문제로 이동한다.

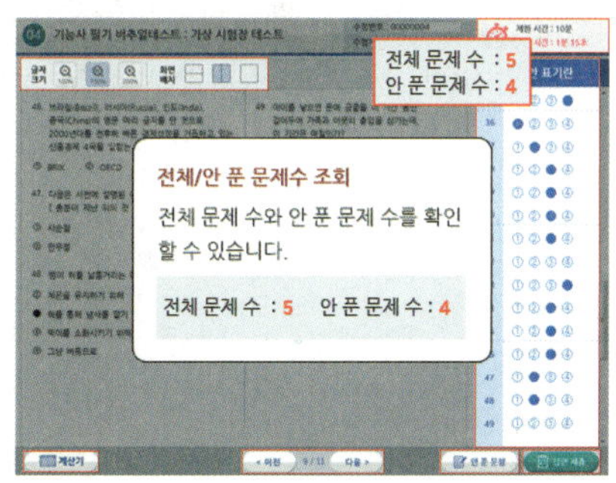

- 시험문제를 다 푼 후 답안 제출을 하거나 시험시간이 모두 경과되었을 경우 시험이 종료되며 시험결과를 바로 확인할 수 있다.
- [답안 제출] 버튼을 클릭하면 답안 제출 승인 알림창이 나온다. 시험을 마치려면 [예] 버튼을 클릭하고 시험을 계속 진행하려면 [아니오] 버튼을 클릭하면 된다. 답안 제출은 실수 방지를 위해 두 번의 확인 과정을 거친다. 이상이 없으면 [예] 버튼을 한 번 더 클릭하면 된다.

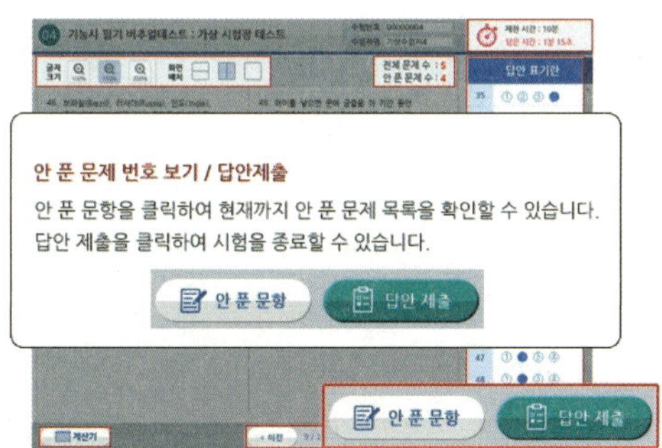

⑤ [시험준비 완료]를 한다.

시험 안내사항 및 문제풀이 연습까지 모두 마친 수험자는 [시험준비 완료] 버튼을 클릭한 후 잠시 대기한다.

## (3) CBT 시험 시행

## (4) 답안 제출 및 합격 여부 확인

★ 좀 더 자세한 내용은 Q-Net 홈페이지(www.q-net.or.kr)를 방문하여 참고하시기 바랍니다. ★

• 적용 기간 : 2014. 1. 1.~2018. 12. 31.

| 필기 과목명 | 출제<br>문제 수 | 주요 항목 | 세부 항목 | 세세 항목 |
|---|---|---|---|---|
| 공유압 일반,<br>기계 제도(비절삭)<br>및 기계 요소,<br>기초 전기 일반 | 60 | 1. 공유압 일반 | (1) 공유압의 개요 | ① 기초 이론<br>② 공유압의 이론<br>③ 공유압의 특성 |
| | | | (2) 공압 기기 | ① 공기압 발생 장치<br>② 공기 청정화 기기<br>③ 압축 공기 조정 기기<br>④ 공압 방향 제어 밸브<br>⑤ 공압 압력 제어 밸브<br>⑥ 공압 유량 제어 밸브<br>⑦ 기타 공압 제어 밸브<br>⑧ 공압 액추에이터<br>⑨ 공압 부속 기기 |
| | | | (3) 유압 기기 | ① 유압 펌프<br>② 유압 방향 제어 밸브<br>③ 유압 압력 제어 밸브<br>④ 유압 유량 제어 밸브<br>⑤ 기타 유압 제어 밸브<br>⑥ 유압 액추에이터<br>⑦ 유압 부속 기기<br>⑧ 유압 작동유 |
| | | | (4) 공유압 기호 | ① 공압 기호<br>② 유압 기호 |
| | | | (5) 공유압 회로 | ① 공압 회로<br>② 유압 회로<br>③ 전기 공유압의 개요<br>④ 제어용 전기 기기<br>⑤ 시퀀스 회로의 설계<br>⑥ 전기 공압 회로의 설계<br>⑦ 전기 유압 회로의 설계 |
| | | 2. 기계 제도(비절삭)<br>및 기계 요소 | (1) 제도 통칙 | ① 일반 사항(도면, 척도, 문자 등)<br>② 선의 종류 및 용도 표시법<br>③ 투상법<br>④ 도형의 표시 방법<br>⑤ 치수의 표시 방법<br>⑥ 체결용 기계 요소 표시법<br>⑦ 배관 도시 기호 |
| | | | (2) 기계 요소 | ① 기계 설계의 기초<br>② 재료의 강도와 변형<br>③ 나사, 리벳<br>④ 키, 핀<br>⑤ 축, 베어링<br>⑥ 기어<br>⑦ 벨트, 체인<br>⑧ 스프링, 브레이크 |

| 필기 과목명 | 출제<br>문제 수 | 주요 항목 | 세부 항목 | 세세 항목 |
| --- | --- | --- | --- | --- |
| 공유압 일반,<br>기계 제도(비절삭)<br>및 기계 요소,<br>기초 전기 일반 | 60 | 3. 기초 전기 일반 | (1) 직교류 회로 | ① 전기 회로의 전압, 전류, 저항<br>② 전력과 열량<br>③ 교류 회로의 기초<br>④ 교류에 대한 R.L.C의 작용<br>⑤ 단상, 3상 교류 |
| | | | (2) 전기 기기의<br>구조와 원리<br>및 운전 | ① 직류기<br>② 유도 전동기<br>③ 정류기 |
| | | | (3) 시퀀스 제어 | ① 시퀀스 제어의 개요<br>② 제어 요소와 논리 회로<br>③ 시퀀스 제어의 기본 회로 및 이론<br>④ 전동기 제어 일반<br>⑤ 센서의 종류와 특성<br>⑥ 릴레이, 타이머 |
| | | | (4) 전기 측정 | ① 전류의 측정<br>② 전압의 측정<br>③ 저항의 측정 |

# ❋ 차 례

# CHAPTER 01

# 공압의 기초 이론

## 01 개요

### 1 공기압 기술의 발달

공기압 공학 또는 기술을 영어로는 pneumatics라 부르고 있다. 우리가 사용하고 있는 공기를 압축 또는 감압한 상태로 목적에 맞게 사용하는 공학·기술이 공기압 공학·기술이다.

**(1)** 공기압의 역사는 대단히 길다. 기원전부터 이집트에서 불을 일으키는 부싯돌에 공기압을 이용하였으며 기원전 100년경에는 압축 공기를 이용한 투석기 등에 공기압 기기를 사용하였다.

그 후 18세기의 산업혁명에서부터 공기압 기술은 서서히 산업에 이용되었고 열차용 공기 브레이크의 개발, 프레스용 클러치의 브레이크 장치, 차량의 자동문 개폐 장치, 토목, 기계 등에 주로 사용되고 있었지만 일반 산업의 자동화, 인력 절감 등에 폭넓게 사용된 것은 불과 수십 년 전부터이다.

**(2)** 공기압 장치는 간단한 조작으로 사용이 가능하므로, 그 용도로서는 차량의 문 개폐에서부터 치과 의사의 그라인더, 가정용의 공기 주압기 및 나아가 산업용 로봇 및 미사일 유도탄에 이르기까지 그 적용 범위는 광범위하게 되어가고 있다.

특히 low cost automation, simple automation으로서 널리 보급되었고 지금은 F.A (Factory Automation) 시스템 구성에 절대적인 요소로서 공장 자동화의 수준 향상에 따라 그 수요는 한층 더 증가하고 있다.

### 2 공압의 특징

#### (1) 장점

① 구조가 간단하므로 설비 비용 및 보전 비용의 절감이 가능하다.

② 낮은 압력을 사용하고 있어 유압에 비해 출력이 작으므로 경량 작업에 최적이다.

③ 압축성이 있기 때문에 탱크 등에 에너지를 축적하여 비상 시에 사용이 가능한 이점이

있는 반면에 정확한 정속 제어나 중간 정지가 곤란하다.

④ 유체의 저항이 작으므로 고속 운전이 가능하다.

⑤ 압력 조절기(regulator)를 사용하여 구동력의 무단계 제어가 가능하다.

⑥ 외부에 누출하여도 유압에서와 같은 화재, 환경 오염 등의 문제가 없다.

⑦ 공기압 배관은 일반적으로 공장 내에 설비되어 있으므로 에너지원을 쉽게 얻을 수 있다.

⑧ 복귀 회로가 불필요하므로 유압에 비해 배관 작업이 대폭 절감된다.

⑨ 사용할 수 있는 온도 범위가 $-40 \sim 130[\text{℃}]$로서 유압에 비하여 그 범위가 넓다.

## (2) 단점

① 유압에 비해 출력이 작다. 유압의 $1/10 \sim 1/30$, 최대 작업 압력은 $700[\text{kPa}](7[\text{bar}])$, 힘은 $30,000 \sim 35,000[\text{N}]$이 한계이다.

② 일정한 속도 유지가 어렵고, 저속에서 속도가 불안정하다.

③ 효율이 낮고 배기 소음이 크다.

④ 운전 비용이 많이 든다.

⑤ 압축 공기를 만드는 데 많은 주의가 필요하다.

⑥ 먼지와 수분을 제거하기 위한 주변 장치가 필요하다.

## 02 | 대기와 공기압

## 1 대기 환경

**(1)** 우리가 살고 있는 지구는 대기라고 부르는 기체에 의해 에워 싸여 있다. 이 대기는 지구의 표면에서 고도가 높아짐에 따라 점점 희박하게 되어, 마침내는 진공이 되어 버리지만 지상 11[km] 부근의 대류권까지는 [표 1.1]처럼 거의 일정한 성분으로 구성 되어 있다.

| 표 1.1 | 공기압의 체적과 중량 조성비

| 체적 조성비[%] | | 중량 조성비[%] | |
| --- | --- | --- | --- |
| 질소 | 78.09 | 질소 | 75.53 |
| 산소 | 20.95 | 산소 | 23.14 |
| 아르곤 | 0.93 | 아르곤 | 1.28 |
| 이산화탄소 | 0.03 | 이산화탄소 | 0.05 |

**(2)** 일반적으로 이 대류권 내의 대기를 공기라 부른다. 실제로는 이 밖의 수증기나 가스 불순물이 포함되어 있다. 공기는 1[m$^3$]당 약 1.2[kgf]의 무게로 대기층의 중력이 작용하는데 해면에 작용하는 힘은 높이가 760[mmHg]인 수은주의 밑바닥에 작용하는 힘과 동등한 힘이 작용하고 있다. 이것을 대기압이라 부르고 해면상에서 고도가 높아질수록 중력은 감소하여 5[km]의 높이에서는 약 1/2이 된다.

**(3)** 공기에서 '표준 상태'라는 것은 온도 20[℃], 절대 압력 760[mmHg](해면상에서의 대기압), 상대 습도 65[%]로 정해져 있으며 공기압 기기에서 공기의 유량도 이 상태로 환산한 값으로 표현되는 것이 일반적이다.

→ N(Normal)을 붙여 나타낸다. 예 200[N/m$^3$]

그런데 공기는 대기압 상태로는 에너지용으로서 공업용에 사용하는 것이 불가능하므로 압축기(compressor)로 공기를 압축함으로써 압력을 높게 하여 용도에 적합하게 사용한다.

**(4)** 이와 같이 압력이 대기압보다 높은 경우에 이것을 공기압이라 부른다. 즉 '공기압 = 압축 공기'이므로, 예를 들어 공기압 실린더라고 하는 것은 압축 공기를 사용하여 작동시키는 실린더라는 것을 의미한다.

**| 표 1.2 | 공기의 물리적 성질**

| 명칭 | 기호 | 상수 | 단위 |
|---|---|---|---|
| 표준 대기압 | $P_o$ | 1.0332 | kgf/cm$^2$ |
| 밀도 | $\rho$ | 0.1319 | kgf·s$^2$/m$^4$ |
| 비중량 | $\gamma$ | 1.293 | kgf/m$^3$ |
| 정압 비열 | $C_p$ | 0.240 | kcal/kgf·℃ |
| 정적 비열 | $C_v$ | 0.171 | kcal/kgf·℃ |
| 비열비 | $\kappa$ | 1.402 | |
| 가스 정수 | $R$ | 29.27 | kgf·m/kgf·℃ |
| 음속 | $\alpha$ | 331.68 | m/s |

## ■2 공기 중의 수분

공기 중에는 수분이 수증기의 형태로 함유되어 있다. 이 수증기는 어떤 일정량 이상으로 되면 잉여분이 물방울로서 분리되는데 이 일정량이라는 것은 공기의 습도에 따라 변화한다. 예를 들어 압축기에서 나온 뜨겁고 습한 공기를 후부 냉각기(after cooler)에서 40[℃] 정

도로 냉각하여 수분을 분리해도, 배관 도중에 온도가 내려가면 수분이 생긴다. 따라서 수분이 있으면 곤란한 경우에는 에어드라이어를 사용하여 공기를 건조 상태로 해야 된다.

공기 중의 수분이 분리되어 물방울 상태로 되면 배관 중에서 녹을 발생시키거나 공기 중의 먼지 등과 함께 기기 중에서 작동 불량의 원인이 된다. 또한 도장용 공기 공구에서 도료를 뿜어내는 경우에는 도장면에 얼룩이 되어 도장 불량이 생긴다. 이와 같이 여러 가지 불량을 일으키므로 수분 대책은 보수상 중요한 문제가 된다. 수분을 완전히 포함하지 않는 공기를 건조 공기라 하고 건조 공기와 수분과의 혼합 기체를 습공기라 한다.

우리가 평소 호흡하고 있는 공기는 이 습공기이다. 이 습공기 중에 함유된 수분량의 많고 적음을 알고, 목적에 따라 그 제거 수단을 구성하는 것은 공기압 제어의 신뢰성을 높이기 위하여 중요한 일이다.

## (1) 전압력($P$, kgf/cm²abs)

수분과 건조 공기의 혼합 기체가 나타내는 압력을 의미한다.

## (2) 수증기 분압($P_w$, kgf/cm²)

습공기 중에서 수증기가 나타내는 분압으로서 건조 공기의 분압($P_w$, kgf/cm²)은 전압력에서 수증기 분압을 뺀 것이 된다. 포화 습공기의 수증기 분압은 그 온도의 포화 증기량($P_s$, kgf/cm² 또는 HS mmHg)에 해당한다.

## (3) 절대 습도($\chi$, kgf/kgf′)

습공기 중에 함유되어 있는 건조 공기 1[kgf]에 대한 수분의 양을 말한다. 습공기의 모든 상태량은 이 $\chi$[kgf]의 수분과 1[kgf]의 건조 공기가 혼합된 습공기$(1+\chi)$[kgf]에 대해 나타내는 것이 많으므로 이 경우 건조 공기의 단위를 특히 [kgf′]로 나타낸다.

## (4) 상대 습도($\phi$)

어떤 습공기의 수증기 분압과 그 온도와 같은 온도에서 포화 공기의 수증기 분압과의 비율을 말하고 [%]로서 나타내는 경우가 많다. 즉

$$\phi = \frac{P_w}{P_s} \times 100$$

보통 습도 및 %라 말할 때는 이 상대 습도를 기준으로 한 것이다.

## (5) 노점 온도

어떤 습공기의 수증기 분압에 대한 증기의 포화 온도를 말한다. 즉 이것과 같은 수증기 분압을 가진 포화 공기의 온도이다. 어떤 습공기에 그 노점 온도 이하의 온도를 갖는 물체가 닿으면 그 물체의 표면에 이슬이 생긴다.

| 표 1.3 | 포화 수증기량(상대 습도 100[%])

| | | 1[℃] 단위 온도[℃] | | | | | | | | | |
| --- | --- | --- | --- | --- | --- | --- | --- | --- | --- | --- | --- |
| | | 0 | 1 | 2 | 3 | 4 | 5 | 6 | 7 | 8 | 9 |
| | 90 | 420.1 | 433.6 | 448.5 | 464.3 | 480.8 | 496.6 | 514.3 | 532.0 | 550.3 | 569.7 |
| | 80 | 290.8 | 301.7 | 313.3 | 325.3 | 337.2 | 349.9 | 362.5 | 375.9 | 389.7 | 404.9 |
| | 70 | 197.0 | 204.9 | 213.4 | 222.1 | 231.1 | 240.2 | 249.6 | 259.7 | 269.7 | 288.0 |
| | 60 | 129.8 | 135.6 | 141.5 | 147.6 | 153.9 | 160.5 | 167.3 | 174.2 | 181.6 | 189.0 |
| | 50 | 82.9 | 86.9 | 90.9 | 95.2 | 99.6 | 104.2 | 108.9 | 114.0 | 119.1 | 124.4 |
| | 40 | 51.0 | 53.6 | 56.4 | 59.2 | 62.2 | 65.3 | 68.5 | 71.8 | 75.3 | 78.9 |
| | 30 | 30.3 | 32.0 | 33.8 | 35.6 | 37.5 | 39.5 | 4106 | 43.8 | 46.1 | 48.5 |
| 10 [℃] 단위 온도 [℃] | 20 | 17.3 | 18.3 | 19.4 | 20.6 | 21.8 | 23.0 | 24.3 | 25.7 | 27.2 | 28.7 |
| | 10 | 9.04 | 10.0 | 10.6 | 11.3 | 12.1 | 12.8 | 13.6 | 14.5 | 15.4 | 16.3 |
| | 0 | 4.85 | 5.09 | 5.56 | 5.59 | 6.35 | 6.80 | 7.26 | 7.75 | 8.27 | 8.82 |
| | 0 | 4.85 | 4.52 | 4.22 | 3.93 | 3.66 | 3.40 | 3.16 | 2.94 | 2.73 | 2.54 |
| | −10 | 2.25 | 2.18 | 2.02 | 1.87 | 1.37 | 1.60 | 1.48 | 1.36 | 1.26 | 1.16 |
| | −20 | 1.067 | 0.982 | 0.903 | 0.829 | 0.761 | 0.698 | 0.640 | 0.586 | 0.536 | 0.490 |
| | −30 | 0.448 | 0.409 | 0.373 | 0.340 | 0.309 | 0.281 | 0.255 | 0.232 | 0.210 | 0.190 |
| | −40 | 0.172 | 0.156 | 0.141 | 0.127 | 0.114 | 0.103 | 0.093 | 0.083 | 0.075 | 0.067 |
| | −50 | 0.060 | 0.054 | 0.049 | 0.043 | 0.038 | 0.034 | 0.030 | 0.027 | 0.024 | 0.021 |
| | −60 | 0.019 | 0.072 | 0.015 | 0.013 | 0.011 | 0.0099 | 0.0087 | 0.0076 | 0.0067 | 0.0058 |
| | −70 | 0.0051 | | | | | | | | | |

## 03 대기의 압력과 단위

### 1 1기압[atm]

$$1기압[atm] = 76[cmHg] = 760[mmHg] = 1,013[hPa]$$
$$= 1,013[mbar] = 1.013[bar] = 14.7[PSI]$$

1기압은 물을 약 10[m] 정도 끌어 올리는 힘을 의미하며 수은은 약 76[cm] 정도(토리첼리의 실험)이다.

## 2 1대기압

대기압은 수면에 가해지는 공기의 무게를 기준으로 하고 있는데 이 무게는 지구상의 위치나 기상 상태에 따라 약간씩 다르므로 위도 40도 지역에서 1년간 측정된 값을 평균한 것을 표준 기압으로 정의하고 있다. 1대기압은 $1.033[\text{kg/cm}^2]$이다.

## 3 힘 = N

$$\text{힘} = N \rightarrow F = ma, \ N = \text{kg} \cdot \text{m/s}^2$$
$$1[\text{kgf}] = 1[\text{kg}] \times 9.8[\text{m/s}^2] = 9.8[N]$$

## 4 압력[Pa]

**(1)** 압력의 정의는 단위 면적에 작용하는 힘으로써 그 단위로는 $1[\text{cm}^2]$ 당에 작용하는 힘[kgf]의 크기, 즉 $[\text{kgf/cm}^2]$가 가장 많이 사용되고 있다. 압력은 또한 그것에 상당하는 수은주의 높이[mmHg]와 물기둥의 높이[mmHg]로 표현되는 경우도 있다.

**(2)** 최근에는 국제적인 단위의 통일을 목적으로 국제단위계(SI단위계)의 보급이 확대되고 있으며 이 단위계에서는 $1[\text{m}^3]$당 작용하는 힘, N(뉴턴)의 크기 $[\text{N/m}^2]$을 [Pa](파스칼)로 나타낸다. 이 경우 [Pa]은 상당히 작은 단위이므로 그 1,000배인 [kPa](킬로파스칼)이나 1,000,000배인 [MPa](메가파스칼)을 사용하는 경우가 많다. 대기압 단위로서는 [bar]가 사용되고 있다.
이들의 관계는 다음과 같다.

| 표 1.4 | 압력 단위의 관계

| kgf/cm$^2$ | bar | kPa | mmHg | mmAq |
| --- | --- | --- | --- | --- |
| 1 | 0.9807 | 98.07 | 735.6 | 10,000 |
| 1.02 | 1 | 100 | 750 | 10,197 |
| 0.0103 | 0.01 | 1 | 7.5 | 102 |

**(3)** 압력의 기준으로서 압력이 0이라는 것은 그 면에 작용하는 힘이 전혀 없는 상태 즉, 완전 진공이라는 상태가 된다. 그러나 실제로는 대기압과의 압력차, 즉 게이지 압력을 사용하는 일이 많다.

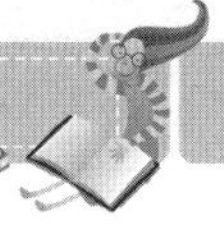



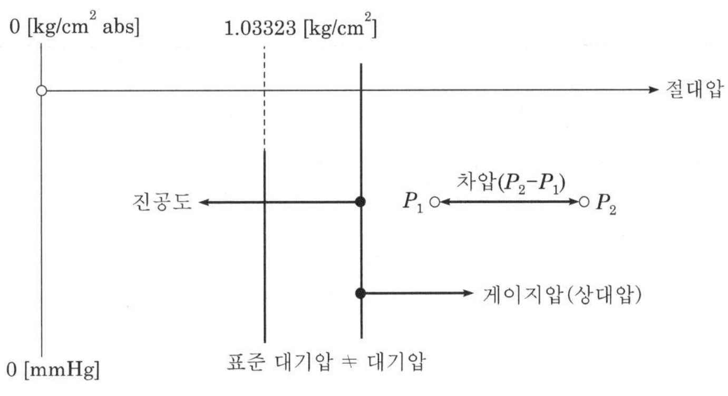


| 그림 1.1 | 압력의 기준

### 절대 압력

물리학에서는 완전 진공을 기준으로 한 절대 압력을 사용하고, 일반 공학에서는 대기압을 기준으로 한 게이지 압력을 사용한다.
절대 압력은 완전 진공을 기준으로 하여 측정한 압력이며,
절대 압력=대기압+게이지 압력=대기압−진공 압력

**(4)** 이 경우는 대기압 760[mmHg]=1.033[kgf/cm²]=101.3[kPa]이 된다. 게이지 압력에 대한 특별한 표시는 1[kgf/cm²·G]처럼 표시하는 경우가 많다. 이것에 비하여 완전 진공을 기준점으로 한 압력, 즉 절대 압력을 표시하는 경우는 [kgf/cm²abs]로 나타 낸다.

게이지 압력을 절대 압력으로 환산하려면 대기압 부분을 더한다.

예를 들면 3[kgf/cm²·G]=(3+1.033)[kgf/cm²abs]=4.033[kgf/cm²abs]가 된다.

절대압으로 표시된 예
(단위 : [mbar])

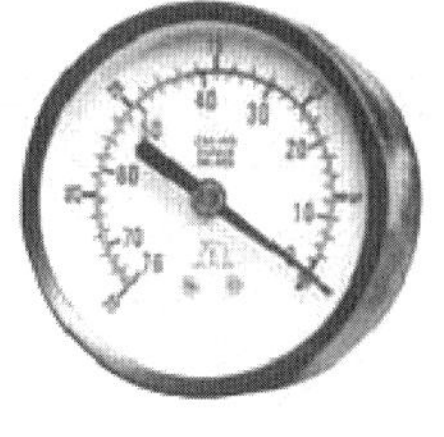

게이지압으로 표시된 예
안쪽 숫자(단위 : [cmHg])

| 그림 1.2 | 절대 압력과 게이지 압력 지시계

- $1[\mathrm{Pa}] = 1[\mathrm{N/m}^2]$,  $1[\mathrm{kgf/cm}^2] = 9.8[\mathrm{N/10}^{-4}] = 98[\mathrm{kPa}]$
- 기계 분야의 단위 : $1[\mathrm{kg \cdot f/cm}^2] = 98[\mathrm{kPa}] = 14.3[\mathrm{PSI}]$
- SI의 단위 : $1[\mathrm{bar}] = 10[\mathrm{N/cm}^2] = 100[\mathrm{kPa}] = 14.5[\mathrm{PSI}]$
- 물리학의 단위 : 1기압$[\mathrm{atm}] = 10.13[\mathrm{N/cm}^2] = 101.3[\mathrm{kPa}] = 14.7[\mathrm{PSI}]$
- ※ $1[\mathrm{kgf/cm}^2]$, $1[\mathrm{bar}]$, 1기압의 단위는 $1[\mathrm{bar}]$를 기준으로 $\pm 2[\%]$ 이내 차이
  $1[\mathrm{bar}] = 100,000[\mathrm{Pa}] = 1,000[\mathrm{hPa}] = 100[\mathrm{kPa}] = 0.1[\mathrm{MPa}]$
  $1[\mathrm{kPa}] = 1/1,000[\mathrm{bar}] = 1[\mathrm{mbar}]$

## 04 압력에 대한 법칙

### 1 Boyle의 법칙

가스의 절대 온도 $T$가 일정하면 비체적 $v$는 압력 $P$에 반비례한다.

$$T_1 = T_2 \rightarrow P_1 v_1 = P_2 v_2 = C\,(\text{Constant})$$

$$\frac{v_2}{v_1} = \frac{P_1}{P_2}$$

여기서, $T$ : 절대 온도[K]
$\quad\quad\quad P$ : 압력$[\mathrm{kg/m}^2]$
$\quad\quad\quad v$ : 비체적$[\mathrm{m}^3/\mathrm{kg}]$

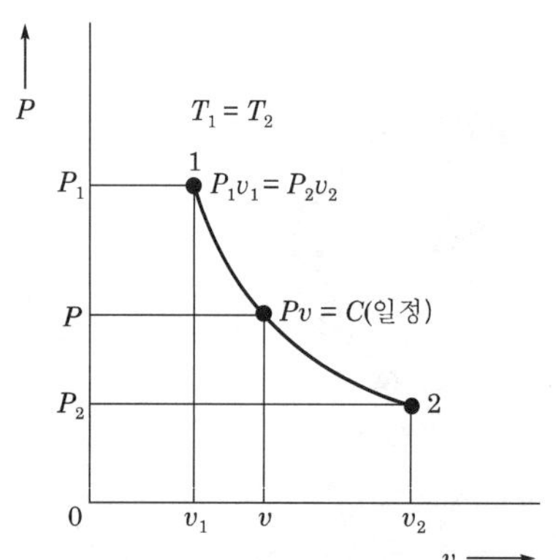


| 그림 1.3 | Boyle의 법칙

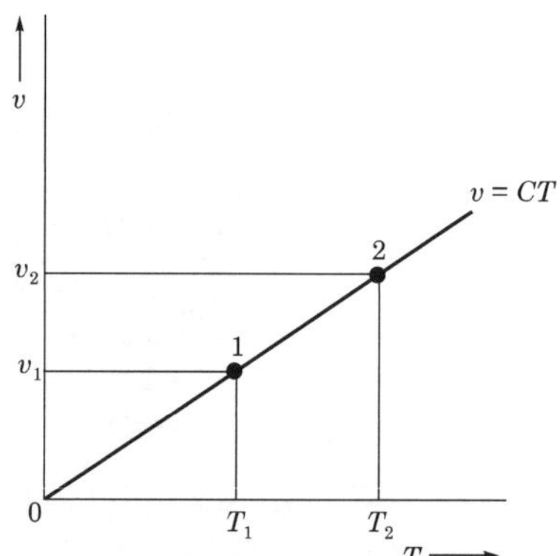


| 그림 1.4 | Guy-Lussac의 법칙

## 2 게이뤼삭의 법칙

가스의 압력 $P$가 일정하면 비체적 $v$도 절대 온도 $T$에 비례한다.

$$P_1 = P_2 \rightarrow \frac{v_2}{v_1} = \frac{T_2}{T_1}, \quad \frac{v_1}{T_1} = \frac{v_2}{T_2} = C(\text{Constant})$$

## 3 아보가드로의 법칙

동일 압력 및 동일 온도하에서 모든 가스는 단위 체적 내에 같은 수의 분자를 함유한다.

## 4 파스칼의 원리

밀폐된 용기 속에 정지 유체의 일부에 가해지는 압력은 유체의 모든 부분에 동일한 힘으로 동시에 전달된다. 이것을 파스칼의 원리라 한다.

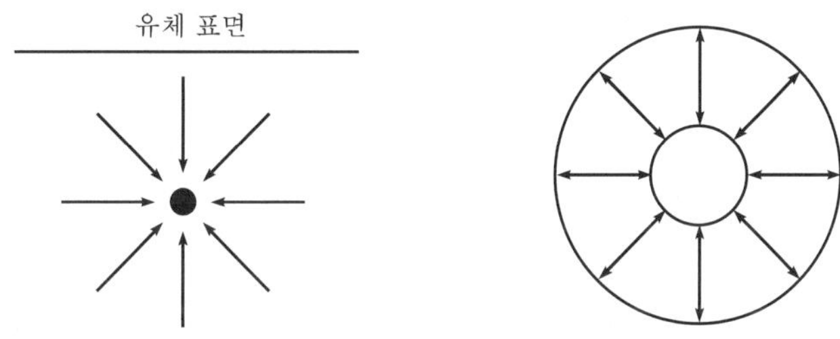


| 그림 1.5 | 파스칼의 원리

① 경계를 이루는 어떤 표면 위에 정지하고 있는 유체의 압력은 그 표면에 수직으로 작용한다.
② 정지 유체 내의 점에 작용하는 압력의 크기는 모든 방향으로 같게 작용한다.
③ 정지하고 있는 유체 중의 압력은 그 무게가 무시될 수 있으면, 그 유체 내의 어디에서나 같다.
④ 힘은 피스톤의 단면적에 비례하므로 단면적이 크면 큰 힘을 얻을 수 있다.

**01** 게이지 압력을 옳게 표시한 것은?

㉮ 게이지 압력＝절대 압력＋대기압

㉯ 게이지 압력＝절대 압력－대기압

㉰ 게이지 압력＝절대 압력×대기압

㉱ 게이지 압력＝절대 압력÷대기압

 절대 압력은 대기압과 게이지압의 합으로 나타낸다.

**02** 점도에 대한 정의 중 옳은 것은?

㉮ 유동에 대한 유체의 내부 마찰을 정량적으로 나타낸다.

㉯ 유동에 대한 유체의 외부 마찰을 수량적으로 나타낸다.

㉰ 유동에 대한 유체의 평균 마찰을 수량적으로 나타낸다.

㉱ 유동에 대한 유체의 정마찰을 수량적으로 나타낸다.

 점도(viscosity)는 유체의 끈끈한 정도를 나타내며, 높으면 마찰 계수가 증가하여 부하가 발생하고 낮으면 유체의 기밀성이 떨어지므로 유체의 용도에 따라 적정량을 유지해야 한다.

**03** 서지 압력의 발생 시 정상 압력의 몇 배 이상 증가되는가?

㉮ 2배 이상 ㉯ 3배 이상

㉰ 4배 이상 ㉱ 6배 이상

 서지 압력(surge pressure)은 정상적인 압력보다 상승하여 배관이나 기기에 치명적인 손상이나 오작동을 유발시키며 정상 압력의 3배 이상으로 높다.

**04** 온도가 일정할 경우 가스의 처음 상태가 체적($v_1$)이 0.5[m$^3$], 압력($P_1$)이 2[atm]일 때 압축 후의 체적($v_2$)은 0.2[m$^3$]이다. 이때 압력($P_2$)은 얼마인가?

㉮ 10[atm] ㉯ 8[atm]

㉰ 6[atm] ㉱ 5[atm]

 ① 보일의 법칙 : 기체의 온도를 일정하게 유지하면서 압력 및 체적이 변화하면 압력과 체적은 서로 반비례한다.

$$P_1 v_1 = P_2 v_2 = \text{Constant}$$

② 샤를의 법칙 : 기체의 압력을 일정하게 유지하면서 체적 및 온도가 변화하면 체적과 온도는 서로 비례한다.

$$\frac{T_1}{T_2} = \frac{v_1}{v_2} = \text{Constant}$$

**05** 주위 온도가 32[℃], 배관 중의 압력이 686,000[Pa]일 때 드레인 양[N/m$^3$]은? (단, 32[℃]에서의 포화 수증기량은 0.33[N/m$^3$]이고 표준 상태의 대기압은 1.01325×10$^5$[Pa]이다)

㉮ 0.001 ㉯ 0.002

㉰ 0.04 ㉱ 0.14

 드레인(응축수)의 발생은

$$D_r = r_s \times \frac{\phi}{100} = r_s{'} \times \frac{P}{P'} \times \frac{T'}{T} [\text{N/m}^2]$$

$$\therefore\ 0.33 \times \frac{1.01325 \times 10^5}{686,000 + 1.01325 \times 10^5}$$
$$= 0.04[\mathrm{N/m^2}]$$

## 06 압력의 표시 단위가 아닌 것은?

㉮ [Pa]  ㉯ [bar]

㉰ [atm]  ㉱ [N/m]

 파스칼(기호 : Pa)은 압력에 대한 SI 유도 단위이다. 1[Pa]은 1[m²]당 1[N]의 힘이 작용할 때의 압력에 해당한다. 단위의 이름은 프랑스의 수학자 블레즈 파스칼의 이름을 땄다.

$$1[\mathrm{Pa}] = 1[\mathrm{N/m^2}] = 1[(\mathrm{kg \cdot m/s^2})/m^2]$$
$$= 1[\mathrm{kg/m \cdot s^2}]$$
$$= 0.01[\mathrm{mbar}]$$
$$= 0.00001[\mathrm{bar}]$$

## 07 파스칼의 원리에 어긋나는 것은?

㉮ 유체의 압력은 면에 대해 직각으로 작용한다.

㉯ 각 점의 압력은 면에 대해 모든 방향으로 같다.

㉰ 밀폐한 용기 속의 유체의 일부에 가해진 압력은 각 부분에 같은 세기를 가지고 있다.

㉱ 정지해 있는 유체에 힘을 가하면 단면적이 적은 곳은 속도가 느리게 전달된다.

 배관에 흐르는 유체는 단면적과 속도의 영향을 받으며 정지해 있는 유체에 힘을 가하면 단면적이 적은 곳은 속도가 빠르게 전달된다.

## 08 루브리케이터(윤활기)의 작동 원리는?

㉮ 아르키메데스의 원리

㉯ 벤튜리스의 원리

㉰ 파스칼의 원리

㉱ 베르누이의 원리

 공압에서 루브리케이터(윤활기)는 공기압과 함께 배관의 내부에서 윤활유를 분사하는 장치이다. 공압 기기는 일반 기계와 같이 외부로 노출되지 않고 배관을 통하여 내부에서 에너지를 생성하므로 공기압에 따라 윤활유가 혼합되도록 되어 있으며 각종 밸브나 액추에이터에 전달되어 작동을 원활하게 하며 수명을 유지시켜 준다.

## 09 점도(점성)가 지나치게 클 경우 틀린 현상은?

㉮ 유동 저항이 지나치게 많아진다.

㉯ 마찰 손실에 의한 펌프 동력 소모가 크다.

㉰ 밸브나 파이프를 지날 때 압력 손실이 많다.

㉱ 마찰에 의한 열의 발생이 작다.

 마찰 계수가 증가하므로 열이 발생하여 효율을 저하시키므로 적당한 점도가 필요하다.

## 10 점도에 대한 정의 중 옳은 것은?

㉮ 유동에 대한 유체의 내부 마찰을 정량적으로 나타낸다.

㉯ 유동에 대한 유체의 정마찰을 수량적으로 나타낸다.

㉰ 유동에 대한 유체의 평균 마찰을 수량적으로 나타낸다.

㉱ 유동에 대한 유체의 외부 마찰을 수량적으로 나타낸다.

 내부 마찰을 정량적인 상태, 즉 수치로 높고 낮음을 판단한다.

**11** 공동 현상(cavitation)이 생겼을 때의 피해 사항으로 옳지 않은 것은?

㉮ 충격력이 감소된다.
㉯ 진동이 발생된다.
㉰ 공동부가 생긴다.
㉱ 소음이 크게 생긴다.

 공동 현상은 유체의 불안정한 흐름으로 압력의 변화가 많아 충격력이 증가한다.

**12** 유압 장치에서 오일 실을 선택할 때 고려할 사항으로 틀린 것은?

㉮ 압력에 대한 저항력이 클 것
㉯ 오일에 의해 손상되지 않을 것
㉰ 작동열에 대한 내열성이 클 것
㉱ 내마멸성이 작을 것

 오일 실은 장시간 사용하며 기밀 유지를 해야 하므로 마찰에 의한 마멸 현상이 최소화해야 한다.

**13** 과도적으로 상승한 압력의 최댓값을 무엇이라 하는가?

㉮ 배압       ㉯ 서지압
㉰ 맥동       ㉱ 전압

 배압은 유체의 흐름에서 장애로 인해 후면에서 발생하는 압력을 말하며 맥동은 압력이 일정하지 않고 순간적으로 변화를 발생한다. 전압은 배관에서 발생하는 어느 구간에서의 전체 압력을 의미한다.

**14** 기체의 온도를 내리면 기체의 체적은 줄어든다. 체적이 0이 될 때 기체의 온도는 −273.15[℃]이다. 이 온도를 무엇이라고 하는가?

㉮ 영하 온도     ㉯ 섭씨 온도
㉰ 상대 온도     ㉱ 절대 온도

 켈빈 온도라고 한다.

**15** 그림에서처럼 밀폐된 시스템이 평형 상태를 유지할 경우 힘 $F_1$을 수식으로 표현하면?

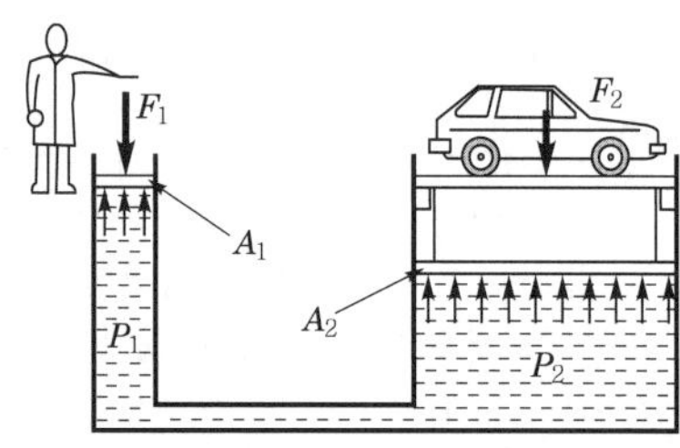


㉮ $(A_1 \cdot A_2)/F_2$   ㉯ $(A_1 \cdot F_2)/A_2$
㉰ $F_2/(A_1 \cdot A_2)$   ㉱ $A_2/(A_1 \cdot F_2)$

 파스칼의 원리로서 힘과 면적은 서로 비례 관계이다.

**16** 밀폐된 용기 내의 압력을 동일한 힘으로 동시에 전달하는 것을 증명한 법칙은?

㉮ 뉴턴 법칙      ㉯ 베르누이 정리
㉰ 파스칼의 원리   ㉱ 돌턴의 법칙

 뉴턴 법칙은 속도, 가속도와 관계 있는 운동의 법칙이며, 베르누이 법칙은 유체의 속도와 압력에 따른 수두를 계산할 때 적용한다. 돌턴의 법칙은 물질의 분자량을 판단할 때 적용한다.

**17** 유압 작동유의 성질 중에서 가장 중요한 것은?

㉮ 점도        ㉯ 효율
㉰ 온도        ㉱ 산화 안정성

 점도는 작동유의 사용 정도에 따라 달라지고 영향 인자는 온도가 있으며 시간이 지남에 따라 점도는 낮아진다.

**18** 다음 그림에서 2개의 피스톤 ①, ②의 단면적 $A_1$, $A_2$를 각각 10[cm²], 100[cm²]로 한다. $F_1$으로서 10[kg]의 힘을 가할 때 $F_2$는 얼마인가?

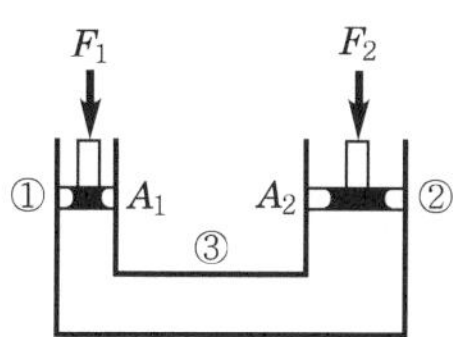


㉮ $F_2$=100[kg]  　㉯ $F_2$=200[kg]

㉰ $F_2$=300[kg]  　㉱ $F_2$=400[kg]

 파스칼의 원리가 적용되며 $\dfrac{F_1}{A_1}=\dfrac{F_2}{A_2}$ 가 성립된다.

**19** 다음 그림과 같은 피스톤형 편로드 실린더를 써 $F=250$[kg]의 힘을 발생시키자면 최소 얼마의 유압이 필요한가? (단, 실린더의 안지름은 40[mm]라 한다)

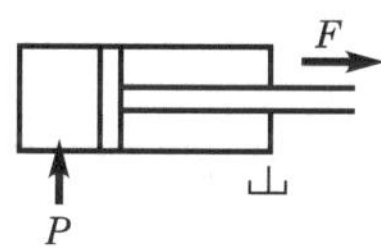


㉮ 12.5[kg/cm²]

㉯ 19.9[kg/cm²]

㉰ 25.0[kg/cm²]

㉱ 62.5[kg/cm²]

 실린더에 작용하는 힘은 사용되는 압력과 면적에 비례한다.

**20** 안지름이 20[cm], 피스톤의 속도가 5[m/sec]일 때 필요한 유량은 분당 몇 [$l$]인가?

㉮ 0.157  　㉯ 15.7

㉰ 157  　㉱ 1,570

 연속의 법칙에 의해서 $A_1V_1=A_2V_2$와 비례 관계가 있다.

**21** 다음 그림에서 $D_1=4$[cm], $D_2=2$[cm], $v_1=4$[m/s]일 때, 유량 $Q$와 ②점에서의 속도는?

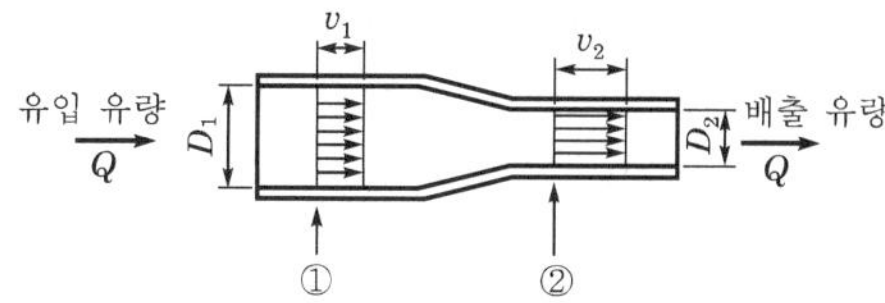


㉮ 0.00504[m³/s] 및 16[m/s]

㉯ 0.504[m³/s] 및 16[m/s]

㉰ 0.00504[m³/s] 및 8[m/s]

㉱ 0.0504[m³/s] 및 8[m/s]

 유량은 $Q=AV$이므로 연속의 법칙에 의해서 구한다.

**22** 관 내에 유체가 흐를 때 층류가 발생될 수 있는 요인에 해당되지 않는 것은?

㉮ 유체의 동점도가 큰 경우

㉯ 유속이 작은 경우

㉰ 굵은관을 통과할 경우

㉱ 유속이 큰 경우

 유체는 층류와 난류가 있으며 판단은 레이놀즈 수에 의하며 2,100 이하면 층류 이상이면 난류로 규정한다. 따라서 유속이 크면 난류 흐름이 발생한다.

**23** 유공압기는 다음 중 어느 것을 이용한 것인가?

㉮ 아르키메데스의 원리

㉯ 보일-샤를의 법칙

㉰ 베르누이의 원리

㉱ 파스칼의 원리

 아르키메데스의 원리는 선박의 부력을 판단할 때 적용하며 보일–샤를의 법칙은 열역학에서 압력과 체적에 관계가 있다. 베르누이의 원리는 유체 역학에서 수두를 계산하여 펌프의 용량을 산정하는 데 적용한다.

**24** 절대 압력이 7[kg/cm²]이고, 게이지 압력이 6.15[kg/cm²]일 때 국소 대기압은 몇 [mmHg]인가?

㉮ 525  ㉯ 625
㉰ 725  ㉱ 735

 절대 압력은 대기압과 게이지 압력의 합으로 표현하며 대기압을 나타내는 단위 환산을 통하여 계산한다.

**25** 대기 압력이 750[mmHg]일 때 공기 저장 탱크의 압력계가 7[kgf/cm²]이다. 탱크의 절대 압력은 몇 [kgf/cm²]인가?

㉮ 5  ㉯ 7
㉰ 8  ㉱ 10

 절대 압력은 대기압과 게이지 압력의 합으로 표현하며 1기압을 나타내는 단위 환산을 통하여 계산한다.

**26** 관 내의 유체가 난류가 될 수 있는 경우가 아닌 것은?

㉮ 유체의 점도가 작은 경우
㉯ 유속이 작은 경우
㉰ 가는 관이나 좁은 틈새를 통과할 경우
㉱ 유속이 큰 경우

 유체는 층류와 난류가 있으며 판단은 레이놀즈 수에 의하며 2,100 이하면 층류이고, 이상이면 난류로 규정한다. 따라서 유속이 작으면 층류 흐름이 발생한다.

**27** 유체의 압축성에 대한 설명이 옳지 않은 것은?

㉮ 유체의 압축성을 나타내는 척도이다.
㉯ 유체의 비압축성을 나타내는 척도이다.
㉰ 유체의 압축성은 기체가 최대이다.
㉱ 유압유가 압축되면 점도가 증대한다.

 유체는 압축성 유체와 비압축성 유체가 있다. 압축성 유체는 기체가 대표적이며 비압축성 유체는 기름이 대표적이다. 이런 특성에 따라 공압과 유압의 시스템의 적용성을 판단해야 한다.

**28** 완전한 진공을 '0'으로 하는 압력의 세기는?

㉮ 게이지 압력  ㉯ 절대 압력
㉰ 평균 압력  ㉱ 최고 압력

 절대 압력은 진공을 '0'으로 하여 대기압과 게이지압의 합으로 표현한다.

**29** 압력에 대한 설명 중 맞지 않는 것은?

㉮ 압력은 단위 면적당 작용하는 힘이다.
㉯ 1표준 기압=1[atm]=760[mmHg]
㉰ 1표준 기압=1[at]=735.5[mmAq]
㉱ 대기 압력을 '0'으로 하여 측정한 압력을 절대 압력이라 한다.

 진공 압력을 '0'으로 하여 측정된 압력이 절대 압력이다.

**30** 기기 압력계의 압력 표시는 어느 것을 나타내는가?

㉮ 평균 압력  ㉯ 최고 압력
㉰ 절대 압력  ㉱ 게이지 압력

 압력계의 압력은 게이지 압력이다.

**31** 긴 관로 속을 유압유가 흐르고 있을 때 관로 말단에 있는 밸브를 갑자기 닫으면 운동하고 있는 물체를 갑자기 정지시킬 때와 같은 심한 충격을 받게 된다. 이때 이 충격은 급격한 압력 상승을 일으키는데 이러한 현상을 무엇이라 하는가?

㉮ 수격 현상
㉯ 유격(서징) 현상
㉰ 캐비테이션
㉱ 채터링 현상

 수격 현상은 water hammer라고 하며 유체 흐름의 방향이 전환될 때 발생한다. 캐비테이션은 공동 현상으로 관에서 유체 흐름으로 압력차가 발생하여 증기압이 생성되며 채터링은 공유압 기기에서 스프링 힘과 압력의 균형이 불안정할 때 발생한다.

**32** 절대 압력을 올바르게 표현한 것은?

㉮ 절대 압력은 완전한 진공을 0으로 하여 측정한 압력이다.
㉯ 절대 압력은 대기압을 0으로 하여 측정한 압력이다.
㉰ 절대 압력은 표준 대기압보다 항상 높다.
㉱ 절대 압력은 게이지 압력을 말한다.

 절대 압력은 진공압을 '0'으로 하여 대기압과 게이지압의 합으로 표현한다.

**33** 유압 유닛에서 펌프의 압력이 $P$, 토출 유량이 $Q$로 표시될 때 펌프 동력 $L$을 표시한 식으로 가장 적당한 것은?

㉮ $L = \dfrac{PQ}{75}$ [PS]

㉯ $L = \dfrac{PQ}{102}$ [PS]

㉰ $L = \dfrac{PQ}{75}$ [kW]

㉱ $L = \dfrac{PQ}{75 \times 102}$ [kW]

 동력의 단위는 [kgf·m/sec]이므로 힘과 속도, 압력과 유량은 동력 $L$에 비례 관계가 있다.

# 공압 기기

## 01 | 공압의 응용

### 1 용도

공기압 기기는 산업의 전 분야에서 생산성과 품질의 향상을 위한 모든 시스템에 효율적으로 적용을 하고 있으며 다양한 특징을 가지고 있어 자동화 장치의 구성에 있어서 폭넓게 사용되고 있다.

| 표 1.5 | 공기압 기기의 특징

| 특징 | 특성 | 사용 분야 |
|---|---|---|
| 취급이 쉽다. | 안전성, 설치성 | 소형 경량 부품의 조립, 반송 작업, 수지, 다이캐스팅, 프레스, 반송, 로봇 |
| 제어가 쉽다. | 압력 설정, 속도 조절, 유량 조절 | 밸브 제어, 방직 기기의 에어제트, 공기 베어링, 장력 조절 |
| 내환경성이 좋다. | 내방폭, 고온, 방습, 오염 대응 | 광산, 화학 공장, 가스, 도장 라인, 화력 발전 공장, 세차기, 식품 기계, 반도체 공장 |
| 에너지의 축적 | 비상시 대응(정전, 방화) | 철도, 항공기, 브레이크 긴급 차단용 |

| 표 1.6 | 구동 방식에 따른 비교

| 구분 | | 기계 | 전기 · 전자 | 유압 | 공압 |
|---|---|---|---|---|---|
| 구동계 | 직선 운동 | 쉽다. | 어렵다. | 쉽다. | 쉽다. |
| | 회전 운동 | 쉽다. | 쉽다. | 약간 어렵다. | 약간 어렵다. |
| | 구동력 | 소-대 | 소-대 | 중-대 | 소-중 |
| | 구동력 조정 | 어렵다. | 어렵다. | 쉽다. | 쉽다. |
| | 구동 속도 | 소-대 | 중-대 | 소-중 | 소-대 |
| | 속도 조정 | 어렵다. | 약간 어렵다. | 매우 쉽다. | 쉽다. |
| | 속도의 안전성 | 매우 한정적 | 한정적 | 한정적 | 저속은 곤란 |
| | 구조 | 약간 복잡 | 약간 복잡 | 약간 복잡 | 간단 |
| | 과부하에 대한 특성 변화 | 적다. | 적다. | 약간 있다. | 크다. |

| 구분 | | 기계 | 전기·전자 | 유압 | 공압 |
|---|---|---|---|---|---|
| 구동계 | 응답성 | 매우 빠르다. | 매우 빠르다. | 빠르다. | 빠르다. |
| | 정전 대책 | 약간 어렵다. | 어렵다. | 쉽다. | 쉽다. |
| | 보수 | 간단 | 기술 필요 | 약간 간단 | 간단 |
| 제어계 | 신호의 교환 | 어렵다. | 매우 쉽다. | 약간 어렵다. | 쉽다. |
| | 연산 속도 | 빠르다. | 매우 빠르다. | 보통 | 보통 |
| | 내방폭성 | 양호 | 별도 대책 필요 | 양호 | 매우 양호 |
| | 온도의 영향 | 없음. | 크다. | 약간 있다. | 거의 없음. |
| | 습도의 영향 | 없음. | 크다. | 없음. | 크다(드레인에 주의). |
| | 대진동성 | 보통 | 매우 좋다. | 나쁘다. | 좋다. |
| | 제어의 자유도 | 보통 | 매우 좋다. | 나쁘다. | 좋다. |
| | 가격 | 보통 | 약간 고가 | 약간 고가 | 보통 |
| 비고 | | • 구동계로는 캠, 나사, 레버, 링크, 치차 등의 기구에 의해 사용되고 있는 방식<br>• 구동원으로서의 전기 모터 사용 | • 구동계로는 전자 클러치, 브레이크 등 기계식과 제어계는 리밋 스위치, 릴레이 등에 의한 제어 방식 | • 구동계로는 실린더와 같이 가압력을 이용<br>• 제어계로는 각종 유압 제어 밸브에 의한 제어 방식 | • 구동계로는 실린더 등에 의한 구동 방식<br>• 제어계로는 공압 제어 밸브에 의한 제어 방식 |

## ▣2 압축 공기의 응용성

일상 생활에서 흔히 볼 수 있는 자동문에서부터 자동차, 공작 기계, 산업용 로봇, 기차, 선박, 항공기, 우주선 등에 이용하며 특히 자동화 생산 라인을 갖추고 있는 산업 현장에서는 빼놓을 수 없는 에너지원이자 장치이다.

[그림 1.6]은 공압의 이용 분야를 보여준다.

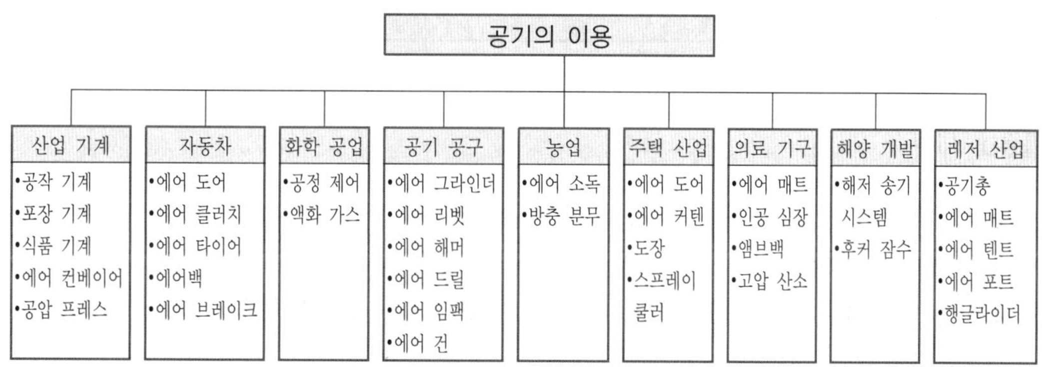


| 그림 1.6 | 공압의 이용 분야

## 3 공압 시스템의 구성

공압 시스템은 전동기나 원동기(내연 기관)로 공기 압축기를 구동하여 기계적 에너지를 공기의 압력 에너지로 변환시키고, 이 공기의 압력을 제어하여 공압 실린더나 공압 모터와 같은 액추에이터(actuator)에 공급함으로써 각종 기계적인 일을 하게 된다. 이들 일련의 기기 요소를 공압 기기라 하고, 이들 결합체를 공압 장치(pneumatic system)라 한다. 공압 장치의 기본 시스템은 공압 발생 장치, 공기 청정화 장치, 압축 공기 조정 제어 밸브 및 액추에이터로 구성된다.

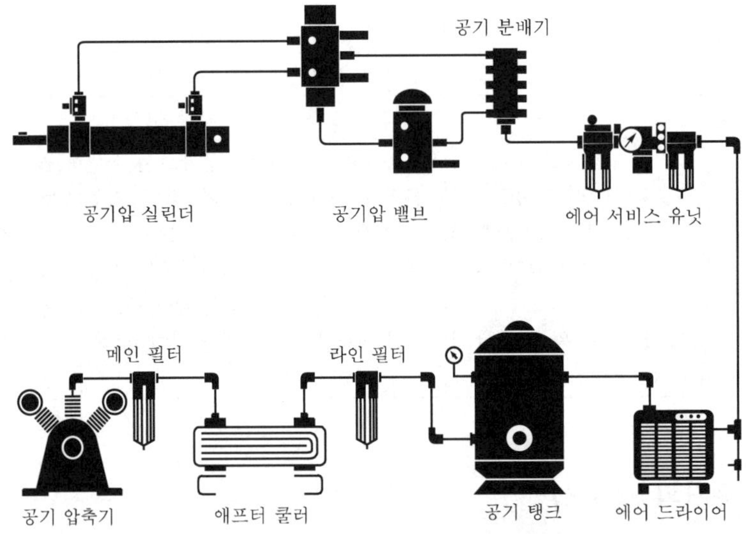


| 그림 1.7 | 공압 시스템의 계통도

## 02 공기 압축기

## 1 개요

공기 압축기(air compressor)는 공압 액추에이터를 구동시키기 위하여 압축 공기를 만들어내기 위한 기기로서, 공압 장치는 공기 압축기를 출발점으로 구성된다. 공기 압축기는 대기압의 공기를 흡입, 압축하여 이상의 압력을 발생시키는 것을 말한다.

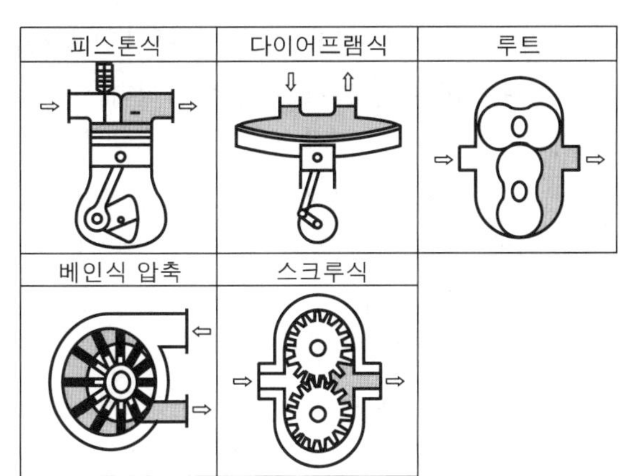

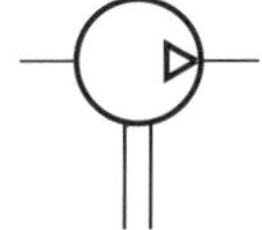

| 그림 1.8 | 체적형 공기 압축기의 종류

## 2 공기 압축기의 효율적 운영 방법

최근 공기 압축기는 여러 가지 용도에 이용되고 있으며, 특히 산업체에서 널리 보급되고 있다. 산업체에서는 각종 제어 계통의 작동 유체로서 또 프로세스에 직접 사용하기도 한다. 이와 같이 널리 사용되고 있는 공기 압축기의 효율적인 운전은 산업체의 원가 절감의 한 방편으로서 또는 에너지의 생산에 따른 공해 배출물의 감소 방안으로서 피할 수 없는 선택 수단이 되고 있다.

## 3 공기 압축기의 일반 특성

### (1) 공기 압축기의 종류 및 특성

공기 압축기는 압축 방식에 따라 크게 세 가지로 분류되며 각각 기계의 특성상 장·단점을 지니고 있으므로 현장 여건에 적합한 압축기를 사용하는 것이 중요하다.

① 왕복동 압축기

　㉠ 실린더 안에 피스톤의 왕복 운동으로 압축 공기를 생성하며, 높은 압력 변화에 따른 유량의 변동이 작은 특징을 가지고 있다.

　㉡ 높은 공기 압력을 생산할 수 있으나, 유량의 한계($3,300[\text{m}^3/\text{h}]$)를 갖고 있어 공기 사용량이 많은 공정에는 부적합하며, 피스톤 운동의 특성상 공기의 흐름이 연속적이지 못하다.

② 스크루 압축기

　㉠ 왕복동 압축기의 피스톤 대신 암·수 로터가 맞물려 회전함으로써 압축 공기를 생성하며, 압력은 왕복동 압축기보다 작으나 공기 유량이 많다.

　㉡ 왕복동 압축기보다 많은 유량을 생산할 수 있으나, 기계적인 소음이 매우 크다. 유

량은 크기에 따라 20,000[m³/h] 정도 생산 가능하나, 그 이상은 작동 원리상 장비의 부피가 현실성 없게 커지는 단점이 있다.

③ 터보 압축기

ㄱ 임펠러를 고속 회전시켜 공기의 속도를 높이고 디퓨저를 통해 속도 에너지를 압력 에너지로 전환시킴으로써 압축 공기를 생성하며 왕복동 압축기와 스크루 압축기의 단점을 보완한 형식이다.

ㄴ 유량을 압력 변동 없이 조절할 수 있으며, 다른 종류의 압축기보다 전력당[kW] 많은 유량을 생산할 수 있다. 그러나 유량 대비 압축비가 높을 때 발생하는 서지 곡선(surge line)이 있어 이 영역에서는 회전체(impeller)가 공회전을 하게 되어, 유동의 흐름이 불규칙하게 되고, 결국 제어가 안 되는 불안정한 상태가 되므로 이 영역을 피해서 운전해야 하는 단점이 있다.

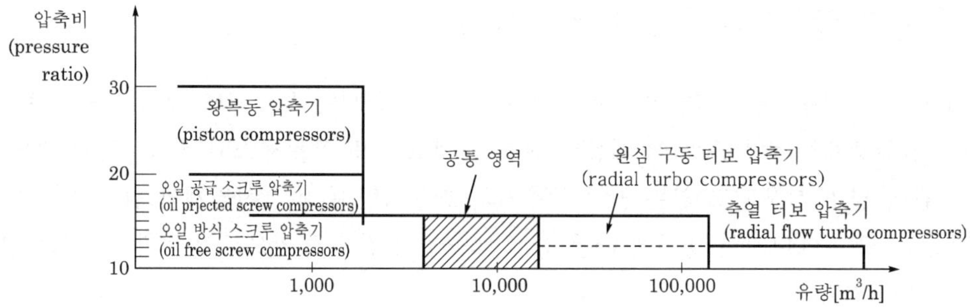


| 그림 1.9 | 압축기 종류별 운전 영역

| 표 1.7 | 압축기 종류별 비교표

| 구분 | 왕복동식 | 스크루식 | 터보식 |
| --- | --- | --- | --- |
| 압축 원리 | 실린더 내에 있는 피스톤의 압축 작용(왕복 용적형) | 밀폐된 케이싱 내의 암·수 로터가 맞물려 회전할 때 점진적 체적 감소를 통한 압축(회전식 용적형) | 임펠러를 고속 회전시켜 공기의 속도를 높이고 디퓨저를 통해 속도 에너지를 압력 에너지로 전환시킴(원심식). |
| 압축 단수 | 2단 압축(20단까지 가능) | 2단 압축(8단까지 가능) | 3단 압축 |
| 공기량 | 일반적으로 120[m³/min]까지 생산할 수 있으며, 그 이상은 기계적인 효율, 진동이 문제가 됨. | 60[m³/min] 이하인 경우 터보식보다 전력비가 저렴함. | 50[m³/min] 이상 한계 없이 제작할 수 있음. |
| 운전 특징 | 높은 압력 변화에 따른 유량의 변동이 작으며, 유량의 한계가 있어 공기 사용량이 많은 공정에는 부적합 | 압력은 왕복동 압축기보다 작으나, 공기 유량이 큼. | 유량을 압력 변동 없이 조절할 수 있으며, 다른 종류의 압축기보다 전력당 많은 유량을 생산할 수 있음. |

| 구분 | 왕복동식 | 스크루식 | 터보식 |
|---|---|---|---|
| 용량 제어 | 현장 공기량의 소요에 따라 100, 75, 50, 25, 0[%]의 5단계 부하 조절이 가능 | 100~0[%] 또는 modulation 방법으로 0~100[%]까지 무단계적으로 흡입 공기량을 조절할 수 있음. | surging 영역이 있으므로 100~70[%] 정도 구간의 부하 운전이 가능하고 50[%] 용량 요구 시는 여분의 압축 공기를 방출 |
| 제어 방법 | 언로더 피스톤 밸브를 조작, 흡입 밸브를 개방 상태로 하여 운전 | 흡입 밸브가 없으므로 언로더 역할을 하는 스로틀 밸브로 흡입구의 압력이 일정하게 유지되도록 비례적으로 교축하여 제어(정압 제어 불가능) | 인렛 가이드 베인을 공기 사용량에 따라 연속적으로 흡입 용량을 조절(정압 제어) |
| Surging | 없음. | 없음. | 70[%] 부하 운전점이 하한선이므로 그 이하 운전 시 대책 필요 |
| 효율 | • 전부하 : 높음.<br>• 부분 부하 : 높음. | • 전부하 : 높음.<br>• 부분 부하 : 높음. | • 전부하 : 아주 높음.<br>• 부분 부하 : 아주 높음. |
| 비고 | | 인버터 장착된 압축기 있음. | |

※ 부분 부하(partial load)와 무부하(unload) 개념 유의

## (2) 설치 환경

공기 압축기는 설치 장소의 조건에 따라 운전 효율 향상과 기계적 수명을 연장할 수 있으므로 다음과 같은 장소에 설치해야 한다.

① 바닥이 평평하고 수평인 면일 것
② 기초 진동이 심한 장소에는 방진 매트(mat)를 깔아줄 것
③ 습기, 먼지가 적고 통풍이 잘된 곳일 것
④ 점검 및 보수가 용이하도록 벽면과 최소한 30[cm] 이상 띄울 것
⑤ 빗물이나 유해 가스가 침입하지 않는 곳
⑥ 실내 온도가 높게 되면 압축기의 효율이 저하하고 압축에 장해가 발생할 우려가 있으므로 반드시 환풍기를 설치하는 것이 좋음.

## (3) 공기의 일반 특성

① 공기의 부피는 절대 온도에 비례하고 절대압에 반비례한다.

$$\frac{P_1 V_1}{T_1} = \frac{P_2 V_2}{T_2}$$

$$V_2 = V_1 \times \frac{T_2}{T_1} \times \frac{P_1}{P_2}$$

② $PV^K = $ 일정$(K : $비열비$) \rightarrow (P_1 V_1{}^K = P_2 V_2{}^K)$

$$\frac{P_1 V_1}{T_1} = \frac{P_2 V_2}{T_2} \Rightarrow \frac{T_2}{T_1} = \frac{P_2}{P_1}\frac{V_2}{V_1} = \left(\frac{V_1}{V_2}\right)^K \left(\frac{V_1}{V_2}\right)^{-1} = \left(\frac{V_1}{V_2}\right)^{K-1} = \left(\frac{P_2}{P_1}\right)^{\frac{K-1}{K}}$$

$$P_1 V_1{}^K = P_2 V_2{}^K \Rightarrow \frac{P_2}{P_1} = \left(\frac{V_1}{V_2}\right)^K \Rightarrow \frac{V_1}{V_2} = \left(\frac{P_2}{P_1}\right)^{\frac{1}{K}}$$

$$\frac{T_2}{T_1} = \left(\frac{V_1}{V_2}\right)^{K-1} = \left(\frac{P_2}{P_1}\right)^{\frac{K-1}{K}}$$

※ 실외 압축기에서의 $T_2$

$$T_2 = T_1 + \frac{T_1}{\eta}\left[\left(\frac{P_2}{P_1}\right)^{\frac{K-1}{K}} - 1\right] \ (\eta : 단열\ 효율)$$

③ 일량

$$W = \int_1^2 P dV = \int \frac{P_1 V_1{}^K}{V^K} dV \ (\because\ P_1 V_1{}^K = PV^K)$$

$$= P_1 V_1{}^K \int_1^2 V^{-K} dV = P_1 V_1{}^K \frac{1}{-K+1}\left[V^{-K+1}\right]_1^2$$

$$= P_1 V_1{}^K \frac{1}{-(K-1)}\left[V^{-(K-1)}\right]_1^2 = P_1 V_1{}^K \frac{1}{-(K-1)}\left[\frac{1}{V^{K-1}}\right]_1^2$$

$$= P_1 V_1{}^K \frac{1}{-(K-1)}\left(\frac{1}{V_2{}^{K-1}} - \frac{1}{V_1{}^{K-1}}\right)$$

$$= P_1 V_1{}^K \frac{1}{K-1}\left(\frac{1}{V_1{}^{K-1}} - \frac{1}{V_2{}^{K-1}}\right)$$

$$= P_1 V_1{}^K \frac{1}{K-1} \frac{1}{V_1{}^{K-1}}\left(1 - \frac{V_1{}^{K-1}}{V_2{}^{K-1}}\right)$$

$$= \frac{P_1 V_1}{K-1}\left\{1 - \left(\frac{V_1}{V_2}\right)^{K-1}\right\}$$

## ▌4 공기 압축기의 동력 및 구성

### (1) 압축기의 소요 동력

공기 압축기의 소요 동력은 다음 식으로 표시할 수 있다.

$$L = \frac{(a+1)k}{k-1} \cdot \frac{P_s \cdot Q_s}{6,120}\left\{\left(\frac{P_d}{P_s}\right)^{\frac{(k-1)}{(a+1)k}} - 1\right\}^{\frac{\phi}{\eta_c \cdot \eta_t}}$$

여기서, $L$ : 소요 동력[kW]

$P_s$ : 흡입 공기의 압력[kg/m$^2$ abs]

$P_d$ : 토출 공기의 압력[kg/m$^2$ abs]

$Q_s$ : 흡입 공기량[m$^3$/min]

$a$ : 중간 냉각기의 수

$k$ : 공기의 단열 지수

$\eta_c$ : 압축기의 전단 열효율[%]

$\eta_t$ : 전달 효율[%]

$\phi$ : 여유율[%]

위 식에 따라 압축기는 압축 공기의 토출 압력 및 토출 공기량과 비례 관계에 있으므로 이들 값을 줄이면 축동력이 감소함을 알 수 있다.

## (2) 압축기의 구동 동력

$$L_m = \frac{L_s}{\eta_r \cdot \eta_m}$$

여기서, $L_s$ : 압축기의 소요 동력

$\eta_r$ : 동력 전단 장치(벨트, 체인 등)의 효율

$\eta_m$ : 전동기의 효율

$L_m$ : 구동 원동기의 입력[kW]

※ 공기 압축기 효율 측정 방법에 대해 자세한 사항은 KS-6350, 6351을 참조할 것

## (3) 압축기의 구성

산업체 생산 제품에 따라 압축기 시스템은 조금씩 차이가 있으나 일반적으로 다음과 같은 구조로 설치되어 있다.

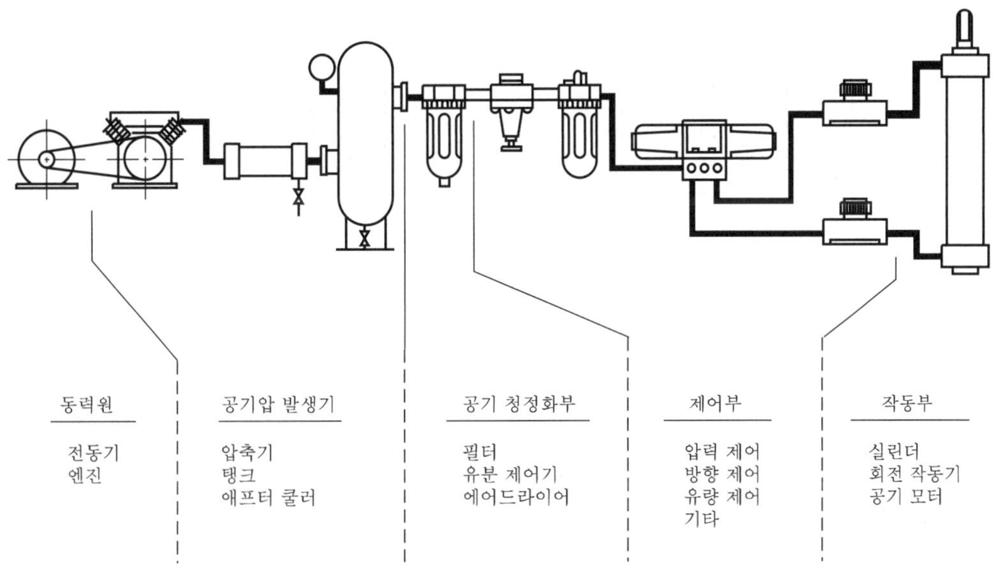


| 그림 1.10 | 일반적인 공기 압축기 시스템

① **후부 냉각기**(after cooler)

압축기 후단부(discharge)에서의 에어 온도는 최고 250[℃] 정도까지 상승하므로 탱크, 배관 등 송출 도중에서의 방열량으로는 충분히 냉각이 될 수 없으므로 송출 온도 그대로 사용할 경우 사용 기기에서 패킹의 열화를 촉진하거나, 말단에서 냉각된 수분이 배출되어 사용 기기에 나쁜 영향을 미친다.

따라서 후부 냉각기를 설치하여 공기 온도를 낮추고 수분도 어느 정도 분리하여야 효과적이다.

② **공기압 탱크**(receiver tank)

공기압 탱크는 공기의 압축성을 충분히 갖도록 함으로써 소비량의 변동에 대응하여 압축기의 맥동을 제거하거나 탱크의 표면에서의 방열을 이용하여 냉각 작용을 돕는 것도 가능하다. 또 저장된 공기를 정전 시 사용하는 것도 가능하다.

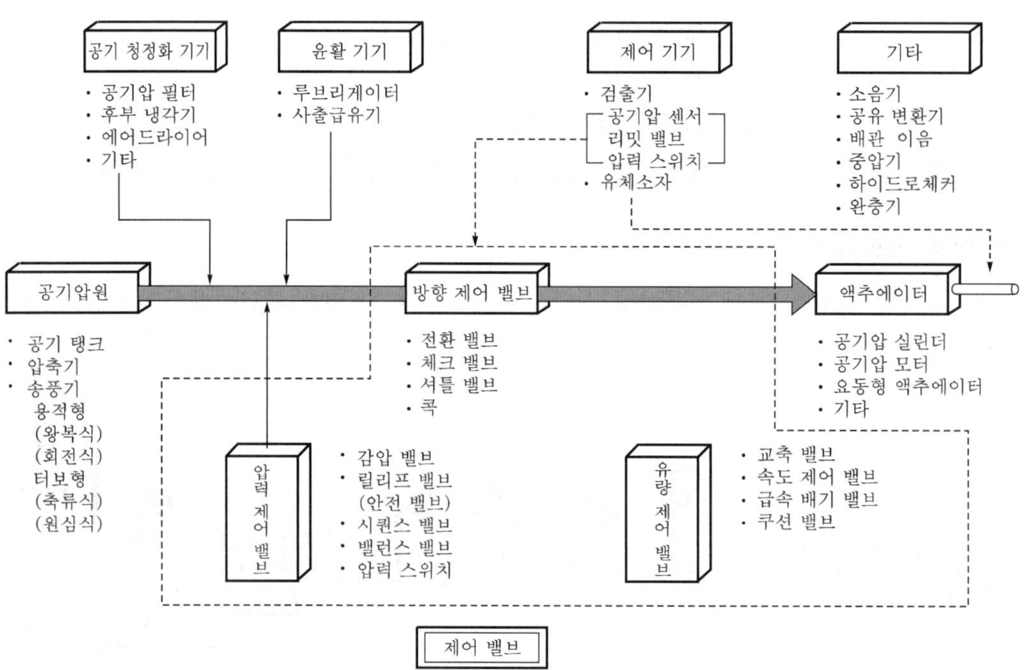


**│그림 1.11│ 공기 압축기 시스템 제어 계통**

③ **에어 필터**(air filter)

압축된 공기에 포함된 먼지 등 이물질은 공압 기기 및 생산 제품에 불리한 영향을 끼치므로 이를 제거하기 위하여 공기 필터를 설치한다.

④ **드레인 트랩**

애프터 쿨러 출구 부분, 리시버 탱크 하단부, 에어 필터 하단부, 배관 라인 도중에 부착하여 분리되는 수분이나 오일을 배출시키는 것으로 자동적으로 일정량이 모이면 배

출시키는 자동 배출기나 타이머로 작동하는 전자식(auto trap)이 있다.

⑤ 공기 건조기(air dryer)

후부 냉각기나 탱크에서의 냉각으로는 수분 제거가 불충분하므로 강제적으로 수분을 제거하여 가압하(압축기 내 발생 압력) 노점을 하향시키기 위해 에어 드라이어를 설치한다.

## 5 공기 압축기의 소요 동력 저감 방안

### (1) 흡입 공기 온도 저감

① 공기 압축기에 흡입되는 공기는 온도가 낮을수록 전력 절감 효과가 있다. 이론 단열 공기 동력은 토출 압력과 유량(체적 유량)에 비례하므로 흡입되는 공기의 온도가 높을수록 체적(유량 : $Q_s$)이 증가하므로 소비 동력도 증가함을 알 수 있다.

② 소비 동력과 흡입 온도와의 관계를 그래프로 나타내면 흡입 온도가 낮을수록 소비 동력도 저하됨을 알 수 있으며 이를 위해 실내 온도가 높을 경우 외기 흡입을 위해 흡입구를 실외로 빼내는 것이 좋다. 이 경우 빗물 등에 의해 장해가 없도록 유의해야 하며 또한 충분한 굵기의 유도관을 설치하여 흡입 압력이 낮아지지 않도록 주의를 해야 한다.

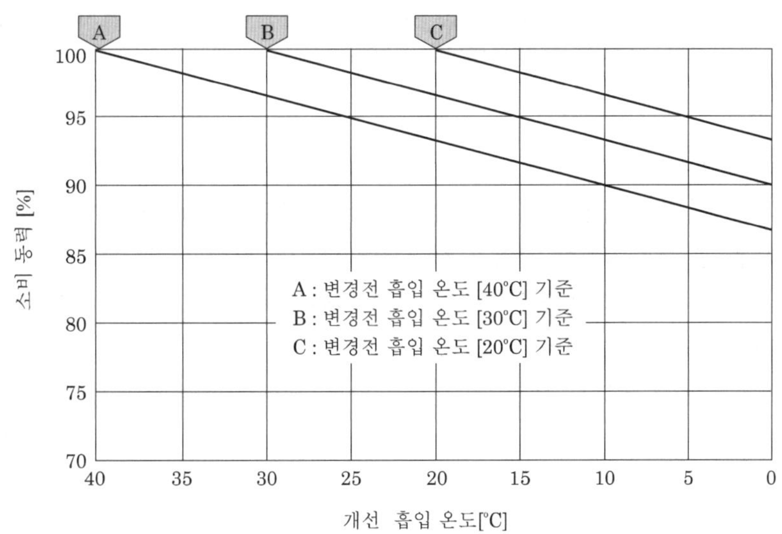


| 그림 1.12 | 흡입 온도와 소비 전력

**공식**  흡입 온도 저하에 따른 전력 절감량의 산출 방법

$$\varepsilon = \left(1 - \frac{T_2}{T_1}\right) \times 100$$

여기서, $\varepsilon$ : 절전율[%]

$T_1$ : 개선 전 흡입 공기 절대 온도[°K]

$T_2$ : 개선 후 흡입 공기 절대 온도[°K]

실내 평균 온도 25[℃]인 공기 압축기실에서 실내 공기를 흡입하던 것을 덕트를 설치하여 외부 공기를 흡입할 경우 개략적인 절감률은? (단, 외기 평균 온도 : 15[℃])

$$\varepsilon = \left(1 - \frac{273 + 15}{273 + 25}\right) \times 100 = 3.3[\%]$$

**참고**

**산업체 실제 운전 현황**

터보 압축기는 외기 흡입을 많이 도입하고 있으나 스크루 압축기는 실내에 설치된 배관으로 인하여 덕트 설치 공간이 부족하여 외부 공기를 흡입하는 것이 불가능한 경우가 다반사이다. 이럴 경우 실내에 냉동기가 운전되고 있고 부하에 여유가 있다면 냉동기의 냉수를 이용하여 흡입 공기를 냉각하여 운전하는 것도 하나의 방법이다.

## (2) 흡입 공기 압력 조정

① 공기 압축기에는 깨끗한 공기의 흡입을 위해 여과기(filter)를 설치하며 이 여과기의 엘리먼트를 통하여 미세한 먼지가 제거되어 맑은 상태로 실린더 내부로 흡입된다. 흡입 여과기가 막히게 되면 흡입이 불량하게 되어 압축 효율이 불량해지고 여과 불량으로 실린더에 장해가 발생할 수 있으므로 엘리먼트를 자주 청소해 주어야 한다.

② 통상적으로 500시간 정도 운전 후 청소를 하며 먼지가 많은 장소에서는 200시간 정도 운전 후 청소를 하여야 한다. 청소 방법은 압축 공기로 엘리먼트 내부에서 불어주며 오염 상태가 다소 심한 경우에는 물로 세척 후 공기로 불어준다. 수세인 경우에는 5회까지 가능하며 이 이상 초과한 경우나 오염이 심하여 청소 효과를 기대하기 어려운 경우에는 신품으로 교체해야 한다.

③ 다음 [그림 1.13]은 소비 전력과 흡입 압력과의 관계를 나타낸 것으로 소비 전력은 흡입 압력과 토출 압력의 압축비($P_d / P_s$)에 비례하므로 흡입 압력이 낮아질수록 압축비가 상승하므로 소비 전력도 상승됨을 알 수 있다.

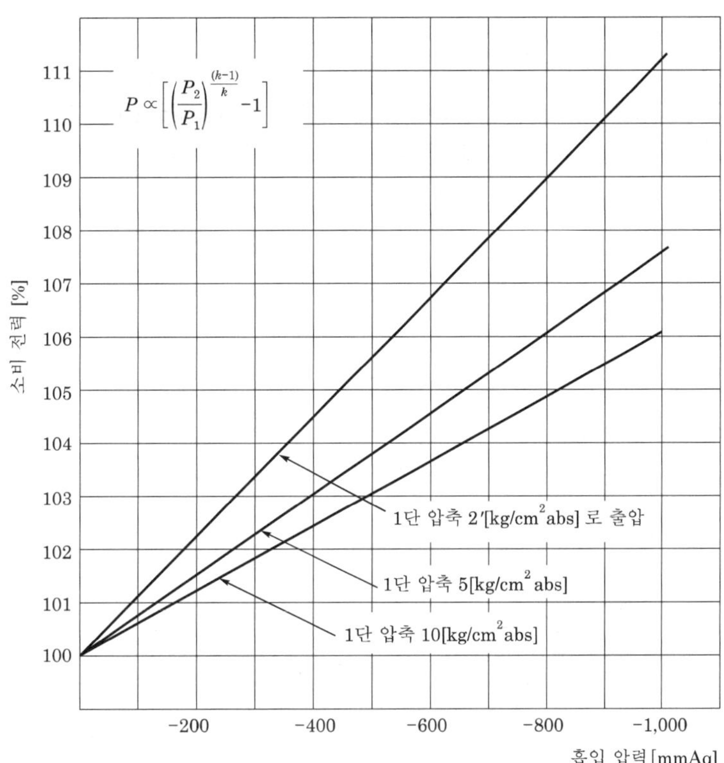



| 그림 1.13 | 흡입 압력과 소비 전력과의 관계

---

**공식**　흡입 압력 저하에 따른 전력 절감률의 산출 방법

$$\varepsilon = \left[ 1 - \frac{\left\{ \left( \dfrac{P_2}{P_1{}'} \right)^{\frac{(k-1)}{(a+1)k}} - 1 \right\}}{\left\{ \left( \dfrac{P_2}{P_1} \right)^{\frac{(k-1)}{(a+1)k}} - 1 \right\}} \right] \times 100$$

여기서, $\varepsilon$ : 전력 절감률[%]

$P_1$ : 개선 전 흡입 공기 절대 압력($[kg/m^2\,abs] \to 10^4[kg/cm^2\,abs]$)

$P_1{}'$ : 개선 후 흡입 공기 절대 압력($[kg/m^2\,abs] \to 10^4[kg/cm^2\,abs]$)

$P_2$ : 토출 공기 절대 압력($[kg/m^2\,abs] \to 10^4[kg/cm^2\,abs]$)

$a$ : 중간 냉각기의 수(이론 단열 공기압축 $a=0$)

$k$ : 공기의 단열 지수(1.4)

**예제**

흡입 압력 $-500[\text{mmAq}]$일 때 이를 개선하여 $-100[\text{mmAq}]$로 하였다면 개략적인 전력 절감률은? (단, 1단 압축일 경우이며 토출 압력 $4[\text{kg/cm}^2 \cdot \text{g}]$)

$$\varepsilon = \left[ 1 - \frac{\left\{ \left( \dfrac{5}{0.99} \right)^{\frac{0.4}{1.4}} - 1 \right\}}{\left\{ \left( \dfrac{5}{0.95} \right)^{\frac{0.4}{1.4}} - 1 \right\}} \right] \times 100 = 3.10[\%]$$

## (3) 흡입 공기 습도 조정

흡입 공기의 습도가 높으면 흡입 공기 중에 실제 공기가 차지하는 부피가 적어지므로 그만큼 압축 후의 공기량은 적어진다.

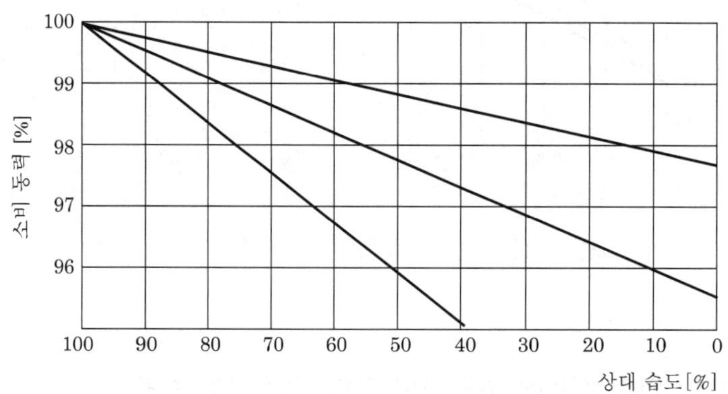


| 그림 1.14 | 상대 습도와 소비 동력과의 관계

따라서 흡입구를 옥외에 설치할 경우 빗물의 비산이나 안개 등이 흡입되지 않도록 빗물 커버를 설치하고 흡입 공기가 가능하면 깨끗하고 건조한 저온의 공기가 되도록 하는 것이 좋다.

**공식** 상대 습도에 따른 소비 동력 절감률 산출 방법

$$\varepsilon = \left[ 1 - \frac{10{,}332 - P_W \times \dfrac{10{,}332}{760} \times \phi_1}{10{,}332 - P_W \times \dfrac{10{,}332}{760} \times \phi_2} \right] \times 100$$

여기서, $P_W$ : 해당 온도에서의 증기압[mmHg]

$\phi_1$ : 개선 전 상대 습도[%]

$\phi_2$ : 개선 후 상대 습도[%]

온도가 30[℃]인 공기의 상대 습도가 80[%]에서 60[%]로 낮추어졌을 때 개략적인 절감률은? (단, 30[℃]에서의 증기압은 31.83[mmHg])

$$\varepsilon = \left[ 1 - \frac{10{,}332 - 31.83 \times \dfrac{10{,}332}{760} \times 0.8}{10{,}332 - 31.83 \times \dfrac{10{,}332}{760} \times 0.6} \right] \times 100 = 0.86\,[\%]$$

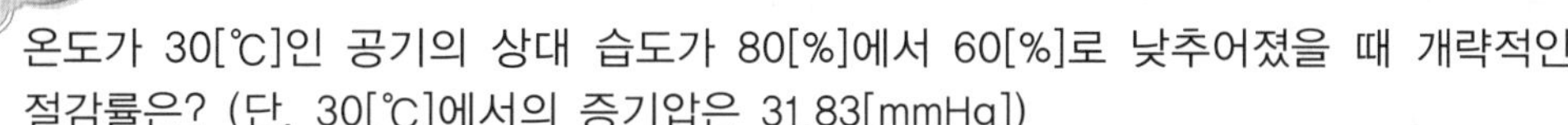

**산업체 실제 운전 현황**

계절별 온·습도가 다른 우리나라의 기후 조건에서 상대 습도를 일정하게 유지하여 압축기 흡입 측에 공급한다는 것은 현실적으로 어렵다. 그러나 증기 다소비 업체 중 컴프레셔룸에 증기가 누증되거나 또는 응축 수조가 있는 경우에는 실내 상대 습도가 상당히 높아서 이러한 경우에 실내 습도를 낮추는 방안을 강구한다면 전력 절감이 가능하겠다.

## (4) 토출 압력의 적정

공기의 압력은 압축 공기 사용 기기의 필요 압력에 따라 결정되나 높은 압력으로의 압축은 전동기의 소비 동력이 더 필요하므로 가능하면 낮추어 사용하는 것이 좋다.

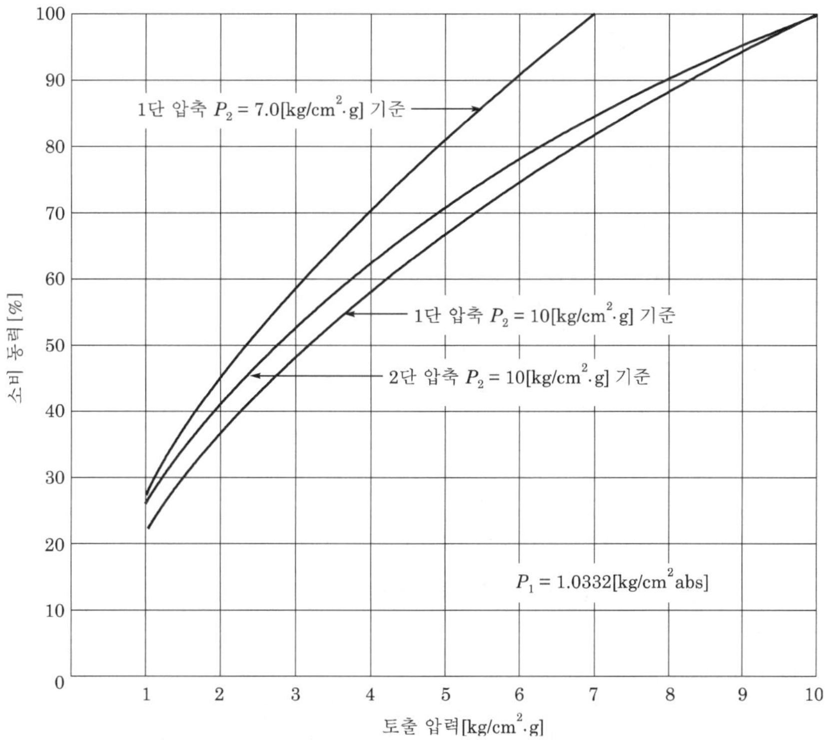


| 그림 1.15 | 압축기 토출 압력과 소비 동력과의 관계

[그림 1.15]는 토출 압력과 소비 동력과의 관계를 나타낸 것이다. 보통 압축기의 압력을 1[kg/cm$^2$] 정도 낮추게 되면 6~8[%]의 축동력 감소 효과가 기대된다.

**공식**　토출 압력을 낮추었을 때의 절감률 산출 방법

$$Lad \propto \left\{\left(\frac{P_2}{P_1}\right)^{\frac{(k-1)}{(a+1)k}} - 1\right\}$$

$$\varepsilon = \frac{Lad_1 - Lad_2}{Lad_1} \times 100$$

여기서, $Lad$ : 이론 단열 공기 동력[kW]

$P_1$ : 대기 압력(흡입 압력)

$P_2$ : 개선 전후의 토출 절대 압력

**예제**　현재 토출 압력 7[kg/cm$^2$]를 6[kg/cm$^2$]로 낮추었다면 절감률은?

$$Lad_1 \propto \left\{\left(\frac{8}{1}\right)^{\frac{0.4}{1.4}} - 1\right\} = 0.8114, \quad Lad_2 \propto \left\{\left(\frac{7}{1}\right)^{\frac{0.4}{1.4}} - 1\right\} = 0.7436$$

$$\varepsilon = \frac{0.8114 - 0.7436}{0.8114} \times 100 = 8.36[\%]$$

**참고　토출 압력의 운전 현황**

(1) 산업체 실제 운전 현황

　　1) 일반적으로 토출압을 과하게 설정하여 운전하는 경우에는 토출 압력을 낮게 설정하여 운전하면 되나 실제 산업체에서 토출압을 높혀서 사용하는 경우 다음과 같은 경우가 대부분이므로 주의가 요한다.

　　2) 생산 업체의 실제 운전 현황에 따른 문제점

　　　① 사용처마다 필요 공기 압력이 다르나 부하 변동에 따른 압력 강하를 대비하여 전체 공기 배관을 loop 배관으로 형성한 경우

　　　② 배관의 굴곡 개소가 많거나, 공기 배관 설비의 노후로 인한 누설로 인하여 사용처에서의 압력이 설계치 이하로 저하되어 공급되는 경우

　　　③ 설계보다 과한 배관 분기로 인한 관말에서의 압력 강하의 경우

　　위의 경우에 토출압만 낮춘다면 생산 설비에서 문제가 발생될 수 있으므로 주의 깊은 검토가 요망된다.

(2) 각 현황에 따른 개선 대책

　　1) 압축 공기는 고가의 에너지이므로 각 사용처 필요 압력별로 배관 라인을 구분하여 그에 해당하는 압력의 압축 공기를 공급한다(단, 압력별로 loop 배관은 유지시킨다).

2) 일반적으로 공기 압축기 토출구에서 최종단 사용처 배관 라인까지의 설계 압력 강하는 $0.2[\mathrm{kg/cm^2}]$ 이내이므로, 배관 굴곡 개소를 줄이고 누설 부위를 차단하여 압력 강하를 줄임으로써 토출 압력을 낮춘다. 일반적으로 산업체 공기 압축기 시스템에서 발생하는 누기율은 $20[\%]$ 이상이므로 이 문제를 해결한다면 용량, 압력 등 여러면에서의 문제점을 해결할 수 있으나 현실적으로 누기율을 줄이는 데는 다소 시간이 걸린다.

3) 관말에 압력 강하를 방지할 수 있는 용량의 receiver tank를 설치한다.

(3) 현장 실제 압축기의 토출 압력 및 부하율과 소비 동력과의 관계 예

1) 컴프레서의 사양

| | |
|---|---|
| 토출 압력[kg/cm²·g] | 7 |
| 토출량[m³/min] | 40 |
| 용량 조정[%] | 0, 50, 100 3단계(흡입변 개방 방식) |
| 전동기 | 3.3[kW], 300[kW] |

2) 토출 압력과 전동기 동력[kW]

| 압력[kg/cm²·g]    부하[%] | 7 | 6 | 5 | 4 | 3 |
|---|---|---|---|---|---|
| 100 | 226 | 216 | 205 | 190 | 166 |
| 50 | 156 | 150 | 144 | 134 | 120 |

3) 부하(풍량)와 전동기 동력[kW]

| 부하[%] | 0 | 50 | 100 |
|---|---|---|---|
| 토출량[m³/min] | 0 | 20 | 40 |
| 입력[kW] | 44 | 132 | 220 |

사용 압력이 $7[\mathrm{kg/cm^2}]$(부하율 : $100[\%]$)일 때 동력이 $226[\mathrm{kW}]$이었던 것이 $1[\mathrm{kg/cm^2}]$ 감소하여 $6[\mathrm{kg/cm^2}]$가 되면 $216[\mathrm{kW}]$로 떨어진다. 즉, 사용 압력을 $1[\mathrm{kg/cm^2}]$ 감소시키면 소요 동력을 약 $4[\%]$ 정도 절감시킬 수 있다. 또 부하율에 따라서 동력의 변화가 큼을 알 수 있다.

## (5) 압축 공기의 누설 방지

제어용이나 작업용으로 사용되는 각종 기계나 전동 드라이버 등에서는 에어 밸브나 실린더 등의 노후 패킹이 좋지 않아 누설이 되는 경우가 많다. 이때 정확한 공기의 누설을 측정하면 누설에 의한 낭비 전력을 계산할 수 있다.

**공식**    압축 공기의 누설 시 전력 손실 계산식

$$Lad = \frac{k}{k-1} \cdot \frac{P_1 \cdot Q \cdot C}{6,120}\left\{\left(\frac{P_2}{P_1}\right)^{\frac{(k-1)}{k}} - 1\right\} \times \frac{1}{\mu}\,[\mathrm{kW}]$$

여기서, $Q$ : 불출 공기량$[\mathrm{N \cdot m^3/min}]$

$C$ : 유량 계수

$\mu$ : 압축기 효율[%]

$P_1$ : 흡입 압력(대기 압력)$[\text{kg}/\text{m}^2\text{abs}]$

$P_2$ : 누설 압력$[\text{kg}/\text{m}^2\text{abs}]$

**예제**

현재 토출 압력 7[kg/cm²]의 압축 배관에 직경 2[mm]의 찌그러진 구멍이 생겼을 때 누설되는 공기에 의해 손실되는 전력의 개략치는? (유량 계수 $C=0.5$, 압축기 효율 60[%], 구멍 직경이 2[mm], 유량 계수($C$)=1일 때 0.3[m³/min])

$$Lad = \frac{1.4}{1.4-1} \cdot \frac{1 \times 10^4 \times 0.3 \times 0.5}{6{,}120} \left\{ \left( \frac{8}{1} \right)^{\frac{(1.4-1)}{1.4}} - 1 \right\} \times \frac{1}{0.6} = 1.16[\text{kW}]$$

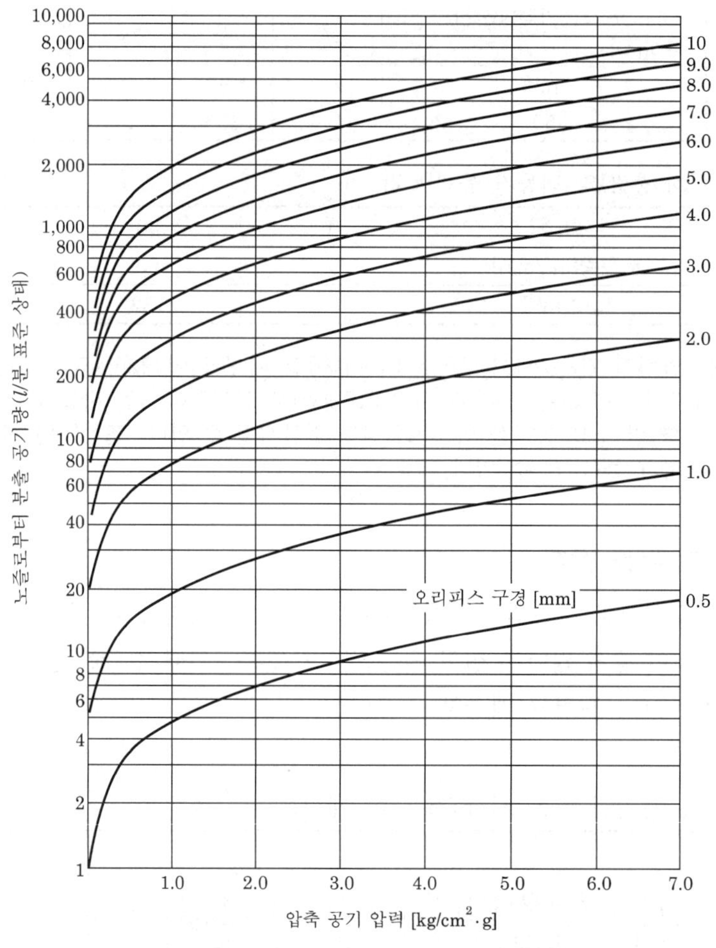


| 그림 1.16 | 압축 공기 누설률 측정 방법

**| 표 1.8 |** 누설 구경 대비 손실 전력   (6[kg/cm$^2$] 기준)

| 구경[mm] | 구멍 면적[mm$^2$] | 누설량[N·m$^3$/h] | 환산 동력[kW] |
|---|---|---|---|
| 1 | 0.79 | 3.4 | 0.28 |
| 2 | 3.14 | 14.5 | 0.7 |
| 3 | 7.06 | 32.0 | 1.8 |
| 5 | 19.63 | 90.0 | 7.4 |

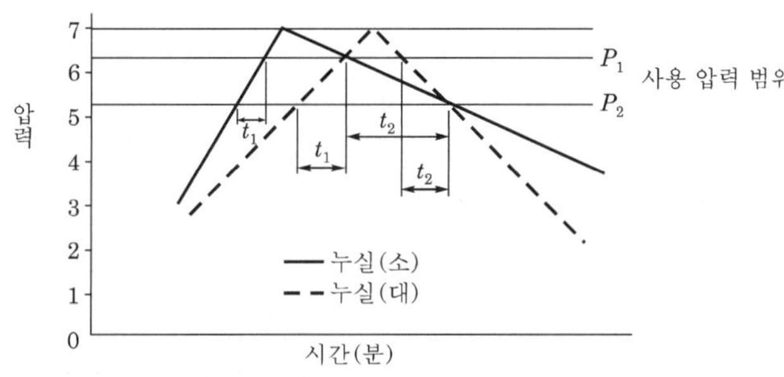


**| 그림 1.17 |** 시간과 압력과의 관계

$$누설률[\%] = \frac{t_1}{t_1 + t_2} \times 100[\%]$$

## (6) 고효율 압축기의 운전율 증대

각 기기의 운전 효율을 측정하여 가능한 고효율 기기의 가동 시간율을 증대하고 효율이 낮은 기기를 예비기로 활용한다. 그리고 동시 가동 시에는 고효율 기기를 베이스 기기로, 저효율 기기를 부하 조정용으로 활용한다.

가동 연도와 비교하여 성능이 극히 저조한 기기는 over-haul을 실시토록 하고 그래도 성능 복구가 안 될 때는 개체를 검토한다.

## (7) 배관 손실의 저감

컴퓨레셔의 토출 압력을 $\Delta P_1$[kg/cm$^2$], 배관의 압력 손실을 $\Delta P$[kg/cm$^2$]로 한다면 사용처의 압력 $P_2 = P_1 - \Delta P$[kg/cm$^2$]로 된다. 공기 사용처에는 사용 압력이 결정되어 있으므로 $\Delta P$가 클 경우 토출 압력 $P_1$을 높게 할 필요가 있어 소요 동력의 증가가 초래된다.

공기압 배관 1[m]당의 압력 손실은

$$\Delta P = 40.40 \times \frac{\lambda(T+273)Q^2}{(P+1.033)d^5}[\text{kg/cm}^2]$$

여기서, $P$ : 공기의 압력[kg/cm$^2$]

$T$ : 공기의 온도[℃]

$\lambda$ : 관마찰 계수

$d$ : 관내경[mm]

$Q$ : 유량[$l$/min]

그러므로 앞에서 언급했다시피 $\Delta P$가 감소하면 소비 동력이 절감되므로 불필요한 밸브 및 배관 굴곡 개소를 줄이고 충분한 굵기의 배관을 설치하여 $\Delta P$를 줄여야 된다. 그리고 배관의 loop화 및 압력 손실이 1[kg/cm$^2$] 이상일 때 배관경의 증대도 검토되어야 한다.

## (8) 공기 사용처의 합리화

### ① 사용 압력의 저감 운전

[그림 1.16]에서도 알 수 있듯이 사용 압력을 저감하면 확실히 동력은 감소하고 [그림 1.17]에서 서술한 누설량은 $P_1 - P_2$에 비례하므로 $P_2$가 대기압인 경우는 사용 압력 (게이지압)의 평방근에 비례하여 누설량이 감소한다.

### ② 냉각용, 퍼즈용 공기를 핀 방식으로 전환

단순히 냉각과 purge(분사 및 오물 제거)를 목적으로 하는 용도(즉, 소정의 풍량만 얻으면 좋은 경우)에 대해서는 공기 분사 방식을 핀 방식으로 전환하는 것이 좋다. 예로서 저압 스프레이 설비인 경우, 스프레이 압력이 0.5[kg/cm$^2$·g] 정도의 것은 핀으로 전환이 가능하다.

일반 방식에 의한 압축 공기는 1[N·m$^3$/min]당 5~6[kW]의 동력을 요구하지만 핀 방식에서는 0.2~0.4[kW] 밖에 소요되지 않는다(500~1,000[mmAq], 100~500[m$^3$/min]인 경우).

### ③ 연속 사용을 간헐 사용화

노즐에서 공기를 분사하여 사용하고 있는 설비에는 밸브의 개폐를 전자화하고 원격 조작 또는 설비와 연동하여 노즐 폐시간을 길게 하여 압축 공기의 낭비를 없게 한다. 또 연속적으로 분사하고 있는 것은 간헐적으로 분사할 수 있는지를 검토하여 실시한다.

## (9) air receiver tank

air receiver tank는 시스템 내 맥동 감소, 응축수 제거, 냉각, 압축 공기 저장 등 여러 가지 기능을 갖고 있는데, 순간적으로 많은 압축 공기가 사용될 때 일정 범위의 시스템 압력을 유지할 수 있다. 또 자동 운전이나 압축기의 부하·무부하 운전 횟수를 감소시켜 모터와 관련 부품의 수명을 연장시킬 수 있다.

### ① receiver tank 용량 산정 방법

$$V \geq \frac{P_A}{P_U - P_L} \times V_C \times T \cdots$$

여기서, $V$ : 배관 용량+receiver tank 용량[m$^3$]

$P_A$ : 대기압(1.0332[kg/cm$^2$])

$P_U$ : 상한 압력$[kg/cm^2]$

$P_L$ : 하한 압력$[kg/cm^2]$

$V_C$ : 사용 공기량(min : max compressor 토출 공기량)

$T$ : 허용 압력 하강 시간(min : holding time)

위 식를 보면 receiver tank 용량을 결정하는 데 있어서 가장 중요한 변수는 $T$(holding time)임을 알 수 있다. 왜냐하면 나머지 변수는 공정 및 공기압 시스템에 관련하여 이미 정해져 있기 때문이다.

### 예제

운전 중인 공기 압축기 trip시 stand-by용 압축기가 공정에 지장을 주지 않고 부하 운전이 가능하는 데 필요한 Receiver Tank 용량은? (단, $P_U$=7.5kg/cm², $P_L$=6.5 kg/cm², $V$=43.5cm³(기존 Tank 용량=40.3m³, 배관 내 체적=3.2m³), $V_C$=8,500 Nm³/h, stand-by용 압축기 기동 방식 : 직입 기동 방식)

$$\text{Holding Time} = \frac{P_U - P_L}{P_A} \times \frac{V}{V_C}$$

$$= \frac{8.5332 - 7.5332}{1.0332} \times \frac{43.5 \times 3,600}{8,500}$$

$$= 17.9(\text{초})$$

$$\text{Receiver Tank 용량} = \frac{P_A \times V_C \times T}{P_U - P_L} - \text{배관 내 체적}$$

$$= \frac{1.0332 \times 8,500 \times 30}{(8.5332 - 7.5332) \times 3,600} - 3.2$$

$$= 70m^3$$

모터를 직입 기동하는 stand-by용 압축기가 기동하여 부하 운전을 하는 데 소요되는 시간이 일반적으로 20~25초가 소요되므로 holding time이 17.9초인 경우 공기압 시스템 내 압력 강하를 초래하여 문제를 야기시킬 수 있으므로 receiver tank 용량을 키워야 함을 알 수 있다. holding time을 30초로 할 경우 receiver tank 용량은 다음과 같다.

$$\text{receiver tank 용량} = \frac{P_A \times V_C \times T}{P_U - P_L} - \text{배관 내 체적}$$

$$= \frac{1.0332 \times 8,500 \times 30}{(8.5332 - 7.5332) \times 3,600} - 3.2$$

$$= 70[m^3]$$

그러므로 기존 receiver tank 용량이 40.3[m³]이므로 29.7[m³]만큼의 receiver tank를 증설하여야 한다.

② 압축기 동력별 일반적 receiver tank 용량

**│표 1.9│ 압축기 동력별 탱크 용량**

| 압축기 동력 | receiver tank 용량 |
| --- | --- |
| 30~50[HP] | $0.5 \sim 1[\text{m}^3]$ |
| 50~100[HP] | $1 \sim 3[\text{m}^3]$ |
| 100~200[HP] | $2 \sim 5[\text{m}^3]$ |
| 200~300[HP] | $3 \sim 10[\text{m}^3]$ |
| 300~500[HP] | $5 \sim 20[\text{m}^3]$ |

단, 왕복동식 압축기는 압축 시 맥동이 발생되므로, 보다 큰 용량을 써야 한다.

## 6 합리적 용량 조절 운전 방법

### (1) 단일기의 경우

① 단속 운전

unload율 100[%](무부하 상태)를 운전하고 있는 경우에는 압축기 자체를 정지시킨다. 즉 부하에 대응한 단속 운전을 행한다. 무부하 시의 소비 동력은 스크루형인 경우는 정격 동력의 약 50[%]이고 왕복동식인 경우는 약 20[%]로 상당히 크므로 단속 운전을 하여 불필요한 손실을 줄여야 한다.

② 효율적 용량 조정

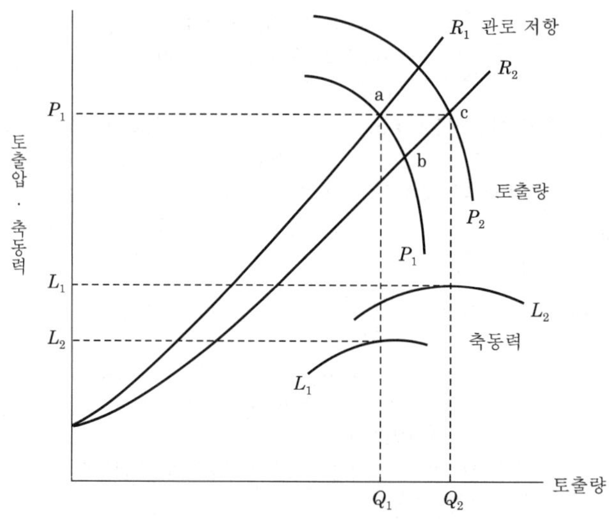


**│그림 1.18│ 공기 압축기의 성능 곡선**

㉠ 용량 조정의 원리 : 공기 압축기의 성능 곡선의 예를 표시한 것이다. 토출 측 배관의 저항이 $R_1$이고, 토출압 $P_1$으로 운전하고 있다면 운전점은 a점이고, 토출량은

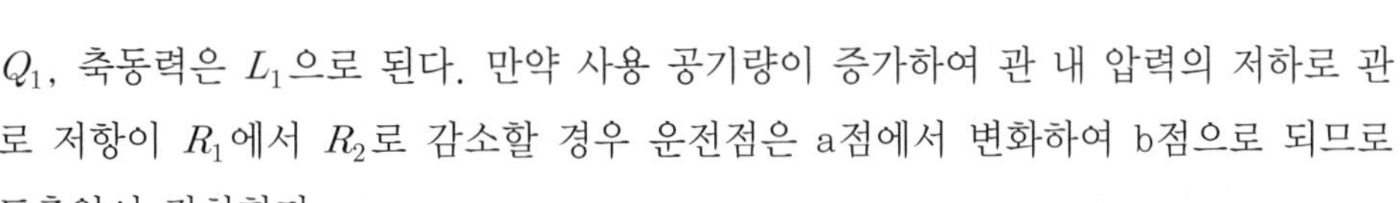

$Q_1$, 축동력은 $L_1$으로 된다. 만약 사용 공기량이 증가하여 관 내 압력의 저하로 관로 저항이 $R_1$에서 $R_2$로 감소할 경우 운전점은 a점에서 변화하여 b점으로 되므로 토출압이 강하한다.

압축기에서는 토출압을 일정 범위로 운전하는 것이 원칙이기 때문에 그 토출압 저하를 압력 조정변 또는 압력 스위치로 검출하여 흡기변에 신호를 보내 흡기변의 개도를 늘린다. 그때 압력 곡선은 $P_1$에서 $P_2$로 변화하여 전환점 c점이 되고 압력은 종래의 $P_1$, 토출양은 $Q_2$, 축동력은 $L_2$로 된다. 즉, 사용 공기량의 변화를 토출 압력으로 검출하고, 토출 압력을 일정하게 유지시키는 것에 유의하여 부하(사용 공기량)에 대처 조정한다.

ⓛ 용량 조정 방법 : 용량 조정 방법에는 연속식과 단계식 등이 있지만 압축기의 기종에 따라서 결정되어진다.

## (2) 복수기의 경우

병렬 운전을 하고 있는 경우에는 사용 공기량의 변동이 클 때 대수 제어를 하는 것이 효율적이다.

① 일반적 대수 제어

대수 제어에는 운전 대수 제어와 용량(부하) 조정이 있다. 이 경우의 고찰 방법은 다음과 같다.

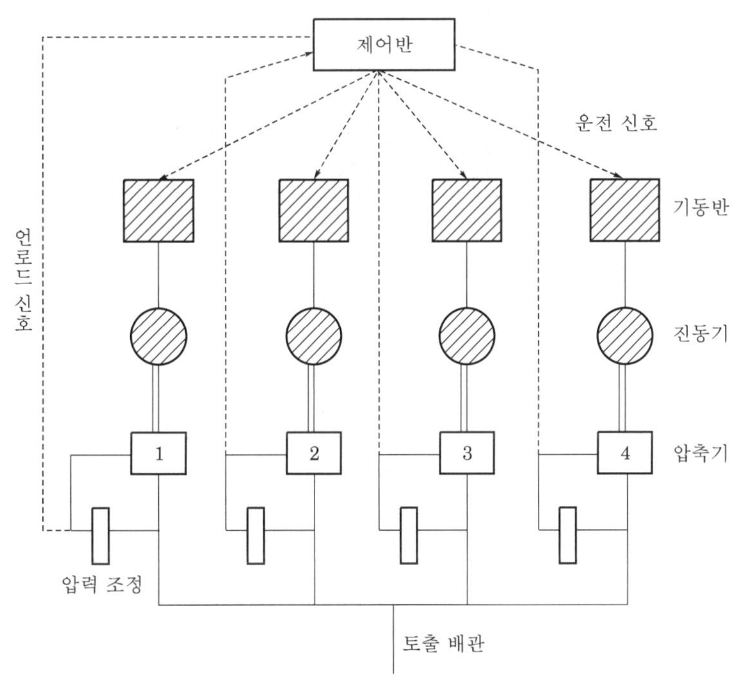


| 그림 1.19 | 일반적 대수 제어

㉠ 시동 순서·정지 순서 : [그림 1.19]에서 시동 순서는 $1 \rightarrow 2 \rightarrow 3 \rightarrow 4$, 정지 순서는 $4 \rightarrow 3 \rightarrow 2 \rightarrow 1$이다.

㉡ 용량 조정 : 각 기기는 자체의 언로드에 의해 운전된다. 즉, 각 기기는 저마다의 압력 조정변을 갖고 그 설정압에 의해 각 기기의 용량 조정을 행한다. 용량 조정은 통상 0[%], 50[%], 100[%] 등의 단계로 나눌 수 있다.

㉢ 시동 신호 : [그림 1.19]에서 1호기, 2호기가 운전하고 있다고 할 때 그 부하가 100[%](언로드율 0[%])로 될 경우 3호기가 시동 운전 상태로 되고 1, 2, 3호기 모두가 부하 100[%]로 될 경우 4호기가 시동하게 된다.

㉣ 정지 신호 : 4대가 운전하고 있다고 할 때 전기(全機)의 부하가 50[%]일 경우 우선 4호기가 정지하고 다음에 운전 중 3기의 부하가 모두 50[%]에 이르면 3호기도 정지한다. 이 방법으로는 전기가 거의 같은 부하율로 운전하는 것이 된다. 즉, 정지할 때는 전기가 50[%] 부하로 되지 않으면 안 되기 때문이다. 이와 같은 부분 부하 운전을 많이 실시하게 되면 에너지 손실과 운전 효율이 나빠진다.

② **효율적 대수 제어**

압축기는 100[%] 부하일 때가 최고 효율이 된다. 다수의 압축기가 부분 부하 운전을 하고 있는 것은 전력을 낭비하고 있는 것이 된다. 효율적 대수 제어로 운전하고 있는 기기는 전부 100[%] 부하로 운전하는 것을 원칙으로 하고 1대만을 변동 부하에 대처하기 위해 용량 조정을 행한다.

[그림 1.20], [그림 1.21]은 이 예를 표시한 것이다.

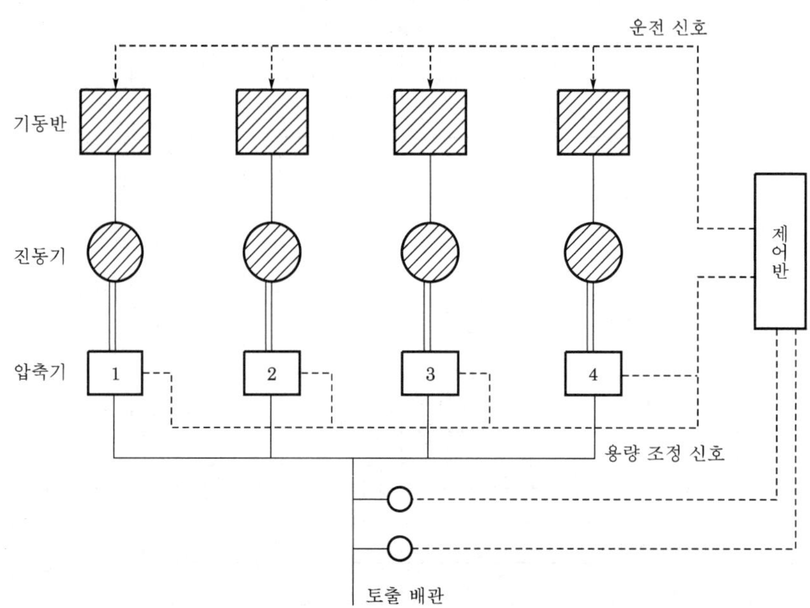


| 그림 1.20 | 효율적 대수 제어

ⓖ 압력 스위치를 토출 배관에 부착, 사용 공기의 압력 변동을 직접 검지한다.

ⓛ 시동·정지 순서 : 제일 오래 정지하고 있는 것을 최초로 시동하고, 제일 길게 운전하고 있는 것을 최초로 정지시켜 운전 시간과 정지 시간의 평균화를 유지한다.

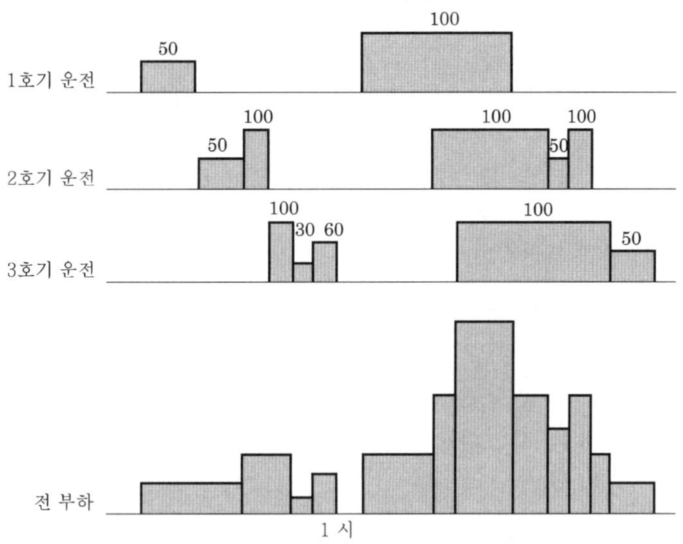


정지 예정기가 부분 부하를 담당하고 다른 기기는 전 부하(100[%])를 운전한다.

**│그림 1.21│ 운전 패턴의 예**

ⓒ 시동 신호 : 압력 스위치의 설정치(압력 저하)에 따라 위 ⓛ의 순서로 시동하고(압력 상승) ⓛ의 순서로 정지한다.

ⓔ 용량 조정 : 정지 예정기가 부분 부하를 분담하고 타 압축기는 전 부하를 운전한다.

③ **토출 압력 정밀 제어**

대수 제어로는 제어반의 기능 관계상 압축기의 운전 정지와 단계적 용량 조정(0, 50, 100[%]의 3단계 정도) 밖에 행할 수 없다. 따라서 단계적으로 교체하므로 토출 압력이 변동한다.

토출 압력 정밀 제어는 앞에 서술한 효율적 대수 제어에 추가적으로 공기 배관의 압력을 세밀히 검출하고, 각 기기의 용량 조정을 흡입변 조임 등에 따라 연속적으로 실시하여 압력 변동 폭을 작게 하는 것이다.

즉, [그림 1.21]에 있어서 부분 부하 운전을 행하고 있는 압축기의 부하를 단계적으로 하지 않고 연속적으로 조정한다. 공기 압축기의 병렬 제어에 있어서 방법별 비교는 [표 1.10]과 같다.

**| 표 1.10 | 공기 압축기의 병렬 제어**

| 방법 | 대수 제어 | | 부하(풍량) 제어 | | 압력 변동폭 | 전력 절약 효과 |
| --- | --- | --- | --- | --- | --- | --- |
| | 방법 | 신호원 | 방법 | 신호원 | | |
| 수동 제어 | 수동에 따른 운전·정지 | 없음. | 각 기기에 따른 언로드부터 각기 단독으로 행함. | 각 기기에 있는 압력 조정변, 압력 스위치에 따름. | 대 | 소 |
| 간접 부하 검출 순위 기동 | • 기동 : 부하가 증가하는 것에 지정한 순위로 기동<br>• 정지 : 부하가 감안하는 것에 기동의 순위와 역순위로 정지 | 각 기기 언로드 율에 따름. | 각 기기에 따른 언로드부터 각기 단독으로 행함. | 각 기기에 있는 압력 조정변, 압력 스위치에 따름. | 중 | 중 |
| 직접 부하 검출 로터리 순위 기동 | • 기동 : 부하가 증가하는 것으로 정지 시간이 긴 것부터 순서 기동<br>• 정지 : 부하가 감소하는 것으로 정지 시간이 긴 것부터 순서 기동 | 토출 측 공동 배관 압력 스위치에 따름. | 정지 예정기(운전 시간이 최고 긴 것)만 언로드부터 부하 조정, 다른 기기는 부하 100[%] 운전 | 정지 예정기는 자체의 압력 조정변, 압력 스위치에 따름. | 중 | 소 |
| 토출 압력 정밀 제어 | 상동 | 상동 | 기본적으로 직접 부하 검출 로터리 순위 기동과 같지만 대수 제어와 연동하고 있기 때문에 압력, 변동폭이 작음. | 토출 측 공동 배관 압력 스위치에 따름. | 소 | 최대 |

④ 적용 실시 예

　[그림 1.21]에 나타낸 것과 같이 종래의 운전은 11대 컴퓨레서가 배치되어 A그룹은 간접 부하 검출·순위 기동, B, C그룹은 수동 운전했다.

　이것을 계통 통합하여 B, C그룹은 수동 운전으로 베이스로드를 담당시키고 A그룹은 토출 압력 정밀 제어로 실시한 결과 개조에 의한 효과는 아래 [표 1.11]에 나타냈다. 대략적인 투자 회수 기간은 1년 정도일 것으로 판단되었다.

**| 표 1.11 | 개조에 의한 효과**

| 토출 압력(평균치)[kg/cm$^2$·g] | 압력 변동률[kg/cm$^2$·g] | 전력 절감량[kWh/년] |
| --- | --- | --- |
| 종래　6.8 | 종래　0.6 | 1,304 |
| 개조 후　6.2 | 개조 후　0.2 | |

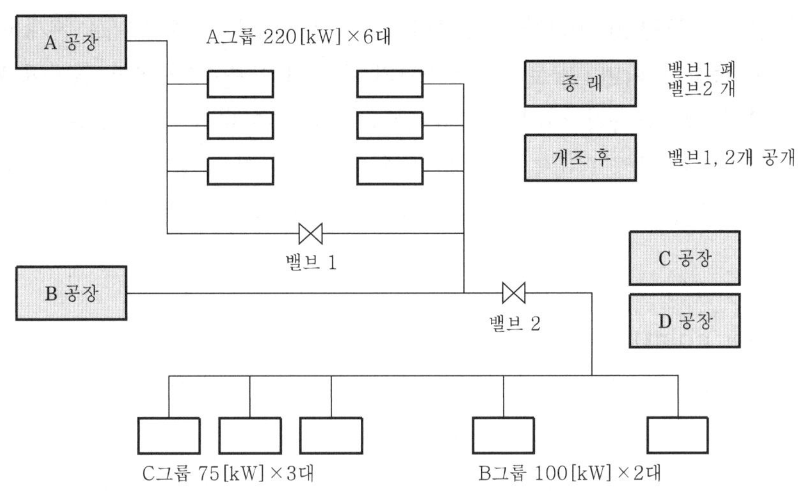


| 그림 1.22 | 공기압 시스템의 개조 예

## 7 압축 공기의 합리적 제습 방안

　압축 공기 내의 수분은 배관 라인 내 부식 및 scale을 발생시키고, 각종 공압 기기에는 오동작을 유발시켜 효율을 저하시킨다. 뿐만 아니라 제품의 질에 있어서도 좋지 않은 영향을 미치고 있다.

　때문에 압축기 내의 수분을 제거하고자 여러 종류의 제습기가 개발되어 사용되어지고 있다. 이에 수분 생성의 원리 및 각각의 제습기 종류별 특성을 이해하여 에너지를 절감해야 한다.

### (1) 수분 생성의 원리

① 공기는 자연 법칙상 온도가 높을수록, 압력은 낮을수록 더 많은 수분을 내포하게 된다. 즉, 압축 공기의 온도를 낮추고, 압력을 높일수록 수분 함유량이 적어진다는 것이다.

　예를 들면 흡입 전에는 대기의 상대 습도가 낮다 하더라도 흡입 후 압축 시 압력의 상승으로 흡입된 대기의 상대 습도는 높아지게 된다.

② 통상 $7[kg/cm^2]$의 공기 압축기에서 흡입된 $8[m^3]$의 공기는 압축 후 $1[m^3]$로 줄어들게 된다. 그러나 대기압하 $8[m^3]$ 중에 포함된 수분의 양과 압축 후 체적이 줄어든 $1[m^3]$ 중의 수분의 양은 절대치에 있어서 변화가 없다.

　따라서 압축 후 상대 습도는 공기 압축기가 단열 압축을 한다고 가정했을 때 압축 전보다 8배 증가하게 된다. 만약 흡입 전 공기의 상대 습도가 30[%]라고 가정한다면 압축 후에는 240[%]가 된다.

③ 그러나 상대 습도란 100[%]가 최대이며 그 이상의 수분은 수증기로 존재하지 못하므로 물로 응축하게 되며, 바로 이 140[%]의 수분이 응축수의 생성 원인이 된다.

그러나 실제로는 압축기 내의 변화가 단열 압축이 아니고 또한 압축으로 인한 공기 온도의 상승으로 인해 140[%]의 수분이 응축수가 되지는 않지만 압축기 내에 인터쿨러를 설치하여 압축 공기의 온도를 낮추는 이유 중의 하나가 위와 같은 원리에 의해서이다.

## (2) 이슬점(dew point)

① 이슬점은 어떤 온도 및 압력 조건에서 공기 내 수분이 응축되기 시작하는 온도로서 제습기 선정 시에 중요한 요소가 된다.

이슬점은 대기압 상태에서 응축이 시작되는 대기압하 이슬점(atmospheric dew point)과 어떤 압력하에서 응축이 시작되는 압력하 이슬점(presure dew point)이 있으며, 공기압 시스템에서는 압력하 이슬점을 기준으로 제습기를 선정해야 한다.

② 왜냐하면 어떤 압력 조건에서 대기압 상태가 되면 체적이 팽창하여 이슬점은 더 낮아지나 시스템 내에서는 그 압력 조건에서 운전이 되기 때문이다.

그러므로 제습기 선정의 가장 간단한 방법은 노출된 배관 라인의 최저 온도에서의 압력하 이슬점보다 조금 낮게 선정하는 것으로 공기압 시스템 내에는 수분이 발생되지 않는다.

---

**예제**

흡입 온도 30[℃], 7[kg/cm$^2$]로 압축 후 제습기로 5[℃]까지 냉각 제습 시 제거되는 수분량은?

- 30℃의 포화 절대 습도 : 30.3[]g/m$^3$]
- 7[kg/cm$^2$] 압축 공기 5[℃]를 대기압으로 환산한 온도(대기압하 노점 온도) : −20[℃]
- −20[℃]의 포화 절대 습도 : 1.607[g/m$^3$]

제거 수분량 : 30.3[g/m$^3$]−1.607[g/m$^3$]=29.233[g]

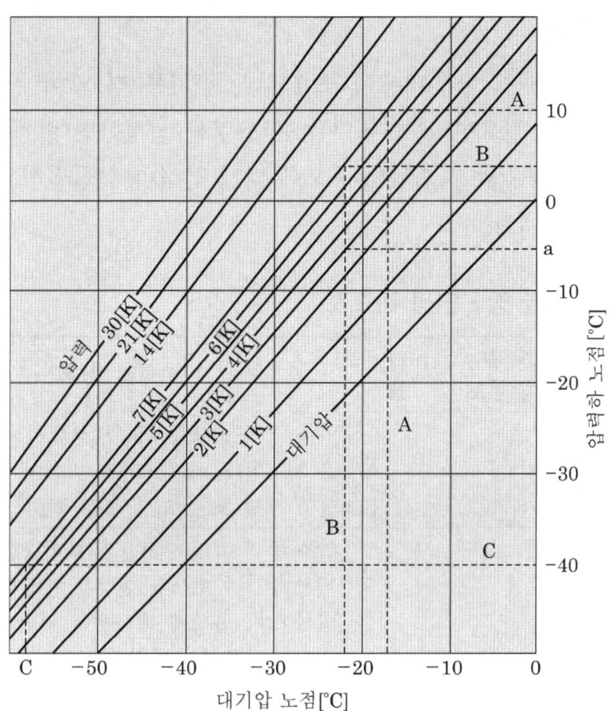



| 그림 1.23 | 대기압하 노점 환산표

| 표 1.12 | 대기압하 각 노점에서의 수분량          (단위 : [g]-수분/[m³]-노점의 공기)

| 노점<br>[℃] | 0 | 1 | 2 | 3 | 4 | 5 | 6 | 7 | 8 | 9 |
|---|---|---|---|---|---|---|---|---|---|---|
| 90 | 420.1 | 433.6 | 448.5 | 464.3 | 480.8 | 496.3 | 514.3 | 532.0 | 550.3 | 569.7 |
| 80 | 290.8 | 301.7 | 313.3 | 325.3 | 337.2 | 349.9 | 362.5 | 375.9 | 389.7 | 404.9 |
| 70 | 197.0 | 204.9 | 213.3 | 222.1 | 231.1 | 240.2 | 249.6 | 259.4 | 269.7 | 280.0 |
| 60 | 129.8 | 135.6 | 141.5 | 146.6 | 153.9 | 160.5 | 167.3 | 174.2 | 181.6 | 189.0 |
| 50 | 82.9 | 86.9 | 90.9 | 95.2 | 99.6 | 104.2 | 108.9 | 114.0 | 119.1 | 124.4 |
| 40 | 51.0 | 53.6 | 56.4 | 59.2 | 62.2 | 65.3 | 68.5 | 71.8 | 75.3 | 78.9 |
| 30 | 30.3 | 32.0 | 33.8 | 35.6 | 37.5 | 39.5 | 41.6 | 43.8 | 46.1 | 48.5 |
| 20 | 17.3 | 118.3 | 19.4 | 20.6 | 21.8 | 23.0 | 24.3 | 25.7 | 27.2 | 28.7 |
| 10 | 9.40 | 10.0 | 10.6 | 11.3 | 12.1 | 12.8 | 13.6 | 14.5 | 15.4 | 16.3 |
| 0 | 4.85 | 5.19 | 5.56 | 9.95 | 6.14 | 6.80 | 7.26 | 7.75 | 8.27 | 8.12 |
| -0 | 4.85 | 4.52 | 4.22 | 3.95 | 3.66 | 3.40 | 3.14 | 2.94 | 2.73 | 2.24 |
| -10 | 2.35 | 2.18 | 2.02 | 1.87 | 1.73 | 1.60 | 1.48 | 1.36 | 1.26 | 1.16 |
| -20 | 1.067 | 0.982 | 0.903 | 0.928 | 0.761 | 0.698 | 0.640 | 0.586 | 0.536 | 0.490 |
| -30 | 0.448 | 0.409 | 0.373 | 0.340 | 0.309 | 0.281 | 0.255 | 0.232 | 0.210 | 0.190 |
| -40 | 0.172 | 0.156 | 0.141 | 0.127 | 0.144 | 0.103 | 0.093 | 0.083 | 0.075 | 0.067 |
| -50 | 0.060 | 0.054 | 0.049 | 0.043 | 0.038 | 0.034 | 0.030 | 0.027 | 0.024 | 0.021 |
| -60 | 0.019 | 0.017 | 0.015 | 0.013 | 0.011 | 0.0099 | 0.0087 | 0.0076 | 0.0067 | 0.0058 |
| -70 | 0.0051 | | | | | | | | | |

## (3) 제습기 종류별 특징

공기로부터 수분을 제거하는 데 비용이 소요되며, 공기를 더 많이 건조시키기 위해서는 더 많은 비용이 소요된다. 필요한 것보다 너무 큰 용량을 선정하면 비용을 낭비하게 되므로 에어 드라이어의 용량은 공기압 시스템의 용도에 맞게 선정하여 실질적으로 운전 비용이 절감되도록 하는 것이 필요하다.

**| 표 1.13 | 제습기 타입별 장·단점 비교표**

<table>
<tr><td colspan="2">구분</td><td>압력하<br>노점 온도</td><td>purge<br>율</td><td>원리 및 장·단점</td></tr>
<tr><td colspan="2">냉동식<br>드라이어</td><td>4[℃]</td><td>–</td><td>압축 공기를 냉동기로 냉각해서 수분을 응축하여 수분을 제거한다. 설치·유지 비용이 저렴하나 노점 온도가 높아 정밀 또는 도장 공정에는 사용하기 어렵다.</td></tr>
<tr><td rowspan="4">흡착식 제습기</td><td>purge형<br>(heaterless)</td><td>−40[℃]</td><td>12</td><td>압축 공기 속의 수분을 알루미나겔과 같은 흡착제의 미세한 구멍에 모세관 현상을 통해 수분을 흡착 제거하는 방식이며, 흡착제 재사용을 위한 건조 시 생산한 건조 공기를 이용하는 방식이므로 많은 퍼지에어가 소모되어 에너지 낭비가 심하다. 구조가 간단하고 고장이 적으며, 수분 제거율이 뛰어나다.</td></tr>
<tr><td>heater형</td><td>−40[℃]</td><td>8</td><td>heaterless 타입과 제습 방식은 동일하나 흡착제 건조 방식이 전기 또는 스팀 히터를 이용하므로 고장률과 제습제 손상이 많고 전기 에너지 소모도 많으며 또한 쿨링 시에 건조 공기를 퍼지에어로 사용하므로 압축 공기 소모도 있다.</td></tr>
<tr><td>non purge,<br>heater형</td><td>−10[℃]</td><td>–</td><td>heaterless 타입과 제습 방식은 동일하나 흡착제 건조용 열원을 공기 압축 과정에서 발생되는 폐열을 이용하므로 전기 에너지를 대폭 절약할 수 있다. 그러나 흡착제가 고가이며, 노점 온도가 높아서 초정밀 공정에는 적합하지 않다.</td></tr>
<tr><td>blower형</td><td>−40[℃]</td><td>5</td><td>heater형과 같은 제습 원리를 가지고 있으나 히팅 시에 건조 공기를 퍼지에어로 사용하는 대신 블로어를 사용함으로써 퍼지에어를 줄여 에너지를 절감하는 에너지 절약형 제습기이다.</td></tr>
<tr><td colspan="2">복합형 제습기</td><td>−60[℃]</td><td>3.5</td><td>냉동식 제습기와 흡착식 제습기를 조합해서 구성되어 있으며, 전단에 냉동식 제습기에서 수분을 90[%] 이상 제거한 후 후단에서 흡착식 제습기로 완전 건조하는 방식이다. 초기 투자 비용이 다소 소요되나, 수분 제거율이 뛰어나고 흡착식 제습기를 소형화할 수 있기 때문에 유지 비용이 기존의 흡착식보다 적게 든다.</td></tr>
</table>

※ 일반적으로 퍼지율은 위와 같지만 설정 퍼지 압력에 따라 퍼지량이 달라지므로 진단 시에 반드시 설계 퍼지율을 확인해야 한다.

① 제습 히팅 열원 변경

제습기 재생을 위한 히팅 열원으로 전기를 사용 시 다른 저가의 에너지원을 사용 예로써 인근에 스팀 열원이 있을 시 1차로 스팀으로 가열을 하고 2차로 전기를 사용하는 방안이다.

② 제습기 재생 히팅용 공기 사용 합리

일반적으로 히팅용 공기를 고가의 고압 건조 공기를 감압(일반적으로 $7[kg/cm^2]$을 $1[kg/cm^2]$로)하여 사용하고 있어 에너지 낭비가 심하며 히팅용 공기는 제습된 건조 공기가 필요하지 않고 또한 약 $1[kg/cm^2]$의 압력이 필요하므로 roots-blower를 활용, 히팅용 공기를 공급하여 에너지 낭비를 방지한다(히팅 후 냉각용 공기는 제습된 공기 사용).

③ 제습기 cycle time 조정

제습기의 리버싱 타임을 일정 시간에서 제습된 공기의 노점에 따라 운전토록 하여 재생 시간을 줄여 에너지 절감을 도모한다.

가장 많이 쓰이고 있는 흡착식 제습기의 경우 4시간 제습을 실시하고 재생을 위하여 2시간 가열, 2시간 냉각을 실시하고 있다.

이는 하절기 흡입 공기의 습도가 높은 점을 기준으로 되어 있으나 가을 및 동절기는 습도가 낮으므로 제습 시간을 길게 하여도 무방하다. 그러나 무조건 일정 시간이 지나면 바꾸어 운전을 실시하고 있어 재생의 여력을 활용하지 못하고 있다.

## (4) air dryer 현황

| 구분 | | 현황 | 비고 |
|---|---|---|---|
| air dryer | 냉동식 | 용량 : 15RT×1기 | 히터 외장식 (21[kW]×2) |
| | 흡착식 | 용량 : $3,100[N \cdot m^3/h] \times 1$기<br>흡착제 : Alu(알루미나겔) 970[kg]×2<br>형식 : 가열식<br>송풍기 : 7.5[kW]<br>퍼지 공기량 : $60[N \cdot m^3/h]$ | |

## (5) 흡착식 dryer 운전 현황

① 재생 시 전기 heater 입력 전력 : 25.5[kWh/2h]

② 송풍기 부하 : 5.0[kW](가열 시에만 사용)

③ purge 공기량 : 처리 공기량의 5~8[%] 소비

　　※ 흡착제 Alumina의 수분 흡착량 : 0.2~0.3[kg/kg-Alu]

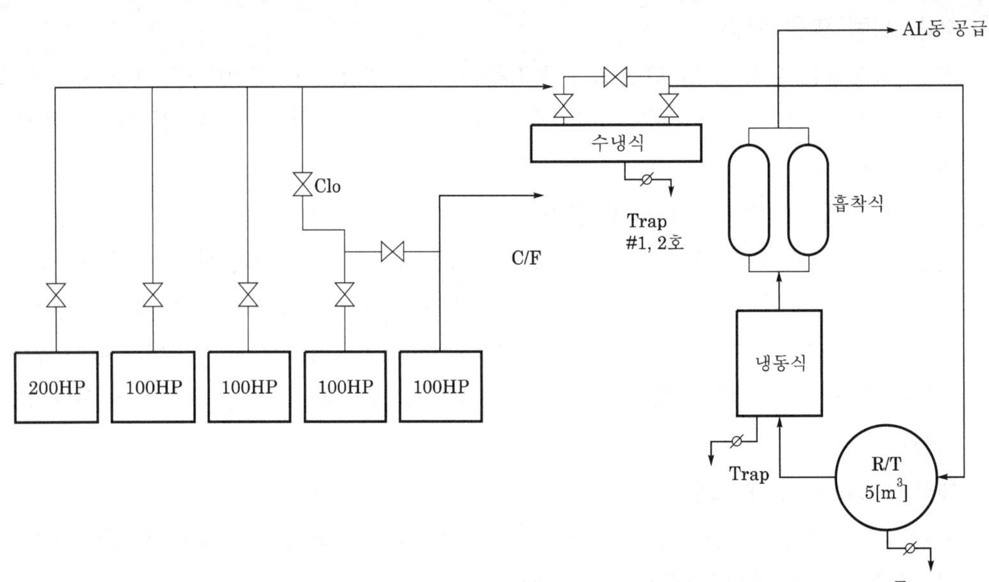


| 그림 1.24 | 공기 압축기 계통도

## (6) 개선 대책

① 흡착식 제습기 전에는 after-cooler와 냉동식 제습기가 설치되어 있어 대부분의 제습을 담당하고 있다. 건구 온도 15[℃]와 상대 습도 60[%]일 때 절대 습도는 6.5[g/kg-공기]로 대기압에서의 노점 온도는 약 11.5[℃]이며, 5[kg/cm²·g]로 압축 시 노점 온도는 약 41[℃]가 된다. 이를 냉동식 제습기에서 공기 온도를 6[℃]로 냉동 건조할 경우 이것은 6[℃]의 가압 노점을 대기압에서 약 −18[℃]의 노점으로 변화시키는 경우와 동일하다. 이와 같이 낮은 노점을 갖는 공기는 절대 습도가 1[g/kg-공기] 이하로 매우 건조하다.

그러므로 timer에 의한 일정 시간이 경과한 후 재생하는 방법에서 공기 노점 관리 방법 채택(dewpoint controller 활용)으로 흡착식 dryer의 재생 방법 개선이 필요하다. 즉 흡착식 제습기의 제습 시간을 연장하여 재생 주기를 조절함으로써 재생에 소요되는 에너지를 감소할 수 있다. 그리고 제습한 압축 공기의 노점을 측정하여 제습 시간과 재생 주기를 조절하는 'dewpoint demand control'을 도입하여 에너지를 절감하도록 한다.

② dewpoint demand control

압축 공기의 dewpoint demand control은 제습 공기의 노점(dewpoint)을 측정하여 노점이 낮을 때에는 제습기의 Tower 교체를 보류하고 재생 Tower는 증압된 상태에서 purge 없이 대기함으로써 대기 시간 동안 에너지가 소비되지 않으며, 계절적으로 대기 습도가 적은 동절기에 효과가 크게 나타난다.

특히 본 공장과 같이 2단 제습을 시행하는 경우 제습 시간을 계절적으로 조절 설정하거나, dewpoint demand controller를 설치하여 운용할 경우 많은 에너지 절감이 가능하다.

다만, 흡착제의 성능은 설치 경과 연수에 의하여 급격히 저하되는 특성이 있으므로 관리에 각별한 주의가 필요하며 성능이 지나치게 저하되었을 때에는 즉시 교체하여 압축 공기의 손실이 발생되지 않도록 해야 한다.

## (7) 기대 효과 계산

흡착식 제습기의 재생 방법을 개선 시 전력 절감 기대 효과는 다음과 같다.

① 계산 기준

    ㉠ 압축 공기 생산량 : $53.9[\text{N}\cdot\text{m}^3/\text{min}]$

    ㉡ 흡입 공기 온도 : $22[℃]$

    ㉢ 흡입 공기 상대 습도 : $60[\%]$

    ㉣ 흡입 공기 절대 습도 : $6.5[\text{g/kg-Air}]$

    ㉤ 흡입 공기 비중 : $1.293[\text{kg/N}\cdot\text{m}^3]$

② 압축 공기 중 수분량

$$=53.9[\text{N}\cdot\text{m}^3/\text{min}]\times1.293[\text{kg/N}\cdot\text{m}^3]\times6.5[\text{g/kg-Air}]$$
$$=453[\text{g/min}]$$

③ 냉동식 제습기의 수분 제거 후 수분량

앞서 설명한 바와 같이 냉동식 제습기에서는 절대 습도가 $1[\text{g/kg-공기}]$ 이하로 제습 가능하나 본 계산에서는 제거율을 $80[\%]$로 계산한다.

$$=453[\text{g/min}]-(453[\text{g/min}]\times0.80)$$
$$=90.6[\text{g/min}](=0.0906[\text{kg/min}])$$

④ 흡착 가능 수분량

이론상 수분 흡착량은 $0.2\sim0.3[\text{kg/kg-Alu}]$이나 $0.2$를 적용한다.

$$=970[\text{kg}]\times0.2[\text{kg/kg-Alu}]$$
$$=194[\text{kg 수분/Tower}]$$

⑤ 제습 가능 시간

재생 효율 및 흡착 효율을 고려하여 $50[\%]$로 하면 약 17시간을 사용 가능하다.

$$=194[\text{kg}]\div0.0906[\text{kg/min}]$$
$$=2,141.3[\text{min/Tower}](35.7시간)$$

⑥ 개선 전 흡착식 dryer 재생 시의 소비 전력

    ㉠ 기존 방식 cycle

      • 제습 시간 4시간×3[회/일]×2Tower

- heating 시간 2시간×3[회/일]×2Tower
- cooling 시간 2시간×3[회/일]×2Tower

ⓛ heating 시 소비 전력

- Heater 소비 전력

  =Heater 소비 전력×재생 횟수×Tower 수

  =25.5[kWh/2h]×3[회/일]×2Tower

  =153.0[kWh/일]

- 송풍기 소비 전력

  =5.0[kW]×2시간×3[회/일]×2Tower

  =60.0[kWh/일]

  →cooling 시 소비 전력(purge 소비 전력)

- 퍼지량

  =Purge량$[N\cdot m^3/hr]$×2[hr]×3[회/일]×2기×측정원 단위$[kW/m^3]$

  =60$[N\cdot m^3/hr]$×2[hr]×3[회/일]×2기×0.09$[kW/m^3]$

  =64.8[kWh/일]

ⓒ 재생 시의 소비 전력계

  =153.0+112.2+60.0+64.8

  =390[kWh/일]

⑦ 개선 후 절감 전력량

Alu의 제습 가능 시간이 17, 23[시간/Tower]이므로, 안전율을 고려하고도 현재 4시간 제습에서 12시간 제습으로 service time을 연장시킬 수 있다. 그러므로 재생에 소요되는 heating 및 cooling 시간이 3[회/일]에서 1[회/일]로 감소하고 소비 전력은 2/3가 절감될 수 있다.

ⓐ 개선 방식 cycle

- 제습 시간 12시간×1[회/일]×2Tower
- heating 시간 2시간×1[회/일]×2Tower
- cooling 시간 2시간×1[회/일]×2Tower

ⓛ 절감 전력

  =개선 전 소비 전력[kWh/일]×절감률

  =$390\times\dfrac{2}{3}$

  =260[kWh/일]

## 03 | 공기 여과기

　　공기 여과기(air filter)는 공압 제어 회로 속에 이물질이 들어가지 못하도록 입구부에 공기 여과기를 설치하여 압축 공기 중에 수분이나 불순물을 제거하고 정화된 공기를 시스템으로 공급하는 기기이다.

(a) 일반　　(b) 드레인 부착

| 그림 1.25 | 공기 여과기

## 04 | 레귤레이터

　　레귤레이터(regulator)는 공기 압축기로부터 설정된 1차 압력을 다시 작업 라인에 알맞은 압력으로 조정하기 위한 기기이다. 즉 2차 압력을 항시 일정하게 유지하기 위한 기기이다.

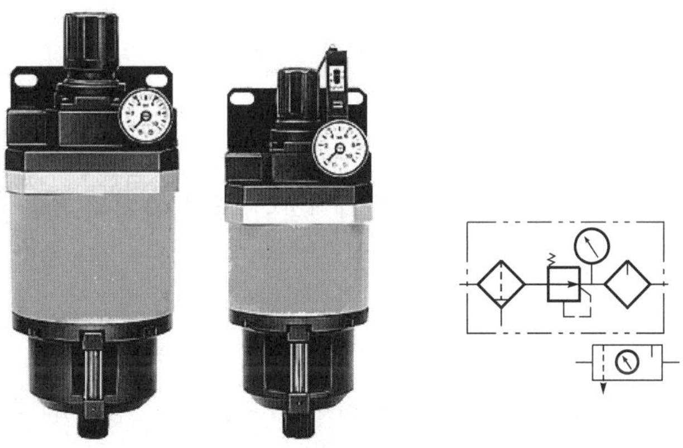

| 그림 1.26 | 압력 조정기(레귤레이터)

## 05 윤활기

공기 여과기로부터 공급되는 압축 공기는 건조 공기이므로 윤활 기능이 없다. 따라서 윤활기(lubricator)는 공압 실린더나 각종 제어 밸브가 원활한 작동을 할 수 있도록 윤활유를 공급해 주는 장치이다.

| 그림 1.27 | 윤활 기기

## 06 액추에이터-자동화 기계의 구성 요소

### (1) 액추에이터

외부에서 에너지를 공급받아 일을 하는 장치를 말한다.

### (2) 감지기

액추에이터의 작업 완료 여부 및 상태를 감지하여 제어 장치에 정보를 제공하여 물체의 접촉 여부를 판별하도록 한다.

### (3) 제어기

감지기로부터 입력되는 정보를 분석, 처리하여 필요한 제어 명령을 내려주는 곳으로 다음 동작으로 전환하도록 한다.

※ 밸브(감지기, 제어기) : 액추에이터가 움직이는 방향, 속도, 그리고 힘을 제어할 수 있는 요소

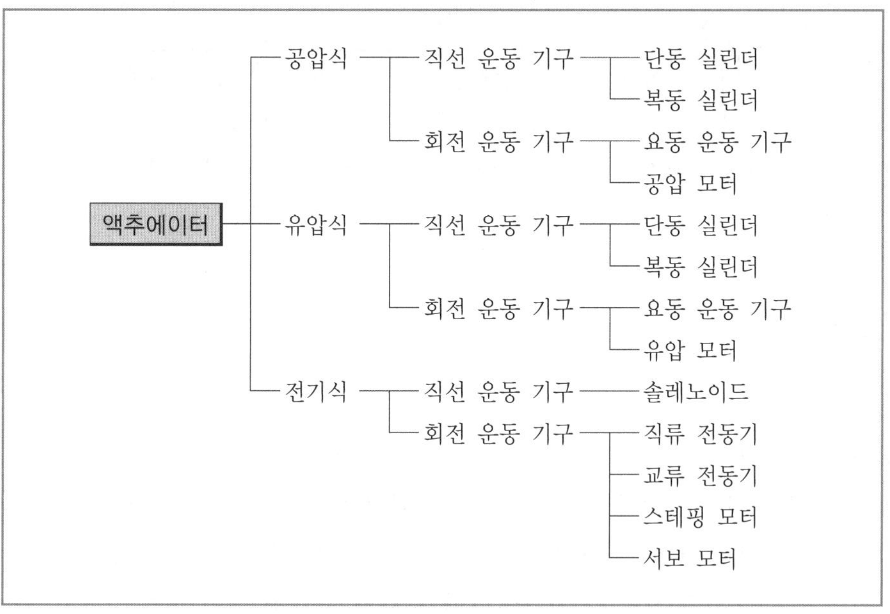


| 그림 1.28 | 액추에이터의 분류

# 07 공압 밸브

## 1 밸브의 분류(기능적인 분류)

① 압력 제어 밸브(pressure control valve)
② 유량 제어 밸브(flow control valve)
③ 방향 제어 밸브(directional valves, way valve)
④ 논 리턴 밸브(non-return valve)

## 2 압력 제어 밸브

압축 공기의 압력을 일정하게 유지하거나, 설정 압력을 초과할 경우 공기를 대기 중 방출하여 기기의 안전을 확보하기 위한 기기를 말한다. 종류로는 감압 밸브(regulator), 릴리프 밸브(relief valve), 시퀀스 밸브(sequence valve), 압력 스위치(pressure switch)가 있다.

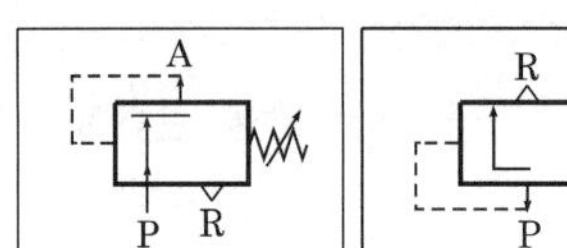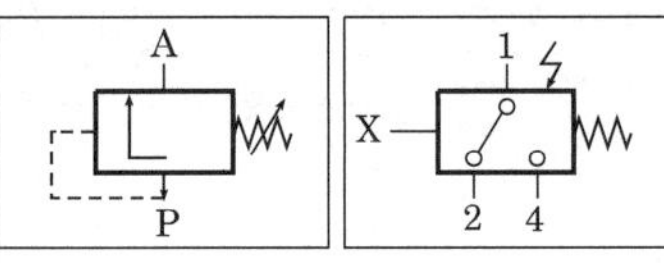

(a) 감압 밸브    (b) 릴리프 밸브    (c) 시퀀스 밸브    (d) 압력 스위치

| 그림 1.29 | 서비스 유닛의 내부 구조

# 3  방향 제어 밸브

## (1) 개요

① 공기의 흐름의 시작과 정지, 그리고 흐름의 방향을 제어하는 장치이다.

② 밸브의 제어 위치는 사각형으로 나타내고 겹쳐져 있는 사각형의 개수는 제어 위치의 개수를 나타낸다(사각형이 2개인 밸브는 2개의 제어 위치를 가진 밸브이다).

③ 밸브의 기능과 작동 원리는 사각형 안에 표시된다. 매체가 흐르는 유로는 직선, 화살표는 흐르는 방향, 매체의 흐름이 차단되는 위치는 T자와 같이 나타내고 밸브의 출구와 입구의 연결구는 사각형 밖에 직선으로 표시한다.

| 표 1.14 | 밸브의 명명

| 종류 | | KS 기호 | 비고 |
|---|---|---|---|
| 2 포트 | 2 위치 | | 정상 상태 닫힘(NC)<br>2/2-way 밸브 |
| | 2 위치 | | 정상 상태 열림(NO)<br>2/2-way 밸브 |
| 3 포트 | 2 위치 | | 정상 상태 닫힘(NC)<br>3/2-way 밸브 |
| | 2 위치 | | 정상 상태 열림(NO)<br>3/2-way 밸브 |
| | 3 위치 | | 중립 위치 닫힘<br>3/3-way 밸브 |
| 4 포트 | 2 위치 | | 4/2-way 밸브 |
| | 3 위치<br>(all port block) | | 중립 위치 닫힘<br>4/2-way 밸브 |
| | 3 위치<br>(ABR 접속) | | 중립 위치 배기<br>4/2-way 밸브 |
| | 3 위치<br>(PAB 접속) | | 중립 위치 열림<br>4/3-way 밸브 |

| 종류 | | KS 기호 | 비고 |
|---|---|---|---|
| 5 포트 | 2 위치 | 6. | 5/2-way 밸브 |
| | 3 위치<br>(all port block) | | 중립 위치 닫힘<br>5/3-way 밸브 |
| | 3 위치<br>(ABR 접속) | 7. | 중립 위치 배기<br>5/3-way 밸브 |
| | 3 위치<br>(PAB 접속) | | 중립 위치 열림<br>5/3-way 밸브 |

# 08. 공압 구동 기기(액추에이터)

공압 구동 기기는 압축된 공기 에너지를 기계적인 직선 운동 에너지 또는 회전 운동 에너지 등으로 변환시키는 기기를 말한다.

이는 직선 왕복 운동을 하는 공압 실린더, 요동 회전 운동을 하는 요동 액추에이터, 연속 회전 운동을 하는 공압 모터 등으로 크게 나눌 수 있다.

## 1 공압 실린더

공압 실린더는 최종적으로 압축 공기의 압축 에너지를 기계적 에너지로 변환하여 직선 왕복 운동을 하는 액추에이터이다.

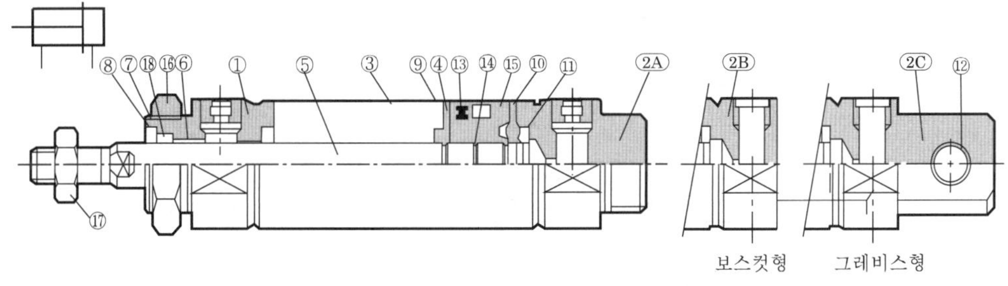


(a) 러버쿠션형

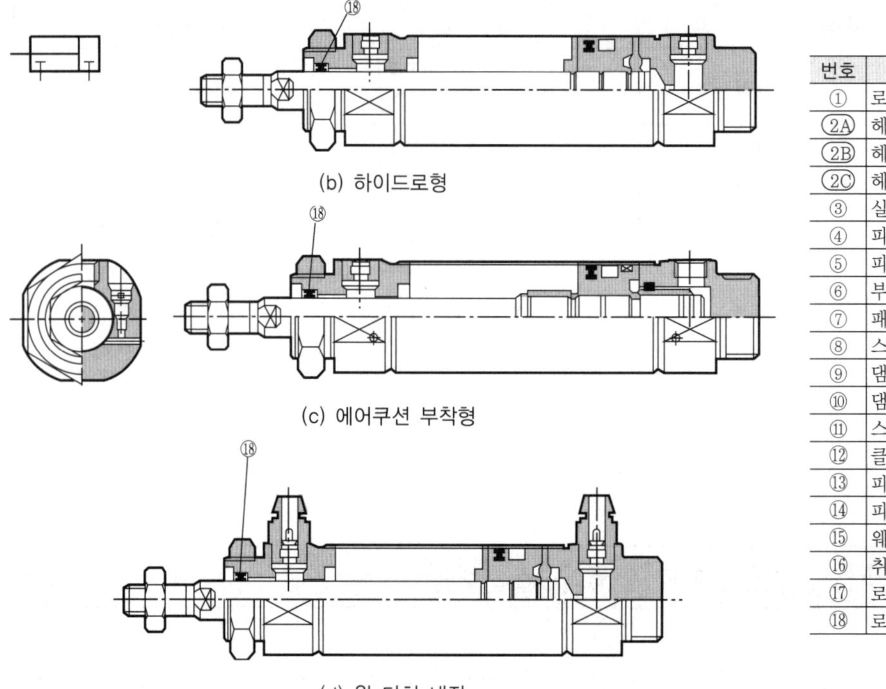

(b) 하이드로형

(c) 에어쿠션 부착형

(d) 원 터치 내장

| 번호 | 부품명 |
|---|---|
| ① | 로드 커버 |
| ②A | 헤드 커버 A |
| ②B | 헤드 커버 B |
| ②C | 헤드 커버 C |
| ③ | 실린더 튜브 |
| ④ | 피스톤 |
| ⑤ | 피스톤 로드 |
| ⑥ | 부시 |
| ⑦ | 패킹 누름판 |
| ⑧ | 스냅 링 |
| ⑨ | 댐퍼 A |
| ⑩ | 댐퍼 B |
| ⑪ | 스냅 링 |
| ⑫ | 클레비스용 부시 |
| ⑬ | 피스톤 패킹 |
| ⑭ | 피스톤 개스킷 |
| ⑮ | 웨어링 |
| ⑯ | 취부 너트 |
| ⑰ | 로드 선단 너트 |
| ⑱ | 로드 패킹 |

| 그림 1.30 | 공압 실린더의 내부 구조

## 2 공압 실린더의 분류

| 표 1.15 | 실린더 구조에 의한 분류

| 명칭 | 기호 | | 비고 |
|---|---|---|---|
| 단동 실린더 | | | 밀어내는 형 |
| | | | 스프링으로 밀어내는 형 |
| | | | 스프링으로 당기는 형 |
| 복동 실린더 | | | 편로드형 |
| | | | 양로드형 |
| | | | 양쿠션/편로드형 |

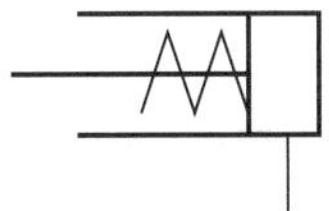

(a) 전진

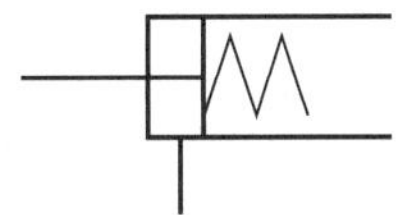

(b) 후진

| 그림 1.31 | 단동 실린더

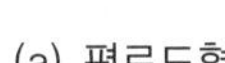

(a) 편로드형　　　　　　　　(b) 양로드형

| 그림 1.32 | 복동 실린더

# CHAPTER 02

# 적·중·예·상·문·제

**01** 공기압 청정화부로 쓰이는 부품으로만 되어 있는 것은?

㉮ 압축기, 탱크, 후부 냉각기

㉯ 실린더, 요동 액추에이터, 공기압 모터

㉰ 압력 제어 밸브, 유량 제어 밸브, 방향 제어 밸브

㉱ 필터, 기름 분무 분리기, 드라이어

 압축기는 외기 공기의 압력을 생성시키고, 탱크는 압축 공기를 일시적으로 저장하며 필터, 기름 분무 분리기, 드라이어는 공기압을 청정화하여 밸브와 각종 액추에이터로 전달한다.

**02** 다음 그림은 어떤 실린더를 나타내는 기호인가?

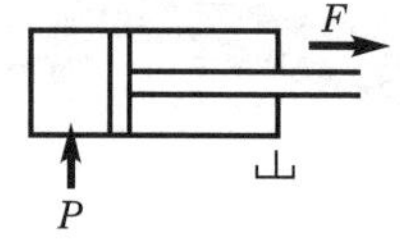

㉮ 단동 실린더

㉯ 복동 실린더

㉰ 쿠션 장착 실린더

㉱ 다이어프램 실린더

 단동 실린더는 공압이나 유압이 형성되는 포트가 하나만 존재하는 실린더를 의미한다.

**03** 공·유압의 개요에 대한 설명으로 거리가 먼 것은?

㉮ 각종 기계, 설비, 제조, 전자, 전기 업체 등 공장 자동화 라인에 응용된다.

㉯ 자동차의 정비 업체에 응용이 가능하며 공·유압 기기가 부착된 모든 산업 기계에 해당된다.

㉰ 주요 산업체는 광산, 공업 계측, 산업 기계 주택 산업·의료 산업과 생산, 조립 기계 이송 라인, 승강기와 컨베이어 장치에 사용된다.

㉱ 유압이란 액추에이터의 전자적 에너지를 유압 제어 밸브에 의해 유체의 압력 에너지로 변환시킨다.

 유압이란 원동기로부터의 기계적 에너지를 유압 펌프에 의해 유체의 압력 에너지로 변환시킨다.

**04** 파스칼의 원리를 이용하지 않은 것은?

㉮ 유압 프레스

㉯ 내부 확장식 제동(브레이크) 장치

㉰ 실린더형 공기 압축기

㉱ 수압기

 pascal's principle

① 각 점의 압력은 모든 방향으로 그 크기가 같다.

② 유체의 압력은 면에 수직으로 작용한다.

③ 밀폐 용기 속에 유체의 일부에 가해진 압력은 각 부에 똑같은 세기로 전달된다.

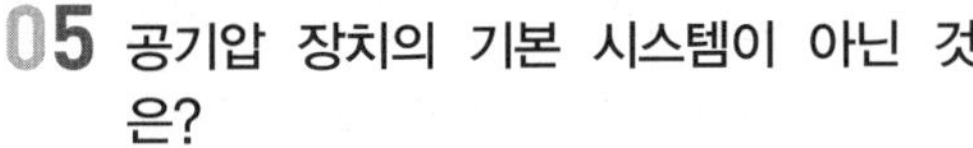

**05** 공기압 장치의 기본 시스템이 아닌 것은?

㉮ 압축 공기 발생 장치
㉯ 압축 공기 조정 장치
㉰ 제어 밸브
㉱ 유압 펌프

 유압 펌프는 모터의 회전에 의해서 작동되며 펌프가 회전하면 압력이 상승하여 에너지를 축적하는 역할을 한다.

**06** 자동 제어 장치의 기본적인 구성 중 인간의 두뇌에 상당하는 부분으로 동작 신호를 다음 조작부의 통하는 신호로 변환해 조작부에 송출하는 역할을 담당하는 것은?

㉮ 검출부
㉯ 구성부
㉰ 조절부
㉱ 설정 기구

 ㉮ 검출부는 센서나 스위치에 의해서 물체를 감지 혹은 접촉에 의해서 접점이 변환된다.
㉯ 구성부는 장치의 내부 부품의 체계를 의미한다.
㉰ 조절부는 센서나 스위치가 인간이 원하는 값을 얻기 위해 조절하는 정도를 의미한다.

**07** 공기압 장치의 기본 시스템이 아닌 것은?

㉮ 어큐뮬레이터
㉯ 공압 청정부
㉰ 제어부
㉱ 작동부

 어큐뮬레이터는 유압 에너지를 축적하여 일정한 압력을 형성하거나 서지압을 방지하기 위해 유압 장치에 적용된다.

**08** 공압 발생 장치에서 들어온 공기 중에 수분, 먼지 등을 막기 위하여 설치하는 것은?

㉮ 압축 공기 윤활기
㉯ 압축 공기 조절기
㉰ 압축 공기 드라이어
㉱ 압축 공기 필터

 ㉮ 압축 공기 윤활기는 공기압과 같이 오리피스 원리에 의해서 분무가 되어 운동부에 윤활을 한다.
㉯ 압축 공기 조절기는 공기압을 조절한다.
㉰ 압축 공기 드라이어는 외기와 공기압의 온도차에 의한 습공기 상태를 건조 공기로 만들기 위함이다.

**09** 대기 중의 공기를 흡입하여 압축 공기를 만드는 공압 요소는 어느 것인가?

㉮ 공기 압축기
㉯ 제어 밸브
㉰ 공기 필터
㉱ 공압 실린더

 ① 동력원 : 전동기, 엔진
② 공기압 발생부 : 압축기, 탱크, 후부 냉각기
③ 청정화 : 필터, 기름 분무 분리기, 드라이어
④ 제어부 : 압력 제어 밸브, 유량 제어 밸브, 방향 제어 밸브, 기타
⑤ 작동부 : 실린더, 요동 액추에이터, 공기압 모터, 회전 작동기

※ 다음 공압 시스템의 기본 구성도를 보고 물음에 답하시오.

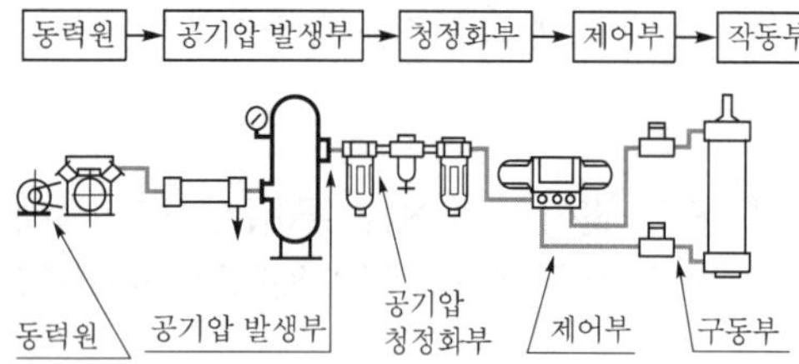

## 10 공기압 발생부로 쓰이는 공압 기기는?

㉮ 공기 압축기　　㉯ 제어 밸브
㉰ 전동기　　　　㉱ 공압 실린더

 공기 압축기는 공기압을 발생하는 장치이며 압력의 정도에 따라 사용 용도는 다르다.

## 11 양쪽의 수압 면적이 동일하고 공압을 피스톤의 양쪽에 공급할 수 있는 실린더는?

㉮ 양쪽 로드형 복동 실린더
㉯ 램형 실린더
㉰ 다이어프램 실린더
㉱ 한쪽 로드형 복동 실린더

 양쪽의 수압 면적이 동일하려면 같은 조건을 갖추고 있어야 하므로 양쪽 로드형 복동 실린더가 해당된다.

## 12 실린더의 효율은 추력 효율로 나타내는데 추력 계수에 대한 설명 중 옳지 않은 것은?

㉮ 공기 압력이 감소됨에 따라 작게 된다.
㉯ 실린더 안지름이 작을수록 계수도 작아진다.
㉰ 실린더의 섭동 저항, 로드 베어링부의 마찰 등이 실린더 효율을 저하시킨다.

㉱ 실린더의 효율을 증가시키려면 실린더의 로드 길이를 길게 한다.

 실린더의 로드 길이가 길게 되면 외부와 내부에서 부하를 받기 때문에 효율이 저하한다.

## 13 실린더의 지지 형식에 따른 분류가 아닌 것은?

㉮ 풋형　　　　㉯ 앵글형
㉰ 플랜지형　　㉱ 트리니언형

 풋형은 실린더 브래킷을 베이스판에 고정하는 형태이고 플랜지형은 전용 브래킷을 가공하여 전면이나 후면에 좌우 볼트로 체결한다. 트리니언형은 실린더 전진 시나 후진 시 몸체가 어느 각도로 변환이 필요로 할 때 사용한다.

## 14 출력이 1톤 정도이고, 윤활 대책이 필요하며, 소음이 가장 큰 것은?

㉮ 공압식　　㉯ 기계식
㉰ 유압식　　㉱ 전기식

 공압 시스템은 대기에 있는 공기를 압축하므로 윤활 대책과 1톤 이하의 하중에 사용하며 복귀 압력은 대기로 배출하므로 소음이 있다.

## 15 공압의 특성에 대한 설명이 잘못된 것은?

㉮ 무단 변속이 가능하다.
㉯ 배관이 간단하다.
㉰ 작업 속도가 빠르다.
㉱ 힘의 전달이 어렵고 증폭이 불가능하다.

 공압은 응답이 빠르고 증압기를 사용하여 증폭할 수가 있다.

---

[정답]　10. ㉮　11. ㉮　12. ㉱　13. ㉯　14. ㉮　15. ㉱

**16** 사용 압력을 압축기에서 발생한 압력보다 낮게 설정하는 이유는?

㉮ 배관의 강도가 약하기 때문이다.

㉯ 속도가 너무 빠르기 때문이다.

㉰ 압력의 안정화와 사용 압력을 일정하게 유지하기 위해서다.

㉱ 액추에이터의 소음을 감소하기 위해서다.

 사용 압력은 압축기의 압력보다 낮게 설정하여 압력의 변동으로 인한 오차를 최소화하기 위함이다.

**17** 다음 유 · 공압의 특징을 열거한 것 중 공압 시스템의 단점에 해당하는 것은?

㉮ 공기는 점성이 작으므로 고속 작동이 가능하다.

㉯ 에너지가 풍부하며 기구가 간단하고 보수 점검이 용이하다.

㉰ 정밀한 속도 조절을 하기가 어렵다.

㉱ 폭 넓게 무단 변속이 가능하다.

 공압은 압축성 유체로 인하여 외부의 부하에 따라 작동 조건이 다르므로 정밀 제어가 어렵다.

**18** 공기의 압축성으로 인한 스틱–슬립(stick–slip) 현상을 방지하기 위해 사용하는 기기는?

㉮ 증압기

㉯ 증폭기

㉰ 하이드로 체크 유닛

㉱ 니들 밸브

 공압에 유압 장치를 부여하여 부하로 인한 지연 시간을 방지할 수가 있다.

**19** 단계적 출력 제어가 가능한 실린더는?

㉮ 탠덤 실린더

㉯ 충격 실린더

㉰ 다위치형 실린더

㉱ 램형 실린더

 램형 실린더는 피스톤 없이 로드 자체가 피스톤의 역할을 하게 되며 로드는 피스톤보다 약간 작게 설계한다. 로드의 끝은 약간 턱이 지게 하거나 링을 끼워 로드가 빠져 나가지 못하도록 한다.
이 실린더는 피스톤형에 비하여 로드가 굵기 때문에 부하에 의해 휠 염려가 적고 패킹이 바깥쪽에 있기 때문에 실린더 안 벽의 긁힘이 패킹을 손상시킬 우려가 없으며, 공기 구멍을 두지 않아도 된다.

**20** 동력 전달 방식 중 공압식이 전기식보다 유리한 점은?

㉮ 작동 속도

㉯ 에너지 효율

㉰ 에너지 축적

㉱ 소음

 공압은 배관을 통하여 유량과 압력 제어 밸브에 따라 에너지를 축적할 수가 있다.

**21** 에너지 변환 효율이 좋은 순서로 나열된 것은?

㉮ 전기식 → 유압식 → 공압식

㉯ 공압식 → 유압식 → 전기식

㉰ 유압식 → 공압식 → 전기식

㉱ 전기식 → 공압식 → 유압식

 에너지 변환 효율이 좋다는 것은 입력 신호에 따른 출력의 응답이 빠르므로 향상된다.

## 22 공압 장치의 장점이 아닌 것은?

㉮ 폭 넓게 무단계로 속도 조절을 함으로써 실린더 속도를 제어할 수 있다.

㉯ 폐유에 의한 주변 환경 오염이 있을 수 있다.

㉰ 에너지가 풍부하며 기구가 간단하고 보수 점검이 용이하다.

㉱ 레귤레이터를 이용하여 실린더의 출력(속도)을 간단하게 조절할 수 있다.

 폐유는 유압 시스템에서 유압유의 수명이 되었을 때 발생하며 공압은 폐유와 관계가 없다.

## 23 다음 그림은 무슨 기호인가?

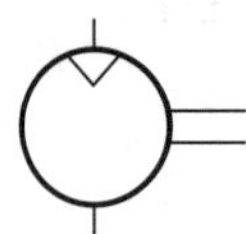

㉮ 진공 펌프  ㉯ 압축기
㉰ 공기압 모터  ㉱ 유압 모터

 화살표가 안쪽으로 향하면 모터를 나타낸다. 삼각형 안쪽이 흰색이면 공압을 나타내고, 검정색이면 유압을 나타낸다.

## 24 공압 실린더의 크기에 의한 분류 방법이 아닌 것은?

㉮ 로드의 길이

㉯ 실린더의 행정 길이

㉰ 실린더 튜브의 안지름

㉱ 로드의 나사 호칭

 로드의 길이는 선택 사양으로 분류 방법과는 무관하다.

## 25 다음 유·공압의 특징을 열거한 것 중 공압 시스템의 장점에 해당하는 것은?

㉮ 저속이 가능하다.

㉯ 균일한 속도의 운동이 가능하다.

㉰ 큰 힘을 낼 수 있다.

㉱ 작업 요소의 운동 속도가 빠르다.

 공압은 유압에 비하여 점성이 없기 때문에 운동 속도가 빠르다.

## 26 유량 제어 밸브가 아닌 것은?

㉮ 교축 밸브

㉯ 니들 밸브

㉰ 포트 밸브

㉱ 카운터 밸런스 밸브

 카운터 밸런스 밸브는 압력 제어 밸브이다.

## 27 분기 회로의 압력 제어에 사용하는 밸브는?

㉮ 릴레이 밸브  ㉯ 리턴 밸브
㉰ 리듀싱 밸브  ㉱ 릴리프 밸브

 감압 밸브로서 설정된 압력보다 낮게 할 때 사용한다.

## 28 다음 그림은 KS 공압 도면 기호에서 무슨 밸브를 나타낸 것인가?

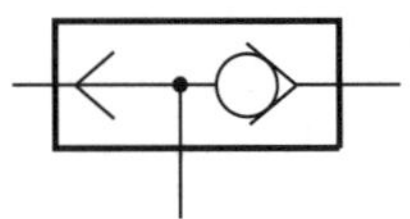

㉮ 셔틀 밸브  ㉯ 분류 밸브
㉰ 시퀀스 밸브  ㉱ 릴리프 밸브

 OR 밸브라고도 하며 압력이 입력이 되면 두 개의 포트 중에 한 곳으로 흐르게 된다.

**29** 압력 제어 밸브에 속하지 않는 것은?

㉮ 릴리프 밸브

㉯ 시퀀스 밸브

㉰ 슬로우 리턴 밸브

㉱ 카운터 밸런스 밸브

 슬로우 리턴 밸브는 유량 제어 밸브이다.

**30** 다음 중 유량 제어 밸브는?

㉮ 무부하 밸브

㉯ 감압 밸브

㉰ 매뉴얼 밸브

㉱ 니들 밸브

무부하 밸브, 감압 밸브, 매뉴얼 밸브는 압력을 제어하는 밸브이다.

**31** 다음의 공압 기호는 무엇을 나타내는가?

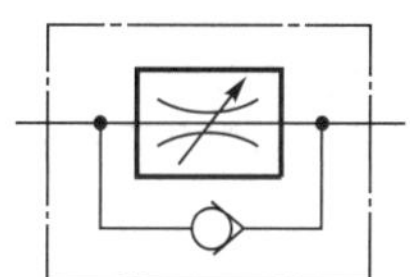

㉮ 릴리프 붙이 체크 밸브부

㉯ 체크 밸브부 유량 조절 밸브

㉰ 체크 밸브부 안전 밸브

㉱ 감압 밸브 붙이 체크 밸브부

**32** 한쪽 방향의 유동에 대해서는 설정된 배압을 부여하지만 반대 방향의 유동은 자동 흐름을 하는 밸브는?

㉮ 카운터 밸런스 밸브

㉯ 릴리프 밸브

㉰ 역지 밸브

㉱ 무부하 밸브

 릴리프 밸브는 설정압 이상은 배출하여 설정압을 유지하고 역지 밸브는 반대 방향의 흐름을 방지하며 무부하 밸브는 설정압이 되면 무부하 상태를 유지한다.

**33** 스피드 드롭에 대한 설명 중 옳은 것은?

㉮ 스피드 드롭을 가지게 되면 부하가 변하여도 기관의 속도는 변하지 않는다.

㉯ 스피드 드롭을 가지게 되면 부하의 변화에 따라 기관의 속도도 변화한다.

㉰ 유압 조속기는 원리상 스피드 드롭을 가질 수 없다.

㉱ 기계식 조속기는 원리상 스피드 드롭을 가질 수 없다.

 스피드 드롭은 유체가 흐르는 과정에서 속도가 떨어지는 현상을 말한다.

**34** 서보 기구의 특징이 아닌 것은?

㉮ 제어되는 것은 전기적 변위이다.

㉯ 피드백 제어이다.

㉰ 원격 제어가 많이 쓰인다.

㉱ 유압 증폭 작용을 한다.

 제어 대상은 액추에이터나 각종 밸브류가 된다.

**35** 릴리프 밸브는?

㉮ 압력 제어 밸브이다.

㉯ 유량 조정 밸브이다.

㉰ 방향 제어 밸브이다.

㉱ 속도 제어 밸브이다.

 릴리프 밸브는 설정압 이상은 외기로 배출하거나 탱크로 리턴시켜 항상 일정한 압력을 유지시킨다.

**36** 회로의 일부에 배압을 발생시키고자 할 때 사용하는 밸브(valve)는?

㉮ 안전 밸브(safety valve)

㉯ 무부하 밸브(unloading valve)

㉰ 시퀀스 밸브(sequence valve)

㉱ 카운터 밸런스 밸브(counter balance valve)

 배압(back pressure)은 관의 압력에 대한 bs형을 유지하기 위함이다.

**37** 압력의 낙하를 방지하기 위해서 배압을 유지시켜 주는 압력 제어 밸브는?

㉮ 릴리프 밸브

㉯ 체크 밸브

㉰ 시퀀스 밸브

㉱ 카운터 밸런스 밸브

 시퀀스 밸브는 설정압에 따라 신호를 출력하여 제어하는 밸브이다.

**38** 2개 이상의 분기 회로가 있는 곳에 회로의 압력에 의해 개개의 실린더나 모터의 작동 순서를 부여하는 자동 제어 밸브는?

㉮ 시퀀스 밸브

㉯ 언로드 밸브

㉰ 카운터 밸런스 밸브

㉱ 교축 밸브

 교축 밸브는 유량 제어 밸브이다.

**39** 방향 제어 밸브를 조작 방식에 따라 분류하면?

㉮ 포트식      ㉯ 전자식

㉰ 인력식      ㉱ 기계식

 포트(port)란 유체의 흐름이 이루어지는 입구와 출구를 말한다.

**40** 역류가 자유로이 흐르도록 되어 있는 밸브는?

㉮ 감압 밸브

㉯ 카운터 밸런스 밸브

㉰ 시퀀스 밸브

㉱ 무부하 밸브

 설정압 이상이 되어야만 열려 유량을 통과시키기 때문에 실린더의 폭주 등을 방지할 때 사용한다.

**41** 한쪽 방향으로 흐름은 자유로우나 역방향의 흐름은 허용하지 않는 밸브는?

㉮ 체크 밸브

㉯ 카운터 밸런스 밸브

㉰ 언로드 밸브

㉱ 셔틀 밸브

 역지 밸브(check valve)라고 하며 전자 회로에서 다이오드(diode)와 같은 역할을 한다.

**42** 유량 제어 밸브에서 오리피스 단면적이 100[mm$^2$], 압력차가 5[kg/cm$^2$]일 때 통과 유량은? (단, 기름의 비중량은 $9 \times 10^{-4}$[kg/cm$^2$]이고 유량 계수는 0.60이다)

㉮ 110.5[$l$/min]      ㉯ 78.8[$l$/min]

㉰ 125.6[$l$/min]      ㉱ 136.7[$l$/min]

$$Q = \alpha \times A \sqrt{\frac{2g}{\gamma} P_1 - P_2}$$

여기서, $A$ : 오리피스부 단면적

$\gamma$ : 유동 기름의 비중량

$P_1$ : 입구 압력

$P_2$ : 출구 압력

$\alpha$ : 유량 계수(실험식으로 결정함)

**43** 한정된 각도 내에서 반복 회전 운동을 하는 기기는?

㉮ 모터
㉯ 요동 액추에이터
㉰ 실린더
㉱ 차동 액추에이터

 예각(90 > 요동각) 상태에서 반복 회전 운동을 하는 곳에 적용한다.

**44** 요동 액추에이터의 사용상 주의 사항과 거리가 먼 것은?

㉮ 요동 각도의 정밀도가 높아야 할 때에는 부하 방향쪽의 지름이 작은 곳에 외부 스토퍼를 설치한다.
㉯ 부하의 운동 에너지가 기기의 허용 운동 에너지보다 클 경우는 외부 완충 장치(외부 스토퍼)를 설치한다.
㉰ 저속(10[도/초])의 경우나 부하의 변동이 있는 경우는 유압으로 변환하여 사용한다.
㉱ 속도 조정은 속도 제어 밸브를 미터 아웃 회로로 접속한다.

 외부 스토퍼는 관성력에 의한 회전력을 억제하기 위함으로 회전력(토크)이 클 때 설치한다.

**45** 행정은 길게 할 수 없으나 봉함 능력이 좋으며, 마찰력이 적은 것 등의 특징을 갖는 실린더는?

㉮ 단동 실린더
㉯ 램형 실린더
㉰ 복동 실린더
㉱ 다이어프램(비피스톤형)

 마찰력은 실린더 로드에서 부하에 따라 발생한다.

**46** 다음 중 증압기의 사용 목적은?

㉮ 속도 제어
㉯ 압력 증폭
㉰ 스틱-슬립 현상 방지
㉱ 에너지 저장

 증압기는 공기압이 부하에 대하여 부족할 때 전진 시는 유압으로 후진 시는 공압으로 작동하는 압력을 증폭하는 장치이다.

**47** 디셀레이션 밸브에는 몇 가지가 있는가?

㉮ 1가지　　㉯ 3가지
㉰ 4가지　　㉱ 5가지

 유로가 열렸을 때 체크 밸브가 있는 것과 없는 것으로 2가지, 유로가 닫혔을 때 체크 밸브가 있는 것과 없는 것 2가지로 전체 4가지가 있다.

**48** 유량 조정 밸브는?

㉮ 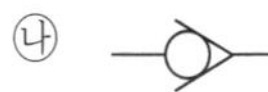　　㉯ 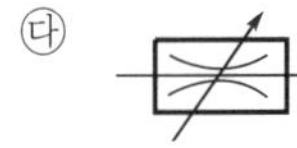
㉰ 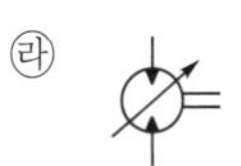　　㉱ 

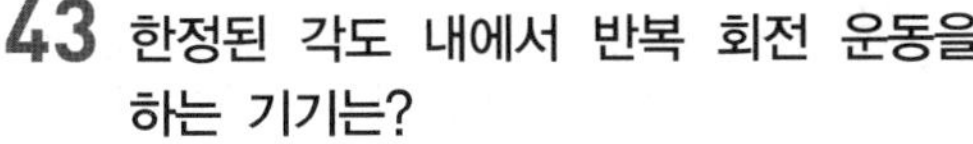 ㉮ 공기 탱크
㉯ 역지 밸브(check valve)
㉱ 가변 용량형 유압 펌프

**49** 유량 제어 밸브가 아닌 것은?

㉮ 니들 밸브
㉯ 클로우드 밸브
㉰ 릴리프 밸브
㉱ 스로틀 밸브

 릴리프 밸브는 압력 제어 밸브이며 설정압 이상이 되면 탱크(유압)나 외부로 배출하여 항상 일정한 압력을 유지한다.

**50** 로터리 밸브의 단점으로 옳은 것은?

㉮ 유압 평형 유지가 나쁘다.

㉯ 조작에 큰 힘이 필요하다.

㉰ 자동 왕복 운동이 불가능하다.

㉱ 고압 대용량 회로에 부적합하다.

 로터리 밸브는 수동으로 조작하며 회전하며 포트를 선택한다.

**51** 역류가 자유롭게 흐르도록 되어 있는 밸브는?

㉮ 감압 밸브

㉯ 언로드 밸브

㉰ 카운터 밸런스 밸브

㉱ 체크 밸브

 카운터 밸런스 밸브는 역류가 자유롭게 흐르도록 한다.

**52** 다음 중 방향 제어 밸브는?

㉮ 체크 밸브

㉯ 감압 밸브

㉰ 시트 밸브

㉱ 스로틀 밸브

 체크 밸브는 한쪽 방향으로만 유체가 흐르게 하는 역할을 한다.

**53** 공압 발생 장치 중 1[kg/cm$^2$] 이상의 토출 압력을 발생시키는 장치는?

㉮ 공기 압축기

㉯ 송풍기

㉰ 팬

㉱ 공기 여과기

 송풍기는 공기를 팬에 의해서 보내는 역할을 하며 공기 여과기는 공기의 이물질을 정화하는 역할을 한다.

**54** 공기 압축기의 토출 압력에 따른 분류가 아닌 것은?

㉮ 저압 : 7~8[kg/cm$^2$]

㉯ 중압 : 10~15[kg/cm$^2$]

㉰ 고압 : 15[kg/cm$^2$]

㉱ 초고전압 : 30[kg/cm$^2$] 이상

 공기 압축기에서 30[kg/cm$^2$] 이상의 압력은 발생하기 어렵다.

**55** 공기 압축기의 분류에 해당되지 않는 것은?

㉮ 왕복 피스톤 압축기

㉯ 회전 피스톤 압축기

㉰ 원심식 압축기

㉱ 온도 압축기

 압축기는 기구 장치에 의해서 압축하는 방법에 의해서 분류를 한다.

**56** 오목한 측면과 볼록한 측면을 가진 두 개의 로터가 한 쌍이 되어 축 방향으로 들어온 공기를 서로 맞물려 회전해 압축하는 것은?

㉮ 2축 스크루 압축기

㉯ 왕복 피스톤 압축기

㉰ 반경류 압축기

㉱ 격판 압축기

 왕복 피스톤 압축기는 실린더 내에 있는 피스톤의 압축 작용(왕복 용적형), 격판 압축기는 피스톤이 격판에 의해 흡입실로부터 분리되어 공기가 피스톤에 직접 접촉하지 않는다.

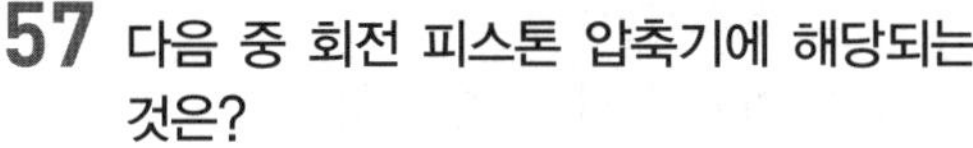

**57** 다음 중 회전 피스톤 압축기에 해당되는 것은?

㉮ 피스톤 압축기

㉯ 2축 스크루 압축기

㉰ 반경류 압축기

㉱ 격판 압축기

**58** 편심 로터가 흡입과 배출 구멍이 있는 실린더 형태의 하우징 내에서 회전하는 압축기는 어느 것인가?

㉮ 격판 압축기

㉯ 축류 압축기

㉰ 피스톤 압축기

㉱ 미끄럼 날개 회전 압축기

 축류 압축기는 터보 압축기로서 공기의 유동 원리를 이용하여 고속으로 회전하며 공기를 압축한다.

**59** 다음 압축기의 종류 중 왕복 피스톤 압축기에 해당되는 것은?

㉮ 격판 압축기  ㉯ 미끄럼 압축기

㉰ 루츠 블로어  ㉱ 축류 압축기

 루츠 블로어는 누에고치형 회전자를 서로 90° 위상 변화를 주고 회전자는 서로 반대로 회전하여 체적의 변화 없이 토출된다.

**60** 다음 그림 중 터보식 압축기는 어느 것인가?

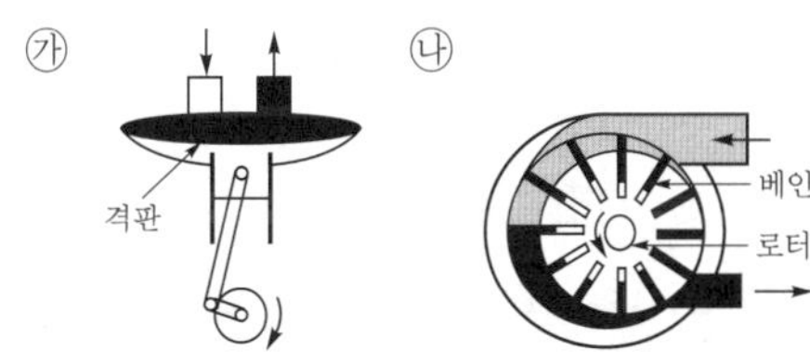


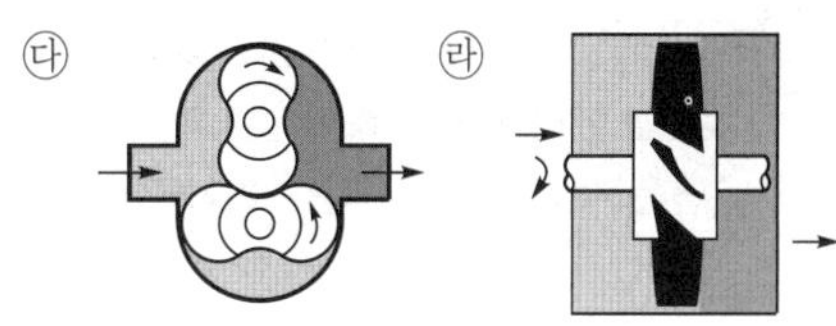

 ㉮는 격판 압축기, ㉯는 베인형 압축기 ㉰는 루츠 블로어 압축기이다.

**61** 체적형 공기 압축기에 해당되지 않는 것은?

㉮ 피스톤식 압축기

㉯ 다이어프램식 압축기

㉰ 스크루식 압축기

㉱ 원심식 압축기

 원심식 압축기는 터보형 압축기이다.

**62** 터보형 공기 압축기의 압축 방식은?

㉮ 피스톤식  ㉯ 스크루식

㉰ 원심식  ㉱ 다이어프램식

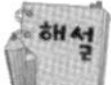 터보 압축기는 축류식과 원심식이 있다.

**63** 다음 그림과 같은 피스톤 압축기의 종류는?

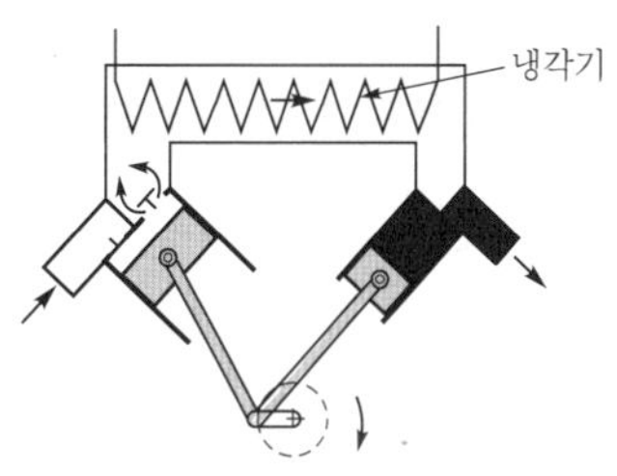


㉮ 피스톤 압축기

㉯ 피스톤 2단 압축기

㉰ 피스톤 3단 압축기

㉱ 격판 압축기

[정답]  57. ㉯  58. ㉱  59. ㉮  60. ㉱  61. ㉱  62. ㉰  63. ㉯

 크랭크축을 회전시켜 피스톤의 왕복 운동으로 압력을 발생하며 1단은 1.2[MPa], 2단은 3[MPa], 3단은 22[MPa]까지 압축한다.

## 64 다음 그림과 같은 압축기의 종류는?

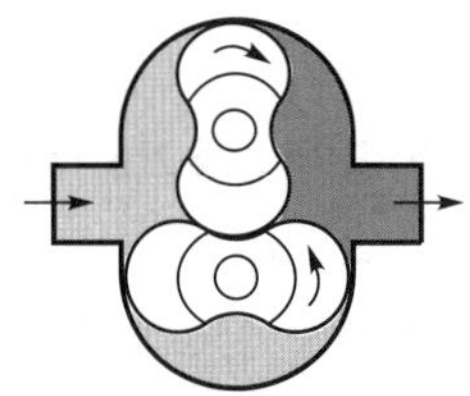

㉮ 루츠 블로어
㉯ 축류 압축기
㉰ 피스톤 압축기
㉱ 미끄럼 압축기

 루츠 블로어는 공기가 체적의 변화 없이 한쪽에서 다른 쪽으로 옮겨간다.

## 65 왕복형 공기 압축기가 회전형과 비교 시 장점은?

㉮ 진동이 적다.  ㉯ 고압 성향이다.
㉰ 소음이 적다.  ㉱ 맥동이 적다.

 ㉮, ㉯, ㉰는 회전형 압축기의 장점이다.

## 66 공기 압축기의 분류에 해당되지 않는 것은?

㉮ 축류 압축기
㉯ 왕복 피스톤 압축기
㉰ 온도 압축기
㉱ 회전 피스톤 압축기

## 67 다음 중 왕복 피스톤 압축기에 해당되는 것은?

㉮ 루츠 블로어
㉯ 미끄럼 날개 회전 압축기
㉰ 격판 압축기
㉱ 반경류 압축기

## 68 다음 중 회전 피스톤 압축기에 해당되는 것은?

㉮ 루츠 블로어  ㉯ 축류 압축기
㉰ 피스톤 압축기  ㉱ 미끄럼 압축기

## 69 체적 변화의 원리에 의한 압축기는?

㉮ 터빈 압축기  ㉯ 원심식 압축기
㉰ 피스톤 압축기  ㉱ 축류 압축기

 ㉮, ㉯, ㉱는 공기의 유동 원리를 이용한 터보를 고속으로 회전시켜 공기를 압축한다.

## 70 공기의 유동 원리에 의한 압축기는?

㉮ 회전 피스톤 압축기
㉯ 원심식 압축기
㉰ 왕복 피스톤 압축기
㉱ 터빈 압축기

 종류는 축류식과 원심식이 있다.

## 71 오늘날 가장 널리 사용되는 압축기로 높은 압력까지 압축할 수 있는 압축기의 형태는?

㉮ 스크루 압축기
㉯ 왕복 피스톤 압축기
㉰ 반경류 압축기
㉱ 격판 압축기

 사용 압력 범위는 100[kPa]에서 수천 [kPa]까지 사용한다.

---

[정답]  64. ㉮  65. ㉮  66. ㉰  67. ㉰  68. ㉮  69. ㉰  70. ㉱  71. ㉯

**72** 공기는 한 개 또는 여러 개의 터빈에 의하여 속도를 얻게 되며 이러한 운동 에너지를 압력 에너지로 바꾸어서 압축하는 압축기는?

㉮ 회전 피스톤 압축기

㉯ 왕복 피스톤 압축기

㉰ 유동식 압축기

㉱ 2축 스크루 압축기

 유동식 압축기는 터보형으로 유동의 원리를 이용하며 축류식과 원심식이 있다.

**73** 압축기에 관한 설명으로 옳은 것은?

㉮ 흡입 상태 및 흡기 필터의 눈막힘을 점검하여야 한다.

㉯ 정기 점검은 전혀 할 필요가 없다.

㉰ 윤활유 및 냉각수의 점검은 제작 시에 했기 때문에 할 필요가 없다.

㉱ 압력의 급변동을 피하고 최대한 온도의 안정을 유지할 필요가 없다.

 압축기는 수시로 점검을 해야 하며, 특히 흡기 필터는 대기 중의 공기를 압축하므로 수시로 점검해야 한다.

**74** 다음 그림과 같은 공압 장치는?

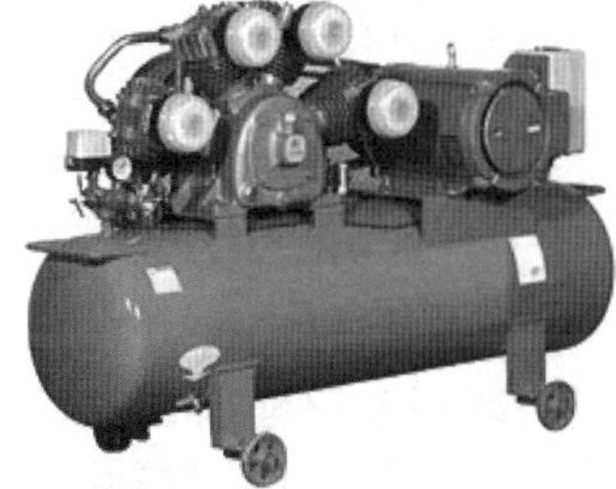

㉮ 공기 압축기

㉯ 윤활기

㉰ 압축 공기 필터

㉱ 공압 제어 밸브

 공기 압축기는 대기 중에 있는 공기를 압축하여 압력 에너지를 기계적 에너지로 변환한다.

**75** 공압 발생 장치 중 $1[\text{kg/cm}^2]$ 이상의 토출 압력을 발생시키는 장치는?

㉮ 송풍기

㉯ 팬

㉰ 공기 압축기

㉱ 공압 모터

 공압 모터는 압력 에너지를 투입하여 기계적 에너지(토크)를 생성한다.

**76** 드레인 배출 방법 중 드레인이 일정량 고이면 자동적으로 배출 밸브가 열려 배출되는 것은?

㉮ 수동식

㉯ 필터식

㉰ 부유(float)식

㉱ 차압식

 드레인 장치는 공기가 압축이 되면 외부와 온도 차이 때문에 수분이 증가하여 물이 생성되며 산화 작용에 의해 공기압 기기에 수명을 저해는 역할을 한다.

**77** 압축 공기 저장 탱크에 구성되는 기기가 아닌 것은?

㉮ 압력계

㉯ 압력 릴리프 밸브

㉰ 차단 밸브

㉱ 유량계

 유량계는 유체의 흐르는 양을 수치적으로 나타낸다.

## 78 도면에 그려진 밸브의 설명으로 적당하지 않는 것은?

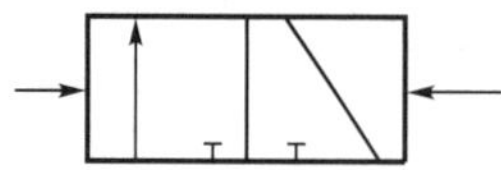

㉮ 정상 상태 닫힘형
㉯ 유입에 의한 작동
㉰ 메모리형
㉱ 3/2way 밸브

 외부에서 에너지를 받아 조작되는 방식이다.

## 79 다음 그림은 어떤 조작 방식인가?

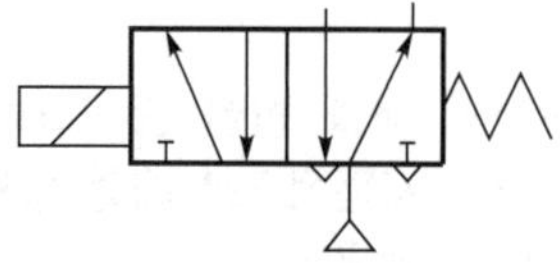

㉮ 솔레노이드 방식
㉯ 공기압 방식
㉰ 수동 방식
㉱ 파일럿 방식

 모든 코일은 산업용 전압으로 설계되어 있고 일반적으로 더 넓은 전압 사용 범위를 요하는 배터리 충전 회로를 위해서는 특별한 코일을 필요로 한다. 이러한 응용에는 특별한 연속 사용 등급 Class H 코일은 대기 온도 60[℃](140[℉]) 이하에서 전압 사용 범위가 공칭 이하 12~28[%]까지 가능하다. HC를 첨가한 표준 공칭 전압 125[V] DC와 250[V] DC는 각각 90~140[V] 및 180~280[V] 전압의 범위까지 사용이 가능하다.

그리고 대부분의 솔레노이드 밸브들은 구조에 따라 최대 작동 압력차(MOPD)하에서 공칭 전압 이하 15[%]까지 작동하며, 짧은 시간 동안은 공칭 전압 이상 10[%]까지 작동할 수 있다. 또한, 소비 전력은 watt rating으로 구할 수 있다.

AC 밸브에 대해서는 와트(W), 볼트(V), 암페어(A), inrush(코일에 전기가 통할 때 발생하는 높은 순간적인 서지)와 holding (inrush 다음에 일어나는 연속적인 끌어당김)이 나타나 있다. inrush와 holding의 정격 전류는 정격 볼트-암페어(volt-ampere rating)를 전압으로 나눌 수 있다.

## 80 밸브의 포트 수와 절환 위치 수가 맞는 것은?

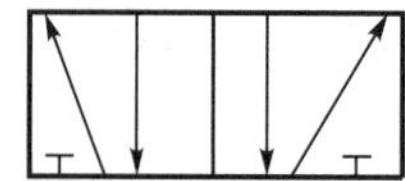

㉮ 3포트 2위치
㉯ 3포트 3위치
㉰ 5포트 2위치
㉱ 5포트 3위치

 포트는 유체가 통과하는 구멍을 의미하며 위치는 사각형 형태를 의미한다.

## 81 솔레노이드 밸브의 조작 전압은 정격 전압의 몇 [%] 범위 이내이어야 하는가?

㉮ ±10[%] 범위 이내
㉯ ±20[%] 범위 이내
㉰ ±30[%] 범위 이내
㉱ ±40[%] 범위 이내

 솔레노이드는 전압이 너무 높거나 낮으면 작동이 불능이거나 수명이 단축되므로 보통 ±10[%] 범위 이내에서 운전하도록 한다.

## 82 공기압 회로 구성 시 2개소 이상의 방향으로부터의 공기와 흐름을 1개소로 합칠 경우에 사용되는 OR 밸브는?

㉮ 2압 밸브　　㉯ 시퀀스 밸브
㉰ 체크 밸브　　㉱ 셔틀 밸브

 셔틀 밸브는 유체가 들어와 둘 중에 한 곳이라도 열려 있으면 유체가 흐를 수 있는 조건을 가진다.

## 83 방향 제어 밸브 중 포핏식이 갖는 이점은?

㉮ 밸브 이동에 큰 힘을 필요로 하지 않는다.

㉯ 밸브의 밀착이 완전하다.

㉰ 밸브의 이동 거리가 같다.

㉱ 자유도가 커서 동일 몸체로 각종의 밸브를 제작할 수 있다.

 포핏은 원추형의 형상으로 되어 있기 때문에 밀착성이 좋다.

## 84 회로 중에 공기 압력이 상승 또는 하강 시에 어느 일정한 압력이 되면 전기 스위치가 변환되어 압력 변화를 전기 신호로 나타내게 되는 작동 기기는?

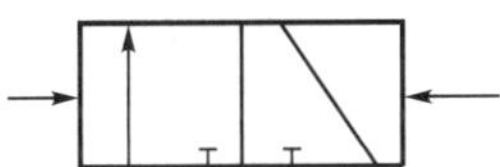

㉮ 압력 스위치　　㉯ 시퀀스 밸브

㉰ 릴리프 밸브　　㉱ 언로드 밸브

 ① Z에 입력되는 압축 공기의 압력이 스프링으로 설정해 놓은 압력에 도달되면 밸브가 작동되어 A에서 출력 신호를 얻을 수 있게 된다.
② 밸브는 Z에 입력되는 압력이 특정한 압력에 도달돼야 작동되므로 공압 제어 시스템에서 스위칭 작용에 특별한 압력이 요구되는 곳에 사용한다.

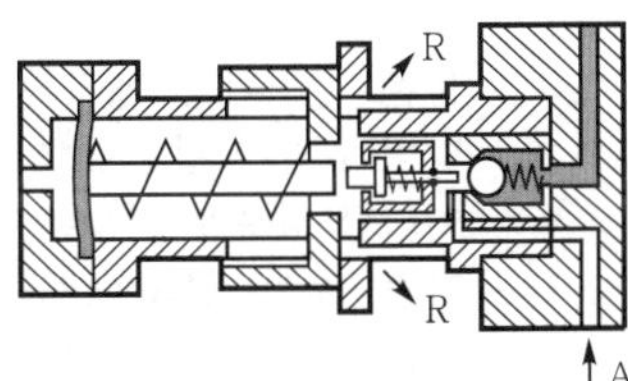

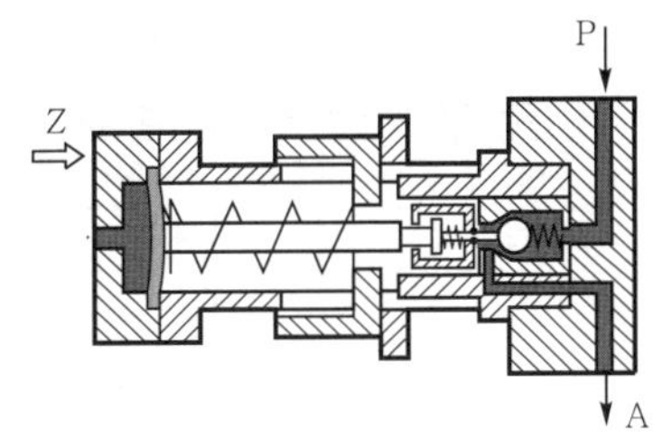


## 85 행정이 짧지만 봉함 능력이 좋고, 마찰력이 적은 비피스톤형 공압 실린더는?

㉮ 다이어프램 실린더

㉯ 한쪽 로드형 복동 실린더

㉰ 램형 실린더

㉱ 단동 실린더

 비피스톤형 실린더는 피스톤이 없으므로 인하여 마찰력이 거의 발생하지 않는다.

## 86 압력 제어 밸브의 직동형 방식이 아닌 것은?

㉮ 블브리드식　　㉯ 논 블리드식

㉰ 릴리프식　　　㉱ 파일럿식

 파일럿 방식은 유체압을 이용하여 밸브를 작도하는 방식이다.

## 87 인력 조작 방식이 아닌 것은?

㉮

㉯

㉰

㉱

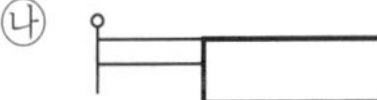

| 수동<br>작동 방법 | 기계적<br>작동 방법 | 공기압<br>작동 방법 | 전기적<br>작동 방법 |
|---|---|---|---|
| 일반 수동 작동법 | 플런저 | 압력을 가함 | 직동형 솔레노이드 |
| 누름 버튼 | 스프링 | 압력을 제거 | 간접작동형 솔레노이드 |
| 레버 | 롤러 레버 | | |
| 페달 | 양방향성 롤러레버 | | |

## 88 파일럿 압력 제어 밸브의 용도에 적합하지 않은 것은?

㉮ 원격 제어

㉯ 대용량 제어

㉰ 속도 제어

㉱ 정밀도가 요구되는 시험 장치

 파일럿 압력 제어 밸브는 유체압을 이용하여 압력을 제어한다.

## 89 다음 밸브에서 표시되지 않는 것은?

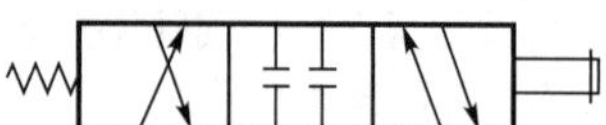

㉮ 위치 전환수    ㉯ 관로(구멍)수

㉰ 조작 방식    ㉱ 조작력

 조작력은 밸브 표시 방법에 포함하지 않는다.

## 90 방향 전환 밸브에서 공기 통로를 개폐하는 밸브 형식이 아닌 것은?

㉮ 회전판 미끄럼식 ㉯ 스풀식

㉰ 포핏식    ㉱ 축류식

밸브의 개폐는 출구를 어떤 형태로 차단하느냐에 따라 다르며 축류식은 유체의

방향을 나타낸다.

## 91 부하의 변동이 있어도 비교적 안정된 속도를 얻을 수 있는 회로는?

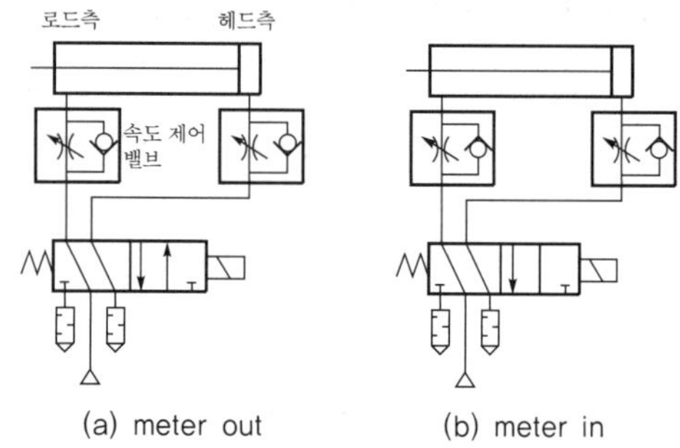


㉮ 미터 인 회로

㉯ 미터 아웃 회로

㉰ 블리드 온 회로

㉱ 블리드 오프 회로

**1) 미터 인 회로**

① 실린더에 들어가는 공기를 제어하는 것

② 배기는 체크 밸브를 통하여 자유롭게 빠져나감.

③ 이 방법을 사용하면 리밋 스위치를 통과하는 것과 같은 경미한 하중의 변화에도 실린더의 속도가 크게 변화될 수가 있으므로, 이 방법은 단동 실린더나 작은 실린더에 사용함.

**2) 미터 아웃 회로**

① 공급되는 공기는 실린더에 자유롭게 들어가게 하고 배기를 제한하는 것

② 이 방법은 피스톤이 공기 쿠션 사이에 있게 되어 이송 특성을 향상시킬 수 있으므로 복동 실린더에는 이 방법을 사용함.

③ 체적이 작은 실린더나 행정 거리가 짧은 실린더는 배기 쪽에 충분한 압력이 빨리 형성되지 않기 때문에 이러한 경우에는 공급 공기를 교축하는 것이 필요함(가능하면 배기 조절도 함께 하는 것이 좋음).

**92** 유량 제어 밸브의 선정상 유의 사항과 거리가 먼 것은?

㉮ 최대 유량의 흐름을 고려한다.

㉯ 액추에이터에 가깝게 설치한다.

㉰ 유량 조절의 고정용 나사는 반드시 풀리지 않도록 고정한다.

㉱ 실린더의 속도 제어는 공기의 압축성을 고려하여 비교적 원활한 작동이 얻어지는 미터 인 방식을 사용한다.

 유량 제어 밸브는 모든 공압 회로에 적용을 하며 시스템의 용도에 따라 다르게 적용한다.

**93** 솔레노이드 밸브의 전환 빈도는 매초 몇 회로 규정하고 있는가?

㉮ 1회 이하  ㉯ 1회 이상

㉰ 3회 이하  ㉱ 3회 이상

 솔레노이드는 전기적 에너지를 받아 작동되므로 부하가 걸려 있는 상태에서는 많은 에너지가 필요하므로 자주 작동하면 코일에 무리가 갈 수가 있다.

**94** 솔레노이드 밸브와 마스터 밸브의 응답 시간 특성에 대한 설명이 틀린 것은?

㉮ 응답 시간의 불균일성은 직류 쪽이 적다.

㉯ 응답 속도는 직동식이 파일럿식보다 빠르다.

㉰ 직류와 교류에 있어서 직류 쪽이 빠르고 교류 쪽이 느리다.

㉱ 교류에서는 통전 시의 위상각의 영향으로 비교적 크다.

 응답 시간은 교류와 직류가 차이가 없으

며 파형에 따라 노이즈나 전기적 특성은 다르다.

**95** 방향 제어 밸브의 조작 방식에 의한 분류가 아닌 것은?

㉮ 공압식 조작 방식

㉯ 스프링 조작 방식

㉰ 인력 조작 방식

㉱ 기계식 조작 방식

 밸브를 조작력을 어떤 형태로 사용하는가에 따라 분류한다.

**96** 단동 실린더를 직접 제어할 때 적당한 제어 밸브는?

㉮ 3포트 2위치 제어 밸브

㉯ 4포트 2위치 제어 밸브

㉰ 4포트 3위치 제어 밸브

㉱ 5포트 2위치 제어 밸브

 단동 실린더는 포트가 하나만 존재하며 복귀는 스프링에 의해서 이루어진다.

**97** 공압 제어 밸브의 사용 목적에 어긋나는 것은?

㉮ 압력 스위치 : 공기압의 압력 신호를 전기적 신호로 변환시킨다.

㉯ 급속 배기 밸브 : 공기의 배출 저항을 감소시키며 실린더의 귀환 행정을 단축시킬 수 있다.

㉰ 2압 밸브 : AND 밸브라고 하며 각종 안전 장치, 검사 기능 및 로직 제어에 이용된다.

㉱ 감압 밸브 : 1차 측(입구 측) 압력을 일정하게 한다.

 감압 밸브는 입력된 압력에 대해 출력 압력을 제어하는 밸브이다.

## 98 교류 솔레노이드 밸브의 특징과 거리가 먼 것은?

㉮ 소음이 적다.
㉯ 회로 구성품의 조달이 쉽다.
㉰ 응답성이 좋다.
㉱ 소비 전력이 절감된다.

교류 솔레노이드는 직류와 비교하여 소음이 많다.

## 99 공·유압 변환기의 취급상 주의 사항과 거리가 먼 것은?

㉮ 열원의 가까이에서 사용하지 않는다.
㉯ 공·유압 변환기는 반드시 액추에이터보다 높은 위치에 설치한다.
㉰ 공·유압 변환기는 수평 방향으로 설치한다.
㉱ 액추에이터 및 배관 내의 공기를 충분히 뺀다.

공유압 변환기는 수직 방향으로 설치하여 자중으로 인한 기포나 유체의 불안정을 보호할 수가 있다.

## 100 공·유압 변환기의 장점이 아닌 것은?

㉮ 스틱–슬립 현상을 방지할 수 있고 중간 정지 기능의 정도를 높일 수 있다.
㉯ 시동 시나 부하 변동 시 일정한 속도를 얻을 수 있다.
㉰ 회로 구성이 간단하고 취급이 용이하다.
㉱ 공압과 유압 구동의 특징을 살려서 저속 제어하는 데 매우 유용하다.

공유압 변환기는 공압과 유압을 사용하므

로 단일 유체를 사용하는 것보다 회로 구성이 복잡하다.

## 101 다음 그림과 같은 밸브의 명칭은?

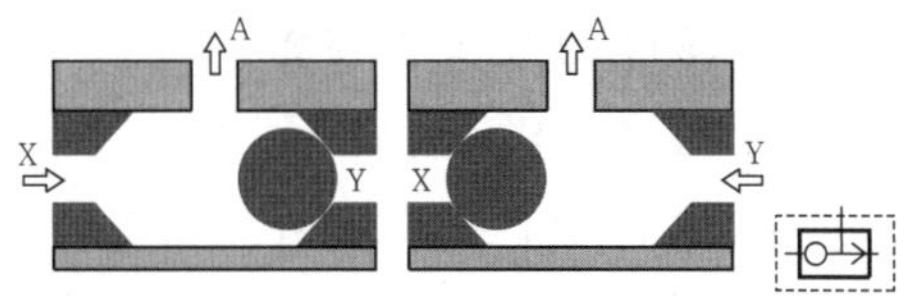

㉮ 2압 밸브(AND 밸브)
㉯ 셔틀 밸브(OR 밸브)
㉰ 시간 지연 밸브
㉱ 체크 밸브

셔틀 밸브는 두 개의 포트 중에 한 곳만 열리면 유체가 흐르는 조건을 가진다.

## 102 실린더의 압력은 동일해도 각각 다른 압력으로 나눌 수 있는 밸브는?

㉮ 리턴 밸브　　㉯ 릴레이 밸브
㉰ 리듀싱 밸브　　㉱ 릴리프 밸브

① 출력되는 압력을 일정 압력 이하로 조절해 주는 압력 조절 밸브
② 입력되는 압력을 일정 압력 이하로 유지시켜 주는 압력 제한 밸브
③ 일정 압력에 도달하면 제어 신호를 출력시켜 주는 압력 시퀀스 밸브

## 103 릴리프 밸브의 스프링이 약하면 어떤 현상이 생기는가?

㉮ 서징 현상
㉯ 점핑 현상
㉰ 채터링 현상
㉱ 챔퍼링 현상

채터링(chattering)은 스프링이 약해 압력과 유사한 힘이 생성되면 떨림이 발생한다.

**104** 압력 제어 밸브의 직동형 방식이 아닌 것은?

㉮ 릴리프식　　㉯ 논 블리드식
㉰ 블리드식　　㉭ 파일럿식

직동형이란 스프링의 복원력을 이용하여 압력을 제어한다.

**105** 직동형 릴리프 밸브의 특징은?

㉮ 채터링 현상이 생긴다.
㉯ 원격 조작을 할 수 있다.
㉰ 유압이 35[kgf/cm$^2$] 이상이 사용된다.
㉭ 오버-라이트 특성이 작다.

직동형은 스프링의 탄성력을 이용하므로 압력과 스프링 작용력이 같은 지점에서 떨림이 발생한다.

**106** 작은 지름의 파이프에서 유량을 미세하게 조정하는 데 적합한 밸브는?

㉮ 니들 밸브
㉯ 압력 보상 밸브
㉰ 유량 분류 밸브
㉭ 서보 밸브

needle이란 가느다란, 즉 바늘의 의미를 가지며 니들 밸브는 미세하게 유량을 조절하는 데 사용한다.

**107** 동기 회로에서 2개의 실린더가 같은 속도로 움직일 수 있도록 제어해 주는 밸브는?

㉮ 체크 밸브　　㉯ 분류 밸브
㉰ 바이패스 밸브　　㉭ 스톱 밸브

동기 회로란 같은 조건에서 동시에 유체압이 형성되어 작동하게 하는 회로를 의미한다.

**108** 공기압 회로를 구성할 때 2개소 이상의 방향으로부터의 흐름을 1개소로 합칠 필요가 있을 때 사용되는 OR 밸브는?

㉮ 체크 밸브　　㉯ 시간 지연 밸브
㉰ 셔틀 밸브　　㉭ 2압 밸브

셔틀 밸브는 A, B 포트 중 어느 한 곳이 열리면 유체압이 형성되는 조건을 가진다.

**109** 다음 중 방향 제어 밸브에 해당되는 것은?

㉮ 셔틀 밸브　　㉯ 니들 밸브
㉰ 리듀싱 밸브　　㉭ 미터 아웃 밸브

㉯, ㉭는 유량 제어 밸브이며, ㉰는 압력 제어 밸브이다.

**110** 흐름이 한 방향으로만 허용되는 1방향 밸브는?

㉮ 체크 밸브　　㉯ 니들 밸브
㉰ 언로드 밸브　　㉭ 유량 밸브

체크 밸브는 오직 한 방향으로만 흐르게 하며 전자 소자의 다이오드(diode)와 같은 역할을 한다.

**111** 다음 그림의 기호는?

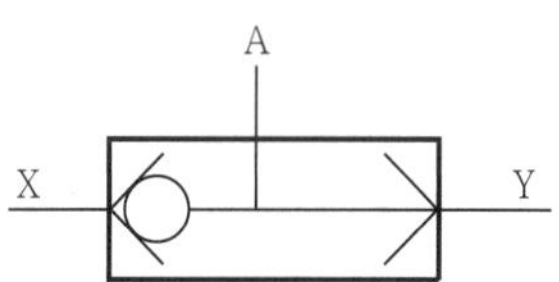


㉮ 급속 배기 밸브
㉯ AND 밸브
㉰ OR 밸브
㉭ 체크 밸브

OR 밸브는 Y방향으로 유체가 입력되어 A 방향으로 출력이 되며 X방향은 체크 밸브에 의해서 흐름을 차단하는 밸브이다.

---

**112** 다음 그림은 2압 밸브의 내부 구조도이다. 다음 중 2압 밸브의 특성이 아닌 것은?

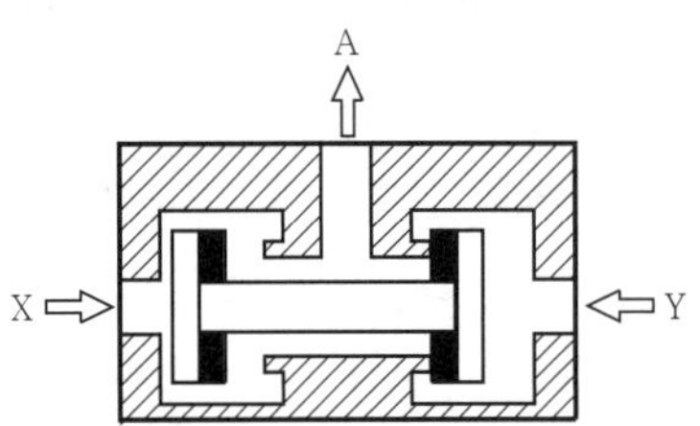


㉮ X, Y에 입력 신호가 전제되어야 출력 신호가 존재한다.

㉯ AND의 논리를 만족한다.

㉰ X, Y에 같은 세기의 입력 신호가 전달되면 먼저 전달된 입력 신호가 출력된다.

㉱ X, Y에 동시에 입력 신호가 전달되면 작은 세기의 입력 신호가 출력된다.

 X, Y에 입력이 전달되면 같은 조건으로 출력이 된다.

**113** 다음 그림의 방향 제어 밸브 형식의 명칭은?

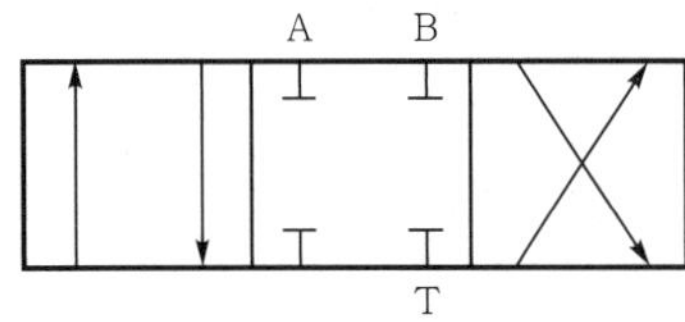


㉮ 펌프 클로즈 센터형

㉯ 바이패스 센터형

㉰ 클로즈 센터형

㉱ 오픈 센터형

 closed center type은 솔레노이드에 전기가 인가되지 않으면 모든 포트가 닫힘으로 전환한다.

**114** 다음 중 감압 밸브의 용도는?

㉮ 압력의 변화를 전기 신호로 바꿔주는 전·공 변환기이다.

㉯ 실린더의 속도를 제어한다.

㉰ 회로 내의 압력을 감압시켜 일정하게 유지시킨다.

㉱ 실린더를 순차적으로 작동시킨다.

 입력된 압력보다 출력되는 압력을 낮게 하여 유지한다.

**115** 압력 제어 밸브에 속하지 않는 것은?

㉮ 릴리프 밸브　　㉯ 시퀀스 밸브
㉰ 감압 밸브　　㉱ 교축 밸브

 교축 밸브는 유량 제어 밸브이다.

**116** 주회로의 압력보다 저압으로 감압시켜 분기 회로 구성에 사용되는 밸브의 명칭은?

㉮ 릴리프 밸브　　㉯ 시퀀스 밸브
㉰ 감압 밸브　　㉱ 교축 밸브

 릴리프 밸브는 설정압 이상은 탱크로 보낸다. 시퀀스 밸브는 설정된 압력에 의해 전기 신호가 발생하고, 교축 밸브는 유량 제어 밸브이다.

**117** 다음 밸브 기호는 어떤 밸브의 기호인가?

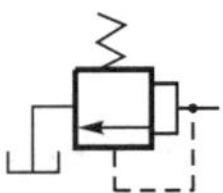

㉮ 릴리프 밸브(relief valve)

㉯ 시퀀스 밸브(sequence valve)

㉰ 감압 밸브(reducing valve)

㉱ 교축 밸브(unloading valve)

 릴리프 밸브는 설정압 이상은 탱크로 보내고 항상 설정압으로 만 유지시킨다.

**118** 압력 제어 밸브의 기호 중 상시 열림의 기본이 되는 것은?

㉮ 릴리프 밸브　　㉯ 언로드 밸브
㉰ 감압 밸브　　㉱ 시퀀스 밸브

 감압 밸브는 출력 쪽에 압력이 낮기 때문에 상시 열림이 된다.

**119** 회로의 최고 압력을 제한하는 밸브로서 회로의 압력을 일정하게 유지시키는 밸브를 무슨 밸브라 하는가?

㉮ 릴리프 밸브(relief valve)
㉯ 시퀀스 밸브(sequence valve)
㉰ 감압 밸브(reducing valve)
㉱ 교축 밸브(unloading valve)

 릴리프 밸브는 공기 압축기에서 출력된 압력을 일정하게 유지하여 밸브나 액추에이터에 보내어진다.

**120** 회로압의 설정압을 넘으면 격막이 파열되어 회로의 최고 압력을 일정하게 유지시켜 주는 압력 제어 밸브는?

㉮ 압력 스위치　　㉯ 유체 스위치
㉰ 유체 퓨즈　　㉱ 감압 밸브

 격막이 파열되어 회로의 최고 압력을 일정하게 유지시켜 준다.

**121** 주로 안전 밸브로 사용되며 시스템 내의 압력이 최대 허용 압력을 초과하는 것을 방지해 주는 밸브는?

㉮ 언로드 밸브　　㉯ 시퀀스 밸브
㉰ 릴리프 밸브　　㉱ 압력 스위치

 안전 밸브는 유체압의 불확실성을 일정하게 유지하여 배관이나 공압 기기를 보호한다.

**122** 회로의 일부에 배압을 발생시키고자 할 때 사용하는 밸브로서 한 방향의 흐름에 대해서 설정된 배압을 부여하고 다른 방향의 흐름은 자유 흐름을 행하는 밸브는?

㉮ 카운터 밸런스 밸브
㉯ 브레이크 밸브
㉰ 체크 밸브
㉱ 시퀀스 밸브

 카운터 밸런스 밸브는 액추에이터 귀환측에 압력을 발생시켜 자중 낙하 등의 폭주를 방지할 때 사용하고 1차측 A의 압력이 설정 압력 이상이 될 때까지 압유를 유지한다.

**123** 불필요한 오일을 탱크로 방출시켜 펌프에 부하가 걸리지 않도록 하여 동력을 절감할 수 있는 밸브는?

㉮ 감압 밸브
㉯ 시퀀스 밸브
㉰ 카운터 밸런스 밸브
㉱ 무부하 밸브

 무부하 밸브는 펌프를 보호하고 동력을 절감할 수가 있다.

**124** 교류형(AC) 솔레노이드 밸브와 직류형(DC) 솔레노이드 밸브를 비교한 것 중 직류형의 표현으로 잘못된 것은?

㉮ 스위칭이 부드럽다.
㉯ 수명이 길다.
㉰ 아크 억제 회로가 필요 없다.
㉱ 흡인력 발생이 없다.

 흡인력이란 솔레노이드에 전기가 인가되어 전자석으로 인하여 밸브 내 스프루를 변화하여 준다.

**125** 전기 신호에 의해 안내 밸브를 움직이게 한 일종의 증폭기이며, 전기와 유압의 혼합형인 밸브는?

㉮ 분사관식 서보 기구
㉯ 직류 서보 기구
㉰ 교류 서보 기구
㉱ 서보 밸브

 서보 밸브는 입력에 대한 출력값을 항상 일정하게 유지시켜 준다.

**126** 공기압 회로에 다수의 에어 실린더나 액추에이터를 사용할 때 각 작동 순서를 미리 정해 두고 순차 제어시키고 싶을 때 사용하는 밸브는?

㉮ 무부하 밸브    ㉯ 시퀀스 밸브
㉰ 프레셔 스위치  ㉱ 릴리프 밸브

 프레셔 스위치는 액추에이터가 접촉을 하면 기구 장치에 의해 스위치를 작동하는 방법이다.

**127** 로킹 회로에서 정지 위치를 장시간 유지하기 위해 사용되는 밸브는?

㉮ 셔틀 밸브
㉯ 시퀀스 밸브
㉰ 감압 밸브
㉱ 파일럿 조작 밸브

 파일럿 조작 밸브는 미소한 유체압으로 포트를 조작하여 장시간 정지 위치를 유지한다.

**128** 양쪽의 수압 면적이 동일하고 공압을 피스톤의 양쪽에 공급할 수 있는 실린더는?

㉮ 양쪽 로드 실린더(피스톤형)
㉯ 램형 실린더(피스톤형)
㉰ 다이어프램 실린더(비피스톤형)
㉱ 한쪽 로드 복동 실린더(피스톤형)

 양쪽 로드 실린더(피스톤형)는 로드가 있어 수압 면적이 같으나 한쪽만 존재하면 로드의 면적만큼 수압 면적이 감소한다.

**129** 속도 에너지를 이용하여 실린더의 속도가 가장 빠른 실린더는?

㉮ 탠덤 실린더
㉯ 임팩트(충격) 실린더
㉰ 회전 실린더
㉱ 다위치 실린더

 임팩트(충격) 실린더는 충격력을 생성하기 위해서 속도가 빨라야 한다.

**130** 다음 중 실린더의 사용 목적으로 옳은 것은?

㉮ 유체 에너지를 직선 운동으로 변환하기 위한 것
㉯ 유체 에너지의 압력을 조절하기 위한 것
㉰ 유체의 양을 조절하기 위한 것
㉱ 유체의 흐름 방향을 제어하기 위한 것

 실린더는 압력 에너지를 기계적 에너지(직선 운동)로 전환하는 액추에이터다.

**131** 텔레스코프형 실린더의 설명 중 틀린 것은?

㉮ 단동 및 복동 실린더가 있다.
㉯ 긴 행정 거리를 얻을 수 있다.
㉰ 속도 제어가 용이하다.
㉱ 전진 끝단에서의 출력이 저하된다.

 텔레스코프형 실린더는 로드가 길어서 속도 제어가 순간 압력의 생성이 일정하지 않으므로 속도 제어가 어렵다.

**132** 피스톤 형태의 공압 모터 회전력을 결정하는 요인이 아닌 것은?

㉮ 연결(커넥팅) 로드의 지름

㉯ 압축 공기의 압력

㉰ 피스톤의 행정 거리와 속도

㉱ 피스톤의 수압 면적과 개수

 수압 면적은 관계가 있으나 개수는 회전력과 무관하다.

**133** 실린더의 효율은 추력 효율로 나타내는데 추력 계수에 대한 설명 중 옳지 않은 것은?

㉮ 공기 압력이 감소됨에 따라 작게 된다.

㉯ 실린더 안지름이 작을수록 계수도 작아진다.

㉰ 실린더의 섭동 저항, 로드 베어링부의 마찰 등이 실린더 효율을 저하시킨다.

㉱ 실린더의 효율을 증가시키려면 실린더 로드 길이를 길게 한다.

 실린더 로드 길이가 길면 마찰력이 증가하여 추력 효율을 저해하는 요인이 된다.

**134** 공압 모터의 장점은?

㉮ 에너지 변환 효율이 낮다.

㉯ 공기의 압축성에 의해 제어성은 좋지 않다.

㉰ 과부하 시 조금도 위험성이 없다.

㉱ 배기음이 크다.

 공압 모터는 과부하가 발생하여도 무한 회전이 되므로 위험성이 없다.

**135** 다음의 기호가 나타내는 것은?

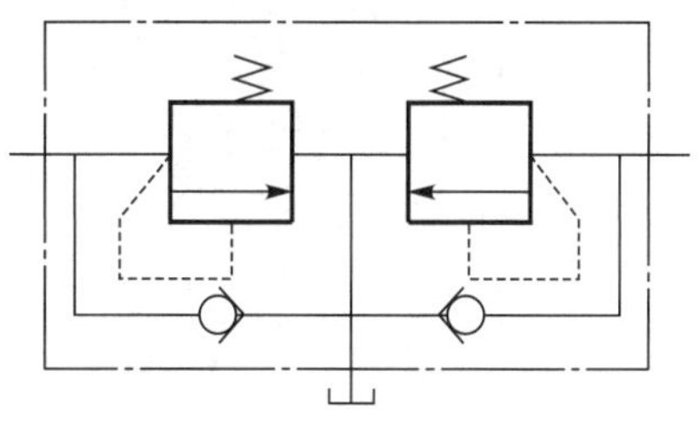

㉮ 파일럿 작동형 시퀀스 밸브

㉯ 카운터 밸런스 밸브

㉰ 무부하 릴리프 밸브

㉱ 브레이크 밸브

 브레이크 밸브는 브레이크 페달, 밸브 바디, 그리고 밸브 바디 내에 아래 그림과 같이 플런저에 의해 연동되는 상·하 두 개의 피스톤, 그리고 각각 피스톤 아래에 있는 흡입/배기 밸브 등으로 구성되어 있다. 브레이크 페달은 플런저와 피스톤이 직결된 트레들(treadle)형이 일반적으로 사용된다. 밸브 바디부는 위쪽과 아래쪽으로 나누어지며, 위쪽은 뒤 계통으로 아래쪽은 앞 계통으로 각각 독립하여 공기 탱크로부터 공기가 공급되도록 되어 있다.

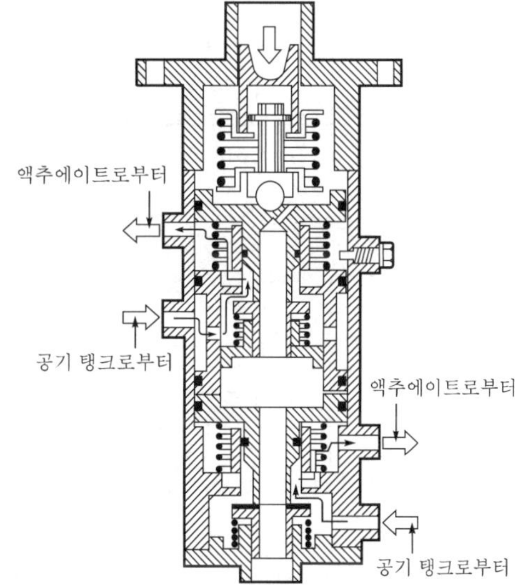


(a) 브레이크가 작용될 때

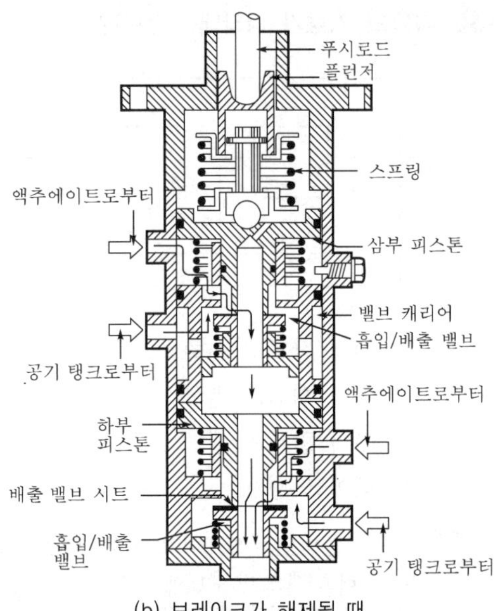



(b) 브레이크가 해제될 때

## 136 다음 그림과 같은 밸브의 명칭은?

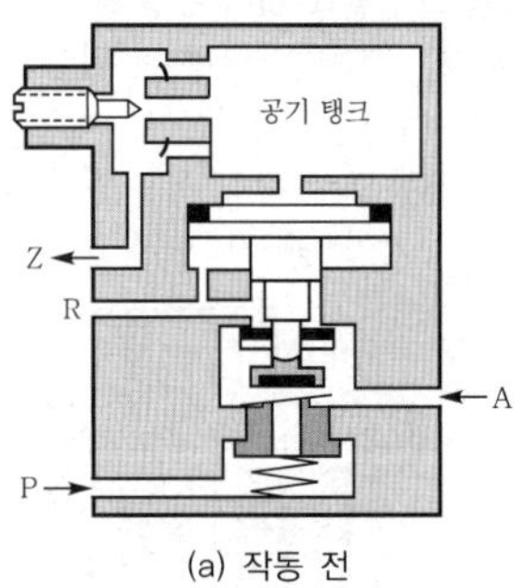



(a) 작동 전

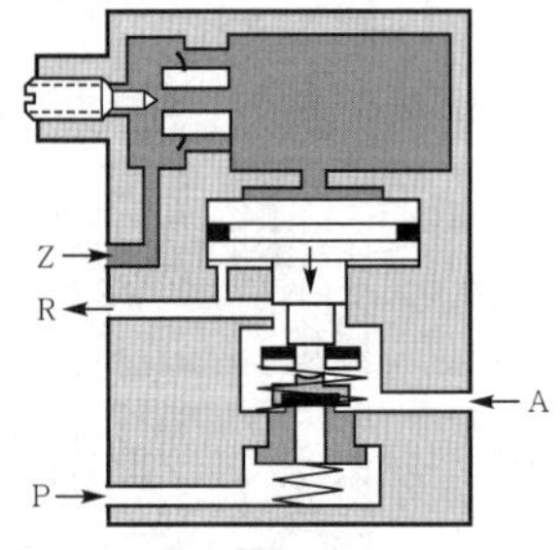



(b) 작동 후

㉮ 한시 작동 시간 지연 밸브(정상 상태 열림)

㉯ 한시 작동 시간 지연 밸브(정상 상태 닫힘)

㉰ 한시 복귀 시간 지연 밸브(정상 상태 열림)

㉱ 한시 복귀 시간 지연 밸브(정상 상태 닫힘)

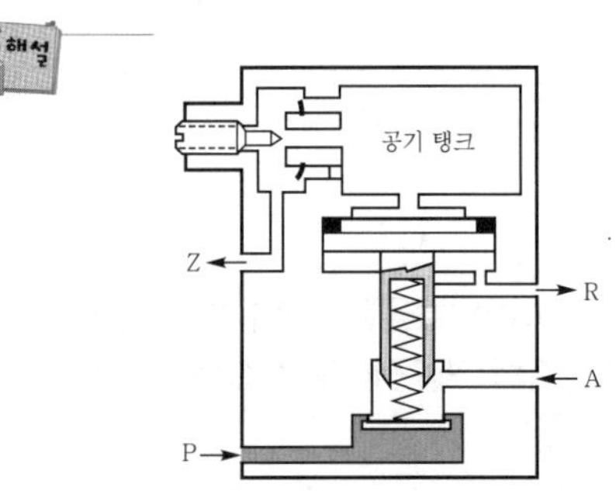



(a) 작동 전

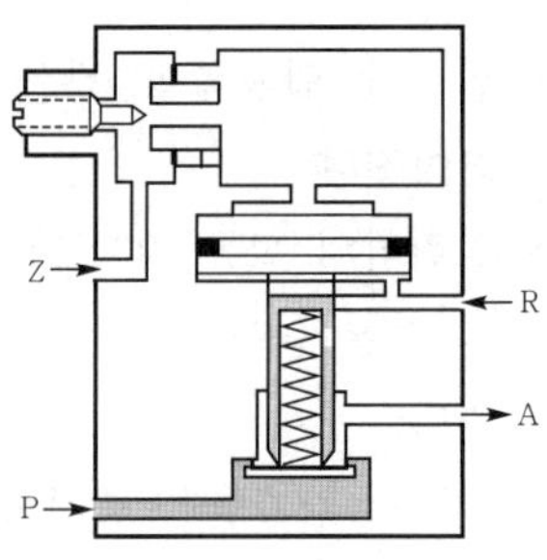



(b) 작동 후

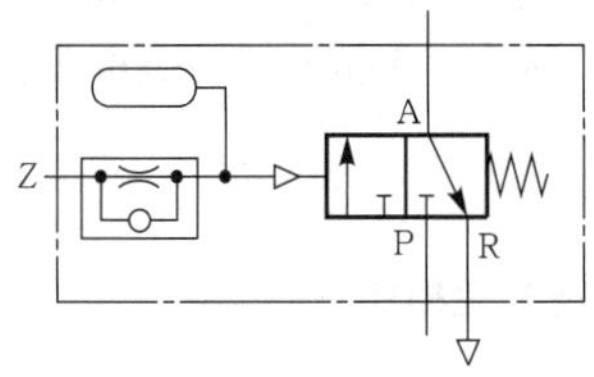



(c) 한시 작동 정상 상태 닫힘

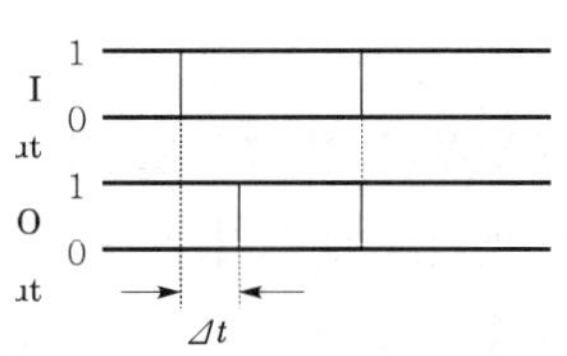



(d) 시간 지연 밸브의 기호 및 동작 상태

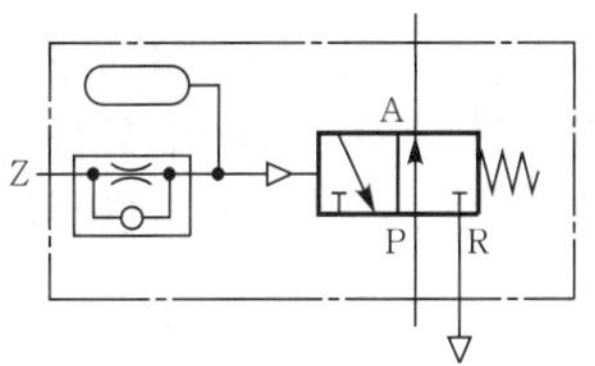

(e) 한시 작동 정상 상태 열림

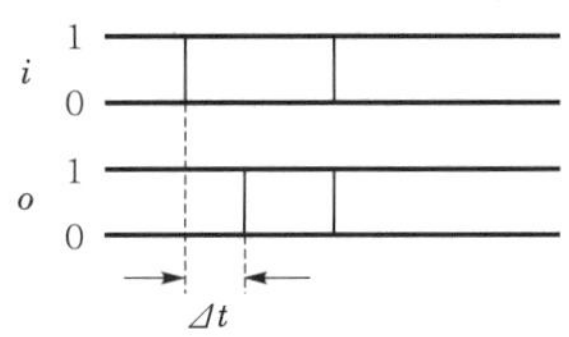

(f) 시간 지연 밸브의 기호 및 동작 상태

**137** 다음 중 3포인트 2위치 변환 밸브를 나타낸 것은?

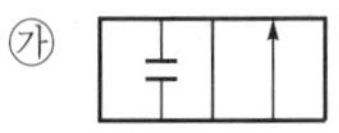 ㉮    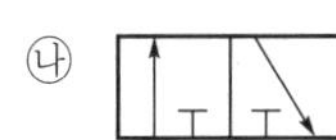 ㉯

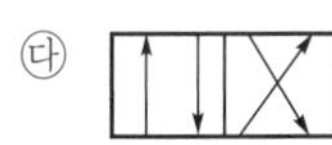 ㉰    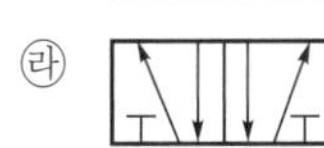 ㉱

**밸브의 기능과 작동 원리**

| | |
|---|---|
| | 직선은 유로를 나타내며 화살표는 흐르는 방향을 나타냄. |
| | 차단(shut-out) 위치는 4각형 안에 직각으로 표시 |
| | 유로의 접점은 점으로 표시 |
| | 출구와 입구의 연결구는 4각형 밖에 직선으로 표시 |
| | 밸브의 다른 제어 위치는 4각형을 옆으로 움직이면 얻을 수 있음. |
| a          b | 밸브의 스위치 위치는 a, b, c 등의 소문자로 표시될 수 있음. |
| a    o    b | 3개의 전환 위치를 갖는 밸브에서 중간 위치는 중립 위치를 나타냄. |

* 밸브의 기능과 작동 원리는 4각형 안에 표시

**138** 다음 그림의 기호는 어떤 밸브를 나타내는가?

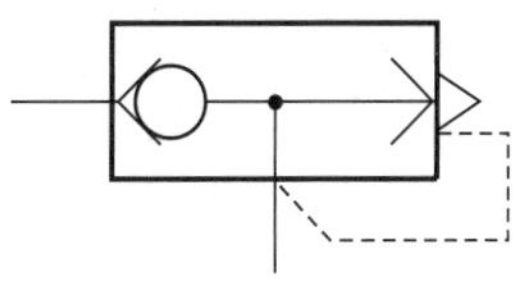

㉮ 파일럿 조작 체크 밸브

㉯ 고압 우선형 밸브

㉰ 저압 우선형 밸브

㉱ 급속 배기 밸브

급속 배기 밸브는 배관 내 유체 압력을 제거하는 밸브로 밸브를 열면 유체 압력이 빨리 제거된다.

**139** 방향 제어 밸브에서 조작 방식에 따라 분류한 것이 아닌 것은?

㉮ 인력식          ㉯ 전기식

㉰ 기계식          ㉱ 포토식

인력식은 사람의 힘에 의한 방법이다.

**140** 다음의 공압 선형 액추에이터 중 단동 실린더가 아닌 것은?

㉮ 피스톤 실린더

㉯ 격판 실린더

㉰ 램형 실린더

㉱ 양로드형 실린더

단동 실린더는 포트 하나에 유체 압력이 형성되고, 복동 실린더는 두 개의 포트에 유체 압력이 형성되어 왕복 운동을 한다.

**141** 단계적 출력 제어가 가능한 실린더는?

㉮ 탠덤 실린더

㉯ 충격 실린더

㉰ 다위치형 실린더

㉱ 램형 실린더

 탠덤 실린더는 한 개의 실린더에 피스톤 두 개를 설치하여 출력을 크게 하고 장소가 한정된 부분에 사용한다.

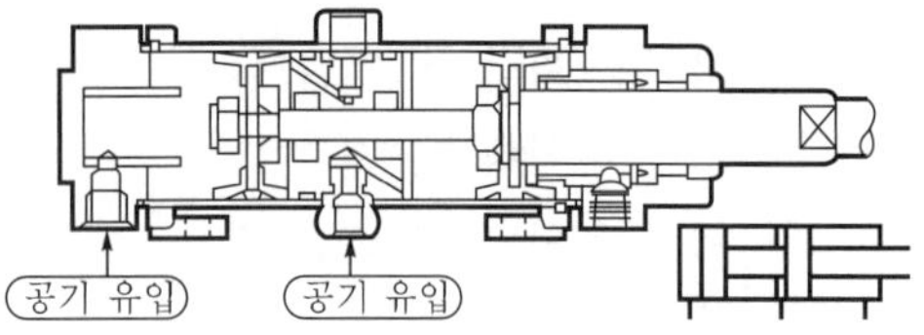



## 142 공압 모터의 단점에 해당되지 않는 것은?

㉮ 에너지의 변환 효율이 낮다.

㉯ 배출음이 크다.

㉰ 부하에 의한 회전 속도의 변동이 크고 일정 속도를 유지하기 곤란하다.

㉱ 공기의 압축성으로 제어성이 우수하다.

 공기는 압축성 유체로 입력에 대한 출력의 민감도가 유압에 비해 떨어진다.

## 143 공압 모터의 종류에 해당되지 않는 것은?

㉮ 기어 모터   ㉯ 피스톤 모터

㉰ 베인 모터   ㉱ 나사 모터

 공압 모터는 회전력을 생성하는 형태에 따라 분류된다.

## 144 한정된 각도 내에서 반복 회전 운동을 하는 기기는?

㉮ 실린더

㉯ 요동 액추에이터

㉰ 모터

㉱ 차동 액추에이터

 요동 액추에이터는 한정된 각도 내에서 시계 방향과 반시계 방향 운동을 반복한다.

## 145 피스톤의 왕복 운동을 회전 운동으로 변환하며 360° 이상의 요동 각도를 얻을 수 있는 요동형 액추에이터는?

㉮ 베인형 액추에이터

㉯ 래크와 피니언형 액추에이터

㉰ 스크루형 액추에이터

㉱ 피스톤형 액추에이터

 피스톤(실린더)형 액추에이터는 매우 경제적인 구동 장치로서, 공기압에 의해 왕복 운동한다. 공기 압력의 조절이나 피스톤 실린더의 크기를 조절함으로써 구동 장치의 추력과 스트로크를 용이하게 조절할 수 있다.

## 146 요동형 공압 모터의 기호로 올바른 것은?

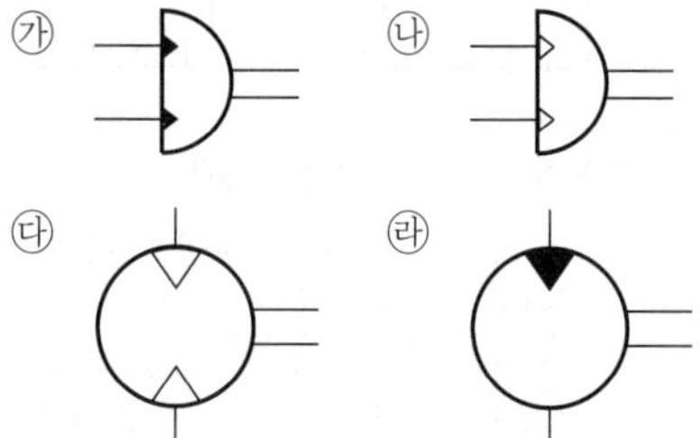

 ㉮ 요동형 유압 모터
㉯ 요동형 공압 모터
㉰ 2방향 흐름 회전/정용량형
㉱ 유압 모터

## 147 공압 탠덤 실린더에 관한 설명 중 관계없는 것은?

㉮ 다위치 제어에도 사용된다.

㉯ 2개의 복동 실린더가 1개의 실린더 내에 조립되어 있다.

㉰ 피스톤 로드의 출력이 거의 2배이다.

㉱ 실린더 직경이 한정되고 큰 힘이 요하는 데 사용된다.

 다워치 제어 실린더는 서로 행정이 다른 실린더로 독립적으로 제어하는 실린더이다.

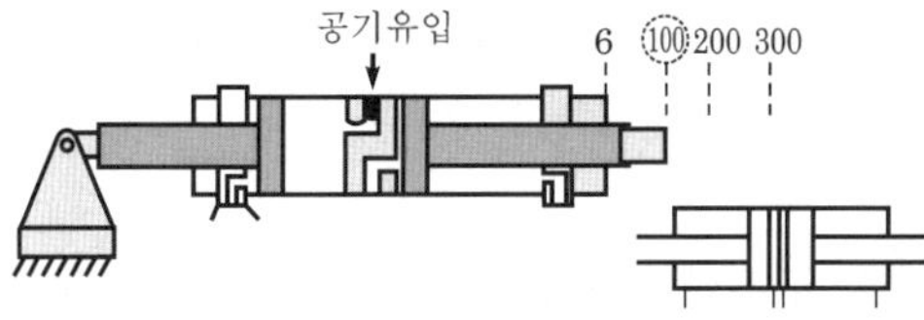


## 148 공압 모터의 특성이 아닌 것은?

㉮ 과부하에 안전하다.

㉯ 속도 범위가 넓다.

㉰ 고속을 얻기가 어렵다.

㉱ 무단 조절 및 출력 조절이 가능하다.

 **1) 일방향 회전 시**

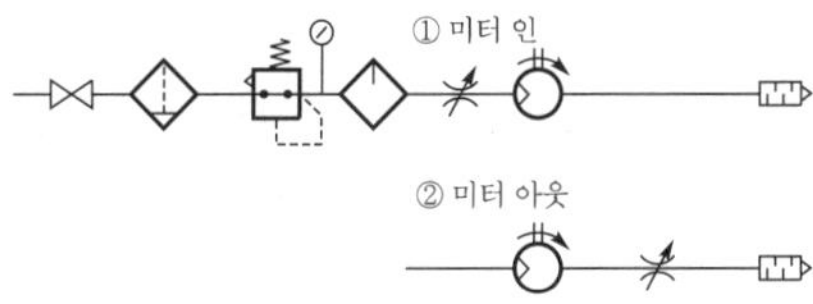


**2) 정방향, 역방향 회전 시, 고출력**

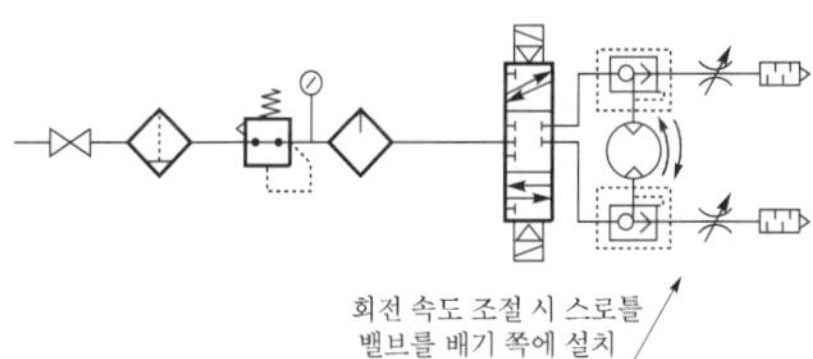


## 149 요동 액추에이터의 종류에 해당되지 않는 것은?

㉮ 스크루형   ㉯ 래크 피니언형

㉰ 베인형     ㉱ 포핏형

 포핏형은 밸브에서 포트를 열고, 닫힘 상태의 형상을 의미한다.

## 150 공기압 실린더의 부착 방식이 아닌 것은?

㉮ 피봇형

㉯ 배관형

㉰ 플랜지(flange)형

㉱ 풋(foot)형

 공압 실린더의 지지 방식에는 풋형, 플랜지형, 피봇형, 트라이언형 등으로 분류한다.

## 151 다음 그림과 같은 실린더 기호의 명칭은?

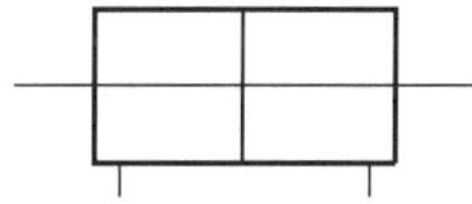

㉮ 편로드 복동 실린더(피스톤형)

㉯ 양로드 복동 실린더(피스톤형)000

㉰ 램형 실린더

㉱ 다이어프램 실린더(비피스톤형)

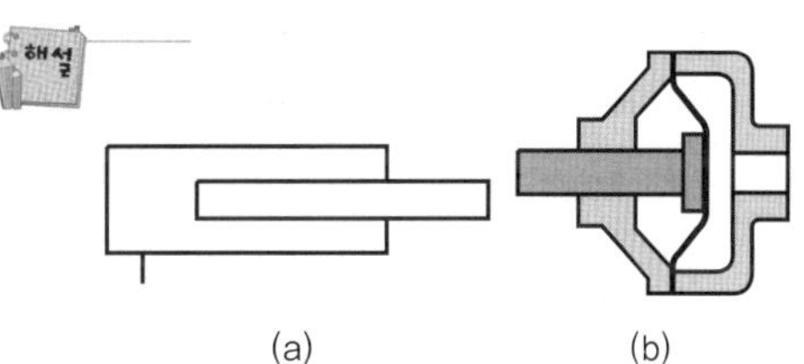


그림 (a)는 램이 주요 부분이며 귀환 행정은 자중이나 부하에 의해 작동하는 램형 실린더이다. 그림 (b)는 피스톤 대신 수압면에 다이어프램을 사용한 것이다. 이 다이어프램의 양쪽에서 공기압을 걸어서, 이른바 복동형으로 한 것도 있지만, 일반적으로 스프링으로 한쪽을 복귀시키는 것이 많이 쓰이고 있다. 이 실린더의 특징은 공기 누설이 없고, 접동 마모의 발생 원인이 없어 무윤활로 사용할 수 있다. 일반적으로 다이어프램형 실린더는 지름이 큰데 비하여 스트로크가 짧아, 사용되는 경우는 한정되어 있다. 화학 플랜트 등의 컨트롤 밸브의 개폐 조작부에서 많이 쓰이는데 로드의 선단에 밸브 조작부를 직결해서 사용한다.

**152** 다음 그림과 같은 공압 모터의 종류는?

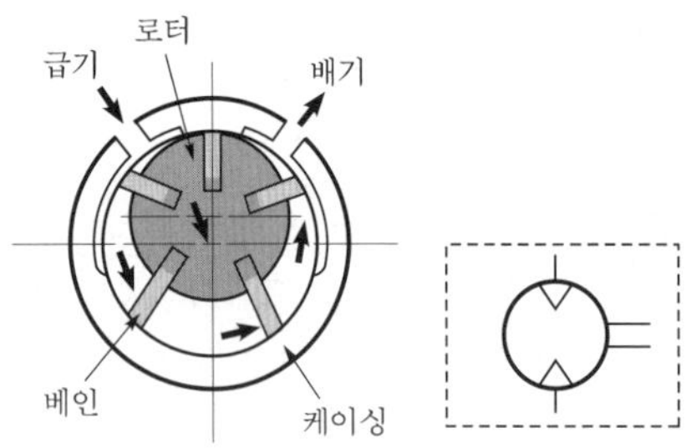


㉮ 로터형 공압 모터

㉯ 케이싱형 공압 모터

㉰ 유압형 공압 모터

㉱ 베인형 공압 모터

베인형은 케이싱 내에 여러 개의 베인이 설치되어 유체압을 형성하여 토크를 발생한다.

**153** 그림의 실린더는 피스톤 면적($A$)이 8 [cm$^2$]이고 행정 거리($S$)는 10[cm]이다. 이 실린더가 전진 행정을 1분 동안에 마치려면 필요한 공급 유량은 얼마인가?

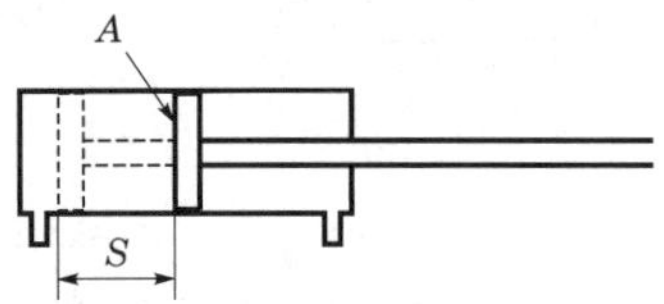


㉮ 60[cm$^3$/min]

㉯ 70[cm$^3$/min]

㉰ 80[cm$^3$/min]

㉱ 90[cm$^3$/min]

유량은 $Q = AV$이다.
$$Q = 8 \times 10 = 80[\text{cm}^3/\text{min}]$$

**154** 봉함 능력이 좋으며 마찰력이 적은 공압 실린더는?

㉮ 단동 실린더(피스톤식)

㉯ 램형 실린더

㉰ 다이어프램 실린더(비피스톤식)

㉱ 복동 실린더(피스톤식)

다이어프램 실린더는 로드가 없어서 마찰력이 발생하지 않는다.

**155** 구조상 마모에 대해 효율 저하가 가장 적은 펌프는?

㉮ 회전 피스톤 펌프

㉯ 스크루 펌프

㉰ 베인 펌프

㉱ 기어 펌프

베인 펌프는 케이싱 내 베인이 설치되어 미소 유량을 여러 번 운반하기 때문에 마모와 효율이 좋다.

**156** 공압 단동 실린더의 운동 방향을 제어할 수 있는 가장 간단하고 적당한 밸브는?

㉮ 4/2-way 밸브

㉯ 3/2-way 밸브

㉰ 4/3-way 밸브

㉱ 5/2-way 밸브

㉮, ㉰, ㉱는 포트가 4개 이상으로 복동 실린더 제어에 사용한다.

**157** 공압 모터의 기호는?

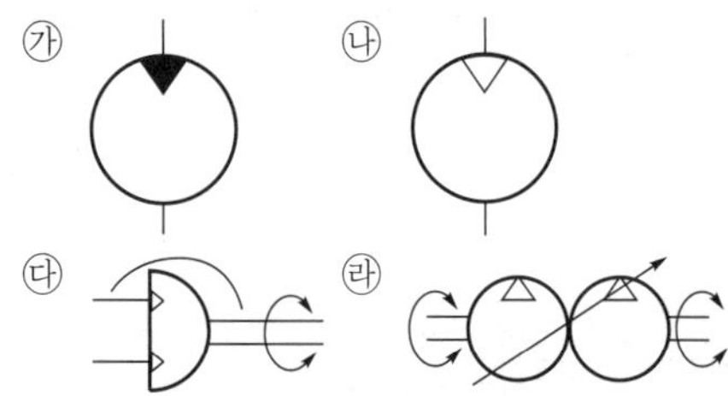

㉮ 유압 펌프
㉯ 공압 모터
㉰ 2방향 요동형
㉱ 가변 용량형 공압 모터

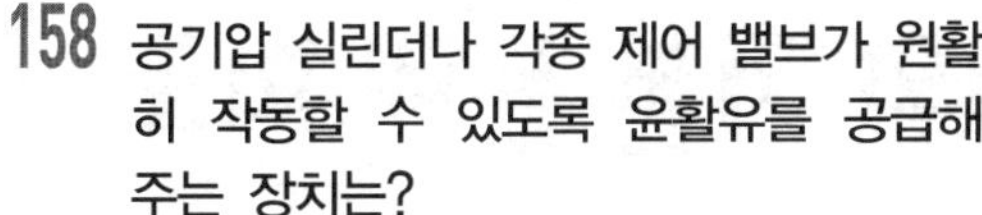

**158** 공기압 실린더나 각종 제어 밸브가 원활히 작동할 수 있도록 윤활유를 공급해 주는 장치는?

㉮ 압력 조절기(regulator)

㉯ 윤활기(lubricator)

㉰ 공기 건조기(air dryer)

㉱ 공기 탱크(air tank)

 공압 장치는 공기를 압축하여 압력 에너지를 생성하므로 호스를 통하여 윤활유를 분사하여 운동을 원활하게 한다.

**159** 프레싱 작업, 플렌징 작업, 리벳팅 작업 그리고 펀칭 작업에 이용되는 실린더로써 운동 에너지를 이용하기 위한 것은?

㉮ 다위치 제어 실린더

㉯ 케이블 실린더

㉰ 텔레스코프 실린더

㉱ 충격 실린더

 전단 작업은 순간적으로 하중을 작용시켜 작업을 하므로 충격 실린더를 사용해야 한다.

**160** 공압 모터의 사용상 유의 사항이 아닌 것은?

㉮ 배관과 밸브는 유효 단면적이 큰 것을 사용한다.

㉯ 제어 밸브는 공압 모터 가까이에 설치한다.

㉰ 공압 모터의 내부는 압축 공기의 단열 팽창으로 항상 냉각될 수 있다.

㉱ 공압 모터는 일반적으로 급유를 필요치 않으므로 루브리케이터를 사용하지 않는다.

 공압 모터는 반드시 루브리케이터를 사용하여 고속 회전으로 인한 마찰력을 감소시켜야 한다.

**161** 다음 그림은 무슨 제어 방식인가?

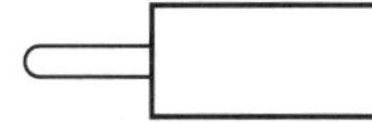

㉮ 파일럿 방식    ㉯ 기계 방식

㉰ 인력 방식    ㉱ 전자 방식

 기계 방식은 외부에 힘을 가해서 작동하는 방식이다.

**162** 다음의 제어 방식 기호 중에서 전자 방식 복수 코일 형식은 어느 것인가?

㉮

㉯

㉰

㉱

 ㉮ 기계식
㉯ 누름식
㉱ 레버식

# 시퀀스 제어의 기본 논리 회로

## 01 | 기본 회로

### 1 AND 회로

직렬로 스위치가 연결되어 있는 AND 회로이므로 푸시 버튼 스위치 $PB_1$과 $PB_2$가 동시에 ON되었을 경우만 출력인 램프가 점등된다.

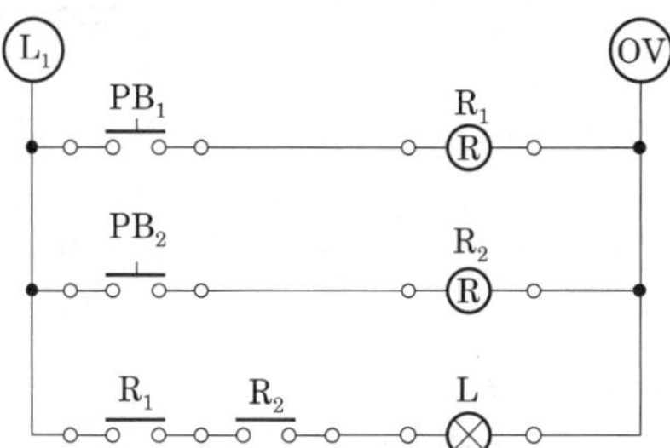

(a) 직접 제어 회로

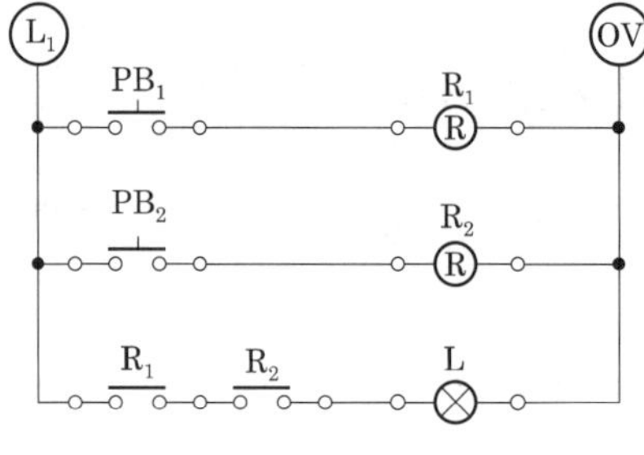

(b) 간접 제어 회로

| 그림 1.33 | AND 회로

### 2 OR 회로

초기 상태에서는 램프가 점등되지 않은 상태에서 푸시 버튼 스위치 $PB_1$이나 $PB_2$를 누르면 출력인 램프가 점등되며, $PB_1$과 $PB_2$가 동시에 ON되었을 경우에도 출력인 램프가 점등된다.

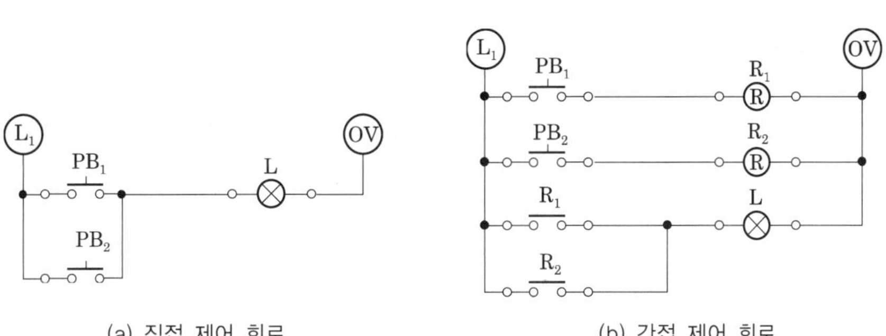

(a) 직접 제어 회로　　　　(b) 간접 제어 회로

| 그림 1.34 | OR 회로

### 3  NOT 회로

초기 상태는 푸시 버튼 스위치 $PB_1$이 b접점이므로 램프가 ON되어 있다가 푸시 버튼 스위치 $PB_1$을 누르면 전원이 차단되어 램프가 OFF된다.

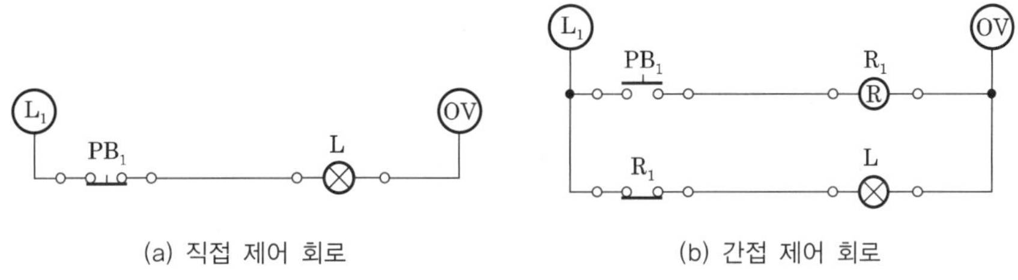

(a) 직접 제어 회로　　　　(b) 간접 제어 회로

| 그림 1.35 | NOT 회로

### 4  NAND 회로

푸시 버튼 스위치 $PB_1$과 $PB_2$가 동시에 ON되었을 경우, 릴레이 $X_1$의 b접점이 열려 램프 L이 소등된다.

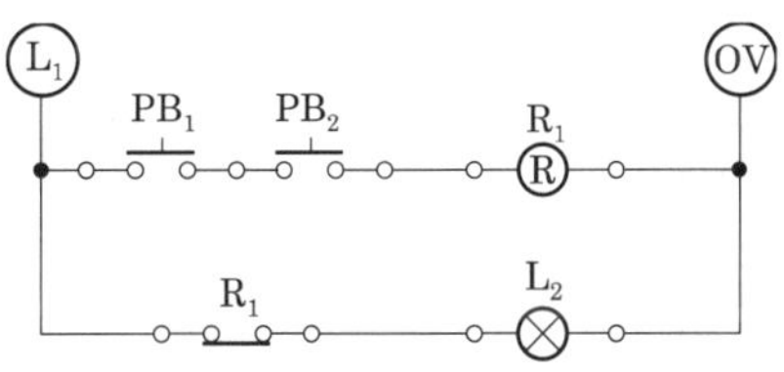

| 그림 1.36 | NAND 회로

## 5 NOR 회로

푸시 버튼 스위치 $PB_1$과 $PB_2$가 동시에 OFF되었을 경우만, 릴레이 $X_1$의 b접점이 열려 램프 L이 소등된다.

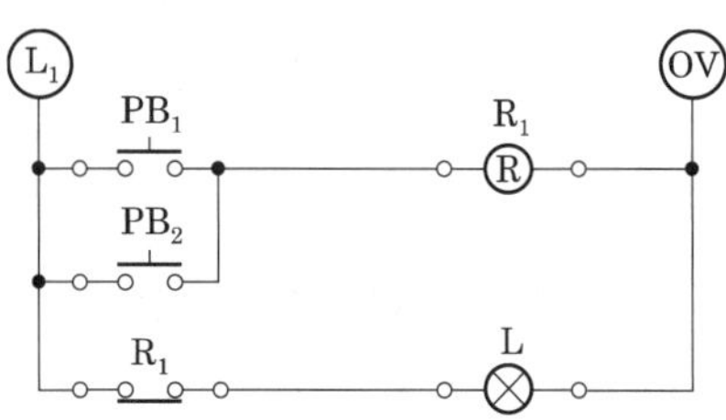

**│ 그림 1.37 │ NOR 회로**

## 6 자기 유지 회로

자기 유지란 전자 릴레이의 코일과 접점을 이용하여 조작 전원이 제거되더라도 자체 접점을 이용하여 자화력을 유지하는 것이다.

### (1) ON 우선 자기 유지 회로

OFF 스위치를 동시에 작동하였을 때 ON이 유지되도록 하는 회로이다.

### (2) OFF 우선 자기 유지 회로

ON, OFF 스위치를 동시에 작동하였을 때 OFF가 유지되도록 하는 회로이다.

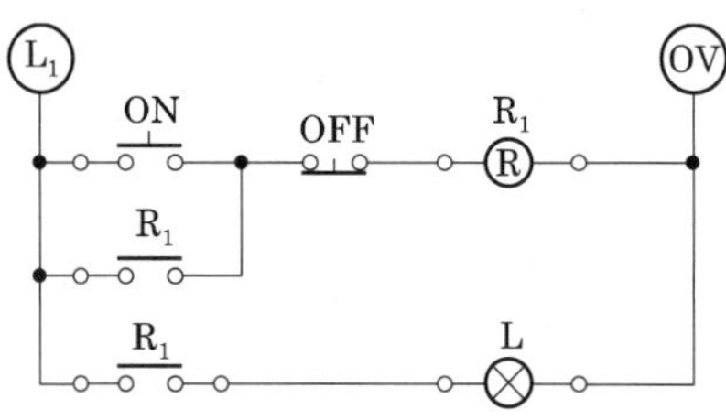

(a) ON 우선 자기 유지 회로

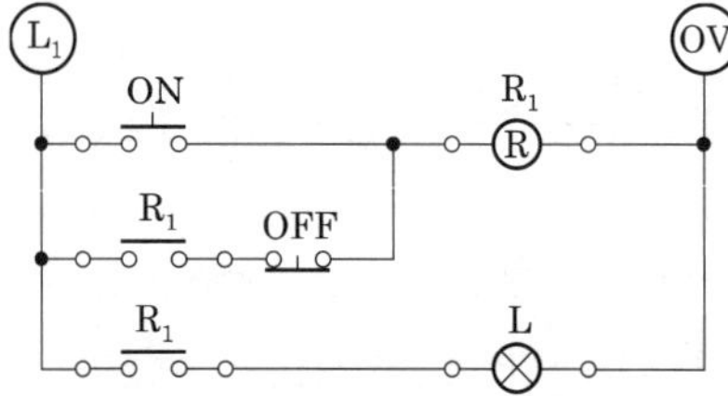

(b) OFF 우선 자기 유지 회로

**│ 그림 1.38 │ 자기 유지 회로**

## 02 ｜ 명령 처리를 위한 기본 회로

### 1 ON DELAY 회로

**(1)** $PB_1$을 누르면 릴레이 코일 R이 여자되고 동시에 타이머 코일이 동작을 시작한다. 이 때 푸시 버튼을 복귀하여도 자기 유지 회로에 의해 타이머는 계속 동작을 하며 타이머에 설정한 시간이 경과하면 타이머 a접점 $T_a$가 동작하여 출력인 램프를 점등한다 (설정 시간은 타이머의 조작 단계에서 설정한다).

**(2)** $PB_2$를 누르면 릴레이 R과 타이머 T의 여자가 해제되어 접점이 복귀, 출력 램프가 소등된다.

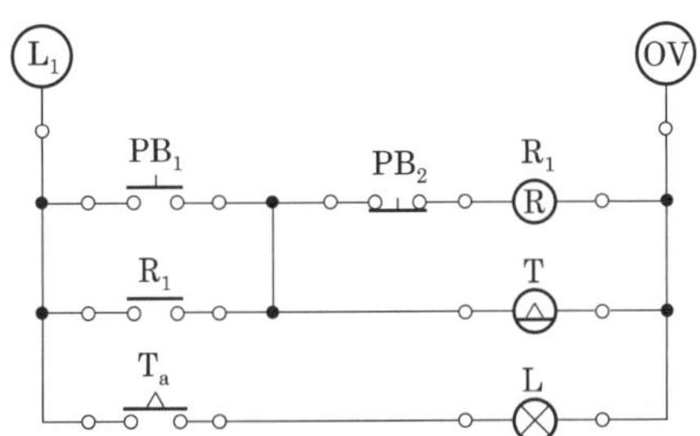

| 그림 1.39 | ON DELAY 회로

### 2 OFF DELAY 회로

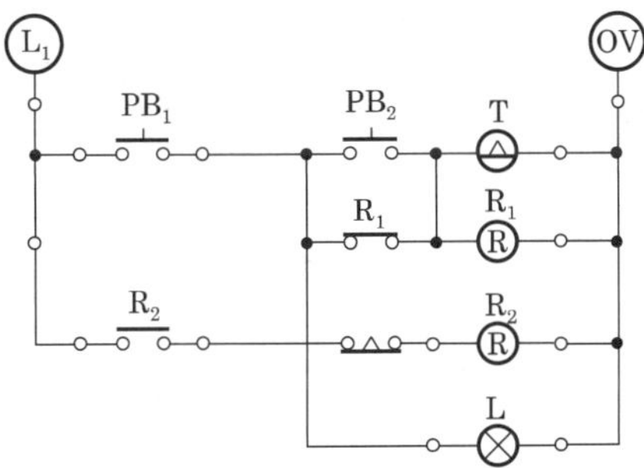

| 그림 1.40 | OFF DELAY 회로

　푸시 버튼 스위치 $PB_1$을 누르면 $R_2$가 여자되어 출력 램프가 ON되고 자기 유지가 된다. $PB_2$를 ON시키면 $R_1$ 릴레이가 동작되고 동시에 타이머 릴레이가 동작된다. 설정한 시간이 경과하면 타이머 $T_b$ 접점이 OFF되어 램프가 OFF되고 $R_2$ 릴레이도 해제되어 자기 유지

가 해제된다. 따라서 모든 코일과 릴레이는 모두 복귀된다(설정 시간은 타이머의 조작 단계에서 설정한다).

## 3 인터록 회로

**(1)** 인터록 회로란 기기의 보호나 조작자의 안전을 위해 기기의 동작 상태를 나타내는 접점을 사용하여 관련된 기기의 동작을 금지하는 회로를 말한다.

**(2)** $PB_1$ 푸시 버튼을 누르면 $R_1$ 코일이 여자되고 $R_1$ a접점이 모두 ON되어 자기 유지시키며, $R_2$ 코일의 전원을 차단하고 $L_1$을 점등시킨다.

**(3)** $R_1$이 여자된 상태에서는 $PB_2$ 푸시 버튼을 ON하여도 $R_2$가 여자되지 않는다. $PB_3$을 눌러 $R_1$ 코일에 공급되는 전원을 차단한 후 $PB_2$ 푸시 버튼을 누르면 $R_2$ 코일이 여자되어 $R_2$ a접점이 모두 ON되어 자기 유지시키며, $R_1$ 코일의 전원을 차단하고 $L_2$를 점등시킨다.

## 03 타이머 회로

제어에서 시간의 지연이나 동작 지연이 필요한 경우 사용하는 전기 기기이다.

| 표 1.16 | 전기 기기

| 코일 | T |  |
| --- | --- | --- |
| a 접점 |  |  |
| b 접점 |  |  |
| a 접점 |  |  |
| b 접점 |  |  |

**01** 아래 그림과 같은 회로도는?

㉮ 

㉯

㉰

㉱

AND gate로 진리표에서 A와 B가 모두 1인 상태, 즉 ON이 되어야 전류가 흐른다.

**02** 어떤 전기적인 기기 사용 시 잘못된 조작으로 인해 발생하는 기계의 파손이나 작업자의 위험을 방지하고자 할 때 사용되는 회로는?

㉮ 인터록 회로

㉯ 자기 유지 회로

㉰ 온 딜레이 회로

㉱ 오프 딜레이 회로

㉮ 인터록 회로 : 조건부 회로로서 반드시 이전에 있는 센서나 스위치가 작동이 된 다음에 다음 동작을 하게 하여 기계 작동상의 안전을 유지한다.

㉯ 자기 유지 회로 : 시퀀스 회로에서 반드시 초기에 구성을 해야 전기 신호가 시동 단추를 누른 다음에 지속적으로 공급되는 조건을 유지하게 한다.

㉰ 온 딜레이 회로 : 타이머 릴레이에서 전기 신호를 받은 후에 타이머가 작동하여 세팅한 시간이 지난 다음에 전기 신호가 출력이 된다.

㉱ 오프 딜레이 회로 : 전기 신호가 끊어진 상태에서 지연시키는 회로로서 타이머에 의해서 이루어진다.

**03** 아래 그림과 같은 공압 회로도는?

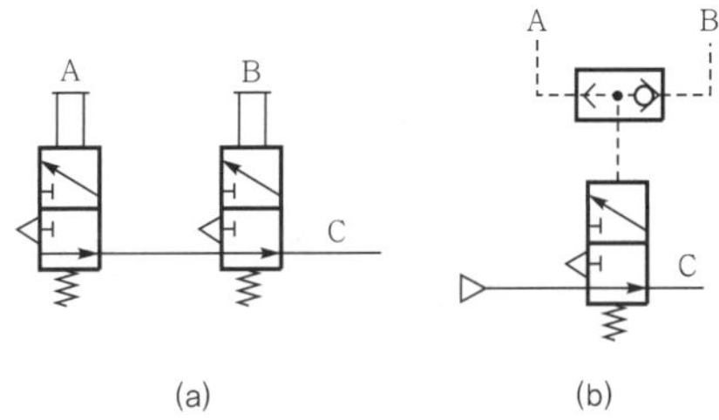

(a)　　　(b)

㉮ AND 회로　　㉯ OR 회로

㉰ NOT 회로　　㉱ NOR 회로

NOR 회로는 OR 회로에서 A와 B의 접점이 Off가 되면 전기 신호가 출력되거나 작동을 하는 회로이다.

**04** 아래 그림과 같은 공압 회로도는?

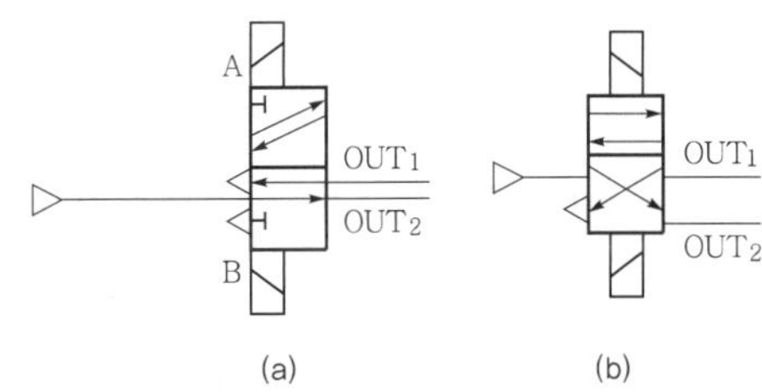

(a)　　　(b)

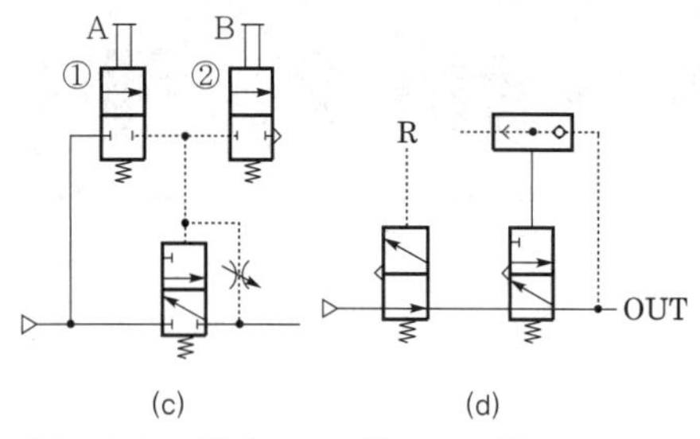

㉮ AND 회로　　㉯ OR 회로

㉰ NOT 회로　　㉱ 플립플롭 회로

 **RS 플립플롭 예**

S와 R인 두 개의 상태 중 하나를 안정된 상태로 유지시키는 회로로 외부에서 입력되는 펄스가 1인 경우를 S, 0인 경우를 R 이라 한다.

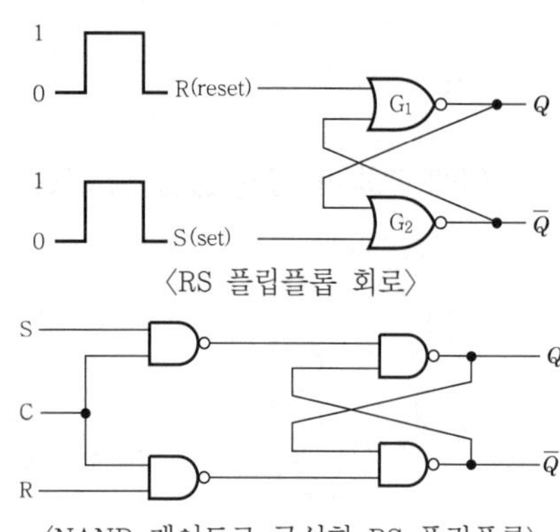

〈RS 플립플롭 회로〉

〈NAND 게이트로 구성한 RS 플립플롭〉

[RS 특성표]

| S | R | Q | 비교 |
|---|---|---|---|
| 0 | 0 | 이전 상태 | 불변 |
| 0 | 1 | 0 | 리셋 |
| 1 | 0 | 1 | 세트 |
| 1 | 1 | – | 불허 |

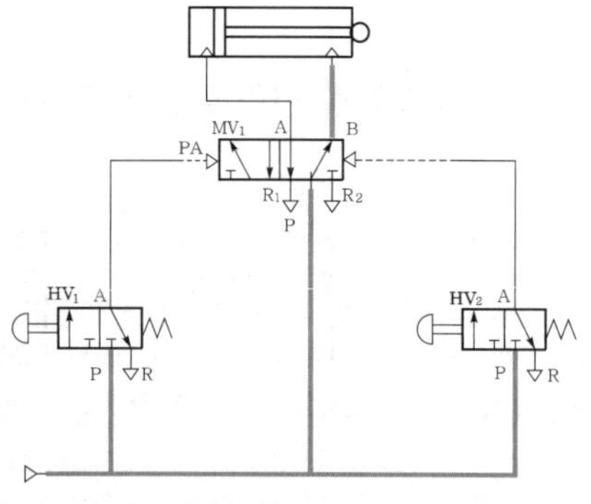

**05** 신호 입력 요소에 해당하는 부품이 아닌 것은?

㉮ 누름 버튼 스위치

㉯ 리밋 스위치

㉰ 센서

㉱ 복동 실린더

 복동 실린더는 공압에서 액추에이터에 해당하며 기계적인 일을 행한다.

**06** 아래 그림과 같은 공압 회로는?

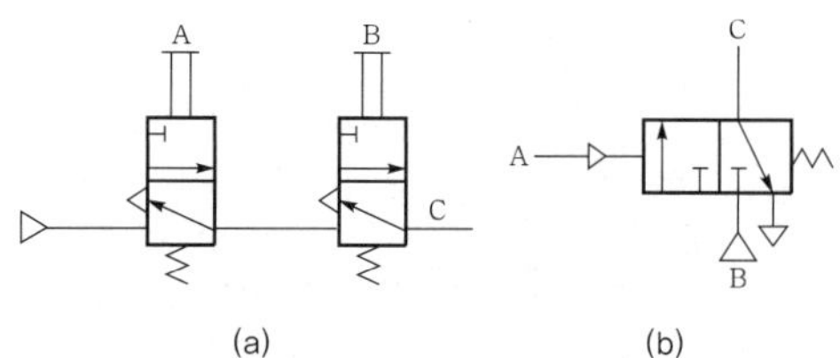

(a)　　　　　　　(b)

㉮ AND 회로　　㉯ OR 회로

㉰ NOT 회로　　㉱ NOR 회로

 AND 회로는 A와 B가 모두 1이 되어야 출력되는 조건이다. 즉, A와 B의 포트가 열려야 C가 출력이 된다.

**07** 다음 진리값은 어떠한 회로를 나타낸 것인가?

$$A \times B = C$$

| 입력 | 신호 | 출력 |
|---|---|---|
| A | B | C |
| C | 0 | 0 |
| C | 1 | 0 |
| 1 | 0 | 0 |
| 1 | 1 | 1 |

㉮ AND 회로　　㉯ OR 회로

㉰ NOT 회로　　㉱ NOR 회로

 AND 회로는 입력과 신호가 1이 되어야 출력이 발생한다.

**08** 주어진 입력 신호에 따라 정해진 출력을 내는데, 신호와 출력의 관계가 기억을 겸비한 회로로 되어 있는 회로는?

㉮ AND 회로　　　㉯ OR 회로

㉰ NOT 회로　　　㉱ 플립플롭 회로

 OR 회로는 A+B=C로서 A와 B중 하나만 1이 되면 C가 작동이 되며 NOT 회로는 입력에 대해 부정하는 회로이다.

**09** 논리 진리표를 보고 맞는 논리식을 고르면?

| $X_1$ | $X_2$ | Y |
|-------|-------|---|
| 0 | 0 | 0 |
| 0 | 1 | 1 |
| 1 | 0 | 1 |
| 1 | 1 | 1 |

㉮ $Y = X$　　　　㉯ $Y = \overline{X}$

㉰ $Y = X_1 + X_2$　㉱ $Y = X_1 \cdot X_2$

 OR gate로서 $X_1$이나 $X_2$ 중에서 하나만 ON, 즉 1이 되면 출력 신호가 형성된다.

**10** 아래 그림과 같은 회로도는?

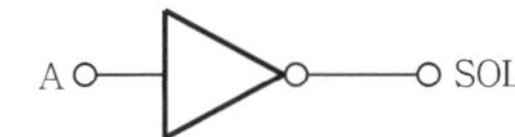

㉮
㉯
㉰
㉱

 NOT gate로서 0이 입력되면 1이 출력이 된다.

**11** 아래 그림과 같은 전기 회로도는?

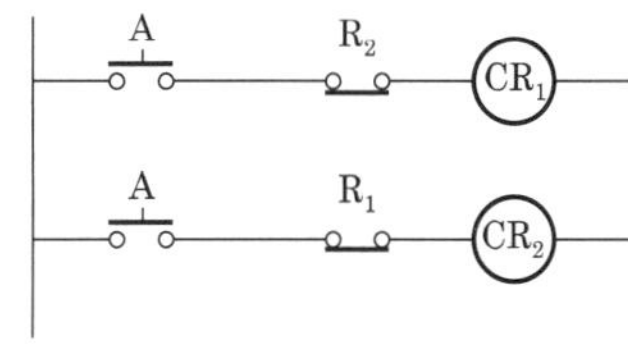

㉮ 인터록 회로

㉯ 자기 유지 회로

㉰ 온 딜레이 회로

㉱ 오프 딜레이 회로

 2개 이상의 회로에서 한 개 회로만 동작을 시키고 나머지 회로는 동작이 될 수 없도록 하여주는 회로이다. 이 회로의 사용 목적은 기기 및 작업자의 보호를 위하여 관련 기기의 동작을 금지하기 위한 것으로, 상대 동작 금지 회로 또는 선행 동작 우선 회로라고도 한다.

# CHAPTER 04

# 공압 제어의 기초 회로

## 01 | 복동 실린더의 제어 회로(자기 유지 회로)

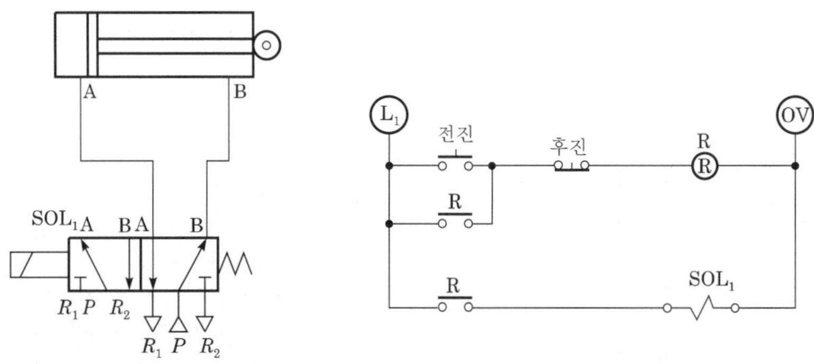

| 그림 1.41 | 복동 실린더의 제어 회로(자기 유지 회로)

전진 푸시 버튼을 누르면 실린더가 전진한다. 이때 푸시 버튼에서 손을 떼도 실린더는 전진 상태를 유지한다. 후진 푸시 버튼을 누르면 실린더는 후진한다.

## 02 | 복동 실린더의 제어 회로(인터록 회로)

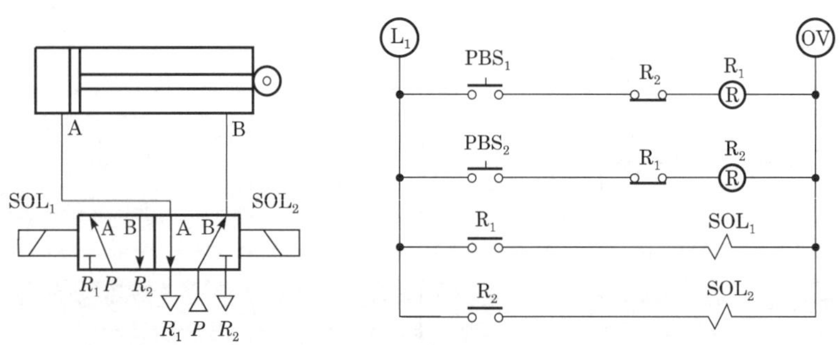

| 그림 1.42 | 복동 실린더의 제어 회로(인터록 회로)

PBS₁ 푸시 버튼을 누르면 실린더가 전진한다. 이때 푸시 버튼에서 손을 떼도 실린더는 전진 상태를 유지한다. PBS₂ 푸시 버튼을 누르면 실린더는 후진한다.

## 03 복동 실린더의 제어 회로(자동 복귀 회로 I )

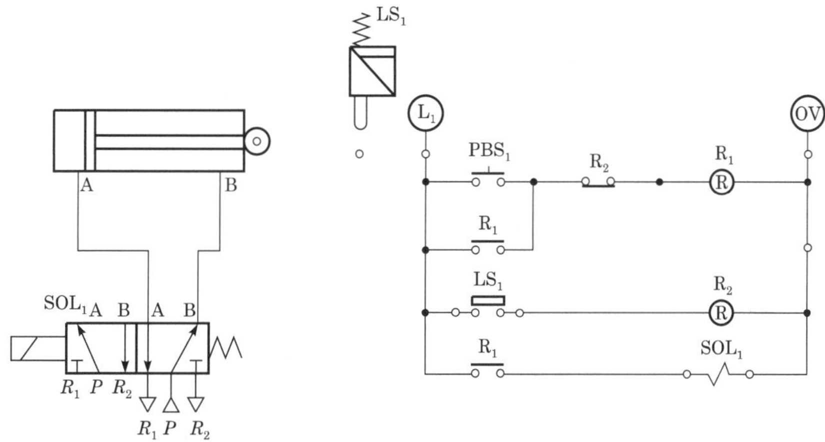

| 그림 1.43 | 복동 실린더의 제어 회로(자동 복귀 회로 I )

PB₁ 푸시 버튼을 누르면 실린더가 전진한다. 실린더의 피스톤 로드가 리밋 스위치(LS₁)를 ON하면 스스로 복귀한다.

## 04 복동 실린더의 제어 회로(자동 복귀 회로 II )

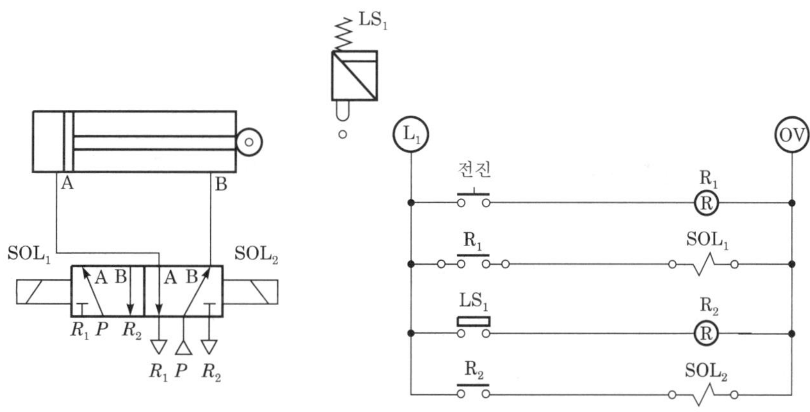

| 그림 1.44 | 복동 실린더의 제어 회로(자동 복귀 회로 II )

실린더가 전진하여 LS$_1$을 누르는 순간 릴레이(R$_1$)의 자기 유지 회로를 풀어주면 편측 솔
레노이드 밸브는 스프링에 의해 자동으로 복귀하는 회로이다.

PBS$_1$ 푸시 버튼을 누르면 실린더가 전진한다. 실린더의 피스톤 로드가 리밋 스위치(LS$_1$)
를 ON하면 스스로 복귀한다.

## 05 │ 복동 실린더의 제어 회로(카운터 실습)

PLC trainer의 디지털 입력 스위치에서 연속 왕복할 횟수를 카운터에 입력하고 PB$_1$ 푸시
버튼을 누르면 입력한 수만큼 실린더가 왕복한 후 정지한다.

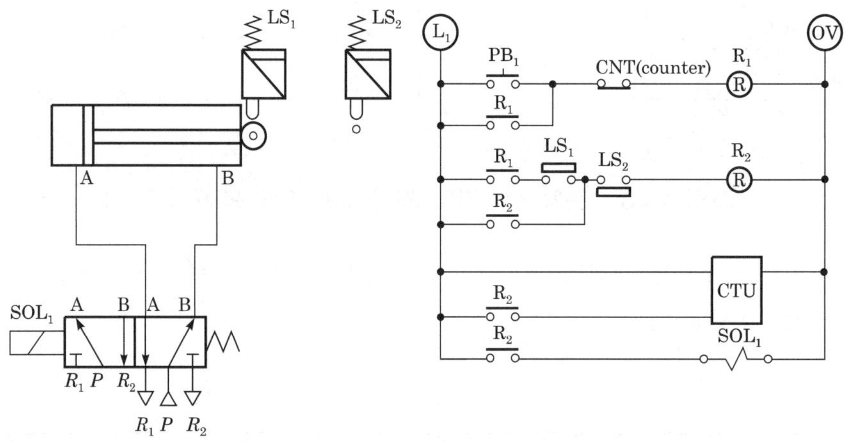

│ 그림 1.45 │ 복동 실린더의 제어 회로(카운터 실습)

## 06 │ 복동 실린더의 제어 회로(타이머 실습)

회로의 동작 원리는 시동 스위치인 PB$_1$을 ON시키면 릴레이 R$_1$이 여자되고 자기 유지되
며, 솔레노이드를 ON시켜 실린더를 전진시킨다. 동시에 타이머 T$_1$이 동작하여 설정된 시간
후 R$_1$의 자기 유도를 해제하므로 밸브가 스프링에 의해 원위치 되어 실린더가 자동으로 후
진한다.

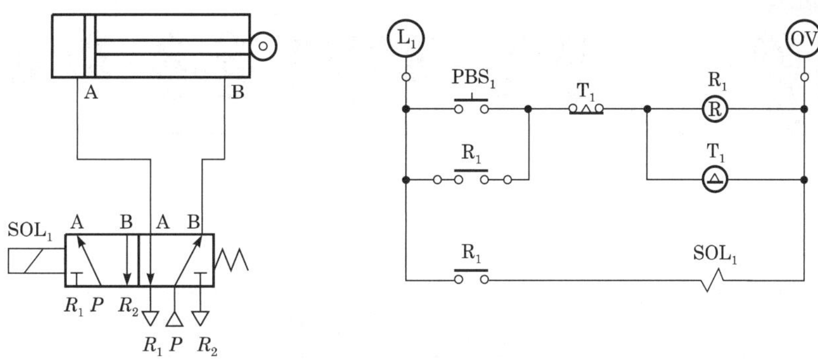


| 그림 1.46 | 복동 실린더의 제어 회로(타이머 실습)

# 공압 제어의 응용 회로

## 01 시퀀스 회로의 구성과 설계 원리 이해

### 1 조건과 목적

**(1) 조건**

두 개의 복동 실린더가 시동 신호를 주면 A+B+A−B−의 순서로 순차 작동되어야 한다.

**(2) 목적**

시퀀스 회로의 구성을 이해하고 시퀀스 회로 설계 원리를 배운다.

### 2 구성 기기

① 복동 실린더 : 2개
② 누름 버튼 스위치 : 1개
③ 연결 케이블 : 1set
④ 리밋 스위치 : 4개
⑤ DC power supply : 1대
⑥ 5포트 2위치 양측 전자 밸브 : 2개
⑦ 계전기(릴레이) : 4개

### 3 회로 설계 방법

**(1) 변위 선도**

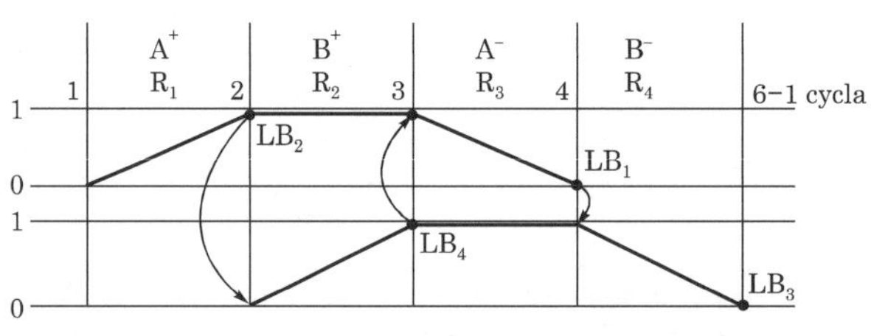


| 그림 1.47 | 변위 선도

## (2) 설계 공식

① 양쪽 솔레노이드 밸브를 사용할 경우

$R_n =$ 입력 조건 $\times R_n$ (입력 조건은 시작 스위치와 LS)

② 한쪽 솔레노이드를 사용할 경우

$R_n =$ [(입력 조건) + 자기 유지](전단 동작 확인 LS)

## 4 회로

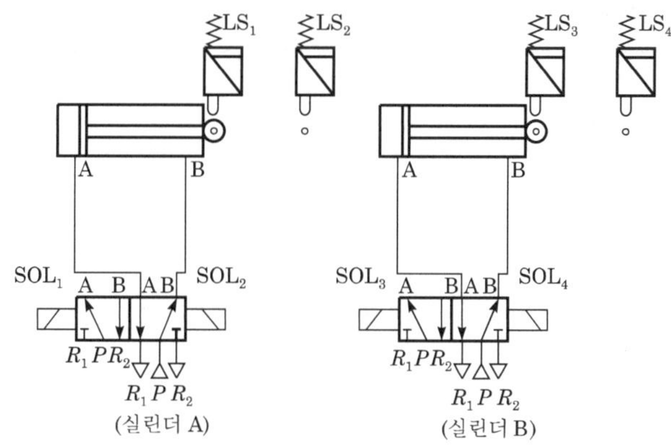

(a) 공압 회로

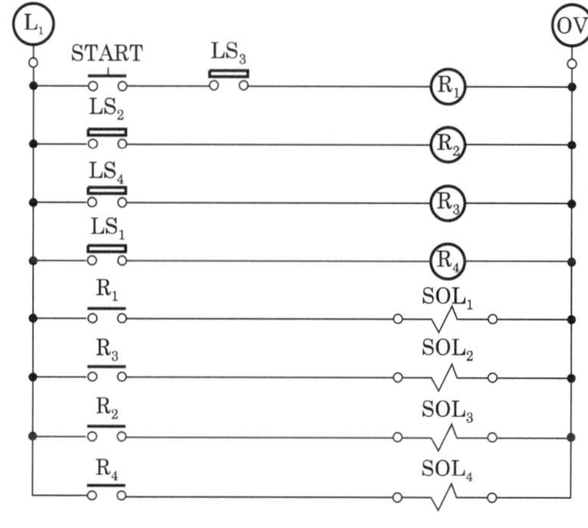

(b) 전기 회로

| 그림 1.48 | 시퀀스 회로의 구성과 설계 원리 이해

## 5 동작 설명

START → $R_1$ → $SOL_1$ → A실린더 전진(양쪽 솔레노이드 밸브이므로 자기 유지) → $LS_2$ 닫힘 → $R_2$ → $SOL_3$ → B실린더 전진(양쪽 솔레노이드 밸브이므로 자기 유지) → $LS_4$ 닫힘 → $R_3$ → $SOL_2$ → A실린더 후진(양쪽 솔레노이드 밸브이므로 자기 유지) → $LS_1$ 닫힘 → $R_4$ → $SOL_4$ → B실린더 전진(양쪽 솔레노이드 밸브이므로 자기 유지)

# 02 부가 조건 회로

## 1 조건과 목적

### (1) 조건

복동 실린더의 동작을 1회(단동) 사이클 기능과 연속 사이클 기능으로 분리시킨다.

### (2) 목적

제어계를 단속 동작과 연속 동작의 부가 조건 기능을 부여할 수 있는 기능을 익힌다.

## 2 구성 기기

① 복동 실린더 : 1개
② 누름 버튼 스위치 : 3개
③ DC power supply
④ 4포트 2위치 양측 전자 밸브 : 1개
⑤ 유지형 스위치 : 1개
⑥ 연결 케이블 : 1set
⑦ 계전기(릴레이) : 3개
⑧ 리밋 스위치 : 2개

## 3 회로도

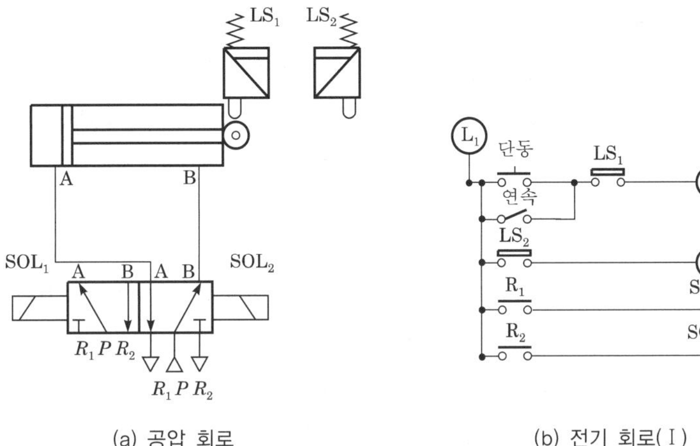

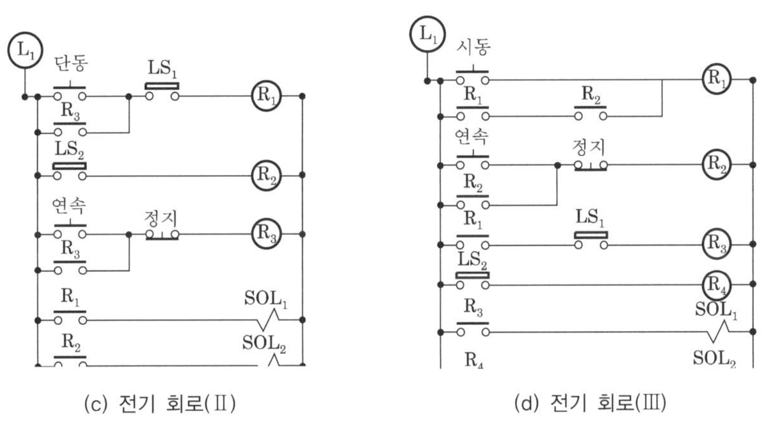

(a) 공압 회로

(b) 전기 회로(Ⅰ)

(c) 전기 회로(Ⅱ)

(d) 전기 회로(Ⅲ)

| 그림 1.49 | 부가 조건 회로

## 4 동작 설명

### (1) 전기 회로(Ⅰ)

단동 사이클 동작으로는 누름 버튼 스위치를 사용하고 연속 사이클 동작으로는 유지형 토글 스위치를 사용한다.

① **단동** : 단동 $-LS_1-R_1-SOL_1$(전진) $-LS_2-R_2-SOL_2$(후진)

② **연속** : 연속 $-LS_1-R_1-SOL_1$(전진) $-LS_2-R_2-SOL_2$(후진) $\rightarrow$ 반복 동작

## (2) 전기 회로(Ⅱ)

단동 사이클 동작과 연속 사이클 동작을 모두 자동 복귀식 누름 버튼 스위치를 사용한다 (정지 신호-후진된 상태에서 정지).

① **단동** : 단동$-LS_1-R_1-SOL_1$(전진)$-LS_2-R_2-SOL_2$(후진)

② **연속** : 연속$-$정지(b접점)$-R_3-LS_1-R_1-SOL_1$(전진)$-LS_2-R_2-SOL_2$(후진)

  →$R_3$의 자기 유지 접점에 의해서 동작이 반복됨.

## (3) 전기 회로(Ⅲ)

전기 회로(Ⅰ), (Ⅱ)에서는 단동과 연속의 선택 기능은 있으나 제어계에 시동 스위치가 없다. 안전상 연속 동작은 시동 스위치에 의해서 동작한다.

① **단동** : 시동$-R_1-R_3-SOL_1$(전진)$-LS_2-R_4-SOL_2$(후진)

② **연속** : 연속$-$시동$-R_1-R_3-SOL_1$(전진)$-LS_2-R_4-SOL_2$(후진)

  →$R_2$가 자기 유지 상태가 되어 있으므로 동작이 반복됨.

**01** 수압 면적을 사용한 속도 제어 회로 중 맞는 것은?

㉮ 차동 회로

㉯ 블리드 오프 회로(bleed off circuit)

㉰ 배압 회로(back pressure circuit)

㉱ 가변 펌프 회로(variable circuit)

 ① **차동 회로** : 일명 재생 회로라 하며 수압 면적이 넓은 피스톤 측에 펌프의 송출량과 로드 측에서 귀환하는 유압유가 함유해서 유입되게 하여 피스톤 속도를 빠르게 하는 회로이다.
그러나 가압력은 약해져 소형 프레스에 간혹 사용된다.[그림 (a)]

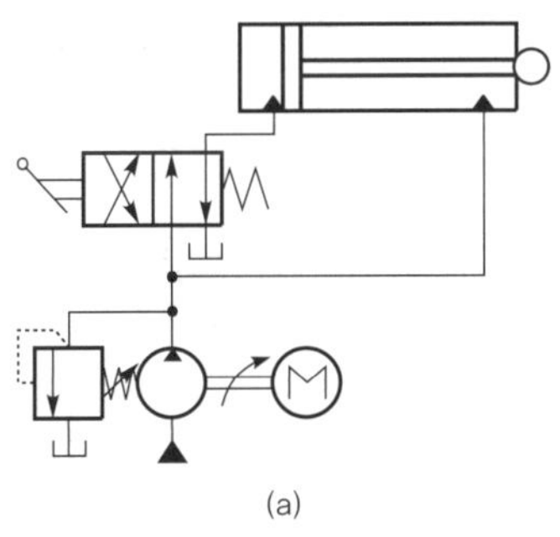

(a)

② **블리드 오프 속도 제어 방법** : 실린더에서 배출되는 유량의 일부를 유량 제어 밸브를 통하여 탱크로 귀환시키는 방법이다.
이 회로의 효율은 미터 인이나 미터 아웃 속도 제어보다 좋은 장점이 있으나 부하 변동이 심한 경우에는 실린더의 속도가 불안하므로 많이 이용되지는 않는다.[그림 (b)]

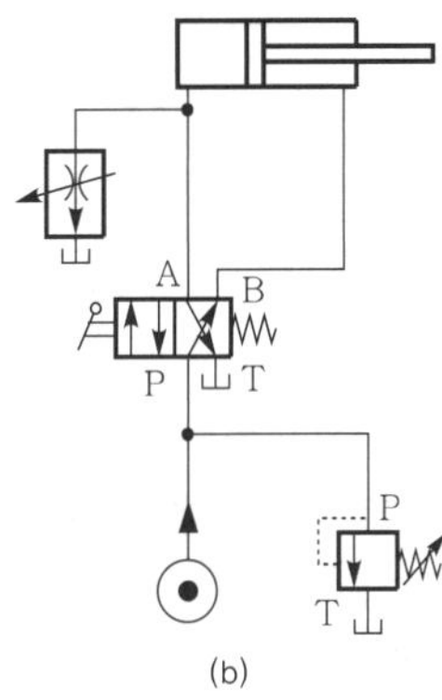

(b)

③ **가변 용량형 펌프 회로** : 펌프의 용량을 변화시켜 실린더 속도를 제어하는 회로이다.[그림 (c)]

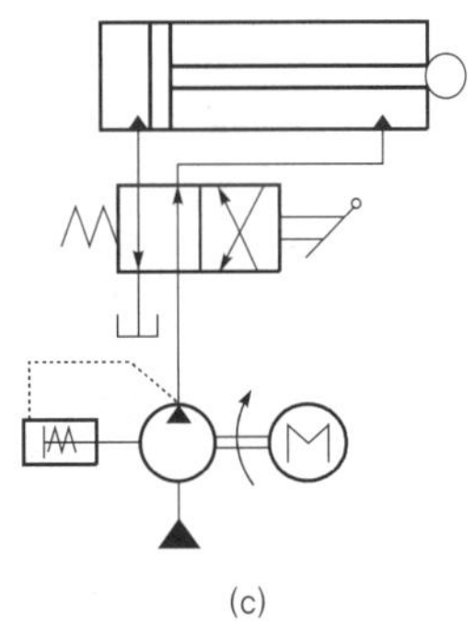

(c)

④ **카운터 밸런스 회로** : 실린더 포트에 카운터 밸런스 밸브를 직렬로 연결하여 일정한 배압을 유지시켜서 자중에 의한 자유 낙하를 방지하거나 부하가 급격히 감소되더라도 피스톤이 급강하되지 않도록 제어하는 회로이다.[그림 (d)]

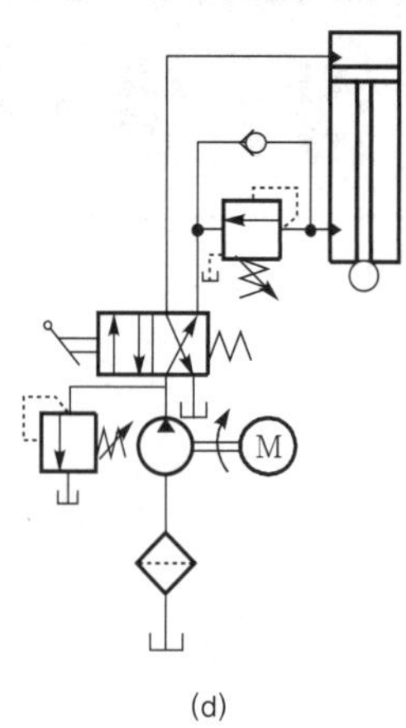

(d)

## 02 다음 중 실린더에 유출하는 유량을 복귀 측에 직렬로 유량 조정 밸브를 설치하여 제어하는 회로는?

㉮ 미터 인 회로

㉯ 미터 아웃 회로

㉰ 블리드 오프 회로

㉱ 전자 회로

 **미터 아웃 회로**

미터 아웃 속도 제어 방법은 실린더로부터 배출되는 유량을 조절하여 실린더의 속도를 제어하는 것이다.

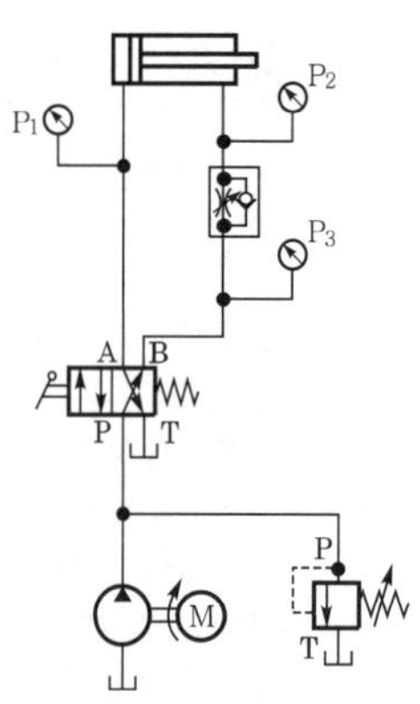

## 03 다음 중 속도 제어 회로가 아닌 것은?

㉮ 압력 설정 회로

㉯ 미터 아웃 회로

㉰ 미터 인 회로

㉱ 블리드 오프 회로

 압력 설정 회로는 공급되는 압력을 일정하게 하여 출력값을 일정하게 유지하기 위함이다.

## 04 실린더 입구의 분기 회로에 유량 제어 밸브를 설치하여 실린더 입구 측의 불필요한 압유를 배출시켜 펌프의 작동 효율을 증진시킨 방식은?

㉮ 미터 인 방식

㉯ 미터 아웃 방식

㉰ 블리드 온 방식

㉱ 블리드 오프 방식

 **블리드 오프 속도 제어 방법**

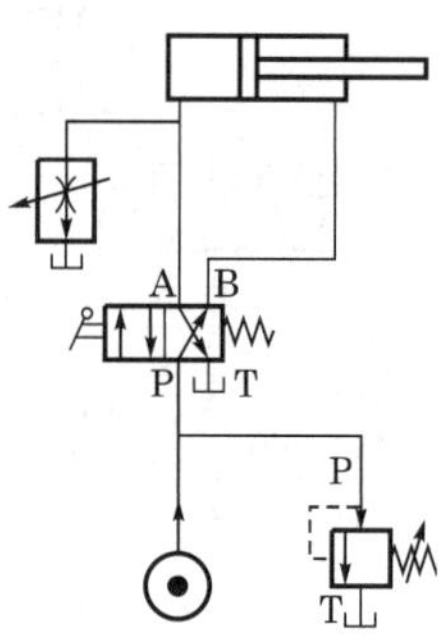

블리드 오프 속도 제어 방법은 실린더에서 배출되는 유량의 일부를 유량 제어 밸브를 통하여 탱크로 귀환시키는 방법이다.

이 회로의 효율은 미터 인이나 미터 아웃 속도 제어보다 좋은 장점이 있으나 부하 변동이 심한 경우에는 실린더의 속도가 불안하므로 많이 이용되지는 않는다.

**05** 그림과 같은 회로에서 속도 제어 밸브의
접속 방식은?

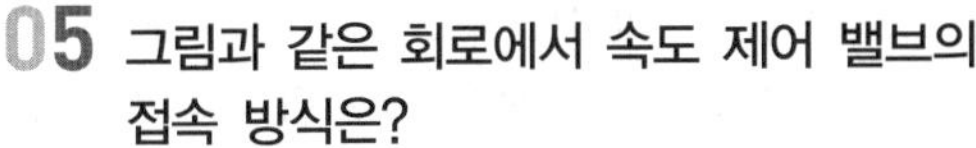

㉮ 미터 인 방식

㉯ 미터 아웃 방식

㉰ 블리드 오프 방식

㉱ 파일럿 오프 방식

 **미터 인 회로**

실린더로 공급되는 유량을 조절하여 실린
더의 운동 속도를 제어하는 것을 미터 인
속도 제어라 한다. 이 방법은 실린더에 운
동 방향과 같은 방향의 부하가 작용하게
되면 피스톤 쪽에 진공이 형성되며, 유량
제어 밸브의 저항으로 인하여 발생된 열
에 의하여 실린더가 과열될 수 있게 되는
단점이 있다.

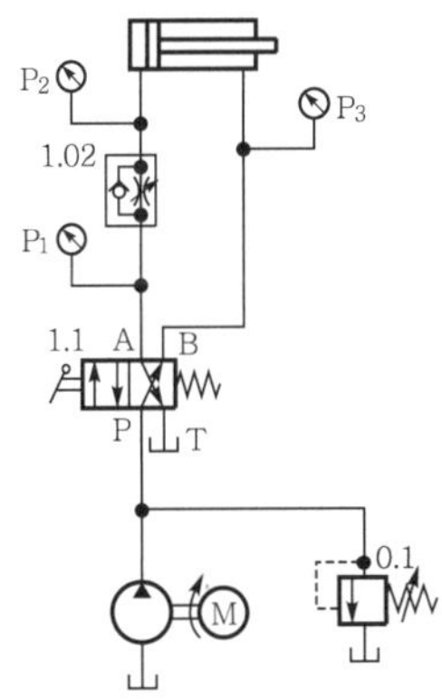

**06** 다음 그림은 실린더의 속도를 제어하는
회로이다. 회로의 명칭은?

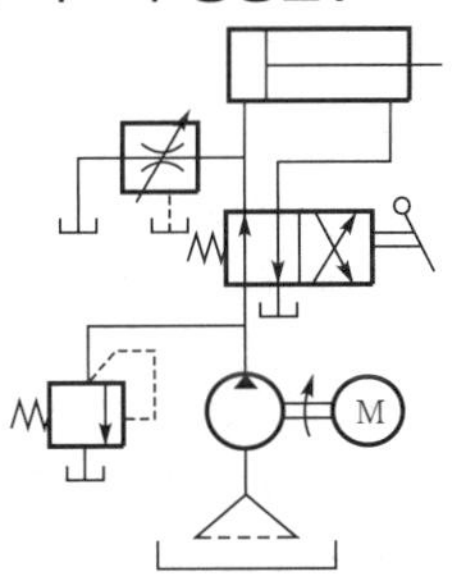

㉮ 미터 인 회로

㉯ 미터 아웃 회로

㉰ 블리드 오프 회로

㉱ 블리드 온 회로

**07** 다음 그림의 속도 제어 회로의 명칭은?

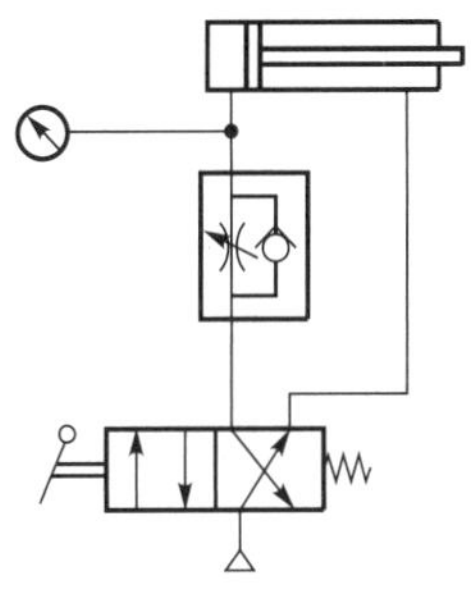

㉮ 미터 아웃 회로

㉯ 블리드 온 회로

㉰ 블리드 오프 회로

㉱ 미터 인 회로

**08** 미터 인 회로를 구성할 때 구비해야 할
점이 아닌 것은?

㉮ 유량 조정 밸브를 액추에이터 근처
에 설치할 것

㉯ 유량 조절 밸브에서 누출 유사 속도
에 영향이 적을 것

㉰ 대용량 조정 밸브로 소유량 조정이
곤란하므로 조정 범위를 1/2~1/3호
로 할 것

㉱ 1차 펌프 압력이 $10[\text{kg/cm}^2]$ 이하
일 것

 1차 펌프 압력이 $10[\text{kg/cm}^2]$ 이상이어야
한다.

## 09 미터 아웃 회로의 설치 목적 중 틀린 것은?

㉮ 피스톤의 폭주를 제거한다.
㉯ 실린더에 배압이 용이하다.
㉰ 실린더의 용량을 변화시킨다.
㉱ 피스톤의 속도를 일정하게 한다.

 미터 아웃 회로는 액추에이터의 속도와 압력에 영향을 준다.

## 10 도면의 기호가 나타내는 것은?

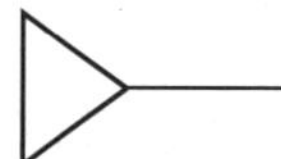

㉮ 압력계　　㉯ 유량계
㉰ 공압 압력원　㉱ 유압 압력원

 공압 압력원을 나타내며 압축기를 의미한다.

## 11 공유압 회로를 보고 알 수 없는 것은?

㉮ 관로의 길이
㉯ 사용 공유압 기기
㉰ 유체 흐름의 순서
㉱ 유체 흐름의 방향

 공유압 회로는 관로의 길이를 정확하게 표시하지 않으며 현장의 여건을 고려하여 배관을 진행한다.

## 12 그림은 유압 재생 회로의 동작 원리를 보여주고 있다. 다음 중 재생 회로의 특징이 아닌 것은?

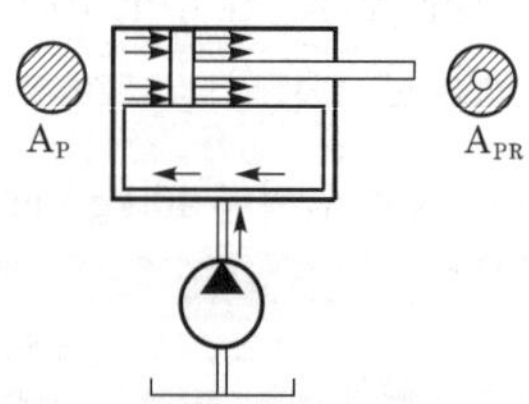

㉮ 재생 회로에서는 실린더의 전진 속도는 물론 실린더가 낼 수 있는 힘도 증가한다.
㉯ 실린더 양측에 압력이 걸리더라도 면적 차이 때문에 피스톤 로드 측의 피스톤 측으로 다시 들어가서 펌프에서 토출된 유량과 합쳐지므로 실린더의 전진 속도가 빨라진다.
㉰ 재생 회로에서는 양측에 압력이 걸리므로 마찰력이 증대한다. 이 때문에 면적비가 2 이상인 경우에만 재생 회로가 사용된다.
㉱ 재생 회로와 면적비가 2인 실린더를 사용하는 경우에는 실린더의 전진 속도와 후진 속도가 같아져서 등속 회로가 성립된다.

 압력이 일정하고 단면적의 변화가 없으므로 힘이 증가하지는 않는다.

## 13 아래 그림과 같은 선도의 명칭은?

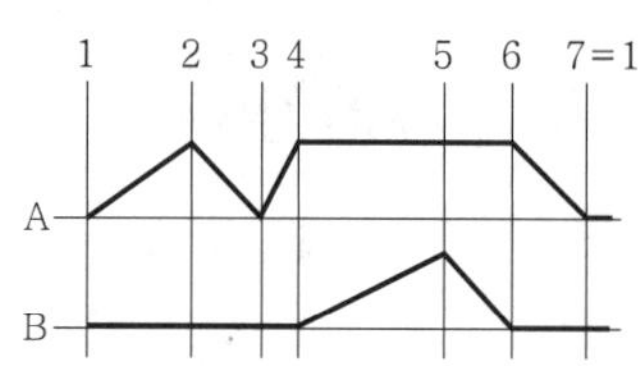

㉮ 운동 선도
㉯ 시간 선도
㉰ 설계 선도
㉱ 제어 선도

 시퀀스 제어에서 시간 선도는 연계 장치의 시간을 검토 시 도움이 된다. 작업의 순서를 쉽게 이해하기 위해서 운동 선도(motion diagram)와 제어 선도(control diagram)를 그릴 수 있어야 한다.
이 두 선도를 합해서 작업 선도(function diagram)라고 한다.

## 14 아래의 작동 선도에서 액추에이터의 동작 순서는?

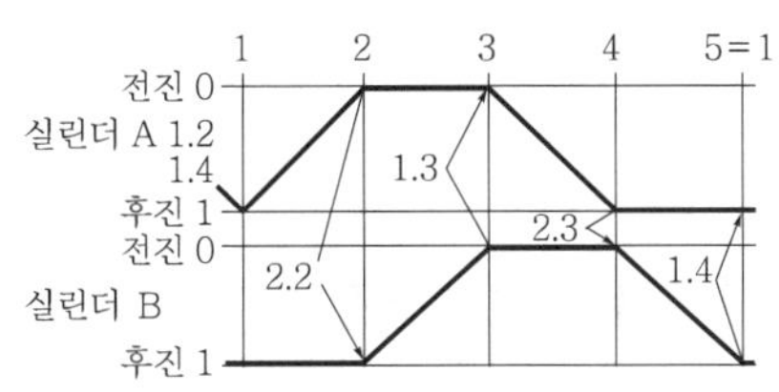

㉮ A+B−A+B−

㉯ A+B+A−B−

㉰ A+A−B+B−

㉱ A+A+B−B−

＋는 전진을 의미하고 −는 후진을 의미한다.

## 15 아래 그림과 같은 공압 회로도의 명칭은?

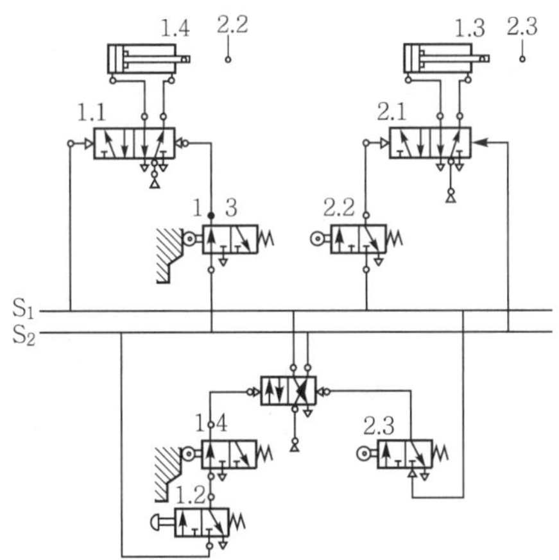

㉮ 작동 선도 회로

㉯ 운동 선도 회로

㉰ 제어 선도 회로

㉱ 캐스케이드 회로

이 방법은 가장 많이 이용되는 방법으로서 작동의 신뢰성이 높고, 여러 개의 신호가 그룹을 지어서 제거될 수 있으므로

경제적인 회로를 구성할 수 있다. 이 방법으로는 캐스케이드(cascade) 방식과 시프트 레지스터(shift register) 방식이 있다.

## 16 유압 회로도의 종류가 아닌 것은?

㉮ 기호 회로도　　㉯ 총신 회로도

㉰ 제어 회로도　　㉱ 단면 회로도

① 단면 회로도 : 기기와 관로의 단면도를 가지고 유압유가 흐르는 회로를 알기 쉽게 나타낸 회로도로서 기기의 작동을 설명하는 데 편리하다.[그림 (a)]
② 총신 회로도 : 기기의 외형도를 배치한 회로도로서 과거에는 견적도 승인도 등으로 널리 사용되었다.[그림 (b)]
③ 기호 회로도 : 유압 기기 제어와 기능을 기호로 간단히 표시하여 배관, 회로, 작동 해석 등에 사용되고 설계, 제작, 판매 등에 편리하다.[그림 (c)]

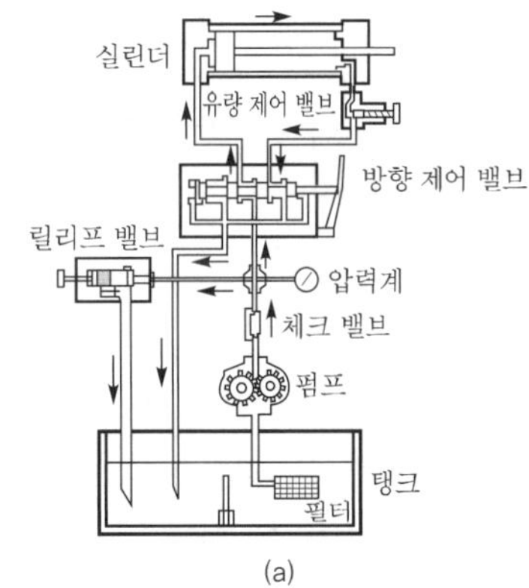


(a)

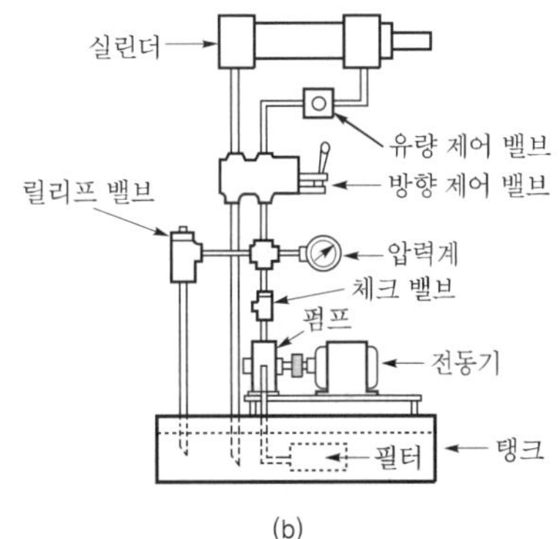


(b)

[정답]　14. ㉯　15. ㉱　16. ㉰

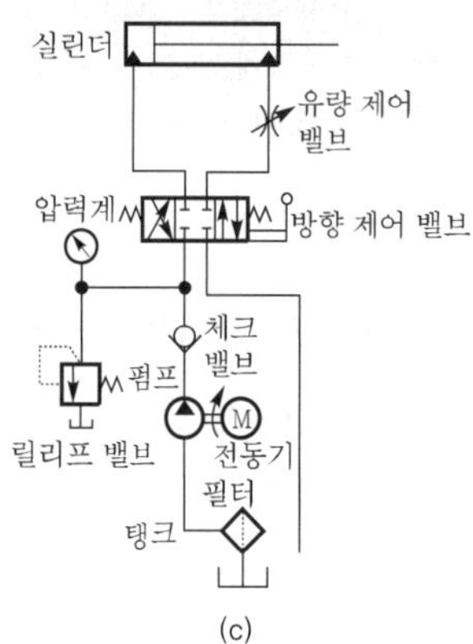

 실린더와 유량 제어 밸브, 출구를 기름 탱크에 접속하여 실린더 속도 제어에 필요한 유량을 간접 제어로서 비교적 부하 변동이 적은 호닝 머신, 연삭반 등에 사용한다.

## 17 아래 그림과 같은 유압 회로의 명칭은?

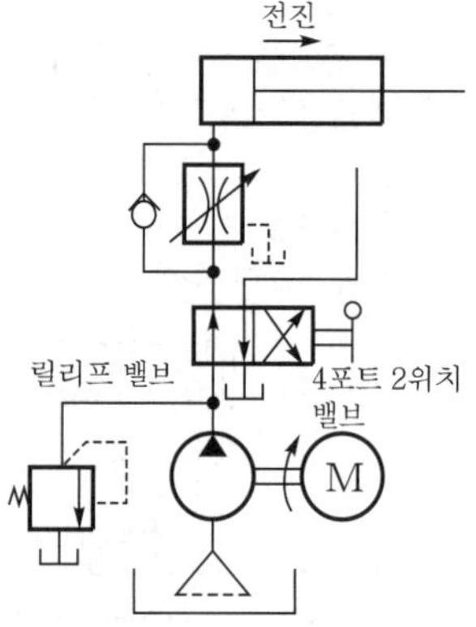


㉮ 미터 인 회로

㉯ 미터 아웃 회로

㉰ 블리드 온 회로

㉱ 블리드 오프 회로

 미터 인 회로는 실린더의 A포트를 제어하는 방식이다.

## 18 속도 제어 회로 중 동력 손실이나 열의 발생이 적은 것은?

㉮ 블리드 오프 회로

㉯ 미터 아웃 회로

㉰ 미터 인 회로

㉱ 전자 회로

## 19 다음 회로의 명칭은?

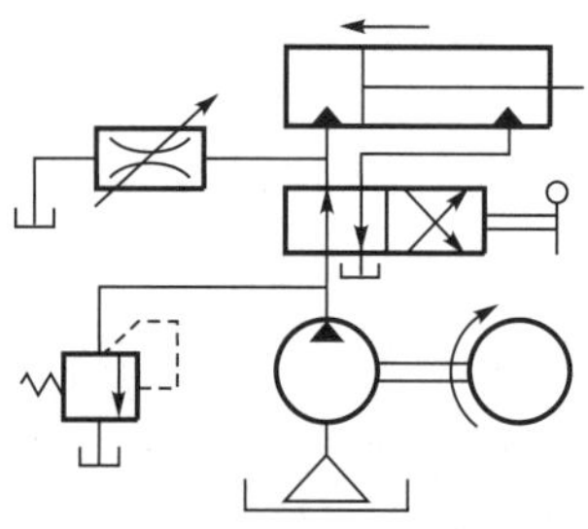

㉮ 압력 제한 회로

㉯ 리사이클 회로

㉰ 디텐트 온 회로

㉱ 블리드 오프 회로

 부하 변동이 적은 정밀 기계 제어에 사용한다.

## 20 다음 그림의 밸브의 명칭은?

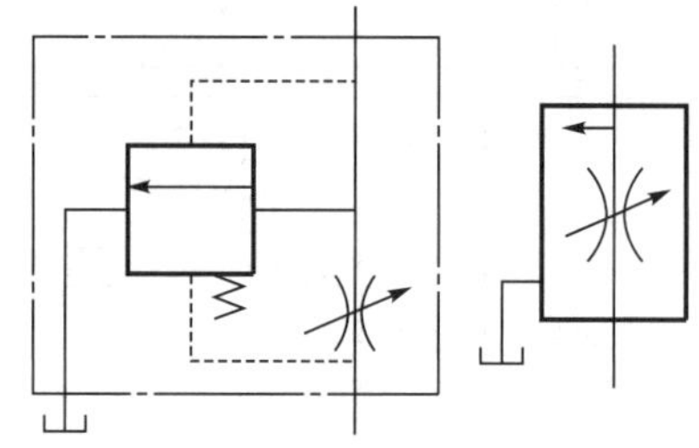

㉮ 바이-패스 유량 제어 밸브

㉯ 유량 분류 밸브

㉰ 압력 보상 유량 제어 밸브

㉱ 교축 밸브

 적정 유량 이상이 되면 그 이상의 유량을 바이패스시켜 적정량의 급수가 될 수 있도록 하는 방식이다.

**21** 다음 회로에서 유량 제어 밸브의 제어 방식은?

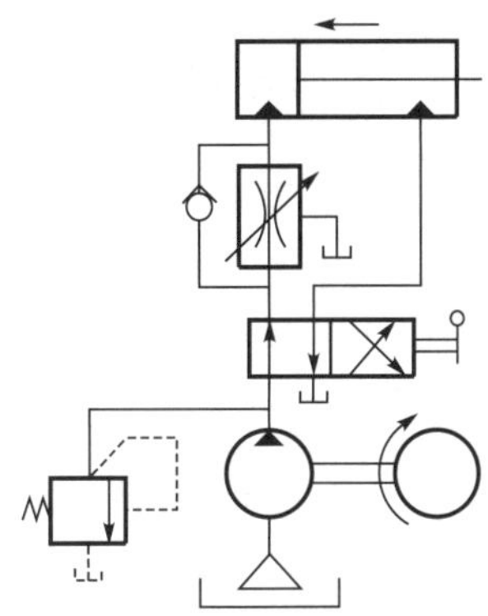

㉮ 미터 인 방식

㉯ 미터 아웃 방식

㉰ 블리드 오프 방식

㉱ 블리드 온 방식

 미터-인 방식은 실린더에서 A포트의 유량을 제어하는 방법이다.

**22** 부하의 변동이 있어도 비교적 안정된 속도를 얻을 수 있는 회로는?

㉮ 미터-인 방식

㉯ 미터-아웃 방식

㉰ 블리드-인 방식

㉱ 블리드-아웃 방식

 미터-아웃 방식은 실린더에서 복귀하는 유량, 즉 B포트를 제어하는 방식이다.

MEMO

# 유압 분야

# 유압의 기초 이론

## 01 | 개요

　유압(油壓 ; oil hydraulics)이란 유압 펌프에 의하여 동력의 기계적 에너지를 유체의 압력 에너지로 바꾸어 유체 에너지에 압력, 유량, 방향의 기본적인 3가지 제어를 하여 유압 실린더나 유압 모터 등의 작동기를 작동시킨 후 다시 기계적 에너지로 바꾸는 역할을 하는 것으로 동력의 변환이나 전달을 하는 장치 또는 방식을 말한다.

## 02 | 유압 장치의 기본적인 구성

### (1) 유압 탱크

　유압은 공압과 다르게 에너지가 소멸된 오일은 다시 탱크로 들어와 필터를 거쳐 에너지를 재생하는 과정을 거치며 유압 탱크에는 오일스트레이너, 유압 레벨 장치, 청정 흐름을 유지하도록 구성되어 있다.

### (2) 유압 펌프

　유압 펌프는 유압 탱크의 오일을 흡입하여 시스템에서 요구하는 압력을 생성하는 역할을 하며 전동기와 연결되어 있다.

### (3) 릴리프 밸브

　릴리프 밸브는 유압 시스템에서 압력을 생성하여 설정된 압력으로 액추에이터로 보내어 작동시킨다.

### (4) 압력계

　압력계는 릴리프 밸브에서 설정되는 압력으로 유지되는지를 확인할 수 있는 압력 지시계이다.

## (5) 밸브

밸브는 유압의 작동 시스템의 조건에 따라 선택하며 솔레노이드의 신호에 따라 포트를 열고 닫음으로 액추에이터를 제어한다.

## (6) 유량 제어 밸브

유량 제어 밸브는 각 액추에이터로 보내지는 유압을 운동 조건에 따라 조절하도록 부착을 한다.

## (7) 실린더와 유압 모터

실린더와 유압 모터는 실제 유압으로 설계자가 원하는 일을 하는 장치이다.

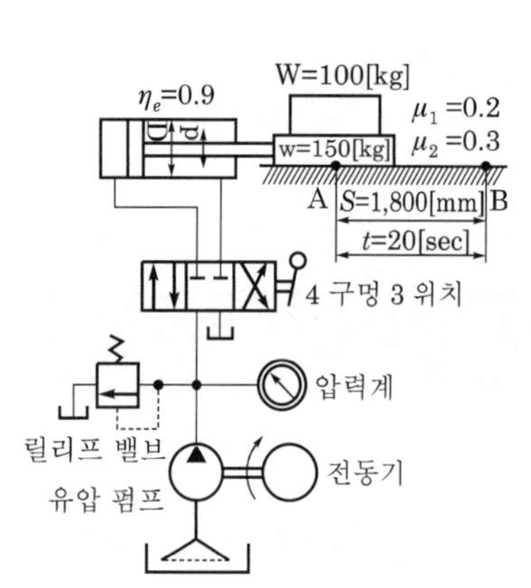

| 그림 2.1 | 유압 회로의 기본 구성

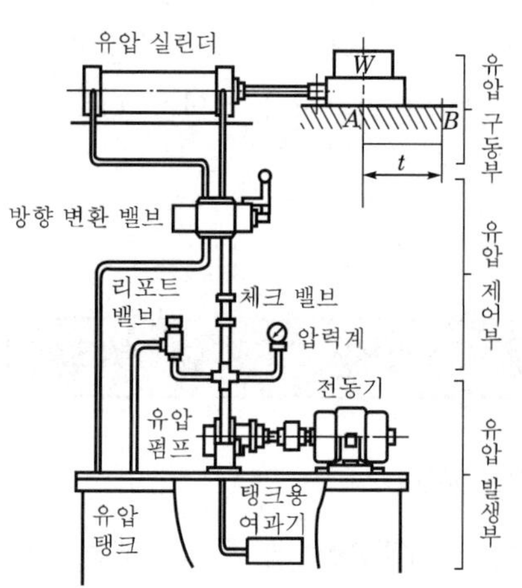

| 그림 2.2 | 유압 장치의 구성도

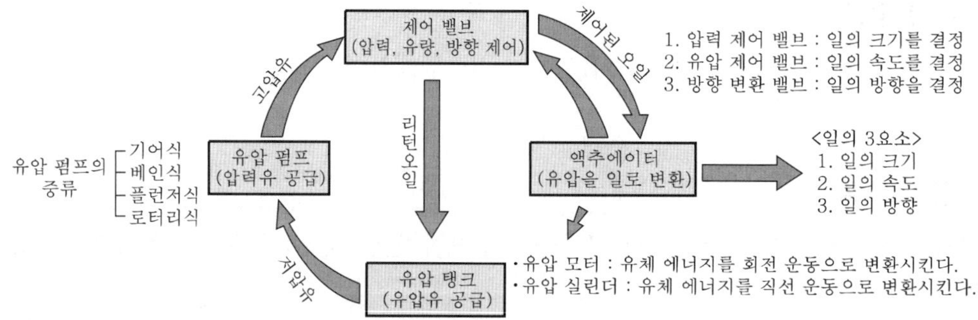


| 그림 2.3 | 유압 기기의 관계 운동

## 03 | 슈압 이론

### ▌1 압력과 힘의 관계

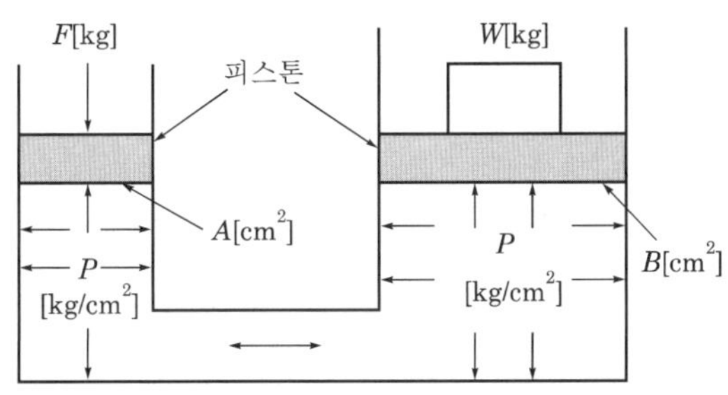



| 그림 2.4 | 파스칼의 원리

유압에서 사용하는 압력이란 물체의 단위 면적[cm$^2$]에 가해진 힘[kgf]의 크기를 말하며, [kgf/cm$^2$]로 나타낸다.

즉, 가해지는 힘[kgf]을 그 힘을 받는 면적으로 나눈 것이다. 왼쪽의 피스톤이 누르는 힘을 $F$[kgf], 피스톤의 단면적을 $A$[cm$^2$]라고 하면 내부에 발생하는 압력 $P$는 $P = F/A$ [kgf/cm$^2$]가 되며, 이 압력이 배관을 통하여 단면적 $B$[cm$^2$]의 피스톤 밑면에 파스칼의 원리에 의하여 전달된다.

이 $P$라는 압력은 하중 $W$와 평행되는 관계로 $W = P \cdot B/A$[kgf]가 되어 [kgf]로 나타낼 수 있다.

### ▌2 게이지 압력과 절대 압력

압력을 나타내는 데는 그 기준(압력 0의 상태)의 설정 방법에 따라 절대 압력과 게이지 압력으로 나누며, 통상적으로 게이지 압력으로 나타낸다.

#### (1) 절대 압력(absolute pressure)

완전 진공을 기준으로 하여 나타낸다. 완전 진공 상태가 압력 0이다.

#### (2) 게이지 압력(gauge pressure)

대기압을 기준으로 하여 나타낸다. 대기압 상태가 압력 0이다.

## 3 유압의 물리적 법칙과 계산식

### (1) 압력

단위 면적에 작용하는 힘이다.

$$p = \frac{F}{A}, \quad 단위 \ 1[\mathrm{kgf/cm^2}] = 1[\mathrm{atm}](기압)$$

### (2) Bernoulli의 정리

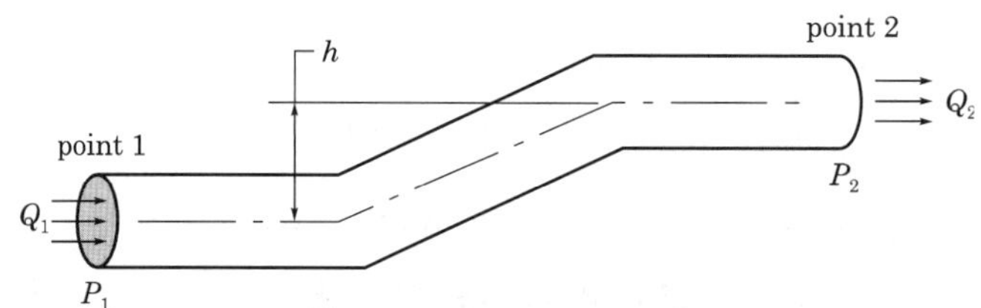


| 그림 2.5 | Bernoulli의 정리

유로의 임의 단면에 있어서 총 수두 $p$ 는 일정하다. 총 수두는 정 수두 $p_s$, 위치 수두 및 속도 수두로 구성된다. 즉

$$p = p_s + \frac{\gamma h}{10} + \frac{\gamma v^2}{20g}$$

이 되며, 일반적으로 위치 수두는 무시한다.

여기서 단위는 $p, p_s$ : $[\mathrm{kgf/cm^2}]$, $h$ : $[\mathrm{m}]$, $v$ : $[\mathrm{m/sec}]$, $g$ : $9.81[\mathrm{m/sec^2}]$, $\gamma$ : 작동유의 비중으로 하고 $1[\mathrm{kgf/cm^2}] = 10[\mathrm{mAq}]$로 하였다.

### (3) 연속의 법칙

관로를 흐르는 유량은 모든 단면에서 동일하다.

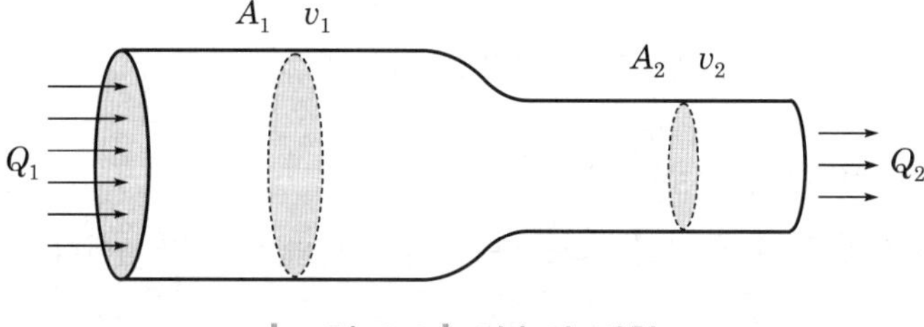


| 그림 2.6 | 연속의 법칙

$$Q = v \cdot A = 일정$$

여기서 아주 가는 관로에는 적용되지 않는다. 또 흐름과 관벽과의 마찰은 무시할 수 없다.

단위로 $Q : [l/\min]$, $A : [\mathrm{cm}^2]$로 하면

① 작은 단면적에서 $v[\mathrm{m/sec}]$로 하면

$$Q = 6 \cdot v \cdot A \left( = \frac{60 \times 100}{1,000} \cdot v \cdot A \right)$$

② 큰 단면적에서 $v[\mathrm{m/min}]$로 하면

$$Q = \frac{v \cdot A}{10} \left( = \frac{100}{1,000} \cdot v \cdot A \right)$$

## (4) 출력

$$P = \frac{Q \cdot p}{450} \ [\mathrm{PS}]$$

$$P = \frac{Q \cdot p}{612} \ [\mathrm{kW}]$$

여기서, $Q : [l/\min]$, $p : [\mathrm{kgf/cm}^2]$이고, 펌프의 구동 마력 $P_d$는

$$P_d = \frac{P}{\eta}$$

여기서, $\eta = \eta_{\mathrm{vol}} \cdot \eta_{\mathrm{mech}}$ (총 효율)

## (5) 유량

유량이란 단위 시간에 이동하는 액체의 양을 말하며, 유압에서 유량은 토출량으로 나타내며 단위는 $[l/\min]$(분당 토출되는 양) 또는 $[\mathrm{cc/sec}]$(초당 토출되는 양)로 표시한다. 즉, 이동한 유량을 시간으로 나눈 것이다. 유량의 계산식은

$$Q = \frac{V}{t} = \frac{A \cdot S}{t} = Av \text{가 된다.}$$

여기서, $Q :$ 유량$[l/\min]$
$V :$ 용량$[l]$
$t :$ 시간$[\min]$
$v :$ 유속$[\mathrm{m/sec}]$
$S :$ 거리$[\mathrm{m}]$
$A :$ 단면적$[\mathrm{cm}^2]$

## (6) 유속

유속이란 단위 시간에 액체가 이동한 거리를 나타내며, 유압에서 단위는 $[\mathrm{m/sec}]$(매 초당 움직인 거리)로 나타내며 유속의 계산식은

$$V = \frac{Q}{A} \text{가 된다.}$$

여기서, $V :$ 유속$[\mathrm{m/sec}]$
$Q :$ 유량$[l/\min]$
$A :$ 단면적$[\mathrm{cm}^2]$

### (7) 관의 내경을 구하는 공식

$$Q = Av = \frac{\pi d^2}{4} v \text{ 이므로} \quad d = \sqrt{\frac{4Q}{\pi v}}$$

### (8) 기름 통로 단면적 줄임 기구

유압 장치에는 압력이나 유량을 조정할 때 밸브를 사용하는데 밸브는 흐름의 면적을 바꾸어 그 목적을 달성한다. 그 중에서 흐름의 면적을 줄여서 관로 또는 기름 통로 안에 저항을 일으키게 하는 기구를 줄임 기구라 하며, 짧은 줄임 기구(오리피스)와 긴 줄임 기구(초크)가 있다.

① **짧은 줄임 기구(오리피스)** : 면적을 줄인 길이가 단면 치수에 비하여 비교적 짧은 경우를 말하며, 이 경우 압력 강하는 액체의 점도에 거의 영향을 받지 않는다.

② **초크** : 면적을 줄인 길이가 단면 치수에 비하여 비교적 긴 경우를 말하며, 이 경우에는 압력 강하가 액체의 점도에 따라 크게 영향을 받는다.

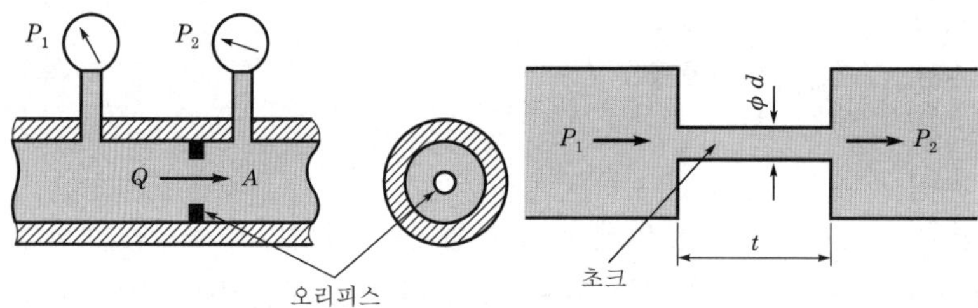


| 그림 2.7 | 줄임 기구

# 적·중·예·상·문·제

**01** 연속 회전 운동과 왕복 각 운동을 하는 일변환 장치는?

㉮ 유압 실린더
㉯ 유압 모터
㉰ 파이프 장치
㉱ 각종 제어 장치

 유압 실린더는 직선 왕복 운동, 파이프 장치는 유압 배관부와 관련된 장치를 의미하며 각종 제어 장치는 공압이나 유압의 흐름이나 속도, 방향을 제어하기 위한 장치를 의미한다.

**02** 유압식 장치의 에너지 축적 방법은?

㉮ 공기 탱크에 의한 저장으로 간단
㉯ 직류만 콘덴서로 저장
㉰ 스프링, 추 등으로 저장
㉱ 어큐뮬레이터로 저장

 어큐뮬레이터는 축압기라 부르며 다음과 같은 역할을 한다.
① 유체 에너지를 축적시켜 충격 압력을 흡수한다.
② 온도 변화에 따르는 오일의 체적 변화를 보상한다.
③ 펌프의 맥동적인 압력을 보상한다.
④ 유체의 맥동을 감쇄시킨다.

**03** 유압의 장점이 될 수 없는 것은?

㉮ 동작 속도를 자유로이 바꿀 수 있다.
㉯ 온도의 영향을 받기 쉽다.
㉰ 입력에 대한 출력의 응답이 빠르다.
㉱ 큰 조작력을 쉽게 얻을 수 있고 조절도 쉽다.

 유압은 펌프에 의해서 압력을 생성하며 계속 동작을 한 상태이므로 온도가 상승한다.

**04** 유압 프레스의 작동 원리는 다음 어느 이론에 바탕을 둔 것인가?

㉮ 파스칼의 원리
㉯ 보일의 법칙
㉰ 아르키메데스의 원리
㉱ 토리첼리의 원리

① 보일의 법칙
일정한 온도($T$)에서 일정량의 기체의 부피($V$)는 압력($P$)에 반비례한다. 일정한 온도에서 압력이 $P_1$일 때 부피가 $V_1$, 압력이 $P_2$일 때 부피가 $V_2$라고 하면, 다음과 같은 관계가 성립한다.
$P_1 V_1 = P_2 V_2$가 된다.

② 아르키메데스의 원리
유체(流體) 속의 물체가 받게 되는 부력에 대한 법칙으로 유체(기체나 액체) 속에 정지해 있는 물체는 중력과 반대 방향의 부력(주위의 유체가 물체에 미치는 압력의 합력)을 받는데, 그 크기는 물체가 밀어낸 부분의 유체의 무게, 즉 물체를 그 유체로 바꾸어 놓았을 때 작용하는 중력의 크기와 같다.

③ 토리첼리의 원리
1643년 이탈리아의 물리학자 토리첼리는 유리관과 수은을 사용하여 다음

과 같은 실험을 하였다. 즉, 단면적 1cm인 한쪽 끝이 막힌 길이 1m의 유리관 안에 수은을 가득 채운 다음, 수은이 담긴 그릇 안에 거꾸로 세우면, 유리관 안의 수은주는 그릇에 담겨 있는 수은의 표면으로부터 76cm의 높이를 항상 유지하게 된다.

**05** 다음 중 유압 장치의 장점이 아닌 것은?

㉮ 속도 제어가 용이하다.
㉯ 안정 장치가 가능하다.
㉰ 온도 영향을 많이 받는다.
㉱ 원격 제어가 가능하다.

 유압은 압력을 생성하기 위해 펌프가 계속 작동하므로 유체의 마찰에 의해서 온도가 상승한다.

**06** 출력이 가장 크고 약 10톤 정도의 출력이 가능한 제어 방식은?

㉮ 공압식      ㉯ 기계식
㉰ 유압식      ㉱ 전기식

 유압은 압력과 유량을 조절하여 무단 변속이 가능하다.

**07** 유압의 장점이 아닌 것은?

㉮ 압력에 대한 출력 응답이 빠르다.
㉯ 일의 방향을 용이하게 변환시킬 수 있다.
㉰ 무단 변속이 가능하지 않다.
㉱ 전기, 전자의 조합으로 자동 제어가 가능하다.

 유압 시스템은 유량, 압력을 제어하므로 무단 변속이 가능하다.

**08** 유압 시스템은 비압축성 유체를 사용한다. 다음은 내압력성 유체를 사용하기 때

문에 얻어지는 유압 시스템의 장점이다. 맞는 것은?

㉮ 큰 힘을 낼 수 있다.
㉯ 운동 방향의 전환이 용이하다.
㉰ 위치 제어에 적당하다.
㉱ 무단 변속이 가능하다.

 유압 시스템은 비압축성 유체로서 위치 제어가 정확하여 공작 기계에도 사용한다.

**09** 다음 중 베르누이 정리에서 전 수두는?

㉮ 압력 수두+위치 수두+속도 수두
㉯ 압력 수두+속도 수두+용적 수두
㉰ 압력 수두+용적 수두+양적 수두
㉱ 속도 수두+위치 수두+속도 수두

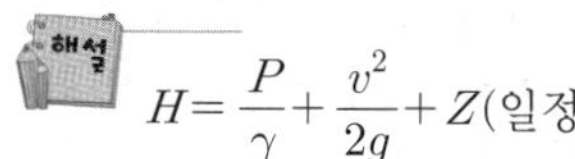

$$H = \frac{P}{\gamma} + \frac{v^2}{2g} + Z(\text{일정})$$

**10** 베르누이의 정리에 대한 설명 중 옳은 것은?

㉮ 유속은 단면적에 비례한다.
㉯ 유속은 단면적에 반비례한다.
㉰ 유속은 단면적에 항상 비례 및 반비례한다.
㉱ 유속은 단면적과 무관하다.

 단면적이 크면 유속은 느리고 단면적이 작으면 유속은 빠르다.

**11** 유압유의 점도를 나타낸 것이 SSU 4000이다. SSU가 의미하는 것은?

㉮ 레드우드 점도초
㉯ 오일러 점도초
㉰ 세이볼트 점도초
㉱ 센티푸아즈

점도(viscosity)는 액체가 흐를 때 그에 대해 저항하는 내부 마찰력을 말하며 이론적으로 절대 점도와 동점도가 있어 상호 관계는 아래와 같다.

$t[℃]$ 온도에서의 동점도

$$= \frac{t[℃]\ 온도에서의\ 절대\ 점도}{t[℃]\ 온도에서의\ 밀도}$$

일반적으로 석유 제품에 관해 점도라 하면 동점도를 가리킨다.

1) cSt(kinematic viscosity)
   동점도를 CGS 단위로 표시한 것을 Stoke라 하며 그 1/100을 취하여 Centistoke(cSt)로 나타낸다. 측정 온도는 ISO(International Organization for Standards) 점도 분류에 의해 40[℃], 100[℃]이며 세계 공용이다.
2) E°(앵글러 점도, engler viscosity)
   200[cc] sample의 유출 시간을 20[℃]의 물의 유출 시간의 비로 나눈 것이며, 측정 온도는 20[℃], 50[℃], 100[℃]로서 주로 유럽쪽에서 사용되고 있다.
3) SUS or SSU(세이볼트 유니버설 점도, Saybolt Universal Viscosity)
   60[cc]의 윤활유 sample이 유출하는 시간(초)을 측정하며 측정 온도는 100[℉], 130[℉], 210[℉]로서 미국에서 사용되고 있다.
4) 레드우드 점도(redwood viscosity)
   ① 레드우드 #1 : 50[cc]의 sample이 유출하는 시간을 말하며 측정 온도는 일본에선 30[℃], 50[℃], 80[℃], 100[℃]이고, 영국에선 70[℉](21℃), 140[℉](60℃), 212[℉](100℃)이다.
   ② 레드우드 #2 : 50[cc]의 sample이 0[℃]에서 유출하는 시간을 측정한다.

**12** 기름의 압축률($\beta$)이 $6.8 \times 10^{-5}[\text{cm}^2/\text{N}]$일 때 압력을 0에서 300[Pa]까지 압축하면 체적은 몇 [%] 감소하는가?

㉮ 2.2　　　　　　㉯ 2.09

㉰ 2.10　　　　　　㉱ 2.04

$$\frac{\Delta V}{V} = \beta \times \Delta P$$
$$= 6.8 \times 10^{-5} \times 300$$
$$= 2.04 \times 10^{-2} = 2.04[\%]$$

**13** 기름의 압축률($\beta$)이 $6.8 \times 10^{-5}[\text{cm}^2/\text{N}]$일 때 체적 탄성 계수 $K$의 값은?

㉮ $0.147 \times 10^5[\text{N/cm}^2]$

㉯ $0.0147 \times 10^5[\text{N/cm}^2]$

㉰ $0.0138 \times 10^5[\text{N/cm}^2]$

㉱ $0.138 \times 10^5[\text{N/cm}^2]$

$$K = \frac{1}{\beta} = \frac{1}{6.8 \times 10^{-5}}$$
$$= 0.147 \times 10^5[\text{N/cm}^2]$$

**14** 일반적인 유압 회로 내를 흐르는 작동유의 가장 올바른 흐름 상태는?

㉮ 난류

㉯ 층류

㉰ 천이 영역

㉱ 레이놀드수가 4000 이상의 흐름

유압유는 층류(laminar flow) 상태이어야 안정된 상태이며 난류가 발생하면 압력의 불안정을 야기한다.

**15** 안지름이 16[mm], 추력 5[kN], 피스톤 속도 38[m/min]인 유압 실린더에서 필요로 하는 최소 유압은 몇 [Pa]인가

㉮ 25　　　　　　㉯ 35

㉰ 45　　　　　　㉱ 55

$$P = \frac{F}{A} = \frac{5 \times 1,000 \times 4}{\pi \times 16^2}$$
$$= 24.87\,[\text{Pa}]$$

**16** 다음 그림과 같은 유압 실린더에서 피스톤이 미는 힘은 얼마인가?

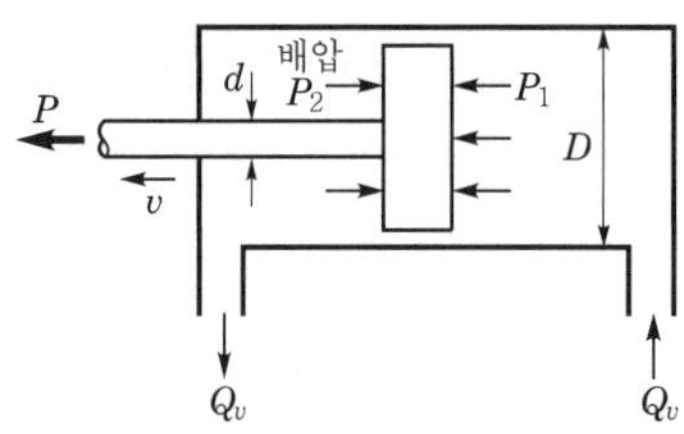


㉮ $P = \dfrac{\pi}{4D^2P_2} + \dfrac{\pi}{4(D^2-d^2)P_1}$

㉯ $P = \dfrac{\pi}{4D^2P_1} + \dfrac{\pi}{4(D^2-d^2)P_2}$

㉰ $P = \dfrac{\pi}{4D^2P_2} - \dfrac{\pi}{4(D^2-d^2)P_2}$

㉱ $P = \dfrac{\pi}{4D^2P_1} - \dfrac{\pi}{4(D^2-d^2)P_2}$

 압력 $P$는 $P_1$ 부분에서 영향을 주며 $P_2$ 부분은 배출되는 상태이므로 마찰력과 배압만 걸린다.

**17** 층류에서만 적용되는 압력 손실 계산식은?

㉮ $\dfrac{32VL}{D^3}$ ㉯ $\dfrac{32\mu VL}{D^2}$

㉰ $\dfrac{DVL}{32\mu}$ ㉱ $\dfrac{\mu VL}{32D}$

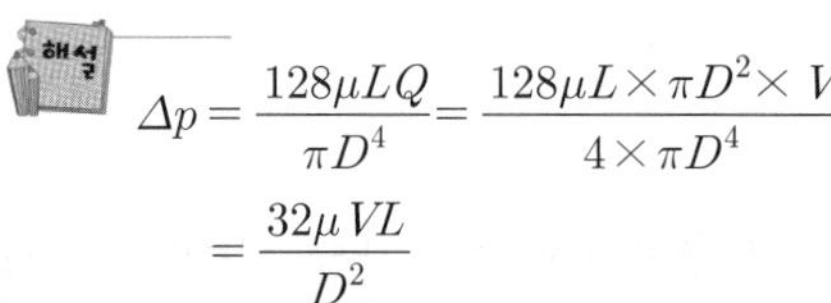
$$\Delta p = \frac{128\mu LQ}{\pi D^4} = \frac{128\mu L \times \pi D^2 \times V}{4 \times \pi D^4}$$
$$= \frac{32\mu VL}{D^2}$$

**18** 압력 손실을 설명한 것 중 틀린 것은?

㉮ 관마찰 계수에 비례한다.

㉯ 관의 길이에 비례한다.

㉰ 속도와는 관련이 없다.

㉱ 관의 지름이 클수록 손실은 적다.

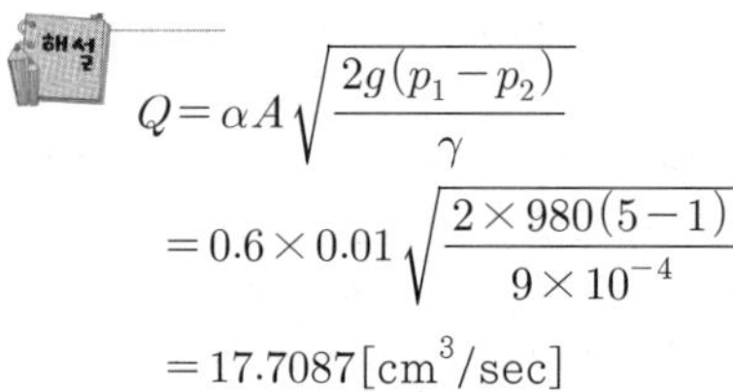
$$\Delta p = \frac{128\mu LQ}{\pi D^4} = 32\mu\frac{VL}{D^2}$$ 와 같이 속도와 관계가 있다.

**19** 오리피스의 단면에서 $A = 100[\text{mm}^2]$, $P_1 = 5[\text{Pa}]$, $P_2 = 1[\text{Pa}]$, $\gamma = 9 \times 10^{-4}$ $[\text{N/cm}^3]$, $\alpha = 0.6$, $g = 9.8[\text{m/sec}^2]$일 때 유량은?

㉮ $1.77[\text{cm}^3/\text{sec}]$ ㉯ $17.7[\text{cm}^3/\text{sec}]$

㉰ $177[\text{cm}^3/\text{sec}]$ ㉱ $0.177[\text{cm}^3/\text{sec}]$

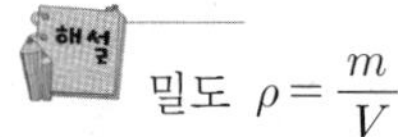
$$Q = \alpha A \sqrt{\frac{2g(p_1-p_2)}{\gamma}}$$
$$= 0.6 \times 0.01 \sqrt{\frac{2 \times 980(5-1)}{9 \times 10^{-4}}}$$
$$= 17.7087[\text{cm}^3/\text{sec}]$$

**20** 다음 중 밀도에 대한 정의는?

㉮ 단위 체적당 부피로 표시한다.

㉯ 단위 체적당 질량으로 표시한다.

㉰ 단위 체적당 용적으로 표시한다.

㉱ 단위 체적당 면적으로 표시한다.

밀도 $\rho = \dfrac{m}{V}$

**21** 관 내의 유체가 난류가 될 수 있는 경우가 아닌 것은?

㉮ 유체의 점도가 작은 경우

㉯ 유속이 작은 경우

㉰ 굵은 관이 흐를 경우

㉱ 유속이 큰 경우

층류와 난류의 판단은 레이놀즈의 수에 의해서 판단하므로 $Re = \dfrac{\rho Vd}{\mu}$에서 유속이 작으면 층류에 해당된다.

**22** 다음 연속 방정식에 대한 설명 중 틀린 것은?

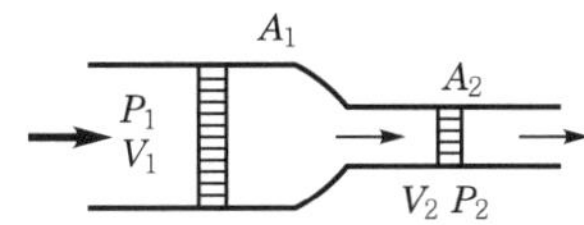



㉮ $A_1 V_1 = A_2 V_2 = Q$

㉯ 입력은 $P_1 = P_2$

㉰ 속도는 $V_1 < V_2$

㉱ 속도 에너지가 압력 에너지로 변한다.

 연속의 법칙은 면적, 속도, 유량과의 관계이다.

# CHAPTER 02

# 유압의 구성 기기

## 01 유압 펌프

### 1 개요

유압 펌프는 전동기나 엔진 등에 의하여 얻어진 기계적 에너지를 받아서 기름에 압력과 유량의 유체 에너지를 주어 유압 모터나 실린더를 작동시키는 유압 장치의 기본 동력이다.

**(1)** 펌프에는 정용량형 펌프(1회전당의 토출량을 변동할 수 없는 펌프)와 가변 용량형 펌프(1회전당의 토출량을 변동할 수 있는 펌프)가 있으나 일반적으로 정용량형 펌프가 사용되고 있다.

**(2)** 정용량형은 밀폐된 유실의 용량 변화에 의해 기름을 흡입, 토출하며 흡입과 토출 쪽은 격리되어 있어서 부하가 변동하여 펌프의 토출 압력이 변화하여도 펌프의 토출량은 거의 일정하여 유압 장치에 적합하다.

### 2 기구에 의한 분류

#### (1) 기어 펌프

외접 기어 펌프, 내접 기어 펌프

#### (2) 베인 펌프

1단 베인 펌프, 2단 베인 펌프, 각형 베인 펌프, 가변 베인 펌프, 2련 베인 펌프(복합 베인 펌프)

#### (3) 피스톤 펌프

액셜형 피스톤 펌프, 레이디얼형 피스톤 펌프, 리시프트형 피스톤 펌프

## ■3 기어 펌프의 특징 및 구조

### (1) 기어 펌프의 특징

① 구조가 간단하다.

② 다루기 쉽고 가격이 저렴하다.

③ 기름의 오염에 비교적 강한 편이다.

④ 펌프의 효율은 피스톤 펌프에 비하여 떨어진다.

⑤ 가변 용량형으로 만들기가 곤란하다.

⑥ 흡입 능력이 가장 크다.

### (2) 기어 펌프의 구조

① 외접식 기어 펌프

　2개의 기어가 케이싱 안에서 맞물려 회전하며, 맞물림 부분이 떨어질 때 공간이 생겨서 기름이 흡입되고, 기어 사이에 기름이 가득차서 케이싱 내면을 따라 토출 쪽으로 운반한다(기어의 맞물림 부분에 의하여 흡입 쪽과 토출 쪽은 차단되어 있다).

② 내접식 기어 펌프

　외접식과 같은 원리이나 두개의 기어가 내접하면서 맞물리는 구조이며, 초승달 모양의 간막이판이 달려 있다.

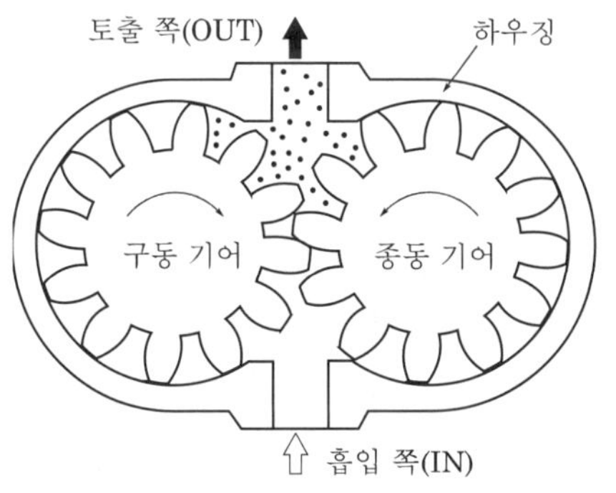


| 그림 2.8 | 외접식 기어 펌프

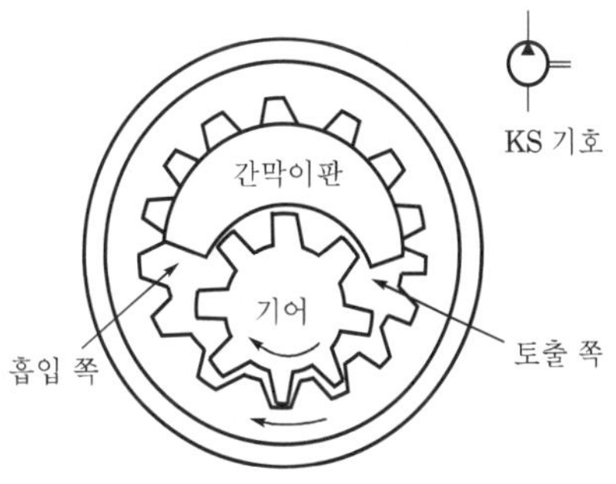


| 그림 2.9 | 내접식 기어 펌프

## ■4 베인 펌프(vane pump)의 특징 및 구조

### (1) 베인 펌프의 특징

① 수명이 길고 장시간 안정된 성능을 발휘할 수 있어서 산업 기계에 많이 쓰인다.

② 소음 및 맥동이 작다.

③ 유지 및 보수가 용이하다.

④ 작게 만들 수 있어 피스톤 펌프보다 단가가 싸다.

⑤ 기름에 의한 오염에 주의하여야 하고 흡입 진공도가 허용 한도 이하이어야 한다.

## (2) 베인 펌프(vane pump)의 구조

① **단단 베인 펌프**(single vane pump)

㉠ 축이 회전 운동을 하면 로터가 회전하고 베인은 원심력 및 유압에 의하여 튀어나와 캠링 내면에 닿아 섭동한다. 베인 사이의 유실은 캠링의 곡선에 따라 용적을 하며, 유실이 넓은 곳에 흡입구가 달려 있어 기름이 흡입되며, 유실이 좁은 쪽에는 토출구가 있어서 기름이 강제적으로 토출된다.

㉡ 로터 외부에 작용하는 유압은 평행되어 있으므로 베어링부에 작용하는 레이디얼 하중은 줄어들며, 이를 압력 평형형이라고도 한다.

② **2련 베인 펌프**

㉠ 용량이 같은 2세트의 펌프가 같은 케이스 안에 1개의 축에 의하여 회전 운동을 하는 구조로 되어 있으며, 양쪽의 펌프에 언제나 같은 부하가 걸리도록 압력 분배 밸브가 달려 있다. 따라서 1단 쪽의 펌프 토출구가 2단 쪽의 펌프 흡입구와 통하고 있다.

㉡ 압력 분배 밸브는 큰 플랜지와 작은 플랜지로 구성되며, 면적비는 2 : 1로 되어 있다. 따라서 1단 쪽 펌프의 토출량이 2단 쪽 펌프의 흡입량보다 많을 때에는 과잉 유압은 1단 쪽 펌프의 흡입부로 되돌아온다. 반대일 경우에는 2단 쪽 토출부에서 2단 쪽 흡입부로 유압유가 보충되어 언제나 같은 부하가 되게끔 작동한다.

③ **고압 단단 베인 펌프**

㉠ 단단이고 $140[\mathrm{kgf/cm^2}]$ 이상의 성능을 지니는 펌프이다. 베인 펌프를 고압화하기 위한 조건으로서는 흡입 쪽에서의 베인과 캠링의 접촉력을 반드시 줄여야 한다. 이를 위하여 베인 바닥에 공급하는 압력을 감압해서 해결하고 있다.

㉡ 베인 바닥에 압력을 공급하기 위하여 측판에 설치하는 포트를 4개로 나누어 펌프의 토출 압력을 약 1/2로 감압한 다음 흡입 쪽의 베인 바닥으로 유도한다.

㉢ 흡입 쪽 베인 바닥에 공급된 기름은 토출 쪽에 오면 초크 구멍을 통하여 펌프 토출 쪽 포트에 배출하는 기구로 되어 있으므로 토출 쪽의 베인 바닥 압력은 머리부보다 초크의 저항분만큼 캠링의 베인을 안정시킨다.

④ **가변 용량형 베인 펌프**(variable displacement vane pump)

㉠ 고정 용량형 펌프 캠링에 비해 내면은 진원이다. 따라서 무부하 시에는 스프링 힘에 의하여 로터에 캠링을 편심시켜서 유실의 용적을 변화시킨다.

㉡ 토출 압력이 설정된 값에 도달하면 자동적으로 토출량은 0에 가까워지고 그 이상 압력 상승은 일어나지 않으며, 링의 편심량 변동으로 토출량도 조절할 수 있다.

ⓒ 동력 절감, 유온 상승의 감소, 릴리프 밸브의 불필요 등의 우수한 점이 있으나 구조면에서 소음, 진동이 약간 크고 압력 평형형이 아니므로 축 받침용 베어링의 수명이 짧아지는 등의 단점이 있다.

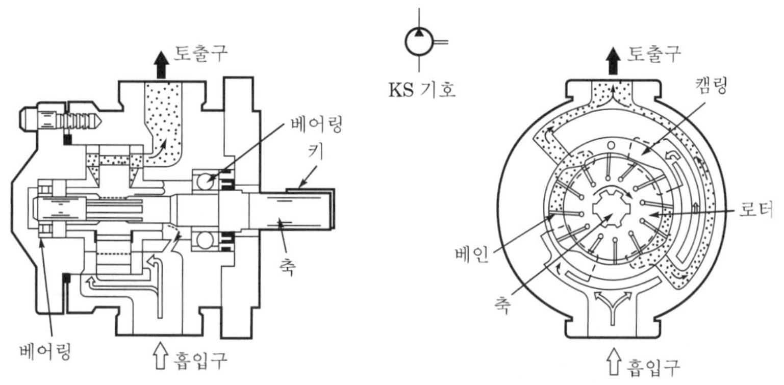


| 그림 2.10 | 단단 베인 펌프

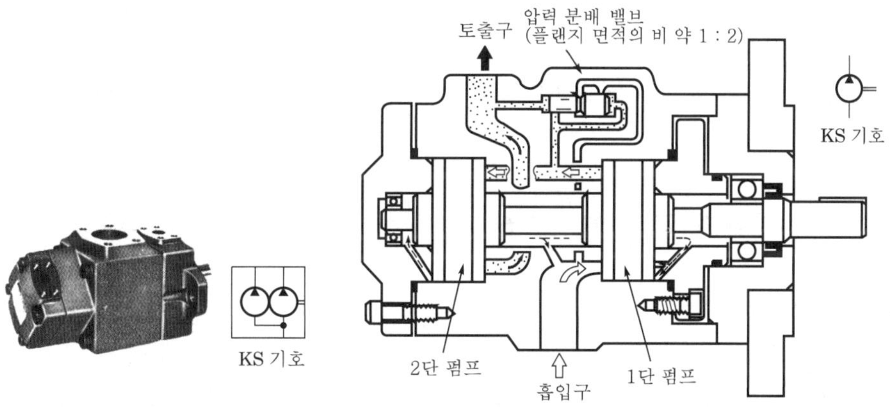


| 그림 2.11 | 2련 베인 펌프

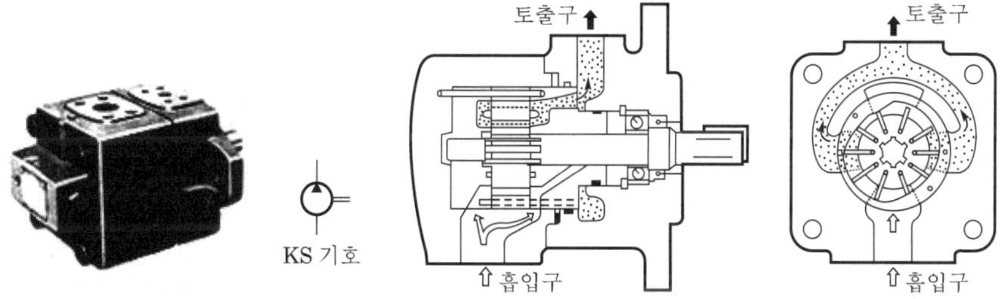


| 그림 2.12 | 고압 단단 베인 펌프

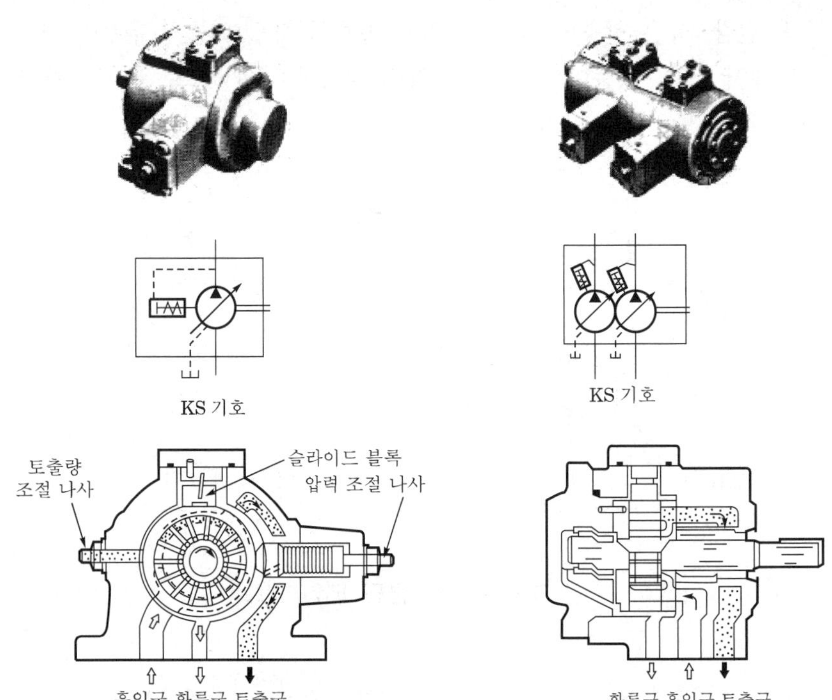



| 그림 2.13 | 가변 용량형 단단 베인 펌프  | 그림 2.14 | 가변 용량형 2련 베인 펌프

## 5 피스톤 펌프의 특징 및 구조

### (1) 피스톤 펌프의 특징

① 고압에 적합하며 펌프 효율이 가장 낮다.

② 가변 용량형에 적합하며, 각종 토출량 제어 장치가 있어서 목적 및 용도에 따라 조정
할 수 있다.

③ 구조가 복잡하고 비싸다.

④ 기름의 오염에 극히 민감하다.

⑤ 흡입 능력이 가장 낮다.

### (2) 피스톤 펌프의 구조

① 레이디얼 피스톤 펌프

실린더 블록이 회전하면 피스톤 헤드는 케이싱 안의 로터의 작용에 의하여 행정이 된
다. 피스톤이 행정하는 곳에서는 기름이 고정된 밸브축의 구멍을 통하여 피스톤의 밑
바닥에 들어가며, 안쪽으로 행정하는 곳에서 밸브 구멍을 통하여 토출된다.

② **액셜형 피스톤 펌프**(사판식)

경사판과 피스톤 헤드 부분이 스프링에 의하여 항상 닿아 있으므로 구동축을 회전시키면서 경사판에 의해 피스톤이 왕복 운동을 하게 된다. 피스톤이 왕복 운동을 하면 체크 밸브에 의해 흡입과 토출을 하게 된다. 사판의 기울기 $\alpha$에 의하여 피스톤의 스트로크(행정)가 달라진다.

③ **액셜형 피스톤 펌프**(사축식)

축 쪽의 구동 플랜지와 실린더 블록은 피스톤 및 연결봉의 구상 이음(ball joint)으로 연결되어 있으므로 축과 함께 실린더 블록은 회전한다. 기울기 $\alpha$에 의하여 피스톤의 스트로크(행정)가 달라진다.

④ **리시프트형 피스톤 펌프**

크랭크 또는 캠에 의하여 피스톤을 행정시키는 구조이며, 고압에서는 적합하지만 용량에 비하여 대형이 되므로 가변 용량형으로 할 수 없다.

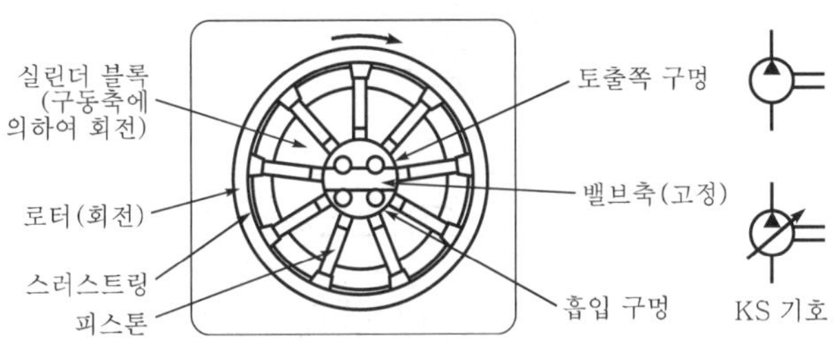


| 그림 2.15 | 레이디얼 피스톤 펌프

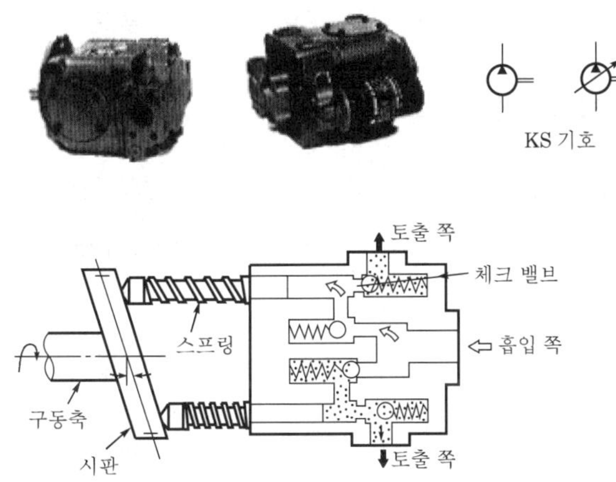


| 그림 2.16 | 액셜형 피스톤 펌프(사축식)

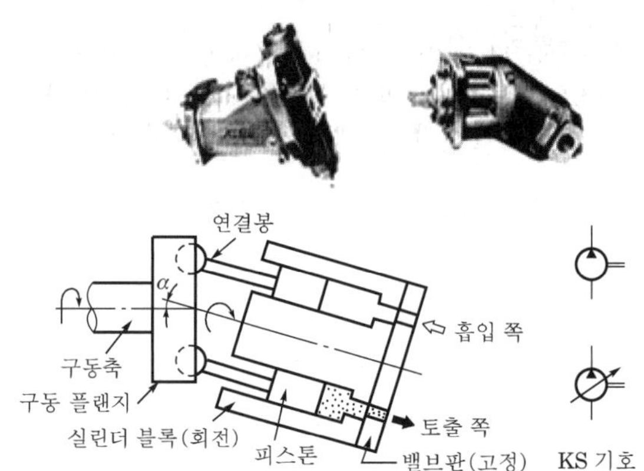


| 그림 2.17 | 액셜형 피스톤 펌프(사판식)

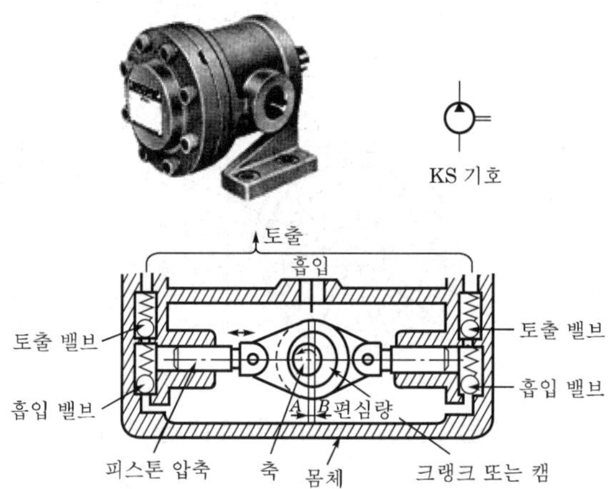


| 그림 2.18 | 리시프트형 피스톤 펌프

| 표 2.1 | 각종 유압 펌프의 특성 비교

| 명칭 | 분류 | 1회전당 토출 유량 [cc/rev] | 최고 압력 [kgf/cm$^2$] | 최고 회전 속도 [rpm] | 최고 효율 [%] | 컨테미넌트 (이물질)에 대한 민감도 | 흡입 성능 |
|---|---|---|---|---|---|---|---|
| 기어 펌프 | 외접형 | 1~500 | 10~250 | 900~4,000 | 70~85 | 이물질의 영향이 적어 작업 환경이 좋지 않은 것에도 사용 가능. 이의 마모와 더불어 효율 저하 | 허용 흡입 진공도가 높다(1,800[rpm]에서 −20~−40[cmHg] 까지 허용됨). |
| | 내접형 | 1~500 | 5~300 | 1,200~4,000 | 65~90 | | |
| 베인 펌프 | 축대칭 평형형 | 1~350 | 1,200~3,000 | 35~400 | 70~90 | 비교적 민감, 청정유 공급 필요. 베인이 마모되어도 효율은 저하되지 않음. | 큰 진공도를 허용하지 않음(1,800[rpm]에서 −10~−20[cmHg]). |
| | 축대칭 비평형형 | 10~230 | 35~140 | 1,200~1,800 | 60~70 | | |

| 명칭 | 분류 | 1회전당 토출 유량 [cc/rev] | 최고 압력 [kgf/cm$^2$] | 최고 회전 속도 [rpm] | 최고 효율 [%] | 컨테미넌트 (이물질)에 대한 민감도 | 흡입 성능 |
|---|---|---|---|---|---|---|---|
| 액셜 피스톤 펌프 | 사축식 | 10~1,000 | 210~400 | 750~ 3,600 | 88~95 | 작동유 이물질에 대하여 펌프 중 가장 민감. 특히 밸브 플레이트가 손상되어 효율 저하됨. | 허용 흡입 가공도 작음(1,800[rpm]에서 −3~0[cmHg]). |
| | 사판식 | 4~500 | 210~400 | 750~ 3,600 | 85~92 | 사축식보다 더욱 민감. 밸브 플레이트, 슈의 손상으로 효율 저하 | 사축식보다 허용 진공도가 작음. |
| | 회전 사판식 | 5~300 | 140~560 | 1,000~ 5,000 | 85~90 | 이물질의 영향을 많이 받음. | 사축식과 비슷한 정도 |
| 레이디얼 피스톤 펌프 | 회전 실린더형 | 6~500 | 140~250 | 1,000~ 1,800 | 85~90 | 액셜 피스톤 펌프와 비슷. 단, 분배축은 밸브 플레이트보다는 손상이 적음. | 1,800[rpm]에서　−3 ~0[cmHg] 정도 |
| | 고정 실린더형 | 10~200 | 140~250 | 1,000~ 1,800 | 80~92 | | |

## ■6 펌프 취급상 주의 사항

| 표 2.2 | 펌프 취급상 주의 사항

| | |
|---|---|
| 펌프의 고정 및 중심내기 작업 | • 벨트 체인 기어에 의한 가로 구동은 피하여야 하며, 이는 소음 발생이나 베어링 손상의 원인이 된다.<br>• 펌프를 전동기 또는 구동축과 연결할 때에는 양축의 중심선이 일직선상에 오도록 설치하여야 하며, 중심이 일치하지 않으면 베어링 및 오일 실(oil seal)의 파손 원인이 된다. |
| 배관의 설치 | • 배관은 규정대로 설치하여야 하며, 흡입 저항이 펌프의 허용 흡입 저항을 넘지 않도록 되도록 작아야 한다.<br>• 흡입 쪽의 기밀성에 특히 주의하여야 하며, 공기의 흡입은 소음 발생의 원인이 된다.<br>• 흡입 쪽 및 토출 쪽을 강관으로 배관할 때에는 배관에 의해 펌프가 강제적으로 편하중을 받지 않도록 주의하여야 하며, 이는 소음 발생 및 펌프 파손의 원인이 된다.<br>• 드레인 배관의 환류구는 탱크의 유면보다 낮게 하되 흡입관에서 되도록 먼 위치에 설치하여야 하고, 드레인 압력은 0.7[kgf/cm$^2$] 이하로 하여야 하며, 드레인 압력이 높아지면 오일 실(oil seal)의 파손 원인이 된다. |

| 펌프 시동 시의<br>주의 사항 | • 시동 시에는 급격히 회전 속도를 올리지 말고 처음에는 전동기의 압력 스위치를 여러 번 ON-OFF시켜 배관 중의 공기를 빼낸 후 연속 운전하여 압력을 낮추거나 무부하 회로로 시동한다. |
| --- | --- |
| 회전 방향의 변경 | • 펌프의 회전 방향은 펌프의 앞쪽(축이 있는 쪽)에서 보아 오른쪽으로 회전하는 것이 표준이다.<br>• 원형 펌프에서 회전 방향을 변경할 때에는 커버를 떼고 카트리지(캠링 1개, 로터 1개, 베인, 부싱 2매)를 세트한 채로 꺼내어 반대 방향으로 조립하며, 이때 핀의 위치를 주의한다. |
| 흡입 저항 | • 흡입 저항은 허용 흡입 저항이라고도 하며, 기기에 따라 100~200[mmHg]가 있다.<br>• 흡입 저항이 높아지면 부품의 파손, 소음, 진동의 원인이 되며, 펌프의 수명이 짧아진다. |
| 필터 | • 흡입 쪽에는 150메시의 석션 필터를 사용한다.<br>• 단단 고압 펌프일 경우에는 토출 쪽에 25[$\mu$] 이하의 라인 필터를 사용한다. |
| 유압유 | • 깨끗한 기름을 선택하여야 하며, 내마모성 유압유를 사용하면 수명이 길어진다. |

# 02 | 제어 밸브의 분류 및 특성

## 1 분류

**| 표 2.3 |** 제어 밸브의 분류

| 압력 제어<br>밸브 | • 릴리프 밸브<br>• 감압 밸브<br>• 시퀀스 밸브<br>• 언로드 밸브<br>• 카운터 밸런스 밸브 | |
| --- | --- | --- |
| 유량 제어<br>밸브 | • 교축 밸브 | • 스톱 밸브(stop valve)<br>• 스로틀 밸브(throttle valve)<br>• 스로틀 체크 밸브(throttle check valve) |
| | • 유량 조절 밸브 | • 압력 보상 붙이(low control valve)<br>• 온도 보상 붙이(temperature compensated control valve) |
| | • 디셀러레이션 밸브<br>(deceleration valve) | |
| | • 분류(나눔) 밸브(flow dividing valve)<br>• 집류(모음) 밸브(flow combiner valve) | |

| 방향 제어 밸브 | • 체크 밸브 | • 흡입형 체크 밸브<br>• 스프링 부하형 체크 밸브(앵글형, 인라인형)<br>• 유량 제한형 체크 밸브(throttle and check valve)<br>• 파일럿 조작 체크 밸브(pilot operated check valve) |
| --- | --- | --- |
| | • 감속 밸브(deceleration valve) | |
| | • 방향 전환 밸브 | • 캠조작 밸브<br>• 수동 조작 밸브<br>• 전자 조작 밸브<br>• 파일럿 작동 전환 밸브<br>• 전자 유압 전환 밸브 |
| 복합 밸브 | • 수동 전환 밸브 | • 수동 비례 전환 밸브<br>• 선박용 윈치 조작 밸브<br>• 차량용 멀티플 컨트롤 밸브 |
| | • 전자 전환 밸브 | • 전자 비례 밸브<br>• 전자 파일럿 전환 밸브 |

## 2 압력 제어 밸브

압력 제어 밸브란 유압 회로 내의 압력을 설정치 이내로 유지하며, 유압 회로 내의 압력이 설정치에 도달하면 유압 회로를 전환하여 환류시키는 밸브이다.

### (1) 릴리프 밸브(relief valve)

최초의 압력이 설정 압력 이상이 되면 회로 유량의 일부 또는 전부를 탱크로 보내어 회로 내의 최고 압력을 규제한다(같은 구조의 밸브로서 이상 고압 발생 시에만 작동시켜서 과부하 방지용으로 사용하는 것을 안전 밸브라고 한다).

구조면에서 분류하면 파일럿 작동형(밸런스 피스톤형)과 직동형의 2가지가 있다(유압 장치의 라인 압력 조정에는 파일럿 작동형이 많이 사용되고 있다).

| 표 2.4 | 릴리프 밸브

| 구분 | 파일럿 작동형 | 직동형 |
| --- | --- | --- |
| 특징 | • 주밸브의 움직임을 유압 밸런스로 하고 있으므로 채터링 현상이 일어나지 않고 압력 오버라이드가 작으며, 벤트 구멍을 이용하여 원격 제어를 할 수 있는 이점이 있다(압력의 설정에서 스프링을 이용하는 것은 직동형과 같으나 주밸브는 기름 압력에 의한다). | • 대체로 저압 또는 작은 유량일 때 쓰인다.<br>• 릴리프 밸브의 성능 중 회로의 효율에 크게 영향을 미치는 것으로 오버라이드 특성이 있다(직동형은 높은 압력, 많은 유량일수록 오버라이드 특성이 저하한다).<br>• 릴리프 밸브 작동 시 채터링이 발생될 때가 있는데 직동형에서는 채터링 발생 대책으로 덤핑실을 만든다. |

| 구분 | 파일럿 작동형 | 직동형 |
|---|---|---|
| 구조 | • 메인 스풀과 파일럿 스풀이 있으며, 메인 스풀을 유압으로 밸런스 시켜서 압력을 유지한다(압력 조정은 파일럿부로 한다). | • 메인 스풀밖에 없어 메인 스풀을 스프링으로 눌러 그 스프링의 힘으로 압력을 조정한다. |
| 조작 | • 파일럿 부분의 작은 스프링을 조작하기 때문에 핸들에 걸리는 힘이 작아서 쉽게 조정할 수 있다. | • 메인 스풀의 강력한 스프링을 조작하기 때문에 핸들에 걸리는 힘이 커서 압력 조절에는 큰 힘이 필요하다. |
| 압력 조절 범위 | • 하나의 스프링으로 광범위하게 조절할 수 있다. | • 스프링을 누르는 힘이 크기 때문에 작은 범위만 조절할 수 있다. |
| 원방 조작 | • 리모트 컨트롤 밸브로서 원격 압력 조정이 가능하며, 방향 전환 밸브로서 언로드도 가능하다. | • 원격 압력 조절이 불가능하다. |
| 응답성 | • 메인 스풀의 작동이 다소 지체되어 서지압이 발생한다. | • 메인 스풀의 움직임이 빨라서 서지압이 적어도 된다. |
| 압력 오버라이드<br>(유량–압력 곡선) | • 압력 변화가 적고 효율이 좋다(곡선 변화). | • 압력 변화가 커서 효율이 나쁘다(직선 변화). |

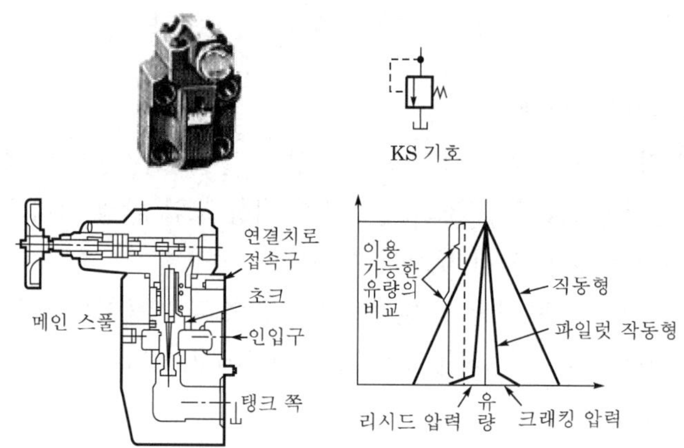


| 그림 2.19 | 파일럿 작동형

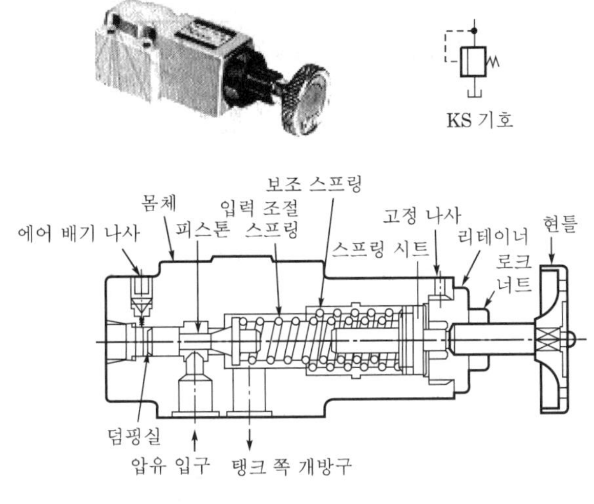


| 그림 2.20 | 직동형

## (2) 감압 밸브(pressure reducing valve)

회로의 일부에 감압한 압력을 가하는 기능을 지니는 압력 제어 밸브이다(주회로의 압력은 릴리프 밸브로 제어한다). 설정된 2차 압력 이상의 1차 압력 변동에 대해서 2차 압력은 변화를 받지 않고 언제나 설정된 일정한 압력을 유지한다.

제어 밸브로서의 파일럿 압력은 밸브의 출구 쪽, 즉, 2차 압력으로부터 유도되고, 항상 2차 쪽의 파일럿 유압으로 제어되며 1차 압력과는 관계가 없다. 역지 밸브의 내장형은 역류를 얻을 수 있다.

감압 밸브는 2차 쪽을 일정하게 하기 위하여 항상 파일럿 밸브로부터 압유를 드레인으로 탱크에 내보내 메인 스풀을 압력 밸런스시켜서 감압하는 기능을 가지고 있으므로 반드시 드레인을 탱크 라인에 배관하여야 한다.

① 릴리프 밸브와의 차이점

릴리프 밸브는 여분의 기름을 탱크에 돌려보내어 주회로의 압력을 설정치 이하로 억제하지만 감압 밸브는 주회로 압력(1차압)보다 낮게 2차 압력을 제어하기 위하여 여분의 기름을 2차 쪽으로 통과시키지 않는 밸브이다.

② 감압 밸브의 종류

| 표 2.5 | 감압 밸브의 종류

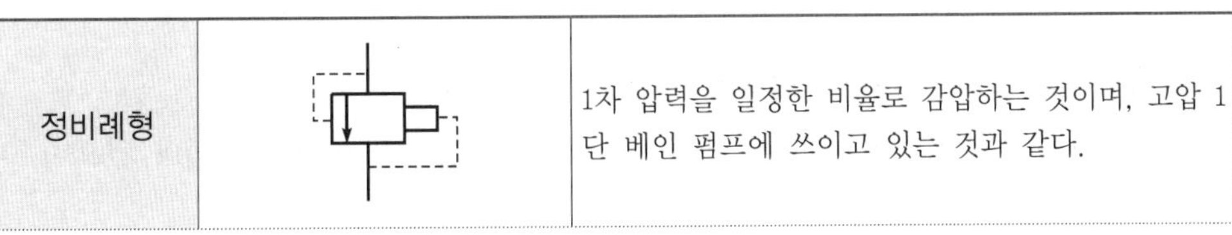

| 정비례형 | | 1차 압력을 일정한 비율로 감압하는 것이며, 고압 1단 베인 펌프에 쓰이고 있는 것과 같다. |
| --- | --- | --- |

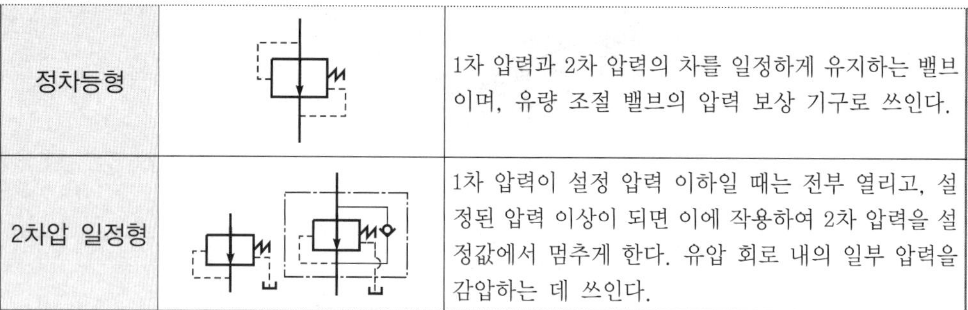

| 정차등형 | | 1차 압력과 2차 압력의 차를 일정하게 유지하는 밸브이며, 유량 조절 밸브의 압력 보상 기구로 쓰인다. |
| 2차압 일정형 | | 1차 압력이 설정 압력 이하일 때는 전부 열리고, 설정된 압력 이상이 되면 이에 작용하여 2차 압력을 설정값에서 멈추게 한다. 유압 회로 내의 일부 압력을 감압하는 데 쓰인다. |

③ 2차압 일정형(직동형)의 구조

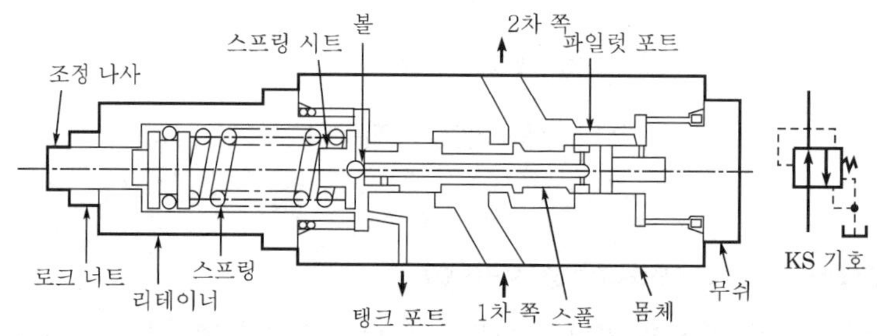

**그림 2.21** **2차압 일정형(직동형)의 구조**

㉠ 2차 압력이 설정 압력 이하일 때 : 2차 압력은 상부 파일럿 포트를 통하여 주 밸브의 우측에 작용하고 스프링 힘으로 주 밸브는 열린다.

㉡ 2차 압력이 설정치를 넘을 때 : 2차 압력이 스프링의 힘을 이겨내어 주 밸브를 닫는 방향으로 작동하며, 2차 압력은 그 이상 상승하지 않는다.

㉢ 실린더가 정지하여 가압 상태일 때 : 1차에서 2차로의 누출은 주 밸브 안의 구멍에서 흘려보내 2차 압력이 설정치를 넘지 않도록 작용한다.

㉣ 2차 압력이 다시 떨어졌을 때 : 스프링의 힘이 주 밸브 우측에 작용하는 전압력을 이겨내어 주 밸브는 복귀한다.

## 03 유압 회로 부속 기기

### 1 축압기

#### (1) 축압기의 역할(accumulator)

유체 에너지를 축적시키기 위한 용기로서 내부에 질소 가스가 봉입되어 있으며, 다음의 역할을 한다.

① 유체 에너지를 축적시켜 충격 압력을 흡수한다.
② 온도 변화에 따르는 오일의 체적 변화를 보상한다.
③ 펌프의 맥동적인 압력을 보상한다.
④ 유체의 맥동을 감쇠시킨다.

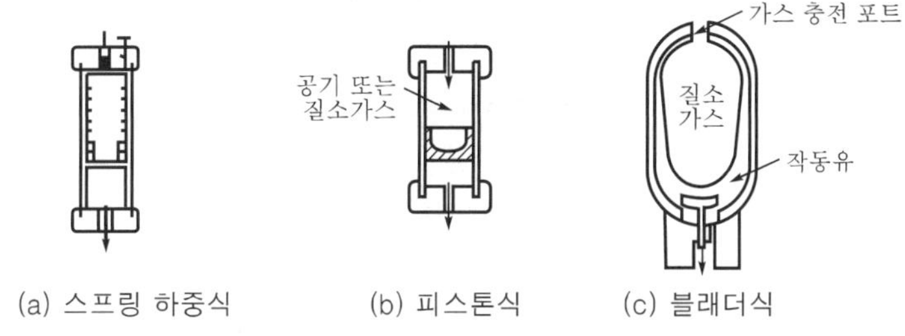


| 그림 2.22 | 어큐뮬레이터의 종류

## (2) 축압기의 종류

① **비분리형 축압기** : 기체가 작동유와 직접 접함.
② **분리형 축압기** : 고무봉지나 다이어프램으로 기체를 분리시킨 축압기 피스톤식, 블래더식, 다이어프램식, 스프링식, 중량식
 ㉠ 피스톤식 축압기(piston accumulator) : 기체실과 작동유가 피스톤으로 분리되어 있는 형식(가격이 고가)
 ㉡ 블래더식 축압기(bladder accumulator) : 기체실과 작동유가 고무풍선(bladder)으로 분리되어 있는 형식

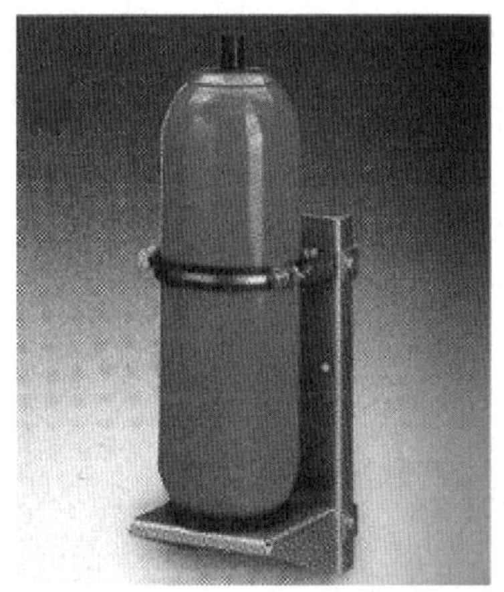
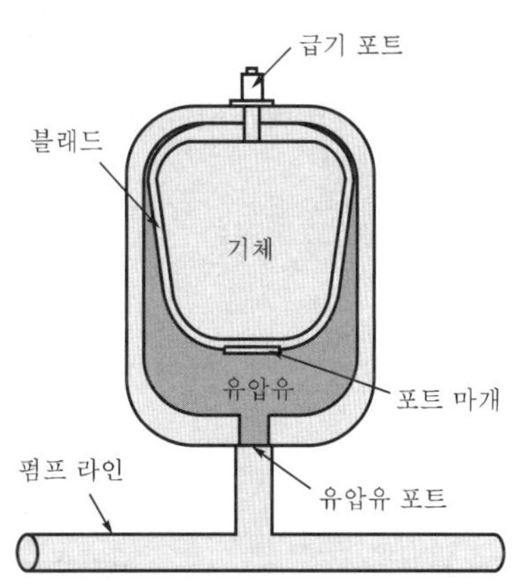


| 그림 2.23 | 블래더식 축압기

ⓒ 다이어프램식 축압기(diaphragm accumulator) : 기체실과 작동유가 다이어프램
(일종의 탄성막)으로 분리되어 있는 형식

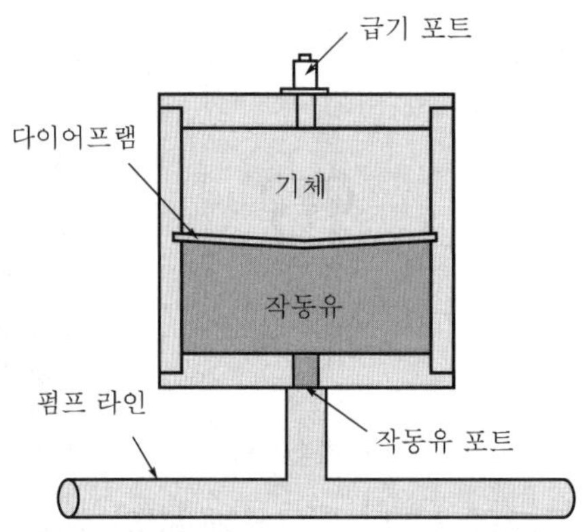


| 그림 2.24 | 다이어프램식 축압기

ⓓ 스프링식 축압기(spring-loaded accumulator)

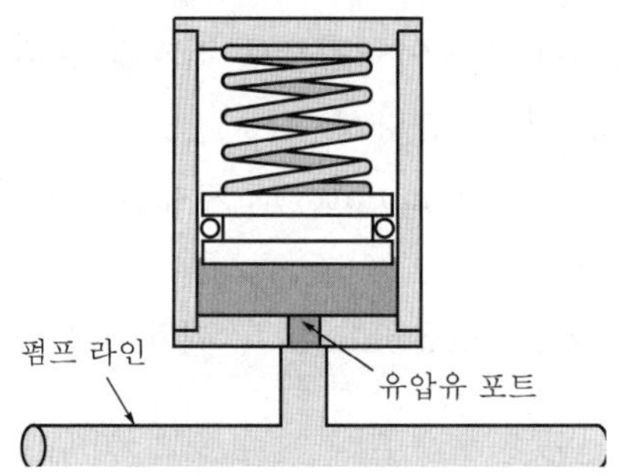


| 그림 2.25 | 스프링식 축압기

ⓔ 중량식 축압기(weight-loaded accumulator)

| 그림 2.26 | 중량식 축압기

## 2 증압기(pressure intensifier)

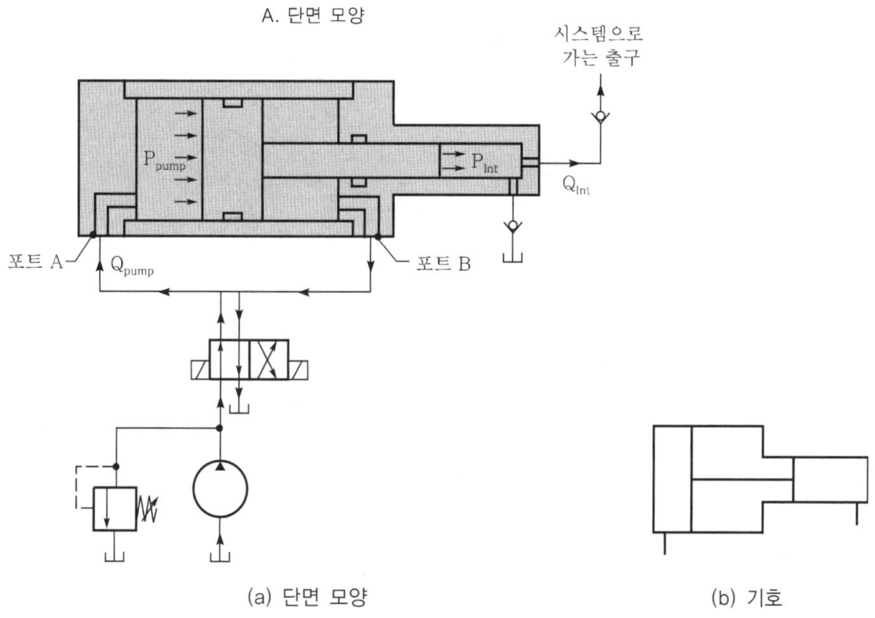



(a) 단면 모양　　　(b) 기호

| 그림 2.27 | 증압기(pressure intensifier)의 기호와 적용 예

## 3 유압 탱크(reservoir)

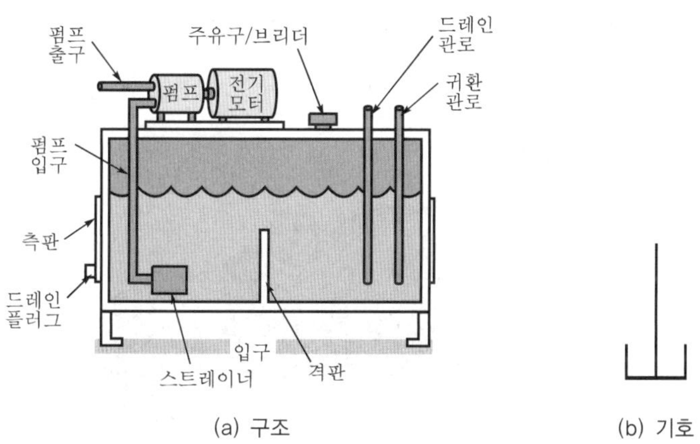



(a) 구조　　　(b) 기호

| 그림 2.28 | 유압 탱크(reservoir)의 기호와 적용 예

유압 탱크의 역할은 다음과 같다.

① 유압 회로 내의 필요한 유량을 확보한다.

② 오일의 기포 발생 방지와 기포를 소멸한다.

③ 작동유의 온도를 적정하게 유지한다.

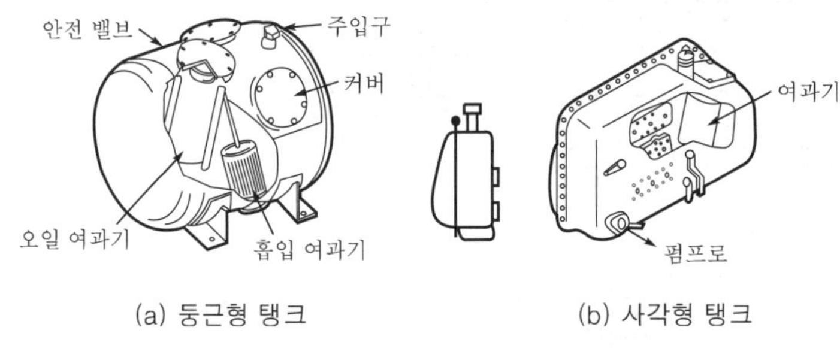


| 그림 2.29 | 유압 탱크의 구조

## 4 열 교환기(heat exchanger)

**(1)** 유압유는 온도에 따라 점도가 민감하게 변하므로 온도를 일정하게 유지시켜 주어야 한다.

**(2) 열 교환기(heat exchanger)의 역할**

① 작동유의 온도를 $40 \sim 60[℃]$ 정도로 유지시킨다.

② 작동유의 온도 상승에 의한 슬러지 형성을 방지한다.

③ 작동유의 온도 상승에 의한 열화를 방지한다.

④ 작동유의 온도 상승에 의한 유막의 파괴를 방지한다.

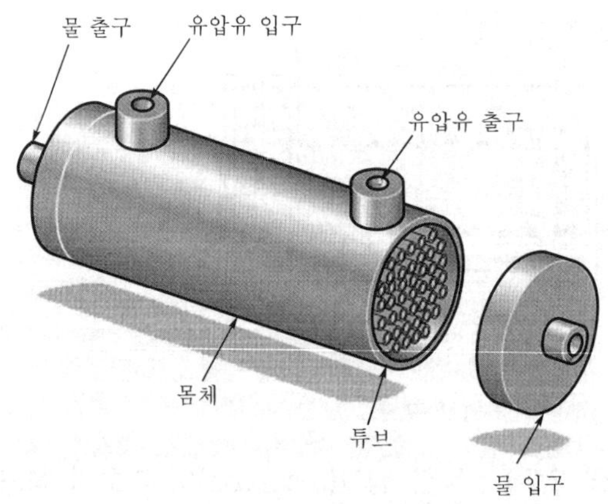


| 그림 2.30 | 수냉식 열 교환기

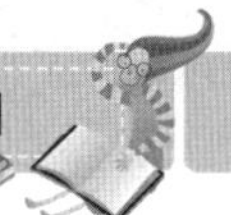

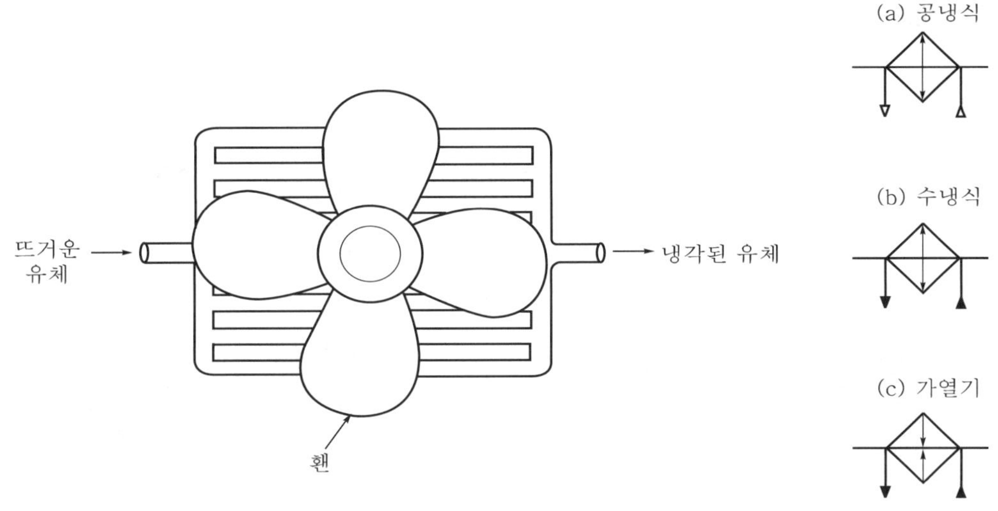


| 그림 2.31 | 공냉식 열 교환기

## 5 필터(filter)

유압유는 회로의 많은 불순물을 운반하는 반면, 유압 부품은 정밀 기기이므로 여과기가 필요하다.

| 그림 2.32 | 저압용 필터

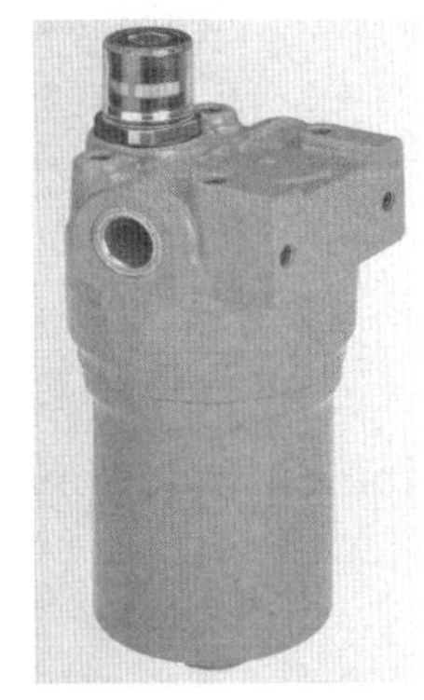

| 그림 2.33 | 고압용 필터

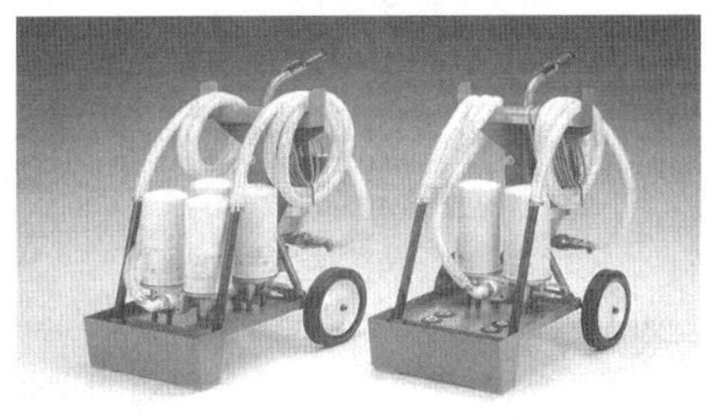

| 그림 2.34 | 이동용 필터

| 그림 2.35 | 필터의 내부 모양

## 6 배관

### (1) 엘보

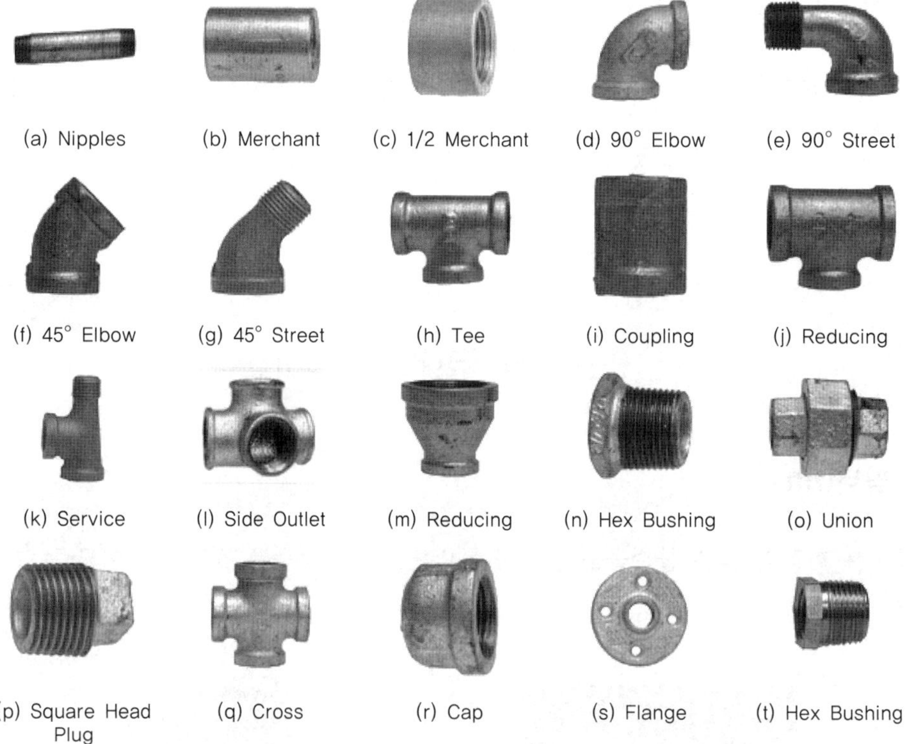

(a) Nipples    (b) Merchant    (c) 1/2 Merchant    (d) 90° Elbow    (e) 90° Street

(f) 45° Elbow    (g) 45° Street    (h) Tee    (i) Coupling    (j) Reducing

(k) Service    (l) Side Outlet    (m) Reducing    (n) Hex Bushing    (o) Union

(p) Square Head Plug    (q) Cross    (r) Cap    (s) Flange    (t) Hex Bushing

| 그림 2.36 | 엘보의 종류

### (2) 퀵 커플링(quick disconnect socket and plug)

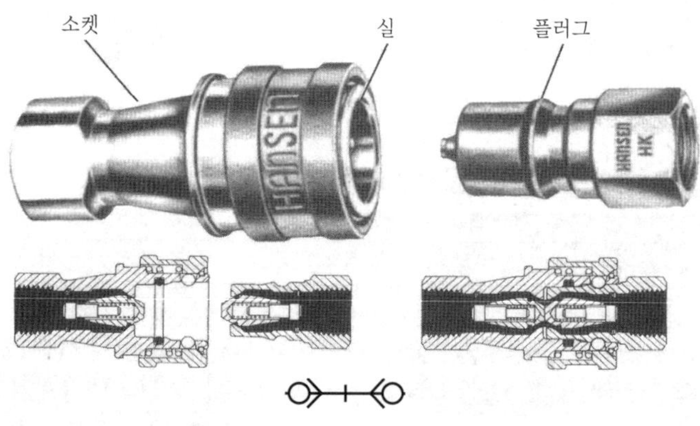


| 그림 2.37 | 퀵 커플링

## (3) 유압 호스 연결 및 설치 방법

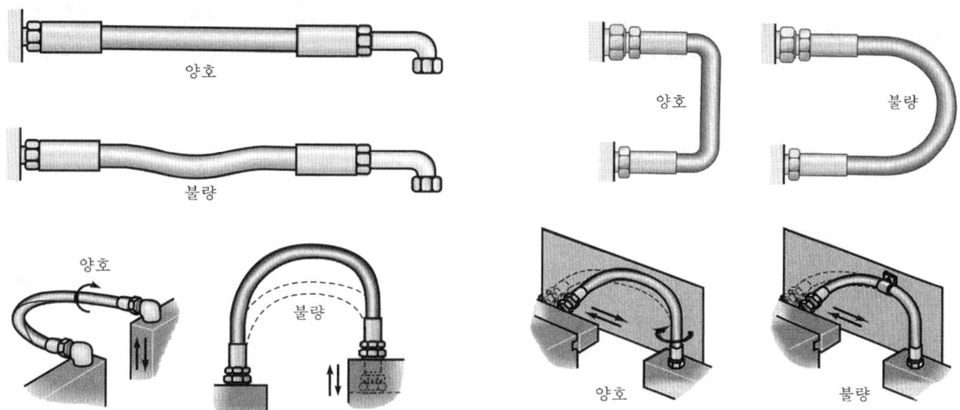


| 그림 2.38 | 유압 호스 연결 방법

## ■7 유압 실

### (1) 기능

유압은 고압으로 작동하므로 섭동부 틈새의 유압유 누설을 방지하는 기능이다.

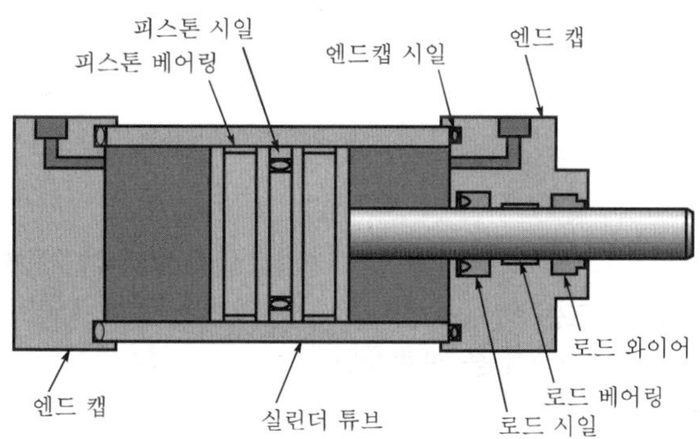


| 그림 2.39 | 유압 실의 적용 예

### (2) 유압 실의 종류

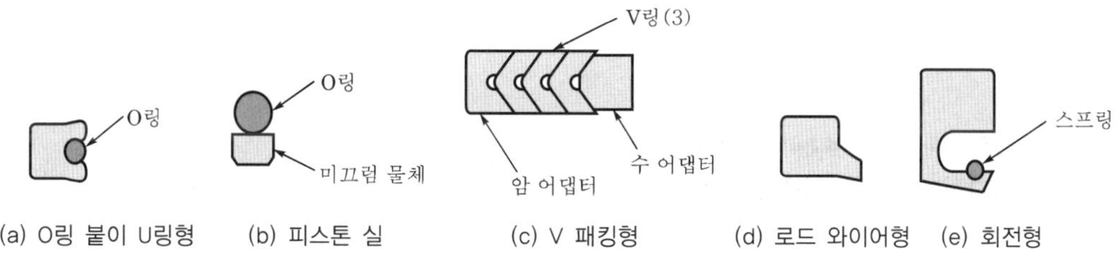


| 그림 2.40 | 유압 실의 종류

**01** 유압을 발생하는 부분은 어느 것인가?

㉮ 유압 펌프　　㉯ 유압 모터
㉰ 안전 밸브　　㉱ 릴리프 밸브

 유압 모터는 압력 에너지를 받아 기계적 에너지를 생성하는 액추에이터이다.

**02** 다음 중 유압 펌프의 전효율을 나타내는 식은? (단, $\eta_n$ : 수력 효율, $\eta_v$ : 체적 효율, $\eta_m$ : 기계 효율)

㉮ $\eta = \eta_n \cdot \eta_v$

㉯ $\eta = \eta_v \cdot \eta_m$

㉰ $\eta = \eta_n \cdot \eta_m$

㉱ $\eta = \eta_n \cdot \eta_v \cdot \eta_m$

 전효율은 수력 효율, 체적 효율, 기계 효율의 합이다.

**03** 유압 기기에 쓰여지는 펌프는 아래와 같은 것이 많이 쓰여지고 있다. 이 중 관계가 가장 적은 것은?

㉮ 왕복식 펌프　　㉯ 회전식 펌프
㉰ 터보형 펌프　　㉱ 기어식 펌프

 유압 기기에 사용하는 펌프는 왕복식 펌프, 회전식 펌프, 기어식 펌프, 피스톤 펌프가 사용된다.

**04** 유압 장치에서 기기 속에 혼입되는 불순물을 제거하기 위해 사용되는 유압 기기는?

㉮ 유압 밸브　　㉯ 스트레이너
㉰ 패킹류　　　㉱ 축압기

 스트레이너는 대부분 유압 탱크 내에 설치하여 리턴되는 압유에 불순물을 제거하는 정화 장치이다.

**05** 유압 실린더와 유압 모터의 중간적인 것으로 일명 로터리 실린더라 불리우는 것은?

㉮ 요동 모터　　㉯ 피스톤 모터
㉰ 기어 모터　　㉱ 베인 모터

실린더의 내부에서 피스톤의 왕복 운동에 의해 용적 변화를 이용하여 펌프 작용을 하며 축방향 피스톤 펌프는 사축식과 사판식이 있고, 반경 방향 피스톤 펌프는 회전 캠형과 회전 피스톤형이 있다.

**06** 다음 각 유압 펌프의 장점에 관한 설명이다. 잘못 표현된 것은?

㉮ 기어 펌프 : 구조가 간단하고 소형이다.

㉯ 베인 펌프 : 장시간 사용하여도 성능의 저하가 적다.

㉰ 플런저 펌프 : 고압에 적당하고, 누설이 적어서 효율이 양호하다.

㉱ 나사 펌프 : 운전이 동적이고 내구성이 작다.

 나사 펌프는 내구성이 크고 운전이 정숙하다.

**07** 펌프 송출 압력 75[kg/cm$^2$], 송출량 500 [cm$^3$/sec]인 유압 펌프의 펌프 동력은?

㉮ 6.5[PS]　　㉯ 7.5[PS]

㉰ 10[PS]　　㉱ 5[PS]

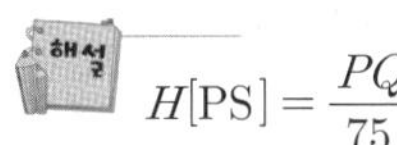 $H[\text{PS}] = \dfrac{PQ}{75}$

**08** 송출 압력 300[kgf/cm$^2$], 송출량 120 [$l$/min]일 때 사판식 레이디얼 플런저 펌프의 소요 동력은 몇 [kW]인가? (단, 펌프 효율은 0.88이다)

㉮ 66.8[kW]　　㉯ 72.8[kW]

㉰ 88.8[kW]　　㉱ 102.8[kW]

 1리터($l$) → 0.001입방미터(m$^3$)이므로

$$H[\text{kW}] = \frac{PQ}{102\eta} = \frac{300 \times 10^4 \times 120 \times 0.001}{120 \times 60 \times 0.88}$$
$$= 66.8[\text{kW}]$$

**09** 다음 중 유압 구동 장치의 단점은?

㉮ 원격 조작이 용이하다.

㉯ 무단 변속 역전이 용이하다.

㉰ 압력에 대한 출력 응답이 빠르다.

㉱ 온도의 영향을 받기 쉽다.

 유압 시스템은 압력을 지속적으로 유지하기 위해 모터가 작동하여 펌프에 의해서 압력이 생성되고 기계적 에너지가 생성되지 않으면 릴리프 밸브에 의해서 설정압 이상을 배출하는 과정을 반복한다.

**10** 1회전당 유량이 60[cc]인 베인 모터의 공급 압력은 70[kg/cm$^2$]이며 유량이 50[$l$/min]일 때 최대 토크는?

㉮ 31.55[kg/m]

㉯ 6.69[kg/m]

㉰ 9.56[kg/m]

㉱ 12.38[kg/m]

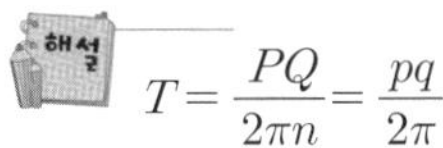 $T = \dfrac{PQ}{2\pi n} = \dfrac{pq}{2\pi}$

**11** 양수량이 0.3[m$^3$/s], 압력 25[kg/cm$^2$], 평균 유속 3[m/s]일 때 배출시키는 펌프의 배출관 지름은?

㉮ 19.5[cm]　　㉯ 20.4[cm]

㉰ 27.6[cm]　　㉱ 35.7[cm]

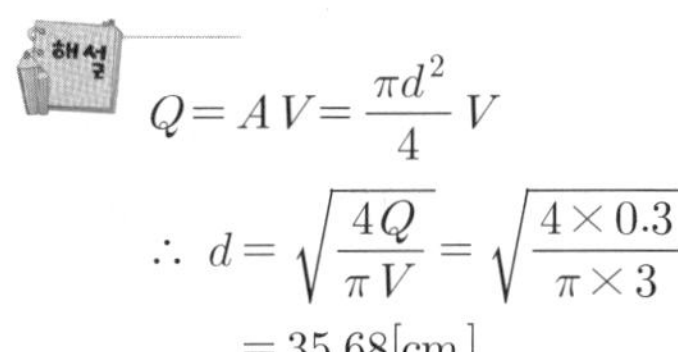 $Q = AV = \dfrac{\pi d^2}{4} V$

$$\therefore d = \sqrt{\frac{4Q}{\pi V}} = \sqrt{\frac{4 \times 0.3}{\pi \times 3}}$$
$$= 35.68[\text{cm}]$$

**12** 기어 펌프에서 이론 송출량이 65.5[$l$/min] 이고 체적 효율이 0.9일 때 실제 송출량은?

㉮ 58.95[$l$/min]　　㉯ 72.22[$l$/min]

㉰ 54.75[$l$/min]　　㉱ 60.45[$l$/min]

 실제 송출량

$$Q = Q_{th} \times \eta_V = 65.5 \times 0.9$$
$$= 58.95[l/\text{min}]$$

**13** 다음 중 펌프에서 소음이 나는 이유 중 적당하지 않은 것은?

㉮ 펌프의 상부 커버의 고정 볼트가 헐겁다.

㉯ 펌프 축의 센터와 원동기 축의 센터가 맞지 않는다.

㉰ 유입 기름 중에 기포가 있다.

㉱ 릴리프 밸브의 설정압이 너무 낮다.

 릴리프 밸브의 설정압이 낮으면 부하가 낮아지기 때문에 소음이 줄어든다.

**14** 유압 모터의 전효율 $\eta$는?

㉮ $\eta = \eta_T / \eta_V$　　㉯ $\eta = \eta_T + \eta_V$

㉰ $\eta = \eta_T - \eta_V$　　㉱ $\eta = \eta_T \times \eta_V$

 전효율은 토크 효율과 체적 효율의 곱으로 나타낸다.

**15** 다음 중 유압 모터의 효율을 잘못 설명한 것은?

㉮ 체적 효율＝실제 송출량/이론 송출량

㉯ 토크 효율＝이론 토크/실제 구동 토크

㉰ 토크 효율＝이론 토크/제동 토크

㉱ 전효율＝체적 효율×토크 효율

 효율은 입력에 대한 출력의 값으로 나타낸다.

**16** 유압 펌프에서 펌프의 이론 동력을 $L_{th}$, 펌프 축동력을 $L_s$라 할 때 기계 효율 $\eta_m$은?

㉮ $\eta_m = \dfrac{L_{th}}{L_s}$　　㉯ $\eta_m = L_{th} \times L_s$

㉰ $\eta_m = \dfrac{L_{th}}{\sqrt{L_s}}$　　㉱ $\eta_m = \dfrac{L_s}{L_{th}}$

 기계 효율은 이론 동력을 축동력으로 나누어 얻는다.

**17** 1회전당 유량이 40[cc]인 베인 모터가 있다. 기름의 공급 압력을 70[kg/cm$^2$], 유량 25[$l$/min]라 할 때 발생하여 얻어지는 회전수를 구하면?

㉮ 530[rpm]　　㉯ 625[rpm]

㉰ 720[rpm]　　㉱ 825[rpm]

 1[$l$]는 1,000[cc]이므로 회전수 $n$은
$$\frac{25 \times 1,000}{40} = 625[\text{rpm}]$$

**18** 송출 압력이 40[kg/cm$^2$]이고 송출량은 48[$l$/min], 회전수가 1,200[rpm]인 용적형 펌프에서 소요 동력이 3.9[kW]일 때 펌프의 전체 효율은?

㉮ 약 80[%]　　㉯ 약 70[%]

㉰ 약 60[%]　　㉱ 약 50[%]

 실제 동력 $= \dfrac{PQ}{102} = \dfrac{40 \times 10^4 \times 48}{102 \times 10^3 \times 60}$
$$= 3.17[\text{kW}]$$
전체 효율 $= \dfrac{3.12}{3.9} = 80\%$

**19** 다음 유압 펌프 중에서 초고압용 펌프는?

㉮ 플런저 펌프

㉯ 베인 펌프

㉰ 기어 펌프

㉱ 진공 펌프

1) **플런저 펌프** : 210~350[kgf/cm$^2$]
2) **기어 펌프** : 20~175[kgf/cm$^2$]
3) **베인 펌프**
　① 1단 베인 펌프 : 70~100[kgf/cm$^2$]
　② 2단 베인 펌프 : 140~210[kgf/cm$^2$]
　③ 가변 토출형 베인 펌프 : 70~105 [kgf/cm$^2$]

**20** 펌프의 무부하 운전의 이점 중에서 틀린 것은?

㉮ 펌프의 혹사로 인해서 생기는 고장을 방지하고 수명을 연장시킨다.

㉯ 구동 동력이 경감되어 경제적이다.

㉰ 기름의 온도 상승이 크고 점도 저하나 열화를 촉진시킨다.

㉱ 탱크의 용량이 작아도 된다.

 부하 상태에서 온도 상승과 점도 저하가 발생한다.

**21** 압력 70[kgf/cm$^2$]이고, 유량 75[$l$/min]일 때 베인 펌프의 구동에 필요한 축동력 $L_s$는 몇 [kW]인가? (단, 베인 펌프에 있어서 체적 효율 $\eta_V$ =92[%], 기계 효율 $\eta_m$ =85[%]이다)

㉮ 8.96　　㉯ 10.97
㉰ 12.67　　㉱ 15.6

축동력 $L_s = \dfrac{pQ}{102 \times \eta_V \times \eta_m}$

$= \dfrac{70 \times 10^4 \times 75}{102 \times 60 \times 10^3 \times \eta_v \times \eta_m}$

$= 10.97[\text{kW}]$

**22** 압력이 70[kgf/cm$^2$], 유량이 30[$l$/min]인 유압 모터에서 1분간의 회전수는 몇 [rpm]인가? (단, 유량 $q_n$ =20[cc/rev]이다)

㉮ 500　　㉯ 1,000
㉰ 1,500　　㉱ 2,000

회전수 $\text{rev} = \dfrac{30 \times 1,000}{20} = 1,500[\text{rpm}]$

**23** 모듈 4, 잇수 12, 이의 폭 32[mm]인 인벌류트 치형의 외접 기어 펌프에서 회전수 2,000[rpm]일 경우 실제 유량은? (단, 송출 압력 70[kg/cm$^2$], 체적 효율은 95[%]이다)

㉮ 73.3[$l$/min]　　㉯ 83.3[$l$/min]
㉰ 93.3[$l$/min]　　㉱ 103.3[$l$/min]

이론 송출량 $Q_{th}$는

$Q_{th} = 2\pi m^2 Zbn$

$= \dfrac{2 \times 3.14 \times 16 \times 12 \times 3.2 \times 2,000}{1,000 \times 100}$

$= 77.16[l/\text{min}]$

$Q = Q_{th} \times \eta = 77.16 \times 0.95$

$= 73.3[l/\text{min}]$

**24** 펌프의 압력 $P$ =200[kg/cm$^2$], 토출량 $Q$ =20[$l$/min], 용적 효율 $\eta_V$ =0.95일 때 누설 손실은 약 얼마인가?

㉮ 0.25[$l$/min]　　㉯ 1.5[$l$/min]
㉰ 1.75[$l$/min]　　㉱ 1.05[$l$/min]

누설이 없을 때 $\dfrac{Q}{\eta_V} = 21.05[l/\text{min}]$

누설량은 $21.05 - 20 = 1.05[l/\text{min}]$

**25** 다음 유압 모터에서 송출 압력이 큰 순서로 바르게 나열된 것은?

㉮ 베인 모터-액셜 플런저 모터-레이디얼 플런저 모터-기어 모터-베인 모터
㉯ 액셜 플런저 모터-레이디얼 플런저 모터-베인 모터-기어 모터
㉰ 기어 모터-베인 모터-액셜 플런저 모터-레이디얼 플런저 모터
㉱ 레이디얼 플런저 모터-액셜 플런저 모터-베인 모터-기어 모터

송출 압력은 펌프의 구조에 의해서 압력 차가 발생한다.

**26** 유압을 일로 바꾸어 주는 장치는?

㉮ 유압 펌프　　㉯ 액추에이터
㉰ 축압기　　㉱ 제어 밸브

액추에이터는 압력 에너지를 이용하여 기계적 에너지, 즉 일로 변환한다.

**27** 회전이 조용하며 고속 회전이 가능하고 폐입 현상이 없으며 진동이 없는 일정량의 기름을 토출하는 펌프는?

㉮ 내접 기어 펌프　㉯ 외접 기어 펌프
㉰ 나사 펌프　　㉱ 피스톤 펌프

---

[정답]　21. ㉯　22. ㉰　23. ㉮　24. ㉱　25. ㉯　26. ㉯　27. ㉰

① 원인 : 유압유가 입력 측까지 도달되면 유압유의 일부가 기어의 두치형 사이의 틈새에 있게 되고 틈새에 있는 유압유는 기어가 회전함에 따라 밀봉된 상태로 그 용적이 좁아지기도 하고 넓어지기도 하여 유압유의 압축, 팽창이 반복되는 현상이다.

② 현상 : 유압유는 고압 측에서 온도 상승이 되고 캐비테이션 때문에 기화하여 공동 현상의 발생, 축동력의 증가, 기어의 진동, 소음의 원인이 된다.

③ 방지책 : 기어 측판에 도출 홈을 파서 밀폐 용적이 중앙 위치로부터 팽창하는 과정에서는 유압유를 흡입 측과 통하도록 한다.

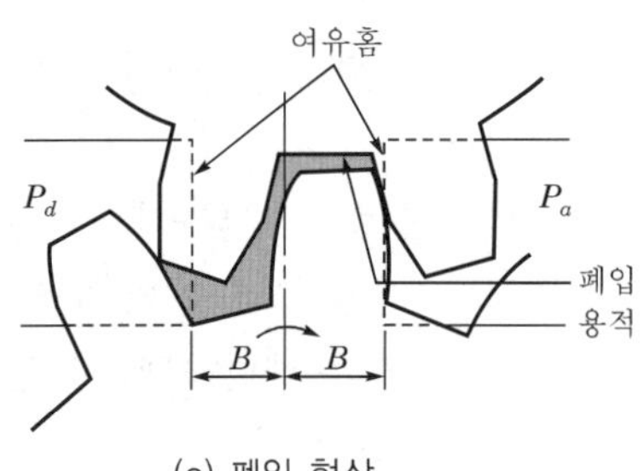

(a) 폐입 현상

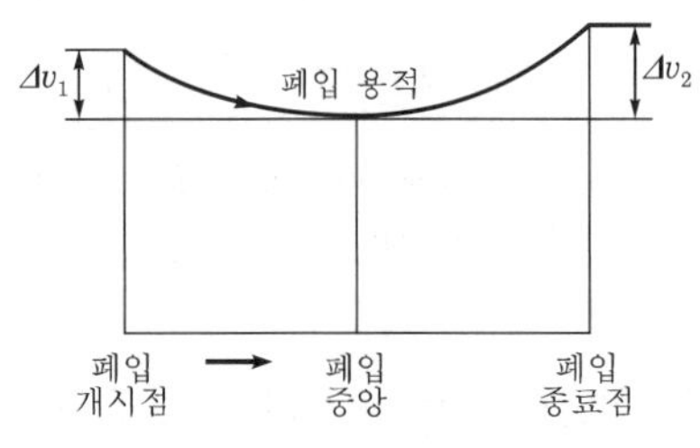

(b) 폐입 용적의 변화

**28** 이론 송출량 20[$l$/min]인 펌프의 송출 압력 75[kgf/cm$^2$]이고, 그때 송출량이 18[$l$/min]이다. 이 펌프의 축동력이 3.5[kW]였다면 펌프의 체적 효율 $\eta_V$는?

㉮ 85[%]  ㉯ 88[%]
㉰ 90[%]  ㉱ 95[%]

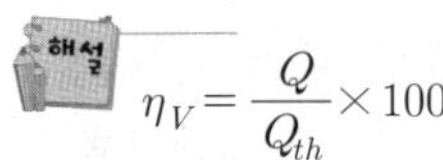

$$\eta_V = \frac{Q}{Q_{th}} \times 100$$

**29** 유압 펌프의 특징으로 옳은 것은?

㉮ 토출량의 맥동이 클 것
㉯ 토출량의 변화가 적을 것
㉰ 토출량에 따라 오일의 밀도가 변할 것
㉱ 토출량에 따라 유압 펌프의 회전 속도가 변할 것

유압 펌프에서 맥동, 오일의 밀도 변화, 회전 속도가 변화하면 불안정한 상태로 효율이 저하한다.

**30** 토크 효율 0.90, 체적 효율 0.95, 소요 동력 86[kW], 송출 압력 700[kg/cm$^2$]인 유압 펌프의 송출 유량은?

㉮ 약 64.3[$l$/min]
㉯ 약 66.7[$l$/min]
㉰ 약 84[$l$/min]
㉱ 약 92[$l$/min]

소요 동력 $L = \dfrac{pQ}{102}$ 에서

$$Q = \frac{L \times 102}{p} = \frac{86 \times 102 \times 10^3}{700 \times 10^4}$$
$$= 75.1[l/\min]$$

송출 유량은
$$Q_{\text{out}} = Q \times \eta_T \times \eta_V$$
$$= 75.1 \times 0.9 \times 0.95$$
$$= 64.3[l/\min]$$

**31** 각도를 바꾸면 플런저 행정 거리가 변하는 펌프는?

㉮ 사판식 플런저 펌프
㉯ 레이디얼 플런저 펌프
㉰ 사축식 플런저 펌프
㉱ 트로코이드 펌프

레이디얼 플런저 펌프는 고정 실린더형과 회전 실린더형이 있다.

**32** 베인 펌프에 사용하는 압유의 적정 점도는 몇 [mm²/s]인가?

㉮ 0.25 　　㉯ 2.5
㉰ 35 　　㉱ 250

점도는 마찰력과 관계가 있으며 베인에 의해서 유압이 생성된다.

**33** 서지 압력이란?

㉮ 회로 내에 정상적으로 발생하는 이상 압력의 최솟값
㉯ 회로 내에 정상적으로 발생하는 이상 압력의 최댓값
㉰ 회로 내에 과도적으로 발생하는 이상 압력의 최댓값
㉱ 회로 내에 과도적으로 발생하는 이상 압력의 최솟값

서지압은 불안정된 상태에서 압력이 최대로 상승하는 것을 의미한다.

**34** 베인 펌프에서 유압을 발생시키는 주요 부분이 아닌 것은?

㉮ 캠링 　　㉯ 베인
㉰ 로터 　　㉱ 모터

모터는 베인 펌프에 외부에서 동력을 생성하는 역할을 한다.

**35** 유압 모터와 유압 실린더의 차이점은?

㉮ 두 가지 다 회전 운동을 발생시킨다.
㉯ 두 가지 다 왕복 운동을 발생시킨다.
㉰ 유압 모터는 회전 운동을, 유압 실린더는 왕복 운동을 발생시킨다.
㉱ 유압 모터는 왕복 운동을, 유압 실린더는 회전 운동을 발생시킨다.

유압 모터와 유압 실린더는 액추에이터로

압력 에너지를 받아 기계적 에너지로 전환하는 장치이다.

**36** 초고압(210[kg/cm²] 이상) 펌프로 사용되는 유압 펌프는?

㉮ 기어 펌프 　　㉯ 베인 펌프
㉰ 플런저 펌프 　　㉱ 진공 펌프

특징은 고속 운전 가능, 송출 압력 맥동이 적고, 100~350[kg/cm²] 송출 압력에서 사용한다.

**37** 고압 대출력용 유압 모터는?

㉮ 베인 모터 　　㉯ 기어 모터
㉰ 플런저 모터 　　㉱ 액셜형 모터

플런저 모터는 기어 모터나 베인 모터에 비하여 고압, 대출력에 사용하고 효율이 좋으나 구조가 복잡하고 대형이며 값이 비싸다.

**38** 베인 펌프 중 분배 밸브가 있는 펌프는?

㉮ 1단 베인 펌프
㉯ 2단 베인 펌프
㉰ 2중 베인 펌프
㉱ 복합 베인 펌프

1단 베인 펌프 2개를 직렬로 배열하고, 140~210[kg/cm²]에서 사용하고, 압력 분배 밸브를 사용한다.

**39** 가변 용량형 베인 펌프에서 캠링의 안지름 $d_2 = 50$[mm], 로터 바깥 지름 $d_1 = 43$[mm], 로터 폭 $b = 15$[mm], 로터의 편심량 $e = 4.2$[mm], 로터의 회전수 $n = 2,000$[rpm]일 때 무부하 유량은 몇 [$l$/min]인가?

㉮ 39.54 　　㉯ 59.34
㉰ 28.55 　　㉱ 30.46

---

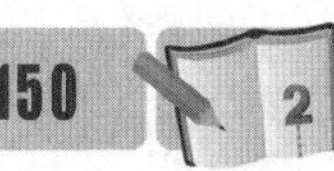

1회전당 이론 유량 $D$는
$$D = 2\pi d_2 eb = 2\pi \times 5 \times 0.42 \times 1.5$$
$$= 19.782[\mathrm{cm^3/rev}]$$
무부하 시 유량
$$Q_{th} = nD = 2,000 \times 19.78 \times 10^{-3}$$
$$= 39.56[l/\mathrm{min}]$$

**40** 비평형 베인 펌프의 케이싱 안지름이 50 [mm], 로터의 폭이 20[mm], 베인의 수가 10개이고 베인 1개당 두께가 2[mm], 편심량이 3.5[mm]이며 1,500[rpm]으로 운전할 때에 이론 송출량은 몇 [cm³/sec]인가?

㉮ 239.9　　㉯ 959.6

㉰ 479.8　　㉱ 1919.1

$$Q = 2ebN(\pi D - Zt)$$
$$= 2 \times 0.35 \times 2 \times 1,500(\pi 5 - 10 \times 0.2)$$
$$/60 = 479.77[\mathrm{cm^3/sec}]$$

**41** 어떤 유체 커플링에 있어서 입력축과 출력축의 회전수가 각각 2,500[rpm], 1,600 [rpm], 입력축의 토크가 5.5[kg/m], 펌프 터빈을 지나는 작동유(비중 0.85)의 유량이 0.3[m³/min]라 하면 손실 수두는 몇 [m]인가?

㉮ 109.8　　㉯ 121.9

㉰ 227.5　　㉱ 338.8

$$T = 716.2\,\frac{P}{N} = 716.2\,\frac{\gamma h Q}{5.5 \times 75 \times N}$$
여기서,
$$\gamma = 0.85 \times 1,000 = 850[\mathrm{kgf/m^3}]$$
$$h = \frac{2,500 \times 5.5 \times 60 \times 75}{850 \times 716.2 \times 0.3} = 338.797[\mathrm{m}]$$

**42** 모듈 5[mm], 잇수 20, 이폭 40[mm]인 인벌류트 치형을 갖는 외접 기어 펌프에서 회전수 $\eta = 2,000$[rpm]일 때 무부하 유량은 몇 [l/min]인가?

㉮ 390.8　　㉯ 251.2

㉰ 280.4　　㉱ 350

1회전당 이론 유량 $D$
$$D = 2\pi m^2 Zb$$
$$= 2\pi \times (0.5)^2 \times 20 \times 4 \times 10^{-3}$$
$$Q_{th} = nD$$
$$= \frac{2,000 \times 2\pi \times (0.5)^2 \times 20 \times 4}{1,000}$$
$$= 251.2[l/\mathrm{min}]$$

**43** 유압 펌프 중 초고압(210[kg/cm²] 이상)에 적합한 펌프는?

㉮ 치차 펌프(gear pump)

㉯ 베인 펌프(vane pump)

㉰ 2단 베인 펌프

㉱ 회전 피스톤 펌프(rotary piston pump)

흡입, 송출 밸브 작용을 하는 고정 핀들(중공 구동축 지지구)을 중심으로 회전한다.

**44** 토출 압력 40[kg/cm²], 토출량 48[l/min], 회전수가 1,200[rpm]인 용적 펌프에서 소요 동력이 3.9[kW]일 때 펌프의 전체 효율은?

㉮ 약 80[%]

㉯ 약 70[%]

㉰ 약 60[%]

㉱ 약 50[%]

**45** 펌프 마찰(pumping friction)은?

㉮ 급기 압력이 높으면 커진다.

㉯ 배기 압력이 낮으면 커진다.

㉰ 급기 압력이 증가하고 배기 압력이 감소하면 작아진다.

㉱ 급기 압력이 증가하고 배기 압력이 감소하면 커진다.

 펌프 마찰은 공급되는 압력이 높으면 부하를 많이 받기 때문에 커진다.

**46** 토출 압력 250[kgf/cm²]이고, 송출량이 80[*l*/min]일 때 레이디얼 플런저 펌프의 소요 동력은? (단, 펌프 효율 : 0.90이다)

㉮ 27.6[kW]  ㉯ 36.3[kW]
㉰ 42.6[kW]  ㉱ 30.4[kW]

**47** 펌프의 송출 압력 60[kgf/cm²], 송출량 45[*l*/min]인 유압 펌프의 펌프 동력은?

㉮ 4.75[PS]  ㉯ 6[PS]
㉰ 7.67[PS]  ㉱ 96.2[PS]

**48** 펌프 토출압 75[kg/cm²], 토출량 50[*l*/min]인 유압 펌프의 전효율을 80[%]로 할 때 필요한 운전 전동기 마력은 최소 몇 [PS] 마력이 필요한가?

㉮ 10.41  ㉯ 14.51
㉰ 20.8   ㉱ 22.61

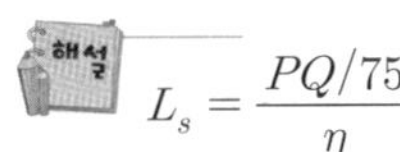
$$L_s = \frac{PQ/75}{\eta}$$

**49** 송출 압력이 70[kgf/cm²]일 때 소요 동력이 8.5[kW]였다. 토크 효율 0.90, 체적 효율 0.93일 때 이 유압 펌프의 송출 유량은 몇 [*l*/min]인가?

㉮ 32.3  ㉯ 45.6
㉰ 58.2  ㉱ 62.2

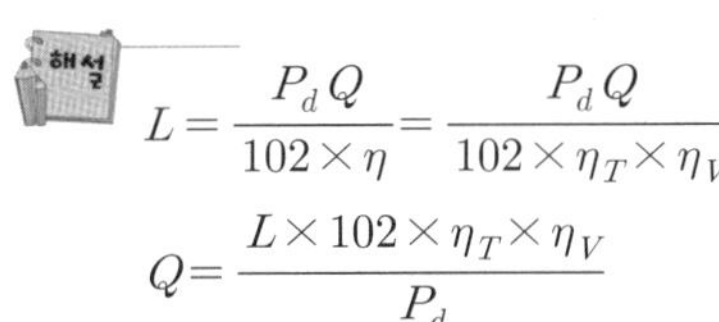
$$L = \frac{P_d Q}{102 \times \eta} = \frac{P_d Q}{102 \times \eta_T \times \eta_V}$$
$$Q = \frac{L \times 102 \times \eta_T \times \eta_V}{P_d}$$

**50** 다음 그림은 어떤 기능을 가진 기본 회로인가?

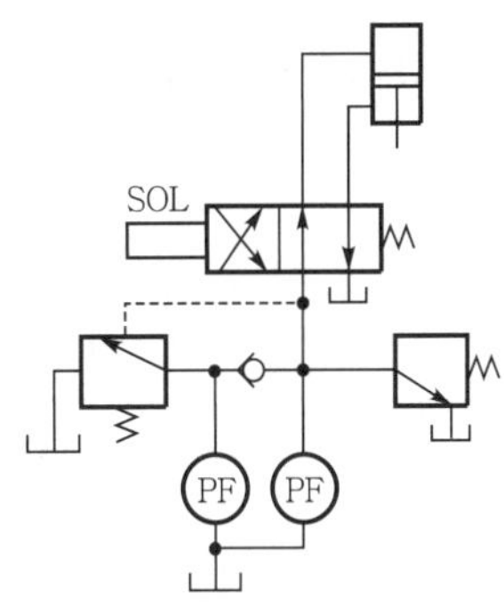


㉮ 무부하변을 사용하여 고압 운전할 때 저압 대용량 펌프를 무부하 운전시키는 기능을 갖는다.

㉯ 전자 밸브와 압력 스위치를 사용하여 고압 운전될 때 대용량 펌프를 무부하 운전시키는 기능을 갖는다.

㉰ 고압, 저압용 릴리프변을 사용하여 고압, 저압 2개의 압력 회로를 만드는 기능을 갖는다.

㉱ 램의 작동 도줄 실린더의 작용 압력을 변경시키는 데 사용하는 회로이다.

 B 포트의 유압이 유압 탱크로 바로 직결되어 무부하 상태를 유지하여 준다.

**51** 피스톤 펌프의 종류가 아닌 것은?

㉮ 액셜형 피스톤 펌프(사판식)
㉯ 베이러이형 피스톤 펌프
㉰ 리시프트형 피스톤 펌프
㉱ 레이디얼 피스톤 펌프

 피스톤 펌프는 플런저(피스톤)가 실린더 몸체를 왕복하면서 체적을 증감시켜 펌핑 작용을 하며 1회전의 반 동안에 피스톤은 실린더 몸체를 빠져나가 체적을 증가시켜 흡입하고, 나머지 회전에는 실린더 몸체로 들어가 체적을 감소시켜 토출 작용을 행한다. 액셜 피스톤 펌프는 산업 현장에서 가장 많이 쓰이는 피스톤 펌프이다.

## 52 다음 그림과 같은 펌프의 명칭은?

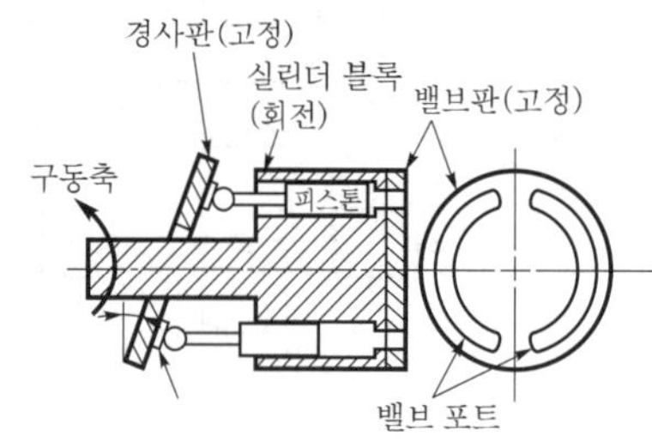


㉮ 가변 피스톤 펌프

㉯ 리시프트형 피스톤 펌프

㉰ 플런저형 피스톤 펌프

㉱ 레이디얼 피스톤 펌프

 경사판(swash plate)을 회전시켜 경사판에 연결된 피스톤이 작동유를 흡입 압축 토출시켜 압력을 형성하는 것으로 경사판에 경사각이 커질 경우 피스톤 왕복 스트로크가 최대로 되어 작동유 토출량이 많아 유압 기기의 속도가 빨라진다. 경사판 각도가 최소가 되면 피스톤 왕복 스트로크가 짧아 작동유 토출량이 적어 속도가 늦어지는 것이다.

## 53 다음 그림과 같은 펌프는?

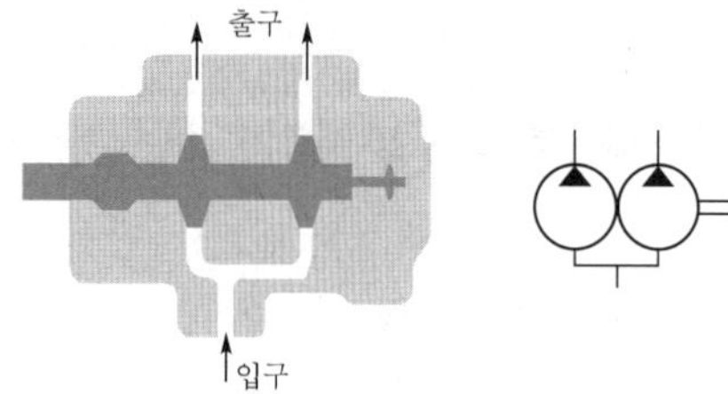


㉮ 가변 용량형 단단 베인 펌프
(single type vane pump)

㉯ 가변 용량형 이연 베인 펌프
(double type vane pump)

㉰ 가변 용량형 2단 베인 펌프
(two-stage type vane pump)

㉱ 가변 용량형 레이디얼 베인 펌프
(radial type vane pump)

 2연 베인 펌프는 단단 펌프의 소용량 펌프와 대용량 펌프를 동일축상에 조합시킨 것으로 토출구가 2개 있으므로, 각각 다른 유압원이 필요한 경우나 서로 다른 유량을 필요로 하는 경우에 사용된다.

## 54 릴리프 밸브의 스프링이 약하면 어떤 현상이 생기는가?

㉮ 서징 현상      ㉯ 점핑 현상

㉰ 채터링 현상    ㉱ 챔퍼링 현상

 안전 밸브가 분출 시 급격하게 디스크가 상하로 진동하는 것을 채터링(chattering) 현상이라고 한다. 채터링 현상이 발생하게 되면 그 진동에 의해 밸브의 이음새가 느슨해져서 유체의 누설이 발생할 수 있다. 채터링 현상은 주로 밸브가 동작하기 시작하려는 순간에서 밸브를 개방(poping)하기 위한 양력의 증가보다 폐쇄력의 증가가 커져 더 이상의 밸브 개방이 어려워 밸브는 정지되고, 밸브가 정지되면 다시 양력이 커지므로 반동적으로 밸브가 개방되는 과정을 반복하는 현상이다. 이러한 판스프링 운동과 닮은 반복적인 동작, 즉 채터링 현상의 원인은 안전 밸브의 스프링 정수값이 부정확한 경우 또는 개방 압력(poping pressure)의 부족, 배관의 밸브 설치구에서의 압력 손실이 비교적 큰 경우에 발생한다.

## 55 기어 펌프의 경우 모듈 $m = 8$[mm], 잇수 $Z = 30$, 치폭 $b = 6$[cm], 펌프의 회전수 $n = 800$[rpm], 체적 효율 $\eta_V = 90$[%]일 때 송출량은 몇 [m³/min]인가?

㉮ 0.42      ㉯ 0.52

㉰ 0.63      ㉱ 0.82

$$Q = 2\pi Z m^2 b n \eta_V$$
$$= 2\pi \times 30 \times (0.8)^2 \times 6 \times 800 \times 0.9$$
$$= 520888.32$$
$$= 0.52[\text{m}^3/\text{min}]$$

**56** 유압 모터에서 압력이 80[kgf/cm²], 유량 20[$l$/min]일 때 최대 토크는 몇 [kgf/m]인가? (단, 회전당 유량 $q_n = 28$ [cc/rev])

㉮ 2.52  ㉯ 3.06
㉰ 3.56  ㉴ 4.17

$$T = \frac{Pq_n}{2\pi} = \frac{80 \times 28}{2 \times 3.14}$$
$$\fallingdotseq 356.69[\text{kgf/cm}]$$

**57** 유압 펌프의 장점에 대한 설명 중 틀린 것은?

㉮ 기어 펌프 : 구조가 간단하고 소형이다.
㉯ 베인 펌프 : 장시간 사용해도 성능 저하가 적다.
㉰ 피스톤 펌프 : 고압에 적당하며 누설이 적고 효율이 가장 좋다.
㉴ 나사 펌프 : 운전이 동적이고 내구성이 적다.

나사 펌프는 나사의 원리에 의해서 연속적 접촉으로 내구성이 크다.

**58** 유압 펌프에서 발생하는 현상과 거리가 먼 것은?

㉮ 공동 현상   ㉯ 폐입 현상
㉰ 채터링 현상  ㉴ 맥동 현상

채터링은 밸브에서 스프링의 힘과 가해지는 압력의 차에 의해서 떨림이 발생한다.

**59** 다음 유압 펌프의 고장 대책 중 탱크 안에 기포가 있다면 가장 적합한 대책 방법은?

㉮ 리턴 트레인의 탱크 안 배관을 조사
㉯ 펌프 수리 밑 축심이 맞는지 조사
㉰ 펌프 본체의 화살표 방향으로 돌림

㉴ 필터의 청소 또는 용량이 큰 것을 사용

탱크로 유입하는 유압을 조사해야 한다.

**60** 정 송출량형 유압 펌프에서 소음과 진동이 심할 경우에 예상되는 원인은 무엇인가?

㉮ 캐비테이션 현상 발생
㉯ 펌프의 회전 방향이 반대
㉰ 작동유 점도가 높음
㉴ 회전 속도가 늦음

캐비테이션은 공동 현상으로 증기압이 발생하며 소음과 진동이 발생한다.

**61** 유압 펌프 중 베인 펌프의 특징은?

㉮ 토출량의 변화가 클 것
㉯ 토출량의 맥동이 작을 것
㉰ 토출량에 따라 속도가 변할 것
㉴ 토출량에 따라 밀도가 클 것

베인 펌프는 공작 기계, 프레스 기계, 사출 성형기 등의 산업 기계 장치 또는 차량용으로 널리 쓰이고 유압 펌프로서 정 토출량형과 가변 토출량이 있다. 일반적인 구조로는 입구나 출구 포트(port), 로터(rotor), 캠링(camring) 등이 있으며 카트리지(cartridge)로써 대치한다. 또한 베인 펌프는 압력에 따라 분류할 수 있다.

**62** 베인 펌프의 종류가 아닌 것은?

㉮ 단단 베인 펌프(single type vane pump)
㉯ 이연 베인 펌프(double type vane pump)
㉰ 2단 베인 펌프(two-stage type vane pump)
㉴ 레이디얼 베인 펌프(radial type vane pump)

 베인 펌프는 베인의 배열에 따라 분류한다.

## 63 베인 펌프의 장점이 아닌 것은?

㉮ 기어 펌프나 피스톤 펌프에 비해 토출 압력의 맥동(끊어짐과 이어짐)이 많다.

㉯ 베인의 마모에 의한 압력 저하가 발생되지 않는다.

㉰ 비교적 고장이 적고 수리 및 관리가 용이하다.

㉱ 펌프 출력에 비해 형상 치수가 작다.

① 고압에 적합하며 펌프 효율이 가장 높다.
② 가변 용량형에 적합하며, 가족 투출량 제어 장치가 있어서 목적 및 용도에 따라 조정할 수 있다.
③ 구조가 복잡하고 비싸다.
④ 기름의 오염에 극히 민감하다.
⑤ 흡입 능력이 가장 낮다.

## 64 피스톤 펌프의 특징이 아닌 것은?

㉮ 고압에 적합하며 펌프 효율이 가장 높다.

㉯ 기름의 오염에 극히 민감하다.

㉰ 흡입 능력이 가장 높다.

㉱ 구조가 복잡하고 비싸다.

 피스톤 펌프는 흡입 능력이 가장 낮다.

## 65 압력 제어 밸브의 직동형 방식이 아닌 것은?

㉮ 릴리프식

㉯ 논 블리드식

㉰ 블리드식

㉱ 파일럿식

 파일럿식은 미소 압력으로 스풀을 작동시켜 포트를 열고, 닫힘을 하므로 직동형이 아니다.

## 66 압력 제어 밸브는 유압 시스템의 전체 또는 압력을 제어한다. 다음 중 압력 릴리프 밸브의 사용 목적에 따른 밸브 명칭이 아닌 것은?

㉮ 카운터 밸런스 밸브

㉯ 브레이크 밸브

㉰ 로딩 밸브

㉱ 시퀀스 밸브

 로딩 밸브는 부하에 따른 작동 유무를 판단한다.

## 67 유압 회로의 압력의 변화가 있어도 같은 유량을 유지할 수 있게 만든 밸브는?

㉮ 바이패스 유량 제어 밸브

㉯ 유량 분류 밸브

㉰ 압력 보상 유량 제어 밸브

㉱ 교축 밸브

 교축 밸브는 유량을 제어하는 밸브이다.

## 68 다음 그림의 밸브 명칭은?

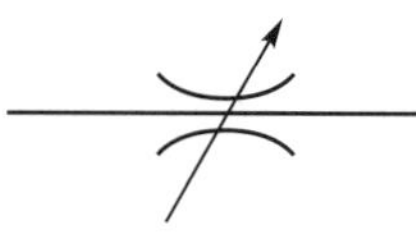

㉮ 바이패스 유량 제어 밸브

㉯ 유량 분류 밸브

㉰ 압력 보상 유량 제어 밸브

㉱ 교축 밸브

 교축 밸브는 유량을 제어하는 밸브이다.

**69** 유압 밸브는 구조적으로 슬라이드와 포핏 형태로 나눌 수 있다. 다음 중 도형 형태의 유압 밸브의 특징이라고 할 수 없는 것은?

㉮ 이물질에 둔감하다.
㉯ 밸브 구조가 일반적으로 복잡하다.
㉰ 누유가 발생되지 않는다.
㉱ 압력 보상형의 구조이다.

 도형 형태의 유압 밸브는 밸브 구조가 간단하다.

**70** 유량 비례 분류 밸브의 분배 비율은?

㉮ 1 : 1~3 : 1　　㉯ 1 : 1~4 : 1
㉰ 1 : 1~8 : 1　　㉱ 1 : 1~9 : 1

 유량 비례 분류 밸브의 분배 비율은 1 : 1 ~9 : 1이다.

**71** 유압 구동 기구의 제어 밸브가 아닌 것은?

㉮ 회로 지시 밸브
㉯ 방향 제어 밸브
㉰ 압력 제어 밸브
㉱ 유량 제어 밸브

 제어 밸브의 분류는 유량, 압력, 방향 제어 밸브가 있다.

**72** 유체의 흐름이 한 방향으로만 허용되는 밸브는?

㉮ 니들 밸브　　㉯ 언로드 밸브
㉰ 체크 밸브　　㉱ 유량 밸브

체크 밸브는 유체의 흐름이 한 방향으로만 허용되는 밸브이다.

**73** 회로의 일부에 감압한 압력을 가하는 기능을 지니는 압력 제어 밸브는?

㉮ 릴리프 밸브　　㉯ 레귤레이터
㉰ 서보 유압 밸브　㉱ 오리피스

 압력 조정기로 압력을 조절하여 액추에이터의 운동 조건을 조절한다.

**74** 방향 제어 밸브에 사용되는 밸브의 기본 구조가 아닌 것은?

㉮ 로터리 밸브식(rotary valve type)
㉯ 스풀 밸브식(spool valve type)
㉰ 포핏 밸브식(poppet valve type)
㉱ 더블 밸브식(double valve type)

 방향 제어 밸브에 사용되는 밸브의 기본 구조는 포핏 밸브식(poppet valve type), 로터리 밸브식(rotary valve type), 스풀 밸브식(spool valve type)으로 구별할 수 있다.

**75** 유압 실린더의 호칭에 포함이 안 되는 것은?

㉮ 규격 명칭(번호)
㉯ 구조 형식
㉰ 지지 형식
㉱ 실린더 바깥 지름

 호칭은 유압을 생성하는 방법과 운동의 상태에 영향을 주는 것에 호칭을 부여한다.

**76** 다음 설명하는 실린더의 지지 방법은?

> 정지하기 위한 발이 달려 있으며 항상 실린더 축과 수직 방향으로 볼트 등에 고정되어 있다.

㉮ 풋형(foot type)
㉯ 크레비스형
㉰ 트래니언형
㉱ 플랜지

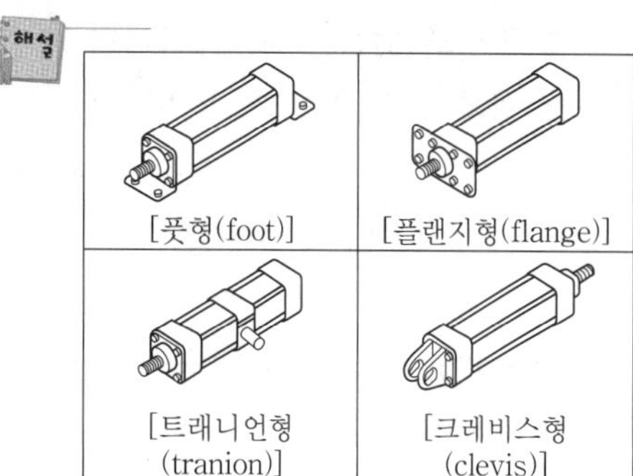



## 77 유압 실린더의 효율은?

㉮ 30~45[%]  ㉯ 50~65[%]
㉰ 70~85[%]  ㉱ 80~95[%]

 유압 실린더의 효율은 80~95%이며, 5~20%는 마찰이나 기계 조건에 의해서 손실된다.

## 78 유압 모터의 가장 큰 특징은?

㉮ 간접적으로 회전력을 얻는다.
㉯ 무단 변속이 용이하다.
㉰ 기름의 누출이 많다.
㉱ 유량 조정이 용이하다.

 유압 모터의 특징은 압력과 유량을 조절하므로 무단 변속이 가능하다.

## 79 유압 모터의 장점이 아닌 것은?

㉮ 소량, 경량으로 큰 출력을 낼 수 있다.
㉯ 속도나 방향 제어가 용이하다.
㉰ 작동유의 점도 변화에 영향을 받지 않는다.
㉱ 내폭성이 우수하다.

 유압 모터의 속도나 방향 제어는 높은 압력에서 운동하므로 가속이 되어 어렵다.

## 80 유압 모터의 종류가 아닌 것은?

㉮ 기어 모터  ㉯ 로터리 모터
㉰ 베인 모터  ㉱ 피스톤 모터

 유압 모터는 회전력을 발생하는 형상에 따라 분류한다.

## 81 모노 플레이트식 가동측 관을 사용한 베인 모터 측 관과의 간극 유지를 위한 압유의 공급 시, 정역 회전에 관계없이 압유가 공급되도록 하는 것은?

㉮ 로크 암  ㉯ 셔틀 밸브
㉰ 크랭크  ㉱ 롱 로드 부시

 정역 회전에 관계없이 압유가 공급되도록 하는 것은 로크암이다.

## 82 베인 모터의 구성품이 아닌 것은?

㉮ 캠링  ㉯ 로킹 암
㉰ 로터  ㉱ 하우징

 베인 모터의 구성품은 회전력을 발생하는 부분의 부품을 말한다.

## 83 다음 중 고압 대출력에 사용되는 모터는?

㉮ 플런저 모터  ㉯ 베인 모터
㉰ 액셜형 모터  ㉱ 기어 모터

 고압으로 인하여 대출력이 생성되는 모터는 플런저 모터이다.

## 84 유압 모터에서 가장 효율이 높고 고압에서 사용할 수 있는 유압 모터는?

㉮ 외접형 기어 모터
㉯ 내접형 기어 모터
㉰ 베인 모터
㉱ 피스톤 모터

---

[정답]  77. ㉱  78. ㉯  79. ㉯  80. ㉯  81. ㉮  82. ㉱  83. ㉮  84. ㉱

 고압이며 효율이 좋다는 것은 유입된 압력과 유량의 손실이 없다는 것으로 피스톤 모터이다.

**85** 유압 모터의 토크 조절은?

㉮ 공급 유량
㉯ 공급 압력
㉰ 공급 속도
㉱ 공급 유속

 유압 모터의 토크는 공급된 압력에 따라 조절한다.

**86** 다음 중 유압 모터의 용량은?

㉮ 입구 압력[kg/cm$^2$]당의 토크
㉯ 출구 압력[kg/cm$^2$]당의 토크
㉰ 입구 유량[kg/cm$^2$]당의 토크
㉱ 출구 유량[kg/cm$^2$]당의 토크

 유압 모터의 용량은 입구에서 유입되는 압력에 따른 토크로 표시한다.

**87** 패킹의 구비 조건 중 틀린 것은?

㉮ 오일 누설을 방지할 수 있을 것
㉯ 운동체의 마모를 작게 할 것
㉰ 체결력(죄는 힘)이 클 것
㉱ 마찰 계수가 클 것

 패킹이란 마찰 계수가 크면 마모량이 많아진다.

**88** 패킹 마모의 원인이 아닌 것은?

㉮ 유온이 불규칙적으로 변할 때
㉯ 사용 압력(피크 압력 포함)
㉰ 유질의 점도가 일정할 때
㉱ 패킹 재질이 불량할 때

 유압유의 점도는 윤활 작용과 기밀 작용을 한다.

**89** 패킹의 종류로 틀린 것은?

㉮ V형 패킹
㉯ U형 패킹
㉰ C형 패킹
㉱ 피스톤 링

 피스톤 링은 피스톤에 사용하는 것으로 오일 링과 압축 링이 있다.

**90** O링에 대한 설명 중 잘못된 것은?

㉮ 유압 장치에서 가장 많이 사용된다.
㉯ O링의 설치 공간은 크다.
㉰ 미끄럼 부분과의 마찰 저항이 작다.
㉱ 실효가 매우 크다.

 O링은 설치 공간이 좁으며 마찰 저항이 작다.

**91** 다음 중 가장 많이 사용되는 패킹은?

㉮ V형 패킹
㉯ O링
㉰ U형 패킹
㉱ 피스톤 링

**92** 드레인 회로 내의 O링을 교환하여도 계속 기름이 누설되는 경우는?

㉮ 기름의 열화
㉯ 유온의 상승
㉰ 점도의 저하
㉱ 밸브 불량

 O링을 교환하여도 계속 기름이 누설되는 것은 밸브의 작동이 원활하지 않은 경우이다.

**93** 다음 중 개스킷의 구비 조건으로 틀린 것은?

㉮ 오일이 잘 배며, 융통성이 좋아야 한다.
㉯ 압축성이 적당해야 한다.
㉰ 강도가 있어야 한다.
㉱ 개스킷은 오일이 배지 않고 부착이 용이해야 한다.

 오일이 잘 배면 개스킷의 역할을 하지 못한다.

**94** 기름 실의 장점이 아닌 것은?

㉮ 염가이다.

㉯ 설치 면적이 작다.

㉰ 구조가 간단하다.

㉱ 큰 압력에 견딘다.

 기름 실은 저장된 유체의 누유를 예방하므로 큰 압력에 견디는 것과는 관계없다.

**95** 실의 선택 시 고려할 사항이 아닌 것은?

㉮ 압력에 대한 저항력이 클 것

㉯ 내열성이 있을 것

㉰ 내마멸성이 있을 것

㉱ 오일에 의한 손상이 클 것

 오일에 의한 손상이 크면 실의 역할을 할 수가 없다.

**96** 유압 실린더의 피스톤 직경이 20[mm]이고 실린더에 공급되는 오일 압력이 100[kgf/cm$^2$]이면 유압 실린더가 낼 수 있는 램의 크기는 약 314[kgf]가 된다 (손실량 무시). 동일한 오일 압력 상태에서 피스톤 직경이 40[mm]인 실린더를 사용하면 실린더가 낼 수 있는 힘의 크기는 몇 [kgf]가 되겠는가?

㉮ 157　　　　㉯ 314

㉰ 628　　　　㉱ 1,256

**97** 유압 모터의 특징에 대한 설명으로 옳은 것은?

㉮ 넓은 범위의 무단 변속이 용이하다.

㉯ 넓은 범위의 변속 장치를 조작할 수 있다.

㉰ 운동량이 직선적으로 속도 조절이 용이하다.

㉱ 토크가 자동으로 직선 조작을 할 수 있다.

 유압 모터는 압력과 유량을 임의대로 조절하므로 무단 변속이 가능하다.

**98** 유압 기기에서 축압기의 용도를 잘못 설명한 것은?

㉮ 유압 에너지의 저장

㉯ 유압의 충격 흡수

㉰ 공기나 이물질을 기름으로부터 분리

㉱ 일정 압력 유지

 이물질을 분리하는 것은 오일 스트레이너가 한다.

**99** 오일 탱크의 구비 조건이 아닌 것은?

㉮ 유면을 토출 라인까지 항상 유지

㉯ 정성 작동에서 충분한 일의 발산이 가능

㉰ 오일로부터 이물질을 분리할 수 있는 기능

㉱ 귀환 오일을 받아들일 수 있는 충분한 용량 구비

 유면을 토출 라인까지 유지하는 것이 아니다. 즉, 유압이 형성되어 기계적 에너지로 전환이 되면 탱크 내 오일은 감소한다.

**100** 다음 중 예압 탱크의 장점으로 옳은 것은?

㉮ 공동 현상을 방지한다.

㉯ 언로더를 방지한다.

㉰ 연료 록을 방지한다.

㉱ 베이퍼 록을 방지한다.

 예압 탱크는 유압 펌프에서 형성된 압력을 안전화하기 위해 존재하며 공동 현상을 방지한다.

**101** 오일 탱크의 부속 기기가 아닌 것은?

㉮ 버플
㉯ 흡입 여과기
㉰ 출구 및 리턴 라인
㉱ 축압기

 축압기는 유압 펌프에서 생성된 압력을 안전화하여 맥동 현상을 방지한다.

**102** 다음 중 개방 탱크의 장점은?

㉮ 탱크 내의 표면은 부력을 이용한다.
㉯ 탱크 내의 표면은 표면 장력을 이용한다.
㉰ 탱크 내의 오일은 기포 발생을 방지한다.
㉱ 탱크 내의 오일은 자유 표면을 유지한다.

 개방 탱크는 공기가 대기와 순환이 되므로 기포 발생을 방지한다.

**103** 유압 장치 고장의 대부분은 기름과 관계가 있으며 동작유의 오염은 고장의 원인이 되고 기기의 손상을 촉진한다. 때문에 기름 속에 혼입하는 불순물을 제거하기 위해 사용하는 것은?

㉮ 축압기      ㉯ 밸브
㉰ 스트레이너      ㉱ 패킹

 스트레이너는 유압 펌프가 흡인을 할 때 불순물이 유압 오일과 혼합되지 않도록 한다.

**104** 오일 탱크의 목적이 아닌 것은?

㉮ 유압계에 필요한 작동유를 축적하는 용기
㉯ 운전 중에 발생하는 열을 방출하여 유온 상승을 완화시키고, 장착대의 역할
㉰ 탱크 내에 공기를 불어 넣어 오일은 기포를 발생
㉱ 기름 속에 혼입되어 있는 불순물을 제거

 오일에 기포가 발생하면 효율을 저하시킨다.

**105** 비교적 큰 먼지를 제거할 목적으로 사용하는 기기는?

㉮ 스트레이너
㉯ 어큐뮬레이터
㉰ 축압기
㉱ 필터

 스트레이너는 비교적 큰 먼지를 제거할 목적으로 사용하는 기기이다.

**106** 다음 그림과 같은 유압 필터의 종류는?

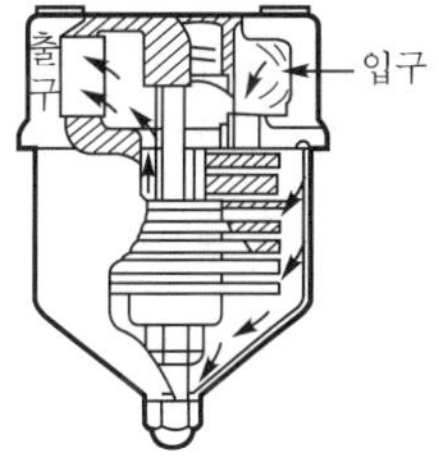


㉮ 표면식      ㉯ 자기식
㉰ 적층식      ㉱ 여과식

 적층식은 필터가 적층되어 오일을 깨끗하게 한다.

**107** 압력을 축적하는 용기로 구조가 간단하고 용도도 광범위하여 유압 장치에 많이 활용되는 요소는?

㉮ 어큐뮬레이터
㉯ 레귤레이터
㉰ 스트레이너
㉱ 응축기

 어큐뮬레이터는 압력을 축적하는 용기로 구조가 간단하고 용도도 광범위하여 유압 장치에 많이 활용되는 요소이다.

**108** 어큐뮬레이터의 용도가 아닌 것은?

㉮ 에너지 축적용
㉯ 펌프 맥동 흡수용
㉰ 방향 제어 밸브용
㉱ 충격 압력의 완충용

 방향 제어 밸브는 밸브의 일종으로 포트를 열고, 닫음으로 방향을 제어한다.

**109** 유압 작동유가 유압 장치에서 다양한 기능을 하기 위해 요구되는 조건이 있다. 다음 중 유압 작동유의 필요 조건이 아닌 것은?

㉮ 압축성이 작아야 한다.
㉯ 점도가 높아야 한다.
㉰ 화재의 위험이 없어야 한다.
㉱ 공기를 쉽게 분리시켜야 한다.

**유압 작동유의 구비 조건**
① 비압축성(동력 전달의 확실성 요구)
② 적절한 점도 유지(동력 손실 방지, 운동부의 마모 방지, 누유 방지)
③ 화학적으로 안정(노화 현상)
④ 녹이나 부식 발생 등의 방지(산화 안정성)
⑤ 열을 방출(방열성)
⑥ 외부로부터 침입한 불순물을 침전 분리, 기름 속의 공기를 빨리 분리

**110** 유체의 동력학에 대한 설명 중 옳은 것은?

㉮ 유체의 속도는 단면적이 큰 곳에서 빠르다.
㉯ 점성이 없는 비압축성의 액체가 수평관에 흐를 때 압력 수두＋위치 수두＝일정하다.
㉰ 유속이 크고 굵은 관을 통과할 때 층류가 발생한다.
㉱ 유속이 작고 가는 관을 통과할 때 난류가 발생한다.

 비압축성 유체는 유압유가 해당되며 압축성 유체는 공기압이 해당된다.

**111** 유압 작동유에 있어서 적당한 운전 유온은?

㉮ 80~90[℃]
㉯ 25~35[℃]
㉰ 60~70[℃]
㉱ 30~55[℃]

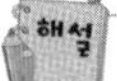 기름은 온도가 낮으면 점도가 커지고 유동성을 잃는데, 이러한 정도를 나타내는 것이 유동점이고, 작동유의 적정 온도 기준 범위는 30~55[℃]가 적당하다.

**112** 공압 장치의 윤활유의 구비 조건은?

㉮ 마멸, 방열을 방지할 수 없을 것
㉯ 열화의 정도가 적을 것
㉰ 마찰 계수가 클 것
㉱ 윤활유로는 터빈 오일 3종 ISO YG 82를 사용할 것

 열화란 펌프로 인하여 온도가 상승할 때 온도에 따른 오일의 특성 변화를 의미한다.

**113** 작동유의 열화를 촉진하는 원인이 될 수 없는 것은?

㉮ 작동유의 온도가 높음

㉯ 기포의 혼입

㉰ 플러싱 불량에 의한 열화된 기름의 잔존

㉱ 점도의 부적당

 열화 현상이 발생하면 점도가 낮게 된다.

**114** 다음은 유압 작동유가 구비하여야 할 성질을 설명하였다. 틀린 것은?

㉮ 비압축성이어야 한다.

㉯ 장시간 사용하여도 화학적으로 안전하여야 한다.

㉰ 작동유의 발열성이 좋아야 한다.

㉱ 적절한 점도를 유지하여야 한다.

 발열성이 좋으면 온도가 상승하므로 작동유의 역할을 저해한다.

**115** 제품 자체는 유화제, 내마모제, 방청제 등을 첨가한 광유나 사용할 때에는 95% 정도의 물에 혼합하여 사용하는 작동유는?

㉮ 수중 유형 유화유

㉯ 유중 수형 유화유

㉰ 물-글리콜형 작동유

㉱ 인산 에스테르형 작동유

 수중 유형 유화유는 물과 혼합하여 사용한다.

**116** 유체의 동력학에 대한 설명 중 옳은 것은?

㉮ 유체의 속도는 단면적이 큰 곳에서 빠르다.

㉯ 점성이 없는 비압축성의 액체가 수평관에 흐를 때 압력 수두＋위치 수두＝일정하다.

㉰ 유속이 크고 굵은 관을 통과할 때 층류가 발생한다.

㉱ 유속이 작고 가는 관을 통과할 때 난류가 발생한다.

 유체는 관을 통해 운동을 할 때 이론적으로 복잡하게 전개되므로 점성이 없고, 비압축성 유체를 전제로 이론적으로 해석한다.

**117** 석유계 유압 작동유가 아닌 것은?

㉮ R&D형 유압 작동유

㉯ 내마모형 유압 작동유

㉰ 고 VI형 유압 작동유

㉱ 산화형 유압 작동유

 **유중 수형 유화유**
석유계 작동유에 35~45[%]의 물로 미립자 상태로 혼합시킨 작동유로 사용 온도는 35~50[℃]가 적당하다.

**118** 석유계 유압유의 비중은 얼마 정도인가?

㉮ 0.85~0.95  ㉯ 1.02~1.12

㉰ 1.65~1.75  ㉱ 2.13~2.23

 석유계 유압유의 비중은 0.85~0.95 정도이다.

**119** 유압 작동유의 비중이 너무 높을 경우 나타나는 현상이 아닌 것은?

㉮ 내부 마찰의 증대와 온도 상승(캐비테이션의 발생)

㉯ 장치의 관 내 저항에 의한 압력 증대(기계 효율 저하)

㉰ 동력 손실의 저하(장치 전체의 효율 증대)

㉱ 작동유의 비활성(응답성 저하)

 **점도가 너무 높을 경우**
① 내부 마찰의 증대와 온도 상승(캐비테이션의 발생)
② 장치의 관 내 저항에 의한 압력 증대(기계 효율 저하)
③ 동력 손실의 증대(장치 전체의 효율 저하)
④ 작동유의 비활성(응답성 저하)

**120** 유압 기름의 인화점은 대략 몇 [℃]의 범위 내에 있는가?

㉮ 70~120　　㉯ 120~170
㉰ 170~220　　㉱ 220~270

 유압 기름의 인화점은 대략 170~220[℃]의 범위에 있다.

**121** 작동유의 첨가제로 잘못된 것은?

㉮ 산화 방지제 : 유황 화합물, 인산 화합물, 아민 및 페놀 화합물
㉯ 점도 지수 향상제 : 유기 화합물이나 유기 에스테르와 같은 극성 화합물
㉰ 방청제 : 유기산 에스테르, 지방산염, 유기 화합물, 아민 화합물
㉱ 소포제 : 실리콘유, 실리콘 유기 화합물

 **작동유의 첨가제**
① 산화 방지제 : 유황 화합물, 인산 화합물, 아민 및 페놀 화합물 등
② 방청제 : 유기산 에스테르, 지방산염, 유기 화합물, 아민 화합물
③ 소포제 : 실리콘유, 실리콘 유기 화합물
④ 점도 지수 향상제 : 고분자 중합체의 탄화수소
⑤ 유성 향상제 : 유기 화합물이나 유기 에스테르

**122** 분기 회로의 압력 제어에 사용하는 밸브는?

㉮ 릴레이 밸브
㉯ 리턴 밸브
㉰ 리듀싱 밸브
㉱ 릴리프 밸브

 리듀싱 밸브는 감압 밸브로 분기 회로에 사용한다.

**123** 압력 제어 밸브에 속하지 않는 것은?

㉮ 릴리프 밸브
㉯ 시퀀스 밸브
㉰ 슬로우 리턴 밸브
㉱ 카운터 밸런스 밸브

 슬로우 리턴 밸브는 유량 제어 밸브이다.

**124** 다음 중 유량 제어 밸브는?

㉮ 무부하 밸브　　㉯ 감압 밸브
㉰ 매뉴얼 밸브　　㉱ 니들 밸브

 **니들 밸브**
조절 손잡이를 돌려 니들이 유로를 막는 정도에 따라 유량이 조절되는 가장 간단한 밸브

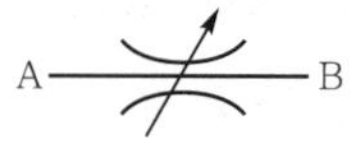


**125** 한쪽 방향의 유동에 대해서는 설정된 배압을 부여하지만 반대 방향의 유동은 자유로 운동을 하는 밸브는?

㉮ 카운터 밸런스 밸브
㉯ 릴리프 밸브
㉰ 역지 밸브
㉱ 무부하 밸브

 카운터 밸런스 밸브는 압력차에 의해서 흐름을 제어한다.

**126** 스피드 드롭에 대한 설명 중 옳은 것은?

㉮ 스피드 드롭을 가지게 되면 부하가 변하여도 기관의 속도는 변하지 않는다.

㉯ 스피드 드롭을 가지게 되면 부하의 변화에 따라 기관의 속도도 변화한다.

㉰ 유압 조속기는 원리상 스피드 드롭을 가질 수 없다.

㉱ 기계식 조속기는 원리상 스피드 드롭을 가질 수 없다.

 스피드 드롭은 압력이 형성되는 과정 중에 속도의 변화가 갑자기 발생하는 것을 의미한다.

**127** 서보 기구의 특징이 아닌 것은?

㉮ 제어되는 것은 전기적 변위이다.

㉯ 피드백 제어이다.

㉰ 원격 제어가 많이 쓰인다.

㉱ 유압 증폭 작용을 한다.

 서보 기구는 피드백 제어(폐회로)로서 기계적 변위를 제어한다.

**128** 회로의 일부에 배압을 발생시키고자 할 때 사용하는 밸브(valve)는?

㉮ 안전 밸브(safety valve)

㉯ 무부하 밸브(unloading valve)

㉰ 시퀀스 밸브(sequence valve)

㉱ 카운터 밸런스 밸브(counter balance valve)

 배압은 배관의 후부에서 발생하는 압력을 의미한다.

**129** 압력의 낙하를 방지하기 위해서 배압을

유지시켜 주는 압력 제어 밸브는?

㉮ 릴리프 밸브

㉯ 체크 밸브

㉰ 시퀀스 밸브

㉱ 카운터 밸런스 밸브

 카운터 밸런스 밸브는 선단과 후단의 압력의 균형을 유지하여 준다.

**130** 2개 이상의 분기 회로가 있는 곳에 회로의 압력에 의해 개개의 실린더나 모터의 작동 순서를 부여하는 자동 제어 밸브는?

㉮ 시퀀스 밸브

㉯ 언로드 밸브

㉰ 카운터 밸런스 밸브

㉱ 교축 밸브

 시퀀스 밸브는 오직 밸브로만 순차 제어를 할 때 사용하며 압력의 고저를 이용하여 유체의 흐름을 제어한다.

**131** 방향 제어 밸브를 유체의 입·출구에 따라 분류하면?

㉮ 포트식      ㉯ 전자식

㉰ 인력식      ㉱ 기계식

 포트식은 액추에이터에 보내는 A, B포트와 생성된 압력 포트, 오일이 리턴되는 포트가 있다.

**132** 역류가 자유로이 흐르도록 되어 있는 밸브는?

㉮ 감압 밸브

㉯ 카운터 밸런스 밸브

㉰ 시퀀스 밸브

㉱ 무부하 밸브

 압력의 균형에 따라 제어하는 밸브이다.

## 133 한쪽 방향으로 흐름은 자유로우나 역방향의 흐름은 허용하지 않는 밸브는?

㉮ 체크 밸브
㉯ 카운터 밸런스 밸브
㉰ 언로드 밸브
㉱ 셔틀 밸브

 역지 밸브라고도 하며 오직 한쪽으로만 유체가 흐른다.

## 134 실린더 속의 기름 압력을 조정하는 밸브는?

㉮ 시퀀스 밸브   ㉯ 릴레이 밸브
㉰ 리턴 밸브   ㉱ 릴리프 밸브

 압력을 설정하면 그 이상은 탱크로 흘려보내고 항상 설정압으로만 출력을 보낸다.

## 135 로터리 밸브의 단점으로 옳은 것은?

㉮ 유압 평형 유지가 나쁘다.
㉯ 조작에 큰 힘이 필요하다.
㉰ 자동 왕복 운동이 불가능하다.
㉱ 고압 대용량 회로에 부적합하다.

 로터리 밸브(rotary valve)는 수동 조작에 의해서 유체의 방향을 전환한다.

## 136 항상 고압 측 압유만을 통과시키는 밸브는?

㉮ 감속 밸브   ㉯ 셔틀 밸브
㉰ 체크 밸브   ㉱ 서보 밸브

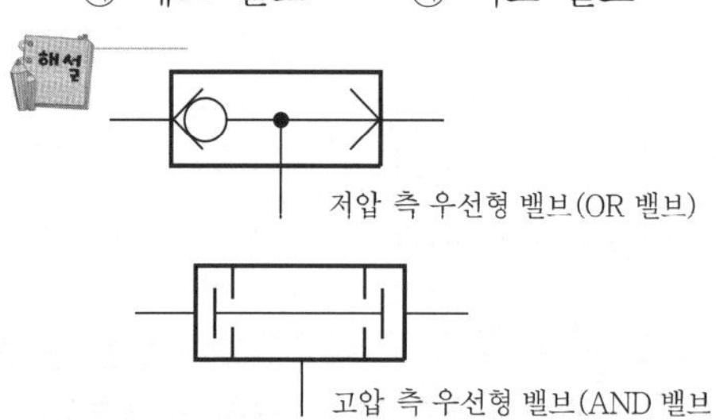

저압 측 우선형 밸브(OR 밸브)

고압 측 우선형 밸브(AND 밸브)

## 137 회전체를 갖는 유압 기기에서 축 둘레의 기름 누설을 방지하는 실은?

㉮ L형 패킹
㉯ V형 패킹
㉰ 메커니컬 실
㉱ U형 패킹

 접촉형에서는 오일 실, 그랜드 패킹 및 메커니컬 실이 사용되고 메커니컬 실은 완전 누설 방지가 가능하다. 비접촉형에서는 고무링 실, 카운터 실, 오일 필름 실 등이 있으며 기체용으로서 사용된다. 비접촉형은 외부에 새는 구조로 되어져 있기 때문에 목적하는 기체의 완전 누설을 방지하기 위해서는 고무링 실에서는 외부에 새어도 문제없는 기체를 축봉부에 주입하며 인젝션 및 이젝션형이 있다.

## 138 패킹의 마모 원인이 아닌 것은?

㉮ 오일의 점도가 일정할 때
㉯ 유온이 불규칙적으로 변화할 때
㉰ 패킹의 재질이 불량할 때
㉱ 사용 압력 이상일 때

 오일 점도는 기밀성과 관계되고 점도가 높으면 마찰력이 증가된다.

## 139 실의 구조 조건으로 적합하지 않은 것은?

㉮ 내유성
㉯ 흡착성
㉰ 유연성
㉱ 내열, 내한성

 **실의 구비 조건**
① 양호한 유연성
② 내유성
③ 내열, 내한성
④ 기계적 강도

**140** 축압기에 대한 설명 중 틀린 것은?

㉮ 간헐적인 운동 작업에 대해 저축한 에너지를 방출한다.

㉯ 완충 작용을 한다.

㉰ 누설 유량을 보충하는 역할을 한다.

㉱ 펌프의 맥동을 크게 도와준다.

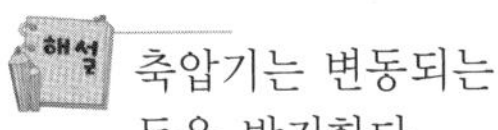 축압기는 변동되는 압력을 안정화하여 맥동을 방지한다.

**141** 주로 회전체에서 사용되는 것으로 비접촉형 실 장치는?

㉮ 그랜드 패킹

㉯ 메커니컬 패킹

㉰ 셀프실 패킹

㉱ 래버린드 패킹

 접촉형에서는 오일 실, 그랜드 패킹 및 메커니컬 실이 사용되고 있다.

**142** 축압기의 용도가 아닌 것은?

㉮ 유압 에너지의 축적

㉯ 맥동 제거

㉰ 유속의 증가

㉱ 2차 회로의 구동

 축압기는 생성된 압력을 안정화하는 장치로 유속의 증가와 관계가 없다.

**143** 축압기(accumulator)의 가장 큰 사용 목적은?

㉮ 유압유의 축적, 유압 회로에서의 맥동, 서지(surge) 압력의 흡수

㉯ 유압유를 저장하여 유압 펌프에 계속 공급한다.

㉰ 작동 후의 폐유를 재생시키는 장치

㉱ ㉮, ㉯, ㉰항 모두 겸하는 목적이 있다.

 축압기는 불규칙한 압력 상태와 유압의 조건을 최적의 상태로 유지하기 위함이다.

**144** 어큐뮬레이터(accumulator)의 장점을 설명한 것으로 맞지 않는 것은?

㉮ 기름의 누출 시 보충을 해준다.

㉯ 갑작스런 충격 압력을 막아주는 역할을 한다.

㉰ 펌프의 대용으로도 사용되며 안전 장치 역할도 한다.

㉱ 축적된 압력 에너지의 방출 사이클 시간을 연장한다.

 방출 사이클은 외부에 설치된 밸브에 의해서 제어된다.

**145** 오일 탱크의 용량은 매분 펌프로 토출되는 양의 몇 배 정도가 알맞는가?

㉮ 2배 이하    ㉯ 3~6배

㉰ 6~10배    ㉱ 10~15배

 오일 탱크는 압력의 생성으로 열이 발생하므로 3~6배 정도가 알맞다.

**146** 축압기의 봉입 가스 압력이 30[kgf/cm$^2$]이고, 작동 압력이 70~40[kgf/cm$^2$] 사이일 때 방출 유량이 3[$l$]이면 축압기 용량은?

㉮ 8.6[$l$]    ㉯ 9.3[$l$]

㉰ 10.5[$l$]    ㉱ 11.5[$l$]

$$\Delta V = V_2 - V_1 = P_0 V_0 \left( \frac{1}{P_2} - \frac{1}{P_1} \right)$$

따라서

$$V_0 = \frac{\Delta V}{P_0} \bigg/ \left( \frac{1}{P_2} - \frac{1}{P_1} \right)$$

**147** 유압 실린더에서 피스톤 로드가 부하를 미는 힘을 5,000[kgf], 피스톤 속도가 3.8[m/min]인 경우 실린더 내경이 80[mm]라면 소요 동력은?

㉮ 4.23[PS]  ㉯ 5.84[PS]

㉰ 6.89[PS]  ㉱ 7.98[PS]

 먼저 3.8[m/min]을 [m/s]로 환산하면

$$V = \frac{3.8}{60} = 0.063\,[\mathrm{m/s}]\text{이다.}$$

소요 동력은

$$H_p = \frac{F \times V}{75} = \frac{5,000 \times 0.063}{75}$$
$$= 4.23[\mathrm{PS}]$$

**148** 다음 중 유압 액추에이터에 속하지 않는 것은?

㉮ 유압 실린더  ㉯ 유압 펌프

㉰ 유압 모터  ㉱ 요동 모터

 유압 펌프는 압력 에너지를 생성시키는 장치이다.

**149** 지름 15[mm]인 램의 머리부에 20[kg/cm$^2$]의 압력이 작용할 때 프레스에 작용하는 하중은? (단, 마찰은 무시)

㉮ 353[kg]  ㉯ 4,252[kg]

㉰ 2,353[kg]  ㉱ 6,255[kg]

 프레스에 작용하는 하중은

$$F = P \times A = 20 \times \frac{\pi \times 1.5^2}{4} = 353[\mathrm{kg}]$$

**150** 유압 실린더가 숨쉬는 현상(breathing)의 발생 원인이 되는 것은?

㉮ 유압유의 공기가 혼입되어 있을 때

㉯ 유압유에 물이 혼입되어 있을 때

㉰ 관로의 회로 저항이 클 때

㉱ 유압유의 열팽창 계수가 클 때

 쉼쉬는 현상은 공기의 유입에 의해서 발생하며 작동 중에 정밀도를 저해한다.

**151** 유압 장치에서 부하에 전달되는 동력을 100[kW], 피스톤 속도를 10[m/min]로 할 때 피스톤에 발생하는 힘은?

㉮ 611[kg]  ㉯ 6,120[kg]

㉰ 61,200[kg]  ㉱ 512,000[kg]

 $H_p[\mathrm{kW}] = \dfrac{F \times V}{102}$ 이므로

$$F = \frac{102 \times H_p[\mathrm{kW}]}{V} = \frac{102 \times 100}{\frac{10}{60}}$$
$$= 61,200[\mathrm{kg}]$$

**152** 램의 지름 30[cm], 소요 수압 40[kgf/cm$^2$]인 수압 프레스의 경우 프레스에 작용하는 하중은 몇 [kgf]인가? (단, 마찰에 의한 손실은 무시한다)

㉮ 31,251  ㉯ 28,260

㉰ 21,416  ㉱ 34,721

 $W = \dfrac{\pi d^2}{4} \times P \times \eta$

$$= \frac{\pi \times 30^2}{4} \times 40 \times 1 = 28,260[\mathrm{kgf}]$$

**153** 유압식 조속기에서 플라이볼의 역할에 대한 설명으로 적당한 것은?

㉮ 연결된 링크로 직접 연료를 가감한다.

㉯ 파워 피스톤과 직결되어 있다.

㉰ 압력유를 펌핑한다.

㉱ 파일럿 밸브와 연결되어 파일럿 밸브를 움직인다.

 조속기는 속도를 가속하기 위한 장치이며 압력유를 상승하는 역할을 한다.

**154** 다음 중 둘 이상의 실린더를 하나의 펌프로 작동시킬 수 있는 것은?

㉮ 오픈 센터형

㉯ 클로우즈드 센터형

㉰ 센터 바이패스형

㉱ 교축 달림 오픈 센터형

 클로우즈드 센터형은 더블 솔레노이드 형태로 전원이 공급되지 않으면 모든 포트를 차단한다.

**155** 안지름 45[mm]의 단로드 실린더에서 60[kg/cm$^2$]의 유압으로 피스톤을 일정 속도로 작동시켰다. 이때 로드에 걸리는 무게가 850[kg]이었다. 귀환 유압(반대측 피스톤면에 작용하는 압력)을 0이라고 할 때 마찰 저항은 얼마인가?

㉮ 790.1[kg]

㉯ 2965.1[kg]

㉰ 103.8[kg]

㉱ 380.0[kg]

$$W_H = \frac{\pi d^2}{4} \times P = \frac{\pi \times 4.5^2}{4} \times 60$$
$$= 953.8[\text{kg}]$$

로드에 걸리는 무게가 850[kg]이므로 마찰 저항 $W_f$는

$$W_f = W_H - W_L = 953.8 - 850$$
$$= 103.8[\text{kg}]$$

**156** 내경이 40[mm]인 2개의 단동 실린더를 병렬로 사용하여 $F = 250$[kg]의 힘을 발생시키려면 최소 얼마의 유압이 필요한가?

㉮ 250[kgf/cm$^2$]

㉯ 125[kgf/cm$^2$]

㉰ 19.9[kgf/cm$^2$]

㉱ 9.95[kgf/cm$^2$]

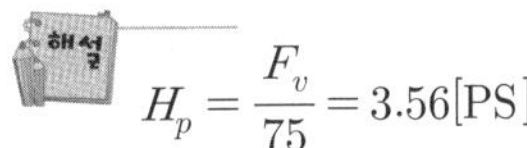
$$P = \frac{F}{A} = 9.95[\text{kgf/cm}^2]$$

**157** 유압 실린더에서 피스톤 로드의 부하가 4,000[kgf]이고 피스톤 속도가 4[m/min]일 때 유압 실린더를 작동시키는 소요 동력은 몇 [PS]인가? (단, 손실은 없다고 가정하고, 실린더 직경은 10[cm] 단로드형이다)

㉮ 4.2　　　㉯ 3.4

㉰ 3.56　　㉱ 4.86

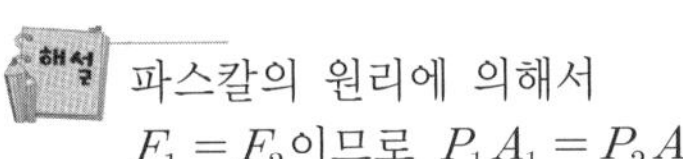
$$H_p = \frac{F_v}{75} = 3.56[\text{PS}]$$

**158** 다음 중 실린더 로드에 부하가 없는 곳 A측에 $p = 30$[kgf/cm$^2$]의 압력을 보낼 때 B측 압력을 구하면? (단, 실린더 내경 50[mm], 로드의 지름 25[mm]이다)

㉮ 10[kgf/cm$^2$]

㉯ 30[kgf/cm$^2$]

㉰ 35[kgf/cm$^2$]

㉱ 40[kgf/cm$^2$]

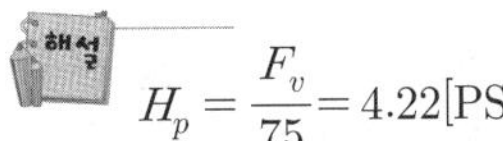 파스칼의 원리에 의해서
$F_1 = F_2$이므로 $P_1 A_1 = P_2 A_2$

**159** 유압 실린더에서 피스톤 로드가 부하를 미는 힘이 5,000[kgf], 피스톤 속도가 8[m/min]인 경우 실린더 내경이 8[cm]라면 소요 동력은 얼마인가? (단, 단일 로드를 갖는 실린더이다)

㉮ 3.27[PS]　　㉯ 4.22[PS]

㉰ 5.92[PS]　　㉱ 6.2[PS]

$$H_p = \frac{F_v}{75} = 4.22[\text{PS}]$$

## 160 배관, 계기류, 밸브 등을 급격한 서지압으로부터 보호하기 위하여 설치하는 것은?

- ㉮ 디퓨저
- ㉯ 어큐뮬레이터
- ㉰ 액추에이터
- ㉴ 액셀레이터

 서지압은 유압을 안정화하므로 방지하며 어큐뮬레이터가 한다.

## 161 50[t]의 힘을 발생하고 피스톤 속도가 3.8[m/min]인 단로드 실린더를 설계하고자 한다. 실린더 안지름을 160[mm]라고 할 때 필요한 유압과 유량을 계산하면?

- ㉮ 유압 $=248.8[\text{kg/cm}^2]$, 유량 $=76.4[l/\text{min}]$
- ㉯ 유압 $=50,000[\text{kg/cm}^2]$, 유량 $=76.4[l/\text{min}]$
- ㉰ 유압 $=248.8[\text{kg/cm}^2]$, 유량 $=76,400[l/\text{min}]$
- ㉴ 유압 $=0.249[\text{kg/cm}^2]$, 유량 $=76,400[l/\text{min}]$

 압력은 $P=\dfrac{F}{A}$, 유량은 $Q=A_v$에서 구한다.

## 162 유압 기기의 눌어붙음, 마모, 부식 등의 현상을 일으키는 원인이 아닌 것은?

- ㉮ 점도가 불량한 작동유 사용
- ㉯ 불순물이 혼입된 작동유 사용
- ㉰ 투명하거나 색이 엷은 작동유 사용
- ㉴ 산화에 의해서 열화된 작동유 사용

 투명하거나 색이 엷으면 오염이 되지 않은 상태이다.

## 163 피스톤 면적 5[cm²], 작동유 압력 100 [kg/cm²], 회전수 120[rpm], 행정 8[cm]

인 펌프의 이론 마력은?

- ㉮ 0.533[HP]
- ㉯ 1.067[HP]
- ㉰ 2.133[HP]
- ㉴ 3.100[HP]

 먼저 힘 $F=PA$에서 $F$를 구한다. 다음은 $V=\dfrac{120}{60}\times 0.08 = 0.16[\text{m/s}]$에서 속도를 구한 다음 $HP=\dfrac{FV}{75}$에서 이론 마력을 구한다.

## 164 건설 기계에서 주로 쓰이는 유압 실린더는?

- ㉮ 단동 실린더
- ㉯ 복동 실린더
- ㉰ 스윙 실린더
- ㉴ 스프링 실린더

 복동 실린더는 포트가 두 개로 건설 기계에서나 많은 힘이 필요하므로 사용한다.

## 165 다음 유압 액추에이터에서 회전 운동을 하는 것은?

- ㉮ 부동형 액추에이터
- ㉯ 요동형 액추에이터
- ㉰ 유압 실린더
- ㉴ 유압 모터

 유압 모터는 압력 에너지를 받아 토크를 발생한다.

## 166 그림과 같은 단 로드형 실린더에서 $F$가 300[kgf]의 힘을 발생시키는 데 최소 얼마의 압력[kgf/cm²]이 필요한가? (단, 실린더 직경은 50[mm]이다)

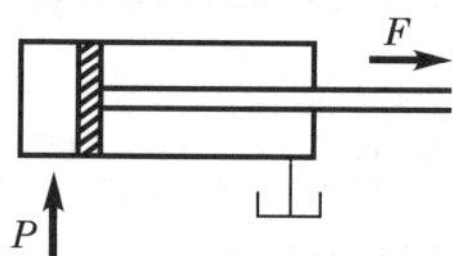


- ㉮ 15.28
- ㉯ 20.5
- ㉰ 13.25
- ㉴ 25.3

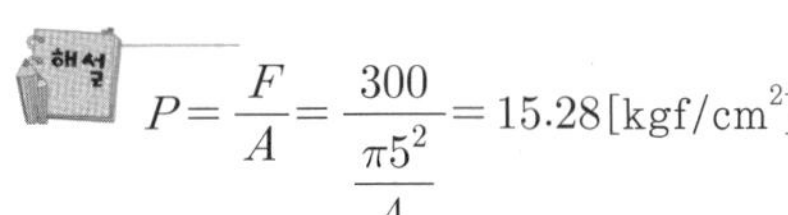

$$P = \frac{F}{A} = \frac{300}{\dfrac{\pi 5^2}{4}} = 15.28\,[\text{kgf/cm}^2]$$

**167** 유압 장치에서 기기 속에 혼입되는 불순물을 제거하기 위해 사용하는 것은?

㉮ 패킹  
㉯ 밸브  
㉰ 스트레이너  
㉱ 축압기

스트레이너는 유압유에 함유한 불순물을 제거하여 준다.

**168** 내경 50[mm]의 실린더에서 피스톤 속도가 4.0[m/min]일 때 압유의 이론 유량 $Q$ [$l$/min]는?

㉮ 0.785  
㉯ 7.85  
㉰ 3.14  
㉱ 200

$Q = A_v$ 에서 구한다. 단, 분당으로 된 속도를 초당으로 환산하여 대입한다.

**169** 유압유의 성질에 대한 내용이다. 틀린 것은?

㉮ 강인한 유압을 형성할 것  
㉯ 점성이 온도에 대하여 강한 성질일 것  
㉰ 인화점이 높고 발화점은 낮을 것  
㉱ 적당한 비중을 가질 것

**유압유의 구비 조건**
① 비압축성일 것
② 오일 온도 범위에서 일정한 점도를 유지할 것
③ 마모 방지와 오일 누수를 방지하는 점도를 가질 것
④ 장시간 사용 후에도 화학적 안정을 유지할 것
⑤ 녹이나 부식을 방지할 것
⑥ 먼지나 불순물을 분리하는 성질을 가질 것

⑦ 인화점과 발화점이 높고, 안정성이 있을 것(인화 온도 170~220[℃] 정도)

**170** 작동유 속에 공기가 용해되어 기포로 되어 있는 상태를 무엇이라 하는가?

㉮ 유인화 현상  
㉯ 노킹 현상  
㉰ 공동 현상  
㉱ 조기 착화 현상

공동 현상은 증기압에 의해서 발생하며 기포를 생성한다.

**171** 온도 변화에 대한 점도 변화의 비율을 수치로 나타내는 것은?

㉮ 점도 지수  
㉯ 점도 효율  
㉰ 중화수  
㉱ 점도 변화율

점도는 오일의 끈끈한 정도를 나타내며 온도 변화와 관계있다.

**172** 작동유의 성질 중 가장 중요한 것 중 하나는?

㉮ 온도  
㉯ 습도  
㉰ 밸브류의 작동 효율  
㉱ 점도

점도는 기밀성과 관계가 있다.

**173** 유압 작동유의 적당한 운전 유체 온도는?

㉮ 30~55[℃]  
㉯ 55~70[℃]  
㉰ 20~30[℃]  
㉱ 70~90[℃]

작동유의 적정 온도는 30~55[℃]로 유지해야 하며 이상이 되면 유압의 효율이 저하한다.

**174** 다음 중 산화 방지제로 부적당한 것은?

㉮ 실리콘의 유기 화합물

㉯ 유황 화합물

㉰ 아민 및 페놀 화합물

㉱ 인산 화합물

 실리콘의 유기 화합물은 소포제로 사용한다.

**175** 다음 중 내화성 작동유는?

㉮ 텔빈유　　㉯ 내압 전동유

㉰ 합성 작동유　　㉱ 모터유

**176** 작동유는 공동 현상이 발생했을 때 어떤 상태에 있게 되는가?

㉮ 과냉 상태

㉯ 과포화 상태

㉰ 포화 상태

㉱ 표준 온도 유지

 과포화 상태는 증기압이 혼재되어 있는 상태로 기포가 발생한다.

**177** 다음 중 작동유의 유온이 상승할 때 나타나는 현상 중 맞지 않는 것은?

㉮ 펌프의 효율 저하

㉯ 오일의 누설 저하

㉰ 점도 저하

㉱ 밸브류의 기능 저하

 유온이 올라가면 오일의 누설이 증대되고 열화되므로 냉각기를 설치한다.

**178** 유압 배관 내의 유동은 물 또는 공기와는 다르게 주로 어떤 유동이 만들어지는가?

㉮ 부유

㉯ 층류

㉰ 난류

㉱ 혼성유(난류＋층류)

 유압유는 점도가 크고, 사용되는 관의 직경이 작아 층류가 발생한다.

**179** 작동유의 구비 사항 중 관계없는 것은?

㉮ 윤활성이 좋을 것

㉯ 점도 변화가 클 것

㉰ 체적 탄성 계수가 클 것

㉱ 내화성이 좋을 것

 점도 변화가 크면 압력의 변화가 있으며 효율에 영향을 준다.

**180** 점도 지수가 0인 파라핀계 원유의 100[℉]에서 측정한 점도가 SUS 점도로 180초, 점도 지수가 100인 원유의 100[℉]에서 잰 점도가 SUS 점도로 150초였다. 지금 어떤 작동유의 100[℉]에서의 점도가 SUS 점도로 140초일 때 이 작동유의 점도 지수는 얼마인가?

㉮ 133　　㉯ 120

㉰ 110　　㉱ 140

$$VI = \frac{L-U}{L-H} \times 100$$
$$= \frac{180-140}{180-150} \times 100$$

**181** 다음 중 난연성 유압유의 첨가제가 아닌 것은?

㉮ 마모 방지제

㉯ 산화 방지제

㉰ 점도 지수 방지제

㉱ 유동점 강하제

 첨가제로는 점도 지수 향상제, 소방제, 방청제 등이 있다.

**182** 윤활유에 첨가하는 산화 방지제는?

㉮ 유기산 에스테르
㉯ 설포네이트
㉰ 페놀 화합물
㉱ 알코올

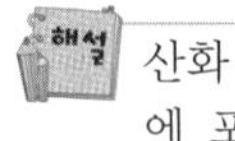 산화 방지제는 윤활유에서 생성되는 기포에 포함된 수분으로 금속의 부식을 초래한다.

**183** 다음 중 부동액으로 가장 거리가 먼 것은?

㉮ 황산　　　　　㉯ 글리세린
㉰ 메틸 알콜　　　㉱ 에틸렌 글리콜

 황산($H_2SO_4$)로서 금속의 부식을 촉진한다.

**184** 다음은 물과 기름을 설명한 것이다. 적합하지 않은 것은?

㉮ 물은 녹이 잘 슬고, 고압에서 누설이 쉽다.
㉯ 기름은 윤활성이 있어 수명이 길다.
㉰ 물은 점성이 작고 마모도 촉진하게 되므로 특별한 재료를 사용해야 한다.
㉱ 기름은 열에 민감하나 녹이 잘 슬고 마모의 촉진이 쉽다.

 기름은 열에 대해 민감하지 않아서 윤활 작용으로 마모율을 감소한다.

**185** 유압 기기에는 물을 사용하지 않는다. 적절한 이유는?

㉮ 물은 윤활성이 없기 때문에
㉯ 물은 기계의 마모가 크기 때문에
㉰ 물은 점성이 없기 때문에
㉱ 물은 고압일 때 누수가 심하기 때문에

 물은 윤활성과 기밀성이 없고 부식을 초래한다.

**186** 캐비테이션 발생으로 인한 고장 원인이 아닌 것은?

㉮ 유압 펌프 내부에 부분적으로 매우 높은 압력이 발생한다.
㉯ 액추에이터의 효율이 높아진다.
㉰ 경음, 진동 등이 발생되기도 한다.
㉱ 유압 모터가 펌프 작용을 할 때도 일어나고, 주로 유압 펌프에서 발생한다.

 액추에이터에 효율을 저해한다.

**187** 작동유의 구비 조건 중 옳지 않은 것은?

㉮ 인화점이 높을 것
㉯ 화학적으로 안정되어 있을 것
㉰ 소포성이 적을 것
㉱ 윤활성, 방청성이 좋을 것

 소포성이란 기포가 발생 시 얼마나 빨리 기포가 제거되는가의 정도이다.

**188** 유압유는 유체 동력의 전달, 활동의 윤활, 수면의 방청이 그 주목적으로 쓰여진다. 다음 중 유압유의 구비 조건이 아닌 것은?

㉮ 점도 지수가 높을 것
㉯ 항유화성이 없을 것
㉰ 산화 안정성이 있을 것
㉱ 항착화성 등이 우수할 것

 항유화성을 가져야 한다.

---

[정답]　182. ㉰　183. ㉮　184. ㉱　185. ㉮　186. ㉯　187. ㉰　188. ㉯

**189** 유압유의 구비 조건으로 틀린 것은?

㉮ 산화 안정성이 있을 것

㉯ 소포성이 좋을 것

㉰ 윤활성이 좋을 것

㉱ 점도 지수가 낮을 것

 점도 지수가 낮으면 기밀성을 저해하여 누수 현상이 발생할 수도 있다.

**190** 유압 작동유의 필요 특성이 아닌 것은?

㉮ 인화점이 낮고 분기 분리압이 클 것

㉯ 화학적으로 안정이 되어 중성일 것

㉰ 유동성이 좋고, 관로 저항이 적을 것

㉱ 유막 강도가 클 것

 인화점이 높아야 한다.

**191** 다음에서 윤활유의 온도가 올라가는 원인은?

㉮ 윤활유의 열화

㉯ 윤활유 압력 상승

㉰ 윤활유의 비중 증가

㉱ 오일 냉각기의 오손

 냉각기는 유압유의 온도를 팬을 회전시켜 낮게 한다.

**192** 작동유의 종류가 아닌 것은?

㉮ 항공기용 작동유

㉯ 합성 작동유

㉰ 함수형 작동유

㉱ 그리스류 작동유

 그리스는 온도에 따라 성질이 변화하여 작동유로 사용하지 않는다.

**193** 다음 그림에서 유량 제어 밸브의 제어

방식이다. 어떤 회로인가?

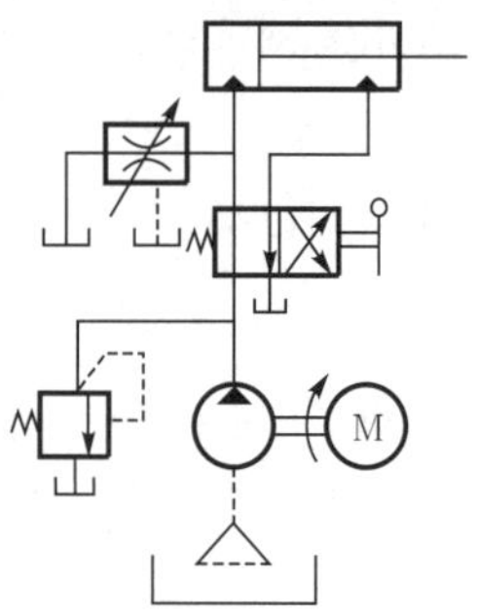

㉮ 미터 아웃 방식

㉯ 블리드 오프 회로

㉰ 압력 유지 회로

㉱ 안전 장치 회로

 블리드 오프 회로(bleed off circuit)는 실린더와 유량 제어 밸브, 출구를 기름 탱크에 접속하여 실린더 속도 제어에 필요한 유량을 간접 제어로서 비교적 부하 변동이 적은 호닝 머신, 연삭반 등에 사용한다.

**194** 유압 실린더에서 속도의 감속을 위하여 미터 인 방법으로 유량 조절 부분을 피스톤에 부착하였다. 이때 실린더에 연장 하중이 작용하면 실린더는 제어되지 않은 속도로 운동하게 된다. 이를 방지할 수 있는 밸브는?

㉮ 카운터 밸런스 밸브

㉯ 브레이크 밸브

㉰ 체크 밸브

㉱ 시퀀스 밸브

 카운터 밸런스 밸브는 유압 회로의 한 방향 흐름에 설정된 배압이 생기게 하고 다른 방향은 자유롭게 흐르게 한 밸브로서 수직 방향 작동 실린더의 경우 상승 행정에서는 작동유를 자유롭게 흐르게 하고 하강 시에 중력에 의한 낙하를 방지하기 위해 유압유에 배압을 주는 제어 밸브이다.

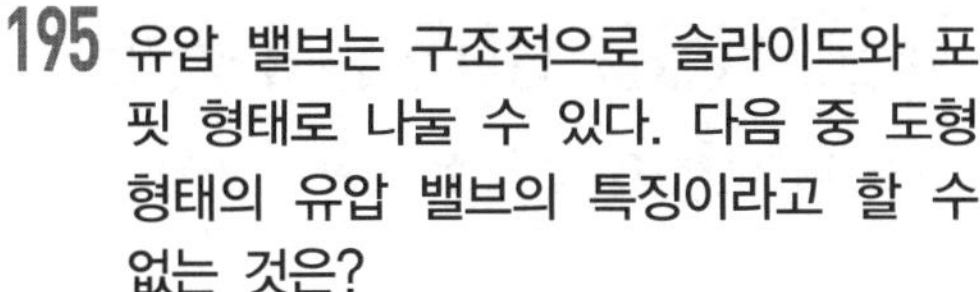

**195** 유압 밸브는 구조적으로 슬라이드와 포핏 형태로 나눌 수 있다. 다음 중 도형 형태의 유압 밸브의 특징이라고 할 수 없는 것은?

㉮ 이물질에 둔감하다.
㉯ 밸브 구조가 일반적으로 복잡하다.
㉰ 누유가 발생되지 않는다.
㉱ 압력 보상형의 구조이다.

 밸브 구조가 일반적으로 간단하다.

**196** 다음 중 압력 제어 밸브는 어느 것인가?

㉮ 체크 밸브
㉯ 파일럿 밸브
㉰ 솔레노이드 밸브
㉱ 릴리프 밸브

 릴리프 밸브는 설정압에 따라 이상이면 탱크로 보내어 일정한 압력을 유지한다.

**197** 감압 밸브의 종류가 아닌 것은?

㉮ 정비례형
㉯ 정차동형
㉰ 2차압 일정형
㉱ 서보형

 서보형 밸브는 압력에 따른 차를 보상하는 밸브이다. 즉, 입력에 대한 값이 출력으로 나갈 때 차이가 발생하면 보상하여 입력값이 같도록 유지한다.

# CHAPTER 03

# 배관의 도시 기호(KSB 0051-1990)
## -Simplified Representation of Pipe-Lines-

## 1 적용 범위

이 규격은 일반 광공업에서 사용하는 도면에 배관 및 관련 부품 등을 기호로 도시하는 경우에 공통으로 사용하는 기본적인 간략 도시 방법에 대하여 규정한다.

## 2 관의 표시 방법

관은 원칙적으로 1줄의 실선으로 도시하고, 동일 도면 내에서는 같은 굵기의 선을 사용한다. 다만, 관의 계통, 상태, 목적을 표시하기 위하여 선의 종류(실선, 파선, 쇄선, 2줄의 평행선 등 및 틀의 굵기)를 바꾸어서 도시하여도 좋다. 이 경우 각각의 선의 종류의 뜻을 도면상의 보기 쉬운 위치에 명기한다. 또한, 관을 파단하여 표시하는 경우는 [그림 2.41]과 같이 파단선으로 표시한다.

| 그림 2.41 | 관의 표시 방법

## 3 배관계의 시방 및 유체의 종류·상태의 표시 방법

이송 유체의 종류·상태 및 배관계의 종류 등의 표시 방법은 다음에 따른다.

### (1) 표시

표시 항목은 원칙적으로 다음 순서에 따라 필요한 것을 글자·글자 기호를 사용하여 표시한다. 또한 추가할 필요가 있는 표시 항목은 그 뒤에 붙인다. 또, 글자 기호의 뜻은 도면상의 보기 쉬운 위치에 명기한다.
① 관의 호칭 지름
② 유체의 종류·상태, 배관계의 식별
③ 배관계의 시방(관의 종류·두께·배관계의 압력 구분 등)
④ 관의 외면에 실시하는 설비·재료

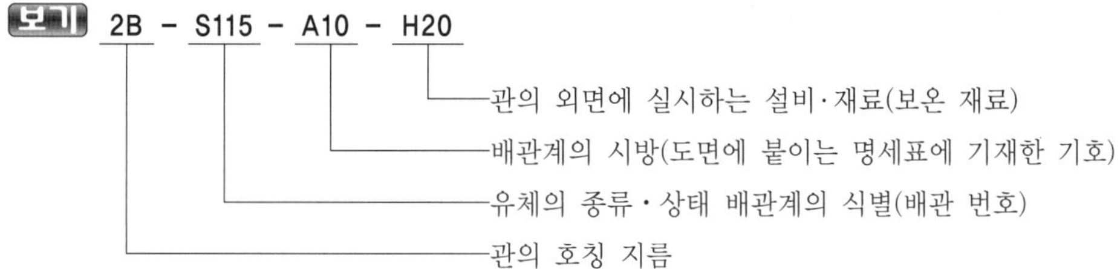



❖ 관련 규격

KS A 3016 : 계장용 기호

KS A 0111 : 제도에 사용하는 투상법

KS A 0113 : 제도에 있어서 치수의 기입 방법

KS A 3015 : 진공 장치용 도시 기호

KS B 0054 : 유압·공기압 도면 기호

KS B 0063 : 냉동용 그림 기호

KS V 0060 : 선박 통풍 계통의 그림 기호

KS V 7016 : 선박용 배관 계통도 기호

## (2) 도시 방법

(a)의 표시는 관을 표시하는 선의 위쪽에 선을 따라서 도면의 밑변 또는 우변으로부터 읽을 수 있도록 기입한다([그림 2.42]). 다만, 복잡한 도면 등에서 오해를 일으킬 우려가 있을 때는 각각 인출선을 사용하여 기입하여도 좋다([그림 2.43]).

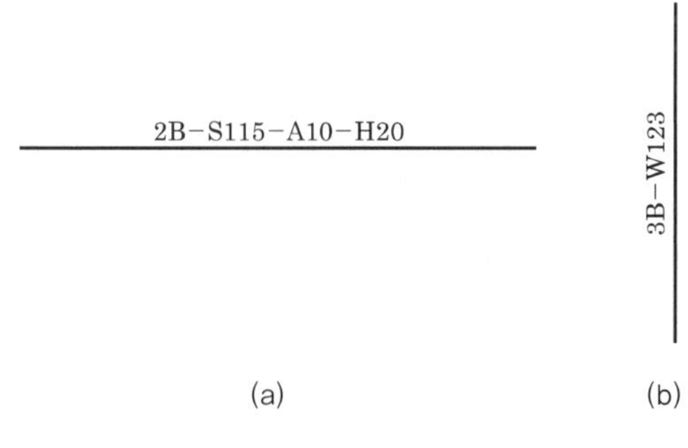



| 그림 2.42 | 도시 방법

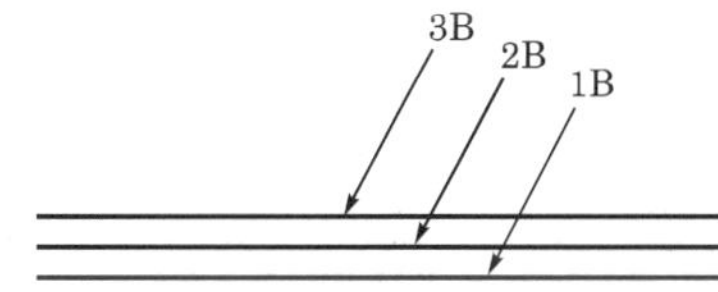



| 그림 2.43 | 인출선을 사용한 도시 방법

## 4 유체 흐름의 방향 표시 방법

### (1) 관 내 흐름의 방향

관 내 흐름의 방향은 관을 표시하는 선에 붙인 화살표의 방향으로 표시한다([그림 2.44]).

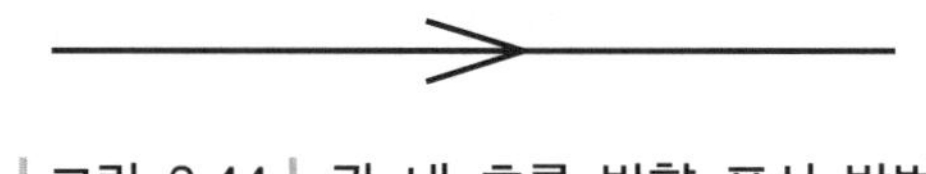

| 그림 2.44 | 관 내 흐름 방향 표시 방법

### (2) 배관계의 부속품·부품·구성품 및 기기 내의 흐름의 방향

배관계의 부속품·기기 내의 흐름의 방향을 특히 표시할 필요가 있는 경우는 그 그림 기호에 따르는 화살표로 표시한다([그림 2.45]).

| 그림 2.45 | 배관계 부속품 등 기기 내의 흐름 방향 표시 방법

## 5 관 접속 상태의 표시 방법

관을 표시하는 선이 교차하고 있는 경우에는 [표 2.6]의 표시 방법에 따라 각각의 관이 접속하고 있는지, 접속하고 있지 않는지를 표시한다.

| 표 2.6 | 관의 접속 상태의 표시 방법

| 관의 접속 상태 | | 도시 방법 |
|---|---|---|
| 접속하고 있지 않을 때 | | ┼　　┼　또는　┤├ |
| 접속하고 있을 때 | 교차 | ┿ |
| | 분기 | ┷ |

[비고] 접속하고 있지 않은 것을 표시하는 선의 끊긴 자리, 접속하고 있는 것을 표시하는 검은 동그라미는 도면을 복사 또는 축소했을 때에도 명백하도록 그려야 한다.

## 6 관 결합 방식의 표시 방법

관의 결합 방식은 [표 2.7]의 그림 기호에 따라 표시한다.

| 표 2.7 | 관 결합 방식의 표시 방법

| 결합 방식의 종류 | 그림 기호 |
|---|---|
| 일반 | |
| 용접식 | |
| 플랜지식 | |
| 턱걸이식 | |
| 유니온식 | |

## 7 관이음의 표시 방법

### (1) 고정식 관이음쇠

엘보·벤드·티·크로스·리듀서·하프 커플링은 [표 2.8]의 그림 기호에 따라 표시한다.

| 표 2.8 | 고정식 관이음쇠의 표시 방법

| 관이음쇠의 종류 | | 그림 기호 | 비고 |
|---|---|---|---|
| 엘보 및 벤드 | | 또는 | [표 2.3]의 그림 기호와 결합하여 사용한다.<br>지름이 다르다는 것을 표시할 필요가 있을 때는 인출선을 사용하여 그 호칭을 기입한다. |
| 티 | | | |
| 크로스 | | | |
| 리듀서 | 동심 | | |
| | 편심 | | 특히 필요한 경우에는 [표 2.3]의 그림 기호와 결합하여 사용한다. |
| 하프 커플링 | | | |

## (2) 가동식 관이음쇠

팽창 이음쇠 및 플렉시블 이음쇠는 [표 2.9]의 그림 기호에 따라 표시한다.

| 표 2.9 | 가동식 관이음쇠의 표시 방법

| 관이음쇠의 종류 | 그림 기호 | 비고 |
|---|---|---|
| 팽창 이음쇠 | 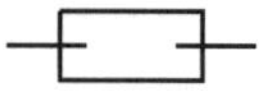  | 특히 필요한 경우에는 [표 2.3]의 그림 기호와 결합하여 사용한다. |
| 플렉시블 이음쇠 |   |  |

# 8 관 끝부분의 표시 방법

관의 끝부분은 [표 2.10]의 그림 기호에 따라 표시한다.

| 표 2.10 | 관 끝부분의 표시 방법

| 끝부분의 종류 | 그림 기호 |
|---|---|
| 막힌 플랜지 |   |
| 나사 박음식 캡 및 나사 박음식 플러그 |   |
| 용접식 캡 |   |

# 9 밸브 및 콕 몸체의 표시 방법

밸브 및 콕의 몸체는 [표 2.11]의 그림 기호를 사용하여 표시한다.

| 표 2.11 | 밸브 및 콕 몸체의 표시 방법

| 밸브·콕의 종류 | 그림 기호 | 밸브·콕의 종류 | 그림 기호 |
|---|---|---|---|
| 밸브 일반 |   | 앵글 밸브 |   |
| 게이트 밸브 |   | 3방향 밸브 |   |
| 글로브 밸브 |   | 안전 밸브 |   |
| 체크 밸브 |  또는  |  |  |

| 밸브·콕의 종류 | 그림 기호 | 밸브·콕의 종류 | 그림 기호 |
|---|---|---|---|
| 볼 밸브 | ⋈ | 콕 일반 | ⋈ |
| 버터플라이 밸브 | ⋈ 또는 | | |

[비고] 1) 밸브 및 콕과 관의 결합 방법을 특히 표시하고자 하는 경우는 [표 2.3]의 그림 기호에 따라 표시
한다.

2) 밸브 및 콕이 닫혀 있는 상태를 특히 표시할 필요가 있는 경우에는 그림 기호를 칠하여 표시하
든가 또는 닫혀 있는 것을 표시하는 글자('폐', 'c' 등)를 첨가하여 표시한다.

## ⑩ 밸브 및 콕 조작부의 표시 방법

밸브 개폐 조작부의 동력 조작·수동 조작의 구별을 명시할 필요가 있는 경우에는 [표 2.12]의 그림 기호에 따라 표시한다.

| 표 2.12 | 밸브 및 콕 조작부의 표시 방법

| 개폐 조작 | 그림 기호 | 비고 |
|---|---|---|
| 동력 조작 | | 조작부·부속 기기 등의 상세에 대하여 표시할 때에는 KS A 3016(계장용 기호)에 따른다. |
| 수동 조작 | | 특히 개폐를 수동으로 할 것을 지시할 필요가 없을 때에는 조작부의 표시를 생략한다. |

## ⑪ 계기의 표시 방법

계기를 표시하는 경우에는 관을 표시하는 선에서 분기시킨 가는 선의 끝에 원을 그려서 표시한다([그림 2.46] 참조).

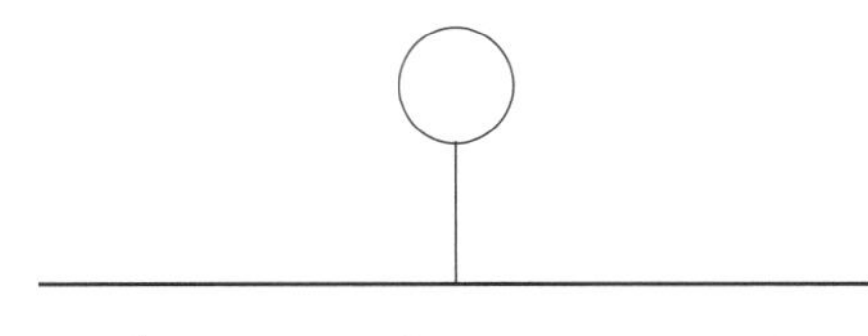

| 그림 2.46 | 계기 표시 방법

[비고] 계기의 측정하는 변동량 및 기능 등을 표시하는 글자 기호는 KS A 3016에 따른다. 그 보기는
다음과 같다.

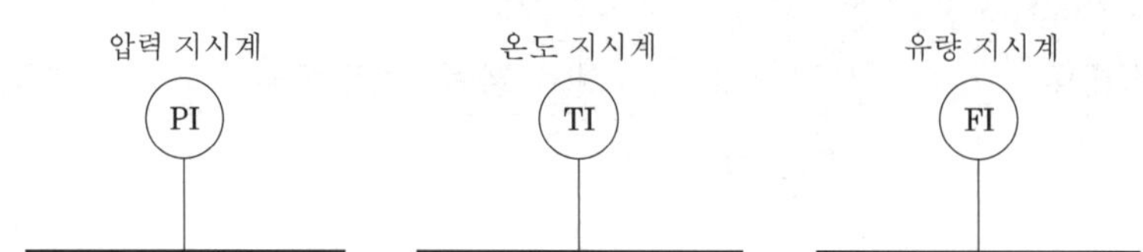



| 그림 2.47 | 계기의 표시 방법 예시

## 12 지지 장치의 표시 방법

지지 장치를 표시하는 경우에는 [그림 2.48]의 그림 기호에 따라 표시한다.

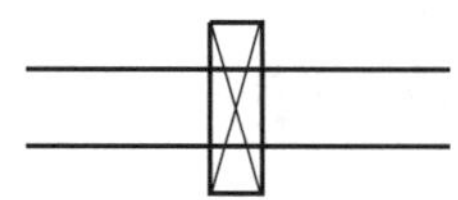

| 그림 2.48 | 지지 장치 표시 방법

## 13 투명에 의한 배관 등의 표시 방법

### (1) 관의 입체적 표시 방법

1방향에서 본 투영도로 배관계의 상태를 표시하는 방법은 [표 2.13] 및 [표 2.14]에 따른다.

| 표 2.13 | 화면에 직각 방향으로 배관되어 있는 경우

| | 정투영도 | 각도 |
|---|---|---|
| 관 A가 화면에 직각으로 바로 앞쪽으로 올라가 있는 경우 | A ── ○  또는  A ── ⊙ | A |
| 관 A가 화면에 직각으로 반대 쪽으로 내려가 있는 경우 | A ── ◐  또는  A ── ○ | A |
| 관 A가 화면에 직각으로 바로 앞쪽으로 올라가 있고 관 B와 접속하고 있는 경우 | A  B  또는  A  B | A  B |
| 관 A로부터 분기된 관 B가 화면에 직각으로 바로 앞쪽으로 올라가 있으며 구부러져 있는 경우 | A ──○── B  또는  A ──○── B | B  A |

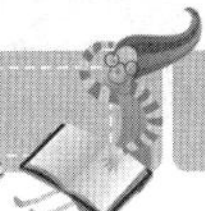

| | 정투영도 | 각도 |
|---|---|---|
| 관 A로부터 분기된 관 B가 화면에 직각으로 반대쪽으로 내려가 있고 구부러져 있는 경우 | 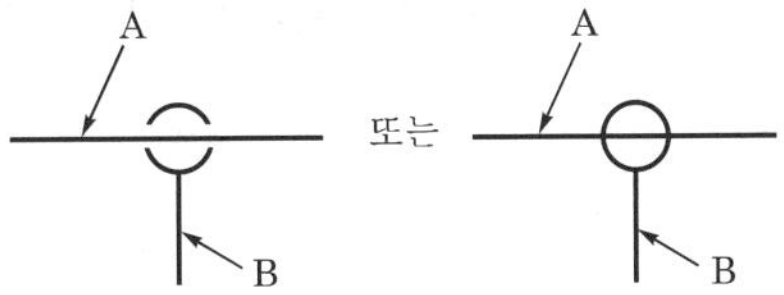 | 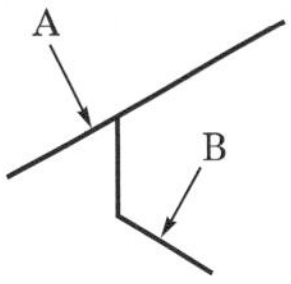 |

[비고] 정투영도에서 관이 화면에 수직일 때, 그 부분만을 도시하는 경우에는 다음 그림 기호에 따른다.

| 그림 2.49 | 관의 입체적 표시 방법

| 표 2.14 | 화면에 직각 이외의 각도로 배관되어 있는 경우

| | 정투영도 | 등각도 |
|---|---|---|
| 관 A가 위쪽으로 비스듬히 일어서 있는 경우 | 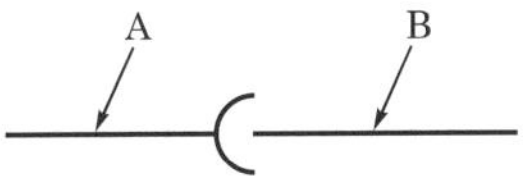 | 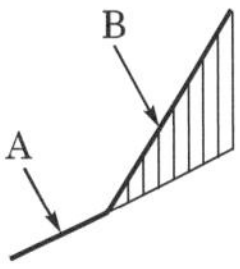 |
| 관 A가 아래쪽으로 비스듬히 내려가 있는 경우 | 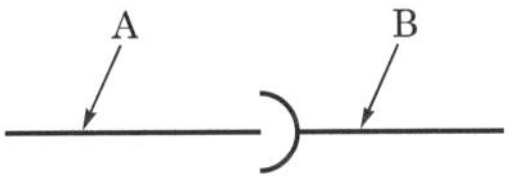 | 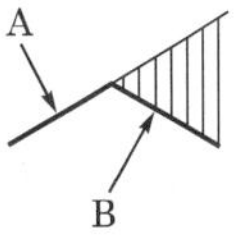 |
| 관 A가 수평 방향에서 바로 앞쪽으로 비스듬히 구부러져 있는 경우 | 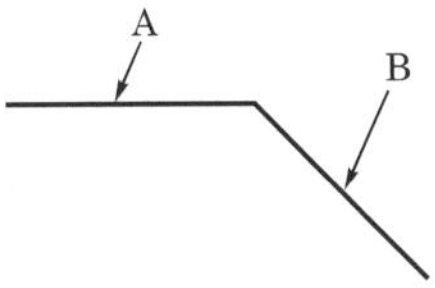 | 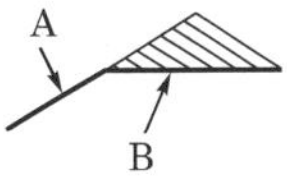 |
| 관 A가 수평 방향으로 화면에 비스듬히 반대쪽 윗 방향으로 일어서 있는 경우 |  | 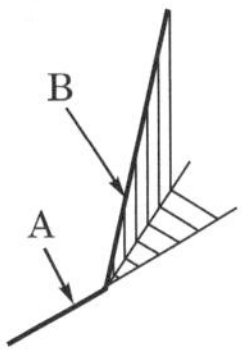 |
| 관 A가 수평 방향으로 화면에 비스듬히 바로 앞쪽 윗 방향으로 일어서 있는 경우 | 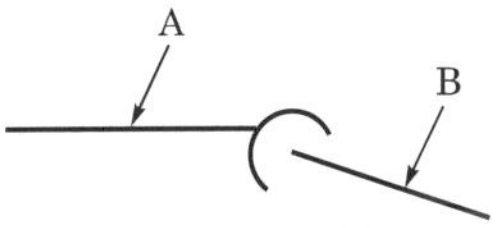 | 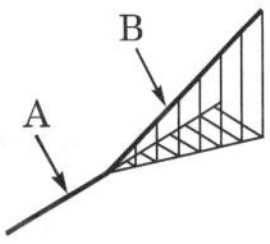 |

[비고] 등각도의 관의 방향을 표시하는 가는 실선의 평행선 군을 그리는 방법에 대하여는 KS A 0111(제도에 사용하는 투상법) 참조

## (2) 밸브 · 플랜지 · 배관 부속품 등의 입체적 표시 방법

밸브 · 플랜지 · 배관 부속품 등의 등각도 표시 방법은 다음 그림에 따른다([그림 2.50] 참조).

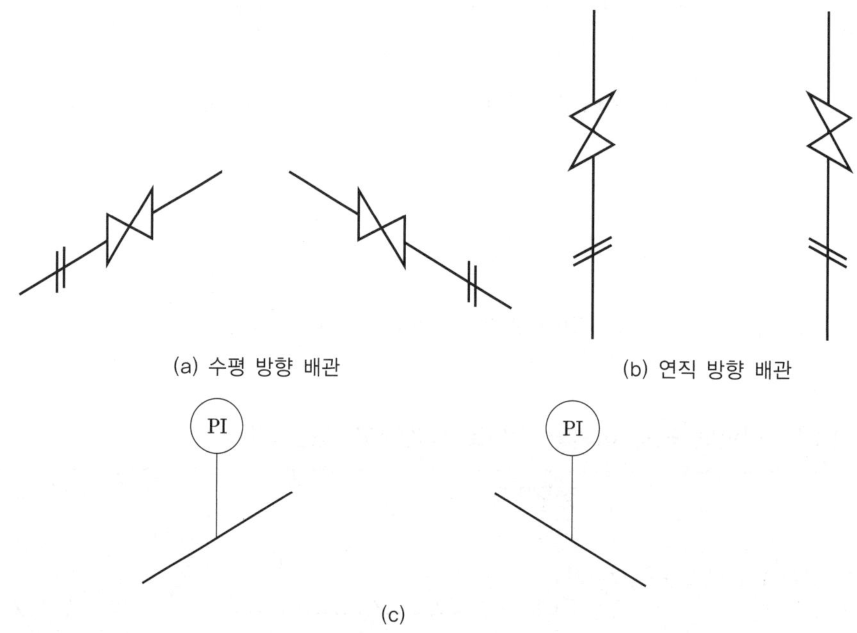



| 그림 2.50 | 밸브 · 플랜지 · 배관 부속품 등의 입체적 표시 방법

## 14 치수의 표시 방법

### (1) 일반 원칙 치수

원칙적으로 KS A 0113(제도에 있어서 치수의 기입 방법)에 따라 기입한다.

### (2) 관치수의 표시 방법

도시한 관에 관한 치수의 표시 방법은 다음에 따른다.

① 관과 관의 간격[그림 2.51(a)], 구부러진 관의 구부러진 점으로부터 구부러진 점까지의 길이[그림 2.51(b)] 및 구부러진 반지름 각도[그림 2.51(c)]는 특히 지시가 없는 한 관의 중심에서의 치수를 표시한다.

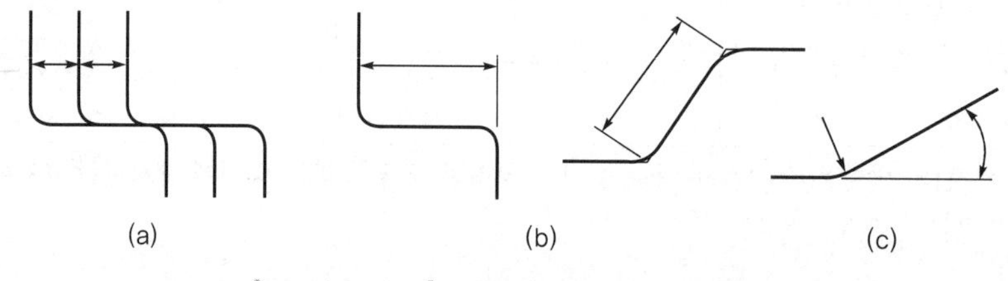



| 그림 2.51 | 관치수의 표시 방법 Ⅰ

② 특히 관의 바깥 지름면으로부터의 치수를 표시할 필요가 있는 경우에는 관을 표시하는 선을 따라서 가늘고 짧은 실선을 그리고, 여기에 치수선의 말단 기호를 댄다. 이 경우, 가는 실선을 붙인 쪽의 바깥 지름면까지의 치수를 뜻한다([그림 2.52]).

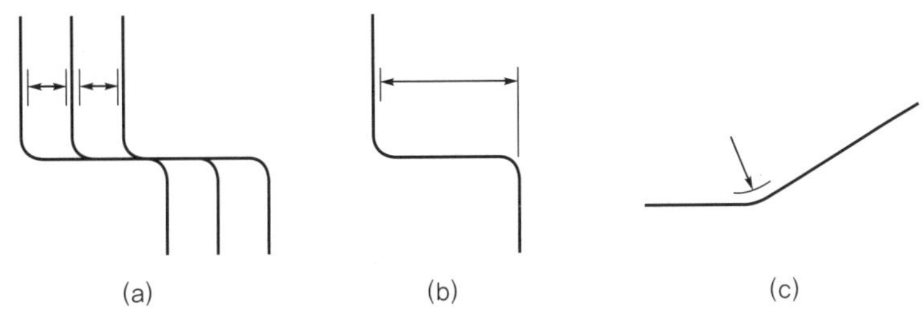


| 그림 2.52 | 관치수의 표시 방법 Ⅱ

③ 관의 결합부 및 끝부분으로부터의 길이는 그 종류에 따라 [표 2.15]에 표시하는 위치로부터의 치수로 표시한다.

| 표 2.15 | 결합부 및 끝부분의 위치

| 결합부 · 끝부분의 종류 | 도시 | 치수가 표시하는 위치 |
|---|---|---|
| 결합부 일반 | | 결합부의 중심 |
| 용접식 | | 용접부의 중심 |
| 플랜지식 | | 플랜지면 |
| 관의 끝 | | 관의 끝면 |
| 막힌 플랜지 | | 관의 플랜지면 |
| 나사박음식 캡 및<br>나사박음식 플러그 | | 관의 끝면 |
| 용접식 캡 | | 관의 끝면 |

## (3) 배관의 높이 표시 방법

배관의 기준으로 하는 면으로부터의 고저를 표시하는 치수는 관을 표시하는 선에 수직으로 댄 인출선을 사용하여 다음과 같이 표시한다.

① 관 중심의 높이를 표시할 때, 기준으로 하는 면으로부터 위인 경우에는 그 치수값 앞

에 '+'를, 기준으로 하는 면으로부터 아래인 경우에는 그 치수값 앞에 '−'를 기입한다([그림 2.53]).

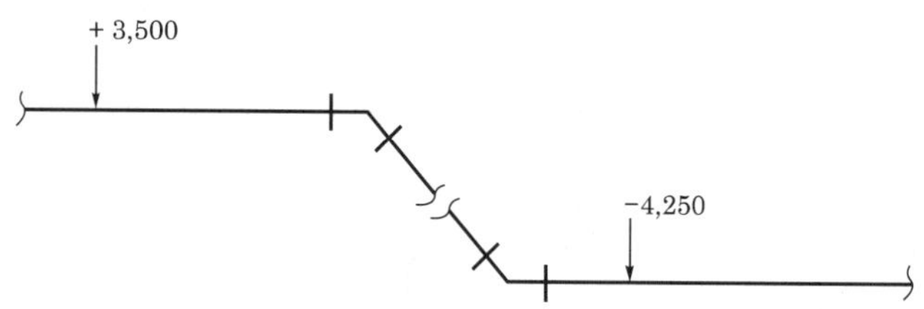

| 그림 2.53 | 관 중심의 높이로 표시할 경우

② 관 밑면의 높이를 표시할 필요가 있을 때는 ①의 방법에 따른 기준으로 하는 면으로부터의 고저를 표시하는 치수 앞에 글자 기호 'BOP'를 기입한다([그림 2.54]).

[비고] "BOP"는 Bottom Of a Pipe의 약자이다(ISO/DP 6412/1).

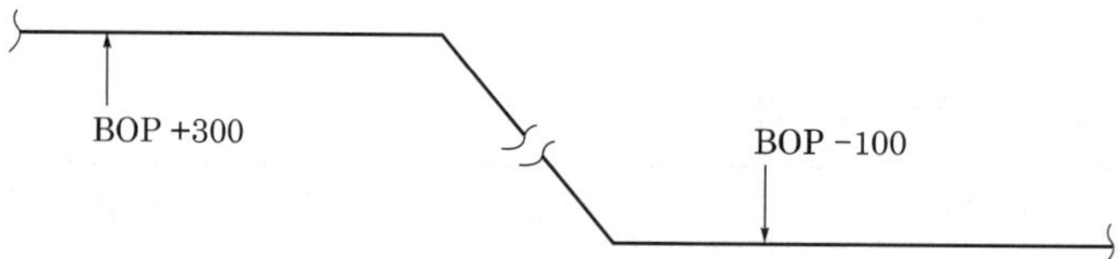

| 그림 2.54 | 관 밑면의 높이를 표시할 경우

## (4) 관의 구배 표시 방법

관의 구배는 관을 표시하는 선의 위쪽을 따라 붙인 그림 기호 ◁ (가는 선으로 그린다)와 구배를 표시하는 수치로 표시한다([그림 2.55]). 이 경우 그림 기호의 뾰족한 끝은 관의 높은 쪽으로부터 낮은 쪽으로 향하여 그린다.

▷ 1 : 500    ◁ 1/500    ▷ 0.2%    ◁ 3°

(a)      (b)      (c)      (d)

| 그림 2.55 | 관 구배 표시 방법

# 유압 구동 장치의 기호

여기에 표기하는 유압 구동 장치의 기호는 국제 규격을 국가의 표준 규격으로 정한 것이다. 기호에는 장치와 기능을 도시하며 구조를 나타내는 것은 아니다.

## 1 접속 형태

| 표 2.16 | 유압 구동 장치의 요소 기호

| 명칭 | 기호 | 비고 |
|---|---|---|
| 공기빼기 | | 연속적인 공기빼기 |
| | | 특정 시간 공기빼기 |
| | | 체크 기구 이용 공기빼기 |
| 배기구 | | 접속구 없음 |
| | | 접속구 있음 |
| 급속 연결구 | | 체크 밸브 없음 |
| | | 체크 밸브 부착 |
| 회전 연결구 | | 1관로 1방향 회전 |
| | | 3관로 2방향 회전 |

## 2 조작 방식

**| 표 2.17 |** 조작 방식

| 명칭 | 기호 | 비고 |
|---|---|---|
| 입력 조작 | | 특정하지 않는 경우의 일반 기호 |
| 푸시 버튼 | | 1방향 조작 |
| 풀 버튼 | | 1방향 조작 |
| 풀/푸시 버튼 | | 2방향 조작 |
| 레버 | | 2방향 조작 |
| 페달 | | 1방향 조작 |
| 양기능 페달 | | 2방향 조작 |
| 플랜저 기계 조작 | | 1방향 조작 |
| 리밋 기계 조작 | | 2방향 조작<br>(가변 스트로크) |
| 스프링 조작 | | 1방향 조작 |
| 롤러 조작 | | 2방향 조작 |
| | | 한쪽 방향 조작 |
| 단동 솔레노이드 | | 1방향 조작 |
| 복동 솔레노이드 | | 2방향 조작 |
| 액추에이터 | | 단동 가변식 |
| | | 복동 가변식 |
| | | 회전형 |

| 명칭 | 기호 | 비고 |
| --- | --- | --- |
| 파일럿 조작 | | 직접 파일럿 조작<br>(필요 시 면적비 기입) |
| | | 내부 파일럿 조작 |
| | | 외부 파일럿 조작 |

## 3 에너지

### (1) 변환 기기

| 표 2.18 | 변환 기기

| 명칭 | 기호 | 비고 |
| --- | --- | --- |
| 공유 변환기 | | 단동형 |
| | | 연속형 |
| 증압기 | | 단동형 |
| | | 연속형<br>(압력비 표기) |

### (2) 에너지 용기

| 표 2.19 | 에너지 용기

| 명칭 | 기호 | 비고 |
| --- | --- | --- |
| 어큐뮬레이터 | | 일반 기호<br>(부하의 종류 무시) |
| | | 기체식 부하 |
| | | 추식 부하 |
| | | 스프링식 부하 |

| 명칭 | 기호 | 비고 |
|---|---|---|
| 보조 가스 용기 | | 어큐뮬레이터와 조합 사용 |
| 공기 탱크 | | 일반형 |

## (3) 에너지원

| 표 2.20 | 에너지원

| 명칭 | 기호 | 비고 |
|---|---|---|
| 유압원 | | |
| 공기압원 | | |
| 전동기 | | |
| 원동기 | | 전동기 제외 |

## 4 보조 기기

| 표 2.21 | 보조 기기

| 명칭 | 기호 | 비고 |
|---|---|---|
| 압력계 | | 계측 불필요의 경우 |
| 차압계 | | |
| 유면계 | | |
| 온도계 | | |
| 검류기 | | |
| 유량계 | | |
| | | 적산계 |

| 명칭 | 기호 | 비고 |
|---|---|---|
| 회전 속도계 | | |
| 토크계 | | |
| 압력 스위치 | | |
| 리밋 스위치 | | |
| 아날로그 변환기 | | 공압 |
| 소음기 | | 공압 |
| 경음기 | | 공압 |
| 마그넷 분리기 | | |

## 5 펌프 및 모터

| 표 2.22 | 펌프 및 모터

| 명칭 | 기호 | 비고 |
|---|---|---|
| 유압 펌프 | | 1방향 흐름 회전/정용량형 |
| 유압 모터 | | 1방향 흐름 회전/가변 용량형 |
| 공기압 모터 | | 2방향 흐름 회전/정용량형 |
| 펌프 모터 | | 1방향 흐름 회전/정용량형 |
| | | 2방향 흐름 회전/가변 용량형 |
| 액추에이터 | | 2방향 요동형 |

## 6 실린더

| 표 2.23 | 실린더

| 명칭 | 기호 | 비고 |
| --- | --- | --- |
| 단동 실린더 | | 밀어내는 형 |
| | | 스프링으로 밀어내는 형 |
| | | 스프링으로 당기는 형 |
| 복동 실린더 | | 편로드형 |
| | | 양로드형 |
| | | 양쿠션/편로드형 |

## 7 체크, 셔틀, 배기 밸브

| 표 2.24 | 체크, 셔틀, 배기 밸브

| 명칭 | 기호 | 비고 |
| --- | --- | --- |
| 체크 밸브 | | 스프링 없음 |
| | | 스프링 있음 |
| | | 파일럿 작동/스프링 없음 |
| | | 파일럿 작동/스프링 있음 |

| 명칭 | 기호 | 비고 |
|---|---|---|
| 셔틀 밸브 | | 고압 우선형 |
| | | 저압 우선형 |
| 급속 배기 밸브 | | |

## 8 유량 제어 밸브

| 표 2.25 | 유량 제어 밸브

| 명칭 | 기호 | 비고 |
|---|---|---|
| 교축 밸브 | | 가변 교축 |
| 스톱 밸브 | | NC형 |
| 감속 밸브 | | 기계 조작 가변 교축 |
| 유량 조절 밸브 | | 일련형 |
| 분류 밸브 | | |
| 집류 밸브 | | |

## 9 압력 제어 밸브

**| 표 2.26 | 압력 제어 밸브**

| 명칭 | 기호 | 비고 |
|---|---|---|
| 릴리프 밸브 | 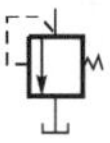 | 일반 기호 |
| | 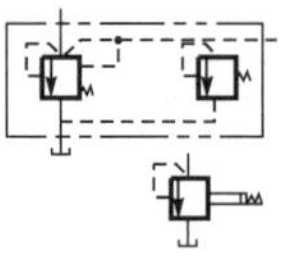 | 파일럿 작동형 |
| | 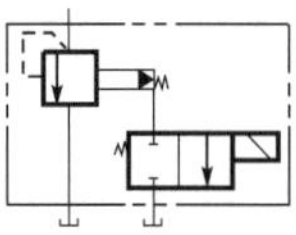 | 전자 밸브 부착 |
| | 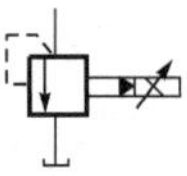 | 비례 전자식(예) |
| 감압 밸브 | 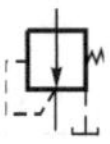 | 일반 기호 |
| | 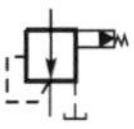 | 파일럿 작동형 |
| | 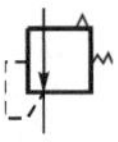 | 릴리프 부착 |
| | 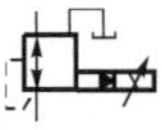 | 비례 전자식(예) |
| | 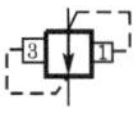 | 정비례식 |
| 시퀀스 밸브 | 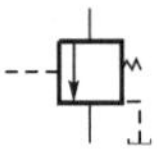 | 일반 기호 |
| | 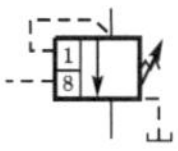 | 보조 조작 부착 (면적비 표기) |
| | 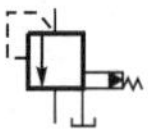 | 파일럿 작동형 |
| 언로드 밸브 | 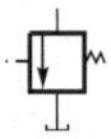 | 일반 기호 |
| 카운터 밸런스 밸브 | 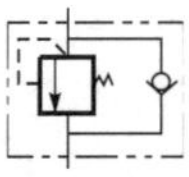 | |

| 명칭 | 기호 | 비고 |
| --- | --- | --- |
| 언로드 릴리프 밸브 | 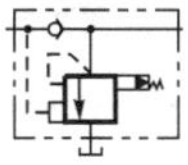  |  |
| 양방향 릴리프 밸브 | 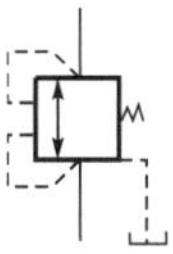  | 직동형 |
| 브레이크 밸브 | 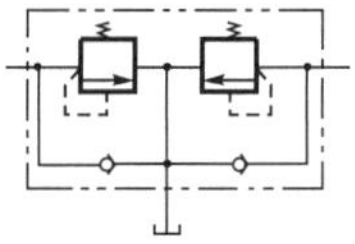  | (예시) |

## 10 유체 조정 기구

| 표 2.27 | 유체 조정 기구

| 명칭 | 기호 | 비고 |
| --- | --- | --- |
| 필터 |   | 일반 기호 |
|  |   | 드레인 부착 |
| 드레인 배출기 |   |  |
| 기름 분리기 |   |  |
| 공기 드라이어 |   |  |
| 루브리케이터 |   |  |
| 공기압 조정 유닛 | 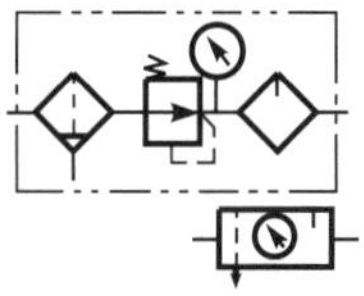  |  |
| 냉각기 |   | 관로 생략 |
|  |   | 관로 표기 |
| 가열기 |   |  |
| 온도 조절기 |   | 가열 또는 냉각 |

**01** 아래 그림 중 가변 용량형 유압 펌프의 KS B0054에 해당되는 것은?

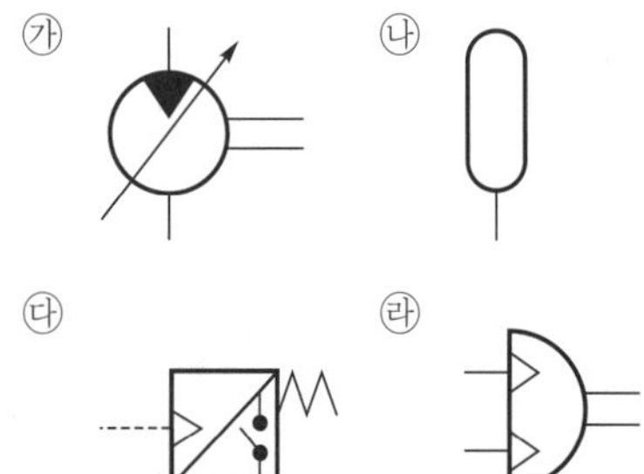

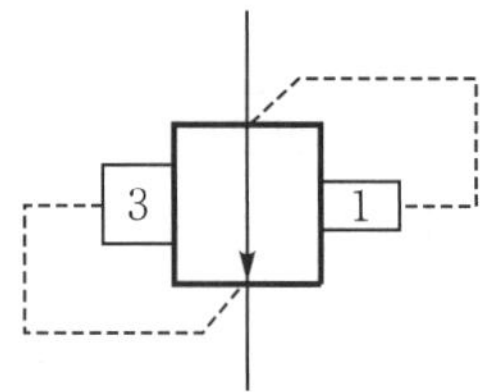

ⓝ 축압기
ⓓ 압력 스위치
ⓡ 요동형 공압 모터

**02** 다음 기호의 명칭으로 옳은 것은?

ⓐ 일정차 감압 밸브

ⓝ 일정량 감압 밸브

ⓓ 일정 비율 감압 밸브

ⓡ 일정 방향 감압 밸브

해설 일정 비율 감압 밸브는 그림에서와 같이 비율에 따라 압력을 제어한다.

**03** 다음 중 압력 조작 방식에서 양방향 조작 방식은?

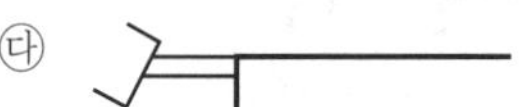

ⓐ 미는 방식
ⓝ 당기는 방식
ⓡ 폐달 방식

**04** 다음 파일럿 압력 조작 방식에서 전자·유압 파일럿 조작 방식은?

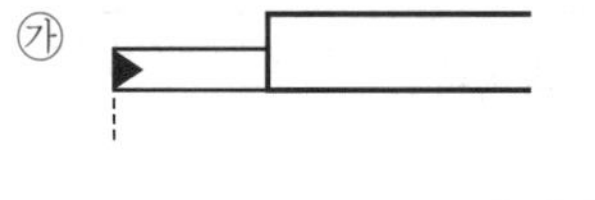

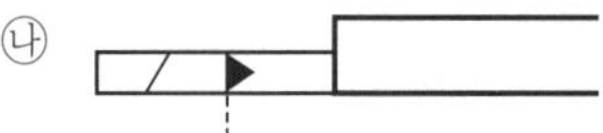

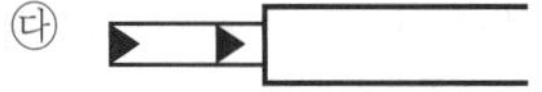

전자·유압 파일럿 조작 방식은 솔레노이드와 파일럿(미소 압력 제어)에 의해서 제어한다.

**05** 다음 그림의 유압 기호는 무엇을 나타내는가?

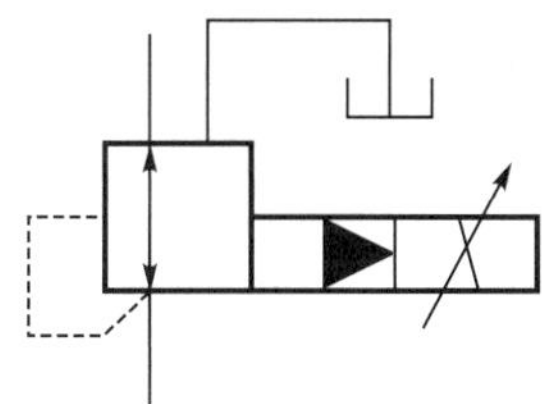

㉮ 전자 방식 감압 밸브

㉯ 파일럿 방식 안전 밸브

㉰ 일정 비율 감압 밸브

㉱ 비례 전자식 감압 밸브

 비례 전자식 감압 밸브는 압력의 감소를 비례 전자식에 의해서 제어하는 밸브이다.

**06** 다음 중 유온의 변화에 대해서도 일정한 유량을 얻을 수 있는 밸브는?

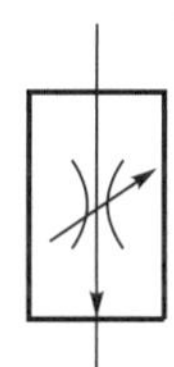

㉮ 온도 보상형 유량 제어 밸브

㉯ 압력 보상형 유량 제어 밸브

㉰ 바이패스 유량 제어 밸브

㉱ 리듀싱 밸브

 온도 보상형 유량 제어 밸브는 온도에 따른 변화를 보정하여 제어하는 밸브이다.

**07** 다음 밸브의 명칭은?

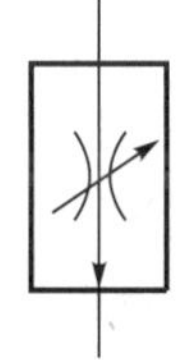

㉮ 1방향 교축 밸브

㉯ 직렬형 유량 조정 밸브

㉰ 바이패스형 유량 조정 밸브

㉱ 파일럿 유량 조정 밸브

 가장 많이 사용하며 직접 연결하여 사용하는 유량 제어 밸브이다.

**08** 다음 기호가 나타내는 명칭으로 맞는 것은?

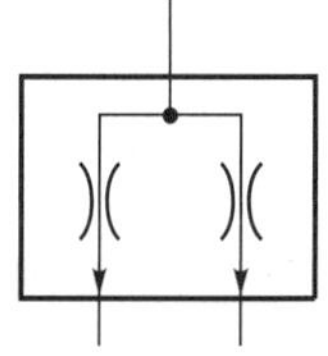

㉮ 분류 밸브　　㉯ 집보 밸브

㉰ 서보 밸브　　㉱ 방출 밸브

 유량을 두 개의 관로로 분류하는 밸브이다.

**09** 4포트 전자 파일럿 전환 밸브의 상세 기호를 간략 기호로 나타낸 것은?

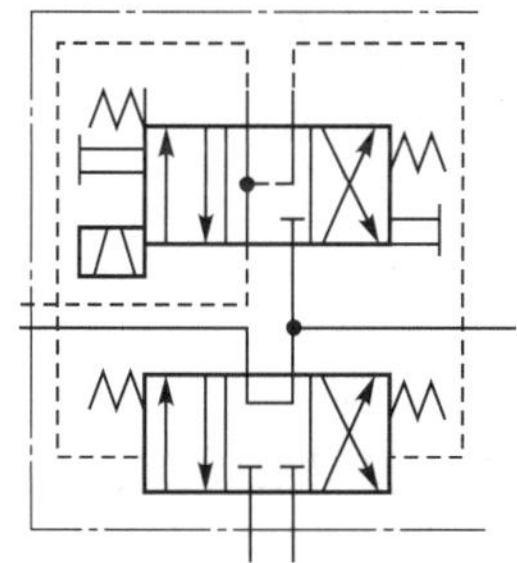

㉮ 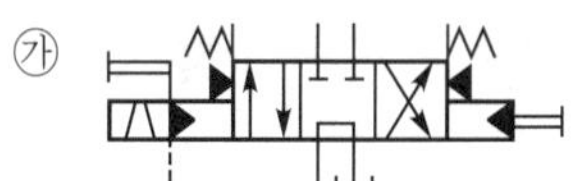

㉯ 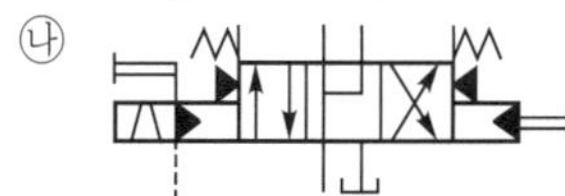

㉰ 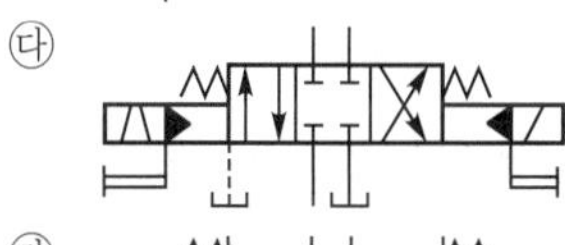

㉱ 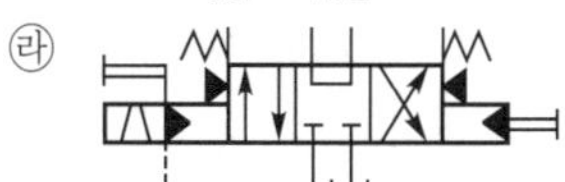

4포트 전자 파일럿 전환 밸브는 전자 파일럿이 작동하지 않으면 생성된 압력은 탱크로 복귀하는 상태를 유지한다.

**10** 다음과 같은 회로를 이용하여 실린더의 전·후진 운동 속도를 같게 하려 한다. 점선 안에 연결되어야 할 밸브의 기호를 고르면?

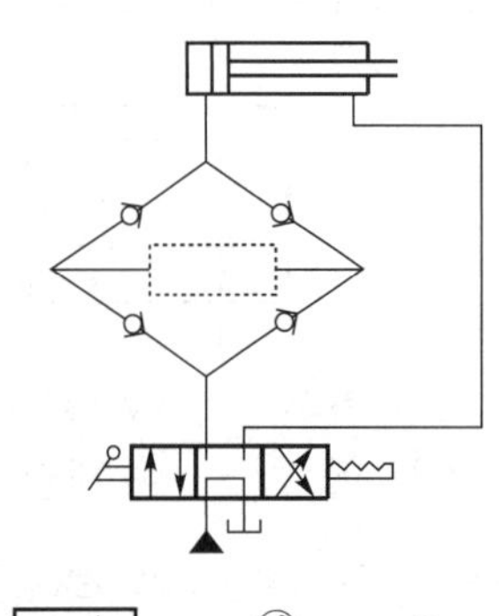

㉮ 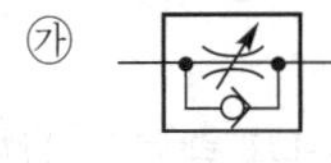   ㉯ 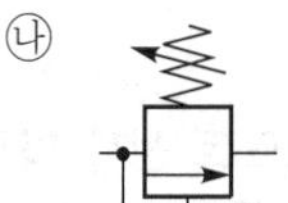

㉰ 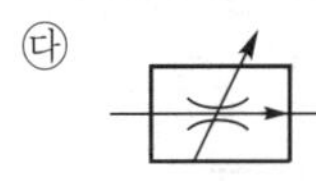   ㉱ 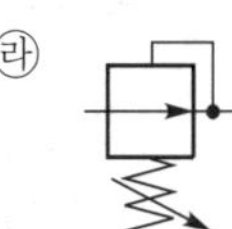

 교축 밸브가 열결되어야 한다.

**11** 다음 유압 기호의 명칭은?

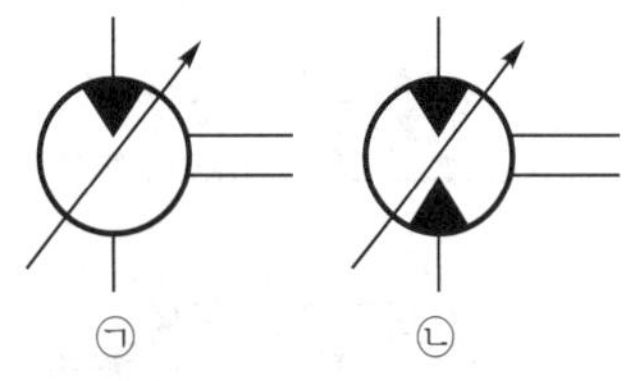

㉮ 정용량형 유압 펌프
㉯ 정용량형 유압 모터
㉰ 가변 용량형 유압 펌프
㉱ 가변 용량형 유압 모터

 가변 용량형 유압 모터의 기호는 화살표

를 대각선으로 표기하며 용량을 변화할 수가 있다.

**12** 다음 기호 명칭으로 적합한 것은?

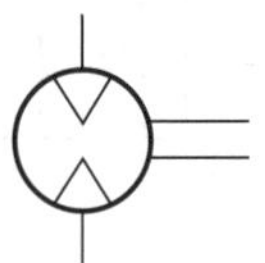

㉮ 유압 펌프   ㉯ 유압 모터
㉰ 공기압 모터   ㉱ 윤활기

 유압 모터는 검정색 삼각형으로 표기한다. 화살표가 안쪽을 향하면 모터를 밖으로 향하면 펌프를 나타낸다.

**13** 다음 중 루브리케이터의 기호는?

㉮ 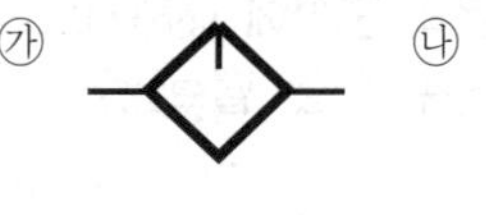   ㉯ 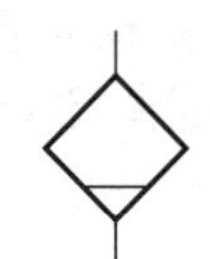

㉰ 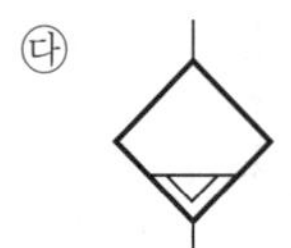   ㉱ 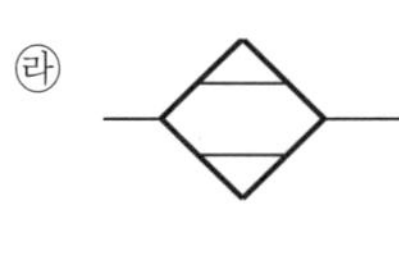

 ㉯ 드레인(수동형)
㉰ 드레인(자동형)
㉱ 건조기

**14** 다음 그림은 KS 유압 도면 기호에서 무슨 밸브를 나타낸 것인가?

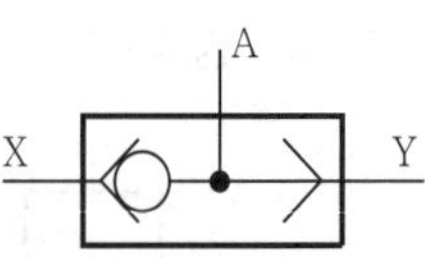

㉮ 셔틀 밸브   ㉯ 분류 밸브
㉰ 시퀀스 밸브   ㉱ 릴리프 밸브

해설 ㉯ 분류 밸브

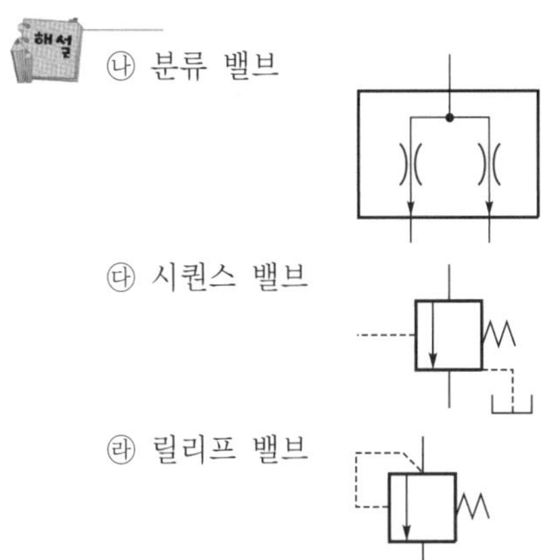

㉰ 시퀀스 밸브

㉱ 릴리프 밸브

## 15 다음 유압 기호는 무엇을 나타내는가?

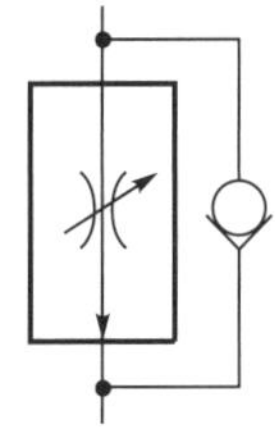

㉮ 릴리프 붙이 체크 밸브부
㉯ 체크 밸브 붙이 유량 조절 밸브
㉰ 체크 밸브부 안전 밸브
㉱ 감압 밸브 붙이 체크 밸브부

해설 체크 밸브로 반대 방향의 유량을 차단하는 유량 조절 밸브이다.

## 16 다음 중 유량 조정 밸브는?

㉮　　　　㉯

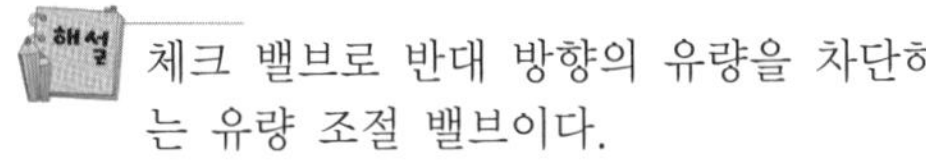

㉰　　　　㉱

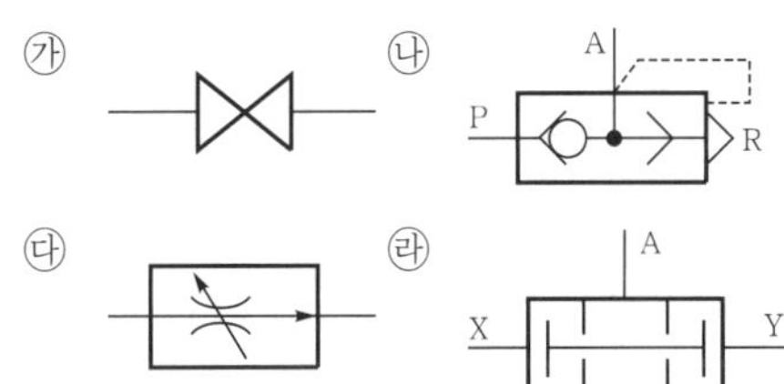

해설  ㉮ 스톱 밸브
㉯ 급속 배기 밸브
㉱ 저압 우선형 셔틀 밸브

## 17 다음 중 어큐뮬레이터의 유압 기호는?

㉮　　　　㉯

㉰　　　　㉱

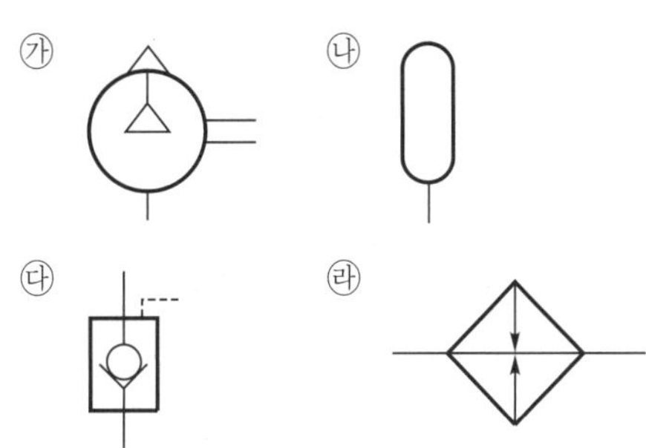

해설  ㉮ 진공 펌프
㉰ 파일럿 조작형 체크 밸브
㉱ 가열기

## 18 다음 유압기호는 어떤 실린더를 나타낸 것인가?

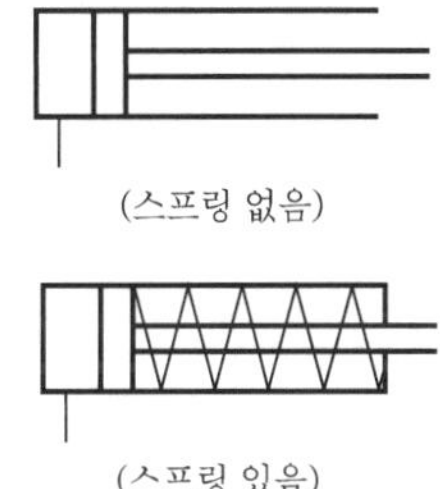

(스프링 없음)

(스프링 있음)

㉮ 쿠션붙이 실린더
㉯ 복동 실린더
㉰ 복동 텔레스코프형 실린더
㉱ 단동 실린더

해설  ㉮ 쿠션붙이 실린더

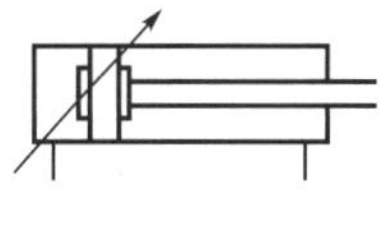

㉯ 복동 실린더

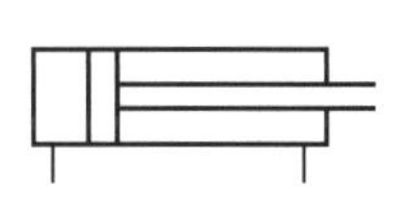

㉰ 복동 텔레스코
프형 실린더

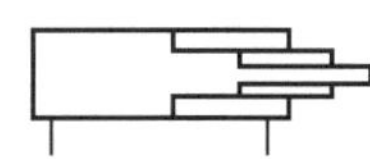

**19** 다음 유압 기호 중 유압 복동 실린더의 기호는?

㉮ 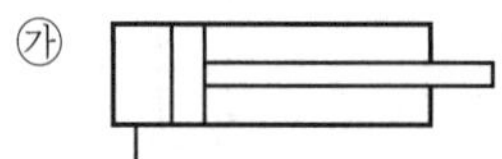

㉯ 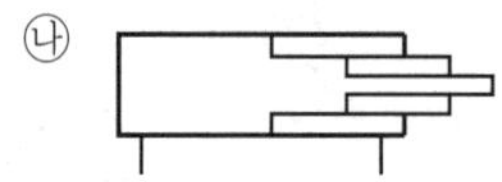

㉰ 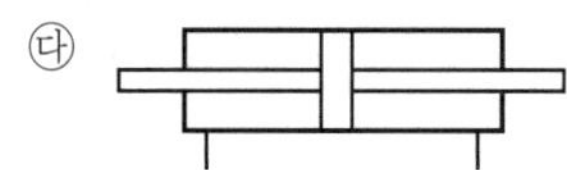

㉱ 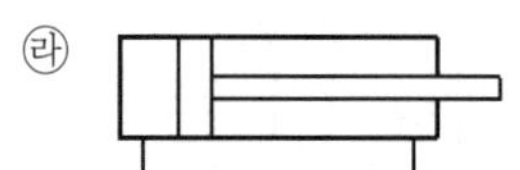

 복동 실린더는 포트가 두 개가 있으며 보통 로드가 없는 쪽이 A포트이다.

# 기계 제도

## 01 | 개요

### (1) 제도

우리 생활에 필요한 제품을 제작하고자 할 때 일정한 규약에 따라서 점, 선, 문자, 숫자, 기호 등으로 물체의 모양, 구조, 기능 등을 다른 사람이 알기 쉽고, 분명하게 이해할 수 있도록 하기 위해 제도 용지에 그리는 것이다.

### (2) 도면

제도에 의해 제도 용지에 그려진 것이다.

## 02 | 도면의 분류

### 1 사용 목적에 따른 분류

#### (1) 계획도(scheme drawing)

만들고자 하는 제품의 계획을 나타내는 도면으로, 제작도 작성에 기초가 된다.

#### (2) 제작도(production drawing)

공장이나 작업장에서 일하는 작업자를 위해 그려진 도면으로, 설계자의 뜻을 작업자에게 정확히 전달할 수 있는 충분한 내용으로 가공을 용이하게 하고 제작비를 절감시킬 수 있다.

#### (3) 주문도(drawing for order)

주문하는 사람이 주문할 제품의 대체적인 크기나 모양, 기능의 개요, 정밀도 등을 주문서에 첨부하기 위해 작성된 도면이다.

## (4) 승인도(approved drawing)

주문받은 사람이 주문한 사람과 검토를 거쳐서 승인을 받아 계획 및 제작을 하는 데 기초가 되는 도면이다. 승인도는 일부러 만들지 않고 주문받은 사람이 주문자의 승인을 얻기 위해 제출한 승인용 도면, 또는 이것에 정정을 한 것에 승인 도장을 받아 승인도로 사용하는 것이 보통이다.

## (5) 견적도(estimated drawing)

주문할 사람에게 물품의 내용 및 가격 등을 설명하기 위해 견적서에 첨부되는 도면이다.

## (6) 설명도(explanatory drawing)

제품의 구조, 기능, 작동 원리, 취급 방법 등을 설명하기 위한 도면으로, 주로 카탈로그(catalogue)에 사용한다.

# 2 내용에 따른 분류

## (1) 조립도(assembly drawing)

제품의 전체적인 조립 순서와 상태를 나타내는 도면으로서, 특히 복잡한 구조를 알기 쉽게 하고, 각 단위 또는 부품의 관련이 나타나도록 그린다.

## (2) 부분 조립도(partial assembly drawing)

복잡한 제품의 조립 상태를 몇 개의 부분으로 나누어서 표시한 것으로, 특히 복잡한 기구를 명확하게 하여 조립을 쉽게 하기 위한 도면이다.

## (3) 부품도(part drawing)

제품을 구성하는 각 부품을 상세하게 그린 도면으로, 제작 때 직접 사용하므로 설계자의 뜻이 작업자에게 정확하고 충분하게 전달되도록 치수나 기타의 사항을 상세하게 기입한다.

## (4) 공정도(process drawing)

제품의 제작 과정에서 거쳐야 할 각 공정마다의 처리 방법, 사용 용구 등을 상세히 나타낸 도면으로, 공작 공정도, 제조 공정도, 설비 공정도 등이 있다.

## (5) 상세도(detail drawing)

제품의 필요한 부분을 더욱 상세하게 표시한 도면으로, 기계, 선박, 건축 등에 있어서 큰 축척으로 그려졌을 경우 그 일부분을 축척을 바꾸어 모양과 치수, 기구 등을 분명히 하기 위해 사용한다.

## (6) 접속도(electrical schematic diagram)

전기 기기의 내부, 상호간의 회로 결선 상태를 나타내는 도면으로, 계획도나 설명도 또는 공작도에 사용된다.

## (7) 배선도(wiring diagram)

전기 기계 기구의 크기나 설치 위치, 전선의 종별 및 굵기, 전선 수, 길이, 배선의 위치 등을 기호와 문자 등으로 표시한 도면이다.

## (8) 배관도(piping diagram)

펌프나 밸브의 위치와 관의 굵기 및 길이, 배관의 위치와 설치 방법 등을 자세히 표시한 도면이다.

## (9) 계통도(system diagram)

물이나 기름, 가스, 전력 등의 접속과 작동 계통을 표시한 도면으로, 계획도나 설명도에 사용된다.

## (10) 기초도(foundation drawing)

기계나 구조물의 기초 공사를 하기 위해 표시한 도면으로, 콘크리트 기초의 높이, 치수 등을 나타낸다.

## (11) 설치도(setting drawing)

기계나 보일러 등을 설치할 경우에 관계되는 사항을 표시한 도면이다.

## (12) 배치도(layout drawing)

건물 위치, 공장 안에 많은 기계를 설치할 때 각 기계의 위치를 표시한 도면으로, 크레인이나 레일, 기타 운전 장치, 전원실 등의 관계를 명확히 표시한다.

## (13) 장치도(plant layout drawing)

화학 공업 등에 있어서 각 장치의 배치와 제조 공정 등의 관계를 표시한 도면이다.

## (14) 외형도(outside drawing)

구조물이나 기계 전체의 겉모양을 나타낸 도면으로, 설치 및 기초 공사에 필요한 사항 등을 표시한 도면이다.

### (15) 구조 선도(skeleton drawing)

기계나 건물 등의 철골 구조물의 골조를 선로로 표시한 도면이다.

### (16) 곡면 선도(lines drawing)

자동차의 차체, 항공기의 동체, 배의 선체 등의 복잡한 곡면을 단면 곡선으로 표시한 도면이다.

## 3 작성 방법에 따른 분류

### (1) 연필 제도(pencil drawing)

제도 용지에 연필로 그린 도면으로, 완성도로 사용하기도 하나 대개는 먹물 제도의 원도로 사용한다.

### (2) 먹물 제도(inked drawing)

연필로 그린 도면을 바탕으로 하여 먹물로 다시 그린 도면이다.

### (3) 착색도(colored drawing)

제품의 구조나 재료 등의 상태를 쉽게 구별할 수 있도록 여러 가지의 색으로 엷게 칠한 도면이다.

## 03 도면 규격과 제도 용구

## 1 도면의 분류

### (1) 원도(original drawing)

제도 용지에 직접 연필로 작성한 도면이나 컴퓨터로 작성한 최초의 도면으로, 트레이스도의 원본이 된다.

### (2) 트레이스도(traced drawing)

연필로 그린 원도 위에 트레이싱지(tracing paper)를 놓고 연필 또는 먹물로 그린 도면으로, 청사진도 또는 백사진도의 원본이 된다.

## (3) 복사도(copy drawing)

같은 도면을 여러 장 필요로 하는 경우에 트레이스도를 원본으로 하여 복사한 도면으로, 청사진, 백사진 및 전자 복사도 등이 있다.

## (4) 스케치도(sketch drawing)

제품이나 장치 등을 그리거나 도안할 때 필요한 사항을 제도 기구를 사용하지 않고 프리핸드(freedhand)로 그린 도면이다.

## 2 도면의 크기

제도 용지의 크기로 나타내며 가장 큰 용지는 A0로서 가로×세로는 1,189[mm]×841[mm]이며 용지의 규격은 A0, A1, A2, A3, A4가 있으며 처음 용지의 긴 변을 반으로 접으면 다음 용지가 된다.

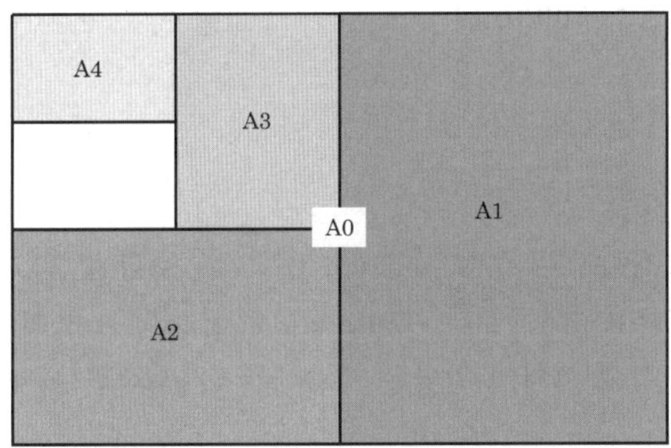


| 그림 3.1 | 제도 용지의 규격

## 3 제도 용구와 재료

도면을 그릴 때 필요한 용구를 제도 용구라 하는데, 제도판, 제도기, 삼각자, T자, 운형자, 분도기, 형판, 문자판, 연필, 지우개, 지우개판, 펜, 먹물 등이 있다.

제도를 능률적으로 하기 위해서는 제도 용구의 사용법을 잘 알고 사용해야 한다.

## (1) 제도 용구

① 디바이더

치수를 옮기거나 선과 원주 등의 간격을 나눌 때 사용한다.

② 컴퍼스

원이나 원호를 그릴 때 사용한다.

③ 스프링 컴퍼스

작은 원이나 원호를 그릴 때 쓰이는데, 제도할 수 있는 반지름의 범위는 35mm 이하이다.

④ 먹줄 펜

먹물로 제도할 때 먹물을 넣어 사용하는 기구이며, 직선과 곡선을 그릴 때 쓰인다.

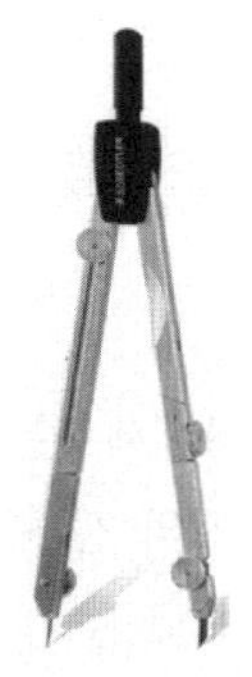

| 그림 3.2 | 디바이더

| 그림 3.3 | 스프링 컴퍼스

## (2) 자의 종류

① T자

평행선을 긋거나 삼각자와 같이 사용하여 수직선, 수평선 및 사선을 그을 때 사용한다. T자는 몸체 길이가 450[mm], 750[mm], 900[mm], 1,200[mm], 1,800[mm] 등의 것이 있으나 제도판의 크기에 알맞은 것을 골라 사용하면 된다.

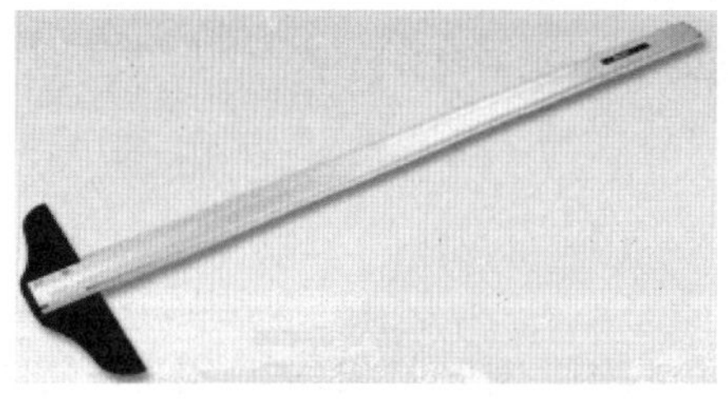

| 그림 3.4 | T자

| 그림 3.5 | 삼각자

② 삼각자

T자와 함께 수직선과 사선을 긋는 데 사용한다. 삼각자는 밑각이 45°인 직각 이등변 삼각형과 두 각이 각각 30°와 60°인 직각 삼각형을 1쌍으로 한다.

③ 운형자

컴퍼스로 그리기 어려운 원호나 불규칙한 곡선을 그릴 때 사용하는 여러 가지의 곡선으로 된 제도 용구이다. 모양은 일정하지 않으나 크고 작은 곡률을 필요로 하기 때문에 6개, 12개, 20개 등을 1세트로 하여 대·중·소의 세 종류가 있다.

④ **자유 곡선자**

여러 가지 곡선을 자유롭게 그릴 때 사용하는 제도 용구이다. 납이나 고무로 만들어 자유롭게 구부릴 수 있으므로, 원하는 모양을 쉽게 만들어 사용할 수 있다.

|그림 3.6| 운형자

|그림 3.7| 자유 곡선자

⑤ **형판**

셀룰로이드나 아크릴로 만든 얇은 판에 여러 가지 크기의 원, 타원 등과 같은 도형이나 문자, 숫자, 전기·전자 등의 기호를 정교하게 뚫어 놓아서 원하는 모양을 신속하고 정확하게 그릴 수 있도록 만든 것이다.

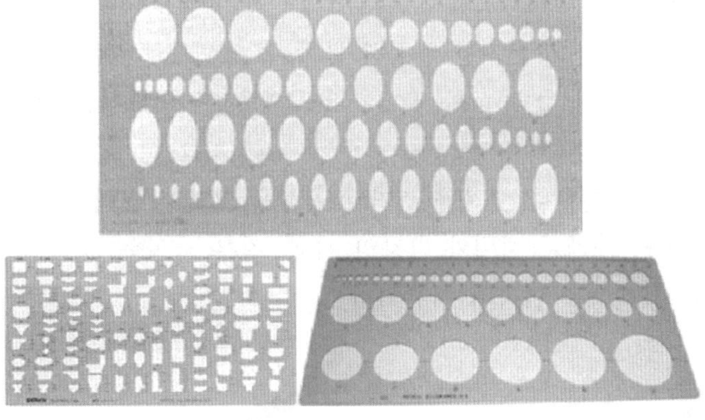

|그림 3.8| 형판

⑥ **축척 자**

길이를 재거나 줄여서 선을 그을 때 사용하는 제도 용구로서, 용도에 따라 여러 가지 종류가 있다. 가장 많이 사용되는 것은 삼각 스케일이다. 삼각 스케일로 3면에 1 : 100, 1 : 200, 1 : 300, 1 : 400, 1 : 500, 1 : 600의 여섯 가지 축척 눈금이 새겨져 있다. 길이가 300[mm]이고, 최소 눈금이 0.5[mm]까지 표시되어 있어서 사용하기가 편리하다.

⑦ 분도기

각도와 방향을 측정하는 데 사용하는 제도 용구이다.

|그림 3.9| 축척 자

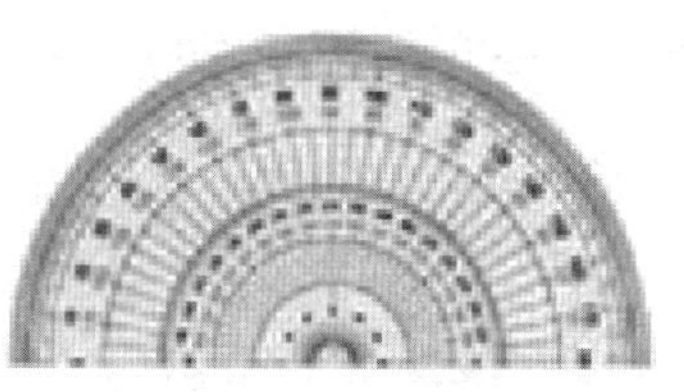

|그림 3.10| 분도기

## (3) 연필

① 제도용 연필

연필은 용도에 따라 글씨를 쓸 때 사용하는 연필과 선을 그을 때 사용하는 연필로 구분할 수 있다. 또, 연필심의 단단한 정도에 따라서 여러 가지로 구분할 수가 있다. 즉, 무른 연필심은 6B, 5B, 4B, 3B, 2B, 중간 연필심은 B, HB, F, H, 2H, 3H, 단단한 연필심은 4H, 5H, 6H, 7H, 8H, 9H의 17종이 있다. 6B가 가장 무르고, F나 HB가 중간 정도이며, 9H가 가장 단단하다.

보통 제도할 때 윤곽선이나 굵은 선은 4B 연필을 사용하고, 글씨는 HB 연필, 보조선이나 수치선은 3H 연필을 사용하면 알맞다.

② 제도용 샤프 연필

제도용 샤프 연필은 선의 굵기를 일정하게 할 수 있으므로 사용하기가 편리하다. 연필심의 굵기는 0.3[mm], 0.5[mm] 및 0.7[mm]인 샤프 연필심을 많이 사용한다.

③ 제도용 펜

먹물 제도를 할 때 문자나 숫자를 쓰거나 곡선을 그리기 위해서 펜촉을 사용한다. 펜촉의 모양에 따라 스케치 서체와 디자인 서체, 작은 글씨를 쓸 때와 큰 글씨를 쓸 때 등 용도에 맞게 펜촉을 골라서 사용한다.

|그림 3.11| 마카 펜          |그림 3.12| 제도용 샤프 연필

| 그림 3.13 | 제도용 펜

④ 제도용 만년필

제도용 펜촉 대용으로 제도용 만년필을 많이 사용한다. 굵기에 따라서 0.13[mm]부터 2.0[mm]까지 9종류가 있다.

## (4) 제도판

제도할 때 용지를 붙이는 직사각형의 밑판으로, 표면이 평평하고 T자의 안내면이 바르게 다듬질되어 있다.

| 그림 3.14 | 제도판

## (5) 제도 용지

제도 용지는 원도 용지와 트레이싱지가 있다. 보통 원도 용지로는 두껍고 불투명한 켄트지와 와트만지를 사용한다. 켄트지는 주로 연필 제도나 먹물 제도를 할 때 사용하며, 와트만지는 채색 제도 용지로 쓴다.

트레이싱지에는 얇고 반투명한 종이, 미농지, 기름종이 및 고운 옥양목에 납 가루를 칠한 트레이싱 천, 합성 수지계 필름 등이 있다.

## 4 제도 기계

  T자, 삼각자, 스케일, 각도기 등의 기능을 고루 갖춘 제도 용구를 제도 기계라 한다. 제도 기계는 수평과 수직의 눈금자가 제도판 위에서 마음대로 어느 위치든지 이동할 수 있고, 각도판의 눈금자가 필요한 각도에 고정시킬 수 있도록 만들어져 있어 사용하기가 매우 편리하다.

# 적·중·예·상·문·제

**01** 도면의 A1 크기에서 철하지 않을 때 c 의 치수는 몇 [mm]인가?

㉮ 5 ㉯ 10
㉰ 20 ㉱ 25

 A0, A1은 20[mm], A2, A3, A4는 10[mm] 이며, 철하는 경우는 25[mm]이다.

**02** 기계 제도의 부품란에는 다음의 항목을 기입하는 데 틀린 것은 어느 것인가?

㉮ 공정과 중량 ㉯ 품번과 수량
㉰ 품명과 재질 ㉱ 예산과 기사

 부품란은 기계 가공을 위한 항목만 기입 하면 된다.

**03** 재료 기호는 원칙적으로 세 부분으로 구 성되어 있다. 그 중 중간 부분의 기호는 무엇을 나타내는가?

㉮ 재질 ㉯ 제품명
㉰ 최저 인장 강도 ㉱ 열처리 상황

 제2위 문자로서 규격, 제품명, 형상별 종 류나 용도를 나타내는 부분으로 영어 표 기의 머리글자를 사용한다.

**04** 제도 용지의 크기에서 가장 큰 용지의 규격은?

㉮ A0 ㉯ A2
㉰ A3 ㉱ A4

 841×1,189[mm]이며, 가장 작은 규격은 210×297[mm]이다.

**05** 규격 중에서 독일 규격은 어느 것인가?

㉮ ISO
㉯ BS
㉰ DIN
㉱ ANSI

 ISO는 국제 규격, BS는 영국 규격, ANSI 는 미국 규격이다.

**06** KS의 부문별 기호 중에서 기계를 나타 내는 것은?

㉮ KS A ㉯ KS B
㉰ KS C ㉱ KS D

 KS A는 기본(통칙), KS C는 전기, KS D 는 금속을 나타낸다.

**07** 도면에서 반드시 마련해야 할 사항으로 만 된 것은?

㉮ 윤곽선, 표제란, 재단 마크
㉯ 윤곽선, 표제란, 비교 눈금
㉰ 윤곽선, 중심 마크, 재단 마크
㉱ 윤곽선, 표제란, 중심 마크

 윤곽선은 도면의 테두리를 나타내고 표제 란은 부품 가공을 위한 제원을, 중심 마 크는 도면의 배치에 대한 균형을 판단하 도록 한다.

**08** 다음에서 표제란에 표시할 필요가 없는 것은?

㉮ 학교명　　　　㉯ 도면 번호
㉰ 용지의 무게　　㉱ 제품명

 용지의 무게는 표기하지 않는다.

**09** 도면에서 비교 눈금을 마련하는 이유는?

㉮ 축소와 확대를 할 경우 실제 크기와 비교하도록
㉯ 특정한 위치를 지정할 때 편리하기 때문에
㉰ 도면 내용의 훼손을 방지하려고
㉱ 누구의 도면인지 알리려고

 비교 눈금은 물체의 크기에 따라 축소와 확대를 해야 하므로 필요하다.

**10** 제도 용지에서 세로와 가로의 비는 얼마인가?

㉮ 1 : 2　　　　㉯ 2 : 1
㉰ $\sqrt{2}$ : 1　　　㉱ 1 : $\sqrt{2}$

 가로 길이가 세로 길이보다는 0.414 정도 크다.

**11** 척도의 표시 방법으로 1 : 2가 나타내는 것은?

㉮ 실척　　　　㉯ 축척
㉰ 배척　　　　㉱ 현척

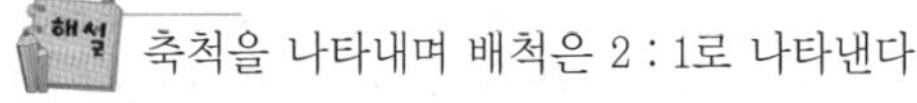 축척을 나타내며 배척은 2 : 1로 나타낸다.

**12** 도면의 척도를 표시할 때 NS가 기입할 경우 이 기호의 의미는?

㉮ 실척
㉯ 축척

㉰ 배척
㉱ 비례척이 아님

 NS는 No Scale의 약자로서 척도와 무관하게 표기하는 방법이다.

**13** A2 도면의 크기는 얼마인가?

㉮ 841×1,189[mm]
㉯ 594×841[mm]
㉰ 420×594[mm]
㉱ 297×420[mm]

 ㉮ 841×1,189[mm]는 A0
㉯ 594×841[mm]는 A1
㉱ 297×420[mm]는 A3

**14** A3 용지의 테두리선은 외곽에서 얼마나 떨어지는가?

㉮ 5[mm]　　　　㉯ 10[mm]
㉰ 15[mm]　　　㉱ 20[mm]

 A2, A3, A4의 테두리 선은 10[mm]로 동일하다.

**15** 표제란에 있을 필요가 없는 것은?

㉮ 보관 방법　　㉯ 도번
㉰ 제도자　　　㉱ 날짜

 표제란은 도면의 가공에 관련된 부분만 표기하면 된다.

**16** 다음 중 부품란에 기입해야 할 사항이 아닌 것은?

㉮ 재질　　　　㉯ 수량
㉰ 공정　　　　㉱ 제작자

 제작자는 부품란에 기입하지 않는다.

[정답]　8. ㉰　9. ㉮　10. ㉱　11. ㉯　12. ㉱　13. ㉰　14. ㉯　15. ㉮　16. ㉱

**17** 도면에 반드시 있어야 할 사항 중 거리가 먼 것은?

㉮ 중심 마크
㉯ 표제란
㉰ 윤곽선
㉱ 비교 눈금

 비교 눈금은 척도를 판단할 때 필요하다.

**18** 도면을 접을 때 그 크기의 기준은 얼마로 하여야 하는가? (단, 단위 : [mm])

㉮ A1(594×841)
㉯ A2(420×594)
㉰ A3(297×420)
㉱ A4(210×297)

 도면을 접을 때는 A4 크기를 기준하여 보관한다.

# 문자와 척도 및 선의 종류

## 01 문자

제도에 사용하는 문자는 KS A 0107-1988의 규정에 따르는데, 읽기 쉽고 균일한 크기로 쓰며, 도면을 표시한 선의 농도에 맞추어 써야 한다.

### (1) 한글과 한자

한글의 글자체는 활자체에 준한다. 보통은 고딕체를 사용하지만 명조체나 그래픽체도 사용한다.

한자는 상용한자를 사용하며 16획 이상의 한자는 되도록 한글로 쓰도록 한다. 글자체는 기계 조각용 표준 글자체(KS A 0202-11981)를 쓴다.

### (2) 로마자와 아라비아 숫자

① 로마자

ㄱ 영자는 주로 로마자의 대문자를 사용하지만 기호나 기타 특별한 경우에는 소문자를 사용해도 좋다.

ㄴ 숫자와 영자의 서체는 J형·B형 경사체, B형 직립체가 있으며, 특별한 경우가 아니면 혼용하지 않도록 한다.

ㄷ 경사체는 수직에 대하여 오른쪽으로 약 15° 기울여 쓴다.

② 아라비아 숫자

ㄱ 숫자는 아라비아 숫자를 사용한다.

ㄴ 아라비아 숫자는 높이 5[mm] 이상의 숫자는 2 : 3의 비율로 나누어 상·중·하 3줄의 안내선을 긋고, 4[mm] 이하의 숫자는 2줄의 안내신을 긋는다.

ㄷ 너비는 높이의 약 1/2로 하고 75°의 경사진 안내선을 긋는다.

ㄹ 분수는 분자 분모의 높이를 2/3로 한다.

## 02 문자의 크기와 호칭

### (1) 문자의 크기

문자의 크기는 문자의 높이로 나타낸다. 제도 통칙(KS A 0202)에서 크기와 모양을 규정하고, 도면의 크기나 축척에 따라 다르다.

　① 한자 : 3.15[mm], 4.5[mm], 6.3[mm], 9[mm], 12.5[mm], 18[mm]

　② 한글·숫자·영자 : 2.24[mm], 3.15[mm], 4.5[mm], 6.3[mm], 9[mm], 12.5[mm], 18[mm]

### (2) 문자의 선 굵기

문자의 선 굵기는 한자의 경우에는 문자 크기의 호칭에 대하여 1/12.5로 하고, 한글·숫자·영자의 경우에는 1/9로 하는 것이 바람직하다.

## 03 척도

척도는 도면에 나타낸 크기와 실물 크기와의 비율을 의미한다.

### (1) 축척

실제 크기보다 작은 비율로 나타내는 척도이다(1 : 2, 1 : 5, 1 : 10 등).

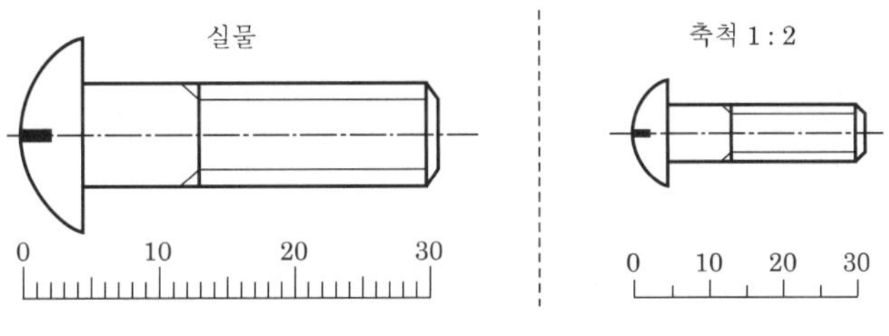


| 그림 3.15 | 축척

### (2) 현척

실제 크기대로 나타내는 척도이다(1 : 1).

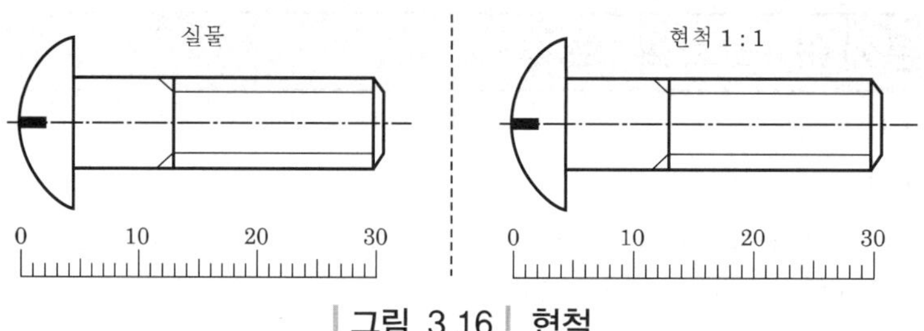



| 그림 3.16 | 현척

## (3) 배척

실제 크기보다 큰 비율로 나타내는 척도이다(2 : 1, 5 : 1, 10 : 1 등).

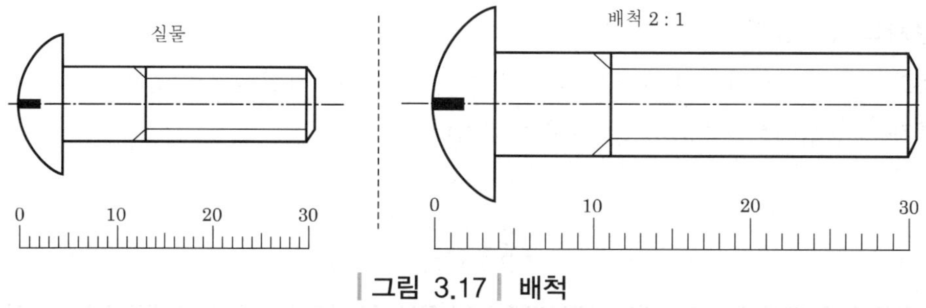



| 그림 3.17 | 배척

# 04 선의 종류

## 1 선의 종류와 용도 및 표시법

도면을 작성할 때 사용되는 선은 모양과 굵기에 따라서 서로 다른 기능을 가지게 된다. [표 3.1]에 KS A 3007-1988에 규정된 선의 모양과 굵기에 따른 용도와 사용법을 나타낸다.

| 표 3.1 | 선의 종류와 용도

| 선의 종류 | 용도에 의한 명칭 | 선의 용도 |
|---|---|---|
| 굵은 실선 | 외형선 | 대상물이 보이는 부분의 겉모양을 표시한 선 |
| 가는 실선 | 치수선 | • 치수를 기입하기 위한 선 |
| | 치수 보조선 | • 치수를 기입하기 위하여 도형에서 인출한 선 |
| | 지시선 | • 지시, 기호 등을 나타내기 위하여 인출한 선 |
| | 회전 단면선 | • 도형 안에 그 부분의 절단면을 90° 회전시켜서 나타내는 선 |
| | 중심선 | • 도형의 중심을 나타내는 선 |
| | 수준면선 | • 수면, 액면 등의 위치를 나타내는 선 |

| 선의 종류 | 용도에 의한 명칭 | 선의 용도 |
|---|---|---|
| 가는 파선 또는 굵은 파선 | 숨은 선 | 대상물의 보이지 않는 부분의 모양을 표시하는 선 |
| 가는 1점 쇄선 | 중심선<br>기준선<br><br>피치선 | • 도형의 중심을 나타내는 선<br>• 중심이 이동한 중심 궤적을 나타내는 선. 특히, 위치 결정의 근거임을 명시하기 위할 때 쓰는 선<br>• 반복 도형의 피치를 잡는 기준이 되는 선 |
| 굵은 1점 쇄선 | 기준선<br>특수 지정선 | • 기준선 중 특히 강조하는 데 쓰는 선<br>• 특수한 가공을 하는 부분 등 특별한 요구 사항을 적용할 범위를 나타내는 선 |
| 가는 2점 쇄선 | 가상선<br><br><br>무게 중심선 | • 인접하는 부분 또는 공구, 지그 등을 참고로 표시하는 선<br>• 가공 부분에서 이동 중의 특정 위치 또는 이동 한계의 위치를 나타내는 선<br>• 단면의 무게 중심을 연결하는 선 |
| 파형의 가는 실선, 지그재그의 가는 실선 | 파단선 | 대상물의 일부를 파단한 경계 또는 일부를 떼어낸 경계를 표시하는 선 |
| 가는 1점 쇄선과 선의 끝과 방향이 변화되는 부분을 굵게 한 선이 조합된 선 | 절단선 | 단면도를 그리는 경우에 그 절단 위치를 대응하는 그림을 나타내는 선 |
| 가는 실선으로 규칙적으로 빗금을 그은 선 | 해칭선 | 단면도의 절단면을 나타내는 선 |

## ■2 모양에 의한 선의 종류

### (1) 실선

① 연속적으로 그어진 선을 실선(continuous line)이라 한다. 굵은 실선과 가는 실선이 있는데 굵은 실선은 물체가 보이는 부분의 외형선에 쓰고, 굵기를 가는 실선의 2배 정도(0.3~0.8[mm])로 한다.

② 파단선은 물체의 일부를 파단한 경계 또는 절단 부분을 나타내는 데 쓰며, 자를 사용하지 않고 자유 실선으로 그린다.

③ 가는 실선(0.2[mm] 이하)은 치수선이나 치수 보조선, 지시선, 해칭선 등에 쓴다.

### (2) 파선

① 일정한 길이로 반복되게 그어진 선을 파선(dashed line)이라 한다.

② 보이지 않는 부분을 나타내는 숨은 선으로 쓰는데, 굵기는 굵은 실선의 절반에 해당되게 사용한다.

③ 선의 길이는 3~5[mm], 간격은 0.5~1[mm] 정도로 한다.

### (3) 1점 쇄선

① 긴 선과 짧은 선이 반복되게 그어진 선을 1점 쇄선(chain line)이라 한다.

② 재료의 중심축, 대칭의 중심, 구멍의 중심 등을 나타내는 중심선과 재료의 절단 장소를 나타내는 절단선과 기준선, 경계선, 참고선 등에 쓴다.

③ 긴 선의 길이는 10~30[mm], 짧은 선의 길이는 1~3[mm], 선 간격은 0.5~1[mm] 정도로 한다.

### (4) 2점 쇄선

① 길고 짧은 2종류의 선이 긴 선과 짧은 선, 짧은 선과 긴 선으로 반복되게 그어진 선을 2점 쇄선(chain double-dashed line)이라 하며, 가상선으로 쓰고 가는 선으로 그린다.

② 긴 선의 길이는 10~30[mm], 짧은 선의 길이는 1~3[mm]이고, 선과 선의 간격은 0.5~1[mm] 정도로 한다.

## 3 굵기에 의한 선의 종류

### (1) 가는 선(thin line)

① 도형 도면을 구성하고 있는 선 중에서 상대적으로 가는 선을 말한다.

② 굵기는 0.3[mm] 이하 정도로 한다.

### (2) 굵은 선(thick line)

① 도면을 구성하고 있는 선 중에서 상대적으로 중간선을 말한다.

② 가는 선의 2배 굵기 정도로 한다.

③ 굵기를 0.3~0.8[mm] 정도로 그린다.

### (3) 아주 굵은 선(thicker line, extra thick line)

① 도면을 구성하고 있는 선 중에서 상대적으로 특히 굵은 선을 말한다.

② 굵은 선의 2배 이상의 굵기로 한다.

③ 이외에도 선의 용도에 따라 [표 3.2]와 같이 모양과 굵기를 달리하여 사용한다.

 **표 3.2 | 선의 모양과 용도**

| 선의 모양 | 이름(용도) | 선의 용도 |
|---|---|---|
| ——————— | 외형선 | 물체의 보이는 부분을 나타내는 선 |
| ——————— | 치수선, 보조선 | 치수, 각도 등을 기입하기 위하여 사용되는 선 |
| ↙———— | 지시선 | 설명할 때 사용되는 선 |
| - - - - - - - - - | 숨은 선 | 물체의 보이지 않는 부분을 나타내는 선 |
| —·—·—·— | 중심선 | 도형의 중심을 나타내는 선 |
| ////// | 해칭선 | 물체의 절단한 면에 빗금으로 단면을 표시하는 선 |
| ∿∿ | 파단선 | 물체를 생략할 때 나타내는 선 |

# 적·중·예·상·문·제

**01** 제도 문자로서 한글 서체가 아닌 것은?

㉮ 명조체  ㉯ 그래픽체
㉰ 고딕체  ㉱ 구양순체

 제도 문자의 서체는 명조체, 그래픽체, 고딕체가 사용된다.

**02** 로마자 서체 중 라운드체인 것은?

㉮ ABCD
㉯ ABCD
㉰ *ABCD*
㉱ ABCD

 라운드체는 글씨 형상이 원형의 형태를 가지고 있다.

**03** 한글과 아라비아 숫자의 크기는 5종으로 하는데, 다음 중 글자의 크기(mm)가 옳은 것은?

㉮ 2.24, 3.15, 4.5, 6.3, 9
㉯ 2.05, 3.1, 4.6, 6.6, 9.1
㉰ 2.15, 3.46, 4.75, 6.5
㉱ 2.12, 3.51, 4.85, 6.8, 9.5

 5종은 2.24, 3.15, 4.5, 6.3, 9이다.

**04** 도면에서 물체의 크기를 나타내는 척도의 종류에 해당되지 않는 것은?

㉮ 축척  ㉯ 현척
㉰ 비교척  ㉱ 배척

 축척은 실제 크기를 축소하고 현척은 실제 크기대로, 배척은 실제 크기보다 확대하는 방법이다.

**05** 불규칙한 파형의 가는 실선 또는 지그재그 선으로 나타내는 선은?

㉮ 무게 중심선
㉯ 파단선
㉰ 특수 지정선
㉱ 절단선

 파단선은 물체의 일부분을 절단하여 내부를 볼 수 있도록 한다.

**06** 아라비아 숫자에서 가장 작은 숫자의 크기는 몇 [mm]인가?

㉮ 1.24  ㉯ 1.52
㉰ 2.24  ㉱ 3.52

 한글과 아라비아 숫자의 크기에서 가장 작은 숫자의 크기는 2.24[mm]이다.

**07** KS에서 사용되는 선의 굵기 중에서 제일 가는 선의 굵기는 몇 [mm]인가?

㉮ 0.10  ㉯ 0.14
㉰ 0.18  ㉱ 0.20

 제일 가는 선의 굵기는 0.18[mm]이다.

**08** 겹치는 선의 우선 순위를 옳게 표시한 것은?

㉮ 숨은 선 – 외형선 – 중심선

㉯ 치수 보조선 – 외형선 – 숨은 선

㉰ 숨은 선 – 외형선 – 해칭선

㉱ 외형선 – 숨은 선 – 중심선

해설 외형선을 우선하며 물체의 형상을 나타내는 선이다.

**09** 가공에 사용하는 공구의 모양을 도시할 때 사용되는 선은?

㉮ 숨은선

㉯ 1점 쇄선

㉰ 가는 2점 쇄선

㉱ 실선

해설 가상선으로 운동의 상태나 궤적을 표기할 때 사용한다.

**10** 치수 보조선에 사용되는 선의 종류는?

㉮ 2점 쇄선　　　㉯ 가는 실선

㉰ 외형선　　　㉱ 1점 쇄선

해설 치수선과 치수 보조선은 가는 실선으로 표기한다.

**11** 아래 도면에서 선의 명칭이 바르게 된 것은?

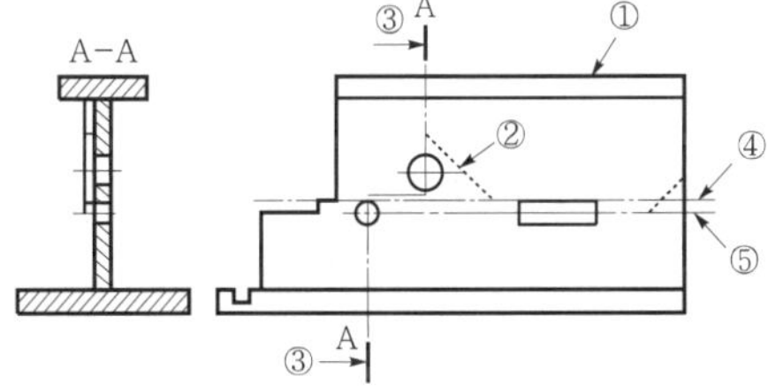


㉮ ① 외형선, ② 숨은 선, ③ 절단선, ④ 중심선, ⑤ 무게 중심선

㉯ ① 외형선, ② 숨은 선, ③ 중심선, ④ 무게 중심선, ⑤ 절단선

㉰ ① 외형선, ② 중심선, ③ 절단선, ④ 숨은 선, ⑤ 무게 중심선

㉱ ① 외형선, ② 숨은 선, ③ 무게 중심선, ④ 중심선, ⑤ 절단선

해설 외형선은 굵은 실선, 숨은 선은 파선, 절단선과 중심선은 1점 쇄선, 무게 중심선은 2점 쇄선으로 표기한다.

**12** 절단면 등을 명시하기 위하여 쓰는 선의 명칭은?

㉮ 피치선　　　㉯ 가상선

㉰ 해칭선　　　㉱ 파단선

해설 45° 사선을 2~4[mm] 간격의 가는 실선으로 표기하거나 색연필로 테두리 부분만 색칠을 하는 스머징법이 있다.

**13** 기어의 제도에서 피치원은 어느 선으로 그리는가?

㉮ 굵은 실선

㉯ 가는 실선

㉰ 가는 1점 쇄선

㉱ 굵은 1점 쇄선

해설 피치원(pitch circle, diameter)은 상대 기어와 접촉하는 궤적으로 가는 1점 쇄선으로 나타낸다.

**14** 가는 실선으로 사용하는 선이 아닌 것은?

㉮ 치수선

㉯ 지시선

㉰ 외형선

㉱ 치수 보조선

해설 외형선은 굵은 실선으로 나타낸다.

**15** 특수 가공, 열처리 등 특별 요구 사항을 적용할 수 있는 범위를 표시하는 데 사용하는 선의 종류는 어느 것이 적합한가?

㉮ 가는 2점 쇄선　㉯ 가는 실선
㉰ 가는 1점 쇄선　㉭ 굵은 1점 쇄선

 가는 2점 쇄선은 가상선으로, 가는 1점 쇄선은 중심선으로 사용한다.

**16** 기계 제도에서 가공 전이나 후의 형상을 표시할 경우 사용되는 선의 종류는?

㉮ 굵은 실선
㉯ 가는 실선
㉰ 가는 1점 쇄선
㉭ 가는 2점 쇄선

 가공 전후의 형상은 가는 2점 쇄선으로 나타낸다.

**17** 암, 림, 리브 등의 단면형을 도형 내에 그릴 때 선의 종류는?

㉮ 굵은 실선　　㉯ 가는 실선
㉰ 가상선　　　㉭ 파선

 암, 림, 리브 등의 단면형을 도형 내에 그릴 때는 가는 실선으로 그린다.

**18** 다음 중 지그재그 선을 사용하는 경우인 것은?

㉮ 도면 내 그 부분의 단면을 90° 회전하여 나타내는 선
㉯ 제품 일부의 파단한 곳을 표시하는 선
㉰ 인접을 참고로 표시하는 선
㉭ 반복을 표시하는 선

 지그재그선은 제품의 일부를 파단할 때 사용하며 굵은 실선으로 표시한다.

**19** 다음 중 절단면을 표시하는 해칭선의 간격[mm]은?

㉮ 3~5　　　㉯ 8
㉰ 10　　　㉭ 12

 해칭선은 3~5[mm]로 표시하며 도면의 크기에 따라 선정하여 표기한다.

**20** 개스킷 등의 극히 얇은 제품의 단면법은?

㉮ 45°의 가는 실선으로 표시
㉯ 점으로 표시
㉰ 문자로 기입
㉭ 1개의 굵은 실선으로 표시

 극히 얇은 제품의 단면은 1개의 굵은 실선으로 표시한다.

**21** 도면에서 문자의 높이를 나타낸 것으로 잘못된 것은?

㉮ 공차 치수 문자 : 2.24~4.5
㉯ 일반 치수 문자 : 3.15~6.3
㉰ 부품 번호 문자 : 6.3~12.5
㉭ 도면 번호 문자 : 1.12~2.24

 도면 번호 문자는 9~12.5[mm], 도면 이름 문자는 9~18[mm]이다.

**22** 코일 스프링의 중간 부분을 생략할 때에 생략한 부분의 선 지름의 중심선을 표시하는 선은?

㉮ 가는 실선
㉯ 굵은 실선
㉰ 가는 1점 쇄선
㉭ 파단선

 절단한 곳을 나타내는 표시 문자는 절단면에 수평으로 쓴다.

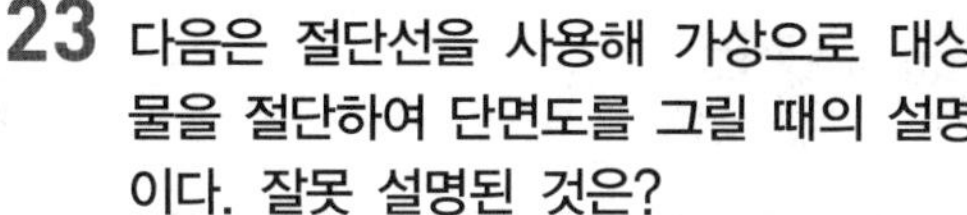

**23** 다음은 절단선을 사용해 가상으로 대상물을 절단하여 단면도를 그릴 때의 설명이다. 잘못 설명된 것은?

㉮ 절단한 곳을 나타내는 표시 문자는 절단면에 수직하게 쓴다.

㉯ 화살표는 단면을 보는 방향을 나타낸다.

㉰ 절단한 곳을 나타내는 표시 문자는 영문자의 대문자로 표시한다.

㉱ 화살표와 글자 기호는 생략이 가능하다.

 코일 스프링의 중간 부분을 생략할 때에 생략한 부분의 선 지름의 중심선은 가는 1점 쇄선으로 표기한다.

# 투상법

## 01 평면도법

### 1 평면도법의 의의

#### (1) 평면도법의 의미

평면상에 존재하는 점, 직선, 곡선, 원 등으로 구성된 도형을 그리는 방법을 의미한다.

#### (2) 평면도법의 종류

주어진 선분 등분하기, 각 2등분하기, 정다각형 등과 같은 평면도형 그리기

### 2 선분 등분하기(선분 5등분하기)

#### (1) 필요한 제도 용구

T자 또는 삼각자, 눈금자, 디바이더, 연필, 지우개 등

#### (2) 주어진 선분 5등분하는 방법

① 선분 AB의 한 끝점 A에서 적당한 각도로 보조 직선 AC 긋기

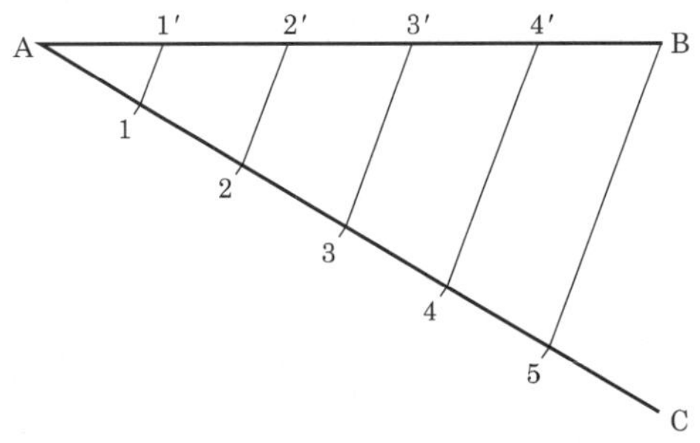

| 그림 3.18 | 선분 5등분하기

② 보조 직선 AC 위에 5등분하기
③ 점 B와 점 5를 연결하고, 여기에 대한 평행선을 각 등분점에서 긋기
④ 선분 AB의 5등분점 표기

## 3 각 2등분하기

### (1) 필요한 제도 용구

T자, 삼각자, 컴퍼스, 연필, 지우개 등

### (2) 주어진 각 2등분하는 방법

① ∠AOB의 꼭지점 O를 중심으로 임의의 반지름을 가진 호 그리기
② 직선과 호의 교차점에서 각각 같은 반지름의 호를 그려 2등분점 찾기
③ 꼭지점 O와 2등분점 P를 이어 2등분선 긋기

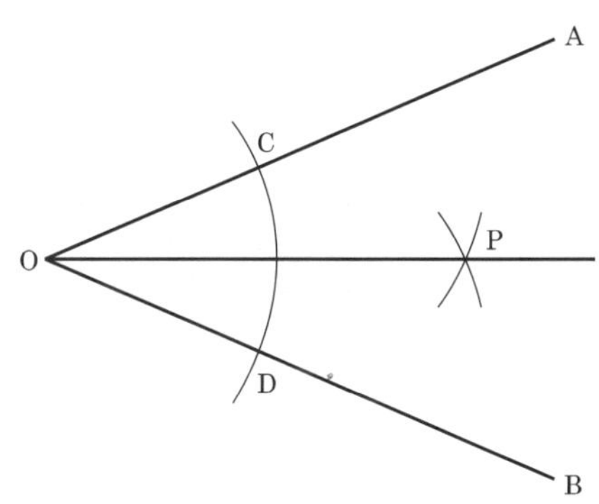

| 그림 3.19 | 각 2등분하기

## 02 정투상법

### (1) 입체를 나타내는 방법

물체를 보는 시점, 물체를 나타내는 화면 등의 위치에 따라 여러 가지가 있다.

### (2) 정투상법의 의미

물체의 각 면에 화면을 평행하게 놓고 직각인 방향에서 바라본 물체의 모양을 나타내는 방법을 말한다.

### (3) 정투상법의 특징

① 입체적인 물체를 평면적으로 표현한다.

② 물체의 모양을 정확히 나타낼 수 있다.

③ 치수를 쉽게 표시할 수 있다.

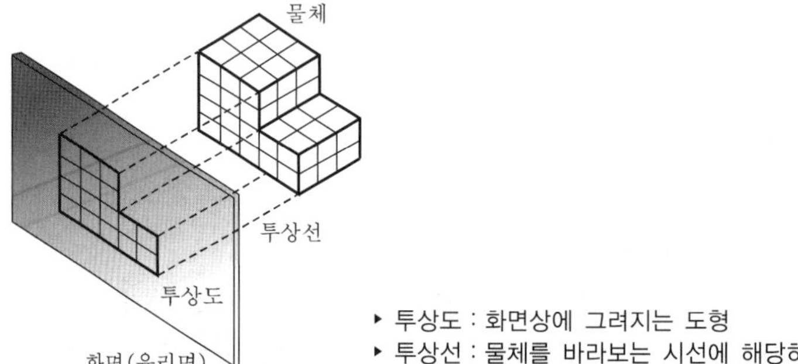


| 그림 3.20 | 물체의 모양 나타내기

# 03 투상면

### (1) 투상면의 의의

정투상법에서 물체의 각 면을 나타내는 화면을 말한다.

### (2) 투상면의 종류

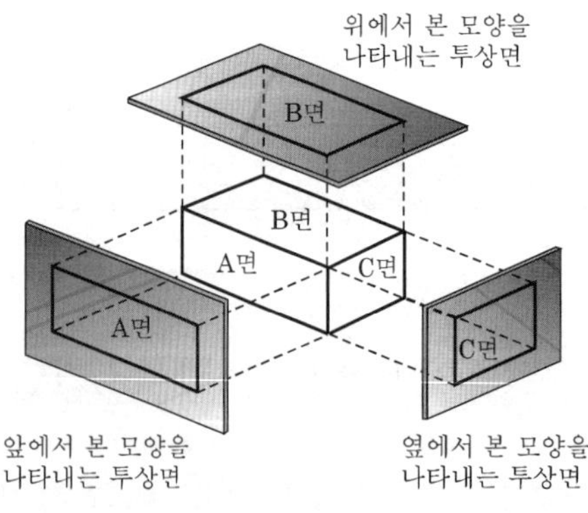


| 그림 3.21 | 투상면

## 04. 투상 공간

### (1) 투상 공간

입화면, 평화면, 측화면을 서로 직각이 되게 결합한 공간을 말한다.

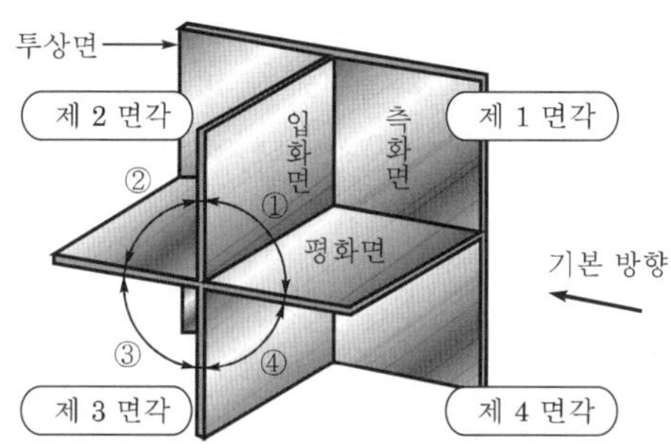


| 그림 3.22 | 투상 공간

### (2) 투상 공간의 종류

제 1 면각 공간, 제 2 면각 공간, 제 3 면각 공간, 제 4 면각 공간이 있다(오른쪽 위로부터 시계 반대 방향으로).

### (3) 기본 방향

제 1 면각 공간 쪽에서 수평인 방향이 된다.

### (4) 정투상법과 투상 공간과의 관계

① 제 1 각법 : 제 1 면각 공간에 물체를 놓고 정투상도를 그리는 방법이다.
② 제 3 각법 : 제 3 면각 공간에 물체를 놓고 정투상도를 그리는 방법이다.

## 05. 제 3 각법

### (1) 제 3 각법에 대한 규정

정투상법에 의하여 물체를 나타낼 때에는 제 3 각법을 쓰도록 한국 산업 규격에 정하여 놓고 있다.

### (2) 제 3 각법의 의미

물체를 제 3 면각 공간에 놓고 그 모양을 각 투상면에 그린 후 투상면을 펼쳐서 정투상도를 배치하는 방법을 말한다.

### (3) 투상도 그리기

① 투상도 그리는 순서 : 우선 물체의 정면을 선택한 다음 입화면에 물체의 정면을 그리고, 평화면과 측화면에 각각 물체의 평면과 측면의 모양을 그린다.

② 정면의 선택 방법 : 물체의 외형적 특징이나 가공 공정상의 특징이 가장 잘 나타나 있는 면을 선택한다.

### (4) 물체와 투상면의 관계

눈 → 투상면 → 물체

### (5) 투상면 펼치기

입화면을 기준으로 한다.

### (6) 투상도의 명칭

| 투상도가 나타난 화면 | 투상도의 명칭 | 투상도의 뜻 |
| --- | --- | --- |
| 입화면 | 정면도 | 물체의 앞에서 본 모양을 그린 것으로, 기준이 된다. |
| 평화면 | 평면도 | 물체를 위에서 본 모양을 그린 것이다. |
| 측화면 | 측면도 | 물체의 옆면 모양을 그린 것으로, 우측면도와 좌측면도가 있다. |

### (7) 투상도의 배치

정면도를 중심으로 위쪽에 평면도, 오른쪽에 우측면도, 왼쪽에 좌측면도가 배치된다.

### (8) 측면도의 선택

파선이 적게 나타나는 쪽을 선택한다.

### (9) 투상도의 생략

물체를 이해하는 데에 부족함이 없으면 평면도나 측면도를 생략할 수 있다.

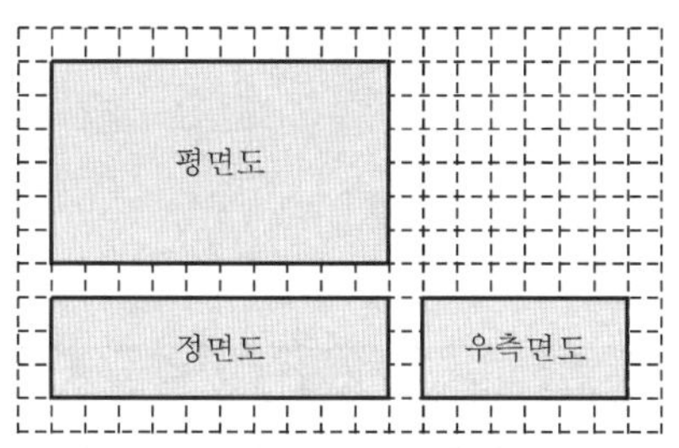

| 그림 3.23 | 투상도의 배치

# 06 등각 투상법

## (1) 등각 투상법의 의미

물체의 각 면을 같은 각도로 볼 수 있도록 한 입체 투상법을 말한다.

## (2) 등각 투상도 그리는 방법

① 서로 120°의 각을 이루는 세 개의 기본 축을 긋는다.

② 기본 축에 물체의 길이, 높이, 너비를 옮겨 겉모양을 나타낸다.

③ 물체의 모양을 자세히 나타낸다.

④ 선의 종류를 구분하여 긋는다.

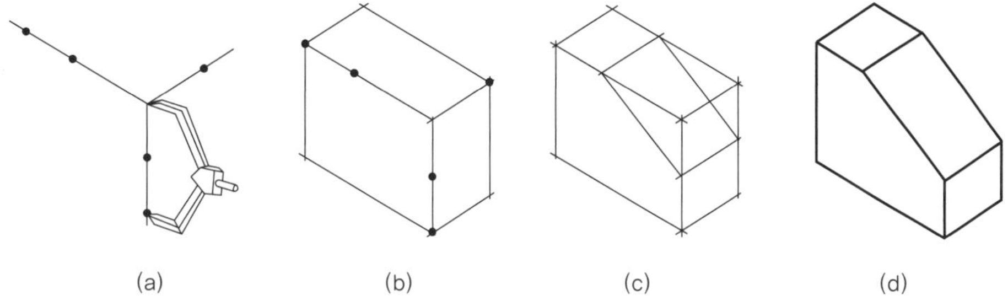



| 그림 3.24 | 등각 투상도 그리는 순서

## (3) 등각 투상도의 특징

① 물체의 정면, 평면, 측면이 하나의 투상도에 같은 각도로 보인다.

② 2개의 옆면 모서리가 수평선과 30°를 이룬다.

③ 정투상법을 잘 모르는 사람도 물체의 모양을 쉽게 알아볼 수 있다.

④ 등각 투상도용 모눈종이를 사용하면 편리하게 투상도를 그릴 수 있다.

### (4) 등각 투상법의 용도

물체의 구상도나 설명도로 쓰인다.

## 07 전개도법

### (1) 전개도의 의미

물체의 표면을 평면 위에 펼친 모양으로 나타낸 그림을 말한다.

### (2) 전개도 그리는 방법

① 물체의 정투상도를 그린다(물체의 실제 치수를 얻을 수 있기 때문에).
② 펼치고자 하는 전개도의 기준선을 정한다.
③ 각 모서리의 치수를 정투상도로부터 그대로 옮겨 전개도를 그린다.

### (3) 전개도의 용도

판금 제품의 제작도에 쓰인다.

# 적·중·예·상·문·제

**01** 아래 그림과 같은 겨냥도에서 정면도는?

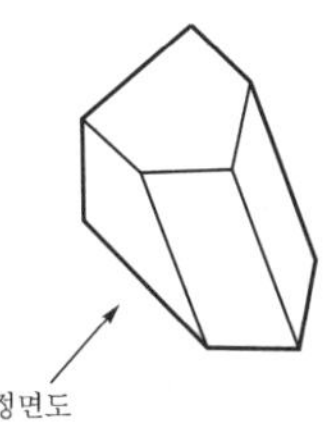


㉮

㉯

㉰

㉱

 정면도는 도면에서 가장 중요하며 부품에 대한 치수도 정면도에 가능한 기입을 해야 한다.

**02** 아래 그림과 같은 겨냥도에서 평면도는?

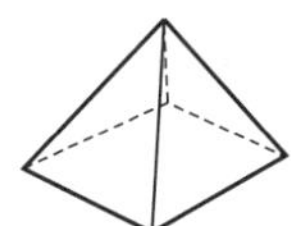

㉮　　　㉯

㉰　　　㉱

 평면도는 위에서 내려다 본 형상이다.

**03** 다음과 같은 겨냥도에서 평면도는?

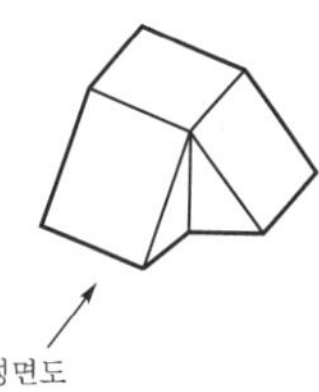


㉮

㉯

㉰

㉱

평면도는 위에서 본 형상으로 경사 부분이 직사각형으로 나타난다.

**04** 아래의 그림과 같은 전개 투상도는?

㉮ 평행선법　　　㉯ 삼각형법

㉰ 방사선법　　　㉱ 직각법

 방사선 모양으로 전개하였으므로 방사선법이다.

**05** 다음 제1각법과 제3각법의 설명 중 틀린 것은?

㉮ 제1각법은 정면도를 기준으로 평면도를 우측에 그린다.

㉯ 제1각법은 정면도를 기준으로 우측면도를 좌측에 그린다.

㉰ 제3각법은 정면도를 기준으로 평면도를 위에 그린다.

㉱ 제3각법은 정면도를 기준으로 우측면도를 우측에 그린다.

 제1각법은 정면도를 기준으로 아래, 배면도는 위에, 우측에는 좌측면도를 배치한다.

**06** 제3각법의 편리한 점이 아닌 것은?

㉮ 정면을 기준으로 눈의 방향에서 보이는 쪽에 그린다.

㉯ 도면의 대조가 편리하다.

㉰ 실제의 물체를 상상하기 쉽다.

㉱ 투상도를 그릴 때 도면을 보기가 어렵다.

 제1각법이 서로 반대에 배치되므로 더 어렵다.

**07** 다음 그림과 같은 투상법의 종류는?

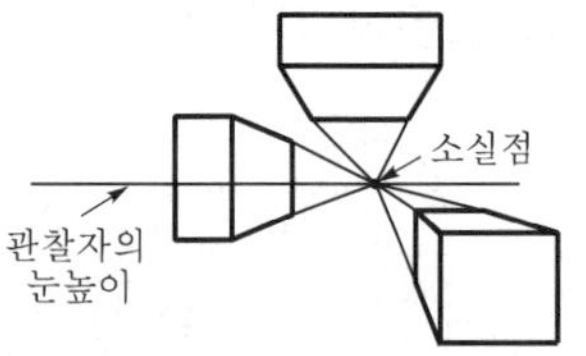


㉮ 투시도법  ㉯ 축측 투상법

㉰ 정투상법  ㉱ 사투상법

**08** 다음 중 정투상도의 특징이 아닌 것은?

㉮ 물체의 실제 길이로 나타낸다.

㉯ 내부 구조를 나타낼 수 있다.

㉰ 물체 전체를 나타낼 수 있다.

㉱ 형상이 간단하고 정확하게 표현한다.

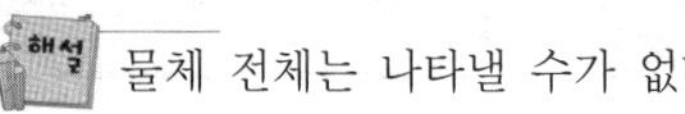 물체 전체는 나타낼 수가 없다.

**09** KS 기계 제도와 제3각법을 설명한 것으로 틀린 것은?

㉮ 기계 제도는 제3각법으로 투상하는 것을 원칙으로 하고 있다.

㉯ 정면도 아래 평면도가 놓인다.

㉰ 우측면도 좌측에 정면도가 배치된다.

㉱ 정면도 왼쪽에 좌측면도가 놓인다.

 정면도 아래 평면도가 배치되는 것은 제1각법이다.

**10** 아래 그림과 같은 겨냥도에서 좌측면도는?

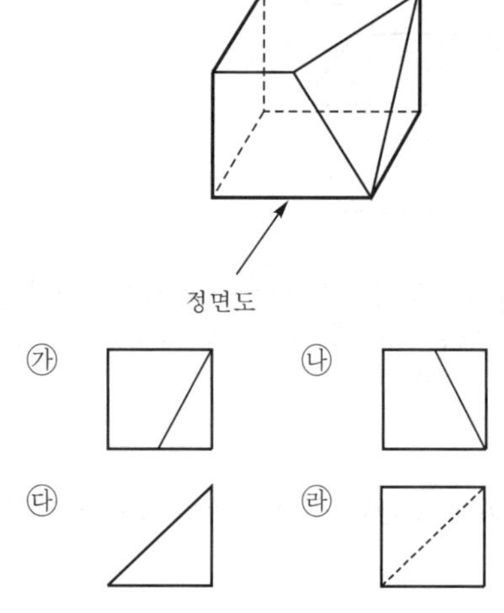


㉮  ㉯

㉰  ㉱

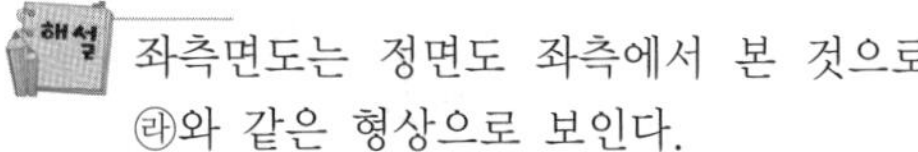 좌측면도는 정면도 좌측에서 본 것으로 ㉱와 같은 형상으로 보인다.

**11** 제3각법에서 배면도의 위치는?

㉮ 우측면도의 오른쪽

㉯ 정면도의 아래

㉰ 정면도의 왼쪽

㉱ 평면도의 위

 배면도는 정면도를 반대쪽에서 본 형상으로 3각법에서는 우측면도 오른쪽에 포기한다.

**12** 물체의 일부 또는 단면의 경계를 나타내는 선으로 자를 쓰지 않고 자유로이 나타내는 선은?

㉠ 절단선

㉡ 파단선

㉢ 지시선

㉣ 가상선

 파단선은 물체의 내부를 보기 위해 자유롭게 굵은 실선으로 나타낸다.

**13** 다음과 같은 겨냥도를 3각법으로 투상한 투상도로 가장 적합한 것은?

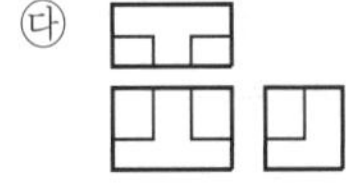 ㉠    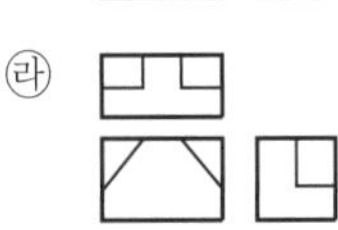 ㉡

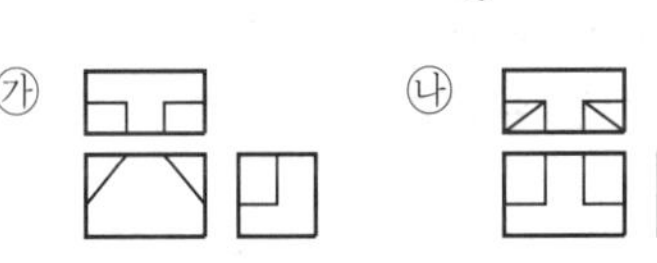

㉢    ㉣

 3각법은 보는 방향의 형상을 그대로 표기한다.

**14** 제 3 각법에서의 투상과 제 1 각법에서의 투상이 서로 반대 위치에 있는 투상도만으로 되어 있는 것은?

㉠ 정면도와 배면도

㉡ 정면도와 저면도

㉢ 배면도와 평면도

㉣ 평면도와 저면도

 평면도는 위에서 본 형상, 저면도는 아래에서 본 형상이다.

**15** 다음 [보기] 입체도의 화살표 방향 투상도로 가장 적합한 것은?

[보기]

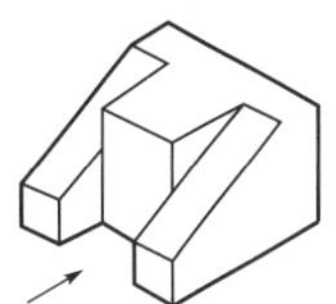

㉠ 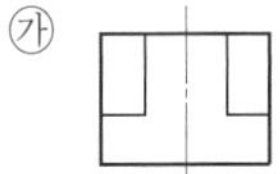    ㉡ 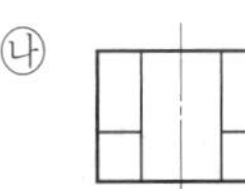

㉢ 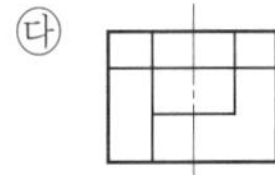    ㉣ 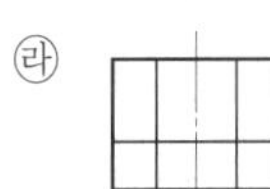

 정면도로서 물체의 형상을 가장 많이 표현하는 면을 정한다.

**16** 아래의 정면도와 평면도에 가장 적합한 것은?

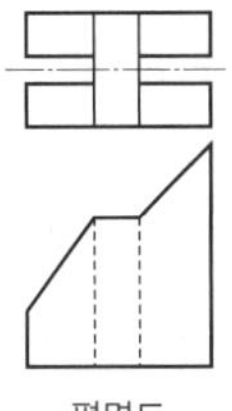

평면도

㉠ 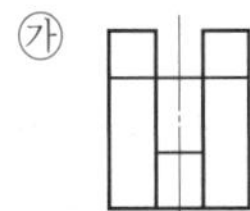    ㉡ 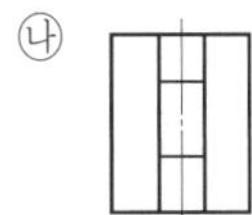

㉢ 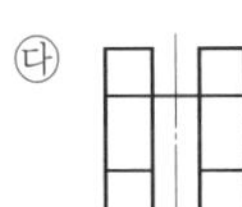    ㉣ 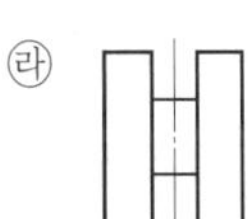

 문제에서 요구하는 것은 우측면도를 찾으면 된다.

[정답]    12. ㉡    13. ㉠    14. ㉣    15. ㉡    16. ㉢

**17** 다음 [보기]의 제 3 각법 정투상도의 3면
도를 기초로 한 입체도로 가장 적합한
것은?

[보기]

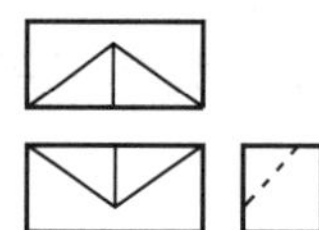

㉠ 

㉡ 

㉢ 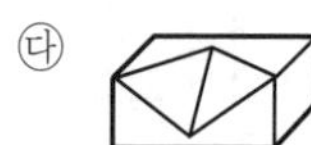

㉣ 

 평면도와 정면도는 서로 연계된 형상으로
되어 있다.

**18** 다음 투상법 중 제 1 각법과 제 3 각법이
속하는 투상법은?

㉠ 정투상법

㉡ 등각 투상법

㉢ 사투상법

㉣ 부등각 투상법

 정투상법은 제 1 각법과 제 3 각법이 적용
된다.

**19** 평면, 측면, 정면을 하나의 투상면 위에
동시에 볼 수 있도록 같은 기울기로 그
리는 도법은?

㉠ 등각 투상법

㉡ 국부 투상법

㉢ 정투상법

㉣ 경사 투상법

 등각 투상법은 같은 각도로 분할되어 있어
평면, 측면, 정면을 모두 볼 수가 있다.

**20** 다음 [보기]에서와 같이 입체도를 제 3 각
법으로 그린 투상도에 관한 설명으로 올
바른 것은?

[보기]

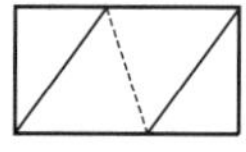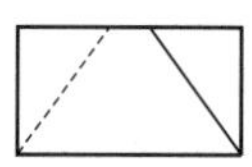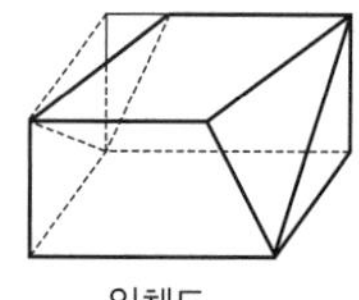
입체도

㉠ 평면도만 틀림

㉡ 정면도만 틀림

㉢ 우측면도만 틀림

㉣ 모두 올바름

 평면도에서 파선으로 되어 있는 부분을
삭제해야 한다.

**21** 다음 [보기]와 같은 정면도와 우측면도
로 가장 적합한 투상은?

[보기]

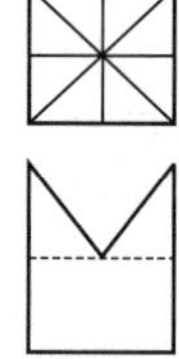
평면도

㉠ 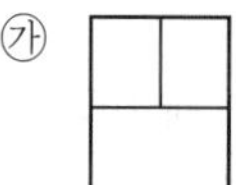  ㉡ 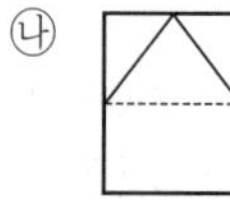

㉢ 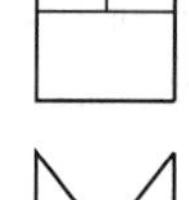  ㉣ 

 사방에서 보았을 때 가운데가 골처럼 되
어 있는 형상이다.

**22** 다음 그림은 제3각법으로 나타낸 투상도이다. 평면도에 누락된 선을 완성한 것은?

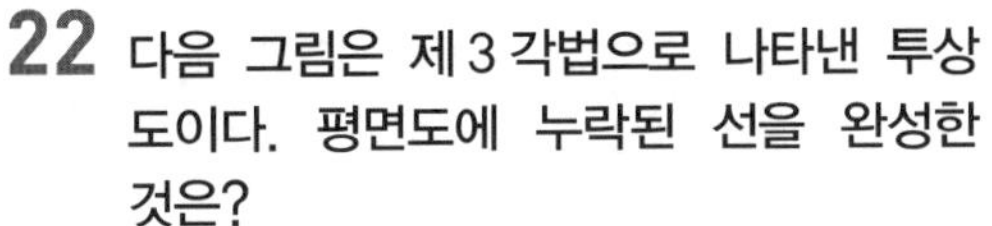

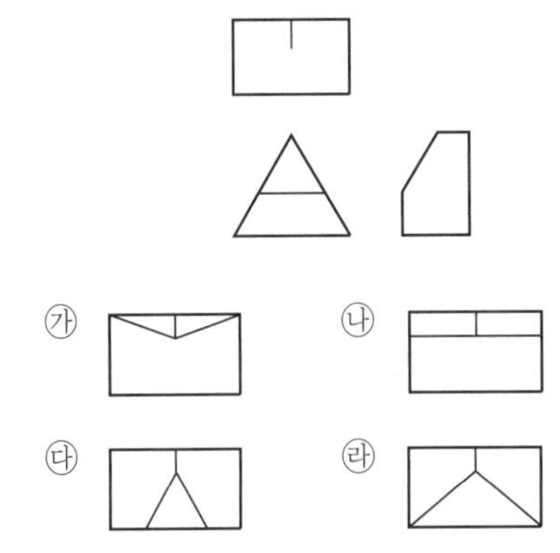

해설　평면도는 앞부분이 좌우로 골이 나 있는 상태이다.

**23** 2개 면의 교차 부분을 표시할 때 $R_1 < R_2$일 경우 평면도의 모양으로 옳은 것은?

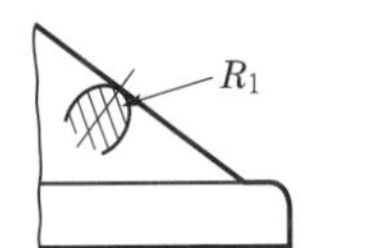
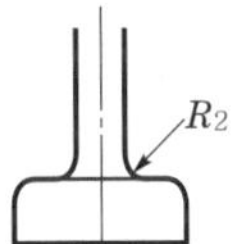

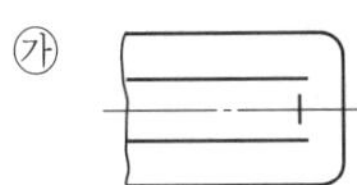

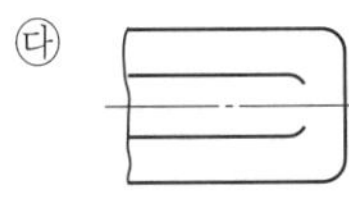
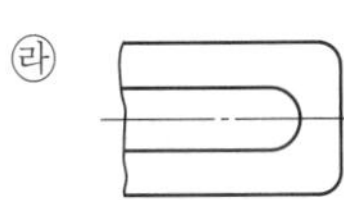

해설　2개 면의 교차 부분을 표시할 때 $R_1 < R_2$일 때는 좌우로 퍼져 있는 반경이 된다.

**24** 3각법으로 그린 3면도 투상도 중 잘못 그려진 투상이 있는 것은?

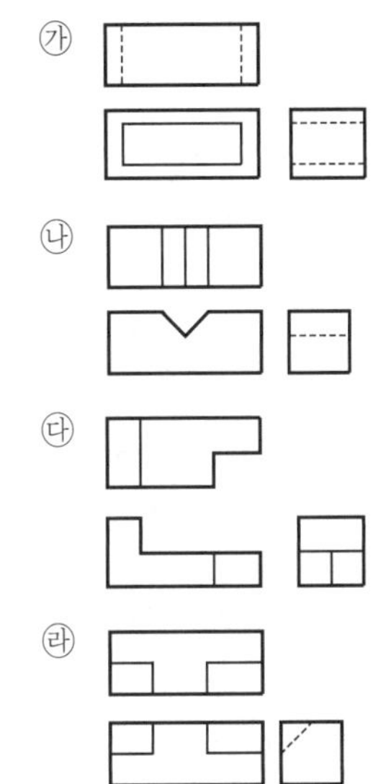

해설　평면도가 다음과 같이 수정되어야 한다.

**25** 3각법에 의한 [보기]와 같은 정면도와 우측면도에 평면도로 가장 적합한 투상도는?

[보기]

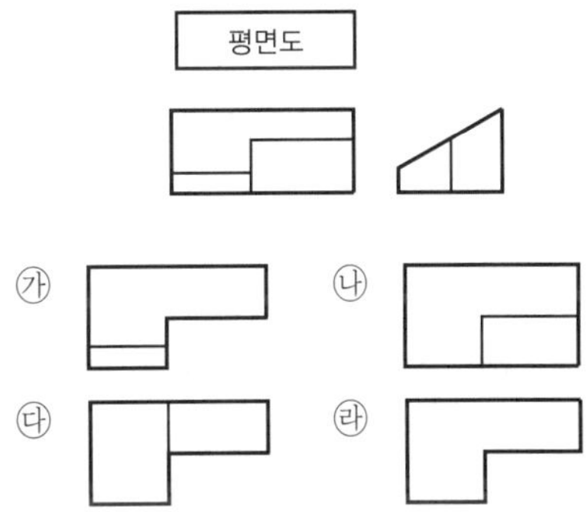

해설　왼쪽 부분이 파져 있는 상태이다.

**26** 다음 겨냥도에서 화살표 방향이 정면도일 경우 평면도로 올바른 것은?

㉮    ㉯

㉰    ㉱

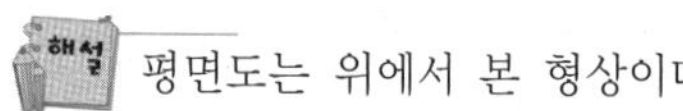 평면도는 위에서 본 형상이다.

**27** 다음의 겨냥도를 올바르게 제3각법으로 투상한 정면도는 어느 것인가? (단, 화살표 방향에서 본 것을 정면도로 함)

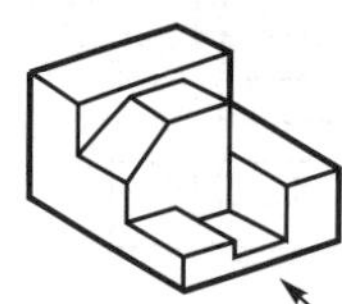

㉮    ㉯

㉰    ㉱

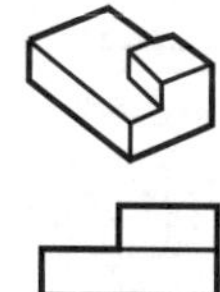 정면도는 물체의 형상을 가장 잘 나타낸 면을 기준으로 한다.

**28** 다음 그림을 제1각법으로 투상했을 때 그림과 투상도의 이름이 잘못된 것은?

㉮ 저면도    ㉯ 배면도

㉰ 우측면도    ㉱ 좌측면도

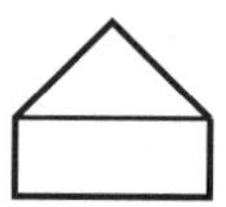 배면도는 평면도의 반대면으로 파선으로 표기해야 한다.

**29** 다음과 관계되는 평면도는 어느 것인가?

㉮    ㉯

㉰    ㉱

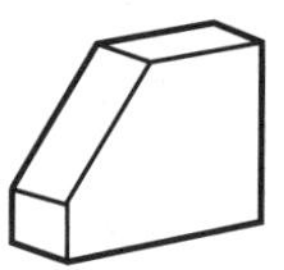 평면도는 서로 마주 보는 모서리와 직선으로 연결되며 중심에서 만난다.

**30** 다음과 같은 입체도를 보고 제3각법으로 제도한 것 중 맞는 것은?

㉮    ㉯

㉰    ㉱

3각법은 물체를 본 면의 형상을 그대로 나타낸다.

**31** 다음과 같은 정면도에 해당하는 평면도로 옳은 것은?

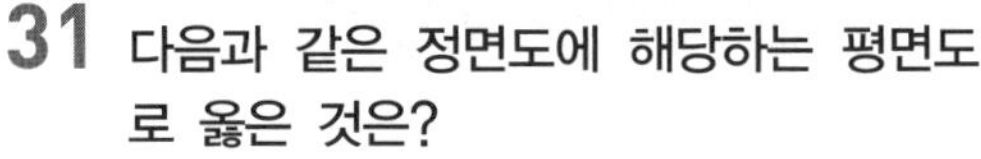

㉮　㉯

㉯

㉰　㉱

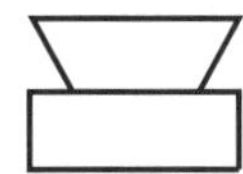　원형으로 나타내며 작은 원을 파선으로 나타낸다.

**32** 다음 투상도의 입체도로 옳은 것은?

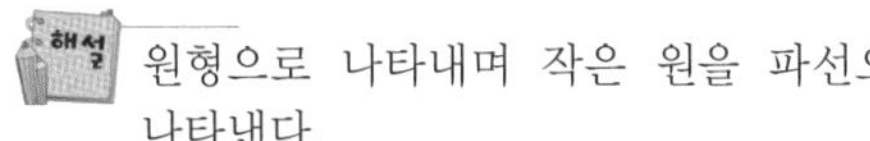

㉮　㉯

㉰　㉱

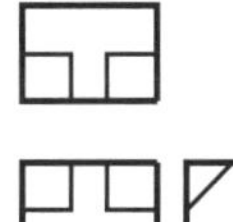　3각법으로 표기한 것이다.

**33** 다음 그림에 대한 투상도로 알맞은 것은?

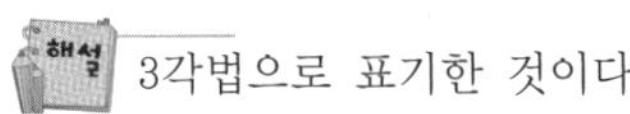

㉮　㉯

㉰　㉱

**34** 다음 원형 모양의 도면 표기에 대하여 그림 중 바르게 나타낸 것은?

㉮　㉯

㉰　㉱

원형 모양을 도면으로 표기하는 방법은 개방 부분을 위로 향해 그린다.

**35** 다음의 투상도는 어느 입체도에 해당하는가?

㉮　㉯

㉰　㉱

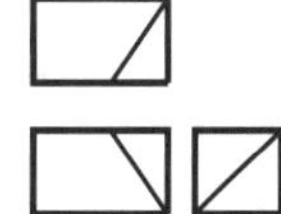　3각법으로 표현된 입체도 형상이다.

**36** 다음 입체도에서 화살표 방향에서 본 것을 정면으로 할 때 제 3 각법의 평면도로 올바른 것은?

㉮　㉯

㉰　㉱

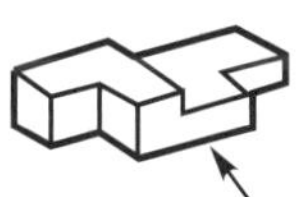

위 해설: 3각법으로 표기한 정면도, 평면도, 측면도를 찾으면 된다.

[정답]　31. ㉯　32. ㉰　33. ㉰　34. ㉮　35. ㉰　36. ㉱

 평면도는 위에서 본 형상으로 전부 실선으로 표현되어야 한다.

**37** 다음 중 도면에 표시된 투상법을 제3각법으로 표시할 필요가 있는 경우로 알맞은 것은?

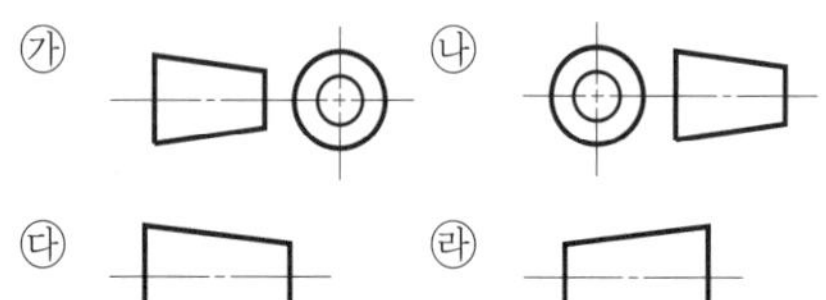

 제3각법 표시법은 본 방향의 형상을 그대로 표기한다.

**38** 다음 물체를 화살표 방향에서 볼 때 제3각법에서 그림 (b), (c)는?

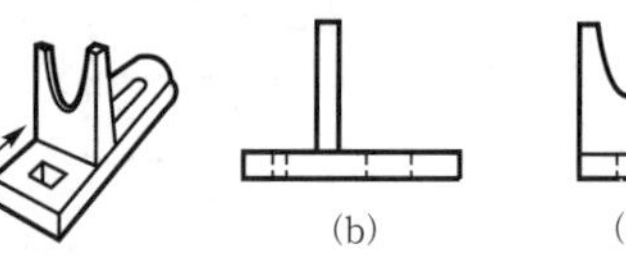

㉮ (b) : 우측면도, (c) : 저면도
㉯ (b) : 좌측면도, (c) : 정면도
㉰ (b) : 우측면도, (c) : 정면도
㉱ (b) : 좌측면도, (c) : 저면도

 우측면도와 정면도를 나타내고 있다.

**39** 회화식 투상법에 해당하지 않는 것은?

㉮ 투시도
㉯ 등각 투상도
㉰ 사투상도
㉱ 정투상도

 투상법은 정투상도와 회화식 투상도법으로 나누며, 회화식 투상도법에는 사투상도, 등각 투상도, 부등각 투상도, 투시도 등이 있다.

**40** 투상도법에서 원근감을 갖도록 나타낸 그림을 무엇이라 하는가?

㉮ 등각 투상도
㉯ 투시도
㉰ 정투상도
㉱ 부등각 투상도

 원근감으로 나타낸 것은 투시도이다.

**41** 제3각법의 장점이 아닌 것은?

㉮ 정면을 기준으로 상·하, 좌·우에서 본 쪽에 그린다.
㉯ 도면 대조가 편리하다.
㉰ 국부 투상도를 그릴 때는 도면을 보기가 어렵다.
㉱ 실형을 상상하기 쉽다.

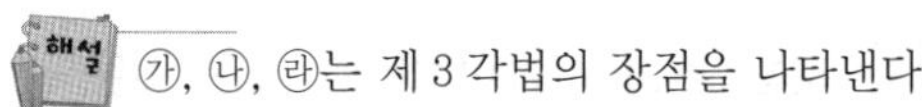 ㉮, ㉯, ㉱는 제3각법의 장점을 나타낸다.

**42** 다음 중 투상각 $\alpha$, $\beta$가 같게 투상한 투상법은?

㉮ 등각 투상도
㉯ 부등각 투상도
㉰ 정투상도
㉱ 투시도

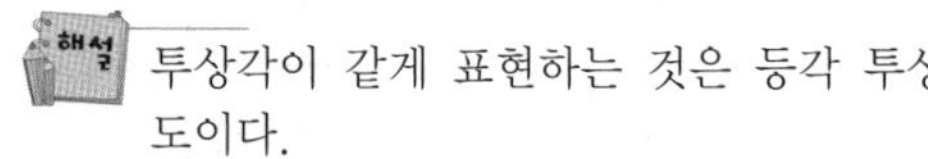 투상각이 같게 표현하는 것은 등각 투상도이다.

**43** 등각 투상도에서 사용하지 않는 각도는?

㉮ 20°
㉯ 30°
㉰ 45°
㉱ 60°

 등각 투상각은 30°, 45°, 60°가 해당된다.

**44** 투상도의 선택법 중 잘못된 것은?

㉮ 은선이 적게 나타나도록 한다.
㉯ 정면도를 중심이 되도록 한다.
㉰ 정면도 하나로 나타낼 수도 있다.
㉱ 정면도 좌측에 우측면도가 오도록 한다.

 제 3 각법으로 표현해야 하므로 정면도의
좌측에 좌측면도를 그린다.

## 45 상관선이란 무엇인가?

㉮ 두 직선이 만나는 선

㉯ 두 입체가 만나는 선

㉰ 두 면이 만나는 선

㉱ 두 곡선이 만나는 선

 두 입체가 만나는 선을 상관선이라 한다.

## 46 입체의 표면을 한 평면 위에 펼쳐서 그 린 그림을 무엇이라고 하는가?

㉮ 입체도     ㉯ 투시도

㉰ 전개도     ㉱ 평면도

입체도를 한 평면으로 나타낸 것을 전개도
라 하며 주로 판금 가공에 많이 적용된다.

# CHAPTER 04

# 단면법

## 01 단면

### 1 단면도의 의미

물체의 보이지 않는 부분을 도시하는 데는 주로 숨은 선으로 표시하지만, 물체의 내부 모양이나 구조가 복잡한 경우에는 숨은 선이 많으므로 혼동을 일으켜 단면을 정확하게 읽기가 어렵게 된다.

이러한 경우에 물체를 좀 더 명확하게 표시할 필요가 있는 곳에서 절단 또는 파단하였다고 가상하여 물체 내부가 보이는 것 같이 표시하면 대부분의 숨은 선이 생략되고, 필요한 부분이 외형선으로 분명히 도시된다. 이러한 화법을 투상법이라 하며 이 방법으로 그린 투상도를 단면도라 한다.

### 2 단면 표시법

① 단면은 원칙적으로 기본 중심선에서 절단한 면으로 표시한다. 이때 절단선은 기입하지 않는다.
② 단면은 필요한 경우에는 기본 중심선이 아닌 곳에서 절단한 면으로 표시해도 좋다. 단, 이때에는 절단 위치를 표시해 놓아야 한다.
③ 단면을 표시할 때는 해칭을 한다.
④ 숨은 선은 단면에 되도록 기입하지 않는다.
⑤ 관련도는 단면을 그리기 위하여 제거했다고 가정한 부분도 그린다.

### 3 단면도의 종류

단면은 기본 중심선에서 절단한 면으로 표시하는 것을 원칙으로 한다. 그러나 물체의 모양에 따라 여러 가지로 단면을 그릴 때가 있다. 일반적으로 사용되는 절단법에는 다음과 같은 것들이 있다.

## (1) 온단법

물체를 두 개로 절단하여 투상도 전체를 단면으로 표시한 것을 온단면이라 한다. 이때 절단면은 투상도에 평행하고 기본 중심선을 지나는 것이 원칙이지만, 모양에 따라 반드시 기본 중심선을 지나지 않아도 좋다. 온단면에서는 다음 내용들을 따른다.

① 단면이 기본 중심선을 지나는 경우에는 절단선을 생략한다.

② 숨은 선은 필요한 것만을 기입한다.

③ 절단면 앞쪽으로 보이는 선은 이해에 도움이 되지 않을 경우는 생략한다.

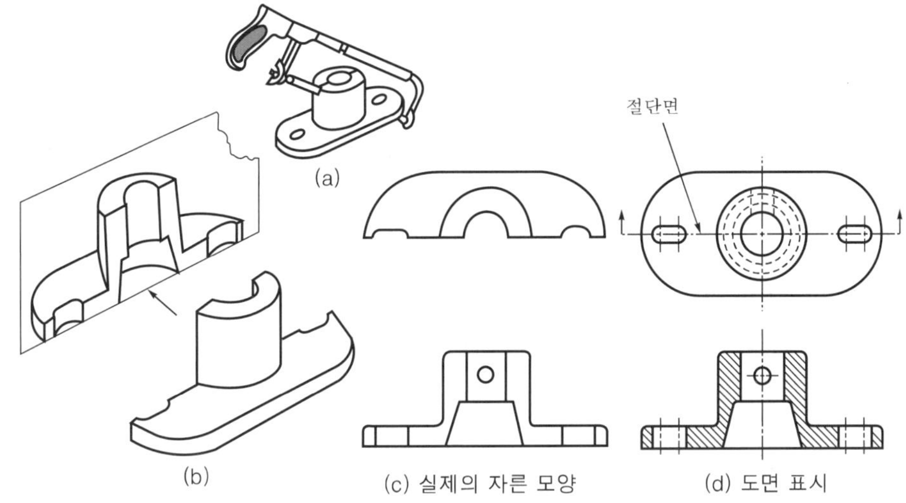


| 그림 3.25 | 기본 중심선의 온단면도

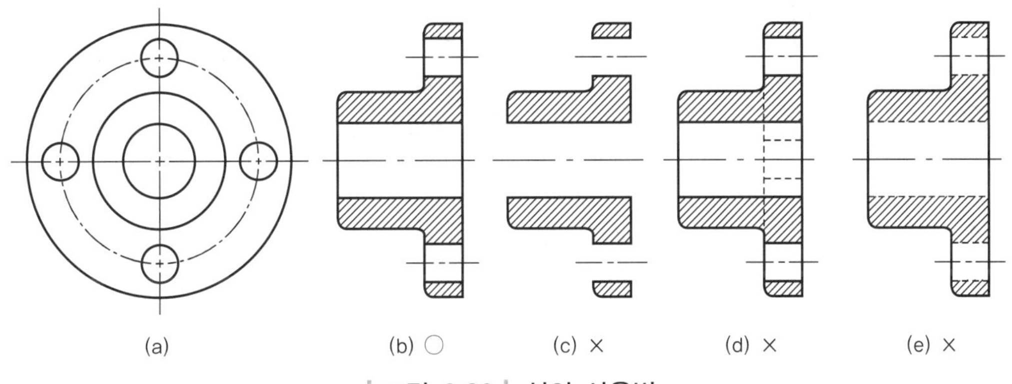


| 그림 3.26 | 선의 사용법

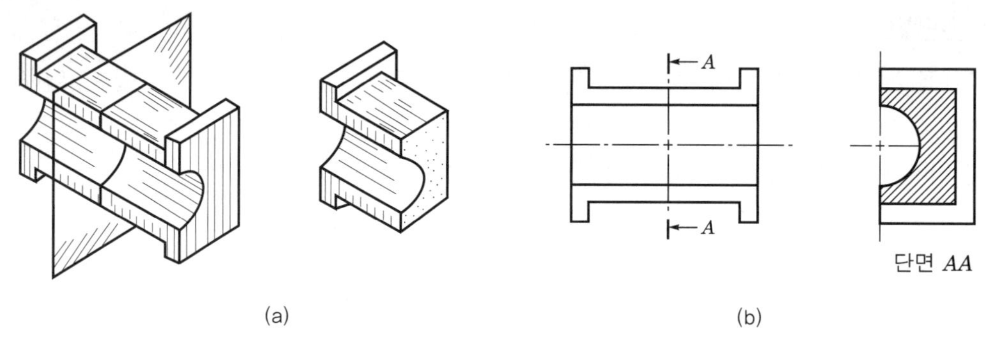

(a)                                        (b)

| 그림 3.27 | 기본 중심선 이외의 온단면

## (2) 한쪽 단면

　상·하 또는 좌·우가 대칭인 물체의 1/4을 제거하여 외형도의 절반과 온단면도의 절반을 조합해 동시에 표시한 것을 한쪽 단면도, 또는 반단면도라 한다. 한쪽 단면도는 다음을 따른다.

　① 대칭축의 상·하 또는 좌·우의 어느 쪽의 면을 절단하여도 좋다.
　② 외형도, 단면도의 숨은 선은 가능한 대로 생략한다.
　③ 절단면은 기입하지 않는다.

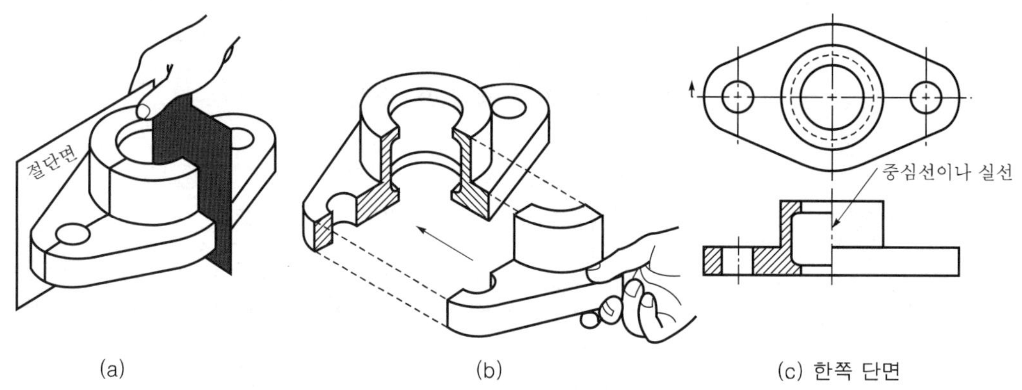


(a)                    (b)                    (c) 한쪽 단면

| 그림 3.28 | 한쪽 단면도

## (3) 계단 단면

　절단면이 투상도에 평행 또는 수직하게 계단 형태로 절단된 것을 계단 단면도라 한다. 계단 단면도는 다음에 따른다.

　① 수직 절단면의 선은 표시하지 않는다.
　② 해칭은 한 절단면으로 절단한 것과 같이 온단면에 대하여 구별 없이 같게 기입한다.

③ 절단한 위치는 절단선으로 표시하고 처음과 끝 그리고 굴곡 부분에 기호를 붙여 단면도 쪽에 기입한다.

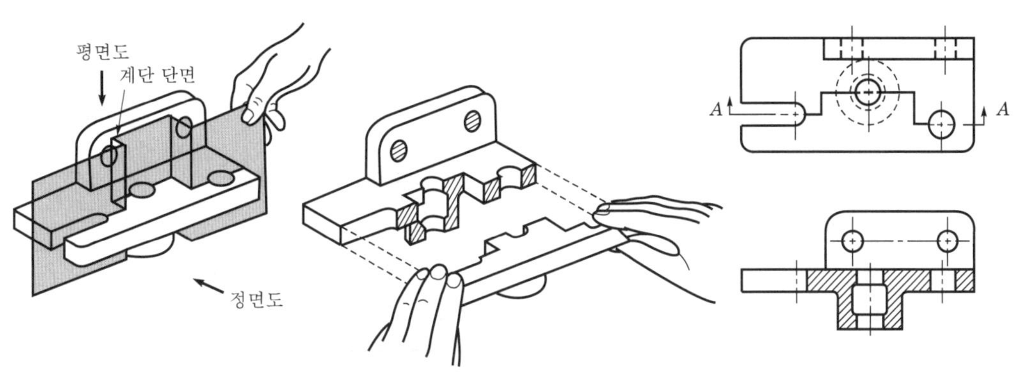



| 그림 3.29 | 계단 단면

## (4) 부분 단면

물체에서 단면을 필요로 하는 임의의 부분에서 일부분만 떼어내어 나타낼 수가 있다. 이것을 부분 단면도라 한다. 이때 파단한 곳은 자유 실선의 파단선으로 표시하고 프리핸드로 외형선의 1/2 굵기로 그린다. 이 단면도는 다음과 같은 경우에 적용된다.

① 단면으로 표시할 범위가 작은 경우([그림 3.31] (a))

② 키, 핀, 나사 등과 같이 원칙적으로 길이 방향으로 절단하지 않는 것을 특별히 표시하는 경우([그림 3.31] (b), (d))

③ 단면의 경계가 혼동되기 쉬운 경우([그림 3.31] (e), (f)])

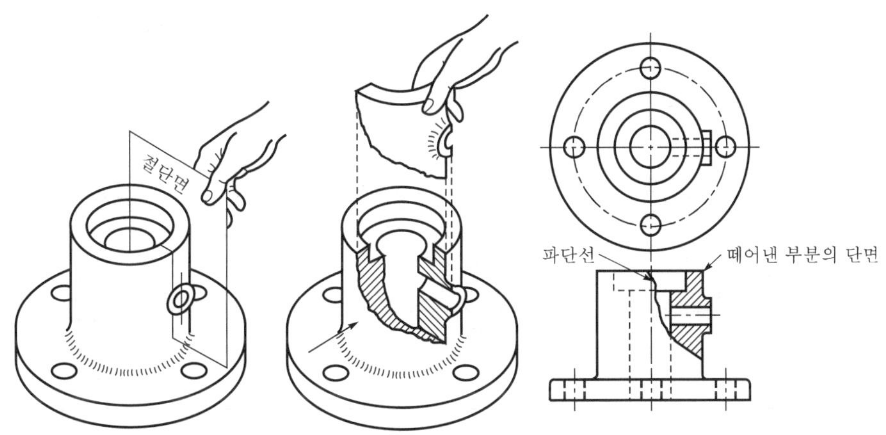



| 그림 3.30 | 부분 단면

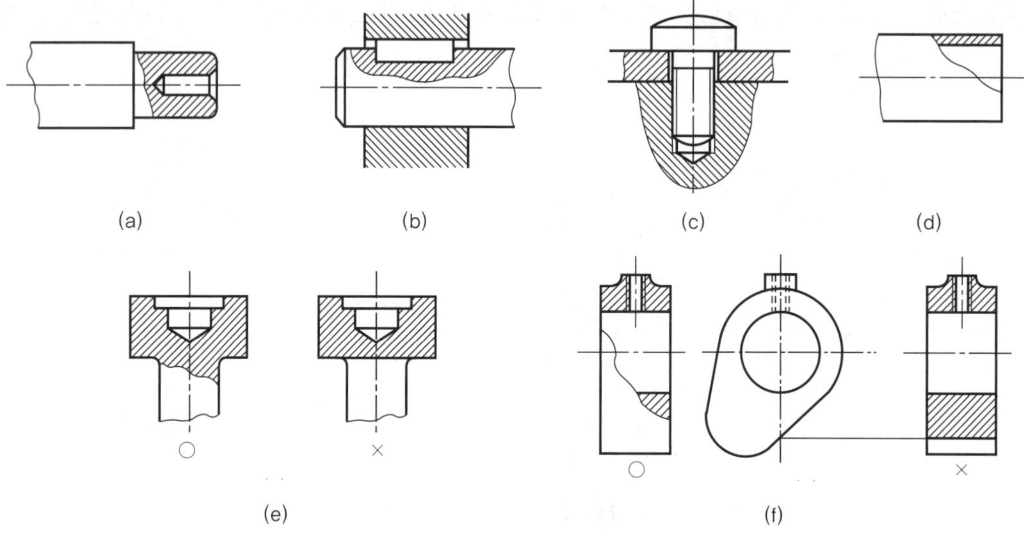

| 그림 3.31 | 부분 단면 사용 예

## (5) 회전 단면

핸들이나 바퀴의 암, 리브, 후크 축 등의 단면은 일반 투상법으로는 표시하기 어렵다([그림 3.32] (a)). 이러한 경우는 축에 수직한 단면으로 절단하여 이 면에 그려진 그림을 90°회전하여 그린다. 이것을 회전 단면도라 한다.

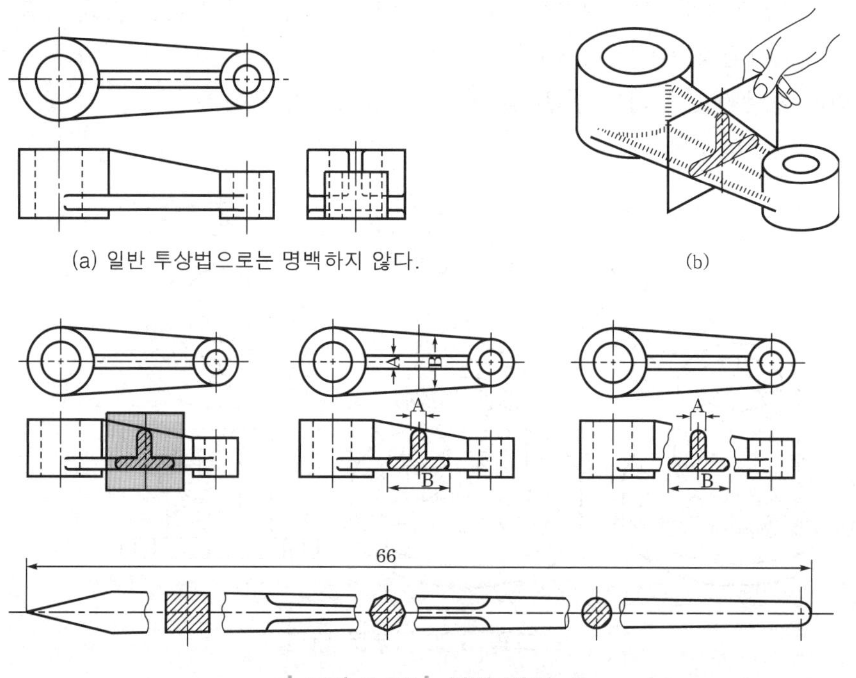

| 그림 3.32 | 회전 단면

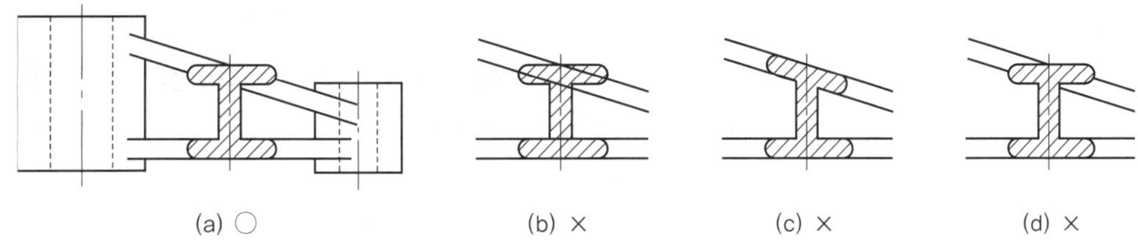

(a) ○　　　(b) ×　　　(c) ×　　　(d) ×

| 그림 3.33 | 회전 단면의 올바른 표시

## (6) 인출 회전 단면

　도면 내에 회전 단면을 그릴 여유가 없거나 또는 그려 넣으면 단면이 보기 어려운 경우에는 절단선과 연장선의 임의의 위치에 단면 모양을 인출하여 그린다. 이것을 인출 회전 단면도라 한다. 임의의 위치에 도시하는 경우에는 절단 위치를 절단선으로 표시하고 기호를 '단면 $AA$'와 같이 기입한다([그림 3.35]).

　이 도면은 주도면과 다른 척도로 도시할 수가 있다.

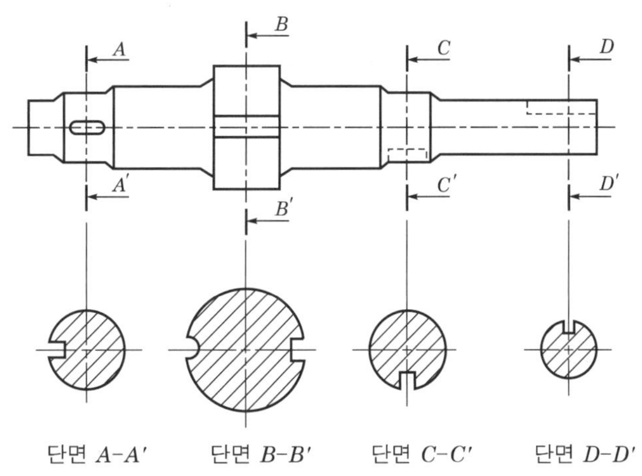

단면 $A$-$A'$　　　단면 $B$-$B'$　　　단면 $C$-$C'$　　　단면 $D$-$D'$

| 그림 3.34 | 인출 회전 단면도 Ⅰ

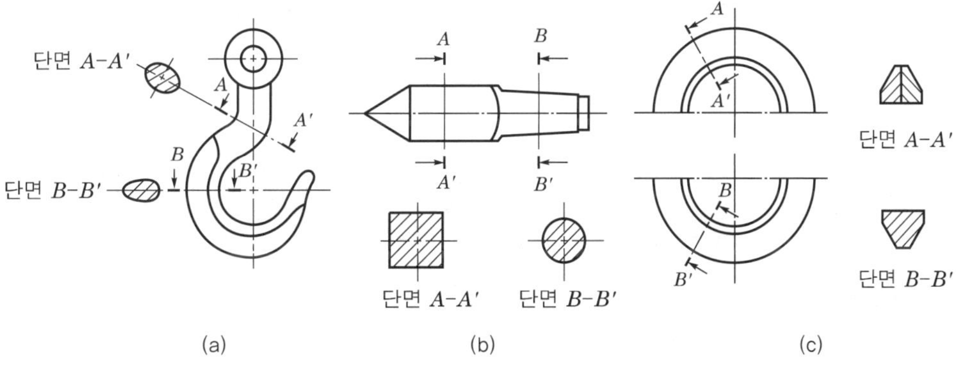

(a)　　　(b)　　　(c)

| 그림 3.35 | 인출 회전 단면도 Ⅱ

## (7) 얇은 단면

패킹, 얇은 판, 형강 등과 같이 단면이 얇은 경우에는 굵게 그린 한 개의 실선 정도의 두께가 되는 얇은 선도 있다. 이런 단면이 인접하는 경우에는 단면을 표시하는 선 사이를 실제보다 좀 더 띄어 그린다([그림 3.36] (a)).

또한 한 선으로 표시하여 오독의 염려가 있을 경우에는 지시선으로 표시한다([그림 3.36] (b)).

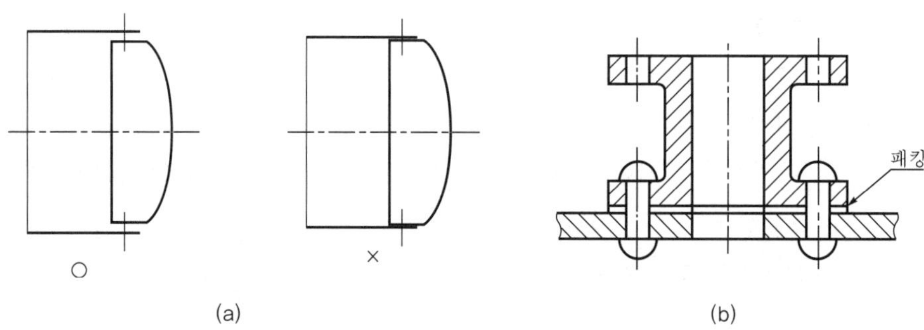


| 그림 3.36 | 얇은 단면

## (8) 절단하지 않는 부품

조립도를 단면으로 표시하는 경우에 다음 부품은 원칙적으로 길이 방향으로 절단하지 않는다. 축, 핀, 볼트, 와셔, 작은 나사, 리벳, 키, 볼베어링의 볼, 리브, 웨브, 바퀴의 암, 기어 등이 그 예이다.

[그림 3.37], [그림 3.38]에 이들 대부분이 표시되었다.

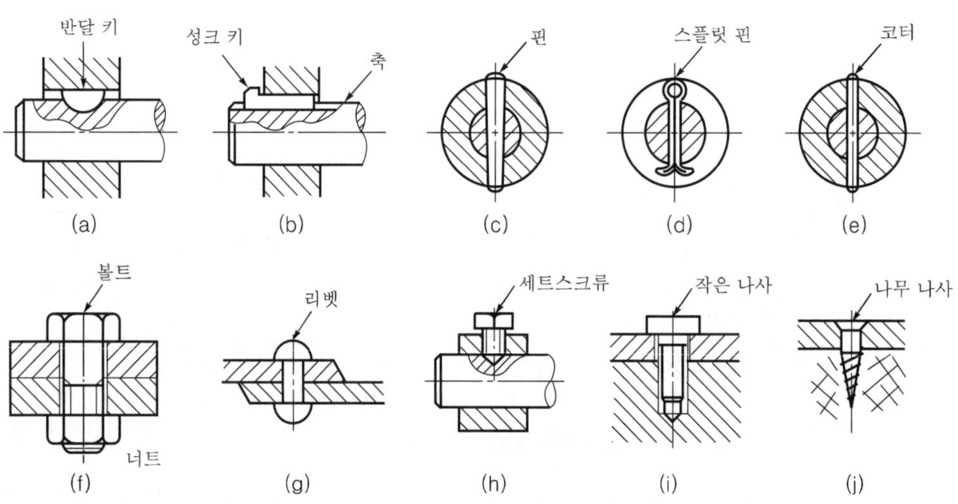

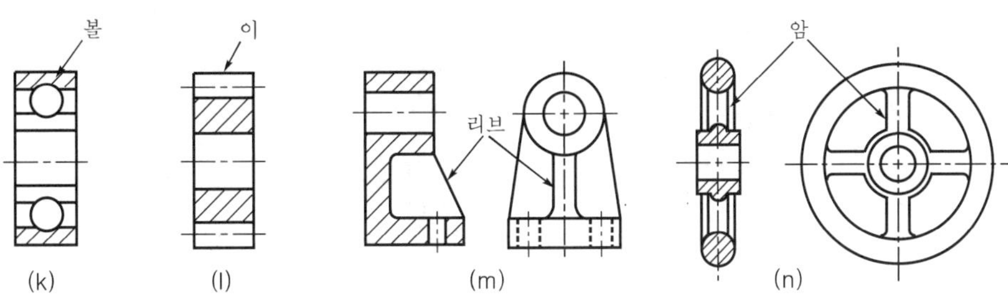



| 그림 3.37 | 절단하지 않는 부품

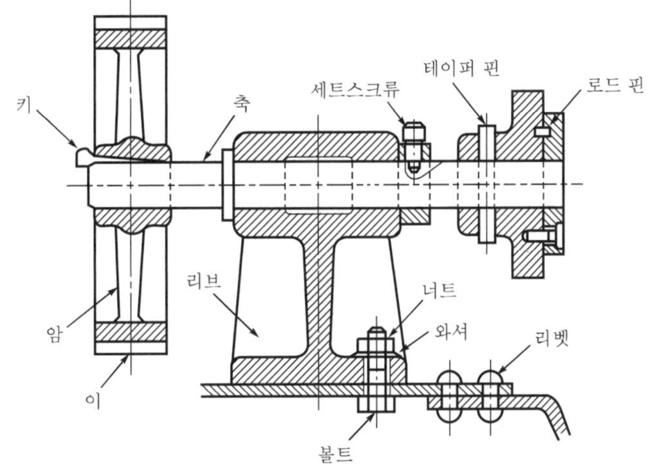



| 그림 3.38 | 절단하지 않는 부품의 예

## (9) 특수한 경우의 단면 표시법

리브, 웨브, 스포크 등의 부품은 절단하게 되면 형상이 불명확하게 되거나 오독할 염려가 있다. [그림 3.39] (e)와 같이 절단하여 그리면 본체의 두께가 분명하게 나타나지 않으므로 리브는 절단하지 않는다.

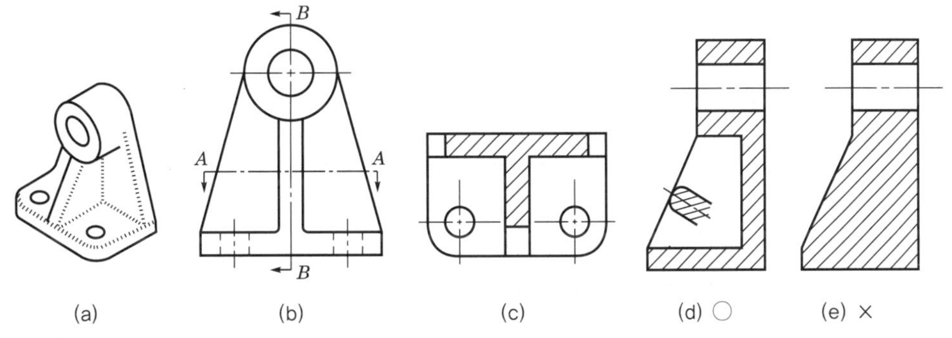



| 그림 3.39 | 리브의 단면

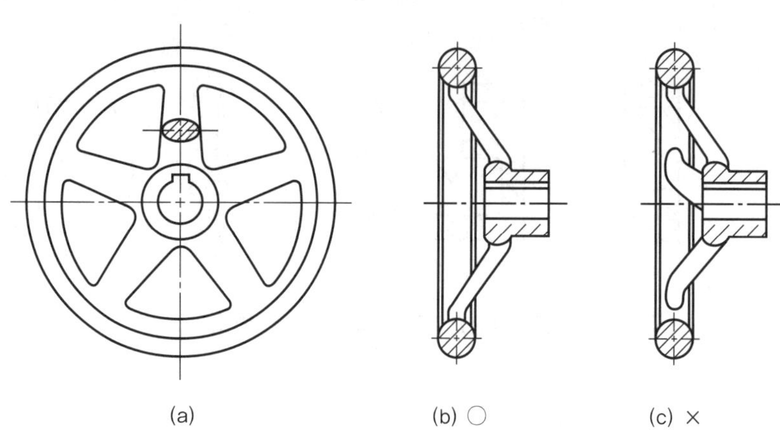

| 그림 3.40 | 스포크의 단면 표시법

다음 [그림 3.41]과 같이 플랜지에 슬롯, 리브, 키홈 등 여러 가지가 복합적으로 표시된 도면은 한 방향으로 절단하면 그 형상을 다 나타낼 수가 없다. 이 경우에는 부분적으로 회전 절단법을 이용하면 명확히 표시할 수 있다.

(c)는 플랜지에 세 개의 리브와 세 개의 볼트 구멍, 키홈 등을 포함하고 있다. 이것을 *AA* 단면으로 절단하면 리브와 볼트 구멍은 하나씩 표시되나 키홈은 표시할 수가 없으므로 (d) 와 같이 표시하면 된다.

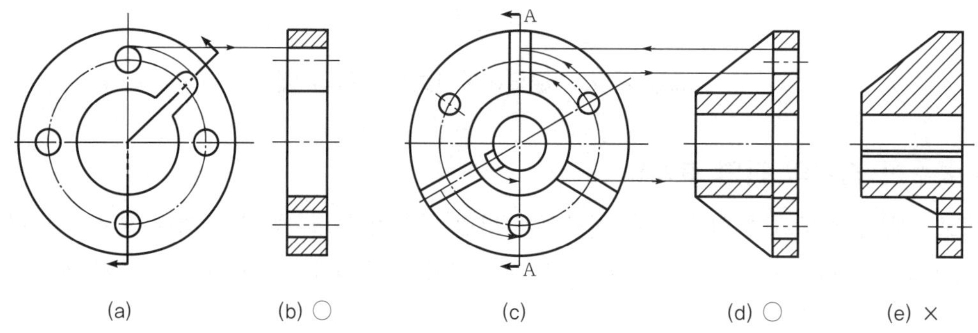

| 그림 3.41 | 회전 단면법을 이용한 특수한 형상의 단면도

## 02 | 해칭

단면을 분명히 표시하기 위한 해칭은 다음 법칙을 따른다.

① 기본 중심선 또는 기선에 45°(또는 30°, 60°)의 가는 실선을 눈짐작으로 같은 간격(2~3[mm])으로 그린다. ISO에서는 단면이 클 때에는 주변만 해칭한다([그림 3.42] (A)-(a)).

② 서로 인접하는 단면의 해칭은 각도를 바꾸거나 해칭선의 간격을 바꾸어 구별한다.
③ 동일한 부품의 단면은 떨어져 있어도 해칭의 각도나 간격을 일정하게 한다.
④ 필요에 따라 해칭을 하지 않고 전체면 또는 해칭할 면의 가장자리만을 종이 뒷면에서 채색할 수 있다. 이것을 스머징이라 한다([그림 3.44]).

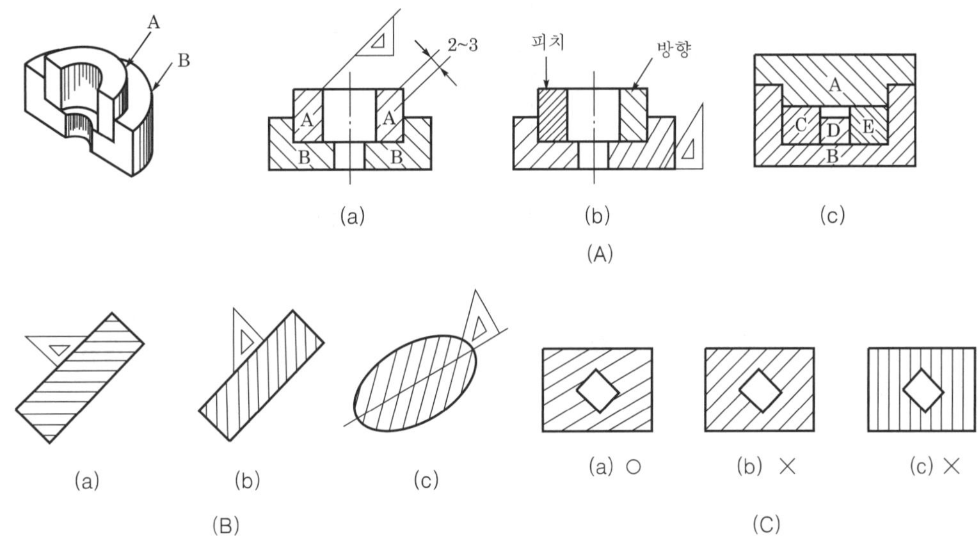


| 그림 3.42 | 해칭

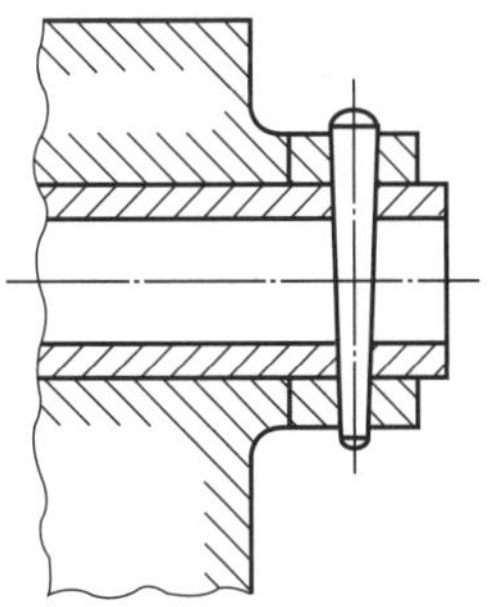

| 그림 3.43 | 해칭(ISO)

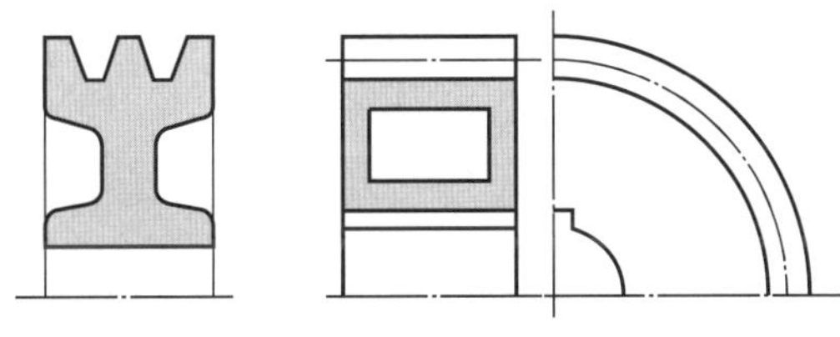

| 그림 3.44 | 단면의 스머징

⑤ 해칭한 곳에 치수를 기입할 필요가 있는 경우에는 그 부분은 해칭을 하지 않는다(ISO 는 중단하도록 규정)([그림 3.45]).

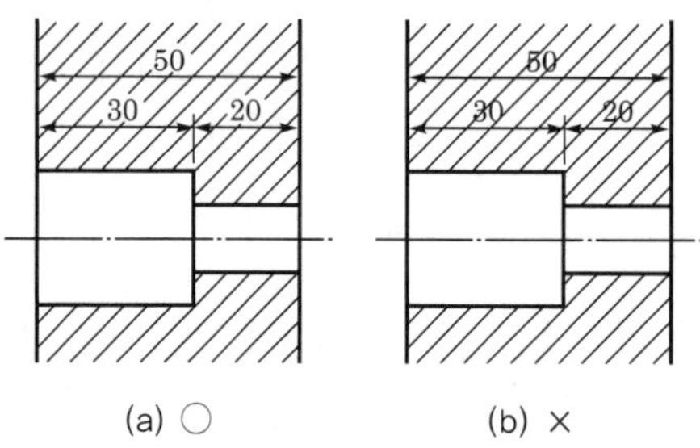


| 그림 3.45 | 해칭 단면의 치수 기입

⑥ 비금속 재료의 단면으로 특별히 재질을 명시할 필요가 있을 경우에는 원칙적으로 [그림 3.46]과 같이 재료별 표시 방법으로 표시한다. 이 경우 부품도에는 재질을 따로 문자를 써서 기입한다.

| 유리 | 목재 | 콘크리트 | 액체 |
|---|---|---|---|

| 그림 3.46 | 비금속 재료의 재질 표시

**01** 다음 그림에서 키(key) 홈을 옳게 도시한 것은?

㉮

㉯
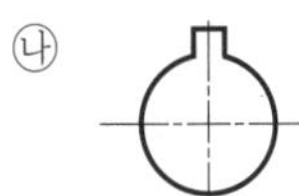

㉰
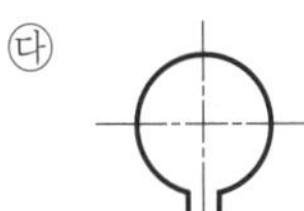

㉱
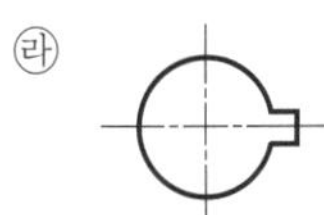

해설 키 홈은 위로 향하게 표현하여 균형을 유지한다.

**02** 아래 그림과 같은 단면도법은?

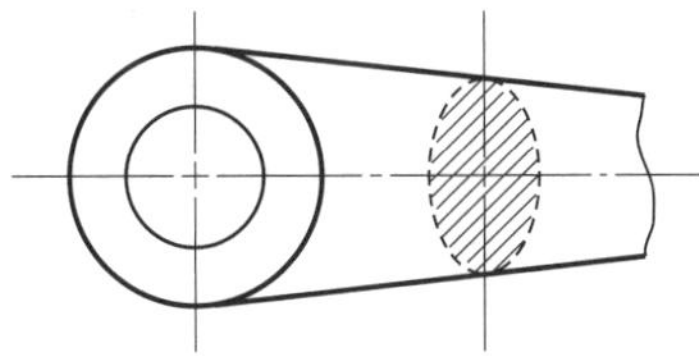

㉮ 온투상도 ㉯ 부분 단면도
㉰ 조합 확대도 ㉱ 회전 단면도

 해설 회전 단면도는 주물품과 같이 두께의 형상을 예측하기 어려운 부분을 90° 회전하여 1점 쇄선과 해칭선으로 나타낸다.

**03** 다음 그림과 같은 단면법의 종류는?

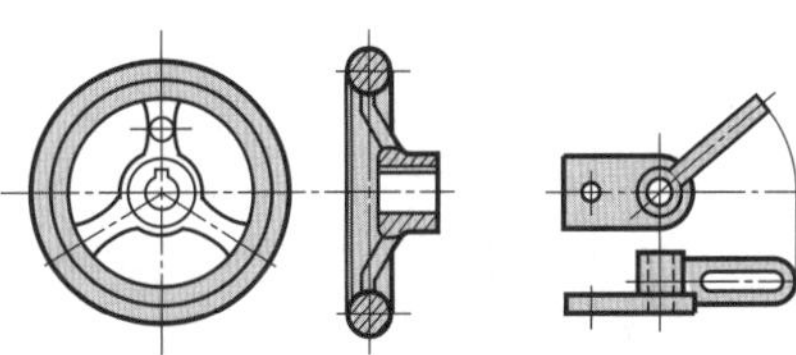

㉮ 보조 단면도 ㉯ 회전 단면도
㉰ 부분 단면도 ㉱ 국부 단면도

 해설 어느 각도로 회전하여 나타낸 것을 회전 단면도라 한다.

**04** 가상 투상도로 나타낼 수 없는 것은?

㉮ 회전 단면
㉯ 가공 후의 모양
㉰ 도시된 물체의 밑부분
㉱ 도시된 물체의 앞부분

 해설 회전 단면은 실제 가공하는 형상을 표현한다.

**05** 다음 중 절단한 곳 또는 절단선의 연장선 상에 90° 회전하여 단면을 그릴 수 없는 것은?

㉮ 훅 조인트
㉯ 핸들 바퀴의 암
㉰ 기어의 이
㉱ 리브

 해설 주로 주물품을 회전 단면으로 나타내며 기어의 이는 해당되지 않는다.

## 06 다음 투상도 중 회전 투상도는 어느 것인가?

㉮ 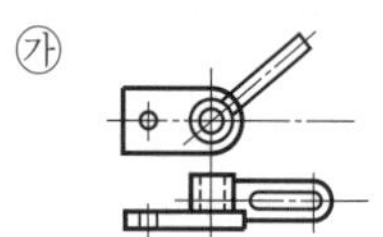

㉯ 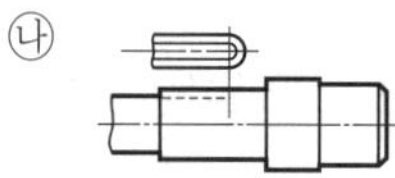

㉰ 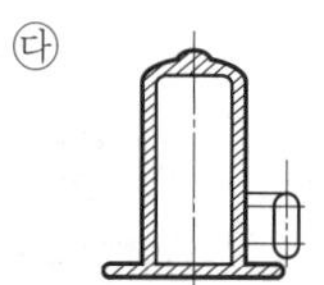

㉱ 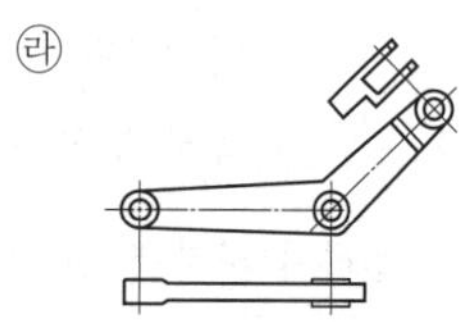

해설 ㉯, ㉰는 키의 형태를 국부 투상도로, ㉱는 부분 투상도로 나타내었다.

## 07 다음 그림에서 ⓐ와 같은 투상도를 무엇이라고 부르는가?

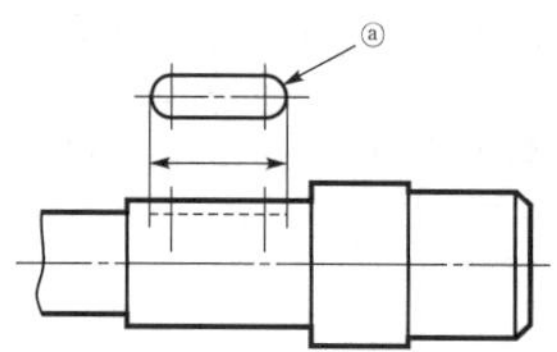

㉮ 보조 투상도    ㉯ 회전 투상도
㉰ 부분 투상도    ㉱ 국부 투상도

해설 국부 투상도로 평면도에서 본 형상을 표현했다.

## 08 단면도를 나타낼 때 긴 쪽 방향으로 절단하여 도시할 수 있는 것은?

㉮ 기어의 보스

㉯ 리벳, 강구, 키
㉰ 볼트, 너트, 와셔
㉱ 축, 핀, 리브

해설 기어의 보스는 긴 쪽 방향으로 단면을 나타낸다.

## 09 회전 도시 단면도로서 올바르게 그려진 것은?

㉮ 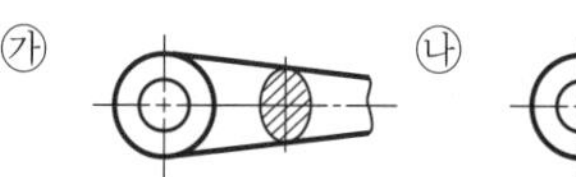    ㉯ 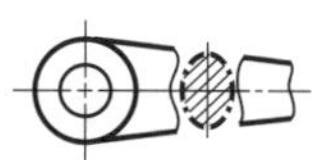

㉰ 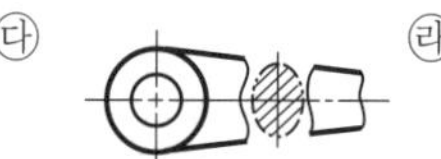    ㉱ 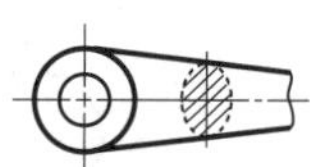

해설 회전 도시 단면도는 가는 2점 쇄선으로 형상을 나타내고 가는 실선으로 해칭한다.

## 10 절단면의 실제 모양을 나타내는 도형을 무엇이라 하는가?

㉮ 단면
㉯ 보조 투상면
㉰ 절단선
㉱ 상관선

해설 절단면의 실제 모양을 단면이라 한다.

## 11 핸들의 암(arm), 주물품의 리브(rib)의 형상을 도시하기 위한 단면 도시법으로 적합한 것은?

㉮ 전단면도
㉯ 부분 단면도
㉰ 한쪽 단면도
㉱ 회전 도시 단면도

해설 주물품은 가공하기 어려운 것을 만들며 주로 회전 도시 단면도로 나타낸다.

**12** 그림과 같이 표현한 단면도를 무슨 단면도라 하는가?

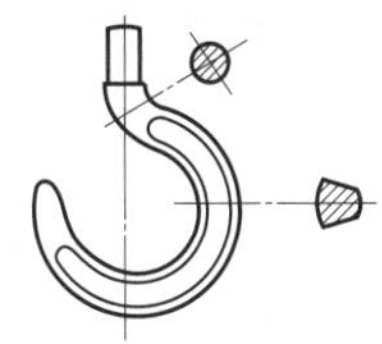

㉮ 온단면도

㉯ 한쪽 단면도

㉰ 부분 단면도

㉭ 회전 도시 단면도

 훅과 같이 두께의 형상이 일정하지 않은 부품은 회전 도시 단면도로 나타낸다.

**13** 다음은 어느 단면도에 대한 설명인가?

> 상·하 또는 좌·우 대칭인 물체는 1/4을 떼어 낸 것으로 보고, 기본 중심선을 경계로 하여 1/2은 외형, 1/2은 단면으로 동시에 나타낸다. 이때 대칭 중심선의 오른쪽 또는 위쪽을 단면으로 하는 것이 좋다.

㉮ 한쪽 단면도

㉯ 부분 단면도

㉰ 회전 도시 단면도

㉭ 온단면도

 한쪽 단면도는 부품의 내부와 외부를 함께 나타낼 때 사용한다.

**14** 문체의 경사면을 실제의 모양으로 표시하기 위해 경사면과 평행하게 그리는 투상도는?

㉮ 회전 투상도　　㉯ 국부 투상도

㉰ 보조 투상도　　㉭ 부분 투상도

 경사면과 평행하게 표시하는 방법은 보조 투상도이다.

**15** 아래 그림은 무엇을 나타내는가?

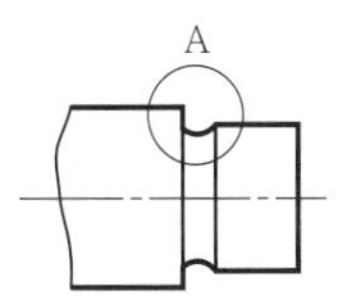
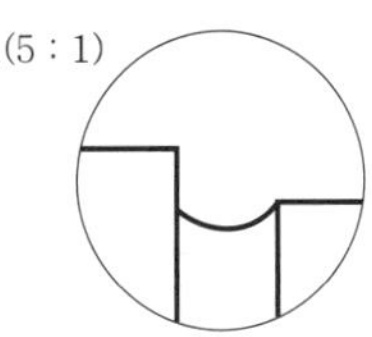

㉮ 부분 투상도

㉯ 국부 투상도

㉰ 부분 확대도

㉭ 보조 투상도

 부분 확대도는 도면 표기의 공간이 좁아 치수 기입이 어렵거나 형상이 명확하지 않을 때 배척하여 나타낸다.

**16** 아래 그림은 무엇을 나타내는가?

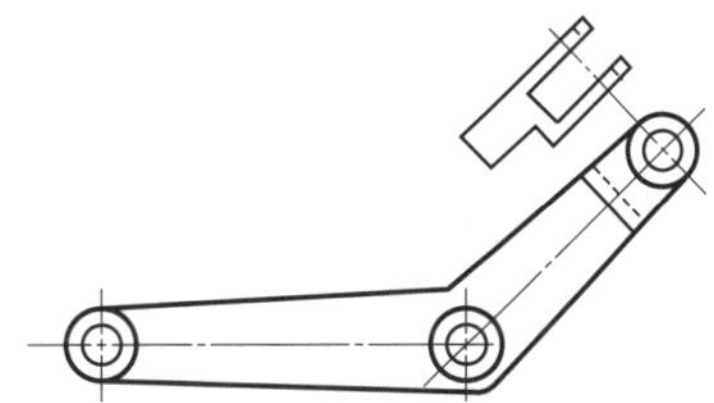

㉮ 부분 투상도　　㉯ 부분 확대도

㉰ 국부 확대도　　㉭ 부분 단면도

 일부분의 형상을 나타낸 것으로 부분 투상도라 한다.

**17** 다음의 원뿔에서 그림과 같이 절단하였을 때 나타나는 형상은?

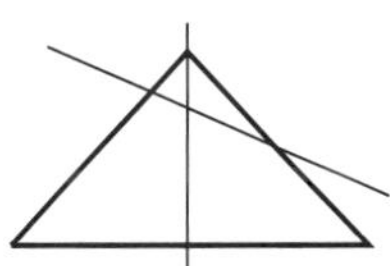

㉮ 타원　　　　　㉯ 포물선

㉰ 쌍곡선　　　　㉭ 진원

 원뿔 형상을 경사지게 절단하면 타원으로 나타난다.

**18** 다음 중 두 면이 만나는 부분이 둥근 면으로 될 때의 표시 방법으로 옳은 것은?

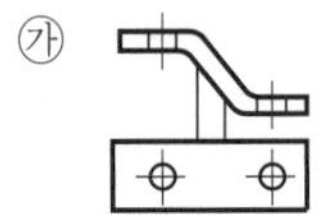 ㉮

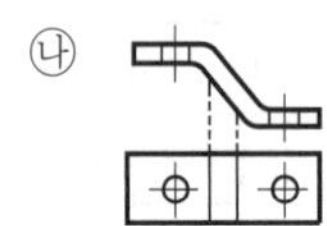 ㉯

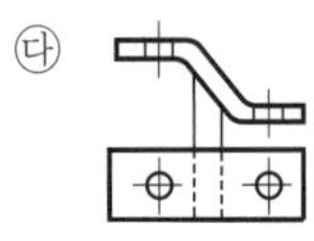 ㉰

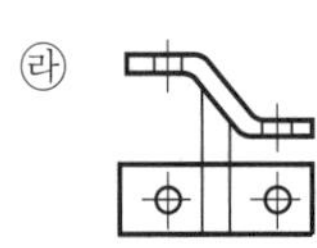 ㉱

 두 면이 만나는 부분이 둥근면이면 실선으로 표기된다.

**19** 다음은 단차를 선반으로 가공할 단면도이다. 옳은 것은?

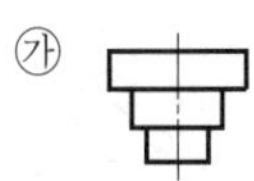 ㉮

 ㉯

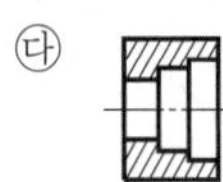 ㉰

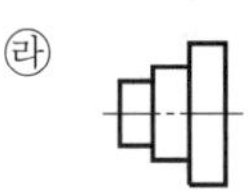 ㉱

 선반에서 바이트로 가공하는 방향으로 표기하여 혼돈을 없애도록 한다.

**20** 회전 도시 단면으로 나타내기에 적당한 물체는?

㉮ 회전체
㉯ 기어
㉰ 바퀴의 암
㉱ 너트

 바퀴의 암은 주물품으로 회전 도시 단면으로 나타낸다.

**21** 다음의 그림에서 나타내고 있는 단면도로 옳은 것은?

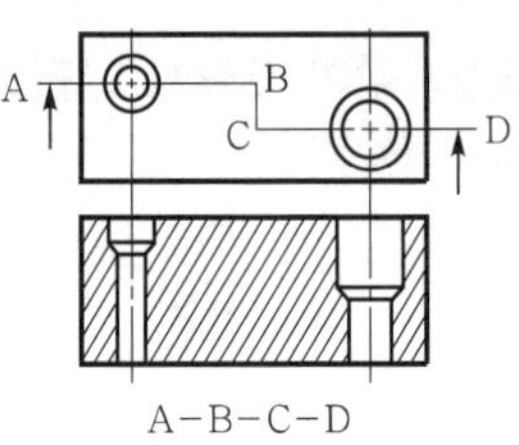



㉮ 온단면도
㉯ 계단 단면도
㉰ 한쪽 단면도
㉱ 부분 단면도

 계단 단면도는 부품에서 여러 형상이 존재할 때 사용한다.

**22** 다음 단면을 표시한 것 중 틀린 것은?

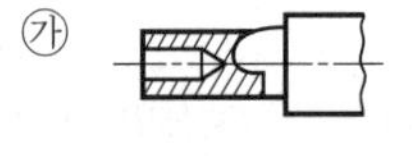 ㉮

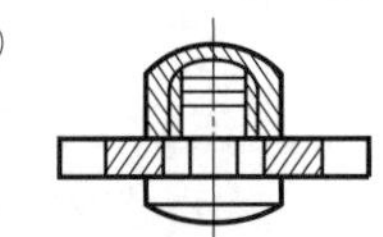 ㉯

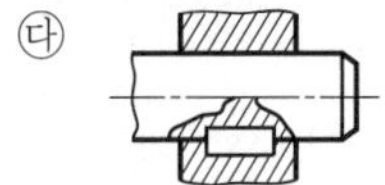 ㉰

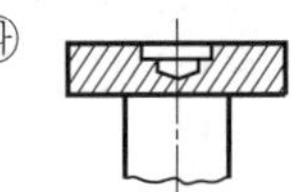 ㉱

 부분 단면도로 나타낼 때는 직선 부분이 파단선과 만나는 상태로 표현해야 한다.

**23** 다음은 온단면도에 대하여 설명한 것이다. 틀린 것은?

㉮ 물체의 전면을 절단한 것이다.
㉯ 물체의 전면을 단면도로 표시한 것이다.
㉰ 단면선은 30°로 긋는 것을 원칙으로 한다.
㉱ 중심선을 지나는 절단 평면으로 전면을 자르는 것이다.

 온단면도는 1/2로 절단하는 방법으로 내부 전체를 나타낼 수가 있다.

**24** 다음 중 회전 도시 단면도에 관한 사항 중 틀린 것은?

㉮ 파단면을 써서 가운데를 자르고, 그 사이에 그린다.

㉯ 단면을 표시할 필요의 범위가 좁을 때 쓰인다.

㉰ 파단하지 않고, 직접 도형 안에 가상선을 그린다.

㉱ 회전 각도는 90°이다.

 불연속 형상을 가진 주물품과 같이 단면 표시를 많이 해야 할 부품에 사용한다.

**25** 다음 그림은 어떤 물체의 단면도인가?

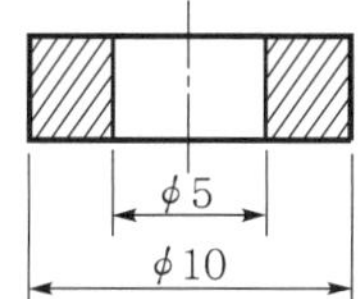

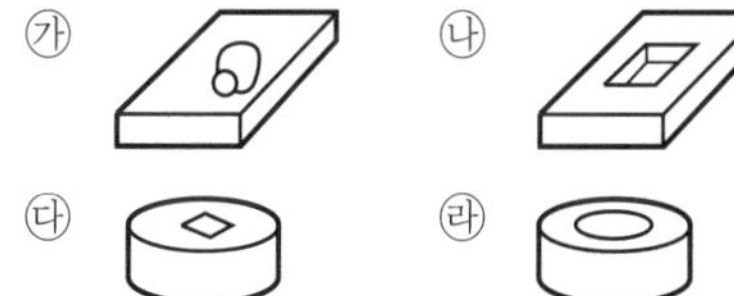

 치수 기입 시 파이가 앞에 오면 원형을 나타낸다.

**26** 기어나 벨트 풀리의 정면도는 다음 중 어느 것인가?

㉮ 길이 방향으로 단면한 그림

㉯ 축과 직각 방향에서 본 그림

㉰ 어느 곳에서 본 형태이든 적당히 그린 그림

㉱ 축방향에서 본 그림

 기어나 벨트 풀리는 축과 직각인 상태로 표기한다.

# 치수 기입법

## 01 | 치수 기입의 종류

치수는 도면에 표시된 것 가운데 가장 중요한 것이다. 도형이 올바르게 그려져도 치수 기입이 잘못되면 완전한 제품을 만들 수 없다. 즉, 치수 기입은 단순히 물체의 치수만을 표시하는 것이 아니고 가공법, 재료 등에도 관계되기 때문에 올바르지 못한 치수 기입은 작업 능률에 큰 영향을 주고 또 제품을 잘못 만드는 원인이 된다.

도면에 기입되는 부품의 치수에는 재료 치수, 소재 치수, 마무리 치수의 세 가지가 있다.

### (1) 재료 치수

탱크, 압력 용기, 철골 구조물 등을 만들 때 필요한 재료가 되는 강판, 형관, 배관 등의 치수로서, 가공을 위한 여유 치수 또는 절단을 위한 부분이 모두 포함된 치수이다.

### (2) 소재 치수

반제품, 즉 주물 공장에서 주조한 그대로의 치수로서, 기계로 가공하기 전의 미완성품의 치수이며 가공 치수가 포함된 치수이다.

소재 치수는 가상선을 이용하여 치수를 기입한다.

### (3) 마무리 치수

마지막 다듬질을 한 완성품의 최종 치수로, 재료 치수나 소재 치수가 포함되지 않는다.

※ 치수는 특별히 명시하지 않는 한 마무리 치수를 기입하도록 한다.

## 02 | 치수 기입의 구성

치수를 기입하기 위해서는 치수선, 치수 보조선, 화살표, 지시선, 치수 숫자 등을 사용하여 치수 수치와 함께 나타낸다.

## (1) 치수선(KS B 0001 10.3)

① 치수 기입에 사용되는 선은 치수선과 치수 보조선이 같이 쓰이고, 모두 가는 실선으로 하여 외형선과는 선명하게 구별되도록 한다.

② 치수선의 양끝에는 [그림 3.47]과 같이 끝부분 기호를 붙이며, 한 장의 도면상에는 특별한 경우를 제외하고는 (a), (b), (c)를 같이 사용하지 않는다.

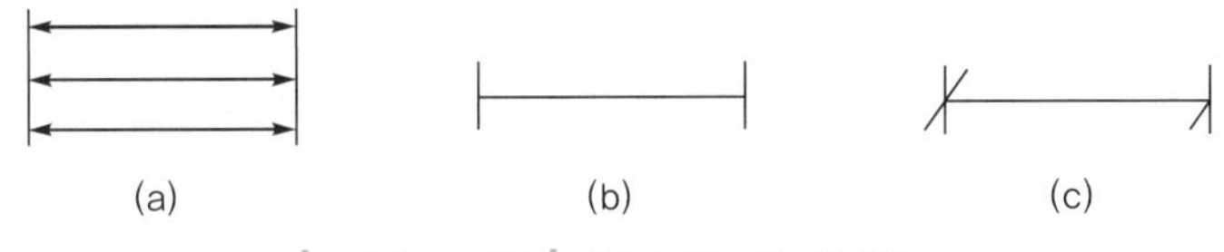

| 그림 3.47 | 치수선 및 화살표

## (2) 치수 보조선(KS B 0001 10.3.4)

① 치수 보조선은 치수선에 직각으로 치수선을 약간(2~3[mm]) 넘을 때까지는 연장하여 그린다.

② 치수선이 외형선과 접근하여 구별하기 어려운 경우(테이퍼 부분 등) 또는 치수 기입의 관계로 필요한 경우에는 치수선에 대하여 적당한 각도(가능한 치수와 60° 방향)로 그릴 수 있다([그림 3.48] (e)).

③ 치수 보조선은 중심선까지의 거리를 표시하는 경우([그림 3.48] (i), (j))에나 치수를 도면 내에 기입 할 때([그림 3.48] (k))에는 중심선이나 외형선을 가지고 대체할 수 있다.

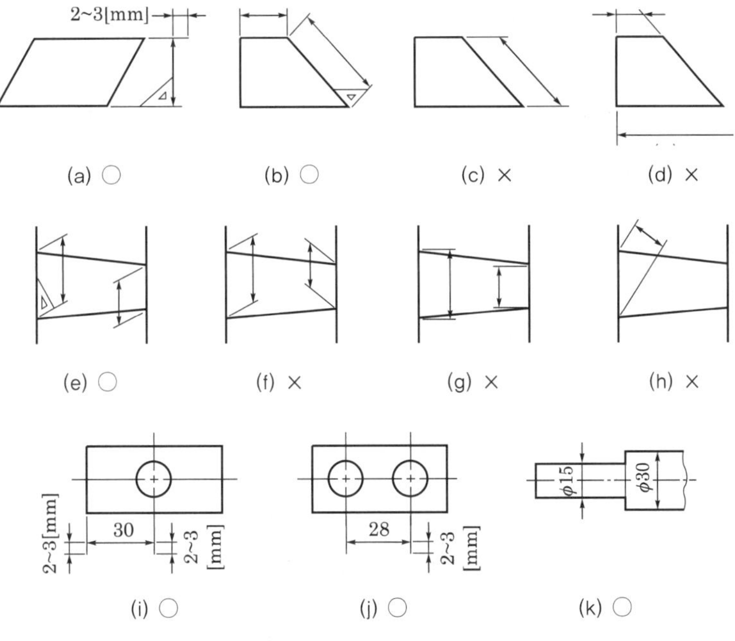

| 그림 3.48 | 치수 보조선

## (3) 화살표

① 화살표는 치수선의 양쪽 끝에 붙여 그 한계를 명시하는 것이다.

② 화살표의 각도는 약 30°의 직선으로, 길이는 치수 숫자의 높이 정도(2.5~4[mm])로 칠하는 것과 칠하지 않는 것의 두 가지 방식이 있다.

③ 치수 보조선의 사이가 좁아서 화살표로 표시할 여유가 없을 때에는 화살표를 안쪽으로 향하도록 하든가 화살표 대신 작은 흑점을 사용하여도 좋다.

④ 도면의 크기에 따라 화살표의 크기는 약간씩 다르게 그릴 수 있으나 같은 도면 내에서는 동일한 크기로 그리는 것을 원칙으로 한다.

## (4) 지시선(KS B 0001 10.73)

① 치수, 가공법, 주기, 부품 번호 등을 기입하기 위하여 사용하는 지시선은 수평선에 대하여 60°나 45° 등의 직선으로 인출하여 수평선을 붙여 그리고, 이 수평선의 위쪽에 나타내며 치수, 가공법 등 기타 필요한 사항을 기입한다.

② 형상선 내부에서 끌어내는 경우에는 흑점을 끌어내는 쪽에 기입한다.

③ 원으로부터 나오는 지시선은 중심을 향하게 그리며 화살표는 원주에 붙인다.

## (5) 치수 숫자(KS B 0001 10.3.6)

① 치수 숫자는 정자로 명확하게 치수선의 중앙 위쪽에 치수선과 약간 띄워서 평행하게 표시한다. 즉, 수평 치수선에 대해서는 숫자의 머리가 위쪽으로 하고 연직 치수선에 대해서는 숫자의 머리가 왼쪽으로 향하도록 표시해야 한다.

② 치수를 기울여 표시할 필요가 있을 때에는 [그림 3.49]와 같이 표시한다. 단, 치수선이 수직선에 대하여 좌측 위로부터 우측 아래로 향하여 30° 이하의 각도를 이루는 방향([그림 3.49] (c)의 해칭부)에 대해서는 될 수 있는 대로 치수의 기입을 피해야 하지만 부득이 기입을 해야 할 경우에는 그 장소에 따라 혼동하지 않게 한다.

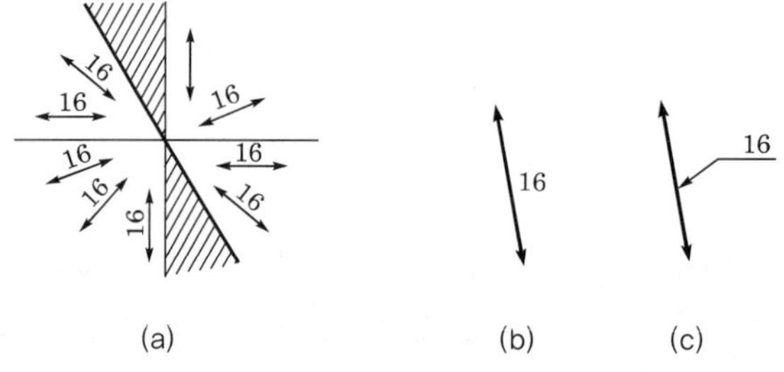


| 그림 3.49 | 치수 숫자의 방향

③ 각도를 나타내는 숫자는 [그림 3.50]과 같이 기입한다. 또 치수 보조선의 사이가 좁아서 위에 적은 방법으로는 치수 숫자의 기입이 불가능할 때에는 그림과 같이 화살표를

안쪽으로 그리고, 그 바깥쪽 치수선 위 또는 인출선을 그어 치수 숫자를 기입한다. 이 때 중간의 화살표는 흑점 또는 [그림 3.51] (c)와 같이 경사선으로 대용해도 좋다. 또 좁은 부분이 연속될 때에는 (b), (c)와 같이 치수선의 위와 아래에 치수를 교대로 기입한다. [그림 3.51] (c)의 A 부분과 같이 사이가 아주 좁을 때에는 그 부분을 (d)와 같이 별도로 확대한 상세도를 그려 표시해도 좋다.

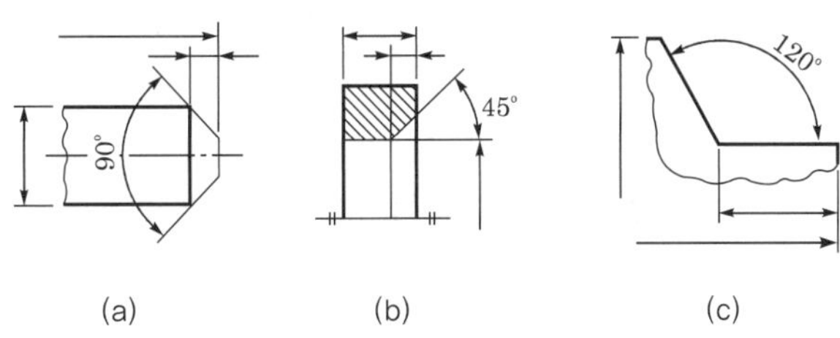

| 그림 3.50 | 각도의 표시법

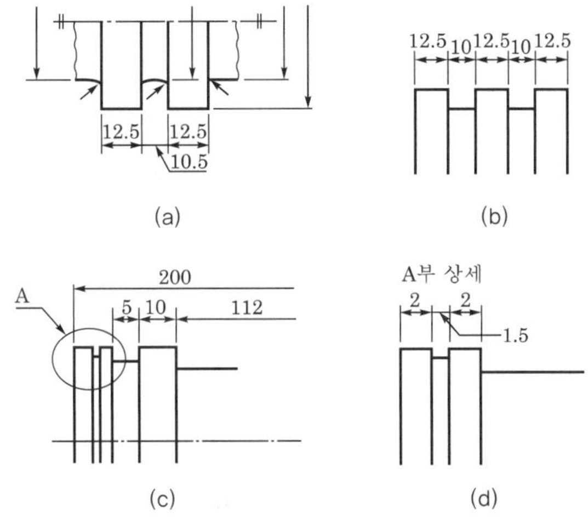

| 그림 3.51 | 좁은 곳의 치수 기입법

## 03 ｜ 치수 기입에 같이 쓰이는 기호

치수 숫자에 $\phi$, □, $t$, $R$, $C$, $S$ 및 $P$와 같은 기호를 같이 기입하여 어떤 성질의 치수인가를 표시한다.

### (1) 지름의 기호($\phi$)와 정사각형의 기호(□)

① 둥근 것의 지름은 $\phi$, 정사각형은 □(사각이라 부름)의 기호를 치수 숫자 앞에 기입하

며 $\phi 120$은 지름이 $120[\text{mm}]$임을 표시하고, $\square 12$는 정사각형의 한 변이 $12[\text{mm}]$임을 의미한다.

② $\phi$나 $\square$을 붙이지 않아도 도형이 명백할 때에는 이것을 생략해도 좋다.

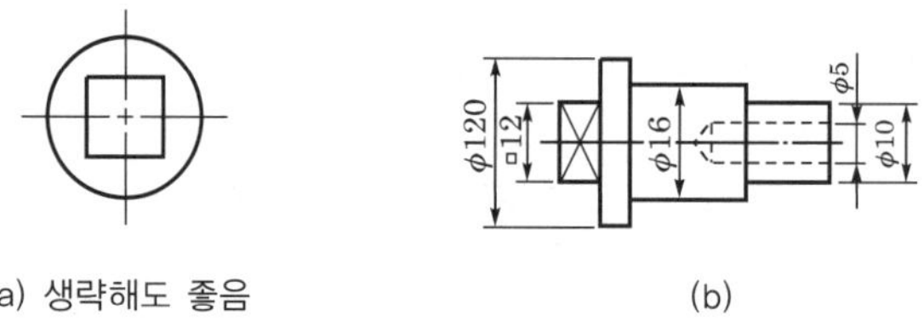

(a) 생략해도 좋음          (b)

| 그림 3.52 | 정다각형 단면의 치수 기입

## (2) 반지름 기호($R$)

① radius의 약자로서 반지름을 나타낼 때에는 $R$의 기호를 치수 숫자 앞에 기입한다.

② 반지름을 표시하는 치수선이 그 원호의 중심까지 그어졌을 때에는 기호를 생략할 수 있다.

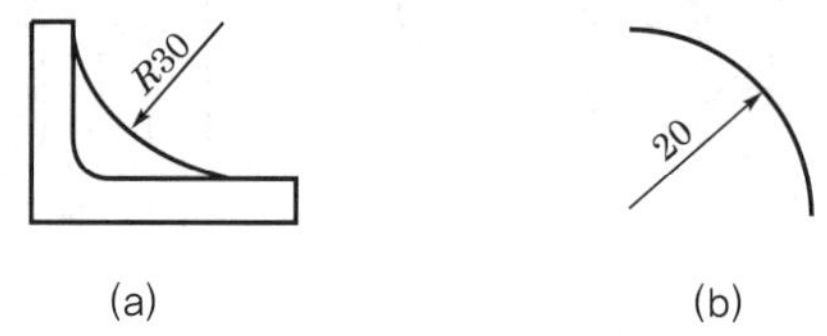

(a)          (b)

| 그림 3.53 | 반지름의 치수 기입

## (3) 구면의 기호($S$)

표면이 구면으로 되어 있음을 표시할 때에는 그 구의 지름 또는 반지름의 치수를 기입하고 $\phi$ 또는 $R$의 앞에 '$S$'라고 기입한다.

[그림 3.54]에서 '$S\phi 450$'이란 지름이 $450[\text{mm}]$인 구면임을 의미한다.

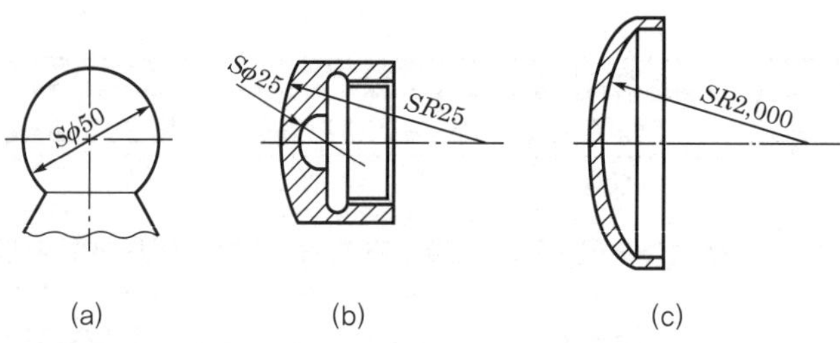

(a)          (b)          (c)

| 그림 3.54 | 구의 지름, 반지름 치수 기입

## (4) 얇은 판의 두께 기호($t$)

thickness의 약자로서, 얇은 판의 두께를 도시하지 않고 기호로 표시하려면 [그림 3.55] (b)와 같이 치수 숫자 앞에 $t$의 기호를 명시한다.

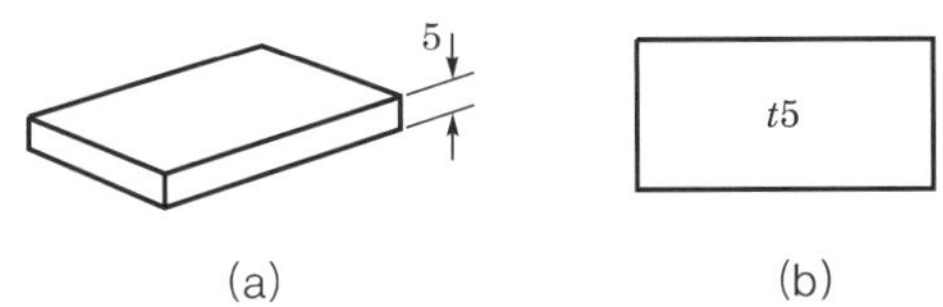

(a)        (b)

| 그림 3.55 | 얇은 판의 두께 기입

## (5) 모따기의 기호($C$)

① 부품을 각이 있게 깎아 내는 것을 모따기(chamfering)라 한다.

② 모따기의 표시법은 원칙적으로 모따기의 길이와 각도로 표시한다. 다만, 45°의 모따기에 한하여 $C$의 기호를 치수 숫자 앞에 같이 쓴다. 예를 들면 $C2$란 각의 꼭지점에서 가로 세로 2[mm]의 길이를 잡아 빗면으로 깎아 가공한다는 뜻이다.

※ ISO에는 등기호 규정이 있어 치수가 몇 개로 똑같게 분할되어 있을 때에는 등기호 '='를 사용하는 경우가 있다.

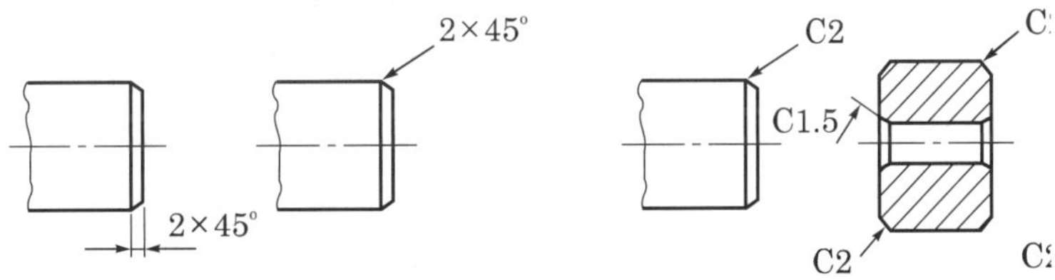

| 그림 3.56 | 모따기 기호의 기입

## 04 | 치수의 기입에 사용되는 단위

### (1) 길이 치수의 단위

① 길이 치수는 모두 [mm] 단위로 기입하고 단위 기호는 별도로 쓰지 않는다. 그러나 단위가 [mm]가 아닌 때에는 이것을 명시하여야 한다.

② 소수점은 아래쪽 숫자를 적당하게 분리하여 그 중간에 약간 크게 아래쪽에 찍는다. 또 치수 숫자의 자릿수가 많은 경우에는 3자리마다 콤마(comma)를 찍지 않는다.

**보기** 12.125, 12.00, 123570

### (2) 각도의 단위

① 각도는 보통 도(°)로 표시하고 필요할 때에는 분(′) 및 초(″)를 병용할 수가 있다.

② 도(°), 분(′), 초(″)를 표시할 때에는 숫자의 오른쪽 위에 °, ′, ″를 기입한다.

　　**보기** 90°, 22.5°, 5° 20′ 15″

## 05 │ 치수의 기입법

　치수는 가공 방법에 따라 기입하는 방식이 달라진다. 가공, 조립, 검사 등을 잘 고려하여 현장의 작업과 제품의 기능에 적합한 치수를 선택하여야 하며, 치수를 기입하는 곳의 선택은 도면의 해석과 작업의 능률에 큰 영향을 주는 만큼 치수를 찾아내기 쉽고 읽기 쉬우며 혼란이 없는 곳을 택하여 기입한다.

### (1) 일반적인 부분의 치수 기입

① 치수선은 부품의 모양을 표시하는 외형선과 평행으로 긋는다.

② 치수선은 외형선으로부터 10~15[mm] 떨어진 곳에 그으며, 이것에 나란하게 여러 개의 치수선을 나타낼 때에는 될 수 있는 대로 같은 간격(8~10[mm])으로 한다.

③ 외형선, 숨은 선, 중심선, 치수 보조선은 치수선으로 사용하지 않는다.

④ 치수선은 될 수 있는 대로 다른 치수선, 치수 보조선, 외형선과 교차하지 않도록 한다.

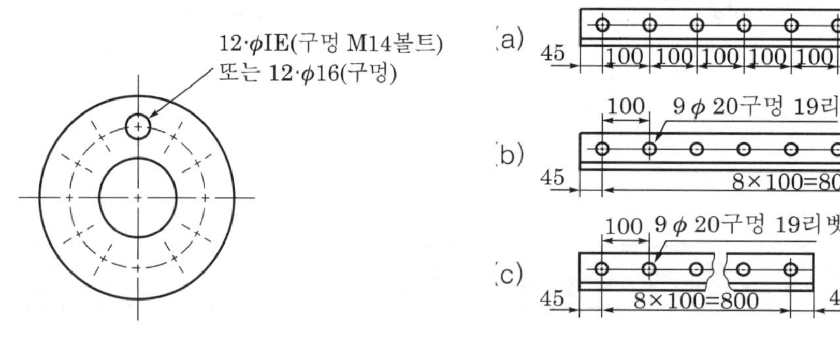


│ 그림 3.57 │ 등간격 기입　　　　　│ 그림 3.58 │ 치수선의 사용 예

### (2) 지름의 치수 기입

① 원기둥과 둥근 구멍의 크기는 지름의 치수로 표시한다. 이때 지름의 기호 $\phi$는 치수 숫자 앞에 같은 크기로 쓴다. 다만, 형태로 보아 원이 분명할 때에는 $\phi$를 생략한다.

② 지름의 치수선은 될 수 있는 데로 원형 원에 방사선 기입을 피한다.

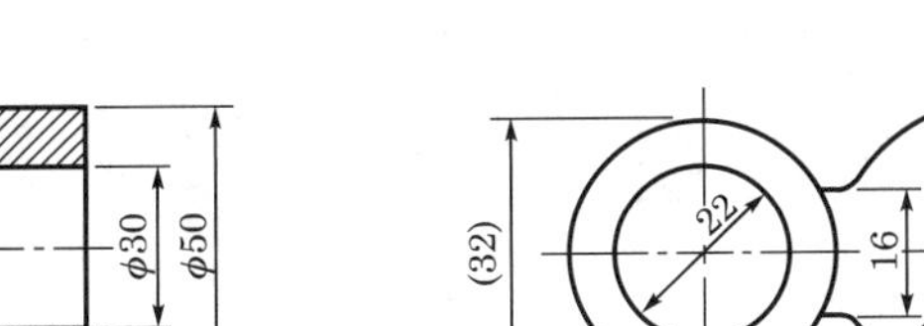

| 그림 3.59 | 지름의 치수

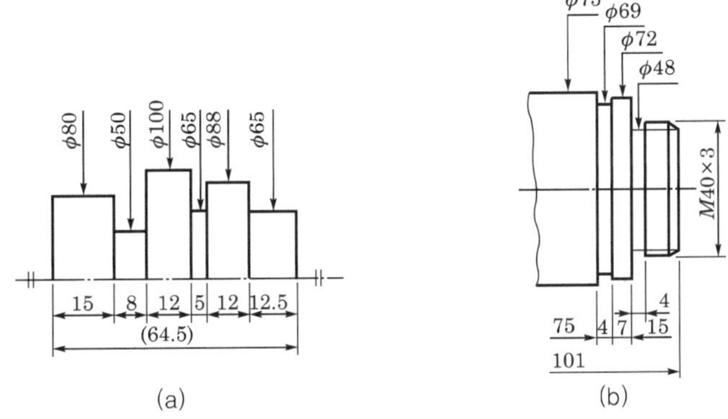

(a)　　　(b)

| 그림 3.60 | 키웨이를 지나는 지름의 표시

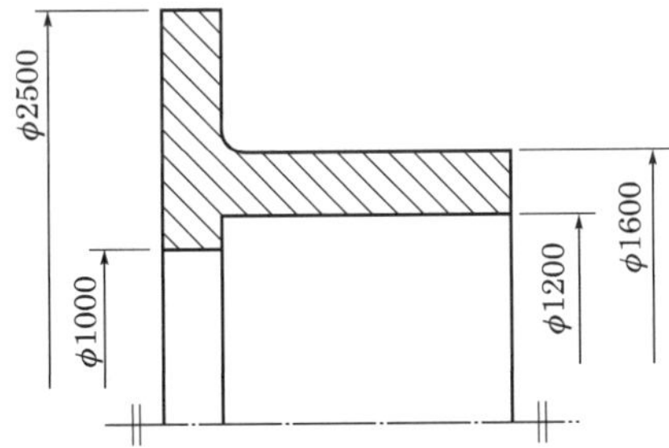

| 그림 3.61 | 대칭 중심선의 한쪽만 표시한 도형의 치수선

# 적·중·예·상·문·제

**01** 모따기를 표시하는 치수 보조 기호는?

㉮ $SR$
㉯ $B$
㉰ $E$
㉱ $C$

 모따기는 Chamfer의 약자 '$C$'로 표시한다.

**02** 부품 번호를 원으로 표시할 때 원의 지름[mm]은?

㉮ 10~12
㉯ 20~22
㉰ 30~32
㉱ 35

 보통 10~12[mm]로 나타낸다.

**03** 현의 치수 기입을 바르게 표시한 것은?

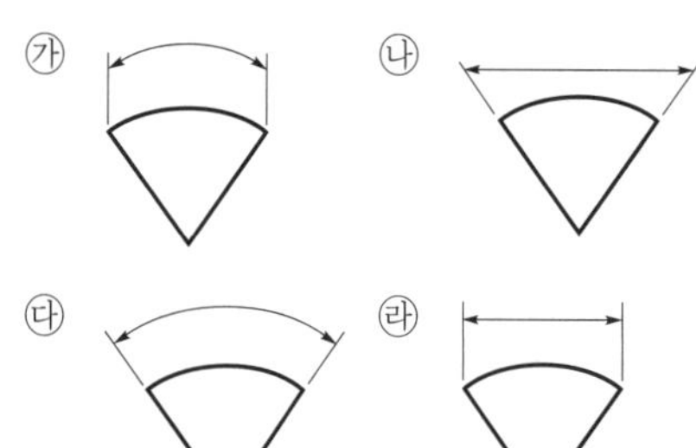

㉮는 원호의 치수 기입을 나타낸다.

**04** 다음 그림에서 지시선은 어느 것인가?

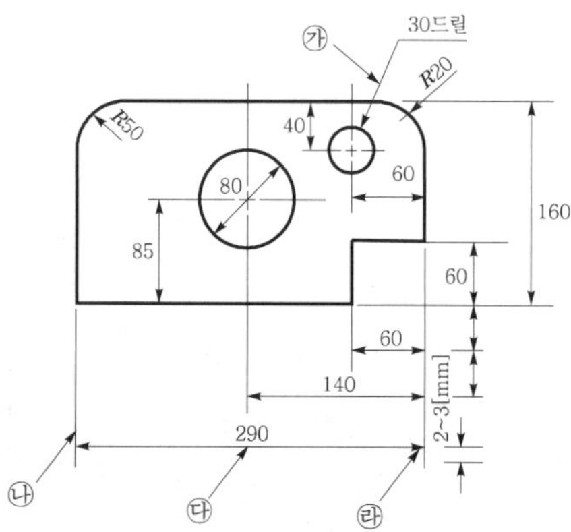


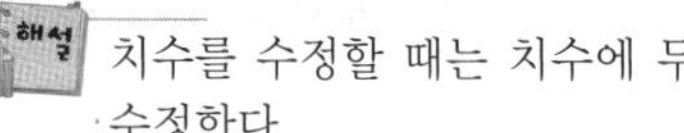 지시선은 치수 기입 공간이 충분하지 않을 때 경사 방향으로 연장하여 기입한다.

**05** 도면 작성 시 실제보다 크거나 작게 그려져 그림을 고치지 않고 치수를 기입하여 수정하는 방법은?

㉮ 치수를 안 보이게 지우고 다시 기입한다.
㉯ 치수 밑에 줄을 그어서 표시한다.
㉰ 치수 앞에 $R$을 붙인다.
㉱ 괄호를 만든다.

치수를 수정할 때는 치수에 두 줄을 긋고 수정한다.

**06** 치수를 나타내는 3가지는 어느 것인가?

㉮ 평행 치수, 평면 치수, 직각 치수
㉯ 크기 치수, 자세 치수, 위치 치수
㉰ 위치 치수, 평행 치수, 자세 치수
㉱ 평면 치수, 크기 치수, 자세 치수

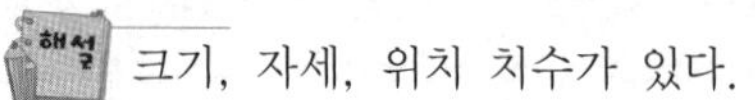 크기, 자세, 위치 치수가 있다.

**07** 다음 그림처럼 도형의 내부에 대각선을 긋는 이유는?

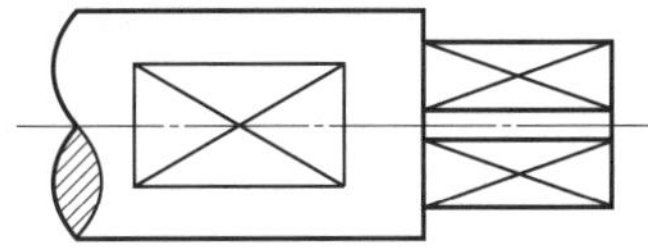

㉮ 잘라버리라는 의미

㉯ 가장 중요한 부분이라는 의미

㉰ 널링을 하라는 의미

㉱ 평면이라는 의미

 평면을 나타내며 손잡이를 삽입하거나 부품의 조립 및 분해 시 공구를 삽입하기 위해서다.

**08** 치수 기입 시 치수선은 물체의 외형선으로부터 얼마 정도 띄워서 그리는가?

㉮ 1[mm]

㉯ 2[mm]

㉰ 5[mm]

㉱ 10[mm]

 외형선과 치수선의 간격은 10~15[mm] 이나 도면에서 규칙성을 위해 동일한 간격을 유지하는 것이 좋다.

**09** 아래 그림에서 ㉮ 부분의 길이는 얼마 정도로 더 긋는가?

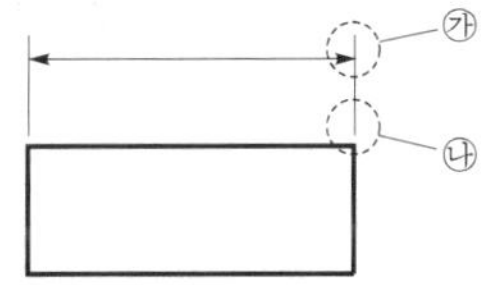

㉮ 1[mm]   ㉯ 3[mm]

㉰ 5[mm]   ㉱ 10[mm]

 치수선에서 치수 보조선은 2~3[mm] 정도 도출되는 것이 좋다.

**10** 위 그림에서 ㉯ 부분의 외형선과 치수 보조선의 간격[mm]은?

㉮ 1   ㉯ 3

㉰ 5   ㉱ 10

 외형선과 치수 보조선의 간격은 1[mm] 정도 공간을 두고 긋는다.

**11** 전체에 관한 내용을 설명하거나 지시할 때 표제란 위쪽에 기재하는 것을 무엇이라 하는가?

㉮ 개별 주서   ㉯ 중심 마크

㉰ 윤곽선   ㉱ 일반 주서

 일반 주서는 도면에서 특별하게 주의를 요하는 부분이다. 일반 공차, 일반 모따기, 조립상의 주의점을 명기한다.

**12** 최종으로 검사할 완성된 제품의 치수로, 완성 치수라고도 하는 것은?

㉮ 재료 치수   ㉯ 소재 치수

㉰ 반제품 치수   ㉱ 마무리 치수

 마무리 치수는 실제 완성된 치수로 조립 시 적용하는 치수이다.

**13** 도면 작성 시 실제보다 크거나 작게 그려져 그림을 고치지 않고 치수를 기입하여 수정하는 방법은?

㉮ 치수를 안 보이게 지우고 다시 기입한다.

㉯ 치수 밑에 줄을 그어서 표시한다.

㉰ 치수 앞에 $R$을 붙인다.

㉱ 괄호를 만든다.

 치수 밑에 줄을 그어서 표시하며 조립 후 수정 시에는 수정한 날짜를 기입하여 도면의 이력을 알 수 있도록 유지한다.

**14** 최종으로 검사할 완성된 제품의 치수로, 완성 치수라고도 하는 것은?

㉮ 재료 치수  ㉯ 소재 치수
㉰ 반제품 치수  ㉱ 마무리 치수

**15** 치수 기입 시 구의 지름을 표시하는 기호는?

㉮ $S\phi$  ㉯ $SR$
㉰ $\phi$  ㉱ $R$

 구는 Sphere의 약어로서 파이 앞에 기입하여 나타낸다.

**16** 다음 그림에서 □이 표시하는 것은?

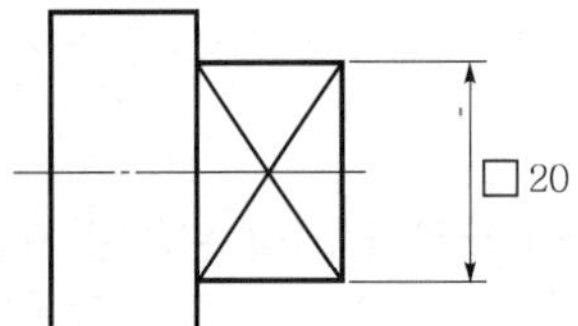

㉮ 원  ㉯ 평면
㉰ 반지름  ㉱ 정사각형

 정사각형을 나타내며 가로와 세로의 길이가 같은 상태이다.

**17** 치수 기입 시 치수 보조 기호 $t$가 나타내는 의미는?

㉮ 물체의 넓이
㉯ 물체의 두께
㉰ 물체의 무게
㉱ 정사각형

 $t$는 두께를 의미하며 Thickness의 약어이다.

**18** 다음과 같은 그림은 어떠한 치수 기입법인가?

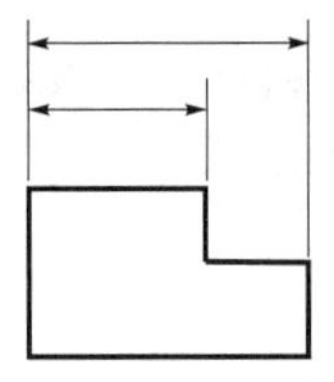

㉮ 직렬 치수 기입법
㉯ 누진 치수 기입법
㉰ 평행 치수 기입법
㉱ 병렬 치수 기입법

 병렬 치수 기입법은 기준면에서 모든 치수의 기준이 되게 하여 기입한다.

**19** 다음과 같은 그림은 어떠한 치수 기입법인가?

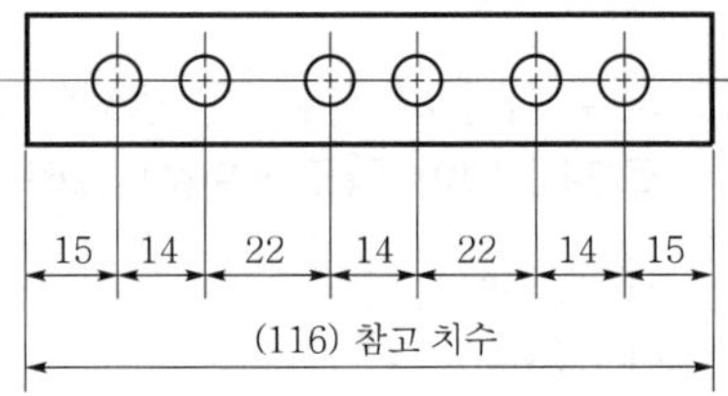


㉮ 직렬 치수 기입법
㉯ 누진 치수 기입법
㉰ 평행 치수 기입법
㉱ 병렬 치수 기입법

 직렬 치수 기입법으로 같은 부품 조립 시에 적용하며, 다른 부품 조립 시에는 혼돈하지 않도록 기입을 해야 한다.

**20** 다음 그림을 보고 ( ) 안에 기입해야 할 치수는?

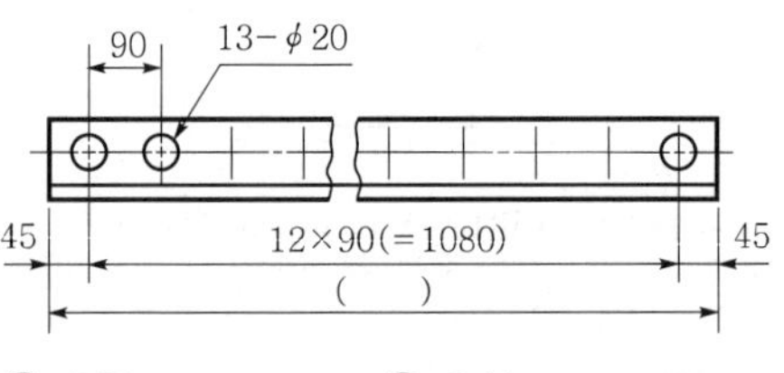


㉮ 860  ㉯ 940
㉰ 1170  ㉱ 1280

 일정한 간격으로 배열된 가공은 전체를 표시하지 않고 구멍과 구멍의 간격과 피 치수를 나타내면 된다.

## 21 다음 제도에 있어서 치수 기입 방법이 틀린 것은?

㉮ 치수는 되도록 주투상도에 집중한다.

㉯ 대상물의 기능, 제작, 조립 등을 고려하여 필요하다고 생각되는 치수를 명료하게 도면에 기입한다.

㉰ 치수는 가능한 중복 기입을 한다.

㉱ 관련되는 치수는 한 곳에 모아서 기입한다.

 치수는 중복 기입을 하면 가공 상에 혼란을 줄 수가 있다.

## 22 45° 모따기를 나타내는 기호는?

㉮ $R$          ㉯ $S\phi$

㉰ $W$          ㉱ $C$

 모따기는 정삼각형으로 모서리를 가공하는 것으로 Chamfer의 약자 '$C$'로 나타낸다.

## 23 ㄷ형강의 표시가 바르게 된 것은?

㉮ ㄷ$H \times B \times t_1 \times t_2 - L$

㉯ ㄷ$H \times B \times t_1 - t_2 - L$

㉰ ㄷ$H \times B - t_1 - t_2 - L$

㉱ ㄷ$H \times B - t_1 \times t_2 - L$

 ㄷ형강은 높이, 폭, 높이의 두께, 폭의 두께의 순서로 나타낸다.

## 24 다음 그림에서 지시선이 가리키는 선의 명칭은?

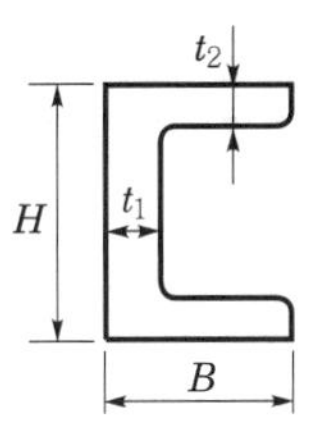

㉮ 외형선          ㉯ 중심선

㉰ 파단선          ㉱ 절단선

## 25 기계 구조물의 용접부 등에 비파괴 검사 시험 기호에서 RT로 표시된 기호가 뜻하는 것은?

㉮ 방사선 투과 시험

㉯ 자분 탐상 시험

㉰ 초음파 탐상 시험

㉱ 침투 탐상 시험

 방사선 투과 시험으로 Radiographic Test 의 약어 'RT'로 나타낸다.

## 26 치수 기입 중 정정 치수 기입 방법으로 가장 적합한 것은?

㉮ 50          ㉯ ~~50~~

㉰ (50)          ㉱ ☐

## 27 직진 운동이나 회전 운동이 필요한 기계 부품 조립에 적용하는 끼워맞춤으로 가장 좋은 것은?

㉮ 헐거운 끼워맞춤

㉯ 억지 끼워맞춤

㉰ 영구 조립 끼워맞춤

㉱ 중간 끼워맞춤

 헐거운 끼워맞춤은 분해와 조립이 자주 반복되는 부분의 끼워맞춤으로 적용한다.

**28** 산술(중심선) 평균 거칠기는 표면 거칠기의 표준값 다음에 어느 기호를 기입하는가?

㉮ $Ra$  ㉯ $Rs$
㉰ $Rz$  ㉭ $Rv$

 표면 거칠기는 Roughness의 약자 '$R$'로 표기하며 평균 거칠기는 Average의 약자 '$a$'로 표기한다.

**29** 다음 중 IT 기본 공차는 몇 등급으로 구분되는가?

㉮ 12  ㉯ 15
㉰ 18  ㉭ 20

 IT란 ISO Tolerance의 약자로서 등급은 20등급으로 나누어져 있다.

**30** 다음 중 기하 공차를 분류한 것으로 틀린 것은?

㉮ 모양 공차
㉯ 자세 공차
㉰ 위치 공차
㉭ 치수 공차

 기하 공차는 형상에 따른 공차를 부여하며 시스템의 조립 시 조건을 유지하기 위해 적용한다.

**31** 치수 기입의 원칙 중 옳지 않은 것은?

㉮ 치수는 선에 겹치게 기입해서는 안 된다.
㉯ 치수는 되도록 계산하여 구할 필요가 없도록 기입한다.
㉰ 치수는 되도록 정면도, 평면도, 측면도에 분산하여 보기 쉽도록 기입한다.

㉭ 대상물의 기능, 제작, 조립 등을 고려하여 필요하다고 생각되는 치수를 명료하게 기입한다.

 치수 기입은 가능한 정면도에 집중하여 표기하고 평면도와 측면도에 기입한다. 단, 가공상에 혼란을 주지 않도록 기입한다.

**32** 아래 그림은 무슨 치수 기입인가?

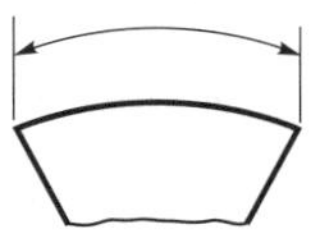

㉮ 변  ㉯ 현
㉰ 호  ㉭ 각도

 원호를 표기한 것이다.

**33** 다음 그림에서 테이퍼 값은?

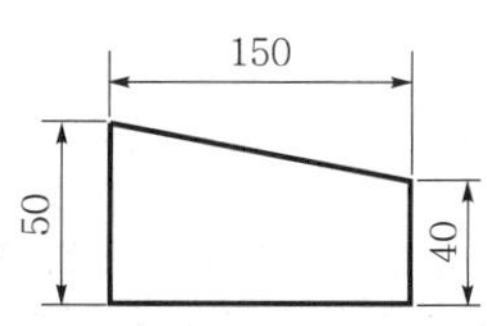

㉮ 1/10  ㉯ 1/15
㉰ 1/50  ㉭ 1/100

 테이퍼 값은 $\dfrac{50-40}{150}=\dfrac{1}{15}$ 이 된다.

**34** 다음 그림 중 치수 기입을 바르게 한 것은?

㉮ $t-5$  ㉯ $t5$
㉰ $5$  ㉭ $5t$

 두께 표기는 $t5$ 혹은 $t=5$로 표기한다.

**35** 다음 중 다른 셋과 다른 선의 명칭은?

㉮ 외형선 ㉯ 치수선
㉰ 치수 보조선 ㉭ 지시선

 외형선은 굵은 실선이며, 나머지는 가는 실선으로 표기한다.

**36** 다음 중 치수 기입이 맞게 된 것은?

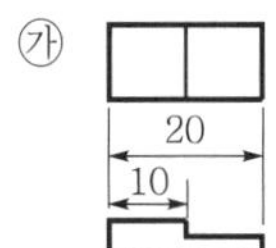 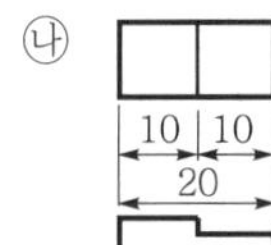

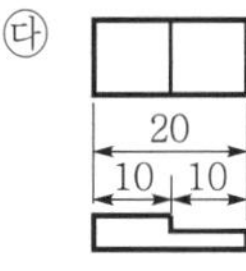 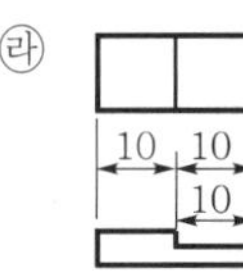

 기준면을 중심으로 표기를 해야 하며 병렬 기입법이다.

**37** 다음 구멍의 치수 기입에 대한 것 중 잘못 표시된 것은?

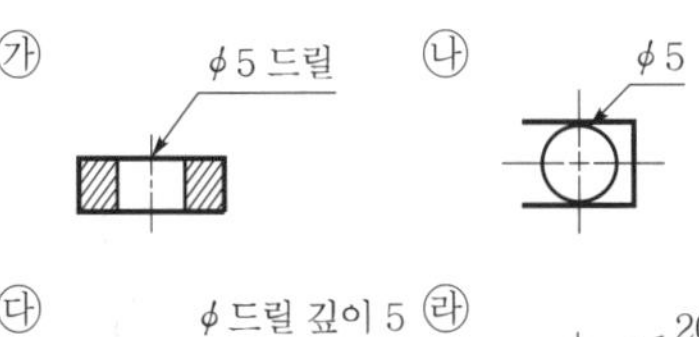

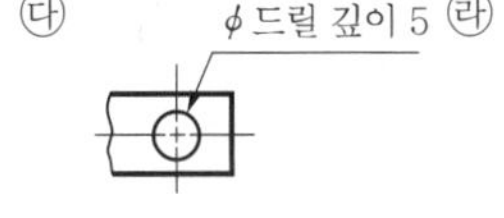 

 원은 안쪽에 치수선을 긋고 지시선으로 표기해야 한다.

**38** 다음 화살표에 대한 설명 중 틀린 것은?

㉮ 화살표는 치수선의 양끝에 붙여서 그 한계(범위)를 명시한다.
㉯ 머리는 까맣게 칠하며 크기는 폭과 길이의 비율이 같도록 한다.
㉰ 화살표 각도는 90°까지 가능하다.
㉭ 화살표는 프리핸드로 그리고, 한 도면에서는 되도록 크기를 같게 한다.

 화살표의 크기는 길이와 폭의 비율을 1 : 4, 1 : 3 정도로 하며 도면의 크기에 따라 균형 있게 한다.

**39** 치수와 같이 사용되는 기호는 치수 숫자의 어디에 기입하는가?

㉮ 치수 숫자 앞 ㉯ 치수 숫자 뒤
㉰ 치수 숫자 위 ㉭ 치수 숫자 아래

치수 숫자 앞에 기입해야 한다.

# 기계 요소 제도

## 01 | 나사

### 1 나사의 의의

#### (1) 나사의 개요

나사는 기계 요소 중에서 가장 많이 사용되는 요소 부품으로, 부품과 부품을 결합시키거나 동력 전달용으로 사용되며 관을 연결하는 데도 사용된다.

#### (2) 나사의 분류

나사는 원통 면에 골을 판 것을 수나사, 원통 내면에 골을 판 것을 암나사라고 하고 오른쪽 방향으로 골을 판 것을 오른 나사, 왼쪽 방향으로 골을 판 것을 왼나사라 하며 한 줄로 골을 판 것을 한 줄 나사, 여러 줄로 골을 판 것을 여러 줄 나사라 한다.

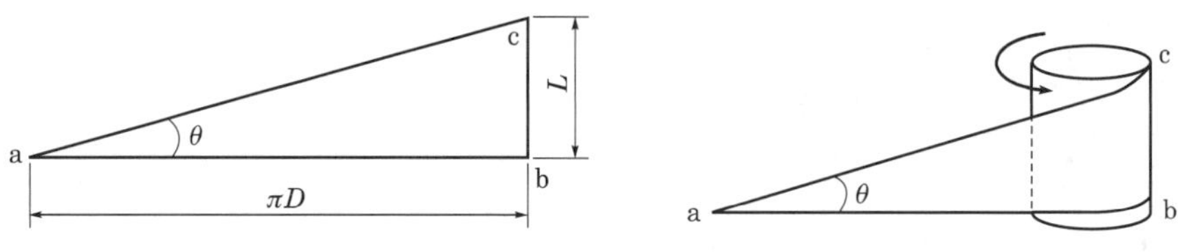


| 그림 3.62 | 나사의 원리

#### (3) 나사 관련 용어

① 오른 나사 : 나사를 오른쪽 방향으로 돌릴 때 조여지는 나사이다.
② 왼나사 : 나사를 왼쪽 방향으로 돌릴 때 조여지는 나사이다.

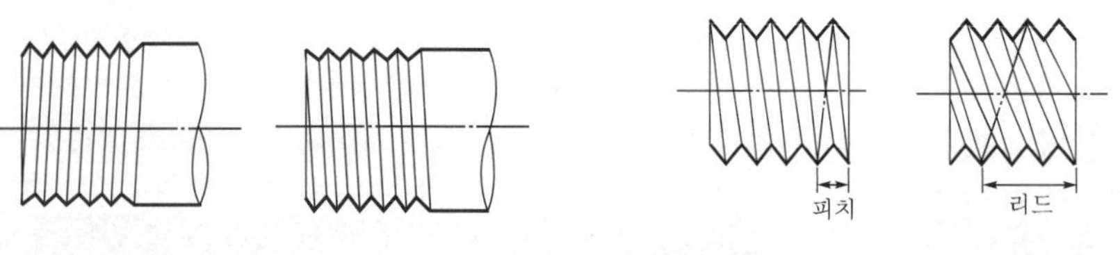


| 그림 3.63 | 오른 나사와 왼나사     | 그림 3.64 | 1줄 나사와 3줄 나사

③ **피치**(pitch) : 나사산 끝에서 인접한 나사산 끝까지의 거리이다.

④ **리드**(lead) : 나사를 1회전시켰을 때 이동한 거리로, 1줄 나사의 경우 피치만큼 이동하며 2줄 나사의 경우 피치의 2배, 3줄 나사의 경우 피치의 3배만큼 이동된다. 여러 줄 나사는 빨리 풀 수 있고 빨리 조일 수 있는 목적으로 사용된다.

$$리드(lead) = 피치 \times 줄 \ 수$$

⑤ **유효 지름** : 나사산의 폭과 골의 폭이 같아지는 가상원의 지름을 유효 지름이라 한다.

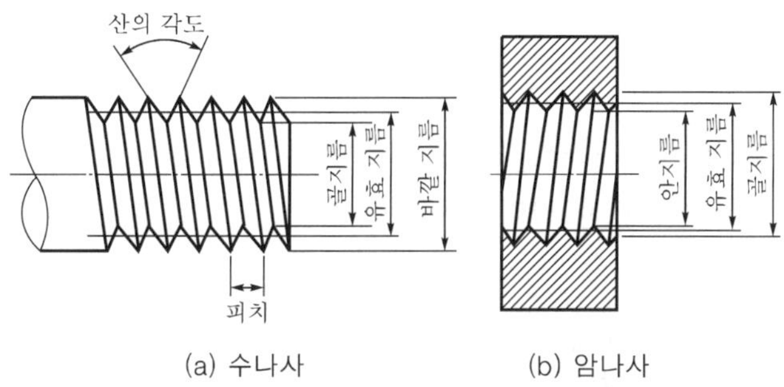


| 그림 3.65 | 수나사와 암나사 각부 명칭

## 2 나사의 종류

나사의 종류는 인치 계열 나사와 미터 계열 나사로 나누고 용도에 따라 보통 나사와 가는 눈나사로 나눈다. 보통 나사는 지름과 피치가 규격으로 정해져 있어서 볼트나 작은 나사에 널리 사용되며 가는 눈나사는 보통 나사보다 지름에 비해 피치의 비율이 작다.

나사의 종류는 미터 나사, 유니파이 나사, 사다리꼴 나사, 파이프 나사, 둥근 나사, 각나사, 톱니 나사 등이 있으며 많이 사용되는 나사는 다음과 같다.

### (1) 미터 나사

① 미터 계열 나사로 지름과 피치를 [mm]로 표시하고 나사의 크기는 피치로 나타내며 나사 산의 각도는 60°이다.

② 나사의 생긴 형상은 산 끝은 평평하게 깎여 있고 골밑은 둥글게 되어 있으며 체결용으로 사용된다.

### (2) 유니파이 나사

① 인치 계열 나사로 나사의 지름을 inch로 표시하고 나사산의 크기는 1인치(25.4[mm]) 안에 들어 있는 나사산의 수로 나타낸다.

② 나사산의 각도는 60°이며 나사의 생긴 형상은 미터 나사와 같으며 체결용으로 사용된다.

## (3) 사다리꼴 나사

① 나사산이 사다리꼴로 되어 있고 마찰이 작으며 정확하게 물리므로 동력 전달용으로 사용된다.

② 나사산 각도가 30°는 미터 계열 나사이고 29°는 인치 계열 나사이다. 주로 30°인 미터 계열 나사를 사용한다.

## (4) 관용 나사

① 주로 파이프에 나사를 낸 배관용으로 사용되는 나사로, 인치 계열 나사이다.

② 나사산 각도는 55°이며 산 끝과 골이 둥글다.

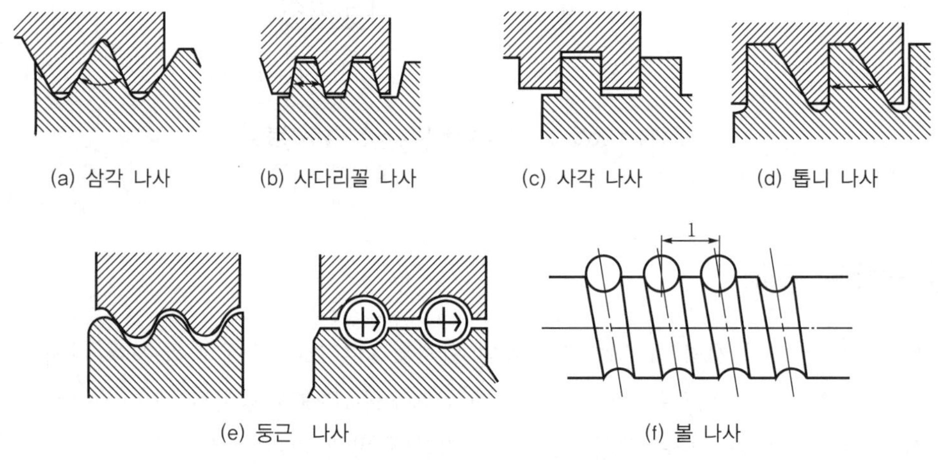


| 그림 3.66 | 나사의 종류

## 3 나사의 호칭법

나사를 도면에 나타낼 때는 나사의 도시 방법과 나사의 호칭법에 의해 나사를 표시한다. 나사는 나사산의 감긴 방향, 나사산의 줄 수, 나사의 호칭, 나사의 등급으로 표시한다.

### (1) 피치를 [mm]로 표시하는 나사의 호칭법

미터 보통 나사와 같이 동일한 지름에 피치가 하나만 규정되어 있는 나사는 원칙적으로 피치를 생략한다.

> 나사의 종류를 표시하는 기호－나사의 지름을 표시하는 숫자×피치－나사의 호칭 길이

## (2) 피치를 산의 수로 표시하는 나사의 호칭법(유니파이 나사 제외)

관용 나사와 같이 동일한 지름에 대하여 나사산 수가 하나만 규정되어 있는 나사는 원칙적으로 나사산 수를 생략한다.

> 나사의 종류를 표시하는 기호-나사의 지름을 표시하는 숫자-나사산 수

## (3) 유니파이 나사의 호칭법

① 나사를 호칭법에 의해 표시할 때 일반적으로 나사의 종류를 나타내는 기호와 나사의 지름, 나사의 크기(피치, 산 수), 나사의 길이로 표시하지만 감긴 방향이 왼쪽 방향, 감긴 줄 수가 2줄 이상인 경우에는 좌 또는 2줄 등을 나타내야 한다.

② 나사산의 감긴 방향이 왼나사의 경우에는 '좌'의 글자를 표시하고 오른 나사의 경우에는 표시하지 않는다. 또한 '좌' 대신에 'L'을 사용할 수 있다.

③ 나사산의 줄 수가 여러 줄 나사일 경우 '2줄', '3줄'과 같이 표시하고 한 줄 나사의 경우는 표시하지 않는다. 또한 '줄' 대신에 'N'을 사용할 수 있다.

> 나사의 지름을 표시하는 숫자 또는 번호-나사산 수-나사의 종류를 표시하는 기호

**보기** 나사의 호칭법 예

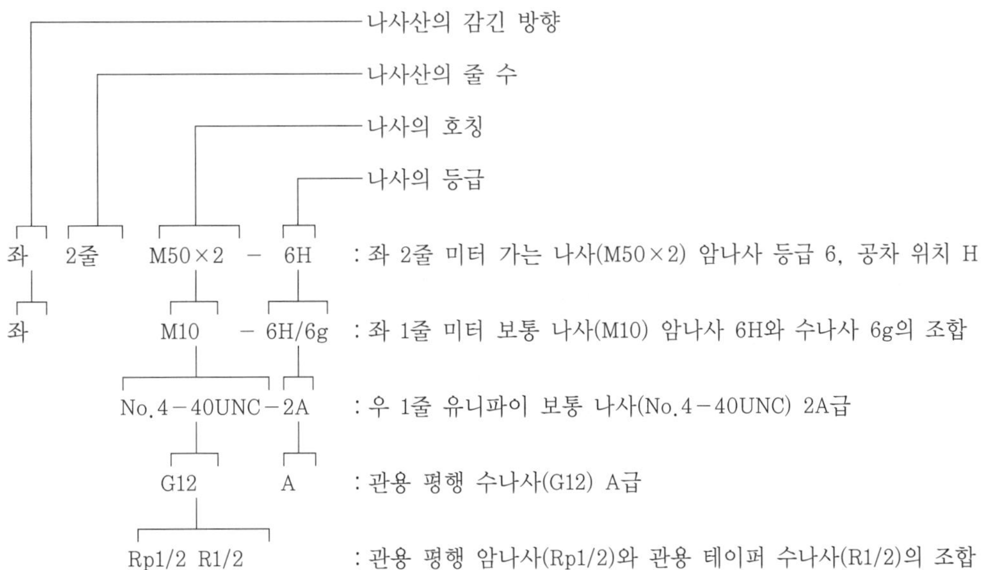

**| 표 3.3 | 나사의 종류를 표시하는 기호 및 나사의 호칭에 대한 표시 방법**

| 구분 | | 나사의 종류 | | 나사의 종류를 표시하는 기호 | 나사의 호칭에 대한 표시 방법 보기 |
|---|---|---|---|---|---|
| 일반용 | ISO 규격에 있는 것 | 미터 보통 나사[1] | | M | M8 |
| | | 미터 가는 나사[2] | | | M8×1 |
| | | 미니어처 나사 | | S | S0.5 |
| | | 유니파이 보통 나사 | | UNC | 3/8−16UNC |
| | | 유니파이 가는 나사 | | UNF | No.8−36UNF |
| | | 미터 사다리꼴 나사 | | Tr | Tr10×2 |
| | | 관용 테이퍼 나사 | 테이퍼 수나사 | R | R3/4 |
| | | | 테이퍼 암나사 | Rc | Rc3/4 |
| | | | 평행 암나사[3] | Rp | Rp3/4 |
| | ISO 규격에 없는 것 | 관용 평행 나사(인치계) | | G | G1/2 |
| | | 30도 사다리꼴 나사 | | TM | TM18 |
| | | 29도 사다리꼴 나사 | | TW | TW20 |
| | | 관용 테이퍼 나사 | 테이퍼 나사 | PT | PT7 |
| | | | 평행 암나사[4] | PS | PS7 |
| | | 관용 평행 나사(미터계) | | PF | PF7 |
| 특수용 | | 후강 전선관 나사 | | CTG | CTG16 |
| | | 박강 전선관 나사 | | CTC | CTC19 |
| | | 자전거 나사 | 일반용 | BC | BC3/4 |
| | | | 스포크용 | | BC2.6 |
| | | 미싱 나사 | | SM | SM1/4 산40 |
| | | 전구 나사 | | E | E10 |
| | | 자동차용 타이어 밸브 나사 | | TV | TV8 |
| | | 자전거용 타이어 밸브 나사 | | CTV | CTV8 산30 |

[주] 1) 미터 보통 나사 중 M1.7, M2.3 및 M2.6은 ISO 규격에 규정되어 있지 않다.
  2) 가는 나사임을 특별히 명확하게 나타낼 필요가 있을 때에는 피치 다음에 '가는 눈'의 글자를
   ( ) 안에 넣어서 기입할 수 있다. 〈보기 : M8×1(가는 눈)〉
  3) 이 평행 암나사 Rp는 테이퍼 수나사 R에 대해서만 사용한다.
  4) 이 평행 암나사 PS는 테이퍼 수나사 PT에 대해서만 사용한다.

## 4 나사의 등급

나사는 정밀도에 따라 다음 [표 3.4]와 같이 등급이 정해져 있다. 필요에 따라 나사의 등급을 나타내는 숫자 또는 암나사와 수나사를 나타내는 기호(수나사 : A, 암나사 : B)의 조합으로 나타낼 수 있다.

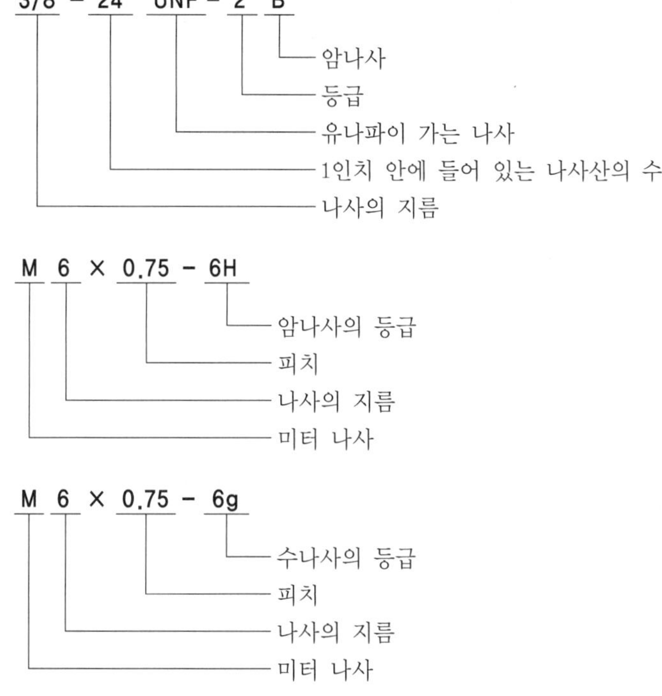


| 그림 3.67 | 나사의 호칭 표시법

| 표 3.4 | 나사의 등급 표시 방법

| 구분 | 나사의 종류 | 암나사·수나사의 구별 | | 나사의 등급을 표시하는 보기 |
|---|---|---|---|---|
| ISO 규격에 있는 등급 | 미터 나사 | 암나사 | 유효 지름과 안지름의 등급이 같은 경우 | 6H |
| | | 수나사 | 유효 지름과 바깥 지름의 등급이 같은 경우 | 6g |
| | | | 유효 지름과 바깥 지름의 등급이 다른 경우 | 5g  6g |
| | | 암나사와 수나사를 조합한 것 | | 6H/6g, 5H/5g 6g |
| | 미니추어 나사 | 암나사 | | 3G6 |
| | | 수나사 | | 5h3 |
| | | 암나사와 수나사를 조합한 것 | | 3G6/5h3 |
| | 미터 사다리꼴 나사 | 암나사 | | 7H |
| | | 수나사 | | 7e |
| | | 암나사와 수나사를 조합한 것 | | 7H/7e |
| | 관용 평행 나사 | 수나사 | | A |

| 구분 | 나사의 종류 | | 암나사·수나사의 구별 | 나사의 등급을 표시하는 보기 |
|---|---|---|---|---|
| ISO 규격에 없는 등급 | 미터 나사 | 암나사 수나사 | 암나사와 수나사의 등급 표시가 같은 것 | 2등급, 혼동될 우려가 없을 경우에는 '급'의 문자를 생략해도 좋다. |
| | | | 암나사와 수나사를 조합한 것 | 3급/2급, 혼동될 우려가 없을 경우에는 3/2로 해도 좋다. |
| | 유니파이 나사 | 암나사 | | 1B 2B 3B |
| | | 수나사 | | 1A 2A 3A |
| | 관용 평행 나사 | 암나사 | | B |
| | | 수나사 | | A |

**| 표 3.5 | 미터 나사의 등급**

| 끼워 맞춤 구분(적용 보기) | 암나사·수나사의 구별 | 등급 |
|---|---|---|
| 정밀급<br>[적용 보기] : 특히 놀음이 적은 정밀 나사 | 암나사 | 4H(M1.8×0.2 이하) |
| | | 5H(M2×0.25 이상) |
| | 수나사 | 4h |
| 보통급<br>[적용 보기] : 기계, 기구, 구조체 등에 사용되는 일반용 나사 | 암나사 | 6H |
| | 수나사 | 6h(M1.4×0.2 이하) |
| | | 6g(M1.6×0.2 이상) |
| 거친급<br>[적용 보기] : 건설 공사, 설치 등 더러워지거나 흠이 생기기 쉬운 장소에서 사용되는 나사 또는 열간 압연 봉의 나사 절삭, 긴 막힌 구멍 나사 깎기 등과 같이 나사 가공상의 난점이 있는 나사 | 암나사 | 7H |
| | 수나사 | 8g |

## **5 나사의 제도**

나사를 도면에 나타낼 때는 나사의 형상 그대로를 그려주지 않고 간략한 약도로 그리고 호칭법에 의해 표시한다.

① 수나사의 바깥 지름과 암나사의 골지름은 굵은 실선으로 그린다([그림 3.68] (a), [그림 3.69] (a)).

② 완전 나사부와 불완전 나사부의 경계와 모따기부의 경계는 굵은 실선으로 그린다([그림 3.68] (a)).

③ 나사의 골을 나타내는 선과 불완전 나사부를 나타내는 선은 30° 각도의 가는 실선으로 그린다([그림 3.68] (a)).

④ 수나사와 암나사의 골을 원으로 그릴 때는 가는 실선으로 원을 3/4만 그린다([그림 3.68] (a), (b), (c)).

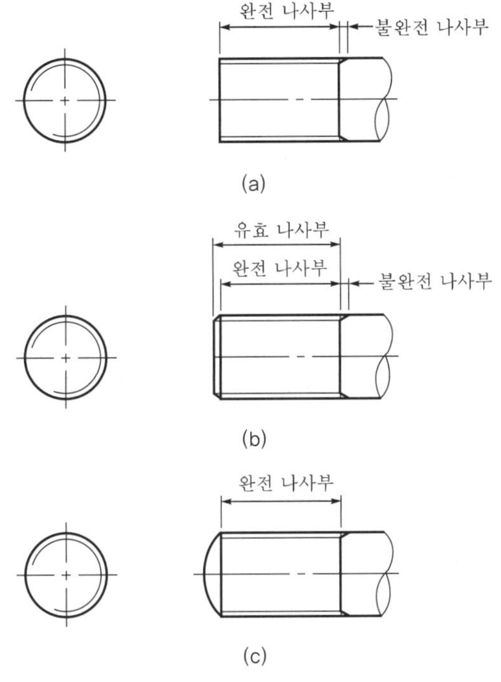



| 그림 3.68 | 수나사의 제도

⑤ 보이지 않는 부분의 나사를 나타낼 때는 선의 굵기를 구분하여 숨은 선으로 그린다 ([그림 3.69] (b)).

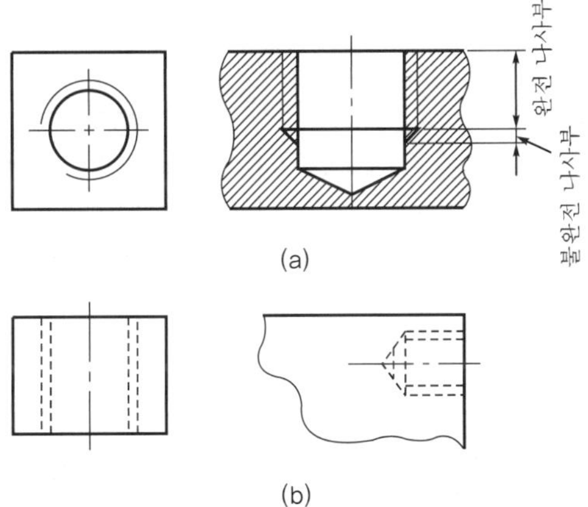



| 그림 3.69 | 암나사의 제도

⑥ 암나사와 수나사의 결합된 상태를 나타낼 때는 수나사를 기준으로 그린다([그림 3.70] (b)).

⑦ 나사를 단면으로 나타낼 때는 수나사는 나사산 끝까지, 암나사는 내경까지 해칭하여 나사를 나타낸다([그림 3.69] (a), [그림 3.70] (b), (c)).

⑧ 나사산 끝과 골밑까지는 나사 지름의 1/8~1/10의 간격으로 그린다([그림 3.68], [그림 3.70]).

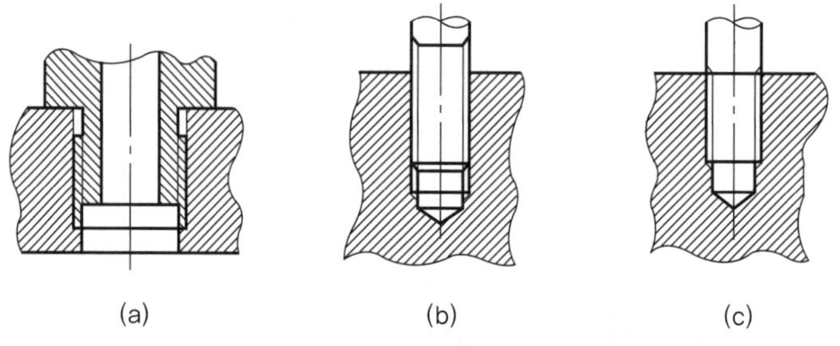


| 그림 3.70 | 수나사와 암나사의 결합부 제도

⑨ 작은 나사는 모따기 부분과 불완전 나사 부분을 생략한다([그림 3.71]).

⑩ 작은 나사 머리 부분의 홈은 −자 홈일 경우는 45°의 굵은 하나의 선으로, +홈일 경우는 굵은 선으로 대각선을 그린다([그림 3.71]).

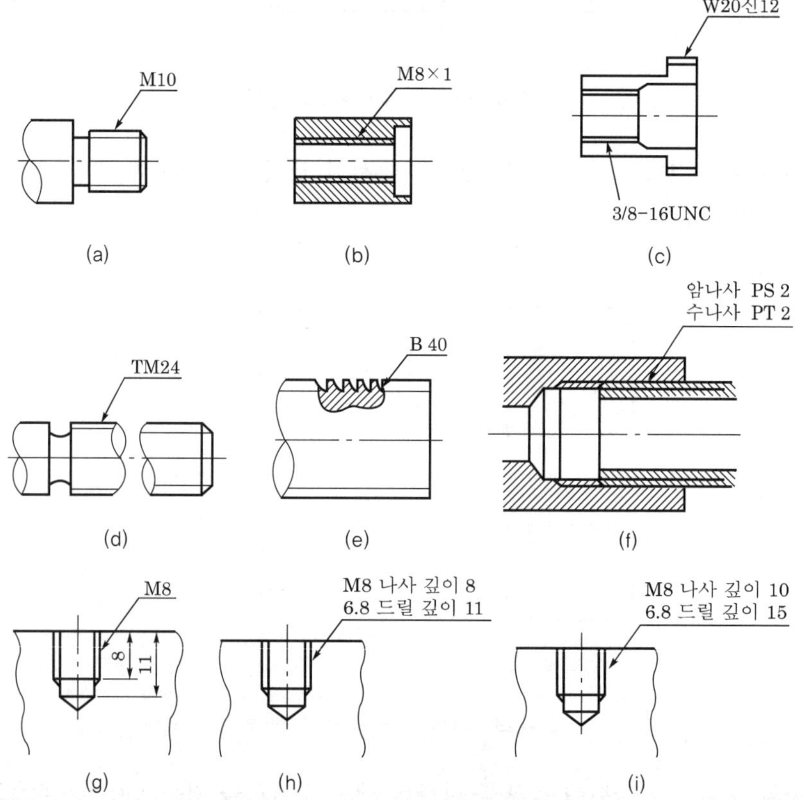


| 그림 3.71 | 나사의 종류에 따른 표시법

# 02 볼트

## 1 볼트 구멍 지름과 자리파기 지름 치수

볼트나 작은 나사가 들어가는 구멍의 지름, 나사의 바깥 지름, 구멍 지름, 틈새에 의한 등급, 자리파기의 지름 및 모따기의 치수는 다음 [표 3.6]에 따른다.

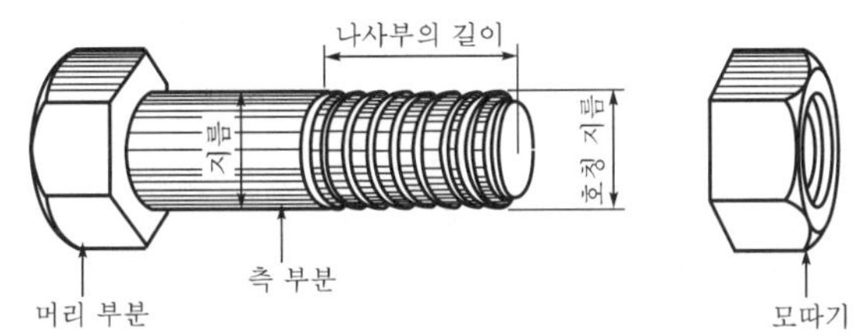


| 그림 3.72 | 볼트와 너트의 각부 명칭

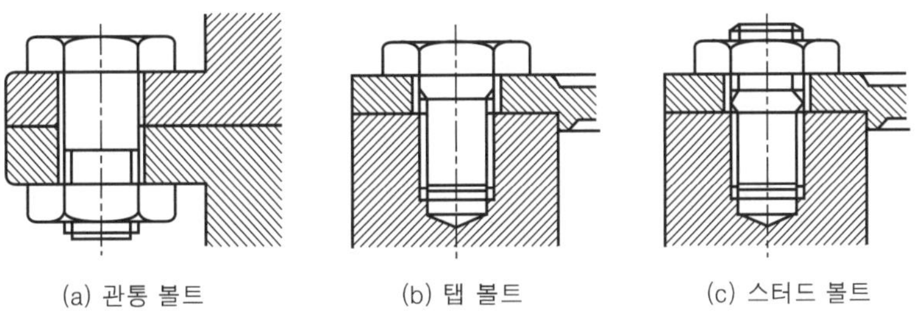


| 그림 3.73 | 일반 볼트의 종류

| 표 3.6 | 호칭 지름 6각 볼트(부품 등급 A, B 및 C)의 형상 치수(KS B 1002)

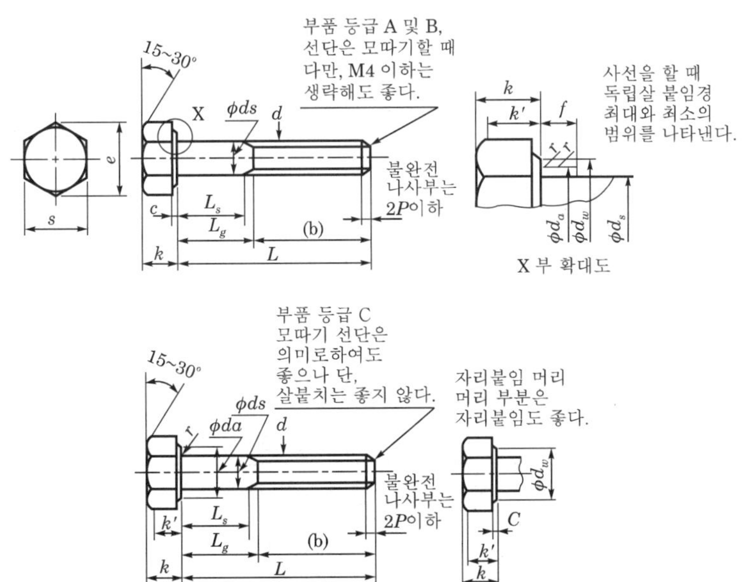

(단위 : mm)

| 나사 호칭($d$) | | | M3 | M4 | M5 | M6 | M8 | M10 | M12 | M16 | M20 | M24 | M30 | M36 |
|---|---|---|---|---|---|---|---|---|---|---|---|---|---|---|
| 피치($P$) | | | 0.5 | 0.7 | 0.8 | 1 | 1.25 | 1.5 | 1.75 | 2 | 2.5 | 3 | 3.5 | 4 |
| $b$ (참고) | | (1) | 12 | 14 | 16 | 18 | 22 | 26 | 30 | 38 | 46 | 54 | 66 | 78 |
| | | (2) | – | – | – | – | (28) | (32) | (36) | 44 | 52 | 60 | 72 | 84 |
| | | (3) | | | – | – | – | – | – | 57 | 65 | 73 | 85 | 97 |
| $c$ | 최소 | | 0.15 | 0.15 | 0.15 | 0.15 | 0.15 | 0.15 | 0.15 | 0.2 | 0.2 | 0.2 | 0.2 | 0.2 |
| | 최대 | | 0.4 | 0.4 | 0.5 | 0.5 | 0.6 | 0.6 | 0.6 | 0.8 | 0.8 | 0.8 | 0.8 | 0.8 |
| $d_a$ | 최대 | 부품 등급 A, B | 3.6 | 4.7 | 5.7 | 6.8 | 9.2 | 11.2 | 13.7 | 17.7 | 22.4 | 26.4 | 33.4 | 39.4 |
| | | 부품 등급 C | | | 6 | 7.2 | 10.2 | 12.2 | 14.7 | 18.7 | 24.4 | 28.4 | 35.4 | 42.4 |
| $d_s$ | 최대 기준 치수 | 부품 등급 A, B | 3 | 4 | 5 | 6 | 8 | 10 | 12 | 16 | 20 | 24 | 30 | 36 |
| | 최소 | | 2.86 | 3.82 | 4.82 | 5.82 | 7.78 | 9.78 | 11.73 | 15.73 | 19.67 | 23.87 | 29.67 | 35.61 |
| | 최대 기준 치수 | 부품 등급 C | | | 5.48 | 6.48 | 8.58 | 10.58 | 12.7 | 16.7 | 20.84 | 24.84 | 30.84 | 37 |
| | 최대 | | | | 4.52 | 5.52 | 7.42 | 9.42 | 11.3 | 15.3 | 19.16 | 28.16 | 29.16 | 35 |
| $d_w$ | 최소 | 부품 등급 A | 4.6 | 5.9 | 6.9 | 8.9 | 11.6 | 14.6 | 16.6 | 22.5 | 28.2 | 33.6 | | |
| | | 부품 등급 B, C | | | 6.7 | 8.7 | 11.4 | 14.4 | 16.4 | 22 | 27.7 | 33.2 | 42.7 | 51.1 |
| $l$ | 계산값(약) | | 6.4 | 8.1 | 9.2 | 11.5 | 15 | 18.5 | 20.8 | 27.7 | 34.6 | 41.6 | 53.1 | 63.5 |
| | 최소 | 부품 등급 A | 6.01 | 7.66 | 8.79 | 11.05 | 14.38 | 17.77 | 20.03 | 26.75 | 33.63 | 39.98 | | |
| | | 부품 등급 B, C | | | 8.63 | 10.89 | 14.2 | 17.59 | 19.85 | 26.17 | 32.95 | 39.55 | 50.85 | 60.79 |
| $f$ | 최대 | | 1 | 1.2 | 1.2 | 1.4 | 2 | 2 | 3 | 3 | 4 | 4 | 6 | 6 |
| $k$ | 호칭(기준 치수) | | 2 | 2.8 | 3.5 | 4 | 5.3 | 6.4 | 7.5 | 10 | 12.5 | 15 | 18.7 | 22.5 |
| | 최소 | 부품 등급 A | 1.88 | 2.68 | 3.35 | 3.85 | 5.15 | 6.22 | 7.32 | 9.82 | 12.28 | 14.78 | | |
| | 최대 | | 2.12 | 2.92 | 3.65 | 4.15 | 5.45 | 6.58 | 7.68 | 10.18 | 12.72 | 15.22 | | |
| | 최소 | 부품 등급 B | | | 3.26 | 3.76 | 5.06 | 6.11 | 7.21 | 9.71 | 12.15 | 14.65 | 18.28 | 22.06 |
| | 최대 | | | | 3.74 | 4.24 | 5.54 | 6.69 | 7.79 | 10.29 | 12.85 | 15.35 | 19.12 | 22.92 |
| | 최소 | 부품 등급 C | | | 3.12 | 3.62 | 4.92 | 5.95 | 7.05 | 9.25 | 11.6 | 14.1 | 17.65 | 21.45 |
| | 최대 | | | | 3.88 | 4.38 | 5.68 | 6.85 | 7.95 | 10.75 | 13.4 | 15.9 | 19.75 | 23.55 |
| $k'$ | 최소 | 부품 등급 A | 1.3 | 1.9 | 2.28 | 2.63 | 3.54 | 4.28 | 5.05 | 6.8 | 8.5 | 10.3 | 12.8 | 15.5 |
| | | 부품 등급 C | | | 2.2 | 2.5 | 3.45 | 4.2 | 4.95 | 6.5 | 8.1 | 9.9 | 12.4 | 15.0 |
| $r$ | 최소 | | 0.1 | 0.2 | 0.2 | 0.25 | 0.4 | 0.4 | 0.6 | 0.6 | 0.8 | 0.8 | 1 | 1 |
| $s$ | 최대(기준 치수) | | 5.5 | 7 | 8 | 10 | 13 | 16 | 18 | 24 | 30 | 36 | 46 | 55 |
| | 최소 | 부품 등급 A | 5.32 | 6.78 | 7.78 | 9.78 | 12.73 | 15.73 | 17.73 | 23.67 | 29.67 | 35.38 | | |
| | | 부품 등급 B, C | | | 7.64 | 9.64 | 12.57 | 15.57 | 17.57 | 23.16 | 29.16 | 35 | 45 | 53.8 |

## 2 6각 구멍붙이 볼트에 대한 깊은 자리파기 및 볼트 구멍의 치수

6각 구멍붙이 볼트를 구멍에 결합시킬 때는 볼트의 머리 부분이 깊은 자리파기 구멍에 들어갈 수 있도록 구멍을 뚫어 주어야 한다. 나사의 호칭 지름에 따른 깊은 자리파기의 지름 치수와 깊이, 볼트의 지름과 구멍 지름 차를 다음 [표 3.7]에 나타냈다. 아래 표의 치수는 참고하기 위한 표이며 규격으로 정해진 것은 아니다.

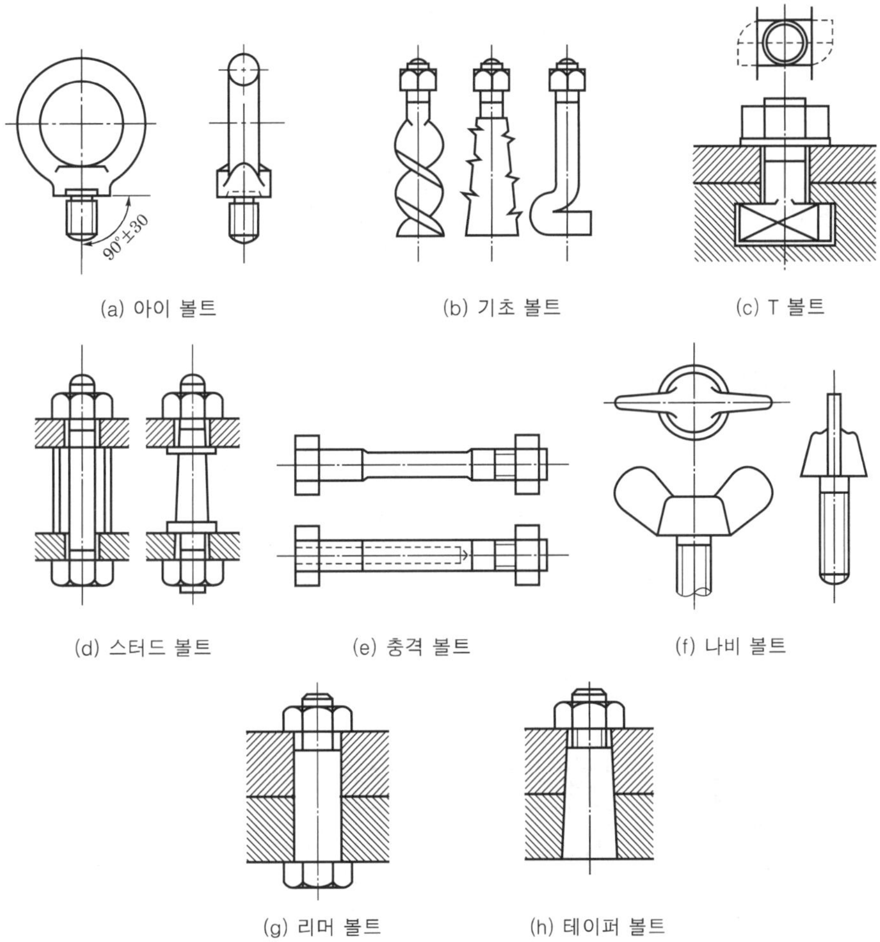

(a) 아이 볼트　　　　　　(b) 기초 볼트　　　　　　(c) T 볼트

(d) 스터드 볼트　　　　　　(e) 충격 볼트　　　　　　(f) 나비 볼트

(g) 리머 볼트　　　　　　(h) 테이퍼 볼트

| 그림 3.74 | 특수한 볼트의 종류

| 그림 3.75 | 보통 볼트의 체결 방법

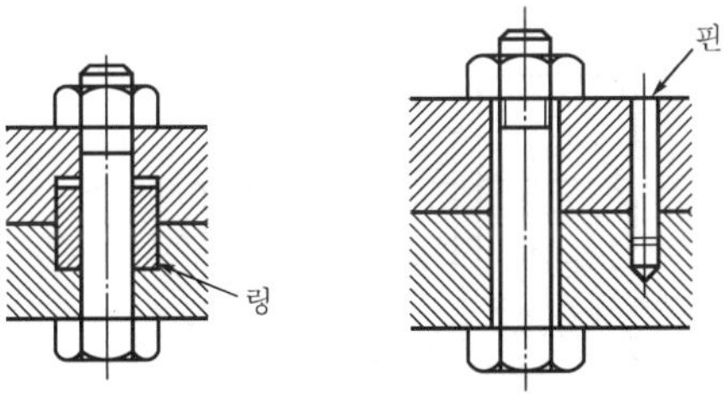

**| 표 3.7 |** 나사의 호칭 치수에 따른 깊은 자리파기 치수 (단위 : mm)

| 나사의 호칭 ($d$) | M3 | M4 | M5 | M6 | M8 | M10 | M12 | M14 | M16 | M18 | M20 | M22 | M24 | M27 | M30 | M33 | M36 | M39 | M42 | M45 | M48 | M52 |
|---|---|---|---|---|---|---|---|---|---|---|---|---|---|---|---|---|---|---|---|---|---|---|
| $d_1$ | 3 | 4 | 5 | 1 | 8 | 10 | 12 | 14 | 16 | 18 | 20 | 22 | 24 | 27 | 30 | 33 | 36 | 39 | 42 | 45 | 48 | 52 |
| $d'$ | 3.4 | 4.5 | 5.5 | 6.6 | 9 | 11 | 14 | 16 | 18 | 20 | 22 | 24 | 26 | 30 | 33 | 36 | 39 | 42 | 45 | 48 | 52 | 56 |
| $D$ | 5.5 | 7 | 8.5 | 10 | 13 | 16 | 18 | 21 | 24 | 27 | 30 | 33 | 36 | 40 | 45 | 50 | 54 | 58 | 63 | 68 | 72 | 78 |
| $D'$ | 6.5 | 8 | 9.5 | 11 | 14 | 17.5 | 20 | 23 | 26 | 29 | 32 | 35 | 39 | 43 | 48 | 54 | 58 | 62 | 67 | 72 | 76 | 82 |
| $H$ | 3 | 4 | 5 | 6 | 8 | 10 | 12 | 14 | 16 | 18 | 20 | 22 | 24 | 27 | 30 | 33 | 36 | 39 | 42 | 45 | 48 | 52 |
| $H'$ | 2.7 | 3.6 | 4.6 | 5.5 | 7.4 | 9.2 | 11 | 12.8 | 14.5 | 16.5 | 18.5 | 20.5 | 22.5 | 25 | 28 | 31 | 34 | 37 | 39 | 42 | 45 | 49 |
| $H''$ | 3.3 | 4.4 | 5.4 | 6.5 | 8.6 | 10.8 | 13 | 15.2 | 17.5 | 19.5 | 21.5 | 23.5 | 25.5 | 29 | 32 | 35 | 38 | 41 | 44 | 47 | 50 | 54 |

[비고] 위 표의 볼트 구멍 지름($d'$)은 KS B 1007(볼트 구멍 및 카운터 보어 지름)의 볼트 구멍 지름 2급에 따른다.

## 3 깊은 자리파기 치수 결정 예

다음 그림과 같이 6각 홈붙이 M10 나사로 결합시킬 때 깊은 자리파기의 치수와 탭드릴 구멍 지름은 표에 의해 다음 그림과 같이 결정한다.

**| 표 3.8 |** 6각 구멍붙이 볼트

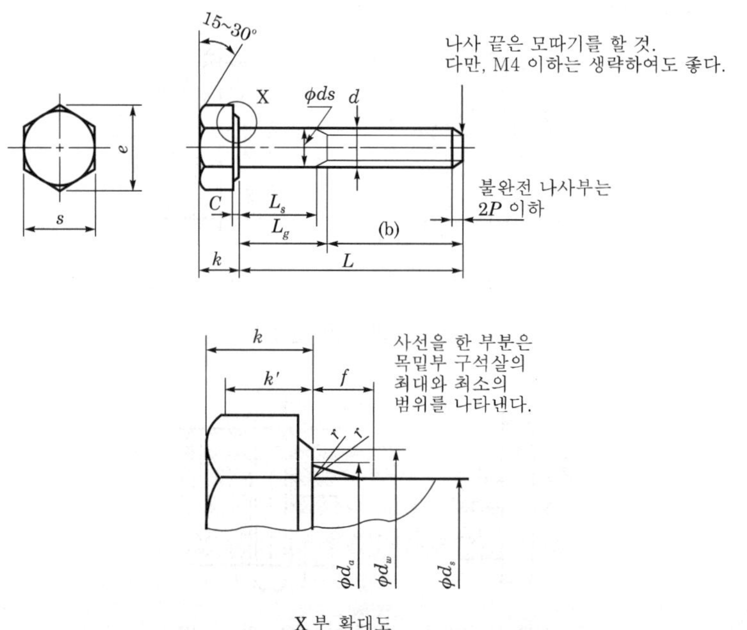


X 부 확대도

(단위 : mm)

| 나사의 호칭($d$) | | M3×0.5 | M4×0.7 | M5×0.8 | M6 | M8 | M10 | M12 | (M14) | M16 | (M18) | M20 | (M22) | M24 | (M27) | M30 | (M33) | M36 | (M39) | M42 | (M45) | M48 | M(52) |
|---|---|---|---|---|---|---|---|---|---|---|---|---|---|---|---|---|---|---|---|---|---|---|---|
| 피치($P$) | | 0.5 | 0.7 | 0.8 | 1 | 1.25 | 1.5 | 1.75 | 2 | 2 | 2.5 | 2.5 | 2.5 | 3 | 3 | 3.5 | 3.5 | 4 | 4 | 4.5 | 4.5 | 5 | 5 |
| $d_1$ | 기준 치수 | 3 | 4 | 5 | 6 | 8 | 10 | 12 | 14 | 16 | 18 | 20 | 22 | 24 | 27 | 30 | 33 | 36 | 39 | 42 | 45 | 48 | 52 |
| | 허용차 | 0 −0.1 | | | | 0 −0.15 | | | | | | 0 −0.2 | | | | | | | | | | | 0 −0.3 |
| $D$ | 기준 치수 | 5.5 | 7 | 8.5 | 10 | 13 | 16 | 18 | 21 | 24 | 27 | 30 | 33 | 36 | 40 | 45 | 50 | 54 | 58 | 63 | 68 | 72 | 78 |
| | 허용차 | 0 −0.3 | 0 −0.36 | | | 0 −0.43 | | | | 0 −0.52 | | | | 0 −0.62 | | | | 0 −0.74 | | | | | |
| $H$ | 기준 치수 | 3 | 4 | 5 | 6 | 8 | 10 | 12 | 14 | 16 | 18 | 20 | 22 | 24 | 27 | 30 | 33 | 36 | 39 | 42 | 45 | 48 | 52 |
| | 허용차 | 0 −0.25 | 0 −0.3 | | | 0 −0.36 | | 0 −0.43 | | | | 0 −0.52 | | | | | 0 −0.62 | | | | | | |
| $e$ | 약 | 0.2 | 0.3 | 0.3 | 0.4 | 0.5 | 0.6 | 0.7 | 0.8 | 1 | 1 | 1 | 1 | 1 | 1.5 | 1.5 | 1.5 | 1.5 | 1.5 | 2 | 2 | 2 | 2.5 |
| $B$ | 기준 치수 | 2.5 | 3 | 4 | 5 | 6 | 8 | 10 | 12 | 14 | 14 | 17 | 17 | 19 | 19 | 22 | 24 | 27 | 27 | 32 | 32 | 36 | 36 |
| | 허용차 | +0.080 +0.020 | | +0.105 +0.030 | | | +0.130 +0.040 | | +0.230 +0.050 | | | | | +0.275 +0.065 | | | | | | +0.330 +0.080 | | | |
| $C$ | 약 | 2.9 | 3.6 | 4.7 | 5.9 | 7 | 9.4 | 11.7 | 14 | 16.3 | 16.3 | 19.8 | 19.8 | 22.1 | 22.1 | 25.5 | 27.9 | 31.4 | 31.4 | 37.2 | 37.2 | 41.8 | 41.8 |
| $m$ | 최소 | 1.6 | 2.2 | 2.5 | 3 | 4 | 5 | 6 | 7 | 8 | 9 | 10 | 11 | 12 | 13.5 | 15 | 16.5 | 18 | 20 | 21 | 23 | 24 | 25 |
| $R$ | 최소 | 0.1 | 0.2 | 0.2 | 0.25 | 0.4 | 0.4 | 0.6 | 0.6 | 0.6 | 0.6 | 0.8 | 0.8 | 0.8 | 1 | 1 | 1 | 1 | 1 | 1.2 | 1.2 | 1.6 | 1.6 |
| $d_a$ | 최대 | 3.6 | 4.7 | 5.7 | 6.8 | 9.2 | 11.2 | 14.2 | 16.2 | 18.2 | 20.2 | 22.4 | 22.4 | 26.4 | 30.4 | 33.4 | 36.4 | 39.4 | 42.4 | 45.6 | 48.6 | 52.6 | 56.6 |
| $k$ | 약 | 0.6 | 0.8 | 0.9 | 1 | 1.2 | 1.5 | 2 | 2 | 2 | 2.5 | 2.5 | 2.5 | 3 | 3 | 3.5 | 3.5 | 4 | 4 | 4.5 | 4.5 | 5 | 5 |
| $a-b$ | 최대 | 0.2 | 0.2 | 0.3 | 0.3 | 0.4 | 0.5 | 0.7 | 0.7 | 0.8 | 0.9 | 0.9 | 1.1 | 1.2 | 1.3 | 1.5 | 1.6 | 1.8 | 2 | 2.1 | 2.3 | 2.4 | 2.6 |
| $E$ | 최대 | 1° | | | | | | | | | | | | | | | | | | | | | |

# 03 기어(Gear)

## 1 기어의 의의

### (1) 기어 각부의 명칭

① **피치원**(pitch circle) : 축에 수직인 평면과 피치면과 교차하여 이루는 면

② **원주 피치**(circular pitch) : 피치원상의 하나의 이빨면에서 여기에 대응하는 상대 이빨면의 원호의 길이

③ **이 두께**(tooth thickness) : 피치원상의 이빨의 폭

④ **이 끝 원**(addendum circle) : 이의 끝을 통과하는 원. 즉, 기어의 바깥 지름

⑤ **이뿌리 원**(root circle) : 이뿌리를 통과하는 원

⑥ **이 끝 높이**(addendum) : 피치원에서 이 끝까지의 수직 거리

⑦ **이뿌리 높이**(dedendum) : 피치원에서 이뿌리 원까지의 수직 거리

⑧ **유효 이 높이**(working depth) : 서로 물려 있는 한 쌍의 기어에서 물리고 있는 이 높이 부분의 길이. 즉, 한 쌍의 기어의 어덴덤을 합한 길이

⑨ **총 이 높이**(hole depth) : 이의 전체 높이

⑩ **클리어런스**(clearance) : 이뿌리 원에서 상대 기어의 이 끝 원까지의 거리

⑪ **뒤 틈**(back lash) : 한 쌍의 기어가 물렸을 때 이빨 면간의 간격

⑫ **이 폭**(face width) : 이의 축 단면의 길이

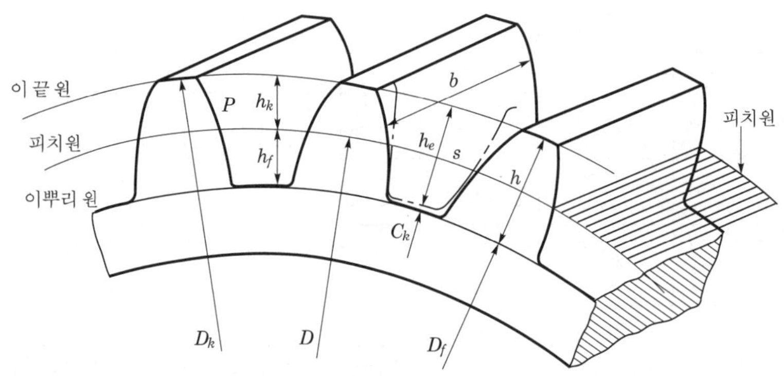


| 그림 3.76 | 기어의 각부 명칭

## (2) 기어의 종류

① 두 축이 평행할 때 사용되는 기어 : 스퍼 기어, 헬리컬 기어, 더블 헬리컬 기어, 내접 기어, 랙기어

② 두 축이 교차하는 경우에 사용되는 기어 : 베벨 기어, 직선 베벨 기어, 스파이럴 베벨 기어

③ 두 축이 평행하지도 교차하지도 않을 경우 사용되는 기어 : 하이포이드 기어, 스크루 기어, 웜기어

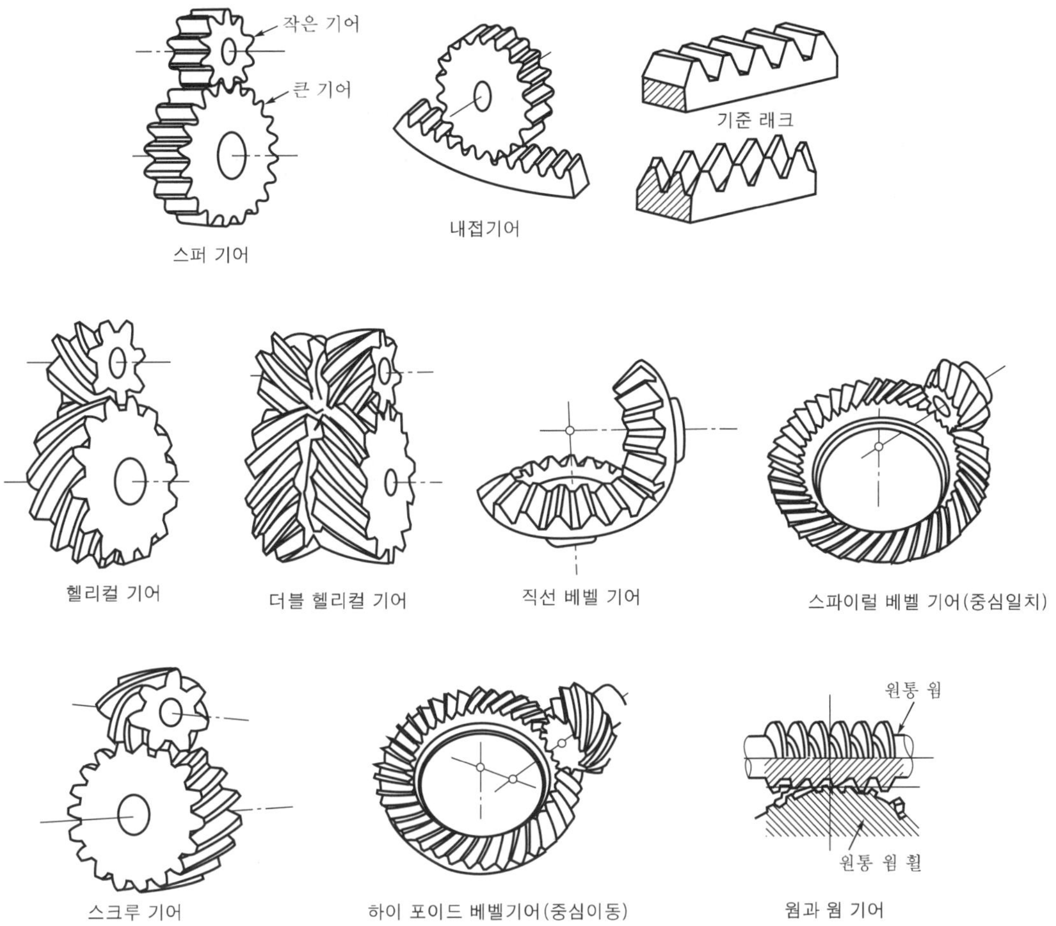

| 그림 3.77 | 기어의 종류

# 2 치형 곡선의 분류

## (1) 인벌류트 곡선

원통에 실을 감았다가 풀어나가는 궤적으로, 호환성이 좋고 값이 저렴하다.

## (2) 사이클로이드 곡선

원통의 안팎에 작은 원을 접촉하면서 롤링할 때 생기는 궤적을 말한다.

> **참고**
>
> **압력각**
>
> 잇면의 수직선과 피치원의 접선이 이루는 각으로, 20°가 가장 많이 사용된다. 그 외 15°, 17.5°, 22.5°의 각도가 사용된다.

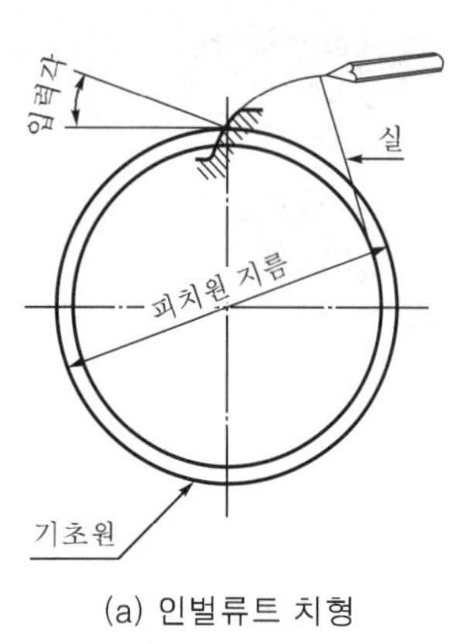


(a) 인벌류트 치형

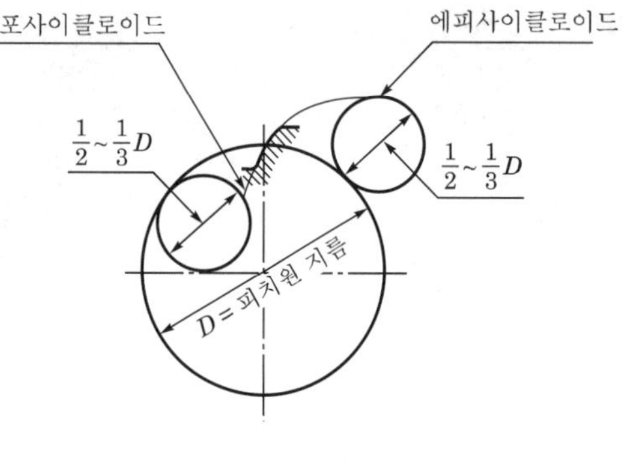


(b) 사이클로이드 치형

| 그림 3.78 | 치형 곡선의 분류

## 3 기어의 크기

### (1) 모듈(module, 기호 : $m$)

$$m = \frac{d}{z}$$

여기서, $m$ : 모듈
  $d$ : 피치원 지름
  $z$ : 잇수

### (2) 원주 피치(circular pitch, 기호 : CP)

$$CP = \frac{\pi d}{z} \text{ (피치원의 둘레를 잇수로 나눈 값)}$$

원주 피치는 서로 물리고 있는 두 개 이의 중심 간 거리를 피치원의 원호에 따라 잰 길이이다.

### (3) 지름 피치(diametral pitch, 기호 : DP)

$$DP = \frac{z}{d(\text{inch})} \text{ (잇수를 피치원의 지름으로 나눈 값)}$$

### (4) 모듈, 원주 피치, 지름 피치와의 관계

$$m = \frac{CP}{\pi} = \frac{25.4}{DP}$$

## 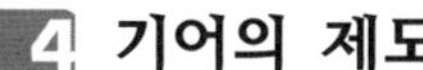 기어의 제도

### (1) 기어의 작성

기어는 도형을 간략도법으로 작성하고 항목표를 만들어 치형, 모듈, 압력각, 이 두께, 다듬질 방법, 정밀도 등을 기입한다.

### (2) 기어 작성 시 표시 방법

기어를 도형으로 그릴 때는 다음에 따른다.

① 이 끝 원은 굵은 실선으로 표시한다.

② 피치원의 선은 1점 쇄선으로 표시한다.

③ 이뿌리 원은 가는 실선으로 표시한다. 다만, 축과 직각 방향에서 본 그림을 단면으로 나타낼 때는 이 끝 원의 선은 굵은 실선으로 나타낸다. 또한 이 끝 원은 생략해도 좋고 특히 베벨 기어 및 웜휠의 축 방향에서 본 그림은 원칙적으로 생략한다.

④ 잇줄 방향은 통상 3개의 가는 실선으로 표시한다.

⑤ 주 투상도를 단면으로 도시할 때는 외접 헬리컬 기어의 잇줄 방향은 지면에서 앞 이의 잇줄 방향을 3개의 가는 2점 쇄선으로 표시한다.

⑥ 맞물리는 한 쌍의 기어의 맞물림 부의 이 끝 원은 양쪽 굵은 실선으로 표시하고 주 투상도를 단면으로 나타낼 때는 맞물리는 한쪽의 이 끝 원은 가는 숨은 선이나 굵은 숨은 선으로 표시한다.

⑦ 기어는 축과 직각 방향에서 본 그림을 정면도로 하고 축 방향에서 본 그림을 측면도로 그린다.

⑧ 맞물린 한 쌍의 기어의 정면도는 이뿌리 원을 나타내는 선은 생략하고 측면도에서 피치원만 나타낼 수 있다.

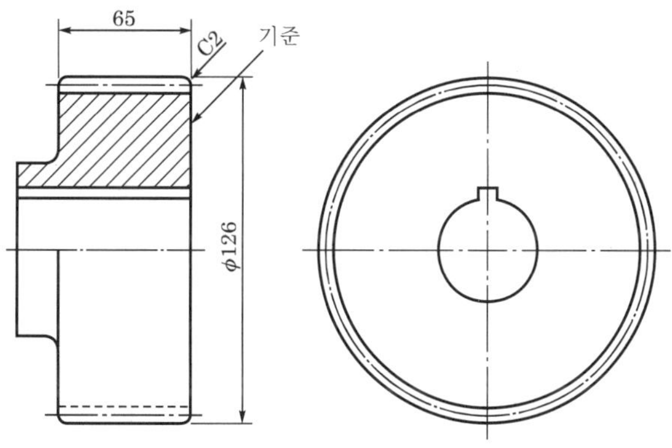


| 그림 3.79 | 기어의 제도

**| 표 3.9 |** 기어 제작도의 요목표 예　　　　　　　　　　　　　(단위 : mm)

| 스퍼 기어 | | | | | |
|---|---|---|---|---|---|
| 기어 치형 | | 전위 | 다듬질 방법 | | 호브 절삭 |
| 기준 래크 | 치형 | 보통 이 | 정밀도 | | KS B 1405 5급 |
| | 모듈 | 6 | 비고 | 상대 기어 전위량 | 0 |
| | 압력각 | 20° | | 상대 기어 잇수 | 50 |
| 잇수 | | 18 | | 중심 거리 | 207 |
| 기준 피치원 지름 | | 108 | | 백래시　　$0.20\sim0.89$ | |
| 전위량 | | $+3.16$ | | * 재료 | |
| 전체 이 높이 | | 13.34 | | * 열처리 | |
| 이 두께 | 벌림 이 두께 | $47.96^{-0.08}_{-0.38}$ | | * 경도　　$47.96^{-0.08}_{-0.38}$ | |
| | | (벌림 잇수=3) | | | |

| 헬리컬 기어 | | | | | |
|---|---|---|---|---|---|
| 이기 치형 | | 표준 | 이 두께 | 걸치기(잇줄 직각) | $30.99^{-0.18}_{-0.16}$ |
| | | | | | (걸치기 이빨 수=3) |
| 이 모양 기준 단면 | | 잇줄 직각 | | 치형 캘리퍼(잇줄 긱각) | (캘리퍼 어덴덤= ) |
| 공구 | 치형 | 보통 이 | | 오버핀 지름 | (핀 지름=볼 지름= ) |
| | 모듈 | 4 | | 완성 방법 | 호빙 가공 |
| | 압력각 | 20° | | 정밀도 | 4급 |
| 잇수 | | 19 | | | |
| 비틀림각 및 방향 | | 26° 42′ 왼 | | | |
| 리드 | | 531.385 | | | |
| 기준 피치원 지름 | | 85.071 | | | |

# 04 ｜ 키(Key)

## 1 개요

　키는 축에 벨트 풀리(belt pully), 커플링(coupling), 기어(gear) 등의 회전체를 고정시킬 때 축과 보스(boss) 쪽에 키홈을 파서 키를 박아 고정시켜 축과 회전체가 미끄럼 없이 회전을 전달시키는 데 사용되는 기계 요소이다.

## 2 키의 종류

| 종류 | | 형상 | 특성 |
|---|---|---|---|
| 묻힘 키 | 경사 키 |  | • 축과 보스 양쪽에 키홈을 파서 키를 고정시킨다.<br>• 머리가 있는 것과 없는 것의 2종류가 있다.<br>• 키는 1/100의 구배로 되어 있어 햄머로 타격을 가해 고정한다. |
| | 평행 키 | | • 축의 키홈에 키를 고정시킨다.<br>• 키는 축심에 평행하게 되어 있으면 키의 양 측면에서 체결하도록 만든다. |
| 평 키 | | | • 축을 평평하게 깎아내고 보스 쪽에 키홈을 파서 1/100 구배로 된 키를 고정한다.<br>• 축지름이 작은 경하중용으로 사용한다. |
| 안장 키 | | | • 축에는 키홈을 파지 않고 보스 쪽에만 키홈을 파서 고정하는 것이다.<br>• 키의 위쪽에 기울기를 주어 만든 키로 고정하며 극히 경하중용으로 사용한다. |
| 반달 키 | | | • 축에 반달형상의 키홈을 파서 반달 키를 넣고 보스 쪽을 밀어 넣어 고정하는 것이다.<br>• 테이퍼 축에 적당하며 경하중용으로 사용한다. |
| 미끄럼 키 | | | • 축방향으로 보스 쪽이 이동 가능한 경우에 사용된다.<br>• 키형상은 평행하며 키를 작은 나사 등으로 고정한다. |
| 접선 키 | | | • 축과 보스 양쪽에 키홈을 파고 기울기가 진 두 개의 키를 양쪽에서 밀어 넣어 고정시킨다.<br>• 중하중용으로 사용한다. |

## 3 키홈의 치수 기입법

키홈의 치수를 기입할 때에는 다음 그림과 같이 키홈의 아래 쪽에서 축 지름까지의 치수를 기입하고 그림 (a) 보스 쪽의 키홈의 치수는 키홈의 위쪽에서 안지름까지의 치수를 기입한다 (그림 (b)). 키홈의 치수를 지시선에 의해 나타낼 때는 키홈의 폭×높이로 표시한다.

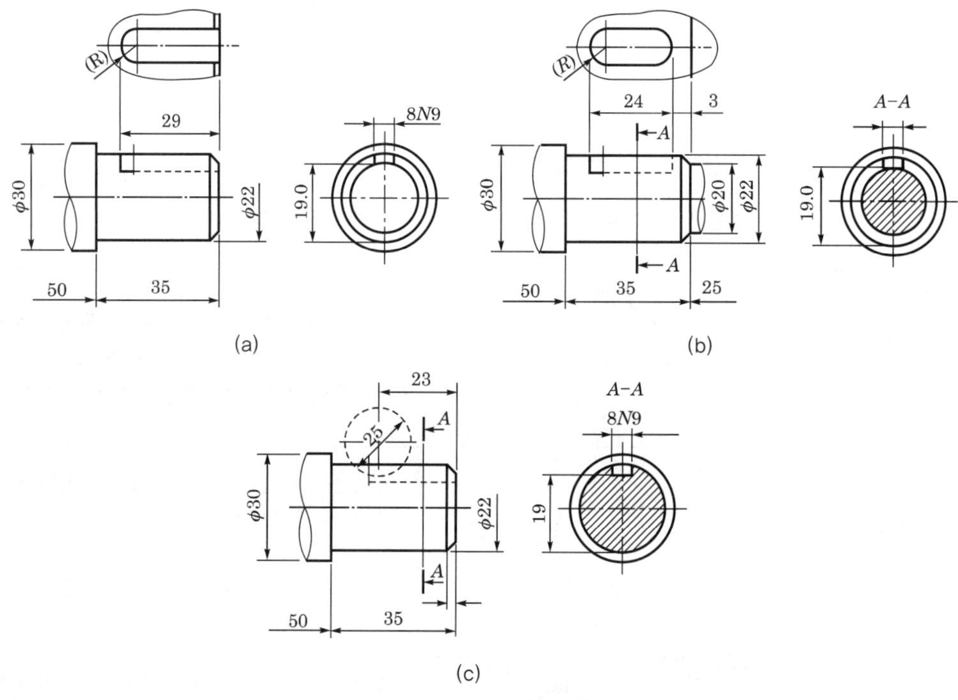

| 그림 3.80 | 축의 키홈 표시법

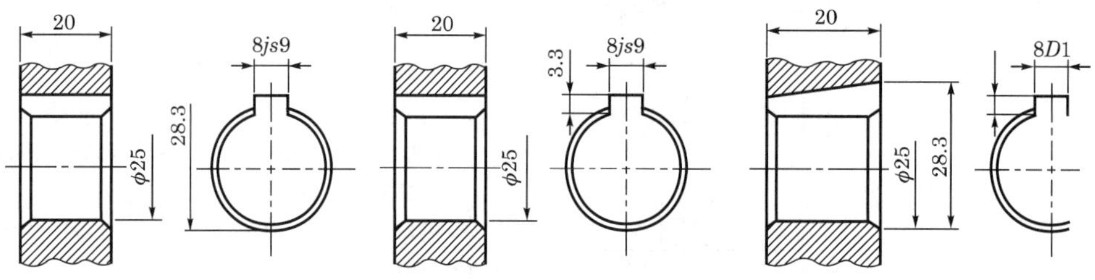

| 그림 3.81 | 구멍의 키홈 표시법

## 4 키의 호칭 방법

키의 호칭 방법은 키의 종류, 호칭 치수×길이, 끝 모양의 지정 및 재료 순으로 기입한다.
① **평행 키** : 10×8×35 SM45C

② 경사 키 : $6 \times 6 \times 50$ 양끝 둥근 SM45C
③ 머리붙이 경사 키 : $20 \times 12 \times 70$ SF55
④ 반달 키 : $5 \times 22$ SM45C

## 05 ｜ 핀(Pin)

### 1 개요

핀은 기계 부품을 축에 연결하여 고정하는 데 사용되는 기계 요소로, 핸들을 축에 고정하거나 부품이 축에서 빠져 나오는 것을 방지하거나 나사의 풀어짐을 방지하기 위하여 사용된다.

### 2 핀의 종류 및 용도

| 종류 | | 형상 | 용도 |
|---|---|---|---|
| 평행 핀 | A형 |  | • 지름이 같은 둥근 막대로 주로 부품의 위치를 정확하게 고정시킬 때 사용한다.<br>• 끝 쪽이 모따기로 된 A형과 둥글게 된 B형이 있다. |
|  | B형 |  |  |
| 테이퍼 핀 | 테이퍼 핀 |  | • 핀 지름이 다른 테이퍼가 1/50로 되어 있으며 테이퍼를 이용하여 축에 고정시킨다.<br>• 경하중의 기어, 핸들 등을 축에 고정시킬 때 사용한다.<br>• 테이퍼 핀과 분할 테이퍼 핀이 있으며 호칭 지름은 작은 쪽의 지름으로 표시한다. |
|  | 분할<br>테이퍼 핀 |  |  |
| 분할 핀 | |  | • 너트의 풀림 방지용이나 축에서 부품이 빠져 나오는 것을 방지하기 위하여 사용된다.<br>• 재료는 강이나 황동으로 만든다.<br>• 호칭법은 분할 핀이 들어가는 핀 구멍과 길이가 짧은 쪽에서 둥근 부분의 교점까지의 길이로 나타낸다. |

## **3** 핀의 호칭 방법

### (1) 평행 핀의 호칭 방법

규격 번호 또는 규격 명칭, 종류, 형식, 호칭 지름×길이($l$) 및 재료로 나타낸다.

**보기** KS B 1320 m6 A 6×40 SM45C

### (2) 테이퍼 핀의 호칭 방법

규격 번호 또는 규격 명칭, 등급, 호칭 지름×길이($l$) 및 재료로 나타낸다.

**보기** KS B 1322 1급 6×70 SM45C

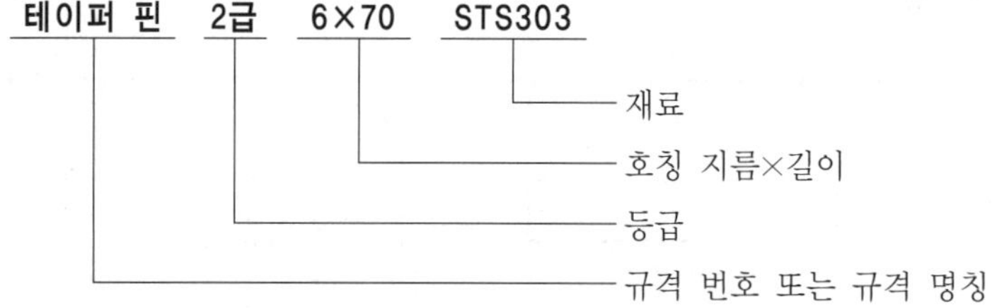

### (3) 분할 핀의 호칭 방법

분할 핀의 호칭 방법은 분할 핀이 들어가는 핀 구멍의 지름이 호칭 지름이며 호칭 길이는 짧은 쪽에서 둥근 부분의 교점까지로 나타낸다.

**보기** KS B 1321 5×80 MSWR10

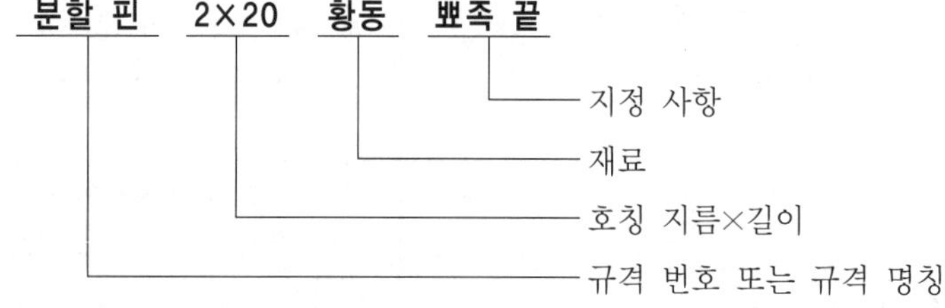

# 06 ｜ 리벳(Rivet)

## 1 개요

리벳 이음(rivet joint)은 보일러, 탱크, 철골 구조물, 교량 등을 만들 때에 영구적으로 결합시키는 데 널리 사용된다.

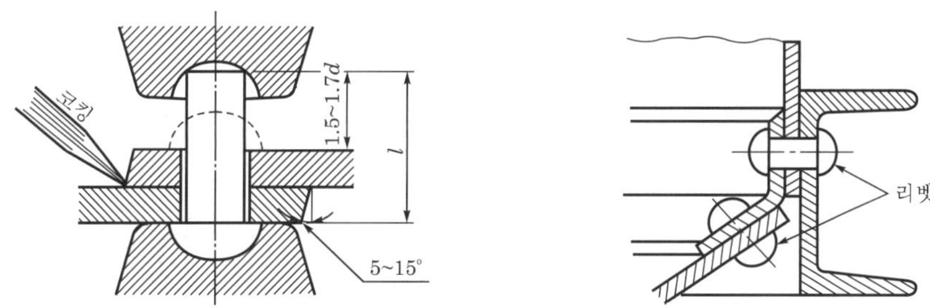

| 그림 3.82 | 리벳 이음

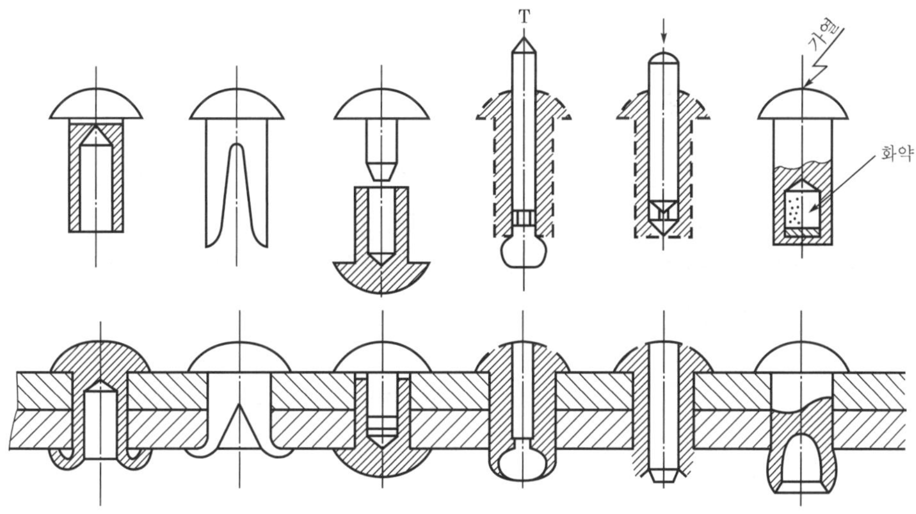

(a) 관 리벳　(b) 스플릿 리벳　(c) 압축 리벳　(d) 하크 리벳　(e) 박음 리벳　(f) 폭발 리벳

| 그림 3.83 | 리벳의 작업 방법에 따른 분류

## 2 리벳의 종류

리벳의 종류는 머리부의 모양에 따라 둥근 머리, 소형 둥근 머리, 접시 머리, 얇은 납작 머리, 냄비 머리, 납작 머리, 둥근 접시 머리 리벳이 있으며 냉간에서 성형한 냉간 성형 리벳과 열간에서 성형한 열간 성형 리벳이 있다.

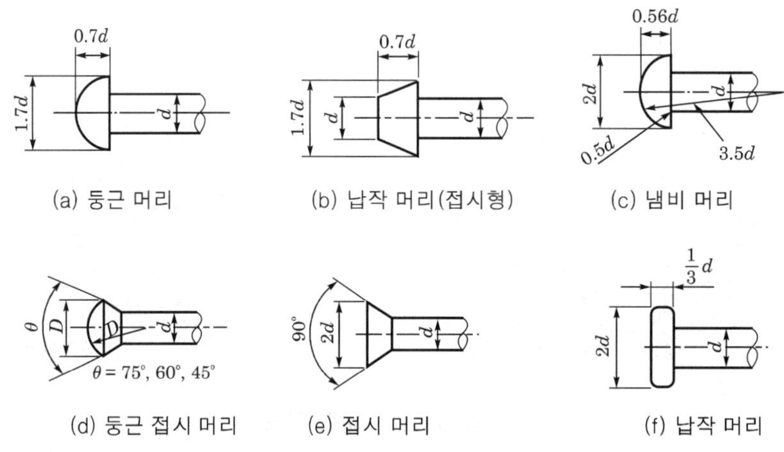

(a) 둥근 머리     (b) 납작 머리(접시형)     (c) 냄비 머리

(d) 둥근 접시 머리     (e) 접시 머리     (f) 납작 머리

| 그림 3.84 | 리벳의 종류

## 3 리벳의 호칭 방법

리벳의 호칭 방법은 규격 번호, 리벳의 종류, 호칭 지름($d$)×호칭 길이($l$) 및 재료를 표시하고 특별히 지정할 사항이 있으면 그 뒤에 붙인다.

규격 번호는 특별히 명시하지 않으면 생략해도 좋으며 호칭 번호에 규격 번호를 사용하지 않을 때에는 종류의 명칭에 '열간' 또는 '냉간'이란 말을 앞에 붙인다.

| 규격 번호 | 리벳 종류 | $d×1$ | 재료 | 지정 사항 |
|---|---|---|---|---|
| KS B 1101 | 둥근 머리 리벳 | 6×18 | SWRM10 | 끝붙이 |
|  | 냉간 둥근 머리 리벳 | 3×8 | 동 |  |
| KS B 1102 | 열간 접시 머리 리벳 | 20×50 | SV34 |  |
|  | 둥근 머리 리벳 | 16×40 | SV34 |  |
| ↓ | ↓ | ↓ | ↓ | ↓ |
| 규격 번호 | 리벳 종류 | $d×1$ | 재료 | 지정 사항 |

## 4 리벳 이음의 도시 방법

① 여러 개의 리벳 구멍이 등간격일 때 간략하게 약도로 다음 [그림 3.85] (a)와 같이 중심선만을 나타낸다.

② 리벳 구멍의 치수는 피치의 수×피치의 간격=합계 치수로 나타낸다(피치 : 리벳 구멍과 인접한 리벳 구멍의 중심 거리).

③ 여러 개의 판이 겹쳐 있을 때는 각 판의 단면 표시는 해칭선을 서로 어긋나게 그린다.

④ 리벳은 단면으로 잘렸어도 길이 방향으로 단면하지 않는다.

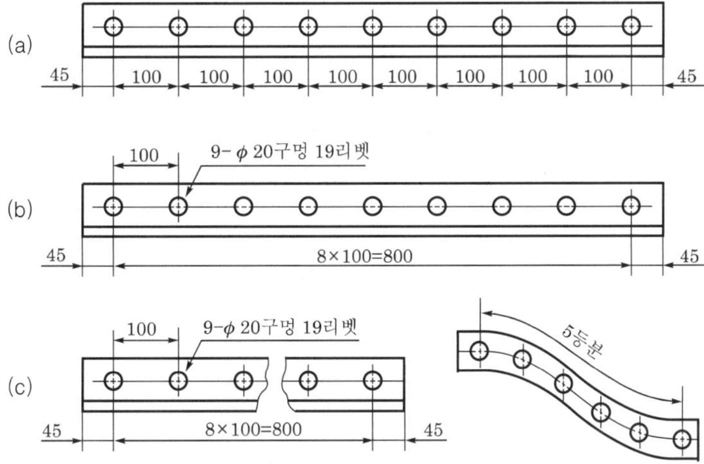


| 그림 3.85 | 리벳의 치수 기입과 도시법

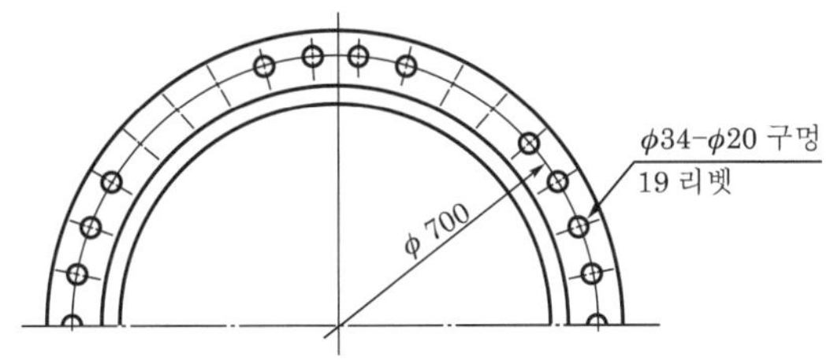


| 그림 3.86 | 리벳의 위치 표시법

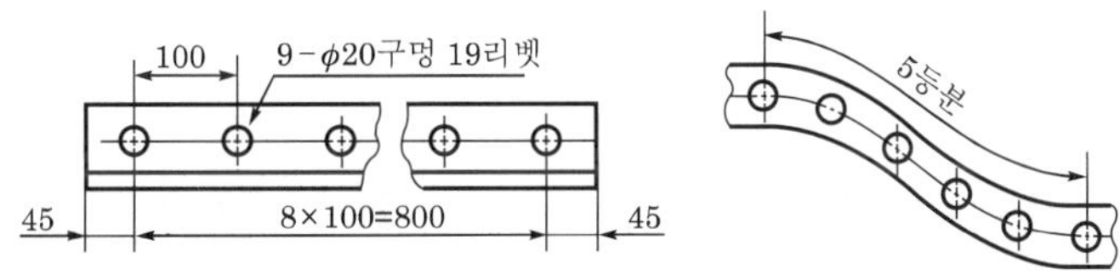


| 그림 3.87 | 같은 간격이 있는 구멍의 위치 표시법

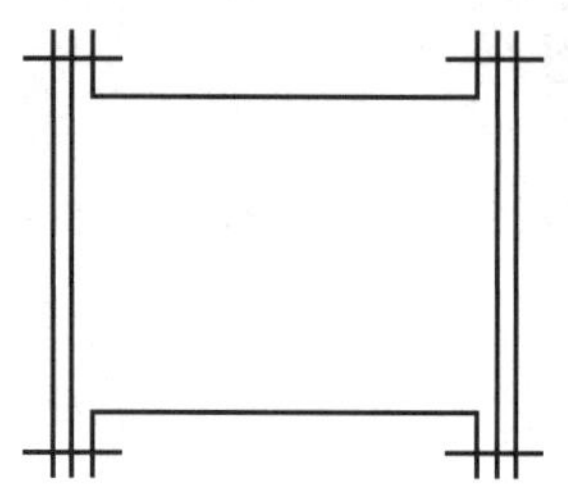

| 그림 3.88 | 얇은 판의 단면

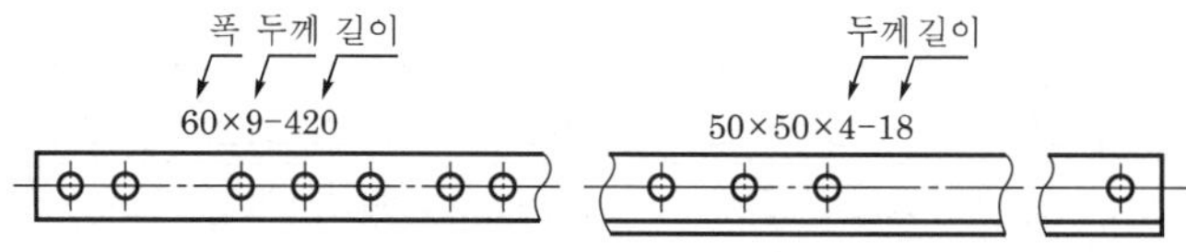

| 그림 3.89 | 평판의 치수 기입법

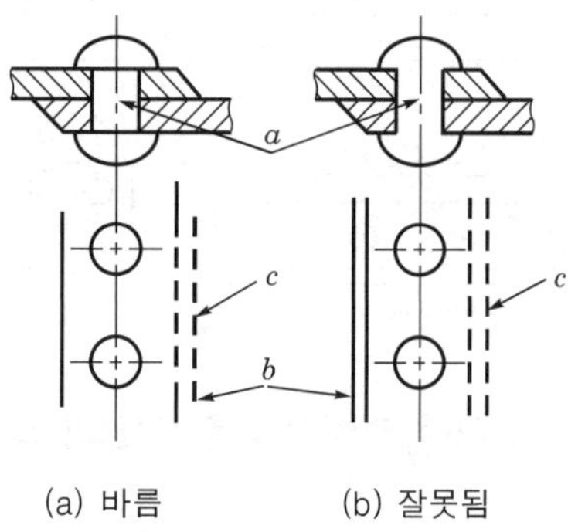

(a) 바름          (b) 잘못됨

| 그림 3.90 | 리벳 이음의 표시

# 07 스프링(Spring)

## 1 개요

    스프링은 탄력을 이용하여 진동과 충격 완화, 힘의 축적, 측정 등에 사용되는 기계 요소로 많이 사용되고 있다. 재료는 스프링 강, 피아노선, 인청동 등이 사용되며 스프링의 종류에는 다음 그림과 같은 여러 종류가 있다.

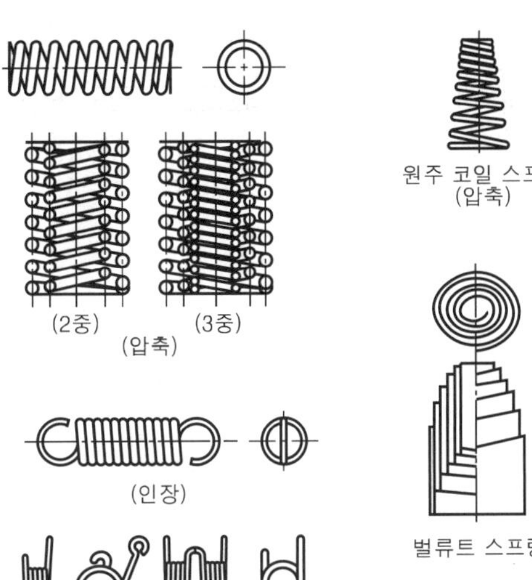


(a) 압축 코일 스프링

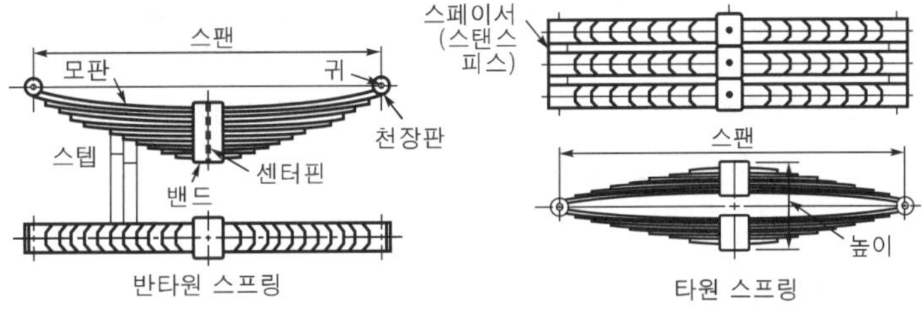


(b) 겹판 스프링

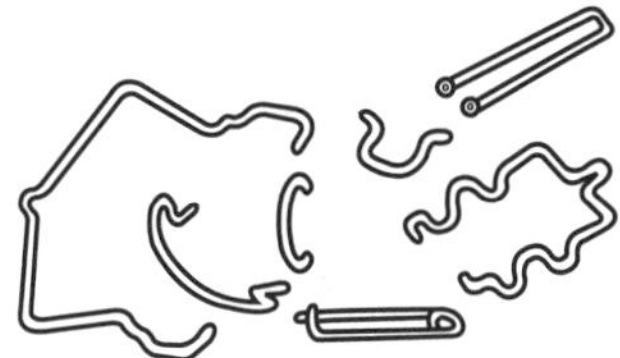

(c) 가는 I형 스프링

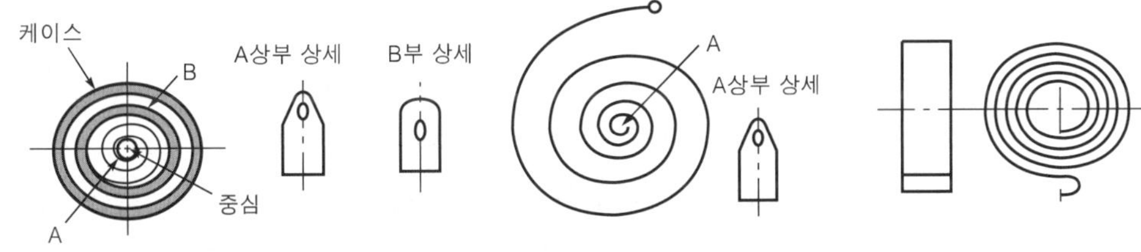


(d) 태엽 스프링

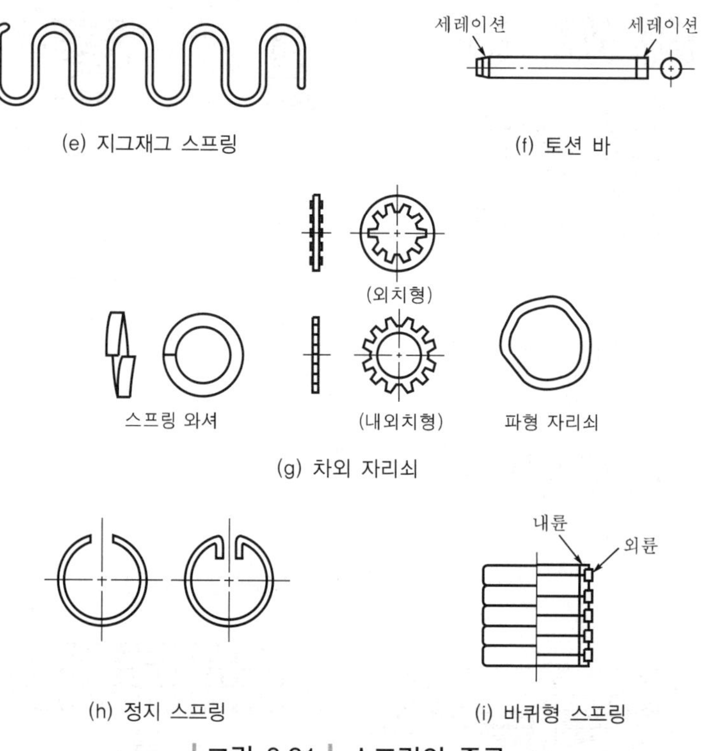



| 그림 3.91 | 스프링의 종류

## 2 스프링의 관련 용어

스프링의 요목표와 같고 스프링에서 피치는 코일과 인접해 있는 코일의 중심 거리를 말한다.

## 3 스프링의 제도

① 스프링은 도형을 그리고 도형에 나타내지 않은 치수, 하중, 감긴 방향, 총 감김 수, 재료 지름, 코일 안지름 등을 요목표를 별도로 작성하여 나타낸다. 요목표에 기입할 사항과 그림에 기입할 사항은 중복되어도 좋다.

② 코일 스프링, 벌류트 스프링, 스파이럴 스프링은 무하중 상태에서, 그리고 겹판 스프링은 일반적으로 스프링 판이 수평인 상태에서 그린다.

③ 요목표에 설명이 없는 코일 스프링 및 벌류트 스프링은 모두 오른쪽으로 감은 것을 나타낸다. 또한 왼쪽으로 감긴 경우에는 '감긴 방향 왼쪽'이라 표시한다.

④ 코일 스프링의 정면도는 나선 모양이 되나 이를 직선으로 나타낸다.

⑤ 코일 스프링에서 양끝을 제외한 동일한 모양의 일부를 생략하여 그릴 때 생략하는 부분의 선지름 중심선을 가는 일점 쇄선으로 나타낸다.

⑥ 스프링의 종류 및 모양만을 간략도로 나타내는 경우에는 스프링 재료의 중심선만을 굵은 실선으로 그린다.

## 4 스프링 요목표

### (1) 인장 코일 스프링

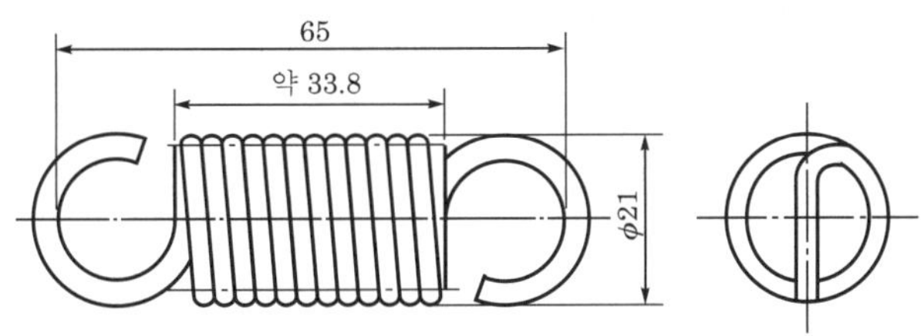

| 그림 3.92 | 인장 코일 스프링

| 표 3.10 | 인장 코일 스프링의 요목표

| 재료 | | HSW-3 |
| --- | --- | --- |
| 재료의 지름[mm] | | 2.6 |
| 코일 평균 지름[mm] | | 18.4 |
| 코일 바깥 지름[mm] | | 21±0.3 |
| 총 감김 수 | | 11.5 |
| 감김 방향 | | 오른쪽 |
| 자유 길이[mm] | | (64) |
| 스프링 상수[N/mm] | | 6.28 |
| 초장력(N) | | (26.8) |
| 지정 | 하중[N] | − |
| | 하중 시의 길이[mm] | − |
| | 길이[*)][mm] | 86 |
| | 길이 시의 하중[N] | 165±10% |
| | 응력[N/mm$^2$] | 532 |
| 최대 허용 인장 길이[mm] | | 92 |
| 고리의 모양 | | 둥근 고리 |
| 표면 처리 | 성형 후의 표면 가공 | − |
| | 방청 처리 | 방청유 도포 |

*) 수치 보기는 길이를 기준으로 하였다.
[비고]　1) 기타 항목 : 세팅한다.
　　　　2) 용도 또는 사용 조건 : 상온, 반복 하중
　　　　3) 1[N/mm$^2$]=1[MPa]

## (2) 냉간 성형 압축 코일 스프링(외관도)

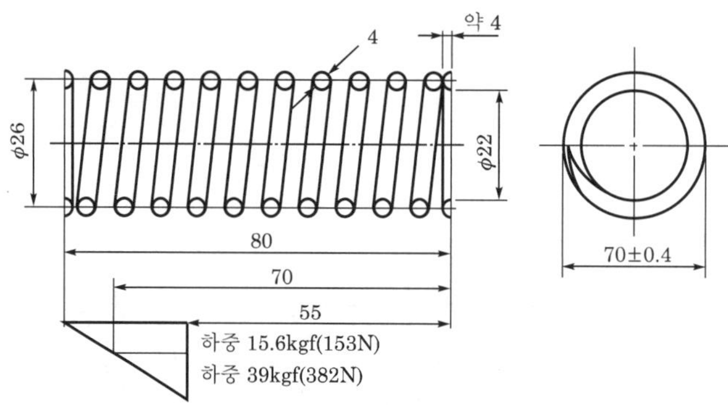


| 그림 3.93 | 냉간 성형 압축 코일 스프링

| 표 3.11 | 냉간 성형 압축 코일 스프링 요목표

| 재료 | | SWOSC－V |
|---|---|---|
| 재료의 지름[mm] | | 24 |
| 코일 평균 지름[mm] | | 26 |
| 코일 바깥 지름[mm] | | 30±0.4 |
| 총 감김 수 | | 11.5 |
| 자리 감김 수 | | 각 1 |
| 유효 감김 수 | | 9.5 |
| 감김 방향 | | 오른쪽 |
| 자유 길이[mm] | | (8.0) |
| 스프링 상수[N/mm] | | 15.3 |
| 지정 | 하중[N] | － |
| | 하중 시의 높이[mm] | － |
| | 높이[*)][mm] | 70 |
| | 높이 시의 하중[N] | 153±10% |
| | 응력[N/mm²] | 190 |
| 최대 압축 | 하중[N] | － |
| | 하중 시의 높이[mm] | － |
| | 높이[*)][mm] | 55 |
| | 높이 시의 하중[N] | 382 |
| | 응력[N/mm²] | 476 |

| 재료 | SWOSC – V |
|---|---|
| 밀착 높이[mm] | (44) |
| 코일 바깥쪽 면의 경사[mm] | 4 이하 |
| 코일 끝 부분의 모양 | 클로즈드엔드(연삭) |
| 표면<br>처리 | 성형 후의 표면 가공 : 쇼트피닝 |
| | 방청 처리 : 방청유 도포 |

*) 수치 보기는 길이를 기준으로 하였다.

[비고]  1) 기타 항목 : 세팅한다.

2) 용도 또는 사용 조건 : 상온, 반복 하중

3) $1[N/mm^2] = 1[MPa]$

## (3) 겹판 스프링

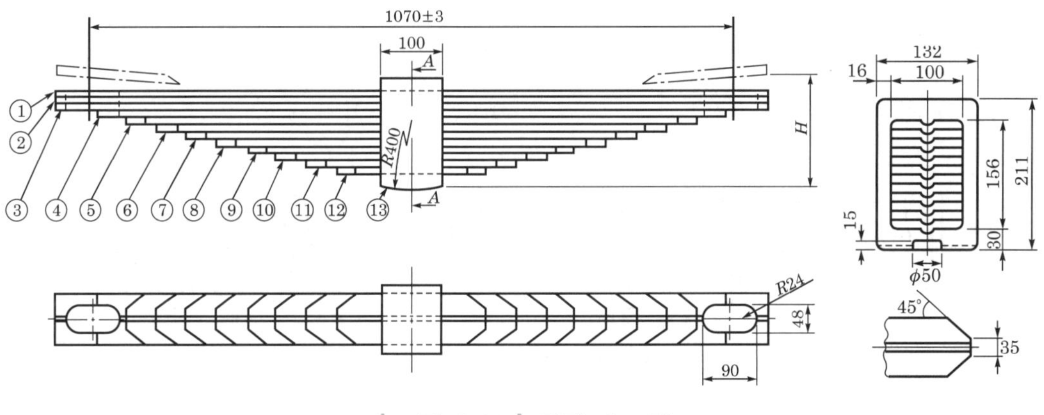

| 그림 3.94 | 겹판 스프링

| 표 3.12 | 겹판 스프링 요목표

| 스프링 판(KS D 3701의 B종) | | | | | |
|---|---|---|---|---|---|
| 번호 | 전개 길이[mm] | | | 판 두께<br>[mm] | 판 너비<br>[mm] | 재료 |
| | A쪽 | B쪽 | 계 | | | |
| 1 | | | | 6 | 60 | SPS6 |
| 2 | 676 | 748 | 1,424 | | | |
| 3 | 430 | 550 | 980 | | | |
| 4 | 310 | 390 | 700 | | | |
| 5 | 160 | 205 | 365 | | | |

| 번호 | 부품 번호 | 명칭 | 개수 |
|---|---|---|---|
| 5 | | 센터 볼트 | 1 |
| 6 | | 너트, 센터 볼트 | 1 |
| 7 | | 클립 | 2 |
| 8 | | 클립 | 1 |
| 9 | | 라이너 | 4 |
| 10 | | 디스턴스 피스 | 1 |
| 11 | | 리벳 | 3 |

| 스프링 상수[N/mm] | | | 21.7 | |
|---|---|---|---|---|
| | 하중[N] | 뒤말림[C·mm] | 스팬[mm] | 응력[N/mm$^2$] |
| 무하중 시 | 0 | 112 | – | 0 |
| 지정 하중 시 | 2,300 | 6±5 | 1,152 | 451 |
| 시험 하중 시 | 5,100 | – | – | 1,000 |

[비고] 　1) 경도 : 388~461[HBW] 　　2) 쇼트피닝 : No.1~4리프
　　　　3) 완성 도장 : 흑색 도장 　　4) $1[N/mm^2] = 1[MPa]$

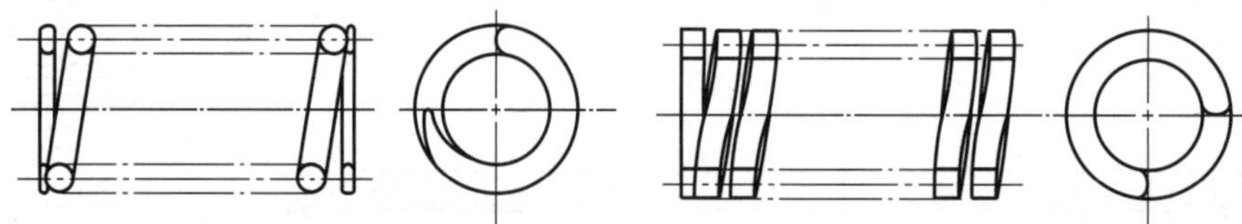

(a) 압축 코일 스프링의 중간부를 생략한 제도법

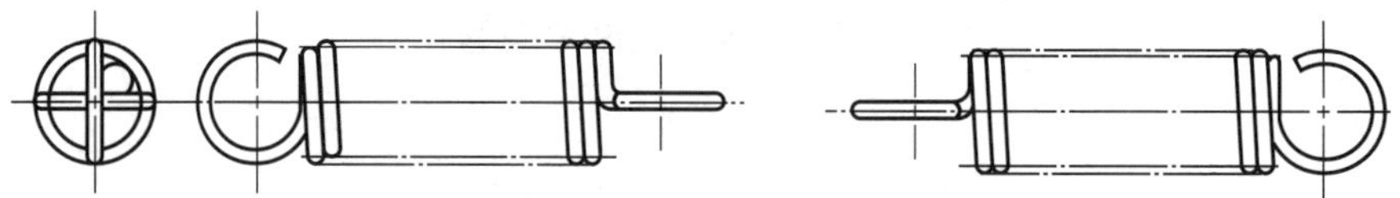

(b) 인장 코일 스프링의 중간부를 생략한 제도법

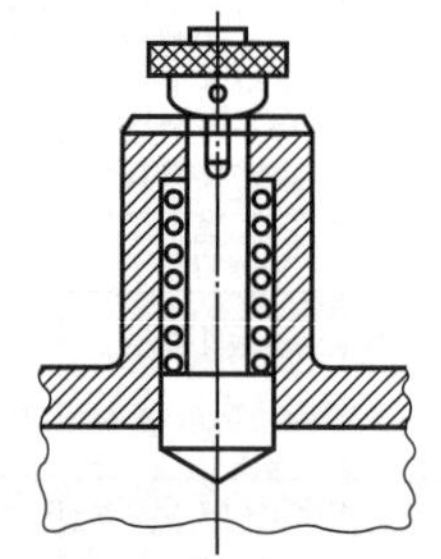

(c) 단면으로 표시된 코일 스프링

| 그림 3.95 | 스프링 제도

(a) 인장 코일 스프링(반 둥근 고리)　　　(b) 인장 코일 스프링(둥근 고리)

(c) 압축 코일 스프링(반 둥근 고리)　　　(d) 압축 코일 스프링(둥근 고리)

| 그림 3.96 | 인장 · 압축 코일 스프링의 둥근 고리, 반 둥근 고리

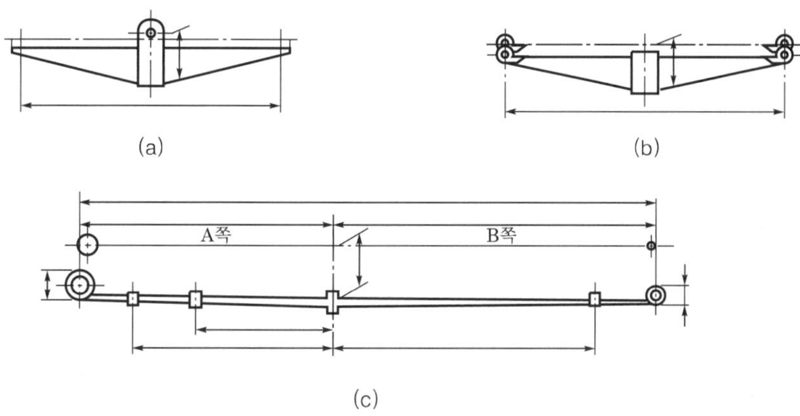

(a)　　　　　　　　　　　　　　　(b)

(c)

| 그림 3.97 | 겹판 스프링의 간략도

## 08 | 베어링(Bearing)

### 1 개요

　베어링은 회전하는 축을 지지하여 회전을 원활하게 하거나 왕복 운동을 원활하게 지지하는 기계 부품으로, 베어링에 끼워 받쳐지는 축의 부분을 저널이라 한다.

## 2 베어링의 종류

베어링은 축과 접촉하는 상태에 따라 미끄럼 베어링(sliding bearing)과 롤링 베어링(rolling bearing)으로 나누고, 하중의 작용 방향에 따라 축과 직각 방향으로 하중을 받는 레이디얼 베어링(radial bearing), 축 방향으로 하중을 받는 스러스트 베어링(thrust bearing)으로 나눈다.

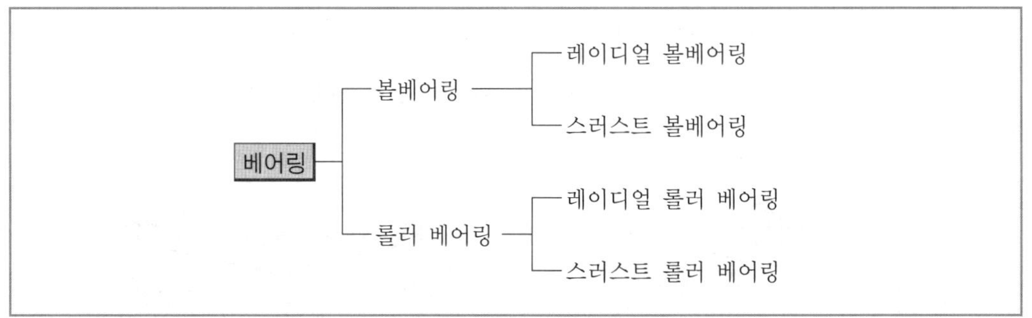


| 그림 3.98 | 베어링의 분류

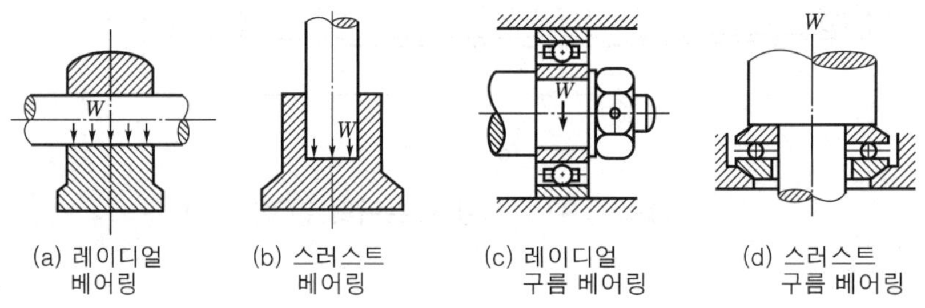


(a) 레이디얼 베어링　　(b) 스러스트 베어링　　(c) 레이디얼 구름 베어링　　(d) 스러스트 구름 베어링

| 그림 3.99 | 베어링의 종류

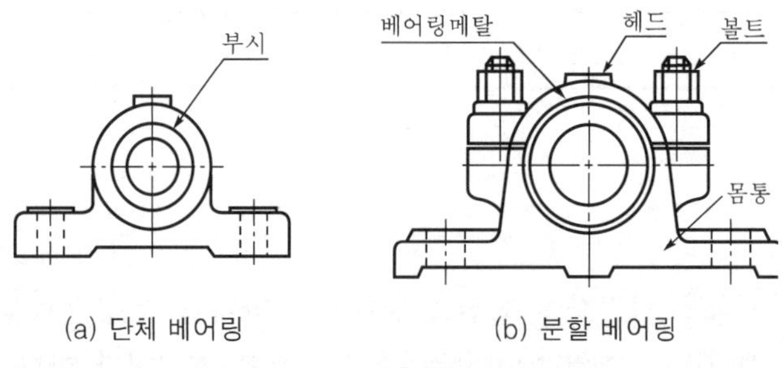


(a) 단체 베어링　　(b) 분할 베어링

| 그림 3.100 | 미끄럼 베어링

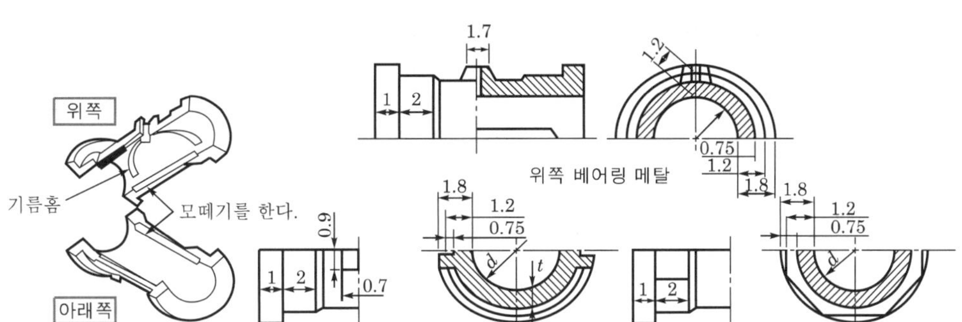



| 그림 3.101 | 베어링 메탈의 종류

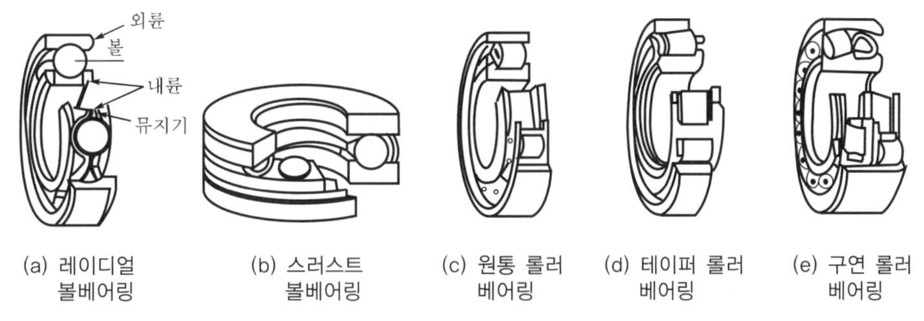



| 그림 3.102 | 구름 베어링의 종류

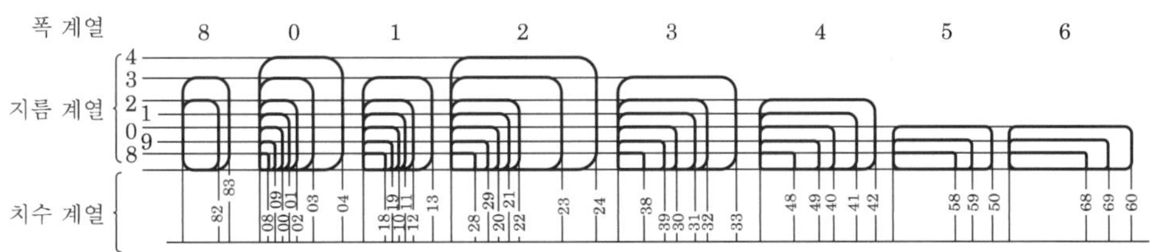



| 그림 3.103 | 레이디얼 베어링의 주요 치수

## 3 베어링의 호칭 번호와 기호

　베어링은 기계 요소의 표준 부품으로 시판되고 있는 표준 품을 사용하면 되므로 별도로 가공할 필요는 없다. 베어링을 도면에 나타낼 때는 베어링의 형상, 치수, 정밀도 등을 호칭 번호로 나타낸다.

　호칭 번호는 기본 번호(베어링의 계열 번호, 안지름 번호, 접촉각 번호)와 보조 기호(보조 지지기 기호, 실드 기호, 형상 기호, 조합 기호, 틈 기호, 등급 기호)를 사용하여 나타낸다.

보기 1. 호칭 번호 6026 P6

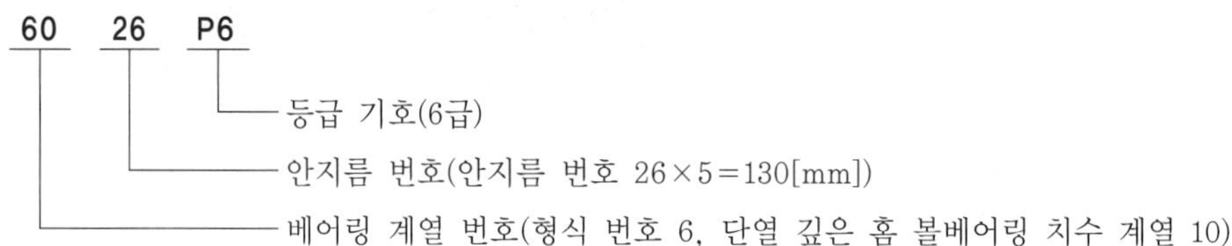


2. 6312 ZNR

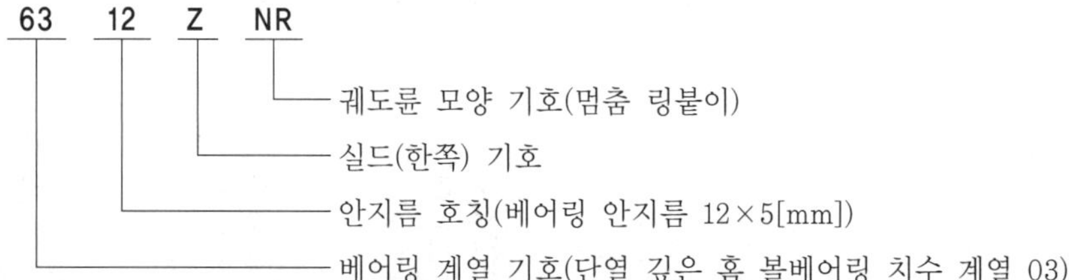


3. 7206 CDBP5

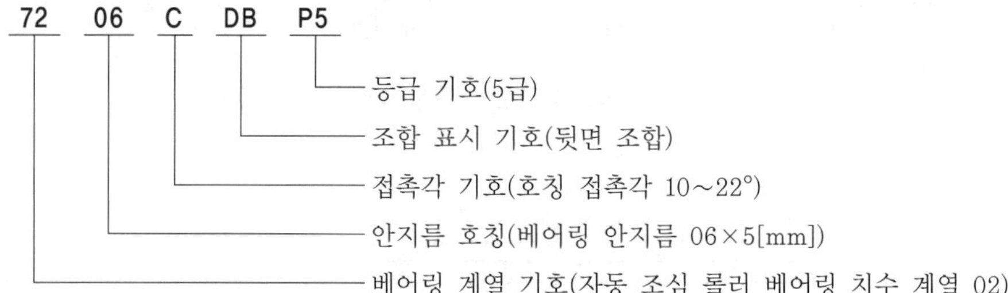


## 4 베어링의 제도

① 베어링은 지장이 없는 한 간략도로 나타낸다.

② 베어링은 간략도로 그리고 호칭 번호로 나타낸다.

③ 베어링은 계획도나 설명도 등에서 나타낼 때는 다음 그림과 같은 계통도로 나타낸다.

④ 베어링의 안지름 번호는 1~9까지는 그 숫자가 베어링의 안지름이고 00은 10[mm], 01은 12[mm], 02는 15[mm], 03은 17[mm]가 베어링 안지름이며 04에서부터는 5를 곱하여 나온 숫자가 베어링의 안지름이다.

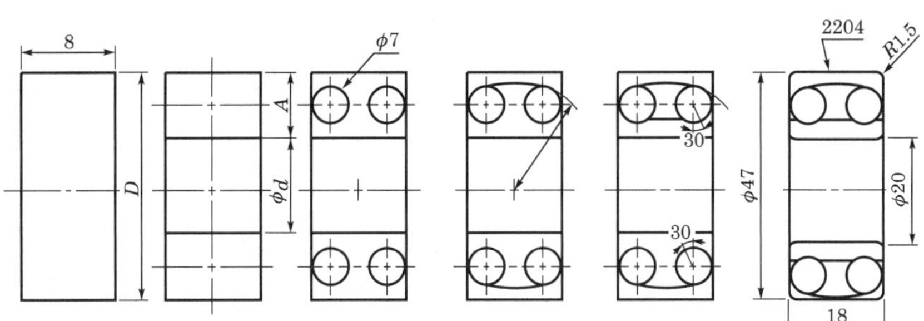

**| 그림 3.104 |** 자동 조심형 레이디얼 볼베어링 간략도를 그리는 방법

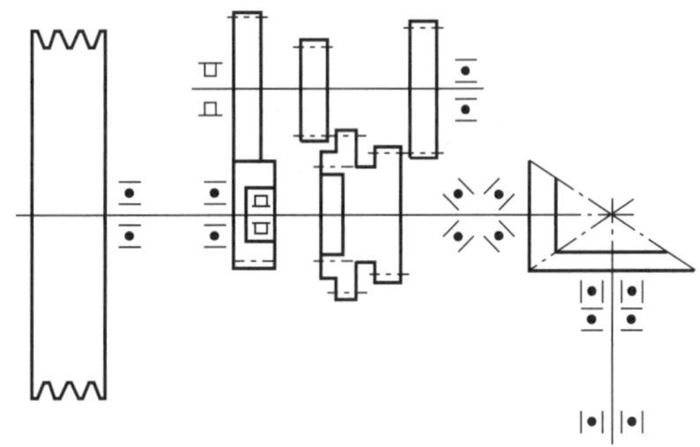

**| 그림 3.105 |** 베어링의 계통도

**| 표 3.13 |** 베어링의 약도와 간략도

| 베어링 | 단열 깊은 홈형 | 단열 앵귤러 컨덕터형 | 복열 자동 조심형 | 원통 롤러 베어링 | | | | | 니들 베어링 |
|---|---|---|---|---|---|---|---|---|---|
| | | | | NJ | NU | NF | N | NN | NA |
| 표시 | 1.25 | 1.3 | 1.4 | 1.5 | 1.6 | 1.7 | 1.8 | 1.9 | 1.10 |
| | | | | | | | | | |
| 2.1 | 2.2 | 2.3 | 2.4 | 2.5 | 2.6 | 2.7 | 2.8 | 2.9 | 2.10 |
| | | | | | | | | | |
| 3.1 | 3.2 | 3.3 | 3.4 | 3.5 | 3.6 | 3.7 | 3.8 | 3.9 | 3.10 |
| | | | | | | | | | |

| 니들 베어링<br>RNA | 원추 롤러<br>베어링 | 자동 조심형<br>롤러 베어링 | 평면 좌 스러스트 베어링 | | 스러스트<br>자동 조심형<br>롤러 베어링 | 깊은 홈형 볼베어링 |
| --- | --- | --- | --- | --- | --- | --- |
| | | | 단식 | 복식 | | |
| 1.11 | 1.12 | 1.13 | 1.14 | 1.15 | 1.16 | 1.21 |
|  | 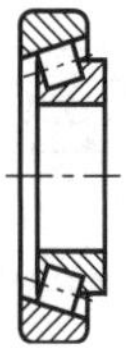 |  |  | 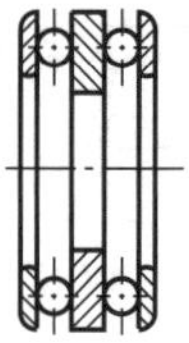 | 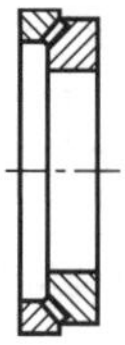 | 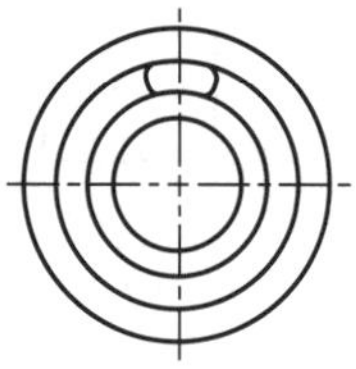 |
| 2.11 | 2.12 | 2.13 | 2.14 | 2.15 | 2.16 | 2.21 |
|  | 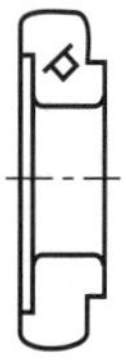 |  |  | 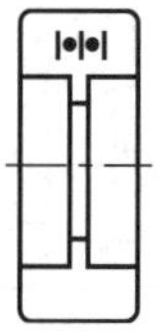 |  | 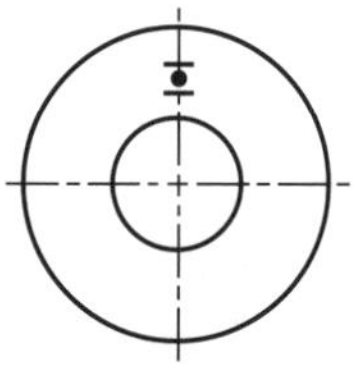 |
| 3.11 | 3.12 | 3.13 | 3.14 | 3.15 | 3.16 | |
| 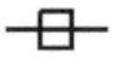 | 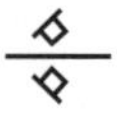 | 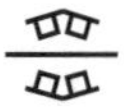 |  |  | 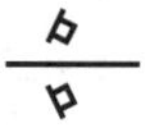 | |

# 적·중·예·상·문·제

**01** 수나사와 암나사의 골은 어떻게 표시하는가?

㉮ 가는 실선으로 표시
㉯ 굵은 실선으로 표시
㉰ 파선으로 표시
㉱ 1점 쇄선으로 표시

 산은 굵은 실선, 골은 가는 실선으로 표시한다.

**02** 나사를 단면으로 도시하였을 때 암나사 탭 구멍의 120° 드릴 자리 표시선의 굵기는?

㉮ 가는 실선　　㉯ 가는 1점 쇄선
㉰ 굵은 1점 쇄선　㉱ 굵은 실선

 보통 드릴의 각도가 118°이므로 120°로 표시한다.

**03** 나사 부분을 단면했을 때 해칭선은?

㉮ 수나사의 외경과 암나사의 내경까지 해칭한다.
㉯ 수나사의 안지름까지 해칭한다.
㉰ 암나사의 바깥 지름까지 해칭한다.
㉱ 암나사의 구멍까지 해칭한다.

수나사의 외경과 암나사의 내경까지 해칭한다.

**04** 보스를 그릴 때 키홈의 위치를 어느 방향으로 그리는 것이 좋은가?

㉮ 도면의 왼쪽
㉯ 도면의 오른쪽
㉰ 도면의 위쪽
㉱ 도면의 아래쪽

 보스나 축의 키홈은 위쪽에 표시한다.

**05** 다음 중 관계가 잘못 연결된 것은?

㉮ Rc-1/2 ↔ 관용 나사
㉯ 3/8 ↔ 16 UNC 유니파이 보통 나사
㉰ Tr-10 ↔ 사다리꼴 나사
㉱ E ↔ 미싱용 나사

**특수용 나사**
① 후강 전선관 나사 : CTG
② 박강 전선관 나사 : CTC
③ 자전거 나사 : BC
④ 미싱 나사 : SM
⑤ 전구 나사 : E
⑥ 자동차용 타이어 밸브 나사 : TV
⑦ 자전거용 타이어 밸브 나사 : CTV

**06** 나사 제도에서 호칭 표시용 지시선을 긋는 방법으로 올바른 것은?

㉮ 암·수나사의 산봉우리를 표시하는 선에서
㉯ 수나사는 골 밑을 표시하는 선에서
㉰ 암·수나사의 골 밑을 표시하는 선에서
㉱ 암나사는 골 밑을 표시하는 선에서

 수나사의 외경과 일치하는 암나사의 골 밑을 표시하는 선에서 시작한다.

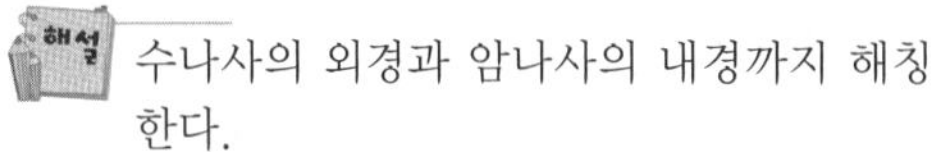

**07** 3/8–16U–2B는 유니파이 나사의 표시법이다. 틀린 것은?

㉮ 3/8 – 호칭 지름
㉯ 16 – 피치
㉰ U – 나사의 종류
㉱ 2B – 암나사 2급

 16이란 나사의 산수를 의미한다.

**08** 나사의 골지름을 나타내는 선은?

㉮ 굵은 실선    ㉯ 가는 실선
㉰ 1점 쇄선    ㉱ 2점 쇄선

 나사의 골지름은 가는 실선으로 나타낸다.

**09** 볼트와 너트의 다듬질 정도에 따라 몇 등급으로 나누는가?

㉮ 2등급    ㉯ 3등급
㉰ 4등급    ㉱ 5등급

흑피 볼트, 반다듬질 볼트, 다듬질 볼트로 구분한다.

**10** 다음 중 나사의 약도법에 대한 설명으로 옳지 않은 것은?

㉮ 수나사와 암나사의 결합 부분은 암나사를 기준으로 한다.
㉯ 불완전 나사의 골 밑은 경사 직선으로 가는 실선으로 표시한다.
㉰ 암나사의 단면 도시에서 드릴 구멍의 끝부분은 굵은 실선으로 120° 표시한다.
㉱ 수나사의 산봉우리를 표시하는 선은 굵은 실선으로 그린다.

 수나사와 암나사의 결합 부분은 수나사를 기준으로 한다.

**11** 프랑스어로 비스(VIS)라고도 부르는 것은 다음 중 무엇인가?

㉮ 나사못    ㉯ 작은 나사
㉰ 세트 스크류    ㉱ 아이 볼트

 비스란 작은 나사를 의미한다.

※ 【문제 12~14】 다음 그림은 육각 볼트 및 너트를 간략도로 그리는 방법을 나타낸 것이다. 물음에 답하여라.

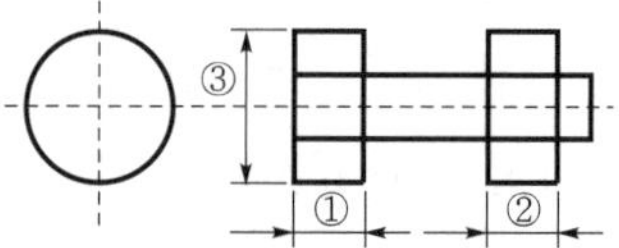

**12** 위의 그림에서 볼트 머리의 폭 ①의 크기는?

㉮ 0.5$d$    ㉯ 0.8$d$
㉰ $d$    ㉱ 2$d$

 볼트 머리의 폭은 볼트 직경의 0.8배로 한다.

**13** 위의 그림에서 너트 폭 ②의 크기는?

㉮ 0.5$d$    ㉯ 0.8$d$
㉰ $d$    ㉱ 2$d$

 너트는 볼트의 직경과 같게 한다.

**14** 위의 그림에서 볼트 머리 지름 ③의 크기는?

㉮ 0.5$d$    ㉯ 0.8$d$
㉰ $d$    ㉱ 2$d$

 볼트 직경의 2배로 한다.

**15** 키의 기울기는?

㉮ 1/20      ㉯ 1/25

㉰ 1/50      ㉭ 1/100

 코터 기울기는 1/20, 키 기울기는 1/100, 핀 기울기는 1/50이다.

**16** 나사의 종류 중 삼각 나사의 나사산 각도는?

㉮ 30°      ㉯ 45°

㉰ 60°      ㉭ 90°

 삼각 나사는 60°로 하며 정밀 나사로 사용된다.

**17** 다음 중 테이퍼 핀의 호칭 지름을 표시하는 부분은?

㉮ 가는 부분

㉯ 굵은 부분

㉰ 가는 부분에서 1/3 부분

㉭ 굵은 부분에서 1/3 부분

 테이퍼 핀의 호칭 지름을 표시하는 부분은 가는 부분으로 표시한다.

**18** 다음 KS 나사 제도의 약도법 중 올바른 것은?

㉮ 불완전 나사부의 골 밑은 굵은 실선으로 표시한다.

㉯ 불완전 나사부의 골 밑은 표시하지 않는 것이 원칙이다.

㉰ 완전 나사부와 불완전 나사부의 경계는 가는 실선으로 표시한다.

㉭ 불완전 나사의 골 밑은 경사 직선으로 가는 실선으로 표시한다.

 불완전 나사의 골 밑은 경사 직선으로 가는 실선으로 표시한다.

**19** 다줄 나사의 리드를 표시할 때에는 나사의 호칭 뒤 괄호에 써 넣는다. 그 중 제외할 나사는 무엇인가?

㉮ 관용 평행 나사

㉯ 미터 사다리꼴 나사

㉰ 유니파이드 나사

㉭ 전구 나사

 다줄 나사의 리드를 표시할 때에는 나사의 호칭 뒤 괄호에 써 넣지 않는 것은 미터 사다리꼴 나사이다.

**20** 불완전 나사부의 골 밑을 나타내는 선은 외형에 대하여 몇 도인가?

㉮ 45°      ㉯ 60°

㉰ 30°      ㉭ 90°

 불완전 나사부의 골 밑을 나타내는 선은 외형에 대하여 30°로 나타낸다.

**21** 다음 중 리벳 표시 방법으로 옳은 것은?

㉮ 머리 부분을 포함한 전체 길이

㉯ 머리 부분을 제외한 전체 길이

㉰ 머리 부분의 길이

㉭ 리벳 이음 후의 전체 길이

 리벳의 표시 방법은 머리 부분을 제외한 전체 길이로 표시한다.

**22** 다음 중 M15×1.5인 나사의 설명으로 틀린 것은?

㉮ 미터계 가는 나사이다.

㉯ 피치가 1.5[mm]이다.

㉰ 나사산의 각도가 55°이다.

㉭ 피치의 단위가 [mm]이다.

 M은 미터 나사로서 삼각 나사이며, 60°이다.

[정답]   15. ㉭   16. ㉰   17. ㉮   18. ㉭   19. ㉯   20. ㉰   21. ㉯   22. ㉰

※ 【문제 23~25】 다음 그림은 나사를 표시한 것이다. 물음에 답하여라.

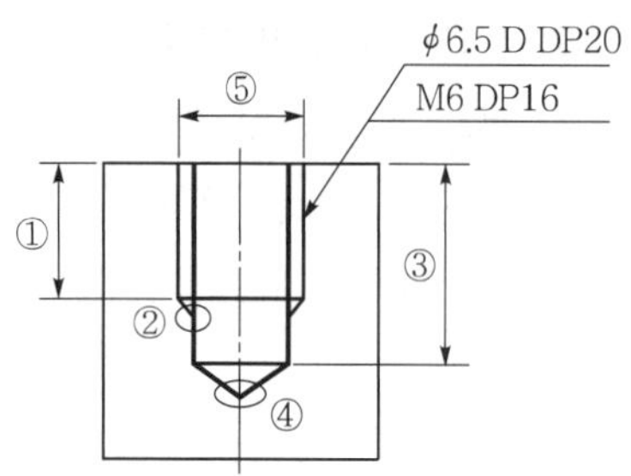


## 23 위의 그림에서 ①부분의 치수[mm]는?

㉮ 6.5  ㉯ 8
㉰ 16  ㉹ 20

 나사의 깊이를 나타내며, DP16이 해당된다.

## 24 위의 그림에서 ②부분의 각도는?

㉮ 20°  ㉯ 30°
㉰ 45°  ㉹ 60°

 불완전 나사부로서 30°로 나타낸다.

## 25 위의 그림에서 ③ 부분의 치수[mm]는?

㉮ 6.5  ㉯ 8
㉰ 16  ㉹ 20

φ6.5D DP20 부분으로 깊이 20[mm]를 의미한다.

## 26 조립도에서 암나사와 수나사가 결합된 겹친 부분을 나타낼 때에는 다음 중 어느 것을 기준으로 하여 그리는가?

㉮ 어느 것이나 임의로 선택
㉯ 암나사
㉰ 수나사
㉹ 암나사, 수나사 모두

 조립된 상태에서는 수나사를 기준하여 그린다.

## 27 도면의 나사 부분에 다음 내용을 기재하려고 할 때 올바른 표시법은? (단, 나사의 호칭 치수 : M30×2, 나사의 줄 수 : 2줄 나사 등급 2급, 나사의 방향 : 왼쪽)

㉮ 왼쪽 2줄
㉯ 2-M30×2 왼쪽 2줄
㉰ 왼쪽 2줄 M30×2-2
㉹ 왼쪽 2줄 2급 M30×2

 왼쪽 2줄 M30×2-2와 같이 표시한다.

## 28 다음 중 호칭 지름 40[mm], 리드 14[mm], 피치 7[mm] 수나사의 등급이 7e인 미터 사다리꼴 나사의 표시 방법으로 옳은 것은?

㉮ TW 40×14(P7)-7e
㉯ TW 40×7e-14(P7)
㉰ Tr 40×14(P7)-7e
㉹ Tr 40×7e-14(P7)

 Tr 40×14(P7)-7e로 표시한다.

## 29 키의 호칭이 미끄럼 키(25×8×50 양끝 둥근 SM45C)로 표시되었을 경우 50의 의미는?

㉮ 축의 지름
㉯ 키의 폭
㉰ 키의 높이
㉹ 키의 길이

 키는 폭×높이×길이 순으로 나타낸다.

**30** 키의 호칭을 옳게 표시한 것은? (단, A : 규격 번호 또는 명칭, B : 호칭 치수, C : 길이, D : 끝 모양의 특별 지정, E : 재료)

㉮ AB×CDE　　㉯ A−B×CDE
㉰ AB×C−D−E　㉱ A−B×CD−E

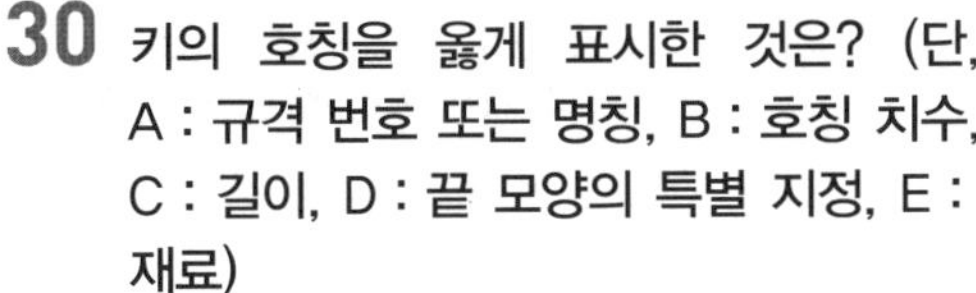

키의 호칭은 AB×CDE로 표시한다.

**31** 다음 핀에 대한 설명 중 적당하지 않은 것은?

㉮ 테이퍼 핀의 호칭 지름은 가는 쪽의 지름이다.
㉯ 테이퍼 핀의 테이터 값은 1/50이다.
㉰ 슬롯 테이퍼 핀의 호칭은 명칭, $d×l$, 재료, 지정 사항 순이다.
㉱ 테이퍼 핀의 호칭은 명칭, $d×l$, 등급, 재료 순이다.

테이퍼 핀의 호칭은 규격 번호 또는 명칭, 등급, $d×l$, 재료 순으로 표시한다.

**32** 평행 핀의 호칭이 바른 것은?

㉮ 명칭, 형식, 종류, $d×l$, 재료
㉯ 명칭, 종류, 형식, $d×l$, 재료
㉰ 명칭, $d×l$, 재료, 지정 사항
㉱ 명칭, 재료, $d×l$, 지정 사항

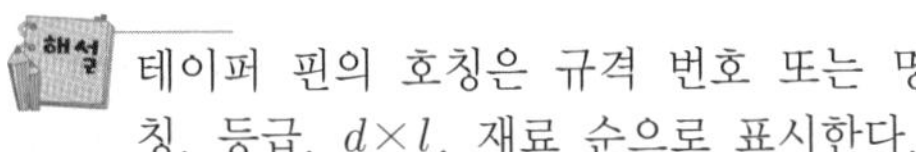

평행 핀의 호칭은 명칭, 종류, 형식, $d×l$, 재료 순으로 표시한다.

**33** 다음 중 성크(sunk, 묻힘) 키의 규격에서 15×10은 무엇을 가리키는가?

㉮ 키의 높이×폭
㉯ 키의 폭×높이
㉰ 키의 길이×높이
㉱ 키의 길이×폭

묻힘 키의 15×10은 키의 폭×높이를 의미한다.

**34** 다음 나사 제도법에 대한 설명 중 옳지 않은 것은?

㉮ 암나사의 안지름은 굵은 실선으로 그린다.
㉯ 불완전 나사부의 골을 나타내는 선은 축선에 대하여 30° 되게 그린다.
㉰ 암나사 탭 구멍의 드릴 자리는 118° 가 되게 가는 실선으로 그린다.
㉱ 암나사의 골지름은 가는 실선으로 그린다.

암나사의 탭 구멍의 드릴 자리는 120°가 되게 굵은 실선으로 그린다.

**35** 다음 ISO 규격에 있는 관용 테이퍼 나사 중 테이퍼 암나사의 표시 기호는 어느 것인가?

㉮ R　　　㉯ Rc
㉰ PT　　㉱ PS

R은 관용 테이퍼 수나사(ISO), Rc는 관용 테이퍼 암나사(ISO), PT는 테이퍼 나사, PS는 평행 암나사이다.

**36** 기어의 도시 방법에 대한 설명으로 옳지 않은 것은?

㉮ 이끝원은 굵은 실선으로 그린다.
㉯ 피치원은 가는 1점 쇄선으로 그린다.
㉰ 축에 직각인 방향으로 본 그림의 단면으로 표시할 때 이뿌리 원은 가는 실선으로 그린다.
㉱ 잇줄 방향은 보통 3개의 가는 실선으로 그린다.

 축에 직각인 방향으로 본 그림의 단면으로 표시할 때 이뿌리 원은 굵은 실선으로 그린다.

**37** 베어링 호칭 번호 608C2P6에서 P6이 뜻하는 것은?

㉮ 등급 기호
㉯ 안지름 번호
㉰ 베어링 계열 번호
㉱ 베어링의 폭

 P6은 등급 기호를 나타낸다.

**38** 스퍼 기어에서 이끝원 지름($D$)을 구하는 공식은? (단, $m$ : 모듈, $Z$ : 잇수)

㉮ $D = mZ$
㉯ $D = \pi mZ$
㉰ $D = m/Z$
㉱ $D = m(Z+2)$

 스퍼 기어에서 이끝원 지름은 $D = m(Z+2)$로 표시한다.

**39** 피치 3[mm]인 2줄 나사의 리드(lead)는 얼마인가?

㉮ 1.5[mm]　㉯ 6[mm]
㉰ 2[mm]　㉱ 0.66[mm]

 리드(lead)는 피치에 줄 수를 곱하므로 6[mm]이다.

**40** 기계 요소 중 원칙적으로 길이 방향으로 절단하여 단면을 표시할 수 있는 것은?

㉮ 기어의 이, 바퀴의 암
㉯ 베어링, 부시
㉰ 볼트, 작은 나사
㉱ 리벳, 키

 기계 요소 중에서 원칙적으로 길이 방향으로 절단하여 단면을 표시하는 것은 베어링, 부시이다.

**41** 파이프의 접속 표시를 나타낸 것이다. 관이 접속할 때의 상태를 도시한 것은?

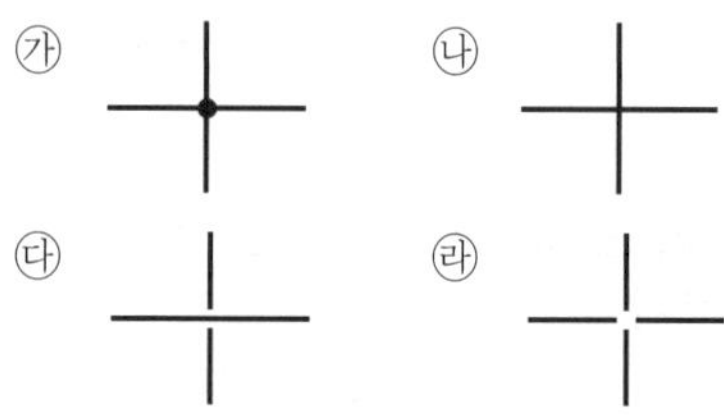

 접속하는 상태는 교차점에 검정색 원으로 표시한다.

**42** 나사의 각 부에 대한 선의 종류 중 올바른 것은?

㉮ 불완전 나사부의 골 밑 – 굵은 실선
㉯ 불완전 나사부의 골 끝선 – 파선
㉰ 수나사와 암나사의 측면 도시에서 골지름 – 파선
㉱ 완전 나사부와 불완전 나사부의 경계선 – 굵은 실선

 ㉮ 불완전 나사부의 골밑 – 가는 실선
㉯ 불완전 나사부의 골 끝선 – 굵은 실선
㉰ 수나사와 암나사의 측면 도시에서 골지름 – 가는 실선

**43** 호칭 지름이 10[mm]이고, 피치가 1[mm]인 1줄 미터 가는 나사의 표시 방법은?

㉮ M10×1
㉯ M10×10
㉰ M10×10×1
㉱ M10×10×10

 미터 나사이므로 M10×1로 표기한다.

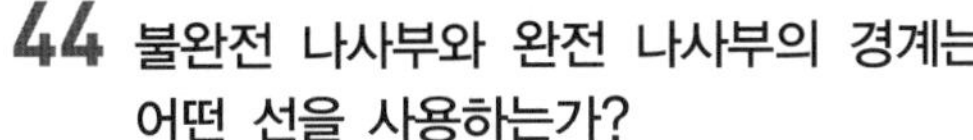

**44** 불완전 나사부와 완전 나사부의 경계는 어떤 선을 사용하는가?

㉮ 가는 실선     ㉯ 파선

㉰ 굵은 실선     ㉱ 가는 1점 쇄선

 불완전 나사부와 완전 나사부의 경계는 굵은 실선으로 표시한다.

MEMO

# 기초 이론

하중(荷重, load)은 기계의 각 부품에 작용하는 외력을 말한다.

## 01 | 작용 방향에 따른 분류

### (1) 인장 하중(tensile load), 압축 하중(compressible load)

인장 하중(tensile load)은 외부에서 힘이 작용할 때 잡아당기는 하중으로 탄성 범위에서 작용해야 하며, 압축 하중(compressible load)은 재료에 압축이 가해지는 하중으로 탄성 범위에서 발생하도록 해야 한다.

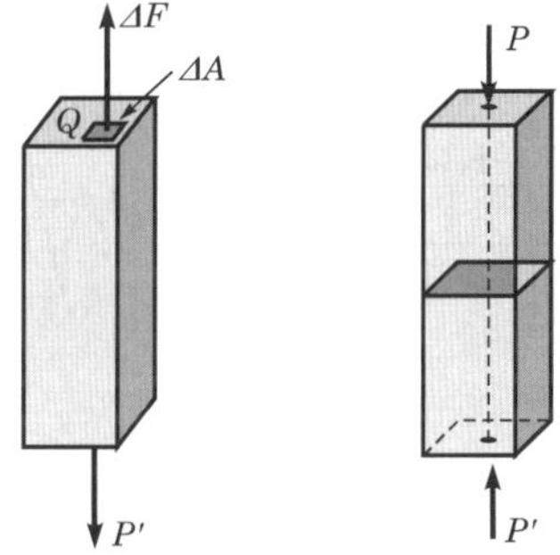


| 그림 4.1 | 인장 하중과 압축 하중

### (2) 전단 하중(shearing load)

전단 하중(shearing load)은 방향이 서로 다른 하중이 서로 반대 방향에서 작용하는 하중으로 프레스 작업에서 많이 적용한다.

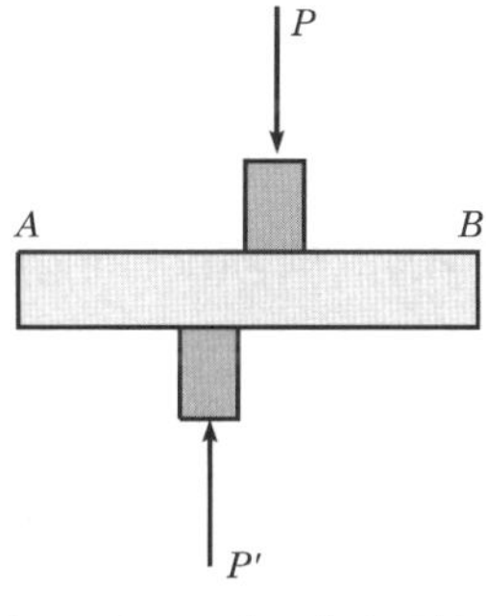


| 그림 4.2 | 전단 하중

### (3) 굽힘 하중(bending load)

굽힘 하중(bending load)은 하중이 가해지는 부분과 대항하는 힘이 존재할 때 발생하며 기계 장치에서 축과 베어링의 관계, 자동차의 차축에서 굽힘 하중의 적용을 고려해야 한다.

### (4) 비틀림 하중(twisting load)

비틀림 하중(twisting load)은 축에서 토크가 존재할 때 주로 발생하며 탄성 범위에서 존재해야 한다. 구동축과 종동축의 부하 정도에 따라 비틀림 하중은 달라지므로 효율적인 축경을 선택하는 것이 바람직하다.

## 02 응력-변형률 선도

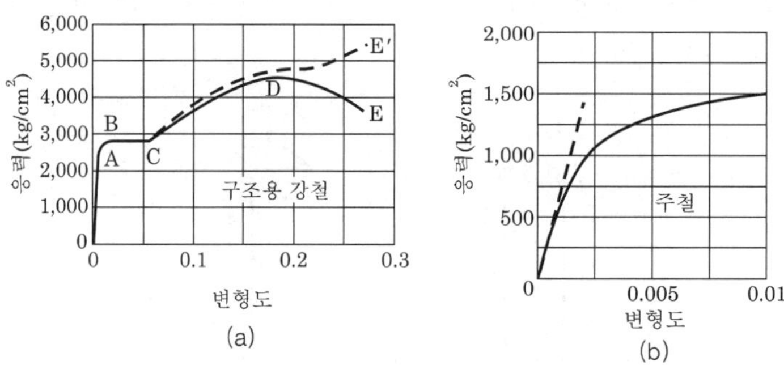


| 그림 4.3 | 응력과 변형률 선도(연강)

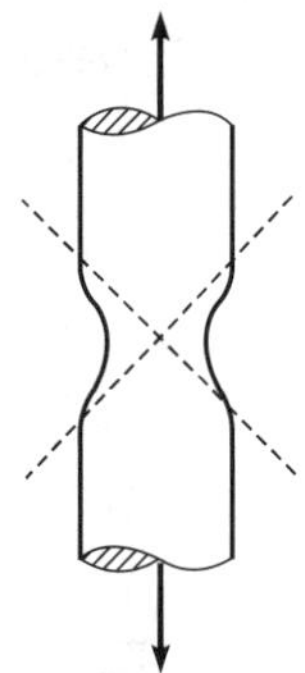

| 그림 4.4 | 넥킹(necking) 현상

### (1) 비례 한도(proportional limit) $\sigma_P$ (점 O-A)

응력과 변형률이 비례 관계를 가지는 최대 응력을 말한다. 응력(stress)은 변형률(strain)에 비례한다.

## (2) 항복점(yield point) $\sigma_{yp}$ (점 B, C)

응력이 탄성 한도를 지나면 곡선으로 되면서 $\sigma$가 커지다가 점 B에 도달하면 응력을 증가 시키지 않아도 변형(소성 변형)이 갑자기 커지는데 이 점을 항복점이라 한다.

B를 상항복점, C를 하항복점이라 하고 보통은 하항복점을 항복점이라 한다.

## (3) 최후 강도 또는 인장 강도 $\sigma_u$ (점 D)

① 항복점을 지나면 재료는 경화(hardening) 현상이 일어나면서 다시 곡선을 그리다가 점 D에 이르러 응력의 최댓값이 되며 이후는 그냥 늘어나다가 점 E에서 파단된다.
② 재료가 소성 변형을 받아도 큰 응력에 견딜 수 있는 성질을 가공경화(work-hard-ening) 라 한다.

# 03 허용 응력 $\sigma_a$ 와 안전율 $(n)$

## 1 허용 응력

### (1) 허용 응력의 의미

기계 혹은 구조물의 각 부재에 실제로 생기는 응력은 그 기계나 구조물의 안전을 위해서 는 탄성 한도 이하의 값이어야 한다.

이러한 제한 내에서 각 부재에 실제로 생겨도 무방한, 또는 의도적으로 고려해 주는 응력 은 허용 응력(allowable stress) 또는 사용 응력(working stress)이라고 한다. 이런 응력은 부재에 생겨도, 안전할 수 있는 최대 응력인 것이다.

### (2) 재료에 따른 허용 응력

① 연성 재료의 허용 응력$(\sigma_w)$

$$\sigma_w = \frac{\sigma_{yp}}{S}$$

여기서, $S$ : 2, 3, 4(safety factor)
$\sigma_{yp}$ : yilding point stress
$\sigma_w$ : working stress

② 취성 재료의 허용 응력$(\sigma_w)$

$$\sigma_w = \frac{\sigma_u}{S}$$

여기서, $\sigma_u$ : ultimate stress

## 2 안전율 $n$

### (1) 안전율의 의미

허용 응력을 정하는 기본 사항은 재료의 인장 강도, 항복점, 피로 강도, 크리프 강도 등인데 이런 재료의 강도들을 기준 강도(응력)라 하고, 이 기준 강도와 허용 응력과의 비를 안전율이라 한다.

$$\text{안전율} = \frac{\text{기준 강도(응력)}}{\text{허용(사용) 응력}} > 1$$

### (2) 안전율 고려 시 제반 사항

① 하중의 크기
② 하중의 종류(정하중, 반복 하중, 교번 하중)
③ 온도(열팽창)
④ 부식 분위기(주위 환경)
⑤ 재료 강도의 불균일
⑥ 치수 효과(조립 시 압축과 팽창에 기인)
⑦ 노치 효과(응력 집중)
⑧ 열처리 및 표면 다듬질(경도 불균일, 거칠기에 따른 미소한 응력 집중)
⑨ 마모(편마모에 따른 강도 약화)

# 04 재료 역학의 여러 법칙

### (1) 후크의 법칙

재료의 인장 시험

$$\sigma \propto \varepsilon, \quad \sigma = E\varepsilon$$

여기서, $E$[GPa] : 세로 탄성계수 또는 영률(Young's modulus)

### (2) 공칭 응력과 공칭 변형률

① 공칭 응력

$$\sigma_0 = \frac{P}{A_0}$$

여기서, $\sigma_0$ : 공칭 응력
$P$ : 하중
$A_0$ : 원래의 단면적

② 공칭 변형률($\varepsilon$)

　변형된 길이($\delta$)/변형 전의 길이($l_0$)

$$\varepsilon = \int_{l_0}^{l} \frac{dl}{l_0} = \frac{l - l_0}{l_0} = \frac{\delta}{l_0}$$

　여기서, $\varepsilon$ : 공칭 변형률

　　　　　$l_0$ : 변형 전의 원래 길이

　　　　　$l$ : 변형 후 길이

　　　　　$\delta$ : 변형 길이

## (3) 신장률과 단면 수축률

① 신장률(percentage elongation) : $\delta$

$$\delta = \frac{L - L_0}{L_0} \times 100 [\%]$$

　여기서, $L_0$ : 변형 전의 표점 거리

　　　　　$L$ : 파단 후의 표점 거리

② 단면 감소율(percentage reduction in area) : $\psi$

$$\psi = \frac{A_0 - A}{A_0} \times 100 [\%]$$

신장률과 단면 감소율은 연성 재료의 특성을 파악하는 중요한 값이다.

## (4) 재료의 비틀림 시험

$$\tau = G\gamma$$

　여기서, $\tau$ : 전단 응력[MPa]

　　　　　$G$ : 전단 탄성계수 또는 가로 탄성계수[MPa]

　　　　　$\gamma$ : 전단 변형률[rad]

## (5) 등방성 재료의 세로 탄성계수 $E$와 전단 탄성계수 $G$의 관계

$$G = \frac{E}{2(1+\nu)}$$

　여기서, $\nu$ : 푸아송의 비(Poisson's ratio)[＝가로 변형률/세로 변형률]

## (6) 연성 및 경도

① 연성(延性, ductility) : 재료가 변형되어 파괴될 때까지의 소성 변형의 정도(程度)를 나타낸다.

② 경도(硬度, hardness) : 국부적인 소성 변형에 대한 재료의 저항성을 표시한다.

③ 인성(toughness) : 재료가 파괴될 때까지의 에너지 흡수 능력을 말한다.

④ 파괴 인성(fracture toughness) : 균열이 존재하는 재료에 대한 파괴의 저항성을 말한다.

# 적·중·예·상·문·제

**01** 인장 강도가 80[kg/mm$^2$]인 재료가 있다. 이 재료의 사용 응력이 20[kg/mm$^2$]가 생겼다면 안전율은 얼마로 잡은 것인가?

㉮ 1 　　㉯ 2
㉰ 3 　　㉱ 4

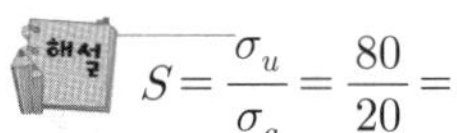 $S = \dfrac{\sigma_u}{\sigma_a} = \dfrac{80}{20} = 4$

**02** 다음 네 개 중 단위가 다른 것이 하나 있다. 어느 것인가?

㉮ 탄성계수 　　㉯ 푸아송의 비
㉰ 변형도 　　㉱ 안전율

 ㉮, ㉯, ㉰는 무차원이고 ㉱는 [kg/cm$^2$]이다.

**03** 푸아송의 비(Poisson's ratio)에 대해 맞는 것은?

㉮ 푸아송의 비＝세로 변형률÷가로 변형률
㉯ 푸아송의 비＝가로 변형률÷세로 변형률
㉰ 푸아송의 비＝세로 변형률÷변형률
㉱ 푸아송의 비＝가로 변형률÷부피 변형률

 푸아송의 비＝가로 변형률÷세로 변형률로 나타내며 재료의 기계적 특성을 파악할 수가 있다.

**04** 연신율이 10[%]이고, 파괴 직전의 늘어난 길이가 22[cm]일 때 이 시편의 본래의 길이[cm]는?

㉮ 28 　　㉯ 22
㉰ 26 　　㉱ 20

 $\varepsilon = \dfrac{\delta}{l} = \dfrac{22 - x}{x} = 0.1$로 표현하며 본래의 길이는 20[cm]이다.

**05** 극한 한도를 $\sigma_u$, 허용 응력을 $\sigma_a$, 사용 응력을 $\sigma_w$라 하면 다음 중 이들의 올바른 관계식은?

㉮ $\sigma_a > \sigma_w > \sigma_u$
㉯ $\sigma_a > \sigma_u > \sigma_w$
㉰ $\sigma_u > \sigma_a > \sigma_w$
㉱ $\sigma_u > \sigma_w > \sigma_a$

 극한 한도는 재료가 가지는 최대의 강도이고, 허용 응력은 재료에 변형을 야기하지 않고 사용하는 응력이다. 사용 응력은 실제 구조물에 적용하여 사용하는 하중, 즉 설계 하중에 해당된다.

**06** 연강의 인장 강도가 450[kg/cm$^2$]일 때 이것을 안전율 5로 사용하면 허용 응력 [kg/cm$^2$]은?

㉮ 80 　　㉯ 85
㉰ 90 　　㉱ 95

 $S = \dfrac{\sigma_u}{\sigma_a} = \dfrac{450}{x} = 5$

[정답]　1. ㉱　2. ㉮　3. ㉯　4. ㉱　5. ㉰　6. ㉰

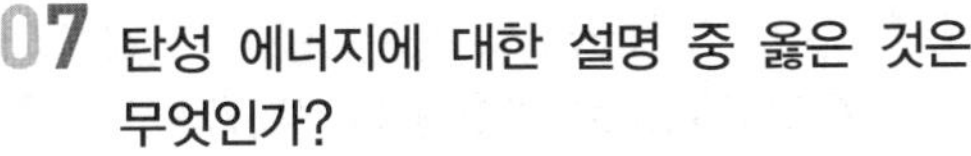

**07** 탄성 에너지에 대한 설명 중 옳은 것은 무엇인가?

㉮ 응력에 비례하고 탄성계수에 반비례한다.

㉯ 응력의 제곱에 비례하고 탄성계수에 반비례한다.

㉰ 응력의 제곱에 반비례하고 탄성계수에 비례한다.

㉱ 응력에 비례하고 탄성계수의 제곱에 비례한다.

 후크의 법칙에 의해서 $\sigma = E\varepsilon$ 이다.

**08** 지름이 1[cm], 길이가 50[cm]인 연강봉에 1,649[kg]의 하중이 걸렸을 때 재료는 몇 [cm] 늘어나는가? (단, 탄성계수 = $2.1 \times 10^6$[kg/cm$^2$])

㉮ 0.05      ㉯ 1.01

㉰ 1.05      ㉱ 1.55

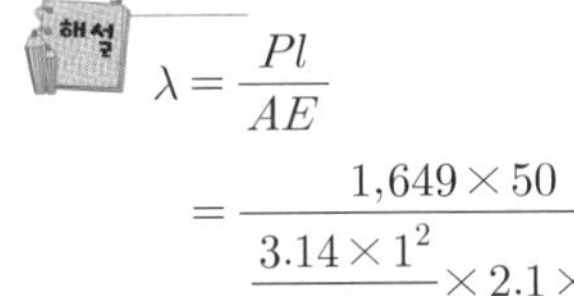

$$\lambda = \frac{Pl}{AE}$$
$$= \frac{1,649 \times 50}{\dfrac{3.14 \times 1^2}{4} \times 2.1 \times 10^6}$$
$$= 0.05[\text{cm}]$$

**09** 안전율은 어느 식인가?

㉮ 안전율 = 탄성 한도/허용 응력

㉯ 안전율 = 허용 응력/탄성 한도

㉰ 안전율 = 극한 강도/허용 응력

㉱ 안전율 = 허용 응력/비례 한도

안전율은 극한 강도/허용 응력으로 나타내며 무차원이다.

**10** $\delta_b$를 극한 강도, $\delta_a$를 허용 응력, $S$를

안전율이라 할 때 이들 사이의 옳은 관계식은?

㉮ $\delta_a = S\delta_b$      ㉯ $\delta_a\,\delta_b = 1/S$

㉰ $\delta_a\,\delta_b = S$      ㉱ $\delta_b/S\delta_a = 1$

 $\delta_b/S\delta_a = 1$ 이 된다.

**11** 다음 중 세로 탄성계수($E$)의 계산식이 옳은 것은? (단, 하중 : $W$, 단면적 : $A$, 늘임 : $\lambda$, 재료의 길이 : $l$)

㉮ $l\lambda/AW$      ㉯ $A\lambda/Al$

㉰ $Al/W\lambda$      ㉱ $Wl/A\lambda$

 신장량은 $\lambda = \dfrac{Wl}{AE}$, 세로 탄성 계수($E$)는 $Wl/A\lambda$ 이다.

**12** 다음 중 응력의 단위를 바르게 표시한 것은?

㉮ kg/cm      ㉯ kg/cm$^2$

㉰ kg·m      ㉱ kg

 응력은 단위 면적당 작용하는 하중으로 나타낸다.

**13** 공작 기계의 밑면에 받는 응력은?

㉮ 인장 응력      ㉯ 압축 응력

㉰ 전단 응력      ㉱ 비틀림 응력

 공작 기계의 밑면에 받는 응력은 자중에 의해서 가해지는 경우이므로 압축 응력이 작용한다.

**14** 다음 재료의 응력 – 변형률 선도 특성에서 항복점이 나타나는 재료는?

㉮ 구리      ㉯ 주철

㉰ 특수강      ㉱ 연강

 응력－변형률 선도에서 항복점이 나타나는 것은 연강이며 구리, 주철, 특수강은 0.2% 지점에서 직선을 그어 만나는 점을 항복 강도로 한다.

## 15 후크의 법칙이 성립되는 구간은?

㉮ 비례 한도  ㉯ 탄성 한도
㉰ 최대 강도점  ㉱ 항복점

 후크의 법칙은 비례 한도 범위에서 성립을 한다.

## 16 지름이 13[mm], 표점 거리가 150[mm]인 연강재 시험편을 인장시켰더니 154[mm]가 되었다면 연신율[%]은?

㉮ 2.66  ㉯ 3.66
㉰ 8.2  ㉱ 8.8

$$\varepsilon = \frac{l' - l_0}{l_0} = \frac{154 - 150}{150} = 2.66[\%]$$

## 17 높이 30[mm]의 둥근 봉이 압축되어 0.0003[mm] 변형률이 생겼다면 변형 후의 길이[mm]는 얼마인가?

㉮ 30.991  ㉯ 29.991
㉰ 28.991  ㉱ 27.991

 $\varepsilon = \dfrac{l' - l_0}{l_0}$ 에서 $l'$를 구하면, $29,991[mm]$ 이다.

## 18 다음 중 응력을 구하는 식은?

㉮ $\dfrac{A}{W}$  ㉯ $\dfrac{W}{A}$
㉰ $A \times W$  ㉱ $A - W$

응력은 가해진 하중을 주어진 단면적으로 나누어서 얻는다.

# CHAPTER 02

# 재료 강도의 영향

## 01 피로 강도(Fatigue strength)

### (1) 개요

피로로 파괴될 때에는 연성 재료라도 반복 응력의 진폭이 비례한도보다 작아도 파괴된다.

[그림 4.5]는 $S-N$ 곡선으로, 어떤 재료에 일정한 응력 진폭 $\sigma_a$로 반복 횟수(피로 수명) $N$번 반복시켰을 때 파괴되는 것을 나타낸다. 탄소강의 경우 약 $10^7$회에서 (a)와 같이 곡선의 수평 부분이 뚜렷이 나타난다. 이때의 응력을 피로 한도(fatigue limit)라 한다.

이와 같이 $S-N$ 곡선의 경사부의 응력 진폭을 시간 강도라 하고 시간 강도에는 그 반복수 $N$을 기록할 필요가 있다.

피로 한도와 시간 강도를 총칭해서 피로 강도라 한다.

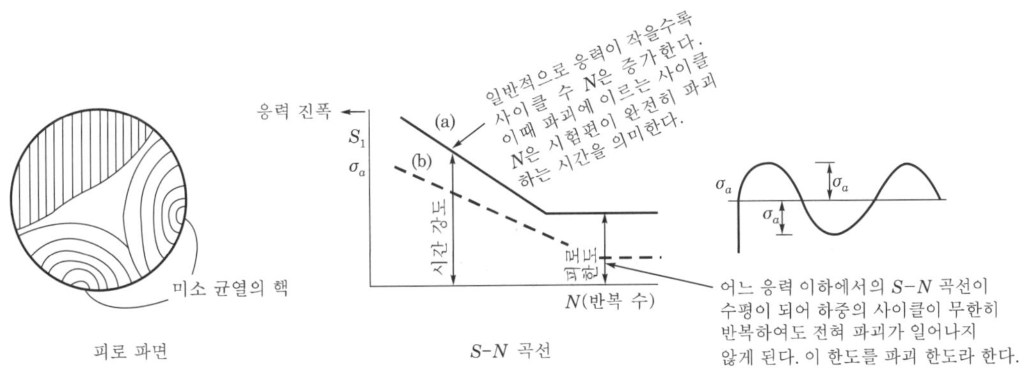


| 그림 4.5 | 피로 파면과 $S-N$ 곡선

### (2) 재료의 피로 강도에 영향을 미치는 요인

① 치수 효과(재료의 치수가 클수록 피로 한도는 낮다)

② 표면 효과(재료 표면의 거칠기 값이 클수록 피로 한도가 커진다)

③ 노치 효과(표면 효과와 관계되며 표면의 거칠기 값의 산과 골의 편차가 크면 피로 한도가 커진다)

④ 압입 효과(조립부의 허용 공차를 최대한 이용한다)

## 02 응력 집중(Concentration of stress)

### (1) 개요

① 인장 혹은 압축을 받는 부재가 그 단면이 갑자기 변하는 부분이 있으면 그곳에 상당히 큰 응력이 발생한다. 이 현상을 응력 집중이라 한다. 즉, 기계 및 구조물에서는 구조상 부득이하게 홈, 구멍, 나사, 돌기 자국 등 단면의 치수와 형상이 급격히 변화하는 부분이 있게 마련이다. 이것들은 모두 노치(notch)라고 한다.

② 일반적으로 노치 근방에 생기는 응력은 노치를 고려하지 않은 공칭 응력보다 매우 큰 응력이 분포되고 [그림 4.6]처럼 이것과 공칭 응력 $\dfrac{P}{A}$ 와의 비를 응력 집중계수 $\sigma_k$ 라고 한다.

$$\sigma_k = \frac{\sigma_{\max}}{\sigma_{av}} \left( = \frac{\tau_{\max}}{\tau_{av}} \right)$$

③ 내부에 구멍이 있어도 응력 집중이 일어나며 노치의 모양, 크기에 따라 $\sigma_k$ 값이 달라진다. 이 응력 집중은 정하중일 때 연성 재료에서는 별 문제가 되지 않으나 취성 재료에서는 그 영향이 크다. 또한, 반복 하중을 받는 경우에는 노치에 의해 발생하며 의외로 많은 피로 파괴의 사고가 발생한다.

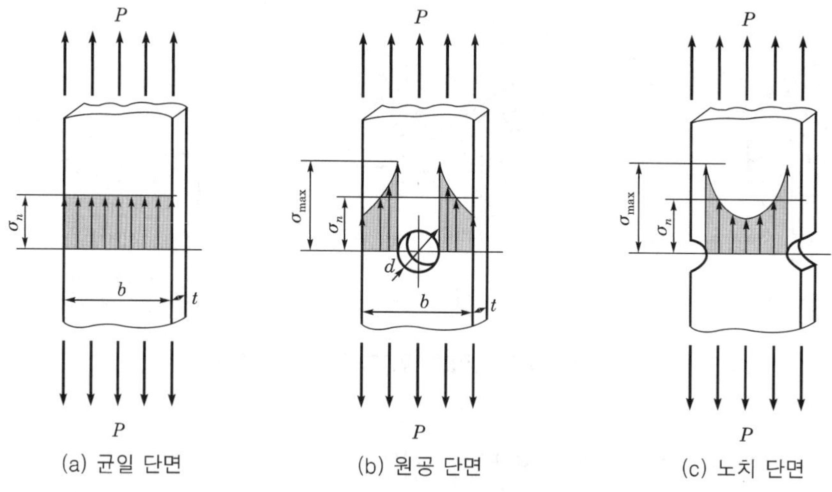


| 그림 4.6 | 판재의 응력 집중

### (2) 응력 집중의 완화 대책

① 반원 홈을 부착하거나 라운딩을 주어 곡률 반지름을 증가시킨다.
② 몇 개의 단면 변화에 의해서 응력이 완만하게 흐르게 한다.

③ 단면 변화 부분에는 보강재를 부착한다.

④ 쇼트 피닝(shot peening), 압연 처리, 열처리를 하여 표면에 인성을 부여한다.

⑤ 강도를 증가시키고 표면 거칠기를 향상시킨다.

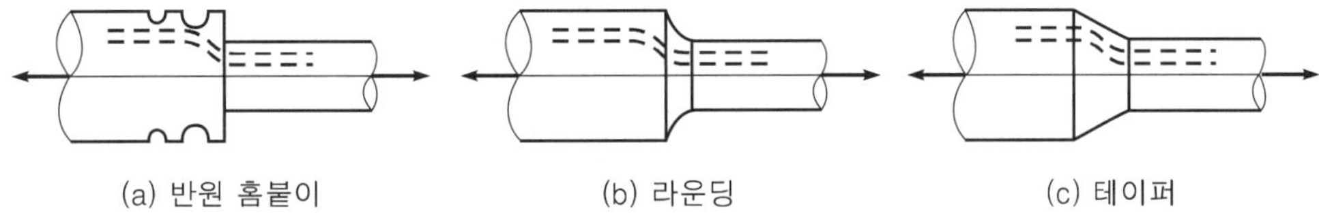

(a) 반원 홈붙이    (b) 라운딩    (c) 테이퍼

| 그림 4.7 | 응력 집중의 완화 대책

## 03 | Creep 현상

### (1) 개요

① 재료(예 : 원동기 장치, 화학 공장, 유도탄, 증기 원동기, 정유 공장)가 어느 온도 이내에서 일정 하중을 받고 장시간에 걸쳐서 방치해 두면 재료의 응력은 일정함에도 불구하고 그 변형률은 시간의 경과에 따라 증가한다. 이러한 현상을 creep라 하고, 이의 변형률을 creep strain이라 한다.

② 크리프 현상은 온도의 영향에 민감한데 강은 약 350℃ 이상에서 현저히 나타나고 동이나 플라스틱은 상온에서도 많은 creep가 발생한다.

### (2) 크리프 곡선

응력이 클수록 creep 속도(변형률의 증가 속도)는 크게 나타나고 크리프 곡선은 파괴될 때까지 보통 [그림 4.8]과 같이 3단계로 나누어진다.

① OA : 하중을 가한 순간 늘어난 초기 변형률(탄성 신장)이다.

② AB(Ⅰ기) : 천이 크리프(transient creep)라 하고 가공 경화 때문에 변형률 속도가 감소하면서 늘어나는 영역이다.

③ BC(Ⅱ기) : 정상(steady) 크리프라 하고 곡선의 경사가 거의 일정하다. 이것은 가공 경화와 그 온도에서의 풀림 효과가 비슷해서 변형률 속도가 일정한 것이다.

④ CD(Ⅲ기) : 가속 크리프의 영역이고 재료 내의 미소 균열의 성장 소성 변형에 의한 단면적 감소에 따른 응력 증가 등의 원인으로 크리프 속도는 시간과 함께 가속된다.

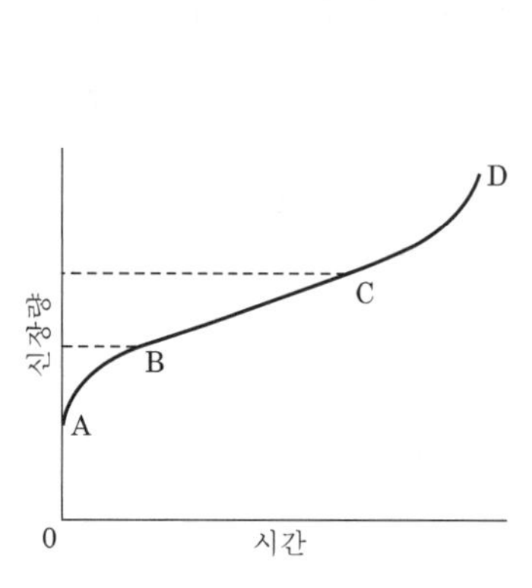

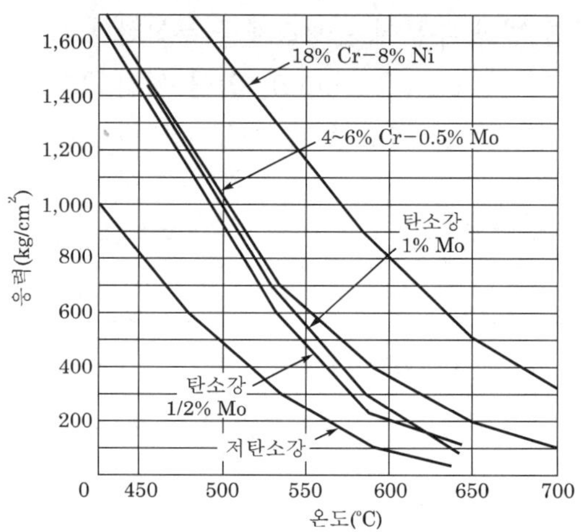


| 그림 4.8 | 크리프 곡선     | 그림 4.9 | 각종 재료의 온도와 응력 관계

## (3) 크리프 강도

위의 [그림 4.9]는 온도 영역 내에서 몇 가지 합금강의 사용 응력, 즉 크리프 강도를 나타낸다. 이 값은 입자의 크기, 열처리, 변형 경화에 따라 변화하므로 주의하면서 사용해야 한다.

## 04 잔류 응력

### (1) 개요

① 잔류 응력은 재료가 외력 또는 열에 의하여 소성 변형을 일으키는 경우 재료에 가해진 요인을 제거하더라도 불균일한 영구 변형에 의해 재료 내에 응력이 남아 있는 현상을 의미한다.

② 인장 응력이 발생하는 부분에 압축 잔류 응력이 발생하고 큰 하중에 견딜 수 있는 이점이 있다.

③ 잔류 응력은 반복 하중에 의해서 감소하는데 표면의 잔류 응력은 반복 하중에 의해 제거를 할 수가 있다.

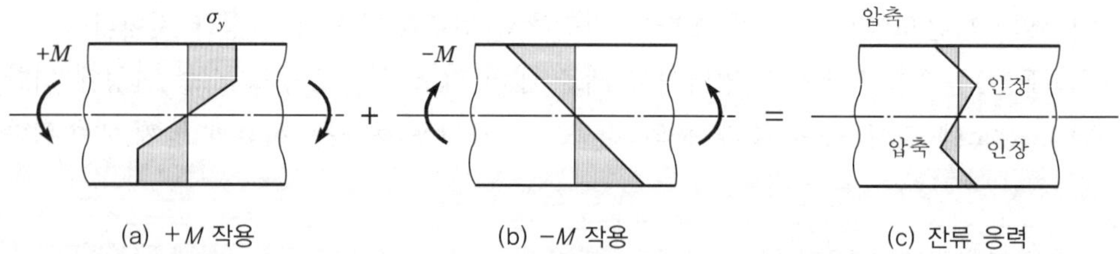


| 그림 4.10 | 굽힘 모멘트에 의한 잔류 응력

### (2) 잔류 응력의 발생

① 소성 가공(단조, 압연, 인발, 압출, 프레스 가공)

② 소성 변형(절삭 가공, 연삭 가공)

③ 열처리 및 용접 등의 온도 차이에 의한 열응력

④ 침탄 및 질화 등의 표면 경화, 쇼트 피닝(shot peening) 강도 향상

## 05 | 금속 재료의 피로

### (1) 개요

① 기계의 부분들 중에는 변동하는 피로를 받는 것들도 많으므로, 그런 피로 상태에서의 재료 강도를 알 필요가 있다. 잘 알려져 있는 사실로서, 피로 상태가 반복되는 경우 또는 응력의 부호가 바뀌는 경우에는 정적 하중하에서의 최후 강도보다 낮은 응력에서 그 재료의 파괴가 일어난다. 이런 경우의 파괴 응력은 그 응력의 반복 횟수 증가에 따라 감소한다.

② 반복 응력의 작용하에서 재료의 저항력이 감소하는 현상을 피로(fatigue)라고 하며, 그런 응력을 작용시키는 재료 시험을 피로 시험(endurance test)이라고 한다.

### (2) 피로와 응력 관계

① 반복 응력 상태에서 최대 응력 $\sigma_{\max}$와 최소 응력 $\sigma_{\min}$의 대수적 차를 응력의 변역 (range of stress)이라고 한다.

이 기계와 최대 응력을 지정하면 한 주기 내에서의 응력 상태는 완전히 결정된다. 한편, 이 경우의 평균 응력은 다음과 같다.

$$R = \sigma_{\max} - \sigma_{\min}$$

$$\sigma_m = \frac{1}{2}(\sigma_{\max} + \sigma_{\min})$$

② 교번 응력(reversed stress)이라고 불리우는 특별한 응력 상태에서는 $\sigma_{\min} = -\sigma_{\max}$ 이므로, $R = 2\sigma_{\max}$, $\sigma_m = 0$으로 된다. 주기적으로 변동하는 모든 응력 상태는 교번 응력과 일정한 평균 응력을 중첩하여 얻을 수 있다. 그러므로 변동하는 응력 상태에서의 최대 응력과 최소 응력은 다음과 같이 표시된다.

$$\sigma_{\max} = \sigma_m + \frac{R}{2}, \quad \sigma_{\min} = \sigma_m - \frac{R}{2}$$

③ 피로 시험에서 하중을 작용시키는 방법은 여러 가지가 있으며, 그 시험편에 직접 인장, 직접 압축, 굽힘, 비틀림, 또는 그들의 조합 작용을 줄 수 있다. 이 중에서 가장

간단한 것은 교번 굽힘 작용을 주는 것이다.

[그림 4.11]은 미국에서 흔히 사용되는 외팔보 모양의 피로 시험편이다.

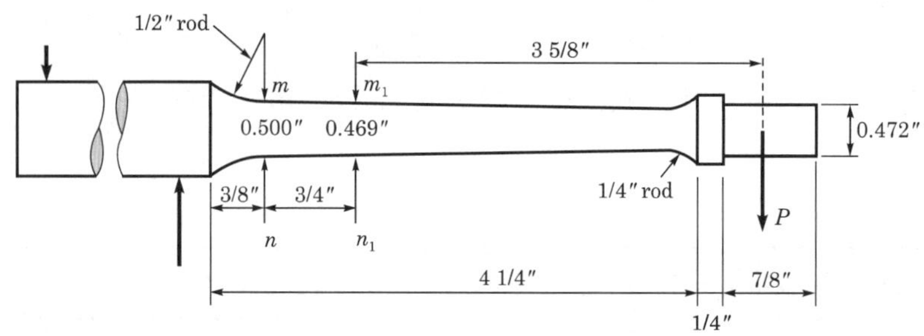


| 그림 4.11 | 피로 시험편

④ [그림 4.12] (a)에 보인 곡선은 여러 개의 연강 시험편을 하중 $P$의 여러 가지 값에서 시험하여 얻은 결과이다. 이 선도에서는 최대 응력 $\sigma_{\max}$를 그 시험편의 파단에 소요된 반복 횟수 $n$의 함수로 표시하고 있다. 이 선도를 보면 처음에는 $\sigma_{\max}$가 $n$의 증가에 따라 빨리 감소하지만 $n$이 400만을 넘으면 $\sigma_{\max}$는 거의 변화하지 않고, 곡선은 점근적으로 수평선 $\sigma_{\max}=1,900[\mathrm{kg/cm^2}]$에 접근한다. 이와 같은 접근선에 대응하는 응력치를 그 재료의 피로 한도(endurance limit)라고 한다.

근래에는 피로 시험의 결과를 표시하는 선도에서 $\sigma_{\max}$를 $\log n$에 대한 곡선으로 그리는 것이 관례로 되어 있다. 그와 같이 하면 피로 한도는 그 곡선상에서 뚜렷한 부러진 점으로 나타난다. [그림 4.12] (b)는 그런 곡선의 한 예이다.

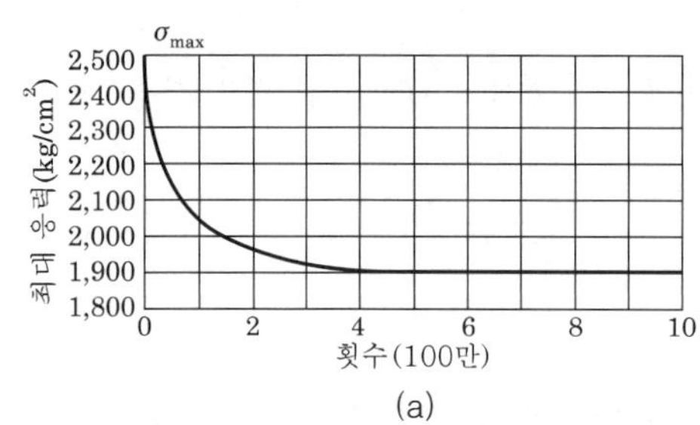


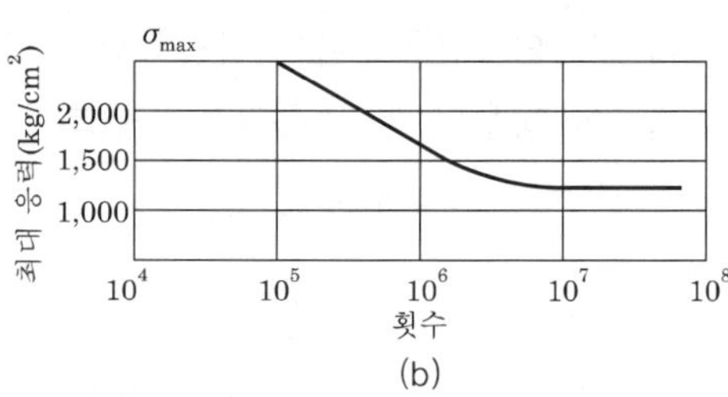


| 그림 4.12 | 반복 횟수와 최대 응력의 관계

**01** 다음의 크리프 곡선을 보고 영역에 대한 설명이 잘못된 것은?

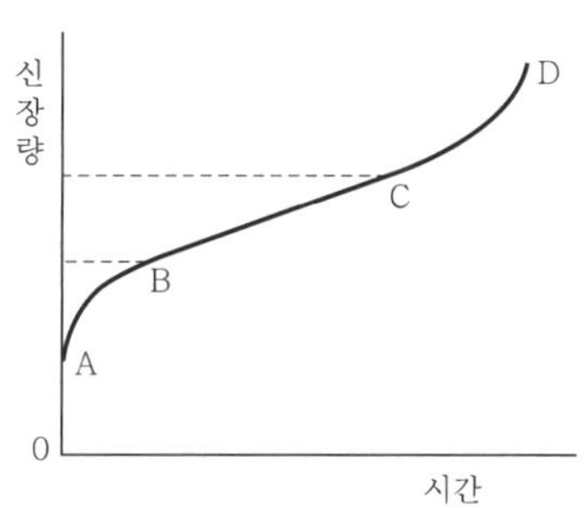


㉮ OA : 탄성 신장 영역
㉯ AB : 천이 크리프 영역
㉰ BC : 정상 크리프 영역
㉱ CD : 최대 크리프 영역

① OA : 하중을 가한 순간 늘어난 초기 변형률(탄성 신장)이다.
② AB(Ⅰ기) : 천이 크리프(transient creep)라 하며 가공 경화 때문에 변형률 속도가 감소하면서 늘어나는 영역이다.
③ BC(Ⅱ기) : 정상(steady) 크리프라 하며 곡선의 경사가 거의 일정한데 이것은 가공 경화와 그 온도에서의 풀림 효과가 비슷해서 변형률 속도가 일정하다.
④ CD(Ⅲ기) : 가속 크리프의 영역이며 재료 내의 미소 균열의 성장 소성 변형에 의한 단면적 감소에 따른 응력 증가 등의 원인으로 크리프 속도는 시간과 함께 가속된다.

**02** 열응력에 대한 설명 중 틀린 것은?

㉮ 세로 탄성계수에 관계가 있다.
㉯ 재료의 선 팽창계수에 관계가 있다.
㉰ 온도차에 관계가 있다.
㉱ 재료의 치수에 관계가 있다.

$\sigma = E(\alpha \Delta T)$로 표현한다.

**03** 연강의 경우 응력-변형률 선도에서 그림의 설명과 바르게 일치하는 것은?

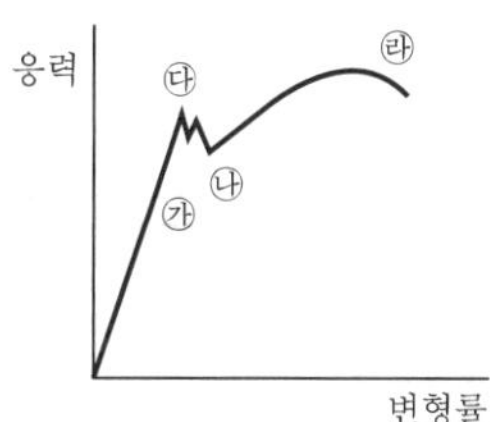


㉮ 사용 응력　　㉯ 탄성 한도
㉰ 극한 한도　　㉱ 허용 응력

㉯는 하항복점이고, ㉰는 상항복점, ㉱는 극한 강도이다.

**04** 어떤 물체에 축방향의 하중이 작용할 때 생기는 길이 변형량을 변형 전의 길이로 나눈 값을 무엇이라고 하는가?

㉮ 전단 변형률
㉯ 인장 변형률
㉰ 가로 변형률
㉱ 세로 변형률

가로 변형률은 직경의 변화에 따른 변형률이다.

**05** 다음 중 잔류 응력이 발생하는 과정이
아닌 것은?

㉮ 소성 가공(단조, 압연, 인발, 압출,
프레스 가공)

㉯ 탄성 변형

㉰ 열처리 및 용접 등의 온도 차이에 의
한 열응력

㉱ 침탄 및 질화 등의 표면 경화, 쇼트
피닝(shot peening) 강도 향상

 탄성 변형은 외부에서 가해진 힘에 의한
변형으로 힘을 제거하면 원래 상태로 회
복한다.

**06** 다음 그림과 같은 하중을 무슨 하중이라
고 하는가?

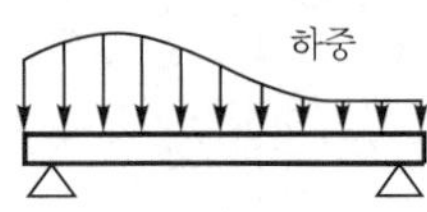


㉮ 집중 하중　　㉯ 등분포 하중

㉰ 부등분포 하중　㉱ 충격 하중

 하중의 분포가 일정하지 않은 하중 형태
이다.

**07** 후크의 법칙이 성립되는 구간은?

㉮ 탄성 한도　　㉯ 비례 한도

㉰ 최대 강도점　㉱ 항복점

 후크의 법칙은 비례 한도 범위에서 이루
어진다.

**08** 지름 15[mm], 표점 거리 150[mm]인 연
강재 시험편을 인장시켰을 때 155[mm]
가 되었다면 연신율[%]은?

㉮ 3.33　　　　㉯ 3.99

㉰ 4.22　　　　㉱ 4.66

$$\varepsilon = \frac{l' - l_0}{l_0} = \frac{155 - 150}{150} = 3.33[\%]$$

**09** 정사각 막대에 10,000[kg]의 하중이 걸
리고, 재료의 허용 응력을 500[kg/cm$^2$]
이라고 할 때 이 하중에 견디기 위한 한
변의 길이[cm]는?

㉮ 1.25　　　　㉯ 2.29

㉰ 3.82　　　　㉱ 4.47

정사각형이므로 한 변의 길이를 $a$라고
하면

$\sigma = \dfrac{W}{a^2}$ 에서

$a^2 = \dfrac{10,000}{500} = 4.47[\text{cm}]$ 이다.

**10** 다음은 여러 가지 금속 재료의 응력 변
형도이다. 이 중에서 주철에 해당되는
것은?

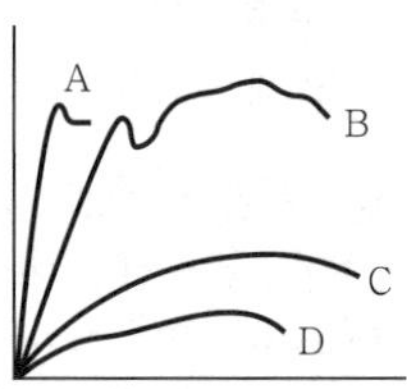


㉮ A　　　　　㉯ B

㉰ C　　　　　㉱ D

 주철이나 황동 같은 재질은 항복점이 뚜
렷하지 않다.

**11** 스프링 상수 8[kg/cm]인 코일 스프링에
40[kg]의 하중을 걸면 처짐($\delta$)은 얼마나
되는가?

㉮ 4[cm]　　　　㉯ 2[cm]

㉰ 6[cm]　　　　㉱ 5[cm]

 $P = K\delta$ 에서 구한다.

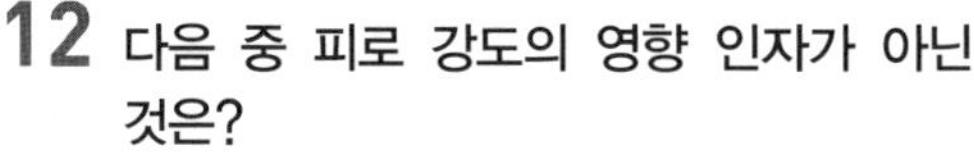

**12** 다음 중 피로 강도의 영향 인자가 아닌 것은?

㉮ 냉각 효과     ㉯ 표면 효과

㉰ 노치 효과     ㉭ 압입 효과

 냉각 효과는 열처리법에서 적용되며, 피로 강도는 부품의 외부 형태에 의해서 나타난다.

**13** 인장 강도가 80[kg/mm$^2$]인 재료가 있다. 이 재료의 사용 응력이 20[kg/mm$^2$]이라면 안전율은 얼마로 하는가?

㉮ 5        ㉯ 4

㉰ 3        ㉭ 2

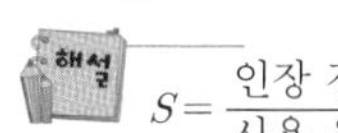 $S = \dfrac{\text{인장 강도}}{\text{사용 응력}}$ 로 구한다.

**14** 두께 2[mm]의 활동판에 지름 10[mm]의 구멍을 뚫는 데 필요한 힘[N]은? (단, 전단 강도 = 3[N/mm$^2$])

㉮ 158.5     ㉯ 188.5

㉰ 204.5     ㉭ 222.5

 $W = \tau \pi d t = 3 \times 3.14 \times 10 \times 2$
$\qquad = 188.5[\text{N}]$

**15** 다음 중 응력 집중이 발생하지 않은 형상은?

㉮ 홈       ㉯ 둥근 부분

㉰ 나사     ㉭ 돌기 자국

 응력 집중은 부품의 외부 형상에 의해서 나타나며, 둥근 부분은 응력을 완화하는 역할을 한다.

**16** 비례 한도 이내에서 응력과 변형률은 어떠한 관계인가?

㉮ 반비례

㉯ 비례

㉰ 관계 없다.

㉭ 조건에 따라 다르다.

 응력과 변형률은 비례 관계에 있다.

**17** 단면적이 10[cm$^2$]인 봉에 길이 방향으로 100[kg]의 인장력이 작용할 때 발생하는 인장 응력[kg/cm$^2$]은?

㉮ 5        ㉯ 10

㉰ 80      ㉭ 99.6

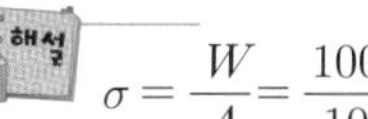 $\sigma = \dfrac{W}{A} = \dfrac{100}{10} = 10[\text{kg/cm}^2]$

**18** 다음 중 방향이 변화하지 않고 일정한 방향에 반복적으로 연속하여 작용하는 하중은?

㉮ 반복 하중     ㉯ 분포 하중

㉰ 교번 하중     ㉭ 집중 하중

 분포 하중은 일정한 크기로 분포된 하중이며, 교번 하중은 예측할 수 없이 크기가 변화한다. 집중 하중은 한 곳에 집중하여 작용한다.

**19** 응력에 대한 설명 중 틀린 것은?

㉮ 비틀림 응력은 짝힘에 의해 생기는 응력이다.

㉯ 굽힘 응력은 인장 응력과 압축 응력으로 된 조합 응력이다.

㉰ 좌굴 응력은 인장 하중을 받을 때 생기는 응력이다.

㉭ 수직 응력에는 압축 응력과 인장 응력이 있다.

 좌굴 응력은 압축 응력이 발생할 때 생기며 기둥에 적용한다.

---

[정답]    12. ㉮    13. ㉯    14. ㉯    15. ㉯    16. ㉯    17. ㉯    18. ㉮    19. ㉰

**20** 지름 30[mm]인 연간재의 둥근 봉에 축선과 직각으로 3,000[kg]의 전단 하중이 작용할 때 막대에 생기는 전단 응력은 약 몇 [kg/mm²]인가?

㉮ 4.24
㉯ 6.35
㉰ 9.33
㉱ 12.79

$$\tau = \frac{W}{A} = \frac{3,000}{\dfrac{3.14 \times 30^2}{4}} = 4.24[\mathrm{kg/mm^2}]$$

# 기계 요소

# 기계 요소와 기계 기구

## 01 | 기계와 기구의 서론

### (1) 개요

우리들의 생활이나 산업 현장에서 볼 수 있는 기계는 간단한 구조의 것에서부터 복잡한 것에 이르기까지 사용 목적에 따라 그 모양과 기능이 다르다. 또, 기계의 종류는 대단히 많고 여러 부품의 조합으로 이루어지며, 이들은 몇 개의 제한된 운동을 하는 기구(mechanism)로 되어 있다. 이와 같이 기계에 공통적으로 쓰이는 최소 단위의 기계 부품을 기계 요소(machine element)라 한다.

### (2) 기계

① 기계의 의미

기계(machine)는 저항력이 있는 많은 부품을 조합한 것이다. 일반적으로 외부로부터 에너지를 받아들여 사람에게 유용한 일, 또는 형태가 다른 에너지로 변환시키기 위하여 특정한 운동을 할 수 있도록 조합한 것이라고 정의하고 있다.

② 기계의 선반

선반은 주철 등 저항력이 있는 물체로 구성되어 있으며, 회전 운동과 직선 운동 등의 제한된 운동을 하도록 되어 있다. 여기에 전동기로 에너지를 공급하여 봉이나 원통을 깎는 일을 한다. 이를 기계라 한다. 프레스, 드릴링 머신, 자동차 등도 기계이다.

③ 기계가 갖추어야 할 구비 조건

㉠ 몇 개의 부품으로 조립되어 있다 : 기계는 단순히 하나의 기구나 기계 요소로만 되어 있는 것이 아니고, 여러 가지 부품으로 조립되어 있다.

㉡ 외부의 힘에 대한 저항력이 있는 물체의 조합체이다 : 기계를 구성하고 있는 많은 부분이 저항력이 있는 금속으로 이루어져 있다. 그러나 벨트 전동과 같은 것은 장력을 이용하여 힘을 전달하게 되는데, 고무와 같이 유연성이 있는 것도 부품으로 사용하게 된다. 또 기름, 공기와 같은 유체도 그 압력을 이용할 경우에는 기계의 구성 요소라고 할 수 있다.

㉢ 각 부품이 서로 한정된 상대 운동을 해야 한다 : 구성하고 있는 각 부분이 저항력이 있는 물체로 구성되어 있어도 상대 운동을 하지 않으면 기계라 할 수 없다. 예를

들면, 해머·줄·대패 등은 저항력이 있는 물체인 나무와 강철재로 구성되어 있어 손으로 에너지를 주어 일정한 일은 하지만, 일정한 상대 운동을 하지 않으므로 기계라 하지 않고 공구(tools)라 한다.

㉣ 에너지 공급을 받아 유용한 일을 한다 : 각 부분이 저항력이 있는 물체로 구성되어 있고, 그 사이에 상대 운동을 하는 부분이 있더라도 외부에서 에너지를 받아 이를 유용한 일로 전환할 수 없는 것은 기계라 할 수 없다. 예로, 시계·저울·마이크로미터 등의 측정기는 저항력이 있는 물체로 구성되어 있으면서 구속된 상대 운동을 하며 물리적인 양을 나타내지만, 외부에 대하여 유용한 일을 하는 것은 아니다. 이와 같은 것을 기구(instrument)라 한다.

## (3) 기구

기계가 운동을 할 때 한 부분에서 다른 부분으로 운동을 전달하기 위해서는 2개의 부분이 접촉하여 서로 움직일 수 있는 기구가 필요하다. 이와 같은 한 쌍의 조립을 짝(pair)이라 한다. 2개의 요소가 하나의 공통된 평면에서 접촉하여 상대 운동을 하는 것을 면짝이라 한다. 모든 기계는 짝의 조합으로 필요한 운동을 전달하고 있다. 필요에 따라 직선 운동을 회전 운동으로, 또는 회전 운동을 직선 운동으로 바꾸거나 운동의 속도를 바꾸기도 한다. 이처럼 운동을 전달하거나 변환을 목적으로 몇 개의 짝을 조합하여 한정된 운동을 하는 것을 기구라 한다.

## 02　짝의 이해

짝(pair)은 운동을 전달하기 위해 서로 접촉하여 상대 운동을 하는 한 쌍의 조합을 의미한다.

짝의 종류는 다음과 같이 나누어진다.

## (1) 면접촉

① 회전짝(turning pair)

회전 운동을 하는 짝으로, 저널과 미끄럼 베어링이 있다.

② 미끄럼짝(sliding pair)

왕복 직선 운동을 하는 짝으로, 실린더와 피스톤이 있다.

③ 나사짝(screw pair)

나선 운동을 하는 짝으로, 볼트와 너트가 있다.

④ **구면짝**(spherical pair)

구면 운동을 할 수 있도록 구성된 짝으로, 토글 스위치의 회전부가 있다.

## (2) 점접촉

점짝(point pair)으로, 볼과 베어링 레이스와 헬리컬 기어의 물림점을 관련 예로 볼 수 있다.

## (3) 선접촉

선짝(line pair)으로, 스퍼 기어의 물림 상태가 예이다.

## 03 │ 기구의 운동 전달과 변환

### (1) 운동의 전달 방법

① 직접 접촉에 의한 운동 전달 : 구름 접촉, 미끄럼 접촉
② 간접 접촉(매개절)에 의한 운동 전달 : 구름·미끄럼 접촉, 유체 매체에 의한 방법

### (2) 운동의 변환과 전달

① 직선 운동 ↔ 회전 운동 : 래크와 피니언, 크랭크 기구
② 회전 운동 → 직선 운동 : 캠 기구
③ 운동의 전달과 속도 변화 : 벨트 전동, 체인 전동

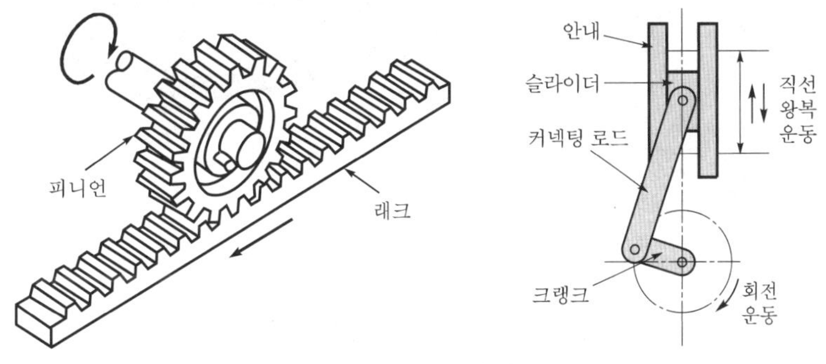


| 그림 5.1 | 직선 운동

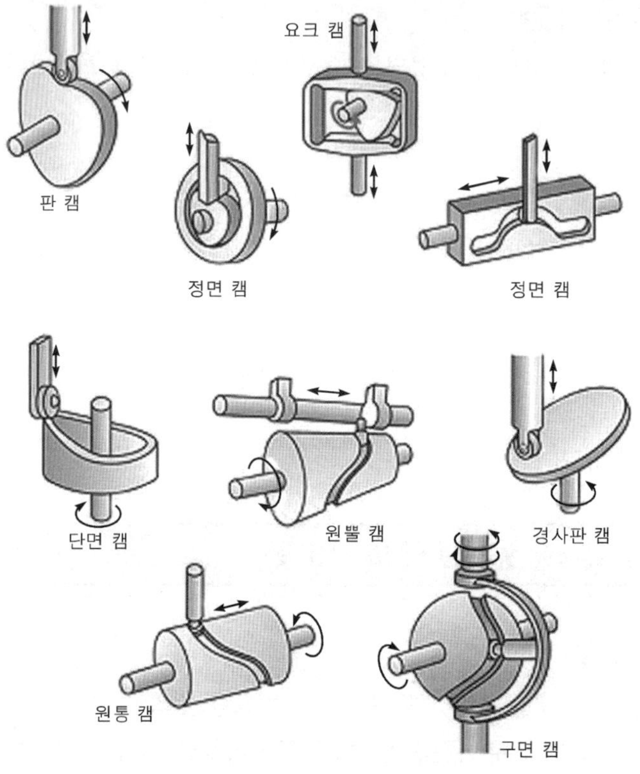


| 그림 5.2 | 캠의 종류

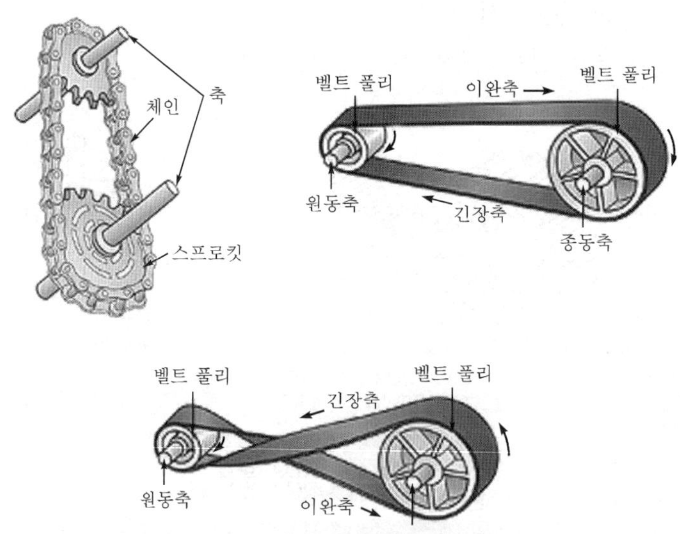


| 그림 5.3 | 동력 전달 장치

## (3) 링크 장치

몇 개의 가늘고 긴 막대를 핀으로 결합시켜 일정한 운동을 하도록 구성한 것을 링크 장치 (linkage)라 한다.

① 4절 회절 기구

아래 그림과 같이 4개의 막대, 즉 링크를 핀으로 연결한 것을 4절 회절 기구라 한다. 이 기구는 링크 장치의 기본이며, 각각 길이가 다른 4개의 링크 중 어느 링크를 고정 시키는가에 따라 다른 종류의 운동을 하는 기구가 된다.

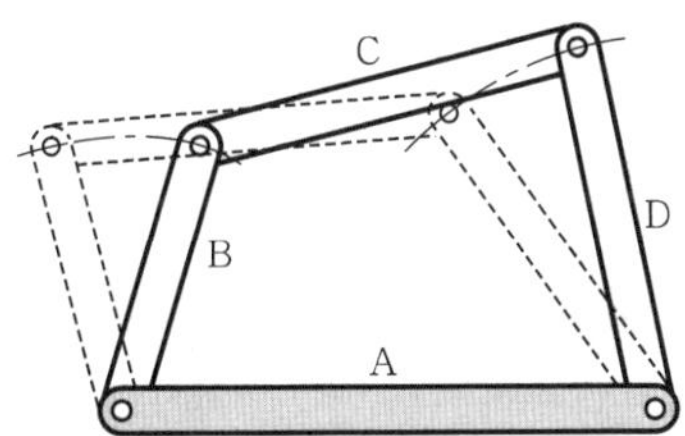

| 그림 5.4 | 4절 회절 기구

② 왕복 슬라이더 크랭크 기구

레버 크랭크 기구의 일종이며, 레버 D를 변형하여 홈 속을 미끄러지면서 움직이는 슬라이더로 한 것이다. 아래 그림은 왕복 슬라이더 크랭크 기구(reciprocating block slider crank mechanism)의 예를 나타낸 것이다. 이 기구를 사용하면 크랭크 B를 회전시킴으로써 슬라이더 D를 왕복시킬 수 있으며, 또 반대로 슬라이더 D를 왕복시킴으로써 크랭크 B를 회전시킬 수 있다.

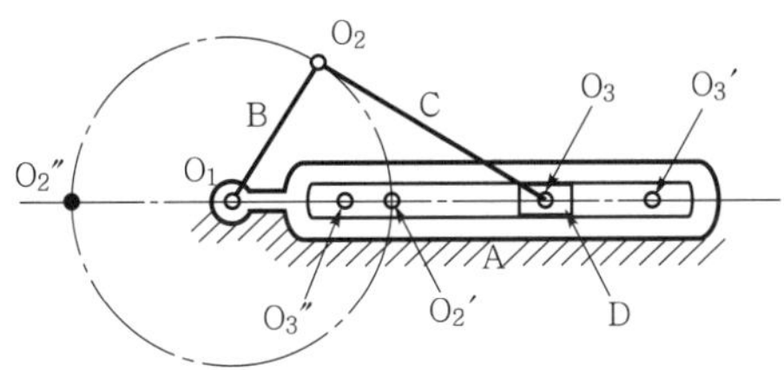


| 그림 5.5 | 왕복 슬라이더 크랭크 기구

## 04 기계 요소의 분류

① 결합용 기계 요소 : 나사, 볼트, 너트, 핀, 키, 리벳
② 축용 기계 요소 : 축, 베어링, 클러치
③ 전동용 기계 요소 : 마찰차, 기어, 체인, 링크, 로프, 스프로킷
④ 관용 기계 요소 : 파이프, 파이프 이음, 밸브
⑤ 기타 기계 요소 : 스프링, 브레이크

# 적·중·예·상·문·제

**01** 짝을 이루고 있는 각각의 부분을 무엇이라고 하는가?

㉮ 기소　　　　㉯ 짝
㉰ 부품　　　　㉳ 프로그램

 짝을 이루고 있는 각각의 부분을 기소라한다.

**02** 기계 요소의 종류가 잘못 연결된 것은?

㉮ 결합용 기계 요소 – 키, 핀, 코터
㉯ 완충 및 제동용 기계 요소 – 스프링, 브레이크
㉰ 축계 기계 요소 – 베어링, 클러치, 커플링
㉳ 전동용 기계 요소 – 나사, 볼트, 너트

 나사, 볼트, 너트는 체결용 기계 요소이다.

**03** 다음 중 면 접촉의 짝이 아닌 것은?

㉮ 회전짝(turning pair)
㉯ 기어짝(gear pair)
㉰ 나사짝(screw pair)
㉳ 구면짝(spherical pair)

 기어짝은 회전짝에 해당된다.

**04** 다음 중 축용 기계 요소가 아닌 것은 무엇인가?

㉮ 축　　　　㉯ 베어링
㉰ 클러치　　㉳ 볼트

 볼트는 체결용 기계 요소이다.

**05** 다음 그림에서 제시한 캠의 종류는?

㉮ 판 캠　　　　㉯ 정면 캠
㉰ 요크 캠　　　㉳ 구면 캠

 구면의 표면에 운동의 궤적이 이루어진다.

**06** 다음은 전동용 기계 요소이다. 정속 운전이 아닌 기계 요소는?

㉮ 마찰차　　　㉯ 기어
㉰ 체인　　　　㉳ 스프로킷

 정속 운전은 정확한 속도를 전달하는 것을 의미하므로 마찰차는 아니다.

**07** 다음 중 회전 운동을 직선으로 변환하는 기계 장치는?

㉮ 크랭크 장치
㉯ 스퍼 기어
㉰ 웜과 웜기어
㉳ 체인과 스프로킷

 크랭크 장치는 크랭크가 회전하면 커넥팅 로드에 의해서 직선 운동을 한다.

---

[정답]　1. ㉮　2. ㉳　3. ㉯　4. ㉳　5. ㉳　6. ㉮　7. ㉮

**08** 다음 그림에서 제시한 캠의 종류는?

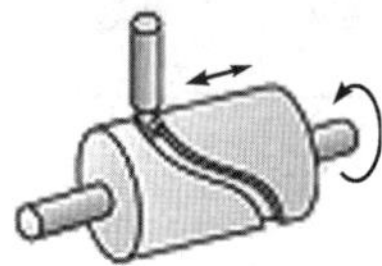

㉮ 단면 캠  ㉯ 경사판 캠
㉰ 원통 캠  ㉱ 구면 캠

 원통 형상에 운동 궤적을 가지고 있다.

**09** 다음 중 선접촉 기계 요소가 아닌 것은?

㉮ 니들 베어링
㉯ 롤러 베어링
㉰ 스퍼 기어
㉱ 오일리스 베어링

 오일리스 베어링은 면접촉에 의해서 이루어진다.

**10** 기계 설계를 계획할 때 고려해야 할 사항과 거리가 먼 것은?

㉮ 안전성  ㉯ 역학적인 타당성
㉰ 성취 의욕  ㉱ 호환성

 성취 의욕은 개인의 요구로서 고려 사항과 거리가 멀다.

**11** 다음 중 기계가 갖추어야 할 구비 조건이 아닌 것은?

㉮ 몇 개의 부품으로 조립되어 있다.
㉯ 외부의 힘에 대한 저항력이 있는 물체의 조합체이다.
㉰ 각 부품이 서로 무한한 상대 운동을 해야 한다.
㉱ 에너지 공급을 받아 유용한 일을 한다.

 기계 시스템은 설계자에 의해서 운동 조건을 제한하여 원하는 시스템을 구현한다.

**12** 다음 중 베어링의 운동에 따른 접촉 형태가 아닌 것은?

㉮ 선접촉  ㉯ 면접촉
㉰ 폭접촉  ㉱ 점접촉

 베어링의 접촉 형태는 선, 면, 점 접촉으로 이루어져 있다.

**13** 공작 기계나 건설 현장에 안전 사고를 고려하기 위한 전동 전달 장치는?

㉮ 체인과 스프로킷
㉯ 기어 장치
㉰ 타이밍 벨트
㉱ 벨트

 벨트는 운동 조건의 이상 부하가 걸리면 슬립에 의해서 안전 사고를 예방한다.

**14** 기계의 운동 전달 방법 중에서 직접 접촉에 의해 운동을 전달하는 것에 해당되지 않는 것은 어느 것인가?

㉮ 마찰차  ㉯ 캠
㉰ 기어  ㉱ 링크 장치

 링크 장치는 간접 접촉에 의해서 운동을 전달한다.

**15** 다음 중 전동 장치에 대한 설명으로 옳은 것은?

㉮ 회전하는 두 축 사이에서 전동한다.
㉯ 반드시 구름 접촉을 해야 한다.
㉰ 반드시 미끄럼 접촉을 해야 한다.
㉱ 연결부에 핀을 쓴다.

 전동 장치란 에너지를 생성하는 부분으로 두 축 사이에서 전동한다.

## 16 전동 장치의 종류가 아닌 것은?

㉮ 마찰차　　　㉯ 기어
㉰ 체인　　　　㉭ 베어링

 베어링은 회전하는 부분의 마찰력을 감소
하는 기계 요소이다.

# CAD 시스템

## 01 개요

CAD / CAM 시스템들의 개발 배경을 살펴보면 컴퓨터의 도입으로, 특히 국방 및 산업 분야의 새로운 모델 개발 필요성에 따른 정부 기관·학교·기업 부설 연구소 등의 프로젝트 수행 과정에서 오늘날 우리들이 접하게 되는 대다수의 상업용 CAD/CAM solution들이 탄생하였음을 알 수 있다.

1960~70년대에는 연구소의 프로젝트 형태로 개발·사용되던 설루션들이 1980년대에 접어들면서 Apollo computer라는 획기적인 아키텍쳐를 갖는 엔지니어링 워크스테이션(EWS)이 소개되면서 연이어 Sun, SGI, DEC, HP, IBM 등도 UNIX 기반의 OS를 탑재한 경쟁 상품을 발표하게 되고, 이러한 고성능 CPU, graphics, network 통합 환경을 갖추고도 상대적으로 저가인 stand-alone형 EWS의 출현에 따라 본격적으로 상업용 CAD/CAM 소프트웨어들이 개발되어 급속도로 보급되기 시작하였다.

또한, 1980년대 초 Apple의 8bit용 개인용 컴퓨터의 개발 보급에 자극을 받은 IBM이 16bit용 PC를 발표하면서 중소업체들에까지 2D 그래픽스용의 도면 작성용(drafting) 시스템을 위주로 하여 CAD / CAM 시스템의 보급이 확산되었다.

현재의 CAD / CAM과 관련한 테크놀러지들은 초기와는 달리 대단히 세분화되고 광범위하게 정의되고 있으나 관련 업체들은 CAD / CAM의 성장기를 거쳐오는 과정에서 대형 업체를 중심으로 인수·합병이 진행되어 난립하던 단계에서 초대형의 몇 개 업체로 통합되었으며, 자생력이 강한 전용 설루션 업체들과 공존하고 있는 상황이다.

### (1) 통합 설루션(comprehensive integrated solution)

CAD / CAM / CAE / PDM의 제반 엔지니어링 설루션들을 자체적으로 포괄하고 있는 업체로서, Dassault / IBM(Catia, Enovia, Delmia), EDS(UG, Ideas, …), PTC (Pro-E, …)가 있다.

### (2) 특성화 설루션(special solution)

도면 작성, 3D 모델러, 가공 전문성, 특수 분야 해석 등의 전문화된 설루션을 보급하는 업체의 설루션들로서, ESI, MSC, NCG, Type 3, Master CAM이 있다.

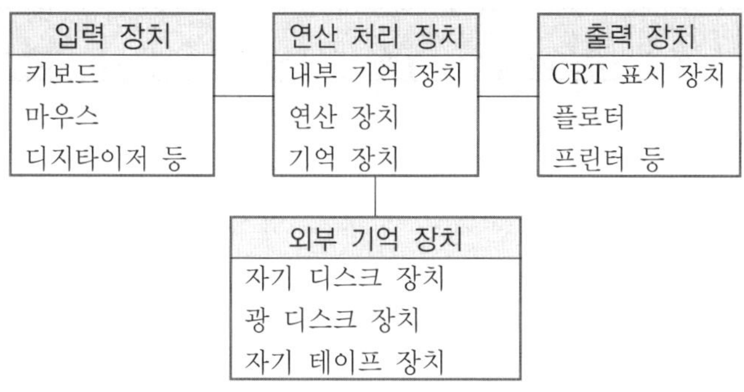

| 입력 장치 | 연산 처리 장치 | 출력 장치 |
|---|---|---|
| 키보드 | 내부 기억 장치 | CRT 표시 장치 |
| 마우스 | 연산 장치 | 플로터 |
| 디지타이저 등 | 기억 장치 | 프린터 등 |

| 외부 기억 장치 |
|---|
| 자기 디스크 장치 |
| 광 디스크 장치 |
| 자기 테이프 장치 |

| 그림 5.6 | CAD 시스템의 구성

## 02 | CAD / CAM 기술 관련 주요 용어

### (1) CAD(Computer Aided Design)

제품의 설계 과정에서 컴퓨터 시스템을 활용하는 기술이다.

### (2) CAM(Computer Aided Manufacturing)

제품의 생산 과정에서 컴퓨터 시스템을 활용하는 기술이다.

### (3) CAE(Computer Aided Engineering)

제품 개발 단계에서 컴퓨터를 이용한 해석 수행 기술이다.

### (4) PDM(Product Data Management)

제품 개발 과정 전반의 정보와 업무 프로세스를 시스템화하여 각종 정보들의 공유와 관련 부서간의 업무 흐름을 조절하여 효율적인 설계 환경을 제공한다.

### (5) CIM(Computer Integrated Manufacturing)

CAD / CAM / CAE 기술을 통합화한 것이다.

### (6) CE(Concurrent Engineering)

제품 생산에 있어서 기업 내 각 부문 전문가들이 가능한 한 가장 일찍 동시에 작업을 함으로써, 저비용으로 신속하게 고품질, 고기능, 생산성의 향상을 달성하도록 한다.

### (7) ERP(Enterprise Resource Planning)

전사적 자원 관리 시스템 혹은 전사적 통합 정보 시스템이다.

## 03 | 적용 분야

### (1) 일반 기계

계획도, 전체도, 설계도, 배치도, 조립도, 구조도, 장치도, 소재도, 금형 설계, 간섭 체크, 판금도 등

### (2) 전기, 기계

외형도, 접속도, 조립도, 기기 배치도, 배선 지시도, 부품표, 전자계 해석 등

### (3) 전기, 전자

배선도, 회로도, 논리 회로도, 배치도, 구성도, 회로 시뮬레이션, 블록도 등

### (4) 수송 기기

계획도, 디자인도, 레이아웃도, 단면도, 동작도, 조립도, 어셈블리도, 금형도, 구조 해석, 운동 해석 등

### (5) 플랜트

공정도, 배관도, 배선도, 레이아웃도, 배치도 등

### (6) 건축

의장도, 구조도, 설계도, 기기도, 배관도, 배선도, 철근·철골도, 기초도, 견적, 적산 등

### (7) 토목

고속 도로 설계, 터널 설계, 교량 설계, 항만 설계, 댐 설계, 방재 설계 등


## 04 | 이용 효과

### (1) 생산성 향상

① 반복 작업과 수정 작업에서 탁월한 효과과 있다.
② 설계 기간을 단축시킨다.
③ 도면 분할 및 Overlay 작업이 가능하다.

### (2) 품질 향상

① 도면의 수정 및 재활용 가능성이 있다.

② 작업상 오류 수정 작업을 할 수 있다.

③ 정확한 설계 도면을 작성할 수 있다.

### (3) 표현력 증대

① 표현 방법이 다양화된다.

② 입체적 표현이 가능하다.

③ 짧은 시간에 많은 아이디어를 제공한다.

### (4) 표준화

① 심벌 및 표준도 축적으로 라이브러리를 구축한다.

② 설계 기법의 표준화로 제품을 표준화한다.

### (5) 정보화

① 데이터베이스를 구축한다.

② 설계 정보 및 기술 축적으로 후속 프로젝트에 유용하다.

### (6) 경영의 효율화와 합리화

기업 경영의 효율화와 합리화를 추구하여 기업의 이미지를 쇄신하고 신뢰도를 증진시킨다.


## 05 실무 적용

산업 전반에 관한 현황은 분야마다 상당한 차이가 있으므로 여기서는 소규모 업체까지도 보편화되어 있고 CAD / CAM 활용에 관한 한 가장 앞서가는 대표적인 분야인 국내 중소 규모의 금형 제조 업체 현황을 살펴본다.

### (1) 2D 설계용 S/W

① 도면 작성 적용 : Auto CAD 전문 S / W

② 설계 전용 프로그램 : P / G, CAD tool 이용

### (2) 2D & 3D CAD/CAM

① 설계 도면의 3D 모델화 작업

② 윤곽 및 3D 모델의 가공 데이터 작성

③ 특정 NC 기종에 맞는 format으로의 post processing

④ 가공 결과의 CAD 모델과의 비교 검사

## (3) DNC

① 필요에 따른 편집(자동 이송 속도 기능)

② 실 가공에 앞서 가공 시뮬레이션 수행 → 에러 방지

③ 각각의 NC machine으로 가공 데이터 전송·가공

④ NC 기계 수에 따라 4~16port 동시 자동 제어

# 적·중·예·상·문·제

**01** CAD 시스템의 최초 탄생은 언제인가?

㉮ 1963년 　　㉯ 1975년
㉰ 1980년 　　㉭ 1950년

 대화 방식에 의한 도형 처리가 가능한 CAD 시스템의 탄생은 1963년도이다.

**02** CAD의 이용 효과가 아닌 것은?

㉮ 설계 도면의 표준화 기능
㉯ 품질 고급화 결과로 경쟁력 강화
㉰ 에러 발생률 증대와 과거 도면의 이용률 향상에 의한 설계 기간의 단축
㉭ 생산 기간의 단축과 원가 절감

 에러 발생률이 감소되었다.

**03** 대화용 도형 처리의 개념을 도입한 CAD 시스템의 원조라 할 수 있는 것은?

㉮ Auto CAD 　　㉯ SKETCHPAD
㉰ CADAM 　　㉭ CADD

 한국에는 1970년대에 CAD 시스템이 처음으로 도입되었다.

**04** 중앙 처리 장치(CPU)의 구성 요소가 아닌 것은?

㉮ 제어 장치
㉯ 연산 논리 장치
㉰ 보조 기억 장치
㉭ 주기억 장치

 보조 기억 장치는 CPU 구성 요소가 아니다.

**05** CAD의 생산성 향상을 위한 전형적인 설계 과정의 중요 인자에 대한 것으로 관계가 먼 것은?

㉮ 공통으로 자주 사용되는 라이브러리의 수량
㉯ 부품의 대칭성
㉰ 도면의 난이도와 선의 종류 및 굵기
㉭ 반복 작업의 정도

 도면의 난이도와 선의 종류 및 굵기는 설계 과정의 중요 인자가 아니다.

**06** 다음 중 보조 기억 장치가 아닌 것은?

㉮ 자기 디스크 　　㉯ 자기 테이프
㉰ 직접 회로 　　㉭ 자기 드럼

 직접 회로는 전자 소자의 일종으로 논리 회로로 구성되어 있다.

**07** 컴퓨터의 성능을 평가할 수 있는 측면이 아닌 것은?

㉮ 사용자의 편리성
㉯ 응답 시간
㉰ 신뢰도
㉭ 제작 회사

 제작 회사는 컴퓨터의 성능과 관계가 없다.

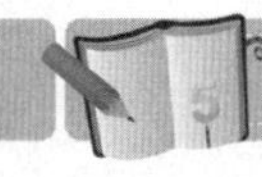

**08** NC의 발달 과정을 4단계로 분류한 것으로 맞는 것은?

㉮ NC – CNC – FMS – DNC
㉯ NC – CNC – DNC – FMS
㉰ CNC – NC – DNC – FMS
㉱ CNC – NC – FMS – DNC

 NC의 발달 과정은 NC–CNC–DNC–FMS 순이다.

**09** CAD 작업실의 밝기는 위에서 보았을 때 어느 정도이어야 하는가?

㉮ 500럭스 이하   ㉯ 200럭스 이하
㉰ 500럭스 이상   ㉱ 1,000럭스 이상

 CAD 작업실은 위에서 보아 500럭스 이하, 옆에서 보아 300럭스 이하이어야 한다.

**10** 컴퓨터를 세대별로 분류하였을 때 집적 회로(IC)를 사용한 세대는?

㉮ 제 2 세대   ㉯ 제 3 세대
㉰ 제 4 세대   ㉱ 제 5 세대

 1세대는 진공관, 2세대는 TR, 4세대는 LSI, 5세대는 VLSI이다.

**11** 컴퓨터를 동작 원리로 분류한 것 중 틀린 것은?

㉮ 아날로그 컴퓨터
㉯ 하이브리드 컴퓨터
㉰ 바이트 컴퓨터
㉱ 디지털 컴퓨터

 아날로그 컴퓨터는 산업 분야에서 각종 센서에 의해서 데이터를 수집하여 분석한 다. 하이브리드 컴퓨터는 아날로그와 디지털 컴퓨터의 장점을 가진 컴퓨터로 디지털 컴퓨터는 일상에서 많이 사용하는 컴퓨터이다.

**12** CAD의 장점이 아닌 것은?

㉮ 조작의 숙련이 단시간에 해결된다.
㉯ 고도의 설계 기능·기술이 불필요하다.
㉰ 도면의 작성, 수정, 편집이 쉽다.
㉱ 자료의 축적화와 데이터화에 기여한다.

 고도의 설계 기능·기술이 필요하다.

**13** 기본 설계, 상세 설계에 대한 해석·시뮬레이션을 하는 것은?

㉮ CAE   ㉯ CAT
㉰ CAD   ㉱ CIM

 CAE는 Computer Analysis Engineering의 약어로서 해석하거나 시뮬레이션을 의미한다.

**14** 기계 설계에 있어서 컴퓨터 이용의 필요성을 설명한 것 중 관련이 적은 것은?

㉮ 품질 향상
㉯ 설계 작업의 원가 절감
㉰ 호환성의 저하
㉱ 설계 기간의 단축

 설계 기간의 단축보다는 효율적인 설계로 에러를 최소화하는 데 목적이 있다.

**15** NC 가공에 필요한 정보, 생산 및 검사를 위한 계획 등의 리스트를 작성하는 것을 무엇이라 하는가?

㉮ CAM   ㉯ CAE
㉰ CAP   ㉱ CIM

 CAP은 Computer Analysis Planning의 약어로서 NC 가공에 필요한 정보, 생산 및 검사를 위한 계획 등을 관리한다.

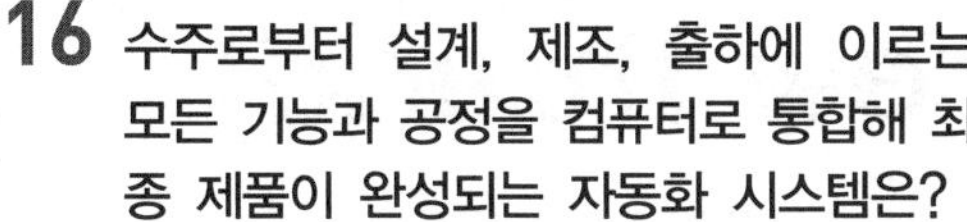

**16** 수주로부터 설계, 제조, 출하에 이르는 모든 기능과 공정을 컴퓨터로 통합해 최종 제품이 완성되는 자동화 시스템은?

㉮ CAE　　　　㉯ CAD
㉰ CIM　　　　㉱ CAT

CIM은 Computer Intergrated Manufacturing의 통합 관리하는 시스템이다.

**17** 다음 중 CAD 작업 업무에서 조립 설계, 해석, 작도, 중량 계산 등을 할 때의 설계는?

㉮ 기본 설계　　㉯ 상세 설계
㉰ 생산 설계　　㉱ 개념 설계

초기 단계로서 개념 설계에 해당된다.

**18** CAD / CAM에 관련된 개념의 발달로 여러 가지 용어가 사용되고 있는데 일종의 종합 생산 시스템을 표시하는 용어는 다음 중 어느 것인가?

㉮ CAE(Computer Aided Engineering)
㉯ CIM(Computer Integrated Manufacturing)
㉰ CAT(Computer Aided Testing)
㉱ CAP(Computer Aided Planning)

CIM(Computer Integrated Manufacturing)은 컴퓨터로 종합 생산 시스템을 관리한다.

**19** 일반적으로 CAD의 작업 영역이라 할 수 없는 경우는 어느 것인가?

㉮ NC 파트 프로그래밍 작업
㉯ 구조 해석, 기구 해석용 프로그래밍 작업
㉰ 회적 설계 작업
㉱ 제품의 설계 및 설계 수정 작업

NC 파트 프로그래밍 작업은 CAM 분야에 해당된다.

**20** 일반 설계 과정과 컴퓨터를 이용한 설계 과정을 비교한 그림으로 □ 안에 들어갈 알맞은 용어는?

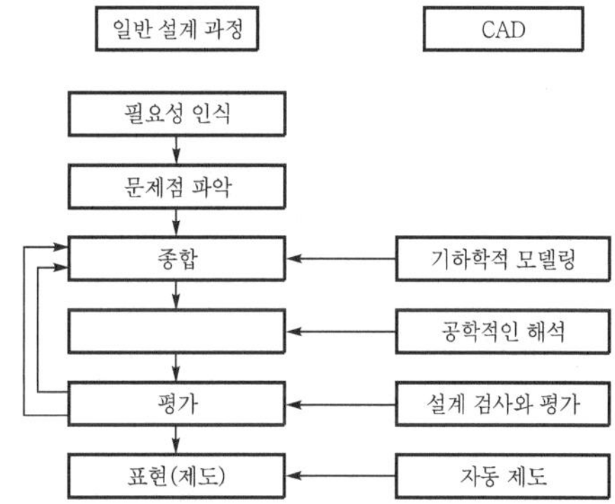


㉮ 분석 및 최적화
㉯ 생산 및 출고
㉰ 적용 업무 배당
㉱ 품질 관리

분석 및 최적화 단계로서 비용, 시간, 효율성에 영향을 준다.

# CHAPTER 03

# 나사(Screw thread)



## 1 나사 곡선과 리드

[그림 5.7]과 같이 지름 $d$인 원통에 밑변 $AB = \pi d$인 직삼각형 $ABC$를 감으면 빗변 $AC$는 원통면상에 곡선을 만드는데, 이 곡선을 나선 곡선이라 한다. 나선의 경사각을 나선각(helix angle) 또는 리드각(lead angle)이라고도 한다. 리드(lead)는 그림에서 $BC$의 높이 $l$을 말하며, 나선 곡선을 따라 축의 둘레를 한바퀴 돌 때 축방향으로 이동한 거리를 말한다. 리드각을 $\alpha$, 리드를 $l$, 나선 곡선의 지름을 $d$라 하면

$$\tan \alpha = \frac{l}{\pi d} \quad \text{또는} \quad \alpha = \tan^{-1} \frac{l}{\pi d}$$

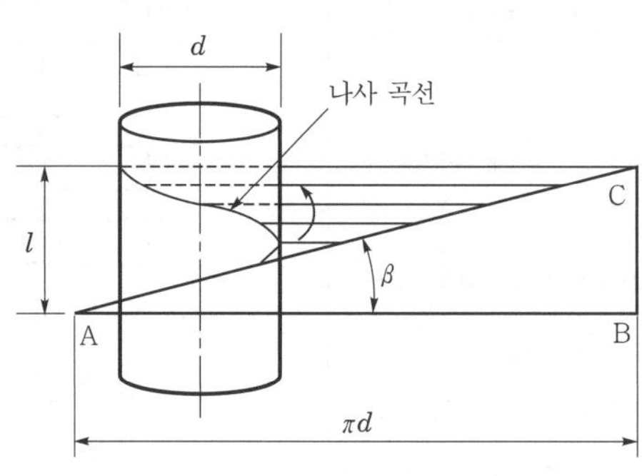


| 그림 5.7 | 나선 곡선과 리드

비틀림각은 나사 곡선과 나사의 축에 평행한 직선과 맺는 각을 말하며, 이를 $\gamma$라고 한다면 리드각 $\alpha$와는 다음과 같은 관계가 성립한다.

$$\alpha + \gamma = 90°$$

## 2 나사의 명칭

나사산은 원통 또는 원뿔의 표면에 코일 모양으로 만들어진 단면의 일률적인 돌기를 말한다. 피치(pitch)는 나사산의 축선을 지나는 단면에서 인접하는 두 나사산의 직선 거리이다. 원통면의 바깥 면에 깎은 나사를 수나사(external screw thread), 즉 볼트(bolt)라 하며 구

멍의 안면에 깎은 것을 암나사(internal screw thread), 즉 너트라 한다.

나사의 리드를 $l$, 피치를 $p$, 줄 수를 $n$이라 할 때 다음과 같은 관계가 성립한다.

$$l = np \quad \text{또는} \quad p = \frac{l}{n}$$

유효 지름(effective diameter)은 나사 홈의 너비가 나사산의 너비와 같은 가상적인 원통의 지름(피치 지름)을, 호칭 지름은 나사의 치수를 대표하는 지름으로, 주로 수나사의 바깥지름의 기준 치수가 사용된다. 바깥 지름(major diameter)을 $d$, 골지름(minor diameter)을 $d_1$, 유효 지름을 $d_e$라고 하면 다음과 같은 관계가 성립한다.

$$d_e = \frac{d + d_1}{2}$$

## 02 나사의 종류와 용도

### 1 나사의 종류

나선이 오른쪽으로 감긴 것을 오른 나사(right-hand thread), 왼쪽으로 감긴 것을 왼나사(left-hand thread)라 한다.

한 줄의 나사산을 가지는 나사를 한줄 나사(single thread screw), 두 줄 이상의 나사산을 가지는 나사를 다중 나사(multiple thread screw)라 하며 줄 수에 따라 두 줄 나사, 세 줄 나사 등으로 구분하며 종류는 다음과 같다.

① 외형에 따라 : 수나사, 암나사

② 감김 방향에 따라 : 오른 나사, 왼나사

③ 줄 수에 따라 : 한 줄 나사, 두 줄 나사, 다중 나사

④ 산의 크기에 따라 : 보통 나사, 가는 나사

⑤ 호칭에 따라 : 미터 나사, 인치 나사

⑥ 산의 모양에 따라 : 삼각 나사, 사다리꼴 나사, 각나사, 톱니 나사

⑦ 용도에 따라 : 체결용 나사, 조정용 나사, 전동용 나사

### 2 나사의 용도

#### (1) 결합용 나사

주로 삼각 나사로서, 기계 부분의 죔용, 계측, 조정용 나사로 사용된다.

① **미터 나사**(metric thread : M thread)

   ㉠ 나사산의 각도 60°, 지름과 피치를 [mm]로 표시하고, 산마루 부분은 편편하고 골 부분은 둥글다.

   ㉡ 보통 나사(coarse thread)와 가는 나사(find thread)가 있다.

|**표시법**|

> 나사의 종류 표시 기호　나사 바깥 지름[mm]×피치[mm]

   예 M3×0.5 : 미터 계열의 호칭 지름이 3[mm]이고, 피치가 0.5[mm]인 가는 나사

② **유니파이 나사**(unified thread)

   ㉠ 나사산의 각도는 60°, 지름은 인치로 표시하고, 피치는 1인치(25.4[mm])에 대한 나사산의 수로 나타낸다.

   ㉡ 유니파이 보통 나사(UNC)와 유니파이 가는 나사(UNF)가 있다.

|**표시법**|

> 나사의 지름 − 나사산 수　나사의 종류를 나타내는 기호

   예 $2\frac{1}{2} - 4$ UNC : 인치 계열의 호칭 지름이 $2\frac{1}{2}$ 인치이고, 피치가 $\frac{25.4}{4}$[mm]인 유니 파이 보통 나사

③ **관용 나사**(pipe thread)

   ㉠ 나사산의 각도는 55°, 피치는 1인치(25.4[mm])에 대하여 나사산 수로 나타낸다.

   ㉡ 주로 파이프 이음에 쓰이는 것으로 테이퍼는 $\frac{1}{16}$로 하는 것이 보통이다.

   ㉢ 관용 테이퍼 나사(PT ; taper pipe thread)는 주로 기밀을 목적으로, 관용 평행 나사(PF ; parallel pipe thread)는 기계적 결합을 목적으로 한다.

④ **둥근 나사**(round thread)

   ㉠ 원형 나사(knuckle thread)라고도 하며 나사산의 각도는 30°로 나사산의 끝과 밑이 둥글다.

   ㉡ 급격한 충격을 받는 부분, 전구 나사, 먼지와 모래 등이 많이 끼는 나사, 토목 공사용 윈치(winch) 등에 많이 사용된다.

## (2) 운동용 나사

① **사각 나사**(square thread)

주로 축방향의 하중을 받는 나사로서, 효율이 높으나 가공이 어려워 높은 정밀도를 필요로 하는 곳에는 적합하지 않다.

② **사다리꼴 나사**(trapezoidal thread)

　㉠ 애크미(Acme) 나사라고도 하며 사각 나사보다 공작이 용이하고 고정밀도의 것을 얻을 수 있다.

　㉡ 나사산의 각도는 30°인 미터계 사다리꼴 나사(TM)와 29°인 인치계 사다리꼴 나사(TW)가 있다.

　㉢ 선반의 리드 스크루, 나사 잭, 바이스, 프레스 등의 나사, 밸브 개폐용의 나사와 같이 축력을 전달하는 운동용 나사로 사용된다.

| 표시법 |

나사의 종류 나타내는 기호　호칭 지름[mm]×피치[mm]

㉠ TM40×6 : 미터 계열의 호칭 치름이 40[mm], 피치가 6[mm]인 사다리꼴 나사

③ **톱니 나사**(buttress thread)

　㉠ 나사산의 각도는 30°와 45°의 것이 있으며 축방향의 힘이 한 방향으로만 작용하는 경우(바이스, 프레스) 등에 사용된다.

　㉡ 제작을 간단히 하기 위하여 나사산의 각이 30°일 때는 3°의 기울기를, 45°일 때는 5°의 기울기를 준다.

④ **볼나사**(ball thread)

　㉠ 수나사와 암나사 사이에 볼을 넣어 구름 마찰로 인하여 너트의 직진 운동을 볼트의 회전 운동으로 바꾸는 나사이다.

　㉡ 장점 : 효율이 좋고, 백래시(back lash)를 작게 할 수 있다. 먼지에 의한 마모가 적고 고정밀도가 오래 유지된다.

　㉢ 단점 : 자동 체결이 곤란하고 가격이 비싸며 피치를 그다지 작게 할 수 없다. 또 고속 회전하면 소음이 발생한다.

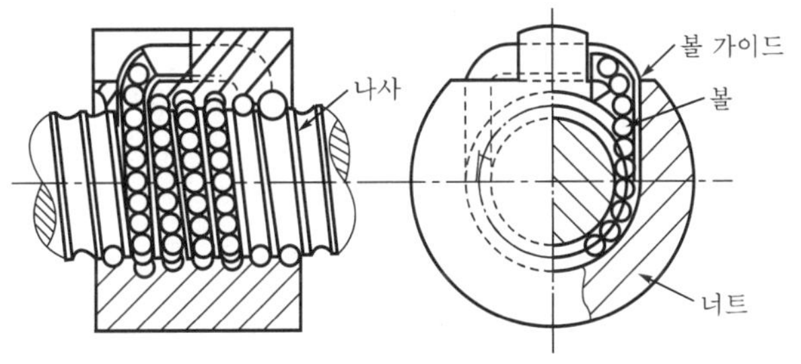


| 그림 5.8 | 볼나사의 구조

## (3) 계측용 나사

측정용으로 사용되는 나사로서, 직선 변위를 회전 변위로 변환 또는 확대시키는 데 사용된다.

## 03 | 볼트, 너트 및 와셔

### 3 볼트(bolt)

#### (1) 육각 볼트

KS B 1002의 규정의 따라 호칭 지름 육각 볼트, 유효 지름 육각 볼트 및 온나사 육각 볼트가 있다.

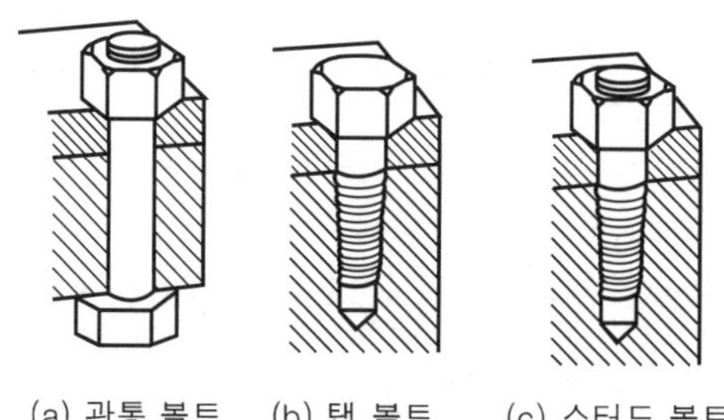


| 그림 5.9 | 육각 볼트의 종류

#### (2) 특수 볼트

① 스터드 볼트(stud bolt)

양끝에 나사를 만든 볼트로, 한 끝을 먼저 죄고자 하는 부분의 암나사에 끼우고 다른 끝에 너트를 끼워 죈다.

② 아이 볼트(eye bolt)

자주 분해하거나 기계 기구를 매달아 올릴 때 사용하는 쇠고리 모양의 볼트로서, 재료는 SM 20C를 사용한다.

③ 나비 볼트(wing bolt)

손으로 간단히 죄고 풀 때 사용한다.

④ T 볼트(T bolt)

아래 쪽에서 볼트를 끼울 수 없을 때 사용되며 T형 홈의 임의의 위치에 고정할 수 있다.

⑤ 리머 볼트(reamer bolt)

드릴링 후에 리머로 다듬질된 구멍에 볼트의 축부를 정밀하게 끼워 전단력이나 두 부품의 관계 위치를 유지할 때 사용한다.

⑥ 테이퍼 볼트(taper bolt)

다듬질 구멍에 꼭 맞게 끼우는 볼트로, 주로 전단력이 작용하는 곳에 많이 사용된다.

⑦ **스테이 볼트**(stay bolt)

두 장의 판의 간격을 정하여 놓고 그 판을 지지하는 역할을 하며, 양끝에 나사가 있는 볼트이다.

⑧ **관통 볼트**(through bolt)

체결하려는 2개의 부분에 구멍을 뚫고 여기에 볼트를 관통시킨 다음 너트로 죈다.

⑨ **기초 볼트**(foundation bolt)

기계류 및 구조물 등을 바닥 위에 고정할 때 사용하는 볼트로, KKB 1016에 규격화되어 있다.

⑩ **접시 머리 볼트**

볼트의 머리가 표면에 나오지 않게 끼우는 볼트이다.

⑪ **둥근 머리 4각목 볼트**

둥근 머리의 자리 밑을 사각형의 목으로 받치고 있는 볼트로서, 목재 구조물 등에 많이 쓰인다.

⑫ **연신 볼트**

볼트 축부의 단면적을 작게 해 충격을 받으면 늘어나기 쉽게 하여 인장력이 작용할 수 있게 한 볼트이다.

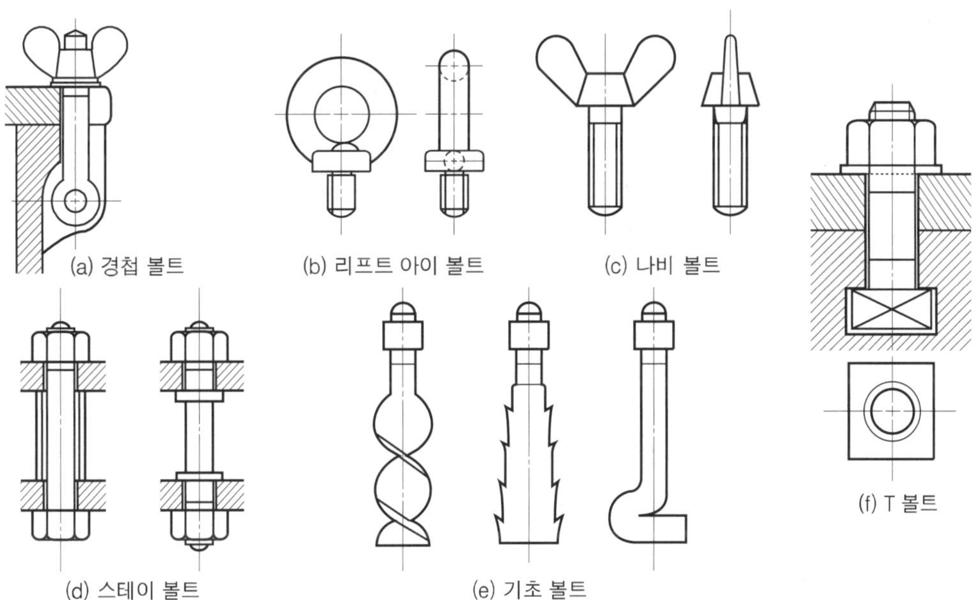


| 그림 5.10 | 특수 볼트의 종류

## (3) 나사

① **작은 나사**(machine screw)

얇은 부품이나 얇은 커버 등의 결합에 사용된다.

② **멈춤 나사**(set screw)

ㄱ 두 개의 결합부에 미끄러짐이나 회전을 막기 위하여 사용되는 나사로서, 길이가 비교적 짧다.

ㄴ 나사의 끝을 이용하여 회전 부품의 축과의 교정, 위치 조정이나 키의 대용으로 사용된다.

③ **태핑 나사**(tapping screw)

침탄 담금질한 일종의 작은 나사로서, 암나사 쪽은 작은 구멍만 뚫고 스스로 나사를 내면서 죄는 것이다.

④ **나사 못**(wood screw)

주로 목재에 사용되며 특수한 나사산으로 되어 있다. 나사의 끝이 드릴(drill)과 탭(tap)의 역할을 한다.

## 2 너트(nut)

### (1) 육각 너트

육각 너트의 종류는 나사의 호칭 지름에 대한 맞변 거리의 크기에 따라 구별하고 육각 볼트에 따른다.

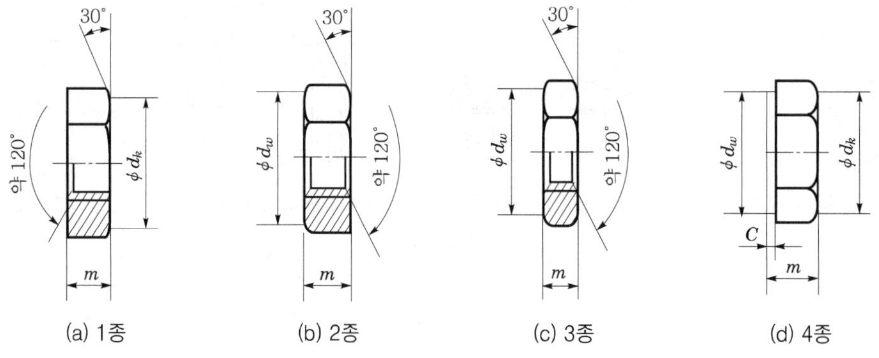


| 그림 5.11 | 육각 너트의 종류

### (2) 특수 너트

① **사각 너트**(square nut)

겉모양이 사각인 너트로서, 주로 목재에 쓰이며 나사의 호칭이 M3~M23까지 정해져 있다.

② **둥근 너트**(circular nut)

외형이 원형인 너트로서, 바깥 표면에 홈이 있는 것, 윗면 또는 바깥 표면에 구멍을 뚫는 것, 바깥 표면이 널링(knurling)된 것 등이 있다.

③ **플랜지 너트**(flange nut)

육각 머리에서 대변 거리보다 지름이 큰 자리면을 가지는 너트를 말한다. 이것을 주로 패킹 등과 같이 사용하며, 공기의 누설을 방지하는 데 사용한다.

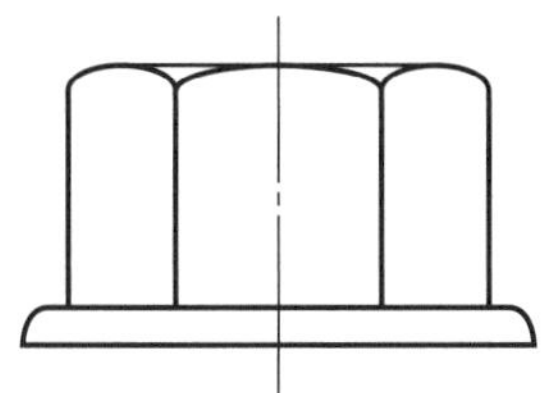

| 그림 5.12 | **플랜지 너트**

④ **홈붙이 육각 너트**(castle nut)

너트의 윗면에 6개의 홈이 파여져 있으며, 이곳에 분할판을 끼워 너트가 풀리지 않게 하여 사용한다.

⑤ **육각 캡 너트**(cap nut)

나사의 접촉면 사이 틈이나 볼트와 너트의 구멍 틈으로 내부의 유체·기름 등이 새는 것을 방지할 때 사용한다.

⑥ **아이 너트**(eye nut)

머리에 링(ring)이 달린 너트로서, 아이 볼트와 같은 목적으로 사용한다.

⑦ **나비 너트**(wing nut)

손으로 돌려서 죌 수 있는 모양의 너트이다.

⑧ **슬리브 너트**(sleeve nut)

머리 밑에 슬리브가 있는 너트로서, 수나사 중심선의 편심을 방지하는 목적으로 사용한다.

⑨ **스프링 판 너트**

얇은 강판을 펀칭(punching)하여 만든 너트를 볼트 골 사이로 끼워 간편하게 고정시킬 때 사용한다.

⑩ **T홈 너트**

T형인 너트로 볼트와 같이 공작 기계의 테이블 T홈 속에 넣어 가공물의 장착 등에 쓰인다.

## (3) 너트의 풀림 방지법

① 로크 너트(lock nut)에 의한 방법

② 자동 죔 너트에 의한 방법

③ 와셔에 의한 방법

④ 분할핀에 의한 방법

⑤ 멈춤 나사에 의한 방법

⑥ 철사에 의한 방법

⑦ 나일론 플러그에 의한 방법

## 3 와셔(washer)

### (1) 와셔의 의미

볼트나 너트의 머리 밑에 끼워서 함께 죄는 것을 와셔라 한다.

### (2) 와셔의 용도

① 너트의 자리면이 볼트의 체결 압력이나 미끄럼 마멸에 견딜 수 없을 때

② 개스킷을 죌 때

③ 고압에 견디지 못하는 부분

④ 볼트의 구멍이 커서 자리면이 충분하지 않을 때

⑤ 자리가 편편하지 않을 때

### (3) 와셔의 종류

① 평 와셔

원형 와셔라고도 하며, 주로 기계용으로 사용된다.

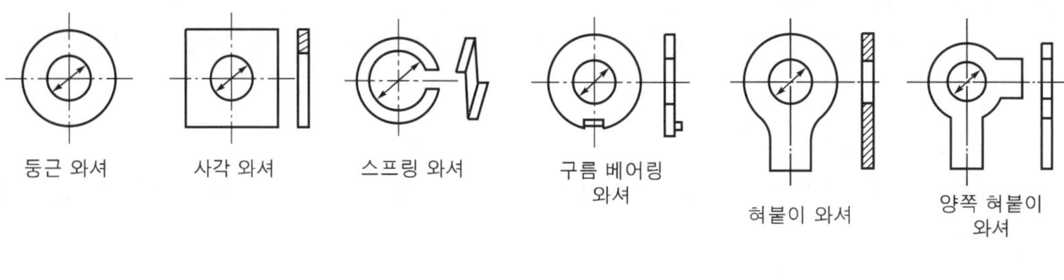


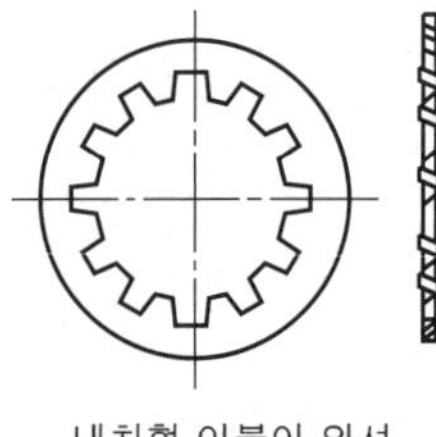


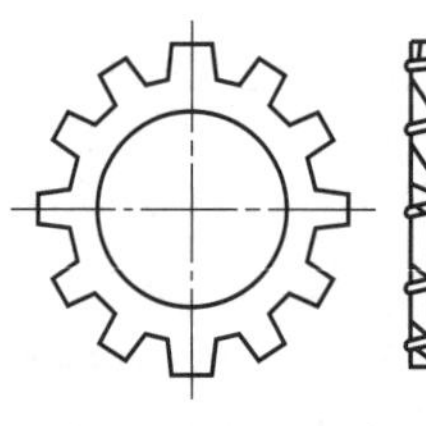


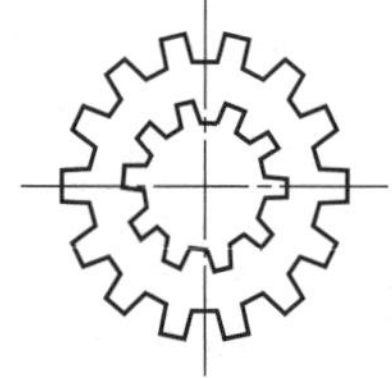


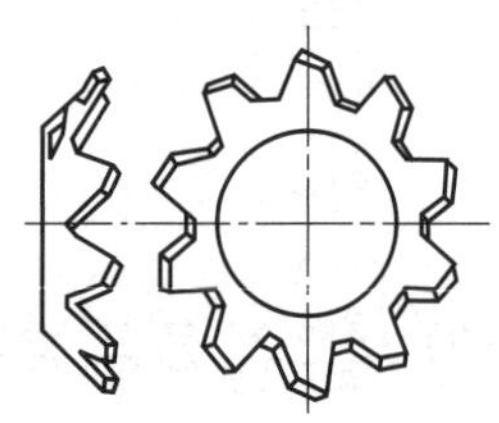


| 그림 5.13 | 와셔의 종류

② 특수 와셔

혀붙이 와셔, 갈퀴붙이 와셔, 구면 와셔, 스프링 와셔, 이붙이 와셔, 접시 스프링 와셔, 기울기붙이 와셔 등이 있다.

## 4 그 밖의 나사 부품

① 턴 버클(turn buckle) : 양끝에 오른 나사, 왼나사가 깎여 있어서 막대와 로프 등을 죄는 데 사용하면 아주 편리하다.

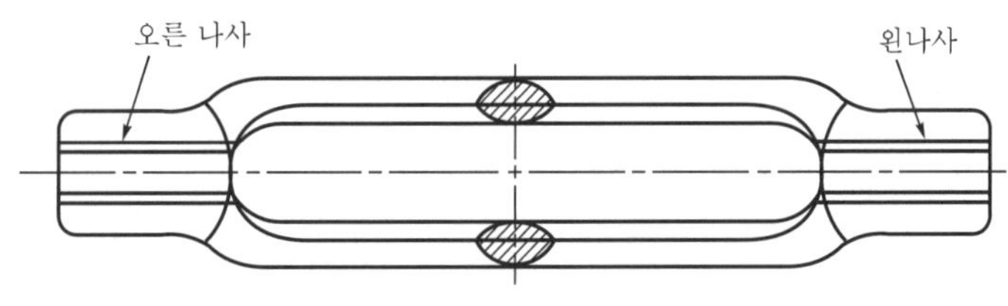


| 그림 5.14 | 턴 버클

② 와셔 조립 나사, 테이퍼 나사 플러그, 평행 나사 플러그 등이 있다.

## 04 볼트의 설계

## 1 축방향에만 정하중을 받는 경우

$$W = \frac{\pi}{4} d_1^2 \sigma_t$$

$$d_1 = \sqrt{\frac{4W}{\pi \sigma_t}} = \sqrt{\frac{1.27 W}{\sigma_t}}$$

여기서, $d$ : 볼트의 바깥 지름[mm]

$d_1$ : 볼트의 골지름[mm]

$W$ : 축방향의 인장 하중[kg]

$\sigma_t$ : 볼트의 허용 인장 응력[kg/mm$^2$]

일반적으로, 지름 3[mm] 이상의 볼트에서는 보통 $d_1 > 0.8d$ 이므로 $d_1 ≒ 0.8d$ 로 하면 안전하다.

$$W = \frac{\pi}{4} d_1^2 \sigma_t = \frac{\pi}{4} (0.8d)^2 \sigma_t = 0.5 d^2 \sigma_t = \frac{1}{2} d^2 \sigma_t$$

$$d = \sqrt{\frac{2W}{\sigma_t}}$$

## **2** 축방향의 정하중과 비틀림 하중에 의한 합성 하중을 받는 경우

비틀림에 의한 응력은 인장 응력이나 압축 응력의 $\frac{1}{3}$ 을 넘는 일이 없으므로 수직 하중의 $\frac{4}{3}$ 배 작용한 것으로 본다.

$$\frac{4}{3}W = \frac{1}{2}d^2\sigma_t$$

$$d = \sqrt{\frac{8W}{3\sigma_t}}$$

## **3** 전단 하중을 받는 경우

볼트는 일반적으로 축방향에 하중을 받으나 축의 직각 방향에 하중이 작용하는 경우도 있다. 볼트의 바깥 지름을 $d$, 전단 응력을 $\tau_a$ 라고 하면

$$W_s = \frac{\pi}{4}d^2 \cdot \tau_a$$

## **4** 너트의 높이 설계

$$W = \frac{\pi}{4}(d^2 - d_1^2) \cdot z \cdot q$$

여기서, $H$ : 너트의 높이[mm]

　　　　$p$ : 나사의 피치[mm]

　　　　$q$ : 나사의 접촉 면압력[kg/mm$^2$]

　　　　$W$ : 축방향에 작용하는 하중[kg]

　　　　$d$ : 바깥 지름[mm]

　　　　$d_1$ : 골지름[mm]

　　　　$z$ : 나사산 수

$d_1 \fallingdotseq 0.8\,d$, $d_e = \dfrac{d + d_1}{2}$, $h = \dfrac{d - d_1}{2}$ 이라면

$$H = z \cdot p = \frac{W \cdot p}{\frac{\pi}{4}(d^2 - d_1^2)q} = \frac{W \cdot p}{\pi d_e h q} = 3.6\frac{W \cdot p}{d^2 \cdot q}$$

**01** 나선각을 $\alpha$, 마찰각을 $\rho$라 할 때 나사의 자립 조건은?

㉮ $\alpha \geqq \rho$  ㉯ $\alpha \leqq \rho$

㉰ $\alpha > \rho$  ㉱ $\alpha \leqq 2\rho$

 나사의 자립 조건은 나사 스스로 풀리지 않는 조건이다.

**02** 다음 중 리드가 가장 큰 나사는?

㉮ 24산 3줄 휘트워스 보통 나사

㉯ 피치 2[mm]의 2줄 미터 보통 나사

㉰ 10산 2줄의 유니파이 보통 나사

㉱ 피치 12[mm]의 1줄 미터 보통 나사

 리드란 나사가 1회전 시 직선으로 간 거리를 의미한다.

**03** 작은 나사는 호칭 지름이 몇 [mm] 이하의 나사인가?

㉮ 5  ㉯ 8

㉰ 9  ㉱ 10

 작은 나사의 호칭 지름은 8[mm] 이하이다.

**04** 삼각 나사가 쓰이는 곳은?

㉮ 선반의 주축

㉯ 가스 파이브의 연결

㉰ 프레스

㉱ 바이스

㉮, ㉰, ㉱는 큰 힘을 전달하는 나사로 사각이나 사다리꼴 나사이다.

**05** 나사가 축방향에 정하중 $W$ 만을 받을 때 나사의 지름은?

㉮ $d = \sqrt{\dfrac{4W}{\pi\tau}}$

㉯ $d = \sqrt{\dfrac{8W}{3\sigma_a}}$

㉰ $d = \sqrt{\dfrac{2\left(1+\dfrac{1}{3}\right)W}{\sigma_a}}$

㉱ $d = \sqrt{\dfrac{2W}{\sigma_a}}$

 안전을 고려하여 $d = \sqrt{\dfrac{2W}{\sigma_a}}$ 이다.

**06** 축방향에 정하중 $W$ 와 동시에 비틀림 하중이 작용하는 경우 나사의 지름 $d$ 는?

㉮ $d = \sqrt{\dfrac{4W}{\pi\tau}}$

㉯ $d = \sqrt{\dfrac{8W}{3\sigma_a}}$

㉰ $d = \dfrac{\pi}{4}\sigma_t$

㉱ $d = \sqrt{\dfrac{2W}{\sigma_a}}$

 비틀림 하중이 존재하면 $d = \sqrt{\dfrac{8W}{3\sigma_a}}$ 이다.

## 07

1,000[kg]의 하중을 올리는 나사 잭의 나사 막대 지름은 몇 [mm]인가? (단, $\sigma_a = 6[kg/mm^2]$)

㉮ 22 ㉯ 29
㉰ 32 ㉱ 36

$$d = \sqrt{\frac{8W}{3\sigma_a}} = 21.08[mm]$$
∴ 22[mm]를 선정한다.

## 08

나사 이음에 있어서 나사면의 마찰각을 $\rho$, 나사의 리드각을 $\alpha$라 할 때 나사의 효율 $\eta$는 어느 것인가?

㉮ $\eta = \tan \alpha / \tan(\alpha + \rho)$
㉯ $\eta = \tan(\rho + \lambda)/\tan \rho$
㉰ $\eta = \tan \rho / \tan(\alpha - \rho)$
㉱ $\eta = \cos \lambda / \cos(\lambda - \rho)$

나사의 효율 $\eta = \tan \alpha / \tan(\alpha + \rho)$

## 09

미터 나사에 대한 설명 중 틀린 것은?

㉮ 호칭 치수는 수나사의 바깥 지름과 비치를 [mm]로 표시한다.
㉯ 미터 보통 나사와 미터 가는 나사가 있다.
㉰ 골 밑에 다소의 간격이 있으므로 제작이 어렵다.
㉱ 나사산의 각도는 60°이다.

골 밑에 간격이 있으면 정밀도가 떨어진다.

## 10

관용 나사는 나사산의 높이를 낮게 하는 데 그 이유는 무엇인가?

㉮ 재료를 절약하기 위해서
㉯ 나사의 풀림을 막기 위해서
㉰ 유체의 누설을 방지하기 위해서
㉱ 강도를 약화시키지 않기 위해서

관용 나사는 배관에 주로 사용하며 두께가 얇아서 강도를 약화시키지 않기 위해 낮게 한다.

## 11

축방향에 큰 하중을 받아 운동을 전달하는 데 적합하며 하중의 방향이 일정하지 않고 교번 하중을 받을 때 효과적인 나사는?

㉮ 사각 나사
㉯ 볼 나사
㉰ 톱니 나사
㉱ 멈춤 나사

나사선을 사각 모양으로 만든 나사로 강력한 이송 나사 등에 사용한다. 사각 나사는 축방향의 큰 하중을 받는 운동에 적합하다.

## 12

나사의 호칭 지름은 무엇인가?

㉮ 유효 지름
㉯ 피치×25.4[mm]
㉰ 안지름의 골지름
㉱ 수나사의 바깥 지름

**호칭 지름**(바깥 지름) : 수나사의 바깥 지름(나사의 크기)($d$)

## 13

나사의 바깥 지름을 $d_1$, 골지름을 $d_2$라고 할 때 유효 지름은?

㉮ $\dfrac{d_1 + d_2}{2}$ ㉯ $\dfrac{d_1 + d_2}{4}$
㉰ $\dfrac{d_2 - d_1}{2}$ ㉱ $\dfrac{d_1 + d_2}{4}$

**유효 지름**(피치 지름) : 바깥 지름과 골지름의 평균 직경($d_2$)

**14** 나사의 표시 방법 중 틀린 것은?

㉮ 미터 나사 : 피치

㉯ 휘트워스 나사 : 산수/인치

㉰ 유니파이 나사 : 피치

㉱ 관용 나사 : 산수/인치

**15** 관용 나사의 나사산 각도는?

㉮ 60°　　　　㉯ 55°

㉰ 30°　　　　㉱ 29°

 관용 나사의 나사산 각도는 55°이다.

**16** 3줄 오른 나사에서 피치 3[mm]일 때 리드[mm]는 얼마인가?

㉮ 6　　　　㉯ 9

㉰ 12　　　　㉱ 16

 $l = n \cdot p = 3줄 \times 3[\text{mm}] = 9[\text{mm}]$

**17** 삼각 나사의 자립 조건은 얼마인가?

㉮ 2~3°　　　　㉯ 4~8°

㉰ 10~15°　　　　㉱ 20~30°

 삼각 나사의 자립 조건은 2~3°이다.

**18** 다음 중 나사가 받는 하중과 관계가 가장 먼 것은?

㉮ 충격 하중　　　㉯ 전단 하중

㉰ 비틀림　　　　㉱ 인장 하중

 충격 하중은 외부에서 순간적으로 작용하는 하중이다.

**19** 다음 기계 요소의 종류 중 체결용 기계 요소인 것은?

㉮ 벨트, 로프, 체인, 마찰차, 기어

㉯ 브레이크, 스프링, 플라이휠

㉰ 축, 축이음, 베어링

㉱ 나사, 키, 핀, 코터

 체결용 기계 요소는 두 개 이상의 부품을 결합할 때 사용한다.

**20** 슬라이딩 스크루나 랙 피니언 등에 비해 마찰이 적고, 효율이 좋으며 서보 제어에 활용되고 외압을 걸어 백래시를 없애고 강상을 높일 수 있는 나사로서, 메카트로닉스 기기와 잘 어울리는 나사는?

㉮ 볼나사　　　　㉯ 삼각 나사

㉰ 사다리꼴 나사　㉱ 사각 나사

 볼나사는 마찰력을 최소화하여 효율을 상승시킨다.

**21** 톱니 나사의 나사산의 각도는?

㉮ 30°　　　　㉯ 45°

㉰ 55°　　　　㉱ 60°

 톱니 나사는 한 쪽으로만 힘을 전달하며 나사산은 30°이다.

**22** 작은 나사의 호칭 지름은?

㉮ 5[mm]　　　　㉯ 8[mm]

㉰ 9[mm] 이하　㉱ 10[mm] 이하

**23** 나사의 유효 길이를 나타내는 것은?

㉮ 머리 부분에서 선단까지의 거리

㉯ 선단에서 불완전 나사부까지의 길이

㉰ 머리 부분을 제외한 전체의 길이

㉱ 선단에서 완전 나사부까지의 길이

 나사의 유효 지름은 선단에서 완전 나사부까지의 길이이다.

**24** 무거운 기계 부품을 달아 올리기에 편리한 볼트는?

㉮ 스터드 볼트  ㉯ 나비 볼트

㉰ 아이 볼트  ㉱ 탭볼트

 고리 형태로 무거운 기계 부품을 운반 시 사용한다.

**25** 4톤의 중량에 걸리는 아이 볼트의 지름은 얼마인가? (단, $\sigma_a = 4.8[\text{kg/mm}^2]$)

㉮ 28[mm]  ㉯ 32[mm]

㉰ 36[mm]  ㉱ 41[mm]

$$d = \sqrt{\frac{2W}{\sigma_a}} = 40.82[\text{mm}]$$
$\therefore$ 41[mm]를 선정한다.

**26** 2,100[kg]의 전단 하중이 작용하는 볼트의 지름[mm]은? (단, 볼트의 허용 전단 응력 = 10.2[kg/mm²])

㉮ 14  ㉯ 17

㉰ 22  ㉱ 28

$$d = \sqrt{\frac{4W}{\pi\tau}} = 16.19[\text{mm}]$$
$\therefore$ 17[mm]를 선정한다.

**27** 너트의 풀림 방지법이 아닌 것은?

㉮ 로크 너트에 의한 방법

㉯ 와셔에 의한 방법

㉰ 핀, 작은 나사에 의한 방법

㉱ 부시를 사용하는 방법

 **너트의 풀림 방지법**
① 탄력성이 있는 와셔를 사용하는 방법
② 로크 너트를 사용하는 방법
③ 자동점 너트에 의하는 방법

④ 핀, 작은 나사, 멈춤 나사 등에 의한 방법
⑤ 강선에 의한 방법

**28** 다음 중 나사 곡선이 원통을 한 바퀴 돌아서 축방향으로 나아가는 거리를 나타내는 것은?

㉮ 바깥 지름  ㉯ 피치

㉰ 골지름  ㉱ 리드

 리드는 피치에 줄 수를 곱하여 이동한 거리를 환산한다.

**29** 미터 나사에서 지름이 12[mm], 피치가 1.5[mm]의 나사를 태핑하기 위한 드릴 구멍의 지름으로 가장 적당한 것은?

㉮ 9.5[mm]  ㉯ 10.5[mm]

㉰ 11.5[mm]  ㉱ 12.5[mm]

$$d = D - P$$
$$= 12 - 1.5 = 10.5[\text{mm}]$$

**30** 나사의 표시법 중 잘못된 것은?

㉮ M8×1.25

㉯ 2줄 M10×1.5-2

㉰ 우 M8×1.25

㉱ 2급 M10×1.5-2줄

 **나사의 표시법**
① 나사의 감김 방향
② 나사의 줄 수
③ 나사의 호칭
④ 나사의 등급 순으로 2줄 M10×1.5-2로 표기

**31** 리드가 30[mm]인 3줄 나사가 있다. 피치는 얼마인가?

㉮ 10[mm]  ㉯ 14[mm]

㉰ 18[mm]  ㉱ 22[mm]

 $l = n \cdot p$ 에서
$$p = l/n$$
$$= 30/3 = 10[\text{mm}]$$

## 32 좌·우 나사가 있어서 막대나 로프 등을 조이는 데 사용하는 너트는?

㉮ 홈붙이 너트　㉯ 나비 너트

㉰ 턴 버클　㉱ T 너트

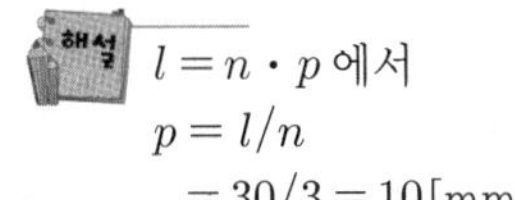 턴 버클은 시계 방향으로 돌리면 당기고, 반시계 방향으로 돌리면 느슨하여 장력을 조정할 때 사용한다.
㉖ 구름 다리의 와이어 로프

# 키, 핀, 코터

## 01 | 키(Key)

### 1 키의 종류

키는 축에 기어, 폴리, 플라이휠, 커플링, 클러치 등을 고정시켜 상대적인 운동을 방지시키면서 회전력을 전달한다. 축과 키를 포함하는 단면에 직각으로 작용하므로 주로 전단력을 받게 된다.

키의 재료는 축의 재료보다 다소 강도가 높은 단단한 것으로 기계 구조용 탄소강 8종 SM45C와 탄소강 단강품 5종 SF55를 사용한다.

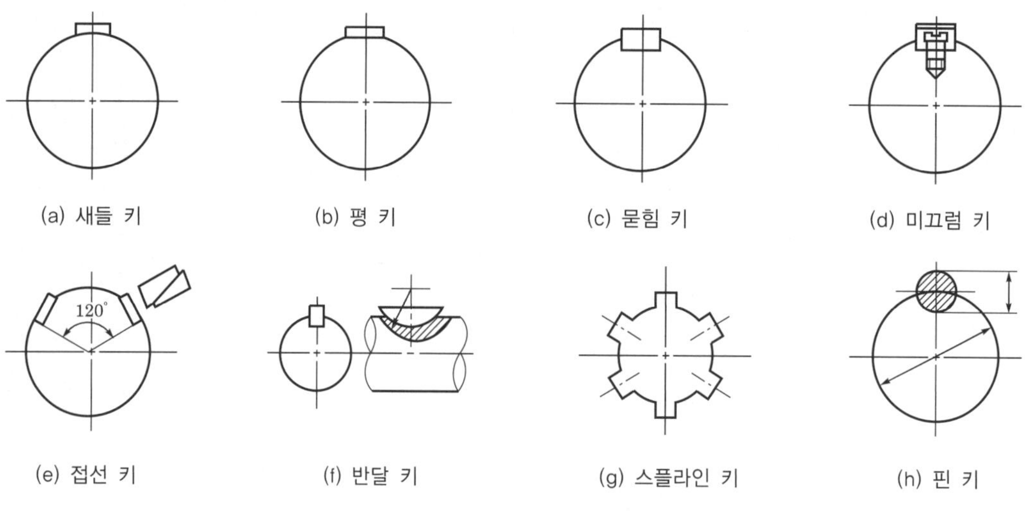


| 그림 5.15 | 키의 종류

### (1) 새들 키(saddle key)

① 안장 키라고도 하며 훅 쪽에는 가공을 하지 않고 보스 쪽에만 키홈$\left(구배 \dfrac{1}{100}\right)$을 만들어 끼운다.

② 마찰에 의하여 회전력을 전달하기 때문에 큰 힘의 전달에는 부적합하다.

## (2) 평 키(flat key)

① 납작 키라고도 하며 키의 폭만큼 축을 평행하게 깎아, 그곳에 키를 쳐서 박도록 한 것이다.

② 새들 키보다는 약간 큰 힘을 전달할 수 있다.

## (3) 성크 키(sunk key)

① 묻힘 키라고도 하며 축과 보스에 홈을 파고 끼우는 키로, 일반적으로 많이 사용한다.

② 이 키는 상·하면이 평행인 평행 키, 윗면에만 $\dfrac{1}{100}$ 경사를 붙인 경사 키(taper key)가 있다.

## (4) 둥근 키(round key)

① 핀 키(pin key)라고도 하며, 축과 보스를 끼워 맞춘 후 구멍을 뚫어 키를 박아 넣으면 공작이 쉽고 간단하다.

② 이 키는 토크 전달용이 아니고 축방향으로 보스를 움직여 고정하는 것이다.

## (5) 반달 키(woodruff key)

① 반달 모양의 키로서 일반적으로 작은 축(60[mm] 이하)에 사용한다.

② 홈의 깊이 때문에 축의 강도를 감소시키고, 자동차, 공작 기계 등의 테이퍼 축에 적합하다.

③ 보스 쪽 키홈에 대한 경사(접촉)가 자동적으로 행하여지므로 가공과 조정이 용이하다.

## (6) 접선 키(tangential key)

① 키가 전달하는 힘은 축의 접선 방향으로 작용하므로 큰 힘을 전달할 수 있다. 역전을 가능하게 하기 위하여 120°로 두 곳에 키를 키운다.

② 이 키와 비슷한 것으로 정사각형의 키를 90°로 배치한 케네디 키(kennedy key)가 있다.

## (7) 원뿔 키(cone key)

① 축에 키홈을 파기 어렵고, 축의 임의의 위치에 보스를 고정시키려고 할 때 사용한다.

② 축과 보스와의 사이에 2~3곳을 축방향으로 분할한 속이 빈 원뿔을 박아 압박함으로써 마찰에 의하여 축과 보스를 고착시킨다.

## (8) 미끄럼 키(sliding key)

페더 키(feather key)라고도 하는데 키를 보스 혹은 축에 고정하고 축에 키홈을 길게 만든 것으로, 보스를 축방향으로 이동할 수 있다.

### (9) 스플라인(spline)

① 축에 미끄럼 키와 같은 것을 원주상에 4~20개 정도의 이를 깎아낸 형상이다.

② 축과 보스와의 중심축을 정확히 맞출 수 있고, 키홈에 의한 축의 강도 저하를 방지하며, 몇 개의 이에 의하여 키의 측면 압력을 분산시켜 작은 허용 압력으로 큰 토크를 전달한다.

③ 선반의 변속 장치, 자동차의 변속기, 클러치, 항공기 등에 사용된다.

### (10) 세레이션(serration)

① 수많은 작은 삼각형의 작은 이를 세레이션이라 하며, 축과 보스의 상대 위치가 되도록 가늘게 조절해서 고정하려고 할 때 사용한다.

② 스플라인보다 이가 작아 면압 강도가 크며, 또 활동시키지 않는 것으로 큰 토크를 전달할 수 있다.

## 2 키의 강도

### (1) 키의 전단 강도

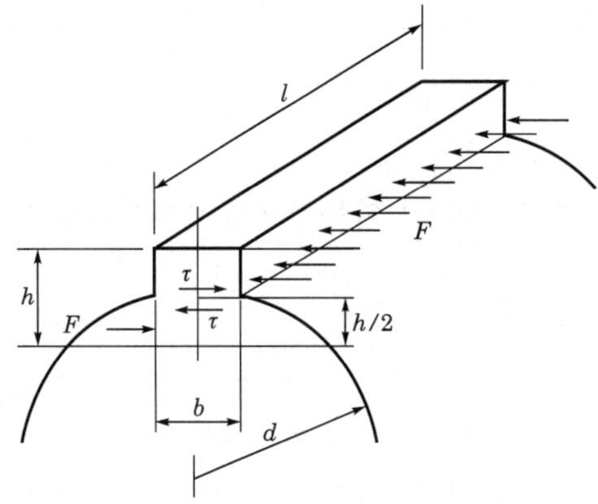


| 그림 5.16 | 전단을 받는 키

키에 작용하는 전단력 $P$는

$$P = b l \tau_k$$

여기서, $P$ : 키에 작용하는 전단력[kg]

$b$ : 키의 너비[mm]

$h$ : 키의 높이[mm]

$l$ : 키의 길이[mm]

$d$ : 축의 지름[mm]

$T$ : 전달 토크[kg·mm]

$$\tau_k : 키의 \ 전단 \ 응력[\mathrm{kg/mm^2}]$$
$$\tau_a : 축의 \ 전단 \ 응력[\mathrm{kg/mm^2}]$$

키의 전달 토크 $T$는

$$T = P \cdot \frac{d}{2} = b\,l\,\tau_k \frac{d}{2}$$

그런데 축이 전달하는 토크 $T$는

$$T = \tau_a \cdot Z_a = \tau_a \cdot \frac{\pi d^3}{16}$$

축과 키의 토크는 같아야 되므로

$$T = \frac{\pi d^3}{16} \cdot \tau_a = b\,l\,\tau_k \frac{d}{2}$$

따라서, 전단으로 파손하지 않은 키의 길이 $l$은

$$l = \frac{\pi d^2 \tau_a}{8\,b\,\tau_k}$$

또 키와 축의 재료가 같다면$(\tau_a = \tau_k)$

$$l = \frac{\pi d^2}{8\,b}$$

축과 키는 같은 재료를 일반적으로 사용하므로 $\tau_a = \tau_k$ 이고, $l \fallingdotseq 1.5d$ 정도이므로
$\frac{3}{4} b d^2 = \frac{\pi d^3}{16}$ 이 되어

$$b = \frac{\pi d}{12} \fallingdotseq 0.25d \fallingdotseq \frac{d}{4}$$

## (2) 키의 압축 강도

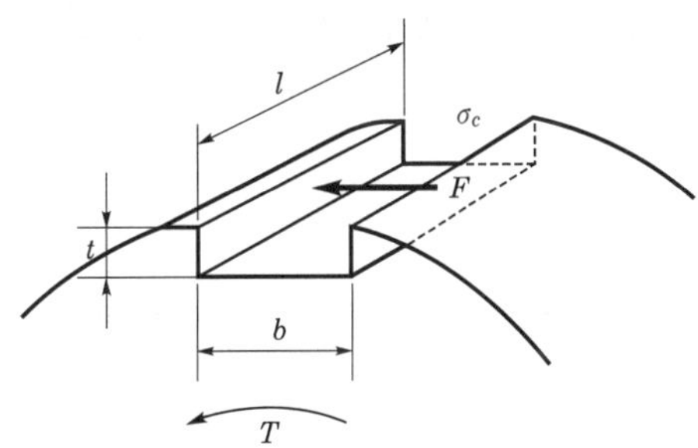


| 그림 5.17 | 압축을 받는 키

키홈이 압축 응력을 받을 때 접선력 $P$는

$$P = t\,l\,\sigma_c = \frac{h}{2}\,l\,\sigma_c$$

여기서, $\sigma_c$ : 키의 압축 응력$[\text{kg/mm}^2]$

$t$ : 키의 홈깊이$\left(t = \dfrac{h}{2}\right)[\text{mm}]$

키의 전달 토크 $T$는

$$T = P \cdot \frac{d}{2} = \frac{h}{2} l \sigma_c \cdot \frac{d}{2}$$

그런데 축이 전달하는 토크와 같아야 하므로

$$T = \frac{\pi d^3}{16} \tau_a = \frac{h}{2} l \sigma_c \frac{d}{2}$$

$$\sigma_a = \frac{\pi d^2 \tau_a}{4hl}$$

또 키의 전단 강도와 압축 강도에 의한 전달 토크가 같다면

$$bl\tau_k \frac{d}{2} = \frac{h}{2} l \sigma_c \frac{d}{2}$$

$$b = \frac{h\sigma_c}{2\tau_k} \quad \text{또는} \quad h = \frac{2b\tau_k}{\sigma_c}$$

연강일 때 $\dfrac{\tau_k}{\sigma_c} = \dfrac{1}{3}$ 정도라면

$$b = \frac{h\sigma_c}{2\tau_k} = \frac{3}{2} h = 1.5h$$

## 02 | 핀(Pin)

### 1 개요

핀은 기계 접촉면의 미끄럼 방지나 너트의 풀림 방지 및 위치 고정용 등에 사용하며 비교적 큰 힘이 걸리지 않는 곳에 사용된다.

### 2 핀의 종류

핀은 풀리, 기어 등에 작용하는 하중이 작을 때 설치 방법이 간단하기 때문에 키 대용으로 널리 사용된다. 일반적으로 평행 핀, 분할 핀, 테이퍼 핀, 스프링 핀 등이 있다.

### (1) 평행 핀(parallel pin)

분해 조립을 하게 되는 2개 부품의 맞춤면 관계 위치를 항상 일정하게 유지하거나 막대의 연결용으로 사용된다.

### (2) 테이퍼 핀(taper pin)

보통 $\dfrac{1}{50}$의 테이퍼를 가지는 것으로, 끝이 갈라진 것과 끝이 갈라지지 않은 것이 있다.

### (3) 분할 핀(split pin)

한쪽 끝이 두 가닥으로 갈라진 핀으로, 나사 및 너트의 이완 방지나 축에 끼워진 부품이 빠지는 것을 막고, 핀을 쳐서 넣은 뒤 끝을 벌려서 늦춰지는 것을 방지하는 핀이다.

### (4) 스프링 핀(spring pin)

스프링 핀은 그 바깥 지름보다 작은 구멍에 끼워 넣고, 스프링의 작용을 할 수 있도록 하여 기계 부품을 결합하는 데 사용한다.

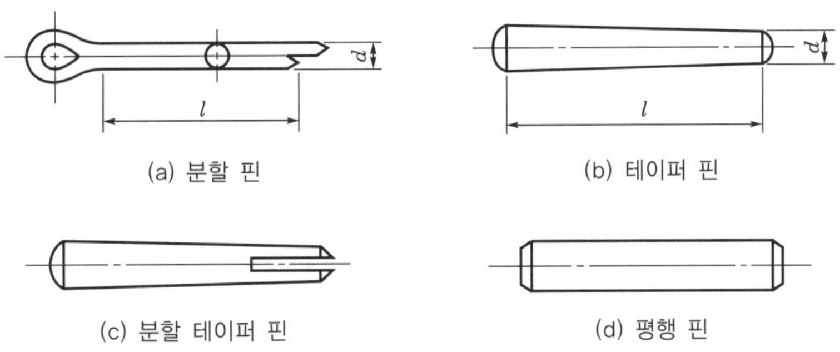



| 그림 5.18 | 핀의 종류

## 03 ｜ 코터(Cotter)

### ■1 코터의 형상

코터는 단면이 평판 모양의 쐐기이며, 주로 인장 또는 압축을 받는 두 축을 흔들림 없이 연결하는 이음에 사용하는 일시적인 결합 요소이다. 코터 이음에서 코터는 주로 굽힘 모멘트를 받게 되며 코터의 구배는 자주 분해하는 것은 $\dfrac{1}{5}\sim\dfrac{1}{10}$, 일반적인 것은 $\dfrac{1}{25}$, 영구 결합의 것은 $\dfrac{1}{50}$ 정도를 사용한다.

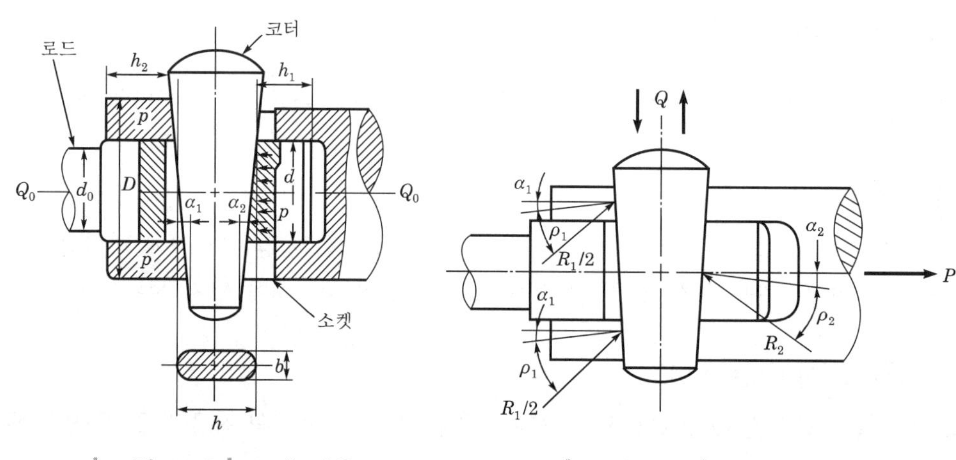

| 그림 5.19 | 코터 이음          | 그림 5.20 | 코터의 자립

## 2 코터의 자립 조건

코터를 박는 힘은

$$Q = P\{\tan(\alpha_1 + \rho_1) + \tan(\alpha_2 + \rho_2)\}$$

코터를 빼는 힘 $Q'$

$$Q' = P\{\tan(\alpha_1 - \rho_1) + \tan(\alpha_2 - \rho_2)\}$$

따라서 코터의 자립 조건은 $Q' \leq 0$이어야 한다.

양쪽 구배의 경우

$\alpha_1 = \alpha_2 = \alpha$,  $\rho_1 = \rho_2 = \rho$라 하면

$$\alpha - \rho \leq 0 \ \text{또는} \ \alpha \leq \rho$$

한쪽 구배의 경우

$$\alpha - \rho \leq \rho \ \text{또는} \ \alpha \leq 2\rho$$

여기서, $P$ : 축을 인장하는 힘[kg]

$Q$ : 코터를 박는 힘[kg]

$\alpha$ : 코터의 경사각

$\rho$ : 마찰각

$\mu$ : 마찰 계수

## 3 코터 이음의 강도

### (1) 접촉 면압

코터와 로드의 접촉 면압을 $p$, 코터와 소켓의 접촉 면압을 $p'$라면

$$p = \frac{P}{bd}$$

$$p' = \frac{P}{b(D-d)}$$

여기서, $p = p'$라 하면, $d = \dfrac{D}{2}$가 된다.

### (2) 인장 응력

축의 지름을 $d_0$, 축의 인장 응력을 $\sigma_t$, 로드 유효 단면적 부분의 인장 응력을 $\sigma_t'$라면

$$\sigma_t = \frac{P}{\frac{\pi}{4}d_0^2}$$

$$\sigma_t' = \frac{P}{\frac{\pi}{4}(d^2 - bd)}$$

여기서, $\sigma_t = \sigma_t'$, $d = \left(\dfrac{4}{3}\right)d_0$라 하면 $b = \left(\dfrac{1}{3} \sim \dfrac{1}{4}\right)d$가 된다.

### (3) 코터의 굽힘 응력

$$\frac{PD}{8} = \frac{bh^2}{6}\sigma_b$$

여기서, $b = \dfrac{d}{4}$, $D = 2d$, $d_0 = \dfrac{3}{4}d$, $P = \dfrac{\pi}{4}d_0^2\sigma_t$, $\sigma_t = \dfrac{2}{3}\sigma_b$라면 $h = \left(\dfrac{2}{3} \sim \dfrac{3}{2}\right)d$가 된다.

**01** 다음 키의 종류 중 가장 큰 토크를 전달할 수 있는 것은?

㉮ 세레이션　　　㉯ 접선 키
㉰ 둥근 키　　　㉱ 반달 키

 세레이션은 기어와 같이 골과 산이 축의 전체에 규칙적으로 되어 있다.

**02** 테이퍼 축이나 축지름이 50[mm] 이하인 곳에 사용되는 키는?

㉮ 반달 키　　　㉯ 원뿔 키
㉰ 평 키　　　㉱ 안장 키

 반달 키는 반달 모양으로 테이퍼 축이나 축에 적용한다.

**03** 가장 널리 사용되는 키로, 축과 보스의 양쪽에 모두 키홈을 파서 묻힌 다음에 보스를 때려 맞춘 키는?

㉮ 평 키　　　㉯ 원뿔 키
㉰ 성크 키　　　㉱ 세레이션

 성크 키는 가장 널리 사용되는 키로서 축과 보스의 양쪽에 모두 키홈을 파서 묻힌 다음에 보스를 때려 맞춘다(묻힘 키).

**04** 세레이션 이음과 가장 관계가 깊은 것은?

㉮ 과부하에서 오는 진동 제거
㉯ 클러치 전동과 충격
㉰ 풀리와 키
㉱ 축과 보스

 세레이션 이음은 축의 작은 삼각형 키홈을 만들어 축과 보스를 고정시킨 것이다.

**05** 축과 보스를 맞추고 때려 박는 키는?

㉮ 드라이빙 키　　　㉯ 새들 키
㉰ 접선 키　　　㉱ 반달 키

 드라이빙 키(driving key)
축과 보스를 맞추고 키를 때려 박는다.

**06** 접선 키에서 120°의 각도로 두 개의 키를 끼우는 가장 적당한 이유는?

㉮ 축을 강하게 하기 위하여
㉯ 큰 회전력을 전달하기 위하여
㉰ 축압을 막기 위하여
㉱ 역회전을 가능하게 하기 위하여

 중하중용이며, 역전하는 경우는 120° 각도로 두 군데 홈을 판다.

**07** 9,600[kg·cm]의 토크를 전달하는 지름 50[cm]인 축에 사용할 키의 길이는? (단, 키는 전단 강도만으로 계산하고, 키는 12[mm]×8[mm], 키의 허용 전단 응력 $\tau$는 800[kg/mm²]임)

㉮ 20[mm]　　　㉯ 30[mm]
㉰ 40[mm]　　　㉱ 50[mm]

$$\tau = \frac{F}{bl} = \frac{2T}{bld}$$
$$l = 2T/bd\tau = 40[\text{mm}]$$

**08** 핀의 용도 중 틀린 것은?

㉮ 너트의 풀림 방지

㉯ 힘이 많이 걸리지 않는 부품의 설치

㉰ 분해할 필요가 없는 부품의 영구적 이음

㉱ 분해 조립하는 부품의 위치 결정

 핀은 너트의 풀림 방지나 핸들과 축의 고정에 쓰이지만 걸리는 힘이 약하다.

**09** 두 갈래로 갈라지기 때문에 너트의 풀림 방지 등에 쓰이는 핀은?

㉮ 평행 핀

㉯ 테이퍼 핀

㉰ 분할 핀

㉱ 스프링 핀

 분할 핀은 두 갈래로 갈라지기 때문에 너트의 풀림 방지 등에 쓰인다.

**10** 안정 키의 구배는?

㉮ 1/20　　㉯ 1/25

㉰ 1/50　　㉱ 1/100

 안정 키의 구배는 1/100이다.

**11** 접선 키에서 120° 각도로 두 곳에 키를 끼우는 이유는?

㉮ 축압을 막기 위해서

㉯ 축을 강하게 하기 위해서

㉰ 큰 동력을 전달하기 위해서

㉱ 역회전을 할 수 있게 하기 위해서

 역회전 시 백래시에 의한 문제점과 정확한 토크를 전달하기 위해서다.

**12** 접선 키의 중심각은?

㉮ 30°　　㉯ 90°

㉰ 120°　　㉱ 180°

 접선 키의 중심각은 120°이다.

**13** 큰 하중에 걸리는 데 사용되는 키는?

㉮ 새들 키　　㉯ 묻힘 키

㉰ 둥근 키　　㉱ 평 키

 큰 하중에 걸리는 데 사용하는 키는 묻힘 키로 틈새가 전혀 없게 하여 사용한다.

**14** 키홈의 설명 중 틀린 것은?

㉮ 어떤 작은 홈일지라도 끝에는 R을 붙인다.

㉯ 새들 키에서는 축은 절삭하지 않고 보스에만 홈을 판다.

㉰ 평 키에서는 축에만 홈을 파고 보스에는 평평하게 절삭한다.

㉱ 접선 키에서는 축과 보스 양쪽에 홈을 파며, 접선각은 120°이다.

 평 키에서는 보스에만 홈을 파고 축에는 평평하게 절삭한다.

**15** 테이퍼 핀의 테이퍼 값은?

㉮ 1/16　　㉯ 1/20

㉰ 1/50　　㉱ 1/100

 테이퍼 핀의 테이퍼 값은 1/100이다.

**16** 원뿔 키의 테이퍼 값은 대략 얼마인가?

㉮ 1/15　　㉯ 1/25

㉰ 1/40　　㉱ 1/50

 원뿔 키의 테이퍼 값은 1/25이다.

---

[정답]　8. ㉰　9. ㉰　10. ㉱　11. ㉱　12. ㉰　13. ㉯　14. ㉰　15. ㉱　16. ㉯

**17** 양쪽 기울기의 코터에서 자립 조건은? (단, 경사각은 $\alpha$, 마찰각은 $\rho$이다)

㉮ $\alpha < 2\rho$  　㉯ $\alpha < \rho$
㉰ $\alpha \leqq \rho$  　㉱ $\alpha \geqq \rho$

 양쪽 기울기의 코터에서 자립 조건은 $\alpha \leqq \rho$이다.

**18** 압축력이 11,760[N], 코터의 두께가 10[mm], 코터의 폭이 20[mm]일 때 코터의 전단 응력은?

㉮ 9.4[MPa]  　㉯ 19.4[MPa]
㉰ 29.4[MPa]  　㉱ 39.4[MPa]

$$\tau = \frac{W}{2bh} = \frac{11,760}{2 \times 1 \times 2}$$
$$= 2,940[\text{N/cm}^2] = 29.4[\text{MPa}]$$

**19** 코터의 자립 조건이란 무엇인가?

㉮ 코터가 인장력에 절단되지 않는 강도
㉯ 코터가 압축력에 절단되지 않는 강도
㉰ 코터가 자연적으로 빠지지 않는 조건
㉱ 코터를 컬러에 끼울 수 있게 한 조건

 코터의 자립 조건은 코터가 자연적으로 빠지지 않는 조건이다.

**20** 코터 핀의 굵기의 종류는?

㉮ 3가지  　㉯ 6가지
㉰ 8가지  　㉱ 10가지

 코터 핀의 굵기 종류는 4[mm], 5[mm], 6[mm], 8[mm], 10[mm], 12[mm], 14[mm], 16[mm]의 8가지가 있다.

**21** 묻힘 키의 규격에서 15×10은 무엇을 가리키는가?

㉮ 키의 길이×높이
㉯ 키의 폭×높이
㉰ 키의 높이×폭
㉱ 키의 길이×폭

 종류, 호칭 치수(폭×길이×높이), 끝 모양 지정, 재료

**22** 토크가 67,500[kg·mm]인 지름 60[mm]의 축에 장착한 성크 키의 너비가 15[mm], 높이가 10[mm], 길이가 50[mm]일 때 키에 발생하는 전단 응력[kg/mm²]은 얼마인가?

㉮ 3  　㉯ 6
㉰ 9  　㉱ 12

$$\tau = \frac{F}{bl} = \frac{2T}{bld}$$
$$= \frac{2 \times 67,500}{15 \times 60 \times 50}$$
$$= 3[\text{kg/mm}^2]$$

# 축(Shaft)

## 01 축의 분류 및 고려 사항

### 1 축의 종류

#### (1) 단면 모양에 의한 분류

① 원형 축 : 속이 찬 축(solid shaft), 속이 빈 축(hollow shaft)

② 각축 : 사각형 축, 육각형 축

#### (2) 작용 하중에 의한 분류

① 차축(axle) : 주로 굽힘 모멘트를 받는 축

   ㉠ 회전하는 축 – 철도 차량

   ㉡ 회전하지 않는 축

② 스핀들(spindle) : 주로 비틀림 모멘트를 받는 축 – 공작 기계 주축

③ 전동축(transmission shaft) : 굽힘과 비틀림을 동시에 받는 축 – 프로펠러 축, 공장의 동력 전달축

#### (3) 형상에 의한 분류

① 직선축(straight shaft) : 보통 사용되는 원통형의 곧은 축

② 크랭크 축(crank shaft) : 왕복 운동과 회전 운동의 상호 변환에 쓰이는 축

③ 테이퍼 축(taper shaft) : 원뿔형으로 연삭기의 주축에 사용되는 축

④ 플렉시블 축(flexible shaft) : 자유롭게 휘어지고 구부러질 수 있는 축

### 2 축의 재료와 표준 지름

#### (1) 축의 재료

① 축에는 보통 경도가 낮고 강인한 0.1~0.4 C 정도의 저탄소강이 많이 사용되지만, 고속 회전축에서 큰 하중을 받는 축은 Ni–Cr강, Ni–Cr–Mo강의 합금강을 사용하며, 마멸에 견뎌야 하는 축에는 침탄법, 고주파 담금질법으로 표면 경화한 합금강이 사용된다.

② 크랭크 축과 같이 복잡한 형상을 가진 축은 단조강, 미하나이트 주철 등이 사용된다.

### (2) 축의 표준 지름

① 축의 지름을 표준 수, 직선 원형 축의 끝, 구름 베어링의 안지름 등을 고려하여 사용하기에 편리하게 규정한 것을 표준 지름이라 한다.

② 축의 지름이 70[mm] 이하일 때는 열간 가공축을 사용하고 130[mm] 이상의 것은 단조축을 사용하며, 열간 가공축의 원통축은 제작상·취급상 일정한 치수로 만들어지고 있다(미국, 일본 등).

## 3 축 설계 시 고려할 사항

### (1) 강도(strength)

하중의 종류에 대응하여 충분한 강도를 가져야 한다.

### (2) 강성(stiffness)

작용 하중에 의한 변형이 어느 한도 이하가 되도록 필요한 강성을 가져야 한다.

### (3) 진동(vibration)

진동이 축의 고유 진동과 공진할 때의 위험 속도를 고려해야 한다.

## 02 | 축의 설계

## 1 축의 강도 설계

### (1) 굽힘 모멘트만을 받는 축

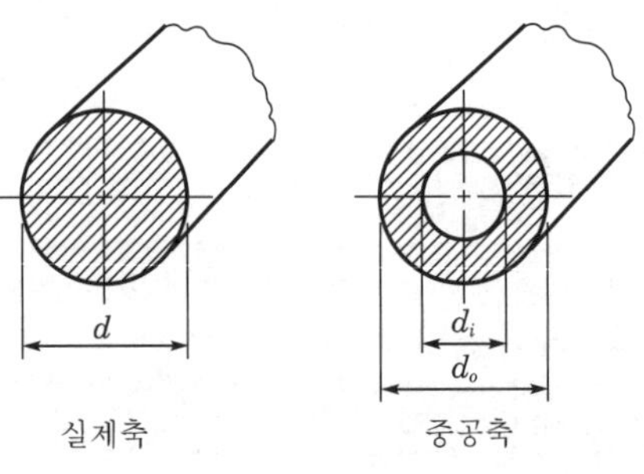


| 그림 5.21 | 중실과 중공축

① **속이 찬 축의 경우**(solid shaft)

$$M \leqq \sigma_b \cdot z \leqq \sigma_b \frac{\pi d^3}{32}$$

$$d = \sqrt[3]{\frac{32M}{\pi \sigma_b}} = \sqrt[3]{\frac{10.2M}{\sigma_b}} \fallingdotseq 2.17 \sqrt[3]{\frac{M}{\sigma_b}} \ [\text{mm}]$$

여기서, $M$ : 축에 작용하는 굽힘 모멘트[kg·mm]

$\sigma$ : 굽힘 응력[kg/mm$^2$]

$d$ : 축지름[mm]

$z$ : 단면계수$\left(z = \dfrac{\pi d^3}{32}\right)$

$d_o$ : 속이 빈 축의 바깥 지름[mm]

$d_i$ : 속이 빈 축의 안지름[mm]

② **속이 빈 축의 경우**(hollow shaft)

$$M \leqq \sigma_b \cdot z \leqq \sigma_b \frac{\pi}{32} \frac{d_o^{\ 4} - d_i^{\ 4}}{d_o}$$

여기서, $n = \dfrac{d_i}{d_o}$ (내외경 비)라면

$$M = \sigma_b \frac{\pi d_o^{\ 3}}{32} (1 - n^4)$$

$$d_o = \sqrt[3]{\frac{32M}{\pi(1-n^4)\sigma_b}} = \sqrt[3]{\frac{10.2M}{(1-n^4)\sigma_b}} \fallingdotseq 2.17 \sqrt[3]{\frac{M}{(1-n^4)\sigma_b}} \ [\text{mm}]$$

이때 중실축과 중공축의 경우 강도가 같다고 한다면 식 5-1과 5-2에서 $d^3 = d_o^{\ 3}(1-n^4)$이므로

$$d_o = \frac{d}{\sqrt[3]{1-n^4}}, \quad d_i = \frac{nd}{\sqrt[3]{1-n^4}}$$

여기서, $\dfrac{d_o}{d} = \sqrt[3]{\dfrac{1}{1-n^4}}$ 이라고 쓴다면 $n = \dfrac{d_i}{d_o} < 1$이므로, $n^4$은 매우 작은 값이 되고 $1-n^4$은 1에 가까운 값이 된다.

따라서 $\dfrac{d_o}{d} \fallingdotseq 1$, 즉 $d_o = d$보다 약간 크게 될 뿐이므로 중공축은 중실축보다 훨씬 가볍게 되는 것을 알 수 있다.

**| 표 5.1 | 원통축의 모멘트와 단면계수**

| 축 단면 | 단면 2차 모멘트 $I$ | 극단면 2차 모멘트 $I_p = 2I$ | 단면 계수 $Z$ | 극단면계수 $Z_p = 2Z$ |
|---|---|---|---|---|
| 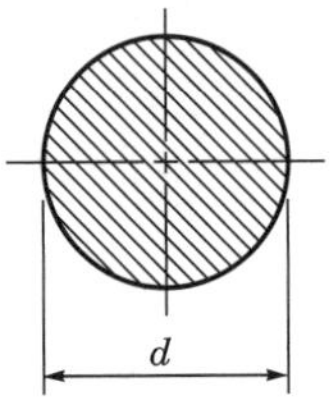  | $\frac{\pi}{64}d^4$ | $\frac{\pi}{32}d^4$ | $\frac{\pi}{32}d^3$ | $\frac{\pi}{16}d^3$ |
| 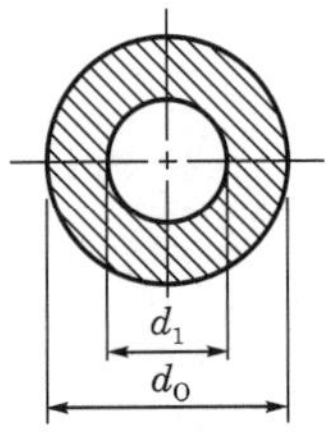  | $\frac{\pi}{64}(d_o^4 - d_i^4)$ | $\frac{\pi}{32}(d_o^4 - d_i^4)$ | $\frac{\pi}{32} \times \frac{d_o^4 - d_i^4}{d_o}$ | $\frac{\pi}{16} \times \frac{d_o^4 - d_i^4}{d_o}$ |

### (2) 비틀림 모멘트만을 받는 축

① 속이 찬 축의 경우

$$T = \tau_a \cdot z_p = \tau_a \frac{\pi d^3}{16}$$

$$d = \sqrt[3]{\frac{16T}{\pi \tau_a}} = \sqrt[3]{\frac{5.1T}{\tau_a}} = 1.72\sqrt[3]{\frac{T}{\tau_a}}$$

여기서, $T$ : 비틀림 모멘트[kg·mm]

$\tau_a$ : 비틀림 응력[kg/mm$^2$]

② 속이 빈 축의 경우

$$T = \tau_a \cdot z_p = \tau_a \cdot \frac{\pi}{16}\frac{d_o^4 - d_i^4}{d_o} = \tau_a \cdot \frac{\pi}{16}d_o^3(1 - n^4)\tau_a$$

$$d_o = \sqrt[3]{\frac{16T}{\pi(1-n^4)\tau_a}} = \sqrt[3]{\frac{5.1T}{(1-n^4)\tau_a}} = 1.72\sqrt[3]{\frac{T}{(1-n^4)\tau_a}}$$

또,

$$H_{kW} = \frac{2\pi NT}{102 \times 60 \times 1{,}000}[\text{kW}]$$

$$H_{PS} = \frac{2\pi NT}{75 \times 60 \times 1{,}000}[\text{PS}]$$

따라서, 축의 전달 토크 $T$는

$$T = 974,000 \frac{H_{\mathrm{kW}}}{N}\,[\mathrm{kg\cdot mm}]$$

$$T = 716,200 \frac{H_{\mathrm{PS}}}{N}\,[\mathrm{kg\cdot mm}]$$

$N[\mathrm{rpm}]$으로 전달시키는 중실축의 지름 $d$ 는

$$T = \frac{\pi d^3}{16}\,\tau_a = 974,000 \frac{H_{\mathrm{kW}}}{N}\ \text{나}$$

또는

$$T = \frac{\pi d^3}{16}\,\tau_a = 716,200 \frac{H_{\mathrm{PS}}}{N}\ \text{에서}$$

$$d = \sqrt[3]{\frac{16 \times 974,000 H_{\mathrm{kW}}}{\pi \tau_a N}}\,[\mathrm{mm}]$$

$$d = \sqrt[3]{\frac{16 \times 716,200 H_{\mathrm{PS}}}{\pi \tau_a N}}\,[\mathrm{mm}]$$

$N[\mathrm{rpm}]$으로 전달시키는 중공축의 바깥 지름 $d_0$ 는

$$T = \frac{\pi}{16} d_o^3 (1 - n^4) \cdot \tau_a = 974,000 \frac{H_{\mathrm{kW}}}{N}\ \text{에서}$$

$$d_o = \sqrt[3]{\frac{16 \times 974,000 \dfrac{H_{\mathrm{kW}}}{N}}{\pi (1 - n^4)\tau_a N}}\,[\mathrm{mm}]$$

## (3) 굽힘과 비틀림 모멘트를 동시에 받는 축

조합 응력이 발생하는 축에는 굽힘과 비틀림 모멘트가 동시에 작용하는 경우가 많다. 이때 축에 양 모멘트가 동시에 작용한 것과 같은 효과를 주는 상당 굽힘 모멘트(equivalent bending moment) $M_e$ 와 상당 비틀림 모멘트(equivalent twisting moment) $T_e$ 를 생각하여, 주철과 같은 취성 재료일 때 최대 주응력설을, 연강과 같은 연성 재료일 때는 최대 전단 응력설의 식을 사용하여 축지름을 구하고 안전을 고려해서 그중에서 큰 값을 취하여 결정한다.

$$T_e = \sqrt{M^2 + T^2} = \frac{\pi d^3}{16} \cdot \tau_a\ \text{에서}$$

$$d = \sqrt[3]{\frac{16}{\pi \tau_a} \sqrt{M^2 + T^2}}$$

$$M_e = \frac{1}{2}(M + \sqrt{M^2 + T^2}) = \frac{\pi d^3}{32} \cdot \sigma_b\ \text{에서는}$$

$$d = \sqrt[3]{\frac{16}{\pi \sigma_b}(M + \sqrt{M^2 + T^2})}$$

## (4) 동하중을 받는 축

축에 작용하는 모멘트가 일정하지 않고 변동하거나 충격적으로 작용하는 경우가 많다.
따라서, 이러한 동적 효과를 고려하여 축설계 시 동적 효과계수를 모멘트에 곱하여 계산한다.

$$d = \sqrt[3]{\frac{16}{\pi\tau_a}\sqrt{(k_m M)^2 + (k_t T)^2}}$$

$$d = \sqrt[3]{\frac{16}{\pi\sigma_a}\left\{k_m M + \sqrt{(k_m M)^2 + (k_t T)^2}\right\}}$$

| 표 5.2 | 동적 효과계수

| 하중의 종류 | 회전축 | | 정지축 | |
|---|---|---|---|---|
| | $k_t$ | $k_m$ | $k_t$ | $k_m$ |
| 정하중 또는 극히 약한 동하중 | 1.0 | 1.5 | 1.0 | 1.0 |
| 심한 변동 하중 또는 약한 충격 하중 | 1.0~1.5 | 1.5~2.0 | 1.5~2.0 | 1.5~2.0 |
| 격렬한 충격 하중 | 1.5~3.0 | 2.0~3.0 | – | – |

## 2 축의 강성 설계

## (1) 굽힘에 의한 강성

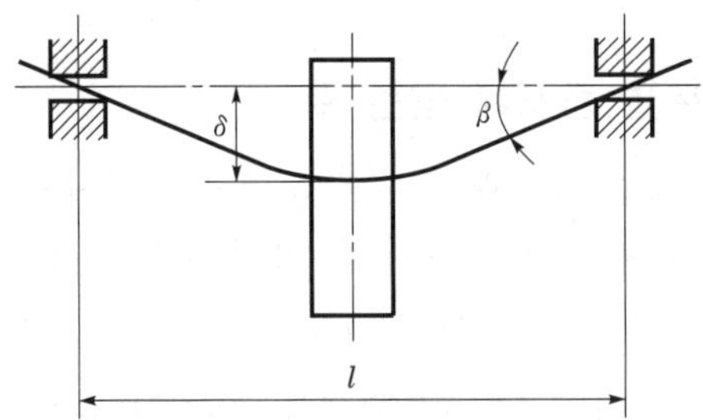

| 그림 5.22 | 축의 굽힘 강성

양단 지지보에서 중앙에 집중 하중이 작용할 때 보의 처침 $\delta$와 처짐각 $\beta$는

$$\delta = \frac{Pl^3}{48EI}$$

$$\beta = \frac{Pl^2}{16EI}$$

따라서, 처짐과 처짐각 사이의 관계는

$$\frac{\delta}{\beta} = \frac{l}{3}$$

여기서, $\beta \leqq \dfrac{1}{1,000}$ 로 제한하므로

$$\delta_{\max} \leqq \frac{l}{3,000}$$

즉, 축의 길이 1[m]에 대하여 처짐은 0.3[mm] 이하로 제한하고 있다.

## (2) 비틀림에 의한 강성

토크를 전달하는 축에서는 탄성적으로 어느 각도만큼 비틀어진다. 이 값이 크게 되면 진동의 원인이 되므로 축의 파괴 강도와는 관계없이 비틀림 각도 어떤 제한을 주고 있다.

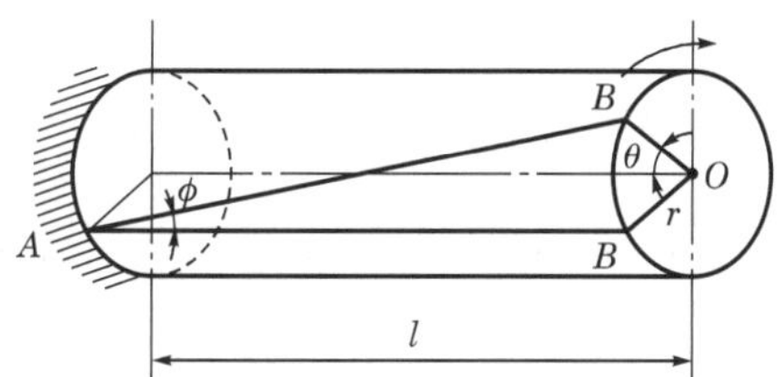

| 그림 5.23 | 축의 비틀림 강성

길이 $l\,[\text{mm}]$에 대한 두 축단면 사이의 비틀림 각 $\theta$는

$$\theta = \frac{Tl}{GI_p} = \frac{Tl}{G\dfrac{\pi d^4}{32}}\,[\text{rad}]$$

$$\theta°\,[\text{degree}] = \frac{180}{\pi}\theta\,[\text{rad}]$$

$$\theta° = \frac{180}{\pi}\frac{Tl}{GI_p} = \frac{180}{\pi}\frac{Tl}{G\dfrac{\pi d^4}{32}} = 583.6\frac{Tl}{Gd^4}\,[\text{degree}]$$

일반적으로 전동축의 비틀림 각을 1[m]당 $0.25°$로 제한한다.

$$\theta° \leqq 0.25°/m \leqq \frac{1}{4}°/m$$

또, 긴축이나 급격하게 반복 하중을 받는 축에서 $\theta°$는

$$\theta° \leqq 0.125°/m \leqq \frac{1}{8}°/m$$

축재료가 연강인 경우 전단 탄성계수 $G = 8,300[\text{kg/mm}^2]$, 길이 $l = 1,000[\text{mm}]$,

$T = 716,200\dfrac{H_{\text{PS}}}{N}[\text{kg·mm}]$이므로, 바하(bach)의 축공식은

$$\theta° = \frac{180}{\pi}\frac{Tl}{GI_p} \leqq 0.25°/m$$

이것에 값을 대입하여 정리하면

$$d \fallingdotseq 120\sqrt[4]{\frac{H_{PS}}{N}}\ [\text{mm}]$$

중공축의 경우 바깥 지름 $d_o$는

$$d_o = 120\sqrt[4]{\frac{(1-n^4)H_{PS}}{N}}\ [\text{mm}]$$

또한, $T = 974,000\dfrac{H_{kW}}{N}\ [\text{kg·mm}]$를 대입하면 축지름 $d$는

$$d \fallingdotseq 130\sqrt[4]{\frac{H_{kW}}{N}}\ [\text{mm}]$$

강도상으로 구한 축지름에 비틀림 강성을 고려한 비틀림 $\theta°$는

$$\theta° = \frac{180}{\pi}\frac{Tl}{GI_p} = \frac{180}{\pi}\frac{Tl}{G\dfrac{\pi d^4}{32}}\ [\text{degree}] \text{에 } T = \frac{\pi}{16}d^3\tau_a \text{를 대입하여 정리하면}$$

$$\theta° = \frac{180}{\pi}\frac{2l\tau_a}{Gd}\ [\text{degree}]$$

## 03 축에 영향을 끼치는 요인

축을 설계할 때는 주어진 회전 조건과 하중 조건에서 파손되지 않게 하기 위한 충분한 강도(strength)를 갖게 하고, 휨(deflection)과 비틀림(twisting)이 어느 한도 이내에 있도록 필요한 강성도(stiffness)를 가지고 있어야 한다. 또, 임계 속도(critical speed)로부터 25% 이상 떨어진 상태에서 사용할 수 있도록 하는 조건들이 요구된다.

① 강도(strength)

② 강성도(stiffness)

③ 진동(vibration)

④ 부식(corrosion)

⑤ 열응력(thermal stress)

⑥ 재료(material)

# 적·중·예·상·문·제

**01** 비틀림 모멘트가 1,000[kg·mm]인 둥근 축의 지름[mm]은? (단, 축의 허용 전단 응력은 5[kg/mm²]이다)

㉮ 10 　　㉯ 100
㉰ 15 　　㉴ 150

$T = \tau Z_p$에서
$$d = \sqrt[3]{\frac{5.1\,T}{\tau}} = \sqrt[3]{\frac{5.1 \times 1,000}{5}} = 10[\mathrm{mm}]$$

**02** 전동축의 안전율은?

㉮ 3~5 　　㉯ 5~7
㉰ 8~10 　　㉴ 12~14

전동축의 안전율은 8~10이다.

**03** 축의 설계에서 축의 굽힘을 최대 얼마로 제한하는가?

㉮ 1/2,000[cm/m]
㉯ 1/3,000[cm/m]
㉰ 1/4,000[cm/m]
㉴ 1/5,000[cm/m]

축의 설계에서 축의 굽힘을 최대 1/3,000 [cm/m]로 제한한다.

**04** 크랭크 축의 재료는?

㉮ 연강 　　㉯ 알루미늄 합금
㉰ 합금강 　　㉴ 단조강

크랭크 축의 재료는 내부의 조직이 치밀한 단조강을 사용한다.

**05** 다음 중 확실한 전동을 요할 때 축의 비틀림 각은?

㉮ $\left(\dfrac{1}{4}\right)^{\circ}$ 　　㉯ $\left(\dfrac{1}{3}\right)^{\circ}$
㉰ $\left(\dfrac{1}{2}\right)^{\circ}$ 　　㉴ $1^{\circ}$

확실한 전동을 요할 때 축의 비틀림 각은 $\left(\dfrac{1}{4}\right)^{\circ}$이다.

**06** 축이 자유로이 휠 수 있는 축은?

㉮ 전동축 　　㉯ 크랭크 축
㉰ 중공축 　　㉴ 플렉시블 축

축이 자유로이 휠 수 있는 축은 플렉시블 (flexible) 축이다.

**07** 굽힘 모멘트를 900[kg·m] 받는 둥근 축의 지름[mm]은 얼마인가? (단, 축의 굽힘 응력은 5[kg/mm²]이다)

㉮ 35.5 　　㉯ 57.5
㉰ 82.3 　　㉴ 121.6

$M = \sigma Z$로서
$$d = \sqrt[3]{\frac{10.2\,M}{\sigma}} = \sqrt[3]{\frac{10.2 \times 900 \times 1,000}{5}}$$
$$= 121.6[\mathrm{mm}]$$

[정답]　1. ㉮　2. ㉰　3. ㉯　4. ㉴　5. ㉮　6. ㉴　7. ㉴

**08** 4,500[kg·cm]의 비틀림 모멘트가 작용하는 지름 8[cm]의 둥근 막대기에 생기는 비틀림 응력[kg/cm²]을 구하면?

㉮ 336.2　　　㉯ 33.6
㉰ 448　　　㉱ 44.8

 $T = \tau Z_p$ 에서

$$\tau = \frac{T}{Z_p} = \frac{4,500}{\dfrac{3.14 \times 8^3}{32}} = 44.8[\mathrm{kg/cm^2}]$$

**09** 비틀림 모멘트가 4,800[kg·cm]이고, 회전수가 300[rpm]인 전동축의 마력수를 구하면 얼마인가?

㉮ 10[PS]　　　㉯ 11[PS]
㉰ 20[PS]　　　㉱ 25[PS]

 $T = 71,620\dfrac{H_p}{n}$ 에서

$$H_p = \frac{n \times T}{71,620} = 20[\mathrm{PS}]$$

**10** 축에서 상당 휨 모멘트 $M_e$는?

㉮ $M_e = \dfrac{M + T_e}{2}$

㉯ $M_e = \sqrt{T^2 + M^2}$

㉰ $M_e = M + T_e$

㉱ $M_e = \dfrac{\sqrt{T^2 + M^2}}{2}$

 상당 휨 모멘트 $M_e$는 굽힘 모멘트와 비틀림 모멘트가 존재할 때 적용한다.

**11** 다음 중 전동축의 동력 전달 순서가 옳게 된 것은?

㉮ 주축 – 중간축 – 선축
㉯ 선축 – 중간축 – 주축

㉰ 주축 – 선축 – 중간축
㉱ 선축 – 주축 – 중간축

 전동축의 동력 전달 순서는 주축–선축–중간축 순이다.

**12** 큰 하중을 받거나 고속 회전에 사용하는 적당한 축의 재료는?

㉮ 주강
㉯ 주철
㉰ 니켈-크롬-몰리브덴 강
㉱ 단조강

 큰 하중을 받거나 고속 회전에 사용하는 적당한 축의 재료는 니켈-크롬-몰리브덴 강이다.

**13** 주로 휨을 받는 회전축은?

㉮ 주축　　　㉯ 차축
㉰ 선축　　　㉱ 중간축

 주로 휨을 받는 회전축은 차축이다.

**14** 왕복 운동 기관의 직선 운동을 회전 운동으로 바꾸는 축은?

㉮ 직선축　　　㉯ 크랭크 축
㉰ 중간축　　　㉱ 선축

 왕복 운동 기관의 직선 운동을 회전 운동으로 바꾸는 축은 크랭크 축이다.

**15** 선반, 밀링 머신 등 공작 기계의 주축에 많이 사용하는 축은?

㉮ 스핀들　　　㉯ 차축
㉰ 중간축　　　㉱ 선축

선반, 밀링 머신 등 공작 기계의 주축에 많이 사용하는 축은 스핀들 축이다.

---

[정답]　8. ㉱　9. ㉰　10. ㉮　11. ㉰　12. ㉰　13. ㉯　14. ㉯　15. ㉮

**16** 축의 진동에서 위험 속도를 방지하려면 축의 회전 속도를 축의 고유 진동수보다 훨씬 낮은 값으로 하여야 하는데 몇 [%] 이내로 하는가?

㉮ 10[%] 이내  ㉯ 15[%] 이내
㉰ 20[%] 이내  ㉱ 25[%] 이내

 축의 회전 속도는 축의 고유 진동수보다 25[%] 이내이어야 한다.

**17** 축의 설계상 주의할 점이 아닌 것은?

㉮ 축의 강도를 고려한다.
㉯ 피로, 충격을 고려한다.
㉰ 응력 집중의 영향을 고려한다.
㉱ 사용 회전수는 될 수 있는 한 무제한으로 한다.

 사용 회전수는 설계 조건에 적당하게 제한하여야 한다.

**18** 주로 비틀림을 받는 축으로 치수가 정밀하며 변형량이 적어야 하는 축은?

㉮ 차축  ㉯ 스핀들
㉰ 전동축  ㉱ 플렉시블 축

 스핀들 축은 정밀 기계에 적용하는 축으로 변형량이 적어야 한다.

**19** 차축에서의 힘은?

㉮ 주로 굽힘만을 받는다.
㉯ 주로 비틀림만을 받는다.
㉰ 압축만을 받는다.
㉱ 굽힘과 비틀림을 동시에 받는다.

 차축에서 자중에 의해서 가해지는 굽힘 하중을 받는다.

**20** 축에 사용하는 재료 중 관계없는 것은?

㉮ 구리 합금  ㉯ 탄소강
㉰ Ni  ㉱ Ni-Cr 강

 구리 합금은 내마모성 재료로 운동하는 마찰부에 베어링 재료로 사용한다.

**21** 중하중과 고속 회전에 적당한 축은?

㉮ 주철  ㉯ Ni-Cr 강
㉰ 주강  ㉱ 단조강

 중하중과 고속 회전은 Ni-Cr 강을 사용한다.

**22** 터빈 축에서 발생되는 진동은?

㉮ 비틀림 진동  ㉯ 휨진동
㉰ 수직 진동  ㉱ 수평 진동

 터빈 축은 고속으로 회전하므로 비틀림 진동이 발생한다.

**23** 축의 치수를 정하는 데 불필요한 것은?

㉮ 하중  ㉯ 축간 거리
㉰ 재료  ㉱ 축의 단면 형상

 재료는 축의 요동에 의해서 결정된다.

**24** 회전수 2,800[rpm]인 축으로 2[PS]를 전달할 때 비틀림 모멘트는?

㉮ 511.6[kg·mm]  ㉯ 511.6[kg·cm]
㉰ 716[kg·mm]  ㉱ 716[kg·cm]

$T = 71,620 \dfrac{H_p}{n}$ 에서

$$T = 71,620 \frac{H_p}{n} = 71,620 \frac{2}{2,800}$$
$$= 511.6[\text{kg·m}]$$

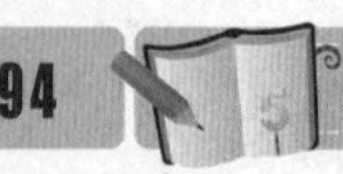

## 25 임계 속도(critical speed)란?

㉮ 축의 회전 속도가 어느 값이 되면 갑자기 진동을 일으키는 때의 회전수

㉯ 축의 회전 가능한 최대의 회전수

㉰ 축의 이음 부분이 마찰에 의하여 마모되기 시작하는 때의 회전수

㉱ 진동축에서 안전율 8~10일 때의 회전수

 임계 속도(critical speed)는 축의 회전 속도가 어느 값이 되면 갑자기 진동을 일으키는 때의 회전수를 의미한다.

# CHAPTER 06

# 축이음(Shaft coupling)

## 01 | 축이음의 분류

### 1 커플링(coupling)

#### (1) 고정 커플링(rigid coupling)

일직선상에 있는 두 축을 연결한 것으로 주로 키(key)를 사용하여 결합하고 양 축 사이의 상호 이동이 전혀 허용되지 않는 커플링으로서 원통 커플링, 플랜지 커플링이 있다.

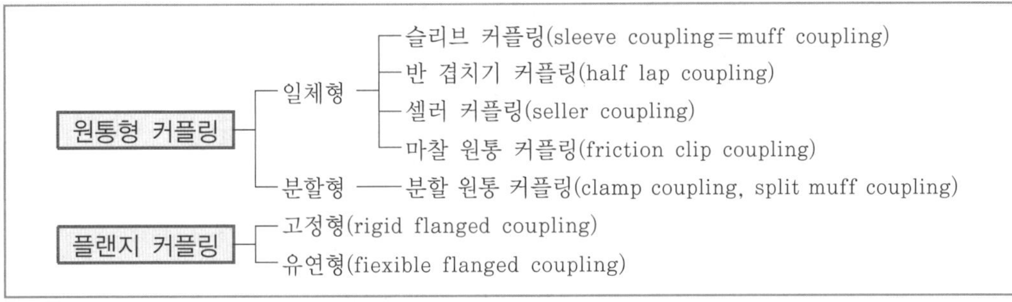


| 그림 5.24 | 고정 커플링의 분류

① 원통 커플링

두 축의 끝을 맞대어 맞추고 원통의 보스를 끼워 맞춤시켜 키 또는 마찰력으로 동력을 전달하는 커플링이다.

㉠ 머프 커플링(muff coupling) : 주철제의 원통 속에서 두 축을 맞대어 맞추고 키로 고정하는 가장 간단한 구조의 커플링으로 축지름과 전달 동력이 아주 작은 기계의 축이음에 사용되나 인장력이 작용하는 축이음에는 적절하지 못하다.

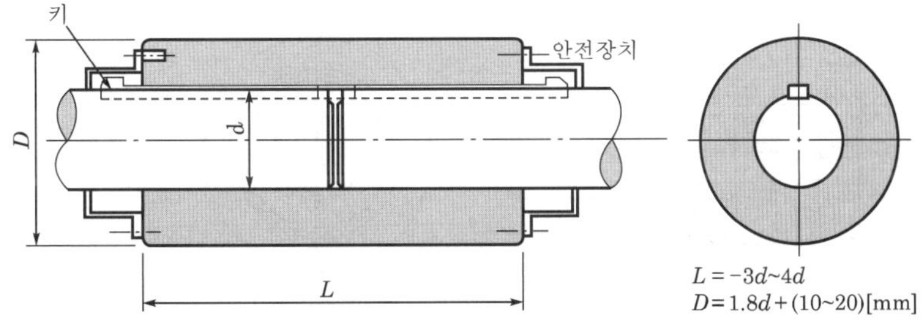


| 그림 5.25 | 머프 커플링(muff coupling)

ⓛ 반 중첩 커플링(half lap coupling) : 축 단을 약간 크게 하여 경사지게 중첩시켜 공통의 키로 고정한 커플링으로 축 방향으로 인장력이 작용하는 경우에 사용한다.

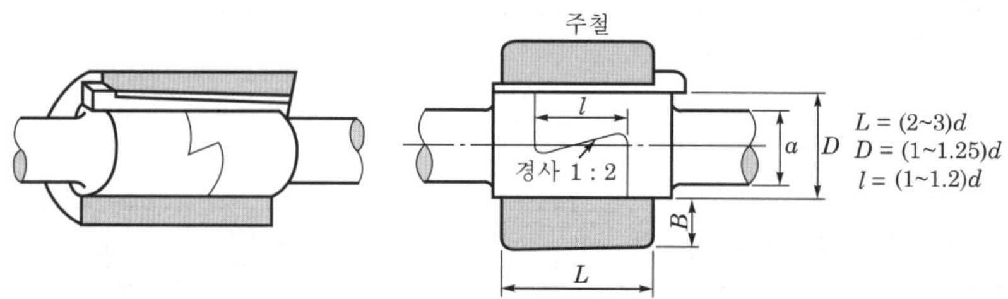

| 그림 5.26 | 반 중첩 커플링(half lap coupling)

ⓒ 셀러 커플링 : 안쪽은 원통형, 바깥쪽은 테이퍼진 원추형인 안통과 내경이 양쪽 방향으로 테이퍼진 바깥통으로 구성되어 있다.

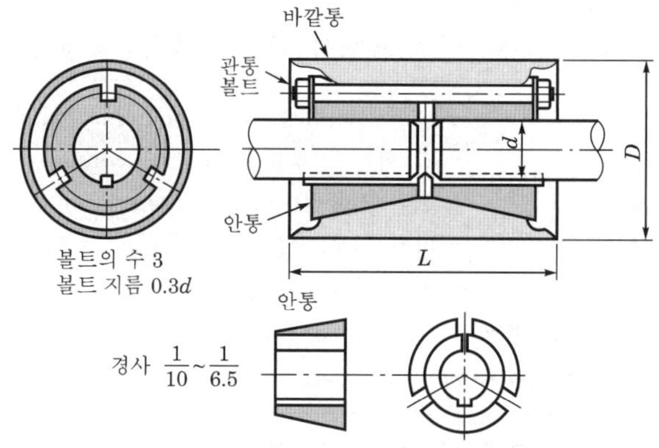

| 그림 5.27 | 셀러 커플링

ⓔ 마찰 원통 커플링(friction clip coupling) : 바깥 둘레가 원추형으로 된 주철제 분할통을 두 축의 연결 부분에 씌우고 연강제의 링을 양끝에서 두드려 박아 죄는 커플링이다. 큰 토크의 전달에는 적합하지 않으나 설치 및 분해가 용이하고 임의의 위치에 설치할 수 있다.

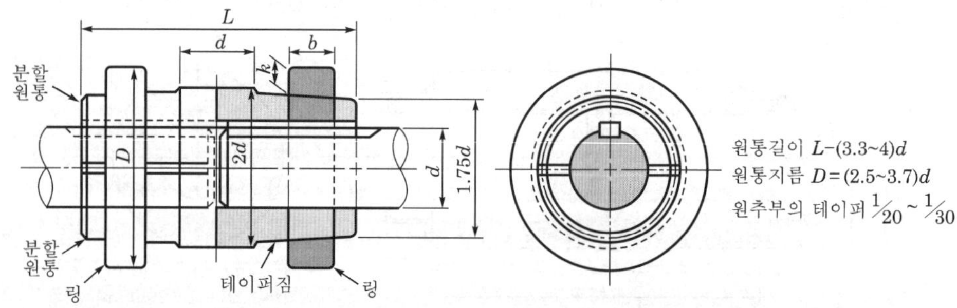

| 그림 5.28 | 마찰 원통 커플링(friction clip coupling)

㉤ 분할 원통 커플링 또는 클램프 커플링(clamp coupling) : 주철 또는 주강제의 2개
의 반원통(clamp)을 볼트로 죄고 두 축을 공동의 키로 연결한 커플링으로 축지름
200[mm] 정도까지 사용한다.

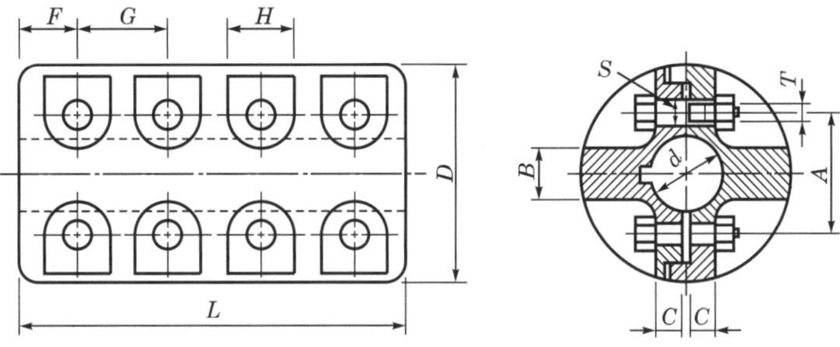

(단위 : [mm])

| 축지름 | 분체 | | | | | | | | | 타입 볼트 | | | 중량 |
| (d) | D | L | A | B | C | E | F | G | H | S | T | 치수 | [kg] |
|---|---|---|---|---|---|---|---|---|---|---|---|---|---|
| 40 | 115 | 160 | 70 | 32 | 20 | 1 | 27 | 53 | 38 | 15 | 1/2 | 6 | 8 |
| 45 | 127 | 180 | 76 | 36 | 22 | 1 | 30 | 60 | 40 | 15 | 1/2 | 6 | 11 |
| 50 | 138 | 200 | 82 | 39 | 24 | 1 | 33 | 67 | 43 | 18 | 5/8 | 6 | 14 |
| 55 | 150 | 220 | 88 | 42 | 26 | 1 | 37 | 73 | 46 | 18 | 5/8 | 6 | 18 |
| 60 | 162 | 240 | 96 | 46 | 28 | 1 | 40 | 80 | 50 | 22 | 3/4 | 6 | 24 |
| 65 | 172 | 260 | 102 | 50 | 30 | 1.5 | 43 | 87 | 52 | 22 | 3/4 | 6 | 30 |
| 70 | 185 | 280 | 108 | 53 | 32 | 1.5 | 47 | 93 | 55 | 25 | 7/8 | 6 | 35 |

| 그림 5.29 | 분할 원통 커플링 또는 클램프 커플링(clamp coupling)

② 플랜지 커플링(flange coupling)

두 축에 플랜지를 끼워 키로 고정하고 볼트로 결합시킨 것으로, 일반 기계의 축이음으
로 널리 사용하며 지름이 200[mm] 이상인 큰 축과 고속 정밀 회전축에 적당하다.

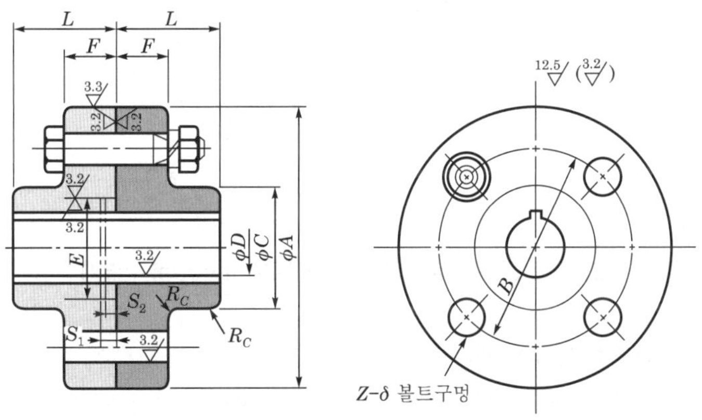

| 그림 5.30 | 플랜지 커플링(flange coupling)

(단위 : [mm])

| 커플링 바깥 지름 $(A)$ | $D$ | | $L$ | $C$ | $B$ | $F$ | 볼트 수 $Z$ (개) | 볼트 지름 $\delta$ | 참고 | | | | | | |
|---|---|---|---|---|---|---|---|---|---|---|---|---|---|---|---|
| | 최대축 구멍 지름 | (참고) 최소축 구멍 지름 | | | | | | | 끼움부 | | | $R_C$ (약) | $R_A$ (약) | $c$ (약) | 볼트 뽑기 여유 |
| | | | | | | | | | $E$ | $S_2$ | $S_1$ | | | | |
| 112 | 28 | 16 | 40 | 50 | 75 | 16 | 4 | 10 | 40 | 2 | 3 | 2 | 1 | 1 | 70 |
| 125 | 32 | 18 | 45 | 56 | 85 | 18 | 4 | 14 | 45 | 2 | 3 | 2 | 1 | 1 | 81 |
| 140 | 38 | 20 | 50 | 71 | 100 | 18 | 6 | 14 | 56 | 2 | 3 | 2 | 1 | 1 | 81 |
| 160 | 45 | 25 | 56 | 80 | 115 | 18 | 8 | 14 | 71 | 2 | 3 | 3 | 1 | 1 | 81 |
| 180 | 50 | 28 | 63 | 90 | 132 | 18 | 8 | 14 | 80 | 2 | 3 | 3 | 1 | 1 | 81 |

## (2) 유연성 커플링(flexible coupling)

두 축의 중심선을 일치시키기 어렵거나, 고속 회전이나 급격한 전달력의 변화로 진동이나 충격이 발생하는 경우 고무, 가죽, 스프링 등을 이용하여 충격과 진동을 완화시켜 주며 동력을 전달하는 커플링이다.

① 올덤 커플링(oldham's coupling)

두 축이 평행하며 두 축 사이가 비교적 가까운 경우에 사용하며 원심력에 의하여 진동이 발생하므로 고속 회전의 이음으로는 적절치 못하다.

② 유니버설 조인트(universal joint)

두 축의 축선이 어느 각도로 교차되고 그 사이의 각도가 운전 중 다소 변하더라도 자유로이 운동을 전달할 수 있는 커플링으로 두 축의 각도는 원활한 전동을 위하여 30° 이하로 제한하는 것이 좋다.

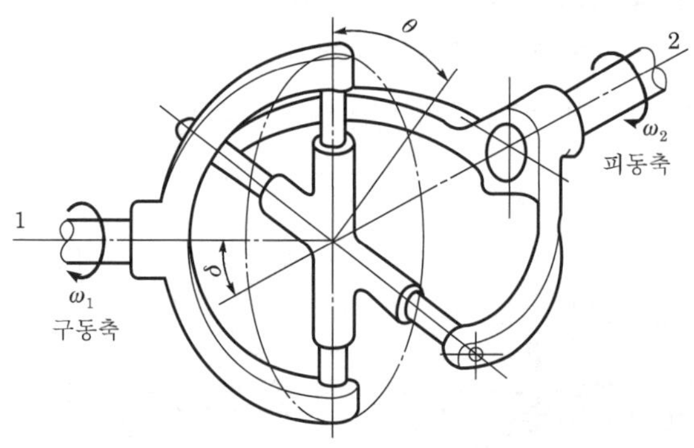


| 그림 5.31 | 유니버설 조인트(universal joint)

③ 고무 커플링(rubber coupling)

방진 고무의 탄성을 이용한 커플링으로 두 축의 중심선이 많이 어긋나는 경우 나 충격이나 진동이 심한 경우 사용하나 큰 토크를 전달하기에는 적당하지 못하다.

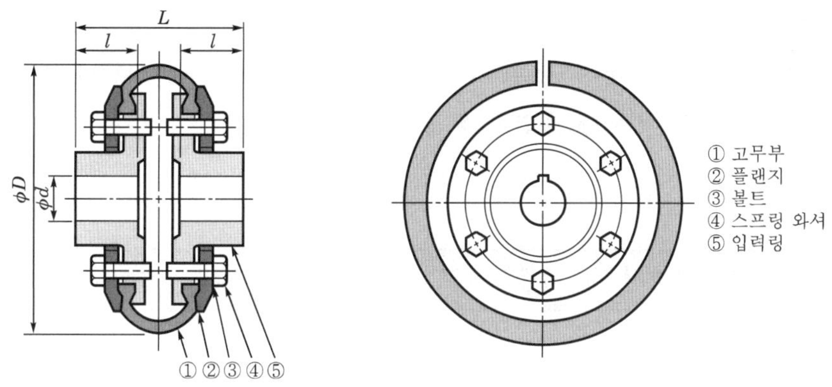



| 그림 5.32 | 비틀림 전단형 고무 축이음(타이어형)

④ 기어 커플링(gear coupling)

한 쌍의 내접 기어로 이루어진 커플링으로 두 축의 중심이 다소 어긋나도 별지장 없이 토크를 전달할 수 있어 고속 회전의 축이음에 사용된다.

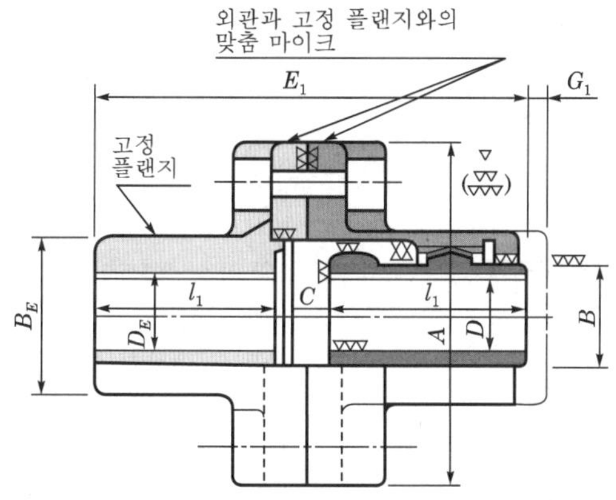



| 그림 5.33 | 기어형 커플링(보통 인장축형)

## 2 클러치(clutch)

### (1) 맞물림 클러치(claw clutch)

가장 간단한 구조로서, 플랜지에 서로 물릴 수 있는 돌기 모양의 이가 있어 이 이가 서로 물려 동력을 단속하게 된다.

### (2) 마찰 클러치(friction clutch)

마찰력에 의하여 회전력을 전달하는 클러치로서, 마찰면의 모양에 따라 원판 클러치, 원통 클러치, 분할 링 클러치, 띠 클러치(밴드 클러치)가 있다.

### (3) 유체 클러치(fluid clutch)

유체 클러치 및 토크 컨버터는 모두 원동축에 고정된 펌프의 날개 바퀴와 종동축에 고정된 터빈 날개 바퀴의 그 사이에 충만된 유체로 구성되어 있다.

## 02 | 벨트(Belt)

### (1) 개요

벨트(belt)는 긴 중심 간 거리에 사용되며 타이밍 벨트를 제외하고는 미끄럼과 크리프 때문에 두 축간의 각속도비는 일정하지도 않고, 풀리 직경의 비에 정확하게 비례하지도 않지만 진동은 적고 정숙한 운전이 가능하다.

평 벨트의 경우, 느슨한 풀리에서 팽팽한 풀리로 옮김에 의해 클러치 작용이 얻어진다. V 벨트의 경우, 작은 풀리에 스프링 하중을 가함으로써 각속도의 변화를 얻을 수 있다. 효율이 높고 간단하여 비용이 저렴하나 고부하 고속도에는 적합하지 않다.

**| 표 5.3 | 벨트의 종류와 특징**

| 벨트의 종류 | 형상 | 연결부 | 크기 범위 | 축간 거리 |
|---|---|---|---|---|
| flat belt | | O | $t=0.75\sim5[\text{mm}]$ | 제한 없음. |
| round belt | | O | $d=3\sim19[\text{mm}]$ | 제한 없음. |
| V belt | | × | $b=8\sim19[\text{mm}]$ | 제한됨. |
| timing belt | | × | $p\geqq2[\text{mm}]$ | 제한됨. |

### (2) 벨트 전동의 특징

① 크리핑(creeping)

벨트가 풀리를 따라 회전하는 동안 벨트에 작용하는 인장력이 달라져 변형량도 변화하게 된다. 이완 측에 가까운 부분에서 인장력의 감소로 변형량이 줄어들므로 벨트가 풀리 위를 기어가는 현상이 발생한다. 이 현상은 긴장 측과 이완 측 사이의 장력차가 클수록 비례하여 증대한다. 이것은 벨트 미끄러짐(belt slip)과 구분된다.

② 벨트 미끄러짐

긴장 측과 이완 측 사이의 장력비가 너무 클 때(약 20배 정도), 즉 초기 장력이 너무

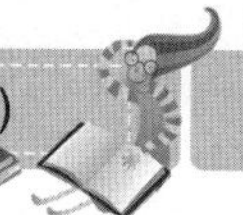

작을 때 벨트가 풀리 위를 미끄러지는 현상으로 이 경우가 발생하면 전달 동력을 충분히 전달할 수 있는 마찰력(수직력과 관계 있음)을 발생하지 못한다. 이때 벨트가 미끄러지면 긁히는 소리가 나며 벨트에 열이 발생하게 된다.

③ **플래핑**(flapping)

축 중심 간 거리가 긴 경우 고속으로 벨트 전동을 하면 벨트가 파닥파닥 소리를 내며 파도치는 현상이 발생하는 것을 의미한다.

## (3) 평벨트 구동 형상

① 바로 걸기

슬립 현상으로 2~3% 느리고 속도 변화가 발생하며 벨트 속도와 풀리 속도 차이를 크리핑이라 한다. 벨트가 긴 경우 플래핑 현상(파도)도 발생한다.

$$\frac{N_d}{N_D} = \frac{\omega_d}{\omega_D} = \frac{d}{D}$$

$$\theta_s = \pi - 2\sin^{-1}\frac{D-d}{2C}$$

$$\theta_s = \pi + 2\sin^{-1}\frac{D-d}{2C}$$

$$L = \sqrt{4C^2 - (D-d)^2} + \frac{1}{2}(D\theta_L + d\theta_s)$$

여기서, $L$ : 벨트의 길이

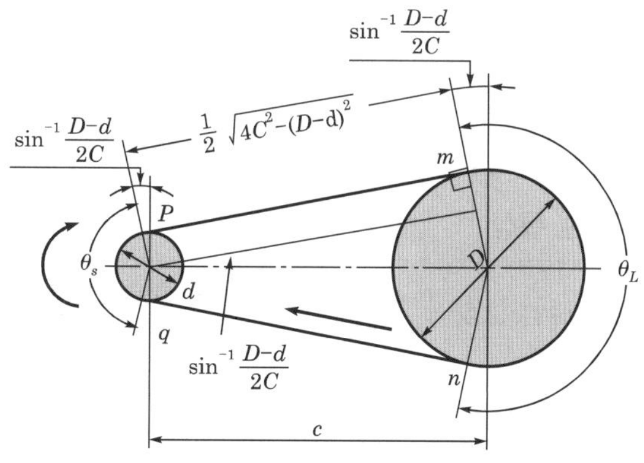


| **그림 5.34** | 바로 걸기

② 축 중심 간 거리

축 중심 간의 거리 $C$는 ISO R 155에서 다음과 같이 범위를 정하고 있다.

$$C \geqq 0.7(D_1 + D_2), \quad C \leqq 2(D_1 + D_2)$$

여기서, $D_1$, $D_2$는 각 풀리의 지름이다.

만약 중심 간 거리 $C$가 위의 범위를 초과하면 벨트의 진동(특히 이완 측에서)이 일어나며, 벨트의 응력이 커진다.

$C$가 위의 범위 이하이면 벨트에 과도한 열이 발생하거나 벨트가 조기 파손된다.

③ 엇걸기

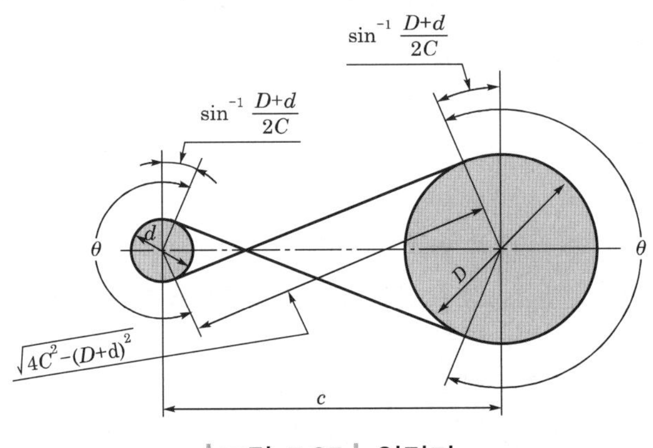

| **그림 5.35** | 엇걸기

$$\theta = \pi + 2\sin^{-1}\frac{D+d}{2C}$$

$$L = \sqrt{4C^2 - (D+d)^2} + \frac{\theta}{2}(D+d)$$

④ 평 벨트 와 원형 벨트

재질은 철심이나 나일론 선으로 보강된 우레탄이나 고무 섬유를 사용하며 긴 축간 거리에서 큰 동력 전달이 가능하여 조용한 운전, 고속에서 효율적이며 98% 이상의 효율을 얻을 수가 있다.

| **표 5.4** | 평 벨트의 재질 특성

| 재질 | 결합 방법 | 허용 인장 [kN/m] | 극한 하중 [kN/m] | 극한 강도 [MPa] | 무 게 [kg/m³] |
|---|---|---|---|---|---|
| 참나무로 그을린 가죽 | 강체 | | 125 | 20~30 | 1,000~1,250 |
| 참나무로 그을린 가죽 | 리벳 | | 53~106 | 7~14 | 1,000~1,250 |
| 참나무로 그을린 가죽 | 편직 | | 53~106 | 7~14 | 1,000~1,250 |
| 고무면 | 경화 | 2.6~4.4 | 50 | | 1,100 |
| 고무면 | 경화 | 2.6~4.4 | 53 | | 1,300 |
| 고무면 | 경화 | 2.6~4.4 | 56 | | 1,400 |
| 순면 | 직조 | | | 35 | 1,250 |
| 순면 | 직조 | | | 48 | 1,200 |
| 나일론 | 심에만 사용 | | | 240 | |
| 발라타 | 경화 | 3.9~4.4 | | | 1,100 |

⑤ V 벨트

재질은 면, 레이온 재질의 천이나 나일론 선에 고무를 침투시켜 사용하며 평 벨트에
비하여 짧은 축간 거리에 적용하여 70~96%의 효율을 얻으며 특정한 축간 거리에 대
해서 제작되므로, 이음새가 없다. 또한 작은 장력에 큰 회전력(베어링 하중 적음)을 얻
으며 동일 방향 회전의 경우에 25m/s 이상이나 5m/s 이하의 속도는 피하도록 한다.
중심 거리는 풀리 직경의 3배 이상을 넘지 않도록 한다.

| 표 5.5 | 표준 V 벨트

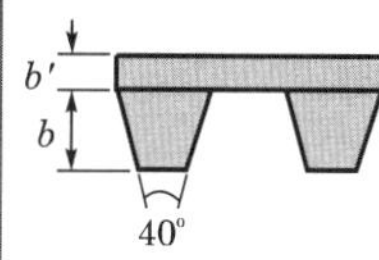

| 단면 | 폭 $(a)$ | 벨트의 종류 | | 벨트당의 동력 범위 [kW] | 풀리 최대 크기 |
|---|---|---|---|---|---|
| | | 단일 두께($b$) | 복합 두께($b'$) | | |
| 13C(SPA) | 13 | 8 | 10 | 0.1~3.6 | 80 |
| 16C(SPB) | 16 | 10 | 13 | 0.5~72 | 140 |
| 22C(SPC) | 22 | 13 | 17 | 0.7~15 | 224 |
| 32C | 32 | 19 | 21 | 1.3~39 | 355 |

| 표 5.6 | V 벨트

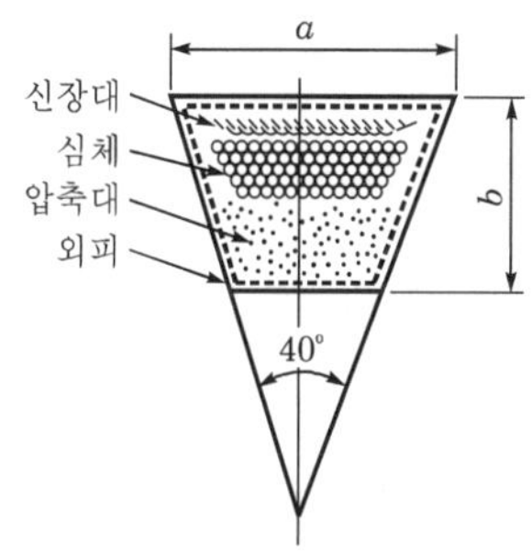


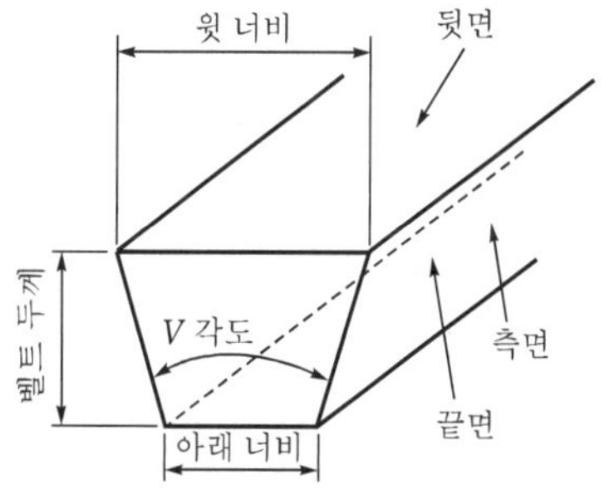


아래 너비는 $bt' = bt - 2 \cdot h \cdot \tan(ab/2)$

| 종류 | 벨트의 치수 | | | | | 인장 시험 | | 풀리의 최소 지름 [mm] |
|---|---|---|---|---|---|---|---|---|
| | $bt$ [mm] | $h$ [mm] | $ab$ | 단면적 $A$ [mm²] | 단위 길이당 질량 [kg/m] | 1개당 인장 강도 [kgf] | 신장률 [%] | |
| M | 10.0 | 5.5 | 40 | 44.0 | 0.06 | 120 이상 | 7 이하 | 40 |
| A | 12.5 | 9.0 | 40 | 83.0 | 0.12 | 250 이상 | 7 이하 | 67 |
| B | 16.5 | 11.0 | 40 | 137.5 | 0.20 | 360 이상 | 7 이하 | 118 |
| C | 22.0 | 14.0 | 40 | 236.7 | 0.36 | 600 이상 | 8 이하 | 180 |
| D | 31.5 | 19.0 | 40 | 467.1 | 0.66 | 1,100 이상 | 8 이하 | 300 |
| E | 38.0 | 24.0 | 40 | 732.3 | 1.02 | 1,500 이상 | 8 이하 | 450 |

⑥ V 벨트와 풀리에서의 유효 마찰계수

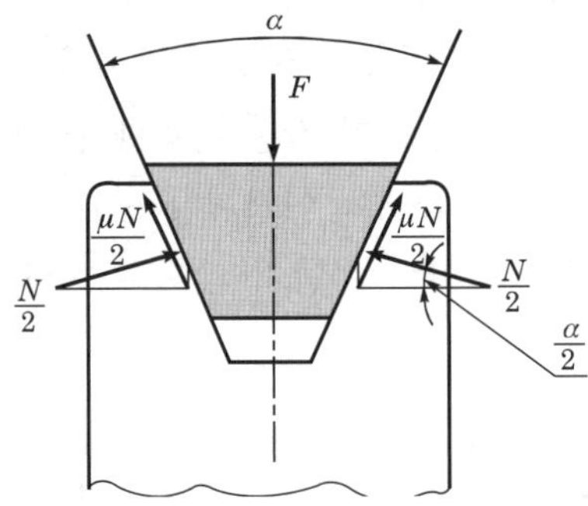

| 그림 5.36 | V 벨트의 역학 관계

㉠ 힘의 평형식

$$F = \frac{N}{2}\sin\frac{\alpha}{2} + \frac{\mu N}{2}\cos\frac{\alpha}{2}$$

$$\mu N = \frac{\mu}{\sin\dfrac{\alpha}{2} + \cos\dfrac{\alpha}{2}}F = \mu' F$$

㉡ 상당 마찰계수

$$\mu' = \frac{\mu}{\sin(\alpha/2) + \mu\cos(\alpha/2)}$$

⑦ 타이밍 벨트(timing belt)

고무 섬유와 강선으로 제작하며 풀리에 대응하는 치형을 가지고 있다.

일정한 속도비로 동력 전달이 가능하고 전달 효율이 97~99% 범위이며 초기 장력이 필요 없고, 고정된 축간 거리를 가진다. 저속 및 고속 운전에 가능하고 가격이 비싸며 기어와 마찬가지로 주기적인 진동이 발생한다.

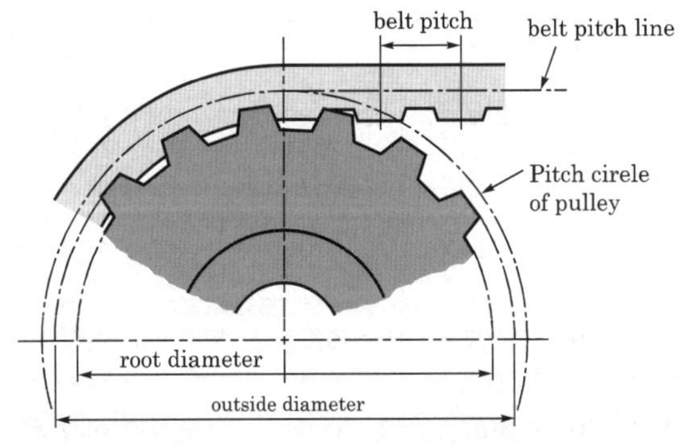


| 그림 5.37 | 타이밍 벨트와 벨트 풀리

## 03 | 롤러 체인(Roller chain)

미끄럼이나 크리프가 없기 때문에 얻어지는 일정한 속도비와 수명이 길며 하나의 구동축으로 여러 개의 축을 구동시킬 수 있는 능력과 장력이 필요하지 않아 베어링 하중도 작다.

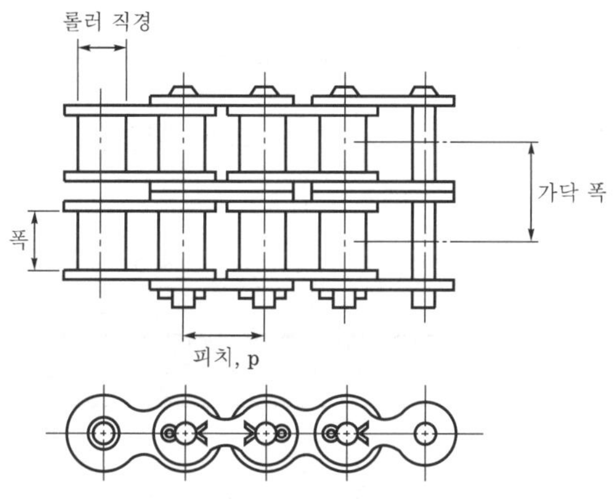


| 그림 5.38 | 2중 롤러 체인

체인의 길이 조절이 가능하고 다축 전동이 용이하며 환경의 영향이 적어 내열, 내유, 내습성이 강하다. 탄성에 의하여 충격 하중에 대해 흡수가 가능하고 보수가 용이하며 진동과 소음이 심하다.

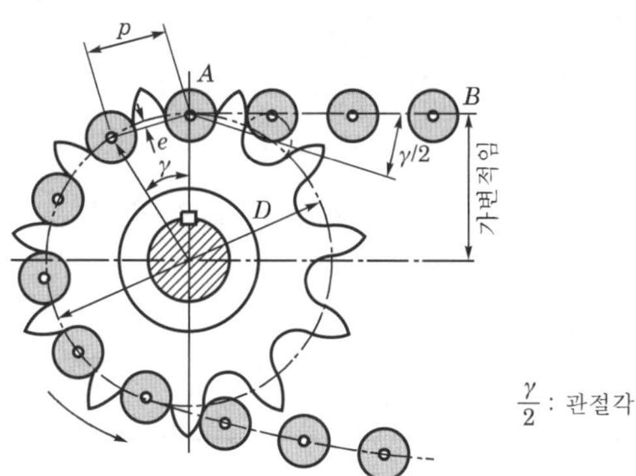


| 그림 5.39 | 체인과 스프로킷

$$D = \frac{p}{\sin\left(\frac{\gamma}{2}\right)}$$
여기서, $p$ : 피치, $D$ : 피치원 지름

$$\gamma = \frac{360°}{N}$$
여기서, $\gamma$ : 피치각, $N$ : 스프로킷의 잇수

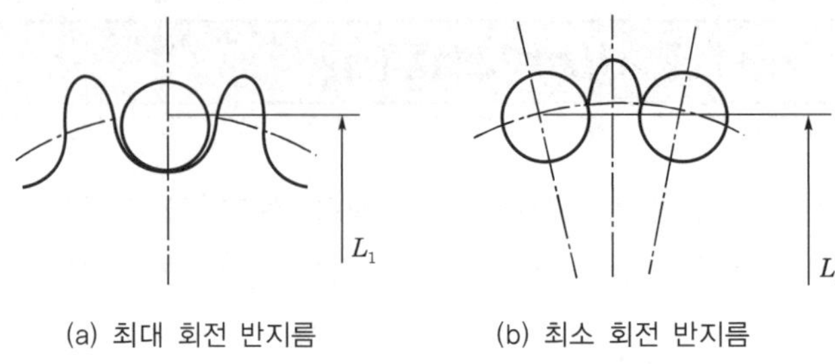

(a) 최대 회전 반지름　　　　(b) 최소 회전 반지름

| 그림 5.40 | 관절각에 따른 물림 거리의 변화

구동 스프로킷의 잇수는 17개 이상, 19~21 정도가 수명과 소음면에서 유리하다.
종동 스프로킷의 잇수는 120개 이하로 한다.

## 04 │ 로프(Rope)

　먼 거리와 큰 동력을 전달하며 1개의 원동 풀리에서 몇 개의 종동으로 전달이 가능하고
벨트에 비해 미끄럼이 적으나 전동이 불확실하다.
　고속 운전에 적합하며 직선 동력 전달이 아닌 곳에도 사용이 가능하고 장치가 복잡하여
로프의 착탈이 용이하지 않고 절단 시 수리가 불가능하다.

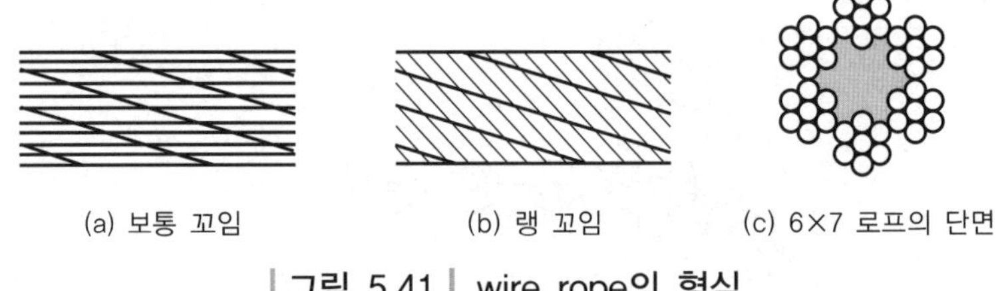

(a) 보통 꼬임　　　　(b) 랭 꼬임　　　　(c) 6×7 로프의 단면

| 그림 5.41 | wire rope의 형식

## 05 │ 축이음 설계 시 유의점

① 센터의 맞춤이 완전히 이루어져야 한다.
② 회전 균형이 완전하도록 해야 한다.
③ 설치·분해가 용이하도록 해야 한다.
④ 전동에 의해 이완되지 않도록 해야 한다.
⑤ 토크 전달에 충분한 강도를 가져야 한다.
⑥ 회전부에 돌기물이 없도록 해야 한다.

# 적·중·예·상·문·제

**01** 다음 중 원통 커플링에 속하지 않는 것은 어느 것인가?

㉮ 올덤 커플링  ㉯ 머프 커플링
㉰ 반중첩 커플링  ㉱ 셀러 커플링

 원통 커플링은 머프 커플링, 반중첩 커플링, 셀러 커플링, 마찰 원통 커플링이 있다.

**02** 맞물림 클러치의 턱 모양이 아닌 것은?

㉮ 삼각형  ㉯ 스파이럴형
㉰ 직사각형  ㉱ 반달형

 반달형은 마찰력이 감소하므로 사용하지 않는다.

**03** 운전 중에 수시로 토크를 전달하기도 하고 이를 단절시키기도 할 경우 사용되는 축이음의 기계 요소는?

㉮ 클러치  ㉯ 브레이크
㉰ 스핀들  ㉱ 올덤 커플링

 운전 중에 수시로 토크를 전달하기도 하고 이를 단절시키기도 하는 것은 클러치이다.

**04** 운전 중 동력을 쉽게 단속할 수 있는 것은 무엇인가?

㉮ 클러치  ㉯ 커플링
㉰ 축이음  ㉱ 베어링

 클러치는 운전 중 동력을 단속하거나 연결하는 역할을 한다.

**05** 두 축의 이음을 임의로 단속할 수 있는 축이음은?

㉮ 클러치  ㉯ 특수 커플링
㉰ 플랜지 커플링  ㉱ 플렉시블 커플링

 클러치는 임의로 동력을 단속할 수가 있다.

**06** 원뿔 클러치의 원뿔각은?

㉮ 7~8°  ㉯ 12~15°
㉰ 29°  ㉱ 30~45°

 원뿔 클러치의 원뿔각은 12~15°이다.

**07** 원동축의 회전 운동을 종동축에 전달할 때 회전을 단속시킬 수 있는 축이음은?

㉮ 유니버설 조인트
㉯ 올덤 커플링
㉰ 플렉시블 커플링
㉱ 클러치

 회전을 단속시킬 수 있는 축이음은 클러치이다.

**08** 다음 중 플렉시블 커플링에 속하지 않는 것은?

㉮ 고무 또는 가죽 이음
㉯ 강철 또는 스프링 이음
㉰ 올덤 커플링
㉱ 유니버설 조인트

---

[정답]  1. ㉮  2. ㉱  3. ㉮  4. ㉮  5. ㉮  6. ㉯  7. ㉱  8. ㉱

**플렉시블 커플링의 종류**
① 고무 또는 가죽 이음(조이델 호이스 커플링)
② 강철 또는 스프링 이음(포크 커플링, 너톨 커플링)
③ 올덤 커플링
④ 기어 체인을 이용한 것(기어 커플링, 체인 커플링)

## 09 마찰 클러치 설계 시 고려할 사항이 아닌 것은?

㉮ 원활히 단속할 수 있도록 한다.
㉯ 접촉면의 마찰계수를 적당한 크기로 잡아야 한다.
㉰ 관성을 크게 하기 위하여 대형이고 무거워야 한다.
㉱ 마모가 생겨도 이것을 적당하게 수정할 수 있어야 한다.

관성을 크게 하기 위하여 대형이고, 무거우면 부하가 커져 효율이 낮아진다.

## 10 슬리브 커플링에 속하지 않는 것은?

㉮ 원통 커플링
㉯ 분할 원통 커플링
㉰ 샐러스 커플링
㉱ 너톨 커플링

너톨 커플링은 플렉시블 커플링의 일종으로 스프링의 탄력을 이용한 것이다.

## 11 다음 중 축이음 설계 시 고려할 사항이 아닌 것은?

㉮ 센터 맞춤이 충분할 것
㉯ 진동에 강할 것
㉰ 대형일 것
㉱ 조립, 고정, 분해가 용이할 것

대형이면 공간을 많이 차지하고 효율이 낮아진다.

## 12 커플링의 설명으로 맞는 것은?

㉮ 올덤 커플링은 두 축이 평행하면서 축심이 어긋났을 때 사용한다.
㉯ 플랜지 커플링은 축심이 어긋나서 진동하기 쉬울 때 사용한다.
㉰ 원통 커플링의 직경은 플랜지 커플링보다 크다.
㉱ 플렉시블 커플링은 양 축의 중심선이 일치하는 경우에만 사용한다.

㉯ 플랜지 커플링은 두 축이 한 축선상에 있을 때 사용하며 볼트와 너트로 고정한다.
㉰ 원통 커플링의 직경은 플랜지 커플링보다 작다(플랜지는 볼트와 너트로 체결해야 한다).
㉱ 플렉시블 커플링은 축심이 어긋나서 진동하기 쉬울 때 사용한다.

## 13 유니버설 조인트의 허용 축각도는 얼마 이내인가?

㉮ 15°    ㉯ 30°
㉰ 45°    ㉱ 60°

유니버설 조인트의 허용 축각도는 30° 이다.

## 14 축이음의 위치는?

㉮ 베어링에 멀리 둔다.
㉯ 베어링에 가까이 둔다.
㉰ 주축과 선축 중간에 둔다.
㉱ 선축과 중간축 중간에 둔다.

축이음의 위치는 베어링에 가까이 위치하여 휨에 의한 영향이 없도록 한다.

**15** 플랜지 커플링은 지름이 몇 [mm] 이상의 축에 널리 사용하는가?

㉮ 20[mm] 이상　㉯ 30[mm] 이상

㉰ 50[mm] 이상　㉱ 100[mm] 이상

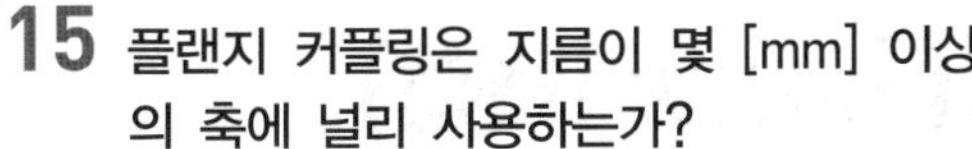 플랜지 커플링은 지름이 50[mm] 이상일 때 사용한다.

**16** 유니버설 조인트에서 축의 각속도를 같게 하려면 필요한 조인트 수는?

㉮ 1개　㉯ 2개

㉰ 3개　㉱ 4개

 조인트 1개를 사용하면 원동축은 등속 운동, 종동축은 부등속 운동을 하고 2개를 사용하면 원동축과 종동축이 등속 운동을 하게 된다.

**17** 마찰 클러치의 마찰제가 아닌 것은?

㉮ 플라스틱　㉯ 고무

㉰ 금속　㉱ 가죽

 플라스틱은 열에 약하므로 마찰 클러치의 마찰제로 사용할 수가 없다.

**18** 윤활유가 충분히 있어야 작동되는 클러치는?

㉮ 마찰 클러치

㉯ 맞물림 클러치

㉰ 전자 클러치

㉱ 유체 클러치

 유체 클러치는 오일에 의해서 작동된다.

# CHAPTER 07

# 베어링(Bearing)

회전하고 있거나 왕복 운동을 하는 축을 지지하여 축에 작용하는 하중을 받는 역할을 하는 기계 요소를 베어링(bearing)이라 하고, 베어링과 접촉하고 있는 축 부분을 저널(journal), 축방향의 하중을 받치고 있는 저널을 피벗(pivot)이라 한다.

## 01 베어링의 종류

### (1) 축과 베어링 접촉의 종류에 따라(마찰 운동의 종류에 따라)

① 미끄럼 베어링(sliding bearing) : 베어링과 저널이 서로 미끄럼 접촉
② 구름 베어링(rolling bearing) : 베어링과 저널이 서로 구름 접촉

### (2) 하중의 방향에 따라

① 레이디얼 베어링(radial bearing) : 하중이 축에 수직 방향으로 작용
② 스러스트 베어링(thrust bearing) : 하중이 축방향으로 작용

### (3) 미끄럼 베어링의 종류

① 레이디얼 미끄럼 베어링(radial sliding bearing)
　㉠ 통쇠 베어링(solid bearing)
　㉡ 분할 베어링(split bearing)
② 스러스트 미끄럼 베어링(thrust sliding bearing)
　㉠ 피벗 베어링(pivot bearing)
　㉡ 칼라 베어링(collar bearing)

### (4) 구름 베어링의 종류

① 레이디얼 볼 베어링(radial ball bearing)
　㉠ 깊은 홈 볼 베어링(deep-groove ball bearing)
　㉡ 마그네토 볼 베어링(magneto ball bearing)
　㉢ 앵귤러 볼 베어링(angular ball bearing)

   ⓔ 자동 조심 볼 베어링(self-aligning ball bearing)
  ② 레이디얼 롤러 베어링(radial roller bearing)
   ㉠ 원통 롤러 베어링(cylindrical roller bearing)
   ㉡ 니들 롤러 베어링(needle roller bearing)
   ㉢ 테이퍼 롤러 베어링(taper roller bearing)
   ⓔ 자동 조심 롤러 베어링(self-aligning roller bearing)
  ③ 스러스트 볼 베어링(thrust ball bearing)
   ㉠ 단식 스러스트 볼 베어링(single-direction thrust ball bearing)
   ㉡ 복식 스러스트 볼 베어링(double-direction thrust ball bearing)
  ④ 스러스트 롤러 베어링(thrust roller bearing)
   ㉠ 스러스트 원통 롤러 베어링(thrust cylindrical roller bearing)
   ㉡ 스러스트 니들 롤러 베어링(thrust needle roller bearing)
   ㉢ 스러스트 테이퍼 롤러 베어링(thrust raper roller bearing)
   ⓔ 스러스트 자동 조심 롤러 베어링(thrust cylindrical roller bearing)
  ⑤ 복합 베어링
  레이디얼 하중과 스러스트 하중이 동시에 적용이 가능한 베어링이다.

## 02   베어링의 재료(Metals of bearing)

### (1) 미끄럼 베어링의 재료

 ① 화이트 메탈(white metal)
  연하며 축과 붙임성이 좋고, 윤활유와의 흡착성이 높아 가장 많이 사용한다.
  ㉠ 주석계 화이트 메탈(tin base white metal) : Sn＋Cu＋Sb의 합금으로, 배빗 메탈(babbit metal)이라고도 하며, 고속·강압용 베어링에 사용한다.
  ㉡ 납계 화이트 메탈(lead base white metal) : Pb＋Sn＋Sb의 합금으로, 값이 저렴하고 마찰계수가 작아 일반적으로 널리 사용한다.
  ㉢ 아연계 화이트 메탈(zinc base white metal) : Zn＋Cu＋Sn＋Sb＋Al의 합금으로, 경도가 높아 작용 하중이 큰 곳에 사용한다.
 ② 구리 합금
  연하며 붙임성이 좋고, 화이트 메탈에 비하여 경도나 강도가 크다.
  ㉠ 청동 : Cu＋Su의 합금으로, 내연 기관의 피스톤용 베어링으로 사용한다.
  ㉡ 연청동 : Cu＋Sn＋Pb의 합금으로, 기름의 윤활 능력을 향상시킨다.
  ㉢ 켈밋(Kelmet) : Cu＋Pb의 합금으로, 고속·고하중의 베어링 메탈로 사용한다.

## (2) 소결 금속 베어링 재료

① 분말 야금에 의한 성형 베어링 메탈로서 오일리스 베어링(oilless bearing)이라고도 한다.

② 급유가 곤란하고 저속·경하중의 베어링용으로 사용되며, 인쇄기, 식품 기계, 선풍기, 냉장고 등에도 사용한다.

## (3) 비금속 베어링 재료

① 굳고 지방분을 많이 포함하여 내수성이 큰 목재인 리그넘 바이티(lignum bitae)가 있다.

② 수차, 펌프와 같이 부식하기 쉬운 곳에 사용되며, 페놀 합성수지와 나일론 등도 경하중용 베어링 재료로 사용한다.

# 03 마찰과 윤활(Friction and lubrication)

## (1) 마찰의 종류

① 고체 마찰(solid friction)

　㉠ 건조 마찰(dry friction)이라고도 하며 접촉면 사이에 윤활제의 공급이 없는 경우의 마찰 상태를 말한다.

　㉡ 마찰 저항이 가장 크고, 마멸·발열을 일으키므로 베어링에는 절대로 존재해서는 안 되는 상태이다.

② 경계 마찰(boundary friction)

　㉠ 고체 마찰과 유체 마찰의 중간쯤 되는 마찰로, 접촉면 사이의 유막이 아주 얇은 경우의 마찰 상태이다.

　㉡ 어느 곳에서는 양쪽 윤활면의 유막이 깨져서 직접 접촉이 일어나 윤활 작용이 완전하지 못하게 되며, 혼성 마찰이라고도 한다.

③ 유체 마찰(fluid friction)

　㉠ 접촉면 사이에 윤활제가 충분한 유막을 형성하여 접촉면이 서로 완전히 떨어져 있는 경우의 마찰 상태로, 베어링으로서는 가장 양호한 상태이다.

　㉡ 이 마찰 상태는 윤활유의 점성(viscosity)에 기인하며, 접촉면의 재질, 표면 상태와는 무관하므로 마멸이나 발열은 아주 미소하다.

## (2) 윤활의 종류

① 완전 윤활(perfect lubrication)

유체 윤활이라고도 하며, 유체 마찰로 이루어지는 윤활 상태를 의미한다.

② 불완전 윤활(imperfect lubrication)

경제 윤활이라고도 하며 유체 마찰 상태에서 유막이 약해지면서 마찰이 급격히 증가
하기 시작하는 경계 윤활 상태를 의미한다.

## 04 | 저널 베어링의 설계

### 1 저널 베어링 설계 시의 유의점

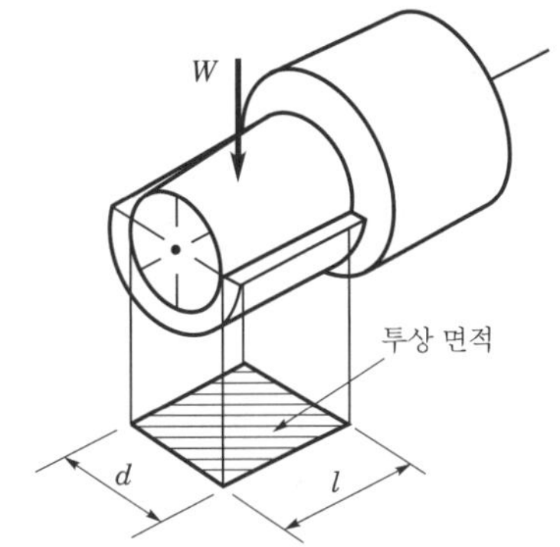


| 그림 5.42 | 베어링의 압력

① 하중에 대한 충분한 강도를 가져야 한다.
② 과도한 변형률이 생기지 않도록 해야 한다.
③ 베어링 압력이 제한 내에 있어야 한다.
④ 마찰, 마멸이 적어야 한다.
⑤ 윤활유를 잘 유지하고 있어야 한다.
⑥ 마찰열의 발생이 적고, 열의 발산이 좋아야 한다.

### 2 레이디얼 저널의 설계

#### (1) 베어링의 압력

$$p_a = \frac{\text{가로 하중}}{\text{투상 면적}} = \frac{W}{dl}\,[\text{kg/mm}^2]$$

여기서, $d$ : 축지름[mm]　　　　　　　　　$l$ : 저널의 길이[mm]

　　　　$p_a$ : 베어링의 압력[kg/mm²]　　　$W$ : 하중[kg]

## (2) 베어링에 가해지는 하중

$$W = p_a \cdot dl \,[\mathrm{kg}]$$

## (3) 굽힘 응력

① 축 끝 저널(end journal)의 경우

외팔보에 균일 분포 하중이 작용한다고 생각하면 굽힘 모멘트(bending moment)는 다음과 같다.

$$M = W \cdot \frac{l}{2} = \sigma_b \cdot z \,[\mathrm{kg \cdot mm}]$$

여기서, 단면계수 $z$는 원형인 경우 $z = \dfrac{\pi d^3}{32}$ 이므로

$$\frac{Wl}{2} = \sigma_b \frac{\pi d^3}{32}, \quad d^3 = \frac{16\,Wl}{\pi \sigma_b}$$

따라서, 축지름 $d$는

$$\therefore \quad d = \sqrt[3]{\frac{16\,Wl}{\pi \sigma_b}} \doteqdot \sqrt[3]{\frac{5.1\,Wl}{\sigma_b}} \doteqdot 1.72 \sqrt[3]{\frac{Wl}{\sigma_b}} \,[\mathrm{mm}]$$

폭지름 비 $\dfrac{l}{d}$ 은

$$W = p_a \cdot dl, \ M = \frac{Wl}{2} \text{ 에서}$$

$$\frac{p_a \cdot dl^2}{2} = \sigma_b \cdot z = \frac{\pi d^3}{32} \cdot \sigma_b$$

$$\frac{l^2}{d^2} = \frac{\pi \sigma_b}{16\,p_a}$$

$$\therefore \ \frac{l}{d} = \sqrt{\frac{\pi \sigma_b}{16\,p_a}} \doteqdot \sqrt{\frac{\sigma_b}{5.1\,p_a}}$$

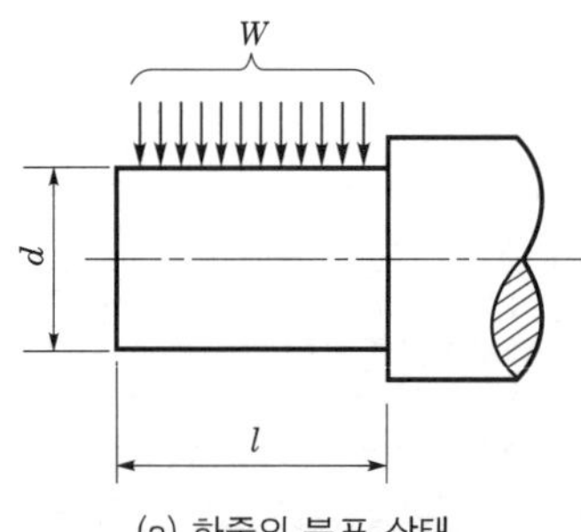


(a) 하중의 분포 상태

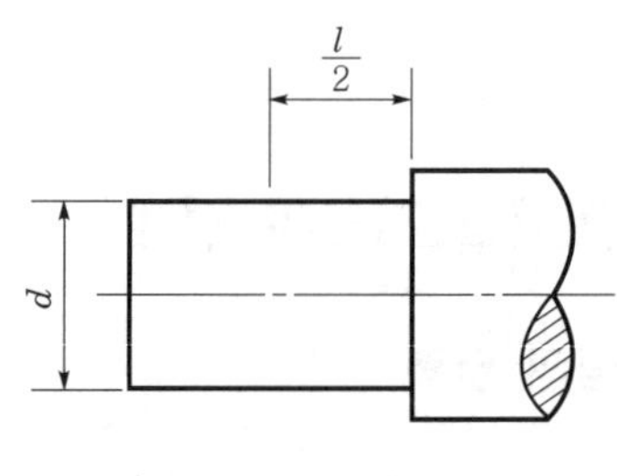


(b) 하중의 작용점

**| 그림 5.43 |** 축 끝 저널의 굽힘 응력

② 중간 저널(neck journal)의 경우

$$M = \frac{W}{2} \times \left( \frac{l}{2} \times \frac{l_1}{2} \right) - \frac{W}{2} \times \frac{l}{4} = \frac{WL}{8}$$

여기서, $L = l + 2l_1 \, [\text{kg·mm}]$

$$M = \frac{WL}{8} = \sigma_b \cdot z = \frac{\pi d^3 \sigma_b}{32}$$

축지름 $d$ 는

$$\therefore \ d = \sqrt[3]{\frac{4\,WL}{\pi \sigma_b}} \fallingdotseq \sqrt[3]{\frac{1.25\,WL}{\sigma_b}} \, [\text{mm}]$$

폭지름 비 $\dfrac{l}{d}$ 은 전길이 $L$ 과 저널 부분의 길이 $l$ 과의 비 $\dfrac{L}{l} = 1.5$ 정도이므로

$$d = \sqrt[3]{\frac{1.25 \times p_a \cdot dl \times L}{\sigma_b}} = \sqrt[3]{\frac{1.25 \times 1.5 \times p_a dl^2}{\sigma_b}}$$

$$\therefore \ \frac{l}{d} = \sqrt{\frac{\sigma_b}{1.875\,p_a}}$$

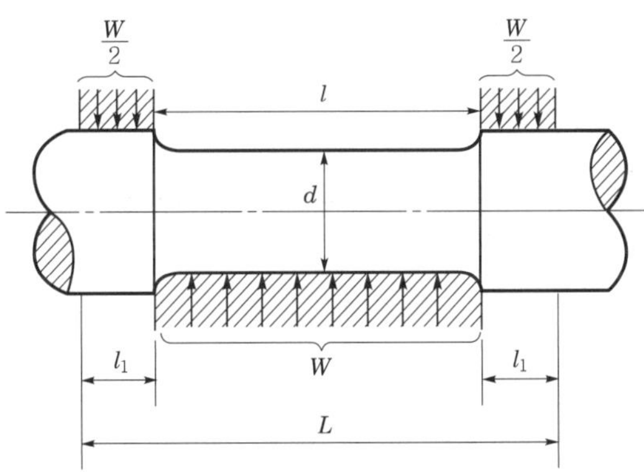


| 그림 5.44 | 중간 저널

## 3 스러스트 저널의 설계

### (1) 베어링의 압력과 축지름

① 베어링의 압력

㉠ 중실축의 경우 : $p_a = \dfrac{W}{A} = \dfrac{W}{\dfrac{\pi}{4}d^2} \, [\text{kg/mm}^2]$

㉡ 중공축의 경우 : $p_a = \dfrac{W}{A} = \dfrac{W}{\dfrac{\pi}{4}(d_o^2 - d_i^2)} \, [\text{kg/mm}^2]$

② 축지름

㉠ 중실축의 경우 : $W = \dfrac{\pi}{4}d^2 \cdot p_a\,[\text{kg}]$,　$v = \dfrac{\pi\dfrac{d}{2}N}{60 \times 1,000}\,[\text{m/s}]$에서 축지름 $d$는

$$d = \frac{W \cdot N}{30,000\,pv}\,[\text{mm}]$$

㉡ 중공축의 경우 : $W = \dfrac{\pi}{4}(d_o^2 - d_i^2)\,p_a\,[\text{kg}]$,　$v = \dfrac{\pi \cdot \dfrac{d_o + d_i}{2} \cdot N}{60 \times 1,000}\,[\text{m/s}]$에서

$$d_o - d_i = \frac{W \cdot N}{30,000\,pv}\,[\text{mm}]$$

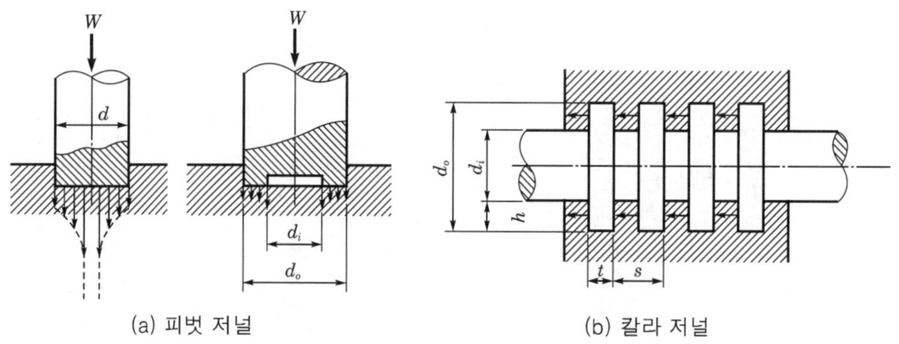


| 그림 5.45 | 스러스트 베어링

## (2) 칼라 저널

평균 지름은 $d_m = \dfrac{d_o + d_i}{2}\,[\text{mm}]$

칼라 높이는 $h = \dfrac{d_o - d_i}{2}\,[\text{mm}]$

베어링 압력 $p_a$는

$$p_a = \frac{W}{\dfrac{\pi}{4}(d_o^2 - d_i^2)Z} = \frac{W}{\pi d_m h Z}\,[\text{kg/mm}^2]$$

여기서, $Z$ : 칼라 수

　　　$d_i$ : 안지름[mm]

　　　$d_o$ : 바깥 지름[mm]

또 원주 속도 $v = \dfrac{\pi d_m N}{60 \times 1,000} = \dfrac{\pi \cdot \dfrac{d_o + d_i}{2} \cdot N}{60 \times 1,000}\,[\text{m/s}]$이므로

$$h = \frac{W}{\pi d_m zp} = \frac{W}{\pi \cdot \dfrac{6,000v}{\pi N} \cdot zp}$$

$$\therefore \; d_o - d_i = 2h = \frac{WN}{30,000\,zpv}\,[\text{mm}]$$

# 05 구름 베어링(Rolling bearing)

## 1 미끄럼 베어링과 구름 베어링의 비교

구름 베어링은 외륜(outer race)과 내륜(inner race), 볼 또는 롤러, 리테이너(retainer)로 구성되며, KS에 규격화되어 있다.

| 표 5.7 | 미끄럼 베어링과 구름 베어링의 비교

| 특성 항목　　종류 | 미끄럼 베어링 | 구름 베어링 |
|---|---|---|
| 하중 | 스러스트, 레이디얼 하중을 1개의 베어링으로는 받을 수 없다. | 양 방향의 하중을 1개의 베어링으로 받을 수 있다. |
| 모양, 치수 | 바깥 지름은 작고, 폭은 크다. | 바깥 지름이 크고 폭이 작다(니들 베어링 제외). |
| 마찰 | 기동 마찰이 크다(0.01~0.1). | 기동 마찰이 작다(0.002~0.006). |
| 내충격성 | 비교적 강하다. | 약하다. |
| 진동·소음 | 발생하기 어렵다. 유막 구성이 좋으면 매우 정숙하다. | 발생하기 쉽다. |
| 부착 조건 | 구조가 간단하므로 부착할 때의 조건이 적다. | 축, 베어링 하우징에 내·외륜이 끼워지므로 끼워맞춤에 주의하여야 한다. |
| 윤활 조건 | 주의를 요한다. 윤활 장치가 필요하다. | 용이하며, 그리스 윤활의 경우에는 거의 윤활 장치가 필요 없다. |
| 수명 | 마멸에 좌우되며, 완전 유체 마찰이면 반영구적인 수명을 가진다. | 반복 응력에 의한 피로 손상(flaking)에 의하여 한정된다. |
| 온도 | 점도와 온도의 관계에 주의하여 윤활유를 선택할 필요가 있다. | 미끄럼 베어링만큼 직접적인 점도 변화의 영향은 받지 않는다. |
| 운전 속도 | 고속 회전에 적당(마찰열의 제거 필요)하나, 저속 회전에는 부적당하다(유체 마찰이 어렵고 혼합 마찰로 된다). | 고속 회전에 비교적 부적당하며 유막이 반드시 필요한 것은 아니므로 저속 운전에 적당하다. |

| 특성 항목 ＼ 종류 | 미끄럼 베어링 | 구름 베어링 |
|---|---|---|
| 호환성 | 규격이 없으므로 호환성은 없고, 일반적으로 주문 생산이다. | 대부분 규격화되어 있으므로 호환성이 있고, 대량 생산이므로 쉽게 선택하고 사용할 수 있다. |
| 보수 | 윤활 장치가 있는 것만큼 보수에 시간과 수고가 든다. | 간단하다. |
| 가격 | 저가이다. | 일반적으로 고가이다. |

## 2 구름 베어링의 종류

### (1) 레이디얼 베어링(radial bearing)

① 단열 깊은 홈형

가장 널리 사용되고 내륜과 외륜이 분리되지 않는 형식이다.

② 마그네틱형

내륜과 외륜을 분리할 수 있는 형식으로, 조립이 편리하다.

③ 자동 조심형

외륜의 내면이 구면상으로 되어 있어 다소 축이 경사될 수 있는 형식이다.

④ 앵귤러형

볼과 궤도륜의 접촉각이 존재하기 때문에 레이디얼 하중과 스러스트 하중을 받는 형식이다.

### (2) 스러스트 베어링(thrust bearing)

① 스러스트 하중만을 받을 수 있고, 고속 회전에는 부적합하다.

② 한쪽 방향의 스러스트 하중만이 작용하면 단식을, 양쪽 방향의 스러스트 하중이 작용하면 복식을 사용한다.

③ 볼 베어링보다 롤러 베어링은 선접촉을 하므로 큰 하중에 견딘다.

④ 원추 롤러 베어링은 레이디얼 하중과 스러스트 하중을 동시에 견딜 수 있다.

## 3 구름 베어링의 호칭

### (1) 구성과 배열

① 구성

기본 번호(계열 번호, 안지름 번호 및 접촉각 기호)와 보조 기호(리테이너 기호, 밀봉 기호 또는 실드 기호, 레이스 형상 기호, 복합 표시 기호, 틈새 및 등급 기호)로 구성된다.

② 배열

원칙적으로 표에 따르고, 기본 번호(베어링의 형식과 주요 치수)와 보조 기호(베어링의 사양)로 되어 있으며 KS B 2001, 2021에 규정되어 있다.

## (2) 기본 번호

① 계열 번호 : 베어링의 형식과 치수 계열을 나타내며 [표 5.4]와 같다.

**| 표 5.8 | 구름 베어링의 치수 계열**

| 베어링 계열 기호 | 68 | 69 | 60 | 62 | 63 | 64 |
|---|---|---|---|---|---|---|
| 치수 기호 | 18 | 19 | 10 | 02 | 03 | 04 |

② 안지름 번호 : 안지름 치수를 나타낸다.

**| 표 5.9 | 안지름 번호와 치수**

| 안지름 번호 | 안지름 치수 |
|---|---|
| 00 | 10[mm] |
| 01 | 12[mm] |
| 02 | 15[mm] |
| 03 | 17[mm] |
| ⇓ 04 | 20[mm] |
| ×5 05 | 25[mm] |
| ⋮ | ⋮ |
| | (500[mm] 미만까지) |

* 안지름 번호 04부터 안지름 번호×5＝안지름 치수[mm]이다.

③ 접촉각 기호 : 접촉각을 나타낸다.

## (3) 보조 기호

리테이너 기호, 실 기호, 실드 기호, 궤도륜 형상 기호, 조합 표시 기호, 틈새 기호 및 등급 기호로 구성된다.

베어링 호칭 번호의 보기를 설명하면 다음과 같다.

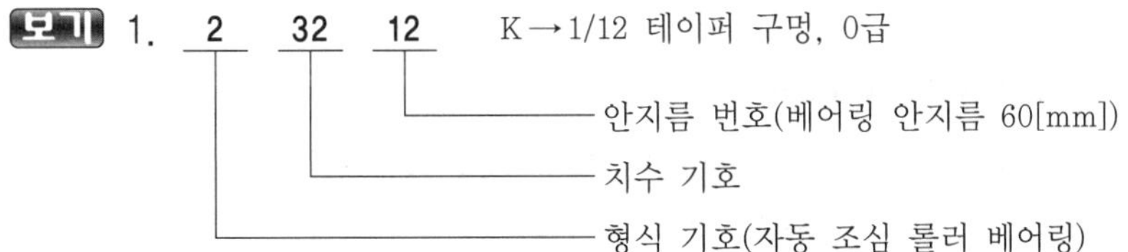

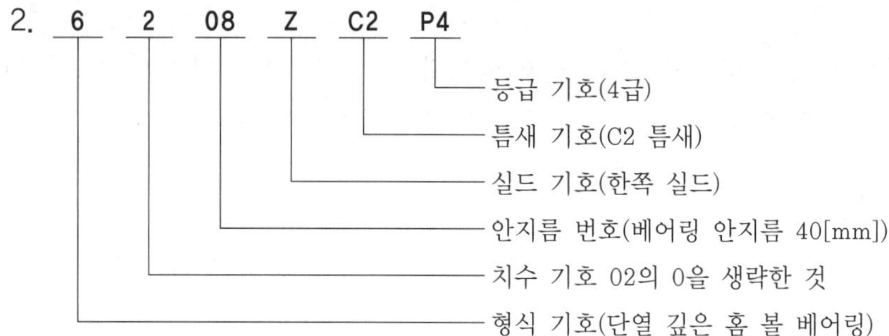


| 표 5.10 | 호칭 번호의 배열

| 기본 기호 | | | 보조 기호 | | | | | |
|---|---|---|---|---|---|---|---|---|
| 베어링<br>계열 기호 | 안지름<br>번호 | 접촉각<br>기호 | 리테이너<br>기호 | 실기호 또는<br>실드 번호 | 궤도륜<br>형상 기호 | 복합 표시<br>기호 | 틈새<br>기호 | 등급<br>기호 |

## 4 구름 베어링의 기본 설계

### (1) 부하 용량(load capacity)

구름 베어링이 견딜 수 있는 하중의 크기를 말한다.

① 정적 부하 용량(static load capacity) : 베어링이 정지하고 있는 상태에서 정하중이 작용할 때 견딜 수 있는 하중의 크기

② 동적 부하 용량(dynamic load capacity) : 회전 중에 있는 구름 베어링이 견딜 수 있는 하중의 크기

### (2) 베어링 수명(bearing life)

베어링을 이상적인 상태에서 운전하여 베어링 내·외륜에 박리 현상(flaking)이 최초로 생길 때까지의 총회전수를 말한다.

### (3) 계산 수명(정격 수명 ; rating life)

동일 조건하에서 베어링의 그룹(bearing group) 중 90[%]가 박리 현상(flaking)을 일으키지 않고 회전할 수 있는 총회전수를 말한다.

### (4) 기본 부하 용량(basic load capacity)

외륜이 정지하고 내륜만 회전할 때 정격 수명이 100만 회전이 되는 방향과 크기가 변동하지 않는 하중을 말하며 기본 동정격 하중이라고도 한다.

### (5) 구름 베어링의 정격 수명 계산식

계산 수명은 $L_n[\text{rpm}]$, 베어링 하중은 $P[\text{kg}]$, 기본 부하 용량은 $C[\text{kg}]$라 하면

$$L_n = \left(\frac{C}{P}\right)^r \times (10^6 \text{ 회전 단위})$$

여기서, $r$은 지수로서 $r=3$ : 볼 베어링, $r=\dfrac{10}{3}$ : 롤러 베어링

$L_h$가 수명 시간이라면 $L_n = L_h \times 60 \times N$이 되므로

$$L_h = \frac{L_n \times 10^6}{60 \times N} = \left(\frac{C}{P}\right)^r \times \frac{10^6}{60 \times N}$$

그런데 $10^6 = 33.3[\text{rpm}] \times 500 \times 60$이 되므로

$$L_h = \left(\frac{C}{P}\right)^r \times \frac{33.3 \times 60 \times 500}{60 \times N}$$

$$\frac{L_h}{500} = \left(\frac{C}{P}\right)^r \times \frac{33.3}{N}$$

**01** 롤링 베어링에서 실링(sealing)의 목적은?

㉠ 롤링 베어링에 발열을 방지한다.

㉡ 윤활유의 유출 방지와 유해물의 침입을 방지한다.

㉢ 롤링 베어링에 주유를 주입하는 것을 돕는다.

㉣ 축에 롤링 베어링을 끼울 때 삽입을 돕는다.

 롤링 베어링에서 실링(sealing)의 목적은 윤활유의 유출 방지와 유해물의 침입을 방지한다.

**02** 볼 베어링에 대한 설명 중 틀린 것은?

㉠ 마찰은 적으나 충격에 약하다.

㉡ 볼 재료는 고탄소 크롬강을 이용한다.

㉢ 큰 하중과 고속 회전에 이용된다.

㉣ 볼 간격을 유지하기 위하여 리테이너를 사용한다.

 볼 베어링은 점 접촉으로 고속 회전에 이용되며 큰 하중은 롤러 베어링을 이용한다.

**03** 축의 지름 $d$는 5[cm], 슬라이딩 베어링의 길이 $l$은 10[cm]일 때 이것에 400[kg]의 하중이 걸리는 경우 베어링 압력은 몇 [kg/cm²]인가?

㉠ 4  
㉡ 8  
㉢ 12  
㉣ 16

 베어링 압력

$$p = \frac{W}{dl} = \frac{400}{5 \times 10} = 8[\text{kg/cm}^2]$$

**04** 축과 베어링의 접촉하는 부분을 무엇이라 하는가?

㉠ 저널  
㉡ 베어링  
㉢ 칼라  
㉣ 부시

 축과 베어링의 접촉하는 부분을 저널이라 한다.

**05** 베어링의 기본 부하 용량의 뜻을 옳게 말한 것은?

㉠ 동하중을 받고 내륜이 1,000만 회전을 유지할 수 있는 하중

㉡ 베어링의 내륜이 100만 회전을 유지할 수 있는 하중

㉢ 한 개의 롤링 베어링에 걸 수 있는 최대 하중

㉣ 정하중으로 내륜 회전의 경우 100만 회전을 유지할 수 있는 하중

 정하중으로 내륜 회전의 경우 100만 회전을 유지할 수 있는 하중을 의미한다.

**06** 베어링의 하중이 500[kg], 회전수가 3,000[rpm]일 때 기본 부하 용량이 9,000[kg]인 볼 베어링의 수명 시간은?

㉠ 32,400시간  
㉡ 33,400시간  
㉢ 35,400시간  
㉣ 36,400시간

$$L_n = \left(\frac{C}{P}\right)^r \times 10^6$$

볼 베어링(ball bearing) $r=3$을 대입

## 07 저널(journal)이란?

㉮ 축에 접촉되는 베어링 부분
㉯ 베어링에 접촉되는 축의 부분
㉰ 전동축에 지지하는 부품
㉱ 축의 맨 가장자리

 베어링에 접촉되는 축의 부분을 의미한다.

## 08 볼 베어링에서 베어링의 하중이 1/2로 되면 수명은 몇 배로 되겠는가?

㉮ $\frac{1}{8}$배     ㉯ $\frac{1}{3}$배

㉰ 3배     ㉱ 8배

 볼 베어링에서 베어링의 하중이 1/2로 되면 수명은 1/8배이다.

## 09 베어링의 설명 중 틀린 것은?

㉮ 슬라이딩 베어링은 미끄럼 접촉이다.
㉯ 레이디얼 베어링은 세로 방향의 하중을 받는다.
㉰ 롤링 베어링은 구름 접촉이다.
㉱ 구름 마찰이 미끄럼 마찰보다 마찰 계수가 작다.

 레이디얼 베어링은 가로 방향의 하중을 받는다.

## 10 다음 중 베어링의 압력을 구하는 식은?

㉮ $\dfrac{하중}{저널의\ 높이 \times 저널의\ 바깥\ 지름}$

㉯ $\dfrac{하중}{저널의\ 안지름 \times 저널의\ 바깥\ 지름}$

㉰ $\dfrac{하중}{저널의\ 높이 \times 저널의\ 지름}$

㉱ $\dfrac{하중}{저널의\ 길이 \times 저널의\ 지름}$

 압력을 구하는 식
$$\dfrac{하중}{저널의\ 길이 \times 저널의\ 지름}$$

## 11 다음 중 저널의 종류가 아닌 것은?

㉮ 롤링 저널     ㉯ 레이디얼 저널
㉰ 스러스트 저널     ㉱ 원뿔 저널

 저널은 하중 방향과 형태에 따라 분류한다.

## 12 다음 중 밀봉 효과가 가장 큰 윤활제는?

㉮ 유압 작동유     ㉯ 그리스
㉰ 기어유     ㉱ 스핀들유

 밀봉 효과가 가장 큰 윤활제는 스핀들유이다.

## 13 축의 임의 방향으로 기울어질 수 있는 것은?

㉮ 피벗 저널     ㉯ 원뿔 저널
㉰ 칼라 저널     ㉱ 구면 저널

 축의 임의 방향으로 움직이는 저널은 구면 저널이다.

## 14 윤활유의 점도 지수가 높아지면 윤활유의 질은 어떻게 되는가?

㉮ 좋아진다.
㉯ 나빠진다.
㉰ 좋아질 수도 있고, 나빠질 수도 있다.
㉱ 점도 지수와 윤활유의 지수는 관계 없다.

 점도가 높다는 것은 윤활유의 사용 시기가 얼마되지 않은 윤활유이다.

## 15 레이디얼 저널 설계 시 주의 사항이 아닌 것은?

㉠ 하중에 대한 충분한 강도 유지

㉡ 저널과 베어링 사이는 일정 압력 이하로 유지

㉢ 축선과 동일 방향으로 하중 유지

㉣ 베어링의 온도가 높지 않을 것

 축선과 동일 방향으로 하중을 유지하는 것은 트러스트 저널 설계 시 주의 사항이다.

## 16 롤링 베어링의 그리스가 사용되는 이유가 아닌 것은?

㉠ 그리스 보유량이 대단히 많다.

㉡ 한번 담으면 6개월~1년 정도 간다.

㉢ 밀봉법이 간단하다.

㉣ 베어링 박스가 간단하다.

 그리스 보유량을 적당히 유지해야 한다.

## 17 다음 중 니들 베어링의 설명으로 옳지 않은 것은?

㉠ 리테이너는 붙이지 않는다.

㉡ 지름 2~5[mm]의 가는 롤러를 사용한다.

㉢ 레이디얼 하중을 받는 능력이 크다.

㉣ 다른 베어링과 비교했을 때 부피와 무게가 크다.

 니들 베어링은 바늘처럼 공간이 좁은 곳에 사용하며 다른 베어링보다 부피와 무게가 작다.

## 18 롤링 베어링에서 전동체가 접촉되지 않고 일정 간격을 유지할 수 있도록 하는 것은?

㉠ 내륜　　㉡ 외륜

㉢ 하우징　　㉣ 리테이너

 리테이너는 롤러의 간격을 일정하게 유지한다.

## 19 다음 중 베어링 메탈의 구비 조건이 아닌 것은?

㉠ 열전도가 좋을 것

㉡ 유지 및 수리가 용이할 것

㉢ 되도록 마찰 저항이 클 것

㉣ 충분한 강도가 있을 것

 마찰 저항이 크면 마찰열이 많이 발생하여 효율을 저하한다.

## 20 롤링 베어링의 속도계수 $f_n$과 매분 회전수 $n$과의 관계식은?

㉠ $f_n = \sqrt{\dfrac{33.3}{n}}$　　㉡ $f_n = \dfrac{33.3}{n}$

㉢ $f_n = \sqrt[2]{\dfrac{33.3}{n}}$　　㉣ $f_n = \sqrt[3]{\dfrac{33.3}{n}}$

 롤링 베어링의 속도계수 $f_n$과 매분 회전수 $n$과의 관계식은 $f_n = \sqrt[3]{\dfrac{33.3}{n}}$ 이다.

## 21 롤링 베어링의 계산 수명 $L_h$와 수명계수 $f_h$와의 관계식은?

㉠ $L_h = f_h \times 500$[시간]

㉡ $L_h = f_h^{\,3} \times 500$[시간]

㉢ $L_h = f_h \times 400$[시간]

㉣ $L_h = f_h^{\,3} \times 400$[시간]

 롤링 베어링의 계산 수명 $L_h$와 수명계수 $f_h$와의 관계식은 $L_h = f_h^3 \times 500 [\text{시간}]$ 이다.

## 22 롤링 베어링의 수명계수 $f_h$는?

㉮ $\dfrac{\text{기본 부하 용량}[\text{kg}]}{\text{베어링 하중}[\text{kg}]}$

㉯ $\dfrac{\text{베어링 하중}[\text{kg}]}{\text{기본 부하 용량}[\text{kg}]}$

㉰ $\dfrac{\text{베어링 하중}[\text{kg}]}{\text{계산 수명}[\text{시간}]}$

㉱ $\dfrac{\text{베어링 하중}[\text{kg}]}{\text{계산 회전 수명}[\text{회전}]}$

 롤링 베어링의 수명 계수 $f_h$는 $\dfrac{\text{기본 부하 용량}[\text{kg}]}{\text{베어링 하중}[\text{kg}]}$ 이다.

## 23 롤링 베어링의 $d_n$값은?

㉮ 안지름×회전수

㉯ 계산 수명×계산 회전 수명

㉰ 베어링 하중×기본 부하 하중

㉱ 속도계수×베어링 수명

 롤링 베어링의 $d_n$값은 안지름×회전수 관계이다.

## 24 부시(bush)의 재료는?

㉮ 청동　　　　㉯ 황동

㉰ 화이트 메탈　㉱ 주철

 부시(bush)의 재료는 청동이며, 내마모성이 우수하다.

## 25 중하중에 견디고 열전도가 좋아서 고속 기관에 적당한 것은?

㉮ 주석계 화이트 메탈

㉯ 납계 화이트 메탈

㉰ 아연계 화이트 메탈

㉱ 합성수지

 주석계 화이트 메탈은 주석이 주성분이고, 구리 3~10[%], 안티몬 3~15[%]를 포함한 합금으로, 점성·인성이 커서 파손이 안 되며 고속 기관용으로 쓰인다.

# 동력 전달 장치

## 01 | 기어(Gear)

### 1 기어의 종류

KS B 0102에 의하면 차례로 물리는 이(tooth)에 의하여 운동을 전달시키는 기계 요소를 기어(gear ; tooth wheel)라 한다. 서로 맞물려 도는 기어 중에서 잇수가 많은 기어를 큰 기어 혹은 기어라 하고 작은 기어를 피니언(pinion)이라 한다. 그리고 피치원이 무한대인 것을 래크(rack)라고 한다.

| 표 5.11 | 기어의 종류

| 분류 | 세부 | 종류 |
|---|---|---|
| 두 축의 관계 위치에 의한 분류 | 두 축이 평행한 기어 | 스퍼 기어 |
| | | 헬리컬 기어 |
| | | 내접 기어 |
| | | 래크와 피니언 |
| | 두 축이 서로 교차하는 기어 | 베벨 기어 |
| | 두 축이 서로 엇갈려 교차하지도 평행하지도 않은 기어 | 웜과 웜기어 |
| | | 하이포이드 기어 |
| | | 나사 기어 |
| 용도에 의한 분류 | 기어 트레인 | |
| | 체인지 기어 | |
| | 유성 기어 장치 | 유성 기어 |
| | | 태양 기어 |
| | 차동 기어 장치 | |
| | 감속 기어 장치 | |
| | 증속 기어 장치 | |
| | 변속 기어 장치 | |
| 크기에 의한 분류 | | 큰 기어(기어) |
| | | 피니언 |
| 동력 전달에 의한 분류 | | 구동 기어 |
| | | 피동 기어 |

| 설계 방법에 의한 분류 | 표준 기어 |
| --- | --- |
| | 전위 기어 |
| 톱니의 위치에 의한 분류 | 외접 기어 |
| | 내접 기어 |
| 비틀림 방향에 의한 분류 | 좌우 헬리컬 기어 |
| | 좌우 비틀림 웜 |
| | 좌우 스파이럴 베벨 기어 |

## 2 치형 곡선

### (1) 사이클로이드 곡선(cycloid curve)

주어진 피치원을 중심으로 하여 이 위를 작은 원인 구름원(rolling circle)이 미끄럼 없이 굴러갈 때 이 구름원 위의 한 점이 긋는 자취를 사이클로이드 곡선이라 한다. 이 피치원을 경계로 하여 외측에 그려진 곡선을 에피사이클로이드 곡선(epicycloid curve)이라 하고, 내측에 그려진 곡선을 하이포사이클로이드 곡선(hypocycloid curve)이라 한다.

그 특징은 다음과 같다.

① 접촉면에 미끄럼이 적어 마멸과 소음이 작다.

② 효율이 높다.

③ 치형 가공이 어렵고 호환성이 적다.

④ 피치점이 완전히 일치하지 않으면 물림이 불량해진다.

⑤ 정밀 측정 기기, 시계 등의 기어에 사용된다.

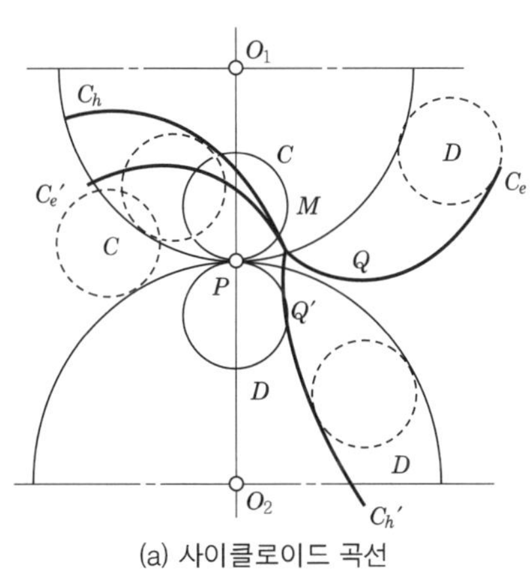


(a) 사이클로이드 곡선

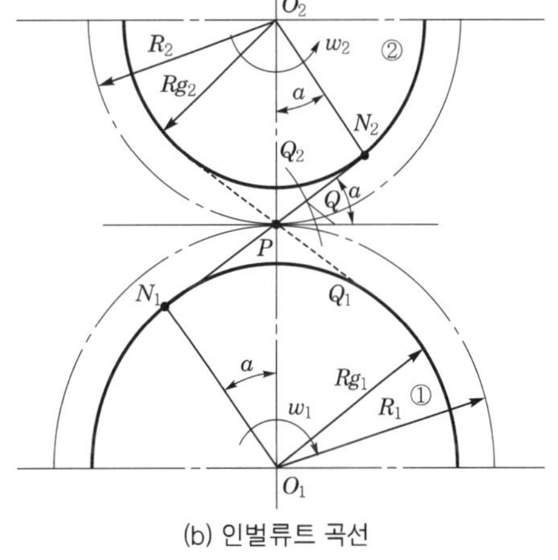


(b) 인벌류트 곡선

│ 그림 5.46 │ 치형 곡선

## (2) 인벌류트 곡선(involute curve)

원통에 실을 감고, 이 실의 끝을 당기면서 풀어갈 때 실 끝이 그리는 자취를 인벌류트 곡선이라 한다.

그 특징은 다음과 같다.

① 치형 제작 가공이 용이하다.

② 호환성(interchangeability)이 좋다.

③ 물림에서 축간 거리가 다소 변하여도 속비에 영향이 없다.

④ 이뿌리 부분이 튼튼하다.

## 3 이의 크기

이의 크기는 원주 피치, 모듈, 지름 피치의 세 가지 종류를 기준으로 한다.

### (1) 원주 피치(circular pitchi : $p$)

피치원 둘레를 잇수로 나눈 값이다.

$$p = \frac{\pi D_p}{Z} = \pi m$$

여기서, $Z$ : 잇수

$D_p$ : 피치원 지름[mm]

$m$ : 모듈(module)

### (2) 모듈(module : $m$)

피치원 지름($D_p$)을 잇수로 나눈 값이다.

미터 방식을 사용하는 경우

$$m = \frac{D_p}{Z}, \quad D_p : mz$$

$$m = \frac{p}{\pi}$$

### (3) 지름 피치(diameter pitch : $p_d$)

잇수를 인치(inch)로 표시한 피치원 지름으로 나눈 값이다.

인치 방식을 사용하는 경우

$$p_d = \frac{Z}{D_{(in)}} = \frac{25.4}{D_{p(mm)}} = \frac{25.4}{m}$$

## 4 기어의 각부 명칭

① **피치원**(pitch circle) : 기어를 마찰차에 요철을 붙인 것으로 가상할 때 마찰차가 접촉하고 있는 원

② **원주 피치**(circular pitch) : 피치 원주상에서 측정한, 인접한 이에 해당하는 부분 사이의 거리

③ **기초원**(base circle) : 이 모양의 곡선을 만든 원

④ **이 끝 원**(addendum circle) : 이의 끝을 연결하는 원

⑤ **이뿌리 원**(dedendum circle) : 이의 뿌리 부분을 연결하는 원

⑥ **이 끝 높이**(addendum) : 피치원에서 이 끝 원까지의 거리

⑦ **이뿌리 높이**(dedendum) : 피치원에서 이뿌리 원까지의 거리

⑧ **총 이 높이**(height of tooth) : 이 끝 높이＋이뿌리 높이

⑨ **이 두께**(tooth thickness) : 피치원에서 측정한 이의 두께

⑩ **백래시**(backlash) : 한 쌍의 이가 물렸을 때 이의 뒷면에 생기는 간격

⑪ **압력각**(pressure angle) : 한 쌍의 이가 맞물렸을 때 접점이 이동하는 궤적을 작용선이라 하고, 이 선과 피치원의 공통 접선이 이루는 각을 압력각이라 하며 14.5°, 20°로 규정되어 있다.

⑫ **법선 피치**(normal pitch) : 기초원의 둘레를 잇수로 나눈 값

$$p_g = \frac{\pi D_g}{Z} = \frac{\pi D \cos \alpha}{Z} = p \cos \alpha = \pi m \cos \alpha$$

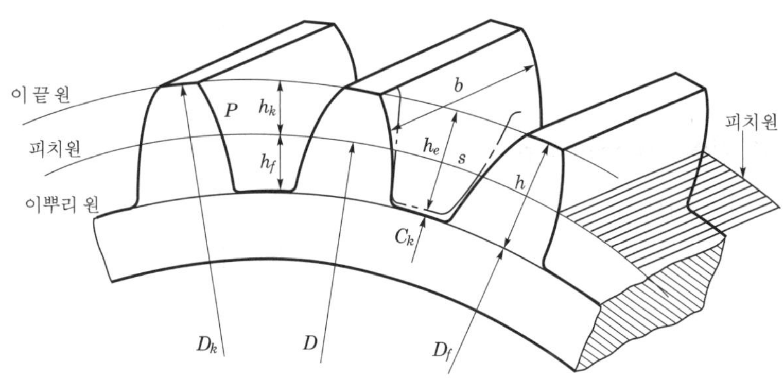


| 그림 5.47 | 기어의 각부 명칭

# 5 인벌류트 표준 기어

## (1) 기준 래크

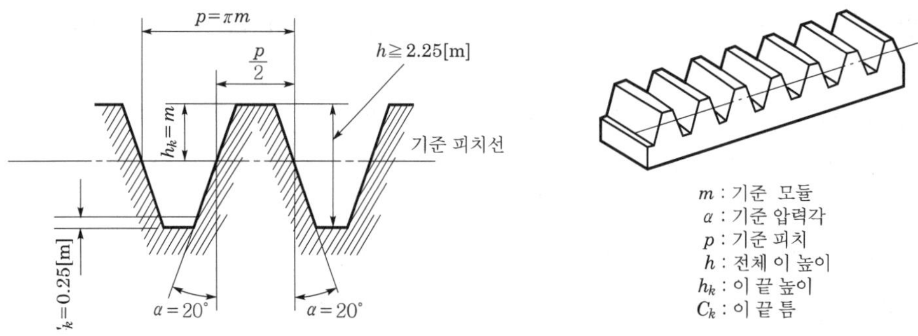


| 그림 5.48 | 기준 래크 치형 및 치수

① 피치원이 직선이고, 이의 형상이 중심선에 대하여 압력각 만큼 경사진 직선으로 된 것을 래크(rack)라 한다. 또 피치원에 따라 이 두께가 원주 피치의 $\frac{1}{2}$에 해당하는 치형을 기준 치형이라 한다. 기준 치형에서 피치원 지름을 무한대로 한 래크를 기준 래크(basic rack)라 하고, 인벌류트 기어는 이 래크를 기준으로 하여 절삭 공구로 깎는 것이다.

② 기준 래크의 피치, 이 높이, 이 두께, 압력각을 결정하면 모든 잇수의 치형을 결정할 수가 있으며 기어의 호환성을 가지게 할 수 있다.

③ KS에는 압력각 14.5°와 20°의 보통 이가 있다. 최근에는 20°가 주로 사용되고 있으며, 항공용 기어로서 강도가 필요한 것에는 26.5°를 사용한다.

## (2) 표준 스퍼 기어(standard gear)

① 스퍼 기어에는 치형의 절삭 방식에 따라 표준 기어와 전위 기어가 있다. 표준 스퍼 기어(standard gear)란 기준, 래크 공구의 기준 피치선이 기어의 기준 피치원과 인접하여 구름 접촉하도록 하고, 피치원의 원주상에서 측정한 이 두께가 원주 피치의 $\frac{1}{2}$이 되도록 한 것이다.

② 실제 회전은 다소의 치수 오차가 있고, 열팽창, 유막의 두께, 중심 거리 오차, 부하에 의한 이의 휨, 축의 처짐 등이 있으므로 이와 이 사이를 적당한 간격으로 틈새를 주게 되는데 이 틈새를 백래시(뒤 틈 ; backlash)라 한다. 백래시를 크게 하면 소음과 진동의 발생 원인이 된다. 백래시는 치차의 회전을 원활히 하고 윤활유를 치면에 골고루 배치하기 위해서도 필요하다.

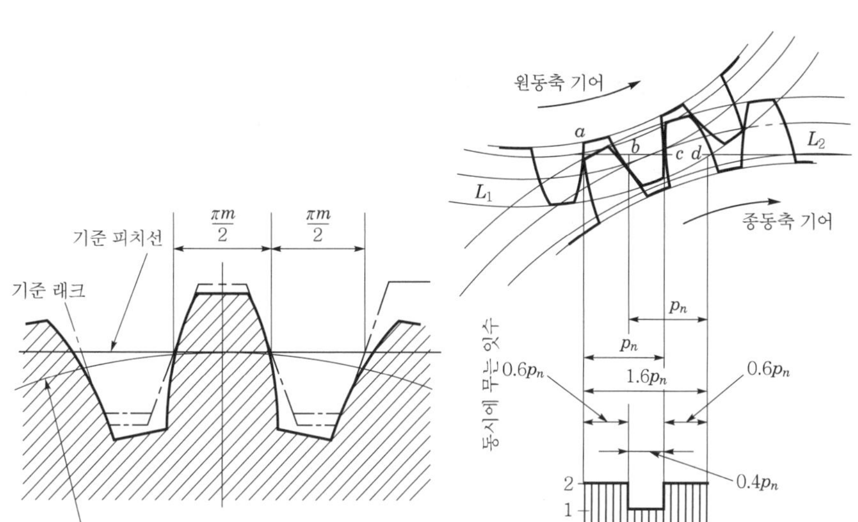



| 그림 5.49 | 표준 치형

| 그림 5.50 | 물림률

## (3) 이의 물림률

$$물림률(\varepsilon) = \frac{접촉호의\ 길이}{원주\ 피치의\ 길이}$$

$$= \frac{접근\ 물림\ 길이 + 퇴거\ 물림\ 길이}{법선\ 피치}$$

$$= \frac{물림\ 길이}{법선\ 피치} = 1.2 \sim 1.5$$

여기서, 법선 피치(normal pitch)는 기초원의 원주를 잇수로 나눈 값이다. 기어는 물림률 ($\varepsilon$) > 1이다. $\varepsilon$의 값이 클수록 맞물림 잇수가 많아 1개의 이에 걸리는 전달력은 분산되어 소음과 진동이 적고, 강도의 여유가 있어 수명이 길고 회전이 원활하게 된다.

## (4) 이의 간섭과 언더컷

① 이의 간섭

2개의 기어가 맞물려서 회전하고 있을 때 한쪽의 이 끝부분이 상대편 기어의 이뿌리 부분에 닿아서 회전할 수 없는 경우를 이의 간섭(interference)이라 한다. 이의 간섭 은 다음과 같은 경우에 나타난다.

㉠ 잇수가 너무 적은 경우

㉡ 압력각이 작은 경우

㉢ 이의 유효 높이가 클 경우

㉣ 잇수비(기어비)가 아주 클 경우

② 언더컷

   ㉠ 래크 공구, 호브 등을 이용하여 피니언을 절삭할 경우 이의 간섭이 일어나면 회전을 방해하여 이뿌리 부분이 깎여 나가 가늘게 되는데, 이러한 현상을 언더컷(undercut)이라 한다.

   ㉡ 언더컷 현상이 일어나면 이뿌리가 가늘게 되어 이의 강도가 저하되고, 잇면의 유효 부분이 짧게 되어 물림 길이가 감소되며 미끄럼률이 크게 된다. 또한, 원활한 전동이 되지 못해 성능이 많이 떨어진다.

   ㉢ 언더컷 방지 방법은 다음과 같다.

- 낮은 이(stub gear)를 사용한다.
- 전위 기어를 사용한다.
- 잇수를 한계 잇수 이상으로 한다.
- 압력각을 크게 한다.

   ㉣ 언더컷을 일으키지 않을 최소 잇수

$$Z \geqq \frac{2}{\sin^2 \alpha}$$

$\alpha = 14.5°$와 $20°$의 경우 최소 이론적 한계 잇수는 32개, 17개가 된다.

## (5) 전위 기어(profile shifted gear)

전위 기어는 언더컷을 방지하기 위해서 치절 공구의 기준 피치선을 표준 기어의 기준 피치원으로부터 반지름 방향으로 $xm$만큼 떨어지게 전위하고 창성한 기어를 말한다.

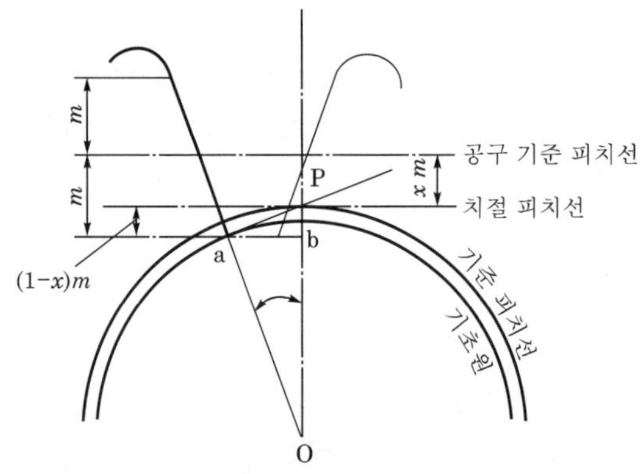


| 그림 5.51 | 전위량

참고

- 양(+)의 전위 : 기준 피치원으로부터 외측에 벗어나 있는 경우
- 음(-)의 전위 : 기준 피치원으로부터 내측에 벗어나 있는 경우

$x$를 전위계수(addendum modification coefficient), $x_m$을 전위량이라 하면

$$x = 1 - \frac{Z}{2}\sin^2\alpha$$

$$x_m = x \cdot m$$

따라서, 언더컷을 일으키지 않으려면 다음과 같아야 한다.

$$x \geq 1 - \frac{Z}{2}\sin^2\alpha$$

### (6) 기어에서 압력각을 증가시킬 때 나타나는 현상

① 언더컷을 일으키는 최소 잇수가 감소
② 베어링에 걸리는 하중 증가
③ 물림률 감소
④ 동시에 물리는 잇수 감소
⑤ 받을 수 있는 접촉면 압력 증가
⑥ 이의 강도가 커짐
⑦ 치면 곡률 반지름이 커짐
⑧ 치면의 미끄럼률이 작아짐

## 02 | 각 기어의 설계

### 1 스퍼 기어(spur gear)의 강도 설계

동력 전달용 기어는 이뿌리부에 발생하는 휨응력에 의한 이의 손실과 잇면의 마멸 및 피팅(pitting ; 점부식) 등에 의해 파손된다. 따라서 이의 강도 설계는 굽힘 강도, 면압 강도, 윤활유 변질에 따른 부식, 마멸, 순간 온도 상승에 대해서는 스코어링 강도 등을 검토해야 한다.

### (1) 굽힘 강도

표면 경화한 기어, 특히 모듈이 작은 기어에 대하여 과부하가 작용할 경우에는 주로 이의 굽힘 강도를 기준으로 하여 기어 설계를 한다. 기본 설계식으로 미국의 루이스(Wilfred Lewis) 식이 널리 쓰이고 있다.

### (2) 루이스식

루이스식은 다음 조건에 의해서 유도된다.

① 맞물림률은 1로 가정한다.

② 전달 토크에 의한 하중이 한 개의 이에 작용한다.

③ 전하중이 이 끝에 작용한다.

④ 이의 모양은 이뿌리의 이뿌리 곡선에 내접하는 포물선을 가로 단면으로 하는 균일 강도의 외팔보로 생각한다.

굽힘 모멘트$(M) = F'l = F_n \cos \beta \cdot l = \sigma_b \cdot Z$에서

단면 계수 $Z = \dfrac{bs^2}{6}$이므로

$$F \cdot \frac{\cos \beta}{\cos \alpha} \cdot l = \sigma_b \cdot \frac{bs^2}{6}$$

$$F = \sigma_b \cdot b \frac{2}{3} x \frac{\cos \alpha}{\cos \beta} = \sigma_b \cdot b \cdot m \cdot y$$

여기서, $\sigma_b$ : 굽힘 응력$[\mathrm{kg/mm^2}]$
$\quad\quad\quad b$ : 이 너비$[\mathrm{mm}]$
$\quad\quad\quad m$ : 모듈
$\quad\quad\quad y$ : 치형 계수

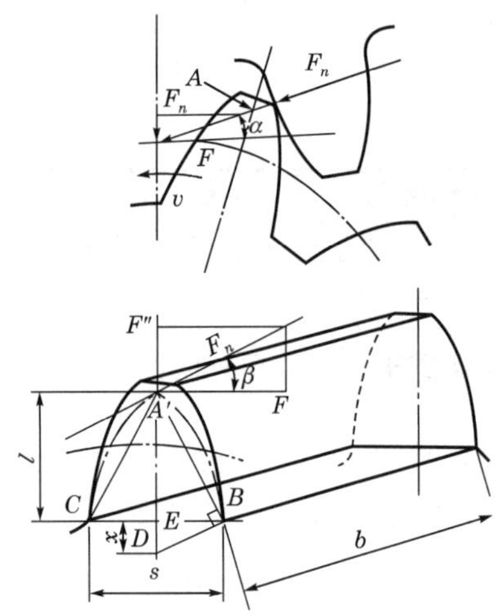

| 그림 5.52 | 이의 굽힘 강도

## 2 헬리컬 기어(helical gear)의 강도 설계

### (1) 헬리컬 기어의 치형

이의 줄이 나선으로 되어 있는 원통 기어를 헬리컬 기어라 하고, 나선과 피치 원통의 모선이 이루는 각을 나선각(helix angle)이라 하며 추력을 방지하기 위하여 $7 \sim 15°$로 사용한다.

　헬리컬 기어는 이의 물림이 나선을 따라 연속적으로 변화한 이가 동시에 맞물림하는 것이 되므로 스퍼 기어에 비하여 맞물림이 훨씬 원활하게 진행되며, 잇면의 마멸로 균일하므로 같은 크기의 피치원이라도 큰 치형을 창성할 수가 있고, 크기에 비하여 큰 동력을 전달할 수 있다. 소음이나 진동이 적기 때문에 고속회전에 적합하나 축방향으로 추력이 발생하는 결점이 있다.

　이러한 결점을 없애기 위하여 더블 헬리컬 기어(또는 헬링본 기어 ; herr ingbone gear)를 사용한다. 헬리컬 기어에는 헬리컬 기어의 정면 압력각, 정면 모듈을 표준 값으로 하는 축직각 방식과 이직각 압력각, 이직각 모듈을 표준 값으로 하는 이직각 방식이 있다.

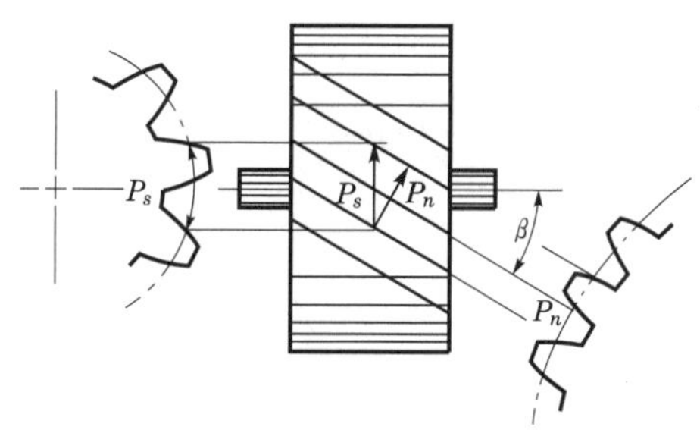

| 그림 5.53 | 축직각 방식과 이직각 방식

## (2) 헬리컬 기어의 기본 치수

### ① 원주 피치

$$p_n = p_s \cos \beta \ \text{ 또는 } \ p_s = \frac{p_n}{\cos \beta}$$

여기서, $p_n$ : 이직각 피치
$p_s$ : 축직각 피치

### ② 모듈

$$m_n = m_s \cos \beta \ \text{ 또는 } \ m_s = \frac{m_n}{\cos \beta}$$

여기서, $m_n$ : 이직각 모듈
$m_s$ : 축직각 모듈

### ③ 피치원 지름

$$D_s = m_s \cdot Z_s = \frac{m_n}{\cos \beta} \cdot Z_s$$

### ④ 바깥 지름

$$D_k = D_s + 2m_n = Z_s m_s + 2m_n = \frac{Z_s m_n}{\cos \beta} + 2m_n = \left( \frac{Z_s}{\cos \beta} + 2 \right) m_n$$

⑤ 중심 거리

$$C = \frac{D_{s1} + D_{s2}}{2} = \frac{(Z_{s1} + Z_{s2})}{2\cos\beta} \cdot m_n$$

⑥ 상당 스퍼 기어(equivalent squr gear) 잇수

$$Z_e = \frac{Z_s}{\cos^3\beta}$$

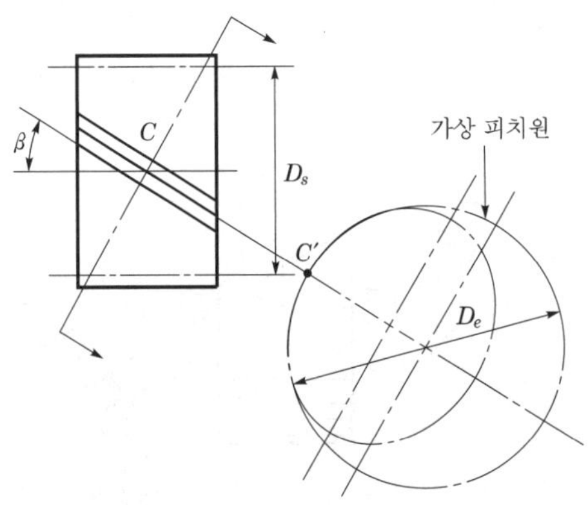


| 그림 5.54 | 상당 스퍼 기어 잇수

## 3 베벨 기어(bevel gear)의 강도 설계

### (1) 베벨 기어의 형식

서로 교차하는 두 축각의 동력 전달용으로 쓰이는 기어로서, 원추면상에 방사선으로 이를 깎으면 우산 꼭지 모양의 기어가 생기며 이를 베벨 기어 또는 원추형 기어, 우산 기어라고도 한다.

① 축각과 원뿔각에 따라

    ㉠ 보통 베벨 기어(general bevel gear)

    ㉡ 마이터 베벨 기어(miter bevel gear)

    ㉢ 예각 베벨 기어(acute bevel gear)

    ㉣ 둔각 베벨 기어(obtuse bevel gear)

    ㉤ 크라운 베벨 기어(crown bevel gear)

    ㉥ 내접 베벨 기어(internal bevel gear)

② 이의 곡선에 따라

    ㉠ 직선 베벨 기어(straight bevel gear)

    ㉡ 헬리컬 베벨 기어(helical bevel gear)

ⓒ 더블 헬리컬 베벨 기어(double helical bevel gear)

ⓔ 스파이럴 베벨 기어(spiral bevel gear)

ⓓ 인벌류트 곡선 베벨 기어(involute bevel gear)

ⓑ 원호 곡선 베벨 기어(arc bevel gear)

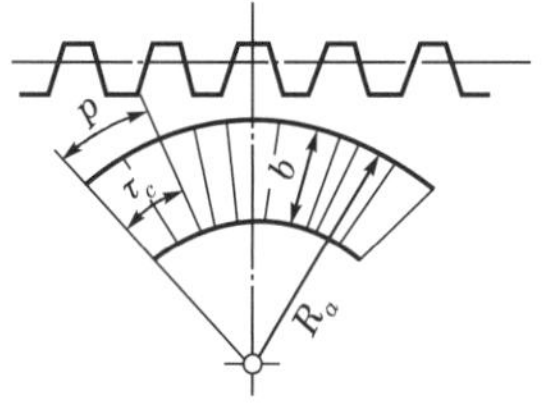

(a) 직선 베벨 기어

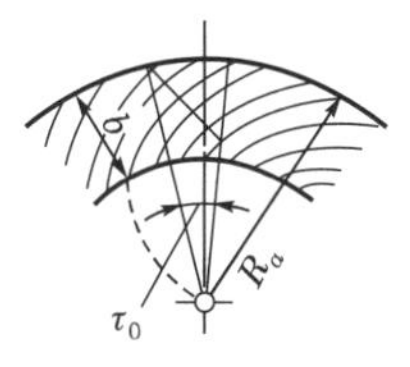

(b) 스파이럴 베벨 기어

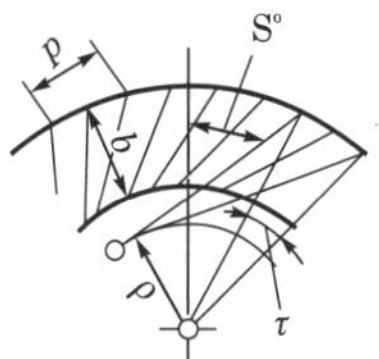

(c) 헬리컬 베벨 기어

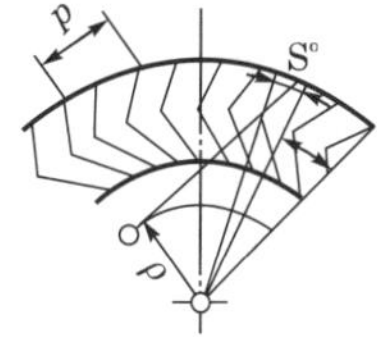

(d) 인벌류트 베벨 기어

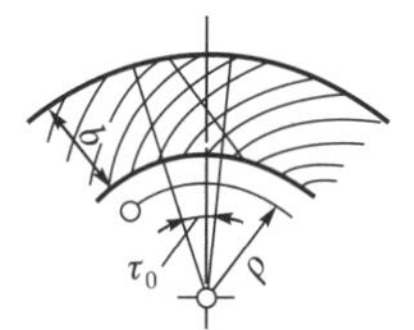

(e) 더블 헬리컬 베벨 기어

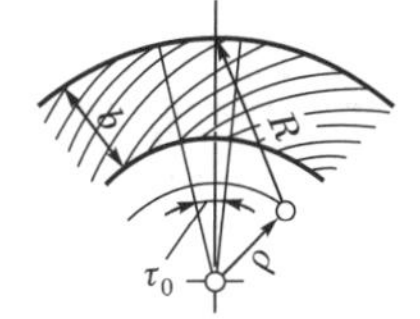

(f) 원호곡선 베벨 기어

| 그림 5.55 | 베벨 기어의 형식

## (2) 베벨 기어의 기본 치수

① 속도비

$$i = \frac{N_2}{N_1} = \frac{D_1}{D_2} = \frac{Z_1}{Z_2} = \frac{\sin \alpha_1}{\sin \alpha_2}$$

② 바깥 지름

$$D_o = D + 2a \cos \alpha = (Z + 2 \cos \alpha)m$$

③ 원추 거리

$$A = \frac{D}{2 \sin \alpha} = \frac{mZ}{2 \sin \alpha}$$

④ 피치 원추각

$$\tan \alpha_1 = \frac{\sin \phi}{\dfrac{Z_2}{Z_1} + \cos \phi} = \frac{\sin \phi}{\dfrac{1}{i} + \cos \phi}$$

$$\tan \alpha_2 = \frac{\sin \phi}{\dfrac{Z_1}{Z_2} + \cos \phi} = \frac{\sin \phi}{i + \cos \phi}$$

$\alpha_1 = \alpha_2 = 45°$일 때($\phi = 90°$) 마이터 기어(miter gear)라 한다.

⑤ 상당 스퍼 기어 잇수(등가 잇수)

$$Z_e = \frac{Z}{\cos \alpha}$$

## (3) 베벨 기어의 강도 계산

굽힘 강도는 다음과 같다.

$$P = f_v \, \sigma_b \, b \, m \, y_e \, \frac{A - b}{A}$$

여기서, $A$ : 외단 원추 거리[mm]
$b$ : 치폭[mm]

**03** **마찰차**

## 1 마찰차의 개요

### (1) 마찰차의 특성

마찰차는 2개의 바퀴를 직접 접촉시켜 이들 접촉면상에 작용하는 마찰력에 의하여 동력을 전달시키는 장치이다.

① 운전이 정숙하고, 전동의 단속이 무리하지 않다.
② 무단 변속하기 쉬운 구조로 할 수 있다.
③ 경하중용으로 전달 동력이 작고 속도비가 정확하지 않아도 되는 경우에 사용된다.
④ 효율이 떨어진다.
⑤ 일정 속도비를 얻을 수 없다.
⑥ 종동차가 과부하가 생기면 미끄럼에 의하여 과부하가 원동차에 전달되지 않고 손상을 방지할 수 있다.

### (2) 마찰차의 응용 범위

① 무단 변속을 하는 경우
② 양 축 사이를 단속할 필요가 있는 경우
③ 회전속비가 커서 보통의 기어를 사용할 수 없는 경우
④ 전달 동력이 그다지 크지 않고, 속도비가 중요하지 않은 경우

## (3) 마찰차의 종류

① **원통 마찰차**(cylindrical friction wheel) : 두 축이 평행하고 바퀴는 원통이며, 음반 회전 장치의 회전판 구동부에 쓰인다.

② **원뿔 마찰차**(bevel friction wheel) : 두 축이 어느 각도로 만나며 바퀴는 원뿔형이고, 무단 변속 장치의 변속 기구에 사용된다.

③ **구멍 마찰차**(sphere friction wheel) : 두 축이 직각 또는 직선으로 만나는 경우에 쓰이며, 주로 무단 변속 장치의 변속기구에 사용된다.

④ **홈붙이 마찰차**(grooved friction wheel) : 두 축이 평행하고 접촉면에 홈이 있으며 약간의 큰 토크를 전달할 수 있으나 마멸과 소음이 있다.

⑤ **원판 마찰차**(disc friction wheel) : 두 축이 직각으로 만나는 경우에 주로 무단 변속 장치의 변속 기구에 사용된다.

## 2 마찰차의 동력 전달

### (1) 원통 마찰차(cylindrical friction wheel)

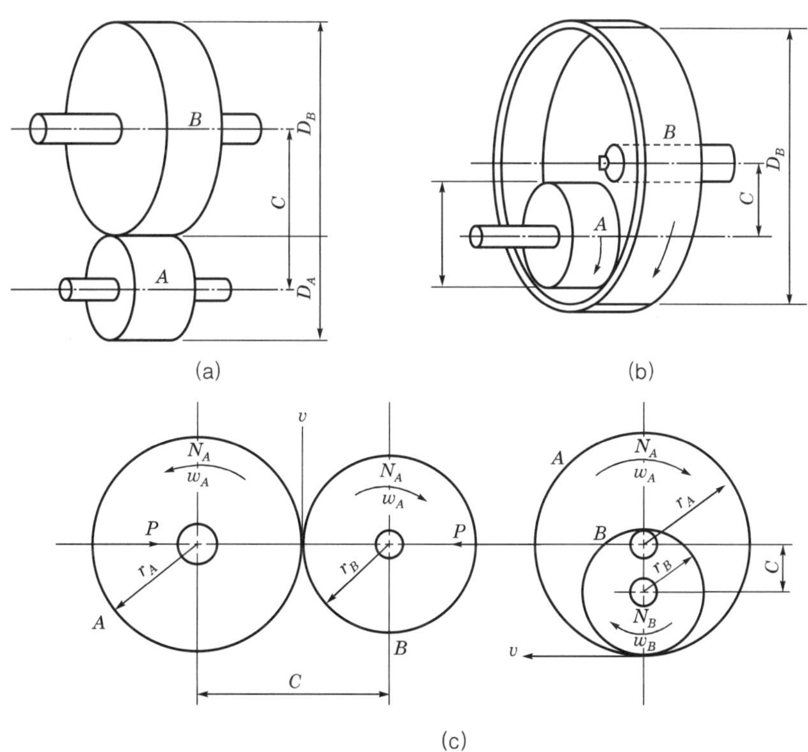

| 그림 5.56 | 원통 마찰차(내접과 외접)

① 속도비(velocity ratio)

$$\omega_A = \frac{2\pi}{60}N_A\,[\text{rad/sec}], \quad \omega_B = \frac{2\pi}{60}N_B\,[\text{rad/sec}]$$

$$v = \frac{\pi D_A N_A}{60 \times 1,000} = \frac{\pi D_B N_B}{60 \times 1,000}\,[\text{m/sec}]$$

$$i = \frac{\omega_B}{\omega_A} = \frac{N_B}{N_A} = \frac{D_A}{D_B} = \frac{r_A}{r_B}$$

여기서, $\omega_A,\ \omega_B$ : 원동축, 종동축의 각속도

$v$ : 회전 속도[m/sec]

$r_A,\ r_B$ : 원동차, 종동차의 반지름

$N_A,\ N_B$ : 원동축, 종동축의 회전수

② 중간차가 있는 경우의 속도비

그림과 같이 중간차가 있는 경우 이를 아이들 휠(idle wheel)이라고 한다. 중간차가 있으면 같은 방향, 없거나 짝수이면 종동차는 반대 방향이 된다.

$$i = \frac{N_B}{N_A} = \frac{N_C}{N_A} \cdot \frac{N_B}{N_C} = \frac{D_A}{D_C} \cdot \frac{D_C}{D_B} = \frac{D_A}{D_B}$$

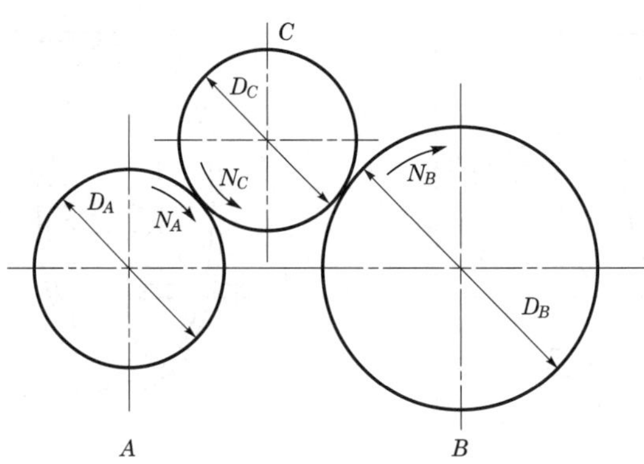


| 그림 5.57 | 중간차가 있는 경우

③ 중심 거리

두 축의 중심 거리 $C$는

㉠ 외접일 경우

$$C = \frac{D_A + D_B}{2} = r_A + r_B$$

㉡ 내접일 경우

$$C = \frac{D_B - D_A}{2} = r_B - r_A \ (단,\ D_B > D_A)$$

$$C = \frac{D_A - D_B}{2} = r_A - r_B \ (단, \ D_A > D_B)$$

④ 속비와 중심 거리

　㉠ 외접인 경우

$$D_A = \frac{2C}{1 + \dfrac{N_A}{N_B}} = \frac{2C}{1 + \dfrac{1}{i}}$$

$$D_B = \frac{2C}{1 + \dfrac{N_B}{N_A}} = \frac{2C}{1 + i}$$

　㉡ 내접인 경우

$$D_A = \frac{2C}{1 - \dfrac{N_A}{N_B}} = \frac{2C}{1 - i}$$

$$D_B = \frac{2C}{\dfrac{N_B}{N_A} - 1} = \frac{2C}{i - 1}$$

⑤ 밀어붙이는 힘

$$Q \leqq \mu P$$

여기서, $P$ : 양 마찰차를 밀어붙이는 힘[kg]

　　　　$Q$ : 전달력[kg]

　　　　$\mu$ : 마찰계수

⑥ 전달 토크

$$T = Q \cdot \frac{D}{2} = \mu P \cdot \frac{D}{2}$$

⑦ 전달 동력

$$H_{kW} = \frac{Qv}{102} = \frac{\mu P v}{102} \, [kW]$$

$$H_{PS} = \frac{Qv}{75} = \frac{\mu P v}{75} \, [PS]$$

⑧ 마찰계수와 마찰각

$Q = \mu P$ 라 할 때

$$\mu = \frac{Q}{P} = \tan \rho$$

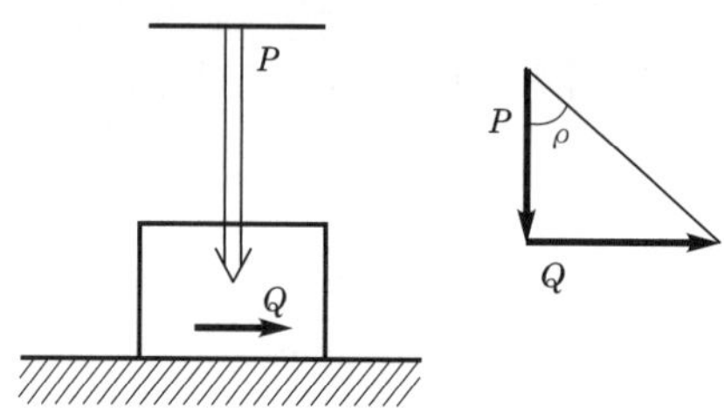

| 그림 5.58 | 마찰각

⑨ 마찰의 폭(너비)[mm]

$$P \leq b \cdot p_0$$

여기서, $b$ : 마찰차의 너비

$p_0$ : 단위 접촉선 길이당 저항 능력[kg/mm]

$$b \geq \frac{P}{p_0}$$

너비 $b$를 너무 크게 하면 마찰차의 균일한 접촉이 어려워지므로 대략 마찰차의 지름 크기 정도로 $b \leq D$가 되도록 한다.

## (2) 홈 마찰차(grooved friction wheel)

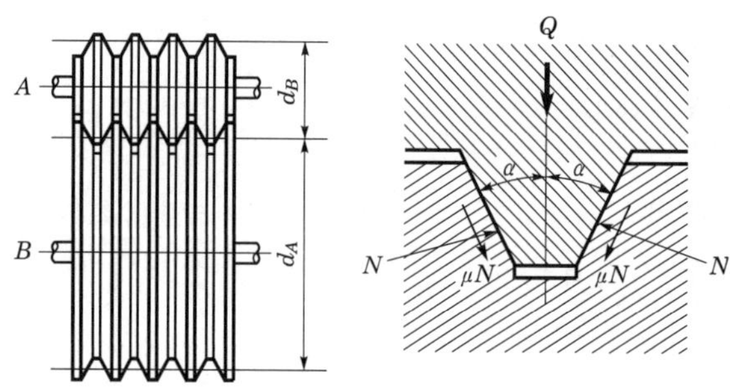

| 그림 5.59 | 홈 마찰차

① 두 바퀴의 미는 힘[kg]

$$Q = 2N(\sin \alpha + \mu \cos \alpha)$$

② 수직력[kg]

두 차를 밀어붙여 홈의 벽에 수직으로 작용하는 힘을 말한다.

$$N = \frac{Q}{2(\sin \alpha + \mu \cos \alpha)}$$

③ 회전력으로 작용하는 마찰력

$$P' = 2\mu N = \frac{\mu}{\sin \alpha + \mu \cos \alpha} Q = \mu' Q$$

④ 유효 마찰 계수(등가, 상당 마찰 계수)

$$\mu' = \frac{\mu}{\sin \alpha + \mu \cos \alpha} > \mu$$

⑤ 홈의 깊이와 수

홈의 깊이를 $h$, 홈의 수를 $z$, 마찰차가 접촉하는 전체 길이를 $l$이라 하면

$$h = 0.94 \sqrt{\mu' Q}$$

$$l = 2z \cdot \frac{h}{\cos \alpha} \fallingdotseq 2zh$$

$$z = \frac{l}{2h} = \frac{N}{2hp}$$

⑥ 홈 마찰차와 원통 마찰차의 최대 토크 비

$$T' : T = P' : P = \frac{\mu}{\sin \alpha + \mu \cos \alpha} : \mu = \mu' : \mu$$

예를 들면 $2\alpha = 30 \sim 40$, $\mu = 0.1$일 때 토크 비는 $T' : T = 2.8 : 1$로 약 3배의 큰 동력을 전달할 수 있다.

## (3) 원뿔 마찰차(베벨 마찰차 : bevel friction wheel)

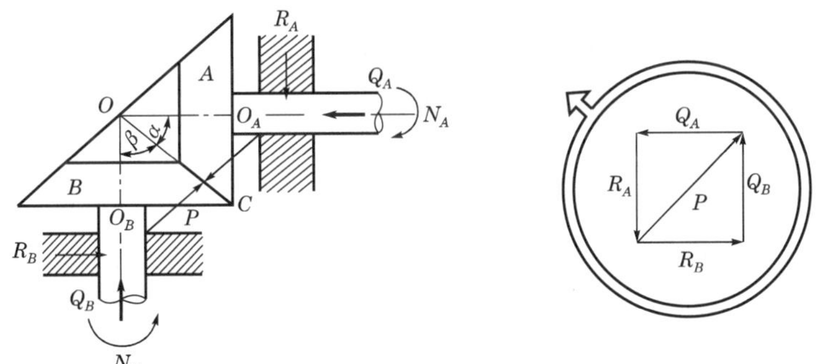


| 그림 5.60 | 원뿔 마찰차

① 속도비

원동차 $A$, 종동차 $B$의 꼭지각을 $2\alpha$, $2\beta$, 회전수 $N_A$, $N_B$[rpm], 두 축이 맺는 각을 $\theta = (\alpha + \beta)°$라 하면 속도비 $i$는

$$i = \frac{N_B}{N_A} = \frac{\overline{CO_A}}{\overline{CO_B}} = \frac{\overline{OC} \sin \alpha}{\overline{OC} \sin \beta} = \frac{\sin \alpha}{\sin \beta}$$

$$= \frac{\sin \alpha}{\sin(\theta - \alpha)} = \frac{\sin \alpha}{\sin \theta \cos \alpha - \cos \theta \sin \alpha}$$

$$= \frac{\tan \alpha}{\sin \theta - \cos \theta \tan \alpha}$$

따라서,

$$\tan \alpha = \frac{\sin \theta}{\cos \theta + \dfrac{N_A}{N_B}} = \frac{\sin \theta}{\cos \theta + \dfrac{1}{i}}$$

같은 방법으로

$$\tan \alpha = \frac{\sin \theta}{\dfrac{N_B}{N_A} + \cos \theta} = \frac{\sin \theta}{i + \cos \theta}$$

$\theta = 90°$ 이면

$$\tan \alpha = \frac{N_B}{N_A}, \quad \tan \beta = \frac{N_A}{N_B}$$

$\alpha = \beta = 45°$ 이면 $i = 1$ 로써 마이터 휠(miter wheel)이라 하며 모양과 크기가 똑같고 방향만 바꾸게 된다.

② 접촉면에 서로 밀어붙이는 힘

$$P = \frac{Q_A}{\sin \alpha} = \frac{Q_B}{\sin \beta}$$

③ 전달 동력

$$H_{\mathrm{kW}} = \frac{\mu P v_m}{102} = \frac{\mu Q_A\, v_m}{102 \sin \alpha} = \frac{\mu Q_B\, v_m}{102 \sin \beta}\, [\mathrm{kW}]$$

$$H_{\mathrm{PS}} = \frac{\mu P v_m}{75} = \frac{\mu Q_A\, v_m}{75 \sin \alpha} = \frac{\mu Q_B\, v_m}{75 \sin \beta}\, [\mathrm{PS}]$$

여기서, 평균 속도 $v_m = \dfrac{\pi D_m\, n_B}{60 \times 1,000} = \dfrac{\pi \left(\dfrac{D_B + D_B{}'}{2}\right) \cdot N_B}{60 \times 1,000}\, [\mathrm{m/sec}]$

④ 축방향에 미는 힘

$$Q_A = P \sin \alpha\, [\mathrm{kg}]$$

$$Q_B = P \sin \beta\, [\mathrm{kg}]$$

⑤ 베어링에 작용하는 힘(분력)

$$R_A = \frac{Q_A}{\tan \alpha}\, [\mathrm{kg}]$$

$$R_B = \frac{Q_B}{\tan \beta}\, [\mathrm{kg}]$$

축각 $\theta = 90°$ 이면 $\alpha = \beta = 45°$ 이므로

$$R_A = Q_A [\mathrm{kg}]$$

$$R_B = Q_B [\mathrm{kg}]$$

⑥ 베어링에 작용하는 합성 하중

$$R_A = \sqrt{R_A^2 + (\mu P)^2}\,[\text{kg}]$$

$$R_B = \sqrt{R_B^2 + (\mu P)^2}\,[\text{kg}]$$

⑦ 원뿔 마찰차의 너비

$$b = \frac{P}{f} = \frac{Q_A}{f\sin\alpha} = \frac{Q_B}{f\sin\beta}$$

## (4) 무단 변속 마찰차

① 한 개의 원판을 이용한 변속

속도비 $i$ 는

$$i = \frac{N_B}{N_A} = \frac{x}{R_B}$$

$R_B$ 는 일정하므로 $x$ 를 변화시키면 $i$ 가 변한다. 양 축의 토크 $T_A$, $T_B$ 도 변하여 다음 식이 성립된다.

$$\frac{T_A}{T_B} = \frac{x}{R_B}$$

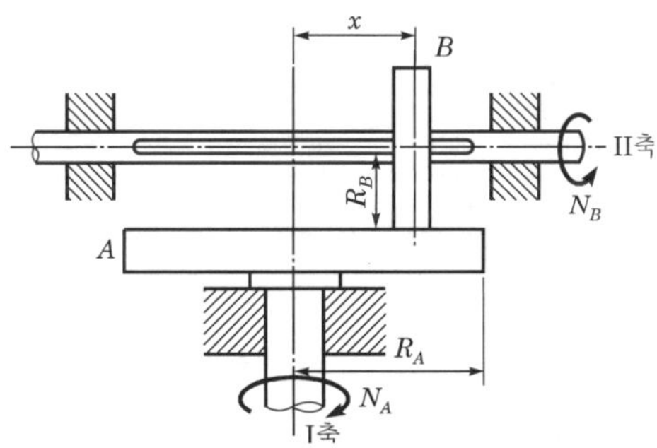


| 그림 5.61 | 한 개의 원판차에 의한 무단 변속 기구

② 두 개의 원판차를 이용한 변속

속도비 $i$ 는

$$i = \frac{N_B}{N_A} = \frac{N_C}{N_A}\cdot\frac{N_B}{N_C} = \frac{x}{R_B}\cdot\frac{R_C}{a-x} = \frac{x}{a-x}$$

또 접촉면에서 접촉 방향의 힘 $F$ 는

$$F = \frac{T_A}{x} = \frac{T_B}{a-x}$$

양 축의 토크 비는

$$\frac{T_A}{T_B} = \frac{x}{a-x}$$

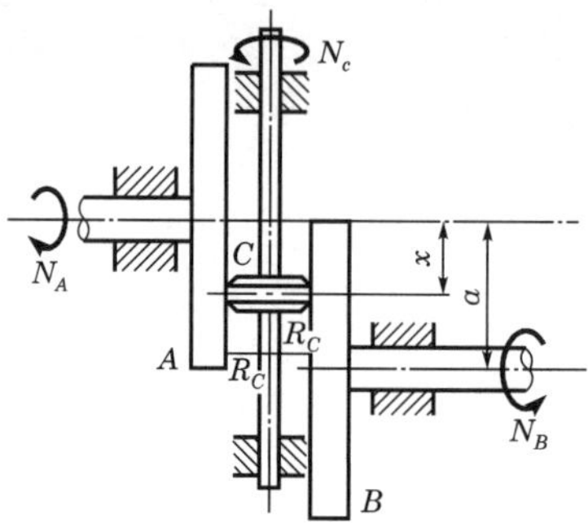

| 그림 5.62 | 두 개의 원판차에 의한 무단 변속 기구

③ 원주 마찰차에 의한 무단 변속

속도비 $i$ 는

$$i = \frac{N_2}{N_1} = \frac{r_1}{r_2} = \frac{R_0(l_0 + x)}{r_2\, l_0}$$

토크 비 $T_1$, $T_2$ 는

$$\frac{T_2}{T_1} = \frac{r_2}{r_1} = \frac{r_2\, l_0}{R_0(l_0 + x)}$$

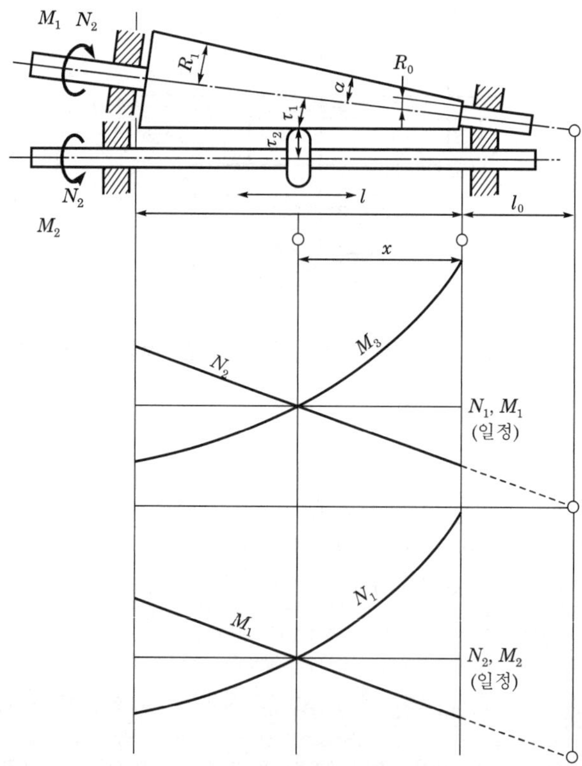

| 그림 5.63 | 원추차에 의한 무단 변속

**01** 기어의 피치원을 전위시키는 목적이 아닌 것은?

㉮ 이의 간섭을 방지하기 위하여

㉯ 이끝의 높이를 크게 하기 위하여

㉰ 이의 강도를 증가시키기 위하여

㉱ 이뿌리를 굵게 하기 위하여

 전위의 목적은 기어의 운동으로 인하여 마모가 발생하여 이의 강도가 약함을 보강하는 목적이다.

**02** 모듈과 압력각이 같으면 어떤 기어하고도 정확하게 물리며, 조립할 때 중심 거리에 오차가 있어도 속도비를 정확하게 유지할 수 있는 등 실용적이며 현재 대부분의 일반 전동용 기어에 사용되는 것은 무엇인가?

㉮ 인벌류트 기어

㉯ 사이클로이드 기어

㉰ 컴퍼짓 기어

㉱ 카디오 기어

 실용적이며 현재 대부분의 일반 전동용 기어에 사용되는 것은 인벌류트 기어이다.

**03** 이의 물림을 순조롭게 하기 위하여 이를 축에 경사시켜 준 것으로서, 이 때문에 축에 스러스트를 받는 기어는?

㉮ 스퍼 기어    ㉯ 헬리컬 기어

㉰ 인터널 기어    ㉱ 베벨 기어

 이의 물림을 순조롭게 하며 스러스트 하중 작용 시 사용한다.

**04** 회전 운동을 직선 운동으로 바꿀 때 쓰이는 기어는?

㉮ 웜과 웜기어    ㉯ 래크와 피니언

㉰ 베벨 기어    ㉱ 헬리컬 기어

 회전 운동을 직선 운동으로 바꿀 때 쓰이는 기어는 래크와 피니언이다.

**05** 기어 사용 시 원활한 회전을 하기 위해 전위 기어를 사용하는데 다음 중 전위 기어의 사용 목적이 아닌 것은?

㉮ 중심 거리가 변할 때

㉯ 언더컷을 피하고 싶을 때

㉰ 베어링의 압력 증가

㉱ 이의 강도 개선

 베어링의 압력 증가는 전위 기어와 관계가 없다.

**06** 기어 전동 장치에서 물림률을 구하는 식으로 옳은 것은?

㉮ 법선 피치/접촉각

㉯ 법선 피치/물림 길이

㉰ 접촉호의 길이/접촉각

㉱ 접촉호의 길이/원주 피치

 물림률은 접촉호의 길이/원주 피치이다.

**07** 모듈이 3이고, 잇수가 20인 기어의 피치원 지름은 몇 [mm]인가?

㉮ 30  ㉯ 40
㉰ 50  ㉱ 60

 피치원 지름 $D = Zm$

**08** 표준 평기어에서 피치원의 지름 150[mm], 모듈이 5인 기어의 잇수가 몇 개인가?

㉮ 30  ㉯ 50
㉰ 70  ㉱ 90

 피치원 지름 $D = Zm$

**09** 웜과 웜기어의 사용 목적 중 가장 큰 비중을 차지하고 있는 것은?

㉮ 직선 운동을 시키려고 할 때
㉯ 큰 감속비를 얻으려고 할 때
㉰ 고부하에 사용될 때
㉱ 고속 회전을 하려고 할 때

 웜과 웜기어의 사용 목적은 큰 감속비를 얻고자 할 때 사용한다.

**10** 웜과 웜기어에 대한 설명 중 틀린 것은?

㉮ 역회전이 가능하다.
㉯ 감속기 등에 사용된다.
㉰ 감속비가 크다.
㉱ 물림이 원활하다.

 웜과 웜기어는 역회전이 불가능하다.

**11** 압력각이 적어지면 맞물림 잇수는?

㉮ 적어진다.  ㉯ 많아진다.
㉰ 변함없다.  ㉱ 상관없다.

 압력각이 적어지면 맞물림 잇수는 많아진다.

**12** 지름 피치를 나타내는 식은? (단, $d$ : 피치원의 지름, $Z$ : 기어의 잇수)

㉮ $D.P = \dfrac{d}{Z}$  ㉯ $D.P = \dfrac{Z}{d}$

㉰ $D.P = \dfrac{\pi Z}{d}$  ㉱ $D.P = \dfrac{\pi d}{Z}$

 지름 피치를 나타내는 식
$$D.P = \frac{Z}{d}$$

**13** 기어의 회전비는?

㉮ $\dfrac{1}{1} \sim \dfrac{1}{10}$  ㉯ $\dfrac{1}{1} \sim \dfrac{1}{15}$

㉰ $\dfrac{1}{1} \sim \dfrac{1}{20}$  ㉱ $\dfrac{1}{1} \sim \dfrac{1}{30}$

 기어의 회전비는 $\dfrac{1}{1} \sim \dfrac{1}{10}$ 이다.

**14** 2줄 웜의 회전수 1,200[rpm]을 웜휠에서 50[rpm]으로 만들려고 할 때 웜휠의 잇수는?

㉮ 24  ㉯ 48
㉰ 52  ㉱ 64

웜휠의 잇수
$$Z = \frac{1,200 \times 2}{50} = 48$$

**15** 2줄 웜의 회전수 2,750[rpm]을 웜휠로 50[rpm]으로 감속하려면 웜휠의 잇수는?

㉮ 40  ㉯ 80
㉰ 90  ㉱ 110

 웜과 웜휠의 잇수를 각각 $n_1$, $n_2$, $Z_1$, $Z_2$ 라고 하면 $\dfrac{n_2}{n_1} = \dfrac{Z_1}{Z_2}$ 이 된다.

따라서, $n_1 = 2{,}750[\text{rpm}]$, $n_2 = 50[\text{rpm}]$ 이고 웜의 줄수는 $Z_1 = 2$ 이므로,

$$Z_2 = \frac{n_1}{n_2} \times Z_1 = \frac{2{,}750}{50} \times 2 = 110$$

**16** 모듈이 3, 잇수가 각각 38, 72인 두 개의 기어가 있을 때 축간 거리[mm]는?

㉮ 150 ㉯ 165
㉰ 250 ㉱ 300

 **중심 거리**

$$C = \frac{M(Z_1 + Z_2)}{2}$$
$$= \frac{3(38 + 72)}{2} = 165[\text{mm}]$$

**17** 잇수가 32, 피치원의 지름이 320[mm]인 기어의 모듈은?

㉮ $M = 5$
㉯ $M = 6$
㉰ $M = 7$
㉱ $M = 10$

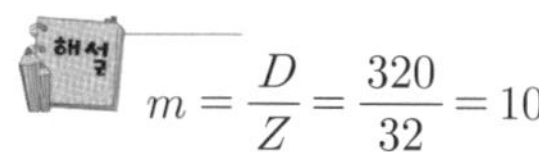 $$m = \frac{D}{Z} = \frac{320}{32} = 10$$

**18** 잇수가 40개, 모듈이 3인 기어의 외경은 몇 [mm]인가?

㉮ 111 ㉯ 126
㉰ 184 ㉱ 204

 기어의 외경은 $D = (Z + 2)m$ 에서 $D = (40 + 2)3 = 126[\text{mm}]$

**19** 모듈의 값이 커지면 기어의 형상은?

㉮ 기어의 이가 커진다.
㉯ 틈새가 커진다.
㉰ 이가 작아진다.
㉱ 이의 너비가 커진다.

 모듈은 이끝의 높이와 같고 어덴덤 (addendum)이라 하며 이뿌리 높이는 디덴덤(dedendum)이라 한다. 총 이 높이는 이끝 높이와 이뿌리 높이의 합이다.

**20** 웜기어의 동력 전달에 대한 설명 중 틀린 것은?

㉮ 반드시 웜에서 웜휠 쪽으로 전달한다.
㉯ 반드시 웜휠에서 웜 쪽으로 전달한다.
㉰ 양쪽에서 모두 전한다.
㉱ 제3의 기구를 통하여 전한다.

**21** 접촉호의 길이와 원주 피치의 비를 무엇이라고 하는가?

㉮ 물림률
㉯ 접촉 효율
㉰ 전동 효율
㉱ 접근율

 접촉호의 길이와 원주 피치의 비를 물림률이라 한다.

**22** 한 쌍의 기어가 맞물려 회전하고 있을 때 이가 물리기 시작한 점과 물림이 끝난 점까지의 회전각은?

㉮ 접촉각 ㉯ 압력각
㉰ 나선각 ㉱ 마찰각

 이가 물리기 시작한 점과 물림이 끝난 점까지의 회전각을 접촉각이라 한다.

**23** 기어의 간섭은 어느 때 생기는가?

㉮ 양 기어의 축간 거리가 맞지 않을 때

㉯ 잇수가 아주 작은 경우나 잇수비가 아주 큰 경우

㉰ 기어 절삭이 잘못되었을 때

㉱ 양 기어의 이의 피치가 맞지 않을 때

　잇수가 아주 작은 경우나 잇수비가 아주 큰 경우가 발생한다.

**24** 압력각이 20°의 표준 기어의 실용적인 언더컷 방지 한계 잇수는?

㉮ 8　　　　㉯ 12

㉰ 14　　　　㉱ 24

　KS에서는 20°만을 규정하고 있으며 실제로도 20°가 널리 쓰인다. 20°일 때 이론적인 잇수는 17개, 실용적인 잇수는 14개이며 14.5°일 때 이론적 잇수는 32개, 실용적인 잇수는 26개이다.

**25** 사이클로이드 치형 기어는 어떤 곳에 많이 사용되는가?

㉮ 대형 기계용

㉯ 정밀한 소형 기계용

㉰ 동력 전달용

㉱ 정밀하지 못한 기계용

　사이클로이드 치형 기어는 정밀한 소형 기계용에 사용된다.

**26** 기준원 위에 원판을 굴릴 때 원판상의 1점이 그리는 궤적으로 나타내는 곡선은?

㉮ 사이클로이드 곡선

㉯ 인벌류트 곡선

㉰ 하이포 사이클로이드 곡선

㉱ 에피 사이클로이드 곡선

　기준원 위에 원판을 굴릴 때 원판상의 1점이 그리는 궤적으로 나타내는 곡선은 사이클로이드 곡선이다.

**27** 원통에 감긴 실을 잡아당기면서 풀 때 실이 그리는 곡선은?

㉮ 사이클로이드 곡선

㉯ 인벌류트 곡선

㉰ 하이포 사이클로이드 곡선

㉱ 에피 사이클로이드 곡선

　원통에 감긴 실을 잡아당기면서 풀 때 실이 그리는 곡선은 인벌류트 곡선이다.

**28** 인벌류트 치형이 사이클로이드 치형보다 우수한 점이 아닌 것은?

㉮ 제작이 쉽다.

㉯ 이뿌리가 튼튼하다.

㉰ 소음이 작다.

㉱ 기어가 바르게 물린다.

　인벌류트 치형은 소음이 크다.

**29** 두 축이 만나는 경우에 쓰이는 기어는?

㉮ 웜기어　　　㉯ 나사 기어

㉰ 베벨 기어　　㉱ 하이포이드 기어

　두 축이 만나는 경우에 쓰이는 기어는 베벨 기어이며 직각, 둔각과 예각에 적용된다.

**30** 기어의 잇수가 같은 한쌍의 베벨 기어로 90°로 교차하는 기어는?

㉮ 크라운 기어　　㉯ 마이터 기어

㉰ 스파이럴 기어　㉱ 예각 베벨 기어

　마이터 기어는 기어의 잇수가 같은 한쌍의 베벨 기어로 90°로 교차하는 기어이다.

[정답]　23. ㉯　24. ㉰　25. ㉯　26. ㉮　27. ㉯　28. ㉰　29. ㉰　30. ㉯

**31** A30이라는 V 벨트는?

㉮ 단면이 A형이고 유효 높이가 30인
　치이다.
㉯ 단면이 A형이고 유효 둘레가 30인
　치이다.
㉰ 단면이 A형이고 유효 둘레가 30[cm]
　이다.
㉱ 단면이 A형이고 단면 두께가 30[mm]
　이다.

 A30은 단면이 A형이고 유효 둘레가 30
인치를 의미한다.

**32** 다음 중 V 벨트에서 단면이 가장 큰 치
수의 기호는?

㉮ M　　　　　㉯ A
㉰ D　　　　　㉱ E

 V 벨트는 그 단면이 사다리꼴이며 M, A,
B, C, D, E 순으로 치수가 크다.

**33** 벨트 풀리 외주의 중앙부는?

㉮ 평평하다.
㉯ 높다.
㉰ 낮다.
㉱ 요철형이다.

 중앙부는 높게 하여 이탈하지 않도록 한다.

**34** 벨트의 인장 측 장력을 $T_1$, 이완 측의
장력을 $T_2$라고 하면 유효 장력은?

㉮ $T_2 - T_1$　　　㉯ $T_1 - T_2$
㉰ $T_1 + T_2$　　　㉱ $T_2 / T_1$

 유효 장력은 인장 측에서 이완 측을 뺀
장력이다.

**35** 오픈 벨트에서 중심 거리가 3[m], 원동
차의 지름이 0.4[m], 피동차의 지름이
0.6[m]일 때 벨트의 길이($L$)는?

㉮ 705[cm]　　　㉯ 757[cm]
㉰ 778[cm]　　　㉱ 786[cm]

$$L = 2l + \frac{\pi}{2}(D_2 + D_1) + \frac{(D_2 - D_1)}{4l}$$
$$= 2 \times 300 + \frac{3.14(60+40)}{2} + \frac{(60-40)^2}{4 \times 300}$$
$$\fallingdotseq 757[cm]$$

**36** 접촉각을 크게 해 충분한 전동이 되게
하기 위하여 설치하는 것은?

㉮ 인장차　　　　㉯ 안내차
㉰ 기어　　　　　㉱ 이완차

 접촉각을 크게 하는 것은 마찰력을 증가
시킨다.

**37** 다음 중 엇걸기의 설명으로 옳지 않은
것은?

㉮ 평벨트에서만 사용할 수 있다.
㉯ 회전 방향이 서로 반대이다.
㉰ 벨트가 비틀려 마모되기 쉽다.
㉱ 인장 측이 항상 아래쪽이 된다.

 엇걸기는 접촉각이 동일하다.

**38** 두 축이 평행한 평벨트에 대한 설명 중
틀린 것은?

㉮ 인장 측이 항상 아래쪽이 되어야 한다.
㉯ 오픈 벨팅과 크로스 벨팅이 있다.
㉰ 크로스 벨팅은 오픈 벨팅보다 접촉
　각이 크다.
㉱ 오픈 벨팅에서의 회전 방향은 서로
　반대이다.

 오픈 벨팅은 회전 방향이 같으며, 크로스 벨팅은 회전 방향은 반대이고 접촉각이 크다.

## 39 벨트의 전동 효율[%]은?

㉮ 60~70  ㉯ 70~80
㉰ 85~95  ㉱ 96~98

 벨트의 전동 효율은 96~98[%]이다.

## 40 로프의 가닥과 로프의 꼬인 방향이 같은 것을 무슨 꼬임이라 하는가?

㉮ 보통 꼬임  ㉯ 랭꼬임
㉰ 오른 꼬임  ㉱ 왼꼬임

 로프 가닥과 로프 꼬인 방향이 반대인 경우를 보통 꼬임이라 한다.

## 41 벨트 전동의 장점이 아닌 것은?

㉮ 원동축의 진동·충격을 피동축에 전달하지 않는다.
㉯ 미끄럼이 안전 장치의 역할을 하여 원활한 전동이 가능하다.
㉰ 축간 거리가 먼 경우에도 동력 전달이 가능하다.
㉱ 일정한 속도비를 얻을 수 있어 정확한 전동이 가능하다.

 벨트의 전동은 일정한 속도비를 얻을 수 없다.

## 42 로프 전동의 장점이 아닌 것은?

㉮ 축간 거리가 먼 경우에 사용한다.
㉯ 전동 경로가 구부러져도 쓸 수 있다.
㉰ 큰 동력에도 벨트 전동보다 풀리의 지름을 작게 할 수가 있다.
㉱ 미끄럼이 적어 전동 효율이 좋다.

 로프 전동은 미끄럼이 많아 효율이 떨어진다.

## 43 기름에 약한 벨트는?

㉮ 가죽 벨트  ㉯ 고무 벨트
㉰ 천 벨트   ㉱ 띠강 벨트

 고무 벨트는 기름에 의해서 화학 반응을 일으켜 탄력이 약하게 된다.

## 44 띠강 벨트의 두께는?

㉮ 0.1~0.3[mm]  ㉯ 0.3~1.1[mm]
㉰ 0.8~1.3[mm]  ㉱ 0.1~1.5[mm]

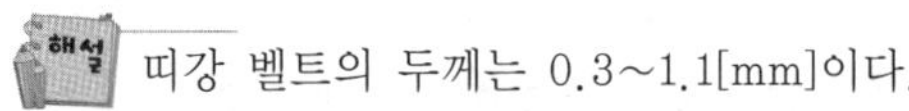 띠강 벨트의 두께는 0.3~1.1[mm]이다.

## 45 벨트 풀리의 암의 수는?

㉮ 2~3개  ㉯ 3~5개
㉰ 4~8개  ㉱ 8~12개

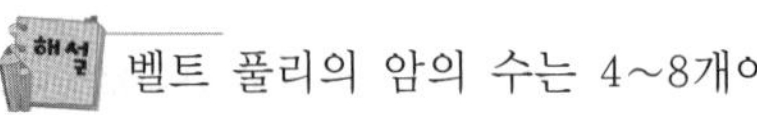 벨트 풀리의 암의 수는 4~8개이다.

# CHAPTER 09

# 스프링

## 01 스프링(Spring)

### (1) 진동

진동(vibration)이란 물체 또는 질점이 외력을 받아 평형 위치에서 요동하거나 떨리는 현상으로, 일정 시간마다 같은 운동이 반복되는 주기 운동 및 비주기적인 과도 운동, 불규칙 운동을 포함한다. 기계나 구조물에서 대부분의 진동은 응력의 증가와 더불어 에너지 손실을 일으킨다. 따라서, 진동원으로부터 진동이 전해지지 않도록 방진, 완충의 조치가 고려되어야 한다.

### (2) 스프링

일반적으로 탄성체는 하중을 받으면 하중에 따른 만큼 변형을 하게 되고, 그 일을 탄성 에너지로 흡수·축적하는 특성을 가진다. 따라서, 이 기본 특성에서 동적으로 고유 진동을 가지고 충격을 완화하든지 진동을 방지하는 기능을 가진다. 탄성체가 갖는 특성과 기능을 적극적으로 이용한 기계 요소가 스프링(spring)이다.

## 02 스프링의 분류

스프링은 재료, 하중, 용도, 모양에 따라 분류할 수 있다.

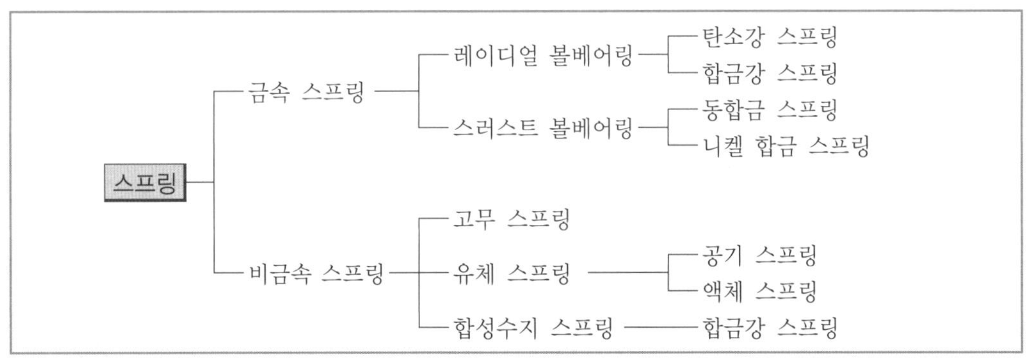


| 그림 5.64 | 스프링의 분류

## (1) 사용 재료에 의한 분류

① 금속 스프링(강, 동합금)
② 고무 스프링
③ 유압 스프링
④ 공기압 스프링

## (2) 스프링 형상에 의한 분류

① 코일 스프링(coil spring)(원통, 원주, 장고형, 드럼형)
② 겹판 스프링(leaf spring)
③ 벌류트 스프링(volute spring)
④ 타원 스프링
⑤ 태엽 스프링
⑥ 접시 스프링(disc spring)
⑦ 와셔 스프링(washer spring)
⑧ 스냅 스프링(snap spring)
⑨ 토션 바(torsion bar)
⑩ 정지 스프링
⑪ 차외 자리식(외치형, 내치형) 스프링
⑫ 파형 자리식 스프링
⑬ 지그재그 스프링
⑭ 바퀴형 스프링

## (3) 스프링의 용도

① 진동 또는 탄성 에너지를 흡수한다.
　예 연결기의 완충 스프링, 전동차, 자동차 등의 대차
② 에너지를 저축하여 놓고 이것을 동력원으로 작동시킨다.
　예 시계, 촬영기의 태엽 스프링
③ 일정한 압력을 가할 때 사용한다.
　예 스프링 와셔, 안전 밸브 스프링
④ 힘의 측정에 사용한다.
　예 스프링, 저울, 각종 압력 게이지

## 03 스프링의 작용

### (1) 하중과 변형

스프링에 하중 $P\,[\text{kg}]$가 작용할 때 $P$는

$$P = k\delta\,[\text{kg}]$$

여기서, $k\,[\text{kg/mm}]$ : 스프링 상수(spring constant)

$\delta\,[\text{mm}]$ : 스프링의 변형

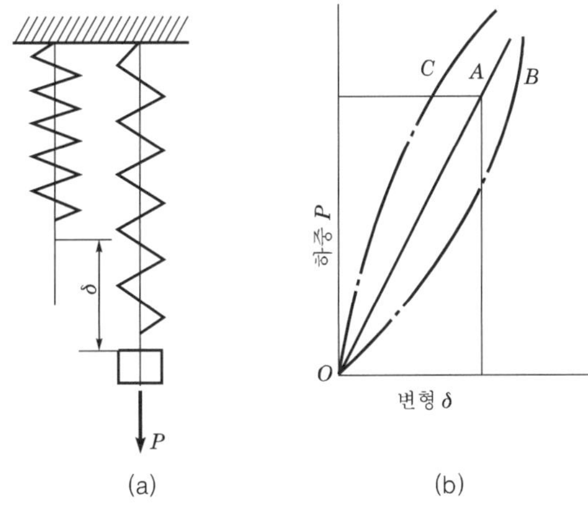


| 그림 5.65 | 스프링의 작용

스프링을 조합하는 방법은 직렬과 병렬이 있으며 각 스프링 상수를 $k_1$, $k_2$, $k_3$, …… 라면 조합한 스프링 상수 $k$는

병렬 : $k = k_1 + k_2 + k_3 + \cdots\cdots$

직렬 : $\dfrac{1}{k} = \dfrac{1}{k_1} + \dfrac{1}{k_2} + \dfrac{1}{k_3} + \cdots\cdots$

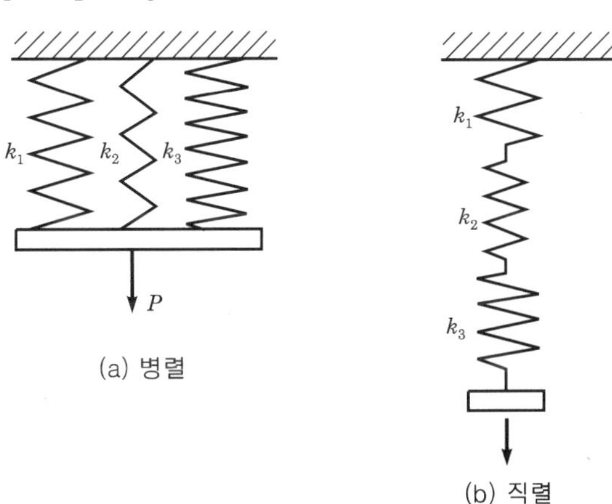


| 그림 5.66 | 스프링의 조합

비틀림 스프링에서는 비틀림 모멘트를 $T[\mathrm{kg \cdot mm}]$, 비틀림각을 $\theta\,[\mathrm{rad}]$라 하면

$$T = k\theta$$

여기서, $k[\mathrm{kg \cdot mm/rad}]$ : 스프링 상수

## (2) 스프링의 탄성 변형 에너지

하중이 스프링에 한 일 $U$는 스프링 내부에 탄성 에너지로써 흡수된다.

$$U = \frac{P\delta}{2} = \frac{k\delta^2}{2}$$

$$U = \frac{T\theta}{2}$$

## (3) 충격의 완화

무게 $P_0[\mathrm{kg}]$의 물체가 속도 $v\,[\mathrm{m/s}]$로 스프링 상수 $k$인 스프링에 충돌할 때 스프링의 반력, 즉 충격력의 최대치 $P_{\max}[\mathrm{kg}]$는

$$P_{\max} = \sqrt{\frac{P_0}{g}} \cdot k \cdot v$$

여기서, $g$ : 중력 가속도$[9,800\mathrm{mm/s}^2]$

$k$를 작게 함으로써 $P_{\max}$를 작게 하고, 충격력을 완화시킬 수 있다.

## (4) 스프링의 고유 진동수

무게 $P_0$인 물체를 지지한 스프링을 자유 진동시키면 일정의 진동수로 진동한다. 이 진동을 고유 진동이라 하고, 이 진동수 $f$는

$$f = \frac{1}{2\pi}\sqrt{\frac{kg}{P_0}} = \frac{1}{2\pi}\sqrt{\frac{k}{m}} = \frac{1}{2\pi}\sqrt{\frac{g}{\delta}}$$

**01** 스프링 재료의 구비 조건이 아닌 것은?

㉮ 내식성이 클 것

㉯ 크리프 한도가 높을 것

㉰ 탄성 한계를 높이기 위해서

㉱ 경도를 증가시키기 위해서

 탄성계수, 탄성 한계, 피로, 크리프 한도가 높아야 한다.

**02** 길이가 130[mm]의 스프링에 $W$[kg]의 추를 달았더니 135[mm]가 되었다. 추의 무게[kg]는 얼마인가? (단, 스프링 상수는 1.20[kg/cm²]로 한다)

㉮ 6　　　　㉯ 8

㉰ 10　　　㉱ 12

 복원력
$$P = K(l' - l) = 1.2(135 - 130) = 6[kg]$$

**03** 에너지 축적용으로써 시계의 원동력, 계기류의 조정으로 쓰이는 스프링은?

㉮ 박판 스프링

㉯ 코일 스프링

㉰ 스파이럴 스프링

㉱ 링 스프링

 스파이럴 스프링은 압축이 되면 원이 작아지고 이완되면 커진다.

**04** 압축 코일 스프링의 끝 부분을 연삭할 때에 끝 부분의 두께는 코일 선재 지름의 얼마인가?

㉮ 1/2　　　㉯ 1/3

㉰ 1/4　　　㉱ 1/5

 압축 코일 스프링의 끝 부분을 연삭할 때에 끝 부분의 두께는 코일 선재 지름의 1/4이다.

**05** 스프링 지수를 나타내는 식은?

㉮ 코일의 지름/소선의 지름

㉯ 소선의 지름/코일의 지름

㉰ 소선의 지름/코일의 평균 지름

㉱ 코일의 평균 지름/소선의 지름

 스프링 지수는 코일의 평균 지름/소선의 지름이다.

**06** 주로 굽힘 하중을 받는 스프링은?

㉮ 인장 코일 스프링

㉯ 압축 코일 스프링

㉰ 겹판 스프링

㉱ 원판 스프링

 겹판 스프링은 굽힘 하중을 받으며 차량에 사용한다.

**07** 코일 스프링 상수가 6[kg/cm]인 경우에 80[kg]의 하중을 걸면 늘어나는 길이 [cm]는 얼마인가?

㉮ 10.3　　　㉯ 11.3

㉰ 12.3　　　㉱ 13.3

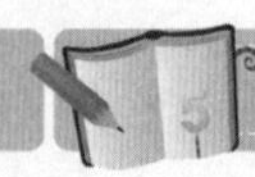

$$\delta = \frac{P}{K}$$
$$= \frac{80}{6} = 13.3[\text{cm}]$$

**08** 코일 스프링을 인장 스프링으로 사용하지 않는 이유가 아닌 것은?

㉮ 압축 스프링만큼 가공이 간단하지 않다.

㉯ 과하중이 되기 쉽고, 제작비가 많이 든다.

㉰ 스프링 재료를 구입하기 곤란하다.

㉱ 끊어지면 다시 사용할 수가 있다.

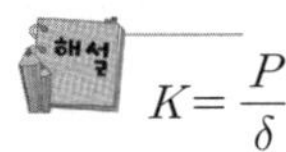 스프링 재료를 구입하기 쉽다.

**09** 다음 중 스프링의 세기를 나타내는 것으로 옳은 것은?

㉮ 스프링 지수

㉯ 스프링 상수

㉰ 자유 높이

㉱ 스프링 종횡비

$$K = \frac{P}{\delta}$$

**10** 다음 중 태엽의 스프링에 적용되는 곡선의 원리는?

㉮ 인벌류트 곡선

㉯ 사이클로이드 곡선

㉰ 아르키메데스 곡선

㉱ 쌍곡선

아르키메데스 곡선(Archimedes spiral)은 중심에서 거리가 회전각에 비례하여 커지는 곡선이다.

**11** 아래 그림을 보고 스프링 상수를 계산하면 얼마인가?

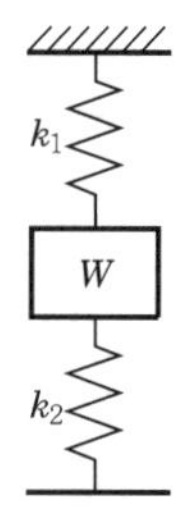


㉮ $k = k_1 + k_2$

㉯ $k = \dfrac{1}{k_1} + \dfrac{1}{k_2}$

㉰ $k = \dfrac{1}{k_1} + \dfrac{2}{k_2}$

㉱ $k = k_1 - k_2$

 병렬인 경우이므로 $k = k_1 + k_2$이다.

**12** 토션바 스프링은 어느 곳에 사용하는가?

㉮ 볼트 이음　　㉯ 리벳 이음

㉰ 가열 끼워맞춤　㉱ 승용차

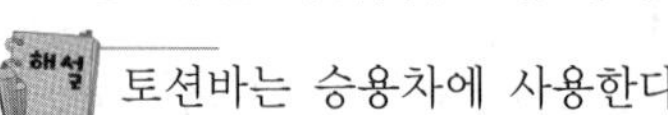 토션바는 승용차에 사용한다.

**13** 스프링에 관한 설명으로 맞는 것은?

㉮ 스프링 상수 : 하중을 휨량으로 나눈 수치

㉯ 스프링 지수 : 코일의 평균 지름을 자유 높이로 나눈 것

㉰ 자유 감김수 : 스프링으로써 기능을 발휘하는 부분의 감김수

㉱ 피치 : 코일의 안지름과 바깥 지름을 더하여 2로 나눈 것

 스프링의 세기는 스프링 상수이다.

**14** 모양에 따라 분류한 코일 스프링 중 맞지 않는 것은?

㉮ 압축 스프링

㉯ 스파이럴 스프링

㉰ 코일 스프링

㉱ 링 스프링

 압축 스프링은 하중의 형에 따른 분류이다.

**15** 그림과 같이 무게 100[kg]의 물체를 병렬로 연결된 2개의 스프링에 매달았을 때 처짐량은? (단, $k_1 = 50$[N/mm], $k_2 = 40$[N/mm])

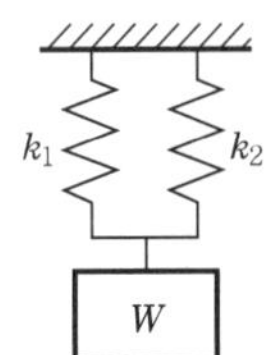
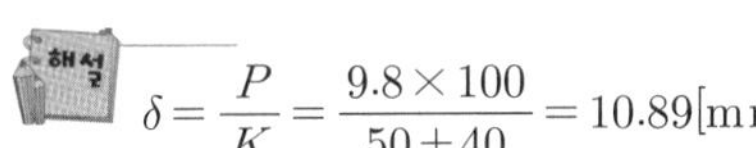

㉮ 6.98[mm]

㉯ 8.56[mm]

㉰ 10.89[mm]

㉱ 12.23[mm]

 $\delta = \dfrac{P}{K} = \dfrac{9.8 \times 100}{50 + 40} = 10.89[\text{mm}]$

**16** 진동이나 충격 에너지의 흡수나 감쇠를 목적으로 사용하는 스프링은?

㉮ 완충 스프링

㉯ 가압 스프링

㉰ 동력 스프링

㉱ 인장 스프링

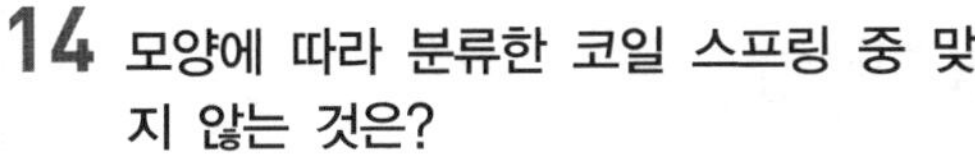 완충 스프링은 충격이나 진동을 완화한다.

**17** 다음 그림과 같은 스프링 장치에서 30[mm]의 처짐이 생겼을 경우 작용 하중 $W$는 몇 [kg]인가? (단, $k_1 = 2$[kg/cm], $k_2 = 3$[kg/cm])

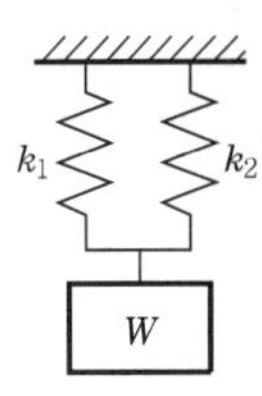

㉮ 12    ㉯ 15

㉰ 18    ㉱ 21

 $P = K\delta = (2+3) \times 3 = 15[\text{kg}]$

**18** 스프링 재료를 쇼트 피닝(shot preening)하는 이유는 무엇인가?

㉮ 피로 한계를 높이기 위해서

㉯ 인장 강도를 높이기 위해서

㉰ 탄성 한계를 높이기 위해서

㉱ 경도를 증가시키기 위해서

 쇼트 피닝(shot preening)은 작은 입자로 스프링 표면을 타격하여 피로 한계를 높인다.

**19** 스프링에서 단위 변형량에 대한 하중의 크기로 나타내는 것을 무엇이라 하는가?

㉮ 스프링 지름    ㉯ 피치

㉰ 감김수    ㉱ 스프링 상수

 스프링 상수의 단위는 [kg/cm]이다.

**20** 다음 중 스프링의 기능이 아닌 것은?

㉮ 진동 및 충격 완화

㉯ 운동의 제한

㉰ 에너지 저축

㉱ 동력 전달

 동력 전달은 모터나 엔진을 이용하여 생성시킨다.

# 브레이크



브레이크(brake)는 운동 중의 기계 부분이 가지고 있는 운동 에너지를 변화시키거나 일부 다른 형태의 에너지로 변화시키므로 그 부분의 운동을 정지시키거나 속도를 감소시키는 데 사용한다.

브레이크를 분류하면 다음과 같다.

## (1) 마찰 브레이크(friction brake)

① 반경 방향 브레이크
  - ㉠ 블록 브레이크(black brake)
  - ㉡ 밴드 브레이크(band brake)

② 축압 브레이크
  - ㉠ 원판 브레이크(disc brake)
  - ㉡ 원추 브레이크(cone brake)

## (2) 전기 브레이크(electric brake)

① 전동기를 발전기로 역용하여 운동 에너지를 전기로 바꾸고, 거기서 발생한 전기를 저항기에 의해 열로 방출하는 발전 브레이크이다.

② 발생한 전기를 송전선에 되돌리는 전력 회생(電力回生) 브레이크이다.

③ 차축(車軸)에 장착한 원판 가까이의 전자석에 전기를 걸어 원판에 맴돌이 전류를 일으키게 하여 열로 방출하는 맴돌이 전류 디스크 브레이크이다.

④ 레일에서 일정한 간격을 유지한 전자석에 전기를 걸어 레일에 맴돌이 전류를 생기게 하여 열로 방출시키는 맴돌이 전류식 레일 브레이크(전자기 흡수 브레이크) 등이 있다.

이상은 주로 철도 차량용으로 쓰이며 그 밖에 짐을 운반하는 컨베이어에 맴돌이 전류를 발생시켜 속도를 늦추게 하는 전기 브레이크도 쓰인다.

## 02 블록 브레이크(Block brake)

블록 브레이크는 회전하는 브레이크 드럼(brake drum)에 브레이크 블록을 반경 방향으로 눌러 제동한다.

### (1) 단식 블록 브레이크

① 철도 차량이나 하역 기계에 쓰이며, 한 개의 블록으로 눌러 제동하는 방식이다.
[그림 5.67]에서와 같이 $c>0$이면 내작용 선형, $c=0$이면 중작용 선형, $c<0$이면 외작용 선형이며 $\dfrac{a}{b}$의 표준값은 3~6이다.

② 수동의 경우 사람이 줄 수 있는 힘 $F$는 10~25[kg]이고, 보통 20[kg]을 사용한다. 블록과 브레이크 바퀴 사이의 최대 틈새 표준값으로서 2~3[mm] 정도가 적당하다.

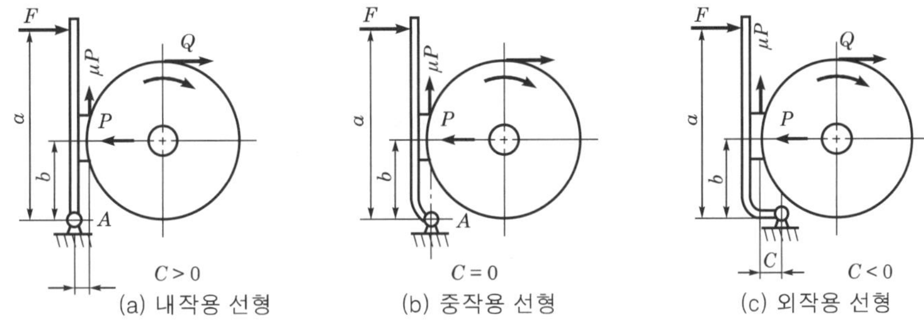


| 그림 5.67 | 단식 블록 브레이크의 형식

③ 브레이크 드럼의 제동력

$$Q = \mu P \,[\text{kg}]$$

④ 브레이크 축의 토크

$$T = \frac{QD}{2} = \frac{\mu PD}{2}\,[\text{kg·mm}]$$

여기서, $T$ : 브레이크 축의 토크[kg·mm]
$D$ : 브레이크 드럼의 지름[mm]
$Q$ : 브레이크 드럼의 제동력[kg]
$P$ : 드럼의 원주력[kg]
$\mu$ : 마찰계수
$F$ : 브레이크 레버에 작용하는 힘[kg]

⑤ 브레이크 레버 끝에 작용하는 힘 $F$는 [표 5.12]와 같다.

| 표 5.12 | 작동 방식에 따라 레버 끝에 가하는 힘[kg]

| 회전 방향 | 내작용 선형 $c > 0$ | 중작용 선형 $c = 0$ | 외작용 선형 $c < 0$ |
|---|---|---|---|
| 우회전 | $F = \dfrac{P(b+\mu c)}{a}$ | $F = \dfrac{Pb}{a}$ | $F = \dfrac{P(b-\mu c)}{a}$ |
| 좌회전 | $F = \dfrac{P(b-\mu c)}{a}$ | | $F = \dfrac{P(b+\mu c)}{a}$ |

## (2) 복식 블록 브레이크

축에 대칭으로 블록을 놓고 브레이크 링을 양쪽으로부터 죈다.

복식은 축에 대칭이므로 굽힘 모멘트가 걸리지 않고, 베어링에도 그다지 하중이 걸리지 않는다. 복식 블록 브레이크에서 레버에 작용하는 조작력 $F'$는

$$F' = \frac{Fd}{e} = \frac{Qbd}{\mu a}$$

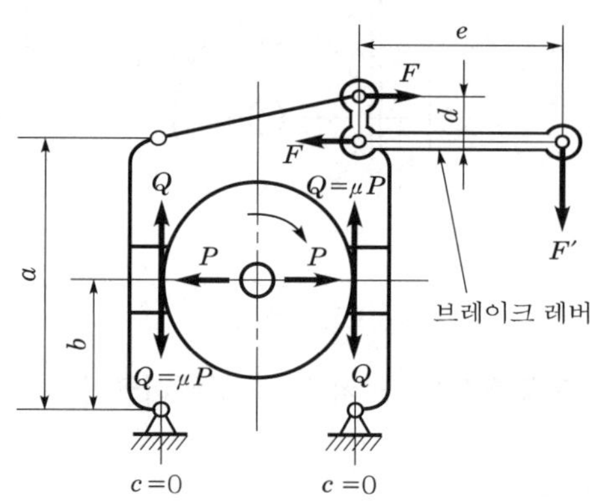


| 그림 5.68 | 복식 블록 브레이크

내부 확장식 브레이크(expansion brake)는 복식 브레이크가 변형된 형식이며, [그림 5.69]와 같이 바깥쪽으로 확장하여 브레이크 드럼에 접촉시켜서 제동을 하게 된다.

이것은 마찰면이 안쪽에 있으므로 먼지와 기름 등이 마찰면에 부착되지 않고, 또 브레이크 드럼의 마찰면에서 열을 발산시키는 데 편리하다. 자동차에 널리 사용된다.

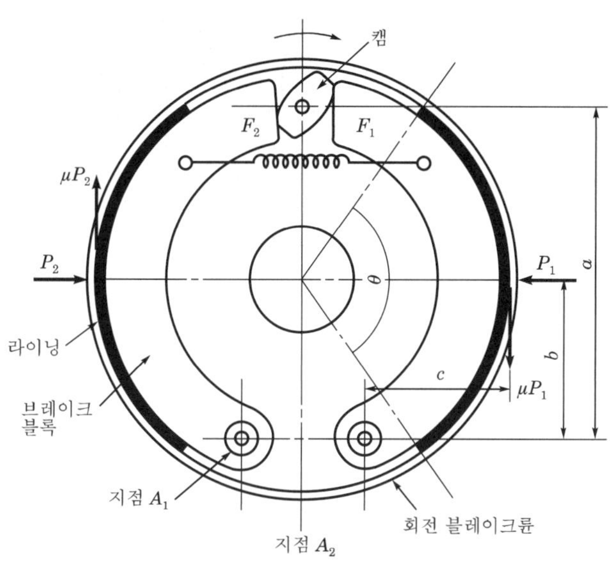



| 그림 5.69 | 내부 확장식 브레이크

① 우회전의 경우

$$F_1 = \frac{P_1}{a}(b-\mu c), \quad F_2 = \frac{P_2}{a}(b+\mu c)$$

여기서, $P_1$, $P_2$ : 마찰면에 작용하는 수직력[kg]
$\quad\quad\quad F_1$, $F_2$ : 브레이크 블록을 넓히는 데 필요한 힘[kg]
$\quad\quad\quad \mu$ : 마찰계수
$\quad\quad\quad a, b, c$ : 브레이크 블록의 치수

② 좌회전의 경우

$$F_1 = \frac{P_1}{a}(b+\mu c), \quad F_2 = \frac{P_2}{a}(b-\mu c)$$

여기서, $\mu < 0.4$이면 $\theta < 90°$, $\mu < 0.2$이면 $\theta < 120°$ 정도로 한다.

③ 브레이크 드럼상의 제동력

$$Q = \mu P_1 + \mu P_2$$

④ 제동 토크

$$T = Q \cdot \frac{D}{2} = (\mu P_1 + \mu P_2) \cdot \frac{D}{2}$$

## (3) 브레이크 용량(capadity of brake)

블록과 브레이크 사이의 제동 압력이다.

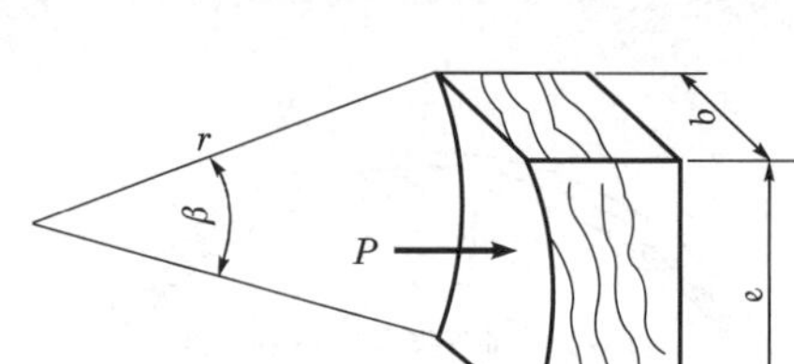

| 그림 5.70 | 브레이크 블록

$$p = \frac{P}{A} = \frac{P}{be}\,[\text{kg/mm}^2]$$

마찰에 의한 일량

$$w_f = \mu P v = \mu pbev\,[\text{kg/m}\cdot\text{s}]$$

여기서, $P$ : 블록을 밀어붙이는 힘[kg]

$b, e$ : 블록의 너비 및 길이[mm]

$A$ : 블록의 마찰 면적[mm$^2$]

$e$ 의 값은 $d$ 에 대하여 균일하게 되어 좋으나 보통 $\beta \cong 50 \sim 70°$가 되도록 $\dfrac{e}{d}$ 의 값을 잡는다.

브레이크 용량=마찰계수×브레이크 압력×속도

$$= \frac{75H}{A} = \frac{\mu P v}{A} = \mu pv\,[\text{kg/mm}^2\cdot\text{m/s}]$$

여기서, $H$ : 제동 마력[PS]

$$H_{\text{PS}} = \frac{Qv}{75} = \frac{\mu P v}{75} = \frac{\mu p A v}{75}\,[\text{PS}]$$

$$H_{\text{kW}} = \frac{Qv}{102} = \frac{\mu P v}{102} = \frac{\mu p A v}{102}\,[\text{kW}]$$

## 03 밴드 브레이크(Band brake)

브레이크 드럼의 바깥 둘레에 강철로 된 밴드를 감고, 밴드에 장력을 주어서 밴드와 브레이크 드럼 사이의 마찰에 의하여 제동 작용을 한다. 마찰계수 $\mu$ 를 크게 하기 위하여 밴드 안쪽에 나무 조각, 가죽, 석면, 직물 등을 라이닝한다.

밴드가 브레이크 드럼에 감긴 위치로 단동식, 차동식, 합동식의 세 가지 형식으로 나뉜다.

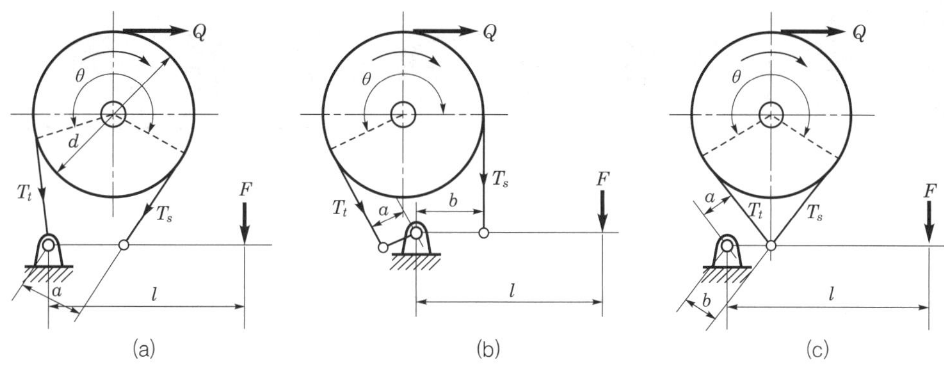

| 그림 5.71 | 밴드 브레이크

## 04 원판 브레이크

브레이크의 평균 지름 위에 작용하는 힘을 $f$, 접촉면의 수를 $n$, 제동 토크를 $T_1$이라 하면

$$f = n\mu \cdot \frac{\pi}{4}(d_2^2 - d_1^2)\,p$$

$$T_f = \frac{d}{2}f = \frac{d_1 + d_2}{4}n\mu \cdot \frac{\pi}{4}(d_2^2 - d_1^2)\,p$$

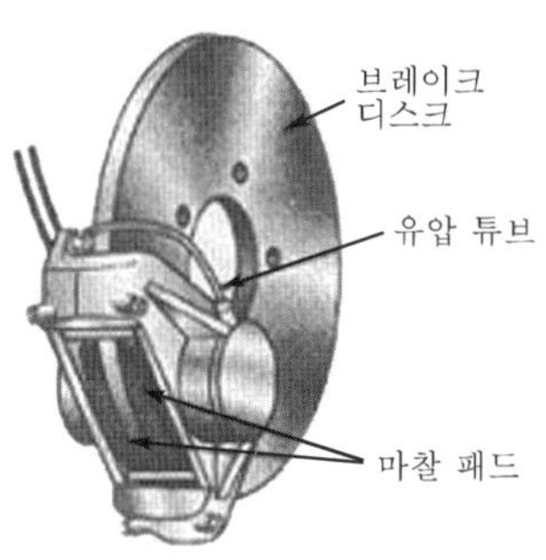


| 그림 5.72 | 원판 브레이크

# CHAPTER 10

# 적·중·예·상·문·제

**01** 브레이크의 능력을 나타내는 것이 아닌 것은?

㉮ 브레이크 블록  ㉯ 브레이크 용량
㉰ 브레이크 마력  ㉴ 브레이크 토크

 브레이크 블록은 마찰력을 생성하기 위한 접촉 형태이다.

**02** 브레이크 드럼의 지름이 470[mm], 브레이크 드럼에 작용하는 힘이 350[kg]인 경우 드럼에 작용하는 토크는 얼마인가?

㉮ 9,000[kg·mm]
㉯ 10,200[kg·mm]
㉰ 21,040[kg·mm]
㉴ 24,675[kg·mm]

 **토크**

$$T = f \times \frac{D}{2} = \mu \times W \times \frac{D}{2}$$
$$= 0.3 \times 350 \times \frac{470}{2}$$
$$= 24,675[\text{kg·mm}]$$

**03** 다음 중 마찰 브레이크가 아닌 것은?

㉮ 블록 브레이크
㉯ 밴드 브레이크
㉰ 전자 브레이크
㉴ 축압 브레이크

 전자 브레이크는 전기적인 에너지를 이용한다.

**04** 단위 면적당 브레이크의 제동 압력은 $P[\text{kg/mm}^2]$, 브레이크 바퀴의 원주 속도는 $V[\text{m/sec}]$, 마찰계수는 $\mu$라 할 때 브레이크 용량을 계산하는 공식은?

㉮ $\mu P / V$      ㉯ $V / \mu P$
㉰ $\mu \pi / PV$      ㉴ $\mu PV$

 브레이크 용량을 계산하는 공식은 $\mu PV$ 이다.

**05** 브레이크 용량은 자연 냉각일 경우 얼마 이하로 하는가?

㉮ $0.1[\text{kg·m/mm}^2 \cdot \text{s}]$ 이하
㉯ $0.06[\text{kg·m/mm}^2 \cdot \text{s}]$ 이하
㉰ $0.3[\text{kg·m/mm}^2 \cdot \text{s}]$ 정도
㉴ $0.18[\text{kg·m/mm}^2 \cdot \text{s}]$ 이하

 ① 용량이 $0.06[\text{kg·m/mm}^2 \cdot \text{s}]$ 이하는 아주 격심하게 사용하는 경우이다.
② 용량이 $0.3[\text{kg·m/mm}^2 \cdot \text{s}]$ 정도는 냉각 상태가 좋은 경우이다.
③ $0.18[\text{kg·m/mm}^2 \cdot \text{s}]$ 이하는 복식 브레이크에서 정상 상태의 용량이다.

**06** 마찰 브레이크를 구조에 따라 분류한 종류가 아닌 것은?

㉮ 블록 브레이크  ㉯ 전자 브레이크
㉰ 밴드 브레이크  ㉴ 팽창 브레이크

 전자 브레이크는 전기적 에너지에 의해서 작동된다.

**07** 브레이크 압력의 이론값에 대한 실제값의 비율은?

㉮ 브레이크 배율
㉯ 브레이크 용량
㉰ 브레이크 효율
㉲ 브레이크 마력

브레이크 압력의 이론값에 대한 실제값의 비율이 브레이크 효율이다.

**08** 다음 중 마찰 브레이크의 마찰력 $F$를 구하는 식은?

㉮ $F = \dfrac{w}{\mu}$　　㉯ $F = \dfrac{\mu}{w}$

㉰ $F = \dfrac{\mu w}{2}$　　㉲ $F = \mu w$

마찰 브레이크의 마찰력은 $F = \mu w$이다.

**09** 다음 중 자동 하중 브레이크로 옳지 않은 것은?

㉮ 와이어 로프 브레이크
㉯ 웜 브레이크
㉰ 나사 브레이크
㉲ 축압 브레이크

자동 하중 브레이크의 종류에는 와이어 로프 브레이크, 웜 브레이크, 나사 브레이크, 캠 브레이크, 원심력 브레이크가 있다.

**10** 밴드 브레이크 편의 길이와 폭이 80 [mm]×30[mm]이고, 브레이크 편을 미는 힘이 400[N]일 때 압력[Mpa]은?

㉮ 0.12　　㉯ 0.14
㉰ 0.16　　㉲ 0.18

$p = \dfrac{W}{b \times l}$ 에 의해서 구한다.

**11** 브레이크 밴드를 감아 붙이는 각은?

㉮ 60~90°　　㉯ 90~180°
㉰ 180~270°　　㉲ 270~360°

브레이크 밴드를 감아 붙이는 각은 180~270°이다.

**12** 다음 중 브레이크 드럼의 원주 속도를 $v$[m/sec], 드럼을 블록이 $w$[N]으로 밀어붙이고, 블록의 접촉면압을 $A$[mm²]라 하면 브레이크의 단위 면적당의 마찰일 $w_f$[N/mm²·m/s]는?

㉮ $w_f = \mu p u$　　㉯ $w_f = \dfrac{pu}{\mu}$

㉰ $w_f = \dfrac{\mu p}{v}$　　㉲ $w_f = \dfrac{\mu u}{p}$

브레이크의 단위 면적당의 마찰일 $w_f$ [N/mm²·m/s]는 $w_f = \mu p u$이다.

**13** 브레이크 블록과 브레이크 드럼 사이에 틈새의 최댓값은?

㉮ 2~3[mm]
㉯ 0.2~0.3[mm]
㉰ 0.02~0.03[mm]
㉲ 0.002~0.003[mm]

브레이크 블록과 브레이크 드럼 사이에 틈새의 최댓값은 2~3[mm]이다.

**14** 밴드 브레이크의 다른 이름은?

㉮ 축압 브레이크
㉯ 원판 브레이크
㉰ 차동 브레이크
㉲ 블록 브레이크

밴드 브레이크를 차동 브레이크라고 한다.

[정답]　7. ㉰　8. ㉲　9. ㉲　10. ㉰　11. ㉰　12. ㉮　13. ㉮　14. ㉰

**15** 마찰 브레이크를 구조에 따라 분류한 종류가 아닌 것은?

㉮ 블록 브레이크

㉯ 밴드 브레이크

㉰ 축압 브레이크

㉱ 전자 브레이크

**16** 냉각이 쉽고 큰 회전력의 제동이 가능한 브레이크는?

㉮ 원판 브레이크

㉯ 복식 블록 브레이크

㉰ 밴드 브레이크

㉱ 자동 하중 브레이크

 원판 브레이크는 축압 브레이크로서 마찰면을 원판으로 하여 나사나 지레를 이용하여 축을 미는 형식이다.

**17** 다음 단식 브레이크에 관한 설명 중 틀린 것은?

㉮ 축이 굽힘 작용을 받기 쉽다.

㉯ 큰 회전력의 전달에 알맞다.

㉰ 브레이크 드럼에 하나의 브레이크 슈가 있다.

㉱ 큰 제동력을 얻기 어렵다.

 단식 브레이크는 복식 브레이크보다 작은 회전력에 알맞다.

**18** 브레이크 드럼이 브레이크 블록을 밀어붙이는 힘 $W = 150[\text{kg}]$, 마찰계수 $\mu = 0.25$, 드럼의 지름 $D = 400[\text{mm}]$라 할 때 토크는 몇 $[\text{kg·mm}]$인가?

㉮ 3,500

㉯ 4,500

㉰ 7,500

㉱ 9,500

$$T = \mu W \frac{D}{2}$$
$$= 0.25 \times 150 \times \frac{400}{2}$$
$$= 7,500[\text{kg·mm}]$$

**19** 브레이크의 작용이 아닌 것은?

㉮ 운동 에너지를 흡수한다.

㉯ 운동 에너지를 방출한다.

㉰ 운동 속도를 감소시킨다.

㉱ 운동 속도를 정지시킨다.

 브레이크는 운동하는 시스템의 작동을 정지하는 목적으로 운동 에너지를 흡수해야 한다.

**20** 밴드 브레이크에서 밴드의 인장쪽 장력이 300[kg]이고, 밴드의 두께는 2[mm], 밴드의 폭은 15[mm]일 때 밴드에 생기는 인장 응력[kg·mm$^2$]은? (단, 이음 효율=95[%])

㉮ 10.5

㉯ 20.5

㉰ 30.5

㉱ 40.5

$$F_1 = b \times t \times \sigma_t \times \eta \text{에서}$$
$$\sigma_t = \frac{F_1}{b \times t \times \eta} = \frac{300}{2 \times 15 \times 0.95}$$
$$= 10.5[\text{kg·mm}^2]$$

# 전기 일반

# 직류 회로

## 01 | 전기의 본질

### (1) 대전

어떤 물체가 전기를 띤 상태를 말한다.

### (2) 전하

대전된 물체가 가지고 있는 전기를 말한다.

### (3) 전하량

전하가 가지고 있는 전기의 양으로, 단위는 쿨롱(Coulomb)이며 [C]을 사용하고 1개의 전자는 $1.602 \times 10^{-19}$[C]의 음의 전기량을 가진다.

## 02 | 전기 회로의 전압 · 전류

### 1 전원과 부하

전류가 흐르는 통로를 전기 회로(electric circuit) 또는 회로(circuit)라 하며 회로에 전기 에너지를 공급하는 원천을 전원(electric source)이라 하고 전원에서 전기를 공급받아 어떤 일을 하는 것을 부하(load)라 한다.

### 2 전류

전기는 양극에서 음극으로 흐르며, 이와 같은 전기의 이동을 전류라 한다. 전류의 단위는 암페어(Ampere, [A])이며, 그 크기는 1초 동안에 도체를 이동한 전기의 양으로 나타낸다.

### (1) 전류 계산

$$I = \frac{Q}{t}$$

여기서,  $Q$ : 전기량(coulomb 쿨롱 : [C])
$t$ : 시간[sec]

### (2) 1[A]

1초 동안에 1[C]의 전기량이 이동한 것을 말한다.

## 3 전압

물질의 전기적인 높이를 전위라 하고 전류는 높은 곳에서 낮은 곳으로 흐르며, 그 차를 전위차(전압)라 한다. 이들의 단위는 볼트(Volt, [V])이며 그 크기는 1[C]의 전기량이 이동할 때 얼마만큼의 일을 할 수 있는가에 따라 결정된다.

어떤 도체에 $Q$[C]의 전기량이 이동하여 $W$[J]의 일을 했다면 이때의 전압 $V$는 다음과 같다.

$$V = \frac{W}{Q}\,[V]$$

여기서,  $W$ : 일의 양[J]
$Q$ : 전기량[C]

즉, 1[C]의 전기량이 두 점 사이를 1[J]의 일을 할 때 이 두 점 사이의 전위차는 1[V]이다. 또 전지와 같이 전위차를 만들어 주는 힘을 기전력이라 한다.

## 03 | 옴의 법칙(Ohm's law)

## 1 전기 저항($R$)

전류의 흐름을 방해하는 작용을 전기 저항 또는 저항(resistance)이라 하고 단위는 옴(ohm, [Ω])을 쓴다. 반대로 전류가 흐르기 쉬운 정도를 나타내는 것으로서 컨덕턴스라 하고 단위는 모(mho, [℧])를 쓴다.

$R$[Ω]의 저항을 가진 어떤 물체의 컨덕턴스 $G$[℧]는 $G = \frac{1}{R}$[℧]로 표시된다. 도체의 전

기 저항을 계산하면

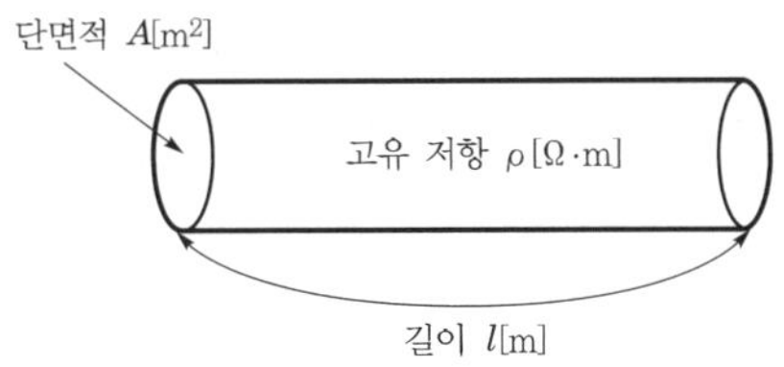


| 그림 6.1 | 전기 저항

$$R = \rho\,\frac{l}{A} = \frac{l}{kA}\,[\Omega]$$

즉, 전기 저항은 고유 저항과 도체의 길이에 비례하고 단면적에 반비례한다.

## (1) 고유 저항

길이 1[m], 단면적 $1[\text{m}^2]$의 물체의 저항을 물질에 따라 표시한 것을 그 물체의 고유 저항이라 한다.

$$1[\Omega\cdot\text{m}]=10^2[\Omega\cdot\text{cm}]=10^6[\Omega\cdot\text{mm}^2/\text{m}]$$

## (2) 도전율

$$K = \frac{1}{\rho} = \frac{1}{\dfrac{RA}{l}} = \frac{l}{RA}\,[\mho/\text{m}]$$

## 2 옴의 법칙(ohm's law)

도선의 두 점 사이를 흐르는 전류의 세기는 그 두 점 사이의 전위차에 비례하고 전기 저항에 반비례한다. 이것을 옴의 법칙이라 한다. 즉, 두 점 사이의 전압을 $E[\text{V}]$, 그 사이를 흐르는 전류를 $I[\text{A}]$, 저항을 $R[\Omega]$이라 하면 다음 식이 성립되며 저항의 단위는 옴(Ohm, $[\Omega]$)이다.

$$I = \frac{E}{R}\,[\text{A}]\quad \text{즉},\ E = IR\,[\text{V}]$$

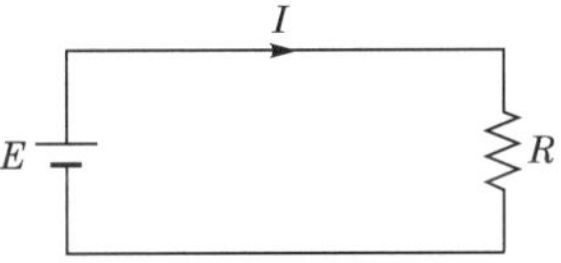


| 그림 6.2 | 옴의 법칙

| 표 6.1 | 보조 단위

전류, 전압, 저항 등의 기본 단위에 대해서 실용적으로 더 큰 단위나 작은 단위

| 명칭 | 기호 | 배수 | 명칭 | 기호 | 배수 |
| --- | --- | --- | --- | --- | --- |
| 테라(tera) | T | $10^{12}$ | 피코(pico) | p | $10^{-12}$ |
| 기가(giga) | G | $10^{9}$ | 나노(nano) | n | $10^{-9}$ |
| 메가(mega) | M | $10^{6}$ | 마이크로(micro) | $\mu$ | $10^{-6}$ |
| 킬로(kilo) | K | $10^{3}$ | 밀리(milli) | m | $10^{-3}$ |

## 04 키르히호프의 법칙(Kirchhoff's law)

### (1) 키르히호프의 제1법칙

회로망에 있어서 임의의 접속점으로 흘러 들어오고 흘러나가는 전류의 대수합은 0이다. 즉,

$$\Sigma I = 0$$

그림에서 $I_1 - I_2 + I_3 - I_4 - I_5 = 0$

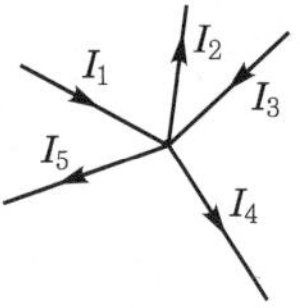


| 그림 6.3 | 키르히호프의 제1법칙

### (2) 키르히호프의 제2법칙

회로망에서 임의의 한 폐회로의 각 부를 흐르는 전류와 저항과의 곱의 대수합은 그 폐회로 중에 있는 모든 기전력의 대수합과 같다.

$$\Sigma IR = \Sigma E$$

그림 ①의 폐회로에서는

$$I_1 R_1 + I_1 R_4 - I_2 R_2 = E_1 - E_2$$

그림 ②의 폐회로에서는

$$I_2 R_2 + I_3 R_5 - I_3 R_3 = E_2 - E_3$$

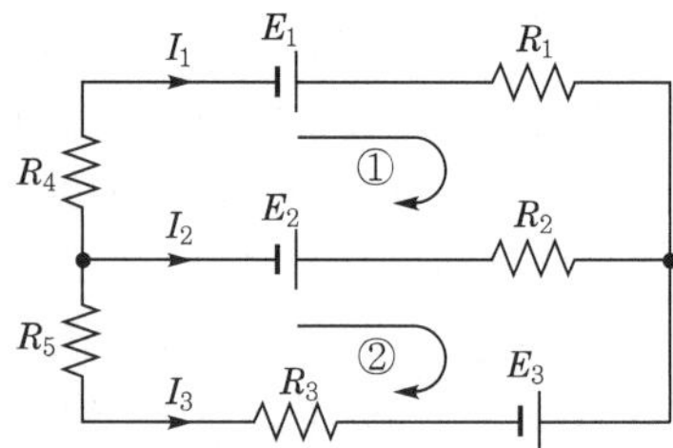


| 그림 6.4 | 키르히호프의 제2법칙

## 05 도체와 절연체

### (1) 도체

전하가 이동하기 쉬운 물질. 즉, 전류가 흐르기 쉬운 물질(금속, 염류, 전해 용액)이다.

### (2) 절연체(부도체)

전하의 이동을 허용하지 않는 물질. 즉, 전류를 거의 통해 주지 않는 물질(공기, 도자기, 운모, 에보나이트, 유리, 고무)이다.

### (3) 반도체

저온에서는 전류가 흐르기 힘들어 절연체와 같지만, 온도가 높아지면 도체와 같이 전류가 흐르기 쉬운 물질(셀렌, 게르마늄, 규소)이다.

## 06 저항 접속

### 1 직렬 접속

$$V_1 = R_1 \cdot I[\mathrm{V}], \quad V_2 = R_2 \cdot I[\mathrm{V}]$$

$$V = V_1 + V_2 = R_1 I + R_2 I = (R_1 + R_2) \cdot I$$

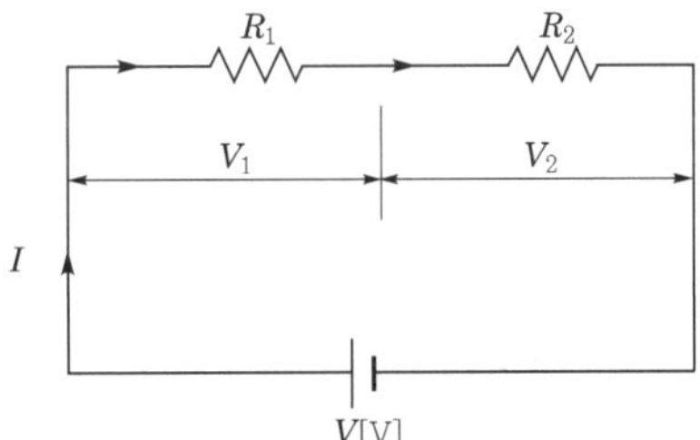

| 그림 6.5 | 직렬 접속

#### (1) 합성 저항

$$R_0 = R_1 + R_2 [\Omega]$$

#### (2) 전류

$$I = \frac{V}{R_1 + R_2}[\mathrm{A}]$$

#### (3) 분압 법칙(각 저항의 전압 강하)

① $$V_1 = R_1 \cdot I = R_1 \cdot \frac{V}{R_1 + R_2} = \frac{R_1}{R_1 + R_2} \cdot V[\mathrm{V}]$$

② $$V_2 = R_2 \cdot I = R_2 \cdot \frac{V}{R_1 + R_2} = \frac{R_2}{R_1 + R_2} \cdot V[\mathrm{V}]$$

### (4) 배율기

전압계의 측정 범위를 확대하기 위해서 전압계와 직렬로 접속한 저항을 말한다.

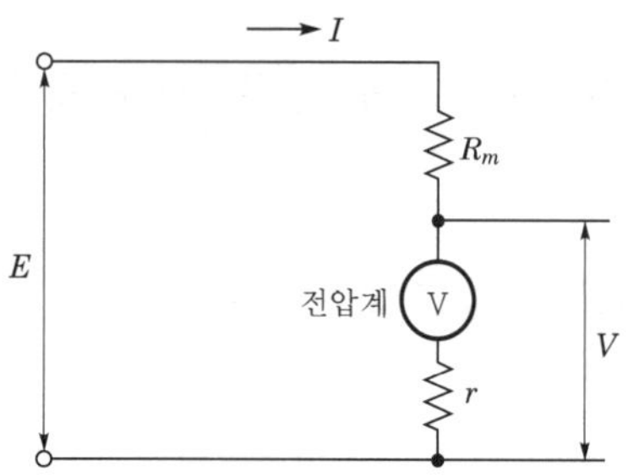

| 그림 6.6 | 배율기

여기서, $E$ : 측정할 전압[V]
$V$ : 전압계의 눈금[V]
$r$ : 전압계 내부 저항[Ω]
$R_m$ : 배율기 저항[Ω]

전압계 전압 $V = \dfrac{r}{R_m + r}$ 에서 $\dfrac{E}{V} = \dfrac{R_m + r}{r} = 1 + \dfrac{R_m}{r}$ 이 된다.

즉, 전압계의 최대 눈금의 $m = \left(1 + \dfrac{R_m}{r}\right)$ 배 까지의 전압을 측정할 수 있다.

이때 $m = \dfrac{E}{V} = \left(1 + \dfrac{R_m}{r}\right)$ 을 배율기의 배율이라고 한다.

## 2 병렬 접속

$$I_1 = \frac{V}{R_1}, \ I_2 = \frac{V}{R_2}$$

전전류 $I = I_1 + I_2 = \dfrac{V}{R_1} + \dfrac{V}{R_2}$

$$= \left(\frac{1}{R_1} + \frac{1}{R_2}\right) \cdot V$$

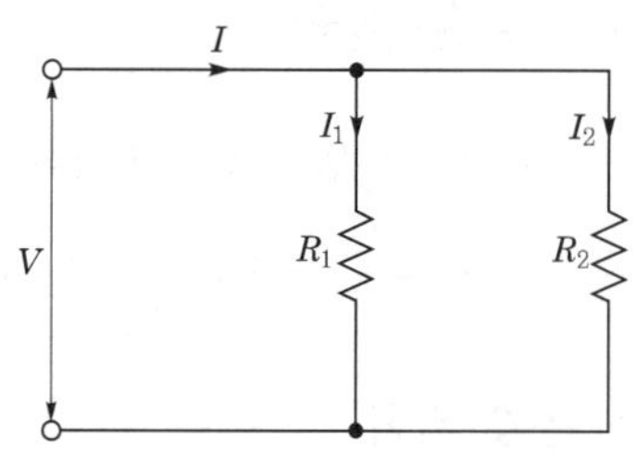

| 그림 6.7 | 병렬 접속

### (1) 합성 저항

$$\frac{1}{R_0} = \frac{1}{R_2} + \frac{1}{R_2} \ \ \text{따라서} \ \ R_0 = \frac{1}{\dfrac{1}{R_1} + \dfrac{1}{R_2}} = \frac{R_1 \cdot R_2}{R_1 + R_2} [\Omega]$$

### (2) 전전압

$$V = R_0 \cdot I = \frac{R_1 \cdot R_2}{R_1 + R_2} \cdot I [\text{V}]$$

## (3) 분류 법칙(각 저항에 흐르는 전류)

$$① \quad I_1 = \frac{V}{R_1} = \frac{1}{R_1} \cdot \frac{R_1 \cdot R_2}{R_1 + R_2} \cdot I = \frac{R_2}{R_1 + R_2} \cdot I[\text{A}]$$

$$② \quad I_2 = \frac{V}{R_2} = \frac{1}{R_2} \cdot \frac{R_1 \cdot R_2}{R_1 + R_2} \cdot I = \frac{R_1}{R_1 + R_2} \cdot I[\text{A}]$$

## (4) 분류기

전류계의 측정 범위를 확대하기 위해서 전류계와 병렬로 접속한 저항을 말한다.

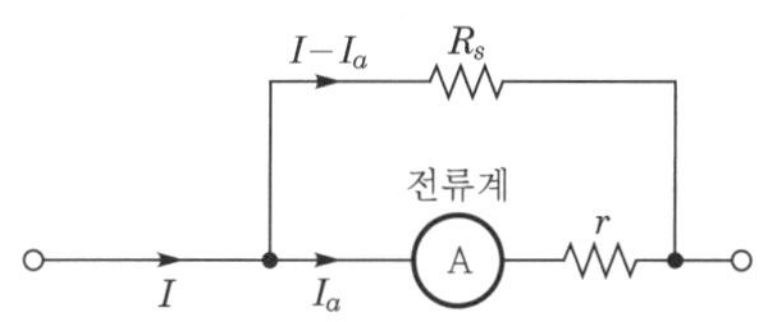


여기서, $I$ : 측정할 전류값[A]
　　　　$I_a$ : 전류계의 눈금[A]
　　　　$r$ : 전압계 내부 저항[Ω]
　　　　$R_s$ : 분류기 저항[Ω]

| 그림 6.8 | 분류기

전류계에 흐르는 전류 $I_a = \dfrac{R_s}{R_s + r} \cdot I$ 이므로

따라서 분류기의 배율 $m = \dfrac{I}{I_a} = \dfrac{R_s + r}{R_s} = 1 + \dfrac{r}{R_s}$ 이 된다.

## 07 | 전력과 전력량

## (1) 전력

1초 동안에 운반되는 전기 에너지, 즉 전기가 하는 일을 전력이라 하고 와트(watt, [W])라는 단위로 표시한다.

$$P = \frac{W}{t} = \frac{Q}{t} \cdot \frac{W}{Q} = V \cdot I[\text{W}]$$

$R[\text{Ω}]$의 저항에 전류 $I[\text{A}]$가 흐르고 그 양끝의 전압이 $E[\text{V}]$이면 저항에서 소비되는 전력 $P[\text{W}]$는

$$P = EI = I^2 R = \frac{E^2}{R}[\text{W}]$$

기계적인 동력의 단위로는 마력을 사용하는 일이 많고 와트와의 사이에는 다음과 같은 관계가 있다.

$$1[\text{마력}]=1[\text{HP}]=746[\text{W}]\fallingdotseq\frac{3}{4}[\text{kW}]$$

## (2) 전력량

어느 일정 시간 동안의 전기 에너지의 총량으로 전력을 $P[\text{W}]$, 시간을 $t[\text{s}]$, 전력량을 $W$ 라 하면

$$W= P\cdot t = VIt[\text{W}\cdot\text{s}] = VIt[\text{J}]$$
$$1[\text{kWh}]=10^{3}[\text{Wh}]=10^{3}\times 3,600[\text{W}\cdot\text{s}]=3.6\times10^{6}[\text{J}]$$

단위는 $[\text{J}]$보다 $[\text{W}\cdot\text{s}]$로 표시하나 실용적으로는 $[\text{Wh}]\cdot[\text{kWh}]$로 사용한다.

## (3) 효율($\eta$)

출력 에너지와 입력 에너지의 비로서, 손실로 에너지를 얼마나 잃었는지, 즉 얼마나 입력 에너지가 유효하게 작용하는지를 나타내는 것을 말한다.

$$\text{효율}(\eta)= \frac{\text{출력}}{\text{입력}}\times 100[\%] = \frac{\text{입력}-\text{손실}}{\text{입력}}\times 100[\%]$$

# 08 전열

## (1) 줄의 법칙

도선에 전류가 흐르면 열이 발생하게 되는데 이 열은 저항과 전류의 제곱 및 흐른 시간에 비례한다. 이 법칙을 줄의 법칙(Joule's law)이라 한다.

$$\text{열량}\ H = 0.24I^{2}Rt[\text{cal}],\quad W = Pt = I^{2}Rt[\text{J}]$$
$$1[\text{J}] = 0.24[\text{cal}],\quad 1[\text{cal}] = 4.186[\text{J}]$$

## (2) 전열의 발생

$P[\text{kW}]$의 전력을 $t[\text{시간}]$를 써서 발생하는 열량 $Q[\text{kcal}]$는 $1[\text{kWh}]=860[\text{kcal}]$이므로

$$Q = 860Pt[\text{kcal}]$$

## (3) 열 절연체와 전기 절연체

전열기의 절연 재료는 고온에서 잘 견디고 고온에서도 전기 저항이 커야 한다. 석면(800[℃]), 유리(400[℃]), 운모(500~900[℃]), 사기, 내화 벽돌 등은 열 절연체이면서 전기 절연체이다.

# 적·중·예·상·문·제

**01** 전기량의 단위는?

  ㉮ [C]       ㉯ [V]

  ㉰ [A]       ㉱ [Q]

 전기량의 단위는 쿨롬[C]을 사용한다.

**02** 어떤 도체에 $I$[A]의 전류가 $t$[s] 동안 흘렀을 때 이동된 전기량[C]은?

  ㉮ $\dfrac{I}{T}$       ㉯ $\dfrac{t}{I}$

  ㉰ $It$       ㉱ $I^2 t$

 전류 $I=\dfrac{Q}{t}$[A]에서 전기량 $Q=It$[C] 이다.

**03** 5[A]의 전류가 1시간 동안 흐르면 전기량은 몇 [C]인가?

  ㉮ 12       ㉯ 150

  ㉰ 720       ㉱ 18,000

 전류 $I=\dfrac{Q}{t}$[A]에서

전기량 $Q=It=5\times 3,600=18,000$[C]

**04** 어느 도체의 한 점을 3초간 24[C]의 전기량이 흘렀다. 이때에 흐르는 전류는 몇 [A]인가?

  ㉮ 3   ㉯ 6   ㉰ 8   ㉱ 24

 전류 $I=\dfrac{Q}{t}$[A]에서 $I=\dfrac{24}{3}=8$[A]

**05** 다음 중 1[A]에 해당하는 것은?

  ㉮ 1초 동안에 1개의 전자가 이동하는 것

  ㉯ 1초 동안에 1[C]의 전하가 이동하는 것

  ㉰ 1분 동안에 1[C]의 전하가 이동하는 것

  ㉱ 1분 동안에 1개의 전자가 이동하는 것

**06** 0.1[A]는 몇 [mA]인가?

  ㉮ 10       ㉯ $10^2$

  ㉰ $10^3$       ㉱ $10^4$

 $1$[A]$=10^3$[mA]

**07** 전류를 흐르게 하는 능력을 무엇이라 하는가?

  ㉮ 전기량       ㉯ 저항

  ㉰ 기전력       ㉱ 중성자

**08** [J/C]과 같은 단위는?

  ㉮ [A]       ㉯ [V]

  ㉰ [H]       ㉱ [F]

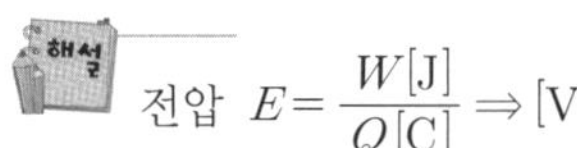 전압 $E=\dfrac{W[\text{J}]}{Q[\text{C}]} \Rightarrow$ [V]

**09** 100[V]의 전압을 저항 양끝에 가했더니 100[J]의 일을 하였다. 이동한 전기량은 몇 [C]인가?

  ㉮ 0.5       ㉯ 1

  ㉰ 2       ㉱ 4

---

[정답]    1. ㉮    2. ㉰    3. ㉱    4. ㉰    5. ㉯    6. ㉯    7. ㉮    8. ㉯    9. ㉯

$W = E \cdot Q$ 에서

전기량 $Q = \dfrac{W}{E} = \dfrac{100}{100} = 1[\text{C}]$

**10** 어떤 부하에 10[C]의 전하가 이동하여 100[J]의 일을 하였다. 인가한 전압은 몇 [V]인가?

㉮ 0.5  ㉯ 5
㉰ 10  ㉱ 20

전압 $V = \dfrac{W}{Q} = \dfrac{100}{10} = 10[\text{V}]$

**11** M.K.S 단위계에서 고유 저항의 단위는?

㉮ $[\Omega \cdot \text{m}]$  ㉯ $[\Omega \cdot \text{mm}^2/\text{m}]$
㉰ $[\mu\Omega \cdot \text{cm}]$  ㉱ $[\Omega \cdot \text{cm}]$

고유 저항 $\rho = \dfrac{R \cdot A}{l}[\Omega \cdot \text{m}^2/\text{m}]$

$\quad\quad\quad = [\Omega \cdot \text{m}]$

**12** M.K.S 단위계에서 도전율의 단위는?

㉮ $[\Omega \cdot \text{m}]$  ㉯ $[\mho/\text{m}]$
㉰ $[\Omega/\text{m}]$  ㉱ $[\text{V} \cdot \text{m}]$

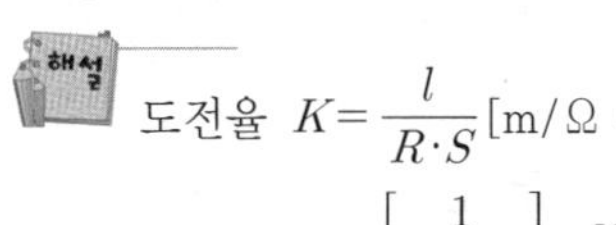

도전율 $K = \dfrac{l}{R \cdot S}[\text{m}/\Omega \cdot \text{m}^2]$

$\quad\quad\quad = \left[\dfrac{1}{\Omega \cdot \text{m}}\right] = [\mho/\text{m}]$

**13** 일반적인 도체의 저항에 대한 설명으로 잘못된 것은?

㉮ 단면적이 크면 저항은 작아진다.
㉯ 길이가 길면 저항은 증가한다.
㉰ 온도가 증가하면 저항도 증가한다.
㉱ 단면적, 길이, 온도와 무관하다.

도체의 전기 저항 $R = \rho\dfrac{l}{S}[\Omega]$이므로 도체의 길이 $l$에 비례하고 단면적 $S$에 반비례한다. 온도가 변화하면 도체의 저항도 변화하며 온도가 증가하면 저항도 증가된다.

**14** 다음 그림은 무슨 법칙인가? ($E = IR[\text{V}]$)

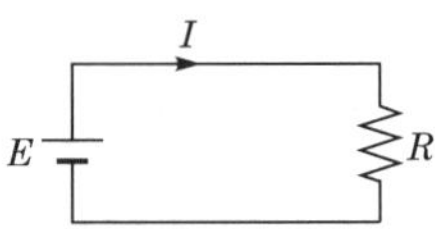


㉮ 렌츠 법칙  ㉯ 옴 법칙
㉰ 플레밍 법칙  ㉱ 전압 법칙

**옴의 법칙(Ohm's law)**
도선 두 점 사이의 전류 세기는 그 두 점 사이의 전위차에 비례하고 전기 저항에 반비례한다.

$I = \dfrac{E}{R}[\text{A}], \quad E = IR[\text{V}]$

**15** 직류 회로에서 옴(Ohm)의 법칙을 설명한 내용 중 맞는 것은?

㉮ 전류는 전압의 크기에 비례하고 저항값의 크기에 비례한다.
㉯ 전류는 전압의 크기에 반비례하고 저항값의 크기에 반비례한다.
㉰ 전류는 전압의 크기에 반비례하고 저항값의 크기에 반비례한다.
㉱ 전류는 전압의 크기에 반비례하고 저항값의 크기에 비례한다.

**옴의 법칙(Ohm's law)**
도선 두 점 사이의 전류 세기는 그 두 점 사이의 전위차에 비례하고 전기 저항에 반비례한다.

$I = \dfrac{E}{R}[\text{A}], \quad E = IR[\text{V}]$

**16** 100[Ω]의 부하가 연결된 회로에 10[V]의 직류 전압을 가하고 전류가 측정하면 계기에 나타나는 값[A]은?

㉮ 10  ㉯ 1
㉰ 0.1  ㉱ 0.01

$$I = \frac{V}{R} = \frac{10}{100} = 0.1\,[\mathrm{A}]$$

**17** 금속 및 전해질 용액과 같이 전기가 잘 흐르는 물질을 무엇이라 하는가?

㉮ 도체  ㉯ 반도체
㉰ 절연체  ㉱ 저항

도체
전하가 이동하기 쉬운 물질, 즉 전류가 흐르기 쉬운 물질(금속, 염류, 전해질 용액)

**18** 직렬 접속 시 합성 저항[Ω]은?

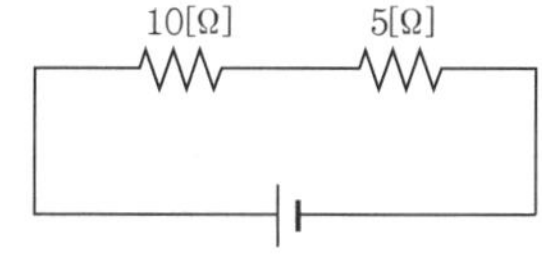

㉮ 12  ㉯ 15
㉰ 30  ㉱ 50

합성 저항 $R = R_1 + R_2$
$$= 10 + 5 = 15\,[\Omega]$$

**19** 10[Ω]과 20[Ω]의 저항이 직렬 연결된 회로에 60[V]의 전압을 가했을 때 10[Ω]의 저항에 걸리는 전압[V]을 구하면 얼마인가?

㉮ 5  ㉯ 10
㉰ 20  ㉱ 30

$$I = \frac{E}{R} = \frac{60}{10+20} = 2\,[\mathrm{A}]$$
$$\therefore\ E = IR = 2 \times 10 = 20\,[\mathrm{V}]$$

**20** 저항 2[Ω]과 3[Ω]을 직렬로 접속하고 전압을 가했더니 2[Ω] 저항 양단에 10[V]의 전압이 나타났다. 3[Ω] 저항의 단자 전압은 몇 [V]인가?

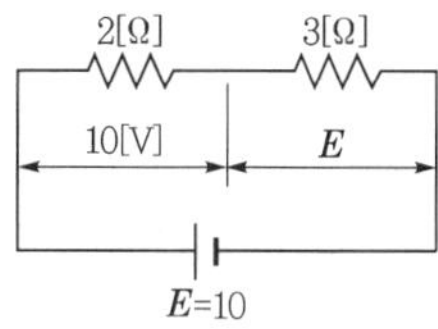

㉮ 10  ㉯ 15
㉰ 20  ㉱ 30

2[Ω]에 흐르는 전류 $I = \dfrac{10}{2} = 5\,[\mathrm{A}]$
직렬 회로는 전류가 일정하므로
$$\therefore\ E = R \cdot I = 3 \times 5 = 15\,[\mathrm{V}]$$

**21** 회로 시험기 사용에서 저항 측정 시 전환 스위치를 RX 100에 놓았을 때 계기의 바늘이 50[Ω]을 가리켰다면 측정된 저항값[Ω]은?

㉮ 50  ㉯ 100
㉰ 500  ㉱ 5,000

측정값=50[Ω]이고 배율이 100배이므로
저항값 $R = 50 \times 100 = 5,000\,[\Omega]$

**22** 내부 저항 5[kΩ]의 전압계 측정 범위를 10배로 하기 위한 방법은?

㉮ 15[kΩ]의 배율기 저항을 병렬 연결한다.

㉯ 15[kΩ]의 배율기 저항을 직렬 연결한다.

㉰ 45[kΩ]의 배율기 저항을 직렬 연결한다.

㉱ 45[kΩ]의 배율기 저항을 병렬 연결한다.

---

배율기 배율 $m = 1 + \dfrac{R_m}{r}$

$\therefore \ 10 = 1 + \dfrac{R_m}{r}$

따라서 배율기 저항 $R_m = 45\,[\mathrm{k\Omega}]$

**23** 그림과 같은 회로망에 있어서 전류를 산출하는 데 맞는 식은?

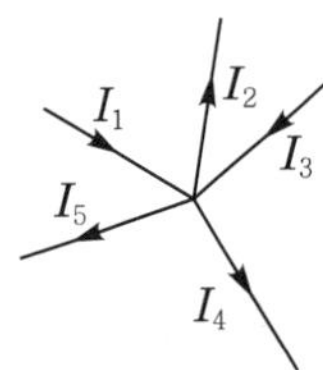

㉮ $I_1 + I_3 = I_2 + I_4 + I_5$

㉯ $I_1 + I_3 = I_2 - I_4 + I_5$

㉰ $I_1 + I_3 = I_2 - I_4 - I_5$

㉱ $I_1 - I_3 = I_2 + I_4 - I_5$

키르히호프의 제1법칙

$\Sigma I = 0$

**24** 그림과 같은 회로에서 합성 저항은 얼마인가?

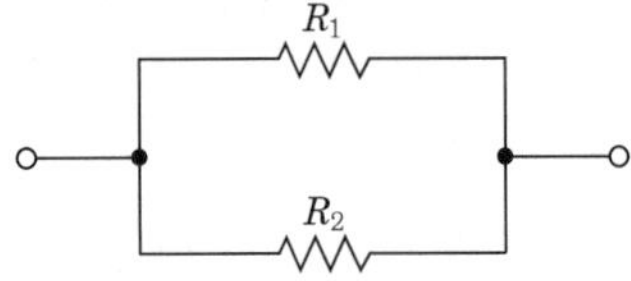

㉮ $R = R_1 + R_2$  ㉯ $R = \dfrac{R_1 + R_2}{R_1 R_2}$

㉰ $R = \dfrac{1}{R_1 + R_2}$  ㉱ $R = \dfrac{R_1 R_2}{R_1 + R_2}$

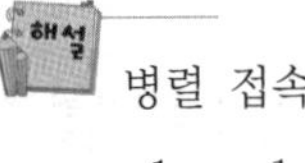

병렬 접속이므로 합성 저항은 $\dfrac{1}{R} =$

$\dfrac{1}{R_1} + \dfrac{1}{R_2}$ 이므로 정리하면 합성 저항

$R = \dfrac{R_1 R_2}{R_1 + R_2}\,[\Omega]$이 된다.

**25** 그림에서 3[Ω] 저항에 흐르는 전류가 12[A]였다. 4[Ω] 저항에 흐르는 전류는 몇 [A]인가?

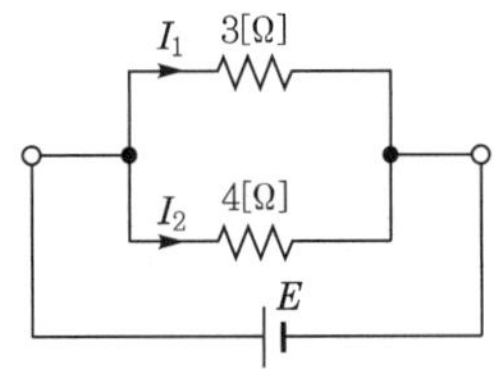

㉮ 3  ㉯ 6

㉰ 9  ㉱ 12

3[Ω]의 단자 전압

$E = I_1 R_1 = 12 \times 3 = 36\,[\mathrm{V}]$

병렬 회로는 전압이 일정하므로

$\therefore \ I_2 = \dfrac{E}{R_2} = \dfrac{36}{4} = 9\,[\mathrm{A}]$

**26** 그림과 같은 회로에서 $I_T = 10[\mathrm{A}]$일 때 4[Ω]에 흐르는 전류[A]는?

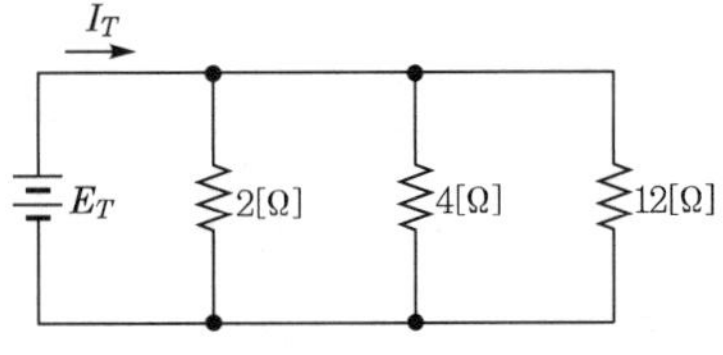

㉮ 3  ㉯ 4

㉰ 5  ㉱ 6

합성 저항 $R_o = \dfrac{1}{\dfrac{1}{2} + \dfrac{1}{4} + \dfrac{1}{12}}$

$= \dfrac{1}{\dfrac{6+3+1}{12}} = \dfrac{12}{10}\,[\Omega]$

전압 $E_T = I_T R_o = 10 \times \dfrac{12}{10} = 12\,[\mathrm{V}]$

4[Ω]에 흐르는 전류 $I_4 = \dfrac{E_T}{R} = \dfrac{12}{4}$

$= 3\,[\mathrm{A}]$

**27** 어떤 전류계의 측정 범위를 100배로 하려면 분류기의 저항을 전류계 내부 저항의 몇 배로 하여야 하는가?

㉮ 99
㉯ $\dfrac{1}{99}$
㉰ 100
㉭ $\dfrac{1}{100}$

분류기 배율 $m=1+\dfrac{r}{R_s}$

$\therefore 100=1+\dfrac{r}{R_s}$

따라서 $\dfrac{R_s}{r}=\dfrac{1}{99}$ 배

**28** 그림과 같은 회로의 합성 저항[Ω]은?

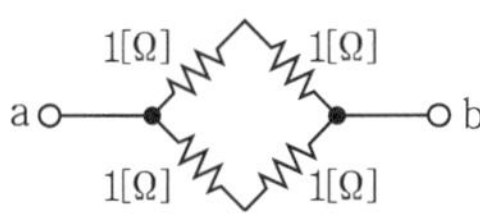

㉮ 1
㉯ 2
㉰ 4
㉭ 8

위 회로를 다시 그리면 다음과 같이 된다.

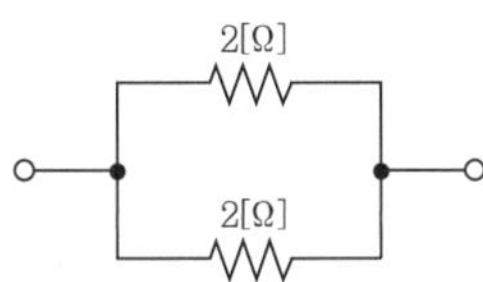

$R=\dfrac{2\times2}{2+2}=1\,[\Omega]$

**29** 다음 측정 단위 중 1[kW]는 몇 [W]인가?

㉮ 10
㉯ 100
㉰ 1,000
㉭ 10,000

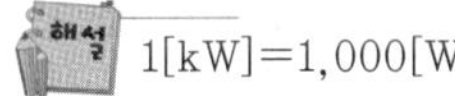
$1[\mathrm{kW}]=1,000[\mathrm{W}]$

**30** 직류 200[V], 1,000[W]의 전열기에 흐르는 전류[A]는?

㉮ 0.5
㉯ 5
㉰ 50
㉭ 10

전력 $P=VI\,[\mathrm{W}]$

$\therefore$ 전류 $I=\dfrac{P}{V}=\dfrac{1,000}{200}=5\,[\mathrm{A}]$

**31** 어떤 형광등에 100[V]의 전압을 가하니 0.25[A]의 전류가 흘렀다. 이 형광등의 소비 전력[W]은?

㉮ 20
㉯ 25
㉰ 35
㉭ 40

소비 전력 $P=EI$
$=100\times0.25=25\,[\mathrm{W}]$

**32** 10[Ω]의 저항에 100[V]의 전압을 가하였을 때, 소비되는 전력은 몇 [W]인가?

㉮ 10
㉯ 100
㉰ 1,000
㉭ 10,000

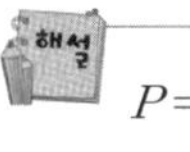
$P=E{\cdot}I=I^2{\cdot}R=\dfrac{E^2}{R}$

$=\dfrac{100^2}{10}=1,000\,[\mathrm{W}]$

**33** 5[HP]은 몇 [W]인가?

㉮ 746
㉯ 2,238
㉰ 3,730
㉭ 4,850

1[HP]은 746[W]이므로
$5\times746=3,730\,[\mathrm{W}]$

## 34 4[Wh]는 몇 [J]인가?

㉮ 12,000  ㉯ 14,400
㉰ 28,800  ㉭ 36,000

$1[J]=1[W \cdot s]$
$4[Wh]=4 \times 3,600[W \cdot s]$
$\qquad =4 \times 3,600[J]$
$\qquad =14,400[J]$

## 35 220[V], 40[W]의 형광등 10개를 4시간 동안 사용했을 때의 소비 전력량[kWh]은?

㉮ 8.8  ㉯ 0.16
㉰ 1.6  ㉭ 16

$40[W] \times 10[개] \times 4[h]=1,600[Wh]$
$\qquad\qquad\qquad\qquad =1.6[kWh]$

## 36 전류의 열작용과 관계 있는 법칙은?

㉮ 옴의 법칙  ㉯ 줄의 법칙
㉰ 쿨롬의 법칙  ㉭ 패러데이 법칙

**줄의 법칙(Joule's law)**
도선에 전류가 흐르면 열이 발생하며 이 열은 저항과 전류 제곱 및 흐른 시간에 비례한다.

## 37 줄의 법칙에 있어서 발생하는 열량의 계산으로 맞는 식은?

㉮ $H = 0.24\,I^2Rt$
㉯ $H = 0.024\,I^2Rt$
㉰ $H = 0.024\,I^2R$
㉭ $H = 0.24\,I^2R$

**줄의 법칙(Joule's law)**
열량 $H=0.24I^2Rt[cal]$
$W=Pt=I^2Rt[J]$

## 38 전류가 하는 일이 아닌 것은?

㉮ 발열 작용  ㉯ 자기 작용
㉰ 화학 작용  ㉭ 증폭 작용

전류가 하는 일은 발열 작용, 화학 작용, 자기 작용이 있다.

## 39 다음 중 줄의 법칙을 설명한 것 중 맞는 것은? (단, 여기서 $H$는 열량)

㉮ $H = I^2Rt[J]$
㉯ $H = 0.24IRt[cal]$
㉰ $1[kWh] = 860[cal]$
㉭ $1[J] = \dfrac{1}{9.186}[cal]$

**줄의 법칙**
도선에 전류가 흐르면 열이 발생하게 되는데, 이 열은 저항과 전류의 제곱 및 흐른 시간에 비례한다.
① 열량 $H=0.24I^2Rt[cal]$
② 전력량 $W=Pt=I^2Rt[J]$
$\qquad\qquad 1[J]=0.24[cal]$
$\qquad\qquad 1[cal]=4.186[J]$

## 40 도선에 전류가 흐를 때 발생하는 열량은 전류의 어느 값과 관계가 있는가?

㉮ 세기에 비례
㉯ 세기의 제곱에 비례
㉰ 세기에 반비례
㉭ 세기의 제곱에 반비례

$H= 0.24\,I^2Rt[cal]$

## 41 10[Ω]의 저항에 5[A]의 전류를 3분 동안 흘렸을 때 발열량은 몇 [cal]인가?

㉮ 1,080  ㉯ 2,160
㉰ 5,400  ㉭ 10,800

 발열량 $H = 0.24 I^2 R t$
$$= 0.24 \times 5^2 \times 10 \times 3 \times 60$$
$$= 10,800 [\text{cal}]$$

## 42 1[kcal]는 몇 [J]에 해당되는가?

㉮ 3,600 ㉯ 4,200
㉯ 8,800 ㉰ 12,000

## 43 1[kWh]는 몇 [kcal]인가?

㉮ $\dfrac{1}{860}$ ㉯ 86
㉯ 860 ㉰ 8,600

 $1[\text{kWh}] = 1,000 [\text{Wh}]$
$$= 1,000 \times 3,600 [\text{W} \cdot \text{s}]$$
$$= \dfrac{1}{4.2} \times 3,600 \times 1,000$$
$$= 860,000 [\text{cal}] = 860 [\text{kcal}]$$

## 44 저항 가열은 다음의 어느 것을 이용하는 것인가?

㉮ 줄열 ㉯ 아크열
㉯ 유전체손 ㉰ 히스테리시스손

## 45 다음 중 전열기의 절연체로 사용할 수 없는 것은?

㉮ 석면 ㉯ 운모
㉯ 자기 ㉰ 탄소

 전열기의 절연 재료는 고온에 잘 견디고 저항값이 커야 하며, 탄소는 도체이다.

## 46 저항 발열체의 구비 조건이 아닌 것은?

㉮ 고유 저항이 클 것
㉯ 내식성이 클 것
㉯ 용융점이 높을 것
㉰ 팽창 계수가 클 것

 **발열체의 구비 조건**
① 내열성이 클 것
② 내식성이 클 것
③ 적당한 저항값을 가질 것
④ 가공하기 쉬울 것
⑤ 값이 쌀 것

# 교류 회로



## 1 교류

### (1) 정의

시간의 변화에 따라 크기와 방향이 주기적으로 변화하는 전류·전압을 교류 전류, 교류 전압이라 한다. 반대로 크기와 방향이 변화하지 않고 흐르는 방향이 일정한 것을 직류 전류, 직류 전압이라 한다.

### (2) 사인파 교류의 발생 원리 : 발전기

자장 안에 도체를 놓고 도체의 축을 회전시키면 자속을 도체가 끊으면서 기전력을 발생한다.

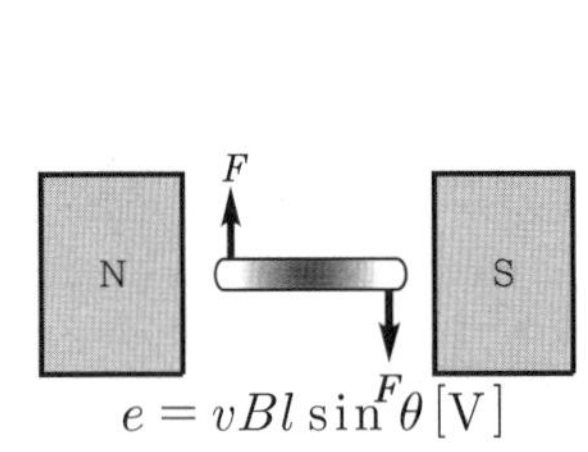

$$e = vBl \sin\theta \, [\text{V}]$$

| 그림 6.9 | 플레밍의 오른손 법칙

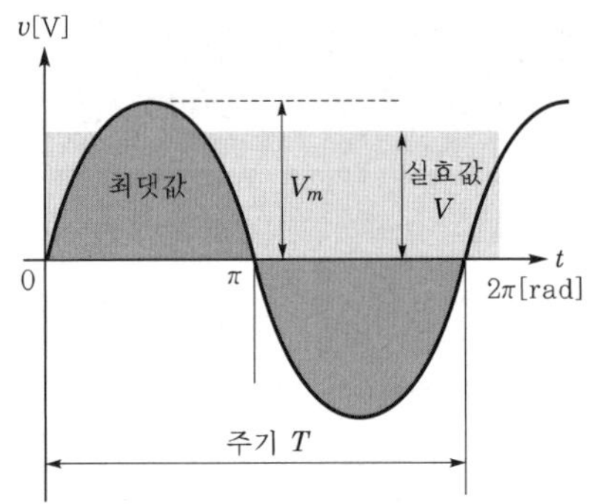


| 그림 6.10 | 사인파 교류

## 2 주기와 주파수

### (1) 주기 $T$

1주파의 변화에 요하는 시간을 주기라 한다. 단위는 [sec]이다.

## (2) 주파수 $f$

1초 동안에 변화하는 주파의 수를 주파수라 한다. 단위는 [Hz]이다.

## (3) 주기와 주파수 사이의 관계

$$T = \frac{1}{f}\,[\text{sec}],\quad f = \frac{1}{T}\,[\text{Hz}]$$

## (4) 각주파수 $\omega$

시간에 대한 각도의 변화율 $\omega = \dfrac{\theta}{t} = \dfrac{2\pi}{T} = 2\pi f\,[\text{rad/sec}]$

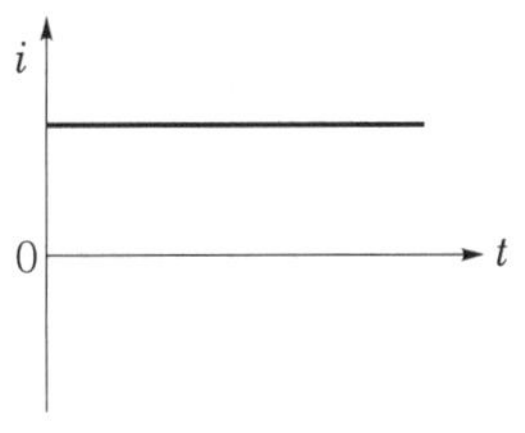

| 그림 6.11 | 직류

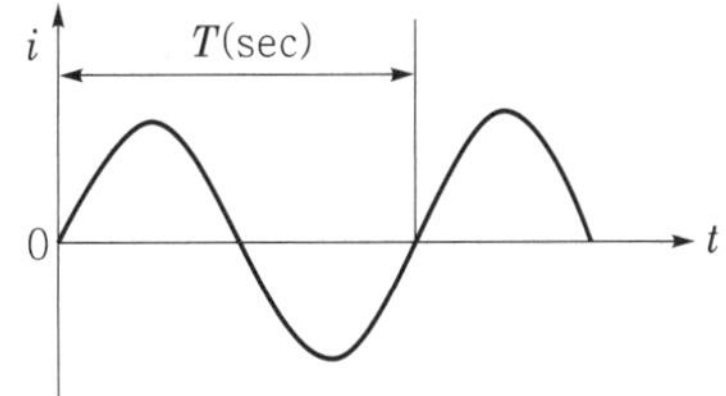

| 그림 6.12 | 교류

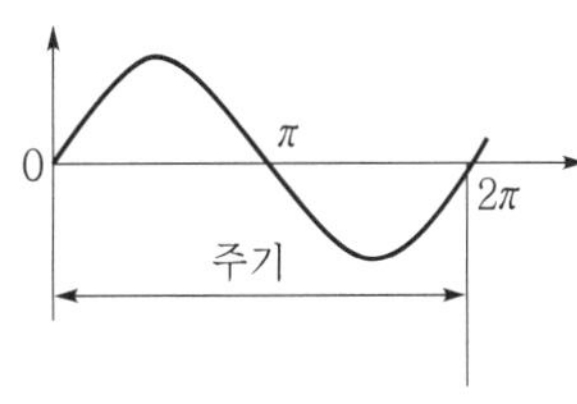

| 그림 6.13 | 교류의 주기

## 3 평균값

교류의 순시값이 0이 되는 순간에서 다음 0으로 되기까지의 양(+)의 반주기에 대한 순시값의 평균을 평균값이라고 하며, 평균값 $E_{av}$와 최댓값 $E_m$와의 사이에는

$$E_{av} = \frac{2}{\pi} E_m \fallingdotseq 0.637 E_m\,[\text{V}]$$

의 관계가 있다.

## 4 파고율과 파형률

파고율과 파형률은 교류의 파형(전압, 전류 등이 시간의 흐름에 따라 변화하는 모양)이 어떤 형태를 이루고 있는지를 분석하기 위하여 사용되는 것으로서 다음 식으로 구해진다.

## (1) 파형률

실효값을 평균값으로 나눈 값으로 파의 기울기 정도

$$\text{파형률} = \frac{\text{실효값}}{\text{평균값}}$$

### (2) 파고율

최댓값을 실효값으로 나눈 값으로 파두(wave front)의 날카로운 정도

$$\text{파고율} = \frac{\text{최댓값}}{\text{실효값}}$$

## 02 교류의 크기

### 1 순시값

교류는 시간에 따라 변하고 있으므로 임의의 순간에 있어서의 크기를 교류의 순시값이라고 한다.

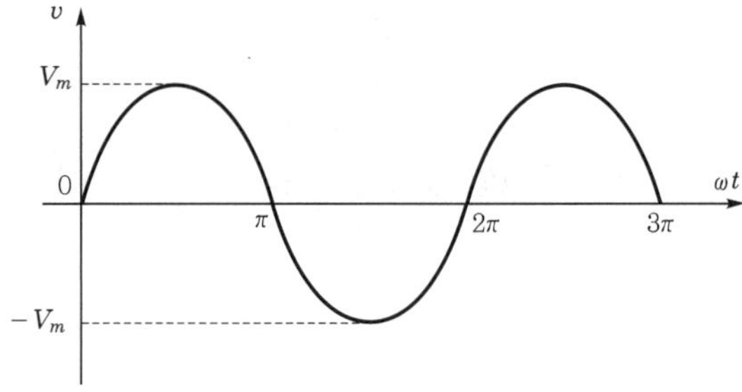

| 그림 6.14 | 교류의 순시값

$$V = V_m \sin \omega t \, [\mathrm{V}]$$

여기서, $V$ : 전압의 순시값

$V_m$ : 전압의 최댓값

$\omega$ : 각속도

### 2 실효값

교류의 크기를 그것과 같은 일을 하는 직류의 크기로 바꿔 놓은 값을 실효값이라 한다.

### (1) 정의

일반적으로 사용되는 값으로, 교류의 순시값의 제곱에 대한 1주기의 평균의 제곱근을 실효값(effective value)이라 한다.

$$I = \sqrt{i^2 \text{의 1주기 평균값}}\ [\text{A}]$$

$$V = \sqrt{v^2 \text{의 1주기 평균값}}\ [\text{V}]$$

사인파의 실효값 $V$는

최댓값 $V_m$의 $\dfrac{1}{\sqrt{2}}$[배]　즉,　$V = \dfrac{1}{\sqrt{2}} V_m$

## (2) 실효값과 최댓값과의 관계

사인파 전압의 순시값 $v$를 실효값 $V$를 사용하여 표시하면, 다음과 같다.

$$v = V_m \sin \omega t\ [\text{V}]$$

$$v = \sqrt{2}\ V \sin \omega t\ [\text{V}]$$

## 03 사인파 교류와 벡터

### 1 회전 벡터

① 크기 및 방향을 가진 양을 벡터량이라 하고 크기만 가진 양을 스칼라량이라고 한다.
② 벡터량은 화살표로서 방향과 크기를 표시한다.
③ 벡터에는 정지 벡터와 회전 벡터가 있다.
④ 사인파 교류는 회전 벡터로 표시할 수 있다.

### 2 정지 벡터

다음과 같이 표시되는 교류

$$v = 50\sqrt{2}\sin \omega t\ [\text{V}]$$

$$i = 100\sqrt{2}\sin\left(\omega t + \frac{\pi}{3}\right)[\text{A}]$$의 실효값 정지 벡터의 표시는 각각

$$\dot{V} = 50\ \underline{|0}\ ,\ \dot{I} = 100\ \underline{\left|\frac{\pi}{3}\right.}\ \text{로 표시한다.}$$

### 3 사인파 교류의 벡터에 의한 계산법

#### (1) 벡터 합의 계산

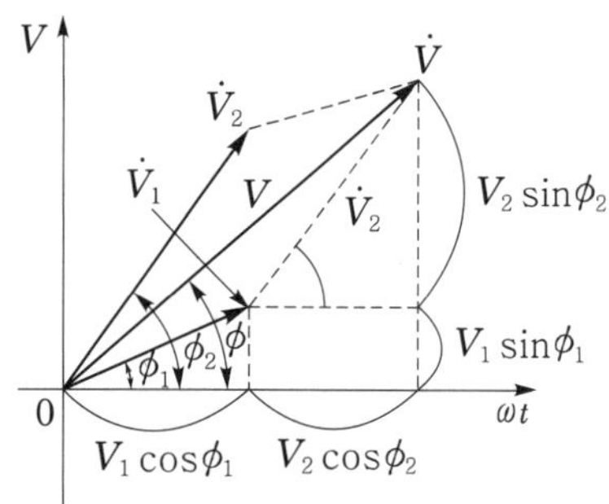

| 그림 6.15 | 벡터 합의 계산

여기서, $\phi$는 벡터 합의 위상각(편각)이다.

$$V = \sqrt{(V_1\cos\phi_1 + V_2\cos\phi_2)^2 + (V_1\sin\phi_1 + V_2\sin\phi_2)^2}\,[\mathrm{V}]$$

$$= \sqrt{V_1{}^2 + V_2{}^2 + 2V_1V_2\cos\phi}\quad (\text{여기서 } \phi\text{는 위상차})$$

$$\phi = \tan^{-1}\frac{V_1\sin\phi_1 + V_2\sin\phi_2}{V_1\cos\phi_1 + V_2\cos\phi_2}\,[\mathrm{rad}]$$

#### (2) 벡터 차의 계산

$$V = \sqrt{(V_1\cos\phi_1 - V_2\cos\phi_2)^2 + (V_1\sin\phi_1 - V_2\sin\phi_2)^2}\,[\mathrm{V}]$$

$$= \sqrt{V_1{}^2 + V_2{}^2 - 2V_1V_2\cos\phi}\quad (\text{여기서 } \phi\text{는 위상차})$$

## 04 교류 회로의 복소수 표시

### 1 개요

#### (1) 복소수의 일반 표시

$$\dot{Z} = a + jb$$

여기서, $a$ : 실수부, $b$ : 허수부

## (2) 허수 단위 $j$의 값

$$j = \sqrt{-1}, \quad j^2 = -1, \quad j^3 = j^2 \times j = -j, \quad j^4 = j^2 \times j^2 = 1$$

## (3) 공액 복소수

허수의 부호가 서로 다른 복소수이다. 즉, $\dot{Z} = a + jb$와 $\overline{\dot{Z}} = a - jb$는 서로 공액 복소수이다.

# 2 벡터의 복소수 표시

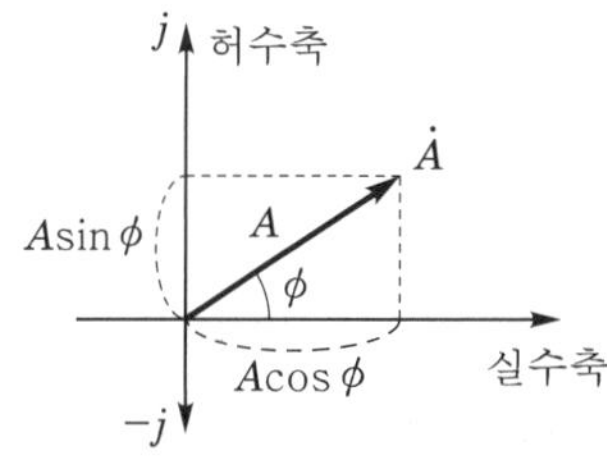


| 그림 6.16 | 벡터의 복소수 표시

## (1) 직각 좌표 표시

$$\dot{A} = a + jb, \quad \text{절댓값 } A = |\dot{A}| = \sqrt{a^2 + b^2}, \quad \text{편각 } \phi = \tan^{-1}\frac{b}{a}$$

## (2) 극좌표 표시

$$a = A\cos\phi, \quad b = A\sin\phi \text{이므로}$$
$$\dot{A} = A\cos\phi + jA\sin\phi = A(\cos\phi + j\sin\phi) = A\underline{/\phi}$$

## (3) 지수 함수 표시

$$\dot{A} = A\varepsilon^{j\phi} = A(\cos\phi + j\sin\phi)$$
여기서, $\varepsilon$ : 자연 로그의 밑수

# 3 복소수의 계산

## (1) 복소수의 곱셈

$$\dot{A} = \dot{A}_1\dot{A}_2 = (A_1\underline{/\theta_1})(A_2\underline{/\theta_2}) = A_1A_2\underline{/(\theta_1 + \theta_2)}$$

## (2) 복소수의 나눗셈

$$\dot{A} = \frac{\dot{A_1}}{\dot{A_2}} = \frac{(A_1 \underline{/\theta_1})}{(A_2 \underline{/\theta_2})} = \frac{A_1}{A_2} \underline{/(\theta_1 - \theta_2)}$$

# 05 단상 회로

## 1 단일 소자 회로의 전압과 전류

### (1) 저항만의 회로

[그림 6.17의 (a)]와 같이 저항 $R[\Omega]$만의 회로에 교류 전압 $v = \sqrt{2}\,V\sin\omega t[\mathrm{V}]$의 기전력을 가하면 전류 $i[\mathrm{A}]$는 다음과 같이 된다.

$$i = \frac{v}{R} = \frac{\sqrt{2}\,V\sin\omega t}{R} = \sqrt{2}\,I\sin\omega t\ [\mathrm{A}]$$

여기서, $I = \dfrac{V}{R}$

따라서 전압 $v$와 전류 $i$는 동상으로서 그 실효값 $I$는 옴의 법칙이 그대로 성립한다[그림 6.17의 (b)].

| 그림 6.17 | 저항만의 회로

### (2) 인덕턴스만의 회로

인덕턴스 $L[\mathrm{H}]$의 회로에 교류 전압 $v = \sqrt{2}\,V\sin\omega t[\mathrm{V}]$의 기전력을 가하면 전류 $i$는

$$i = \sqrt{2}\,I\sin\left(\omega t - \frac{\pi}{2}\right)[\mathrm{A}]$$

여기서, $I = \dfrac{V}{\omega L} = \dfrac{V}{X_L}[\mathrm{A}]$

$$X_L = \omega L = 2\pi f L\,[\Omega]$$

$X_L$ : 유도 리액턴스[Ω]

전류가 전압보다 $\dfrac{\pi}{2}$[rad]만큼 뒤진다[그림 6.18의 (b)].

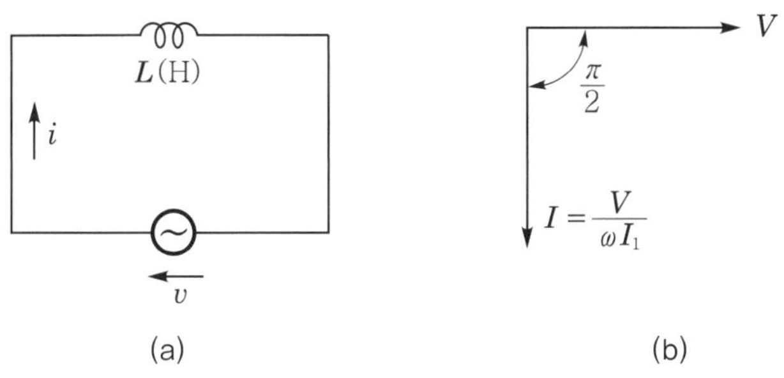

(a)         (b)

| 그림 6.18 | 인덕턴스만의 회로

## (3) 정전 용량만의 회로

정전 용량 $C$[F]의 콘덴서에 $v = \sqrt{2}\,V\sin\omega t$[V]의 교류 전압을 가하면 전류 $i$ 는

$$i = \sqrt{2}\,I\sin\left(\omega t + \frac{\pi}{2}\right)[\text{A}]$$

여기서, $I = \dfrac{V}{\dfrac{1}{\omega C}} = \dfrac{V}{X_C}[\text{A}]$

$$X_C = \frac{1}{\omega C} = \frac{1}{2\pi f C}[\Omega]$$

$X_C$ : 용량 리액턴스[Ω]

전류가 전압보다 $\dfrac{\pi}{2}$[rad]만큼 앞선다[그림 6.19의 (b)].

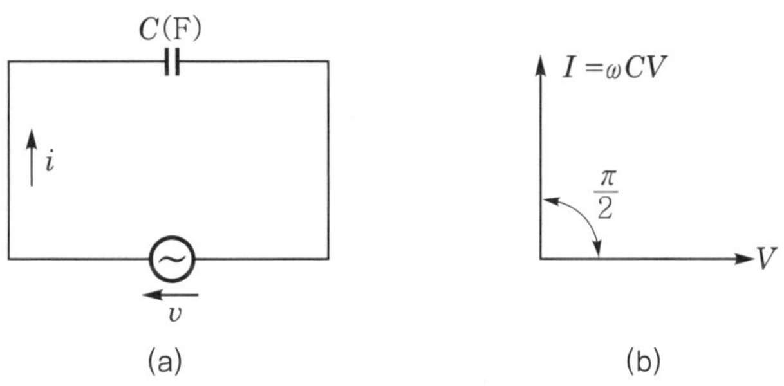

(a)         (b)

| 그림 6.19 | 정전 용량만의 회로

## ☑ 교류 회로의 기호법 표시

### (1) $R$만의 회로

저항 $R[\Omega]$의 회로에 전압 $\dot{V}[\mathrm{V}]$를 가할 때 흐르는 전류를 $\dot{I}[\mathrm{A}]$라 하면

$$\dot{I} = \frac{\dot{V}}{R}, \quad \dot{V} = R\dot{I}$$

### (2) $L$만의 회로

$$\dot{I} = \frac{\dot{V}}{j\omega L} = -j\frac{\dot{V}}{\omega L} = -j\frac{\dot{V}}{X_L}, \quad \dot{I}\text{는 } \dot{V}\text{ 보다 } \frac{\pi}{2} \text{ 뒤진다.}$$

### (3) $C$만의 회로

$$\dot{I} = \frac{\dot{V}}{-j\dfrac{1}{\omega C}} = j\omega C \cdot \dot{V} = j\frac{\dot{V}}{X_C}, \quad \dot{I}\text{는 } \dot{V}\text{ 보다 } \frac{\pi}{2} \text{ 앞선다.}$$

# 06 | $R-L-C$의 직 · 병렬 회로

## ☑ $R-L$ 직렬 회로

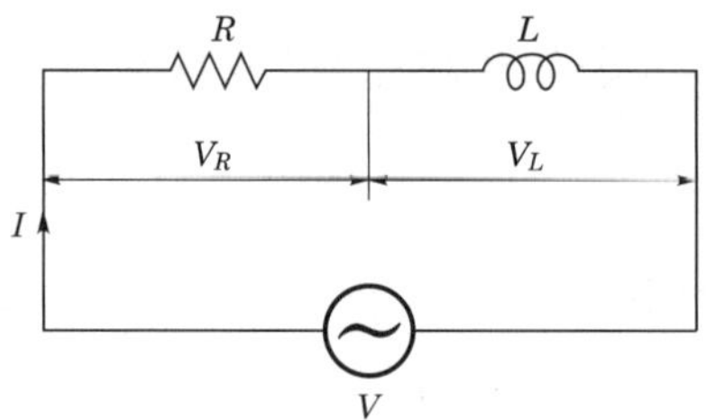


| 그림 6.20 | 직렬 회로

### (1) $R$ 양단 전압

$$V_R = IR[\mathrm{V}], \quad V_R\text{은 전류 }I\text{와 동상}$$

### (2) $L$ 양단 전압

$$V_L = X_L I = \omega L I[\mathrm{V}], \quad V_L\text{은 전류 }I\text{보다 } \frac{\pi}{2}[\mathrm{rad}]\text{만큼 앞선 위상이다.}$$

### (3) 전압

$$V = \sqrt{V_R^2 + V_L^2} = I\sqrt{R^2 + X_L^2} = I\sqrt{R^2 + (\omega L)^2}\,[\text{V}]$$

### (4) 전류

$$I = \frac{V}{\sqrt{R^2 + X^2}}\,[\text{A}]$$

### (5) 위상차

$$\theta = \tan^{-1}\frac{X_L}{R} = \tan^{-1}\frac{\omega L}{R}\,[\text{rad}]$$

### (6) 임피던스

교류에서 전류의 흐름을 방해하는 $R$, $L$, $C$의 벡터적인 합

$$Z = \sqrt{R^2 + (\omega L)^2}\,[\Omega]$$

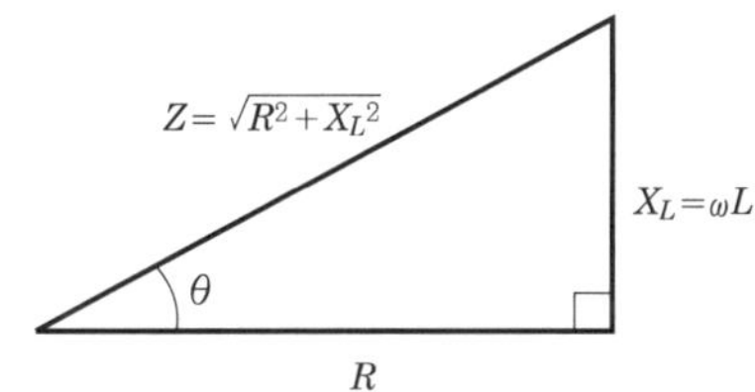

| 그림 6.21 | 임피던스 삼각형

**(7)** 전류는 전압보다 $\theta\,[\text{rad}]$만큼 위상이 뒤진다.

## 2 $R-L$ 병렬 회로

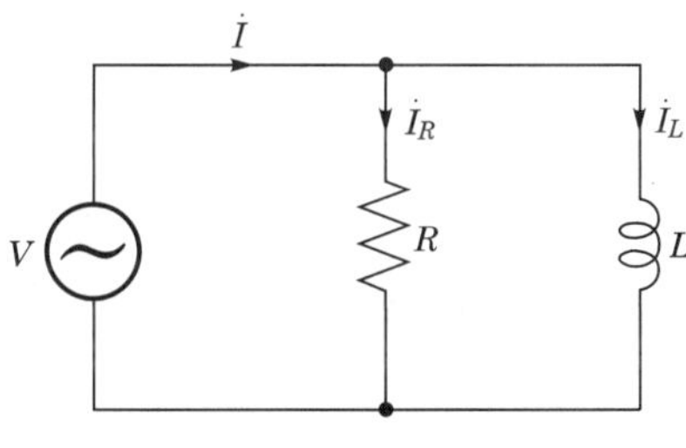

| 그림 6.22 | 병렬 회로

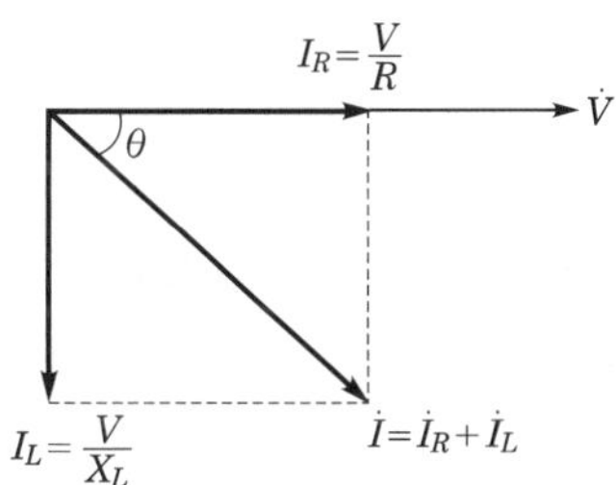

| 그림 6.23 | 벡터도

### (1) 전류

$$I = \sqrt{I_R^2 + I_L^2} = \sqrt{\left(\frac{V}{R}\right)^2 + \left(\frac{V}{\omega L}\right)^2} = \sqrt{\left(\frac{1}{R}\right)^2 + \left(\frac{1}{\omega L}\right)^2} \cdot V[\text{A}]$$

### (2) 어드미턴스

$$Y = \sqrt{\left(\frac{1}{R}\right)^2 + \left(\frac{1}{\omega L}\right)^2}\,[\text{℧}]$$

### (3) 위상차

$$\theta = \tan^{-1}\frac{R}{\omega L}$$

## 07 직렬 공진과 병렬 공진

## 1 직렬 공진

### (1) 공진 조건

$$\dot{Z} = R + j\left(\omega L - \frac{1}{\omega C}\right) = R + jX[\Omega]$$에서 $X = 0$, 즉 $\omega L = \frac{1}{\omega C}$이면 $Z$가 최소가 되고 $I$는 최대가 된다.

### (2) 공진 임피던스

$$Z = R[\Omega]$$

### (3) 공진 시 전류

$$I_0 = \frac{V}{R}\,[\text{A}]$$

### (4) 직렬 공진 시 임피던스와 전류

직렬 공진일 때 임피던스 $Z = R$이 되어 임피던스는 최소, 전류는 최대가 된다.

## (5) 공진 주파수

$$f_o = \frac{1}{2\pi\sqrt{LC}}\,[\text{Hz}]$$

## (6) 공진 곡선

공진 회로에서 주파수에 대한 전류 변화를 나타낸 곡선을 말한다.

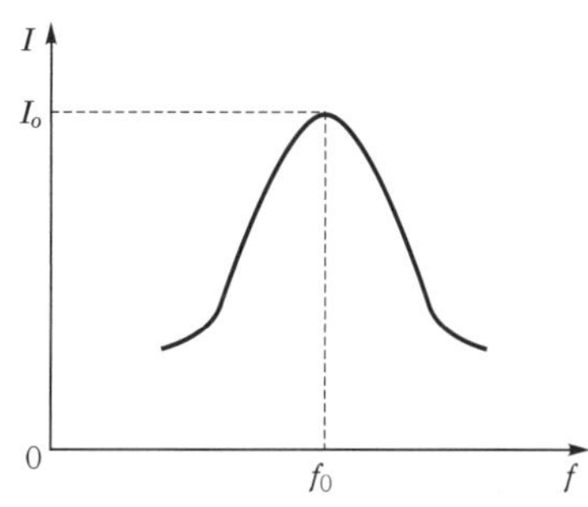

| 그림 6.24 | 직렬 공진 곡선

## (7) 선택도

회로에서 원하는 주파수와 원하지 않는 주파수를 분리하는 것을 말한다.

$$Q = \frac{1}{R}\sqrt{\frac{L}{C}}$$

## 2 병렬 공진

### (1) 공진 조건

어드미턴스의 허수부가 0이 되는 경우이며 $Z$가 무한대가 되고 $I$는 최소가 된다.

### (2) 공진 어드미턴스

$$Y = \frac{1}{R}\,[\mho]$$

### (3) 공진 주파수

$$f_o = \frac{1}{2\pi\sqrt{LC}}\,[\text{Hz}]$$

## 08 전력과 역률

### (1) 유효 전력

$$P = EI\cos\theta = I^2 R[\text{W}] = \frac{V^2}{R}[\text{W}]$$

### (2) 무효 전력

$$P_r = EI\sin\theta = I^2 X[\text{Var}] = \frac{V^2}{X}[\text{Var}]$$

### (3) 피상 전력

$$P_a = EI = I^2 Z$$

 참고

**유효 · 무효 · 피상 전력의 관계**

$$P^2 + P_r^{\,2} = (EI)^2(\cos^2\theta + \sin^2\theta) = (EI)^2 = P_a^{\,2}$$

따라서 $P_a = \sqrt{P^2 + P_r^{\,2}}$

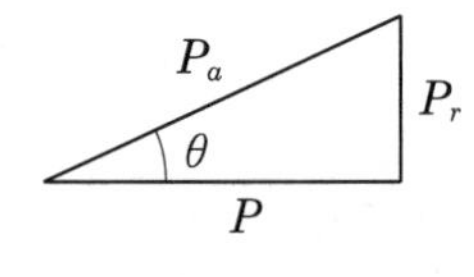

〈전력 삼각형〉

### (4) 역률

$$\cos\theta = \frac{P}{P_a} = \frac{R}{Z}$$

### (5) 무효율

$$\sin\theta = \frac{P_r}{P_a} = \frac{X}{Z}$$

### (6) 복소 전력

$$\dot{P_a} = \overline{E}\,\dot{I} = P \pm jP_r[\text{VA}], \quad P_a = |\dot{P_a}| = \sqrt{P^2 + P_r^2}[\text{VA}]$$

여기서, $+P_r$의 경우는 앞선 전류의 무효 전력(용량성 부하)

$-P_r$의 경우는 뒤진 전류의 무효 전력(유도성 부하)

# CHAPTER 02

# 적·중·예·상·문·제

**01** $V = V_m \cos \omega t$와 $i = I_m \sin \omega t$의 위상차는?

㉮ 90°  ㉯ 60°

㉰ 30°  ㉱ 0°

 $\sin \omega t = \sin(90° + \omega t)$ 이므로
$90° - 0° = 90°$

**02** $V_m \sin(\omega t + 30°)$와 $I_m \cos(\omega t - 90°)$와의 위상차는?

㉮ 90°  ㉯ 120°

㉰ 30°  ㉱ 60°

 $\cos \omega t = \sin(\omega t + 90°)$ 이므로
$I_m \cos(\omega t - 90°) = I_m \sin \omega t$
$\therefore \ 30° - 0° = 30°$

**03** $e = 100\sqrt{2} \sin\left(377t + \dfrac{\pi}{3}\right)$ 되는 정현파 교류의 주파수[Hz]는?

㉮ 50  ㉯ 55

㉰ 60  ㉱ 80

 $\omega = 377t$에서 $f = \dfrac{377}{2\pi} \fallingdotseq 60[\text{Hz}]$

**04** 정현파 교류에서 주파수 60[Hz]인 경우 각속도[rad/sec]는?

㉮ 100  ㉯ 2

㉰ $1.414\pi$  ㉱ 377

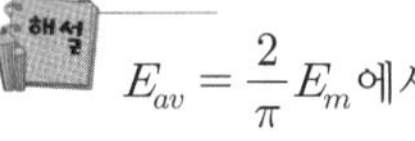 $\omega = 2\pi f = 2 \times 3.14 \times 60 = 376.8$

**05** 정현파의 주기가 0.02[sec]일 때의 주파수[Hz]는?

㉮ 50  ㉯ 100

㉰ 150  ㉱ 200

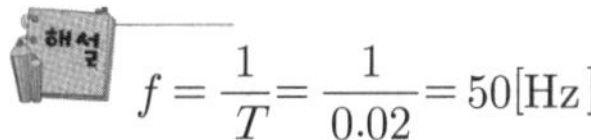 $f = \dfrac{1}{T} = \dfrac{1}{0.02} = 50[\text{Hz}]$

**06** 최댓값이 $E_m$인 경우 정현파의 평균값은?

㉮ $0.707 E_m$  ㉯ $\dfrac{\pi}{2} E_m$

㉰ $1.414 E_m$  ㉱ $\dfrac{2}{\pi} E_m$

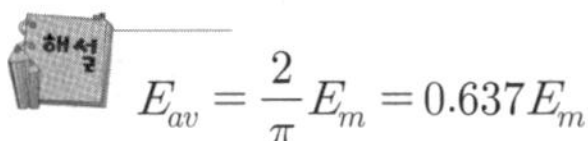 $E_{av} = \dfrac{2}{\pi} E_m = 0.637 E_m$

**07** 어떤 정현파 교류의 전압의 평균값이 191[V]이면 최댓값[V]은?

㉮ 120  ㉯ 240

㉰ 300  ㉱ 420

$E_{av} = \dfrac{2}{\pi} E_m$ 에서
$E_m = \dfrac{\pi}{2} E_{av} = \dfrac{3.14}{2} \times 191 \fallingdotseq 300[\text{V}]$

**08** 다음 중 전압계나 전류계가 지시하는 값은?

㉮ 최댓값  ㉯ 순시값

㉰ 평균값  ㉱ 실효값

**09** 실효값이 $E$[V]인 정현파 교류 전압의 최댓값[V]은 얼마인가?

㉮ $\sqrt{2}\,E$　　　㉯ $\dfrac{1}{\sqrt{2}}E$

㉰ $\dfrac{2}{\pi}E$　　　㉭ $2E$

실효값 $E=\dfrac{E_m}{\sqrt{2}}$[V]

∴ 최댓값 $E_m=\sqrt{2}\,E$[V]

**10** 정현파 교류에 있어서 최댓값은 실효값의 몇 배인가?

㉮ $2$　　　㉯ $\sqrt{2}$

㉰ $\sqrt{3}$　　　㉭ $\dfrac{2}{\pi}$

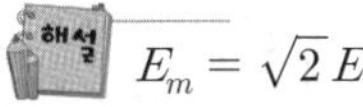
$E_m=\sqrt{2}\,E$

**11** 다음 중 정현파 교류 전압 $120\sqrt{2}\sin(120\pi t-60°)$[V]을 멀티미터로 측정할 때 전압은?

㉮ $120\sqrt{2}$

㉯ $60\sqrt{2}$

㉰ $120$

㉭ $60$

교류계기는 실효값을 지시하므로 측정 전압은 120[V]가 된다.

**12** 사인파 교류 전류에서 실효값은 최댓값의 몇 배가 되는가?

㉮ $0.27$　　　㉯ $0.5$

㉰ $0.707$　　　㉭ $1.11$

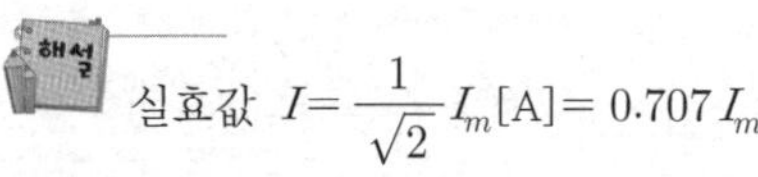
실효값 $I=\dfrac{1}{\sqrt{2}}I_m$[A] $=0.707\,I_m$

**13** 파고율을 옳게 나타낸 것은?

㉮ $\dfrac{\text{최댓값}}{\text{실효값}}$　　　㉯ $\dfrac{\text{평균값}}{\text{실효값}}$

㉰ $\dfrac{\text{실효값}}{\text{평균값}}$　　　㉭ $\dfrac{\text{실효값}}{\text{최댓값}}$

**14** 정현파 교류의 파고율은?

㉮ $\sqrt{2}$　　　㉯ $\dfrac{1}{\sqrt{2}}$

㉰ $\dfrac{2}{\pi}$　　　㉭ $\dfrac{\pi}{\sqrt{2}}$

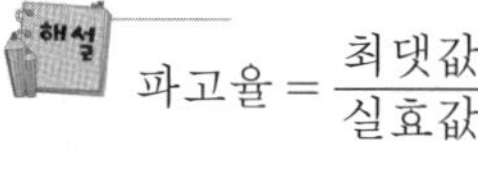
파고율 $=\dfrac{\text{최댓값}}{\text{실효값}}$

$=\dfrac{E_m}{\dfrac{1}{\sqrt{2}}E_m}=\sqrt{2}$

**15** 파형률을 옳게 나타낸 것은?

㉮ $\dfrac{\text{최댓값}}{\text{실효값}}$　　　㉯ $\dfrac{\text{실효값}}{\text{최댓값}}$

㉰ $\dfrac{\text{평균값}}{\text{실효값}}$　　　㉭ $\dfrac{\text{실효값}}{\text{평균값}}$

**16** 사인파 교류의 파형률은?

㉮ $\dfrac{\pi}{2}$　　　㉯ $\dfrac{2}{\pi}$

㉰ $\dfrac{\pi}{2\sqrt{2}}$　　　㉭ $\dfrac{\pi}{\sqrt{2}}$

파형률 $=\dfrac{\text{실효값}}{\text{평균값}}$

$=\dfrac{E}{\dfrac{2}{\pi}E_m}=\dfrac{\dfrac{E_m}{\sqrt{2}}}{\dfrac{2}{\pi}E_m}$

$=\dfrac{\pi}{2\sqrt{2}}≒1.11$

**17** $\dot{Z} = 3 - j4$의 절댓값은?

㉮ 1  ㉯ -1

㉰ 5  ㉱ 7

 $Z = \sqrt{3^2 + (-4)^2} = 5$

**18** $\dot{A}_1 = 3 + j5$, $\dot{A}_2 = 3 + j3$인 두 벡터를 합한 벡터의 크기는?

㉮ 6  ㉯ 8

㉰ 10  ㉱ 12

 $\dot{A} = \dot{A}_1 + \dot{A}_2 = (3 + j5) + (3 + j3)$
$= (3+3) + j(5+3) = 6 + j8$
$\therefore \dot{A} = \sqrt{6^2 + 8^2} = 10$

**19** $\dot{A}_1 = 6\left(\cos\dfrac{\pi}{6} + j\sin\dfrac{\pi}{6}\right)$, $\dot{A}_2 = 5\left(\cos\dfrac{\pi}{3} + j\sin\dfrac{\pi}{3}\right)$인 두 벡터의 곱은?

㉮ $30\left|\dfrac{\pi}{6}\right.$  ㉯ $30\left|\dfrac{\pi}{3}\right.$

㉰ $30\left|\dfrac{\pi}{2}\right.$  ㉱ $30\left|-\dfrac{\pi}{2}\right.$

 곱셈은 극좌표형으로 계산 시 크기는 곱하고 편각은 더한다.
$\dot{A}_1 = 6\left|\dfrac{\pi}{6}\right.$, $\dot{A}_2 = 5\left|\dfrac{\pi}{3}\right.$
$\therefore \dot{A} = \dot{A}_1 \times \dot{A}_2 = 30\left|\dfrac{\pi}{6} + \dfrac{\pi}{3}\right. = 30\left|\dfrac{\pi}{2}\right.$

**20** 저항만의 회로에서 전압에 대한 전류의 위상은?

㉮ 90° 앞선다.  ㉯ 60° 뒤진다.

㉰ 30° 앞선다.  ㉱ 동상이다.

 순수한 저항만의 회로에서는 전압과 전류가 동위상이 된다.

**21** 정격 100[V], 100[W]짜리 전구에 교류 전압을 가할 때 전압과 전류의 위상 관계는?

㉮ 전압이 전류보다 90° 앞선다.

㉯ 전압과 전류는 동상이다.

㉰ 전류가 90° 앞선다.

㉱ 전압이 전류보다 90° 늦다.

 백열 전구는 순수한 저항 요소만 있기 때문에 전압과 전류는 동위상이 된다.

**22** 유도 리액턴스를 나타내는 식은?

㉮ $\dfrac{1}{\omega L}$  ㉯ $\omega C$

㉰ $2\pi f L$  ㉱ $\dfrac{1}{2\pi f C}$

 ① 유도 리액턴스 $X_L = 2\pi f L\,[\Omega]$
② 용량 리액턴스 $X_C = \dfrac{1}{\omega C} = \dfrac{1}{2\pi f C}\,[\Omega]$

**23** 1[H]의 인덕턴스에 60[Hz]의 교류를 인가할 때 유도 리액턴스[Ω]는?

㉮ 31.4  ㉯ 314

㉰ 377  ㉱ 628

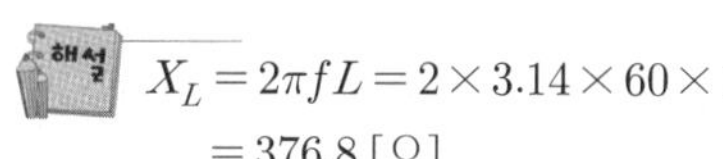 $X_L = 2\pi f L = 2 \times 3.14 \times 60 \times 1$
$= 376.8\,[\Omega]$

**24** 60[Hz]의 교류 회로에서 3,140[Ω]의 리액턴스로 되어 있는 코일의 자체 인덕턴스[H]는?

㉮ 4  ㉯ 6

㉰ 8  ㉱ 10

 $X_L = 2\pi f L$에서
$L = \dfrac{X_L}{2\pi f} = \dfrac{3,140}{2 \times 3.14 \times 60} \fallingdotseq 8[H]$

**25** 콘덴서의 정전 용량이 커지면 용량 리액턴스는?

㉮ 무한대로 된다.
㉯ 작아진다.
㉰ 같다.
㉱ 커진다.

 $X_C = \dfrac{1}{2\pi f C}$ 에서 $X_C$는 $C$에 반비례한다.

**26** 그림과 같은 주파수 특성을 갖는 전기 소자는?

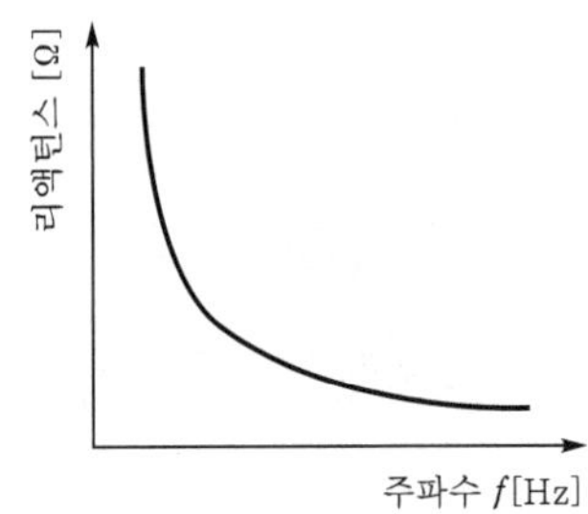

㉮ 저항　　　㉯ 코일
㉰ 콘덴서　　㉱ 다이오드

 콘덴서의 용량 리액턴스 $X_C = \dfrac{1}{\omega C} = \dfrac{1}{2\pi f C}$ 이므로 주파수에 반비례한다.

**27** 콘덴서의 정전 용량 10[$\mu$F]의 60[Hz]에 대한 용량 리액턴스[$\Omega$]는?

㉮ 125　　　㉯ 204
㉰ 265　　　㉱ 287

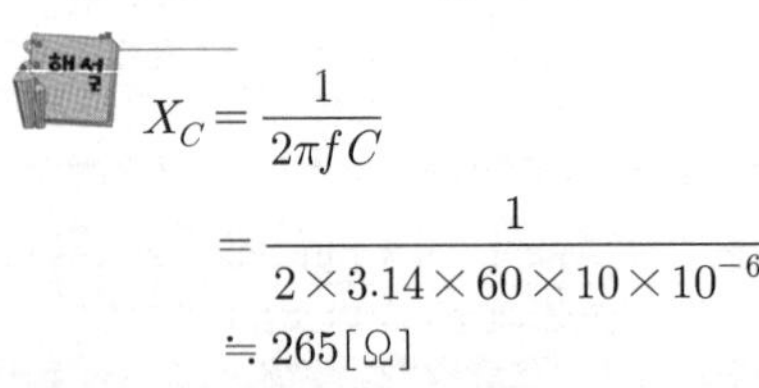 $X_C = \dfrac{1}{2\pi f C}$

$= \dfrac{1}{2 \times 3.14 \times 60 \times 10 \times 10^{-6}}$

$\fallingdotseq 265[\Omega]$

**28** 100[$\mu$F]의 콘덴서에 60[Hz], 1,000[V]의 교류 전압을 가하면 흐르는 전류[A]는?

㉮ 3.14　　　㉯ 31.4
㉰ 3.77　　　㉱ 37.7

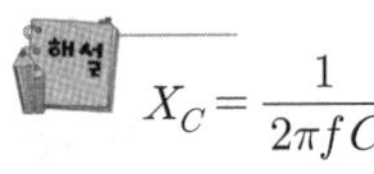 $X_C = \dfrac{1}{2\pi f C}[\Omega]$

$I = \dfrac{E}{X_C}$

$= 2\pi f C E$

$= 2 \times 3.14 \times 60 \times 100 \times 10^{-6} \times 100$

$= 3.77$

**29** 정전 용량 88.4[$\mu$F]인 콘덴서가 연결된 교류 60[Hz]의 주파수에 대한 용량 리액턴스[$\Omega$]는?

㉮ 29　　　㉯ 30
㉰ 31　　　㉱ 32

 용량 리액턴스 $xL = \dfrac{1}{2\pi f C}$

$= \dfrac{1}{2 \times \pi \times 60 \times 88.4 \times 10^{-6}}$

$= 30[\Omega]$

**30** 주파수 60[kHz], 인덕턴스 20[$\mu$H]인 회로에 교류 전류 $I = I_m \sin \omega t$[A]를 인가했을 때 유도 리액턴스 $X_L$[$\Omega$]은?

㉮ $1.2\pi$
㉯ $2.4\pi \times 10^{-3}$
㉰ $36\pi$
㉱ $1.2 \times 10^3 \pi$

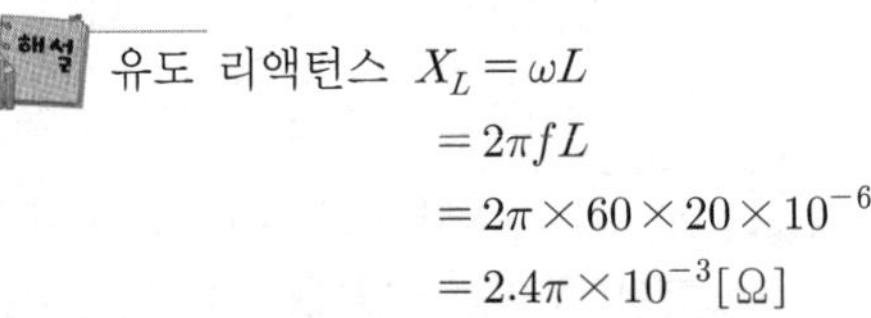 유도 리액턴스 $X_L = \omega L$

$= 2\pi f L$

$= 2\pi \times 60 \times 20 \times 10^{-6}$

$= 2.4\pi \times 10^{-3}[\Omega]$

**31** $L$만의 회로에서 전압·전류의 위상 관계는?

㉮ 동상이다.

㉯ 전압이 전류보다 90° 앞선다.

㉰ 전압이 전류보다 30° 앞선다.

㉱ 전압이 전류보다 90° 뒤진다.

$$i = \frac{V_m}{\omega L}\sin\left(\omega t - \frac{\pi}{2}\right)[\text{A}]$$
전류는 전압보다 90° 뒤진다. 따라서 전압은 전류보다 90° 앞선다.

**32** 콘덴서만의 회로에서 전압·전류의 위상 관계는?

㉮ 전압이 전류보다 45° 앞선다.

㉯ 전압이 전류보다 90° 앞선다.

㉰ 전압이 전류보다 90° 뒤진다.

㉱ 동상이다.

전류 $i = \omega C V_m \sin(\omega t + 90°)$ 즉, 전류는 전압보다 90° 앞선다.
따라서 전압은 전류보다 90° 뒤진다.

**33** 다음 중 용량 리액턴스를 나타내는 식은?

㉮ $\omega^2 C$      ㉯ $\omega C$

㉰ $2\pi f L$      ㉱ $\dfrac{1}{2\pi f C}$

$$X_C = \frac{1}{\omega C} = \frac{1}{2\pi f C}[\Omega]$$

**34** 저항 $R[\Omega]$과 인덕턴스 $L[\text{H}]$의 교류 직렬 접속 회로의 임피던스$[\Omega]$는? (단, $\omega = 2\pi f$)

㉮ $\sqrt{R^2 + (\omega L)^2}$

㉯ $\sqrt{R^2 + (\omega L)}$

㉰ $\sqrt{\dfrac{R^2}{(\omega L)^2}}$

㉱ $\sqrt{\dfrac{(\omega L)^2}{R^2}}$

저항 $R[\Omega]$과 인덕턴스 $L[\text{H}]$의 직렬로 접속한 회로의 임피던스 $Z = R + j\omega L[\Omega]$
$\therefore Z = \sqrt{R^2 + (\omega L)^2}[\Omega]$

**35** 저항 4$[\Omega]$과 유도 리액턴스 3$[\Omega]$이 직렬로 접속된 회로에 100$[\text{V}]$의 교류 전압을 가하면 흐르는 전류$[\text{A}]$는?

㉮ 20      ㉯ 40

㉰ 50      ㉱ 80

합성 임피던스
$$Z = \sqrt{R^2 + X_L^2} = \sqrt{4^2 + 3^2} = 5[\Omega]$$
$$I = \frac{E}{Z} = \frac{100}{5} = 20[\text{A}]$$

**36** 저항 8$[\Omega]$, 유도 리액턴스 6$[\Omega]$의 직렬 회로에 60$[\text{Hz}]$, 100$[\text{V}]$의 전압을 가했을 때 흐르는 전류$[\text{A}]$는?

㉮ 1      ㉯ 10

㉰ 15      ㉱ 100

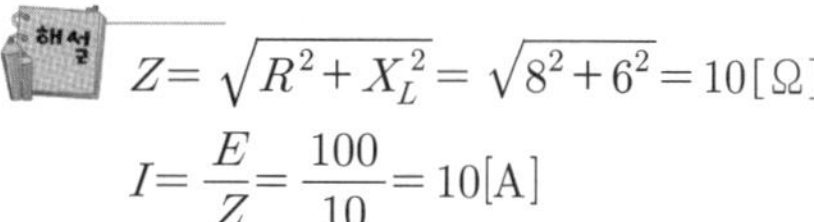
$$Z = \sqrt{R^2 + X_L^2} = \sqrt{8^2 + 6^2} = 10[\Omega]$$
$$I = \frac{E}{Z} = \frac{100}{10} = 10[\text{A}]$$

**37** $R$, $X_L$ 직렬 회로의 역률을 나타내는 식은?

㉮ $\dfrac{\sqrt{R^2 + X_L^2}}{X_L}$    ㉯ $\dfrac{\sqrt{R^2 \times X_L^2}}{R}$

㉰ $\dfrac{R}{\sqrt{R^2 + X_L^2}}$    ㉱ $\dfrac{X_L}{\sqrt{R^2 + X_L^2}}$

 합성 임피던스 $Z = R + jX_L$ 에서 임피던스 3각형

$$\therefore \text{역률 } \cos\theta = \frac{R}{Z} = \frac{R}{\sqrt{R^2 + X_L^2}}$$

## 38 $R - C$ 직렬 회로의 임피던스는?

㉮ $\sqrt{R^2 + \omega^2 C^2}$ ㉯ $\sqrt{R^2 + \dfrac{1}{\omega^2 C^2}}$

㉰ $\dfrac{1}{R^2 + \omega^2 C^2}$ ㉱ $\dfrac{1}{\sqrt{R^2 + \omega^2 C^2}}$

$$Z = \sqrt{R^2 + X_C^2} = \sqrt{R^2 + \frac{1}{\omega^2 C^2}} \ [\Omega]$$

## 39 $R - L - C$ 직렬 회로의 합성 임피던스 $[\Omega]$는?

㉮ $R + \omega L + \dfrac{1}{\omega C}$

㉯ $\sqrt{R_2 + \left(\omega L + \dfrac{1}{\omega C}\right)^2}$

㉰ $\sqrt{R^2 + \omega^2 L^2 + \dfrac{1}{\omega^2 C^2}}$

㉱ $\sqrt{R^2 + \left(\omega L - \dfrac{1}{\omega C}\right)^2}$

$$Z = \sqrt{R^2 + (X_L - X_C)^2} = \sqrt{R^2 + \left(\omega L - \frac{1}{\omega C}\right)^2} \ [\Omega]$$

## 40 다음 회로에서 $E$ 의 값은 몇 $[V]$인가?

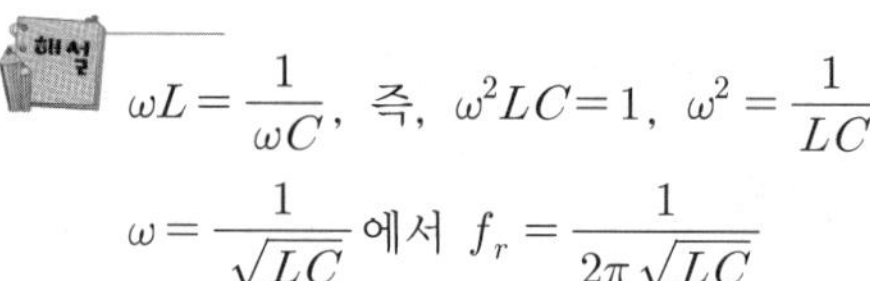


㉮ 60 ㉯ 80
㉰ 100 ㉱ 180

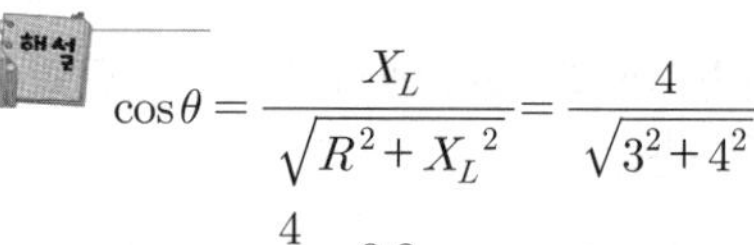 $$E = \sqrt{E_R^2 + (E_L - E_C)^2}$$
$$= \sqrt{60^2 + (100 - 20)^2}$$
$$= \sqrt{60^2 + 80^2} = 100$$

## 41 저항 3$[\Omega]$, 유도 리액턴스 4$[\Omega]$의 병렬 회로에서 역률은?

㉮ 1 ㉯ 0.8
㉰ 0.6 ㉱ 0.4

$$\cos\theta = \frac{X_L}{\sqrt{R^2 + X_L^2}} = \frac{4}{\sqrt{3^2 + 4^2}}$$
$$= \frac{4}{5} = 0.8$$

## 42 $R - L - C$ 직렬 회로의 공진 주파수 $f_r$ 은?

㉮ $f_r = 2\pi\sqrt{LC}$

㉯ $f_r = \dfrac{1}{2\pi LC}$

㉰ $f_r = 2\pi LC$

㉱ $f_r = \dfrac{1}{2\pi\sqrt{LC}}$

 $\omega L = \dfrac{1}{\omega C}$, 즉, $\omega^2 LC = 1$, $\omega^2 = \dfrac{1}{LC}$

$\omega = \dfrac{1}{\sqrt{LC}}$ 에서 $f_r = \dfrac{1}{2\pi\sqrt{LC}}$

## 43 교류에 있어서 피상 전력을 나타내는 식은?

㉮ $EI\tan\theta$ ㉯ $EI$
㉰ $EI\cos\theta$ ㉱ $EI\sin\theta$

 피상 전력은 전압과 전류의 곱 $EI$[VA]로 나타낸다.

## 44 $P_r = EI\sin\theta$는 무엇을 나타내는가?

㉮ 피상 전력　㉯ 무효 전력
㉰ 유효 전력　㉱ 순시값

 무효 전력 $P_r = EI\sin\theta$[Var]

## 45 [Var]는 무엇의 단위인가?

㉮ 역률　　　㉯ 피상 전력
㉰ 전력　　　㉱ 무효 전력

 [Var]는 무효 전력의 단위이다.
$$1\,[\mathrm{kVar}] = 10^3\,[\mathrm{Var}]$$

## 46 교류 회로의 역률은?

㉮ $\dfrac{전류 \times 전압}{전력}$

㉯ $\dfrac{전력}{전압 \times 전류}$

㉰ $\dfrac{무효\ 전력}{전압 \times 전류}$

㉱ $\dfrac{피상\ 전력}{전압 \times 전류}$

 $P = EI\cos\theta$[W]에서 $\cos\theta = \dfrac{P}{EI}$

## 47 무효 전력이 0이 되는 부하는?

㉮ 저항만의 부하
㉯ 유도 리액턴스만의 부하
㉰ $R - C$ 부하
㉱ 용량 리액턴스만의 부하

 무효 전력이 0이 되기 위해서는 전압·전류의 위상차가 0인 부하이다. 따라서 $R$만의 부하가 된다.

## 48 $\dot{V} = 100\,\underline{/60°}$[V], $\dot{I} = 20\,\underline{/30°}$일 때 무효 전력[Var]은?

㉮ 2,000　　㉯ 1,732
㉰ 1,500　　㉱ 1,000

 $P_r = VI\sin\theta$에서
$$P_r = 100 \times 20 \times \sin 30° = 1,000\,[\mathrm{Var}]$$

## 49 100[V]의 교류 전원에 선풍기를 접속하고 전력과 전류를 측정하였더니 30[W], 0.5[A]이었다. 선풍기의 역률[%]은?

㉮ 0.6　　　㉯ 0.7
㉰ 0.8　　　㉱ 0.9

 $$\cos\theta = \frac{P}{EI} = \frac{30}{100 \times 0.5} = \frac{30}{50} = 0.6$$

# 3상 교류 회로

## 01 | 3상 교류

### 1 3상 교류의 발생

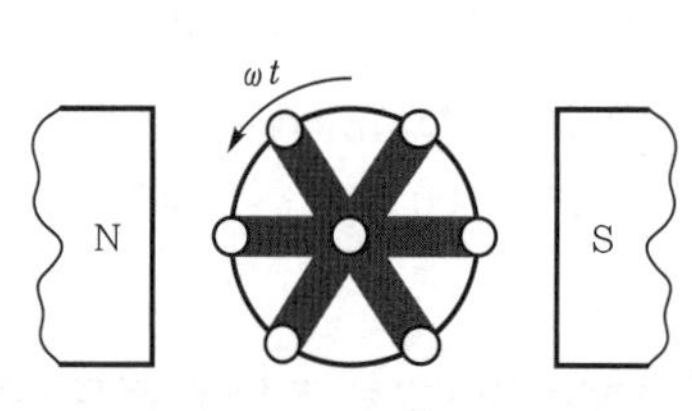

(a) 코일들의 배치

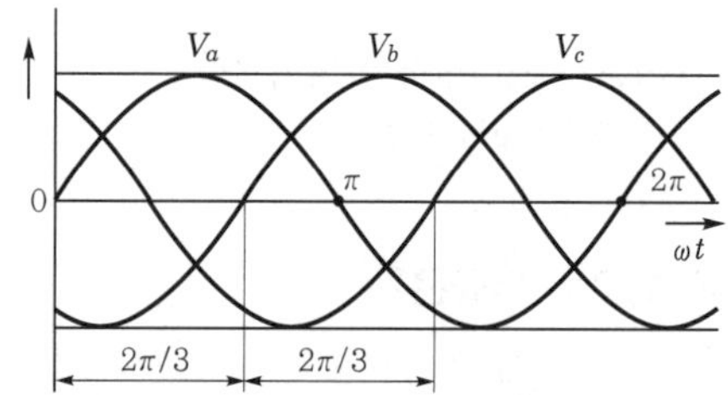

(b) 각 코일에 발생되는 전압

| 그림 6.25 | 3상 교류의 발생

#### (1) 3상 교류

주파수가 동일하고 위상이 $\dfrac{2\pi}{3}$[rad] 만큼씩 다른 3개의 파형을 말한다.

#### (2) 상(phase)

3상 교류를 구성하는 각 단상 교류이다.

#### (3) 상순

3상 교류에서 발생하는 전압들이 최댓값에 도달하는 순서이다.

### 2 3상 교류의 순시값 표시

#### (1) 3상 교류의 순시값

$$V_a = \sqrt{2}\,V\sin\omega t[\text{V}]$$

$$V_b = \sqrt{2}\ V\sin\left(\omega t - \frac{2\pi}{3}\right)[\text{V}]$$

$$V_c = \sqrt{2}\ V\sin\left(\omega t - \frac{4\pi}{3}\right)[\text{V}]$$

## (2) 대칭 3상 교류

크기가 같고 서로 $\dfrac{2\pi}{3}$[rad] 만큼의 위상차를 가지는 3상 교류이다.

## 3 3상 교류의 벡터 표시

### (1) 벡터 표시

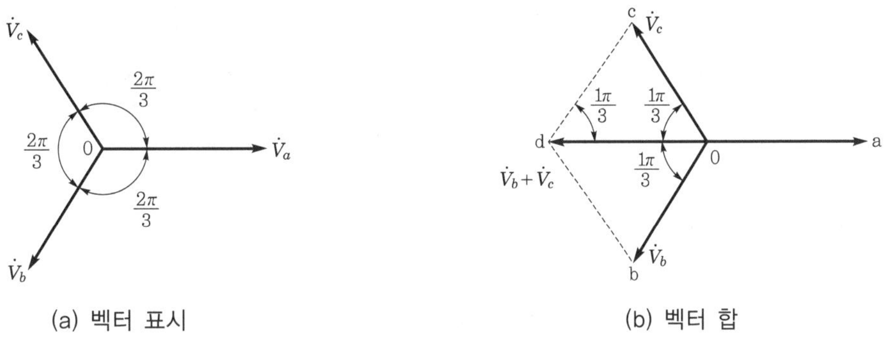

(a) 벡터 표시　　　　　　　　(b) 벡터 합

| 그림 6.26 | 3상 교류의 벡터 표시 및 벡터 합

### (2) 전압의 벡터 합

$$\dot{V_a} + \dot{V_b} + \dot{V_c} = 0$$

### (3) 기호법에 의한 대칭 3상 교류의 표시

① 기호법에 의한 표시

사인파 교류를 복소수로 나타내어 교류 회로를 계산하는 방법

$$\dot{V_a} = V[\text{V}]$$

$$\dot{V_b} = V\left(-\frac{1}{2} - j\,\frac{\sqrt{3}}{2}\right)[\text{V}]$$

$$\dot{V_c} = V\left(-\frac{1}{2} + j\,\frac{\sqrt{3}}{2}\right)[\text{V}]$$

② 극좌표 표시

$$\dot{V}_a = V\underline{/0}\,[\text{V}], \quad \dot{V}_b = V\underline{/-\dfrac{2\pi}{3}}\,[\text{V}], \quad \dot{V}_c = V\underline{/-\dfrac{4\pi}{3}}\,[\text{V}]$$

## 02 3상 결선과 전압 전류

### 1 성형 결선(Y결선)

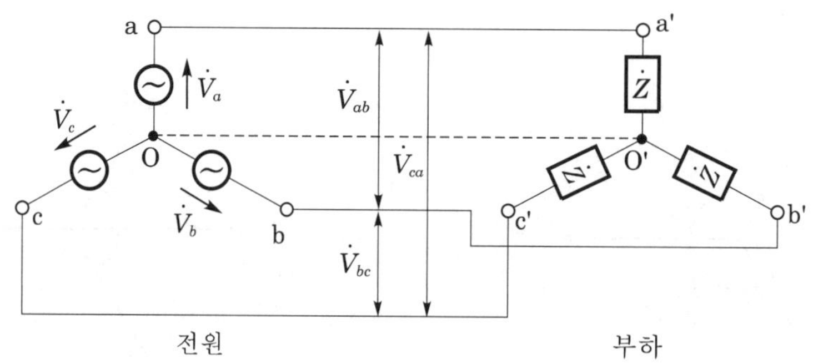


| 그림 6.27 | 성형 결선

#### (1) 상전압

각 상에 걸리는 전압을 말한다.

#### (2) 선간 전압

부하에 전력을 공급하는 선들 사이의 전압을 말한다.

#### (3) 상전압과 선간 전압의 관계

선간 전압이 상전압보다 $\dfrac{\pi}{6}\,[30°]$ 앞선다.

#### (4) 선간 전압의 크기

선간 전압을 $V_l\,[\text{V}]$, 상전압을 $V_p\,[\text{V}]$라 하면

$$V_l = \sqrt{3}\,V_p$$

## 2 환상 결선(Δ결선)

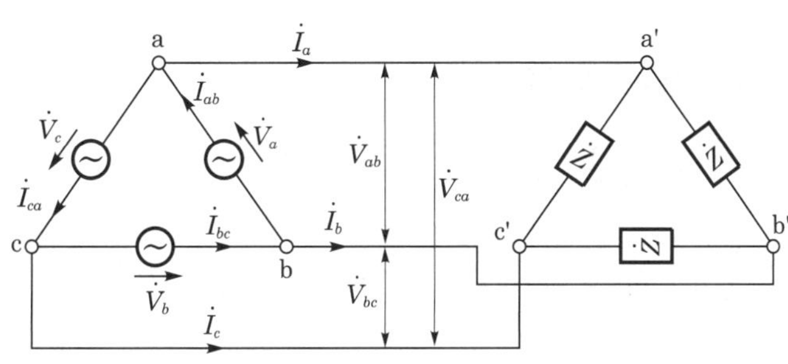

| 그림 6.28 | 환상 결선

### (1) 상전압($V_p$)과 선간 전압($V_l$) 사이의 관계

$$\dot{V}_a = \dot{V}_{ab}, \quad \dot{V}_b = \dot{V}_{bc}, \quad \dot{V}_c = \dot{V}_{ca} \qquad \therefore \ \dot{V}_l = \dot{V}_p$$

### (2) 상전류와 선전류 사이의 관계

$$I_l = \sqrt{3}\,I_p$$

## 3 V결선

Δ결선의 3상 회로에서 한 상의 기전력 또는 임피던스가 없는 경우를 V결선이라 한다.

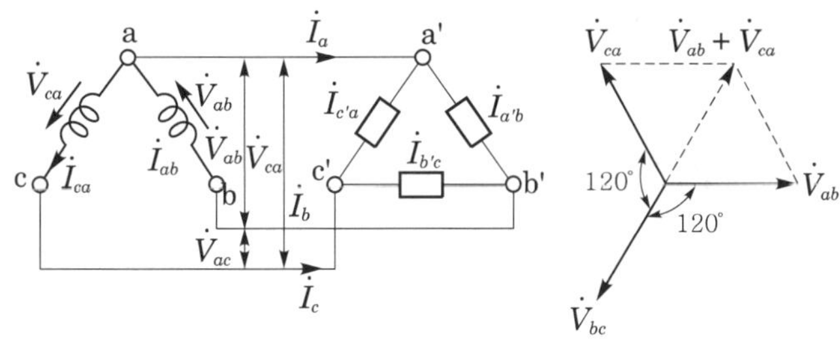

| 그림 6.29 | V결선

### (1) V결선의 출력

V결선의 출력은

$$P_v = \sqrt{3}\,E\,I\cos\theta\,[\text{W}]$$

또한 피상 전력 $P_a$ 및 무효 전력 $P_r$은

$$P_a = \sqrt{3}\,EI$$

$$P_r = \sqrt{3}\,EI\sin\theta$$

### (2) V결선 변압기의 이용률과 출력비

$$이용률(U) = \frac{\text{V결선으로서의 용량}}{\text{2대의 허용 용량}} = \frac{\sqrt{3}\,EI}{2EI} = 0.867$$

$$출력비 = \frac{\text{V결선의 출력(변압기 2대)}}{\Delta\text{결선의 출력(변압기 3대)}} = \frac{\sqrt{3}\,EI}{3EI} \fallingdotseq 0.577$$

즉, 변압기를 V결선으로 하였을 때 출력은 57.7[%]로 감소된다.

## 03 △부하와 Y부하의 변환

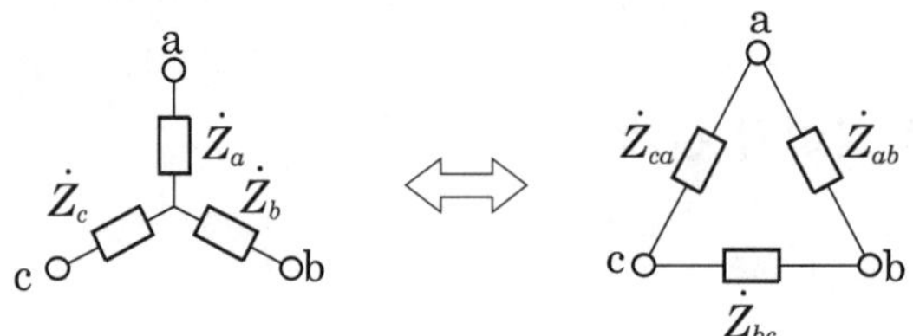


| 그림 6.30 | △부하와 Y부하의 변환

### (1) △부하를 Y부하로 환산

$$\dot{Z}_a = \frac{\dot{Z}_{ab}\dot{Z}_{ca}}{\dot{Z}_{ab} + \dot{Z}_{bc} + \dot{Z}_{ca}}\,[\Omega]$$

$$\dot{Z}_b = \frac{\dot{Z}_{bc}\dot{Z}_{ab}}{\dot{Z}_{ab} + \dot{Z}_{bc} + \dot{Z}_{ca}}\,[\Omega]$$

$$\dot{Z}_c = \frac{\dot{Z}_{ca}\dot{Z}_{bc}}{\dot{Z}_{ab} + \dot{Z}_{bc} + \dot{Z}_{ca}}\,[\Omega]$$

만일, $\left.\begin{array}{l}\dot{Z}_a = \dot{Z}_b = \dot{Z}_c = \dot{Z}_Y \\ \dot{Z}_{ab} = \dot{Z}_{bc} = \dot{Z}_{ca} = \dot{Z}_\Delta\end{array}\right\}$ 이면 $\dot{Z}_Y = \dfrac{\dot{Z}_\Delta}{3}$

## (2) Y부하를 △부하로 환산

$$\dot{Z}_{ab} = \frac{\dot{Z}_a\dot{Z}_b + \dot{Z}_b\dot{Z}_c + \dot{Z}_c\dot{Z}_a}{\dot{Z}_c}\,[\Omega]$$

$$\dot{Z}_{bc} = \frac{\dot{Z}_a\dot{Z}_b + \dot{Z}_b\dot{Z}_c + \dot{Z}_c\dot{Z}_a}{\dot{Z}_a}\,[\Omega]$$

$$\dot{Z}_{ca} = \frac{\dot{Z}_a\dot{Z}_b + \dot{Z}_b\dot{Z}_c + \dot{Z}_c\dot{Z}_a}{\dot{Z}_b}\,[\Omega]$$

만일, $\left.\begin{array}{l}\dot{Z}_a = \dot{Z}_b = \dot{Z}_c = \dot{Z}_Y \\ \dot{Z}_{ab} = \dot{Z}_{bc} = \dot{Z}_{ca} = \dot{Z}_\Delta\end{array}\right\}$ 이면 $\dot{Z}_\Delta = 3\dot{Z}_Y$

# 04 3상 전력

3상의 전력 $P$는 Y결선, 또는 $\triangle$결선일지라도 전력 $P[\mathrm{W}]$는 같다.

$$P = 3E_p I_p \cos\theta = \sqrt{3}\,E_l I_l \cos\theta\,[\mathrm{W}]$$

3상 무효 전력 $P_r = \sqrt{3}\,E_l I_l \sin\theta$

3상 피상 전력 $P_a = \sqrt{3}\,E_l I_l$

$$\therefore P_a = 3E_p I_p = \sqrt{3}\,E_l I_l = \sqrt{P^2 + P_r{}^2}$$

**01** 대칭 3상 교류에서 각 상의 위상차는?

㉮ $60°$　　㉯ $90°$
㉰ $120°$　　㉱ $150°$

대칭 3상 교류는 크기는 같고 서로 $\dfrac{2\pi}{3}$ [rad] 만큼의 위상차를 가지는 3상 교류이다.

**02** 평형 3상 △결선의 상전류 $I_p$와 선전류 $I_l$의 관계는?

㉮ $I_l = \dfrac{1}{\sqrt{3}} I_p$　㉯ $I_l = I_p$
㉰ $I_l = \sqrt{3}\, I_p$　㉱ $I_l = 3 I_p$

선전류는 상전류의 $\sqrt{3}$ 배이고 위상은 $\dfrac{\pi}{6}$ [rad] 뒤진다.

**03** Y결선으로 접속된 3상 회로에서 선간 전압은 상전압의 몇 배인가?

㉮ $2$　　㉯ $\sqrt{2}$
㉰ $3$　　㉱ $\sqrt{3}$

해설 Y결선에서는 선간 전압은 상전압의 $\sqrt{3}$ 배가 된다.

**04** 부하 한 상의 임피던스가 $60 + j\,80$[Ω]인 △결선 회로에 100[V]의 전압을 가할 때 선전류[A]는?

㉮ $\sqrt{3}$　　㉯ $1$
㉰ $\dfrac{1}{\sqrt{3}}$　　㉱ $3$

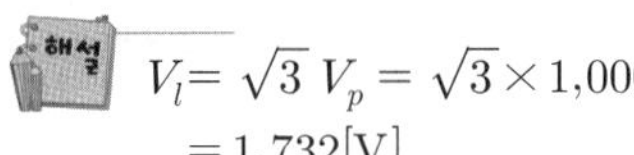
선전류 $I_l = \sqrt{3}\, I_P$
$\qquad = \sqrt{3}\,\dfrac{100}{\sqrt{60^2 + 80^2}} = \sqrt{3}\,[\mathrm{A}]$

**05** 대칭 3상 교류의 Y결선에서 선간 전압 $V_l$과 상전압 $V_p$의 관계는?

㉮ $V_l = V_p$　　㉯ $V_l = \sqrt{2}\, V_p$
㉰ $V_l = 2 V_p$　　㉱ $V_l = \sqrt{3}\, V_p$

해설 선간 전압이 $V_l$[V]이고, 상전압이 $V_p$라고 하면, $V_l = \sqrt{3}\, V_p$가 된다.

**06** 정격 전압 1,000[V]의 전원 3개를 Y결선하여 3상 교류 발전기로 했을 때 이 발전기의 정격 전압[V]은?

㉮ $3,000$　　㉯ $2,000$
㉰ $1,732$　　㉱ $1,000$

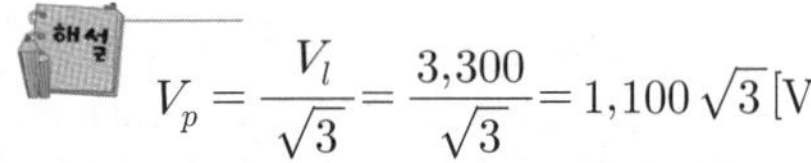
$V_l = \sqrt{3}\, V_p = \sqrt{3} \times 1,000$
$\quad = 1,732[\mathrm{V}]$

**07** Y결선의 3상 교류 발전기의 단자 전압이 3,300[V]이면 상전압[V]은?

㉮ $1,100$　　㉯ $1,100\sqrt{3}$
㉰ $2,200\sqrt{3}$　　㉱ $3,300$

해설 $V_p = \dfrac{V_l}{\sqrt{3}} = \dfrac{3,300}{\sqrt{3}} = 1,100\sqrt{3}\,[\mathrm{V}]$

[정답]　1. ㉰　2. ㉰　3. ㉱　4. ㉮　5. ㉱　6. ㉰　7. ㉯

**08** 각 상의 임피던스가 $\dot{Z}=8+j\,6[\Omega]$인 평형 Y부하에 선간 전압 200[V]인 대칭 3상 전압이 가해졌을 때 선전류[A]는?

㉠ 11.6　　　　㉡ 15.3

㉢ 17.3　　　　㉣ 20

$$E_p = \frac{E_l}{\sqrt{3}} = \frac{200}{\sqrt{3}} = 115.6[\text{V}]$$

$$Z = \sqrt{8^2 + 6^2} = 10$$

$$I_l = \frac{E_p}{Z} = \frac{115.6}{10} = 11.56[\text{A}]$$

**09** 12[$\Omega$]의 임피던스 3개가 $\triangle$결선되어 있을 때 이것과 등가인 Y결선으로 바꾸면 한 상의 임피던스[$\Omega$]는?

㉠ 36　　　　㉡ 12

㉢ 8　　　　㉣ 4

$$Z_Y = \frac{1}{3}Z_\Delta = \frac{1}{3}\times 12 = 4[\Omega]$$

**10** 그림과 같은 3상 3선식 회로에서 소비 전력은?

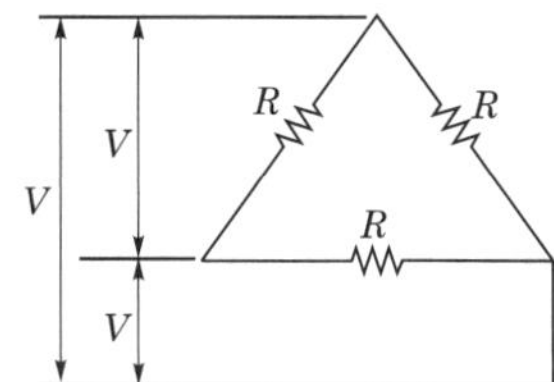

㉠ $\dfrac{V^2}{\sqrt{3}\,R}$　　　　㉡ $\dfrac{\sqrt{3}\,V^2}{R}$

㉢ $\dfrac{V^2}{R}$　　　　㉣ $\dfrac{3\,V^2}{R}$

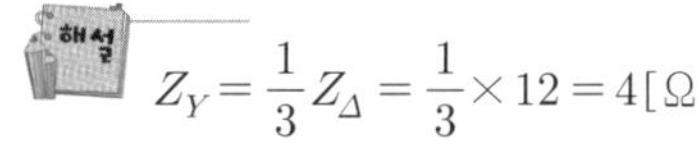

$$P = 3VI\cos\theta \text{ 에서 } \cos\theta = 1$$

$$\therefore P = 3VI = 3V\cdot\frac{V}{R} = \frac{3V^2}{R}$$

**11** 동일한 3개의 임피던스가 Y결선되어 있는 것을 $\triangle$결선으로 바꾸면 소비 전력은 몇 배인가?

㉠ 2　　　　㉡ 3

㉢ $\sqrt{3}$　　　　㉣ 9

1상의 저항을 $R$, 인가 전압을 $V$라 하면

$$P = 3I_P^2 R \text{에서 } \frac{P_\Delta}{P_Y} = 3\text{배가 된다.}$$

**12** 출력 $P[\text{kVA}]$의 단상 변압기 2대를 V결선할 때의 3상 출력[kVA]은?

㉠ $P$　　　　㉡ $2P$

㉢ $3P$　　　　㉣ $\sqrt{3}\,P$

V결선 시 출력

$$P_v = \sqrt{3}\,EI[\text{VA}] = \sqrt{3}\,P[\text{kVA}]$$

**13** $\triangle$결선으로 되어 있는 변압기에서 1대가 고장이 나서 V결선으로 할 때 공급할 수 있는 전력은 고장 전의 전력의 약 몇 [%]인가?

㉠ 86.6　　　　㉡ 72.3

㉢ 67.2　　　　㉣ 57.7

$$\frac{\text{V결선 때의 출력}}{\triangle\text{결선 때의 출력}} = \frac{\sqrt{3}\,VI}{3\,VI} = 0.577$$

$$\therefore 57.7\%$$

**14** 전원이 V결선된 경우 부하에 전달되는 전력은 $\triangle$결선인 경우의 몇 [%]인가?

㉠ 57.7　　　　㉡ 86.6

㉢ 100　　　　㉣ 147

$$\frac{P_V}{P_\Delta} = \frac{\sqrt{3}\,VI}{3\,VI}\times 100 = \frac{1}{\sqrt{3}}\times 100$$

$$= 0.577\times 100 = 57.7\%$$

# 전기와 자기

## 01 정전기와 콘덴서

### 1 정전기의 성질

#### (1) 대전

유리 막대를 옷감에 마찰시키면 종이 같은 가벼운 물체를 끌어 당긴다는 것은 이미 알고 있다. 이것은 유리와 옷감에 전기가 생긴 것으로서, 이러한 경우 유리 막대와 옷감은 대전되었다고 한다.

#### (2) 전기량 또는 전하

대전한 전기의 양을 전기량 또는 전하라 하며, 같은 부호의 전하끼리는 서로 반발하고, 다른 부호의 전하끼리는 흡인한다.

#### (3) 쿨롬의 법칙

두 점전하 사이에 작용하는 정전력의 크기는 두 전하(전기량)의 곱에 비례하고, 전하 사이의 거리의 제곱에 반비례한다.

$$F = \frac{1}{4\pi\varepsilon_o} \cdot \frac{Q_1 Q_2}{\varepsilon_s r^2} = 9 \times 10^9 \frac{Q_1 Q_2}{\varepsilon_s r^2} [\text{N}]$$

여기서, $F$ : 정전력[N]

$Q_1$, $Q_2$ : 전기량[C]

$r$ : 두 전하 사이의 거리[m]

$\varepsilon_o$ : 진공의 유전율($= 8.85 \times 10^{-12}$[F/m])

$\varepsilon_s$ : 비유전율(진공 중에서 1, 공기 중에서 약 1)

$$\varepsilon_o \mu_o = \frac{1}{C^2}$$

여기서, $\mu_o$ : 진공의 투자율[H/m]

$C$ : 빛의 속도($= 3 \times 10^8$[m/s])

## (4) 정전 유도

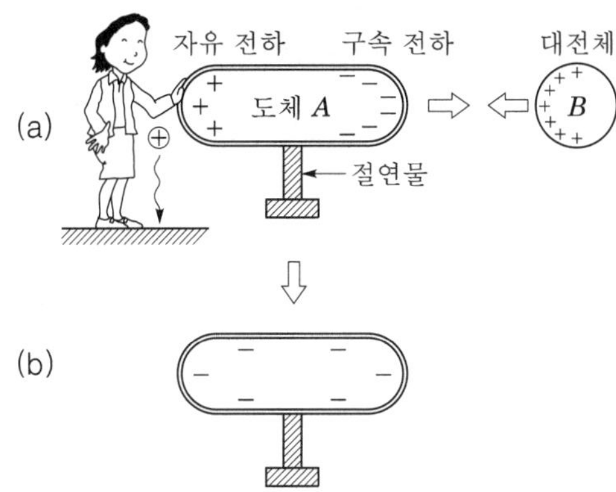


| 그림 6.31 | 자유 전하와 구속 전하

    대전하지 않은 물체에 대전체를 가까이 하면 대전체에 가까운 끝에 대전체와는 다른 종류의 전하가 모이고 먼 끝에는 같은 종류의 전하가 나타나는데, 이와 같은 현상을 정전 유도라 한다.

## ■2 전장

### (1) 전장의 세기

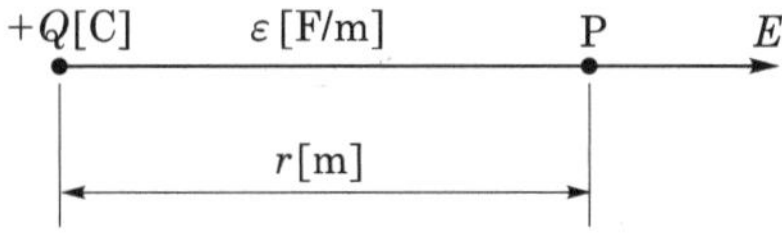


| 그림 6.32 | 전장의 세기

$$E = \frac{1}{4\pi\varepsilon_o} \cdot \frac{Q}{\varepsilon_s\, r^2} = 9 \times 10^9 \times \frac{Q}{\varepsilon_s\, r^2} [V/m]$$

$$F = E \cdot Q[N]$$

여기서, $E$ : 전장의 세기[V/m]

$\quad\quad\ Q$ : 전기량[C]

$\quad\quad\ r$ : 전하로부터의 거리[m]

## (2) 전기력선의 성질

① 양 전하에서 나와 음 전하에서 끝난다.

② 전기력선의 접선 방향이 전장의 방향이다.

③ 전기력선에 수직한 단면적 $1[\text{m}^2]$당 전기력선의 수가 그 곳의 전장의 세기와 같다.

## (3) 가우스의 정리

전체 전하량 $Q[\text{C}]$을 둘러싼 폐곡면을 통하고 밖으로 나가는 전기력선의 총수 $N$은 $\dfrac{Q}{\varepsilon}$개,

즉 $\dfrac{Q}{\varepsilon_o \varepsilon_s}$개이다.

## (4) 전장의 계산

① 균일하게 대전한 구에 의한 전장

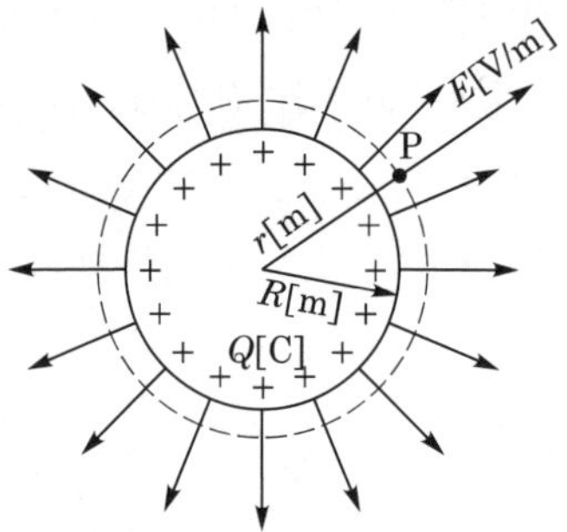


| 그림 6.33 | 대전한 구에 의한 전장

$$E = \frac{Q}{4\pi\varepsilon_o\varepsilon_s r^2}[\text{V/m}]$$

② 균일하게 대전한 무한히 긴 원통에 의한 전장

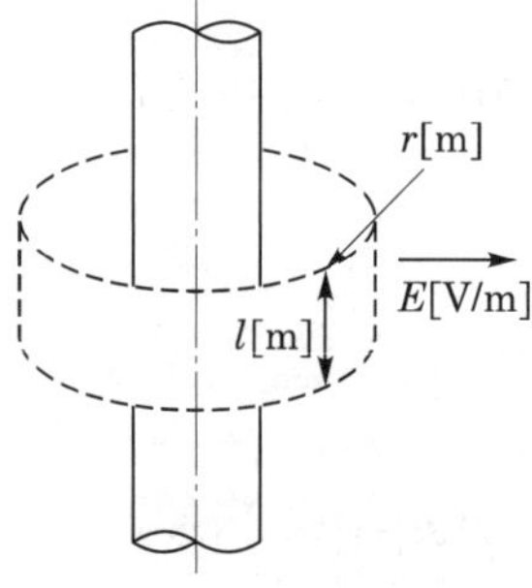


| 그림 6.34 | 대전한 무한히 긴 원통에 의한 전장

$$E = \frac{Q_1}{2\pi r \varepsilon_o \varepsilon_s}\,[\mathrm{V/m}]$$

③ 균일하게 대전한 무한히 넓은 평면에 의한 전장

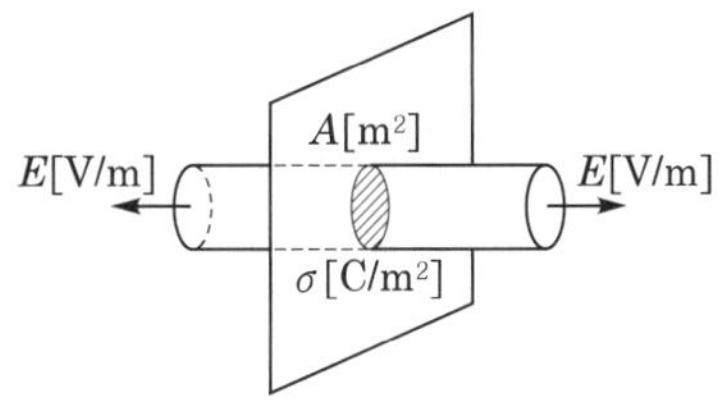


| 그림 6.35 | 무한히 넓은 평면에 의한 전장

$$E = \frac{\sigma}{2\varepsilon_o \varepsilon_s}\,[\mathrm{V/m}]$$

④ 균일하게 대전한 무한히 넓은 평행판에 의한 전장

$$E = \frac{\sigma}{\varepsilon_o \varepsilon_s}\,[\mathrm{V/m}]$$

⑤ 대전한 도체 표면의 전장

$$E = \frac{\sigma}{\varepsilon_o \varepsilon_s}\,[\mathrm{V/m}]$$

여기서, $E$ : $r$점에 있어서의 전장의 세기[V/m]

$r$ : 도체구의 중심으로부터의 거리[m]

$Q$ : 대전한 구의 전기량[C]

$Q_1$ : 원통 길이 1[m]당 전하[C/m]

$\sigma$ : 면적 1[m²]당 전하[C/m²]

## (5) 전속

$Q\,[\mathrm{C}]$의 전하에서 $Q\,[\mathrm{C}]$의 전속이 나온다.

전속 밀도 $D = \dfrac{Q}{4\pi r^2}\,[\mathrm{C/m^2}]$

$$D = \varepsilon E = \varepsilon_o \varepsilon_s E\,[\mathrm{C/m^2}]$$

여기서, $D$ : 전속 밀도[C/m²]

$r$ : 구의 반지름[m]

$E$ : 전장의 세기[V/m]

$Q$ : 전기량[C]

## (6) 콘덴서의 접속

① 병렬 접속 : $C = C_1 + C_2 + C_3 + \cdots + C_n$

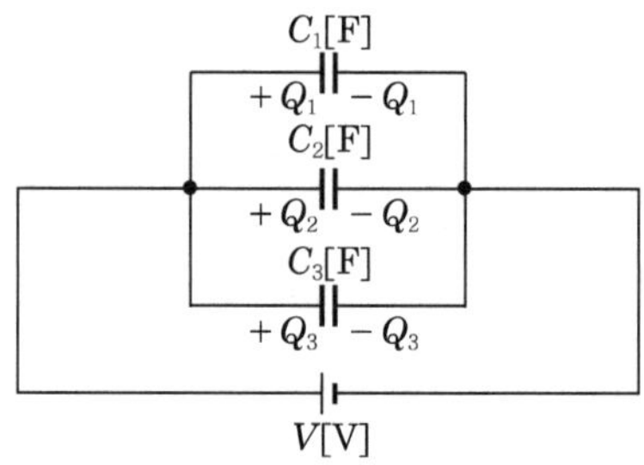

| 그림 6.36 | 콘덴서의 병렬 접속

② 직렬 접속 : $C = \cfrac{1}{\cfrac{1}{C_1} + \cfrac{1}{C_2} + \cfrac{1}{C_3} + \cdots + \cfrac{1}{C_n}}$

| 그림 6.37 | 콘덴서의 직렬 접속

## (7) 콘덴서에 저축되는 에너지

$$W = \frac{1}{2} VQ = \frac{1}{2} CV^2 [\text{J}]$$

여기서, $C$ : 정전 용량[F]

$\qquad Q$ : 전기량[C]

$\qquad V$ : 전위차[V]

단위 체적당 저장되는 에너지

$$W = \frac{1}{2} ED = \frac{1}{2} \varepsilon_o \varepsilon_s E^2 [\text{J/m}^3]$$

여기서, $E$ : 전장의 세기[V/m]

$\qquad D$ : 전속 밀도[C/m$^2$]

## 02 | 자기

### 1 자석에 의한 자기 현상

#### (1) 자성체

자장에 의하여 자화되는 물체를 말한다.

① **상자성체** : 자성체가 자석과 다른 자극으로 자화되는 물질

    Al, Pt, Sn, Ir, O, 공기

② **반자성체** : 자극으로 자화되는 물질

    Bi, C, P, Au, Ag, Cu, Sb, Zn, Pb, Hg, H, N, Ar, $H_2SO_4$, HCl

③ **강자성체**

    Ni, Co, Mn, Fe

#### (2) 분자 자석설

물질은 많은 분자 자석(작은 영구 자석)의 임의 배열로 구성되어 있으나, 자화되면 자장의 방향으로 규칙적으로 배열되어 자기적 성질을 나타낸다(1852년 Weber의 학설).

#### (3) 쿨롱의 법칙

두 자극 간에 작용하는 힘 $F$는 각 자극의 세기 $m_1$, $m_2$의 곱에 비례하고, 자극 간의 거리 $r$의 제곱에 반비례한다.

$$F = K\frac{m_1 m_2}{r^2} = \frac{1}{4\pi\mu} \cdot \frac{m_1 m_2}{r^2} = 6.33 \times 10^4 \times \frac{m_1 m_2}{\mu_s r^2}\,[\text{N}]$$

여기서, 투자율 $\mu = \mu_o \mu_s\,[\text{H/m}]$

      $\mu_o$ : 진공의 투자율($4\pi \times 10^{-7}\,[\text{H/m}]$)

      $\mu_s$ : 비투자율(진공 중에서는 1)

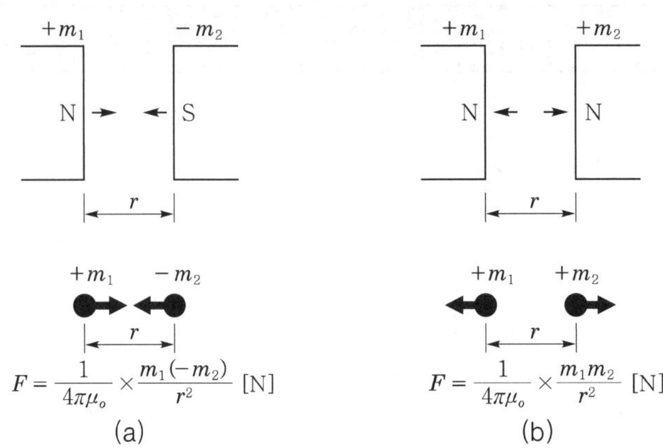

| 그림 6.38 | 쿨롱의 법칙

## (4) 자장의 세기

$$H = \frac{1}{4\pi\mu_o} \cdot \frac{m_1}{r^2} = 6.33 \times 10^4 \frac{m_1}{r^2} [\mathrm{AT/m}]$$

$$F = m_2 H [\mathrm{N}]$$

$$총\ 자력선\ 수\ \ N = H \times 4\pi r^2 = \frac{m}{4\pi\mu_o r^2} \times 4\pi r^2 = \frac{m}{\mu_o} = \frac{10^7}{4\pi} \times m$$

## (5) 자기 모멘트

① 자기 모멘트

$$M = ml [\mathrm{Wb \cdot m}]$$

② 자석의 토크

$$T = MH\sin\theta [\mathrm{N \cdot m}]$$

③ 지구 자기의 3요소 : 편각, 복각, 수평 분력

## (6) 자속과 자속 밀도

① 자속

$m[\mathrm{Wb}]$ 자극(자하)이 이동할 수 있는 선을 가상으로 그려 놓은 선 자극에서 나오는 전체의 자기력선의 수를 말한다. 기호는 $\phi$이고, 단위는 $[\mathrm{Wb}]$이다.

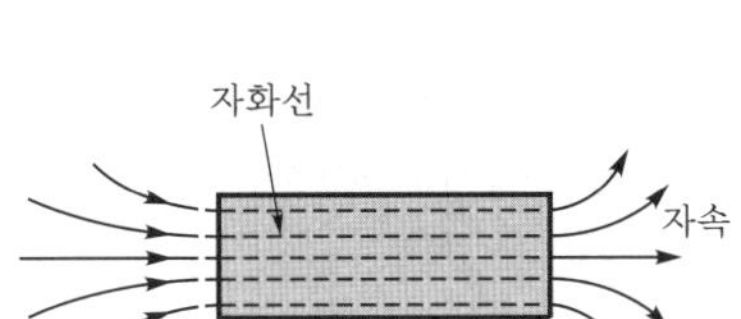


| 그림 6.39 | 자성체

자석의 내부를 통과하는 자화선 수와 자속 수는 같다.

② 자속 밀도

자속의 방향에 수직인 단위 면적 1[m$^2$]를 통과하는 자속 수(크기)를 말한다.

$$B = \frac{\phi}{A} = \frac{\phi}{4\pi r^2} \,[\text{Wb/m}^2]$$

자속 밀도와 자기장의 관계는 다음과 같다.

$$B = \mu H = \mu_0 \mu_s H \,[\text{Wb/m}^2]$$

## 2 전류에 의한 자기 현상

### (1) 전류에 의한 자장의 발생과 방향

앙페르의 오른나사의 법칙(Ampere's right-handed screw rule)은 전류에 의한 자기장의 방향을 결정하는 법칙이다.

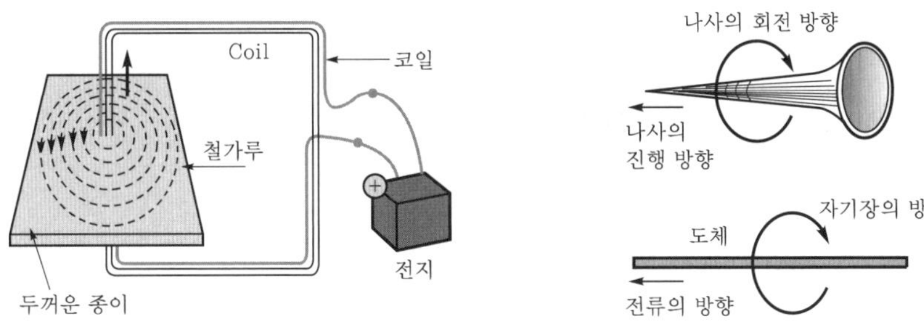


| 그림 6.40 | 앙페르의 오른나사의 법칙

① 전류의 방향 : 오른나사의 진행 방향
② 자기장의 방향 : 오른나사의 회전 방향
③ 전선에 전류가 흐르면 주위에 자기장이 발생하는데 전류의 방향을 나사의 진행 방향으로 하면 나사의 회전 방향이 자기장의 방향이 된다.

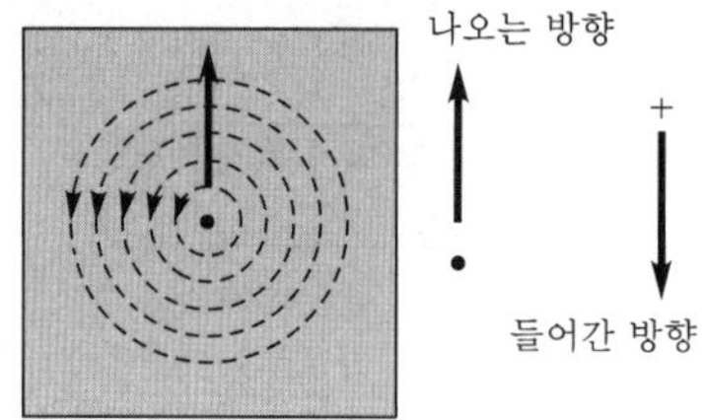

**| 그림 6.41 |** 전류에 의한 자장의 방향

## (2) 전류에 의한 자장의 세기

① 직선 전류에 의한 자장의 세기

$$H = \frac{I}{2\pi r} \, [\text{AT/m}]$$

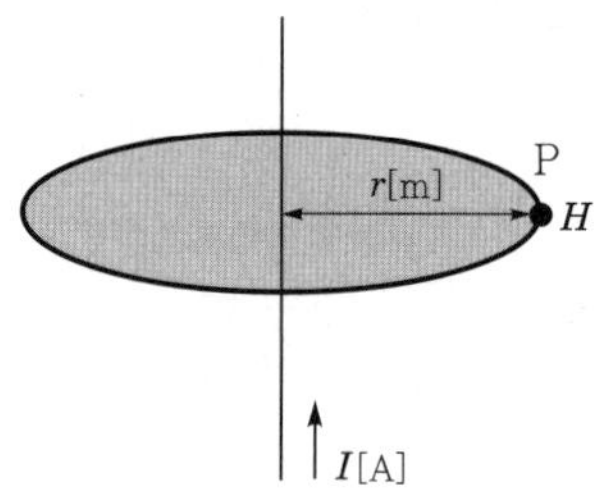

**| 그림 6.42 |** 직선 전류

② 원형 코일의 중심 자장의 세기

$$H = \frac{NI}{2r} \, [\text{AT/m}]$$

③ 환상 솔레노이드 내부의 자장의 세기

$$H = \frac{NI}{l} = \frac{NI}{2\pi r} \, [\text{AT/m}]$$

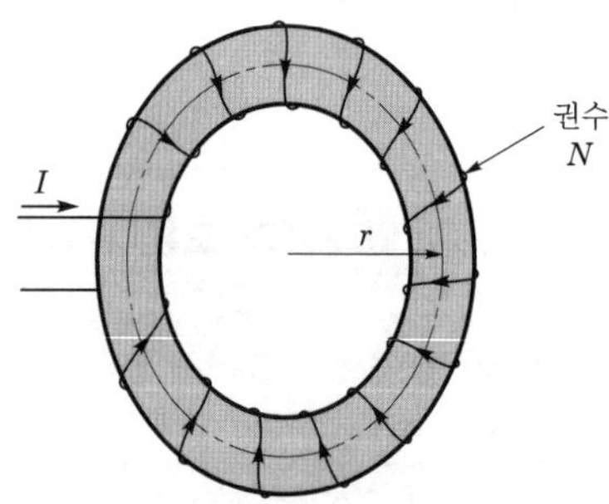

**| 그림 6.43 |** 환상 솔레노이드

## 3 전자 유도

### (1) 전자 유도 현상

코일에 전류를 흘려주면 자속이 발생하는데 자속의 변화에 따라 기전력이 발생하는 현상을 말한다.

크기를 정의한 것은 패러데이 법칙이고, 방향을 정의한 것은 렌츠의 법칙이다.

① 패러데이의 전자 유도 법칙

자속 변화에 의한 유도 기전력의 크기를 결정하는 법칙이다.

유도 기전력의 크기는 권선 수가 $N$[T]이라면 $e =$ 코일의 권수×매초 변화하는 자속이다.

$$e = N \frac{d\phi}{dt} \, [\text{V}]$$

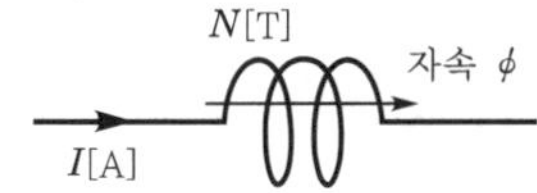


| 그림 6.44 | 유도 기전력의 크기

② 렌츠의 법칙

㉠ 자속 변화에 의한 유도 기전력의 방향 결정. 즉, 유도 기전력은 자신의 발생 원인이 되는 자속의 변화를 방해하려는 방향으로 발생한다.

㉡ 유도 기전력은 코일을 지나는 자속이 증가될 때에는 자속을 감소시키는 방향으로, 또 감소될 때에는 자속을 증가시키는 방향으로 발생한다.

$$e = - N \frac{d\phi}{dt} \, [\text{V}]$$

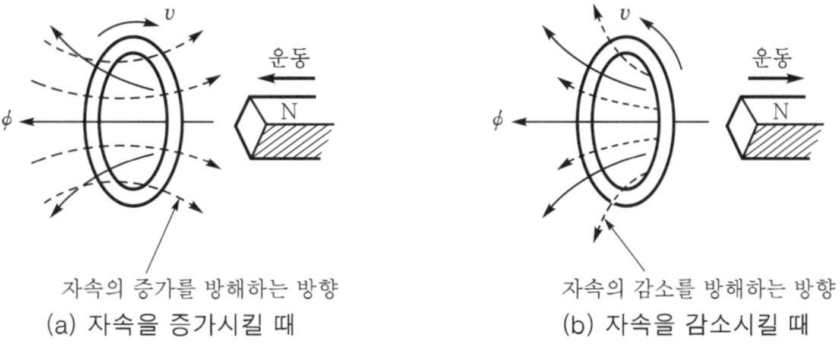


| 그림 6.45 | 유도 기전력의 방향

## (2) 발전기에 의한 기전력의 크기와 방향

① 자장 내에 도체를 놓고 회전을 시키면 도체가 자속을 끊어 주면서 기전력을 발생한다.

② Flemming의 오른손 법칙

도체 운동에 의한 유도 기전력의 방향을 결정하는 법칙이다.

㉠ 엄지 : 도체의 운동 방향($V[\mathrm{m/sec}]$)

㉡ 검지 : 자기장의 방향($B[\mathrm{Wb/m^2}]$)

㉢ 중지 : 유도 기전력의 방향($e[\mathrm{V}]$)

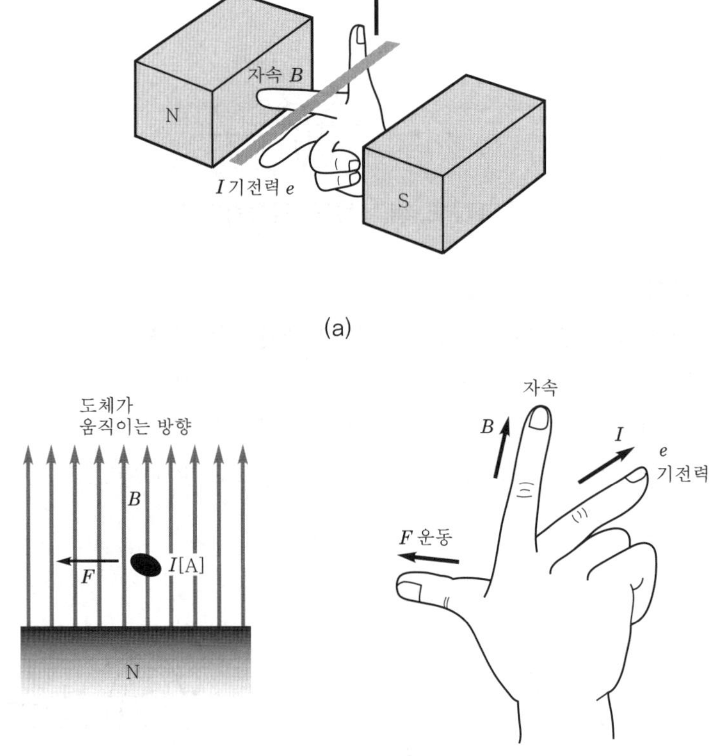


| 그림 6.46 | 플레밍의 오른손 법칙

# 적·중·예·상·문·제

**01** 정전기에서 M.K.S. 단위계로 표시한 쿨롬의 법칙은?

㉮ $6.33 \times 10^4 \dfrac{Q_1 Q_2}{\varepsilon\, r^2}$ [N]

㉯ $9 \times 10^9 \dfrac{Q_1 Q_2}{\varepsilon_s\, r^2}$ [N]

㉰ $6.33 \times 10^4 \dfrac{Q_1 Q_2}{\varepsilon_s\, r^2}$ [N]

㉱ $9 \times 10^{-9} \dfrac{Q_1 Q_2}{\varepsilon_s\, r^2}$ [N]

 **쿨롬의 법칙**
두 물체 사이에 작용하는 힘의 크기는 두 물체가 가진 전기량의 곱에 비례하고, 두 물체 사이의 거리의 제곱에 반비례한다.

**02** M.K.S. 단위계에서 진공의 유전율[F/m]은?

㉮ $6 \times 10^9$　　㉯ $8.85 \times 10^{-12}$

㉰ $6.33 \times 10^4$　　㉱ $4\pi \times 10^{-7}$

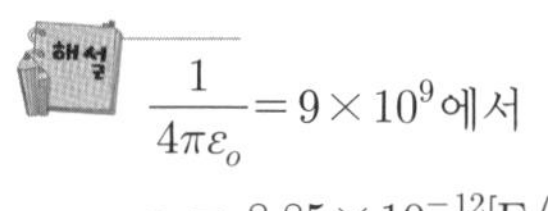 $\dfrac{1}{4\pi\varepsilon_o} = 9 \times 10^9$에서

$\varepsilon_o = 8.85 \times 10^{-12}$[F/m]

**03** 전장 중에 단위 전하를 놓았을 때 그것에 작용하는 힘은 다음 어느 값과 같은가?

㉮ 전장의 세기　㉯ 전하

㉰ 전위　　　　㉱ 전위차

 전장의 세기는 전장 속의 한 점에 +1[C]의 전하를 놓았을 때, 이 전하에 작용하는 힘을 그 점에 대한 전장의 세기라 하며, 그 힘의 방향을 전장의 방향으로 정한다.

**04** 진공 중에 놓인 반지름 $r$ [m]의 도체구에 $Q$ [C]의 전하를 주었을 때 그 표면의 전장 세기[V/m]는?

㉮ $\dfrac{Q}{4\pi r^2}$　　㉯ $\dfrac{Q}{2\pi r^2}$

㉰ $\dfrac{Q}{2\pi r}$　　㉱ $\dfrac{Q}{4\pi\varepsilon_o\, r^2}$

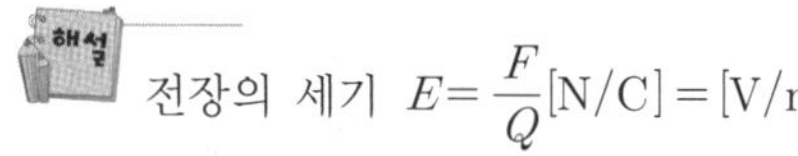 전장의 세기는 전계 내에 단위 점전하를 놓았을 때 단위 점전하가 받는 힘이므로

$E = \dfrac{Q}{4\pi\varepsilon_o\, r^2}$ [V/m]가 된다.

**05** 전장의 세기 단위는?

㉮ [H/m]　　㉯ [F/m]

㉰ [AT/m]　　㉱ [V/m]

전장의 세기 $E = \dfrac{F}{Q}$[N/C] = [V/m]

**06** 전장의 세기가 100[V/m]의 전장에 5[$\mu$C]의 전하를 놓았을 때 이 전하에 작용하는 힘[N]은?

㉮ $5 \times 10^{-4}$　　㉯ $25 \times 10^{-4}$

㉰ $10^6$　　　　㉱ $10^7$

[정답]　1. ㉯　2. ㉯　3. ㉮　4. ㉱　5. ㉱　6. ㉮

 $F = EQ = 100 \times 5 \times 10^{-6}$
$= 5 \times 10^{-4}[\text{N}]$

**07** 1[F]는 몇 [pF]인가?

㉮ $10^{12}$  ㉯ $10^{6}$
㉰ $10^{-6}$  ㉭ $10^{-12}$

 $1[\mu\text{F}] = 10^{-6}[\text{F}]$,
$1[\text{pF}] = 10^{-6}[\mu\text{F}] = 10^{-12}[\text{F}]$

**08** 극성을 가지는 콘덴서는?

㉮ 종이 콘덴서  ㉯ 운모 콘덴서
㉰ 공기 콘덴서  ㉭ 전해 콘덴서

 전해 콘덴서는 (+), (−)의 극성이 표시
되어 있으므로 사용 시 극성에 맞도록
접속하여야 한다.

**09** 극성을 가지고 있으므로 교류 회로에 사
용할 수 없는 콘덴서는?

㉮ 전해 콘덴서
㉯ 세라믹 콘덴서
㉰ 마이카 콘덴서
㉭ 마일러 콘덴서

 전해 콘덴서는 (+), (−)의 극성이 표시
되어 있으므로 사용 시 극성에 맞도록
접속하여야 한다.

**10** 3[$\mu$F]의 콘덴서에 1,000[V]의 직류 전
압을 가할 때 축적되는 전하[C]는?

㉮ $2 \times 10^{-3}$  ㉯ $3 \times 10^{-3}$
㉰ $4 \times 10^{-2}$  ㉭ $6 \times 10^{-2}$

$Q = CV = 3 \times 10^{-6} \times 10^{3}$
$= 3 \times 10^{-3}[\text{C}]$

**11** 정전 용량 $C_1$, $C_2$가 직렬로 접속되어
있을 때의 합성 정전 용량은?

㉮ $\dfrac{1}{C_1} + \dfrac{1}{C_2}$  ㉯ $\dfrac{C_1 C_2}{C_1 + C_2}$
㉰ $\dfrac{1}{C_1 + C_2}$  ㉭ $C_1 + C_2$

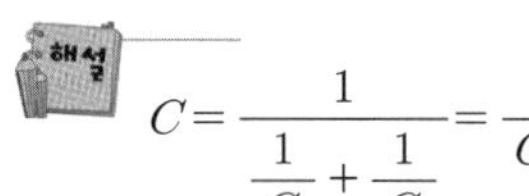 $C = \dfrac{1}{\dfrac{1}{C_1} + \dfrac{1}{C_2}} = \dfrac{C_1 C_2}{C_1 + C_2}$

**12** 그림에서 a, b 간의 합성 정전 용량[C]
은 얼마인가?

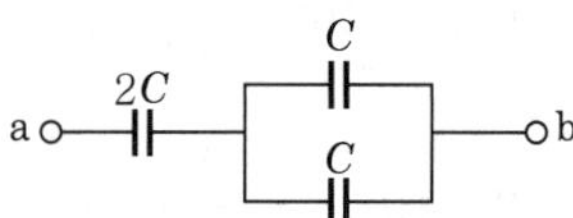

㉮ 1  ㉯ 2
㉰ 3  ㉭ 4

$C_{ab} = \dfrac{2C \cdot 2C}{2C + 2C} = C$

**13** 정전 용량이 1[$\mu$F]인 콘덴서 2개를 병
렬로 접속했을 때의 합성 정전 용량은
직렬로 접속했을 때의 합성 정전 용량의
몇 배인가?

㉮ $\dfrac{1}{2}$  ㉯ $\dfrac{1}{4}$
㉰ 2  ㉭ 4

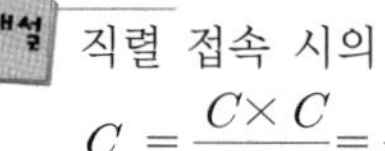 직렬 접속 시의 합성 정전 용량은
$C_o = \dfrac{C \times C}{C + C} = \dfrac{C}{2} = \dfrac{1}{2}[\text{F}]$
병렬 접속 시의 합성 정전 용량은
$C_p = C + C = 2C = 2[\text{F}]$
$\therefore \dfrac{C_p}{C_o} = \dfrac{2}{\dfrac{1}{2}} = 4[\text{배}]$

**14** 정전 용량이 같은 콘덴서 10개를 병렬로 했을 때의 합성 용량은 직렬로 했을 때의 합성 용량의 몇 배인가?

㉮ 10　　　　　㉯ 100
㉰ 1,000　　　 ㉱ 10,000

 병렬 합성 용량 $C_p = nC$

직렬 합성 용량 $C_s = \dfrac{C}{n}$ 에서

$$\frac{C_p}{C_s} = \frac{nC}{\dfrac{C}{n}} = n^2$$

즉, 콘덴서 개수의 제곱배가 된다.

**15** 어떤 콘덴서에 $V$ [V]의 전압을 가해서 $Q$ [C]의 전하를 충전할 때 저장되는 에너지[J]는?

㉮ $2QV$　　　　　㉯ $\dfrac{1}{2}QV^2$

㉰ $2QV^2$　　　　 ㉱ $\dfrac{1}{2}QV$

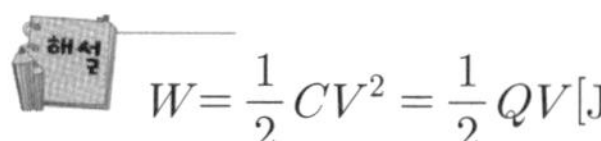 $$W = \frac{1}{2}CV^2 = \frac{1}{2}QV[\text{J}]$$

**16** 20[$\mu$F]의 콘덴서를 2[kV]로 충전하면 저장되는 에너지[J]는?

㉮ 10　　　　　㉯ 20
㉰ 40　　　　　㉱ 60

 자기 에너지
$$W = \frac{1}{2}CV^2$$
$$= \frac{1}{2} \times 20 \times 10^{-6} \times (2 \times 10^3)^2$$
$$= 40[\text{J}]$$

**17** 다음 중 반자성체는 어느 것인가?

㉮ 철　　　　　㉯ 아연
㉰ 니켈　　　　㉱ 코발트

 반자성체에는 비스무드, 탄소, 인, 금, 구리, 아연, 수은이 있다.

**18** 다음 중 상자성체는 어느 것인가?

㉮ 탄소　　　　㉯ 금
㉰ 공기　　　　㉱ 은

 상자성체에는 알루미늄, 백금, 주석, 이리듐, 산소, 공기가 있다.

**19** 두 자극 사이에 작용하는 힘을 나타내는 데 맞는 식은?

㉮ $9 \times 10^9 \dfrac{m_1 m_2}{\mu_s r^2}$

㉯ $6.33 \times 10^4 \dfrac{m_1 m_2}{\mu_s r^2}$

㉰ $9 \times 10^9 \dfrac{m}{\mu_s r^2}$

㉱ $6.33 \times 10^4 \dfrac{m}{\mu_s r^2}$

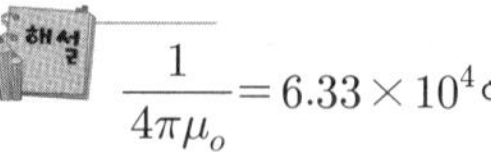 쿨롬의 법칙에서
$$F = 6.33 \times 10^4 \frac{m_1 m_2}{\mu_s r^2}[\text{N}]$$

**20** 진공의 투자율 $\mu_o$[H/m]는?

㉮ $4\pi \times 10^{-7}$

㉯ $9 \times 10^9$

㉰ $8.855 \times 10^{-12}$

㉱ $6.33 \times 10^4$

$\dfrac{1}{4\pi\mu_o} = 6.33 \times 10^4$ 에서

$$\mu_o = 4\pi \times 10^{-7}$$
$$= 12.56 \times 10^{-7}[\text{H/m}]$$

**21** 1웨버[Wb]는 무엇의 단위인가?

㉮ 기자력   ㉯ 전력

㉰ 자극의 세기   ㉱ 전기량

**22** 공기 중에서 자극의 세기가 100[AT/m]인 점에 $4 \times 10^{-4}$[Wb]의 자극을 놓으면 몇 [N]의 힘이 작용하는가?

㉮ $2 \times 10^{-2}$   ㉯ $4 \times 10^{-3}$

㉰ $4 \times 10^{-2}$   ㉱ $8 \times 10^{-3}$

 힘 $F = mH$
$$= 4 \times 10^{-4} \times 100 = 4 \times 10^{-2}[\text{N}]$$

**23** 공기 중에서 자기장의 크기가 10[A/m]인 점에 8[Wb]의 자극을 둘 때, 이 자극이 작용하는 자기력은 몇 [N]인가?

㉮ 80   ㉯ 8

㉰ 1.25   ㉱ 0.8

 $F = mH = 10 \times 8 = 80[\text{N}]$

**24** 자극의 세기 $m$[Wb], 자축의 길이 $l$[m]일 때 자기 모멘트[Wb·m]는?

㉮ $ml$   ㉯ $ml^2$

㉰ $\dfrac{m}{l}$   ㉱ $\dfrac{l}{m}$

 자기 모멘트 $M = ml$[Wb·m]

**25** 자극의 세기는 $10^{-4}$[Wb], 자축의 길이는 50[cm]인 막대 자석의 자기 모멘트[Wb·m]는?

㉮ $5 \times 10^{-2}$   ㉯ $5 \times 10^{-3}$

㉰ $5 \times 10^{-4}$   ㉱ $5 \times 10^{-5}$

 자기 모멘트 $M = ml = 10^{-4} \times 0.5$
$$= 5 \times 10^{-5}[\text{Wb·m}]$$

**26** 지구 자장의 3요소가 아닌 것은?

㉮ 편각   ㉯ 사각

㉰ 복각   ㉱ 수평 분력

**27** 전류에 의한 자장의 세기와 관계가 있는 것은?

㉮ 옴의 법칙

㉯ 렌츠의 법칙

㉰ 비오-사바르의 법칙

㉱ 키르히호프의 법칙

**28** 무한히 긴 직선 도체에 $I$[A]의 전류를 흘리는 경우, 도체의 중심에서 $r$[m] 떨어진 점의 자장의 세기[AT/m]는?

㉮ $\dfrac{I}{2\pi r}$   ㉯ $\dfrac{I}{4\pi r}$

㉰ $\dfrac{I}{2r}$   ㉱ $\dfrac{I}{4\pi r^2}$

앙페르의 주회 적분 법칙에 의해서 자장의 세기 $H = \dfrac{I}{2\pi r}$[A/m]이다.

**29** 매우 긴 직선 도선에 20[A]의 전류가 흐를 때 도선에서 5[cm]의 거리에 있는 점의 자장의 세기[AT/m]는?

㉮ 4.25   ㉯ 63.69

㉰ 100   ㉱ 637

$$H = \frac{I}{2\pi r} = \frac{20}{2 \times 3.14 \times 5 \times 10^{-2}}$$
$$\fallingdotseq 63.69$$

**30** 반지름 $r$, 권수 $N$의 원형 코일에 $I$[A]의 전류가 흐를 때 중심의 자장의 세기 [AT/m]는?

㉮ $\dfrac{IN}{r}$ ㉯ $\dfrac{IN}{2r}$

㉰ $\dfrac{IN}{2\pi r}$ ㉱ $\dfrac{IN}{4\pi r}$

 원형 코일 중심에서의 자장의 세기

$$H=\frac{NI}{2r}[\mathrm{AT/m}]$$

**31** 지름 20cm, 권수 100회의 원형 코일에 1[A]의 전류를 흘릴 때 코일 중심 자장의 세기[AT/m]는?

㉮ 200 ㉯ 300

㉰ 400 ㉱ 500

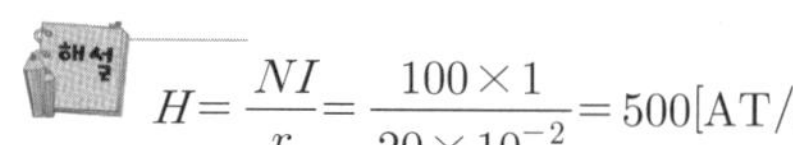

$$H=\frac{NI}{r}=\frac{100\times1}{20\times10^{-2}}=500[\mathrm{AT/m}]$$

**32** 전자력에 관계되는 법칙은?

㉮ 렌츠의 법칙

㉯ 플레밍의 오른손 법칙

㉰ 플레밍의 왼손 법칙

㉱ 앙페르의 오른 나사의 법칙

 플레밍의 왼손 법칙

전자력에 관계되는 법칙으로 엄지 손가락은 힘, 집게 손가락은 자장, 가운데 손가락은 전류의 방향을 나타낸다.

**33** 플레밍의 왼손 법칙에서 집게 손가락이 나타내는 값은?

㉮ 기전력 ㉯ 자장

㉰ 힘 ㉱ 전류

① 엄지 손가락 : 힘
② 가운데 손가락 : 전류

**34** 자속 밀도 10[Wb/m²]의 균일한 자장 내에 길이 2[cm]의 도선이 자장과 30°의 각도를 이루고 있을 때 여기에 30[A]의 전류를 흐르게 하면 도선에 작용하는 힘[N]은?

㉮ 3 ㉯ 4

㉰ 6 ㉱ 8

$$F=BlI\sin\theta$$
$$=10\times0.02\times30\times\frac{1}{2}=3[\mathrm{N}]$$

**35** 공기 중에 자속 밀도 3[Wb/m²]의 평등 자장 내에 길이 40[cm]의 도선을 자장의 방향과 30°의 각도로 놓고 여기에 10[A]의 전류를 흐르게 하면 도선에 작용하는 힘[N]은?

㉮ 2 ㉯ 4

㉰ 6 ㉱ 8

$$F=IBl\sin\theta$$
$$=10\times3\times0.4\times\frac{1}{2}=6[\mathrm{N}]$$

**36** 길이 10[cm]의 도선이 자속 밀도 1[Wb/m²]의 자장 속에서 자장과 수직 방향으로 3[sec] 동안에 15[m] 이동했다면 유기되는 기전력의 크기[V]는?

㉮ 0.5 ㉯ 5

㉰ 50 ㉱ 300

$$e=Blv\sin\theta$$
$$=1\times0.1\times\frac{15}{3}=0.5[\mathrm{V}]$$

**37** 평등 자장 내에 전류가 흐르는 직선 도선을 놓을 때, 전자력이 최대가 되는 도선과 자장 방향의 각도는?

㉮ 0°　　　　㉯ 30°

㉰ 60°　　　　㉱ 90°

 전자력 $F = IlB\sin\theta$[N]

∴ 전자력이 최대가 되는 도선과 자장 방향의 각도 $\theta = 90°$일 때가 된다.

**38** 전동기의 전자력은 어떤 법칙으로 설명하는가?

㉮ 플레밍의 오른손 법칙

㉯ 플레밍의 왼손 법칙

㉰ 렌츠의 법칙

㉱ 비오–사바르의 법칙

 전동기의 전자력은 플레밍의 왼손 법칙으로 설명할 수 있다.

**39** 전자 유도 현상에 의하여 생기는 유기 기전력의 방향을 정하는 법칙은?

㉮ 플레밍의 오른손 법칙

㉯ 패러데이의 법칙

㉰ 플레밍의 왼손 법칙

㉱ 렌츠의 법칙

 **렌츠의 법칙**

전자 유도에 의해서 생긴 기전력의 방향은 그 유도 전류가 만들 자속이 항상 원래의 자속의 증감을 방해하는 방향이다.

**40** 그림과 같이 자석을 코일과 가까이 또는 멀리하면 검류계 지침이 순간적으로 움직이는 것을 알 수 있다. 이와 같이 코일을 관통하는 자속을 변화시킬 때 기전력이 발생하는 현상을 무엇이라 하는가?

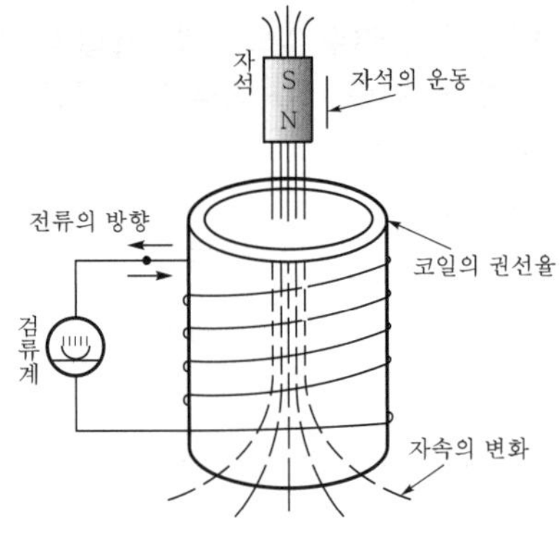


㉮ 드리프트　　㉯ 상호 유도

㉰ 전자 유도　　㉱ 정전 유도

 코일에 전류를 흘려주면 자속이 발생하는데 자속의 변화에 따라 기전력이 발생하는 현상을 전자 유도 현상이라 한다.

**41** 발전기의 유기 기전력의 방향을 알기 위한 법칙은?

㉮ 패러데이의 법칙

㉯ 렌츠의 법칙

㉰ 플레밍의 오른손 법칙

㉱ 플레밍의 왼손 법칙

**42** 유기 기전력은 다음의 어느 것에 관계되는가?

㉮ 쇄교 자속 수에 비례한다.

㉯ 쇄교 자속 수에 반비례한다.

㉰ 시간에 비례한다.

㉱ 쇄교 자속 수의 변화에 비례한다.

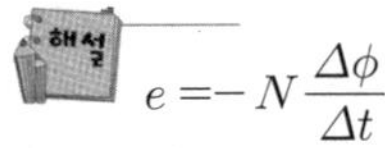 $e = -N\dfrac{\Delta\phi}{\Delta t}$

**43** 권수가 300인 코일에서 2초 사이에 10[Wb]의 자속이 변화했다면, 코일에 발생되는 유도 기전력의 크기는 몇 [V]인가?

㉮ 20　　　　㉯ 1,500

㉰ 3,000　　　㉱ 5,000

$$e = N\frac{\Delta\phi}{\Delta t} = 300 \times \frac{10}{2} = 1,500[\text{V}]$$

## 44 코일의 감긴 수와 전류와의 곱을 무엇이라 하는가?

㉮ 기전력　　　㉯ 기자력
㉰ 전자력　　　㉰ 역률

기자력 $F = NI$ 이므로 기자력은 코일의 권수와 전류의 곱에 비례한다.

## 45 자속 밀도의 단위는?

㉮ $[\text{Wb}]$
㉯ $[\text{Wb/m}^2]$
㉰ $[\text{AT/Wb}]$
㉰ $[\text{Wb}^2 \cdot \text{m}]$

자속 $\phi = B \cdot S\,[\text{Wb}]$

자속 밀도 $B = \dfrac{\phi}{S}\,[\text{Wb/m}^2]$

## 46 자기 저항의 단위는?

㉮ $[\Omega]$　　　　㉯ $[\text{H/m}]$
㉰ $[\text{AT/Wb}]$　　㉰ $[\text{N} \cdot \text{m}]$

자기 저항 $R_m = \dfrac{F}{\phi} = \dfrac{NI}{\phi}\,[\text{AT/Wb}]$

∴ 자기 저항의 단위는 $[\text{AT/Wb}]$이다.

## 47 자기 저항의 단위는?

㉮ $[\text{Wb/AT}]$　　㉯ $[\Omega]$
㉰ $[℧]$　　　　㉰ $[\text{AT/Wb}]$

자기 옴의 법칙에서 자속 $\phi = \dfrac{F}{R_m}$

∴ 자기 저항 $R_m = \dfrac{F}{\phi} = \dfrac{NI}{\phi}\,[\text{AT/Wb}]$

## 48 자기 회로의 단면적 $S$, 길이 $l$, 비투자율 $\mu_s$, 진공의 투자율 $\mu_o$일 때 자기 저항은?

㉮ $\mu_o\mu_s\dfrac{l}{S}$　　　㉯ $\dfrac{l}{\mu_o\mu_s S}$

㉰ $\dfrac{S}{\mu_o\mu_s l}$　　　㉰ $\dfrac{\mu_o\mu_s S}{l}$

자기 저항 $R_m = \dfrac{l}{\mu S} = \dfrac{l}{\mu_o\mu_s S}$

## 49 자기 회로의 옴의 법칙에 대한 설명 중 맞는 것은?

㉮ 자기 회로의 기자력은 자속에 반비례한다.
㉯ 자기 회로를 통하는 자속은 자기 저항에 비례하고, 기자력에 반비례한다.
㉰ 자기 회로의 기자력은 자기 저항에 반비례한다.
㉰ 자기 회로를 통하는 자속은 기자력에 비례하고, 자기 저항에 반비례한다.

자기 옴의 법칙에서 자속 $\phi = \dfrac{F}{R_m}\,[\text{Wb}]$

자속은 기자력$(F)$에 비례하고, 자기 저항$(R_m)$에 반비례한다.

## 50 자기 저항 2,000[AT/Wb]의 자로에 2,000[AT]의 기자력을 가할 때 생기는 자속[Wb]은?

㉮ $0.5$　　　㉯ $1$
㉰ $2$　　　　㉰ $3$

자속 $\phi = \dfrac{NI}{R_m} = \dfrac{2,000}{2,000} = 1[\text{Wb}]$

**51** 히스테리시스 곡선의 횡축과 종축은 무엇을 나타내는가?

㉮ 자장의 세기, 자속 밀도

㉯ 자속 밀도, 투자율

㉰ 자화의 세기, 자장의 세기

㉱ 자장의 세기, 투자율

**52** 히스테리시스 곡선이 종축과 만나는 점의 값은 무엇을 나타내는가?

㉮ 보자력　　㉯ 자화력

㉰ 잔류 자기　㉱ 자속 밀도

# 전기 기기의 구조와 원리 및 운전

## 01 직류기

### 1 직류 발전기

#### (1) 직류 발전기의 원리

자장 속에 코일을 놓고 전류를 흐르게 하면 전자력에 의해 코일이 회전하게 되나 전류 흐름 방향이 일정하면 중심부에서 정지하게 된다. 따라서 반회전한 후 전류 방향을 바꾸게 하여 회전력을 계속 유지시키도록 한 것이 직류 발전기이다.

#### (2) 직류 발전기의 구조

① 계자

자극과 계철로 되어 있으며 자속을 만들어 주는 부분으로 계자 철심은 0.8~1.6[mm]의 연강판을 성층하고 전기자와의 공극은 3~8[mm]이다.

② 전기자

0.35~0.5[mm]의 연강판으로 성층(맴돌이 전류와 히스테리시스손의 손실을 감소시키기 위한 규소 함량 1~1.4[%] 정도의 규소 강판)한 전기자 철심과 전기자 권선으로 되어 있으며 자속을 끊어 기전력을 유기시킨다.

③ 정류자

브러시와 접촉하면서 교류를 직류로 변환하는 부분으로 두께 0.8[mm]의 마이카로 정류자편 사이를 절연한다.

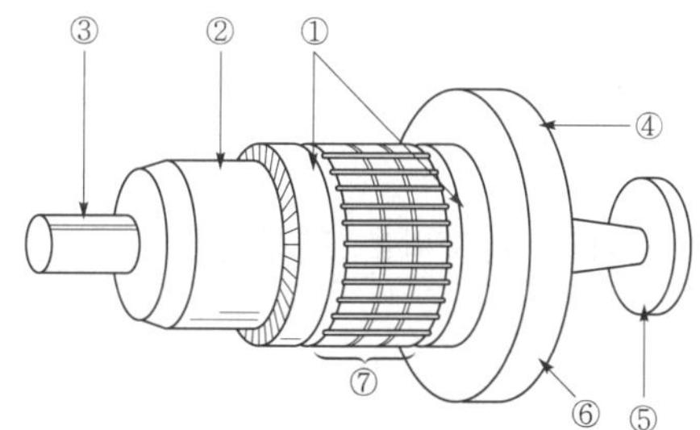


| 그림 6.47 | 전기자의 겉모양

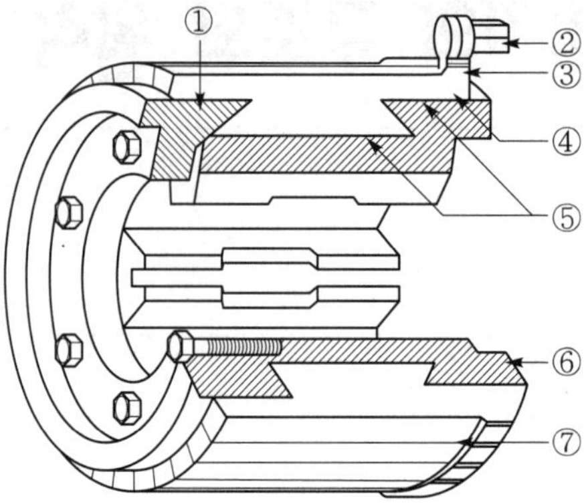


① 쥠 고리
② 코일 인출선
③ 라이저
④ 정류자편
⑤ 마이카 절연
⑥ 정류자 통
⑦ 편간 마이카

| 그림 6.48 | 정류자의 구조

④ 브러시

탄소, 전기 흑연, 금속 흑연 브러시가 있으나 접촉 저항이 크고, 전기적 저항이 작고 기계적 강도가 큰 전기 흑연 브러시가 많이 사용된다. 기울기는 회전 방향이 바뀌면 수직, 일정 방향의 기계는 회전 방향으로 10~35°, 역방향으로는 10~15°이다. 또 압력은 보통 0.1~0.25[kg/cm$^2$], 전철용은 0.35~0.4[kg/cm$^2$] 정도이다.

### (3) 전기자 반작용

전기자 전류( $I_a$)에 의한 자속이 주자속에 영향을 주는 현상으로 편자 작용과 감자 작용으로 전기적 중성축 이동, 정류자 사이에 불꽃을 발생시키는 원인이 되므로 보상 권선을 설치한다.

① 영향

㉠ 주자속 감소
㉡ 유도 기전력 감소
㉢ 전기적 중성축 이동
㉣ 브러시에 불꽃 발생

② 방지 대책

㉠ 보상 권선 설치(효과가 가장 크다)
㉡ 보극 설치
㉢ 전기자 기자력보다 상대적으로 계자 기자력을 크게 함

### (4) 직류 발전기의 종류

① 타여자 발전기

다른 직류 전원으로부터 여자 전류를 받아 계자 자속을 만드는 발전기이다.

② 자여자 발전기

주자극의 계자 전류를 전기자에 발생한 기전력으로 계자 권선에 전류를 흘리는 것으로 전기자와 계자 권선의 접속 방법에 따라 분권, 직권, 복권 발전기로 나눈다.

  ㉠ 직권 발전기 : 전기자와 계자 권선이 직렬 접속

  ㉡ 분권 발전기 : 전기자와 계자 권선이 병렬 접속

  ㉢ 복권 발전기 : 전기자와 계자 권선이 직·병렬 접속

    • 가동 복권(두 개의 자속이 쇄교), 차동 복권(두 개의 자속이 상쇄)

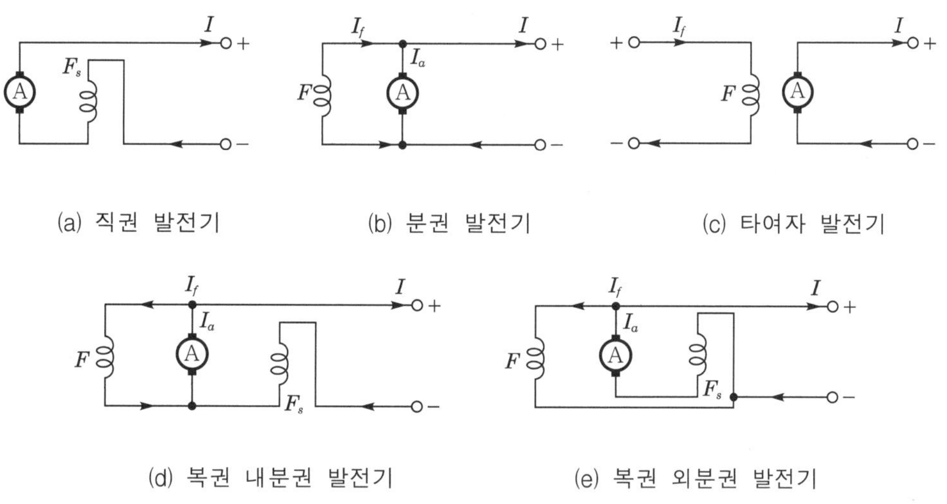

(a) 직권 발전기　　　　(b) 분권 발전기　　　　(c) 타여자 발전기

(d) 복권 내분권 발전기　　　　(e) 복권 외분권 발전기

**│그림 6.49│ 직류 발전기의 종류**

## (5) 직류 발전기의 특성

① 무부하 특성 곡선 : 유기 기전력 $E$와 계자 전류 $I_f$의 관계 곡선

② 부하 특성 곡선 : 단자 전압 $V$와 계자 전류 $I_f$의 관계 곡선

③ 외부 특성 곡선 : 단자 전압 $V$와 부하 전류 $I$의 관계 곡선

## (6) 직류 발전기의 병렬 운전 조건

① 각 발전기의 정격 단자 전압이 같을 것

② 각 발전기의 극성이 같을 것

③ 각 발전기의 외부 특성 곡선이 일치하고, 약간의 수하 특성을 가질 것

## 2 직류 전동기

### (1) 직류 전동기의 구조

직류 전동기는 플레밍의 왼손 법칙을 이용한 것으로, 그 구조는 다음과 같다.

① 계자(field magnet) : 자속을 얻기 위한 자장을 만들어 주는 부분으로 자극, 계자 권선, 계철로 되어 있다.

② 전기자(armature) : 회전하는 부분으로 철심과 전기자 권선으로 되어 있다.

③ 정류자(commutator) : 전기자 권선에 발생한 교류 전류를 직류로 바꾸어 주는 부분이다.

④ 브러시(brush) : 회전하는 정류자 표면에 접촉하면서 전기자 권선과 외부 회로를 연결하여 주는 부분이다.

### (2) 직류 전동기의 종류

① 타여자 전동기(separately excited motor)

② 분권 전동기(shunt motor)

③ 직권 전동기(series motor)

④ 복권 전동기(compound motor) : 가동 복권, 차동 복권

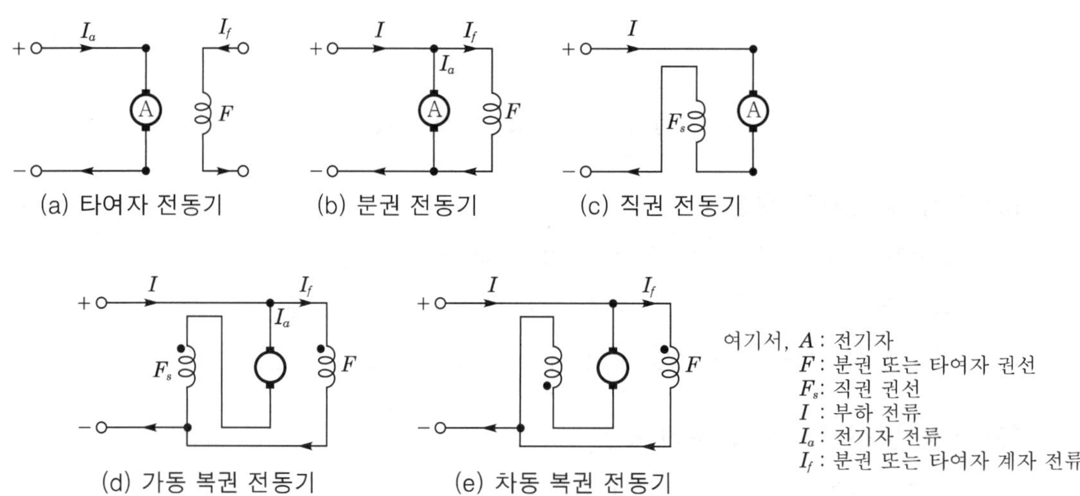


| 그림 6.50 | 여러 가지 직류 전동기의 접속

### (3) 직류 전동기의 단자 전압

$$V = E_c + I_a R_a \,[\text{V}]$$

$$I_a = \frac{(V - E)}{R_a}\,[\text{A}]$$

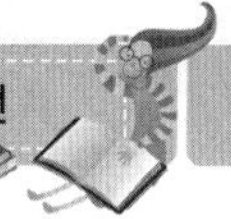

여기서, $V$ : 단자 전압[V]

$E_c$ : 역기전력[V]$\left(E_c = \dfrac{Z}{a} \cdot \dfrac{N}{60} \cdot P\phi\right)$

$I_a$ : 전기자 전류[A]

$R_a$ : 전기자 저항[Ω]

## (4) 전동기의 특성

① 토크와 회전수 : 직류 전동기의 토크 $T$와 회전수 $N$과의 계산은 다음과 같다.

$$T = k_1 \cdot \phi \cdot I[\text{N} \cdot \text{m}]$$

$$N = k_3 \cdot \frac{V - IR}{\phi}[\text{rpm}]$$

여기서, $T$ : 토크[N · m]

$\phi$ : 한 자극에서 나오는 자속[Wb]

$N$ : 회전수

$R$ : 전기자 회로의 저항[Ω]

$I$ : 전기자 전류

② 속도 제어 : 계자, 저항, 전압 제어가 있으며, 그 식은 다음과 같다.

$$N = k_3 \cdot \frac{V - IR}{\phi}$$

③ 정격과 효율

㉠ 정격 : 전기 기계는 부하가 커지면 손실로 된 열에 의하여 기계의 온도가 높아지고, 절연물이 열화되어 권선의 소손 등이 발생한다. 그러므로 기계를 안전하게 운전할 수 있는 최대 한도의 부하를 요구하는데, 이것을 정격(rating)이라 한다.

㉡ 효율 : $\dfrac{출력}{입력} \times 100\% = \dfrac{출력}{출력 + 손실} \times 100\%$

## 02 | 교류기

## 1 유도 전동기

## (1) 유도 전동기의 종류

① 단상 유도 전동기

분상 기동형, 콘덴서 기동형, 반발 기동형, 셰이딩 코일형

② 3상 유도 전동기

농형(보통, 특수), 권선형(저압, 고압)

## (2) 유도 전동기의 구조

① 고정자

고정자 철심 두께는 $0.35 \sim 0.5$[mm](변압기에는 $0.35$[mm])의 성층 철심, 권선법은 2층,

중권의 3상 권선(분포권, 단절권)으로, 1극 1상의 홈수는 $N_{sp} = \dfrac{홈수}{극수 \times 상수}$ 이다(소형

기는 보통 4극 24홈이고 극수가 많은 것도 표준 전동기이면 $N_{sp}$는 거의 $2 \sim 3$개이다).

② 회전자

농형 회전자, 권선형 회전자가 있다.

㉠ 농형 회전자 : 구조가 간단하고 견고하며 운전 중 성능은 좋으나 기동 때의 성능은
불량하다.

㉡ 권선형 회전자 : 효율은 농형에 비하여 저하되나 기동 및 속도 제어는 좋은 기능을
가진다.

㉢ 공극 : $0.3 \sim 2.5$[mm] (직류기는 $3 \sim 8$[mm])

## (3) 동기 속도 $N_s$와 슬립(slip) $s$

① 동기 속도 : $N_s$

$$N_s = \frac{120f}{P}[\text{rpm}]$$

여기서, $P$ : 극수

$f$ : 주파수[Hz]

② 슬립(slip) : $s$

$$s = \frac{N_s - N}{N_s}$$

$$N = (1-s)N_s = (1-s)\frac{120f}{P}$$

여기서, $N_s$ : 동기 속도

$N$ : 회전자 회전 속도

㉠ 전 부하 시의 슬립 : 소용량기 $5 \sim 10$[%], 중 · 대용량기 $2.5 \sim 5$[%]

㉡ 회전자 정지 시 : $s = 1$

㉢ 동기 속도일 때 : $s = 0$

㉣ $s\begin{cases} 유도 \ 전동기 : 1 > s > 0 \\ 유도 \ 발전기 : 0 > s \end{cases}$

## (4) 유도 전동기의 운전

① 농형 유도 전동기의 기동법

ㄱ 전전압 기동 : 5[kW] 이하의 소용량에 쓰이며 기동 전류는 정격 전류의 600[%] 정도이다.

ㄴ Y−△ 기동법 : 10~15[kW] 이하의 전동기에 쓰이며 보통 기동 전류는 정격 전류의 300[%] 이하이다.

ㄷ 기동 보상기법 : 15[kW] 이상의 것이나 고압 전동기에 사용되며 기동 전압은 보통 전전압의 0.5 이상 정도이다.

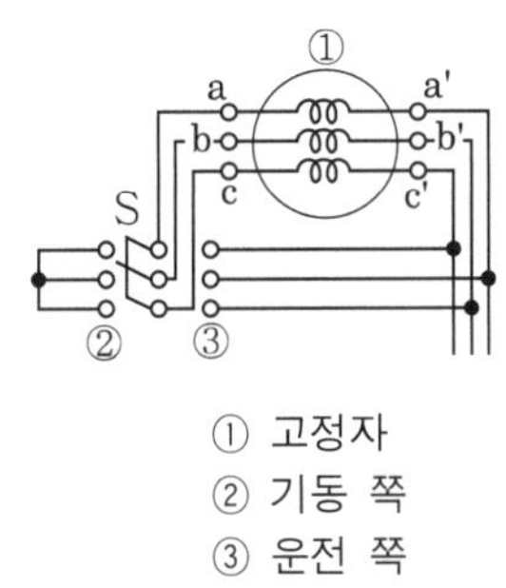



| 그림 6.51 | Y−△ 기동법

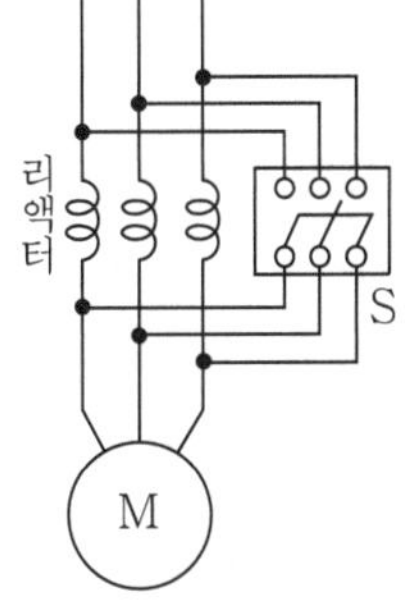



| 그림 6.52 | 리액터 기동

② 권선형 유도 전동기의 기동법(2차 저항법)

2차 회로에 가변 저항기를 접속하고 비례 추이의 원리에 의하여 큰 기동 토크를 얻고 기동 전류도 억제한다.

## (5) 속도 제어

① 전원 주파수, 극수 변환법

$$N = N_s(1-s) = \frac{120f}{P}(1-s)$$에서 $N$, $P$를 이용한다.

② 2차 저항법

권선형의 비례 추이를 이용한다.

③ 2차 여자법

권선형에서 2차의 슬립 주파수의 전압을 외부에서 가하는 법이다.

④ 역전

3상 단자 중 2단자의 접속을 바꾼다.

## (6) 제동

유도 발전기의 회생 제동, 전차용 전동기와 같은 발전 제동, 역전의 역상 제동, 1차를 단상 교류로 여자하는 단상 제동이 있다.

## 2 동기기

### (1) 동기 발전기의 동기 속도

$$N_s = \frac{120f}{P}\,[\text{rpm}]$$

여기서, $N_s$ : 동기 속도[rpm]

$f$ : 주파주[Hz]

$P$ : 극수

### (2) 유도 기전력

$$E = 4.44k_w f n \phi = 4.44 k_d k_p\, f\, n\, \phi\,[\text{V}]$$

여기서, $E$ : 1상의 기전력[V]

$\phi$ : 1극의 자속[Wb]

$n$ : 직렬로 접속된 코일의 권수

$$k_w = k_d \times k_p$$

여기서, $k_w$ : 권선 계수(0.9~0.95)

$k_d$ : 분포 계수

$k_p$ : 단절 계수

### (3) 동기기의 분류

① 회전자형에 의한 분류

㉠ 회전 계자형 : 고전압, 대전류용, 구조 간단

㉡ 회전 전기자형 : 저전압, 소용량의 특수 발전기용

㉢ 유도자형 : 수백~수천[Hz] 정도의 고주파 전기로용 발전기

② 원동기에 의한 분류

㉠ 수차 발전기 : 100~150[rpm], 1,000~1,200[rpm]

㉡ 터빈 발전기 : 1,500~3,600[rpm]

㉢ 기관 발전기 : 100~1,000[rpm]

### (4) 동기 전동기

① 동기 전동기의 토크

$$\tau = \frac{V_l E_l}{\omega x_s}\sin \delta_{\mathrm{m}}\,[\text{N} \cdot \text{m}]$$

$$\tau' = \frac{\tau}{9.8}\,[\mathrm{kg \cdot m}]$$

여기서, $V_l$ : 선간 전압

$E_l$ : 선간 기전력

$\omega$ : 각속도$\left(\dfrac{2\pi N_s}{60}\,[\mathrm{rad}]\right)$

$\delta_m$ : 부하각

② **위상 특선 곡선(V 곡선)** : 부하를 일정하게 하고, 계자 전류의 변화에 대한 전기자 전류의 변화를 나타낸 곡선으로 V 곡선이라고도 한다.

③ **동기 전동기의 특징**

　㉠ 장점

　　• 효율이 좋다.

　　• 정속도 전동기이다.

　　• 역률을 1 또는 앞서는 역률로 운전할 수 있다.

　　• 공극이 넓으므로 기계적으로 튼튼하고 보수가 용이하다.

　㉡ 단점

　　• 기동 토크가 작고 기동하는 데 손이 많이 간다.

　　• 직류 여자가 필요하다.

　　• 난조가 일어나기 쉽다.

④ **동기기의 정격 출력**

　㉠ 3상 동기 발전기의 정격 출력(피상 전력)

$$P = \sqrt{3}\,V_n I_n \times 10^{-3}\,[\mathrm{kVA}]$$

　　여기서, $V_n$ : 정격 전압[V]

$I_n$ : 정격 전류[A]

　㉡ 3상 동기 발전기가 낼 수 있는 전력

$$P = \sqrt{3}\,V_n I_n \cos\theta \times 10^{-3}\,[\mathrm{kW}]$$

　　여기서, $\cos\theta$ : 부하 역률

## 3 변압기

### (1) 변압기의 원리

변압기의 원리는 상호 유도 작용을 이용한 것이다. 이것은 철심과 1차, 2차 권선으로 되어 있으며 1차, 2차의 권수비에 의해 전압을 변동시킬 수 있는 것이다.

$$\frac{E_1}{E_2} = \frac{N_1}{N_2}$$

여기서, $E_1$ : 1차 전압

$E_2$ : 2차 전압

$N_1$ : 1차 권수

$N_2$ : 2차 권수

즉, 1차 및 2차 권선의 전압은 권수비에 비례한다.

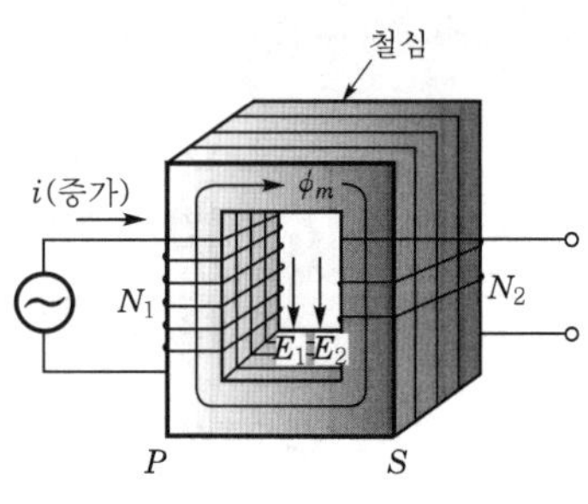


| 그림 6.53 | 변압기의 원리

## (2) 변압기의 종류

① **누설 변압기** : 2차측에 큰 전류가 흐르면 전압이 떨어져 전력 소모가 일정하게 된다.

② **단권 변압기** : 권선의 일부가 1차와 2차를 겸한 것이다.

③ **3상 변압기** : 3개의 철심에 각각 1차와 2차의 권선을 감은 것이다.

## (3) 변압기의 결선

단상 변압기 3대 또는 2대를 사용하여 3상 교류를 변압할 때의 결선 방법은 다음과 같다.

① $\Delta - \Delta$ **결선** : 3대의 단상 변압기의 1차와 2차 권선을 각각 $\Delta$ 결선한 것이다. 배전반용으로 많이 쓰이며, 전체 용량은 변압기 1대의 용량의 3배이다.

② $\Delta - Y$ **결선** : 1차를 $\Delta$ 결선, 2차를 Y결선한 것이다. 특별 고압 송전선의 송전 측에 쓰인다.

③ $V - V$ **결선** : 단상 변압기 2대로 3상 교류를 변압하는 방법이다. 전용량은 변압기 1대 용량의 $\sqrt{3}$ 배이다.

## (4) 변압기 효율과 전압 변동률

① **변압기 효율** : 변압기의 입력에 대한 출력량의 비를 말하며, 출력이 클수록 효율이 좋다.

$$효율(\eta) = \frac{출력}{입력} \times 100\% = \frac{출력}{출력 + 철손 + 동손} \times 100\%$$

$$= \frac{E_2 \cdot I_2 \cdot \cos\theta_2}{E_2 \cdot I_2 \cdot \cos\theta_2 + P_i + P_c} \times 100\%$$

② **전압 변동률** : 변압기에 부하를 걸어 줄 때 2차 단자 전압이 떨어지는 비율을 말한다.

$$전압\ 변동률 = \frac{E_0 - E}{E} \times 100\%$$

여기서, $E_0$ : 무부하 단자 전압

$E$ : 전부하 단자 전압

## (5) 병렬 운전 조건

① 1차, 2차의 정격 전압 및 극성이 같을 것

② 각기의 임피던스가 용량에 반비례할 것(임피던스 전압이 같을 것)

③ 각기의 저항과 누설 리액턴스의 비가 같을 것. 단, 3상 변압기군 또는 3상 변압기의 병렬 운전은 위 조건 외에 각변위가 같을 것

| 표 6.2 |　변압기군의 병렬 운전 조합

| 병렬 운전 가능 | 병렬 운전 불가능 |
| --- | --- |
| $\Delta - \Delta$와 $\Delta - \Delta$ | $\Delta - \Delta$와 $\Delta - Y$ |
| $Y - Y$와 $Y - Y$ | $Y - Y$와 $\Delta - Y$ |
| $Y - \Delta$와 $Y - \Delta$ | |
| $\Delta - Y$와 $\Delta - Y$ | |
| $\Delta - \Delta$와 $Y - Y$ | |
| $\Delta - Y$와 $Y - \Delta$ | |

## (6) 계기용 변성기

① 계기용 변압기(P · T) : 1차 측을 피측정 회로에, 2차 측에는 전압계 또는 전력계의 전압 코일을 접속하며 정격 전압은 110[V]이다.

② 변류기(C · T) : 1차 측은 피측정 회로에 직렬로, 2차 측은 전류계 또는 전력계의 전류 코일로써 단락한다.

　㉠ C · T의 정격 전류는 5[A]가 표준이다.

　㉡ C · T는 사용 중 2차 회로를 열면 안 되므로 계기를 떼어낼 때는 먼저 2차 단자를 단락하여야 한다.

　㉢ C · T의 극성은 일반적으로 감극성이고, 1차, 2차가 서로 대하는 단자가 같은 극이다.

## 4 정류기

## (1) 정류 소자

① 다이오드(diode)

PN 접합 → 다이오드(정류 작용)

　㉠ P형 반도체 : 진성 반도체에 3가의 Ga, In 등 억셉터를 넣어 만든 반도체

　㉡ N형 반도체 : 진성 반도체에 5가의 Sb, As 등 도너를 넣어 만든 반도체

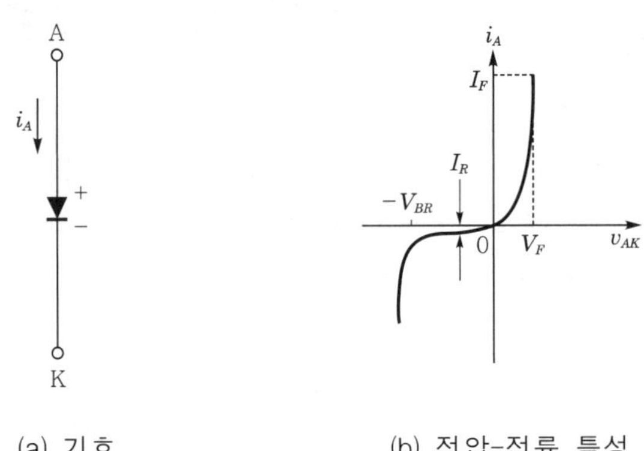

(a) 기호　　　　　　　(b) 전압-전류 특성

| 그림 6.54 | 다이오드

ⓒ 항복 전압 : 역 바이어스 전압이 어떤 임계값에 전류가 급격히 증가하여 전압 포화 상태를 나타내는 임계값으로 온도 증가 시 항복 전압도 증가하게 된다.

② 제너 다이오드

　㉠ 목적 : 전원 전압을 안정하게 유지(정전압 정류 작용)

　㉡ 효과 : Cut in voltage(순방향에 전류가 현저히 증가하기 시작하는 전압)

## 5 특수 반도체

### (1) 사이리스터(thyristor)

다이오드(정류 소자)에 제어 단자인 게이트 단자를 추가하여 정류기와 동시에 전류를 ON/OFF 하는 제어 기능을 갖게 한 반도체 소자이다.

### (2) 종류

① SCR(Silicon Controlled Rectifier)

　㉠ 게이트 작용 : 통과 전류 제어 작용

　㉡ 이온 소멸 시간이 짧다.

　㉢ 게이트 전류에 의해서 방전 개시 : 전압을 제어할 수 있다.

　㉣ PNPN 구조로서 부성(-) 저항 특성이 있다.

② GTO SCR(Gate Turn Off SCR)

③ LA SCR(Lighting Activated SCR) : 빛에 의해 동작

④ SCS(Silicon Controlled Switch) : 2개의 게이트를 갖고 있는 4단자 단방향성 사이리스터

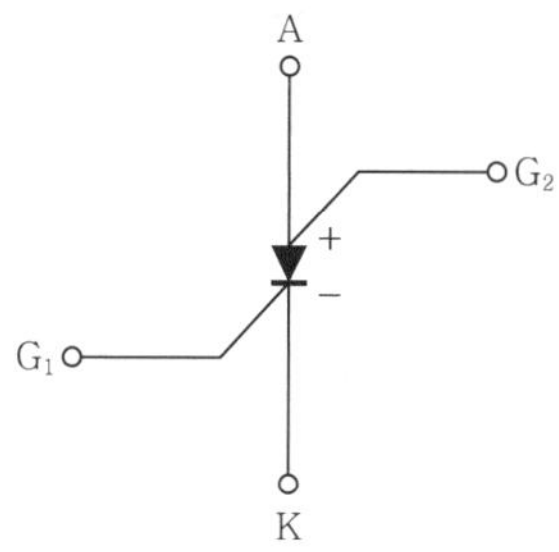

| 그림 6.55 | SCS

⑤ SSS(Silicon Symmetrical Switch) : 게이트가 없는 2단자 양방향성 사이리스터

⑥ TRIAC(Triode AC Switch)
  ㉠ 쌍방향 3단자 소자이다.
  ㉡ SCR 역병렬 구조와 같다.
  ㉢ 교류 전력을 양극성 제어한다.
  ㉣ 포토 커플러+트라이액 : 교류 무접점 릴레이 회로 이용

⑦ DIAC(Diode AC Switch)
  ㉠ 쌍방향 2단자 소자
  ㉡ 소용량 저항 부하의 AC 전력 제어 G. SUS(Silicon Unilateral Switch) SCR과 제너 다이오드의 조합

| 그림 6.56 | DIAC

**01** 직류기의 3대 요소 중 기전력을 발생하는 부분은?

㉮ 정류자  ㉯ 전기자

㉰ 브러시  ㉱ 계자

 ① 계자 : 자속을 만들어 주는 부분
② 정류자 : 교류를 직류로 변환하는 부분
③ 브러시 : 외부 회로와 내부 회로를 연결하는 부분

**02** 직류기를 구성하는 주요 부분으로 맞지 않는 것은?

㉮ 계자  ㉯ 전기자

㉰ 정류자  ㉱ 필터

 직류기는 계자(고정자), 전기자, 정류자, 공극, 브러시로 구성되어 있다.

**03** 직류 발전기에서 고전압을 얻는 권선법은?

㉮ 2층 권선  ㉯ 직렬 권선

㉰ Y결선  ㉱ 병렬 권선

 중권(병렬)은 저전압 대전류용이며, 파권(직렬)이 고전압 소전류용이다.

**04** 직류기의 유기 기전력 식은?

㉮ $E = P\phi \dfrac{N}{60} \cdot \dfrac{Z}{a}$

㉯ $E = I_a r_a$

㉰ $E = \dfrac{P\phi Z I_a}{2\pi a}$

㉱ $E = P\phi n Z$

 $E = P\phi n \dfrac{Z}{a} = P\phi \dfrac{N}{60} \cdot \dfrac{Z}{a}\,[\mathrm{V}]$

**05** 직류 발전기의 전기자 반작용의 원인이 되는 것은?

㉮ 전기자 권선의 전류

㉯ 계자 권선의 전류

㉰ 히스테리시스손의 전류

㉱ 맴돌이 전류손을 공급하는 전류

 전기자 반작용은 전기자 전류에 의한 자속이 주자속(계자속)에 영향을 미치는 현상이다.

**06** 직류기의 전기자 반작용의 영향을 보상하는 데 효과가 큰 것은?

㉮ 탄소 브러시  ㉯ 보극

㉰ 균압 고리  ㉱ 보상 권선

 보극은 중성점 부근의 전기자 반작용을 없애는 데 필요하지만, 전기자 전면에 분포하고 있는 보상 권선에는 비교가 못된다.

**07** 직류 분권 발전기에 부하를 걸었을 때 일반적으로 전압 강하가 제일 큰 부분은?

㉮ 전기자 반작용

㉯ 계자 저항

㉰ 전기자 저항

㉱ 브러시 접촉 저항

 전기자 저항은 작으나 전류가 크기 때문에 가장 크다.

**08** 직류 분권 발전기의 용도 중 가장 적당한 것은?

㉮ 직류 승압기　　㉯ 용접기

㉰ 전철용　　　　㉰ 여자기

 직류 발전기는 축전지 충전용, 여자기, 직류 전원용으로 사용된다.

**09** 직류 분권 발전기를 역회전시키면?

㉮ 발전되지 않는다.

㉯ 정회전 때와 같다.

㉰ 섬락이 일어난다.

㉰ 과대 전압이 일어난다.

 역회전에 의하여 잔류 자기가 소멸되어 발전되지 않는다.

**10** 용접기에 쓰는 직류 발전기에 필요한 조건 중에서 가장 중요한 것은?

㉮ 전압 변동률이 작을 것

㉯ 과부하에 견딜 것

㉰ 전류 대 전압 특성이 수하 특성일 것

㉰ 경부하일 때 효율이 좋을 것

 전기 기계 중 아크 전원의 부하로 쓰는 기계는 반드시 정전류 특성을 가져야 한다. 따라서 전류가 증가하면 전압이 저하하는 수하 특성을 가져야 한다.

**11** 직류 전동기는 무슨 법칙에 의해서 토크가 발생하는가?

㉮ 플레밍의 왼손 법칙

㉯ 플레밍의 오른손 법칙

㉰ 오른 나사 법칙

㉰ 렌츠의 법칙

 직류 전원으로부터 전류를 흘려 보내 주면 플레밍의 왼손 법칙에 의해서 토크가 발생한다. 코일이 반회전하면 조금 전 흐르던 도체에서는 전류의 방향이 반대가 되므로 역시 시계 방향의 토크가 발생하여 회전하게 된다.

**12** 직류 전동기의 역기전력[V]은? (단, $K$는 정수)

㉮ $K\dfrac{V}{p}$　　　㉯ $K\phi N$

㉰ $\dfrac{2\pi NT}{60}$　　　㉰ $K\phi I$

 $E=\dfrac{Z}{a}P\phi\dfrac{N}{60}=K\phi N$ (단, $K=\dfrac{PZ}{60a}$)

**13** 정격 전압 110[V], 정격 전류 10[A], 전기자 회로의 저항 0.2[Ω]의 직류 전동기가 있다. 역기전력[V]은?

㉮ 104　　　㉯ 106

㉰ 108　　　㉰ 110

 $E=V-I_a R_a$
$=110-10\times 0.2=108[\mathrm{V}]$

**14** 직류 전동기를 기동할 때에 전기자 회로에 직렬로 연결하여 기동 전류를 억제시켜, 속도가 증가함에 따라 저항을 천천히 감소시키는 것을 무엇이라 하는가?

㉮ 기동기　　　㉯ 정류자

㉰ 브러시　　　㉰ 제어기

 기동 저항기는 기동 시 최대 저항으로 기동 전류를 억제시키고 가속되면 감소시켜 정격에서 단락시킨다.

**15** 직류 전동기 중 기동 토크가 가장 큰 것은?

㉮ 타여자   ㉯ 분권
㉰ 직권   ㉱ 복권

 직류 직권 전동기는 토크($T$)가 부하 전류의 제곱에 비례한다.

**16** 타여자 전원 극성을 바꾸면 회전 방향은?

㉮ 불변   ㉯ 반대
㉰ 과속   ㉱ 정지

 역전은 계자 자속과 전기자 전류 중 하나만 그 방향을 바꿔야만 한다.

**17** 타여자 또는 분권 전동기에서는 어떠한 회로에 퓨즈를 넣으면 위험한가?

㉮ 전기자 회로   ㉯ 계자 회로
㉰ 직권 권선   ㉱ 없다.

 타여자나 분권 전동기는 계자 전류가 0이 되면 $\phi$가 거의 0이 되므로 무부하일 때 위험 속도에 달하게 된다. 그러므로 계자 회로의 도선이 단선되지 않도록 주의하고 계자 회로에는 퓨즈를 넣지 않는다.

**18** 타여자 전동기의 용도 중 잘못된 것은?

㉮ 압연기
㉯ 크레인
㉰ 엘리베이터
㉱ 선박용 펌프

 **타여자 전동기**
워드 레너드 방식과 일그너 방식에 의하여 회전 속도를 제어하여 미세하게 조정할 수 있다. 용도로는 압연기, 권상기, 크레인, 엘리베이터 등이 있다.

**19** 직류 분권 전동기의 용도가 아닌 것은?

㉮ 선박용 펌프
㉯ 엘리베이터
㉰ 환기용 송풍기
㉱ 압연기의 보조용 전동기

① 분권 전동기 : 선박의 펌프, 환기용 송풍기에 사용
② 직권 전동기 : 전차, 권상기, 크레인과 같은 기동 횟수가 빈번하고 토크 변동이 심한 부하에 사용
③ 가동 복권 전동기 : 크레인, 엘리베이터, 공작 기계, 공기 압축기에 사용
④ 타여자 전동기 : 압연기, 대형의 권상기 및 크레인, 엘리베이터 등에 사용

**20** 직류 직권 전동기의 전원의 극성을 반대로 하면 회전 방향은?

㉮ 불변
㉯ 반대
㉰ 과속도
㉱ 정지

 직권, 분권 구별 없이 계자와 전기자의 방향이 동시에 변화되므로 회전 방향은 불변이다.

**21** 다음의 직류 전동기 중에서 무부하 운전이나 벨트 운전을 절대로 해서는 안 되는 전동기는?

㉮ 타여자 전동기
㉯ 복권 전동기
㉰ 직권 전동기
㉱ 분권 전동기

 직류 전동기 중 직권 전동기는 토크의 변화에 비하여 출력의 변화가 적다. 따라서 무부하 운전이나 벨트 운전을 절대로 해서는 안 된다.

**22** 부하 변화에 대하여 속도 변동이 작은 전동기는?

- ㉮ 분권
- ㉯ 직권
- ㉰ 가동 복권
- ㉱ 차동 복권

 $N = K\dfrac{V - I_a R_a}{\phi}$ 에서 부하 $I_a$ 의 변화에 대하여 $V - I_a R_a$ 와 $\phi$ 가 같이 변화하나 다른 전동기는 $\phi$ 의 변화가 커서 속도 변동이 있게 된다.

**23** 기동 토크가 가장 적은 직류 전동기는?

- ㉮ 직권
- ㉯ 가동 복권
- ㉰ 분권
- ㉱ 차동 복권

 크기의 차례는 직권, 가동 복권, 분권, 차동 복권 순서이다. 직권은 $T \propto I^2$, 분권은 $T \propto I$, 가동은 직권과 분권의 자속이 합하여지고 차동은 자속 차이로 나타나며 모두 분권 특성에 가깝고 차동이 가장 적다.

**24** 직류 전동기의 속도 제어 방법이 아닌 것은?

- ㉮ 계자 제어법
- ㉯ 저항 제어법
- ㉰ 전압 제어법
- ㉱ 주파수 제어법

 계자 제어법, 저항 제어법, 전압 제어법 은 직류 전동기의 제어법이고 주파수 제 어법은 교류 전동기의 속도 제어법이다.

**25** 직류 직권 전동기가 전차에 사용되는 이유는?

- ㉮ 손실이 적다.
- ㉯ 기동 시 토크가 크고 속도가 느리다.
- ㉰ 속도 조정이 자유롭고 기동 토크가 작다.
- ㉱ 정류가 양호하고 회전이 안전하다.

 직권 전동기의 기동 토크는 $I_a{}^2$ 에 비례 하므로 기동 회전력이 크고 부하에 따라 속도가 자동적으로 증감할 뿐만 아니라 입력이 과대하게 되지 않는다.

**26** 직·병렬 제어를 하는 전동기는?

- ㉮ 분권
- ㉯ 직권
- ㉰ 가동 복권
- ㉱ 차동 복권

 직권에서 전압 제어의 일종으로 2대 이 상 짝수의 전동기를 제어할 때 직·병렬 로 하여 전압 제어한다. 전기 철도용으로 많이 사용하며 저항 제 어법을 첨가하여 사용한다.

**27** 전기 철도에서 가장 많이 사용하고 있는 속도 제어법은?

- ㉮ 계자 제어
- ㉯ 전압 제어
- ㉰ 저항 제어
- ㉱ 직·병렬 제어

 두 개 이상 짝수의 전동기를 운전할 때 이를 전동기의 직·병렬 접속에 의한 전 압 제어로서 저항 제어를 병용하여 전차 용으로 사용된다.

**28** 3상 유도 전동기의 동기 속도는?

- ㉮ $\dfrac{2f}{P}$
- ㉯ $\dfrac{60f}{P}$
- ㉰ $\dfrac{120f}{P}$
- ㉱ $2\pi f$

 동기 속도 $N_s = \dfrac{120f}{P}$ [rpm]이다.

**29** 6극 60[Hz]의 3상 유도 전동기의 동기 속도[rpm]는?

㉮ 200  ㉯ 750

㉰ 1,200  ㉱ 1,800

$$N_s = \frac{120f}{P}$$
$$= \frac{120 \times 60}{6} = 1,200[\text{rpm}]$$

**30** 유도 전동기에서 동기 속도를 결정하는 요인은?

㉮ 위상, 파형

㉯ 홈수, 주파수

㉰ 자극수, 주파수

㉱ 자극수, 전기각

유도 전동기의 동기 속도
$$N_s = \frac{120f}{P}[\text{rpm}]$$
∴ 자극수와 주파수로 결정된다.

**31** 유도 전동기의 2차측 저항을 2배로 하면 그 최대 회전력은?

㉮ $\frac{1}{2}$ 배  ㉯ $\sqrt{2}$ 배

㉰ 2배  ㉱ 불변

비례 추이로서 최대 회전력이 이동했을 뿐이다.

**32** 비례 추이의 성질을 이용할 수 있는 전동기는?

㉮ 권선형 유도 전동기

㉯ 농형 유도 전동기

㉰ 동기 전동기

㉱ 복권 전동기

**33** 농형 유도 전동기의 기동법으로 맞지 않는 것은?

㉮ 2차 저항법

㉯ 전전압 기동법

㉰ Y − Δ 기동법

㉱ 기동 보상기법

농형 유도 전동기의 기동법에는 전전압 기동법, Y − Δ 기동법, 리액터 기동법, 기동 보상기법 등이 있다. 2차 저항법은 권선형 유도 전동기의 기동법으로 쓰인다.

**34** 3상 농형 유도 전동기의 기동법이 아닌 것은?

㉮ 전전압 기동법

㉯ Y − Δ 기동법

㉰ 기동 보상기법

㉱ Y − Y 기동법

농형 유도 전동기의 기동법에는 전전압 기동법, Y − Δ 기동법, 리액터 기동법, 기동 보상기법 등이 있다. 2차 저항법은 권선형 유도 전동기의 기동법으로 쓰인다.

**35** 농형 유도 전동기의 기동법 중 가장 기동 토크가 큰 것은?

㉮ 가변 저항기 기동법

㉯ Y − Δ 기동법

㉰ 전전압 기동법

㉱ 기동 보상기법

유도 전동기의 토크는 공급 전압의 2승에 비례한다. 그러므로 기동법 중 가장 많이 걸리는 공급 전압은 전전압 기동법이다.

**36** 유도 전동기의 1차 권선의 결선을 $\triangle$에서 Y로 바꾸면 기동 시의 1차 전류는?

㉮ 3배로 증가

㉯ $\dfrac{1}{3}$ 배로 감소

㉰ $\dfrac{1}{\sqrt{3}}$ 배로 감소

㉱ $\sqrt{3}$ 배로 증가

 선간 전압을 $V$, 기동 시의 1상 임피던스를 $Z$라 하면 선전류 $I$는

$\triangle$결선의 경우 $I_\triangle = \dfrac{\sqrt{3}\,V}{Z}$ [A]

Y결선의 경우 $I_Y = \dfrac{\dfrac{V}{\sqrt{3}}}{Z} = \dfrac{V}{\sqrt{3}\,Z}$ [A]

$\therefore \dfrac{I_Y}{I_\triangle} = \dfrac{\dfrac{V}{\sqrt{3}\,Z}}{\dfrac{\sqrt{3}\,V}{Z}} = \dfrac{1}{3}$

$\therefore \triangle$에서 Y로 바꾸면 전류는 $\dfrac{1}{3}$이 된다.

**37** 3상 유도 전동기의 $Y-\triangle$ 기동법을 사용하는 전동기의 용량[HP]은?

㉮ 5〜7.5　　㉯ 7.5〜10

㉰ 10〜15　　㉱ 15〜20

 직접 기동은 5[HP] 이하, $Y-\triangle$ 기동은 7.5[HP]에서 10[HP]까지이다.

**38** 농형 유도 전동기의 각 기동 방식에 따른 특성상 회로 구성이 가장 복잡한 기동 방식은?

㉮ 정전압 기동

㉯ $Y-\triangle$ 기동법

㉰ 기동 보상기법

㉱ 리액터 기동법

 기동 보상기 기동법은 15[kW] 이상 고압

전동기에 사용되며 강압용 단권 변압기에 의해 인가 전압을 감소시켜 공급하므로 회로 구성이 가장 복잡한 기동 방식이다.

**39** 유도 전동기의 기동 보상기법을 사용하는 전동기는?

㉮ 7.5[kW] 이상　㉯ 10[kW] 이상

㉰ 15[kW] 이상　㉱ 20[kW] 이상

 15[kW] 정도 이상되는 농형 유도 전동기를 사용하는 경우에는 기동 보상기법을 한다.

**40** 권선형 3상 유도 전동기의 기동법은?

㉮ 2차 저항법

㉯ 기동 보상기법

㉰ 리액터 기동법

㉱ $Y-\triangle$ 기동법

 권선형은 비례 추이를 이용한 2차 저항 가변법이다.

**41** 유도 전동기의 회전자에 2차 주파수와 같은 주파수의 전압을 가하여 속도 제어를 하는 방법으로 옳은 것은?

㉮ 2차 여자법　　㉯ 주파수 변환법

㉰ 2차 저항법　　㉱ 극수 변환법

**42** 기동 토크가 가장 큰 전동기는?

㉮ 농형 유도 전동기

㉯ 동기 전동기

㉰ 권선형 유도 전동기

㉱ 분권 정류자 전동기

 단상 유도 전동기에 있어서 기동 토크가 큰 것부터 차례로 배열하면 반발 기동형 – 반발 유도형 – 콘덴서 기동형 – 분상 기동형 – 셰이딩 코일형 순서이다.

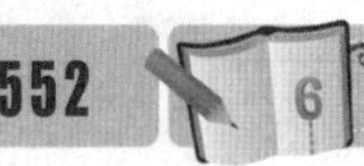

**43** 다음 중 3상 유도 전동기는?

㉮ 권선형

㉯ 콘덴서 기동형

㉰ 분상 기동형

㉱ 셰이딩 코일형

 콘덴서 기동형, 셰이딩 코일형, 분상 기동형은 단상 유도 전동기이고, 권선형은 3상 유도 전동기이다.

**44** 단상 유도 전동기의 기동 도중 토크 강하가 일어나는 것은?

㉮ 분상 기동형

㉯ 콘덴서 전동기

㉰ 콘덴서 기동형

㉱ 셰이딩 코일형

 분상 기동형은 기동 시 토크가 맥동하므로 토크 강하가 일어난다. 또 기동 토크가 작아 200[W] 이하에 사용하는 전동기이다.

**45** 단상 유도 전동기 중 적용 출력이 가장 높은 것은?

㉮ 콘덴서 전동기

㉯ 분상 기동형

㉰ 반발 기동형

㉱ 모노사이릭 기동형

 ① 반발 기동형 : $100 \sim 800$[W]
② 콘덴서 전동기 : $10 \sim 400$[W]
③ 분상 기동형 : $5 \sim 200$[W]

**46** 전축, 녹음기 등에 가장 많이 사용하는 단상 유도 전동기는?

㉮ 콘덴서 기동형

㉯ 반발 기동형

㉰ 셰이딩 코일형

㉱ 분상 기동형

 셰이딩 코일형은 그 회전 방향이 항상 셰이딩 코일을 향해서 회전하기 때문에 회전 방향을 바꿀 수가 없다.

**47** 기동 토크가 큰 순서대로 된 것은?

> ㉠ 분상 기동형
> ㉡ 반발 기동형
> ㉢ 콘덴서 기동형
> ㉣ 셰이딩 코일형

㉮ ㉡ － ㉢ － ㉠ － ㉣

㉯ ㉡ － ㉠ － ㉢ － ㉣

㉰ ㉠ － ㉡ － ㉢ － ㉣

㉱ ㉢ － ㉡ － ㉠ － ㉣

**48** 3상 동기 발전기의 전기자 권선은 보통 어떤 결선인가?

㉮ Y결선

㉯ △결선

㉰ 지그잭 삼각형

㉱ 지그잭 결선

 보통 Y결선(성형)이나 2중 성형을 사용한다. Y결선을 하면 순환 전류가 제거되고 중성점을 내기가 쉬우며 이것을 이용하여 발전기 보호 장치(차동 계전기, 접지 보호)를 할 수 있다.

**49** 동기 발전기는 무엇에 의하여 회전수가 결정되는가?

㉮ 역률과 전류

㉯ 주파수와 역률

㉰ 주파수와 자극수

㉱ 정격 전압과 주파수

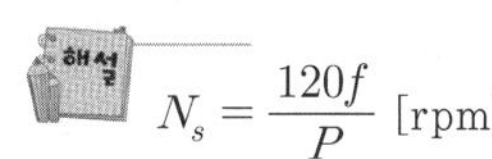

$$N_s = \frac{120f}{P} \ [\text{rpm}]$$

## 50 동기 전동기의 용도가 아닌 것은?

㉮ 가정용 소형 선풍기

㉯ 각종의 압축기

㉰ 시멘트 공장의 분쇄기

㉱ 제지 공장의 쇄목기

 동기 전동기의 용도는 각종 압축기, 시멘트 공장의 분쇄기, 제지 공장의 쇄목기 등이다.

## 51 송전선의 전압 조정 및 역률 개선용으로 사용할 수 있는 전동기는?

㉮ 타여자 전동기

㉯ 직류 분권 전동기

㉰ 동기 전동기

㉱ 유도 전동기

 동기 전동기는 동기 속도로 운전하는 교류 전동기로 회전 속도가 전원 주파수에 비례하고 슬립이 없다. 주파수가 일정하면 회전 속도가 일정하므로 전압 조정 및 역률 개선용으로 사용된다.

## 52 동기기의 난조 방지, 기동 토크의 발생을 목적으로 설치한 것은?

㉮ 제동 권선　　㉯ 계자 권선

㉰ 1차 권선　　㉱ 전기자 권선

 난조의 원인은 회전자가 어떤 부하각에서 새로운 부하각으로 변화하는 도중 회전자의 관성으로 말미암아 생기는 하나의 과도적인 진동 현상이다. 이것을 방지하기 위해서 회전자극의 극편에 홈을 파고, 이것에 유도 전동기의 농형 권선과 같이 권선을 설치한 구조의 제동 권선(damper winding)으로 막을 수 있다.

## 53 동기기에서 제동 권선의 설치 목적은?

㉮ 난조에 의한 탈조 방지

㉯ 역률 개선

㉰ 토크 감소

㉱ 출력 증대

 제동 권선은 난조에 의한 탈조 방지를 위하여 또는 고조파 억제 및 기동 토크의 발생을 목적으로 자극 표면에 설치한다.

## 54 변압기의 용도는?

㉮ 전압을 변성

㉯ 전력을 변성

㉰ 주파수를 변화

㉱ 교류를 직류로 변성

 변압기의 원리는 상호 유도 작용을 이용하여 1차 · 2차의 권수비에 의해 전압을 변동시킬 수 있다.

## 55 변압기의 원리는 다음 중 어느 것인가?

㉮ 자기 유도 작용

㉯ 전자 유도 작용

㉰ 정전 유도 작용

㉱ 쿨롬의 법칙

 전자 유도 작용에는 자체 유도와 상호 유도가 있으며, 변압기는 상호 유도 작용을 이용한 것이다.

## 56 변압기의 온도 상승을 억제하기 위해서 갖추어야 할 변압기유의 조건으로 틀린 것은?

㉮ 절연 내력이 작을 것

㉯ 인화점이 높을 것

㉰ 응고점이 낮을 것

㉱ 화학적으로 안정될 것

---

[정답]　50. ㉮　51. ㉰　52. ㉮　53. ㉮　54. ㉮　55. ㉯　56. ㉮

**절연유의 구비 조건**
① 절연 내력이 클 것
② 점도가 낮고 냉각 효과가 클 것
③ 인화점이 높고 응고점이 낮을 것
④ 고온에서도 산화하지 않을 것
⑤ 절연 재료와 화학 작용을 일으키지
　않을 것

**57** 변압기는 다음의 어떤 원리를 이용한 전
기 기계인가?

㉮ 정전 유도 작용

㉯ 전자 유도 작용

㉰ 전류의 화학 작용

㉱ 전류의 발열 작용

**58** 1차 권수 3,300, 2차 권수 110인 변압
기의 전압비는?

㉮ 10　　　　　　㉯ 30

㉰ 1/3　　　　　㉱ 1/10

 권수비 $a = \dfrac{N_1}{N_2} = \dfrac{E_1}{E_2} = \dfrac{I_2}{I_1}$ 　즉, 전압은
권수에 비례하고, 전류는 권수에 반비례
하여 $\dfrac{1}{a} = \dfrac{I_1}{I_2}$이 된다.

$\therefore a = \dfrac{N_2}{N_1} = \dfrac{3,300}{110} = 30$

**59** 1차 전압 110[V]와 2차 전압 220[V]인
변압기의 권선비는?

㉮ 1 : 1　　　　㉯ 1 : 2

㉰ 1 : 3　　　　㉱ 1 : 4

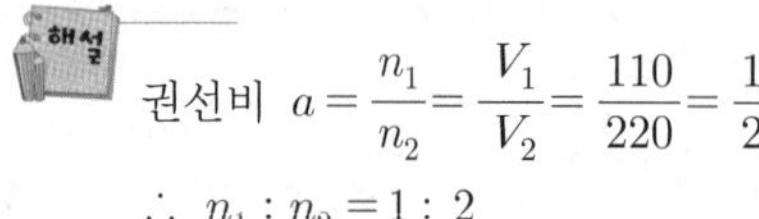 권선비 $a = \dfrac{n_1}{n_2} = \dfrac{V_1}{V_2} = \dfrac{110}{220} = \dfrac{1}{2}$

$\therefore n_1 : n_2 = 1 : 2$

**60** 변압기의 용도가 아닌 것은?

㉮ 교류 전압의 변환

㉯ 교류 전류의 변환

㉰ 주파수의 변환

㉱ 임피던스의 변환

**61** 다음 그림과 같이 1차측에 300[V], 10[A]
를 가하였을 때, 2차측에 60[V]의 전압이
발생하였다면 2차 전류 $I$[A]는?

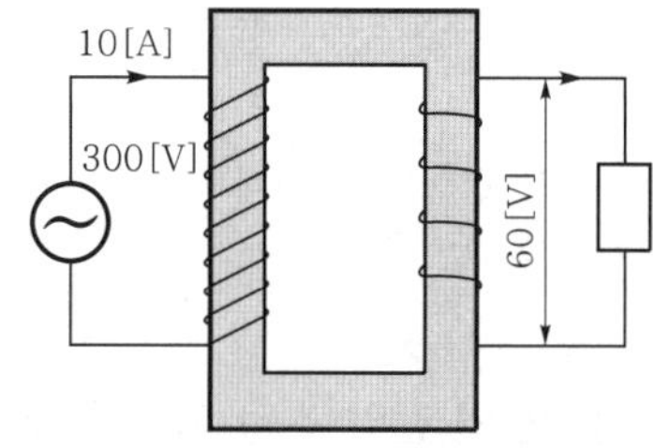


㉮ 10　　　　　　㉯ 30

㉰ 50　　　　　　㉱ 60

 $E_1 \cdot I_1 = E_2 \cdot I_2$이므로
$300 \times 10 = 60 \times I$
$\therefore I = \dfrac{3,000}{60} = 50$[A]

**62** $\dfrac{3,300}{110}$[V] 변압기의 1차에 30[A]를 흘
리면 2차 전류[A]는?

㉮ $\dfrac{1}{3}$　　　　　㉯ 1

㉰ 900　　　　　　㉱ 1,800

$I_2 = \dfrac{V_1}{V_2} \cdot I_1 = \dfrac{3,300}{110} \times 30 = 900$[A]

**63** 1차 권수 3,000, 2차 100인 변압기의 1차
측에 2,580[V]를 가하면 2차에는 몇 [V]가
유기되는가?

㉮ 90　　　　　　㉯ 95

㉰ 100　　　　　㉱ 105

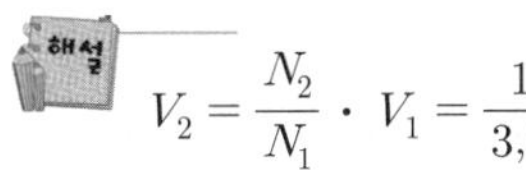

$$V_2 = \frac{N_2}{N_1} \cdot V_1 = \frac{100}{3,000} \cdot 2,850$$
$$= 95[\text{V}]$$

## 64 변압기의 규약 효율은?

㉮ $\dfrac{\text{출력}}{\text{출력}+\text{손실}}$　㉯ $\dfrac{\text{출력}}{\text{입력}}$

㉰ $\dfrac{\text{입력}}{\text{출력}}$　㉱ $\dfrac{\text{출력}+\text{손실}}{\text{출력}}$

 ㉯는 실측 효율이며 변압기에는 규약 효율 ㉮가 표준이다.

## 65 공급 전압이 일정하면 변압기의 히스테리시스손은?

㉮ 주파수에 비례

㉯ 주파수에 반비례

㉰ 주파수와는 무관 일정

㉱ 주파수 제곱에 비례

 히스테리시스손은 주파수에 관계없고 와류손은 주파수에 반비례한다.

## 66 변압기 철심으로 규소 강판을 쓰는 이유는?

㉮ 히스테리시스손을 적게 한다.

㉯ 맴돌이 전류손을 적게 한다.

㉰ 동손을 감소시킨다.

㉱ 기계손을 감소시킨다.

## 67 다음 중 변압기의 무부하손에 포함되지 않는 것은?

㉮ 철손　　　㉯ 저항손

㉰ 유전체손　㉱ 표유 부하손

 표유 부하손은 부하 전류에 의한 누설 자속으로 생기는 손실이다.

## 68 공급 전압이 일정하면 변압기의 맴돌이 전류손은?

㉮ 주파수에 비례한다.

㉯ 주파수의 제곱에 비례한다.

㉰ 주파수에 반비례한다.

㉱ 주파수에 관계없이 일정하다.

 와류손(맴돌이 전류손)

$$P_e = \sigma_e(tfk_fB_m)^2, \; B_m = \frac{E}{4.44fNA}$$

$$\therefore P_e = \sigma_e(tfk_fB_m)^2$$

$$= \sigma_e(tfk_f)^2\frac{E^2}{(4.44fNA)^2}$$

$$= \sigma_e(tk_f)^2\frac{E^2}{(4.44NA)^2}[\text{W/kg}]$$

즉, 전압이 일정하면 맴돌이 전류손은 주파수에 관계없이 일정하다.

## 69 변압기 및 전기 기기의 철심으로 얇은 철판을 겹쳐서 사용하는 이유는?

㉮ 가공하기 쉽기 때문이다.

㉯ 가격이 싸기 때문이다.

㉰ 맴돌이 전류 손에 의한 줄열 때문이다.

㉱ 철의 비중이 크기 때문이다.

고유 저항이 큰 규소강판을 사용하는 이유는 맴돌이 전류와 히스테리시스손을 감소시킴으로써 철손을 작게 하기 때문이다.

## 70 다음 중 교류가 직류보다 유리한 점이 아닌 것은?

㉮ 유도 전동기를 이용할 수 있다.

㉯ 변압기로 전압을 쉽게 낮출 수 있다.

㉰ 전기 분해에 이용할 수 있다.

㉱ 전력 송전에 유리하다.

## 71 단권 변압기의 용도에 가장 적합한 것은?

㉮ 승압용 변압기
㉯ 시험용 변압기
㉰ 송전용 변압기
㉱ 배전용 변압기

 단권 변압기는 고압 배전선의 전압을 10[%] 정도 높이는 승압기 또는 기동 보상기로 쓰인다.

## 72 승압용 변압기에 주로 사용되는 결선법은?

㉮ $Y-\Delta$
㉯ $\Delta-Y$
㉰ $Y-Y$
㉱ $\Delta-\Delta$

 ① $Y-\Delta$ : 높은 전압을 낮은 전압으로 강압시키는 데 주로 사용
② $\Delta-Y$ : 낮은 전압을 높은 전압으로 올리는 데 주로 사용
③ $Y-Y$ : 제3 고조파 충전 전류가 흘러 통신 장해를 주므로 거의 쓰이지 않음.
④ $\Delta-\Delta$ : 중성점 접지를 할 수 없으므로 주로 30[kVA] 이하의 배전용 변압기에 사용

## 73 변압기의 3상 결선 방법 중 틀린 것은?

㉮ $\Delta-Y$
㉯ $\Delta-\Delta$
㉰ $V-V$
㉱ $\Delta-V$

## 74 단상 변압기 3대로 3상 전력을 공급할 때, $\Delta$결선했을 때보다 Y결선으로 할 때의 공급 능력은?

㉮ $\sqrt{3}$ 배
㉯ $\dfrac{1}{\sqrt{3}}$ 배
㉰ 3배
㉱ 같다.

 Y결선이든, $\Delta$결선이든 변압기 3대의 전용량은 1대 용량의 3배가 된다.

## 75 배전용으로 많이 쓰이는 변압기 결선 방법은?

㉮ $\Delta-Y$
㉯ $Y-\Delta$
㉰ $\Delta-\Delta$
㉱ $Y-Y$

 $\Delta-\Delta$ 결선 시 3대 중 1대가 고장이 났을 때도 2대로 $V-V$ 결선을 할 수 있다.

## 76 3상 결선하여 전력을 공급하는 데는 단상 변압기 몇 대가 사용되는가?

㉮ 1~2대
㉯ 2~3대
㉰ 3~4대
㉱ 4~5대

 $V-V$ 결선일 때는 2대, $\Delta-\Delta$나 $\Delta-Y$ 일 때는 3대가 필요하다.

## 77 제3고조파가 포함된 결선은?

㉮ $Y-\Delta$
㉯ $Y-Y$
㉰ $\Delta-Y$
㉱ $\Delta-\Delta$

## 78 변압기의 내부 고장 보호에 쓰이는 계전기는?

㉮ 과전류 계전기
㉯ 역상 계전기
㉰ 접지 계전기
㉱ 차동 계전기

 **차동 계전기**
유입 전류와 유출 전류차에 의해 동작하는 계전기로 변압기 내부 고장 보호용 계전기이다.

**79** 변압기를 V결선했을 때의 전 용량은 변압기 1대의 용량의 몇 배인가?

㉮ $\sqrt{3}$ ㉯ 3
㉰ 0.577 ㉱ 0.866

 변압기 1대 용량은 $EI$, V결선 시의 용량은 $\sqrt{3}\,EI$이다.

**80** $\Delta-\Delta$ 결선의 변압기군 중에서 1대에 고장이 생겼을 때 응급 조치용으로 되는 것은?

㉮ V결선 ㉯ Y결선
㉰ $\Delta$결선 ㉱ $Y-\Delta$ 결선

**81** 50[kVA] 단상 변압기 2대를 V결선하여 3상 전력을 공급할 때의 출력[kVA]은?

㉮ 100 ㉯ $50\sqrt{3}$
㉰ 150 ㉱ $100\sqrt{3}$

 $P_V = \sqrt{3}\,E_P I_P = \sqrt{3}\times 50$
$= 1.732 \times 50 = 86.6[\text{kVA}]$

**82** 변압기를 병렬 운전하기 위한 조건이 아닌 것은?

㉮ 각 변압기의 중량이 같아야 한다.
㉯ 각 변압기의 극성이 같아야 한다.
㉰ 각 변압기의 권수비가 같아야 한다.
㉱ 각 변압기의 백분율 임피던스 강하가 같아야 한다.

 변압기 병렬 운전 조건
① 1차·2차의 정격 전압이 같을 것
② 1차·2차의 극성이 같을 것
③ 임피던스 전압이 같을 것
④ 각기의 저항과 누설 리액턴스의 비가 같을 것

**83** PN 접합형 Diode는 어떤 작용을 하는가?

㉮ 발진 작용 ㉯ 증폭 작용
㉰ 정류 작용 ㉱ 교류 작용

 발진 작용은 터널 다이오드, 증폭 작용은 트랜지스터를 이용한다.

**84** 반도체 PN 접합이 하는 작용은?

㉮ 정류 작용 ㉯ 증폭 작용
㉰ 발진 작용 ㉱ 변조 작용

 반도체 PN 접합이 하는 작용은 정류 작용이고, 트랜지스터를 이용하여 증폭 작용을 하며 터널 다이오드를 이용하여 발진 작용을 한다.

**85** 다음 중 단자가 3개가 아닌 것은?

㉮ 사이리스터 ㉯ 트라이액
㉰ 다이오드 ㉱ MOSFET

 다이오드는 2단자 소자이다.

**86** TRIAC에 대하여 옳지 않은 것은?

㉮ 역병렬의 2개의 보통 SCR과 유사하다.
㉯ 쌍방향성 3단자 사이리스터이다.
㉰ AC 전력의 제어용이다.
㉱ DC 전력의 제어용이다.

 SCR을 역병렬로 연결된 것과 유사한 양방향성 3단자 소자가 TRIAC(Triode AC Switch)이며, AC 전력을 제어할 수 있다.

**87** 파형의 맥동 성분을 제거하기 위해 다이오드 정류 회로의 직류 출력단에 부착하는 것은?

㉮ 저항 ㉯ 콘덴서
㉰ 사이리스터 ㉱ 트랜지스터

 콘덴서는 전하를 축적하는 기능을 가지고 있으며 콘덴서의 특성을 이용하여 직류 전류를 차단하고 교류 전류를 통과시키는 필터로 사용된다.

**88** SCR을 사용할 경우 올바른 전압 공급 방법은?

㉮ 애노드 ⊖전압, 캐소드 ⊕전압, 게이트 ⊕전압

㉯ 애노드 ⊖전압, 캐소드 ⊕전압, 게이트 ⊖전압

㉰ 애노드 ⊕전압, 캐소드 ⊖전압, 게이트 ⊕전압

㉱ 애노드 ⊕전압, 캐소드 ⊖전압, 게이트 ⊖전압

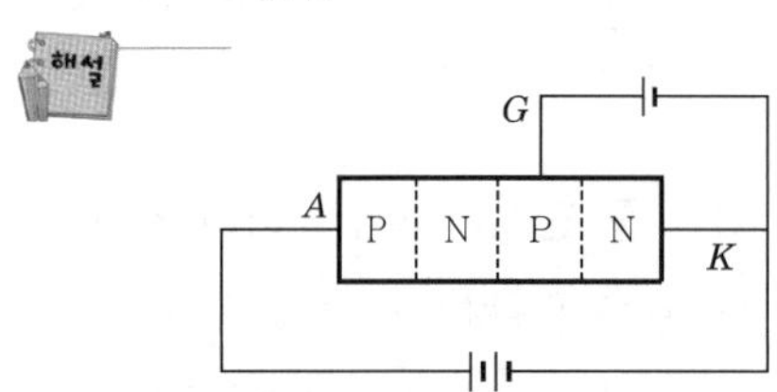

**89** 다음의 사이리스터 중 3단자 형식이 아닌 것은?

㉮ SCR　　　㉯ GTO

㉰ DIAC　　　㉱ TRIAC

 DIAC은 2단자 2방향성 소자이다.

**90** 그림과 같은 회로의 명칭은?

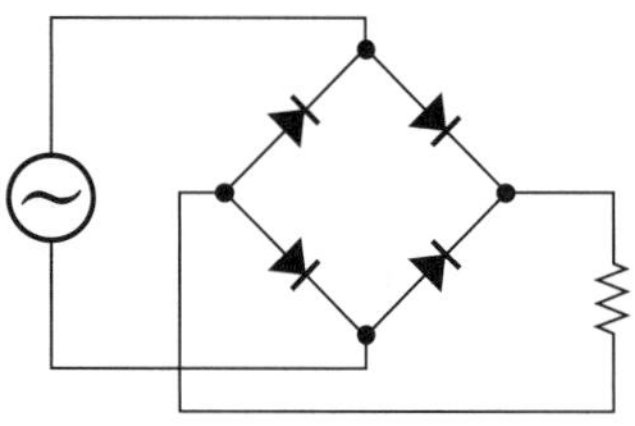

㉮ 전파 정류 회로

㉯ 반파 정류 회로

㉰ 제어 정류 회로

㉱ 정류기 필터 회로

 브리지 전파 정류 회로는 전파 정류 회로의 일종으로 다이오드 4개를 브리지 모양으로 접속하여 정류하는 회로로 중간 탭이 있는 트랜스를 사용하지 않아도 된다.

# 시퀀스 제어

## 01 │ 접점의 종류 및 유접점 기본 회로

### 1 시퀀스 제어

일반적으로 자동 제어는 피드백 제어와 시퀀스 제어로 나누며, 피드백 제어는 원하는 시스템의 출력과 실제의 출력과의 차에 의하여 시스템을 구동함으로써 자동적으로 원하는 바에 가까운 출력을 얻는 것이다.

시퀀스 제어는 미리 정해놓은 순서에 따라 제어의 각 단계를 차례차례 행하는 제어를 말한다. 시퀀스 제어(sequence control)의 제어 명령은 'ON', 'OFF', 'H'(High level), 'L'(Low level), '1', '0' 등 2진수로 이루어지는 정상적인 제어이다.

#### (1) 릴레이 시퀀스(relay sequence)

기계적인 접점을 가진 유접점 릴레이로 구성되는 시퀀스 제어 회로이다.

#### (2) 로직 시퀀스(logic sequence)

제어계에 사용되는 논리 소자로서 반도체 스위칭 소자를 사용하여 구성되는 무접점 회로이다.

#### (3) PLC(Programmable Logic Controller) 시퀀스

제어반의 제어부를 마이컴 컴퓨터로 대체시키고 릴레이 시퀀스, 논리 소자를 프로그램화하여 기억시킨 것으로, 무접점 시퀀스 제어 기기의 일종이다.

### 2 접점의 종류

접점의 종류에는 a접점, b접점, c접점이 있다.

## (1) a접점

a접점이란 상시 상태에서 개로된 접점을 말하며 arbeit contact란 두 문자 a를 딴 것이며 반드시 소문자 'a'로 표시한다.

|그림 6.57| 상시에는 개로 동작 시 폐로되는 접점

## (2) b접점

상시 상태에서 폐로된 접점을 말하며, break contact란 두 문자 b를 딴 것이며 반드시 소문자 'b'로 표시한다.

|그림 6.58| 상시에는 폐로 동작 시 개로되는 접점

## (3) c접점

a접점과 b접점이 동시에 동작(가동 접점부 공유)하는 것이며, 이것을 절체 접점(change-over contact)이라고 한다. 두 문자 c를 딴 것이며 반드시 소문자 'c'로 표시한다.

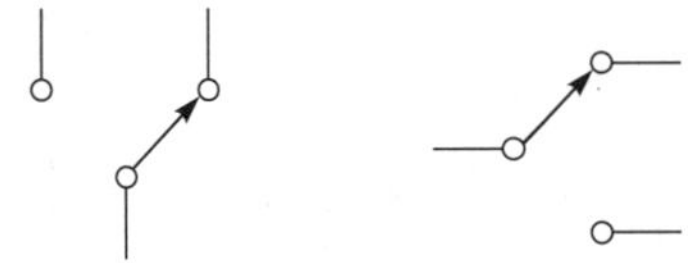

|그림 6.59| a접점과 b접점을 동시에 동작하는 접점

## 3 유접점을 구성하는 시퀀스 제어용 기기

### (1) 조작용 스위치

① 복귀형 수동 스위치

조작하고 있는 동안에만 접점이 ON·OFF하고, 손을 떼면 조작 부분과 접점은 원래의 상태로 되돌아가는 것으로 푸시 버튼 스위치(push button switch)가 있다.

㉠ a접점 : 조작하고 있는 동안에만 접점이 닫힌다. 즉, ON 조작하면 접점이 ON이 되며 손을 떼면 OFF가 되는 접점이다.

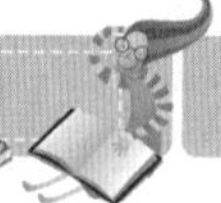

　ⓛ b접점 : 조작하고 있는 동안에만 접점이 열린다. 즉, ON 조작하면 접점이 OFF가
　　되고 손을 떼면 ON이 되는 접점이다.

　ⓒ c접점 : 절환 접점으로 a접점과 b접점을 공유하고 있는 접점이다.

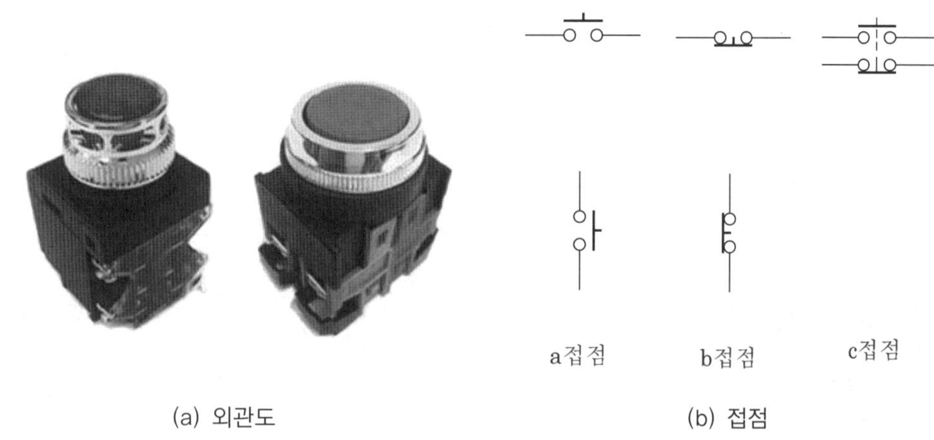

(a) 외관도　　　　　　　　　　　　　　　　(b) 접점

| 그림 6.60 | 복귀형 수동 스위치

② 유지형 수동 스위치

　　조작 후 손을 떼어도 접점은 그대로의 상태를 계속 유지하나 조작 부분은 원래의 상태
　로 되돌아 가는 접점이다.

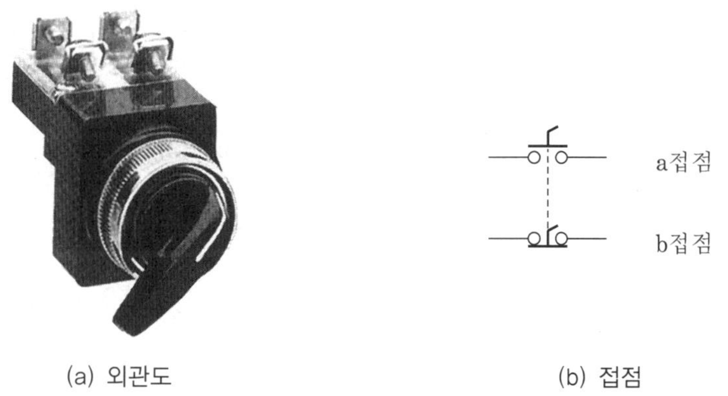

(a) 외관도　　　　　　　　　　　　　　　　(b) 접점

| 그림 6.61 | 유지형 수동 스위치

철심에 코일을 감고 전류를 흘리면 철심은 전자석이 되어 가동 철심을 흡인하는 전자력이 생기며, 이 전자력에 의하여 접점을 ON·OFF하는 것을 전자 계전기 또는 relay(유접점)이라 한다.

이 전자 계전기, 즉 전자석을 이용한 것으로는 보조 릴레이, 전자 개폐기(MS : Magnetic Switch), 전자 접촉기(MC : Magnetic Contact), 타이머 릴레이(Timer Relay), 솔레노이드(SOL : Solenoid) 등이 있다.

## (2) 보조 계전기

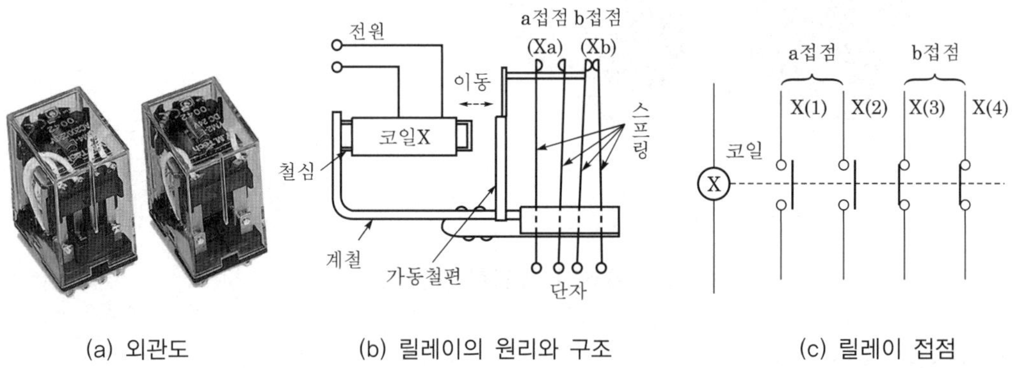



(a) 외관도 　　(b) 릴레이의 원리와 구조 　　(c) 릴레이 접점

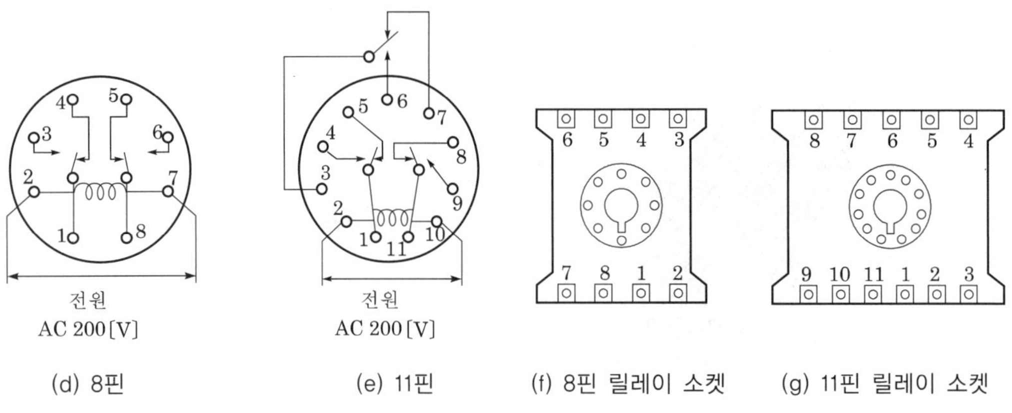



(d) 8핀 　　(e) 11핀 　　(f) 8핀 릴레이 소켓 　　(g) 11핀 릴레이 소켓

│ 그림 6.62 │ 보조 계전기

코일 X에 전류를 흘리면(이를 여자라고 함) 철심이 전자석으로 되어 가동 철편을 끌어당기면 스프링에 의하여 접점이 개·폐된다. 즉, b접점은 열리고, a접점은 닫힌다.

## (3) 전자 개폐기(magnetic switch)

전자 개폐기는 전자 접촉기(MC : Magnetic Contact)에 열동 계전기(THR : Thermal Relay)를 접속시킨 것이며, 주 회로의 개·폐용으로 큰 접점 용량이나 내압을 가진 릴레이이다.

그림에서 단자 b, c에 교류 전압을 인가하면 MC 코일이 여자되어 주접점과 보조 접점이 동시에 동작한다. 이와 같이 주회로는 각 선로에 전자 접촉기의 접점을 넣어서 모든 선로를 개·폐하며, 부하의 이상에 의한 과부하 전류가 흐르면 이 전류로 열동 계전기(THR)가 가열되어 바이메탈 접점이 전환되어 전자 접촉기 MC는 소자되며 스프링(spring)의 힘으로 복구되어 주회로는 차단된다.

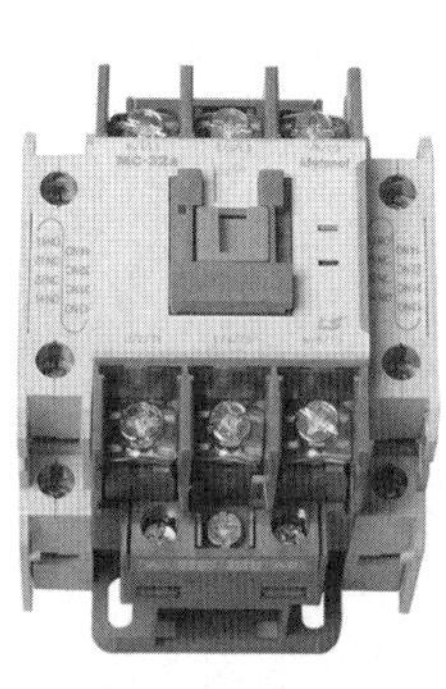

(a) 외관도

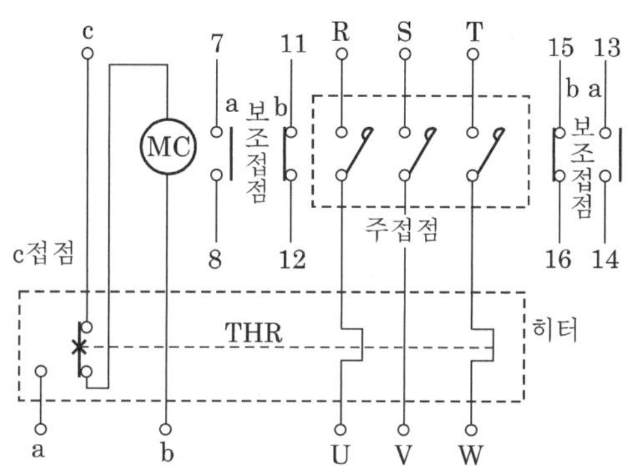



(b) 접점 기호

| 그림 6.63 | 전자 개폐기

## (4) 기계적 접점

① 리밋 스위치(limit switch)

물체의 힘에 의하여 동작부(actuator)가 눌려서 접점이 ON·OFF한다.

(a) 외관도

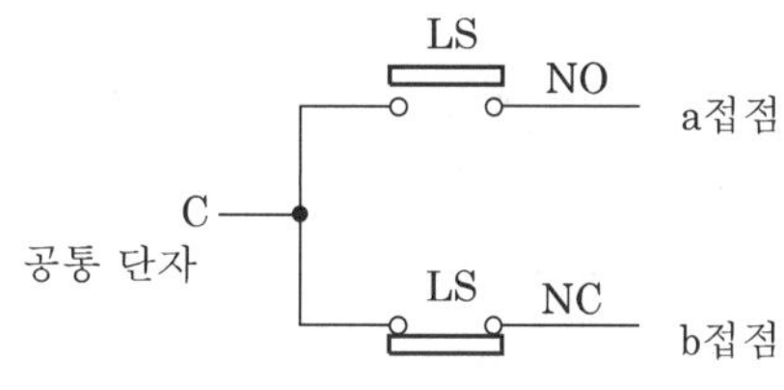



여기서, C(Common) : 공통
NO(Normally Open) : 항상 개
NC(Normally Close) : 항상 폐

(b) 접점

| 그림 6.64 | 리밋(limit) 스위치

② 광전 스위치(PHS : Photoelectric Switch)

빛을 방사하는 투광기와 광량의 변화를 전기 신호로 변환하는 수광기 등으로 구성되며 물체가 광로를 차단하는 것에 의하여 접점이 ON · OFF하며 물체에 접촉하지 않고 검지한다.

이 밖에도 압력 스위치(PRS : Pressure Switch), 온도 스위치(THS : Thermal Switch) 등이 있다.

이들 스위치는 a, b접점을 갖고 있으며 기계적인 동작에 의하여 a접점은 닫히며 b접점은 열리고 기계적인 동작에 의해 원상 복귀하는 스위치로 검출용 스위치이기 때문에 자동화 설비의 필수적인 스위치이다.

## (5) 타이머(한시 계전기)

시간 제어 기구인 타이머는 어떠한 시간차를 만들어서 접점이 개 · 폐 동작을 할 수 있는 것으로 시한 소자(time limit element)를 가진 계전기이다. 요즘에는 전자 회로에 CR의 시정수를 이용하여 동작 시간을 조정하는 전자식 타이머와 IC 타이머가 사용되고 있다.

타이머에는 동작 형식의 차이에서 동작 시간이 늦은 한시 동작 타이머(ON delay timer), 복귀 시간이 늦은 한시 복귀 타이머(OFF delay timer), 동작과 복귀가 모두 늦은 순 한시 타이머(ON OFF delay timer) 등이 있다.

① 한시 동작 타이머

전압을 인가하면 일정 시간이 경과하여 접점이 닫히고(또는 열리고), 전압이 제거되면 순시에 접점이 열리는(또는 닫히는) 것으로 온 딜레이 타이머(ON delay timer)이다.

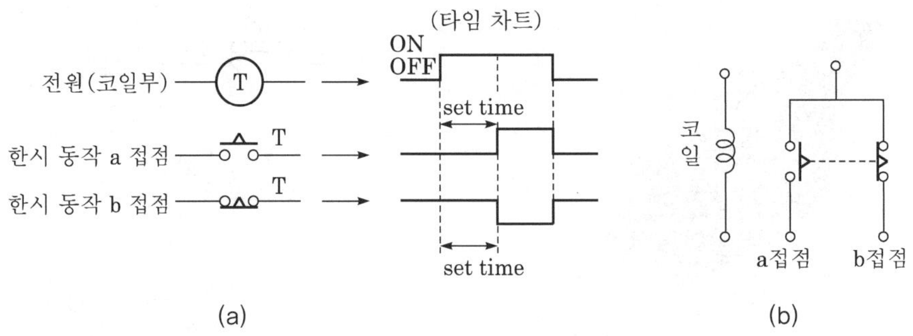


| 그림 6.65 | 한시 동작 타이머

② 한시 복귀 타이머

전압을 인가하면 순시에 접점이 닫히고(또는 열리고), 전압이 제거된 후 일정 시간이 경과하여 접점이 열리는(또는 닫히는) 것으로 오프 딜레이 타이머(OFF delay timer)이다.

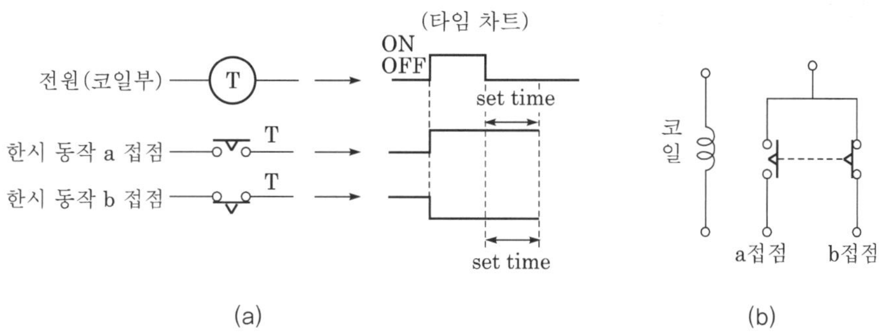

(a)

(b)

| 그림 6.66 | 한시 복귀 타이머

③ 순 한시 타이머(뒤진 회로)

전압을 인가하면 일정 시간이 경과하여 접점이 닫히고(또는 열리고), 전압이 제거되면 일정 시간이 경과하여 접점이 열리는(또는 닫히는) 것으로 온·오프 딜레이 타이머, 즉 뒤진 회로라 한다.

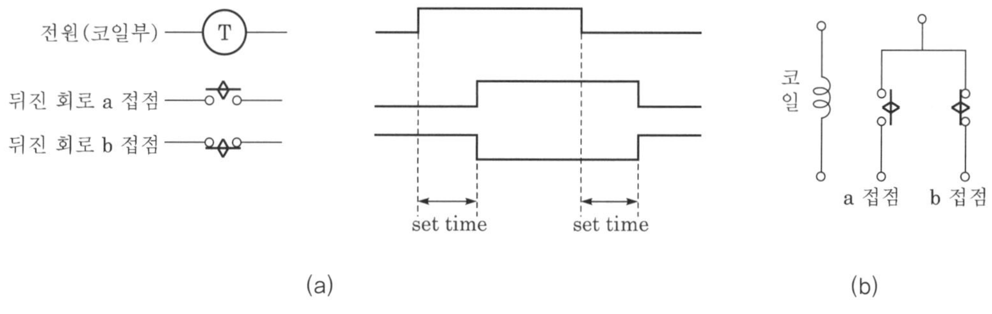

(a)

(b)

| 그림 6.67 | 순 한시 타이머

(a) 외관도

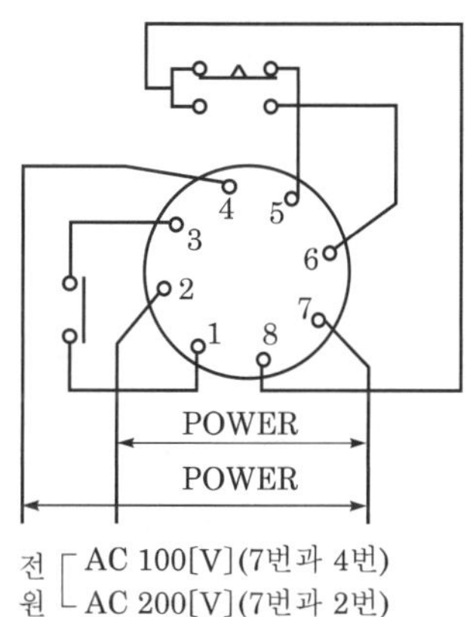

(b) 접점 기호

| 그림 6.68 | 한시 계전기

## 4 유접점 기본 회로

### (1) 자기 유지 회로

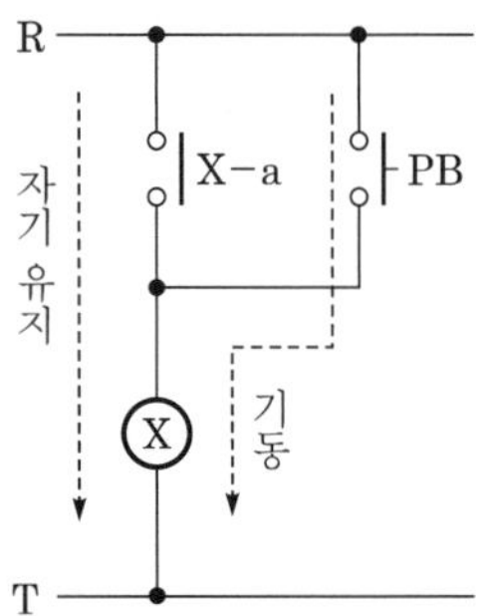

| 그림 6.69 | 자기 유지 회로

전원이 투입된 상태에서 PB를 누르면 릴레이 X가 여자되고 X-a 접점이 닫혀 PB에서 손을 떼어도 X여자 상태가 유지된다.

### (2) 정지 우선 회로

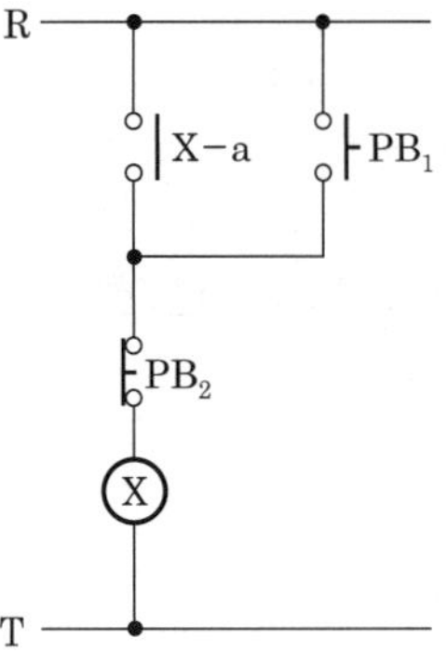

| 그림 6.70 | 정지 우선 회로

$PB_1$을 ON하면 릴레이 X가 여자되어 X의 a접점에 의해 자기 유지된다.
$PB_2$를 누르면 X가 소자되어 자기 유지 접점 X-a가 개로되어 X가 소자된다.
$PB_1$, $PB_2$를 동시에 누르면 릴레이 X는 여자될 수 없는 회로로 정지 우선 회로라 한다.

## (3) 기동 우선 회로

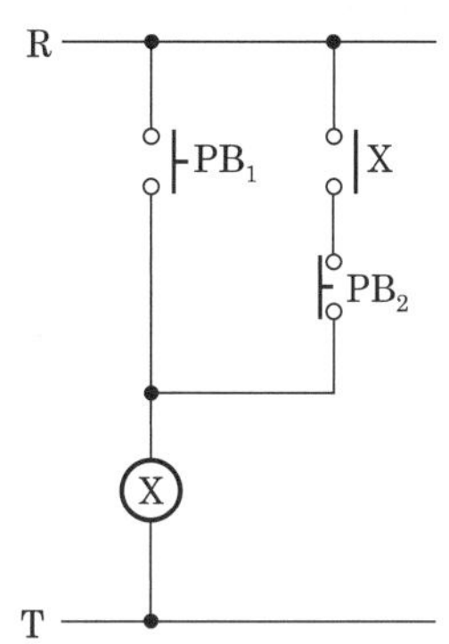

| 그림 6.71 | 기동 우선 회로

PB₁을 ON하면 릴레이 X가 여자되어 X의 a접점에 의해 자기 유지된다.

PB₂를 누르면 X가 소자되어 자기 유지 접점 X-a가 개로되어 X가 소자된다.

PB₁, PB₂를 동시에 누르면 릴레이 X는 여자되는 회로로 기동 우선 회로라 한다.

## (4) 인터록 회로(병렬 우선 회로)

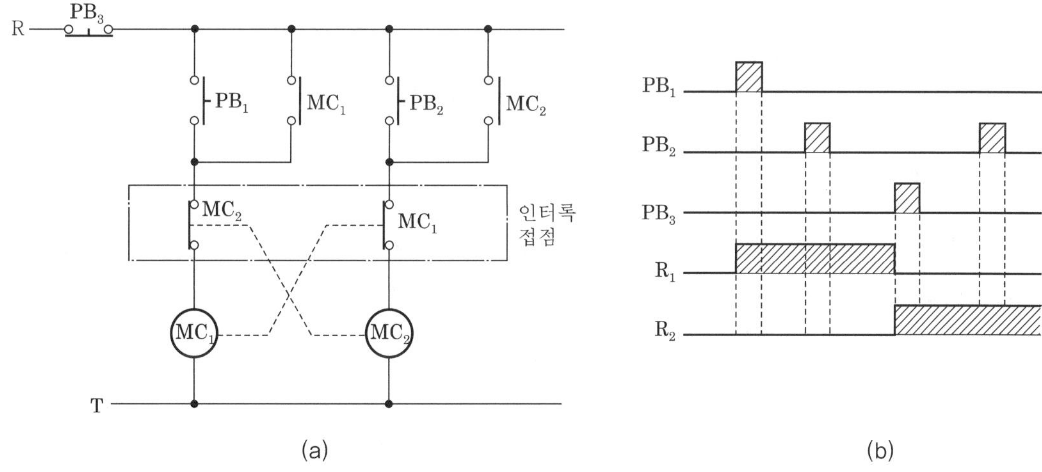

| 그림 6.72 | 인터록 회로

PB₁과 PB₂의 입력 중 PB₁을 먼저 ON하면 MC₁이 여자된다.

MC₁이 여자된 상태에서 PB₂를 ON하여도 MC₁₋ᵦ 접점이 개로되어 있기 때문에 MC₂는 여자되지 않은 상태가 되며 또한 PB₂를 먼저 ON하면 MC₂가 여자된다. 이때 PB₁을 ON하여도 MC₂₋ᵦ 접점이 개로되어 있기 때문에 MC₁은 여자되지 않는 회로를 인터록 회로라 한다. 즉, 상대 동작 금지 회로이다.

## 02 논리 회로

### 1 AND 회로

입력 접점 A, B가 모두 ON되어야 출력이 ON되고, 그 중 어느 하나라도 OFF되면 출력이 OFF되는 회로를 말한다.

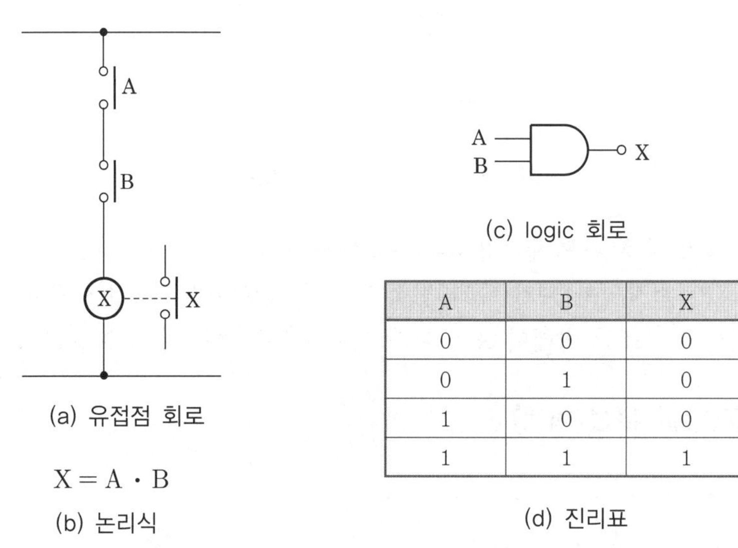

(a) 유접점 회로

$$X = A \cdot B$$

(b) 논리식

(c) logic 회로

| A | B | X |
|---|---|---|
| 0 | 0 | 0 |
| 0 | 1 | 0 |
| 1 | 0 | 0 |
| 1 | 1 | 1 |

(d) 진리표

| 그림 6.73 | AND 회로

### 2 OR 회로

입력 접점 A, B 중 어느 하나라도 ON되면 출력이 ON되고 A, B 모두가 OFF되어야 출력이 OFF되는 회로를 말한다.

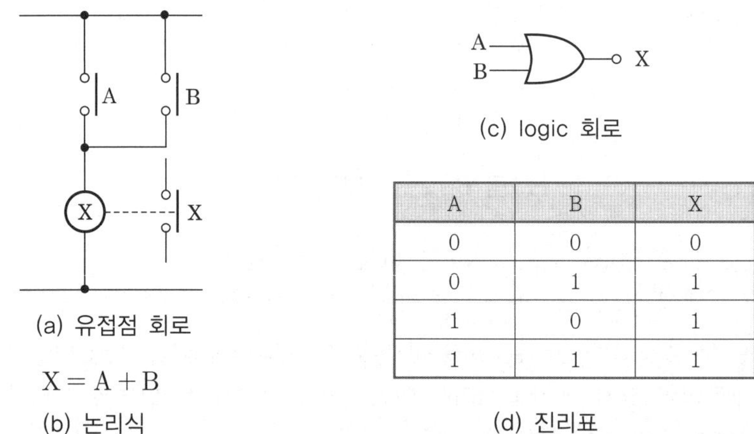

(a) 유접점 회로

$$X = A + B$$

(b) 논리식

(c) logic 회로

| A | B | X |
|---|---|---|
| 0 | 0 | 0 |
| 0 | 1 | 1 |
| 1 | 0 | 1 |
| 1 | 1 | 1 |

(d) 진리표

| 그림 6.74 | OR 회로

## ③ NOT 회로

입력이 ON되면 출력이 OFF되고, 입력이 OFF되면 출력이 ON되는 회로를 말한다.

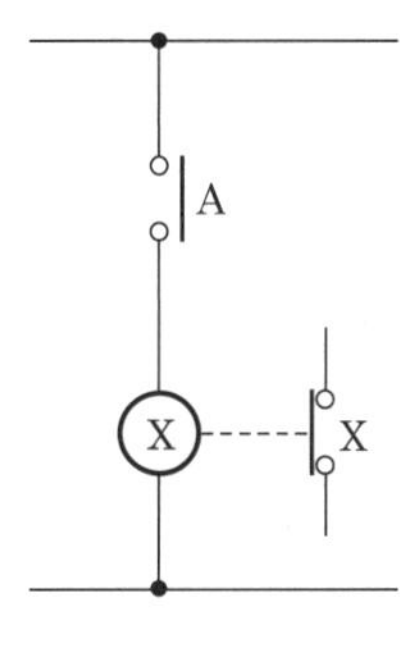

(a) 유접점 회로

$$X = \overline{A}$$

(b) 논리식

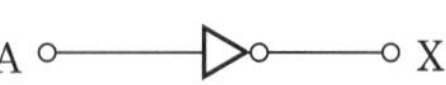

(c) logic 회로

| A | X |
|---|---|
| 0 | 1 |
| 1 | 0 |

(d) 진리표

│ 그림 6.75 │ NOT 회로

## ④ NAND 회로

AND 회로의 부정 회로로 입력 접점 A, B 모두가 ON되어야 출력이 OFF되고, 그 중 어느 하나라도 OFF되면 출력이 ON되는 회로를 말한다.

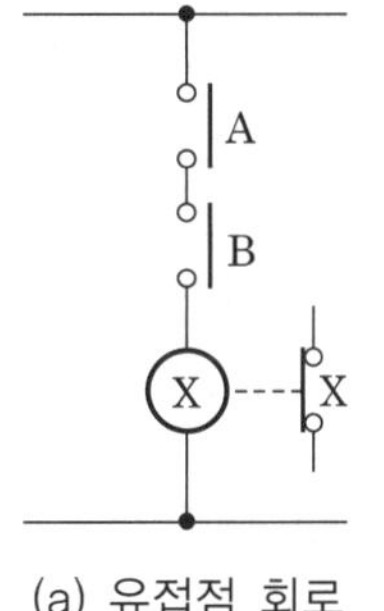

(a) 유접점 회로

$$X = \overline{A \cdot B} = \overline{A} + \overline{B}$$

(b) 논리식

(c) logic 회로

| A | B | X |
|---|---|---|
| 0 | 0 | 1 |
| 0 | 1 | 1 |
| 1 | 0 | 1 |
| 1 | 1 | 0 |

(d) 진리표

│ 그림 6.76 │ NAND 회로

## 5 NOR 회로

OR 회로의 부정 회로로 입력 접점 A, B 중 어느 하나라도 ON되면 출력이 OFF되고, 입력 접점 A, B 전부가 OFF되면 출력이 ON되는 회로를 말한다.

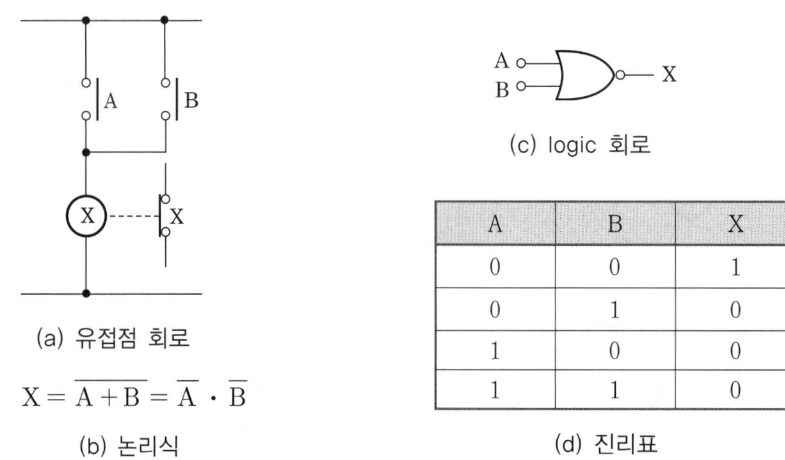

(a) 유접점 회로

$$X = \overline{A + B} = \overline{A} \cdot \overline{B}$$

(b) 논리식

(c) logic 회로

| A | B | X |
|---|---|---|
| 0 | 0 | 1 |
| 0 | 1 | 0 |
| 1 | 0 | 0 |
| 1 | 1 | 0 |

(d) 진리표

| 그림 6.77 | NOR 회로

## 6 Exclusive OR 회로(배타 OR 회로, 반일치 회로)

입력 접점 A, B 중 어느 하나만 ON될 때 출력이 ON 상태가 되는 회로를 말한다.

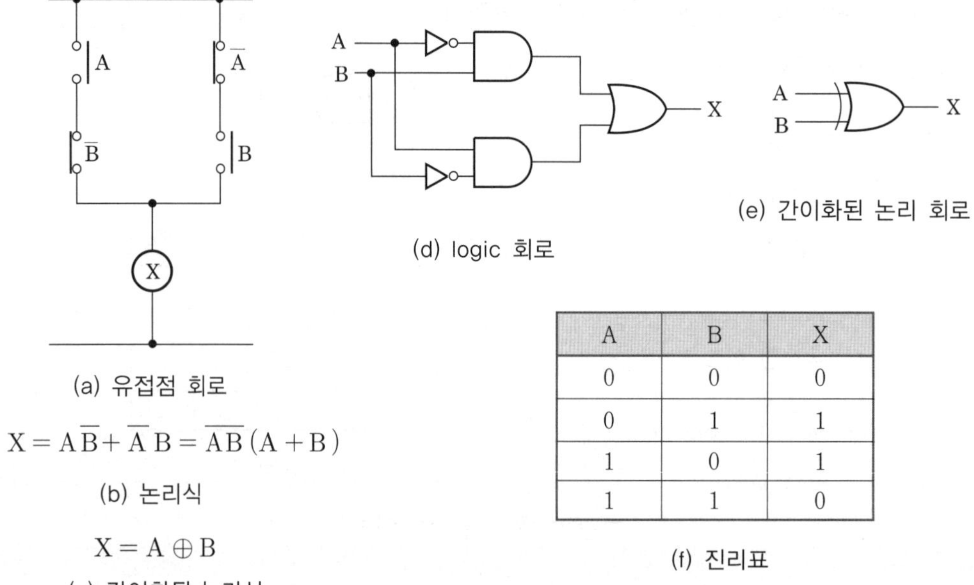

(a) 유접점 회로

$$X = A\overline{B} + \overline{A}B = \overline{AB}(A + B)$$

(b) 논리식

$$X = A \oplus B$$

(c) 간이화된 논리식

(d) logic 회로

(e) 간이화된 논리 회로

| A | B | X |
|---|---|---|
| 0 | 0 | 0 |
| 0 | 1 | 1 |
| 1 | 0 | 1 |
| 1 | 1 | 0 |

(f) 진리표

| 그림 6.78 | Exclusive OR 회로

## **7** Exclusive NOR 회로(배타 NOR 회로, 일치 회로)

입력 접점 AB가 모두 ON되거나 모두 OFF될 때 출력이 ON 상태가 되는 회로를 말한다.

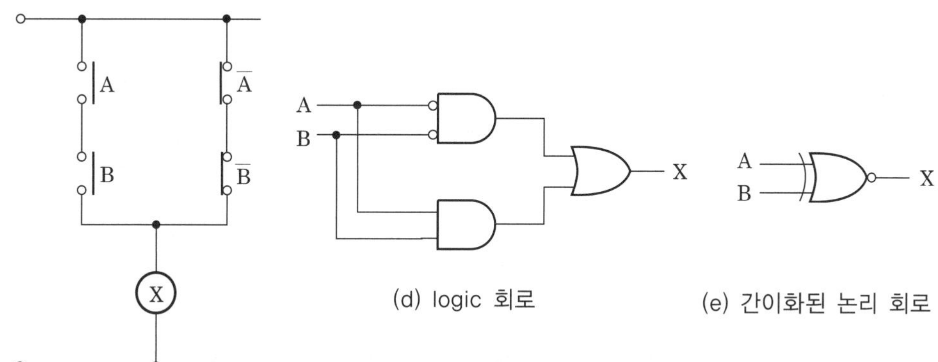

(a) 유접점 회로

(d) logic 회로

(e) 간이화된 논리 회로

$$X = AB + \overline{A}\,\overline{B}$$

(b) 논리식

$$X = A \odot B$$

(c) 간이화된 논리식

| A | B | X |
|---|---|---|
| 0 | 0 | 1 |
| 0 | 1 | 0 |
| 1 | 0 | 0 |
| 1 | 1 | 1 |

(f) 진리표

| 그림 6.79 | Exclusive NOR 회로

## **8** 정지 우선 회로의 논리(logic) 회로

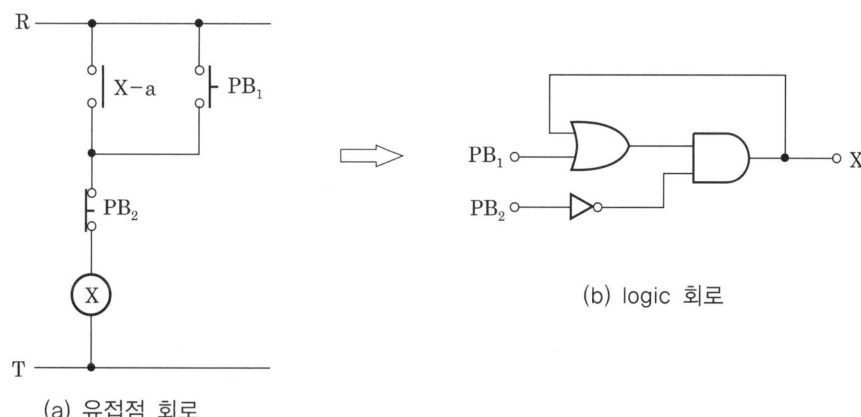

(a) 유접점 회로

(b) logic 회로

| 그림 6.80 | 정지 우선 회로의 논리 회로

## 9 2입력 인터록 회로의 논리(logic) 회로

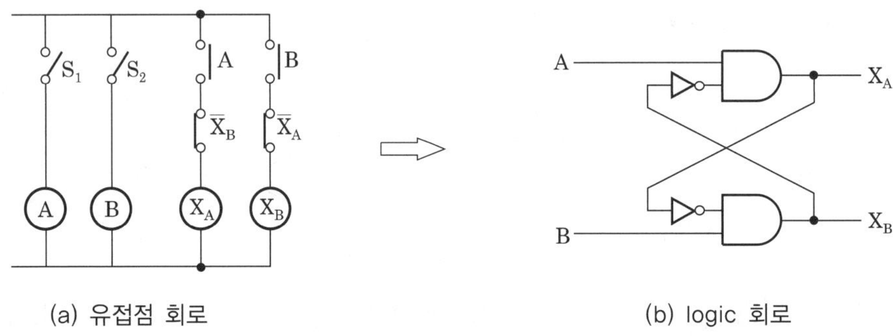



| 그림 6.81 | 2입력 인터록 회로의 논리 회로

## 10 타이머 논리(logic) 회로

입력 신호의 변화 시간보다 정해진 시간만큼 뒤져서 출력 신호의 변화가 나타나는 회로를 한시 회로라 하며 접점이 일정한 시간만큼 늦게 개·폐되는데 여기서는 아래 표처럼 논리 심벌과 동작에 관하여 정리해 보았다.

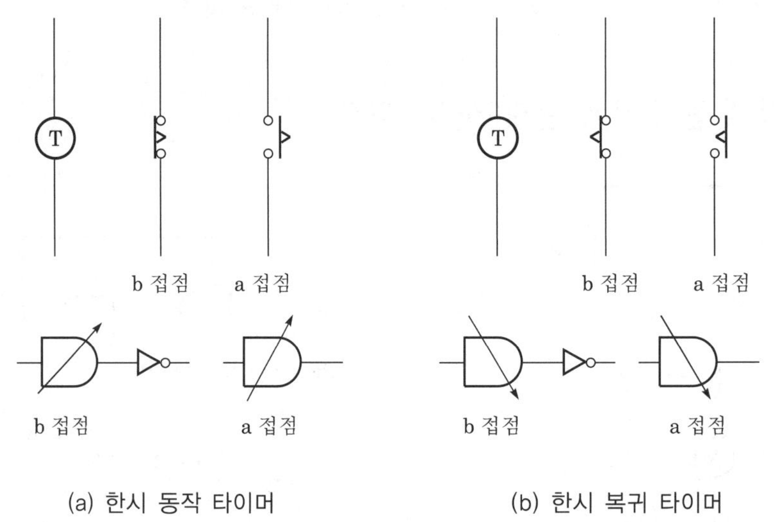



| 그림 6.82 | 타이머 논리 회로

**│표 6.3│ 신호에 따른 심벌과 동작**

| 신호 | | | 접점 심벌 | 논리 심벌 | 동작 |
|---|---|---|---|---|---|
| 입력 신호(코일) | | | | | 여자 / 소자 / 여자 |
| 출력 신호 | 보통 릴레이 순시 동작 순시 복귀 | a접점 | | | 닫힘 / 열림 / 닫힘 |
| | | b접점 | | | |
| | 한시 동작 회로 | a접점 | | | $t$ |
| | | b접점 | | | |
| | 한시 복귀 회로 | a접점 | | | $t$ |
| | | b접점 | | | |
| | 뒤진 회로 | a접점 | | | $t$   $t$ |
| | | b접점 | | | |

# 03 │ 논리 연산

    논리 게이트(logic gates)는 2진수(binary numbers)로 구성되며 이 논리 구성과 식을 간소화하기 위해 불 함수(Boolean Functions), 드 모르간(De Morgan) 법칙, 카르노 맵(Karnaugh Map) 등이 있으며, 문자 수가 가장 적은 합의 곱형이나 곱의 합형으로 된 것을 가장 간소화된 대수적 표현이라 할 수 있다.

# 1 불 대수의 가설과 정리

① • $A + 0 = A$

OR :

• $A \cdot 1 = A$

AND :

② • $A + \overline{A} = 1$

OR :

• $A \cdot \overline{A} = 0$

AND :

③ • $A + A = A$

OR :

• $A \cdot A = A$

AND :

④ • $A + 1 = 1$

OR :

• $A \cdot 0 = 0$

AND :

⑤ 2중 NOT는 긍정이다.

$$\overline{\overline{A}} = A \qquad\qquad \overline{\overline{A \cdot B}} = A \cdot B$$

$$\overline{\overline{A + B}} = A + B \qquad\qquad \overline{\overline{A \cdot B}} = \overline{A} \cdot \overline{B}$$

## 2 교환, 결합, 분배 법칙

### (1) 교환 법칙

① $A+B=B+A$

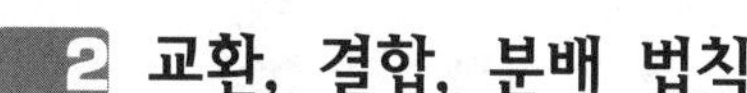

② $A \cdot B = B \cdot A$

### (2) 결합 법칙

① $(A+B)+C=A+(B+C)$

② $(A \cdot B) \cdot C = A \cdot (B \cdot C)$

### (3) 분배 법칙

$A \cdot (B+C)=AB+AC$

## 3 De Morgan의 법칙

$$\overline{A+B}=\overline{A} \cdot \overline{B} \qquad \overline{A \cdot B}=\overline{A}+\overline{B}$$

$$A+B=\overline{\overline{A} \cdot \overline{B}} \qquad A \cdot B=\overline{\overline{A}+\overline{B}}$$

**01** 종서(세로) 시퀀스도의 표시법의 기본 기재 방법이 아닌 것은?

㉮ 접속선은 대개 동작의 순서로 오른쪽에서 왼쪽으로 표시한다.

㉯ 제어용 기구 배열은 제어 전선 모선 측에서 각종 조작 스위치 및 계전기 접점을 차례로 접속한다.

㉰ 제어 모선은 상하 횡선으로 표시한다.

㉱ 접속선은 제어 전원 모선 사이에 상하 방향으로 나타낸다.

**02** 다음에서 유접점 시퀀스의 제어 요소가 아닌 것은?

㉮ 스위치  ㉯ 릴레이

㉰ 트랜지스터  ㉱ 전자 접촉기

**03** 유접점 시퀀스 제어 회로의 특징으로 맞지 않는 것은?

㉮ 수명은 반영구적이다.

㉯ 진동, 충격에 약하다.

㉰ 전기적 소음이 크다.

㉱ 주 회로와 동일한 전원을 사용한다.

**해설** 1) 유접점 시퀀스의 장점
① 개폐 부하의 용량이 크다.
② 온도 특성이 좋다.
③ 전기적 잡음의 영향을 적게 받는다.
④ 입·출력이 분리된다.
⑤ 접점 수에 따라 많은 출력 회로를 얻을 수 있다.

2) 유접점 시퀀스의 단점
① 소비 전력이 비교적 크다.
② 제어반의 외형과 설치 면적이 크다.
③ 접점의 동작이 느리다(스위칭 속도가 느리다).
④ 진동이나 충격 등에 약하다.
⑤ 수명이 짧다.

**04** 제어의 종류 중 시퀀스 제어의 제어 기능이 아닌 것은?

㉮ 동작 제어  ㉯ 순간 제어

㉰ 시간 제어  ㉱ 조건 제어

**05** 다음 중 시퀀스 제어에 속하는 것은?

㉮ 정성적 제어  ㉯ 정량적 제어

㉰ 되먹임 제어  ㉱ 닫힌 루프 제어

**해설** ① 정성적 제어 : 일정 시간 간격을 기억시켜 제어 회로를 ON/OFF 또는 유무 상태만으로 제어하는 명령으로 두 개 값만 존재하며 이산 정보와 디지털 정보가 있다.
② 정량적 제어 : 온도, 압력, 위치, 속도, 전압 등과 같은 물리적 양을 어떤 크기로 제어하는 무한개의 정보를 가지는 제어계로 피드백 제어이며 아날로그 정보계와 연속 정보계가 있다.

**06** 무접점 스위치에 해당하지 않는 것은?

㉮ 루프 스위치

㉯ 빔광원 스위치

㉰ 슬라이드 스위치

㉱ 초음파 스위치

 토글, 로터리, 푸시 버튼, 슬라이드, 캠, 커버나이프 스위치 등은 수동 조작 스위치에 해당된다.

**07** 다음에 열거한 것 중 조작 기기는 어느 것인가?

㉮ 솔레노이드 밸브
㉯ 리밋 스위치
㉰ 광전 스위치
㉱ 근접 스위치

 리밋 스위치·광전 스위치·근접 스위치는 기계적 접점을 갖는 검출 기기이다.

**08** 코일이 여자될 때마다 숫자가 하나씩 증가하며 계수 표시를 하는 것은?

㉮ 기계식 카운터
㉯ 전자식 카운터
㉰ 적산 카운터
㉱ 프리셋 카운터

 적산 카운터는 릴레이가 여자될 때마다 한 숫자씩 증가하는 것을 표시하는 것이다.

**09** 시퀀스 제어의 용도로 적당하지 않은 것은?

㉮ 서보 기구    ㉯ 발전소
㉰ 세탁기    ㉱ 냉장고

 서보(servo) 기구는 피드백 제어(되먹임 제어, feed back) 기능이 적용되고 있다.

**10** 표시등으로서 갖추고 있어야 할 구비 조건이 아닌 것은?

㉮ 외관은 모양보다 튼튼해야 한다.
㉯ 표시가 명확해야 한다.
㉰ 눈이 피로하지 않아야 한다.
㉱ 동작이 확실히 구분되어야 한다.

**11** 검출 스위치가 아닌 것은?

㉮ 리밋 스위치  ㉯ 광전 스위치
㉰ 버튼 스위치  ㉱ 근접 스위치

 버튼 스위치는 수동 조작 자동 복귀용 스위치이므로 검출용이 아니라 조작용 스위치이다.

**12** 시퀀스도에 표시하는 기호 중 유도 전동기에 해당되는 것은?

㉮ (IM)        ㉯ (G)
㉰ (M)        ㉱ (GM)

 ㉯ : 발전기, ㉰ : 전동기

**13** 시퀀스 제어계의 일반적인 동작 과정을 나타낸 것이다. A, B, C, D에 맞는 용어를 순서대로 나열한 것은?

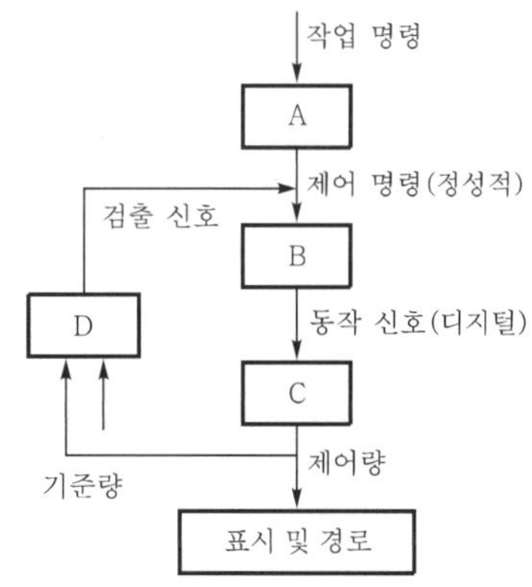


㉮ A : 명령 처리부, B : 제어 대상, C : 조작부, D : 검출부
㉯ A : 제어 대상, B : 검출부, C : 명령 처리, D : 조작부
㉰ A : 검출부, B : 명령 처리부, C : 조작부, D : 제어 대상
㉱ A : 명령 처리부, B : 조작부, C : 제어 대상, D : 검출부

**14** 다음 제어용 기기 중 과부하 및 단락 사고인 경우 자동 차단되어 개폐기 역할을 겸하는 것은?

㉮ 퓨즈
㉯ 릴레이
㉰ 리밋 스위치
㉴ 노 퓨즈 브레이커

과부하 및 단락 사고인 경우 자동 차단되어 개폐기 역할을 겸하는 것을 노 퓨즈 브레이커(NFB) 배선용 차단기(MCCB)라 한다.

**15** 항상 닫혀 있다가 외부의 힘에 의해 열리게 되어 있는 접점은?

㉮ a접점　　　㉯ b접점
㉰ c접점　　　㉴ d접점

① a접점 : 조작할 때만 닫히는 접점
② b접점 : 조작할 때만 열리는 접점

**16** OR 논리 시퀀스 제어 회로의 입력 스위치나 접점의 연결은?

㉮ 직렬　　　㉯ 병렬
㉰ 직·병렬　　㉴ Y

AND는 접점 직렬 연결, OR은 접점 병렬 연결이다.

**17** 그림과 같은 회로의 명칭은?

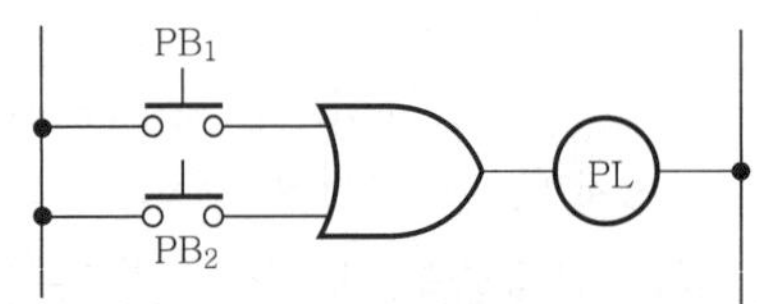

㉮ OR 회로　　㉯ AND 회로
㉰ NOT 회로　　㉴ NOR 회로

OR 회로
$PB_1 \cdot PB_2$ 중 어느 하나만 ON되면 출력 PL이 점등되는 회로이다.

**18** 다음의 진리표에 따른 논리 회로로 맞는 것은? (입력 신호 : A와 B, 출력 신호 : C)

| 입력 | | 출력 |
|---|---|---|
| A | B | C |
| 0 | 0 | 0 |
| 0 | 1 | 1 |
| 1 | 0 | 1 |
| 1 | 1 | 1 |

㉮ OR 회로　　㉯ AND 회로
㉰ NOR 회로　　㉴ NAND 회로

입력 $A \cdot B$ 중 어느 하나만 1(ON)이 되면 출력이 ON되는 회로를 OR 회로라 한다.

**19** 다음 그림에서 공압 로직 밸브와 진리값에 일치하는 로직 명칭은?

$$A + B = C$$

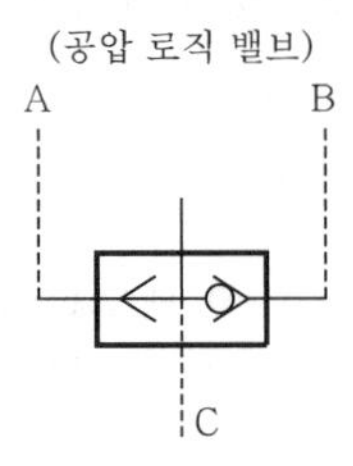


| 입력 | | 출력 |
|---|---|---|
| A | B | C |
| 0 | 0 | 0 |
| 0 | 1 | 1 |
| 1 | 0 | 1 |
| 1 | 1 | 1 |

㉮ AND　　　㉯ OR
㉰ NOT　　　㉴ NOR

OR 회로는 입력 신호 $A \cdot B$ 중 어느 하나만 1이 되면 출력이 1이 되는 회로이다.

**20** 모든 입력이 1일 때에만 출력이 1이 되는 회로는?

㉮ AND 회로　　㉯ OR 회로
㉰ NOT 회로　　㉱ NOR 회로

 **AND 회로**
① 논리식 : $A \cdot B = C$
② 진리표

| A | B | C |
|---|---|---|
| 0 | 0 | 0 |
| 0 | 1 | 0 |
| 1 | 0 | 0 |
| 1 | 1 | 1 |

**21** 시퀀스 회로에서 조건 A와 B가 동시에 ON이 되었을 때 회로가 형성되어 작동하는 기본 회로는?

㉮ ON 회로　　㉯ OR 회로
㉰ AND 회로　　㉱ NOT 회로

**22** 다음은 어떤 회로의 진리값 표이다. 해당되는 것은?

| 입력 | | 출력 |
|---|---|---|
| A | B | C |
| 0 | 0 | 0 |
| 0 | 1 | 0 |
| 1 | 0 | 0 |
| 1 | 1 | 1 |

㉮ NOR 회로　　㉯ NOT 회로
㉰ AND 회로　　㉱ OR 회로

 입력 접점 $A \cdot B$가 모두 1인 경우 출력 C가 1이 되는 AND 회로

**23** 논리 회로에서 논리 부정 회로란?

㉮ NOT 회로　　㉯ NOR 회로
㉰ NAND 회로　　㉱ AND 회로

 NOT 회로의 출력 신호는 입력 신호의 부정이라 하며 논리식 $C = \overline{A}$이다.

**24** 논리 기호에서 입력이 있으면 출력이 없고, 입력이 없으면 출력이 있는 게이트는?

㉮ OR　　　　㉯ AND
㉰ NOR　　　㉱ NOT

 입력 신호와 출력 신호가 서로 반대의 값이 되는 회로를 NOT 회로라 한다.

**25** 다음 진리값과 일치하는 로직 회로의 명칭은?

$$\overline{A} = B$$

| 입력 | 출력 |
|---|---|
| A | B |
| 0 | 1 |
| 1 | 1 |

㉮ AND 회로　　㉯ OR 회로
㉰ NOT 회로　　㉱ NAND 회로

**NOT 회로**
논리식 $B = \overline{A}$로 출력 신호는 입력 신호의 부정이다.

**26** NOT 회로의 기호는?

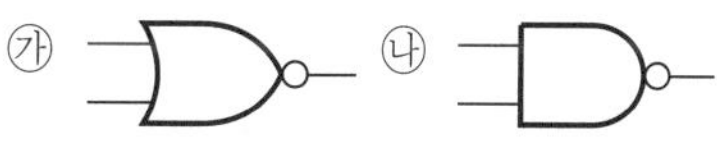
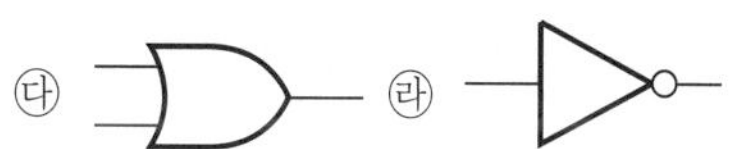

 ㉮는 NOR 회로, ㉯는 NAND 회로, ㉰는 OR 회로 ㉱ NOT 회로

**27** 입력이 모두 0일 때에만 출력이 1이 되는 회로는?

㉮ NAND 회로  ㉯ NOT 회로
㉰ NOR 회로  ㉱ OR 회로

**NOR 회로**
① OR 회로의 부정 회로
② 진리표

| A | B | C |
|---|---|---|
| 0 | 0 | 1 |
| 0 | 1 | 0 |
| 1 | 0 | 0 |
| 1 | 1 | 0 |

**28** 시퀀스 제어의 릴레이의 기본 회로에 해당되지 않는 회로는?

㉮ ON 회로  ㉯ NOR 회로
㉰ OR 회로  ㉱ NOT 회로

NOR 회로는 논리 회로에 해당된다.

**29** 다음의 진리표에 따른 논리 회로로 맞는 것은? (입력 신호 : A와 B, 출력 신호 : C)

| 입력 | | 출력 |
|---|---|---|
| A | B | C |
| 0 | 0 | 1 |
| 0 | 1 | 0 |
| 1 | 0 | 0 |
| 1 | 1 | 0 |

㉮ OR 회로  ㉯ AND 회로
㉰ NOR 회로  ㉱ NAND 회로

OR 회로는 입력 A · B 중 어느하나라도 1되면 출력이 1되는 회로이며 OR 회로의 부정회로를 NOR회로라 한다.

**30** NAND 회로의 심벌로 맞는 것은?

㉮ A B ──○ X

㉯ A B ──○ X

㉰ A B ──○ X

㉱ A ──○ X

㉮ NAND 회로
㉯ AND 회로
㉰ OR 회로
㉱ NOT 회로

**31** 무접점 소자 제어의 요소가 아닌 것은?

㉮ 다이오드  ㉯ 사이리스터
㉰ 트라이액  ㉱ 타이머

**32** 다음의 회로 중에서 타이머가 포함되어 있어야 하는 회로는?

㉮ 직렬 AND 회로
㉯ 한시 회로
㉰ 병렬 OR 회로
㉱ 부정 NOT 회로

**타이머 회로의 종류**
① 한시 동작 회로
② 한시 복귀 회로
③ 지연 회로

**33** 타이머의 종류에 해당되지 않는 것은?

㉮ 제동식 타이머
㉯ 전자식 타이머
㉰ 모터식 타이머
㉱ 버저식 타이머

**타이머의 종류**

㉮ 제동식 타이머 : 공기, 기름 등을 이용하여 시간을 제어한다. 한시 동작 방식이 가능하나 동작 시간의 정밀도가 떨어진다.

㉯ 전자식 타이머 : 미소 시간의 조정이 가능하고, 수명이 길다.

㉰ 모터식 타이머 : 짧은 시간, 긴 시간의 사용이 용이하고 온도 변화, 전압 변동 등의 영향이 적다. 동작 시간의 경과가 지침에 의해 표시된다.

**34** 기동 전류를 제한하고 어느 정도 가속 후 정격 전압을 가하는 운전 방법을 무슨 회로라 하는가?

㉮ 타이머를 이용한 기동 운전 회로

㉯ 3상 유도 전동기의 정·역 운전 회로

㉰ 3상 전동기의 자동 Y$-\Delta$ 기동 운전 회로

㉱ 3상 유도 전동기의 극수 변환 운전 제어 회로

**Y$-\Delta$ 기동 회로**

기동 시 기동 전류를 $\dfrac{1}{3}$로 감소시키기 위해 Y결선으로 기동하고 $\Delta$결선으로 운전되게 한다.

**35** 그림과 같은 회로의 명칭은?

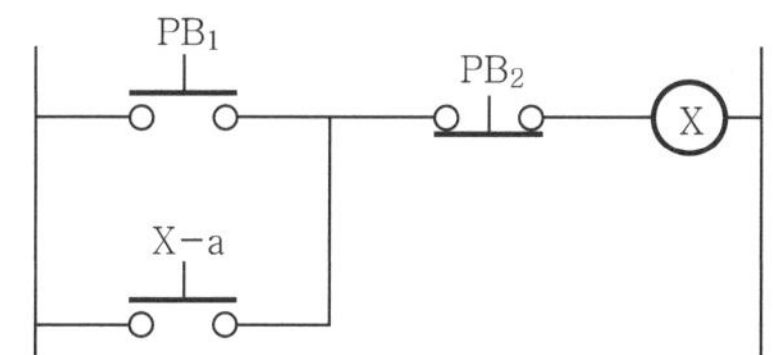

㉮ 자기 유지 회로

㉯ 카운터 회로

㉰ 타이머 회로

㉱ 플리커 회로

$PB_1$을 누르면 출력 X가 여자되어 X$-$a 접점이 폐로되고 $PB_1$이 개로되어도 X$-$a 접점이 폐로 상태로 출력이 여자 상태를 유지하는 자기 유지 회로이다.

**36** 다음 그림은 어떤 회로인가?

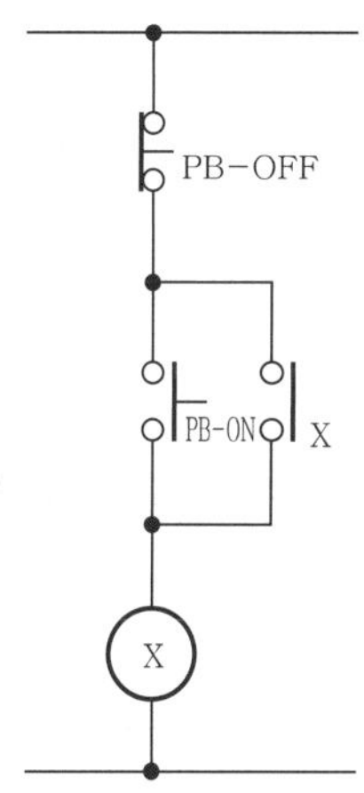


㉮ 정지 우선 회로

㉯ 기동 우선 회로

㉰ 신호 검출 회로

㉱ 인터록 회로

기동과 정지용 푸시 버튼 스위치 PB-ON, PB-OFF를 동시에 누를 때 출력 X가 여자되지 않는 정지 우선 회로이다.

**37** 버튼을 누르고 있는 동안만 회로가 동작하고, 놓으면 그 즉시 전동기가 정지하는 운전법으로, 주로 공작 기계에 사용하는 방법은?

㉮ 촌동 운전

㉯ 연동 운전

㉰ 정·역 운전

㉱ 순차 운전

기기의 미소 운전 또는 미소 시간만큼 조작시키는 회로를 촌동 운전이라 한다.

**38** 가장 최근 기기의 소형화, 고기능화, 저렴화, 고속화 및 프로그램 수정의 용이함을 실현한 시퀀스 제어는?

㉮ 릴레이 시퀀스

㉯ PLC 시퀀스

㉰ 로직 시퀀스

㉱ 닫힘 루프 제어

 가장 최근 기기의 소형화, 고기능화, 저렴화, 고속화 및 프로그램 수정의 용이함을 실현한 시퀀스 제어는 PLC 시퀀스이다.

**39** 그림과 같은 접점 회로의 논리식과 등가인 것은?

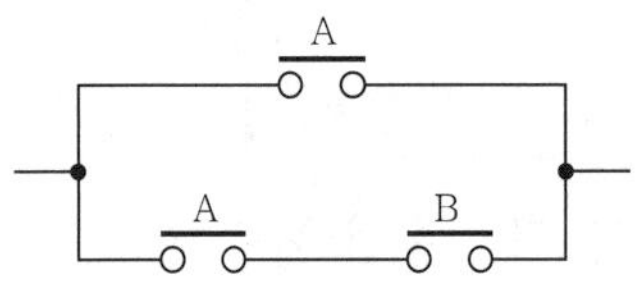

㉮ AB  　　　㉯ A

㉰ 0  　　　㉱ 1

 논리식 : $A + AB = A(1+B) = A$

**40** 다음 불 대수 $Y = AC + \overline{A}C + \overline{B}C$를 간소화하면?

㉮ C  　　　㉯ $\overline{AB}$

㉰ AC  　　　㉱ B

$$Y = AC + \overline{A}C + \overline{B}C$$
$$= C(A + \overline{A} + \overline{B})$$
$$= C(1 + \overline{B}) = C$$

**41** 다음 논리 시퀀스의 논리식은?

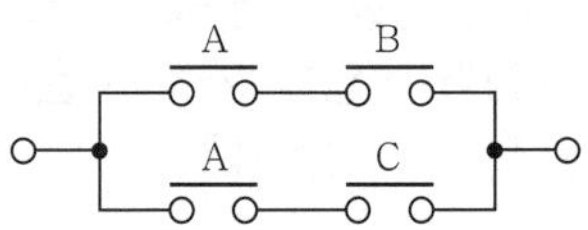

㉮ $A \cdot A + B \cdot C$

㉯ $A \cdot B + B \cdot C$

㉰ $A \cdot B + A \cdot C$

㉱ $B + C \cdot A$

 $A \cdot B$ 직렬, $A \cdot C$ 직렬로 되었고 다시 2개가 병렬 접속이므로 논리식$= A \cdot B + A \cdot C$가 된다.

# CHAPTER 07

# 전기 측정

## 01 전기 측정의 기초

### 1 계기 오차

**(1) 오차($= M - T$)**

$$오차율 \ \varepsilon = \frac{M - T}{T} \times 100\,[\%]$$

여기서, $M$ : 계기의 측정값
$T$ : 참값

**(2) 보정률**

$$\delta = \frac{T - M}{M} \times 100\,[\%]$$

**(3) 오차의 분류**

계통적 오차 ┤ ① 이론적 오차
　　　　　　② 기기적 오차
　　　　　　③ 개인적 오차

우발적 오차 ┤ ① 과실적 오차
　　　　　　② 우발적 오차

## ❷ 계측 설비

|표 6.4| 전기 계기의 동작 원리

| 종류 | 기호 | 사용 회로 | 주요 용도 | 동작 원리의 개요 |
|---|---|---|---|---|
| 가동 코일형 | | 직류 | 전압계<br>전류계<br>저항계 | 영구 자석에 의한 자계와 가동 코일에 흐르는 전류와의 사이에 전자력을 이용한다. |
| 가동 철편형 | | 교류<br>(직류) | 전압계<br>전류계 | 고정 코일 속의 고정 철편과 가동 철편과의 사이에 움직이는 전자력을 이용한다. |
| 전류력계형 | | 교류<br>직류 | 전압계<br>전류계<br>전력계 | 고정 코일과 가동 코일에 전류를 흘려 양 코일 사이에 움직이는 전자력을 이용한다. |
| 정류형 | | 교류 | 전압계<br>전류계<br>저항계 | 교류를 정류기로 직류로 변환하여 가동 코일형 계기로 측정한다. |
| 열전형 | | 교류<br>직류 | 전압계<br>전류계<br>전력계 | 열선과 열전대의 접점에 생긴 열기전력을 가동 코일형 계기로 측정한다. |
| 정전형 | | 교류<br>직류 | 전압계<br>저항계 | 2개의 전극 간에 작용하며, 정전력을 이용한다. |
| 유도형 | | 교류 | 전압계<br>전류계<br>전력량계 | 고정 코일의 교번 자계로 가동부에 와전류를 발생시켜 이것과 전계와의 사이의 전자력을 이용한다. |
| 진동편형 | | 교류 | 주파수계<br>회전계 | 진동편의 기계적 공진 작용을 이용한다. |

# 02 전기 측정

## ❶ 전압 측정

### (1) 전압계

전압을 측정하는 계기로, 병렬로 회로에 접속하며 가동 코일형은 직류 측정에 사용된다.

## (2) 배율기

전압의 측정 범위를 넓히기 위해 전압계에 직렬로 저항을 접속한다.

$$배율(m) = \frac{R_V + R_m}{R_V} = 1 + \frac{R_m}{R_V} \quad (R_v : 전압계 \ 내부 \ 저항)$$

$$\therefore \ R_m = (m-1)R_V$$

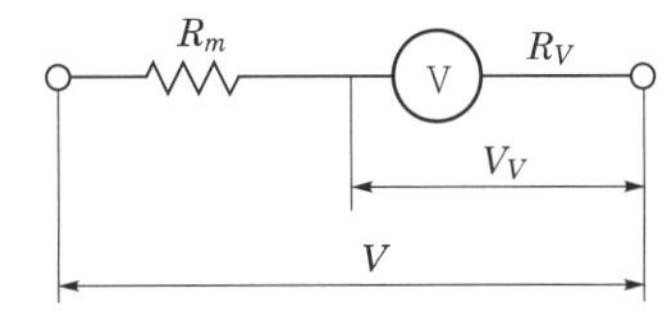

| 그림 6.83 | 배율기

## 2 전류 측정

### (1) 전류계

전류의 세기를 측정하는 계기로, 직렬로 회로에 접속하며 내부 저항이 전압계보다 작다.

### (2) 분류기

전류계의 측정 범위를 넓히기 위해 전류계에 병렬로 저항을 접속한다.

$$배율(m) = \frac{R_A + R_S}{R_S} \quad (R_A : 전압계 \ 내부 \ 저항)$$

$$\therefore \ R_S = \frac{R_A}{m-1}$$

| 그림 6.84 | 분류기

## 3 저항 측정

### (1) 저저항(1[Ω] 이하) 측정법

① 전압 강하법

② 전위차계법

③ 휘트스톤 브리지법 : $X = \dfrac{P}{Q}R[\Omega]$

④ 켈빈 더블 브리지법 : $X = \dfrac{N}{M}R[\Omega]$

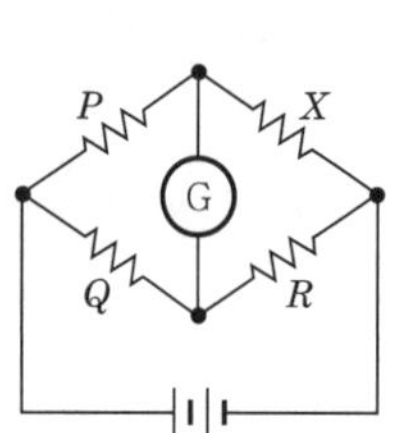

|그림 6.85 | 휘트스톤 브리지법

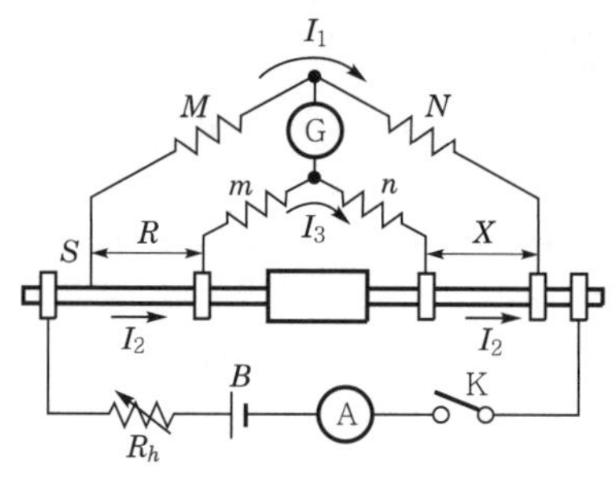

|그림 6.86 | 켈빈 더블 브리지법

## (2) 중저항(1[Ω]~1[MΩ]) 측정법

① 전압 강하법

② 휘트스톤 브리지법

## (3) 고저항(1[MΩ] 이상) 측정법

① 직접 편위법

② 전압계법

③ 콘덴서의 충·방전에 의한 측정


## 4 전력 측정

### (1) 전류계 및 전압계에 의한 측정

① 전력 $P = VI - I^2 R_a\,[\mathrm{W}]$

여기서, $R$ : 부하 저항

$R_a$ : 전류계 내부 저항

|그림 6.87 | 전류계에 의한 측정

② 전력 $P = VI - \dfrac{V^2}{R_v} = V\left(I - \dfrac{V}{R_v}\right)[\mathrm{W}]$

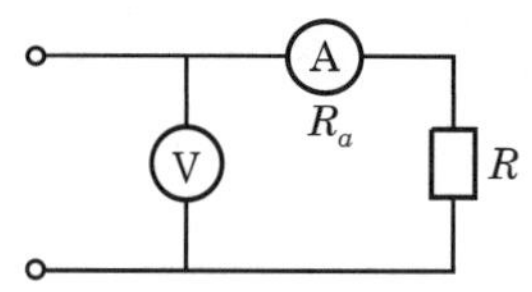

여기서, $R$ : 부하 저항

$R_v$ : 전압계 내부 저항

|그림 6.88 | 전압계에 의한 측정

## (2) 3전류계법에 의한 측정

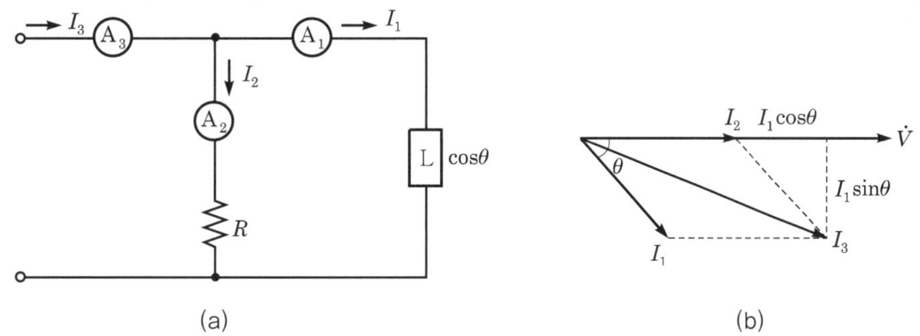

| 그림 6.89 | 3전류계법에 의한 측정

$$I_3^{\,2} = (I_2 + I_1 \cos \theta)^2 + (I_1 \sin \theta)^2 = I_1^{\,2} + I_2^{\,2} + 2\,I_1 I_2 \cos \theta$$

$$\therefore \cos \theta = \frac{I_3^{\,2} - I_1^{\,2} - I_2}{2 I_1 I_2}, \quad V = I_2 R$$

$$\text{전력} \;\; P = V I_1 \cos \theta = I_2 R \cdot I_1 \cdot \frac{I_3^{\,2} - I_1^{\,2} - I_2^{\,2}}{2 I_1 I_2} = \frac{R}{2}(I_3^{\,2} - I_1^{\,2} - I_2^{\,2})\,[\mathrm{W}]$$

## (3) 3전압계법에 의한 측정

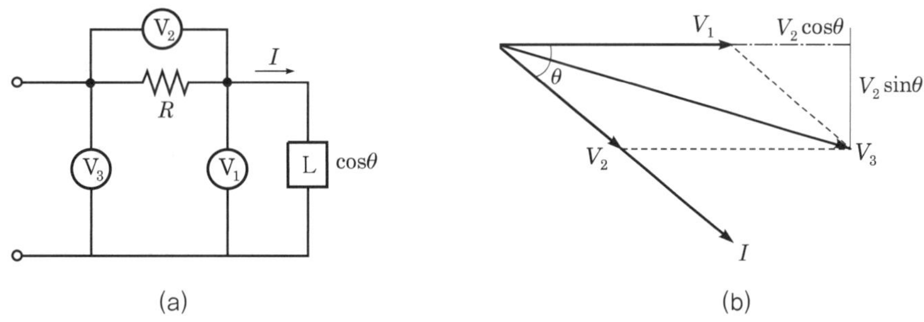

| 그림 6.90 | 3전압계법에 의한 측정

$$V_2 = IR$$

$$V_3^{\,2} = (V_1 + V_2 \cos \theta)^2 + (V_2 \sin \theta)^2 = V_1^{\,2} + V_2^{\,2} + 2\,V_1 V_2 \cos \theta$$

$$\therefore \;\; \cos \theta = \frac{V_3^{\,2} - V_1^{\,2} - V_2^{\,2}}{2 V_1 V_2}$$

$$\text{전력} \;\; P = V_1 I \cos \theta = V_1 \cdot \frac{V_2}{R} \cdot \frac{V_3^{\,2} - V_1^{\,2} - V_2^{\,2}}{2 V_1 V_2}$$

$$= \frac{1}{2R}(V_3^{\,2} - V_1^{\,2} - V_2^{\,2})\,[\mathrm{W}]$$

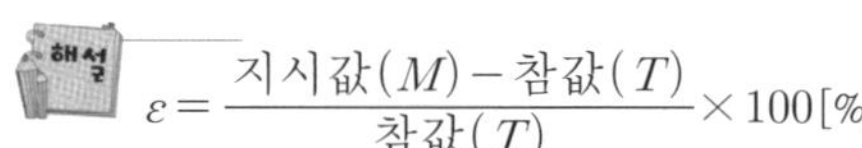

**01** 다음 중 지시 계기의 구비 조건으로 갖추어야 할 조건이 아닌 것은?

㉮ 눈금이 균등하거나 대수 눈금일 것
㉯ 절연 내력이 낮을 것
㉰ 튼튼하고 취급이 편리할 것
㉱ 확도가 높고 외부의 영향을 받지 않을 것

**지시 계기의 구비 조건**
① 확도가 높고, 외부의 영향을 받지 않을 것
② 눈금이 균등하든가 대수 눈금일 것
③ 지시가 측정값의 변화에 신속히 응답할 것
④ 튼튼하고 취급이 편리할 것
⑤ 절연 내력이 높을 것

**02** 전기 계기의 3요소는 무엇인가?

㉮ 전자 장치, 제동 장치, 자기 장치
㉯ 눈금판, 침, 가동 코일
㉰ 구동 장치, 열, 제동 장치
㉱ 구동 장치, 제어 장치, 제동 장치

계기의 구성 3요소는 구동 장치, 제어 장치, 제동 장치이다.

**03** $T$를 참값, $M$을 계기의 지시라면 계기의 오차율[%]은?

㉮ $\dfrac{T-M}{M}\times 100$
㉯ $\dfrac{M-T}{T}\times 100$
㉰ $\dfrac{T-M}{T}\times 100$
㉱ $\dfrac{M-T}{M}\times 100$

$$\varepsilon = \frac{\text{지시값}(M) - \text{참값}(T)}{\text{참값}(T)} \times 100[\%]$$

**04** 전압 20[V]를 측정한 결과 전압계가 20.5[V]를 지시하였다. 이 경우 전압계의 오차율[%]은?

㉮ 2.5  ㉯ 1.0
㉰ 0.5  ㉱ 0.1

$$\varepsilon = \frac{20.5 - 20}{20} \times 100 = 2.5[\%]$$

**05** 표준 전지를 사용하는 목적은 무엇인가?

㉮ 일정 전류를 알기 위해
㉯ 전압을 비교하기 위해
㉰ 온도의 변화를 알기 위해
㉱ 교류와 직류 전류를 비교하기 위해

표준 전지와 비교하여 직류 전압을 가장 정밀하게 측정하는 장치를 전위차계라고 한다.

**06** 직류를 측정하는 데 적합한 계기는?

㉮ 유도형
㉯ 열전형
㉰ 가동 코일형
㉱ 가동 철편형

유도형, 가동 철편형은 교류용이고, 열전형은 교류·직류 양용이다.

**07** 가동 코일형 계기의 눈금은 무엇을 지시하는가?

㉮ 평균값　　　㉯ 순시값
㉰ 최댓값　　　㉱ 실효값

**08** 직류 전압을 정밀하게 측정할 수 있는 계기는 어느 것인가?

㉮ 가동 코일형 전압계
㉯ 직류 전위차계
㉰ 진공관 전압계
㉱ 정전형 전압계

**09** 다음 계기 중 교류에만 동작되는 계기는?

㉮ 가동 코일형　㉯ 가동 철편형
㉰ 유도형　　　㉱ 열전형

 ㉮는 직류 전용, ㉯, ㉱는 교류·직류 양용

**10** 다음 중 가동 철편형 계기의 기호는?

㉮ 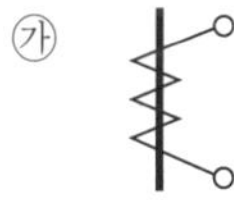　　㉯ 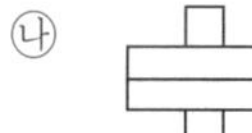

㉰ 　　㉱ 

 ㉯는 전류력계형, ㉰는 가동 코일형, ㉱는 유도형

**11** 전류 측정 시 안전 및 유의 사항으로 거리가 먼 것은?

㉮ 측정 전 날씨의 조건(습도)을 확인한다.
㉯ 직류 전류계를 사용할 때 전원의 극성을 틀리지 않도록 접속한다.
㉰ 회로 연결 시 그 접속에 따른 접촉

저항이 작도록 해야 한다.
㉱ 전류계의 내부 저항이 작을수록 회로에 주는 영향이 작고, 그 측정 오차도 작다.

 전류 측정 시 측정 전 날씨 조건은 관계가 적다.

**12** 직류 전류 측정에 가장 적당한 계기는?

㉮ 전류력계형 계기
㉯ 가동 철편형 계기
㉰ 가동 코일형 계기
㉱ 유도형 계기

 가동 코일형 계기는 직류 전용 계기이고 열선형 계기는 교류 전용 계기이다.

**13** 다음 직류의 대 전류 측정에 알맞은 것은?

㉮ 회로 시험기　㉯ 반조 검류계
㉰ 전자석 검류계　㉱ 직류 변류기

 직류의 대전류를 측정할 때 사용되는 변류기, 직류 전류가 통하는 1차 권선과 보조 교류 전원에 접속되는 교류 2차 권선으로 되어 있어 교류 회로의 인덕턴스가 직류에 의해 변하는 것을 이용하여 측정한다.

**14** 교류 전압의 크기와 위상을 측정할 때 사용되는 계기는?

㉮ 교류 전압계　㉯ 전자 전압계
㉰ 교류 전위차계　㉱ 회로 시험기

 전압의 정밀 측정에 사용하는 것으로 전류용, 교류용이 있는데 후자는 교류의 실효값과 위상각을 잴 수 있다. 다시 말하면 전원의 기전력(起電力) 또는 2점 간의 전위차를 측정함에 있어서 표준 전지 등의 이미 알고 있는 전압과 비교하여 측정하는 것을 전위차계라고 한다.

---

[정답]　7. ㉮　8. ㉮　9. ㉰　10. ㉮　11. ㉮　12. ㉰　13. ㉱　14. ㉰

## 15 전류계와 전압계를 회로에 동시에 연결할 때 접속 방법이 맞는 것은?

㉮ 전류계-병렬, 전압계-직렬
㉯ 전류계-병렬, 전압계-병렬
㉰ 전류계-직렬, 전압계-직렬
㉱ 전류계-직렬, 전압계-병렬

 전압계와 전류계를 동시에 연결할 때에는 전류계는 직렬로 접속하고, 전압계는 병렬로 접속한다.

## 16 전류계의 측정 범위를 넓히기 위한 것은?

㉮ 변압기    ㉯ 분류기
㉰ 셰링 브리지    ㉱ 정자강

## 17 전류계의 측정 범위를 넓히기 위해서 이용되는 분류기는 전류계와 어떻게 접속하는가?

㉮ 직렬    ㉯ 병렬
㉰ 직·병렬    ㉱ 변압기를 이용

## 18 전압계의 측정 범위를 넓히기 위해서 이용되는 배율기는 전압계와 어떻게 접속하는가?

㉮ 직렬    ㉯ 병렬
㉰ 직·병렬    ㉱ 변압기를 이용

## 19 최대 눈금 100[V], 전저항 $R_V = R_o + R = 12,000[\Omega]$의 전압계로 배율기를 사용하여 500[V]의 전압을 측정하기 위하여 몇 [$\Omega$]의 배율기를 사용하면 되는가?

㉮ 30,000    ㉯ 48,000
㉰ 60,000    ㉱ 72,000

$$R_m = R(M-1) = 12,000\left(\frac{500}{100}-1\right)$$
$$= 48,000[\Omega]$$

## 20 다음의 브리지 회로가 평행되는 조건은?

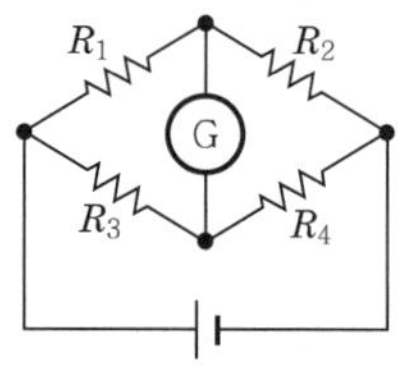

㉮ $R_1 R_2 = R_3 R_4$
㉯ $R_1 R_4 = R_2 R_3$
㉰ $R_1 R_3 = R_2 R_4$
㉱ $R_1 R_2 R_4 = R_3$

 휘트스톤 브리지는 3개의 저항을 알면 1개의 저항을 측정할 수 있는 것으로, 재고자하는 저항을 연결하면 미지의 저항을 측정할 수 있다.

## 21 다음 그림과 같은 직류 브리지의 평형 조건은?

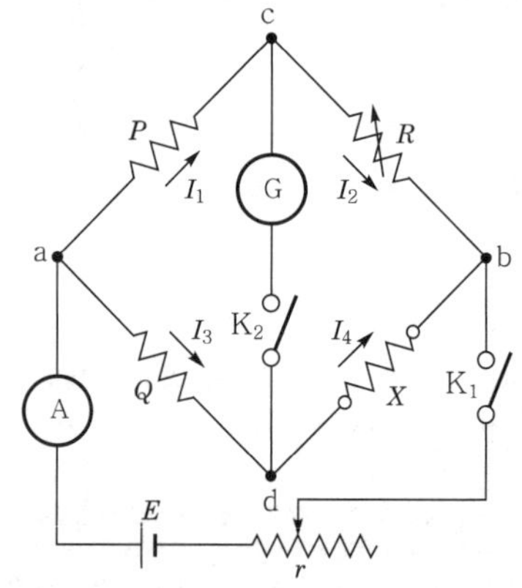


㉮ $QX = PR$    ㉯ $PX = QR$
㉰ $RX = PQ$    ㉱ $RX = 2PQ$

 $PI_1 = QI_3$ 이고, $RI_2 = XI_4$ 이다.
또한 $I_1 = I_2$ 이고, $I_3 = I_4$ 이므로
$\dfrac{P}{Q} = \dfrac{R}{X}$ 이다. 따라서 $PX = Q \cdot R$ 이다.

**22** 전기 저항을 측정하는 데 가장 적당한 기구는?

㉮ 계수관
㉯ 저항기
㉰ 휘트스톤 브리지
㉱ 트랜지스터

**23** 다음 중 접지 저항을 측정하는 데 적당한 방법은?

㉮ 콜라우슈 브리지법
㉯ 켈빈 더블 브리지법
㉰ 메거 사용
㉱ 전압계에 의한 프리시

**24** 콜라우슈 브리지에 의하여 측정할 수 있는 것은?

㉮ 직류 전압　　㉯ 접지 저항
㉰ 교류 전압　　㉱ 절연 저항

 접지 저항 측정 방법에는 콜라우슈 브리지법과 접지 저항계가 있다.

**25** 다음 중 단상 교류 전력의 측정법이 아닌 것은?

㉮ 3전압계법
㉯ 3전류계법
㉰ 단상 전력계법
㉱ 2전력계법

**26** 저저항 측정, 중저항 측정, 고저항 측정이 적당한 순으로 된 것은?

㉮ 켈빈 더블 브리지, 휘트스톤 브리지, 검류계를 이용한 직편법
㉯ 휘트스톤 브리지, 켈빈 더블 브리지, 검류계를 이용한 직편법
㉰ 검류계를 이용한 직편법, 켈빈 더블 브리지, 휘트스톤 브리지
㉱ 휘트스톤 브리지, 검류계를 이용한 직편법, 켈빈 더블 브리지

MEMO

# 과년도 출제문제

# 2005년 10월 5일 시행

**01** 유압에 비하여 압축 공기의 장점이 아닌 것은?

① 안전성
② 압축성
③ 저장성
④ 신속성(동작 속도)

 공기압은 하중에 따라 압축 상태가 변화를 한다.

**02** 유압 장치에서 릴리프 밸브의 역할은?

① 유체에 압력을 증가시키는 압력 제어 밸브이다.
② 유체의 유로의 방향을 변환시키는 방향 전환 밸브이다.
③ 유체의 압력을 일정하게 유지시키는 압력 제어 밸브이다.
④ 유압 장치에서 유체의 압력을 감소시키는 감압 밸브이다.

 유체의 압력을 일정하게 유지시키는 역할을 한다.

**03** 베인 펌프에서 유압을 발생시키는 주요 부분이 아닌 것은?

① 캠링
② 베인
③ 로터
④ 인어링

 인어링은 회전하는 부분의 정확한 위치를 위해 사용한다.

**04** 다음은 공압 실린더의 응용 회로이다. 푸시 버튼 스위치를 눌렀다 놓으면 실린더는 어떻게 작동되는가?

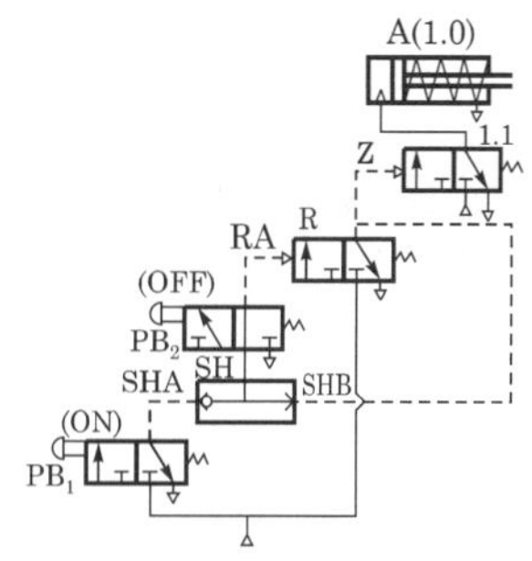


① 스위치 PB₁을 누르면 실린더가 작동되지 않는다.
② 스위치 PB₁을 누르면 실린더가 전진하고 놓으면 후진한다.
③ 스위치 PB₂를 눌렀다 놓으면 실린더가 전진 상태를 유지한다.
④ 스위치 PB₂를 눌렀다 놓으면 실린더가 전진 상태를 유지한다.

 스위치 PB₂를 눌렀다 놓으면 압력이 차단되어 전진 상태를 유지한다.

**05** 회전 속도가 높고 전체 효율이 가장 좋은 펌프는 어느 것인가?

① 축 방향 피스톤식
② 베인 펌프식
③ 내접 기어식
④ 외접 기어식

 축 방향 피스톤식이 회전 속도가 높고 전체 효율이 가장 좋다.

**06** 밸브의 변환 및 피스톤의 완성력에 의해 과도적으로 상승한 압력의 최댓값을 무엇이라고 하는가?

① 크래킹 압력　② 서지 압력
③ 리시트 압력　④ 배압

서지 압력은 과도적으로 상승한 압력의 최댓값이다.

**07** 다음 중 유압 회로에서 주요 밸브가 아닌 것은?

① 압력 제어 밸브
② 회로 제어 밸브
③ 유량 제어 밸브
④ 방향 제어 밸브

주요 밸브에는 압력·유량·방향 제어 밸브가 있다.

**08** 공압용 방향 전환 밸브의 구멍(port)에서 'EXH'가 나타내는 것은?

① 밸브로 진입
② 실린더로 진입
③ 대기로 방출
④ 탱크로 귀환

'EXH'는 Exhaust의 약어로서, 공압에서는 대기로 방출하는 의미이다.

**09** 체적 효율이 가장 좋은 펌프는?

① 기어 펌프　② 베인 펌프
③ 피스톤 펌프　④ 로터리 펌프

체적 효율은 피스톤 펌프가 가장 높다.

**10** 유압 작동유의 성질 중에서 가장 중요한 것은 무엇인가?

① 점도　② 효율
③ 온도　④ 산화 안정성

 유압 작동유의 성질 중 가장 중요한 것은 점도이다.

**11** 아래와 같이 1개의 입력 포트와 1개의 출력 포트를 가지고 입력 포트에 입력이 되지 않은 경우에만 출력 포트에 출력이 나타나는 회로는?

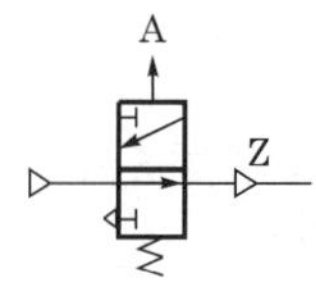

① NOR 회로
② AND 회로
③ NOT 회로
④ OR 회로

NOT 회로는 출력에 대해 반대 신호가 발생한다.

**12** 다음 그림에서 맞는 명칭은?

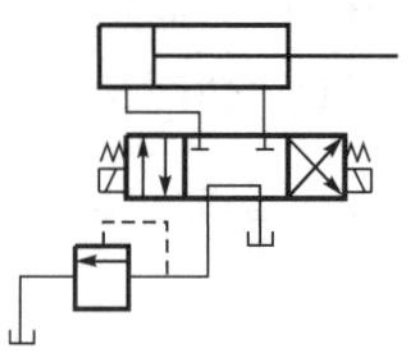

① 감속 회로
② 차동 회로
③ 로킹 회로
④ 정토크 구동 회로

 로킹 회로로 전원이 차단되면 실린더 A, B포트가 차단되는 상태이다.

**13** 아래의 공기압 회로 도명 기호의 명칭은?

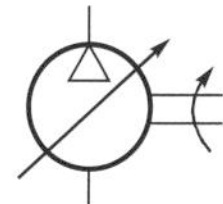

① 정용량형 공기압 모터
② 정용량형 공기 압축기
③ 가변 용량형 공기압 모터
④ 가변 용량형 공기 압축기

 공기 압축기로서, 화살표가 사선으로 있는 것은 가변형을 의미한다.

**14** 유압 장치에 사용되는 관(pipe) 이음 종류에 속하지 않는 것은?

① 나사 이음(screw joint)
② 플랜지형 이음(flange joint)
③ 플래어형 이음(flare joint)
④ 개스킷 이음(gasket joint)

 유압 장치의 관 이음은 나사·플랜지·플래어형 이음이 있다.

**15** 다음 기호 중 오리피스를 나타내는 기호는 무엇인가?

①　　　　　②

③　　　　　④

 오리피스는 유체가 흐르는 관로 속에 설치된 조리개 기구를 의미한다.

**16** 공압 발생 장치의 구성상 필요 없는 장치는?

① 방향 제어 밸브
② 에어 쿨러
③ 공기 압축기
④ 에어 드라이어

 방향 제어 밸브는 액추에이터를 작동할 때 필요하다.

**17** 다음의 공압 회로도는 공압 복동 실린더의 자동 복귀 회로이다. 1.2 스위치가 계속 작동되어 있을 경우, 복동 실린더의 작동 상태를 올바르게 설명하고 있는 것은?

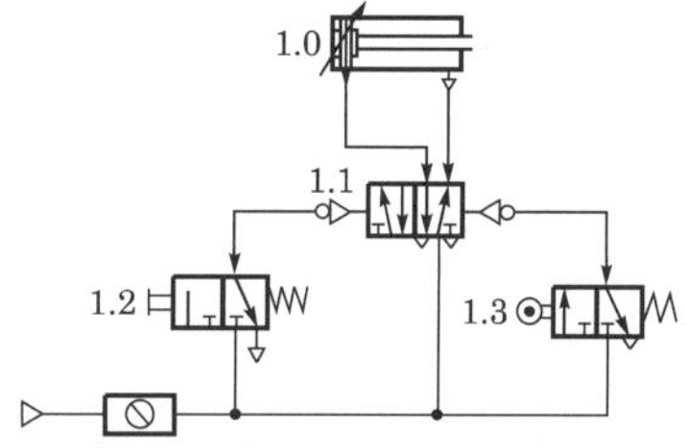

① 전진 위치에 있는 1.3 공압 리밋 스위치가 작동되면 복동 실린더는 후진하여 정지한다.
② 전진 위치에 있는 1.3 공압 리밋 스위치가 작동되면 복동 실린더는 후진한 후 동일한 작동을 반복한다.
③ 전진 위치에 있는 1.3 공압 리밋 스위치가 작동된 후 복동 실린더는 정지한다.
④ 전진 위치에 있는 1.3 공압 리밋 스위치가 작동된 후 일정 시간 경과 후 후진한다.

 실린더가 전진한 후 1.3 리밋 스위치가 작동되면 정지한다.

**18** 그림의 기호가 나타내는 것은?

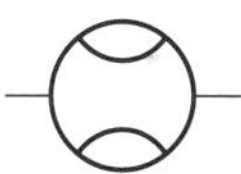

① 압력계　　　　② 차압계
③ 유압계　　　　④ 유량계

 유량계를 나타내며 관의 유량 상태를 알 수가 있다.

## 19 점성이 지나치게 크면 어떤 현상이 생기는가?

① 마찰열에 의한 열이 많이 발생한다.
② 부품 사이에서 윤활 작용을 못한다.
③ 부품의 마모가 빠르다.
④ 각 부품 사이에서 누설 손실이 크다.

 점성은 오일의 끈끈한 정도를 점성으로 표시하고, 점성이 크면 마찰열이 발생한다.

## 20 다음은 공유압 장치에 사용되는 부품의 기호이다. 해당되는 명칭은?

① 유압 펌프　　② 유압 모터
③ 공압 펌프　　④ 공압 모터

 유압 펌프로, 압력 에너지를 생성한다.

## 21 "액체에 전해지는 압력은 모든 방향에 동일하며 그 압력은 용기의 각 면에 직각으로 작용한다."는 것은?

① 보일의 법칙
② 파스칼의 원리
③ 줄의 법칙
④ 베르누이의 정리

 파스칼의 원리는 밀폐된 압력이 모든 방향에 동일하게 작용하며 수직으로 작용한다는 것을 의미한다.

## 22 유압 펌프에서 축 토크를 $T_p[\mathrm{kg \cdot cm}]$,

축동력을 $L$이라 할 경우 회전수 $n$ [rev/sec]을 구하는 식은?

① $n = 2\pi T_p$　　② $n = \dfrac{T_p}{2\pi L}$

③ $n = \dfrac{L}{2\pi T_p}$　　④ $n = \dfrac{2\pi L}{T_p}$

 축동력 $L = 2\pi n T_p$이므로

$$n = \dfrac{L}{2\pi T_p}$$

## 23 다음에 설명되는 요소의 도면 기호는 어느 것인가?

이 밸브는 공압·유압 시스템에서 액추에이터의 속도를 조정하는 데 사용되며, 유량의 조정은 한쪽 흐름 방향에서만 가능하고 반대 방향의 흐름은 자유롭다.

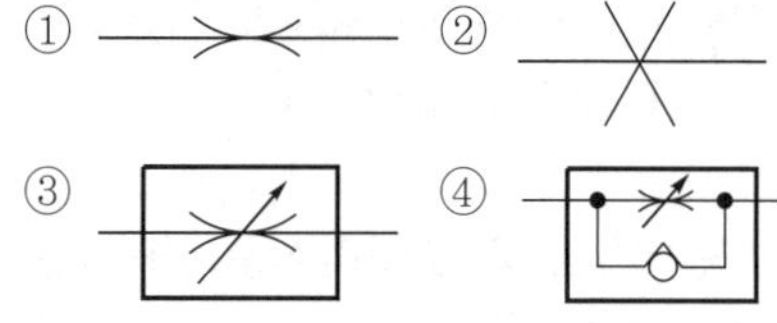

체크붙이 유량 제어 밸브이다.

## 24 그림의 기호가 나타내는 것은?

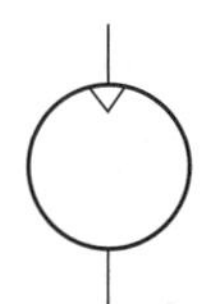

① 진공 펌프　　② 유압 펌프
③ 공기압 펌프　　④ 공기압 모터

 기호는 공기압 모터이며 압력 에너지를 이용하여 토크, 즉 기계적 에너지가 발생한다.

**25** 피스톤의 직경과 로드의 직경이 같은 것으로 출력축인 로드의 강도를 필요로 하는 경우에 자주 이용되는 것은?

① 단동 실린더
② 램형 실린더
③ 다이어프램 실린더
④ 양로드 복동 실린더

 출력축의 로드의 강도를 필요로 하는 부분에 사용하는 것이 램형 실린더이다.

**26** 유압유의 성질이 아닌 것은?

① 비열이 클 것
② 10% 희석되어도 유압유와 적합성이 있을 것
③ 비점이 높을 것
④ 비중이 클 것

 유압유는 비중이 작아야 한다.

**27** 다음 진리표에 따른 논리 신호로 맞는 것은? (단, 입력 신호 : a와 b, 출력 신호 : c)

[진리표]

| 입력 | | 출력 |
|---|---|---|
| a | b | c |
| 0 | 0 | 1 |
| 0 | 1 | 0 |
| 1 | 0 | 0 |
| 1 | 1 | 0 |

① OR 회로
② AND 회로
③ NOR 회로
④ NAND 회로

 OR 회로는 입력 A·B 중 어느 하나라도 1이 되면 출력이 1이 되는 회로이고, OR 회로의 부정 회로를 NOR 회로라 한다.

**28** 증압 회로를 사용하는 기계는?

① 프레스와 잭
② 프레스와 터빈
③ 잭과 내연 기관
④ 잭과 외연 기관

 증압 회로는 에너지를 증폭하여 사용하는 것으로 프레스와 잭에 사용한다.

**29** 송출 압력이 200[kg/cm$^2$], 100[L/min]의 송출량을 갖는 레이디얼 플런저 펌프의 소요 동력[PS]은 얼마인가? (단, 펌프 효율 = 90[%])

① 39.48      ② 49.38
③ 59.48      ④ 69.38

 소요 동력
$$L = \frac{PQ}{60 \times 75 \times \eta}$$
$$= \frac{200 \times 10^4 \times 100 \times 10^{-3}}{60 \times 75 \times 0.9}$$
$$= 49.38\,[PS]$$

**30** 공압 소음기의 구비 조건이 아닌 것은?

① 배기음과 배기 저항이 클 것
② 충격이나 진동에 변형이 생기지 않을 것
③ 장기간의 사용에 배기 저항 변화가 작을 것
④ 밸브에 장착하기 쉬운 콤팩트한 형상일 것

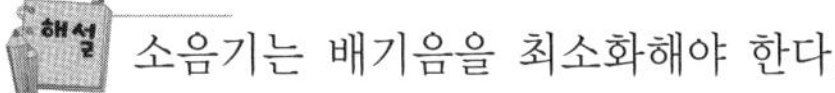 소음기는 배기음을 최소화해야 한다.

**31** 220[V], 40[W]의 형광등 10개를 4시간 동안 사용했을 때의 소비 전력량[kWh]은?

① 8.8        ② 0.16
③ 1.6        ④ 16

$40[\text{W}] \times 10개 \times 4[\text{h}] = 1,600[\text{Wh}]$
$= 1.6[\text{kWh}]$

**32** 그림과 같이 자석을 코일과 가까이 또는 멀리하면 검류계의 지침이 순간적으로 움직이는 것을 알 수 있다. 이와 같이 코일을 관통하는 자속을 변화시킬 때 기전력이 발생하는 현상을 무엇이라 하는가?

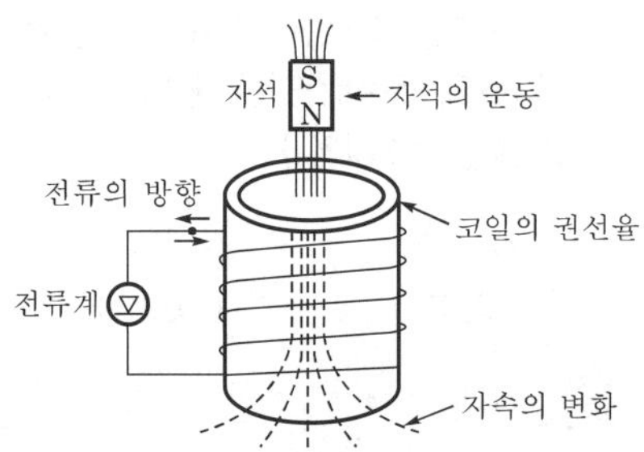


① 드리프트　　② 상호 유도
③ 전자 유도　　④ 정전 유도

 코일에 전류를 흘려주면 자속이 발생하는데 자속의 변화에 따라 기전력이 발생하는 현상을 전자 유도 현상이라 한다.

**33** 논리 기호에서 입력이 있으면 출력이 없고, 입력이 없으면 출력이 있는 게이트는?

① OR　　　　② AND
③ NOR　　　④ NOT

입력 신호와 출력 신호가 서로 반대의 값이 되는 회로를 NOT 회로라 한다.

**34** 다음 중 단자가 3개가 아닌 것은?

① 사이리스터　　② 트라이액
③ 다이오드　　　④ MOSFET

다이오드는 2단자 소자이다.

**35** 전류가 하는 일이 아닌 것은?

① 발열 작용　　② 자기 작용
③ 화학 작용　　④ 증폭 작용

 전류가 하는 일은 발열 작용, 화학 작용, 자기 작용 등이 있다.

**36** 다음 중 3상 유도 전동기는?

① 권선형
② 콘덴서 기동형
③ 분상 기동형
④ 셰이딩 코일형

 콘덴서 기동형, 셰이딩 코일형, 분상 기동형은 단상 유도 전동기이고, 권선형은 3상 유도 전동기이다.

**37** 주파수 60[kHz], 인덕턴스 20[$\mu$H]인 회로에 교류 전류 $I = I_m \sin \omega t$ [A]를 인가했을 때 유도 리액턴스 $X_L[\Omega]$은?

① $1.2\pi$　　　② $2.4\pi$
③ $36\pi$　　　④ $1.2 \times 10^3 \pi$

 유도 리액턴스
$$X_L = \omega L$$
$$= 2\pi f L$$
$$= 2\pi \times 60 \times 20 \times 10^{-6}$$
$$= 2.4\pi \times 10^{-3}[\Omega]$$

**38** 다음 불대수 $Y = AC + \overline{A}C + \overline{B}C$를 간소화하면?

① C　　　　　② AB
③ AC　　　　④ B

 $$Y = AC + \overline{A}C + \overline{B}C$$
$$= C(A + \overline{A} + \overline{B})$$
$$= C(1 + \overline{B})$$
$$= C$$

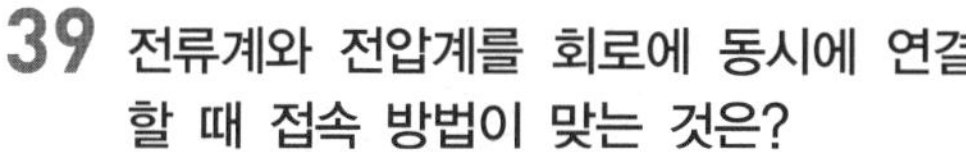

**39** 전류계와 전압계를 회로에 동시에 연결할 때 접속 방법이 맞는 것은?

① 전류계 – 병렬, 전압계 – 직렬
② 전류계 – 병렬, 전압계 – 병렬
③ 전류계 – 직렬, 전압계 – 직렬
④ 전류계 – 직렬, 전압계 – 병렬

 전압계와 전류계를 동시에 연결할 때에는 전류계는 직렬로 접속하고, 전압계는 병렬로 접속한다.

**40** 대칭 3상 교류의 Y결선에서 선간 전압 $V_L$과 상전압 $V_p$의 관계는?

① $V_L = V_p$　　② $V_L = \sqrt{2}\,V_p$
③ $V_L = 2V_p$　　④ $V_L = \sqrt{3}\,V_p$

 선간 전압이 $V_L$[V]이고, 상전압이 $V_p$라고 하면, 관계는 다음과 같다.
$$V_l = \sqrt{3}\,V_p$$

**41** 농형 유도 전동기의 기동법으로 맞지 않는 것은?

① 2차 저항법　　② 전전압 기동법
③ Y–Δ 기동법　　④ 기동 보상기법

 농형 유도 전동기의 기동법에는 전전압 기동법, Y–Δ 기동법, 리액터 기동법, 기동 보상기법 등이 있다. 2차 저항법은 권선형 유도 전동기의 기동법으로 쓰인다.

**42** 유접점 시퀀스 제어 회로의 특징으로 맞지 않는 것은?

① 수명은 반영구적이다.
② 진동·충격에 약하다.
③ 전기적 소음이 크다.
④ 주회로와 동일한 전원을 사용한다.

 유접점 시퀀스 제어 회로의 특징

㉮ 장점
　㉠ 개폐 부하의 용량이 크다.
　㉡ 온도 특성이 좋다.
　㉢ 전기적 잡음의 영향을 적게 받는다.
　㉣ 입·출력이 분리된다.
　㉤ 접점 수에 따라 많은 출력 회로를 얻을 수 있다.
㉯ 단점
　㉠ 소비 전력이 비교적 크다.
　㉡ 제어반의 외형과 설치 면적이 크다.
　㉢ 접점의 동작이 느리다(스위칭 속도가 느리다).
　㉣ 진동이나 충격 등에 약하다.
　㉤ 수명이 짧다.

**43** 공기 중에서 자기장의 크기가 10[A/m]인 점에 8[Wb]의 자극을 둘 때, 이 자극이 작용하는 자기력은 몇 [N]인가?

① 80　　② 8
③ 1.25　　④ 0.8

 $F = mH = 10 \times 8 = 80[\text{N}]$

**44** 다음 중 직류의 대전류 측정에 알맞은 것은?

① 회로 시험기　　② 반조 검류계
③ 전자식 검류계　　④ 직류 변류기

 직류의 대전류를 측정할 때 사용되는 변류기로, 직류 전류가 통하는 1차 권선과 보조 교류 전원에 접속되는 교류 2차 권선으로 되어 있어서 교류 회로의 인덕턴스가 직류에 의해 변하는 것을 이용하여 측정한다.

**45** 가장 최근 기기의 소형화, 고기능화, 저렴화, 고속화 및 프로그램 수정의 용이함을 실현한 시퀀스 제어는?

① 릴레이 시퀀스　　② PLC 시퀀스
③ 로직 시퀀스　　④ 닫힌 루프 제어

---

[정답]　39. ④　40. ④　41. ①　42. ①　43. ①　44. ④　45. ②

 가장 최근 기기의 소형화, 고기능화, 저렴화, 고속화 및 프로그램 수정의 용이함을 실현한 시퀀스 제어는 PLC 시퀀스이다.

**46** 대칭형 물체의 1/4을 잘라내고 도면의 반쪽을 단면으로 나타낸 것은?

① 온(전)단면도
② 한쪽(반) 단면도
③ 부분 단면도
④ 계단 단면도

 물체의 1/4을 절단하는 단면법을 반단면도라 한다.

**47** 도면에서 척도란에 NS로 표시된 것은 무엇을 뜻하는가?

① 축척
② 나사를 표시
③ 배척
④ 비례척이 아닌 것을 표시

 NS는 No Scale의 약어로 비례척이 아닌 것을 의미한다.

**48** 다음 나사 기호 중 KS 관용 평행 나사 기호는?

① PT
② PF
③ PS
④ SM

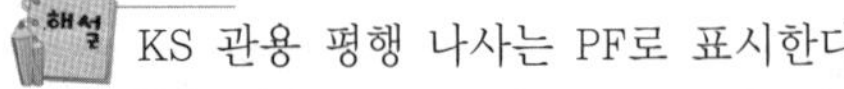 KS 관용 평행 나사는 PF로 표시한다.

**49** [보기]와 같이 입체도를 3각법으로 투상한 것으로 가장 적합한 것은?

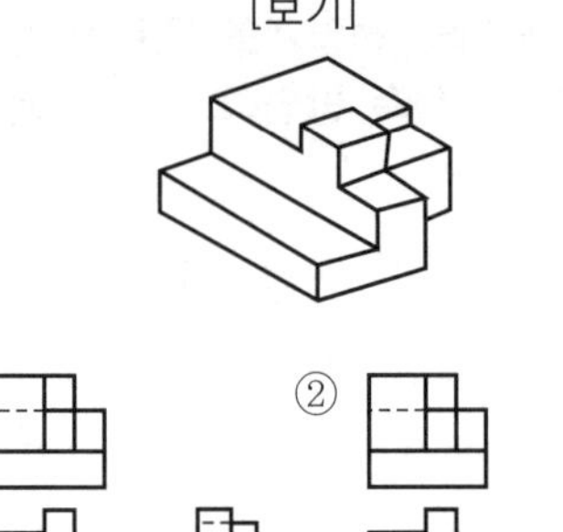


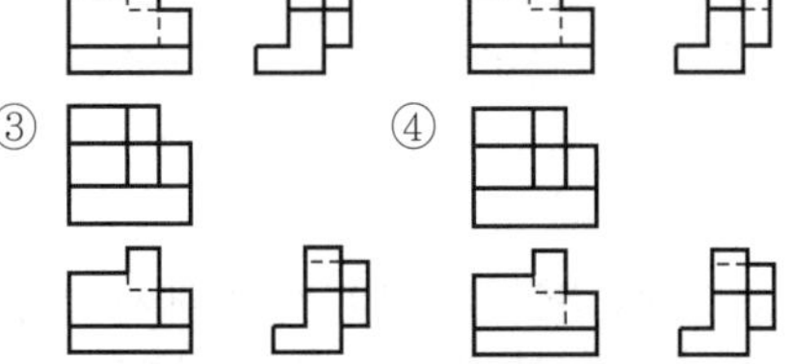

 입체도에서 넓은 면이 정면도이고, 위에서 본 형상은 평면도, 우측에서 본 형상은 우측면도이다.

**50** [보기] 용접 기호의 설명으로 옳은 것은?



① 심용접으로 슬롯부의 폭이 6[mm]
② 점용접으로 용접수가 3개
③ 심용접으로 용접수가 6개
④ 점용접으로 용접 길이 50[mm]

 원은 점용접을 나타내고 용접수가 3개이며 길이가 50[mm]이다.

**51** [보기] 입체도의 화살표 방향이 정면일 때 좌측면도로 적합한 것은?

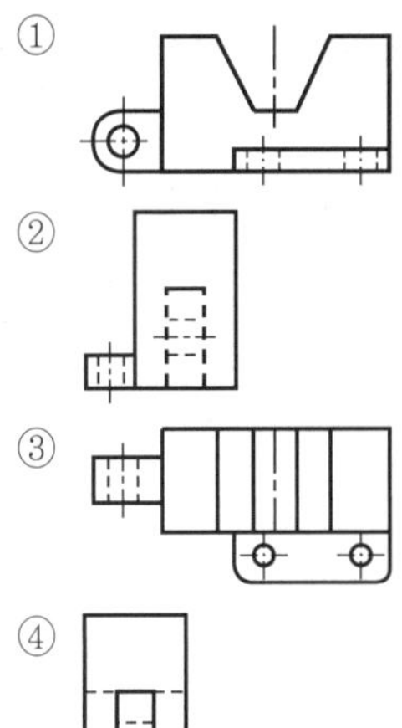

② 

③ 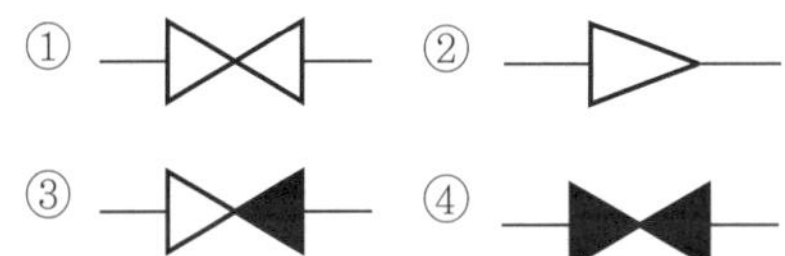

④ 

좌측면도는 왼쪽에서 본 형상으로, 도출 부분이 실선으로 나타난다.

**52** 다음 배관 도시 기호에서 밸브가 닫힌 상태를 도시한 것은?

밸브가 닫힌 상태는 흑색으로 삼각형이 마주보게 표시한다.

**53** 다음 중 전동용 기계 요소가 아닌 것은?

① 벨트　　　　② 로프
③ 코터　　　　④ 링크

코터는 부품을 체결하는 핀이다.

**54** 재료에 하중이 가해져 어느 한도 이상이 되었을 때 재료에 영구 변형이 생기는 현상은?

① 탄성　　　　② 인성
③ 소성　　　　④ 연성

재료가 하중이 가해져 영구 변형이 발생하는 것은 소성 영역에서 발생한다.

**55** 온도의 변화에 따라 재료 내부에 생기는 응력은?

① 경사 응력　　　② 크리프 응력
③ 압축 응력　　　④ 열응력

온도의 변화에 따라 재료에 발생하는 응력은 열응력이다.

**56** 베어링 호칭 번호 6203의 안지름 치수 [mm]는 얼마인가?

① 10　　　　② 12
③ 15　　　　④ 17

베어링 호칭 6203은 내경이 17[mm]를 나타내며 6204부터는 마지막 끝자리 수에 5를 곱하면 베어링 내경이 된다.

**57** '$\dfrac{극한\ 강도}{허용\ 응력}$ = (　　)'의 식에서 (　　) 에 들어갈 적합한 용어는?

① 안전율　　　　② 파괴 강도
③ 영률　　　　④ 사용 강도

안전율은 극한 강도를 허용 응력으로 나누어서 구하며 구조물 설계 시 적용해야 한다.

**58** 미터 나사에 관한 설명으로 잘못된 것은?

① 기호는 M으로 표시한다.
② 나사산의 각도는 60°이다.
③ 호칭은 바깥 지름을 인치(inch)로 표시한다.
④ 피치는 산과 산 사이를 밀리미터[mm] 로 표시한다.

[정답]　52. ④　53. ③　54. ③　55. ④　56. ④　57. ①　58. ③

 미터 나사는 바깥 지름도 [mm]로 표시
해야 한다.

**59** 회전 운동을 직선 운동으로 바꿀 때 사
용되는 기어는?

① 스퍼 기어
② 랙과 피니언
③ 내접 기어
④ 헬리컬 기어

 랙과 피니언은 회전 운동을 직선 운동으
로 변환할 수가 있다.

**60** 베어링에서 오일 실의 용도를 바르게 설
명한 것은?

① 오일 등이 새는 것을 방지하고 물 또
는 먼지 등이 들어가지 않도록 하기
위함
② 축 방향에 작용하는 힘을 방지하기
위함
③ 베어링이 빠져 나오는 것을 방지하
기 위함
④ 열의 발산을 좋게 하기 위함

 오일 실은 오일 누수와 불순물이 혼입하
지 않도록 한다.

# 2006년 10월 1일 시행

**01** 다음 그림은 무슨 유압·공기압 도면 기호인가?

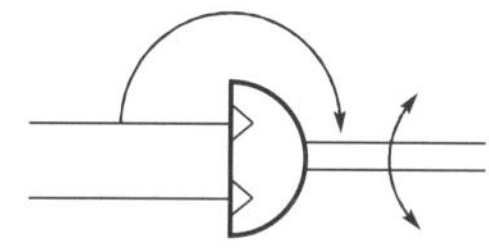

① 요동형 공기압 액추에이터
② 요동형 유압 액추에이터
③ 유압 모터
④ 공기압 모터

 요동형 공기압 액추에이터로서, A, B 포트에 압력이 생성될 때 시계 방향과 반시계 방향으로 일정한 각도로 요동한다.

**02** 다음 그림에서 단면적이 5[cm²]인 피스톤에 20[kg]의 추를 올려 놓을 때 유체에 발생하는 압력의 크기[kg/cm²]는?

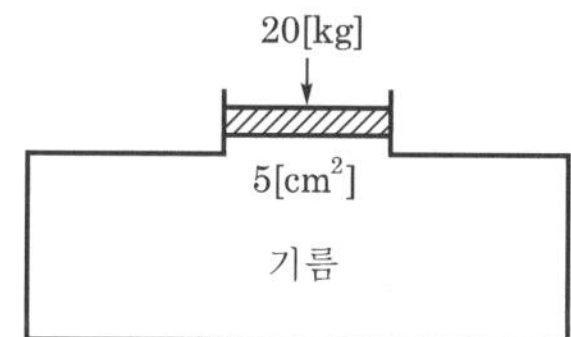


① 1
② 4
③ 5
④ 20

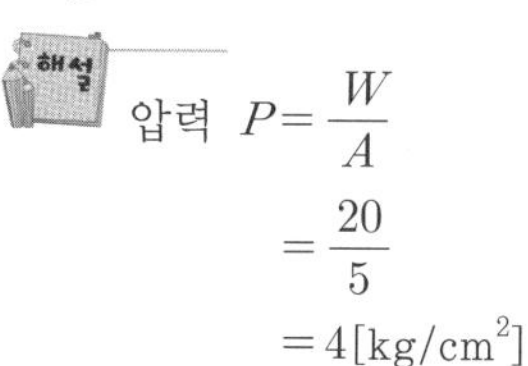 압력 $P = \dfrac{W}{A}$

$$= \dfrac{20}{5}$$

$$= 4[\text{kg/cm}^2]$$

**03** 다음 기호의 설명으로 맞는 것은?

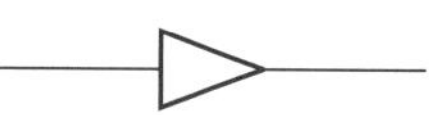

① 관로 속에 기름이 흐른다.
② 관로 속에 공기가 흐른다.
③ 관로 속에 물이 흐른다.
④ 관로 속에 윤활유가 흐른다.

 공기압은 삼각형에 흰색으로 표기한다.

**04** 다음 유압 기호의 제어 방식 설명으로 올바른 것은?

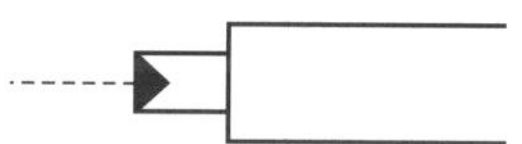

① 레버 방식이다.
② 스프링 제어 방식이다.
③ 공기압 제어 방식이다.
④ 파일럿 제어 방식이다.

 파일럿 제어 방식으로, 밸브 내의 미소 압력으로 스풀을 열고, 닫게 한다.

**05** 유관의 안지름 5[cm], 유속 10[cm/s]로 하면 최대 유량은 약 몇 [cm³/s]인가?

① 196
② 250
③ 462
④ 785

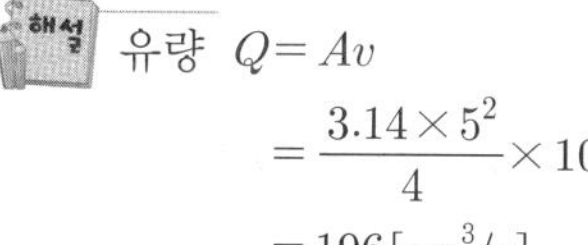 유량 $Q = Av$

$$= \dfrac{3.14 \times 5^2}{4} \times 10$$

$$= 196[\text{cm}^3/\text{s}]$$

**06** 입력 측과 출력 측의 작용 면적비에 대응하는 중압비에 따라 압력을 변환하는 기기는?

① 축압기　　　　② 차동기
③ 여과기　　　　④ 증압기

 증압기는 부족한 출력 측 압력을 증폭하여 사용하는 장치이다.

**07** 유압 모터의 종류가 아닌 것은?

① 기어형　　　　② 베인형
③ 피스톤형　　　④ 나사형

 유압 모터는 기어형, 베인형, 피스톤형이 있다.

**08** 다음 중 고압 작동에 적합한 특징을 갖는 모터는?

① 피스톤 모터
② 기어 모터
③ 압력 평형식 베인 모터
④ 압력 불평형식 베인 모터

 고압 작동에는 피스톤형 모터가 사용된다.

**09** 다음 중 공기압 장치의 기본 시스템이 아닌 것은?

① 압축 공기 발생 장치
② 압축 공기 조정 장치
③ 공압 제어 밸브
④ 유압 펌프

 유압 펌프는 유압을 생성하는 장치이다.

**10** 양정은 압력을 비중량으로 나눈 값이다. 양정의 단위로 적당한 것은?

① kg　　　　　　② m
③ $kg/cm^2$　　　　④ $m^2/sec$

 양정을 수두(head)라고 하며,
$$H = \frac{p}{\gamma} = \frac{[kg/m^3]}{[kg/m^2]} = [m]$$ 가 된다.

**11** 완전한 진공을 '0'으로 표시한 압력은?

① 게이지 압력　　② 최고 압력
③ 평균 압력　　　④ 절대 압력

 완전한 진공을 '0'으로 표시한 압력은 절대 압력이다.

**12** 유압 동력을 직선 왕복 운동으로 변환하는 기구는?

① 유압 모터　　　② 요동 모터
③ 유압 실린더　　④ 유압 펌프

 직선 왕복 운동은 유압 실린더이며, A, B포트에 압력이 번갈아 입력됨에 따라 왕복 운동이 된다.

**13** 유압 펌프 중에서 가변 체적형의 제작이 용이한 펌프는?

① 내접형 기어 펌프
② 외접형 기어 펌프
③ 평형형 베인 펌프
④ 축 방향 회전 피스톤 펌프

 가변 체적형 펌프는 축 방향 회전 피스톤 펌프이다.

**14** 유압유의 점성이 지나치게 큰 경우 나타나는 현상이 아닌 것은?

① 유동의 저항이 지나치게 많아진다.
② 마찰에 의한 열이 발생한다.
③ 부품 사이의 누출 손실이 커진다.
④ 마찰 손실에 의한 펌프의 동력이 많이 소비된다.

---

[정답]　06. ④　07. ④　08. ①　09. ④　10. ②　11. ④　12. ③　13. ④　14. ③

 유압유에 점성이 커지면 누출 손실이 작아진다.

**15** 작동유의 열화를 촉진하는 원인이 될 수 없는 것은?

① 유온이 너무 높음
② 기포의 혼입
③ 플러싱 불량에 의한 열화된 기름의 잔존
④ 점도가 부적당

 작동유의 열화는 점도의 부적당과 관계가 없다.

**16** 다음 그림에서 공압 로직 밸브와 진리값이 일치하는 로직 명칭은?

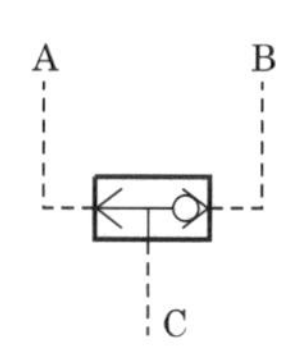

[공압 로직 밸브]

A+B=C

| 입력 신호 | | 출력 |
|---|---|---|
| A | B | C |
| 0 | 0 | 0 |
| 0 | 1 | 1 |
| 1 | 0 | 1 |
| 1 | 1 | 1 |

① AND
② OR
③ NOT
④ NOR

 OR 회로는 입력 A, B 중 하나만 신호가 들어오면 작동된다.

**17** 유압 장치에서 방향 제어 밸브의 일종으로서, 출구가 고압 측 입구에 자동적으로 접속되는 동시에 저압 측 입구를 닫는 작용을 하는 밸브는?

① 셀렉터 밸브
② 셔틀 밸브
③ 바이패스 밸브
④ 체크 밸브

 셔틀 밸브는 OR 회로로 구현되어 고압 우선 회로이다.

**18** 다음 밸브 기호는 어떤 밸브의 기호인가?

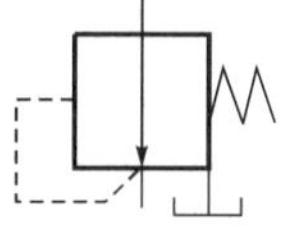

① 무부하 밸브
② 감압 밸브
③ 시퀀스 밸브
④ 릴리프 밸브

 릴리프 밸브는 오직 설정압으로만 유지한다.

**19** 공기 탱크의 기능을 나열한 것 중 틀린 것은?

① 압축기로부터 배출된 공기 압력의 맥동을 평준화한다.
② 다량의 공기가 소비되는 경우 급격한 압력 강하를 방지한다.
③ 공기 탱크는 저압에 사용되므로 법적 규제를 받지 않는다.
④ 주위의 외기에 의해 냉각되어 응축수를 분리시킨다.

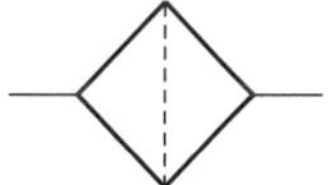 공기 탱크는 안전상에 문제가 되면 법적 규제를 받는다.

**20** 다음의 유압·공기압 도면 기호는 무엇을 나타낸 것인가?

① 어큐뮬레이터
② 필터
③ 윤활기
④ 유량계

 필터는 공기압의 불순물을 제거하여 액추에이터를 보호한다.

**21** 회로압이 설정압을 넘으면 막이 파열되어 압유를 탱크로 귀환시켜 압력 상승을 막아 기기를 보호하는 역할을 하는 것은?

① 방향 제어 밸브
② 유체 퓨즈
③ 파일럿 작동형 체크 밸브
④ 감압 밸브

 유체 퓨즈는 압력 상승을 막아 기기를 보호한다.

**22** 다음에서 플립플롭 기능을 만족하는 밸브는?

① 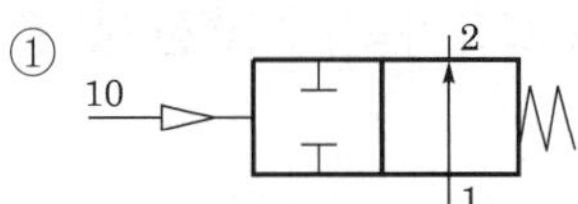

② 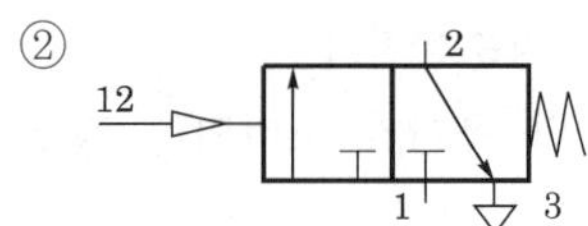

③ 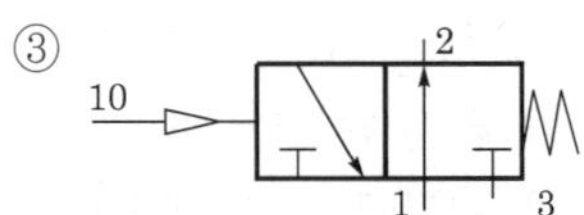

④ 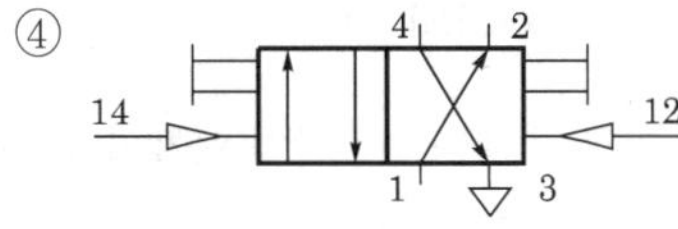

 플립플롭 기능은 일시적으로 기억하는 기능으로 유체의 흐름이 진행하는 상태이어야 한다.

**23** 공압 실린더의 쿠션 조절의 의미는?

① 실린더의 속도를 빠르게 한다.
② 실린더의 힘을 조절한다.
③ 전체 운동 속도를 조절한다.
④ 운동의 끝부분에서 완충한다.

 쿠션 조절은 운동의 끝부분에서 충격을 완화하는 역할을 한다.

**24** 다음 실린더 중 단동 실린더가 될 수 없는 것은?

① 피스톤 실린더
② 격판 실린더
③ 램형 실린더
④ 양 로드형 실린더

 단동 실린더는 압력을 생성하는 포트가 하나만 존재한다.

**25** 유압 펌프에 관한 설명이다. 이들의 설명이 잘못된 것은?

① 나사 펌프 : 운전이 동적이고 내구성이 작다.
② 치차 펌프 : 구조가 간단하고 소형이다.
③ 베인 펌프 : 장시간 사용하여도 성능 저하가 적다.
④ 피스톤 펌프 : 고압에 적당하고 누설이 적다.

 나사 펌프는 운전이 동적이고 내구성이 크다.

**26** 유압 · 공기압 도면 기호(KS B 0054)의 기호 요소에서 기호로 사용되는 선의 종류 중 복선의 용도는?

① 주 관로
② 파일럿 조작 관로
③ 기계적 결합
④ 포위선

 복선으로 사용하는 경우에는 기계적 결합이 있을 때 사용한다.

**27** 주로 안전 밸브로 사용되며 시스템 내의 압력이 최대 허용 압력을 초과하는 것을 방지해 주는 밸브로 가장 적합한 것은?

① 언로드 밸브    ② 시퀀스 밸브

③ 릴리프 밸브    ④ 압력 스위치

 릴리프 밸브는 설정압에서만 작동하여 배관의 압력을 일정하게 유지한다.

**28** 탠덤 실린더를 사용하여 실린더의 램을 전진시켜 높지 않은 압력으로 강력한 압축력을 얻을 수 있는 회로는?

① 시퀀스 회로

② 무부하 회로

③ 증강 회로

④ 블리드 오프 회로

 증강 회로는 실린더의 램을 전진시켜 강력한 압축력을 얻을 수가 있다.

**29** 다음에 설명되는 요소의 도면 기호는 어느 것인가?

> 실린더의 속도를 증가시키는 목적으로 사용되는 공압 요소로써 효과적으로 사용하기 위해 실린더에 직접 설치하거나 가능한 가깝게 설치한다.

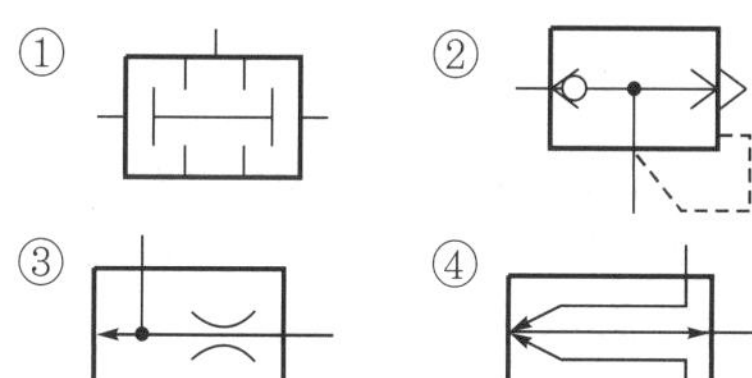

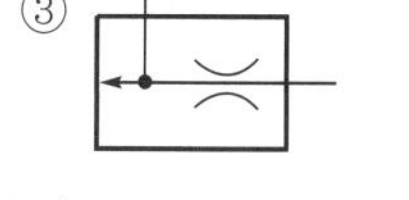

셔틀 밸브는 배출되는 유량이 많아 속도가 빠르다.

**30** 압력 보상형 유량 제어 밸브에 대한 설명이다. 맞는 것은?

① 실린더 등의 운동 속도와 힘을 동시에 제어할 수 있는 밸브이다.

② 밸브의 입구와 출구 압력 차이를 일정하게 유지하는 밸브이다.

③ 체크 밸브와 교축 밸브로 구성되어 일 방향으로 유량을 제어한다.

④ 유압 실린더 등의 이송 속도를 부하에 관계없이 일정하게 할 수 있다.

 압력 보상형 유량 제어 밸브는 부하에 관계없이 이송 속도를 일정하게 유지한다.

**31** 빌딩, 아파트 물탱크(수조)의 수위를 검출하여 급수 펌프를 자동으로 운전하도록 하는 것은?

① 전자 개폐기

② 플로트리스 계전기

③ 근접 스위치

④ 한계 스위치

 부력의 원리를 이용하지 않고 일정한 높이까지 물이 채워지면 전기적인 원리에 의해서 급수 펌프 전원을 차단시킨다.

**32** 전원이 V결선된 경우 부하에 전달되는 전력은 △결선인 경우의 약 몇 [%]인가?

① 57.7      ② 86.6

③ 100      ④ 147

$$\frac{P_V}{P_\Delta} = \frac{\sqrt{3}\,VI}{3\,VI} \times 100 = \frac{1}{\sqrt{3}} \times 100$$
$$= 0.577 \times 100 = 57.7[\%]$$

**33** 변압기를 병렬 운전하기 위한 조건이 아닌 것은?

① 각 변압기의 중량이 같아야 한다.

② 각 변압기의 극성이 같아야 한다.

③ 각 변압기의 권수비가 같아야 한다.

④ 각 변압기의 백분율 임피던스 강하가 같아야 한다.

변압기 병렬 운전 조건
㉮ 1·2차의 정격 전압이 같을 것
㉯ 1·2차의 극성이 같을 것
㉰ 임피던스의 전압이 같을 것
㉱ 각 변압기의 저항과 누설 리액턴스의
　비가 같을 것

## 34 10[Ω]과 20[Ω]의 저항이 직렬로 연결된 회로에 60[V]의 전압을 가했을 때 10[Ω]의 저항에 걸리는 전압[V]을 구하면 얼마인가?

① 6　　　　　② 10
③ 20　　　　④ 30

$$I = \frac{E}{R} = \frac{60}{10+20} = 2[\text{A}]$$
$$\therefore E = IR = 2 \times 10 = 20[\text{V}]$$

## 35 대칭 3상 교류에서 각 상의 위상차는?

① 60°　　　　② 90°
③ 120°　　　④ 150°

대칭 3상 교류는 크기는 같고 서로 $\dfrac{2\pi}{3}$
[rad]만큼의 위상차를 가지는 3상 교류
이다.

## 36 교류 전압의 크기와 위상을 측정할 때 사용되는 계기는?

① 교류 전압계　　② 전자 전압계
③ 교류 전위차계　④ 회로 시험기

전압의 정밀 측정에 사용하는 것으로 전류용, 교류용이 있는데 후자는 교류의 실효값과 위상각을 잴 수 있다. 다시 말하면 전원의 기전력(起電力) 또는 2점 간의 전위차를 측정함에 있어서 표준 전지 등의 이미 알고 있는 전압과 비교하여 측정하는 것을 전위차계라고 한다.

## 37 시퀀스 제어계의 일반적인 동작 과정을 나타낸 것이다. A, B, C, D에 맞는 용어를 순서대로 나열한 것은?

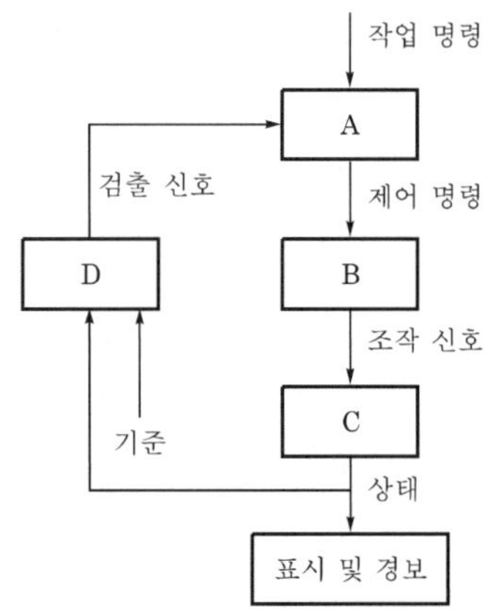


① A : 명령 처리부, B : 제어 대상, C : 조작부, D : 검출부
② A : 제어 대상, B : 검출부, C : 명령 처리부, D : 조작부
③ A : 검출부, B : 명령 처리부, C : 조작부, D : 제어 대상
④ A : 명령 처리부, B : 조작부, C : 제어 대상, D : 검출부

명령 처리부는 검출부의 신호값에 따라 신호를 출력하여 조작부에 보내지고 제어 대상(액추에이터)을 제어한다.

## 38 평등 자장 내에 전류가 흐르는 직선 도선을 놓을 때, 전자력이 최대가 되는 도선과 자장 방향의 각도는?

① 0°　　　　　② 30°
③ 60°　　　　④ 90°

전자력 $F = IlB\sin\theta[\text{N}]$
∴ 전자력이 최대가 되는 도선과 자장 방향의 각도 $\theta = 90°$일 때가 된다.

**39** 금속 및 전해질 용액과 같이 전기가 잘 흐르는 물질을 무엇이라 하는가?

① 도체　　　　　② 반도체

③ 절연체　　　　④ 저항

 **도체**

전하가 이동하기 쉬운 물질, 즉 전류가 흐르기 쉬운 물질(금속, 염류, 전해질 용액)

**40** 권수가 300인 코일에서 2초 사이에 10[Wb]의 자속이 변화한다면, 코일에 발생되는 유도 기전력의 크기는 몇 [V]인가?

① 20　　　　　　② 1,500

③ 3,000　　　　④ 6,000

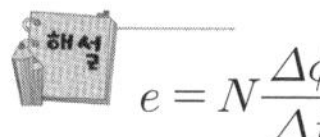

$$e = N\frac{\Delta\phi}{\Delta t}$$
$$= 300 \times \frac{10}{2}$$
$$= 1,500[\text{V}]$$

**41** 3상 농형 유도 전동기의 기동법이 아닌 것은?

① 저전압 기동 방법

② Y－Δ 기동 방법

③ 기동 보상기 방법

④ Y－Y 기동 방법

 농형 유도 전동기의 기동법에는 전전압 기동법, Y－Δ 기동법, 리액터 기동법, 기동 보상기법 등이 있다. 2차 저항법은 권선형 유도 전동기의 기동법으로 쓰인다.

**42** 100[Ω]의 부하가 연결된 회로에 10[V]의 직류 전압을 가하고 전류를 측정하면 계기에 나타나는 값[A]은?

① 10　　　　　　② 1

③ 0.1　　　　　④ 0.01

$$I = \frac{V}{R} = \frac{10}{100} = 0.1[\text{A}]$$

**43** 자기 저항의 단위는?

① [Ω]　　　　　② [H/m]

③ [AT/Wb]　　　④ [N·m]

 자기 저항 $R_m = \dfrac{F}{\phi} = \dfrac{NI}{\phi}$[AT/Wb]

∴ 자기 저항의 단위는 [AT/Wb]가 된다.

**44** OR 논리 시퀀스 제어 회로의 입력 스위치나 접점의 연결은?

① 직렬　　　　　② 병렬

③ 직·병렬　　　④ Y

 AND는 접점 직렬 연결, OR은 접점 병렬 연결이다.

**45** 1차 전압 110[V]와 2차 전압 220[V]의 변압기의 권선비는?

① 1 : 1　　　　　② 1 : 2

③ 1 : 3　　　　　④ 1 : 4

 권선비 $a = \dfrac{n_1}{n_2} = \dfrac{V_1}{V_2} = \dfrac{110}{220} = \dfrac{1}{2}$

∴ $n_1 : n_2 = 1 : 2$

**46** 공·유압 배관의 간략 도시 방법으로 신축관 이음의 도시 기호는?

①　　　　　　　②

③　　　　　　　④

신축관 이음은 열로 인한 배관의 팽창을 보정하는 역할을 한다.

**47** [보기]와 같은 용접 도시 기호의 설명으로 올바른 것은?

[보기]

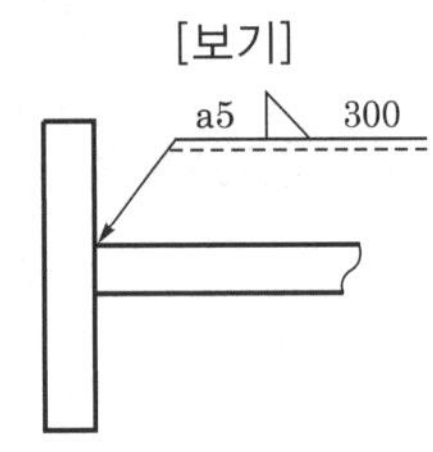

① 홈 깊이 5[mm]

② 목 길이 5[mm]

③ 목 두께 5[mm]

④ 루트 간격 5[mm]

 필렛 용접에서 목 두께를 나타낸다.

**48** 절단된 면을 다른 부분과 구분하기 위하여 가는 실선으로 규칙적으로 빗줄을 그은 선의 명칭은?

① 해칭선    ② 피치선

③ 파단선    ④ 기준선

 해칭선은 절단한 부분을 표시하며 가는 실선으로 나타낸다.

**49** [보기]와 같은 물체의 한쪽 단면도로 가장 적합한 것은?

[보기]

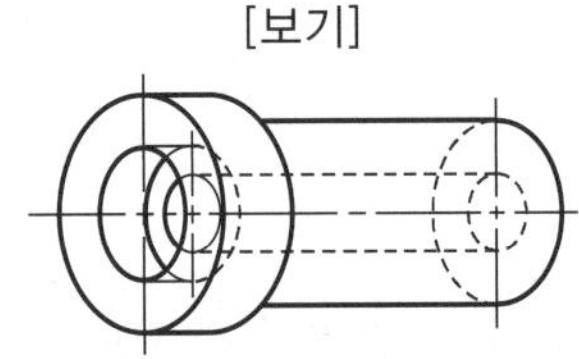

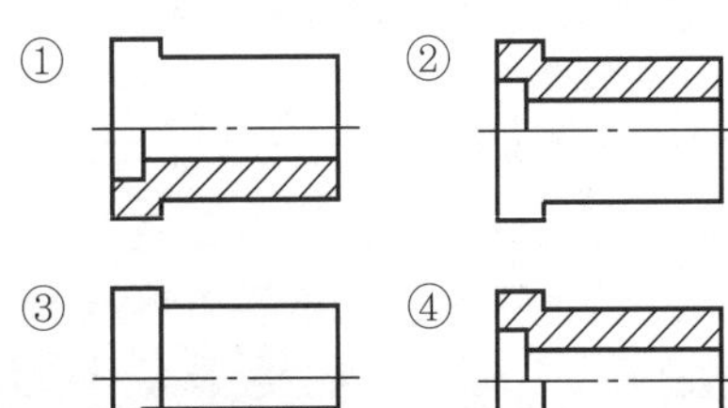

 반단면도로 나타내면 중심선 위에는 내부를, 아래는 외부를 나타낸다.

**50** 기계 제도 치수 기입법에서 정정 치수를 의미하는 것은?

① 5̶0̶          ② 5̲0̲

③ (50)         ④ ≪50≫

 정정 치수는 정정하고자 하는 숫자 가운데 수평선을 그은 다음 위에다 표시한다.

**51** [보기] 입체도의 화살표 방향이 정면이고 좌우 대칭일 때 우측면도로 가장 적합한 것은?

[보기]

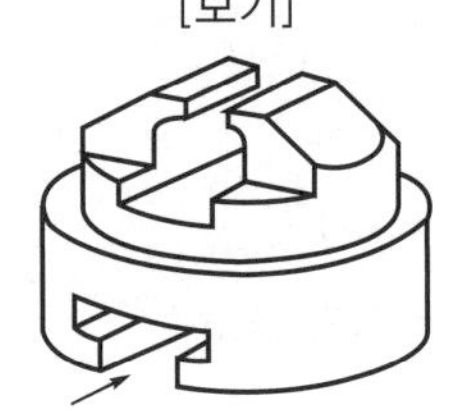

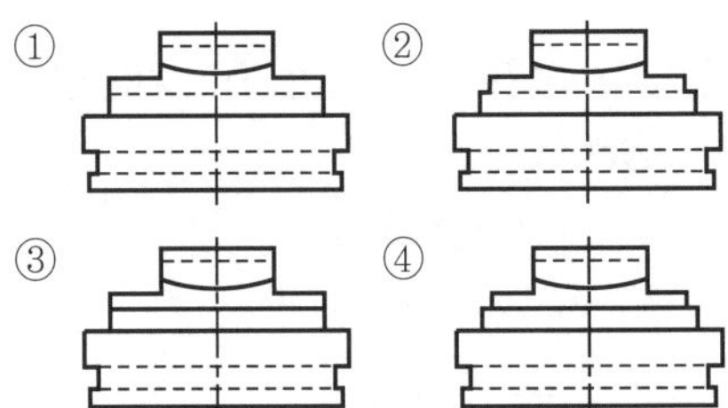

 우측면도와 좌측면도는 동일하며 아랫부분은 파선이 두 줄, 윗부분도 파선이 두 개이나 길이 차이가 있다.

**52** 제3각법으로 정투상한 [보기]와 같은 정면도와 평면도에 가장 적합한 우측면도는?

[보기]

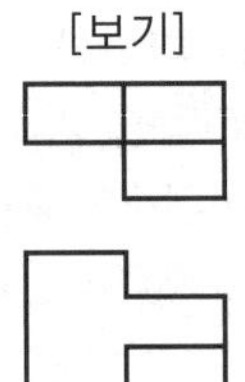

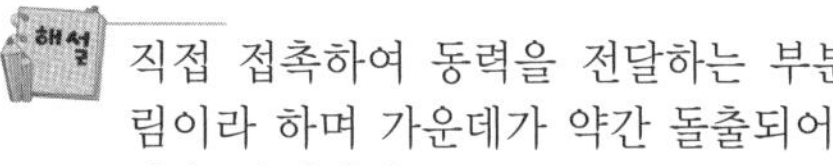



압축력을 가했을 때 전단 응력은 최대 압축 응력의 1/2배이다.

**57** 평 벨트 풀리에서 벨트와 직접 접촉하여 동력을 전달하는 부분은?

① 보스　　　　　② 암

③ 림　　　　　　④ 리브

직접 접촉하여 동력을 전달하는 부분을 림이라 하며 가운데가 약간 돌출되어 이탈을 방지한다.

측면도에서 정면도 부분만 파선이며, 평면도 부분은 파선이 없다.

**53** 파이프와 같이 두께가 얇은 곳의 결합에 이용되며, 누수를 방지하고 기밀 유지하는 데 가장 적합한 나사는?

① 미터 나사　　　② 톱니 나사

③ 유니파이 나사　④ 관용 나사

관용 나사는 가는 나사로서, 테이퍼가 있어 조일수록 기밀 유지가 좋다.

**58** 축 단면 계수를 $Z$, 최대 굽힘 응력을 $\sigma_b$라 하면 축에 작용하는 굽힘 모멘트 $M$으로 옳은 것은?

① $M = \dfrac{Z}{\sigma_b}$　　　　② $M = \dfrac{\sigma_b}{Z}$

③ $M = \sigma_b Z$　　　　④ $M = \dfrac{1}{2}\sigma_b$

굽힘 모멘트는 굽힘 응력과 단면 계수에 비례한다.

**54** 물체에 외력(하중)이 가해졌을 때 단위 면적당 작용하는 힘을 무엇이라 정의하는가?

① 변형률　　　　② 응력

③ 탄성 계수　　　④ 탄성 에너지

외력이 가해질 때 단위 면적당 작용하는 힘을 응력이라 한다.

**59** 피치원 지름 165[mm], 잇수 55인 표준 평 기어의 모듈은?

① 2.89　　　　　② 30

③ 3　　　　　　④ 2.54

모듈 $m = \dfrac{D}{Z} = \dfrac{165}{55} = 3$

**55** 코일 스프링의 평균 지름이 20[mm], 소선의 지름이 2[mm]라면 스프링 지수는?

① 40　　　　　　② 0.1

③ 18　　　　　　④ 10

스프링 지수 $C = \dfrac{D}{d} = \dfrac{20}{2} = 10$

**60** 두 축이 평행하지도 않고 만나지도 않으며 큰 감속을 얻고자 할 때 사용하는 기어는?

① 스퍼 기어　　　② 베벨 기어

③ 웜 기어　　　　④ 헬리컬 기어

웜과 웜 기어는 속비가 커서 감속 장치에 사용한다.

**56** 환봉에 압축 하중을 가했을 때 최대 전단 응력은 최대 압축 응력의 몇 배인가?

① $\dfrac{1}{3}$　　　　　② $\dfrac{1}{2}$

# 2007년 9월 16일 시행

**01** 유압 회로에서 유압의 점도가 높을 때 일어나는 현상이 아닌 것은?

① 관내 저항에 의한 압력이 저하된다.
② 동력 손실이 커진다.
③ 열 발생의 원인이 된다.
④ 응답성이 저하된다.

 압력은 펌프에서 생성하여 릴리프 밸브에 의해서 일정하게 유지되므로 점도로 저하하지는 않는다.

**02** 유압과 비교한 공기압의 특징에 대한 설명으로 옳지 않은 것은?

① 에너지의 축적이 어렵다.
② 동력원의 집중이 용이하다.
③ 압력 제어 밸브로 과부하 안전 대책이 가능하다.
④ 보수·관리가 용이하다.

 공기압은 에너지 축적이 쉽다.

**03** 다음 그림은 무슨 기호인가?

① 분류 밸브
② 셔틀 밸브
③ 디셀러레이션 밸브
④ 체크 밸브

 체크 밸브로, 한쪽으로만 유체가 흐르게 한다.

**04** 구형의 용기를 사용하며, 유실과 가스실은 금속판으로 격리되어 유실에 가스의 침입이 없고, 특히 소형의 고압용 어큐뮬레이터로 이용되는 것은?

① 추부하형 어큐뮬레이터
② 다이어프램형 어큐뮬레이터
③ 스프링 부하형 어큐뮬레이터
④ 블래드형 어큐뮬레이터

 소형의 고압용 어큐뮬레이터는 다이어프램형 어큐뮬레이터이다.

**05** 공유압 변환기의 사용상 주의점을 열거한 것 중 맞는 것은?

① 공유압 변환기는 수직 방향으로 설치한다.
② 공유압 변환기는 액추에이터보다 낮은 위치에 설치한다.
③ 열원에 근접시켜 사용한다.
④ 작동유가 통하는 배관에는 공기 흡입이 잘 되어야 한다.

 공유압 변환기는 수직으로 설치하여야 한다.

**06** 실린더의 귀환 행정 시 일을 하지 않을 경우 귀환 속도를 빠르게 하여 시간을 단축시킬 필요가 있을 때 사용하는 밸브는 무엇인가?

① 셔틀 밸브

② 2압 밸브

③ 체크 밸브

④ 급속 배기 밸브

 이송 속도를 빠르게 하기 위해서 급속 배기 밸브를 사용한다.

**07** 유량 제어 밸브의 사용 목적과 거리가 먼 것은?

① 액추에이터의 속도 제어

② 솔레노이드 밸브의 신호 시간 제어

③ 실린더의 배출되는 공기량 제어

④ 공기식 타이머의 시간 제어

 솔레노이드 밸브의 신호 시간 제어는 전기 부품의 타이머에 의해서 제어한다.

**08** 블리드 오프 회로에서 유량 제어 밸브는 어떻게 하는가?

① 실린더 입구의 분기 회로에 설치한다.

② 방향 제어 밸브의 드레인 포트에 연결한다.

③ 실린더에 공급되는 유량을 교축한다.

④ 펌프에 직접 연결하여 사용한다.

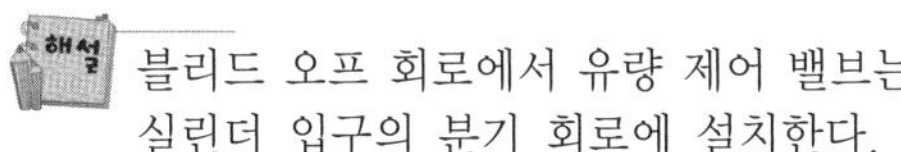 블리드 오프 회로에서 유량 제어 밸브는 실린더 입구의 분기 회로에 설치한다.

**09** 아래의 기호를 보고 알 수 없는 것은?

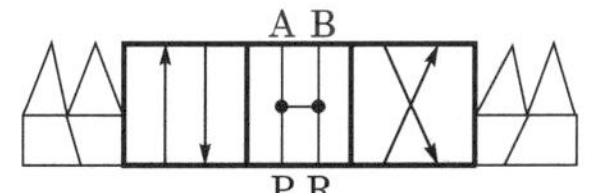


① 4 포트 밸브　　② 오픈 센터

③ 개스킷 접속　　④ 3 위치 밸브

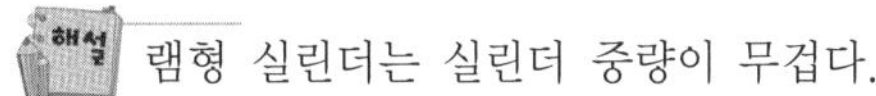 개스킷 접속은 전혀 관계가 없다.

**10** 램형 실린더가 갖는 장점이 아닌 것은?

① 피스톤이 필요 없다.

② 공기 빼기 장치가 필요 없다.

③ 실린더 자체 중량이 가볍다.

④ 압축력에 대한 힘에 강하다.

 램형 실린더는 실린더 중량이 무겁다.

**11** 베인 펌프에서 유압을 발생시키는 주요 부분이 아닌 것은?

① 캠링　　　　　② 베인

③ 로터　　　　　④ 인어링

 인어링은 회전하는 부위에 일정한 위치를 유지하기 위해 필요하다.

**12** 공압용 솔레노이드 형태의 전환 밸브에서 밸브의 구체적인 전환 방식은?

① 레버 조작　　② 롤러 조작

③ 전기 조작　　④ 디텐트 조작

 솔레노이드는 코일에 전기를 인가하면 전자석이 되어 제어한다.

**13** 공압 장치에 사용되는 압축 공기 필터의 여과 방법으로 틀린 것은?

① 원심력을 이용하여 분리하는 방법

② 충돌판에 닿게 하여 분리하는 방법

③ 가열하여 분리하는 방법

④ 흡습제를 사용해서 분리하는 방법

가열하여 분리하면 유체가 온도가 상승하여 수증기가 발생하므로 관계가 없다.

## 14 회로 설계를 하고자 할 때 부가 조건의 설명이 잘못된 것은 무엇인가?

① 리셋(reset) : 리셋 신호가 입력되면 모든 작동 상태는 초기 위치가 된다.

② 비상 정지(emergency stop) : 비상 정지 신호가 입력되면 대부분의 경우 전기 제어 시스템에서는 전원이 차단되나 공압 시스템에서는 모든 작업 요소가 원위치된다.

③ 단속 사이클(single cycle) : 각 제어 요소들을 임의의 순서대로 작동시킬 수 있다.

④ 정지(stop) : 연속 사이클에서 정지 신호가 입력되면 마지막 단계까지는 작업을 수행하고 새로운 작업을 시작하지 못한다.

 단속 사이클은 임의로 하나의 유닛만 작동시킨다.

## 15 다음과 같은 공압 장치의 명칭은?

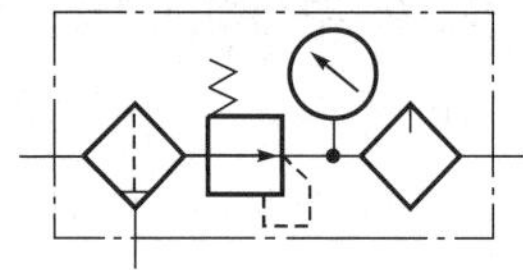

① NOT 밸브

② 유량 조절 밸브

③ 공기 건조기

④ 공기압 조정 유닛

 공기압 조정 유닛으로, 필터·압력 조정 밸브·압력계·윤활기로 구성되어 있다.

## 16 다음 중 제습기의 종류가 아닌 것은?

① 냉동식 제습기   ② 흡착식 제습기

③ 흡수식 제습기   ④ 공랭식 제습기

 제습기는 습기를 제거하는 장치로서, 공랭식은 없다.

## 17 다음 진리값과 일치하는 로직 회로의 명칭은?

$$\overline{A} = B$$

| 입력 신호 | 출력 |
|---|---|
| A | B |
| 0 | 1 |
| 1 | 0 |
| (진리값) ||

① AND 회로　　② OR 회로

③ NOT 회로　　④ NAND 회로

 NOT 회로로, 입력 신호에 반대로 출력 신호를 발생한다.

## 18 감압 밸브에서 1차 측의 공기 압력이 변동했을 때 2차 측의 압력이 어느 정도 변화하는가를 나타내는 특성은?

① 크래킹 특성

② 입력 특성

③ 감도 특성

④ 히스테리시스 특성

 입력에 대한 결과를 확인하는 것으로 입력 특성이라 한다.

## 19 그림의 실린더는 피스톤 면적($A$)이 8 [cm$^2$]이고 행정 거리($S$)는 10[cm]이다. 이 실린더가 전진 행정을 1분 동안에 마치려면 필요한 공급 유량[cm$^2$/min]은?

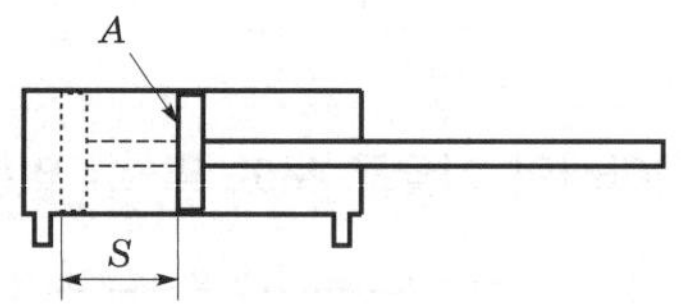

① 60　　　　② 70

③ 80　　　　④ 90

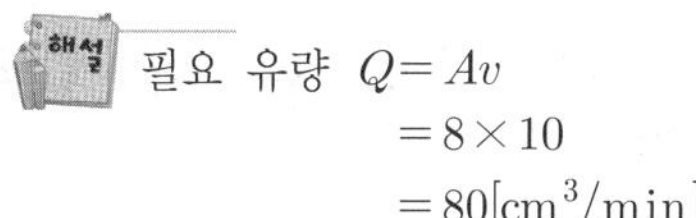

필요 유량 $Q = Av$
$$= 8 \times 10$$
$$= 80[\text{cm}^3/\text{min}]$$

**20** 유압유에 수분이 혼입될 때 미치는 영향이 아닌 것은?

① 작동유의 윤활성을 저하시킨다.
② 작동유의 방청성을 저하시킨다.
③ 캐비테이션이 발생한다.
④ 작동유의 압축성이 증가한다.

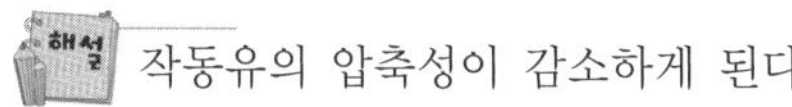

작동유의 압축성이 감소하게 된다.

**21** 작동유 탱크의 유면이 너무 낮을 경우 가장 손상을 받기 쉬운 것은?

① 유압 액추에이터
② 유압 펌프
③ 여과기
④ 유압 전동기

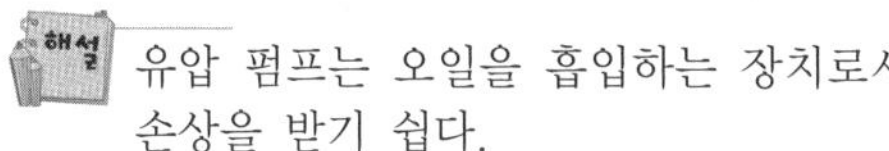

유압 펌프는 오일을 흡입하는 장치로서 손상을 받기 쉽다.

**22** 유압 동기 회로에서 2개의 실린더가 같은 속도로 움직일 수 있도록 위치를 제어해 주는 밸브는 어떤 것인가?

① 셔틀 밸브
② 분류 밸브
③ 바이패스 밸브
④ 서보 밸브

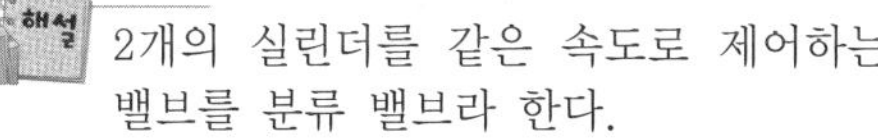

2개의 실린더를 같은 속도로 제어하는 밸브를 분류 밸브라 한다.

**23** 다음의 변위 단계 선도에서 실린더 동작 순서가 옳은 것은? (단, + : 실린더의 전진, − : 실린더의 후진)

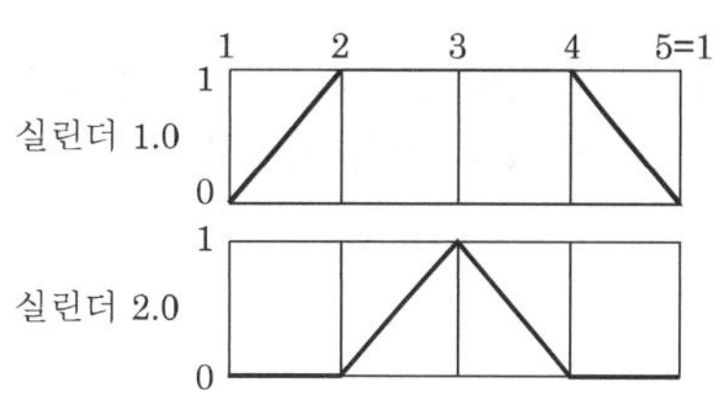


① $1.0^{+} 2.0^{+} 2.0^{-} 1.0^{-}$
② $1.0^{-} 2.0^{-} 2.0^{+} 1.0^{+}$
③ $2.0^{+} 1.0^{+} 1.0^{-} 2.0^{-}$
④ $2.0^{-} 1.0^{-} 1.0^{+} 2.0^{+}$

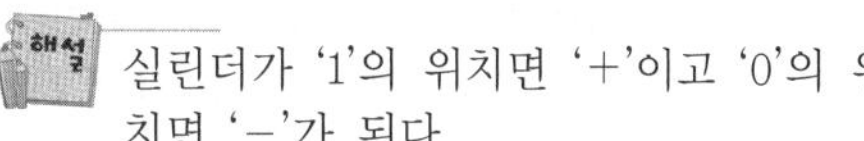

실린더가 '1'의 위치면 '+'이고 '0'의 위치면 '−'가 된다.

**24** 공압 장치에 부착된 압력계의 눈금이 $5[\text{kgf/cm}^2]$를 지시한다. 이 압력을 무엇이라 하는가?

① 대기 압력
② 절대 압력
③ 진공 압력
④ 게이지 압력

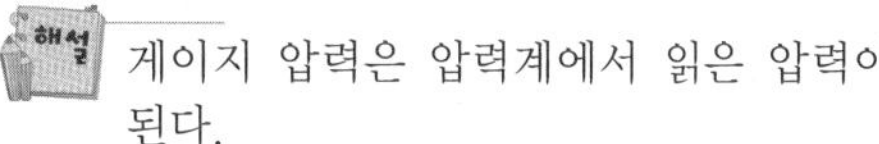

게이지 압력은 압력계에서 읽은 압력이 된다.

**25** 다음과 같은 회로의 명칭은?

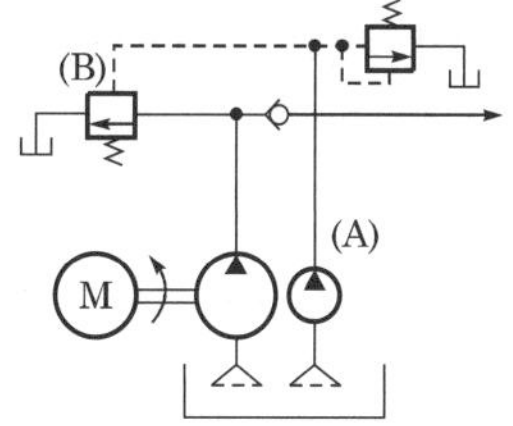


① 압력 스위치에 의한 무부하 회로
② 전환 밸브에 의한 무부하 회로
③ 축압기에 의한 무부하 회로
④ Hi-Lo에 의한 무부하 회로

Hi-Lo에 의한 무부하 회로이다.

**26** 공기 압축기를 출력에 의해서 분류한 것 중 중형에 해당하는 것은?

① 0.2〜14[kW]

② 15〜74[kW]

③ 76〜150[kW]

④ 150[kW] 이상

 중형에 해당하는 출력은 15〜74[kW]이다.

**27** 회로의 압력이 설정압을 초과하면 격막이 파열되어 회로의 최고 압력을 제한하는 것은?

① 압력 스위치　　② 유체 스위치

③ 유체 퓨즈　　　④ 감압 스위치

 유체 퓨즈는 설정압이 초과하면 파열되어 장치를 보호한다.

**28** 유압 회로에서 분기 회로의 압력을 주회로의 압력보다 저압으로 할 때 사용하는 밸브는?

① 카운터 밸런스 밸브

② 릴리프 밸브

③ 방향 제어 밸브

④ 감압 밸브

감압 밸브는 주회로 압력보다 낮게 하여 사용하는 밸브이다.

**29** 실린더의 크기를 결정하는 데 직접 관련되는 요소는?

① 사용 공기 압력

② 유량

③ 행정 거리

④ 속도

실린더 크기 결정에 직접 관련된 요소는 사용 공기 압력이다.

**30** 아래의 그림과 같은 방향 제어 밸브의 작동 방식은?

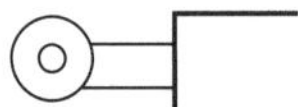

① 수동식

② 전자식

③ 플런저식

④ 롤러 레버식

 롤러 레버식은 기구 장치가 롤러에 접촉하여 직선 운동을 하는 데 사용한다.

**31** 버튼을 누르고 있는 동안만 회로가 동작하고 놓으면 그 즉시 전동기가 정지하는 운전법으로, 주로 공작 기계에 사용하는 방법은?

① 촌동 운전　　　② 연동 운전

③ 정·역 운전　　　④ 순차 운전

 연동 운전은 조건부 운전이며, 순차 운전은 시퀀스 소제에 의해 순차적으로 운전한다.

**32** 다음 중 지시 계기의 구비 조건으로서 갖추어야 할 조건이 아닌 것은?

① 눈금이 균등하거나 대수 눈금일 것

② 절연 내력이 낮을 것

③ 튼튼하고 취급이 편리할 것

④ 확도가 높고 외부의 영향을 받지 않을 것

 **지시 계기의 구비 조건**

㋐ 확도가 높고, 외부의 영향을 받지 않을 것

㋑ 눈금이 균등하든가 대수 눈금일 것

㋒ 지시가 측정값의 변화에 신속히 응답할 것

㋓ 튼튼하고 취급이 편리할 것

㋔ 절연 내력이 높을 것

**33** 파형의 맥동 성분을 제거하기 위해 다이오드 정류 회로의 직류 출력단에 부착하는 것은?

① 저항　　　　② 콘덴서
③ 사이리스터　　④ 트랜지스터

콘덴서는 전하를 축적하는 기능을 가지고 있으며 콘덴서의 특성을 이용하여 직류 전류를 차단하고 교류 전류를 통과시키는 필터로 사용된다.

**34** 직류 회로에서 옴(Ohm)의 법칙을 설명한 내용 중 맞는 것은?

① 전류는 전압의 크기에 비례하고 저항값의 크기에 비례한다.
② 전류는 전압의 크기에 반비례하고 저항값의 크기에 반비례한다.
③ 전류는 전압의 크기에 비례하고 저항값의 크기에 반비례한다.
④ 전류는 전압의 크기에 반비례하고 저항값의 크기에 비례한다.

**옴의 법칙(Ohm's law)**
도선 두 점 사이의 전류 세기는 그 두 점 사이의 전위차에 비례하고 전기 저항에 반비례한다.
$$I = \frac{E}{R}\,[\text{A}], \quad E = IR\,[\text{V}]$$

**35** 내부 저항 5[kΩ]의 전압계 측정 범위를 10배로 하기 위한 방법은?

① 15[kΩ]의 배율기 저항을 병렬 연결한다.
② 15[kΩ]의 배율기 저항을 직렬 연결한다.
③ 45[kΩ]의 배율기 저항을 병렬 연결한다.
④ 45[kΩ]의 배율기 저항을 직렬 연결한다.

배율기 배율 $m = 1 + \dfrac{R_m}{r}$

$$10 = 1 + \dfrac{R_m}{r}$$

∴ 따라서 배율기 저항 $R_m = 45\,[\text{k}\Omega]$

**36** 그림과 같은 주파수 특성을 갖는 전기 소자는?

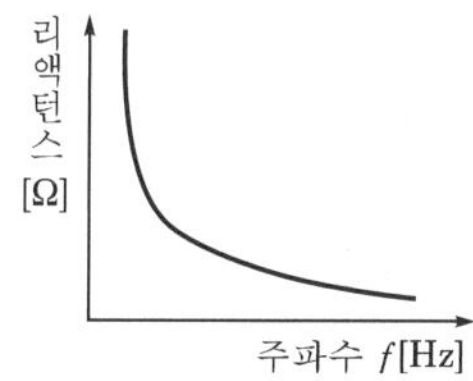


① 저항　　　　② 코일
③ 콘덴서　　　④ 다이오드

콘덴서의 용량 리액턴스는
$$X_C = \frac{1}{\omega C} = \frac{1}{2\pi f C}$$
이므로 주파수에 반비례한다.

**37** 다음 측정 단위 중 1[kW]는 몇 [W]인가?

① 10　　　　　② 100
③ 1,000　　　④ 10,000

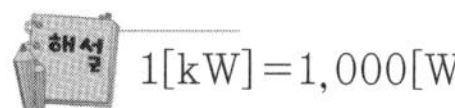
$1[\text{kW}] = 1,000[\text{W}]$

**38** 직류 전동기를 기동할 때에 전기자 회로에 직렬로 연결하여 기동 전류를 억제시켜 속도가 증가함에 따라 저항을 천천히 감소시키는 것을 무엇이라 하는가?

① 기동기　　　② 정류자
③ 브러시　　　④ 제어기

 기동 저항기는 기동 시 최대 저항으로 기동 전류를 억제시키고 가속되면 감소시켜 정격에서 단락시킨다.

## 39 다음 중 시퀀스 제어에 속하는 것은?

① 정성적 제어　② 정량적 제어

③ 되먹임 제어　④ 닫힌 루프 제어

 ㉮ 정성적 제어 : 일정 시간 간격을 기억시켜 제어 회로를 ON/OFF 또는 유무 상태만으로 제어하는 명령으로, 두 개 값만 존재하며 이산 정보와 디지털 정보가 있다.
㉯ 정량적 제어 : 온도·압력·위치·속도·전압 등과 같은 물리적 양을 어떤 크기로 제어하는 무한개의 정보를 가지는 제어계로, 피드백 제어이며 아날로그 정보계와 연속 정보계가 있다.

## 40 다음에 열거한 것 중 조작 기기는 어느 것인가?

① 솔레노이드 밸브

② 리밋 스위치

③ 광전 스위치

④ 근접 스위치

 리밋·광전·근접 스위치는 기계적 접점을 갖는 검출 기기이다.

## 41 코일이 여자될 때마다 숫자가 하나씩 증가하며 계수 표시를 하는 것은?

① 기계식 카운터

② 전자식 카운터

③ 적산 카운터

④ 프리셋 카운터

 전자식 카운터는 릴레이가 여자될 때마다 한 숫자씩 증가하는 것을 표시하는 것이다.

## 42 실효값이 $E$[V]인 정현파 교류 전압의 최댓값은 얼마인가?

① $\sqrt{2}\,E$[V]　　② $\dfrac{1}{\sqrt{2}}E$[V]

③ $\dfrac{2}{\pi}E$[V]　　④ $2E$[V]

 실효값 $E=\dfrac{E_m}{\sqrt{2}}$[V]
∴ 최댓값 $E_m=\sqrt{2}\,E$[V]

## 43 Y결선으로 접속된 3상 회로에서 선간 전압은 상전압의 몇 배인가?

① 2　　　　② $\sqrt{2}$

③ 3　　　　④ $\sqrt{3}$

 Y결선에서 선간 전압은 상전압의 $\sqrt{3}$배가 된다.

## 44 직류 200[V], 1,000[W]의 전열기에 흐르는 전류[A]는 얼마인가?

① 0.5　　　② 5

③ 50　　　④ 10

 전력 $P=VI$[W]
∴ 전류 $I=\dfrac{P}{V}=\dfrac{1,000}{200}=5$[A]

## 45 유도 전동기에서 동기 속도를 결정하는 요인은?

① 위상 – 파형

② 홈수 – 주파수

③ 자극수 – 주파수

④ 자극수 – 전기각

 유도 전동기의 동기 속도는
$N_s=\dfrac{120f}{P}$[rpm]이다.
따라서 자극수와 주파수로 결정된다.

**46** 배관 도면에서 글로브 밸브에서 나사 이음을 할 때 도시 기호는?

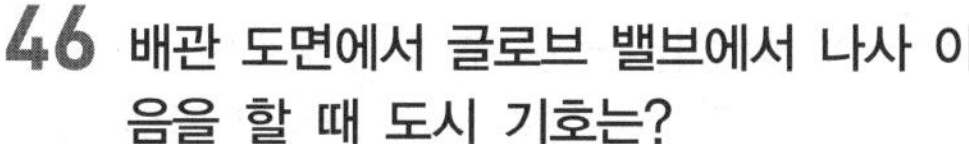

① 　　② 

③ 　　④ 

 나사 이음의 도시 기호는 마주보는 삼각형에 흑색 원으로 표시한다.

**47** 다음 용접 도시 기호를 올바르게 설명한 것은?

[보기]

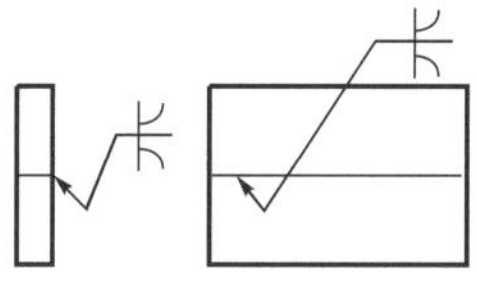

① 양면 U형 이음 맞대기 용접
② 한쪽 U형 이음 맞대기 용접
③ K형 이음 맞대기 용접
④ 양면 J형 이음 맞대기 용접

 양면 J형 맞대기 이음을 나타낸다.

**48** 물체의 구멍, 홈 등 특정 부분만의 모양을 도시하는 것으로 [보기] 그림과 같이 그려진 투상도의 명칭은?

[보기]

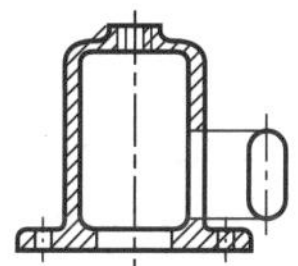

① 회전 투상도　　② 보조 투상도
③ 부분 확대도　　④ 국부 투상도

 국부 투상도로, 한 부분의 형상을 명확하게 표기하고자 할 때 사용한다.

**49** 도면의 척도란에 5 : 1로 표시되었을 때 의미로 올바른 설명은?

① 축척으로 도면의 형상 크기는 실물의 $\dfrac{1}{5}$이다.

② 축척으로 도면의 형상 크기는 실물의 5배이다.

③ 배척으로 도면의 형상 크기는 실물의 $\dfrac{1}{5}$이다.

④ 배척으로 도면의 형상 크기는 실물의 5배이다.

 배척으로 형상이 복잡하거나 크기가 작은 부품을 5배로 확대하여 표기한다.

**50** [보기] 도면에서 전체 길이인 (　)의 치수는?

[보기]

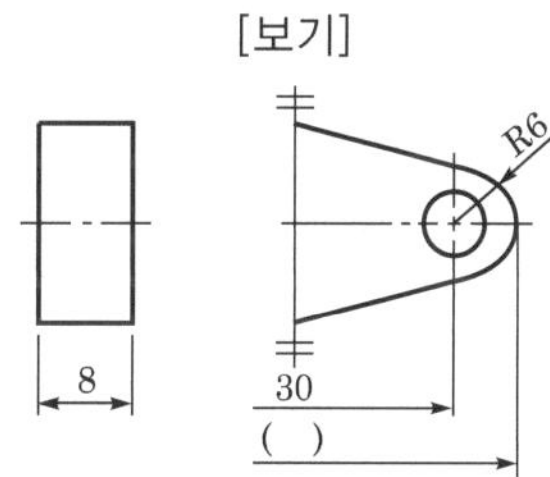

① 36　　　　② 42
③ 66　　　　④ 72

 서로 대칭을 표기하여 나타내었으며 R6이 있기 때문에 6＋30＝36가 된다.

**51** [보기]와 같은 제3각 정투상도인 정면도 평면도에 가장 적합한 우측면도는?

[보기]

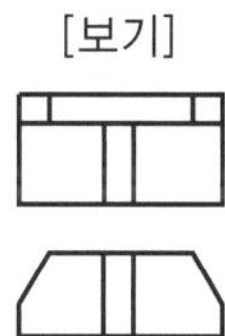

① 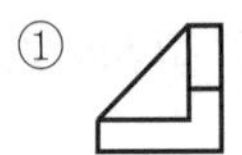  ② 
③   ④ 

 가운데가 보강한 상태이므로 삼각형 형태로 보인다.

## 52 파형의 가는 실선 또는 지그재그선을 사용하는 선은?

① 회전 단면선   ② 파단선
③ 절단선        ④ 기준선

 지그재그선과 실선으로 표기하는 것은 파단선을 나타낸다.

## 53 다음 중 운동용 나사가 아닌 것은?

① 관용 나사     ② 사각 나사
③ 사다리꼴 나사  ④ 볼 나사

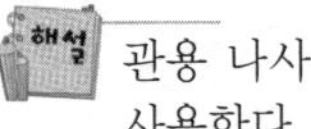 관용 나사는 배관에서 기밀 유지를 위해 사용한다.

## 54 가로 탄성 계수를 바르게 나타낸 것은?

① $\dfrac{\text{굽힘 응력}}{\text{전단 변형률}}$

② $\dfrac{\text{전단 응력}}{\text{수직 변형률}}$

③ $\dfrac{\text{전단 응력}}{\text{전단 변형률}}$

④ $\dfrac{\text{수직 응력}}{\text{전단 변형률}}$

 가로 탄성 계수는 전단 응력을 전단 변형률로 나타낸 것을 말한다. 다음과 같이 나타낸다.

$$G = \frac{\tau}{\gamma}$$

## 55 지름 $D$[mm]인 코일 스프링에 하중 $P$[kgf]를 가할 때 $\delta$[mm]의 변위를 일으키는 스프링 상수 $K$[kgf/mm]는?

① $K = \dfrac{P}{\delta}$     ② $K = \dfrac{P}{D}$

③ $K = \dfrac{D}{P}$     ④ $K = \dfrac{\delta}{P}$

 하중 $P$는 $P = K\delta$로 표기한다.

## 56 맞물림 클러치의 턱 모양이 아닌 것은?

① 톱니형        ② 사다리꼴형
③ 반달형        ④ 사각형

 반달형으로 형상이 둥글기 때문에 마찰력을 줄 수 있는 조건이 되지 못한다.

## 57 롤링 베어링의 장점이 아닌 것은?

① 과열의 위험이 없다.
② 규격이 정해진 품종이 풍부하고 교환성이 좋다.
③ 기계의 소형화가 가능하다.
④ 소음 및 진동이 없고, 설치와 조립이 쉽다.

 롤링 베어링은 선 접촉으로 소음과 진동이 있다.

## 58 벨트가 회전하기 시작하여 동력을 전달하게 되면 인장 측의 장력은 커지고, 이완 측의 장력은 작아지게 되는데 이 차를 무엇이라 하는가?

① 이완 장력     ② 허용 장력
③ 초기 장력     ④ 유효 장력

유효 장력은 인장 측에서 이완 측을 뺀 값을 말한다.

**59** 키의 길이 50[mm], 접선력 6,000[kgf], 키의 전단 응력 20[kgf/cm²]일 때 키의 폭[mm]은?

① 6      ② 30

③ 12      ④ 9

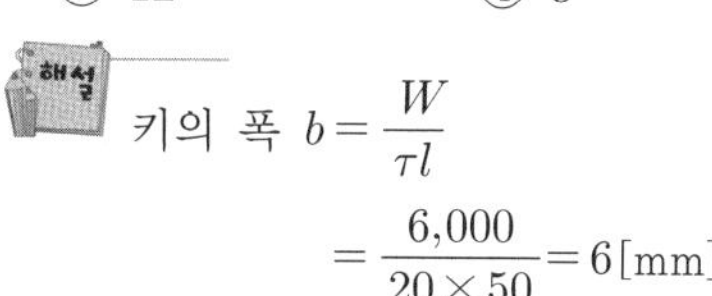

키의 폭 $b = \dfrac{W}{\tau l}$

$$= \dfrac{6,000}{20 \times 50} = 6[\text{mm}]$$

**60** 다음 중 브레이크 종류가 아닌 것은?

① 블록      ② 밴드

③ 원판      ④ 토션 바

토션 바는 자동차에 사용되는 스프링의 종류이다.

---

[정답]   59. ①    60. ④

# 2008년 10월 5일 시행

**01** 다음 중 유압에 비하여 공기압의 장점이 아닌 것은?

① 안전성이 우수하다.
② 에너지 효율성이 좋다.
③ 에너지 축적이 용이하다.
④ 신속성(동작 속도)이 좋다.

 에너지 효율성이 리턴되는 압력은 대기로 배출하므로 유압에 비하여 나쁘다.

**02** 오일 탱크 내의 압력을 대기압 상태로 유지시키는 역할을 하는 것은?

① 가열기　　　② 분리판
③ 스트레이너　　④ 에어 브리더

 분리판은 대기압과 접촉을 하며 불순물을 제거하는 역할을 하며, 가열기는 겨울철에 작동유의 점도가 유지되지 않은 경우 스트레이너는 작동유 내의 불순물을 제거한다.

**03** 공기압 회로에서 실린더나 기타의 액추에이터로 공급되는 압축 공기의 흐름 방향을 변화시키는 밸브는?

① 압력 제어 밸브
② 유량 제어 밸브
③ 방향 제어 밸브
④ 릴리프 밸브

 공기의 흐름 방향을 변화시키는 것은 방향 제어 밸브가 한다.

**04** 과도적으로 상승한 압력의 최댓값을 무엇이라 하는가?

① 배압　　　② 서지압
③ 맥동　　　④ 전압

 과도적인 압력의 최댓값은 서지압이다.

**05** 기계적 에너지를 유압 에너지로 변환하여 유압을 발생시키는 부분은?

① 유압 펌프　　② 유량 밸브
③ 유압 모터　　④ 유압 액추에이터

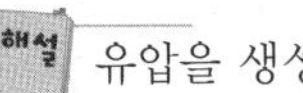 유압을 생성하는 것은 유압 펌프가 한다.

**06** 유압 회로에서 어떤 부분 회로의 압력을 주회로의 압력보다 저압으로 사용하고자 할 때 사용하는 밸브는?

① 배압 밸브　　　② 감압 밸브
③ 압력 보상형 밸브 ④ 셔틀 밸브

 감압 밸브는 주회로 압력보다 낮게 사용한다.

**07** 다음 기호 중 공압 실린더의 1방향 속도 제어에 주로 사용되는 것은?

① 　　② 
③ 　　④ 

 1방향 속도 제어에는 체크붙이 유량 제어 밸브를 사용한다.

**08** 압력의 크기가 변해도 같은 유량을 유지할 수 있는 유량 제어 밸브는?

① 니들 밸브

② 유량 분류 밸브

③ 압력 보상 유량 제어 밸브

④ 스로틀 앤드 체크 밸브

 압력 보상 유량 제어 밸브는 압력의 크기를 보정하는 밸브이다.

**09** 다음의 방향 밸브 중 3개의 작동유 접속구와 2개의 위치를 가지고 있는 밸브는 어느 것인가?

① 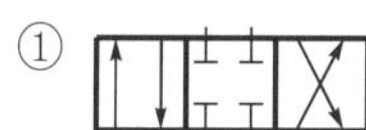   ② 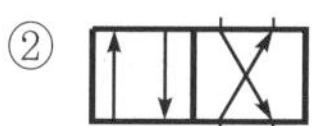

③ 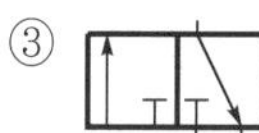   ④ 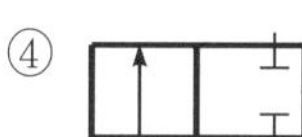

 3개의 작동유 접속구를 3포트, 2개의 위치는 사각형 두 개를 의미한다.

**10** 공유압 변환기를 에어 하이드로 실린더와 조합하여 사용할 경우 주의 사항으로 틀린 것은?

① 에어 하이드로 실린더보다 높은 위치에 설치한다.

② 공유압 변환기는 수평 방향으로 설치한다.

③ 열원의 가까이에는 사용하지 않는다.

④ 작동유가 통하는 배관에 누설, 공기 흡입이 없도록 밀봉을 철저히 한다.

공유압 변환기는 수직으로 설치하여 사용한다.

**11** 방향 전환 밸브의 포핏식이 갖고 있는 특징으로 맞는 것은?

① 이동 거리가 짧고, 밀봉이 완벽하다.

② 이물질의 영향을 잘 받는다.

③ 작은 힘으로 밸브가 작동한다.

④ 윤활이 필요하며 수명이 짧다.

 포핏식은 이동 거리가 짧고, 밀봉이 완벽하다.

**12** 다음 중 압력 제어 밸브 및 스위치에 속하지 않는 것은?

① 압력 스위치

② 시퀀스 밸브

③ 릴리프 밸브

④ 유량 제어 밸브

 유량 제어 밸브는 유량을 제어하는 밸브이다.

**13** 공압 실린더의 배출 저항을 작게 하며 운동 속도를 빠르게 하는 밸브의 명칭은?

① 급속 배기 밸브

② 시퀀스 밸브

③ 언로드 밸브

④ 카운터 밸런스 밸브

 급속 배기 밸브는 순간적으로 많은 양을 배출하므로 이송 속도를 빠르게 한다.

**14** 실린더, 로터리 액추에이터 등 일반 공압 기기의 공기 여과에 적당한 여과기 엘리먼트의 입도는?

① $5[\mu m]$ 이하

② $5 \sim 10[\mu m]$

③ $10 \sim 40[\mu m]$

④ $40 \sim 70[\mu m]$

 여과기의 엘리먼트 입도는 $40 \sim 70[\mu m]$ 범위이어야 한다.

**15** 공압 실린더의 속도를 조정하려 한다. 이 때 필요한 밸브는?

① 셔틀 제어 밸브　② 방향 제어 밸브
③ 2압 제어 밸브　④ 유량 제어 밸브

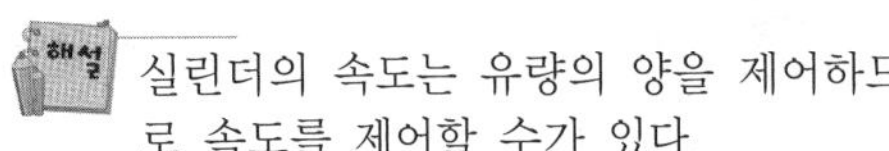 실린더의 속도는 유량의 양을 제어하므로 속도를 제어할 수가 있다.

**16** 다음 중 방향 제어 밸브에 속하는 것은?

① 미터링 밸브
② 언로딩 밸브
③ 솔레노이드 밸브
④ 카운터 밸런스 밸브

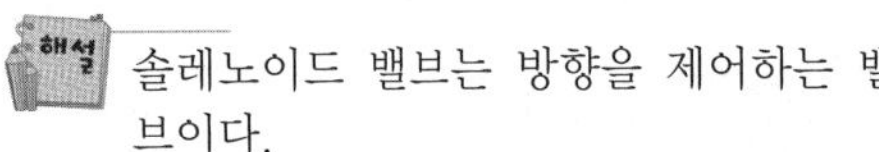 솔레노이드 밸브는 방향을 제어하는 밸브이다.

**17** 펌프가 포함된 유압 유닛에서 펌프 출구의 압력이 상승하지 않는다. 그 원인으로 적당하지 않은 것은?

① 릴리프 밸브의 고장
② 속도 제어 밸브의 고장
③ 부하가 걸리지 않음
④ 언로드 밸브의 고장

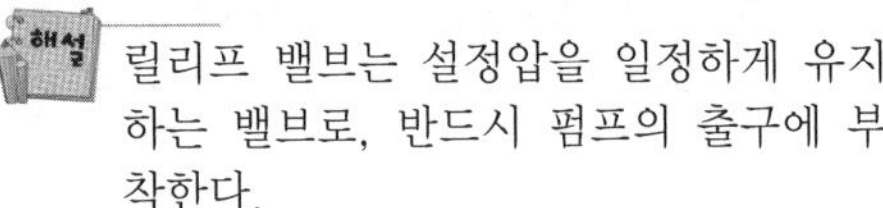 릴리프 밸브는 설정압을 일정하게 유지하는 밸브로, 반드시 펌프의 출구에 부착한다.

**18** 3개의 공압 실린더를 A⁺, B⁺, A⁻, C⁺, C⁻, B⁻의 순으로 제어하는 회로를 설계하고자 할 때, 신호의 중복(트러블)을 피하려면 몇 개의 그룹으로 나누어야 하는가? (단, A, B, C : 공압 실린더, + : 전진 동작, − : 후진 동작)

① 2　　　　② 3
③ 4　　　　④ 5

회로를 독립적으로 해야 트러블을 방지하므로 3개로 나눈다.

**19** 유압 액추에이터의 종류가 아닌 것은?

① 요동형 액추에이터
② 유압 모터
③ 유압 실린더
④ 솔레노이드 밸브

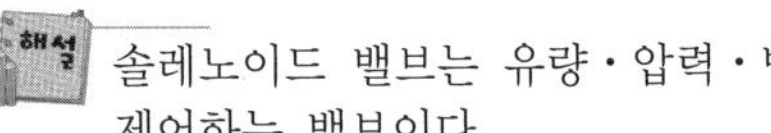 솔레노이드 밸브는 유량·압력·방향을 제어하는 밸브이다.

**20** 어큐뮬레이터(축압기)의 사용 목적이 아닌 것은?

① 에너지의 보조
② 유체의 누설 방지
③ 유체의 맥동 감쇠
④ 충격 압력의 흡수

 어큐뮬레이터는 압력 에너지를 안정화하는 것으로서, 유체의 누설은 배관과 관계가 있다.

**21** 유압 에너지가 가진 특성이 아닌 것은?

① 소형 장치로 큰 출력을 얻을 수 있다.
② 온도 변환에 큰 영향을 받지 않는다.
③ 원격 제어가 가능하다.
④ 공기압보다 작동 속도가 늦다.

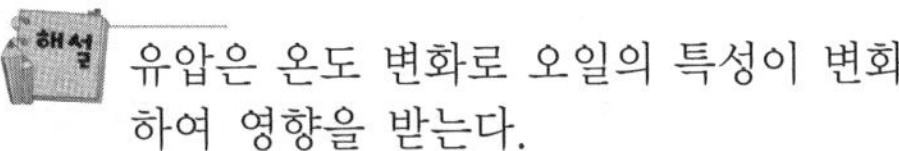 유압은 온도 변화로 오일의 특성이 변화하여 영향을 받는다.

**22** 다음 공압 실린더 중 다른 실린더에 비하여 고속으로 동작할 수 있는 것은?

① 텔리스코픽 실린더
② 충격 실린더
③ 가변 스트로크 실린더
④ 다위치형 실린더

 충격 실린더는 고속으로 동작하여 충격 에너지를 생성한다.

**23** 유압 실린더에 작용하는 힘을 산출할 때 사용되는 것은?

① 보일의 법칙
② 파스칼의 원리
③ 가속도의 법칙
④ 플레밍의 왼손 법칙

 공유압에서 힘을 산출하는 것은 파스칼의 원리에 의해서 산출한다.

**24** 다음 공압 장치의 기본 요소 중 구동부에 속하는 것은?

① 애프터 쿨러　　② 여과기
③ 실린더　　　　④ 루브리 케이터

 실린더는 압력을 받아 운동하는 기기이다.

**25** 구동부가 일을 하지 않아 회로에서 작동유를 필요로 하지 않을 때 작동유를 탱크로 귀환시키는 것은?

① AND 회로　　② 무부하 회로
③ 플립플롭 회로　④ 압력 설정 회로

 유압은 기계가 동작하는 동안 계속 작동하므로 일을 하지 않을 시는 무부하 회로에 의해서 탱크로 귀환한다.

**26** 유압 작동유의 점도를 나타내는 단위는?

① 포아즈　　　　② 다그리
③ 라스크　　　　④ 토크

 점도 단위는 절대 점도 Poise(g/cm sec)로 표시되며, 여기에 밀도를 곱해주면 동점도(kinematic viscosity)가 된다.

**27** 시퀀스(sequence) 밸브의 정의로 맞는 것은?

① 펌프를 무부하로 하는 밸브
② 동작을 순차적으로 하는 밸브
③ 배압을 방지하는 밸브
④ 감압시키는 밸브

 시퀀스 밸브는 동작을 순차적으로 작동하는 밸브이다.

**28** 다음 유압 공기압 기호의 명칭은?

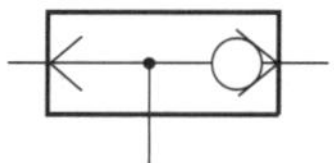

① 감압 밸브
② 고압 우선형 셔틀 밸브
③ 릴리프 밸브
④ 급속 배기 밸브

 고압 우선형 셔틀 밸브이다.

**29** 공압 발생 장치의 구성상 필요 없는 장치는?

① 방향 제어 밸브
② 공기 탱크
③ 압축기
④ 냉각기

 방향 제어 밸브는 구동을 위한 밸브이다.

**30** 공기 건조 방식 중 −70[℃] 정도까지의 저노점을 얻을 수 있는 공기 건조 방식은?

① 흡수식　　　　② 냉각식
③ 흡착식　　　　④ 저온 건조 방식

 흡착식은 −70[℃] 정도까지 저노점을 얻을 수가 있다.

## 31 SCR의 설명 중 틀린 것은?

① SCR은 교류가 출력된다.

② SCR은 한번 통전하면 게이트에 의해서 전류를 차단할 수 없다.

③ SCR은 정류 작용이 있다.

④ SCR은 교류 전류의 위상 제어에 많이 사용된다.

 SCR은 단일 방향 3단자 소자로, 게이트로 턴온(turn on)하고 위상 제어 및 정류 작용을 하여 직류를 출력한다.

## 32 전기 기계는 주어진 에너지가 모두 유효한 에너지로 변환하는 것이 아니고 그 중의 일부 에너지가 없어지는 손실이 발생된다. 축과 베어링, 브러시와 정류자 등의 마찰로 인한 손실을 무엇이라 하는가?

① 동손  ② 철손

③ 기계손  ④ 표유 부하손

 전기 기기의 무부하손은 철손과 기계손의 합을 말하며, 기계손은 바람의 저항에 의한 풍손과 베어링, 브러시의 마찰손을 말한다.

## 33 그림과 같은 전동기 주회로에서 THR은?

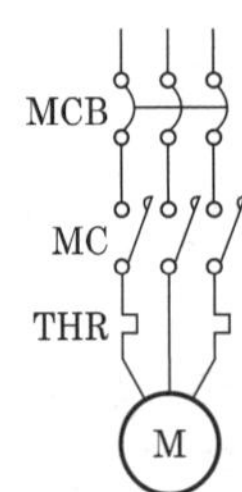

① 퓨즈  ② 열동 계전기

③ 접점  ④ 램프

 ㉮ MCB : 배선용 차단기
㉯ MC : 전자 접촉기
㉰ THR : 열동 계전기

## 34 측정 오차를 작게 하기 위한 전류계와 전압계의 내부 저항에 대한 설명으로 바른 것은?

① 전류계, 전압계 모두 큰 내부 저항

② 전류계, 전압계 모두 작은 내부 저항

③ 전류계는 작은 내부 저항, 전압계는 큰 내부 저항

④ 전류계는 큰 내부 저항, 전압계는 작은 내부 저항

 전류계는 전류의 세기를 측정하는 계기로, 직렬로 회로에 접속하며 내부 저항이 전압계보다 작다.

## 35 다음 휘트스톤 브리지 회로에서 $X$는 몇 [Ω]인가? (단, 전류 평형이 되었을 때)

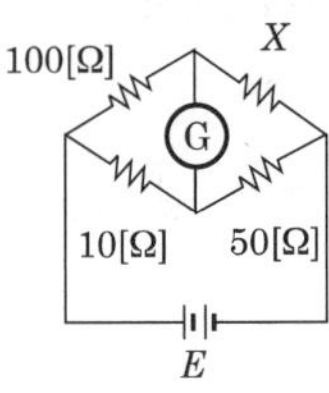


① 10  ② 50

③ 100  ④ 500

 브리지 평형 조건
$$100 \times 50 = X \times 10$$
$$\therefore X = \frac{100 \times 50}{10} = 500 [\Omega]$$

## 36 사인파 교류 파형에서 주기 $T$[s], 주파수 $f$[Hz]와 각속도 $\omega$[rad/s] 사이의 관계식을 나타낸 것으로 옳은 것은?

① $\omega = \dfrac{1}{2\pi f}$  ② $\omega = 2\pi f$

③ $\omega = \dfrac{1}{2\pi T}$  ④ $\omega = 2\pi T$

 각속도 $\omega = \dfrac{\theta}{t} = 2\pi f$ [rad/s]

**37** 전동기 운전 시퀀스 제어 회로에서 전동기의 연속적인 운전을 위해 반드시 들어가는 제어 회로는?

① 인터록      ② 지연 동작

③ 자기 유지      ④ 반복 동작

 시퀀스 제어 회로에서 스스로 동작을 유지하는 것을 자기 유지 회로라고 한다.

**38** △결선된 대칭 3상 교류 전원의 선전류는 상류 전류의 몇 배인가?

① $\dfrac{1}{2}$      ② 1

③ $\sqrt{2}$      ④ $\sqrt{3}$

 환상 결선(△결선)에서는 선간 전압은 상전압이고, 선전류는 $\sqrt{3}$ 상 전류가 된다. 따라서 $\sqrt{3}$ 배가 된다.

**39** 그림과 같은 회로의 명칭은?

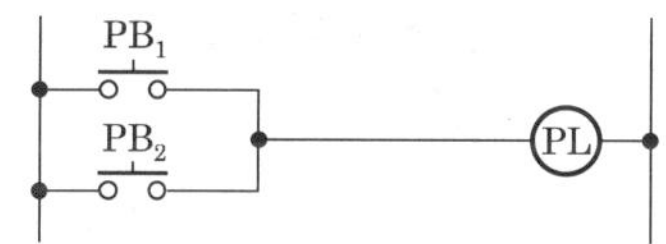

① OR 회로      ② AND 회로

③ NOT 회로      ④ NOR 회로

 접점 병렬 접속 회로를 OR 회로라 한다. 그림이 $PB_1$과 $PB_2$가 병렬로 접속되어 있으므로 OR 회로이다.

**40** 백열 전구를 스위치로 점등과 소등을 하는 것을 무슨 제어라고 하는가?

① 정성적 제어      ② 되먹임 제어

③ 정량적 제어      ④ 자동 제어

 정성적 제어는 일정 시간 간격을 기억시켜 제어 회로를 ON·OFF 또는 유·무 상태만으로 제어하는 것을 말한다.

**41** 절연 전선에서는 온도가 높게 되면 절연물이 열화되어 절연 전선으로서 사용할 수 없게 되므로 전선에 안전하게 흘릴 수 있는 최대 전류를 규정해 놓고 있다. 이것을 무엇이라 하는가?

① 허용 전류      ② 합성 전류

③ 단락 전류      ④ 내부 전류

 허용 전류는 전선에 전류가 흐를 때 전선에 열화되지 않은 허용되는 전류값을 의미한다.

**42** 정격이 5[A], 220[V]인 전기 제품을 10시간 동안 사용했을 때 전력량[kW·h]은?

① 1      ② 11

③ 21      ④ 31

 전력량 $W = Pt = VIt = I^2Rt[\text{W·s}]$
$$\therefore W = 220 \times 5 \times 10[\text{W·h}]$$
$$= 11,000[\text{W·h}]$$
$$= 11[\text{kW·h}]$$

**43** 교류 전류 중 코일만으로 된 회로에서 전압과 전류와의 위상은?

① 전압이 90° 앞선다.

② 전압이 90° 뒤진다.

③ 동상이다.

④ 전류가 180° 앞선다.

 ㉮ 저항만의 회로 : 전압과 전류의 위상은 동상이다.
㉯ 코일만의 회로 : 전압은 전류보다 90° 위상이 앞선다.
㉰ 콘덴서만의 회로 : 전압은 전류보다 90° 위상이 뒤진다.

**44** 구동 회로에 가해지는 펄스수에 비례한 회전 각도만큼 회전시키는 특수 전동기는?

① 분권      ② 직권

③ 직류 스테핑      ④ 타여자

**45** 분류기를 사용하는 전류를 측정하는 경우 전류계의 내부 저항 0.12[Ω], 분류기의 저항 0.03[Ω]이면 그 배율은?

① 6  　　② 5

③ 4  　　④ 3

분류기 배율 $m = 1 + \dfrac{r}{R_A}$

$$\therefore\ m = 1 + \frac{0.12}{0.03} = 5$$

**46** [보기] 입체도에서 화살표 방향을 정면으로 한 제3각 정투상도로 가장 적합한 것은?

[보기]

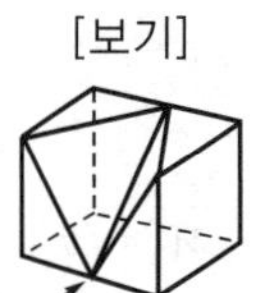

①　　②

③　　④

정면도와 평면도가 서로 마주보는 부분이 같은 조건이며, 측면도에서는 골이 보이지 않으므로 대각선으로 파선이 있어야 한다.

**47** [보기]와 같이 화살표 방향을 정면도로 선택하였을 때 평면도의 모양은?

[보기]

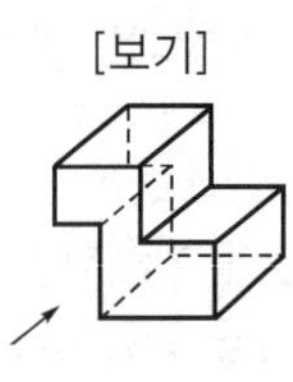

①　　②

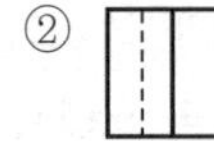

③  　　④

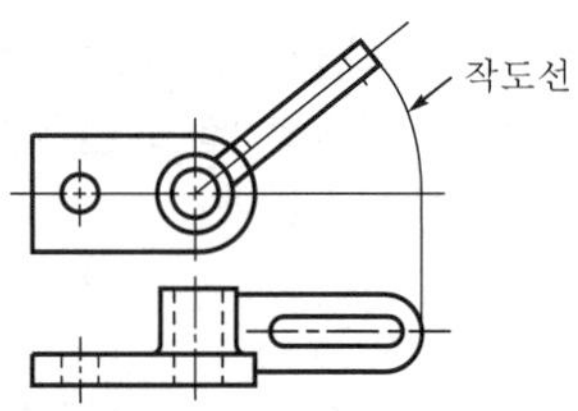


위에서 본 형상으로, 왼쪽에 파선이 있어야 한다.

**48** 투상면이 각도를 가지고 있어 실험을 표시하지 못할 때에는 그림과 같이 표시할 수 있다. 무슨 투상도인가?

① 보조 투상도  　　② 회전 투상도

③ 부분 투상도  　　④ 국부 투상도

회전 투상도는 물체의 형상이 어느 정도 각도를 유지할 때 회전하여 나타낸다.

**49** 배관의 간략 도시 방법에서 체크 밸브 도시 기호는?

①　　②

③　　④

체크 밸브는 마주보는 삼각형 중에 흰색과 흑색을 부여하여 표시한다.

**50** 치수에 사용하는 기호이다. 잘못 연결된 것은?

① 정사각형의 변 − □

② 구의 반지름 − $R$

③ 지름 − $\phi$

④ 45° 모따기 − $C$

구의 반지름은 $SR$로 표기해야 한다.

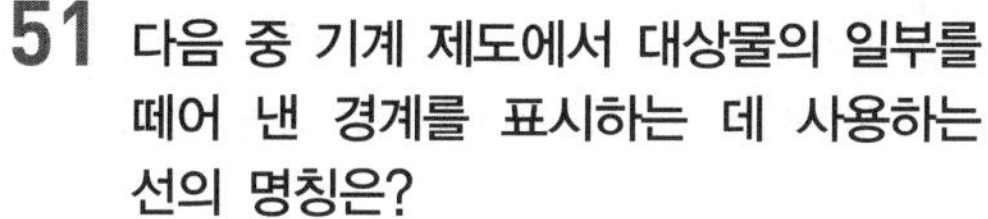

**51** 다음 중 기계 제도에서 대상물의 일부를 떼어 낸 경계를 표시하는 데 사용하는 선의 명칭은?

① 가상선  ② 피치선
③ 파단선  ④ 지시선

파단선은 물체의 내부를 나타내고자 할 때 사용한다.

**52** KS 용접 기호 중 플러그 용접 기호는?

① $V$  ② ○
③ □  ④ V

플러그 용접 기호는 아래가 터진 사각형으로 표기한다.

**53** 원형봉에 비틀림 모멘트를 가하면 비틀림이 생기는 원리를 이용한 스프링은?

① 코일 스프링
② 벌류트 스프링
③ 접시 스프링
④ 토션 바

토션 바는 비틀림이 발생하도록 형성된 스프링이다.

**54** 직경 12[mm]의 환봉에 축 방향으로 5,000[N]의 인장 하중을 가하면 인장 응력은 몇 [N/mm²]인가?

① 44.2  ② 66.4
③ 98.6  ④ 132.6

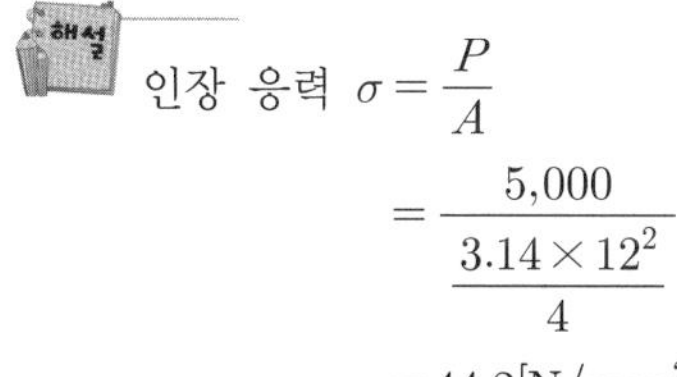
인장 응력 $\sigma = \dfrac{P}{A}$

$$= \dfrac{5,000}{\dfrac{3.14 \times 12^2}{4}}$$

$$= 44.2[\text{N/mm}^2]$$

**55** 링크가 스프로킷 휠에 비스듬히 미끄러져 들어가는 구조로 되어 있어 고속 운전 또는 정숙하고 원활한 운전이 필요할 때 사용하는 체인은?

① 롤러 체인
② 핀틀 체인
③ 사일런트 체인
④ 블록 체인

사일런트 체인은 고속 운전과 정숙한 운전에 사용한다.

**56** 호칭 번호가 6208로 표기되어 있는 구름 베어링이 있다. 이 표기 중에서 08이 뜻하는 것은?

① 틈새 기호  ② 계열 번호
③ 안지름 번호  ④ 등급 기호

호칭 번호 6208에서 08은 베어링의 안지름으로, $5 \times 8 = 40[\text{mm}]$이다.

**57** 접촉면의 압력을 $p$, 속도를 $v$, 마찰 계수가 $\mu$일 때 브레이크 용량(brake capacity)을 표시하는 것은?

① $vp\mu$  ② $\dfrac{1}{\mu pv}$

③ $\dfrac{pv}{\mu}$  ④ $\dfrac{\mu}{pv}$

브레이크 용량은 $\mu pv$로 나타낸다.

**58** 너트(nut)의 풀림을 방지하기 위하여 주로 사용되는 핀은?

① 평행 핀  ② 분할 핀
③ 테이퍼 핀  ④ 스프링 핀

풀림 방지에 사용하는 데는 분할 핀을 사용하며 조립 후에 좌우로 구부려서 빠지지 않게 한다.

---

[정답]  51. ③  52. ③  53. ④  54. ①  55. ③  56. ③  57. ①  58. ②

**59** 동력 전달에 필요한 마찰력을 주기 위하여 정지하고 있을 때 벨트에 장력을 준 상태에서 벨트 풀리에 끼워 접촉면에 알맞은 합력이 작용하도록 하는데 이 장력을 무엇이라 하는가?

① 말기 장력  ② 유효 장력
③ 피치 장력  ④ 초기 장력

 초기 장력은 벨트가 구동 시 종동 측이 정지되어 구동력을 발생해야 하므로 마찰력이 많이 필요하다.

**60** 부품을 일정한 간격으로 유지하고 구조물 자체를 보강하는 데 사용되는 볼트는?

① 기초 볼트  ② 아이스 볼트
③ 나비 볼트  ④ 스테이 볼트

 구조물 자체를 보강하는 곳에는 스테이 볼트를 사용한다.

# 2009년 9월 27일 시행

**01** 다음 중에서 원통 커플링에 속하지 않는 것은?

① 머프 커플링

② 마찰 원통 커플링

③ 셀러 커플링

④ 유니버설 커플링

 원통 커플링에는 머프·마찰 원통·셀러·반중첩 커플링이 있다.

**02** 아이 볼트(eye bolt)로 52[kN]의 물체를 수직으로 들어 올리려고 한다. 이 아이 볼트 나사부의 바깥 지름은 약 몇 [mm]인가? (단, 볼트 재료는 연강으로 하고 허용 인장 응력은 60[N/mm$^2$]임)

① 21　　　　② 33

③ 42　　　　④ 59

 볼트 나사부의 바깥 지름

$$d = \sqrt{\frac{2W}{\sigma_t}} = \sqrt{\frac{2 \times 52,000}{60}} = 42[mm]$$

**03** 스플라인에 관한 설명으로 틀린 것은?

① 자동차, 공작 기계, 항공기, 발전용 증기 터빈 등에 널리 쓰인다.

② 단속 키보다 훨씬 작은 토크를 전달시킨다.

③ 축의 둘레에 여러 개의 일정 간격의 키가 있다.

④ 축과 보스와의 중심축을 정확하게 맞출 수 있다.

 스플라인은 단속 키보다 많은 토크를 전달할 수가 있다.

**04** 마찰 클러치 설계 시 고려 사항이 아닌 것은?

① 원활히 단속할 수 있도록 한다.

② 소형이며 가벼워야 한다.

③ 열을 충분히 제거하고, 고착되지 않아야 한다.

④ 접촉면의 마찰 계수가 작아야 한다.

 마찰 클러치는 접촉면의 마찰력이 커야 한다.

**05** 일반적으로 고온에서 볼 수 있는 현상으로 금속에 오랜 시간 외력을 가하면 시간이 경과됨에 따라 그 변형이나 변형률이 증가되는 현상은?

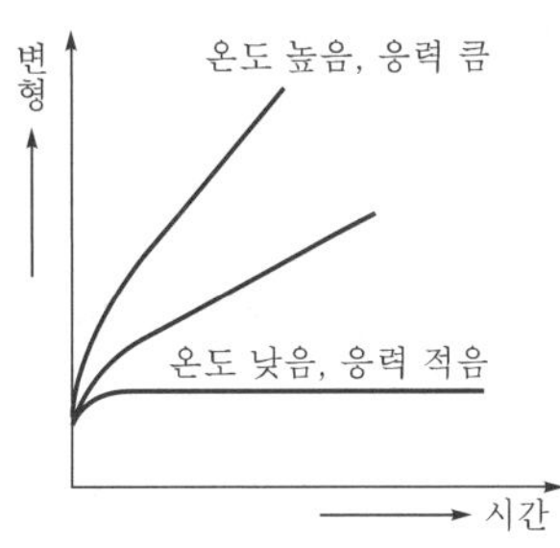


① 피로　　　　② 크리프

③ 허용 응력　　④ 안전율

 크리프 현상은 고온 상태에서 변형률이 발생한다.

**06** 브레이크 블록의 구비 조건으로 적당하지 않은 것은?

① 마찰 계수가 작을 것
② 내마멸성이 클 것
③ 내열성이 클 것
④ 제동 효과가 양호할 것

 브레이크는 제동이 커야하므로 마찰 계수가 커야 한다.

**07** V 벨트의 단면 형태를 표시한 것 중 단면적이 가장 큰 것은?

① A형　　　　② B형
③ C형　　　　④ M형

 V 벨트의 단면 형상은 C형이 가장 크다.

**08** 코일 전체의 평균 지름 $D$[mm], 소선의 지름 $d$[mm]라 할 때, 스프링 지수 $C$를 구하는 식으로 옳은 것은?

① $C = d \times D$　　② $C = \dfrac{d}{D}$

③ $C = \dfrac{2d}{D}$　　④ $C = \dfrac{D}{d}$

 코일 스프링의 스프링 지수는 $C = \dfrac{D}{d}$ 이다.

**09** 다음 중 증압기에 대한 설명으로 가장 적합한 것은?

① 유압을 공압으로 변환한다.
② 낮은 압력의 압축 공기를 사용하여 소형 유압 실린더의 압력을 고압으로 변환한다.
③ 대형 유압 실린더를 이용하여 저압으로 변환한다.
④ 높은 유압 압력을 낮은 공기 압력으로 변환한다.

 증압기는 압력을 크게 증가시키는 장치로서 고압에서 주로 사용한다.

**10** 액추에이터의 속도를 조절하는 밸브는?

① 감압 밸브
② 유량 제어 밸브
③ 방향 제어 밸브
④ 압력 제어 밸브

 액추에이터의 속도 조절은 유량 제어 밸브로 한다.

**11** 다음 중 공압 실린더가 운동할 때 낼 수 있는 힘($F$)을 식으로 맞게 표현한 것은? (단, $P$ : 실린더에 공급되는 공기의 압력, $A$ : 피스톤 단면적, $V$ : 피스톤 속도)

① $F = P \cdot A$　　② $F = A \cdot V$

③ $F = \dfrac{P}{A}$　　④ $F = \dfrac{A}{V}$

 힘은 $F = PA$로 나타낸다.

**12** 회로의 압력이 설정압을 초과하면 격막이 파열되어 회로의 최고 압력을 제한하는 것은?

① 압력 스위치　　② 유체 스위치
③ 유체 퓨즈　　　④ 감압 스위치

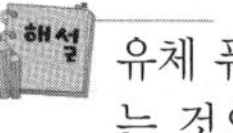 유체 퓨즈는 회로를 보호하기 위해 사용하는 것으로서, 압력이 초과되면 파열된다.

**13** 압력 제어 밸브에서 급격한 압력 변동에 따른 밸브 시트를 두드리는 미세한 진동이 생기는 현상은?

① 노킹　　　　② 채터링
③ 해머링　　　④ 캐비테이션

 채터링은 압력이 스프링의 장력과 비슷한 상태에서 떨림이 발생한다.

## 14 공기압 장치의 특징에 대한 설명으로 틀린 것은?

① 사용 에너지를 쉽게 구할 수 있다.
② 힘의 증폭이 용이하고 속도 조절이 간단하다.
③ 동력의 전달이 간단하며 먼 거리 이송이 쉽다.
④ 압축성 에너지이므로 위치 제어성이 좋다.

 압축성이므로 위치 제어성이 좋지 않다.

## 15 다음 도면 기호의 명칭은 무엇인가?

① 유압 펌프　② 압축기
③ 유압 모터　④ 공기압 모터

그림은 유압 펌프로서, 흑색 삼각형이 외부를 향하도록 표시한다.

## 16 관속을 흐르는 유체에서 '$A_1 V_1 = A_2 V_2$ =일정'하다는 유체 운동의 이론은? (단, $A_1, A_2$ : 단면적, $V_1, V_2$ : 유체 속도)

① 파스칼의 원리
② 연속의 법칙
③ 베르누이의 정리
④ 오일러 방정식

연속의 법칙으로, 관에서 속도나 직경을 구할 때 적용한다.

## 17 다음 중 공압과 유압의 조합 기기에 해당되는 것은?

① 에어 서비스 유닛
② 스틱 앤 슬립 유닛
③ 하이드로릭 체크 유닛
④ 벤투리 포지션 유닛

 하이드로릭 체크 유닛은 공압과 유압의 조합으로 되어 있다.

## 18 전기 신호를 이용하여 제어를 하는 이유로 가장 적합한 것은?

① 과부하에 대한 안전 대책이 용이하다.
② 작동 속도가 빠르다.
③ 외부 누설(감전, 인화)의 영향이 없다.
④ 출력 유지가 용이하다.

 전기 신호는 작동 속도가 빠르기 때문에 많이 사용한다.

## 19 압력 조절 밸브에 대한 설명으로 맞는 것은?

① 밸브 시트에 릴리프 구멍이 있는 것이 논브리드식이다.
② 감압을 목적으로 사용한다.
③ 생산된 압력을 증압하여 공급한다.
④ 압력 릴리프 밸브라고도 한다.

 압력 조절 밸브는 감압을 목적으로 한다.

## 20 다음과 같은 기호의 명칭은?

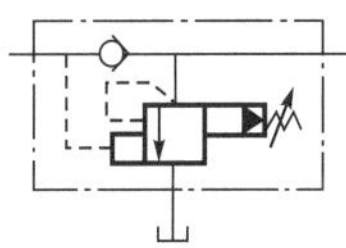

① 브레이크 밸브
② 카운터 밸런스 밸브
③ 무부하 릴리프 밸브
④ 시퀀스 밸브

 무부하 릴리프 밸브이다.

**21** 다음 중 유체 에너지를 기계적인 에너지로 변환하는 장치는?

① 유압 탱크　　② 액추에이터
③ 유압 펌프　　④ 공기 압축기

 액추에이터는 유체 에너지를 기계적 에너지로 전환시킨다.

**22** 유압에서 이용되는 속도 제어의 3가지 기본 회로는?

① 미터 인 회로, 미터 아웃 회로, 록킹 회로
② 블리드 오프 회로, 록킹 회로, 미터 아웃 회로
③ 미터 아웃 회로, 블리드 오프 회로, 록킹 회로
④ 미터 인 회로, 블리드 오프 회로, 미터 아웃 회로

 속도 제어에는 미터 인 회로, 블리드 오프 회로, 미터 아웃 회로가 있다.

**23** 다음의 기호에 해당되는 밸브가 사용되는 경우는?

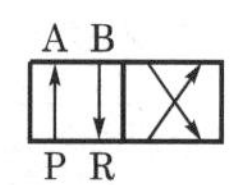

① 실린더 유량의 제어
② 실린더 방향의 제어
③ 실린더 압력의 제어
④ 실린더 힘의 제어

 실린더의 방향을 제어하는 밸브이다.

**24** OR 논리를 만족시키는 밸브는?

① 2압 밸브
② 급속 배기 밸브
③ 셔틀 밸브
④ 압력 시퀀스 밸브

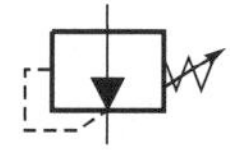 셔틀 밸브를 OR 밸브라고도 한다.

**25** 다음 그림의 밸브 기호가 나타내는 것은?

① 감압 밸브(reducing valve)
② 릴리프 밸브(relief valve)
③ 시퀀스 밸브(sequence valve)
④ 무부하 밸브(unloading valve)

 감압 밸브로, 입력 측 압력을 낮게 설정한다.

**26** 유량 비례 분류 밸브의 분류 비율은 어떤 범위에서 사용하는가?

① 1 : 1～9 : 1　　② 1 : 1～12 : 1
③ 1 : 1～15 : 1　　④ 1 : 1～20 : 1

 분류 비율은 1 : 1～9 : 1의 범위에서 사용한다.

**27** 다음 중 이상적인 유압 시스템의 최적 온도는?

① -35～0[℃]　　② 10～30[℃]
③ 45～55[℃]　　④ 65～85[℃]

 유압 시스템의 최적 온도는 45～55[℃]의 범위에서 사용한다.

**28** 다음의 변위 단계 선도에서 실린더 동작 순서가 옳은 것은? (단, + : 실린더의 전진, − : 실린더의 후진)

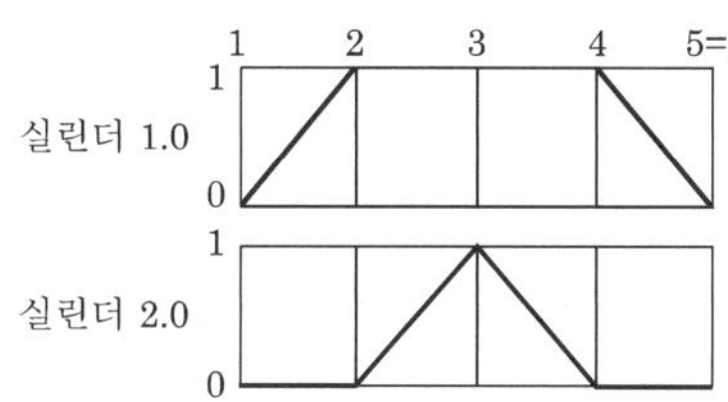

① $1.0^+ 2.0^+ 2.0^- 1.0^-$

② $1.0^- 2.0^- 2.0^+ 1.0^+$

③ $2.0^+ 1.0^+ 1.0^- 2.0^-$

④ $2.0^- 1.0^- 1.0^+ 1.0^+$

 실린더의 동작 순서는 1의 위치는 '+', 0의 위치는 '−'이다.

**29** 실린더 중 양방향의 운동에서 모두 일을 할 수 있는 것은?

① 단동 실린더(피스톤식)

② 램형 실린더

③ 다이어프램 실린더(비 피스톤식)

④ 복동 실린더(피스톤식)

 복동 실린더는 포트가 두 개로서, 양방향에서 일을 할 수가 있다.

**30** 자기 현상을 이용한 스위치로 빠른 전환 사이클이 요구될 때 적당한 스위치를 무엇이라 하는가?

① 전기 리밋 스위치

② 압력 스위치

③ 전기 리드 스위치

④ 광전 스위치

 리드 스위치는 실린더의 몸체에 부착하여 위치를 설정할 때 사용한다.

**31** 다음 중 송풍기가 발생시키는 압축 공기의 범위는?

① 10[kPa] 미만

② 10[kPa] 이상 ~ 100[kPa] 미만

③ 100[kPa] 이상 ~ 500[kPa] 미만

④ 500[kPa] 이상 ~ 1[MPa] 미만

 송풍기가 발생시키는 압축 공기의 범위는 10~100[kPa] 미만이다.

**32** 유압 펌프 무부하 회로에 대한 설명으로 맞는 것은?

① 펌프의 토출 압력을 일정하게 유지한다.

② 펌프의 송출량을 어큐뮬레이터로 공급하는 회로이다.

③ 부하에 의한 자유 낙하를 방지하는 회로이다.

④ 간단한 방법으로 탠덤 센터형 밸브의 중립 위치를 이용한다.

 유압 펌프의 무부하 회로는 간단한 방법으로 탠덤 센터형 밸브를 중립 위치로 하므로 가능하다.

**33** 어큐뮬레이터의 용도가 아닌 것은?

① 에너지 축적

② 서지압 방지

③ 자동 릴레이 작동

④ 펌프 맥동 흡수

 자동 릴레이 작동은 전기적 신호나 압력 스위치에 의해서 발생한다.

[정답]  28. ①  29. ④  30. ③  31. ②  32. ④  33. ③

**34** 유압 펌프의 동력을 계산하는 방법으로 맞는 것은?

① 압력×수압 면적
② 압력×유량
③ 질량×가속도
④ 힘×거리

 유압 펌프의 동력은 압력×유량으로 계산할 수가 있으며, $L = \dfrac{P \times Q}{75 \times 60}$ 로 표시한다.

**35** 포핏 방식의 방향 전환 밸브가 갖는 장점이 아닌 것은?

① 누설이 거의 없다.
② 밸브 이동 거리가 짧다.
③ 조작에 힘이 적게 든다.
④ 먼지, 이물질의 영향이 작다.

 포핏 방식은 조작에 대한 힘이 필요하다.

**36** 압축 공기의 조정 유닛(unit)의 조합 기구가 아닌 것은?

① 압축 공기 필터
② 압축 공기 조절기
③ 압축 공기 윤활기
④ 소음기

 압축 공기의 조정 유닛은 필터, 압력 조정기, 윤활기이며, AC unit 또는 FRL unit이라고 한다.

**37** 다음과 같이 1개의 입력 포트와 1개의 출력 포트를 가지고 입력 포트에 입력이 되지 않는 경우에만 출력 포트에 출력이 나타나는 회로는?

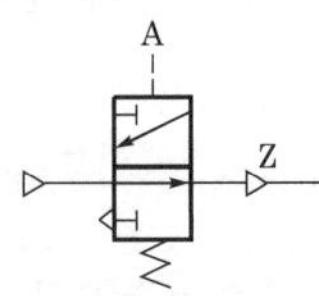


① NOR 회로　　② AND 회로
③ NOT 회로　　④ OR 회로

 NOT 회로로서, 입력에 대한 반대 값이 출력 신호로 발생한다.

**38** 저압의 피스톤 패킹에 사용되고 피스톤에 볼트로 장착될 수 있으며 저항이 다른 것에 비해 작은 것은?

① V형 패킹
② U형 패킹
③ 컵형 패킹
④ 플런저 패킹

 컵형 패킹은 저항이 다른 패킹에 비하여 작다.

**39** 일반적인 가정에서 제일 많이 사용하는 전원 방식은?

① 단상 직류 220[V]
② 단상 교류 220[V]
③ 3상 직류 220[V]
④ 3상 교류 220[V]

 우리나라 일반 가정용 전압은 교류 단상 2선식 220[V]이다.

**40** 다음 중 도선에 전류가 흐를 때 발생하는 열량은?

① 저항의 세기에 반비례한다.
② 전류의 세기에 반비례한다.
③ 전류 세기의 제곱에 비례한다.
④ 전류 세기의 제곱에 반비례한다.

 줄의 법칙에 의해 발생하는 열량은 다음과 같다.
$$H = 0.24 I^2 \cdot Rt \,[cal]$$
열량은 저항과 전류 제곱 및 흐른 시간에 비례한다.

**41** $R-C$ 직렬 회로에서 임피던스가 10[Ω], 저항 8[Ω] 일 때 용량 리액턴스 [Ω]는?

① 4　　　　② 5
③ 6　　　　④ 7

 $R-C$ 직렬 회로의 임피던스
$$Z = \sqrt{R^2 + X_C^2}\,[\Omega]$$
$$10 = \sqrt{8^2 + X_C^2}$$
∴ 용량 리액턴스 $X_C = 6[\Omega]$

**42** 다음 중 회로 시험기를 사용할 때 극성에 주의해서 측정해야 하는 것은?

① 저항　　　　② 교류 전압
③ 직류 전압　　④ 주파수

 직류 전원 측정 시 유의할 사항은 전원의 극성을 틀리지 않도록 접속하는 것이다.

**43** 전류의 유·무나 전류의 세기를 측정하는데 쓰는 실험용 계기로, 보통 1[mA] 이하의 미소 전류를 측정할 때 쓰는 계기는?

① 전위차계　　② 분류기
③ 배율기　　　④ 검류계

 ㉮ 분류기 : 전류계의 측정 범위를 넓히기 위한 것
㉯ 배율기 : 전압계의 측정 범위를 넓히기 위한 것

**44** 다음 중 동기기의 전기자 반작용에 해당되지 않는 것은?

① 교차 자화 작용
② 감자 작용
③ 증자 작용
④ 회절 작용

 동기기의 전기자 반작용은 횡축 반작용(교차 자화 작용)과 직축 반작용(감자 작용, 증자 작용)으로 분류된다.

**45** 다음 중 시퀀스 회로에서 전동기를 표시하는 것은?

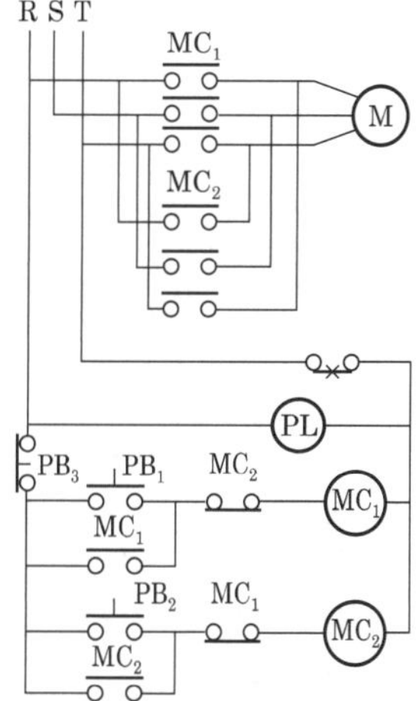


① M　　　　② PL
③ MC₁　　　④ MC₂

 ㉮ M : 전동기
㉯ PL : 파일럿 램프
㉰ MC : 전자 접촉기
㉱ PB : 푸시 버튼 스위치

**46** 회로 시험기 사용에서 저항 측정 시 전환 스위치를 R×100에 놓았을 때 계기의 바늘이 50[Ω]을 가리켰다면 측정된 저항값[Ω]은?

① 50　　　　② 100
③ 500　　　④ 5,000

 측정값이 50[Ω]이고 배율이 100배이므로 저항값 $R = 50 \times 100 = 5,000[\Omega]$

**47** 그림에서 2[Ω], 3[Ω], 4[Ω]의 저항을 직렬로 연결하고 전압 $E_r = 9$[V]를 인가할 때, 4[Ω]에 의한 전압 강하[V]는?

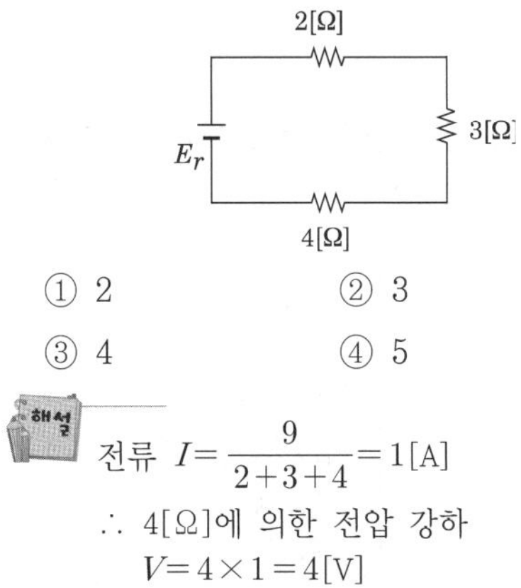


① 2
② 3
③ 4
④ 5

전류 $I = \dfrac{9}{2+3+4} = 1$[A]

∴ 4[Ω]에 의한 전압 강하
$$V = 4 \times 1 = 4\text{[V]}$$

**48** 3상 유도 전동기에서 기동 시에는 Y결선으로 운전하여 기동 전류를 감소시키고, 전동기의 속도가 점차로 증가하여 정격 속도에 이르면 △결선으로 정상 운전하는 기동법은?

① 전전압 기동법
② Y-△ 기동법
③ 기동 보상기법
④ △-Y 기동법

Y-△ 기동법은 기동 시 기동 전류를 $\dfrac{1}{3}$ 로 감소시키기 위해 Y결선으로 기동하고 △결선으로 운전하게 한다.

**49** 전원이 교류가 아닌 직류로 주어져 있을 때 어떤 직류 전압을 입력으로 하여 크기가 다른 직류를 얻기 위한 회로는?

① 인버터 회로
② 초퍼 회로
③ 사이리스터 회로
④ 다이오드 정류 회로

㉮ 초퍼 제어 : 전류의 ON-OFF를 반복하는 것을 통해 직류 또는 교류의 전원으로부터 실효가로서 임의의 전압이나 전류를 의사적으로 만들어 내는 전원 회로의 제어 방식이다. 주로 전동차용 주전동기의 제어나 직류 안정화 전원(AC 어댑터) 등에 이용한다.

㉯ 인버터 : 입력 신호와 출력 신호의 극성을 반전시키는 증폭기의 일종이다.

㉰ 사이리스터 : 온상태에서 오프 상태로, 오프 상태에서 온상태로의 전환이 가능하며 3개 이상의 pn 접합을 갖는 쌍안정 반도체 소자이다. pnpn 접합의 4층 구조 반도체 소자의 총칭이다.

㉱ 다이오드(diode) : 게르마늄이나 규소로 만들며 발광·정류(교류를 직류로 변환) 특성 등을 지니는 반도체이다.

**50** 시퀀스 제어(sequence control)의 기능에 대한 용어를 잘못 설명한 것은?

① 여자 : 릴레이 전자 접촉기 등의 코일에 전류가 흘러서 전자석이 되는 것
② 소자 : 릴레이 전자 접촉기 등의 코일에 흐르고 있는 전류를 차단하여 자력을 잃게 하는 것
③ 인칭 : 기계의 동작을 느리게 하기 위해 동작을 반복하여 행하는 것
④ 인터록 : 복수의 동작을 관여시키는 것으로, 어떤 조건을 갖추기까지의 동작을 정지시키는 것

인칭은 촌동이라고도 하며 전기적 조작에 의해 회전기의 회전부를 미소한 각도로 회전시키는 것이다.

**51** 저항 $R$[Ω]과 유도 리액턴스 $X_L$[Ω]이 직렬로 접속된 회로의 임피던스 $Z$[Ω]의 값은?

① $Z = R^2 + X_L$
② $Z = R^2 - X_L$
③ $Z = \sqrt{R^2 + X_L^2}$
④ $Z = \sqrt{R^2 - X_L}$

저항 $R[\Omega]$과 인덕턴스 $L[\mathrm{H}]$의 직렬로
접속한 회로의 임피던스
$Z = R + j\omega L\,[\Omega]$
$\therefore\ Z = \sqrt{R^2 + X_L^2}\,[\Omega]$

## 52 교류 전원의 주파수가 60[Hz]이고 극수가 4극인 동기 전동기의 회전수[rpm]는?

① 180
② 1,800
③ 240
④ 2,400

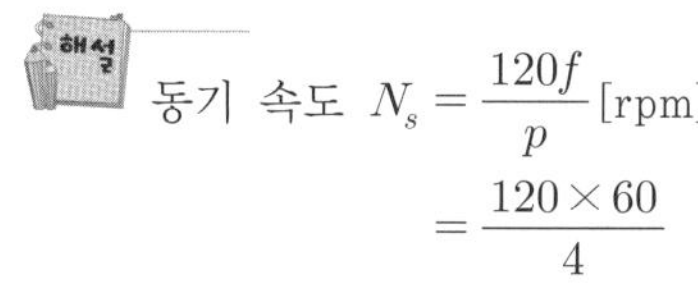
동기 속도 $N_s = \dfrac{120f}{p}\,[\mathrm{rpm}]$
$= \dfrac{120 \times 60}{4}$
$= 1,800\,[\mathrm{rpm}]$

## 53 검출 스위치가 아닌 것은?

① 리밋 스위치
② 광전 스위치
③ 버튼 스위치
④ 근접 스위치

버튼 스위치는 수동 조작 자동 복귀용
스위치이므로 검출용이 아니라 조작용
스위치이다.

## 54 배관 도시 기호 중 체크 밸브를 나타내는 것은?

①　②　③　④

체크 밸브는 유체의 흐름을 오직 한 방
향으로만 흐르게 한다.

## 55 A : B로 척도를 표시할 때 A : B의 설명이 가장 적합한 것은?

① A : 도면에서의 길이
　 B : 대상물의 실제 길이
② A : 도면에서의 치수
　 B : 대상물의 실제 치수
③ A : 대상물의 실제 길이
　 B : 도면에서의 길이
④ A : 대상물의 크기
　 B : 도면의 크기

A : B에서 A는 도면에서의 길이를, B는
대상물의 실제 길이를 나타낸다.

## 56 그림과 같은 입체도에서 화살표 방향을 정면도로 했을 때 평면도로 가장 적합한 것은?

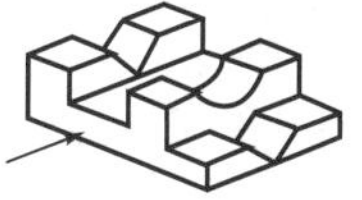

①　②　③　④

③과 같이 표기해야 평면도가 된다.

## 57 그림의 Ⓐ 부분과 같이 경사면부가 있는 대상물에서 그 경사면의 실형을 표시할 필요가 있는 경우에 사용하는 투상도는?

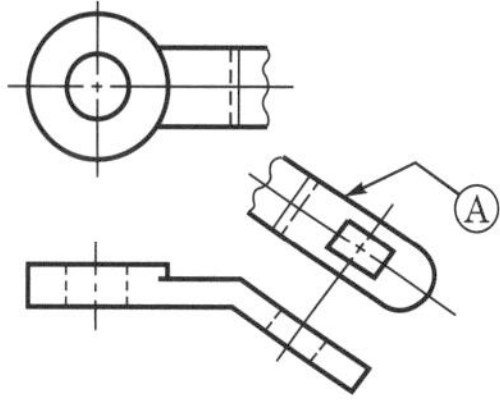

① 국부 투상도
② 전개 투상도
③ 회전 투상도
④ 보조 투상도

보조 투상도는 실제 형상에서 일부분을
상세하게 표기하는 방법이다.

**58** ISO 규격에 있는 관용 테이퍼 수나사의 기호는?

① R  　　　② S
③ Tr 　　　④ TM

 ISO에서 관용 테이퍼 수나사는 R로 표기한다.

**59** 기계 제도에 사용하는 선의 분류에서 가는 실선의 용도가 아닌 것은?

① 치수선 　　　② 치수 보조선
③ 지시선 　　　④ 외형선

 외형선은 굵은 실선으로 표시하며 물체의 보이는 부분을 나타낸다.

**60** 배관의 간력 도시 방법에서 파이프의 영구 결합부(용접 또는 다른 공법에 의함) 상태를 나타내는 것은?

① 　　② 　　③ 　　④

결합부는 접촉 부위에 작은 흑색 원으로 표기한다.

# 2010년 10월 3일 시행

**01** 브레이크의 축 방향에 압력이 작용하는 브레이크는?

① 원판 브레이크

② 복식 블록 브레이크

③ 밴드 브레이크

④ 드럼 브레이크

 축 방향에서 압력을 가하는 브레이크는 원판 브레이크이고, 복식 블록·밴드·드럼 브레이크는 축의 직각 방향에서 압력을 작용시킨다.

**02** 다음 벨트의 종류 중 인장 강도가 가장 큰 것은?

① 가죽 벨트

② 섬유 벨트

③ 고무 벨트

④ 강철 벨트

 인장 강도는 재료가 가지고 있는 내력으로서, 가죽·섬유·고무·강철 브레이크 중에서 강철 브레이크가 가장 강하다.

**03** 회전축을 지지하고 있는 베어링에서 이 축과 베어링에 의하여 받쳐지고 있는 축 부분을 무엇이라 하는가?

① 리테이너  ② 저널

③ 볼  ④ 롤러

 리테이너는 베어링의 볼 간격을 유지하기 위함이고, 저널은 축과 베어링을 받쳐주는 축부분을 의미한다.

**04** 회전수를 적게 하고 빨리 조이고 싶을 때 가장 유리한 나사는?

① 1줄 나사  ② 2줄 나사

③ 3줄 나사  ④ 4줄 나사

 리드가 가장 큰 나사를 구하는 것으로, 리드는 $L = np$이므로 줄수가 가장 많은 나사가 이동 거리가 길다.

**05** 하중을 분류할 때 분류 방법이 나머지 셋과 다른 것은?

① 인장 하중  ② 굽힘 하중

③ 충격 하중  ④ 비틀림 하중

 재료에 힘을 가하는 방향에 의한 분류로 인장 하중은 재료를 잡아당기는 상태, 굽힘 하중은 양쪽에 지지점이 있고 지지점 사이에 어느 부분을 가하는 상태, 비틀림 하중은 축에서 서로 반대 방향으로 힘이 가해지는 상태이다.

**06** 키의 종류에서 일반적으로 60[mm] 이하의 작은 축에 사용되고 특히 테이퍼 축에 사용이 용이하며 키의 가공에 의해 축의 강도가 약하게 되기는 하나 키 및 키홈 등의 가공이 쉬운 것은?

① 성크 키  ② 접선 키

③ 반달 키  ④ 원뿔 키

 반달 키는 테이퍼 축에 사용하며 반달 형상으로 테이퍼의 경사도에 따라 축과 보스의 상태를 최적의 조건으로 유지한다.

**07** 축을 설계할 때 고려되는 사항과 가장 거리가 먼 것은?

① 축의 강도　　② 응력 집중
③ 축의 변형　　④ 축의 용도

 축의 설계 시 고려 사항은 외부 하중이나 토크에 따른 변형이나 강도, 응력의 변화로 인한 안정성 등이 있다.

**08** 스프링 상수 6[N/mm]인 코일 스프링에 24[N]의 하중을 걸면 처짐은 몇 [mm]로 되는가?

① 0.25　　② 1.50
③ 4.00　　④ 4.25

 스프링의 처짐은 $P = \delta k$에서

$$\delta = \frac{P}{k} = \frac{24}{6} = 4[\text{mm}]$$

**09** 유압 기기에서 포트(port) 수에 대한 설명으로 맞는 것은?

① 유압 밸브가 가지고 있는 기능의 수이다.
② 관로와 접촉하는 전환 밸브의 접촉구의 수이다.
③ R.S.T의 기호로 표시된다.
④ 밸브 배관의 수는 포트 수보다 1개 적다.

 포트는 유체가 출입하는 구멍을 의미하며 관로와 접촉하는 전환 밸브의 접촉구의 수를 의미한다.

**10** 다음과 같은 회로의 명칭은?

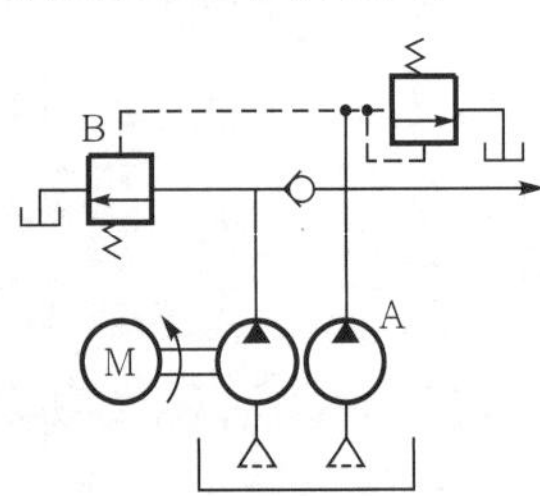

① 압력 스위치에 의한 무부하 회로
② 전환 밸브에 의한 무부하 회로
③ 축압기에 의한 무부하 회로
④ Hi-Lo에 의한 무부하 회로

 피스톤을 급격히 전진시키려면 저압 대용량의 펌프가 필요하다. 또한, 실린더에서 큰 힘을 얻고자 할 때에는 고압 소용량의 펌프가 필요하게 된다. 즉, 고압 소용량과 저압 대용량의 펌프를 동시에 사용한 회로가 사용되는데 이 회로가 하이 로(hi-lo) 회로이다.

**11** 그림의 한쪽 로드형 실린더에서 부하 없이 A, B 포트에 같은 압력의 오일을 흘려 넣으면 피스톤의 움직임은?

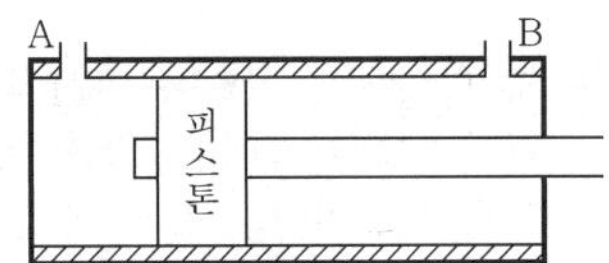

① A쪽으로 움직인다.
② B쪽으로 움직인다.
③ 제자리에서 회전한다.
④ 제자리에 정지한다.

 B 방향으로 움직인다. 즉, 실린더의 로드 직경에 따른 면적만큼 힘 $F = PA$는 감소하게 되며 대부분 공유압에서는 로드가 한쪽만 존재할 때 A 방향을 A 포트로 설정하여 사용한다.

**12** 다음 중 드레인 배출기 붙이 필터를 나타내는 기호는?

① 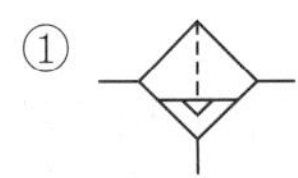　　② 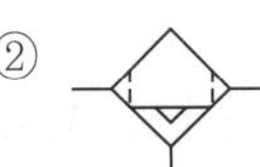
③ 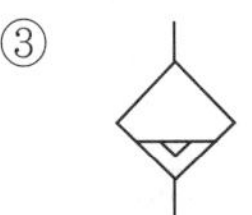　　④ 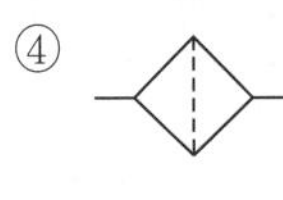

 공기 여과기에서 ㉯는 일반형이고 ㉮는 드레인 부착형 여과기이다. 일정한 위치까지 수분이 차게 되면 자동으로 수분을 배출한다.

**13** 다음 유압 기호 중 파일럿 작동, 외부 드레인형의 감압 밸브에 해당되는 것은?

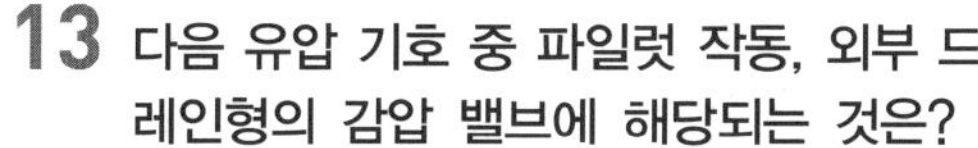
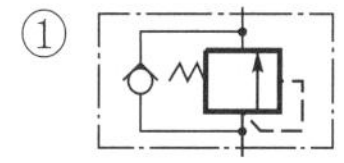
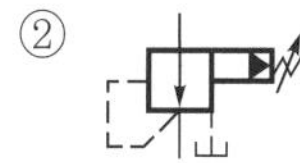
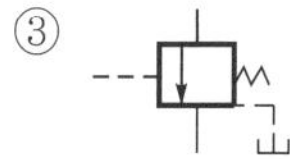
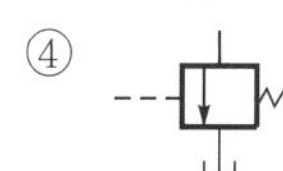

 파일럿 작동, 외부 드레인형은 ④가 해당되며 파일럿이란 내부의 미소 압력으로 밸브를 조작하는 원리이다.

**14** 응축수 배출기의 종류가 아닌 것은?

① 플로트식(float type)
② 파일럿식(pilot type)
③ 미립자 분리식(mist separator type)
④ 전동기 구동식(motor drive type)

 응축수 배출기의 종류는 작동 원리를 어떤 방식을 사용하느냐에 따라 분류한다. 미립자 분리식은 해당되지 않는다.

**15** 다음 중 복동 실린더의 공기 소모량 계산 시 고려해야 할 대상이 아닌 것은?

① 압축비　　② 분당 행정 수
③ 피스톤 직경　④ 배관의 직경

 공기 소모량은 실린더 내부에 영향을 주는 요인을 고려하면 된다.
배관의 직경은 외부에서 유체의 흐름을 위한 관이다.

**16** 공압 모터의 특징으로 맞는 것은?

① 에너지 변환 효율이 높다.
② 과부하 시 위험성이 크다.
③ 배기음이 작다.
④ 공기의 압축성에 의해 제어성은 그다지 좋지 않다.

 공압 모터에서 사용되는 공압은 압축성 유체로서, 유압에 비하여 제어성은 훨씬 떨어진다.

**17** 1차 측 공기 압력이 변화하여도 2차 측 공기 압력의 변동을 최저로 억제하여 안정된 공기 압력을 일정하게 유지하기 위한 밸브는?

① 방향 제어 밸브
② 감압 밸브
③ OR 밸브
④ 유량 제어 밸브

 압력을 제어하는 밸브이므로 감압 밸브는 1차 측은 변화하여도 2차 측 압력을 최저로 억제한다.

**18** 공압 실린더의 속도를 증가시킬 목적으로 사용하는 밸브는?

① 교축 밸브
② 속도 제어 밸브
③ 급속 배기 밸브
④ 배기 교축 밸브

 실린더 속도는 내부에 존재하는 공기를 급속히 배기함으로써 증가시킬 수 있다.

**19** 다음 중 왕복형 공기 압축기에 대한 회전형 공기 압축기의 특징에 대한 설명으로 옳은 것은?

① 진동이 크다.
② 고압에 적합하다.
③ 소음이 작다.
④ 공압 탱크를 필요로 한다.

 회전형 공기 압축기는 고속으로 회전하므로 소음이 작지만 왕복형 압축기는 직선 운동에 따른 방향 변환으로 맥동 압력이 발생할 수 있다.

---

[정답]    13. ②   14. ③   15. ④   16. ④   17. ②   18. ③   19. ③

**20** 도면에서 ①의 밸브가 ON되면 실린더의 피스톤 운동 상태는 어떻게 되는가?

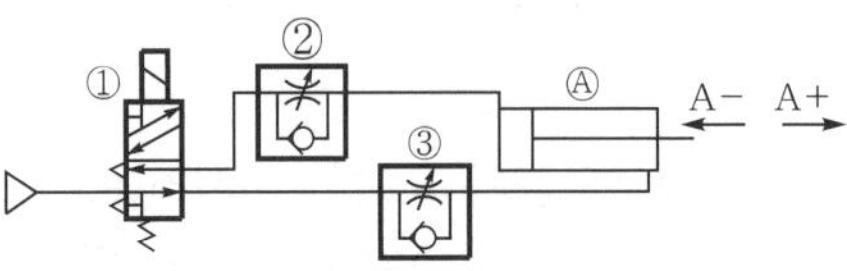

① A+쪽으로 전진

② A−쪽으로 복귀

③ 왕복 운동

④ 정지 상태 유지

 단동 솔레노이드 밸브는 실린더의 A포트를 제어하므로 A+ 방향으로 전진한다.

**21** 다음 중 실린더의 속도를 제어할 수 있는 기능을 가진 밸브는?

① 일 방향 유량 제어 밸브

② 3/2 way 밸브

③ AND 밸브

④ 압력 시퀀스 밸브

실린더의 속도를 제어하는 밸브는 유량을 제어하므로 속도가 제어된다. 즉, 일정한 관경을 가진 배관에서 유량이 많으면 속도는 느리고, 유량이 적으면 속도는 빠르다. 연속의 법칙 $Q = A_1 V_1 = A_2 V_2$에 의해 결정된다.

**22** 전기적인 입력 신호를 얻어 전기 신호를 개폐하는 기기로 반복 동작을 할 수 있는 기기는?

① 압력 스위치  ② 전자 릴레이

③ 시퀀스 밸브  ④ 차동 밸브

전자 릴레이는 전류의 흐름을 차단하거나 흘려주는 역할을 한다.

**23** 작동유의 유온이 적정 온도 이상으로 상승할 때 일어날 수 있는 현상이 아닌 것은?

① 윤활 상태의 향상

② 기름의 누설

③ 마찰부분의 마모 증대

④ 펌프 효율 저하에 따른 온도 상승

유온이 적정 온도 이상으로 상승하면 화학적 반응에 의해서 윤활 상태가 감소하는 요인이 된다.

**24** 2개의 안정된 출력 상태를 가지고, 입력 유무에 관계없이 직전에 가해진 압력의 상태를 출력 상태로서 유지하는 회로는?

① 부스터 회로    ② 카운터 회로

③ 레지스터 회로  ④ 플립플롭 회로

플립플롭 회로는 기억하는 역할을 하게 되므로 직전에 가해진 압력의 상태를 출력 상태로 유지하게 한다.

**25** 공압 센서의 종류가 아닌 것은?

① 광 센서      ② 공기 배리어

③ 반향 감지기  ④ 배압 감지기

광 센서는 빛을 이용하여 물체를 감지하는 센서로서, 조합형과 분리형이 있고, 한쪽은 투광기(빛을 주는 쪽), 다른 쪽은 수광기(빛을 받는 쪽)로 구성되어 있다.

**26** 다음의 기호가 나타내는 것은?

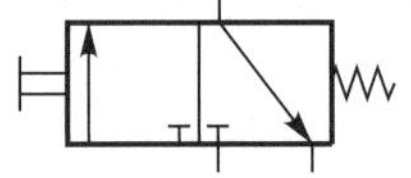

① 3/2 way 방향 제어 밸브(푸시 버튼형, N.O)

② 3/2 way 방향 제어 밸브(롤러 레버형, N.O)

③ 3/2 way 방향 제어 밸브(푸시 버튼형, N.C)

④ 3/2 way 방향 제어 밸브(롤러 레버형, N.C)

 3/2 way 방향 제어 밸브로 푸시 버튼형으로 N.C 형태이다. 즉, 푸시 버튼을 작동하면 유체가 관을 통하여 출력하게 된다.

**27** 다음 중 유압의 특징으로 맞는 것은?

① 직선 운동에만 사용한다.

② 유온의 변화와 속도는 무관하다.

③ 무단 변속이 가능하다.

④ 원격 제어가 불가능하다.

 유압은 직선 운동과 회전 운동, 유온의 변화에 따라 속도에 영향을 주며(기포 발생), 원격 제어가 가능하다.

**28** 다음 중 액추에이터의 가동 시 부하에 해당하는 것으로 맞는 것은?

① 정지 마찰　　② 가속 부하

③ 운동 마찰　　④ 과주성 부하

 액추에이터의 가동 시 부하에 영향을 주는 것은 정지 마찰이다. 즉, 정지 마찰력보다 공압에 따른 힘이 커야 운동을 하게 된다.

**29** 다음 중 유압 장치의 구성 요소가 아닌 것은?

① 기름 탱크　　② 유압 모터

③ 제어 밸브　　④ 공기 압축기

 공기 압축기는 공압에서 압력 에너지를 생성하는 장치이다.

**30** 유압 펌프가 갖추어야 할 특징 중 옳은 것은?

① 토출량의 변화가 클 것

② 토출량의 맥동이 적을 것

③ 토출량에 따라 속도가 변할 것

④ 토출량에 따라 밀도가 클 것

 토출량에 따른 맥동이 크게 되면 압력의 변화가 발생하여 정밀 제어가 어렵다.

**31** 동기 회로에서 2개의 실린더가 같은 속도로 움직일 수 있도록 위치를 제어해 주는 밸브는?

① 체크 밸브　　② 분류 밸브

③ 바이패스 밸브　④ 스톱 밸브

 체크 밸브는 역류 방지를 하고 바이패스 밸브는 유체를 통과시키며, 스톱 밸브는 유체를 차단하는 역할을 한다.

**32** 베르누이의 정리에서 에너지 보존의 법칙에 따라 유체가 가지고 있는 에너지가 아닌 것은?

① 위치 에너지　　② 마찰 에너지

③ 운동 에너지　　④ 압력 에너지

 베르누이의 정리에서 방정식은 $\dfrac{P}{\gamma}+\dfrac{V^2}{2g}+Z=H$ 이며 압력·운동·위치 에너지와 관계가 있다.

**33** 다음 중 유압 장치에서 작동유를 통과·차단시키거나 또는 진행 방향을 바꿔주는 밸브는?

① 유압 차단 밸브

② 유량 제어 밸브

③ 방향 전환 밸브

④ 압력 제어 밸브

 방향 전환 밸브는 유체의 흐름을 포트를 통하여 흐르게 하거나 차단하는 역할을 한다.

## 34 다음과 같은 유압 회로의 언로드 형식은 어떤 형태로 분류되는가?

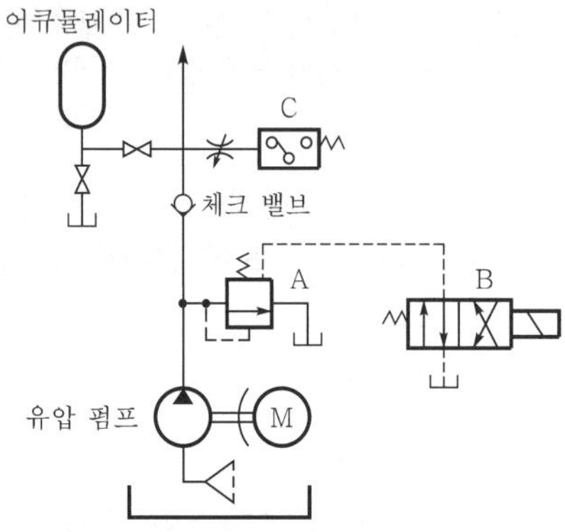


① 바이패스 형식에 의한 방법
② 탠덤 센서에 의한 방법
③ 언로드 밸브에 의한 방법
④ 릴리프 밸브를 이용한 방법

 릴리프 밸브는 압력을 설정하면 설정된 압력 범위에서 작동하며 그 이상의 압력은 탱크로 흘러 보낸다.

## 35 공압 시간 지연 밸브의 구성 요소가 아닌 것은?

① 공기 저장 탱크 ② 시퀀스 밸브
③ 속도 제어 밸브 ④ 3포트 2위치 밸브

 시퀀스 밸브는 순차적으로 유체의 흐름을 제어한다.

## 36 다음 그림과 같은 공압 로직 밸브와 진리값에 일치하는 논리는?

[공압 로직 밸브]

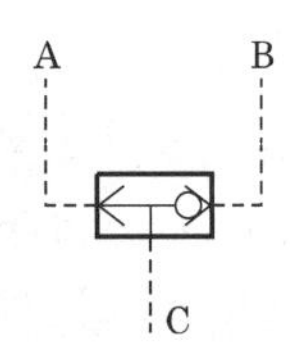

$A+B=C$

| 입력 신호 | | 출력 |
|:---:|:---:|:---:|
| A | B | C |
| 0 | 0 | 0 |
| 0 | 1 | 1 |
| 1 | 0 | 1 |
| 1 | 1 | 1 |

① AND　　② OR
③ NOT　　④ NOR

 OR 밸브로서, A·B 중 하나만 포트가 열리면 C로 흘러가는 조건이다.

## 37 유관의 안지름을 5[cm], 유속을 10[cm/s]로 하면 최대 유량은 약 몇 [cm³/s]인가?

① 196　　② 250
③ 462　　④ 785

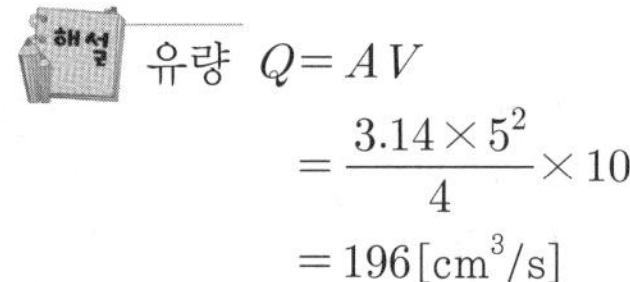 유량 $Q = AV$

$$= \frac{3.14 \times 5^2}{4} \times 10$$

$$= 196[\text{cm}^3/\text{s}]$$

## 38 공기 건조기에 대한 설명 중 옳은 것은?

① 수분 제거 방식에 따라 건조식, 흡착식으로 분류한다.
② 흡착식은 실리카겔 등의 고체 흡착제를 사용한다.
③ 흡착식은 최대 −170[℃]까지의 저노점을 얻을 수 있다.
④ 건조제 재생 방법을 논 브리드식이라 부른다.

 흡착식은 저노점(-70[℃])의 온도 조건을 유지할 수 있으며 실리카겔 등의 고체 흡착제를 사용한다.

## 39 기동 시 토크가 큰 것이 특징이며 전동차나 크레인과 같이 기동 토크가 큰 것을 요구하는 것에 적합한 전동기는?

① 타여자 전동기 ② 분권 전동기
③ 직권 전동기　④ 복권 전동기

 직권 전동기는 기동 토크가 커서 전동차나 크레인에 사용한다. 기동 토크는 모터 작동 시의 토크를 의미한다.

**40** 250[V], 60[W]인 백열전구 10개를 5시간 동안 모두 점등하였다면, 이때의 전력량 [kWh]은?

① 1  ② 2
③ 3  ④ 4

 전력량 $P = V \times I \times t$
$= 250 \times 0.25 \times 10 \times 5$
$\fallingdotseq 3[\text{kWh}]$

**41** 전기량($Q$)과 전류($I$), 시간($t$)의 상호 관계식이 바른 것은?

① $Q = It$  ② $Q = \dfrac{I}{t}$

③ $Q = \dfrac{t}{I}$  ④ $I = Q$

 전기량 $Q = I \times t$의 관계이다.

**42** 자동차용 전자 장치는 대개 직류 12[V]로 동작되도록 만들어져 있는데, 사용 전압이 12[V]가 아닌 전자 장치를 자동차에서 사용하려면 전압을 12[V]로 변환시켜야 한다. 이와 같이 어떤 직류 전압을 입력으로 하여 크기가 다른 전압의 직류로 변환하는 회로는?

① 단상 인버터
② 3상 인버터
③ 사이클로 컨버터
④ 초퍼

 초퍼 제어
㉮ 전류의 ON-OFF를 반복하는 것을 통해 직류 또는 교류의 전원으로부터 실효가로서 임의의 전압이나 전류를 의사적으로 만들어 내는 전원 회로의 제어 방식이다.
㉯ 주로 전동차용 주전동기의 제어나 직류 안정화 전원(AC 어댑터) 등에 이용된다.

**43** 그림에서 X로 표시되는 기기는 무엇을 측정하는 것인가?

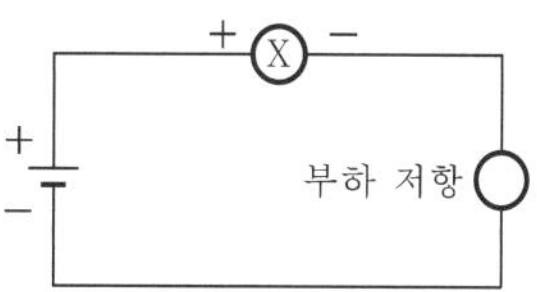


① 교류 전압
② 교류 전류
③ 직류 전압
④ 직류 전류

 전압 측정은 병렬, 전류 측정은 직렬로 연결하여 계측한다.

**44** 시퀀스 제어(sequence control)를 설명한 것은?

① 출력 신호를 입력 신호로 되돌려 제어한다.
② 목표값에 따라 자동적으로 제어한다.
③ 미리 정해 놓은 순서에 따라 제어의 각 단계를 순차적으로 제어한다.
④ 목표값과 결과값을 비교하여 제어한다.

 시퀀스 제어는 미리 정해진 순서에 의해서 순차적으로 제어하며 작동 시 문제가 발생할 때 비상 정지 단추를 누르면 모든 과정이 해제가 된다.

**45** 유도 전동기의 슬립 $s = 1$일 때 회전자의 상태는?

① 발전기 상태이다.
② 무구속 상태이다.
③ 동기 속도 상태이다.
④ 정지 상태이다.

 유도 전동기에서 $s = 1$이면 회전자는 정지 상태이다.

[정답]  40. ③  41. ①  42. ④  43. ④  44. ③  45. ④

**46** 그림과 같은 회로에서 펄스 입력 $V_1$에 대한 충전 전압 $V_2$의 시상수[ms]는?

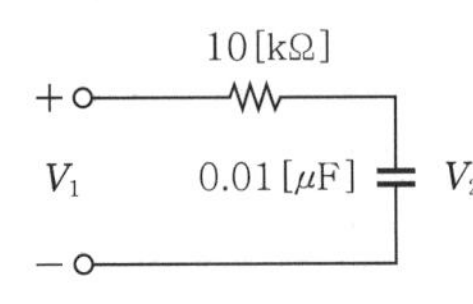

① 0.01    ② 0.1
③ 1    ④ 10

 시상수 $\tau = RC$
$$= 10 \times 0.01$$
$$= 0.1[\text{ms}]$$

**47** 그림의 논리 회로에서 입력 X, Y와 출력 Z 사이의 관계를 나타낸 진리표에서 ABCD의 값으로 옳은 것은?

X, Y → Z

| X | Y | Z | X | Y | Z |
|---|---|---|---|---|---|
| 1 | 1 | A | 0 | 1 | C |
| 1 | 0 | B | 0 | 0 | D |

① $A = 0, B = 1, C = 1, D = 1$
② $A = 0, B = 0, C = 1, D = 1$
③ $A = 0, B = 0, C = 0, D = 1$
④ $A = 1, B = 0, C = 0, D = 0$

NOT AND 회로이므로 결과값에서 반대로 취하면 된다. 즉, 결과값이 1이면 0이 된다.

**48** 고압을 직접 전압계로 측정하는 것은 계기의 정격과 절연 때문에 불가능하며, 또한 고압에 대한 안전성의 문제도 있기 때문에 이를 해결하기 위하여 사용하는 계기는?

① 단로기    ② 발전기
③ 전동기    ④ 계기용 변압기

 고압을 측정하기 위해서는 계기용 변압기를 사용하여 측정기를 보호한다.

**49** 교류 전압의 순시값이 $v = \sqrt{2}\, V\sin\omega t$ 이고, 전류값이 $i = \sqrt{2}\, I\sin\left(\omega t + \dfrac{\pi}{2}\right)$ [A]인 정현파의 위상 관계는?

① 전류의 위상과 전압의 위상은 같다.
② 전압의 위상이 전류의 위상보다 $\dfrac{\pi}{4}$ [rad]만큼 앞선다.
③ 전압의 위상이 전류의 위상보다 $\dfrac{\pi}{2}$ [rad]만큼 앞선다.
④ 전압의 위상이 전류의 위상보다 $\dfrac{\pi}{2}$ [rad]만큼 뒤진다.

 전압의 위상이 전류의 위상보다 $\dfrac{\pi}{2}$ 앞서게 된다.

**50** 저항이 $R[\Omega]$, 리액턴스가 $X[\Omega]$인 직렬로 접속된 부하에서 역률은?

① $\cos\theta = \dfrac{R}{\sqrt{R^2 + X^2}}$

② $\cos\theta = \dfrac{\sqrt{2}\,R}{\sqrt{R^2 + X^2}}$

③ $\cos\theta = \dfrac{R}{X^2}$

④ $\cos\theta = \dfrac{2R}{\sqrt{R^2 + X^2}}$

 직렬로 접속된 부하에서의 역률
$$\cos\theta = \dfrac{R}{\sqrt{R^2 + X^2}}$$

**51** 다음 그림과 같은 직류 브리지의 평형 조건은?

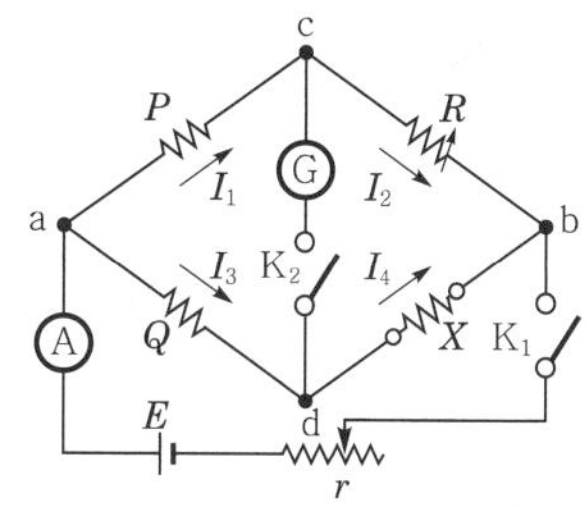

① $QX = PR$　② $PX = QR$
③ $RX = PQ$　④ $RX = 2PQ$

직류 브리지의 평형 조건은 서로 마주 보는 값을 고려하면 된다. 즉, $PX = QR$이다.

**52** 그림과 같은 전동기 주회로에서 THR은?

① 퓨즈
② 열동 계전기
③ 접점
④ 램프

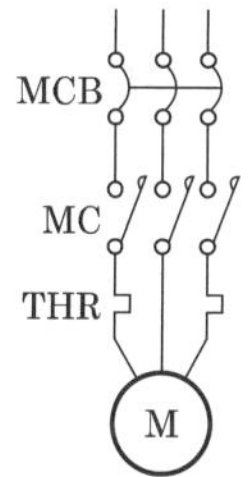

그림에서 THR은 Thermal Relay의 약어로서, 열동 계전기를 의미한다.

**53** 기기의 동작을 서로 구속하며, 기기의 보호와 조작자의 안전을 목적으로 하는 회로는?

① 인터록 회로　② 자기 유지 회로
③ 지연 복귀 회로④ 지연 동작 회로

기기의 동작을 서로 구속하여 기기의 보호와 조작자의 안전을 보호하는 회로는 인터록 회로이며 자기 유지 회로는 시퀀스 제어에서 시동 단추를 누른 후 차단을 해도 전류가 공급되는 조건을 유지하는 회로를 의미한다.
지연 복귀 회로는 타이머에 의해 일정 시간이 지난 후 복귀하는 회로이며 지연 동작 회로는 타이머에 전류가 인가한 후 일정 시간이 지나면 동작하는 회로이다.

**54** 다음과 같은 KS 용접 기호의 해독으로 틀린 것은?

$$6\bigcirc5\ (100)$$

① 화살표 반대쪽 점 용접
② 점 용접부의 지름 6[mm]
③ 용접부의 개수(용접 수) 5개
④ 점 용접한 간격은 100[mm]

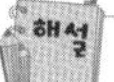
용접 기호에서 화살표는 용접의 위치를 나타낸다.

**55** 리벳 호칭이 'KS B 1002 둥근 머리 리벳 18×40 SV330'으로 표시된 경우 '40'숫자의 의미는?

① 리벳의 수량
② 리벳의 구멍 치수
③ 리벳의 길이
④ 리벳의 호칭 지름

KS B 1002에서 리벳의 표시는 18은 리벳의 직경, 40은 리벳의 길이, SV330은 재질을 의미하는 것이다.

**56** 한쪽 단면도에 대한 설명으로 옳은 것은?

① 대칭형의 물체를 중심선을 경계로 하여 외형도의 절반과 단면도의 절반을 조합하여 표시한 것이다.
② 부품도의 중앙 부위 전후를 절단하여 단면을 90° 회전시켜 표시한 것이다.
③ 도형 전체가 단면으로 표시된 것이다.
④ 물체의 필요한 부분만 단면으로 표시한 것이다.

한쪽 단면도는 반 단면도라고도 하고 중심선을 기준으로 서로 대칭일 때 적용하며 한쪽(절단 부분)은 내부 단면을 나타내고, 절단하지 않은 부분은 외부 형상을 나타낸다.

**57** 대상으로 하는 부분의 단면이 한 변의 길이가 20[mm]인 정사각형이라고 할 때 그 면을 직접적으로 도시하지 않고 치수로 기입하여 정사각형임으로 나타내고자 할 때 사용하는 치수는?

① $C20$　　② $t20$
③ □20　　④ $SR20$

 기계 제도 시 치수 기입을 생략하기 위해 여러 가지 기호를 사용하는데 $C$는 모따기를, $t$는 두께를, $SR$은 구를 표시한다.

**58** 도면의 같은 장소에 선이 겹칠 때 표시되는 우선 순위가 가장 먼저인 것은?

① 숨은선　　② 절단선
③ 중심선　　④ 치수 보조선

 숨은선은 보이지 않는 물체의 형상을 나타내는 선이다.

**59** 도면에서 표제란과 부품란으로 구분할 때 부품란에 기입할 사항으로 거리가 먼 것은?

① 품명　　② 재질
③ 수량　　④ 척도

 척도는 표제란에 기입하며 실척, 배척, 축척이 있다.

**60** 그림과 같은 입체도를 화살표 방향을 정면으로 하여 3각법으로 정투상한 도면으로 가장 적합한 것은?

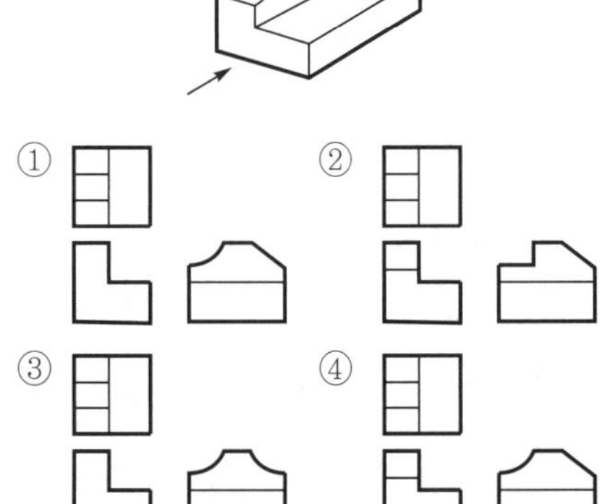

 3각법은 물체를 본 상태를 본 방향에 표기한다. 보통 정면도를 기본으로 위에는 평면도, 좌우 측에는 측면도를 표기한다.

# 2011년 10월 9일 시행

**01** 다음 중 응력 단위를 옳게 표시한 것은?

① N/m  
② N/m$^2$  
③ N · m  
④ N

응력은 $\sigma = \dfrac{P}{A}$ 로, 단위 면적당 힘을 말한다.

**02** 니켈-구리계 합금 중 구리에 니켈을 60~70[%] 정도 첨가한 것으로, 내열 · 내식성이 우수하여 터빈 날개, 펌프 임펠러 등의 재료로 사용되는 것은?

① 모넬 메탈  
② 콘스탄탄  
③ 로우 메탈  
④ 인코넬

니켈-구리계 합금에서 구리에 니켈을 60~ 70[%] 정도 첨가하여 내열 · 내식성이 우수한 재료는 모넬 메탈이다.

**03** 전동축의 회전력이 40[kgf · m]이고, 회전수가 300[rpm]일 때 전달 마력은 약 몇 [Ps]인가?

① 12.3  
② 16.8  
③ 123  
④ 168

전동축에서 토크 $T = 716.2\dfrac{H}{n}$ 에서

$$H = \frac{T \times n}{716.2}$$
$$= \frac{40 \times 300}{716.2}$$
$$= 16.75[Ps]$$

**04** 비중이 약 2.7로 가볍고 내식성, 가공성이 좋으며 전기 · 열 전도도가 높은 것은?

① 금(Au)  
② 알루미늄(Al)  
③ 철(Fe)  
④ 은(Ag)

① 19.3[g/cm$^3$]  
② 2.7[g/cm$^3$]  
③ 7.82[g/cm$^3$]  
④ 10.49[g/cm$^3$]

**05** 순철의 성질에 관한 사항 중 틀린 것은?

① 상온에서 연성과 전성이 크다.  
② 용융점의 온도는 539[℃] 정도이다.  
③ 단접하기 쉽고 소성 가공이 용이하다.  
④ 용접성이 좋다.

순철의 용융 온도는 1,538[℃]이다.

**06** 다음 중 자유롭게 휠 수 있는 축은?

① 전동 축  
② 크랭크 축  
③ 중공 축  
④ 플렉시블 축

자유롭게 휠 수 있는 축은 유연성이 있는 플렉시블 축(flexible shaft)이다.

**07** 노내에서 페로 실리콘(Fe-Si), 알루미늄(Al) 등의 강탈산제를 첨가하여 충분히 탈산시킨 것으로서, 표면에 헤어크랙이 생기기 쉬우며 상부에 수축관이 생기기 쉬운 강괴는?

① 킬드강  
② 림드강  
③ 세미킬드강  
④ 캡트강

 헤어크랙은(hair crack)은 수소($H_2$) 가스에 의해 머리카락 모양으로 미세하게 갈라지는 균열로, 킬드강에서 발생하고 수소의 압력이나 열응력, 변태 응력 등에 의해서 균열이 발생한다.

**08** 제강할 때 편석을 일으키기 쉬우며, 이 원소의 함유량이 0.25[%] 정도 이상이 되면 연신율이 감소하고 냉간 취성을 일으키는 원소는?

① 인  ② 황
③ 망간  ④ 규소

 인(P)은 0.25[%] 이상 함유하면 연신율이 감소하고 냉간 취성이 발생한다.

**09** 펌프의 송출 압력이 50[kgf/cm$^2$], 송출량이 20[L/min]인 펌프의 펌프 동력[Ps]은 약 얼마인가?

① 1.5  ② 1.7
③ 2.2  ④ 2.7

 **펌프의 동력**

$$H = \frac{PQ}{75 \times 60 \times 100}$$
$$= \frac{50 \times 20 \times 1,000}{75 \times 60 \times 100}$$
$$= 2.2[Ps]$$

**10** 다음 그림의 기호가 나타내는 것은?

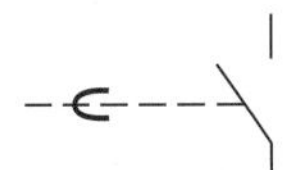

① 수동 조작 스위치 a접점
② 수동 조작 스위치 b접점
③ 소자 지연 타이머 a접점
④ 여자 지연 타이머 a접점

 여자 지연 타이머 a접점을 나타낸다.

**11** 다음의 기호가 나타내는 기기를 설명한 것 중 옳은 것은?

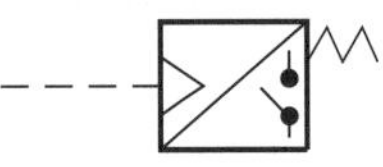

① 실린더의 로킹 회로에서만 사용된다.
② 유압 실린더의 속도 제어에서 사용된다.
③ 회로의 일부에 배압을 발생시키고자 할 때 사용된다.
④ 유압 신호를 전기 신호로 전환시켜 준다.

 유압 신호를 전기 신호로 전환하여 단계적 동작을 유도한다.

**12** 유압 장치의 특징과 거리가 먼 것은?

① 소형 장치로 큰 힘을 발생한다.
② 작동유로 인한 위험성이 있다.
③ 일의 방향을 쉽게 변환시키기 어렵다.
④ 무단 변속이 가능하고 정확한 위치 제어를 할 수 있다.

 일의 방향을 방향 제어 밸브를 통하여 조작 장치로 쉽게 전환할 수가 있다.

**13** 유압 회로에서 어떤 부분 회로의 압력을 주회로보다 저압으로 사용하고자 할 때 사용하는 밸브는?

① 배압 밸브
② 감압 밸브
③ 압력 보상형 밸브
④ 셔틀 밸브

 감압 밸브는 입력 측의 압력은 제어하지 않고 출력 측의 압력을 일정하게 제어한다.

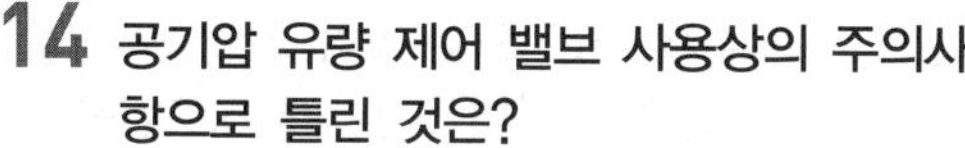

**14** 공기압 유량 제어 밸브 사용상의 주의사항으로 틀린 것은?

① 유량 제어 밸브는 되도록 제어 대상에 멀리 설치하는 것이 제어성의 면에서 바람직하다.

② 공기압 실린더의 속도 제어에는 공기의 압축성을 이용하여 미터 아웃 방식을 사용한다.

③ 유량 조절이 끝나면 고정용 나사를 꼭 고정하여 풀리지 않도록 한다.

④ 크기의 선정도 중요하다.

 유량 제어 밸브는 제어 대상에서 가장 근접하게 설치해야 정확도를 유지한다. 멀리 설치하면 관의 마찰 손실로 제어량이 변화할 수가 있다.

**15** 압력의 크기에 의해 제어되거나 압력에 큰 영향을 미치는 것은?

① 논 리턴 밸브
② 방향 제어 밸브
③ 압력 제어 밸브
④ 유량 제어 밸브

 압력 제어 밸브는 압력에 영향을 주며 출력 측의 압력을 일정하게 유지시킨다.

**16** 그림의 연결구를 표시하는 방법에서 틀린 부분은?

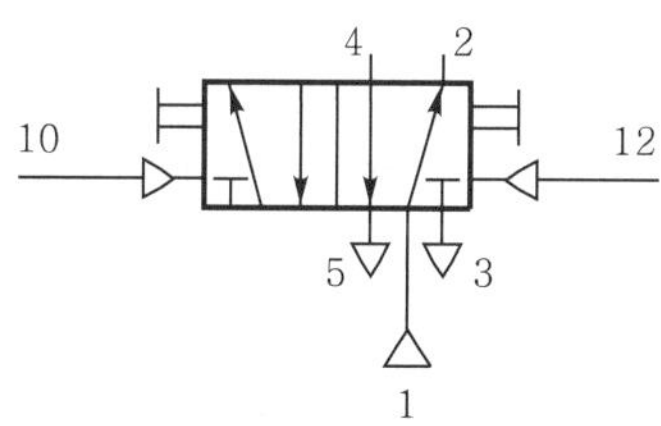

① 공급 라인 : 1
② 제어 라인 : 4
③ 작업 라인 : 2
④ 배기 라인 : 3

 4는 제어 라인이 아니고 배기 라인이다.

**17** 습공기 내에 있는 수증기에 양이나 수증기의 압력과 포화 상태에 대한 비를 나타내는 것은?

① 절대 습도
② 상대 습도
③ 대기 습도
④ 게이지 습도

 상대 습도는 특정한 온도의 대기 중에 포함되어 있는 수증기의 압력을 그 온도의 포화 수증기 압력으로 나눈 것을 말하며 절대 습도는 특정한 온도의 대기 중에 포함되어 있는 수증기의 양을 그 온도의 포화 수증기량으로 나눈 것이다.

**18** 공유압 변환기를 에어 하이드로 실린더와 조합하여 사용할 경우 주의사항으로 틀린 것은?

① 에어 하이드로 실린더보다 높은 위치에 설치한다.

② 공유압 변환기는 수평 방향으로 설치한다.

③ 열원 가까이에서 사용하지 않는다.

④ 작동유가 통하는 배관에 누설, 공기 흡입이 없도록 밀봉을 철저히 한다.

**공유압 변환기의 고려사항**

㉮ Level gauge(아크릴)에 유해한 물질(염소, 아황산, 중크로산카리 등)이 있는 곳에서의 사용을 피한다.

㉯ 화기 근처에서의 사용을 피한다.

㉰ 변환기는 반드시 수직으로 설치하고 설치 높이는 가능한 기기의 유면 하한선이 액추에이터의 상한선보다 높게 설치한다.

㉱ 배관 전에는 반드시 플러싱하여 이물질을 제거한 후 설치한다.

㉲ 오일 배관은 극도의 내경차가 없도록 한다.

㉳ 오일 배관에는 공기가 혼입되지 않도록 한다.

㉴ 관 이음매 부분이 좁혀져 있거나 90[°]의 굴곡이 많으면 소정의 속도를 얻을 수 없는 경우가 있다.

**19** 검출용 스위치 중 접촉형 스위치가 아닌 것은?

① 마이크로 스위치
② 광전 스위치
③ 리밋 스위치
④ 리드 스위치

 광전 스위치는 빛을 이용하므로 접촉형이 아니다.

**20** 유압 장치의 과부하 방지에 사용되는 기기는?

① 시퀀스 밸브
② 카운터 밸런스 밸브
③ 릴리프 밸브
④ 감압 밸브

 릴리프 밸브는 압력을 설정하면 그 이상의 압력은 탱크로 보내어 과부하를 방지한다.

**21** 공압 조합 밸브로 1개의 정상 상태에서 닫힌 3/2 way 밸브와 1개의 정상 상태 열림 3/2 way 밸브, 2개의 속도 제어 밸브로 구성되어 있는 기기로, 두 개의 속도 제어 밸브를 조정하면 여러 가지 사이클 시간을 얻을 수 있으며, 진동수는 압력과 하중에 따라 달라지게 하는 제어 기기는 무엇인가?

① 가변 진동 발생기
② 압력 증폭기
③ 시간 지연 밸브
④ 공유압 조합 기기

가변 진동 발생기는 속도 제어 밸브에 의해서 진동수를 발생하며 압력에 따라 하중이 변화한다.

**22** 구동부가 일을 하지 않아 회로에서 작동유를 필요로 하지 않을 때 작동유를 탱크로 귀환시키는 것은?

① AND 회로
② 무부하 회로
③ 플립플롭 회로
④ 압력 설정 회로

 무부하 밸브는 구동부가 작동하지 않으면 작동유를 탱크로 보낸다.

**23** 유압 작동유의 점도가 너무 높을 경우 유압 장치의 운전에 미치는 영향이 아닌 것은?

① 캐비테이션(cavitation)의 발생
② 배관 저항에 의한 압력 감소
③ 유압 장치 전체의 효율 저하
④ 응답성의 저하

 배관 저항에 의해 관의 마찰력이 증가하여 압력이 증가한다.

**24** 제어 작업이 주로 논리 제어의 형태로 이루어지는 AND, OR, NOT, 플립플롭 등의 기본 논리 연결을 표시하는 기호도를 무엇이라 하는가?

① 논리도
② 회로도
③ 제어선도
④ 변위 단계 선도

 논리 회로이며 디지털 제어를 위해 사용하고 2진법에 의해 구현한다.

**25** 실린더를 이용하여 운동하는 형태가 실린더로부터 떨어져 있는 물체를 누르는 형태이면 이는 어떤 부하인가?

① 저항 부하
② 관성 부하
③ 마찰 부하
④ 쿠션 부하

 저항 부하는 외부에서 가하는 힘에 대한 반력에 의해서 발생한다.

**26** 다음 설명 중 공기압 모터의 장점은?

① 에너지의 변환 효율이 낮다.

② 제어 속도를 아주 느리게 할 수 있다.

③ 큰 힘을 낼 수 있다.

④ 과부하 시 위험성이 없다.

 공기압 모터는 압력 에너지를 운동 에너지로 변환하여 동력을 발생시키므로 정지 상태가 아니기 때문에 과부하 시 위험성이 없다.

**27** 토출 압력에 의한 분류에서 저압으로 구분되는 공기 압축기의 압력 범위는?

① 1[kgf/cm$^2$] 이하

② 7~8[kgf/cm$^2$]

③ 10~15[kgf/cm$^2$]

④ 15[kgf/cm$^2$] 이상

 공기 압축기의 토출 압력에 따라서 저압은 7~8[kgf/cm$^2$], 중압은 10~15[kgf/cm$^2$], 고압은 15[kgf/cm$^2$] 이상으로 분류한다.

**28** 압력 조절 밸브 사용 시 주의사항으로 공기압 기기의 전공기 소비량이 압력 조절 밸브에서 공급되었을 때 압력 조절 밸브의 2차 압력이 몇 [%] 이하로 내려가지 않도록 하는 것이 바람직한가?

① 60　　　　② 70

③ 80　　　　④ 90

압력 조절 밸브의 2차 압력이 80[%] 이하로 떨어지지 않도록 하는 것이 좋다.

**29** 공기압 회로에서 압축 공기의 역류를 방지하고자 하는 경우에 사용하는 밸브로서, 한쪽 방향으로만 흐르고 반대 방향으로는 흐르지 않는 밸브는?

① 체크 밸브　　　② 셔틀 밸브

③ 릴리프 밸브　　④ 급속 배기 밸브

 관에서 압축 공기의 역류 방지는 체크 밸브가 한다.

**30** 압력 제어 밸브에 해당되는 것은?

① 셔틀 밸브　　　② 체크 밸브

③ 차단 밸브　　　④ 릴리프 밸브

 릴리프 밸브는 설정 압력으로 출력하며 그 이상은 탱크로 보내진다.

**31** 다음 중 공기압 장치의 기본 시스템이 아닌 것은?

① 압축 공기 발생 장치

② 압축 공기 조정 장치

③ 공압 제어 밸브

④ 유압 펌프

유압 펌프는 작동 유체를 유압을 사용하여 압력 에너지를 생성하게 한다.

**32** 공기 건조 방식 중 −70[℃] 정도까지의 저노점을 얻을 수 있는 공기 건조 방식은 무엇인가?

① 흡수식　　　　② 냉각식

③ 흡착식　　　　④ 저온 건조 방식

 공기 건조 방식에서 −70[℃] 정도까지 저노점을 얻을 수 있는 방식은 흡착식이다.

**33** 축동력을 계산하는 방법에 대한 설명으로 틀린 것은?

① 설정 압력과 토출량을 곱하여 계산한다.

② 효율은 안전을 위하여 약 75[%]로 한다.

③ 효율은 체적 효율만을 고려한다.

④ 단위는 [kW]를 사용할 수 있다.

---

[정답]　26. ④　27. ②　28. ③　29. ①　30. ④　31. ④　32. ③　33. ③

 축동력을 계산할 때 체적 효율, 기계 효율 등을 적용하여 동력을 계산해야 모터에 과부하가 걸리는 것을 방지할 수 있다.

**34** 유압 장치에서 유량 제어 밸브로 유량을 조정할 경우 실린더에서 나타나는 효과는?

① 유압의 역류 조절
② 운동 속도의 조절
③ 운동 방향의 결정
④ 정지 및 시동

 유량 제어 밸브로 유량을 제어하면 운동 속도가 조절된다(연속의 법칙).

**35** 다음은 어떤 밸브를 나타내는 기호인가?

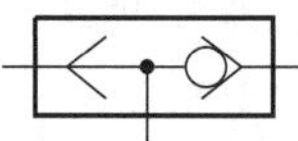

① 급속 배기 밸브
② 셔틀 밸브
③ 2압 밸브
④ 파일럿 조작 밸브

 OR 밸브이며 셔틀 밸브이다. 어느 한쪽에 유체가 유입되면 압력이 출력된다.

**36** 공압 실린더 중 단동 실린더가 아닌 것은?

① 피스톤 실린더
② 격판 실린더
③ 벨로스 실린더
④ 로드리스 실린더

 로드리스 실린더는 로드가 없는 형태이며 복동이다.

**37** 축압기에 대한 설명 중 틀린 것은?

① 맥동이 발생한다.
② 압력 보상이 된다.
③ 충격 완충이 된다.
④ 유압 에너지를 축적할 수 있다.

 축압기는 맥동을 방지하기 위해 유압 시스템에서 반드시 설치해야 한다.

**38** 다음 중 압력 시퀀스 밸브가 하는 일을 나타낸 것은?

① 자유 낙하의 방지
② 배압의 유지
③ 구동 요소의 순차 작동
④ 무부하 운전

 압력 시퀀스 밸브는 구동 요소의 순차적 작동을 한다.

**39** 다음 중 전력량 1[J]은 몇 [cal]인가?

① 0.24　　　　② 4.2
③ 86　　　　　④ 860

 1[cal] = 4.18605[J]
∴　1[J] = 0.24[cal]

**40** 가동 코일형 전류계에서 전류 측정 범위를 확대시키는 방법은?

① 가동 코일과 직렬로 분류기 저항을 접속한다.
② 가동 코일과 병렬로 분류기 저항을 접속한다.
③ 가동 코일과 직렬로 배율기 저항을 접속한다.
④ 가동 코일과 직·병렬로 배율기 저항을 접속한다.

 가동 코일형 전류계에서 전류 측정 범위를 확대하기 위해서는 가동 코일과 병렬로 분류기 저항을 접속하여 측정한다.

**41** 다음 중 입력 요소는?

① 전동기　　　② 전자 계전기
③ 리밋 스위치　④ 솔레노이드 밸브

 입력 요소는 리밋 스위치이며 전동기, 전자 계전기, 솔레노이드 밸브는 출력 요소이다.

**42** 시간의 변화에 따라 각 계전기나 접점 등의 변화 상태를 시간적 순서에 의해 출력 상태를 (ON, OFF), (H, L), (1, 0) 등으로 나타내는 것은?

① 실체 배선도　② 플로 차트
③ 논리 회로도　④ 타임 차트

 타임 차트는 계전기나 접점 등에 대한 변화 상태를 시간적 순서에 의해서 출력 상태를 표시한다.

**43** 4극의 유도 전동기에 50[Hz]의 교류 전원을 가할 때 동기 속도[rpm]는?

① 200　　　　② 750
③ 1,200　　　④ 1,500

 4극 유도 전동기에서 50[Hz]에 대한 교류 전원의 동기 속도는 다음과 같다.

$$N = \frac{120f}{p} = \frac{120 \times 50}{4} = 1,500[\text{rpm}]$$

**44** 정전 용량 $C$ 회로에 $v = \sqrt{2}\,V\sin\omega t[\text{V}]$인 사인파 전압을 가할 때 전압과 전류의 위상 관계는?

① 전류는 전압보다 위상이 90° 뒤진다.
② 전류는 전압보다 위상이 30° 앞선다.
③ 전류는 전압보다 위상이 30° 뒤진다.
④ 전류는 전압보다 위상이 90° 앞선다.

 정전 용량 $C$만의 회로에서 사인파 전압을 가하면 전류는 전압보다 위상이 90° 앞선다.

**45** 임피던스 $Z[\Omega]$인 단상 교류 부하를 단상 교류 전원 $V[\text{V}]$에 연결하였을 경우 흐르는 전류가 $I[\text{A}]$라면 단상 전력 $P$를 구하는 식은? (단, $V$ : 전압, $I$ : 전류, $\theta$ : 전압과 전류의 위상차, $\cos\theta$ : 역률)

① $P = VI\cos\theta[\text{W}]$

② $P = \sqrt{3}\,VI\cos\theta[\text{W}]$

③ $P = VR\cos\theta[\text{W}]$

④ $P = VI\sin\theta[\text{W}]$

 임피던스 $Z[\Omega]$인 단상 교류 부하를 단상 교류 전원에 연결할 때 전력은 $P = VI\cos\theta$ [W]이다.

**46** 직류 전동기에서 운전 중에 항상 브러시와 접촉하는 것은?

① 전기자　　② 계자
③ 정류자　　④ 계철

 직류 전동기에서 운전 중에 항상 브러시와 접촉하여 모터 코일에 전류를 흐르게 하는 것은 정류자이다.

**47** 열동 계전기의 기호는?

① DS　　　② THR
③ NFB　　　④ S

 열동 계전기의 기호는 THR이며 Thermal Relay의 약어이다.

**48** 동일한 전원에 연결된 여러 개의 전등은 다음 중 어느 경우가 가장 밝은가?

① 각 등을 직·병렬 연결할 때
② 각 등을 직렬 연결할 때
③ 각 등을 병렬 연결할 때
④ 전등의 연결 방법에는 관계없다.

 동일한 전원에 각 등을 병렬로 연결해야 전원이 직접 공급되어 가장 밝은 상태가 된다.

## 49 사인파 교류의 순시값이 $v = V\sin\omega t$[V]이면 실효값은? (단, $V$는 최댓값임)

① $\dfrac{V}{\sqrt{2}}$ 　　② $V$

③ $\sqrt{2}\,V$ 　　④ $2V$

 사인파의 순시값이 $v = V\sin\omega t$[V]이면 실효값은 $\dfrac{V}{\sqrt{2}}$ 이다.

## 50 다음 중 지시 계기의 구비 조건이 아닌 것은?

① 눈금이 균등하거나 대수 눈금일 것
② 절연 내력이 낮을 것
③ 튼튼하고 취급이 편리할 것
④ 지시가 측정값의 변화에 신속히 응답할 것

 절연에 대한 저항이 커야 한다.

## 51 내부 저항 5[kΩ]의 전압계 측정 범위를 10배로 하기 위한 방법은?

① 15[kΩ]의 배율기 저항을 병렬 연결 한다.
② 15[kΩ]의 배율기 저항을 직렬 연결 한다.
③ 45[kΩ]의 배율기 저항을 병렬 연결 한다.
④ 45[kΩ]의 배율기 저항을 직렬 연결 한다.

 내부 저항이 5[kΩ]인 전압계 측정 범위를 10배로 하기 위해서는 45[kΩ]의 배율기 저항을 직렬로 연결한다.

## 52 기기의 보호나 작업자의 안전을 위해 기기의 동작 상태를 나타내는 접점으로 기기의 동작을 금지하는 회로는?

① 인칭 회로
② 인터록 회로
③ 자기 유지 회로
④ 자기 유지 처리 회로

 인터록 회로는 기기의 보호나 작업자의 안전을 위한 회로이다.

## 53 하나의 회전기를 사용하여 교류를 직류로 바꾸는 것은?

① 셀렌 정류기　　② 실리콘 정류기
③ 회전 변류기　　④ 아산화동 정류기

회전 변류기는 교류를 직류로 변환하는 장치이다.

## 54 다음 그림에서 $A$ 부의 치수는 얼마인가?

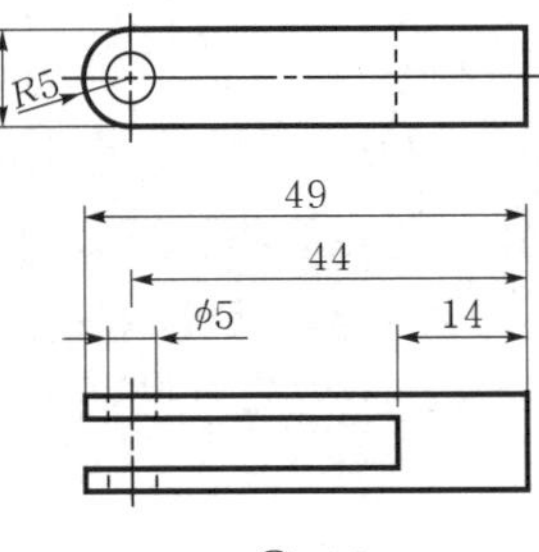

① 5 　　　　② 10
③ 15 　　　④ 14

$R$5이므로 $A$의 치수는 10이 된다.

## 55 그림과 같은 배관 도시 기호가 있는 관에는 어떤 종류의 유체가 흐르는가?



① 공기　　　② 연료 가스
③ 증기　　　④ 물

 A는 공기(Air), 연료 가스는 G(Gas), 증기는 V(Vapor), 물은 W(Water)이다.

**56** 개스킷, 박판, 형강 등에서 절단면이 얇은 경우 단면도 표시법으로 가장 적합한 설명은?

① 절단면을 검게 칠한다.

② 실제 치수와 같은 굵기의 아주 굵은 1점 쇄선으로 표시한다.

③ 얇은 두께의 단면이 인접되는 경우 간격을 두지 않는 것이 원칙이다.

④ 모든 인접 단면과의 간격은 0.5[mm] 이하의 간격이 있어야 한다.

 개스킷, 박판, 형강 등과 같이 절단면이 얇으면 절단면을 검게 칠한다.

**57** KS 용접 기호 중에서 그림과 같은 용접 기호는 무슨 용접 기호인가?

① 심용접　　　　② 비드 용접

③ 필릿 용접　　　④ 점용접

 필릿 용접은 모서리 부분을 제거한 후에 T자 형이나 직선상에서 용접할 때 용접부의 강도를 보강한다.

**58** 선은 굵기에 따라 가는 선, 굵은 선, 아주 굵은 선의 세 종류로 구분하는데 굵기의 비율로 가장 올바른 것은?

① 1 : 2 : 3　　　② 1 : 2 : 4

③ 1 : 3 : 5　　　④ 1 : 2 : 5

 선의 굵기에 따른 가는 선, 굵은 선, 아주 굵은 선의 비율은 1 : 2 : 4이다.

**59** 그림과 같은 투상도의 평면도와 우측면도에 가장 적합한 정면도는?

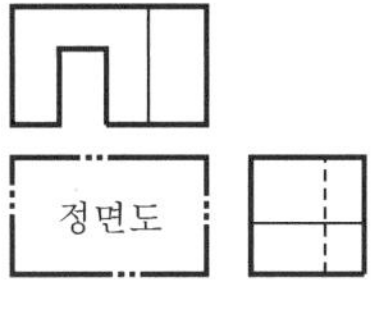

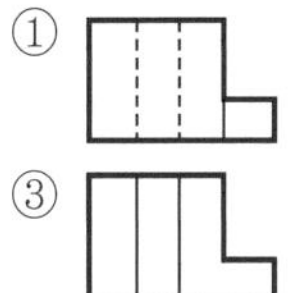
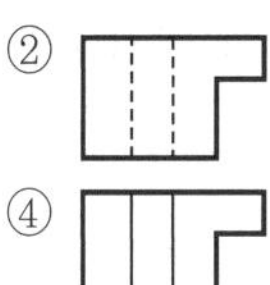

정면도

 측면도 중간에 실선이 있으므로 계단 형태이다.

**60** 도면에서 비례척이 아님을 나타내는 기호는?

① NS　　　　② NPS

③ NT　　　　④ PQ

 NS는 No Scale을 의미하며 비례척이 아님을 표기한다.

# 2012년 4월 8일 시행

**01** 급속 배기 밸브의 설명으로 적합한 것은?

① 순차 작동이 된다.
② 실린더 운동 속도를 빠르게 한다.
③ 실린더의 진행 방향을 바꾼다.
④ 서지 압력을 완충시킨다.

 급속 배기 밸브는 외기로 공기를 빠르게 배출하므로 실린더의 운동 속도가 빨라지게 된다.

**02** 증압기에 대한 설명으로 가장 적합한 것은?

① 유압을 공압으로 변환한다.
② 낮은 압력의 압축 공기를 사용하여 소형 유압 실린더의 압력을 고압으로 변환한다.
③ 대형 유압 실린더를 이용하여 저압으로 변환한다.
④ 높은 유압 압력을 낮은 공기 압력으로 변환한다.

 증압기는 사용 압력($5 \sim 6[\text{kg}/\text{cm}^2]$)으로 시스템을 구동하지 못한 경우에 낮은 압력의 압축 공기를 사용하여 소형 유압 실린더의 압력을 고압으로 변환하여 큰 힘을 얻을 수가 있다.

**03** 공압 장치에 사용되는 압축 공기 필터의 공기 여과 방법으로 틀린 것은?

① 원심력을 이용하여 분리하는 방법
② 충돌판에 닿게 하여 분리하는 방법
③ 가열하여 분리하는 방법
④ 흡습제를 사용해서 분리하는 방법

 가열하여 분리하는 것은 공기의 흐름과 에어 호스에 영향을 미치므로 사용하지 않는다.

**04** 보일 · 샤를의 법칙에서 공기의 기체 상수[kgf · m/kgf · K]로 맞는 것은?

① 19.27　　② 29.27
③ 39.27　　④ 49.27

 $PV = mRT$
이 방정식은 다음과 같이 쓸 수도 있다.
$Pv = RT$
여기서, $v$ : 비체적[$\text{m}^3/\text{kg}$]
보통의 경우 전자가 선호된다.
공학 단위로는 $PV = mRT \times 10^{-5}$
기체 상수 $R = \dfrac{848}{M} [\text{kgf} \cdot \text{m}/(\text{kg} \cdot \text{K})]$

$\qquad = \dfrac{8,312}{M} [\text{J}/(\text{kg} \cdot \text{K})]$

∴ 공기의 기체 상수는 다음과 같다.
$287[\text{J}/(\text{kg} \cdot \text{K})] = 29.27[\text{kgf} \cdot \text{m}/(\text{kg} \cdot \text{K})]$

**05** 다음의 기호 중 공압 실린더의 1방향 속도 제어에 주로 사용되는 밸브는?

①

②
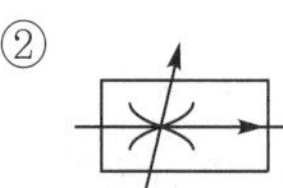

③
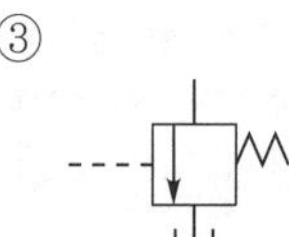

④
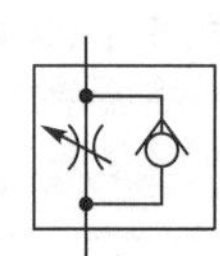

 공압 실린더의 1방향 속도 제어에는 체크 밸브붙이 유량 제어 밸브를 사용한다.

**06** 다음 중 기계 효율을 설명한 것으로 맞는 것은?

① 펌프의 이론 토출량에 대한 실제 토출량의 비
② 구동 장치로부터 받은 동력에 대하여 펌프가 유압유에 준 이론 동력의 비
③ 펌프가 받은 에너지를 유용한 에너지로 변환한 정도에 대한 척도
④ 펌프 동력의 축동력의 비

 기계 효율은 구동 장치로부터 받은 동력 (축동력)에 대하여 펌프가 유압유에 준 이론 동력의 비

$$\eta_m = \frac{L_{th}}{L_s}$$

여기서, $\eta_m$ : 기계 효율, $L_{th}$ : 이론 동력, $L_s$ : 축동력

**07** 습기 있는 압축 공기가 실리카겔, 활성 알루미나 등의 건조제를 지나가면 건조제가 압축 공기 중의 습기와 결합하여 혼합물이 형성되어 건조되는 공기 건조기는?

① 흡착식 에어 드라이어
② 흡수식 에어 드라이어
③ 냉동식 에어 드라이어
④ 혼합식 에어 드라이어

 건조제를 통과하면 건조제가 압축 공기 중의 습기와 결합하여(흡착) 혼합물이 형성되어 건조되는 공기 건조기는 흡착식 에어 드라이어이다.

**08** 다음 중 공압 단동 실린더의 설명으로 틀린 것은?

① 스프링이 내장된 형식이 일반적이다.
② 클램핑, 프레싱, 이젝팅 등의 용도로 사용된다.
③ 행정 거리는 복동 실린더보다 짧은 것이 일반적이다.
④ 공기 소모량은 복동 실린더보다 많다.

 공압 단동 실린더는 A포트에만 압력을 생성하고 B포트는 압력을 생성하지 않고 스프링의 힘에 의해서 복귀시키므로 공기 소모량이 복동 실린더보다 적다.

**09** 다음의 기호를 무엇이라 하는가?

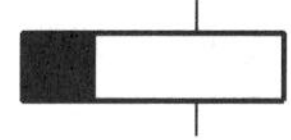

① ON delay 타이머
② OFF delay 타이머
③ 카운터
④ 솔레노이드

 OFF delay 타이머는 전원이 공급되고, 설정된 시간이 지나면 ON이 된다.

**10** 유압 회로에 공기가 침입할 때 발생되는 상태가 아닌 것은?

① 공동 현상
② 정마찰
③ 열화 촉진
④ 응답성 저하

 ① 공동 현상(cavitation)은 관의 확대와 축소부에서 압력의 편차로 기포가 발생한다.
② 정마찰은 부품이 가지는 정지 마찰을 의미한다.
③ 열화 촉진은 공기 침입으로 온도 상승을 유발한다.
④ 응답성 저하는 공기 침입으로 인한 기공으로 응답성이 저하한다.

## 11 유압 장치에서 사용되고 있는 오일 탱크에 대한 설명으로 적합하지 않은 것은?

① 오일을 저장할 뿐만 아니라 오일을 깨끗하게 한다.

② 오일 탱크의 용량은 장치 내의 작동유를 모두 저장하지 않아도 되므로 사용 압력, 냉각 장치의 유무에 관계없이 가능한 작은 것을 사용한다.

③ 주유구에는 여과망과 캡 또는 뚜껑을 부착하여 먼지 절삭분 등의 이물질이 오일 탱크에 혼입되지 않게 한다.

④ 공기 청정기의 통기 용량은 유압 펌프 토출량의 2배 이상으로 하고, 오일 탱크의 바닥면은 바닥에서 최소 15[cm]를 유지하는 것이 좋다.

 오일 탱크의 용량은 장치 내의 작동유를 모두 저장하며 필터, 펌프, 냉각 장치의 유무에 따라 크기를 결정해야 한다.

## 12 주어진 입력 신호에 따라 정해진 출력을 나타내며 신호와 출력의 관계가 기억기능을 겸비한 회로는?

① 시퀀스 회로

② 온 오프 회로

③ 레지스터 회로

④ 플립플롭 회로

 플립플롭은 두 가지 상태 사이를 번갈아 하는 전자 회로를 말한다. 플립플롭에 전류가 부가되면, 현재의 반대 상태로 변하면서(0에서 1 로, 또는 1에서 0으로), 그 상태를 계속 유지하므로 한 비트의 정보를 저장할 수 있는 능력을 가지고 있다. 여러 개의 트랜지스터로 만들어지며 SRAM이나 하드웨어 레지스터 등을 구성하는 데 사용하는 플립플롭에는 RS 플립플롭, D 플립플롭, JK 플립플롭, T 플립플롭 등 여러 가지 종류가 있다.

## 13 방향 제어 밸브에서 존재할 수 있는 포트의 수가 아닌 것은?

① 1　　　　② 2

③ 3　　　　④ 4

 방향 제어 밸브는 반드시 2개 이상 포트가 존재해야 한다.

## 14 압축 공기를 생산하는 장치는?

① 에어 루브리케이터(air lubricator)

② 에어 액추에이터(air actuator)

③ 에어 드라이어(air dryer)

④ 에어 컴프레서(air compressor)

 ① 에어 루브리케이터(air lubricator)는 에어 배관 속에 윤활유를 분사하여 마찰력을 감소시킨다.
② 에어 액추에이터(air actuator)는 실린더류를 의미한다.
③ 에어 드라이어(air dryer)는 압축된 공기에 습기를 제거하기 위한 장치이다.

## 15 유량 제어 밸브를 실린더의 입구 측에 설치한 회로로서 유압 액추에이터에 유입하는 유량을 제어하는 방식으로 움직임에 대하여 정(正)의 부하가 작용하는 경우에 적합한 회로는?

① 블리드 오프 회로

② 브레이크 회로

③ 감압 회로

④ 미터 인 회로

 미터 인 제어 방식은 액추에이터에 공급되는 유량을 제어하는 방식이다.
미터 아웃 제어 방식은 액추에이터에서 배출되는 유량을 제어하는 방식으로 미터 인 회로보다 미터 아웃 회로가 제어성이 우수하다.

**16** 유압 장치의 장점이 아닌 것은?

① 힘을 무단으로 변속할 수 있다.

② 속도를 무단으로 변속할 수 있다.

③ 일의 방향을 쉽게 변화시킬 수 있다.

④ 하나의 동력원으로 여러 장치에 동시에 사용할 수 있다.

 하나의 동력으로 여러 장치에 동시에 사용할 수 있는 것은 공압 장치이며 유압 장치는 각 장치마다 동력을 단독으로 설치해야 한다.

**17** 수냉식 오일쿨러(oil cooler)의 장점이 아닌 것은?

① 소형으로 냉각 능력이 크다.

② 소음이 적다.

③ 자동 유온 조정이 가능하다.

④ 냉각수의 설비가 요구된다.

 유압 장치는 유압유의 온도 상승으로 냉각 장치가 설치되어야 한다.

**18** 2개 이상의 실린더를 순차 작동시키려면 어떤 밸브를 사용해야 하는가?

① 감압 밸브

② 릴리프 밸브

③ 시퀀스 밸브

④ 카운터 밸런스 밸브

 2개 이상의 실린더를 순차 작동시키려면 시퀀스 밸브를 사용해야 한다.

**19** 다음 기기들의 설명 중 틀린 것은?

① 실린더 : 유압의 압력 에너지를 기계적 에너지로 바꾸는 기기이다.

② 체크 밸브 : 유체를 양방향으로 흐르게 한다.

③ 제어 밸브 : 유체를 정지 또는 흐르게 하는 기능을 한다.

④ 릴리프 밸브 : 장치 내의 압력이 과도하게 높아지는 것을 방지한다.

 체크 밸브는 유체를 한쪽 방향으로만 흐르게 한다.

**20** 다음 중 일반 산업 분야의 기계에서 사용하는 압축 공기의 압력으로 가장 적당한 것은?

① 약 50~70[kgf/cm$^2$]

② 약 500~700[kPa]

③ 약 500~700[bar]

④ 약 50~70[Pa]

 일반 산업 분야의 기계에서 사용하는 압축 공기의 압력은 약 500~700[kPa]이다.

**21** 압력 제어 밸브의 핸들을 돌렸을 때 회전각에 따라 공기 압력이 원활하게 변화하는 특성은?

① 압력 조정 특성 ② 유량 특성

③ 재현 특성　　　 ④ 릴리프 특성

 압력 제어 밸브의 핸들을 돌렸을 때 회전각에 따라 공기 압력이 원활하게 변화하는 것은 압력 조정 특성이다.

**22** 그림과 같은 공압 회로는 어떤 논리를 나타내는가?

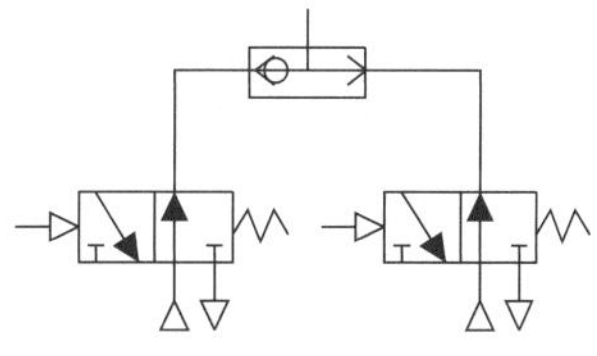

① OR　　　　　 ② AND

③ NAND　　　　 ④ EX－OR

 OR회로로서 고압을 우선한다.

**23** 유량 비례 분류 밸브의 분류 비율은 일반적으로 어떤 범위에서 사용하는가?

① $1:1 \sim 9:1$
② $1:1 \sim 18:1$
③ $1:1 \sim 27:1$
④ $1:1 \sim 36:1$

 유량 비례 분류 밸브의 분류 비율은 일반적으로 $1:1 \sim 9:1$을 적용한다.

**24** 일명 로터리 실린더라고도 하며 360° 전체를 회전할 수는 없으나 출구와 입구를 변화시키면 ±50° 정·역회전이 가능한 것은?

① 기어 모터
② 베인 모터
③ 요동 모터
④ 회전 피스톤 모터

 요동 모터는 기계 장치에서 왕복 운동으로 구현할 때 사용한다.

**25** 유압 밸브 중에서 파일럿부가 있어서 파일럿 압력을 이용하여 주 스풀을 작동시키는 것은?

① 직동형 릴리프 밸브
② 평형 피스톤형 릴리프 밸브
③ 인라인형 체크 밸브
④ 앵글형 체크 밸브

 유압 밸브 중에서 파일럿부가 있어서 파일럿 압력을 이용하여 주 스풀을 작동시키는 것은 평형 피스톤형 릴리프 밸브이다.

**26** 전기 신호를 이용하여 제어를 하는 이유로 가장 적합한 것은?

① 과부하에 대한 안전 대책이 용이하다.
② 응답 속도가 빠르다.
③ 외부 누설(감전, 인화)의 영향이 없다.
④ 출력 유지가 용이하다.

 전기 신호는 유압과 공압보다도 응답 속도가 가장 빠르다.

**27** 유압·공기압 도면 기호 중 접속구를 나타내었다. 아래 그림과 같은 공기 구멍에 대한 설명으로 맞는 것은?

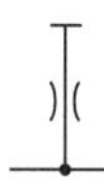

① 연속적으로 공기를 빼는 경우
② 어느 시기에 공기를 빼고 나머지 시간은 닫아 놓는 경우
③ 필요에 따라 체크 기구를 조작하여 공기를 빼내는 경우
④ 수압 면적이 상이한 경우

 : 연속적으로 공기를 빼는 경우
: 어느 시기에 공기를 빼고 나머지 시간은 닫아 놓는 경우
: 필요에 따라 체크 기구를 조작하여 공기를 빼내는 경우

**28** 공압 실린더가 운동할 때 낼 수 있는 힘($F$)을 식으로 맞게 표현한 것은? (단, $P$ : 실린더에 공급되는 공기의 압력, $A$ : 피스톤 단면적, $V$ : 피스톤 속도이다.)

① $F = P \cdot A$
② $F = A \cdot V$
③ $F = P/A$
④ $F = A/V$

 힘은 가해지는 압력과 면적을 곱하여 얻는다. 즉, $F = P \cdot A$이다.

**29** 유압유에서 온도 변화에 따른 점도의 변화를 표시하는 것은?

① 점도 지수　　② 점도

③ 비중　　④ 동점도

 유압유에서 온도 변화에 따른 점도의 변화를 표시하는 것은 점도 지수이다.

**30** 다음 기호의 명칭으로 맞는 것은?

① 버튼　　② 레버

③ 페달　　④ 롤러

 푸시 버튼 형태로 손으로 조작하여 유체의 흐름을 제어한다.

**31** 평형 조건을 이용한 중저항 측정법은?

① 캘빈 더블 브리지법

② 전위차계법

③ 휘트스톤 브리지법

④ 직접 편위법

 평형 조건을 이용한 중저항 측정법은 휘트스톤 브리지법이며 서로 마주보는 저항값을 더하여 상대값을 비교한다.

**32** 시퀀스 제어용 기기로 전자 접촉기와 열동 계전기를 총칭하는 것은?

① 적산 카운터　　② 한시 타이머

③ 전자 개폐기　　④ 전자 계전기

 시퀀스 제어용 기기로 전자 접촉기와 열동 계전기를 총칭하는 것을 전자 개폐기(magnetic relay)라 한다.

**33** 3상 유도 전동기의 회전 방향을 변경하는 방법은?

① 1차 측의 3선 중 임의의 1선을 단락시킨다.

② 1차 측의 3선 중 임의의 2선을 전원에 대하여 바꾼다.

③ 1차 측의 3선 모두를 전원에 대하여 바꾼다.

④ 1차 권선의 극수를 변환시킨다.

 3상 유도 전동기의 회전 방향은 1차 측의 3선 중 임의의 2선을 전원을 바꾸어 전환한다.

**34** 정류 회로에 커패시터 필터를 사용하는 이유는?

① 용량 증대를 위하여

② 소음을 감소하기 위하여

③ 직류에 가까운 파형을 얻기 위하여

④ 2배의 직류값을 얻기 위하여

 정류 회로에 커패시터 필터를 사용하는 것은 직류에 가까운 파형을 얻기 위함이다.

**35** 회로 시험기를 이용하여 측정하고자 한다. 틀린 방법은?

① 적색 단자 막대는 +극에, 흑색 단자 막대는 −극에 접속시킨다.

② 전류는 직렬로 연결하고, 전압은 병렬로 연결한다.

③ 미지의 전압과 전류 측정 시에는 측정 범위가 낮은 곳부터 높은 곳으로 범위를 넓혀간다.

④ 교류를 측정할 때에는 허용치를 넘지 않는 주파수 범위 내에서 이용한다.

 미지의 전압과 전류 측정 시에는 측정 범위가 높은 곳부터 낮은 곳으로 진행한다.

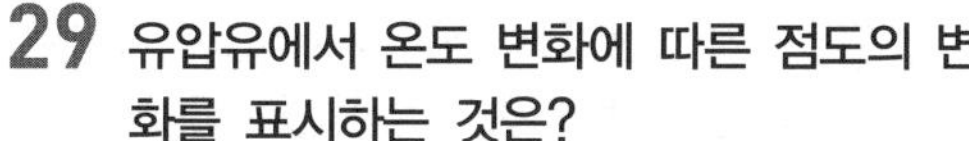

[정답]　29. ①　30. ①　31. ③　32. ③　33. ②　34. ③　35. ③

**36** 전류계를 사용하는 방법으로 틀린 것은?

① 부하 전류가 클 때에는 분류기를 사용한다.

② 전류가 흐르므로 인체에 접촉되지 않도록 주의한다.

③ 전류치를 모를 때는 높은 쪽 범위부터 측정한다.

④ 전류계 접속 시 회로에 병렬 접속한다.

 전류계 접속 시 회로에 직렬 접속한다.

**37** 15[kW] 이상의 농형 유도 전동기에 주로 적용되는 방식으로, 기동 시 공급 전압을 낮추어 기동 전류를 제한하는 기동법은?

① $Y-\triangle$ 기동법　② 기동 보상기법

③ 저항 기동법　　④ 직입 기동법

 15[kW] 이상의 농형 유도 전동기에 주로 적용되는 방식으로, 기동 시 공급 전압을 낮추어 기동 전류를 제한하는 기동법은 기동 보상기법이다.

**38** 정전 용량이 0.01[$\mu$F]인 콘덴서의 1[MHz]에서의 용량 리액턴스는 약 몇 [Ω]인가?

① 15.9　　　　② 16.9

③ 159　　　　④ 169

$$X_C = \frac{1}{2\pi f C}$$
$$= \frac{1}{2 \times 3.14 \times 10^6 \times 0.01 \times 10^{-6}}$$
$$= 15.9[\Omega]$$

**39** 리밋 스위치의 A접점은?

① ②

③ ④

 ①은 릴레이 A접점, ②는 릴레이 B접점, ③은 리밋 스위치 A접점, ④는 리밋 스위치 B접점이다.

**40** 아래와 같은 진리표에 해당하는 회로는? (단, L : 0[V], H : 5[V]이다.)

| 입력 신호 | | 출력 |
| --- | --- | --- |
| A | B | X |
| L | L | L |
| L | H | L |
| H | L | L |
| H | H | H |

① OR회로　　　② AND회로

③ NOT회로　　④ NOR회로

 AND회로는 $A \times B = X$

| 입력 신호 | | 출력 |
| --- | --- | --- |
| A | B | X |
| 0 | 0 | 0 |
| 0 | 1 | 0 |
| 1 | 0 | 0 |
| 1 | 1 | 1 |

**41** 아래 그림에서 $I_1$의 값은 얼마인가?

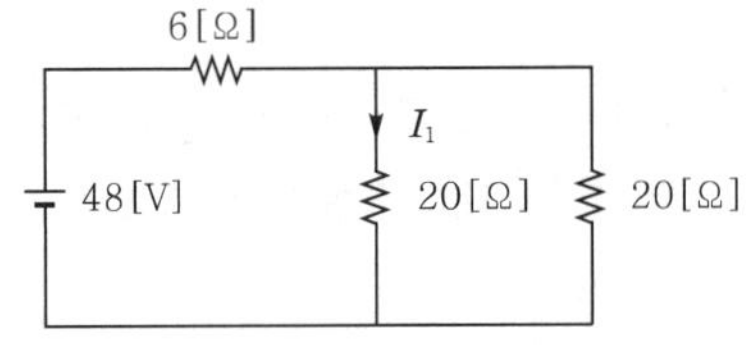

① 1.5[A]　　　② 2.4[A]

③ 3[A]　　　　④ 8[A]

 직·병렬 회로에서 먼저 병렬 회로에 저항을 계산하면
$$R' = R_{20} \parallel R_{20} = \frac{20 \times 20}{20 + 20} = 10[\Omega]$$
$$R_T = 6 + 10 = 16[\Omega]$$

---

[정답]　36. ④　37. ②　38. ①　39. ③　40. ②　41. ①

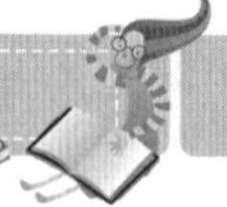

옴의 법칙에 의해서

$$I = \frac{V}{R_T} = \frac{48}{16} = 3[\mathrm{A}]$$

전류 분배 법칙을 적용하면

$$I_{20} = \left(\frac{R_{20}}{R_{20} + R_{20}}\right) \times 3$$

$$= \left(\frac{20}{20 + 20}\right) \times 3 = 1.5[\mathrm{A}]$$

**42** 직류 전동기 중에서 무부하 운전이나 벨트 운전을 절대 해서는 안 되는 전동기는?

① 타여자 전동기　② 복권 전동기

③ 직권 전동기　④ 분권 전동기

 직류 전동기 중에서 무부하 운전이나 벨트 운전을 절대 해서는 안 되는 전동기는 직권 전동기이다.

**43** 교류에서 전압과 전류의 벡터 그림이 다음과 같다면 어떤 소자로 구성된 회로인가?

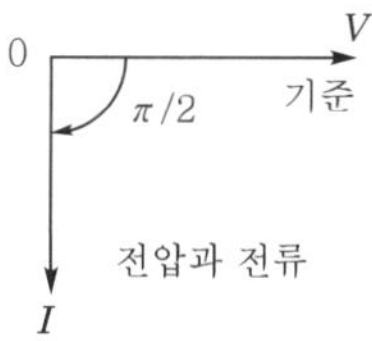



① 저항　　　② 코일

③ 콘덴서　　④ 다이오드

 교류 전압 $v = \sqrt{2}\,V\sin\omega t[\mathrm{V}]$의 기전력을 가하면 전류 $i$는

$$i = \sqrt{2}\,I\sin\left(\omega t - \frac{\pi}{2}\right)[\mathrm{A}]$$

인덕턴스만의 회로에서 전류가 전압보다 $\frac{\pi}{2}[\mathrm{rad}]$만큼 뒤진다.

**44** 100[Ω]의 크기를 가진 저항에 직류 전압 100[V]를 가할 때, 이 저항에 소비되는 전력은 얼마인가?

① 100[W]　　② 150[W]

③ 200[W]　　④ 250[W]

 전력 $P = IV = \dfrac{V}{R} \times V$

$$= \frac{100^2}{100} = 100[\mathrm{W}]$$

**45** 대칭 3상 교류 전압 순시값의 합은 얼마인가?

① 0[V]　　　② 50[V]

③ 110[V]　　④ 220[V]

 대칭 3상 교류 전압 순시값의 합은 0[V]이다.

**46** 그림의 도면이 제3각법으로 정투상한 정면도와 우측면도일 때 가장 적합한 평면도는?

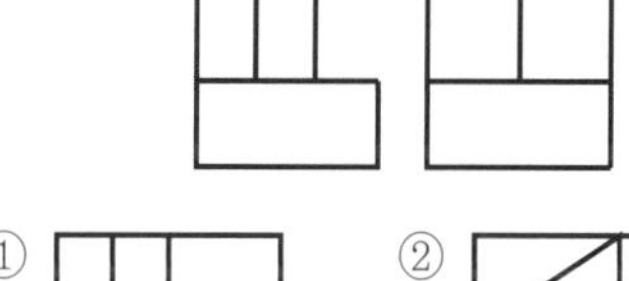

① 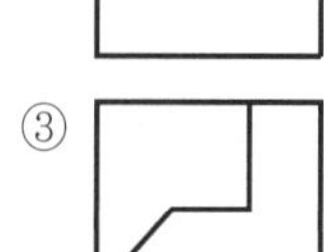　② 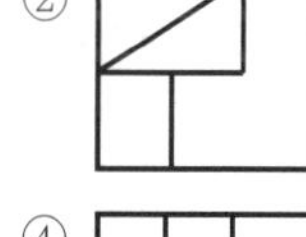

③ 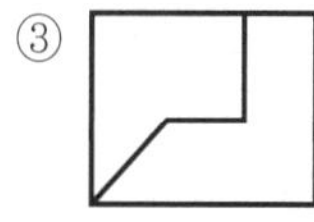　④ 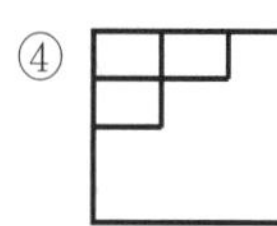

 평면도는 위에서 내려다 본 형상을 의미한다.

**47** 기계 제도에서 가는 2점 쇄선을 사용하는 것은?

① 중심선　　② 지시선

③ 가상선　　④ 피치선

 가상선은 기계 장치의 운동 범위나 제작한 후에 운동의 영역을 표시하여 도면을 쉽게 이해하도록 한다.

[정답]　42. ③　43. ②　44. ①　45. ①　46. ③　47. ③

**48** 암이나 리브 등의 단면을 회전도 시 단면도를 사용하여 나타낼 경우 절단한 곳의 전후를 끊어서 그 사이에 단면의 형상을 나타낼 때 사용하는 선은?

① 굵은 실선

② 가는 1점 쇄선

③ 가는 파선

④ 굵은 1점 쇄선

 굵은 실선은 암이나 리브 등의 단면을 회전도 시 단면도를 사용하여 나타낼 경우 절단한 곳의 전후를 끊어서 그 사이에 단면의 형상을 나타낼 때 사용한다.

**49** 기계 가공 도면에서 구의 반지름을 표시하는 기호는?

① $\phi$　　　　② $R$

③ $SR$　　　　④ $S\phi$

 $\phi$는 직경, $R$은 반경, $SR$은 구의 반지름을 나타낸다.

**50** 그림과 같은 용접 기호에 대한 해석이 잘못된 것은?

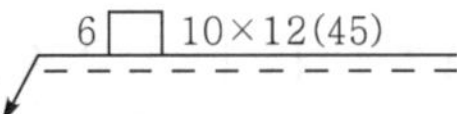

① 용접 목 길이는 10[mm]

② 슬롯부의 너비는 6[mm]

③ 용접부의 길이는 12[mm]

④ 인접한 용접부 간의 거리(피치)는 45[mm]

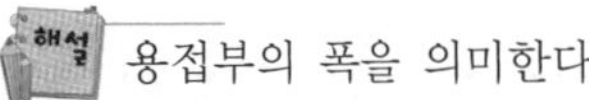 용접부의 폭을 의미한다.

**51** 그림과 같은 솔리드 모델링에 의한 물체의 형상에서 화살표 방향의 정면도로 가장 적합한 투상도는?

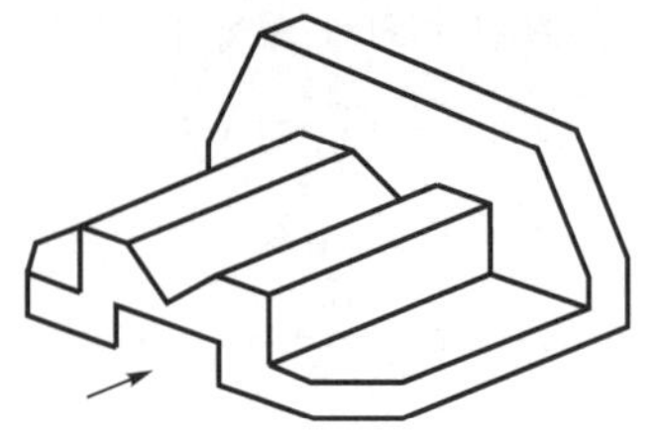

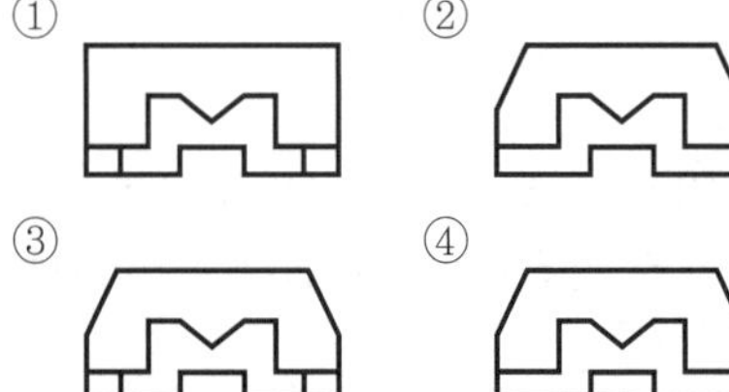

 정면도는 물체 정면에서 본 형상을 의미한다.

**52** 도면의 마이크로 사진 촬영, 복사 등의 작업을 편리하게 하기 위하여 표시하는 것과 가장 관계가 깊은 것은?

① 윤곽선

② 중심 마크

③ 표제란

④ 재단 마크

 중심 마크는 도면의 마이크로 사진 촬영, 복사 등의 작업을 편리하게 하기 위해서 표시한다.

**53** 브레이크 드럼을 브레이크 블록으로 누르게 한 것으로 단식, 복식으로 구분하며 차량, 기중기 등에 많이 사용되는 것은?

① 가죽 브레이크

② 블록 브레이크

③ 축압 브레이크

④ 밴드 브레이크

브레이크 드럼을 브레이크 블록으로 누르게 한 것은 블록 브레이크다.

**54** 미터 나사에 관한 설명으로 틀린 것은?

① 미터법을 사용하는 나라에서 사용된다.

② 나사산의 각도가 60°이다.

③ 미터 보통 나사는 진동이 심한 곳의 이완 방지용으로 사용된다.

④ 호칭 치수는 수나사의 바깥 지름과 피치를 [mm]로 나타낸다.

 미터 보통 나사는 정밀을 요하는 곳에 사용한다.

**55** 재료의 어느 범위 내에 단위 면적당 균일하게 작용하는 하중은?

① 집중 하중    ② 분포 하중

③ 반복 하중    ④ 교번 하중

 집중 하중은 한 곳에 집중하여 작용하며 반복 하중은 일정한 하중이 규칙성을 가지고 작용하는 하중이며 교번 하중은 불규칙한 하중이 반복적으로 작용하는 하중이다.

**56** 맞물림 클러치의 턱 형태에 해당하지 않는 것은?

① 사다리꼴형    ② 나선형

③ 유선형    ④ 톱니형

 클러치는 동력을 차단하고 전달하는 역할을 하며 맞물림 형태는 사다리꼴, 나선형, 톱니형이 있다.

**57** V 벨트 전동 장치의 장점을 맞게 설명한 것은?

① 설치 면적이 넓으므로 사용이 편리하다.

② 평 벨트처럼 벗겨지는 일이 없다.

③ 마찰력이 평 벨트보다 작다.

④ 벨트의 마찰면을 둥글게 만들어 사용한다.

 V형 홈을 가지므로 마찰력이 우수하고 벨트가 이탈하지 않는다.

**58** 피치원 지름이 250[mm]인 표준 스퍼 기어에서 잇수가 50개일 때 모듈은?

① 2      ② 3

③ 5      ④ 7

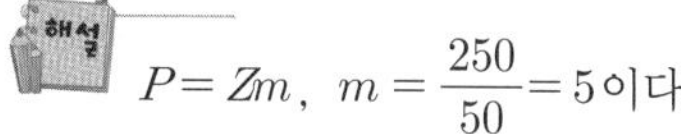 $P = Zm$, $m = \dfrac{250}{50} = 5$ 이다.

**59** 회전력의 전달과 동시에 보스를 축 방향으로 이동시킬 때 가장 적합한 키는?

① 새들 키    ② 반달 키

③ 미끄럼 키    ④ 접선 키

 미끄럼 키는 회전의 전달과 동시에 보스를 축 방향으로 이동시킬 수 있다.

**60** 아이 볼트에 2톤의 인장 하중이 걸릴 때 나사부의 바깥 지름은? (단, 허용 응력 $\sigma_n = 10[\text{kgf/mm}^2]$이고 나사는 미터 보통 나사를 사용한다.)

① 20[mm]    ② 30[mm]

③ 36[mm]    ④ 40[mm]

$$d = \sqrt{\dfrac{2W}{\sigma_n}} = \sqrt{\dfrac{2 \times 2,000}{10}} = 20[\text{mm}]$$

# 2012년 10월 20일 시행

**01** 액추에이터 중 유압 에너지를 직선 운동으로 변환하는 기기는?

① 유압 모터　　② 유압 실린더
③ 유압 펌프　　④ 요동 모터

 액추에이터 중 유압 에너지를 직선 운동으로 변환하는 기기는 유압 실린더이다. 유압 모터와 요동 모터는 유압 에너지를 회전 운동으로 변환하며, 유압 펌프는 압력 에너지를 생성한다.

**02** 유압 및 공기압 용어의 정의에 대하여 규정한 한국산업표준으로 맞는 것은?

① KS B 0112　　② KS B 0114
③ KS B 0119　　④ KS B 0120

 **한국산업표준**
㉮ KS B 0054 : 유압 및 공기압 도면 기호
㉯ KS B 0120 : 유압 및 공기압 용어
㉰ KS B ISO 2867 : 토공 기계 – 접근 시스템
㉱ KS B 6277 : 유압 시스템 통칙
㉲ KS B 6370 : 유압 실린더
㉳ KS B 6702 : 유압 및 공기압 실린더 – 구성 요소 및 식별 기호에 관한 통칙
㉴ KS B 6703 : 유압 실린더 부착 치수
㉵ KS B 6705 : 유압 및 공기압 실린더 부속품의 치수

**03** 전기 리드 스위치를 설명한 것으로 틀린 것은?

① 자기 현상을 이용한 것이다.
② 영구 자석으로 작동한다.
③ 불활성 가스 속에 접점을 내장한 유리관의 구조이다.
④ 전극의 정전 용량의 변화를 이용하여 검출한다.

 전극의 정전 용량의 변화를 이용한 것은 근접 센서이다.

**04** 액추에이터의 공급 쪽 관로에 설정된 바이패스 관로의 흐름을 제어함으로써 속도를 제어하는 회로는?

① 미터 인 회로
② 미터 아웃 회로
③ 블리드 온 회로
④ 블리드 오프 회로

 ② 미터 아웃 회로 : 배출되는 유량을 조절한다.
③ 블리드 온 회로 : 실린더에서 배출되는 유량의 일부를 유량 제어 밸브를 통하여 탱크로 귀환시키지 않는다.
④ 블리드 오프 회로 : 실린더로 공급되는 유량의 일부를 유량 제어 밸브를 통하여 탱크로 귀환시킨다.

**05** 공압의 특징을 나타낸 것이다. 옳지 않은 것은?

① 위치 제어가 용이하다.
② 에너지 축적이 용이하다.
③ 과부하가 되어도 안전하다.
④ 배기 소음이 발생한다.

 공압은 압축성 유체이기 때문에 위치 제어가 용이하지 않다.

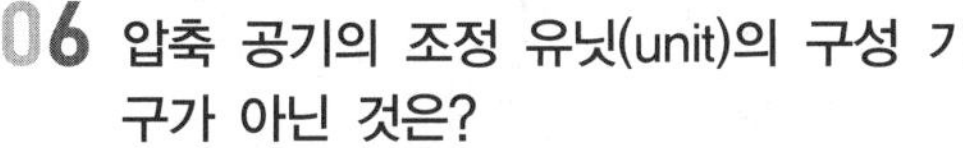

**06** 압축 공기의 조정 유닛(unit)의 구성 기구가 아닌 것은?

① 압축 공기 필터
② 압축 공기 조절기
③ 압축 공기 윤활기
④ 소음기

압축 공기의 조정 유닛은 필터(filter), 압축 공기 조절기(regulator), 윤활기(lubricator)이며 일명 FRL unit 혹은 AC(Air Combination) unit이라고 한다.

**07** 양 제어 밸브, 양 체크 밸브라고도 말하며 압축 공기 입구(X, Y)가 2개소, 출구(A)가 1개소로 되어 있으며, 서로 다른 위치에 있는 신호 밸브로부터 나오는 신호를 분류하고 제2의 신호 밸브로 공기가 누출되는 것을 방지하므로 OR 요소라고도 하는 밸브는 어느 것인가?

① 셔틀 밸브
② 체크 밸브
③ 언로드 밸브
④ 리듀싱 밸브

② 체크 밸브 : 공압 회로에서 압축 공기의 역류를 방지하고자 하는 경우에 사용한다.
③ 언로드 밸브 : 압력이 설정 압력보다 높아지면 압력 조절기 내의 피스톤을 밀어 배출시킨다.
④ 리듀싱 밸브 : 유압 회로 내의 일부 압력을 감압(減壓)시켜 압력을 일정하게 유지하는 밸브이다.

**08** 공압 시스템의 사이징 설계 조건으로 볼 수 없는 것은?

① 부하의 중량
② 반복 횟수
③ 실린더의 행정 거리
④ 부하의 형상

공압 시스템의 사이징 설계 조건에서 부하의 중량, 반복 횟수, 행정 거리는 실린더의 용량과 크기가 결정되는 변수이다.

**09** 사용 온도가 비교적 넓기 때문에 화재의 위험성이 높은 유압 장치의 작동유에 적합한 것은?

① 식물성 작동유
② 동물성 작동유
③ 난연성 작동유
④ 광유계 작동유

광유계 작동유는 성능이 뛰어나고 입수도 용이하므로 대부분의 유압 장치는 광유계 작동유로서 충분한 성능과 내구성을 얻을 수 있다. 그러나 광유계 작동유는 내화성, 내열성에 한계가 있어 항공기와 화재 위험이 있는 탄광, 제철소, 금속 가공 설비 등에서는 합성계 또는 함수계의 난연성 작동유가 사용되고 있다.

**10** 공유압 제어 밸브를 기능에 따라 분류하였을 때 해당되지 않는 것은?

① 방향 제어 밸브
② 압력 제어 밸브
③ 유량 제어 밸브
④ 온도 제어 밸브

공유압 제어 밸브는 기능에 따라 방향 제어 밸브, 압력 제어 밸브, 유량 제어 밸브로 분류된다.

**11** 펌프가 포함된 유압 유닛에서 펌프 출구의 압력이 상승하지 않는다. 그 원인으로 적당하지 않은 것은?

① 릴리프 밸브의 고장
② 속도 제어 밸브의 고장
③ 부하가 걸리지 않음
④ 언로드 밸브의 고장

속도 제어 밸브는 펌프에서 압력이 생성된 후 액추에이터에 설치된 유량 제어 밸브 즉, 속도 제어 밸브를 조절한다.

**12** 다음 그림의 기호는 무엇을 뜻하는가?

① 압력계
② 온도계
③ 유량계
④ 소음기

① 압력계 : 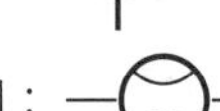

③ 유량계 :

④ 소음기 :

**13** 공기압 회로에서 실린더나 액추에이터로 공급하는 공기의 흐름 방향을 변환하는 기능을 갖춘 밸브는 어느 것인가?

① 방향 전환 밸브  ② 유량 제어 밸브
③ 압력 제어 밸브  ④ 속도 제어 밸브

방향 전환 밸브는 공급하는 공기의 흐름 방향을 제어한다.

**14** 공기 건조기에 대한 설명 중 옳은 것은?

① 수분 제거 방식에 따라 건조식, 흡착식으로 분류한다.
② 흡착식은 실리카겔 등의 고체 흡착제를 사용한다.
③ 흡착식은 최대 $-170[℃]$까지의 저노점을 얻을 수 있다.
④ 건조제 재생 방법을 논 브리드식이라 부른다.

수분 제거 방법에 따라 냉각식, 흡착식, 흡수식이 있으며 흡착식은 최대 $-70[℃]$까지의 저노점을 얻을 수 있다.

**15** 다음 중 압력 제어 밸브의 특성이 아닌 것은?

① 크래킹 특성
② 압력 조정 특성
③ 유량 특성
④ 히스테리시스 특성

압력 제어 밸브의 특성으로는 압력 조정 특성, 유량 특성, 압력 특성, 히스테리시스 특성, 릴리프 특성, 감도 특성 등이 있다.
크래킹 특성은 밸브가 열리기 시작하고 유압유가 탱크로 귀환을 시작하는 압력을 의미한다.

**16** 구조가 간단하고 운전 시 부하 변동 및 성능 변화가 적을 뿐 아니라 유지·보수가 쉽고 내접형과 외접형이 사용되는 펌프는?

① 기어 펌프      ② 베인 펌프
③ 피스톤 펌프    ④ 플런저 펌프

구조가 간단하고 운전 시 부하 변동 및 성능 변화가 적을 뿐 아니라 유지·보수가 쉽고 내접형과 외접형이 사용되는 펌프는 기어 펌프이다.

**17** 한 방향의 유동을 허용하나 역방향의 유동은 완전히 저지하는 역할을 하는 밸브는?

① 체크 밸브
② 셔틀 밸브
③ 2압 밸브(AND 밸브)
④ 유량 제어 밸브

② 셔틀 밸브(shuttle valve) : 양 제어 밸브 또는 양 체크 밸브라고도 하며 2개소 이상의 방향으로부터의 흐름을 1개소로 합칠 때 사용된다.
③ 2압 밸브 : 2개의 입구 X와 Y, 1개의 출구 A가 있으며 압축 공기가 2개의 입구 X와 Y에 모두 흐를 때 출구 A에 공기가 흐른다.
④ 유량 제어 밸브는 출력되는 유량($Q = AV$)을 제어하여 속도를 제어한다.

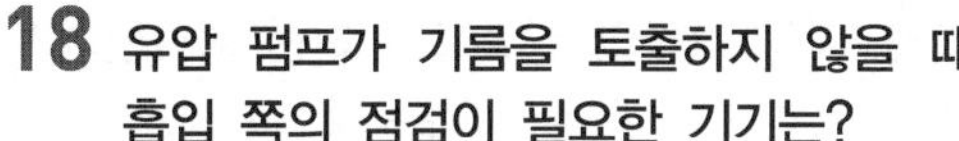

**18** 유압 펌프가 기름을 토출하지 않을 때 흡입 쪽의 점검이 필요한 기기는?

① 실린더　　　　② 스트레이너
③ 어큐뮬레이터　④ 릴리프 밸브

스트레이너는 유압 탱크에서 오일을 흡입하기 전에 이물질을 제거하는 역할을 한다.

**19** 공압 장치에 부착된 압력계의 눈금이 5[kgf/cm$^2$]를 지시한다. 이 압력을 무엇이라 하는가? (단, 대기 압력을 0으로 하여 측정함)

① 대기 압력　　② 절대 압력
③ 진공 압력　　④ 게이지 압력

절대 압력은 대기압과 게이지 압력을 더한 압력이며 압력계는 게이지 압력이다. 진공 압력은 대기 압력이 +압력이라면 진공 압력은 −압력이다.

**20** 유량 제어 밸브에 속하는 것은?

① 전환 밸브　　② 체크 밸브
③ 정비 밸브　　④ 교축 밸브

교축 밸브(throttle valve)는 공압 회로의 유량을 일정하게 유지하려 할 때 사용한다.

**21** 공압과 유압의 조합 기기에 해당되는 것은?

① 에어 서비스 유닛
② 스틱 앤 슬립 유닛
③ 하이드로릭 체크 유닛
④ 벤투리 포지션 유닛

공유압 조합 기기는 공유압 변환기, 증압기, 하이드로릭 체크 유닛(hydraulic check unit)이 있다.
③ 하이드로릭 체크 유닛은 공압 실린더와 결합해서 그것에 있는 교축 밸브를 조정하여 실린더의 속도를 제어하는 데 사용한다.

**22** 공압 시스템에서 제어 밸브가 할 수 없는 것은?

① 방향 제어　　② 속도 제어
③ 압축 제어　　④ 압력 제어

공압 시스템에서 제어 밸브는 방향, 압력, 속도를 제어할 수 있으며 압축은 부하의 상태에 따라 발생할 수 있다. 공압은 압축성 유체이기 때문이다.

**23** 공유압 제어 밸브와 사용 목적이 틀린 것은?

① 감압 밸브 : 어떤 부분 회로의 압력을 주 회로의 압력보다 저압으로 할 때 사용된다.
② 2압 밸브 : 안전 제어, 검사 기능 등에 사용된다.
③ 압력 스위치 : 압력 신호를 높은 압력으로 만든다.
④ 시퀀스 밸브 : 다수의 액추에이터에 작동 순서를 결정한다.

압력 스위치는 압력 신호를 높은 압력으로 만드는 것이 아니고 설정압이 되었을 때 ON/OFF 신호를 주어 압력의 흐름을 제어한다.

**24** 유압 기기에서 스트레이너의 여과입도 중 많이 사용되고 있는 것은?

① 0.5~1[$\mu$m]
② 1~30[$\mu$m]
③ 50~70[$\mu$m]
④ 100~150[$\mu$m]

유압 기기에서 스트레이너의 여과입도는 100~150[$\mu$m]를 많이 사용하며 압력 강하는 50~100[mmHg]에서 사용한다. 스트레이너가 막히면 펌프가 규정 유량을 토출하지 못하거나 소음을 발생한다.

---

[정답]　18. ②　19. ④　20. ④　21. ③　22. ③　23. ③　24. ④

**25** 유압 장치의 구성 요소 중 동력 장치에 해당되는 요소는 어느 것인가?

① 펌프
② 압력 제어 밸브
③ 액추에이터
④ 실린더

 유압 장치의 구성 요소 중 동력 장치에 해당하는 요소는 펌프이며 펌프는 압력 에너지를 생성하여 액추에이터 즉, 모터나 실린더를 작동시킨다.

**26** 시스템을 안전하고 확실하게 운전하기 위한 목적으로 사용하는 회로로 두 개의 회로 사이에 출력이 동시에 나오지 않게 하는 데 사용되는 회로는?

① 인터록 회로
② 자기 유지 회로
③ 정지 우선 회로
④ 한시 동작 회로

 ② 자기 유지 회로 : 시퀀스 회로상에 전원을 지속적으로 공급하기 위한 메모리 회로이다.
③ 정지 우선 회로 : 동작 상태 회로보다 정지 신호를 동작시킨다.
④ 한시 동작 회로 : 타이머에 의해서 일정 시간만 동작이 되도록 하는 회로이다.

**27** 2개의 안정된 출력 상태를 가지고, 입력 유무에 관계없이 직전에 가해진 압력의 상태를 출력 상태로서 유지하는 회로는?

① 부스터 회로    ② 카운터 회로
③ 레지스터 회로    ④ 플립플롭 회로

 입력된 신호를 기억시켜 그 상태를 유지하는 회로. 즉 입력 A가 ON 되면 출력이 전환되고 입력 A가 OFF 되어도 입력 B가 ON 될 때 까지 출력이 그대로 유지되는 회로를 flip-flop 회로, 혹은 memory 회로라고 한다.

**28** 다음 그림의 회로도는 어떤 회로인가?

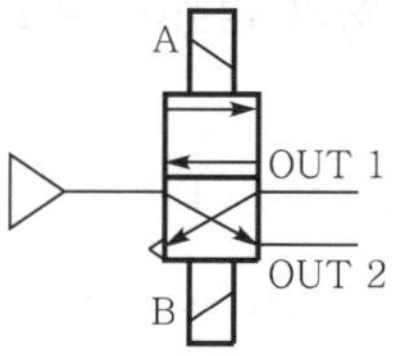


① 1방향 흐름 회로
② 플립플롭 회로
③ 푸시 버튼 회로
④ 스트로크 회로

 플립플롭 회로는 먼저 도달한 신호가 우선되어 작동되며 다음 신호가 입력될 때까지 처음 신호가 유지되는 회로로 주어진 입력 신호에 따라 정해진 출력을 보내며, 기억 기능이 있는 회로이다. 출력이 최종적으로 주어진 입력 신호를 기억하는 기능을 한다.

**29** 공기압 장치에서 사용되는 압축기를 작동 원리에 따라 분류하였을 때 맞는 것은?

① 터보형        ② 밀도형
③ 전기형        ④ 일반형

 공기 압축기는 작동 원리에 따라 왕복형, 나사형, 터보형(원심형)으로 분류된다. 터보형은 터빈을 고속으로(3~4만 회전/분) 회전시킴에 따라 공기가 고속이 되며, 이 때 공기의 질량×유속＝압력 에너지로 변환된다. 공기의 질량은 물에 비해 대단히 적으므로 압력을 높이려면 고속 회전을 해야 하고, 그러기 위해서는 빠른 유속이 필요하다. 그래도 압력을 7[kgf/cm$^2$]까지 한번에 올리는 것은 어려우므로 2단, 3단 압축을 하여 7[kgf/cm$^2$]까지 올리고 있다.

**30** 로드리스(rodless) 실린더에 대한 설명으로 적당하지 않은 것은?

① 피스톤 로드가 없다.
② 비교적 행정이 짧다.
③ 설치 공간을 줄일 수 있다.
④ 임의의 위치에 정지시킬 수 있다.

 로드리스(rodless) 실린더는 로드가 없기 때문에 행정이 길 필요가 있는 시스템에 적용한다.

## 31 도체의 전기 저항은?

① 단면적에 비례하고 길이에 반비례한다.
② 단면적에 반비례하고 길이에 비례한다.
③ 단면적과 길이에 반비례한다.
④ 단면적과 길이에 비례한다.

 같은 재질의 도체에서도 길이와 단면적이 저항에 관계됨은 쉽게 알 수 있다. 일반적으로 도선의 전기 저항은 도선의 길이에 비례하고 단면적에 반비례한다. 도선의 길이를 $l[\mathrm{m}]$, 단면적을 $S[\mathrm{m}^2]$라고 하면 저항 $R$은 $R = \rho\dfrac{l}{S}[\Omega]$로 표시할 수 있다. 이때 비례 상수 $\rho$를 저항률이라고 하는데, 물질에 따라 정해지는 상수로 그 단위는 옴미터$[\Omega \cdot \mathrm{m}]$로 나타낸다.

## 32 다음 그림과 같이 입력이 동시에 ON 되었을 때에만 출력이 ON 되는 회로를 무슨 회로라고 하는가?

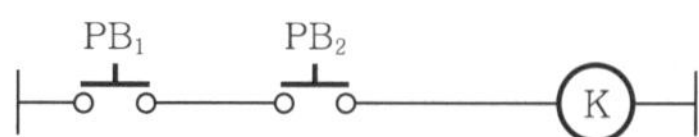

① OR 회로
② AND 회로
③ NOR 회로
④ NAND 회로

 AND 회로는 PB₁과 PB₂가 동시에 ON이 되면 K가 ON이 되는 조건을 의미한다.

## 33 권선형 유도 전동기의 속도 제어법 중 비례 추이를 이용한 제어법으로 맞는 것은?

① 극수 변환법
② 전원 주파수 변환법
③ 전압 제어법
④ 2차 저항 제어법

 비례 추이를 응용하여 유도 전동기의 2차 저항의 크기를 가감하면 슬립을 제어할

수 있다. 즉, 회전 속도를 조절할 수 있으며, 이러한 제어는 2차 저항값이 고정되어 있는 농형에서는 불가능하고 권선형에서 가능하다.

## 34 다음 중 검출용 스위치는?

① 푸시 버튼 스위치
② 근접 스위치
③ 토글 스위치
④ 전환 스위치

 근접 스위치는 물체의 유무를 판별하는 스위치를 의미한다.

## 35 교류 회로의 역률을 구하는 공식으로 맞는 것은?

① $\dfrac{\text{피상 전력}}{\text{전압} \times \text{전류}}$
② $\dfrac{\text{무효 전력}}{\text{전압} \times \text{전류}}$
③ $\dfrac{\text{겉보기 전력}}{\text{전압} \times \text{전류}}$
④ $\dfrac{\text{유효 전력}}{\text{전압} \times \text{전류}}$

 역률은 $\cos\theta = \dfrac{P}{P_a} = \dfrac{VI\cos\theta}{VI}$

여기서, $P_a$ : 피상 전력
　　　　$P$ : 유효 전력

## 36 3상 교류의 △결선에서 상전압과 선간 전압의 크기 관계를 표시한 것은?

① 상전압 < 선간 전압
② 상전압 > 선간 전압
③ 상전압 = 선간 전압
④ 상전압 ≠ 선간 전압

 상전압과 선간 전압의 관계에서 상전압과 선간 전압은 동상(phase)이다.

## 37 4[Ω], 5[Ω], 8[Ω]의 저항 3개를 병렬로 접속하고 50[V]의 전압을 가하면 5[Ω]에 흐르는 전류는 몇 [A]인가?

① 4
② 5
③ 8
④ 10

 병렬 회로에서는 전압이 일정하므로 5[Ω]에 흐르는 전류는 다음과 같다.

$$I = \frac{V}{R} = \frac{50}{5} = 10[\mathrm{A}]$$

## 38 사인파 전압의 순시값 $v = \sqrt{2}\,V\sin\omega t[\mathrm{V}]$ 인 교류의 실효값[V]은?

① $\dfrac{V}{2}$  　　② $\sqrt{2}\,V$

③ $V$  　　④ $\dfrac{V}{\sqrt{2}}$

 사인파 전압에서 순시값은

$$v = V_m\sin\omega t[\mathrm{V}] = \sqrt{2}\,V\sin\omega t$$

실효값 $V = \dfrac{1}{\sqrt{2}}\,V_m$

$$\therefore\ V = \frac{\sqrt{2}\,V}{\sqrt{2}} = V$$

## 39 백열전구를 스위치로 점등과 소등을 하는 것을 무슨 제어라고 하는가?

① 정성적 제어  　　② 되먹임 제어

③ 정량적 제어  　　④ 자동 제어

 정성적 제어의 제어 명령은 ON/OFF, 유/무 상태의 2개의 정보만으로 구성되어 있다.

## 40 직류 전동기의 속도 제어법이 아닌 것은?

① 계자 제어법  　　② 발전 제어법

③ 저항 제어법  　　④ 전압 제어법

 직류 전동기의 속도는 저항, 계자, 전압에 의해서 제어된다.

## 41 전류를 측정하는 기본 단위의 기호가 잘못된 것은?

① 킬로암페어 : [kA]

② 밀리암페어 : [mA]

③ 마이크로암페어 : [$\mu$m]

④ 나노암페어 : [pA]

 ④ 나노암페어의 기호는 [nA]이다.

## 42 3상 유도 전동기의 원리는?

① 블론델 법칙

② 보일의 법칙

③ 아라고 원판

④ 자기 저항 효과

 다상 유도 전동기의 기본 원리는 아라고의 원판 실험에 의하여 실현되었다. 구리 또는 알루미늄으로 만든 원판을 축으로 회전할 수 있게 하고, 이 원판 주변을 자석이 움직이면 원판은 자석보다 느린 속도로, 같은 방향으로 움직인다.

## 43 10[A]의 전류가 흘렀을 때의 전력이 100[W]인 저항에 20[A]의 전류가 흐르면 전력은 몇 [W]인가?

① 50  　　② 100

③ 200  　　④ 400

 전력 $P = IV = I^2R$이다. 저항 $R$은 일정하므로 전류가 20[A]일 때 전력은 400[W]가 된다.

## 44 전압계 사용법 중 틀린 것은?

① 전압의 크기를 측정할 때 사용된다.

② 전압계는 회로의 두 단자에 병렬로 연결한다.

③ 교류 전압 측정 시에는 극성에 유의한다.

④ 교류 전압을 측정할 시에는 교류 전압계를 사용한다.

 직류 전압은 극성에 유의해야 하지만 교류 전압은 그렇지 않다.

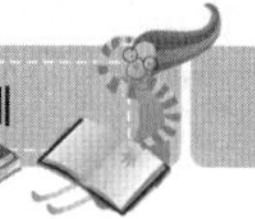

**45** 시퀀스 제어의 형태가 아닌 것은?

① 시한 제어　　② 순서 제어

③ 조건 제어　　④ 되먹임 제어

 되먹임 제어(feedback control)는 입력값이 출력값과 항상 일치하도록 제어하여 오차가 없으며 CNC 밀링, 선반과 같이 정밀 제어에 적용한다.

**46** 단면임을 나타내기 위하여 단면 부분의 주된 중심선에 대해 45° 정도로 경사지게 나타내는 선들을 의미하는 것은?

① 호핑　　　② 해칭

③ 코킹　　　④ 스머징

 ① 호핑 : 정밀 가공 하는 방법이다.
② 해칭선 : 45° 정도로 경사지게 나타내고 가는 실선으로 표기한다.
③ 코킹 : 리벳 작업 후 기밀 유지를 위해 옆면에 노치를 형성한다.
④ 스머징 : 색연필로 단면의 테두리만 색칠하여 표기하는 것을 의미한다.

**47** 그림과 같은 용접 보조 기호 설명으로 가장 적합한 것은?

① 일주 공장 용접

② 공장 점 용접

③ 일주 현장 용접

④ 현장 점 용접

 전체 둘레 혹은 일주 현장 용접에 대한 기호이다.

**48** 기계 제도에서 대상물의 일부를 떼어낸 경계를 표시하는 데 사용하는 선의 명칭은?

① 가상선　　② 피치선

③ 파단선　　④ 지시선

 기계 제도에서 대상물의 일부를 떼어낸 경계를 표시하는 데 사용하는 선은 파단선이다.

**49** 그림과 같은 3각법으로 정투상한 정면도와 우측면도에 가장 적합한 평면도는?

(정면도)　(우측면도)

① 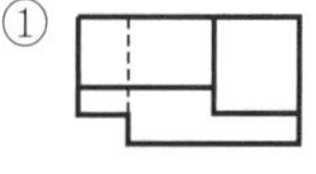　② 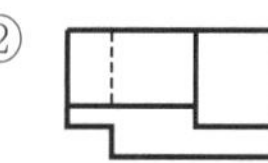

③ 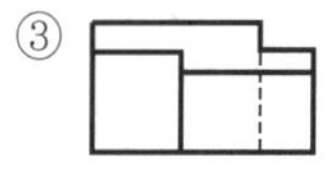　④ 

 측면도를 보면 왼쪽의 파선이 측면도 우측까지 연결되어 있어야 하므로 정답은 ③이다.

**50** 그림의 치수선은 어떤 치수를 나타내는 것인가?

① 각도의 치수　② 현의 길이 치수

③ 호의 길이 치수　④ 반지름의 치수

 현의 길이 치수를 표기한 것이며 호의 길이는 치수 보조선을 중심선과 평행하게 긋고 호의 같은 중심의 원호를 치수선으로 사용한다.

**51** 경사면부가 있는 대상물에서 그 경사면의 실형을 표시할 필요가 있는 경우 그 투상도로 가장 적합한 것은?

① 회전 투상도　② 부분 투상도

③ 국부 투상도　④ 보조 투상도

---

[정답]　45. ④　46. ②　47. ③　48. ③　49. ③　50. ②　51. ④

회전 투상도는 물체의 일부분이 투영면에 대하여 경사져 실형이 나타나지 않을 때, 부분 투상도는 주 투상도의 보조로 나타낼 때, 국부 투상도는 물체의 홈이나 구멍 등을 표기할 때 적용한다.

**52** 리벳의 호칭 길이를 가장 올바르게 도시한 것은?

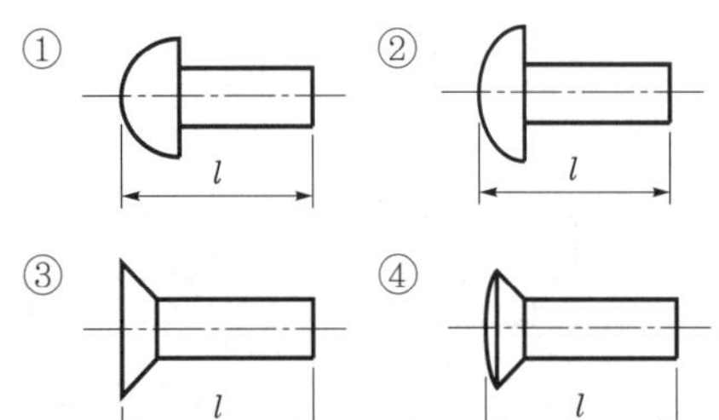

① 키          ②
③          ④

둥근 머리 리벳의 호칭 길이를 표기할 때는 머리 부분을 제외한다.

**53** 볼트와 너트의 풀림 방지, 핸들을 축에 고정할 때 등 큰 힘을 받지 않는 가벼운 부품을 설치하기 위한 결합용 기계 요소로 사용되는 것은?

① 키          ② 핀
③ 코터         ④ 리벳

풀림 방지나 큰 힘을 받지 않는 가벼운 부품을 설치할 때 사용하는 것은 핀이다.

**54** V 벨트에서 인장 강도가 가장 작은 것은?

① M형          ② A형
③ B형          ④ E형

| 종류 | 1개당 인장 강도[kgf] |
|---|---|
| M | 120 이상 |
| A | 250 이상 |
| B | 360 이상 |
| C | 600 이상 |
| D | 1,100 이상 |
| E | 1,500 이상 |

**55** 작은 스퍼 기어와 맞물리고 잇줄이 축방향과 일치하며 회전 운동을 직선 운동으로 바꾸는 데 사용하는 기어는?

① 내접 기어       ② 랙 기어
③ 헬리컬 기어      ④ 크라운 기어

내접 기어는 하나의 기어는 내접으로, 하나의 기어는 외접으로 접촉할 때 헬리컬 기어는 추력이 발생할 때 사용하며, 크라운 기어는 예각이나 둔각인 상태에서 축의 방향을 전환할 때 적용한다.

**56** 끝면의 모양에 따라 45° 모따기형과 평형이 있으며 위치 결정이나 막대의 연결용으로 사용하는 핀은?

① 스프링 핀       ② 분할 핀
③ 테이퍼 핀       ④ 평행 핀

스프링 핀은 탄성력을 부여한 핀이며, 분할 핀은 진동이 발생하는 부분에 적용하고 한쪽 끝을 구부려 이탈을 방지하며, 테이퍼 핀은 두 개의 축을 연결할 때 사용한다.

**57** 응력 변형률 선도에서 응력을 서서히 제거할 때 변형이 서서히 없어지는 성질은?

① 점성          ② 탄성
③ 소성          ④ 관성

응력 변형률 선도는 $y$축에 응력 혹은 하중을, $x$축에 변형률 혹은 신장량을 표기한다. 모든 조건은 탄성 영역 범위 내에서 이루어지며 선도의 특성은 재질에 따라 상이하다.

**58** 코일 스프링에 하중을 36[kgf] 작용시킬 때 처짐량이 6[mm]였다면, 스프링 상수 값은 몇 [kgf/mm]인가?

① 6          ② 7
③ 8          ④ 10

 $P=k\delta$ 이므로

$$k=\frac{P}{\delta}=\frac{36}{6}=6[\text{kgf/mm}]$$

**59** 나사가 축을 중심으로 한 바퀴 회전할 때 축 방향으로 이동한 거리는 무엇인가?

① 피치　　　　　② 리드

③ 리드각　　　　④ 백래시

피치는 산과 산, 혹은 골과 골의 거리를 의미하며 리드각은 리드가 1회전한 것을 평면으로 표기할 때 경사각을 말한다. 백래시는 나사가 시계 방향 혹은 반시계 방향으로 움직일 때 틈새를 의미한다.

**60** 속도비가 1/30이고, 원동차의 잇수가 25개, 모듈이 4인 표준 스퍼 기어의 외접 연결에서 중심 거리는?

① 75[mm]　　　　② 100[mm]

③ 150[mm]　　　　④ 200[mm]

 피치 원지름 $D=Zm=25\times4=100$

속도비 $i=\dfrac{v_o}{v_i}=\dfrac{D_i}{D_o}=\dfrac{1}{3}=\dfrac{100}{D_o}$

$\therefore\ D_o=300[\text{mm}]$

따라서 중심 거리

$$C=\frac{D_i+D_o}{2}=\frac{100+300}{2}=200[\text{mm}]$$

# 2013년 4월 14일 시행

**01** 다음 그림에서 단면적이 5[cm²]인 피스톤에 20[kgf]의 추를 올려 놓을 때 유체에 발생하는 압력의 크기는 얼마인가?

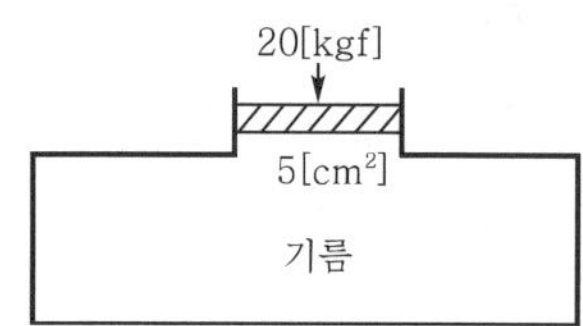


① 1[kgf/cm²]

② 4[kgf/cm²]

③ 5[kgf/cm²]

④ 20[kgf/cm²]

 압력 $P = \dfrac{F}{A}$ 이므로 $P = \dfrac{20}{5} = 4[\text{kgf/cm}^2]$

**02** 다음에 설명되는 요소의 도면 기호는 어느 것인가?

> 압축 공기 필터는 압축 공기가 필터를 통과할 때에 이물질 및 수분을 제거하는 역할을 한다. 이 장치는 필터 내의 응축수를 자동으로 제거하기 위해 사용된다.

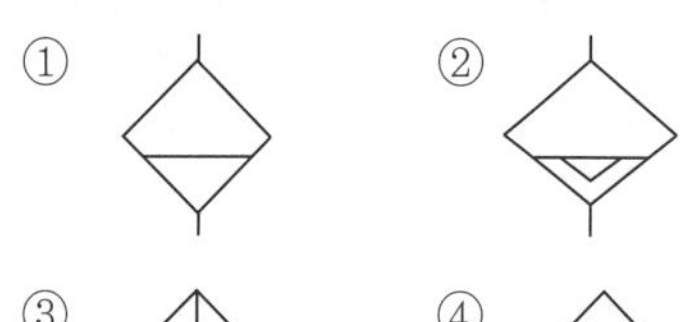

 ①은 드레인 배출 수동이고, ③은 필터, ④는 에어 드라이어이다.

**03** 다음 유압 기호의 명칭은?

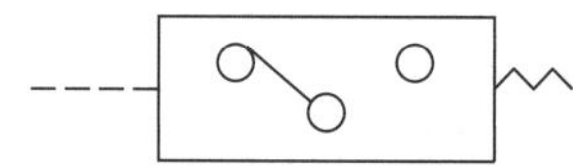

① 스톱 밸브　　② 압력계

③ 압력 스위치　　④ 축압기

압력 스위치는 설정된 압력이 되면 압력이 차단되거나 공급된다(a, b접점의 선택에 따라).

**04** 공압 탱크의 크기를 결정할 때 안전 계수는 대략 얼마로 하는가?

① 0.5　　② 1.2

③ 2.5　　④ 3

공압 탱크의 크기를 결정하는 안전 계수는 보통 1.2를 적용한다.

**05** 압력 보상형 유량 제어 밸브에 대한 설명으로 맞는 것은?

① 실린더 등의 운동 속도와 힘을 동시에 제어할 수 있는 밸브이다.

② 밸브의 입구와 출구 압력 차이를 일정하게 유지하는 밸브이다.

③ 체크 밸브와 교축 밸브로 구성되어 한 방향으로 유량을 제어한다.

④ 유압 실린더 등의 이송 속도를 부하에 관계없이 일정하게 할 수 있다.

압력 보상형 유량 제어 밸브는 이송 속도을 일정하게 유지하기 위해 압력을 보상하여 유지시킨다.

**06** 유압 장치의 작동이 불량하다. 그 원인으로 잘못된 것은?

① 무부하 상태에서 작동될 때
② 펌프의 회전이 반대일 때
③ 릴리프 밸브에 결함이 있을 때
④ 압축 라인에서 오일이 누출될 때

 무부하 상태는 유압 장치에 부하가 가해지지 않은 상태이므로 관계가 없다.

**07** 공압 시퀀스 제어 회로의 운동 선도 작성 방법이 아닌 것은?

① 운동의 서술적 표현법
② 테이블 표현법
③ 기호에 의한 간략적 표시법
④ 작동 시간 표현법

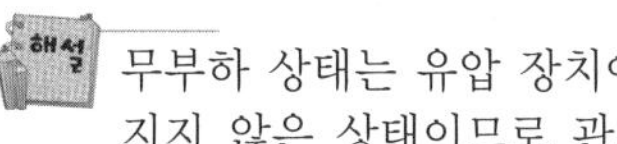 공압 시퀀스 제어 회로의 운동 선도 작성에는 작동 시간을 표현하지 않는다.

**08** 두 개의 강관을 평행(일직선상)으로 연결하고자 할 때 사용되는 관 이음쇠는?

① 유니언　　② 엘보
③ 티이　　　④ 크로스

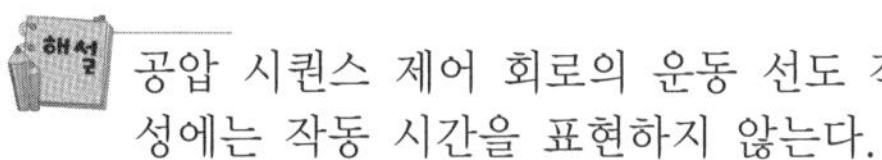 Elbow는 유체의 방향이 어느 각도로 방향이 바뀔 때, T형은 유체의 흐름이 두 군데로 분기될 때, Cross형은 유체가 십자형으로 흐름이 분기될 때 연결한다.

**09** 급격하게 피스톤에 공기 압력을 작용시켜서 실린더를 고속으로 움직여 그 속도 에너지를 이용하는 공압 실린더는?

① 서보 실린더
② 충격 실린더
③ 스위치 부착 실린더
④ 터보 실린더

 충격 실린더는 급격하게 피스톤에 공기 압력을 생성시켜 고속으로 작동하게 한다.

**10** 아래의 그림은 4포트 3위치 방향 제어 밸브의 도면 기호이다. 이 밸브의 중립 위치 형식은?

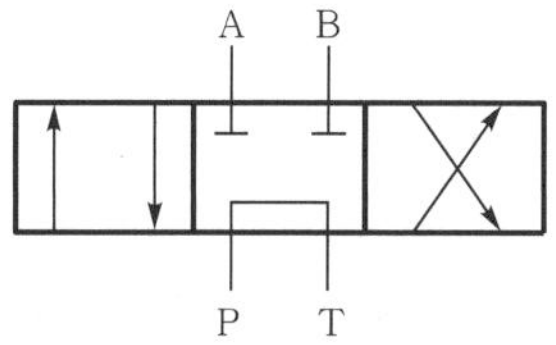

① 텐덤(tandom) 센터형
② 올 오픈(all open) 센터형
③ 올 클로우즈(all close) 센터형
④ 프레셔 포트 블록(block) 센터형

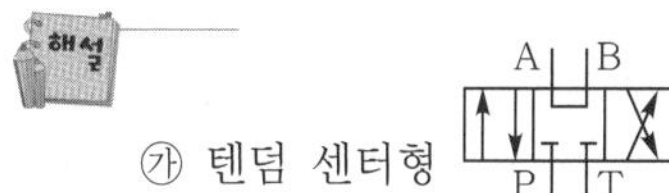 ㉮ 텐덤 센터형

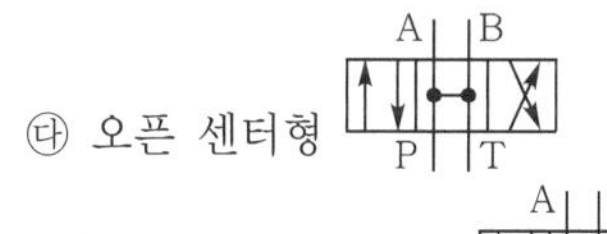 ㉯ 텐덤 센터형(무부하)

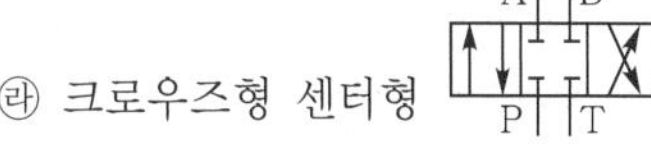 ㉰ 오픈 센터형

㉱ 크로우즈형 센터형

**11** 유압 펌프 중에서 회전 사판의 경사각을 이용하여 토출량을 가변할 수 있는 펌프는?

① 베인 펌프
② 액시얼 피스톤 펌프
③ 레이디얼 피스톤 펌프
④ 스크류 펌프

 유압 펌프 중에서 베인 펌프는 베인(Vane), 레이디얼 피스톤 펌프는 피스톤, 스크류 펌프는 스크류에 의해서 압력을 생성시킨다.

## 12 광전 스위치를 설명한 것 중 잘못된 것은 어느 것인가?

① 레벨 검출, 특정 표시 식별 등에 많이 이용되며, 포토 센서, 광학적 센서 라고도 한다.

② 종류에는 투과형, 미러 반사형, 확산 반사형이 있다.

③ 미러 반사형 광전 스위치는 투광부 와 수광부가 각각 분리되어 있다.

④ 투과형은 투광기와 수광기를 동일 축선상에 위치시켜 사용하여야 정확 한 측정이 가능하다.

회귀 반사형 센서(＝미러 반사형)는 다음과 같은 특징이 있다.
㉮ 광부와 수광부 일체형
㉯ 반사경을 이용(편광 미러)
㉰ 반사경보다 반사율이 낮은 물체가 광 차단 시 출력
㉱ 광축 조정이 용이
㉲ 검출체 투명체, 반사율이 좋은 경우 검출 곤란
㉳ 확산 반사형과 비교
㉴ 검출 거리가 길다.
㉵ 배경에 의한 오동작 방지
㉶ 투과형에 비해 비용 저렴

## 13 유압 작동유의 정도가 너무 낮을 때 일 어날 수 있는 사항이 아닌 것은?

① 캐비테이션이 발생한다.

② 마모나 눌러 붙음이 발생한다.

③ 펌프의 용적 효율이 저하된다.

④ 펌프에서의 내부 누설이 증가한다.

유체 속에서 압력이 낮은 곳이 생기면 물속에 포함되어 있는 기체가 분리되어 물이 없는 빈 곳이 생기는데, 이와 같은 현상을 캐비테이션(cavitation)이 라고 한다.

## 14 공기 탱크와 공기압 회로 내의 공기 압 력이 규정 이상의 공기 압력으로 될 때 공기 압력이 상승하지 않도록 대기와 다 른 공기압 회로 내로 빼내주는 기능을 갖는 밸브는?

① 감압 밸브

② 릴리프 밸브

③ 시퀀스 밸브

④ 압력 스위치

감압 밸브는 압력을 낮게 하여 흐르게 하고, 시퀀스 밸브는 한 동작이 끝나면 다른 동작을 할 수 있도록 순차적으로 유체를 흐르게 하는 역할을 한다.

## 15 유압 작동유의 일반적인 구비 조건으로 틀린 것은?

① 압축성이어야 한다.

② 화학적으로 안정하여야 한다.

③ 방열성이 좋아야 한다.

④ 녹이나 부식 발생이 방지되어야 한다.

유압 작동유는 비압축성 유체로서, 정밀 제어가 가능하다.

## 16 증압기의 사용 목적으로 적합한 것은?

① 속도의 증감

② 에너지의 저장

③ 압력의 증대

④ 보조 탱크의 기능

증압기는 정상적인 공압보다 더 큰 부하 가 필요할 때 사용하며, 압력을 증가시 킨다.

**17** 다음 기호의 밸브 작동을 바르게 설명한 것은?

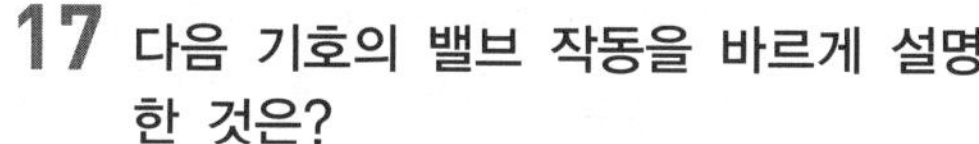

① 어느 한쪽만 유입될 때 출력된다.
② 양쪽에 공기가 유입될 때 폐쇄된다.
③ 양쪽에 공기가 유입될 때 고압 쪽이 출력된다.
④ 양쪽에 공기가 유입될 때 저압 쪽이 출력된다.

 2압 밸브로서, 양쪽에 공기가 유입되면 저압쪽이 출력된다.

**18** 밸브의 작업 포트를 표현하는 기호는 무엇인가?

① A　　　　② P
③ Z　　　　④ R

 밸브의 작업 포트는 A포트이며, B포트는 공기압이 복귀되며 소음기를 통하여 외기로 배출시킨다.

**19** 공기 압축기를 작동 원리에 의해 분류하였을 때 터보형에 해당되는 압축기는 어느 것인가?

① 원심식　　　　② 베인식
③ 피스톤식　　　　④ 다이어프램식

 공기 압축기는 터보형과 용적형으로 분류한다. 터보형은 원심식과 축류식이 있으며, 용적형은 회전식과 왕복식으로 분류한다. 회전식은 베인형, 스크류형, 루트형이 있으며, 왕복식은 피스톤형(단동, 복동), 다이어프램형이 있다.

**20** 공압 제어 밸브의 종류에 해당되지 않는 것은?

① 압력 제어 밸브
② 방향 제어 밸브
③ 유량 제어 밸브
④ 온도 제어 밸브

 공압 제어 밸브는 공압 호스를 통하여 흐르는 공기의 압력과 유량, 방향을 제어한다.

**21** 유압 에너지를 기계적 에너지로 변환하는 장치부는?

① 동력원　　　　② 제어부
③ 구동부　　　　④ 배관부

 유압 에너지를 기계적 에너지로 변환하는 장치는 구동부로 엑추에이터라고 하며, 실린더와 모터가 있다.

**22** 펌프의 송출 압력이 50[kgf/cm$^2$], 송출량이 20[L/min]인 유압 펌프의 펌프 동력은 약 얼마인가?

① 1.0[kW]　　　　② 1.2[kW]
③ 1.6[kW]　　　　④ 2.2[kW]

 $1cm^3 = 1mL$ 이므로 펌프 동력 $H$[kW]는

$$H = \frac{P \times Q}{102 \times 100 \times 60}$$
$$= \frac{50 \times 20,000}{102 \times 100 \times 60} = 1.63[kW]$$

**23** 유압 실린더의 중간 정지 회로에 적합한 방향 제어 밸브는?

① 3/2way 밸브　　② 4/3way 밸브
③ 4/2way 밸브　　④ 2/2way 밸브

 유압 실린더의 중간 정지는 4/3way 밸브를 사용한다.

**24** 유온 상승 방지 및 펌프의 동력 절감을 위해 사용하는 회로는?

① 감압 회로　　　　② 감속 회로
③ 시퀀스 회로　　　④ 무부하 회로

무부하 회로는 다음과 같이 사용한다.

㉮ 축압기에 의한 무부하 회로 : 누유가 되면 축압기로부터 유압유가 보급되고, 회로 압력이 떨어지게 된다. 따라서 개폐 밸브가 닫혀 펌프로부터 유압유가 회로에 보내어져 조작단 압력을 자동적으로 조절하면서 실린더의 힘에 의한 가공물에 압력을 허용하지 않게 된다.

㉯ Hi-Lo에 의한 무부하 회로 : 고압 소용량과 저압 대용량의 펌프를 동시에 사용한 회로가 사용되는데, 이 회로가 하이 로(Hi-Lo) 회로이다.

㉰ 압력 스위치와 전자 밸브에 의한 무부하 회로 : 압력 스위치를 사용하여 전기적 신호로 솔레노이드 밸브를 전환시키는 방법이다.

㉱ 파일럿 조작 릴리프 밸브에 의한 무부하 회로 : 파일럿 조작 릴리프 밸브의 벤트 회로를 이용하여 주회로가 설정압에 도달했을 때 펌프를 무부하로 하는 회로이다.

㉲ 압력 보상 가변 용량형 펌프에 의한 무부하 회로 : 펌프의 송출압에 따라 송출량을 보상하는 가변 용량형 펌프를 사용하여 펌프의 동력을 경감시키는 회로이다.

㉳ 다수의 실린더를 무부하시키는 회로 : 두(2) 개 이상의 실린더에 한(1)개의 펌프로부터 유압유를 공급할 경우에 이용하는 것으로, 한개의 유압 실린더만 무부하로 할 수는 없다.

**25** 다음의 그림은 단동 실린더 제어 회로이다. 이 회로를 설명한 것 중 옳은 것은?

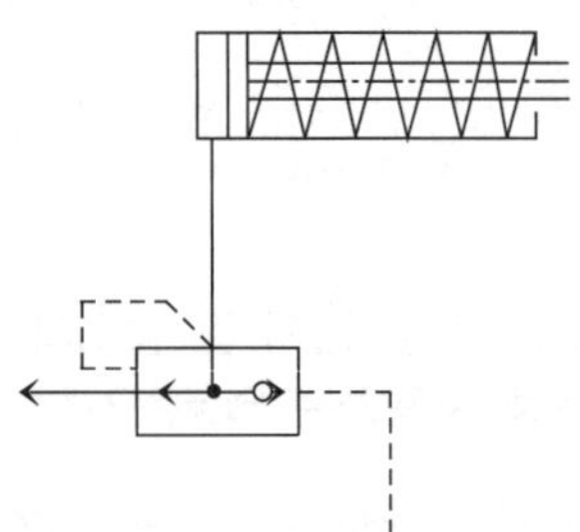

① 후진 속도 증가 회로
② 전진 속도 증가 회로
③ 전진 속도 조절 회로
④ 후진 속도 조절 회로

단동 실린더에 후진 속도를 증가시키는 회로이다.

**26** 압력의 원격 조작이 가능한 밸브는?

① 유량 조정 밸브
② 파일럿 작동형 릴리프 밸브
③ 셔틀 밸브
④ 감압 밸브

압력의 원격 조작은 파일럿 작동형 릴리프 밸브이다.

**27** 대기의 성분 중 가장 많은 것부터 나열한 것은?

① 산소 → 질소 → 아르곤 → 이산화탄소
② 산소 → 아르곤 → 질소 → 이산화탄소
③ 질소 → 이산화탄소 → 산소 → 아르곤
④ 질소 → 산소 → 아르곤 → 이산화탄소

대기의 성분은 질소-산소-아르곤-이산화탄소 순으로 많이 분포되어 있다.

**28** 부하의 운동 에너지가 완충 실린더의 흡수 에너지보다 클 때에 행정 끝단에 충격에 의한 파손이 우려되어 사용되는 기기를 무엇이라 하는가?

① 유량 조정 밸브
② 완충기
③ 윤활기
④ 필터

완충기는 피스톤의 끝단에서 발생하는 충격을 흡수하여 실린더의 파손을 막고 장치에 전달되는 충격을 흡수한다.

## 29 피스톤 모터의 특징으로 틀린 것은?

① 사용 압력이 높다.
② 출력 토크가 크다.
③ 구조가 간단하다.
④ 체적 효율이 높다.

 피스톤 모터는 다음과 같은 특징이 있다.
㉮ 고압, 고속, 대출력이 발생한다.
㉯ 구조가 복잡하고 고가이다.
㉰ 효율이 유압 모터 중 가장 좋다.

## 30 공압 실린더의 배출 저항을 적게 하여 운동 속도를 빠르게 하는 밸브로 맞는 것은?

① 급속 배기 밸브
② 시퀀스 밸브
③ 언 로드 밸브
④ 카운터 밸런스 밸브

 급속 배기 밸브란 배관이나 방향 제어 밸브의 저항을 피하고, 저항이 적은 단락 상태로 공기를 대기 중으로 방출하여 액추에이터의 속도를 증가시킬 목적으로 사용된다.

## 31 전원이 교류가 아닌 직류로 주어져 있을 때에 어떤 직류 전압을 입력으로 하여 크기가 다른 직류를 얻기 위한 회로는?

① 인버터 회로
② 초퍼 회로
③ 사이리스터 회로
④ 다이오드 정류 회로

 ① 인버터 회로 : 모터 속도 제어 방식에는 아래 식과 같이 주파수 $f$를 변화시키던가 모터의 극수 $P$나 슬립 $S$를 변화시키면 임의의 회전 속도 $N$을 얻을 수 있으며, 극수 제어, 슬립 제어, 주파수 제어가 있다.

$$N = \frac{120f}{P}(1-S)$$

③ 사이리스터 회로 : 사이리스터(Thyristor)란 제어 단자(G)로부터 음극(K)에 전류를 흘리는 것으로, 양극(A)과 음극(K) 사이를 도통시킬 수 있는 3단자의 반도체 소자를 사용한 회로로 한번 도통시키면 통과 전류가 0이 될 때까지 도통 상태를 유지해야 하는 곳에 사용된다.
④ 다이오드 정류 회로 : 정류 회로(rectifier circuit)는 교류를 직류로 바꿔주는 것으로, 대부분 전자 부품을 쓰기 위해 필요한 회로이다. 정류 회로는 다이오드가 '순방향 바이어스 전압'이 걸렸을 때만 전류를 흘려주는 특징을 이용한 것이다.

## 32 교류 회로에서 직렬 공진 시 최대가 되는 것은?

① 전압          ② 전류
③ 저항          ④ 임피던스

 직렬 공진일 때 임피던스 $Z = R$이 되어 임피던스는 최소, 전류는 최대가 된다.

## 33 유도 전동기의 슬립 $S = 1$일 때의 회전자의 상태는?

① 발전기 상태이다.
② 무구속 상태이다.
③ 동기 속도 상태이다.
④ 정지 상태이다.

 유도 전동기는 $S=1$이면 $N=0$이므로 전동기는 정지 상태이고, $S=0$이면 $N=N_s$이므로 전동기가 동기 속도로 회전하고 있는 상태이다.

## 34 구조가 간단하고, 고장이 적고, 취급이 용이하며, 공장의 동력용 또는 세탁기나 냉장고뿐만 아니라 펌프, 재봉틀 등 많은 가전제품의 동력을 필요로 하는 곳에 사용되고 있는 것은?

① 변압기          ② 스테핑 모터
③ 유도 전동기      ④ 제어 정류기

스테핑 모터(stepping motor)는 Step Motor 혹은 Reluctance Motor 등으로 불리며, 디지털 펄스로 제어하며 산업용뿐만 아니라 아날로그 시계에 이르기까지 광범위하게 사용되고 있다.

**35** 전류 측정 시 안전 및 유의 사항으로 거리가 먼 것은?

① 측정 전 날씨의 조건(습도)을 확인한다.
② 직류 전류계를 사용할 때 전원의 극성을 틀리지 않도록 접속한다.
③ 회로 연결 시 그 접속에 따른 접촉 저항이 작도록 해야 한다.
④ 전류계의 내부 저항이 작을수록 회로에 주는 영향이 작고, 그 측정 오차도 작다.

전류 측정 시 안전 및 유의 사항은 다음과 같다.
㉮ 직류 전류계의 극성은 회로의 극성과 일치하도록 접속하여야 한다. 즉, 전류계는 항상 (+)단자가 측정 전류의 (+)단자에, (−)단자는 측정 전류의 (−)단자에 연결하여야 한다.
㉯ 전류계의 측정 범위는 측정하려는 전류보다 높은 것을 선택하여야 한다.

**36** 배율기를 사용하여 측정 범위를 확대하여 직류 전압을 측정하려고 한다. 배율기의 저항은 50[kΩ]이고, 전압계의 내부 저항은 10[kΩ]일 때, 전압계의 전압은 60[V]를 가르킨다. 측정 전압은 몇 [V]인가?

① 72
② 240
③ 360
④ 720

$$배율(m) = \frac{R_V + R_m}{R_v} = \frac{10 + 60}{10} = 6$$

전압계의 전압이 60[V]이므로
측정 전압 $V = 60 \times 6 = 360[V]$

**37** 옥내 전등선의 절연 저항을 측정하는 데 가장 적당한 측정기는?

① 휘스톤 브리지
② 켈빈 더블 브리지
③ 메거
④ 전위차계

절연 저항 측정은 다음과 같이 분류한다.
㉮ **저저항(1[Ω] 이하)의 측정**
  ㉠ 전압 강하법(전압 전류계법)
  ㉡ 전위차계법
  ㉢ 켈빈 더블 브리지법 : 단면적이 균일하며 굵고 짧은 도선의 저항
  ㉍ 굵은 나전선의 저항
㉯ **중저항(1[Ω]~1[MΩ])의 측정**
  ㉠ 전압 강하법(전압 전류계법) : 백열 전구의 필라멘트 저항, 발전기나 변압기 권선 저항
  ㉡ 휘스톤 브리지법 : 수천 Ω의 가는 전선의 저항
  ㉢ 저항계
  ㉣ 회로계
㉰ **고저항(1[MΩ] 이상)의 측정**
  ㉠ 직편법
  ㉡ 전압계법
  ㉢ 메거 : 옥내 전등선이나 변압기 등의 절연 저항
㉱ **특수 저항의 측정**
  ㉠ 검류계의 내부 저항 : 휘스톤 브리지법
  ㉡ 전지의 내부 저항 측정 : 전압계법, 전류계법, 콜라우슈 브리지법, 맨스법
  ㉢ 전해액의 저항 측정 : 콜라우슈 브리지법, 슈트라우스와 헨더슨법

**38** 다음 그림은 전동기의 정회전, 역회전 회로이다. 전원이 투입되면 항상 ON 상태인 것은?

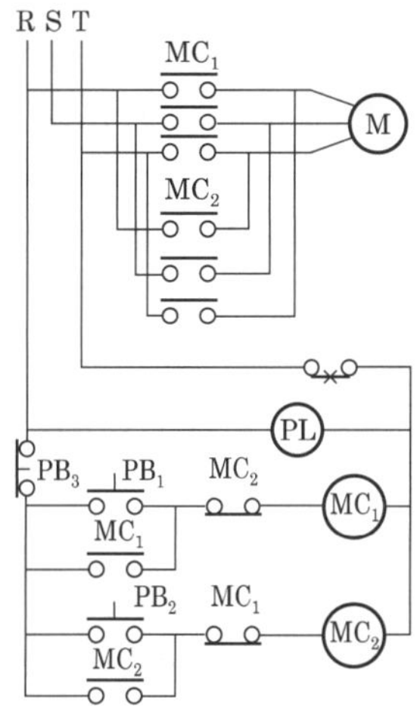

① M

② PL

③ $MC_1$

④ $MC_2$

 M은 모터이며 $MC_1$이나 $MC_2$ Magnetic Coil이 작동하면 정역회전이 된다. PL은 Pilot lamp로서 3상 전원을 인가하면 R, T단자에 단상이 투입되어 ON이 된다(불이 켜진다).

**39** 직류기의 구조 중 정류자면에 접촉하여 전기자 권선과 외부 회로를 연결시켜 주는 것은?

① 브러시(brush)

② 정류자(commutator)

③ 전기자(armature)

④ 계자(field magnet)

 전기자 권선과 외부 회로를 연결하는 것은 탄소 브러시(carbon brush)이며, 정류자가 회전하므로 마찰이 발생하여 마모가 되면 접촉이 불안정(스파크 발생)하여 교환해야 한다.

**40** 교류에서 1초 동안에 반복되는 사이클의 수를 무엇이라 하는가?

① 주파수　　　② 전력

③ 각속도　　　④ 주기

 교류에서 1초 동안 반복되는 사이클을 주파수라고 하며, 단위는 Hz 혹은 CPS (Cycle Per Second)로 표기한다.

**41** 그림과 같은 논리 기호를 논리식으로 나타내면?

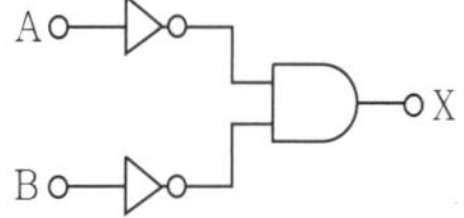

① $X = A + B$

② $X = \overline{A + \overline{B}}$

③ $X = \overline{A} - \overline{B}$

④ $X = \overline{A} \cdot \overline{B}$

 NOT 게이트와 AND 게이트의 조합이다.

**42** 3상 교류 전력 $P[\text{W}]$는?

① $P = VI\cos\theta\,[\text{W}]$

② $P = \sqrt{3}\,VI\cos\theta\,[\text{W}]$

③ $P = 2VI\cos\theta\,[\text{W}]$

④ $P = \dfrac{1}{\sqrt{2}}VI\cos\theta\,[\text{W}]$

 3상 교류 전력 $P$는 $Y$결선 또는 $\Delta$결선일지라도 전력 $P[\text{W}]$는 같다.

$$P = 3E_p I_p \cos\theta = \sqrt{3}\,E_l I_l \cos\theta\,[\text{W}]$$

**43** 자석이 가지는 자기량의 단위는?

① [AT]　　　② [Wb]

③ [N]　　　④ [H]

 자석이 가지는 자기량의 단위는 [Wb]
이다.

**44** 직류 전동기를 급정지 또는 역전시키는
전기 제동 방법은?

① 플러깅
② 계자 제어
③ 위드 레너드 방식
④ 일그너 방식

 ㉮ **직류 전동기의 속도 제어**

$$n = k_2 \frac{V - R_a I_a}{\phi} \text{ [rpm] 식에서}$$

　㉠ 계자 제어법 : 계자 자속 $\phi$를 변화
　　시키는 방법
　㉡ 저항 제어법 : 전기자에 저항을 직
　　렬로 넣어 $R_a$의 값을 변화시키는
　　방법
　㉢ 전압 제어법 : 전기자에 가하는 전
　　압 $V$를 변화시키는 방법 (레오너
　　드 방식, 일그너 방식)

㉯ **직류 전동기의 제동**

　㉠ 발전 제동 : 운전중인 전동기를 전
　　원으로부터 분리시켜 발전기로 작
　　용시켜서 회전체의 운동 에너지를
　　전기 에너지로 변화시킨 다음 이
　　것을 저항 내에서 열에너지로 소
　　비시켜 제동하는 방법
　㉡ 역전 제동(플러킹) : 운전중인 전
　　동기의 전기자 전류를 반대로 전
　　환하면 자속은 변하지 않으나 전
　　기자 전류만 반대로 되기 때문에
　　반대 방향의 토크가 발생되어 제
　　동하는 방법
　㉢ 회생 제동 : 권상기, 엘리베이터,
　　기중기 등으로 물건을 내릴 때 또
　　는 전기 기관차나 전차가 언덕을
　　내려가는 경우, 강하 중량의 위치
　　에너지로 전동기를 발전기로 동작
　　시켜 발생한 전력을 전원에 반환하
　　면서 과속을 방지하는 제동 방법

**45** 전력(electric power)을 맞게 설명한
것은?

① 도선에 흐르는 전류의 양을 말한다.
② 전원의 전기적인 압력을 말한다.
③ 단위 시간 동안에 전하가 하는 일을
　말한다.
④ 전기가 할 수 있는 힘을 말한다.

 전력은 단위 시간당 전류가 할 수 있는
일의 양을 말한다. 전력은 크게 역률로
구분하거나 전압과 전류가 가지는 상에
의해 구분할 수 있으며, 역률에 의한 구
분은 유효 전력과 무효 전력으로 나눈다.

**46** 그림과 같은 도면에서 대각선으로 표시
한 가는 실선이 나타내는 뜻은?

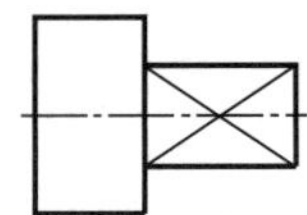

① 평면
② 열처리할 면
③ 가공 제외 면
④ 끼워맞춤하는 부분

 대각선으로 표시한 가는 실선은 축에서
평면을 나타낸다.

**47** 그림과 같은 용접 보조 기호를 가장 올
바르게 설명한 것은?

① 현장 점 용접
② 전둘레 필릿 용접
③ 전둘레 현장 용접
④ 전둘레 용접

 현장에서 용접 시 전둘레 현장 용접을 나타낸다.

**48** 그림과 같은 입체도의 화살표 방향을 정면으로 한 제 3 각 정투상도로 가장 적합한 것은?

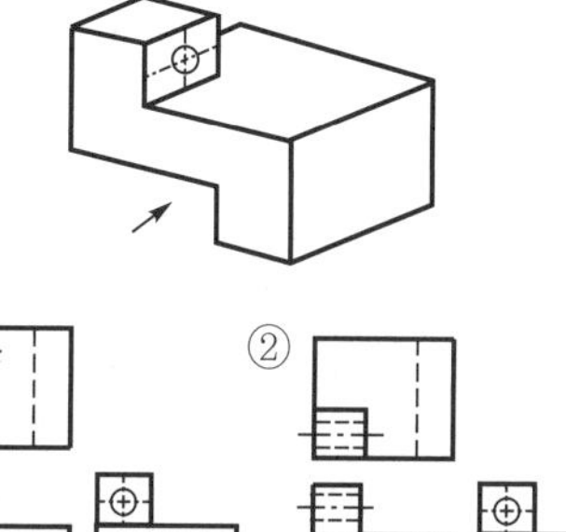

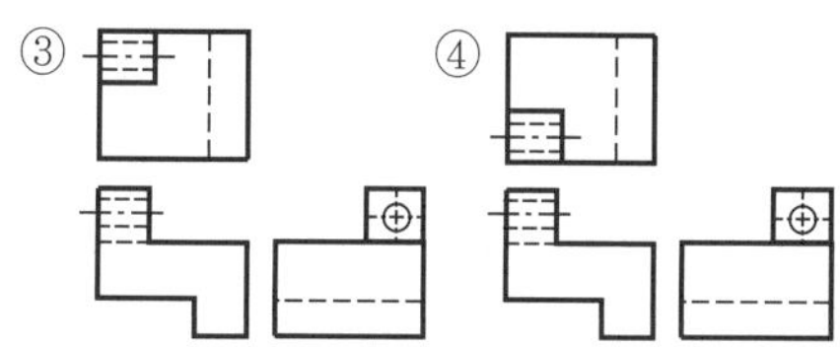

① ② ③ ④

해설 화살표 방향이 정면도, 상단에는 평면도, 왼쪽에 좌측면도가 위치한다.

**49** 그림과 같은 3각법에 의한 투상도면의 입체도로 적합한 것은?

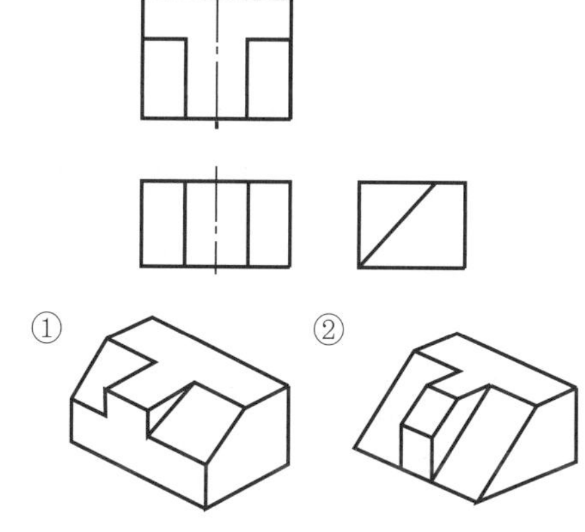

① ②

③ ④

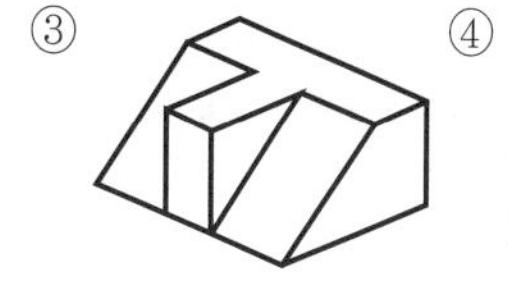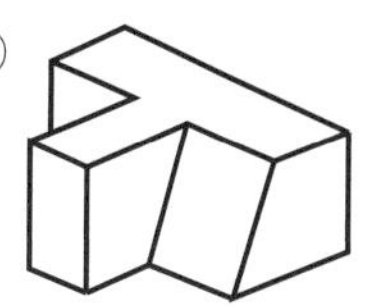

 좌측면도의 형상을 보고 입체도의 윤곽을 확인할 수 있다.

**50** 기계 제도에서 제3각법에 대한 설명으로 틀린 것은?

① 눈 → 투상면 → 물체의 순으로 나타낸다.

② 평면도는 정면도의 위에 그린다.

③ 배면도는 정면도의 아래에 그린다.

④ 좌측면도는 정면도의 좌측에 그린다.

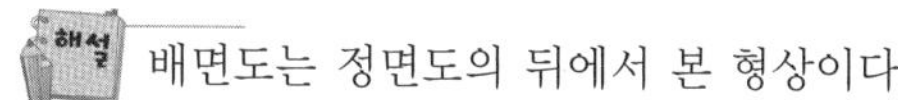 배면도는 정면도의 뒤에서 본 형상이다.

**51** 도면에서 특정 치수가 비례 척도가 아닌 경우를 바르게 표기한 것은?

① (24)          ② 2̶4̶

③ 24          ④ <u>24</u>

 ①은 참고 치수이며, ②는 수정 치수를 표기하는 방법이다.

**52** 기계 제도에서 물체의 투상에 관한 설명 중 잘못된 것은?

① 주 투상도는 대상물의 모양 및 기능을 가장 명확하게 표시하는 면을 그린다.

② 보다 명확한 설명을 위해 주 투상도를 보충하는 다른 투상도는 되도록 많이 그린다.

③ 특별한 이유가 없는 경우 대상물을 가로길이로 놓은 상태로 그린다.

④ 서로 관련되는 그림의 배치는 되도록 숨은선을 쓰지 않도록 한다.

주 투상도는 물체를 가장 명확하게 확인하는 방향을 선정하며, 보충하는 투상도는 따로 그린다.

**53** 스프링의 용도에 가장 적합하지 않은 것은?

① 충격 완화용  ② 무게 측정용
③ 동력 전달용  ④ 에너지 축적용

 동력 전달에는 벨트나 체인, 기어가 사용된다.

**54** 재료의 전단 탄성 계수를 바르게 나타낸 것은?

① 굽힘 응력/전단 변형률
② 전단 응력/수직 변형률
③ 전단 응력/전단 변형률
④ 수직 응력/전단 변형률

 전단 응력은 $\tau = G\gamma$로 표현하며, $G$는 가로 탄성 계수 혹은 전단 탄성 계수라고 한다.

**55** 직접 전동 기계 요소인 홈 마찰차에서 홈의 각도($\alpha$)는?

① $2\alpha = 10 \sim 20^\circ$  ② $2\alpha = 20 \sim 30^\circ$
③ $2\alpha = 30 \sim 40^\circ$  ④ $2\alpha = 40 \sim 50^\circ$

 홈 마찰차의 홈의 각도는 보통 $2\alpha = 30^\circ \sim 40^\circ$ 정도로 한다.

**56** 하중 20[kN]을 지지하는 훅 볼트에서 나사부의 바깥 지름은 약 몇 [mm]인가? (단, 허용 응력 $\sigma_a = 50[\text{N/mm}^2]$이다.)

① 29  ② 57
③ 10  ④ 20

 축 방향에만 정하중을 받는 경우이므로

$$d = \sqrt{\frac{2W}{\sigma_a}} = \sqrt{\frac{2 \times 2,000}{50}} \fallingdotseq 28.3[\text{mm}]$$

**57** 평 기어에서 잇수가 40개, 모듈이 2.5인 기어의 피치원 지름은 몇 [mm]인가?

① 100  ② 125
③ 150  ④ 250

 피치원 지름은 구동 기어와 종동 기어가 접촉하는 가상의 지름이다.

$$D_P = zm = 40 \times 2.5 = 100[\text{mm}]$$

**58** 축계 기계 요소에서 레이디얼 하중과 스러스트 하중을 동시에 견딜 수 있는 베어링은?

① 니들 베어링
② 원추 롤러 베어링
③ 원통 롤러 베어링
④ 레이디얼 볼 베어링

레이디얼 하중은 축에 직각 방향으로 작용하는 하중이고, 스러스트 하중은 축방향으로 작용하는 하중으로, 동시에 견딜 수 있는 베어링은 원추 롤러 베어링 혹은 테이퍼 롤러 베어링을 사용한다. 예를 들면 자동차의 차축에 사용한다.

**59** 체결하려는 부분이 두꺼워서 관통 구멍을 뚫을 수 없을 때 사용되는 볼트는?

① 탭 볼트  ② T홈 볼트
③ 아이 볼트  ④ 스테이 볼트

 T 볼트는 T형 홈을 파서 부품을 고정시키는 데 사용하며, 아이 볼트는 공작 기계와 같이 무거운 것을 옮길 때 사용하며, 스테이 볼트는 나사부와 너트가 분리되어 있는 상태를 서로 고정시킨다.

**60** 우드러프 키라고도 하며, 일반적으로 60[mm] 이하의 작은 축에 사용되고, 특히 테이퍼 축에 편리한 키는?

① 평 키        ② 반달 키

③ 성크 키      ④ 원뿔 키

① 평 키 : 납작 키로서 키의 폭만큼 축을 가공하여 때려 박으며, 새들 키보다는 큰 힘을 전달한다.

② 반달 키 : 반달형으로 되어 있어 힘의 방향에 따라 움직여 안정된 상태를 유지한다.

③ 성크 키 : 묻힘 키라고 하며, 축과 보스에 홈을 파고 가장 많이 사용하며, 평행 키와 경사 키가 있다.

④ 원뿔 키 : 축에 키 홈을 파기 어려울 때 사용하며, 축의 임의의 위치에 보스를 고정시킨다.

# 2013년 10월 12일 시행

**01** 다음 중 감지 거리가 가장 짧은 공압 비접촉식 센서는?

① 배압 감지기　② 반향 감지 센서
③ 공기 배리어　④ 공압 리밋 밸브

 공압 근접 감지 센서(비접촉식 감지 장치)의 원리는 자유 분사, 배압 장치이며 종류는 다음과 같다.

㉮ **공기 배리어(air barrier)**
분사 노즐, 수신 노즐로 구성되며, 압력은 0.1~0.2[bar], 공기량은 0.5~0.8[m³/hr]이며, 물체 감지 거리는 100[mm] 이하이다.

㉯ **반향 감지기(reflex sensor)**
배압 원리를 이용하며 분사 노즐, 수신 노즐이 합체되어 있으며, 압력은 0.1~0.2[bar], 감지 거리는 1~6[mm]로 용도는 검사 장치, 계수, 감지 등에 사용한다.

㉰ **배압 감지기(back pressure sensor)**
가장 기본적인 센서로서 노즐로 공기를 방출하여 물체가 접근하면 배압이 형성되며, 압력은 0.1~8[bar], 감지 거리는 0~0.5[mm]로 마지막 위치 감지, 위치 제어에 사용한다.

㉱ **공압 근접 스위치(pneumatic proximity swtch)**
공기 배리어 원리를 이용하며, A신호는 저압이기 때문에 압력 증폭기에 사용한다.

㉲ **전기 근접 스위치(electric proximity swtch)**
영구 자석을 지닌 피스톤이 스위치에 접근하면 유리 튜브 안에 있는 두 개의 리드가 접촉하게 되어 전기 신호를 보내는 것이다.

㉳ **공압 리밋 밸브**
다목적 3방향 또는 개방 배기 4방향으로 사용된다. 이런 형태의 밸브는 일반적으로 실린더 피스톤 행정의 양 끝점 또는 전후진 행정의 제한점에서 실린더 피스톤 로드에 의해 작동된다.

**02** 다음에 표기한 기호가 의미하는 전기 회로용 기기의 명칭은?

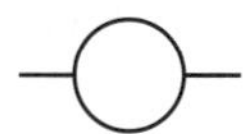

① 코일　② 퓨즈
③ 표시등　④ 전동기

 계전기, 타이머, 전자 접촉기 등의 코일로 전원을 인가한다.

㉮ 퓨즈 기호는 ─◦◦─ (오픈형), ─▱─ (밀폐형)이 있으며, 내부 기기를 보호하기 위해 설치한다.

㉯ 표시등 기호는 ─Ⓛ─ 이며, 원 안에 "L"로 표시한다.

㉰ 전동기 기호는 ⊃Ⓞ 이며, 원 안에 "M"(Motor)으로 표시한다.

**03** 다음은 일정 용량형 유압 모터의 기호이다. 어떤 형에 해당되는가?

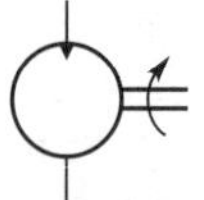

① 한 방향 흐름　② 두 방향 흐름
③ 하부 방향 흐름　④ 우 방향 흐름

 정용량형 유압 모터는 1회전에 토출하는 유량이 일정하고 일정 압력에서 출력 토크가 일정한 유압 모터이다. 이것은 출력 토크의 변경이 필요없는 경우에 사용되며, 기어 모터 (gear motor), 베인 모터 (vane motor), 피스톤 모터(piston motor) 등이 있다.

**04** 유관의 안지름을 2.5[cm], 유속을 10[cm/s]로 하면 최대 유량은 약 몇 [cm³/s]인가?

① 49　　　　② 98

③ 196　　　　④ 250

 유량 $Q = A \times V$에서

$$Q = \frac{3.14 \times 2.5^2}{4} \times 10 = 49[\text{cm}^3/\text{sec}]$$

연속의 법칙 $Q = A_1 V_1 = A_2 V_2$로부터 단면적이 크면 속도는 느리고 단면적이 작으면 속도는 빨라 관에 흐르는 유량은 일정하다.

**05** 어큐뮬레이터 회로에서 어큐뮬레이터의 역할이 아닌 것은?

① 회로 내의 맥동을 흡수한다.

② 회로 내의 압력을 감압한다.

③ 회로 내의 충격 압력을 흡수한다.

④ 정전 시 비상용 유압원으로 사용한다.

 축압기는 용기 내에 압력이 있는 오일을 압입하고 고압으로 저장하여 유용한 작업을 하게 끔 하는 압유 저장용 용기로서, 유압의 에너지를 저장함으로써 용도는 충격 흡수용, 압력의 점진적, 일정 압력을 유지하며 역할은 다음과 같다.
㉮ 유압 에너지의 축적
㉯ 2차 회로의 구동
㉰ 압력 보상
㉱ 맥동 제거

**06** 유압에 의해 동력을 전달하고자 한다. 공압 장치에 비해 유압 장치의 장점으로 옳지 않은 것은?

① 자동화가 가능하다.

② 무단 변속이 가능하다.

③ 온도에 의한 영향을 많이 받는다.

④ 힘의 증폭 및 속도 조절이 용이하다.

 유압 장치는 공압 시스템과 달리 에너지원이 단독으로 구성되므로 유압 모터가 회전하여 유압 펌프를 통하여 일정한 압력을 유지해야 하므로 온도에 의한 영향을 많이 받는 것은 단점이다.

**07** 파스칼의 원리에 관한 설명으로 옳지 않은 것은?

① 각 점의 압력은 모든 방향에서 같다.

② 유체의 압력은 면에 대하여 직각으로 작용한다.

③ 정지해 있는 유체에 힘을 가하면 단면적이 적은 곳은 속도가 느리게 전달된다.

④ 밀폐된 용기 속에 유체의 일부에 가해진 압력은 유체의 모든 부분에 똑같은 세기로 전달된다.

 정지해 있는 유체에 힘을 가하면 단면적이 작은 곳은 속도가 빠르며, 파스칼의 원리는 다음과 같다.
㉮ 정지 액체와 접하고 있는 면에 가해진 압력은 그 면에 수직으로 작용한다.
㉯ 정지 액체의 한 점에서의 압력의 크기는 여러 방향에서 동일하다.
㉰ 밀폐 용기 중의 정지 액체의 한 쪽에 가해진 압력은 액체 내의 여러 부분에 동일한 압력으로 전달된다.

**08** 방향 전환 밸브에서 공기의 통로를 개폐하는 밸브의 형식과 거리가 먼 것은?

① 포핏식　　　　② 포트식

③ 스풀식　　　　④ 회전판 미끄럼식

주 밸브를 조작 방식에 의해 분류하면 다음과 같다.

㉮ **포핏 밸브**

밸브 몸통이 밸브 자리에서 직각 방향으로 이동하는 방식으로, 구조가 간단하고 먼지나 이물질의 영향을 적게 받으므로 소형에서 대형의 밸브까지 폭넓게 이용된다.

㉯ **스풀 밸브**

빗 모양의 스풀이 원통형 미끄럼 면을 축 방향으로 이동하여 밸브를 개폐하는 구조로 되어 있다.

㉰ **미끄럼식 밸브**

밸브 몸통과 밸브체가 미끄러져 개폐 작용을 하는 형식으로, 스풀 밸브를 평면적으로 한 구조이다

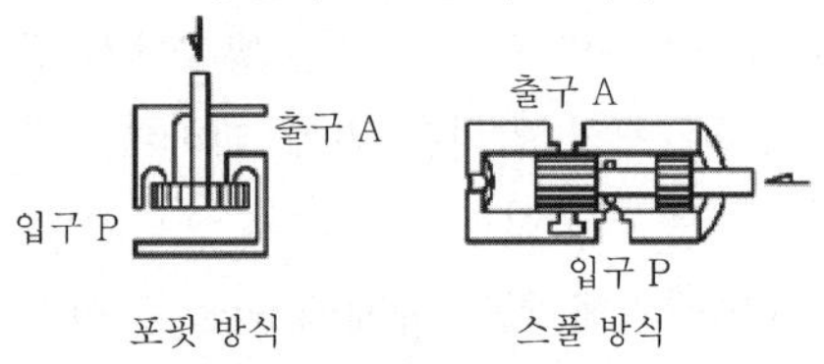

## 09 포핏(poppet) 밸브의 장점이 아닌 것은?

① 밀봉이 우수하다.

② 작은 힘으로 작동된다.

③ 짧은 거리에서 밸브의 전환이 이루어진다.

④ 먼지 등의 이물질 영향을 거의 받지 않는다.

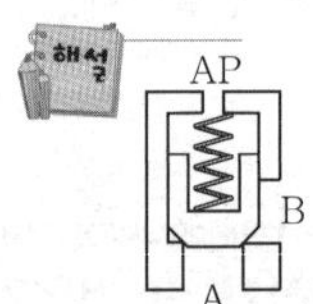


포핏(poppet) 밸브의 장단점은 다음과 같다.

㉮ 밀봉이 우수하다.

㉯ 이물질에 둔감하다.

㉰ 구조가 복잡하다.

㉱ 작동력이 크다.

㉲ 작동 거리가 짧다.

㉳ 다양한 기능을 가진 밸브를 만들기 어렵다.

## 10 실린더 입구의 분기 회로에 유량 제어 밸브를 설치하여 실린더 입구 측의 불필요한 압유를 배출시켜 작동 효율을 증진시킨 속도 제어 회로는?

① 재생 회로

② 미터 인 회로

③ 미터 아웃 회로

④ 블리드 오프 회로

㉮ 미터 인 회로 : 실린더로 공급되는 유량을 조절하여 실린더의 운동 속도를 제어하는 것을 미터 인 속도 제어라 한다. 이 방법은 실린더에 운동 방향과 같은 방향의 부하가 작용하게 되면 피스톤 쪽에 진공이 형성되며, 유량 제어 밸브의 저항으로 발생된 열에 의하여 실린더가 과열될 수 있는 단점이 있다.

㉯ 미터 아웃 속도 제어 : 실린더로부터 배출되는 유량을 조절하여 실린더의 속도를 제어하는 것이다.

㉰ 블리드 오프 속도 제어 : 실린더에서 배출되는 유량의 일부를 유량 제어 밸브를 통하여 탱크로 귀환시키는 것 방법이다. 이 회로의 효율은 미터 인이나 미터 아웃 속도 제어보다 좋은 장점이 있으나, 부하 변동이 심한 경우에는 실린더의 속도가 불안하므로 많이 이용되지는 않는다.

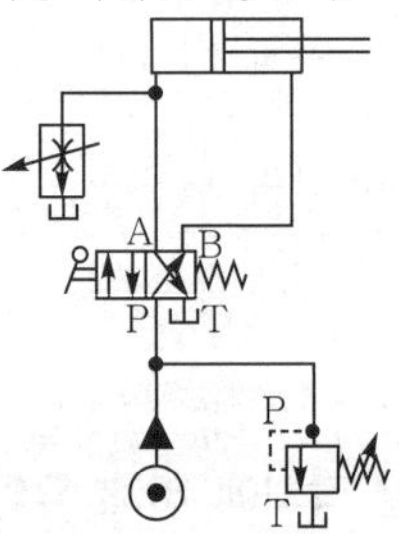


블리드 오프 회로

**11** 공압 드레인 방출 방법 중 드레인의 양에 관계없이 압력 변화를 이용하여 드레인을 배출하는 것은?

① 전동식  　② 차압식
③ 수동식  　④ 부구식

압축 공기 중에 함유한 수분을 배출하여 공압 기기에 영향을 미치지 않도록 하기 위함이며
㉮ 전동식(솔레노이드 밸브식)은 설정된 시간에 따라 주기적으로 배출한다.
㉯ 차압식(파일럿식)은 압력 변화에 의해서 수분을 배출한다.
㉰ 부구식(플로트식)은 수분이 일정 수준에 도달되면 배출한다.

**12** 비압축성 유체의 정상 흐름에 대한 베르누이 방정식 $\dfrac{v_1^2}{2g}+\dfrac{P_1}{\gamma}+z_1=\dfrac{v_2^2}{2g}+\dfrac{P_2}{\gamma}$

$+z_1=const$ 에서 $\dfrac{v_1^2}{2g}$ 항이 나타내는 에너지의 종류는 무엇인가?(단, $v$ : 속도, $P$ : 압력, $\gamma$ : 비중량, $z$ : 위치)

① 속도 에너지
② 위치 에너지
③ 압력 에너지
④ 전기 에너지

유선을 따라 운동하는 유체 입자가 가지는 에너지의 총합은 유선상의 임의의 점에서 항상 일정 불변하며, '압력 에너지 + 속도 에너지 + 위치 에너지=일정'의 형태로 구성되어 있다. 이는 에너지 보존 법칙 '포텐셜 에너지(위치 에너지 + 탄성 에너지) + 속도 에너지=일정'과 같은 형태로 되어 있다. 따라서, 베르누이 방정식을 에너지 방정식이라고 부르기도 한다.

$$\frac{P_1}{\gamma}(압력)+\frac{v_1^2}{2g}(속도)+z_1(위치)$$
$$=\frac{v_2^2}{2g}+\frac{P_2}{\gamma}+\frac{v_1^2}{2g}+z_1=const$$

**13** 기어 펌프에 관한 설명으로 옳지 않은 것은?

① 구조상 일반적으로 가변 용량형이다.
② 고압의 기어 펌프는 베어링 하중이 크다.
③ 윤활유, 절삭유의 수용용으로 사용된다.
④ 기어 펌프는 외접식 펌프와 내접식 펌프가 있다.

기어 펌프의 특징은 다음과 같으며, 외접식과 내접식 펌프가 있다.
㉮ 구조가 간단하다.
㉯ 다루기 쉽고 가격이 저렴하다.
㉰ 기름의 오염에 비교적 강한 편이다.
㉱ 펌프의 효율은 피스톤 펌프에 비하여 떨어진다.
㉲ 가변 용량형으로 만들기가 곤란하다.
㉳ 흡입 능력이 가장 크다.

**14** 일반적으로 널리 사용되는 압축기로 사용 압력 범위는 10~100[kgf/cm$^2$] 정도이며, 냉각 방식에 따라 공냉식과 수냉식으로 분류되는 압축기는?

① 터보 압축기
② 베인형 압축기
③ 스크루형 압축기
④ 왕복 피스톤 압축기

공기 압력에 따른 기종 선정 : 공압 액추에이터나 공압 기기의 작동 압력은 주로 4~6[kgf/cm$^2$]의 압력이 사용되고, 프레스 기계용이나 계장용은 7~8[kgf/cm$^2$] 정도이다. 그러나 공기 압축기에서 토출되는 압력이나 유량은 배관과 공압 기기 등의 압력 강하를 고려하여 20% 정도 여유를 주어야 한다. 통상적으로 공압 시스템에서 사용 공기 압력의 상한치는 10[kgf/cm$^2$] 정도이므로 압축기의 기종은 왕복식이나 회전식 압축기가 적당하다.

| 특성 \ 분류 | 왕복식 | 회전식 | 터보식 |
|---|---|---|---|
| 구조 | 비교적 간단 | 간단하고 섭동 부가 크다 | 대형으로 되기 쉽고 복잡하다 |
| 진동 | 비교적 많다 | 적다 | 적다 |
| 소음 | 비교적 높다 | 적다 | 적다 |
| 보수성 | 좋다 | 섭동 부품의 정기 교환이 필요 | 비교적 좋으나 오버홀이 필요 |
| 토출 공기 압력 | 중·고압 | 중압 | 표준 압력 |
| 가격 | 싸다 | 비교적 비싸다 | 비싸다 |

## 15 다음의 기호가 가지고 있는 기능을 설명한 것으로 옳은 것은?

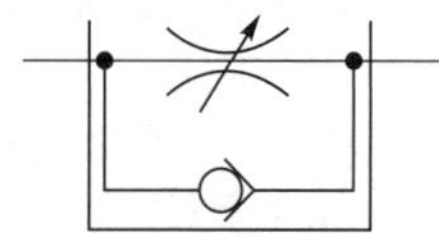

① 압력을 조정한다.
② OR 논리를 만족시킨다.
③ 실린더의 힘을 조절한다.
④ 실린더의 속도를 조절한다.

 체크붙이형 유량 제어 밸브로 연속의 법칙 $Q = AV$에서 속도와 관계가 있다. 사용 예는 다음과 같다.

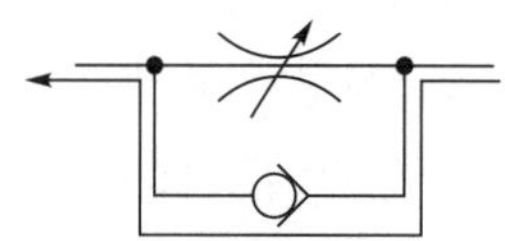

(공급 공압이 교축 밸브 방향으로 통과)

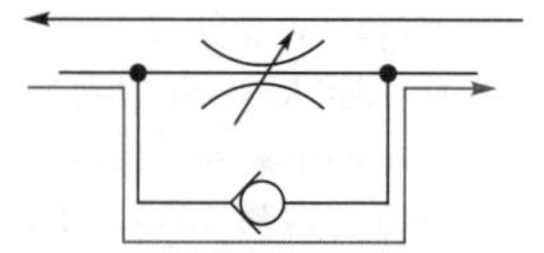

(배기 공압이 교축 밸브 방향으로 통과)

## 16 고압 시퀀스 회로의 신호 중복에 관한 설명으로 옳은 것은?

① 실린더의 제어에 시간 지연 밸브가 사용될 때를 말한다.
② 실린더의 제어에 2개 이상의 체크 밸브가 사용될 때를 말한다.
③ 1개의 실린더를 제어하는 마스터 밸브에 전기 신호를 주는 것을 말한다.
④ 1개의 실린더를 제어하는 마스터 밸브에 동시에 세트 신호와 리셋 신호가 존재하는 것을 말한다.

 한 개의 실린더를 제어하는 마스터 밸브에 동시에 세트 신호와 리셋 신호가 존재하는 것을 말하며, 대책은 간섭 제어 회로를 사용하여 발생하지 않도록 한다.

## 17 펌프의 용적 효율 94[%], 압력 효율 95[%], 펌프의 전 효율이 85[%]라면 펌프의 기계 효율은 약 몇 [%]인가?

① 85　　　　　② 87
③ 92　　　　　④ 95

 축동력($L_s$ : shaft horsepower)과 효율에서 원동기가 펌프를 구동하는 데 드는 동력을 축동력($L_s$)이라 한다. 펌프 구동력의 축동력에 대한 비를 펌프의 전효율(total efficiebcy : $\eta_p$) 또는 효율이라 한다.

$$\eta_p = \frac{L_w}{L_s}$$

펌프의 전효율 $\eta_p$는 다음과 같이 3가지의 효율로 구성된다.

$$\eta_p = \eta_h \times \eta_m \times \eta_v$$

여기서, $\eta_h$는 수력 효율(hydraulic efficiency), $\eta_m$은 기계 효율(mechanical efficiency), $\eta_v$는 체적 효율(volumetric efficiency)이므로 계산하면

$$\eta_m \times 100 = \frac{\eta_p}{\eta_h \times \eta_v} \times 100$$
$$= \frac{0.85}{0.95 \times 0.94} \times 100 = 95[\%]$$

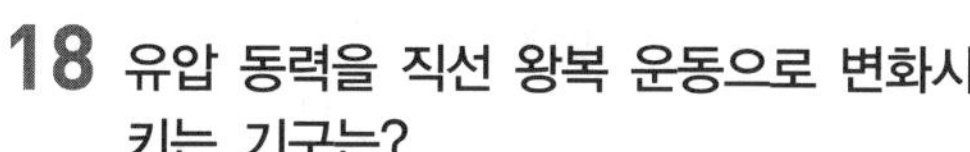

**18** 유압 동력을 직선 왕복 운동으로 변화시키는 기구는?

① 유압 모터　　　② 요동 모터
③ 유압 실린더　　④ 유압 펌프

 유압 모터는 압력 에너지를 받아 기계적 에너지(토크)를 생성하며, 요동 모터는 일정한 각도로 회전 운동을 반복하며, 유압 펌프는 압력 에너지를 생성하는 역할을 한다.

**19** 피스톤 로드가 양쪽에 있는 실린더는?

① 램형 실린더　　② 양 로드 실린더
③ 템덤 실린더　　④ 피스톤형 실린더

㉮ **램형 실린더**

피스톤경과 로드경이 같은 가동부분을 갖는 실린더

㉯ **템덤 실린더**

복수의 피스톤을 갖는 실린더

㉰ **피스톤형 실린더**

가장 일반적인 실린더로 단동, 복동, 차동형이 있다.

**20** 유압 기기에서 포트(port) 수에 대한 설명으로 옳은 것은?

① R.S.T의 기호로 표시된다.
② 밸브 배관의 수도 포트 수보다 1개 적다.
③ 유압 밸브가 가지고 있는 기능의 수이다.
④ 관로와 접촉하는 전환 밸브의 접촉구의 수이다.

 포트(port)는 유체가 흐르는 통로이며, 유압에서는 공압과 다르게 관로와 접촉하는 전환 밸브의 접촉구의 수를 말하며, 공압에서 리턴되는 압력 $R_1$, $R_2$은 대기로 배출되지만 유압에서는 다시 유압 탱크로 보내어서 유압 펌프를 통하여 압력 에너지를 생성시킨다.

**21** 과도적으로 상승한 압력의 최댓값을 무엇이라 하는가?

① 배압　　　　② 전압
③ 맥동　　　　④ 서지압

㉮ 배압은 출구에서 형성되는 압력을 말한다.
㉯ 전압은 유체에서 정압(static pressure)과 동압(dynamic pressure)의 합으로 나타낸다.
㉰ 맥동은 압력이 시간에 따라 변화하지 않고 크기만 불규칙적으로 변화한다.

**22** 유압 작동유의 점도 지수에 관한 설명으로 옳은 것은?

① 점도 지수가 크면 유압 장치의 효율을 증대시킨다.
② 점도 지수가 작은 경우, 정상 운전 시 누유량이 감소된다.
③ 점도 지수가 작은 경우, 정상 운전 시 온도 조절 범위가 넓어진다.
④ 점도 지수가 크면 온도 변화에 대한 유압 작동유의 점도 변화가 크다.

 점도는 유압유의 끈끈한 정도를 나타내며 관로 저항, 유압 펌프나 유압 모터 등의 효율, 유압 기기의 윤활 작용 및 누설량에 영향을 준다. 점도 지수(VI : Viscosity Index)란 온도의 변화에 대한 점도의 변화량을 표시하는 것으로, 수치가 큰 쪽이 온도에 대한 오일의 점도 변화가 적다.
㉮ 일반 광유계 유압유의 VI는 90 이상
㉯ 고점도 지수 유압유의 VI는 130~225 정도
㉰ 점도 지수가 높은 유압유일수록 넓은 온도 범위에서 사용할 수 있다.

**23** 다음 중 에너지 변환 효율이 가장 좋은 것은?

① 공압　　　　② 유압
③ 전기　　　　④ 기계

---

에너지 변환 효율은 에너지 생성 과정에서 발생하는 마찰 에너지(손실)가 발생 정도에 따라 다르며, 전기 에너지가 가장 좋다.

## 24 다음 중 2개의 입력 신호 중에서 높은 압력만을 출력하는 OR 밸브는?

① 이압 밸브  ② 셔틀 밸브
③ 체크 밸브  ④ 시퀀스 밸브

㉮ **이압(AND) 밸브**
두 개의 입구와 한 개의 출구를 갖춘 밸브로서, 두 개의 입구에 압력이 작용할 때에만 출구에 출력이 작용하는 밸브이다. 두 개의 압력 신호가 다른 압력 신호일 경우는 작은 쪽의 압력이 출구로 나가며, 동시에 입력되지 않을 경우에는 늦게 들어온 신호가 출구로 나가게 된다. 따라서 AND 밸브라고도 하며 안전 제어, 연동 제어, 검사 기능, 로직 작동 등에 사용된다.

㉯ **체크 밸브**
유체의 흐름을 한쪽 방향으로만 흐르게 하며, 역류 방지 밸브이다. 두 개 이상의 입구와 한 개의 출구를 갖춘 밸브로서, 양 체크 밸브 또는 OR 밸브라고 한다.

㉰ **시퀀스 밸브**
두 개 이상의 분기 회로를 가진 회로 내에서 그 작동 순서를 회로의 압력에 의해 제어하는 밸브를 말한다.

## 25 면적 2[m²]의 평면상에 1[kgf/cm²]의 압력이 균등히 작용할 때 평면에 작용하는 힘은 얼마인가?

① 5톤  ② 10톤
③ 15톤  ④ 20톤

$F = P \times A$ 에서
$A = 2[\text{m}^2] = 2 \times 100^2[\text{cm}^2]$,
$P = 1[\text{kgf/cm}^2]$ 이므로

$F = 1 \times 20,000$
$= 20,000[\text{kgf}] = \dfrac{20,000}{1,000} = 20[\text{톤}]$

## 26 송출 압력이 200[kgf/cm²]이며, 100[L/min]의 송출량을 갖는 레이디얼 플런저 펌프의 소요 동력은 약 몇 [PS]인가?(단, 펌프 효율은 90[%]이다.)

① 36.31  ② 39.72
③ 49.38  ④ 59.48

펌프의 소요 동력

$$L_s = \frac{P \times Q}{450 \times \eta} [\text{PS}]$$
$$= \frac{200 \times 100}{450 \times 0.9} = 49.38[\text{PS}]$$

## 27 다음은 어떤 회로의 진리값을 나타낸 표이다. 이 회로에 해당하는 논리 제어 회로는?

| 입력 신호 | | 출력 |
|---|---|---|
| A | B | C |
| 0 | 0 | 0 |
| 0 | 1 | 0 |
| 1 | 0 | 0 |
| 1 | 1 | 1 |

① OR 회로
② AND 회로
③ NOT 회로
④ NOR 회로

AND 회로는 $A \times B \rightarrow C$ 이며, OR 회로는 $A + B \rightarrow C$ 이다.

## 28 유량 제어 밸브에 해당하는 것은?

① 교축 밸브  ② 시퀀스 밸브
③ 감압 밸브  ④ 릴리프 밸브

㉮ **교축(스로틀) 밸브**
유로의 단면적을 교축하여 유량을 제어하는 밸브로, 공압 회로 내에 설치하여 공기의 유량, 압력 등을 변화시키며 공압 실린더의 급기, 배기를 교축하거나 공기 탱크와 함께 타이머로 사용된다.
㉯ **속도 조절 밸브(일 방향 교축 밸브)**
스피드 컨트롤러라고 불리는 이 밸브는 교축 밸브에 체크 밸브를 붙인 것이며, 공압 회로에서 액추에이터의 속도를 제어하기 위한 밸브이다.
㉰ **급속 배기 밸브**
공압 실린더 등의 액추에이터 내의 공기를 급속히 방출하여 액추에이터의 속도를 증가시킬 목적으로 사용된다.
㉱ **배기 교축 밸브**
방향 제어 밸브의 배기구에 설치하여 배기 공기 교축으로서 실린더 속도를 조절하는 밸브이다.
㉲ **쿠션 밸브**
실린더 행정 도중에 기계적으로 유량을 조절하는 밸브이다.

## 29 다음 중 액추에이터의 가속 시 부하에 해당하지 않는 것은?

① 가속 부하　　② 저항성 부하
③ 정지 마찰 부하　④ 운동 마찰 부하

가속 시 부하는 정지 상태에서 운동을 시작할 때의 부하를 의미하며, 정지 마찰 부하는 기동 시 부하이다.

## 30 공압 모터에 관한 설명으로 옳지 않은 것은?

① 회전수 변동이 크다.
② 모터 자체의 발열이 적다.
③ 에너지 변환 효율이 낮다.
④ 전동기에 비해 시동과 정지 시 쇼크가 발생한다.

공압 모터는 전동기에 비해 시동과 정지 시 유체의 흐름을 감소시키고 차단하므로 쇼크가 없다.

## 31 유도 전동기의 슬립을 나타내는 식은?

① $\dfrac{\text{동기 속도} - \text{회전자 속도}}{\text{동기 속도}}$

② $\dfrac{\text{회전자 속도} - \text{동기 속도}}{\text{동기 속도}}$

③ $\dfrac{\text{회전자 속도} - \text{동기 속도}}{\text{회전자 속도}}$

④ $\dfrac{\text{동기 속도} - \text{회전자 속도}}{\text{회전자 속도}}$

슬립은 $\dfrac{\text{동기 속도} - \text{회전자 속도}}{\text{동기 속도}}$ 를 나타내며, 슬립 $s$는 3상 유도 전동기의 회전 속도를 나타내는 값으로, 회전자의 속도가 감소하면 $s$값이 커지고 회전자의 속도가 증가하면 $s$값이 작아진다. 따라서 슬립은 회전자가 동기 속도로 회전할 때 0이고 정지할 때는 1 또는 100[%]이다. 대체로 정격 부하에서의 전동기의 슬립 $s$는 소형 전동기의 경우에는 5~10[%] 정도 되고, 중형 및 대형 전동기의 경우에는 2.5~5[%] 정도가 된다.

## 32 다음과 같은 측정 회로에서 전류계는 20.1[A]를, 전압계는 200[V]를 지시하였다. 저항 $R_x$의 값은 얼마인가?(단, 전압계의 내부 저항 $R_v$ = 2,000[Ω]이다.)

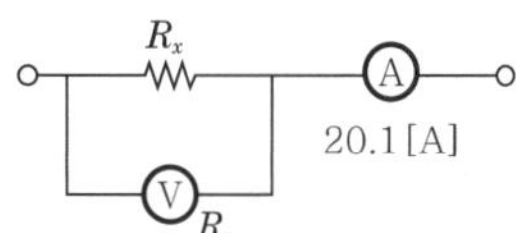


① 20[Ω]

② 20.1[Ω]

③ 10[Ω]

④ 10.1[Ω]

$$I_v = \frac{V}{R_v} = \frac{200}{2,000} = 0.1\,[\text{A}]$$
비례식에 의해서 $R_x$를 구하면
$$2,000 : R_x = I_x : I_v$$
$$\therefore R_x = \frac{2,000 \times 0.1}{20} = 10\,[\Omega]$$

**33** 전자 계전기의 종류에 해당되지 않는 것은?

① 보호 계전기
② 한시 계전기
③ 푸시 버튼 스위치
④ 전자 접촉기

 계전기(relay)란 정해진 전기량이나 물리량에 응용하여 전기 회로를 제어하는 전기 기기로, 동작하는 방식에 따라 전자기계형과 디지털형의 2가지 종류로 분류하며, 푸시 버튼 스위치는 a접점과 b접점을 보유한 누름 스위치이다.

**34** 정격 전압이 100[V], 소비 전력이 2[kW]인 전열 기구에 몇 [A]의 전류가 흐르는가?

① 0.2
② 20
③ 200
④ 2,000

 전력 $P$는 $P=IV$이므로 전류 $I$를 구하면

$$\therefore I=\frac{P}{V}=\frac{2,000}{100}=20[\text{A}]$$

**35** 다음 설명 중 맞는 것은?

① 일정 시간에 전기 에너지가 한 일의 양을 전력이라 한다.
② 전열기는 전류의 발열 작용을 이용한 것이다.
③ [kW]는 전력량의 단위이다.
④ [W]는 전열량의 단위이다.

 일정 시간에 전기 에너지가 한 일의 양을 전력량이라 하며, [kW]와 [W]는 전력의 단위이다.

**36** 측정 단위 중 1[kW]는 몇 [W]인가?

① 10
② 100
③ 1,000
④ 10,000

 킬로(kilo)는 SI 단위계의 접두어로서, 1,000을 나타내므로

$$\therefore 1[\text{kW}]=1,000[\text{W}]$$

**37** 어떤 부하의 저항 성분이 8[Ω], 유도 리액턴스 성분 12[Ω], 용량 리액턴스 성분 12[Ω]이다. 이 회로에 120[V] 전압 공급 시 피상 전력[VA]은 얼마인가?

① 1,000
② 1,200
③ 1,800
④ 2,000

 먼저 피상 전력을 구하기 위해 전류 $I$를 구하면

$$I=\frac{V}{Z}=\frac{120}{8}=15[\text{A}]$$

피상 전력 $P=IV=15\times120=1,800[\text{VA}]$

**38** SCR 설명 중 틀린 것은?

① SCR은 교류가 출력된다.
② SCR은 한 번 통전하면 게이트에 의해서 전류를 차단할 수 없다.
③ SCR은 정류 작용이 있다.
④ SCR은 교류 전원의 위상 제어에 많이 사용된다.

 SCR(Silicon Controlled Rectifier)은 실리콘 제어 정류기로서 전력 제어와 스위칭 응용에 사용되며 전류 제어 방식, 반파 전력 제어, 위상 제어 회로, 전압 보호 회로 등에 응용하며 SCR은 직류가 출력된다.

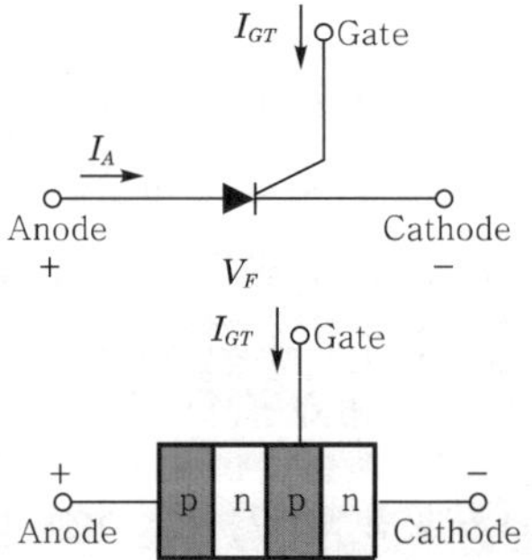

SCR 기호와 기본 구조

**39** 대칭 3상 교류에서 각 상의 위상차는?

① 60°  ② 90°

③ 120°  ④ 150°

 대칭 3상 교류는 크기가 같고, $2\pi/3[\text{rad}]$ 만큼의 위상차를 가진다.

**40** 전기적인 접점 기구의 직·병렬로 미리 정해진 순서에 따라 단계적으로 기기가 조작되는 논리 판단 제어는?

① 아날로그 정량 제어

② 프로세서 제어

③ 서보 기구 제어

④ 시퀀스 제어

 시퀀스 제어는 순차적 제어로서, 반드시 전 단계에서 작동이 되어야만 다음 단계로 진행한다.

**41** 직류 발전기의 단자 전압을 조정할 때 어느 것을 조절하는가?

① 계자 저항기　② 전류 저항기

③ 가동 저항기　④ 전압 조정기

 직류 발전기의 단자 전압을 조정할 때는 계자 저항기를 조정한다.

**42** 교류 전압의 크기와 위상을 측정할 때 사용되는 계기는?

① 교류 전압계　② 전자 전압계

③ 교류 전위차계　④ 회로 조정기

 ㉮ 교류 전압계는 교류 전압을 측정한다.
㉯ 전자 전압계는 반도체와 같이 미소 전압을 측정한다.
㉰ 회로 시험기는 저항, 전압, 전류 등을 측정하는 전기 계측기이다. 전기·전자 부품을 점검하거나 수리하는 데 이용한다. 측정할 수 있는 것으로는 직

류 전압, 교류 전압, 직류 전류, 저항이 있으며, 교류 전류는 측정이 불가능하다. 통전 시험, 절연 시험 등을 할 수 있다.

**43** 불대수의 기본적인 논리식이 잘못된 것은?

① $A \cdot A = A$

② $A \cdot \overline{A} = 0$

③ $A \cdot (A + B) = A$

④ $A \cdot B + A = B$

 $A \cdot B + A = A(B+1) = A$

**44** $RC$ 직렬 회로에서 임피던스가 5[Ω], 저항 4[Ω]일 때 용량 리액턴스[Ω]는?

① 1  ② 2

③ 3  ④ 4

 $RC$ 직렬 회로에서 임피던스는

$$Z = \sqrt{R^2 + X_c^2}$$

여기서, $X_c$를 구하기 위해서는

$$X_c = \sqrt{Z^2 - R^2} = \sqrt{25 - 16} = 3[\Omega]$$

**45** 여러 개의 입력 중에서 가장 먼저 신호가 입력되는 경우 다른 신호에 우선하여 그 회로가 동작되도록 하는 회로는?

① 자기 유지 회로

② 시간 제어 회로

③ 선입력 우선 회로

④ 후입력 우선 회로

 ㉮ 자기 유지 회로는 시퀀스 제어에서 전원을 공급하기 위한 기억 회로이다.
㉯ 시간 제어 회로는 타이머를 이용하여 일정 시간 유지하며 On Delay와 Off Delay가 있다.
㉰ 후입력 우선 회로는 입력된 여러 개의 접점 중에서 먼저 동작하도록 한다.

**46** 다음과 같은 용접 도시 기호의 명칭으로 옳은 것은?

① 겹침 접합부　　② 경사 접합부
③ 표면 접합부　　④ 표면 육성

 　: 경사 접합부

　　　　: 표면 접합부

　　　　: 표면 육성

**47** 모따기의 각도가 45°일 때 치수 수치 앞에 넣는 모따기 기호는?

①　$D$　　　　②　$C$
③　$R$　　　　④　$\phi$

⑦ $C$(chamfer)는 모따기의 각도가 45°일 때 부여하며, "$C2$"와 같이 표기한다.
④ $R$은 반경을 표기한다.

**48** 다음의 입체도를 제3각법으로 나타낼 때 정면도로 올바른 것은?(단, 화살표 방향이 정면이다.)

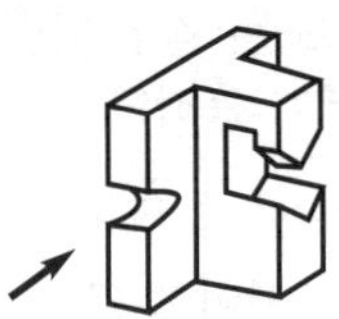

①　　②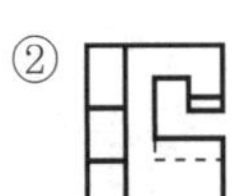

③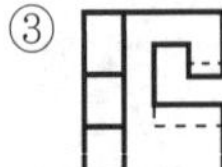　　④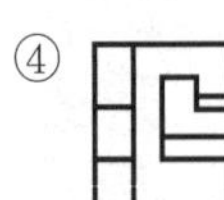

 제3각법에서 정면도는 보는 방향에서 물체의 형상을 표현하는 것으로, ②와 같이 나타내어야 한다.

**49** 리벳의 호칭이 "KS B 1102 둥근 머리 리벳 18×40 SV330"으로 표시된 경우 숫자 "40"의 의미는?

① 리벳의 수량
② 리벳의 구멍 치수
③ 리벳의 길이
④ 리벳의 호칭 지름

 리벳의 호칭은 리벳 종류, 지름×길이, 재료 순으로 표기한다.

**50** 도면의 척도란에 5 : 1로 표시되었을 때 의미로 올바른 설명은?

① 축척으로 도면의 형상 크기는 실물의 $\frac{1}{5}$이다.
② 축척으로 도면의 형상 크기는 실물의 5배이다.
③ 배척으로 도면의 형상 크기는 실물의 $\frac{1}{5}$이다.
④ 배척으로 도면의 형상 크기는 실물의 5배이다.

 배척으로 도면의 형상 크기는 실물의 5배이며, 도면에서 상세하게 표기할 부분은 배척하여 표기한다.

**51** 다음 중 선의 굵기가 가는 실선이 아닌 것은?

① 지시선　　　　② 치수선
③ 해칭선　　　　④ 외형선

 외형선은 물체의 외형을 표현할 때 사용하는 선으로 굵은 실선(0.5mm)을 사용하며, 선분의 끊어짐이 없이 그려야 하며, 치수선, 치수 보조선, 지시선, 해칭, 평면선, 작도선 등은 가는 실선(0.2mm)으로 나타낸다.

[정답]　46. ①　47. ②　48. ②　49. ③　50. ④　51. ④

**52** 패킹, 얇은 판, 형강 등과 같이 절단면의 두께가 얇은 경우 실제 치수와 관계없이 단면을 특정선으로 표시할 수 있다. 이 선은 무엇인가?

① 가는 실선

② 굵은 1점 쇄선

③ 아주 굵은 실선

④ 가는 2점 쇄선

 패킹 가스켓, 얇은 판, 형강 등과 같이 얇은 물체의 단면은 그 물체의 두께에 해당하는 굵기로 한 개의 실선으로 도시하고, 이들 단면이 인접할 때는 약간의 틈새를 두어 개개의 단면형을 명확하게 구분하여 표시한다. 한 선으로 표시함으로써 오독의 염려가 있을 때는 지시선으로 표시하며, 그 예는 다음과 같다.

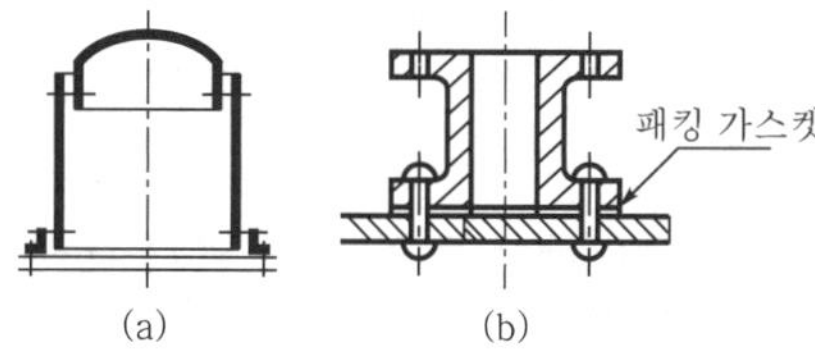


**53** 회전축의 회전 방향이 양쪽 방향인 경우 2쌍의 접선 키를 설치할 때 접선 키의 중심각은?

① 30°　　　② 60°

③ 90°　　　④ 120°

 접선 키(tangential key)
1/100의 기울기를 가진 2개의 키를 한쌍으로 사용하며, 키가 작용하는 힘은 축의 둘레의 접선 방향으로 작용하여 큰 힘을 전달하고 역전하는 것은 120°로 설치한다. 정사각형 단면의 키를 90°로 배치한 것을 캐네디 키(kennedy key)라 하며 접선 키는 아래와 같다.

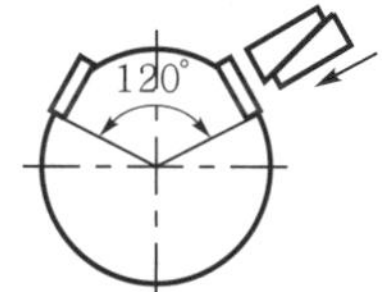


**54** 축이나 구멍에 설치한 부품이 축 방향으로 이동하는 것을 방지하는 목적으로 주로 사용하며, 가공과 설치가 쉬워 소형 정밀 기기나 전자 기기에 많이 사용되는 기계 요소는?

① 키

② 코터

③ 멈춤링

④ 커플링

 ㉮ **키**
축과 보스를 연결하여 축에 회전력을 풀리나 기어로 전달하며, 적용하는 방법에 따라 종류가 많다.
㉯ **코터**
주로 인장 또는 압축을 받는 두 축을 흔들림 없이 연결하는 이음으로, 한쪽 구배의 것과 양쪽 구배의 것이 있으나 한쪽 구배가 많이 쓰이고, 코터 이음에서 코터는 주로 굽힘 모멘트를 받게 된다. 코터의 구배(경사)는 자주 분해 조립하는 것은 1/5~1/10, 일반적인 것에는 1/25, 영구 결합의 경우는 1/50의 것이 쓰인다.
㉰ **커플링**
커플링은 종동축과 구동축을 축 방향으로 연결할 때 사용하며, 축 간의 오차를 보정하는 역할을 한다.

**55** 나사의 풀림 방지법이 아닌 것은?

① 철사를 사용하는 방법

② 와셔를 사용하는 방법

③ 로크 너트에 의한 방법

④ 사각 너트에 의한 방법

 너트는 기계 장치가 작동을 하면 진동이 발생하므로 풀림을 방지하여야 하며, 방법은 다음과 같다.
㉮ 탄성력이 있는 와셔를 사용하는 방법 (스프링 와셔, 이붙이 와셔)
㉯ 로크 너트를 사용하는 방법

㉰ 세트 스크루, 작은 나사 및 핀을 사용하는 방법
㉱ 클로 또는 철사를 사용하는 방법
㉲ 와셔의 일부를 접어 굽히거나 코킹(caulking)하는 방법
㉳ 너트의 측면에 금속편을 맞대는 방법
㉴ 분할핀(split pin)을 사용하는 방법
㉵ 자리면에 가하는 힘을 이용하는 방법
㉶ 자동 죔 너트(self-locking nut)에 의한 방법

## 56 비틀림 모멘트 440[N · m], 회전수 300[rev/min(=rpm)]인 전동축의 전달 동력[kW]은?

① 5.8
② 13.8
③ 27.6
④ 56.6

$$H\,[\mathrm{kW}] = \frac{T \times N}{9,740}$$
$$= \frac{440 \times 300}{9,740} = 13.55\,[\mathrm{kW}]$$

## 57 일반적으로 사용하는 안전율은 어느 것인가?

① $\dfrac{\text{사용 응력}}{\text{허용 응력}}$  ② $\dfrac{\text{허용 응력}}{\text{기준 강도}}$

③ $\dfrac{\text{기준 강도}}{\text{허용 응력}}$  ④ $\dfrac{\text{허용 응력}}{\text{사용 응력}}$

연강과 같은 재료에 정하중이 작용할 경우의 기준 응력은 항복점이다. 따라서 실제로 사용하는 허용 응력 $\sigma_a$와 항복점 $\sigma_Y$와의 비가 안전율이다. 즉,

$$S = \frac{\sigma_Y}{\sigma_a}$$

연강과 같이 항복점이 명확하거나, 약간의 소성 변형도 허용하지 말아야 할 정밀 기기 등에 정하중이 작용할 때는 일반적으로 항복점 $\sigma_Y$를 기준 강도로 한다.

## 58 미끄럼 베어링의 윤활 방법이 아닌 것은?

① 적하 급유법
② 패드 급유법
③ 오일링 급유법
④ 그리스 급유법

베어링 이외의 대부분의 윤활개소에는 윤활유를 사용하고 있고, 자기 순환 급유 방법 또는 강제 윤활 방법이 채용되고 있다. 구름 베어링은 마찰 계수가 작고 규격화되어 있어 손질, 취급 및 보수 관리가 용이하기 때문에 기계의 베어링에 많이 사용되고 있다. 일반적으로 미끄럼 베어링에는 윤활유를, 구름 베어링에는 그리스를 사용하고 있다. 그러나 고속 회전에서 베어링에 그리스를 사용하게 되면 온도 상승, 녹아 붙음(seizure) 등의 문제가 발생하기 때문에 윤활유를 사용하지 않으면 안된다.

## 59 기어에서 이의 간섭 방지 대책으로 틀린 것은?

① 압력각을 크게 한다.
② 이의 높이를 높인다.
③ 이 끝을 둥글게 하다.
④ 피니언의 이뿌리면을 파낸다.

이의 간섭 원인과 방지 대책은 다음과 같다.

㉮ 원인
  ㉠ 피니언의 잇수가 극히 적을 때
  ㉡ 기어와 피니언의 잇수비가 매우 클 때
  ㉢ 압력각이 작을 때
㉯ 방지 대책
  ㉠ 피니언의 잇수를 최소 치수 이상으로 한다.
  ㉡ 기어의 잇수를 한계 치수 이하로 한다.
  ㉢ 압력각을 크게 한다.
  ㉣ 치형 수정을 한다.
  ㉤ 기어의 이 높이를 줄인다.

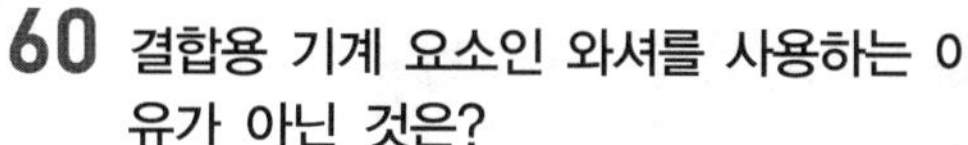

**60** 결합용 기계 요소인 와셔를 사용하는 이유가 아닌 것은?

① 볼트 머리보다 구멍이 클 때
② 볼트 길이가 길어 체결 여유가 많을 때
③ 자리면이 볼트 체결 압력을 지탱하기 어려울 때
④ 너트가 닿는 자리면이 거칠거나 기울어져 있을 때

 결합용 기계 요소인 와셔를 사용하는 이유는 다음과 같다.
⑦ 볼트 구멍의 지름이 볼트보다 너무 클 때
⑭ 볼트 머리의 시트가 평평하지 아니하고 거칠거나 경사져 있어 죄는 힘이 고르게 작용하지 않을 때
⑭ 볼트 시트 면의 재료가 약해서 넓은 면으로 지지하여야 할 때
⑭ 진동이나 회전으로 인해서 볼트나 너트가 풀리거나 빠져나가는 것을 방지할 때

# 2014년 4월 6일 시행

**01** 압축 공기 저장 탱크의 구성 기기가 아닌 것은?

① 압력계  ② 체크 밸브

③ 유량계  ④ 안전밸브

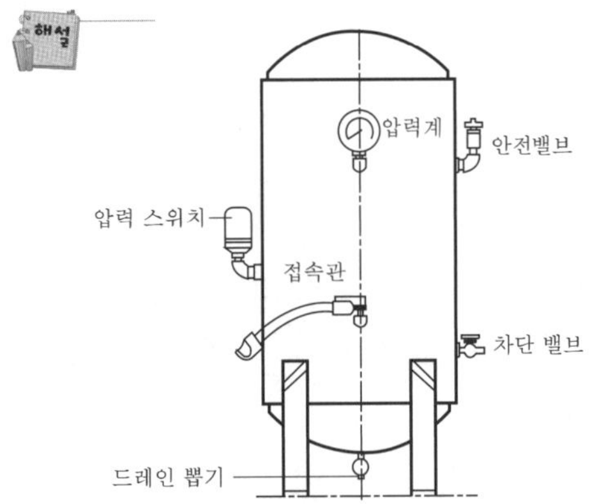


압축 공기 저장 탱크의 구성 기기에는 압력계, 압력 스위치, 안전밸브, 차단 밸브, 드레인 뽑기, 접속관이 있으며, 유량계는 아니다.

**02** 미끄럼 면에서 사용되는 유체의 누설 방지용으로 사용하는 요소는?

① 램  ② 슬리브

③ 패킹  ④ 플랜지

패킹(Packing)은 유체의 누설을 방지하기 위한 부품으로 조립 시 사용한다.

**03** 다음 그림은 방향 조정 장치에 사용되어 양쪽 실린더에 같은 유량이 흐르도록 하는 것이다. 이 밸브의 명칭은?

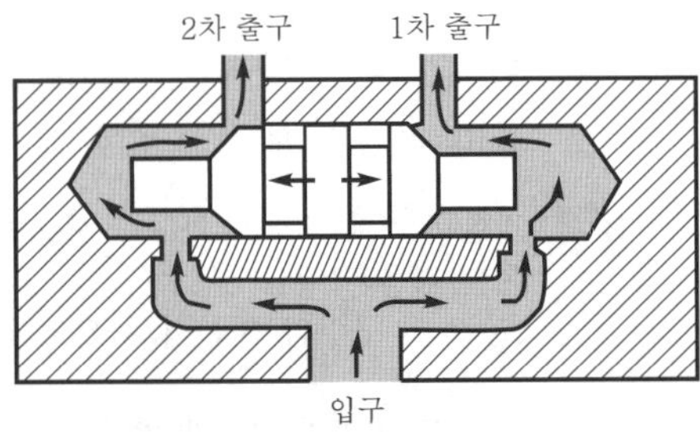


① 유량 제어 서보 밸브

② 유량 분류 밸브

③ 압력 제어 서보 밸브

④ 유량 조정 순위 밸브

유량 분류 밸브는 공급된 압유를 비례 배분적으로 분류 또는 집류하는 역할을 하는 밸브로서, 압력 보상형 유량 제어 밸브를 조합한 것과 같은 구조로 되어 있다.

**04** 기기의 보호와 조작자의 안전을 목적으로 기기의 동작 상태를 나타내는 접점을 이용하여 기기의 동작을 금지하는 회로는?

① 인터록 회로  ② 플리커 회로

③ 정지 우선 회로  ④ 시동 우선 회로

㉮ 플리커 회로는 설정한 시간에 따라 ON/OFF를 반복하는 회로이다.

㉯ 릴레이의 기능 중에는 메모리 기능이 있으며, 릴레이에는 자신의 접점(R(1))으로 자기 유지 회로를 구성하여 동작을 기억시킬 수 있다. 자기 유지 접점 R(1)은 누름 버튼 스위치 PB1에 병렬로 접속한다. 'ON 우선 자기 유지 회로'와 'OFF 우선 자기 유지 회로'의 두 종류가 있다

**05** 공압용 실린더에서 튜브와 커버를 인장력에 의해 결속시킬 때 필요한 구조 장치는?

① 타이로드　　　② 트러니언
③ 쿠션 장치　　　④ 다이어프램

 ① 타이로드 실린더는 튜브와 커버를 너트로 결합하여 기밀을 유지하고 작동 압력이 높을 때 적용한다.
② 트러니언은 실린더의 좌우 중앙 혹은 끝단에 회전력을 줄 수 있도록 하여 회전 운동을 하는 부하에 적용한다.
③ 쿠션 장치는 실린더가 끝단에서 도달하면 소음이 발생하는 데, 이때 쿠션 장치를 설치하여 진동과 소음을 억제시킨다.
④ 다이어프램 실린더는 압력을 받는 부분에 다이어프램을 적용하는 것을 의미한다.

**06** 시스템 내의 최대 압력을 제한해 주는 것으로, 주로 유압 회로에서 많이 사용하는 것은?

① 감압 밸브　　　② 릴리프 밸브
③ 체크 밸브　　　④ 시퀀스 밸브

 ㉮ 감압 밸브 : 공압 동력원에서 오는 압축 공기를 감압하여 2차 측 공기 압력을 일정한 공기 압력으로 설정, 조절함과 동시에 1차 측 공기 압력이 변화하거나 2차 측의 공기 유량 등의 사용 조건이 변동되어도 설정 공기 압력의 변동을 가장 낮게 줄여 안정된 공기 압력을 공급한다.
㉯ 체크 밸브 : 유체를 한 방향으로만 흐르게 한다.
㉰ 시퀀스 밸브 : 두 개 이상의 분기 회로를 가진 회로 내에서 그 작동 순서를 회로의 압력에 의해 제어하는 밸브를 말한다.

**07** 회로 내의 압력이 설정압 이상 되면 자동으로 작동되어 탱크 또는 공압 기기의 안전을 위하여 사용되는 밸브는?

① 안전밸브　　　② 체크 밸브
③ 시퀀스 밸브　　　④ 리미트 밸브

 안전밸브는 회로 내의 기기나 관 등의 파괴를 방지하기 위해 회로의 최고 압력을 한정하는 밸브이며, 공기탱크 등에는 안전밸브의 설치가 의무화되어 있다.

**08** 다음 그림의 기호가 가지고 있는 기능에 관한 설명으로 옳지 않은 것은?

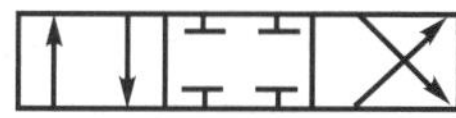

① 실린더 내의 압력을 제거할 수 있다.
② 실린더가 전진 운동을 할 수 있다.
③ 실린더가 후진 운동을 할 수 있다.
④ 모터가 정지할 수 있다.

 3위치 올 포트 블록으로 밸브의 포트가 닫힘으로써 압력이 차단된 상태이다.

**09** 유압 작동유의 종류에 속하지 않는 것은?

① 석유계 유압유　② 합성계 유압유
③ 유성계 유압유　④ 수성계 유압유

 유압 장치에서 작동유가 흘러나와 화재의 위험이 있을 때에는 합성 작동유나 수성 작동유 등 난연성 작동유를 이용하고 있다. 이 난연성 작동유에는 석유계 작동유와는 다른 성질이 있어 사용할 때 주의를 요하며, 또한 염소화 탄화수소계 작동유는 분해되면 독성이 강하고 부식성이 있어 공업용 작동유로 거의 사용되지 않는다.

**10** 오일 탱크의 배유구(Drain Plug) 위치로 가장 적절한 곳은?

① 유면의 최상단
② 탱크의 제일 낮은 곳
③ 유면의 1/2이 되는 위치
④ 탱크의 정중앙 중간 위치

 오일 탱크의 배유구(Drain Plug) 위치
는 탱크 내 오일이 모두 제거될 수 있는
위치에 설치해야 오일에 포함된 이물질
을 제거할 수 있다.

## 11 다음 유압 기호에 대한 설명으로 옳은 것은?

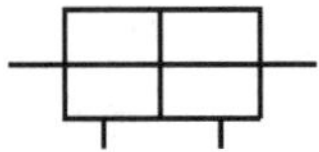

① 양쪽 로드형 단동 실린더이다.
② 양쪽 로드형 복동 실린더이다.
③ 한쪽 로드형 단동 실린더이다.
④ 한쪽 로드형 복동 실린더이다.

 양쪽 로드형 복동 실린더이며, 전진과 후
진은 작동 압력을 이용하며, 작동 하중은
동일하며 속도는 상이할 수 있다.

## 12 유량 제어 밸브에 관한 설명으로 옳지 않은 것은?

① 유압 모터의 회전 속도를 제어한다.
② 유압 실린더의 운동 속도를 제어한다.
③ 정용량형 펌프의 토출량을 바꿀 수 있다.
④ 관로 일부의 단면적을 줄여 유량을 제어한다.

 정용량형 펌프는 토출량이 일정하여 유
량 제어 밸브를 적용하지 않는다.

## 13 릴레이의 코일부에 전류가 공급되었을 때 이에 대한 설명으로 맞는 것은?

① 접점을 복귀시킨다.
② 가동 철편을 잡아당긴다.
③ 가동 접점을 원위치시킨다.
④ 고정 접점에 출력을 만든다.

 릴레이의 코일부에 전류가 공급되면 가
동 철편을 잡아 당겨서 a접점이 떨어지
고 b접점으로 전류가 흐른다.

## 14 9개의 입력 신호 중 어느 한 곳의 신호만 있어도 한 곳으로 출력을 발생시킬 수 있는 밸브와 그 수량은?

① 2압 밸브, 8개
② 2압 밸브, 9개
③ 셔틀 밸브, 8개
④ 셔틀 밸브, 9개

 셔틀 밸브는 OR 밸브로서, 어느 한 곳
의 신호만 있어도 한 곳으로 출력을 발
생시킬 수 있는 조건은 셔틀 밸브, 8개
이다.

## 15 유압 에너지의 장점이 아닌 것은?

① 온도 변화에 따른 작업 조건의 변화
② 정확한 위치 제어가 가능
③ 제어 및 조정성이 우수
④ 큰 부하 상태에서의 출발이 가능

 유압 에너지는 온도 변화에 따른 작업
조건의 변화가 없어야 제어 및 정밀성이
유지된다.

## 16 ISO−1219 표준(문자식 표현)에 의한 공압 밸브의 연결구 표시 방법에 따라 A, B, C 등으로 표현되어야 하는 것은?

① 배기구
② 제어 라인
③ 작업 라인
④ 압축 공기 공급 라인

 공압 밸브에서 A, B, C 등으로 표현되
는 것은 공압 에너지를 받아 외부에 일
을 하는 포트(작업 라인)이다.

**17** 공압 소음기의 구비 조건이 아닌 것은?

① 배기음과 배기 저항이 클 것
② 충격이나 진동에 변형이 생기지 않을 것
③ 장기간의 사용에 배기 저항 변화가 작을 것
④ 밸브에 장착하기 쉬운 형상일 것

 공압 소음기는 배기음과 배기 저항이 작아야 소음기 역할을 한다.

**18** 마름모(◇)가 기본이 되는 공유압 기호가 아닌 것은?

① 여과기　　② 열 교환기
③ 차압계　　④ 루브리게이터

 차압계는 공기압 기기의 입구, 출구의 압력차를 한눈에 알 수 있어 필터 등의 보수 관리에 적합하다.

**19** 다음 그림과 같은 변위단계 선도가 나타내는 시스템의 운동 상태는?

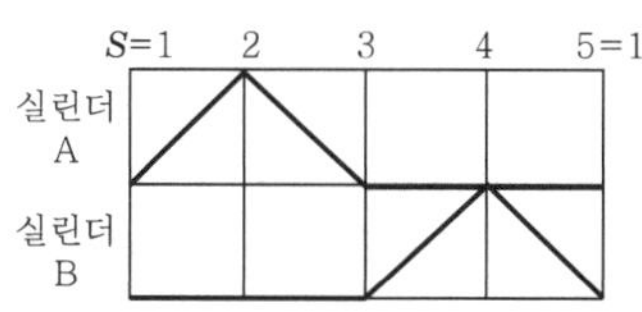


① A+, B+, B-, A-
② A+, B+, A-, B-
③ A+, A-, B+, B-
④ B+, B-, A+, A-

 변위단계 선도가 상승하면 (+), 하강하면 (-)를 부여하여 시스템의 운동 상태를 적용한다.

**20** 다음 중 유압이 이용되지 않는 곳은?

① 건설 기계
② 항공기
③ 덤프차(Dump car)
④ 컴퓨터

 컴퓨터는 디지털 회로인 논리 회로를 사용하며 직류 전압 DC 5[V]를 적용하여 작동시킨다.

**21** 다음 그림의 기호가 나타내는 것은?

① 유압 펌프
② 공기 압축기
③ 고압 가변 용량형 펌프
④ 요동형 공기압 액추에이터

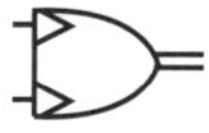

 요동형 공기압 액추에이터는 일정한 각도로 시계 방향과 반시계 방향으로 반복하면서 운동하므로 진동 장치로서 사용할 수 있다.

**22** 유압 실린더의 전진 운동 시 유압유가 공급되는 입구 쪽에 체크 밸브 위치를 차단되게 일 방향 유량 제어 밸브를 설치하여 실린더의 전진 속도를 제어하는 회로는?

① 재생 회로
② 미터 인 회로
③ 블리드 오프 회로
④ 미터 아웃 회로

 ㉮ 미터 아웃 속도 제어는 실린더로부터 배출되는 유량을 조절하여 실린더의 속도를 제어하는 것이다.
㉯ 블리드 오프 속도 제어는 실린더로 공급되는 유량의 일부를 유량 제어 밸브를 통하여 탱크로 귀환시키는 것이다.

**23** 부하의 변동이 있어도 비교적 안정된 속도를 얻을 수 있는 회로는?

① 미터 인 회로
② 미터 아웃 회로
③ 블리드 온 회로
④ 블리드 오프 회로

[정답]　17. ①　18. ③　19. ③　20. ④　21. ④　22. ②　23. ②

 미터 아웃 속도 제어는 실린더의 피스톤 양쪽에 모두 압력이 유지되고 있는 상태로 실린더가 움직이게 되므로 실린더에 작용하는 부하의 방향이 바뀌거나 부하의 크기가 갑자기 변화되어도 실린더가 유압으로 클램프되어 있어서 미터 인 방법보다 더 안정되어 있다.

**24** 메모리 방식으로 조작력이나 제어 신호를 제거하여도 정상 상태로 복귀하지 않고 반대 신호가 주어질 때까지 그 상태를 유지하는 방식을 무엇이라 하는가?

① 디텐트 방식　　② 스프링 복귀 방식
③ 파일럿 방식　　④ 정상 상태 열림 방식

 밸브 몸체의 복귀 형식에 따른 분류 방법으로 스프링 리턴, 공기압 리턴, 디텐트(detent) 방식으로 분류한다. 스프링 리턴 방식은 스프링력에 의해서, 또 공기압 리턴 방식은 공기 압력에 의해서 밸브 몸체를 정상 위치로 복귀시키는 방식이며, 디텐드 방식은 밸브의 조작력 또는 제어 신호를 제거하여도 복귀하지 않고 그 위치를 유지할 수 있도록 한 밸브이다. 따라서 이 밸브의 복귀는 다른 조작력 또는 제어 신호에 의해서만 가능하다.

**25** 유압 서보 시스템에 대한 설명으로 옳지 않은 것은?

① 서보 기구는 토크 모터, 유압 증폭부, 안내 밸브의 3요소로 구성된다.
② 서보 유압 밸브의 노즐 플래퍼는 기계적 변위를 유압으로 변환하는 기구이다.
③ 전기 신호를 기계적 변위로 바꾸는 기구는 스풀이다.
④ 서보 시스템의 구성을 위하여 피드백 신호가 있어야 한다.

 스풀은 밸브에서 포트를 열고 닫기 위해 솔레노이드에 의해서 직선 운동을 하며 포트를 제어한다.

**26** 실린더 안지름 50[mm], 피스톤 로드 지름 20[mm]인 유압 실린더가 있다. 작동유의 유압을 35[kgf/cm$^2$], 유량을 10[L/min]이라 할 때 피스톤의 전진 행정 시 낼 수 있는 힘은 약 몇 [kgf]인가?

① 480　　② 575
③ 612　　④ 687

 $F = PA$에서 먼저 단면적 $A$를 구하면
$$A = \frac{\pi}{4}5^2 = \frac{3.14 \times 25}{4} = 19.625[\text{cm}^2]$$
$$F = PA = 35 \times 19.625 = 686.9[\text{kgf}]$$

**27** 유압 회로에서 주회로 압력보다 저압으로 해서 사용하고자 할 때 사용하는 밸브는?

① 감압 밸브　　② 시퀀스 밸브
③ 언로드 밸브　　④ 카운터 밸런스 밸브

 감압 밸브는 유압 펌프에서 오는 유압을 감압하여 2차 측 유압을 일정한 유압으로 설정, 조절함과 동시에 1차 측 유압이 변화하거나 2차 측의 유량 등의 사용 조건이 변동되어도 설정 유압의 변동을 가장 낮게 줄여 안정된 유압을 공급한다.

**28** 다음 그림과 같은 유압 펌프의 종류는?

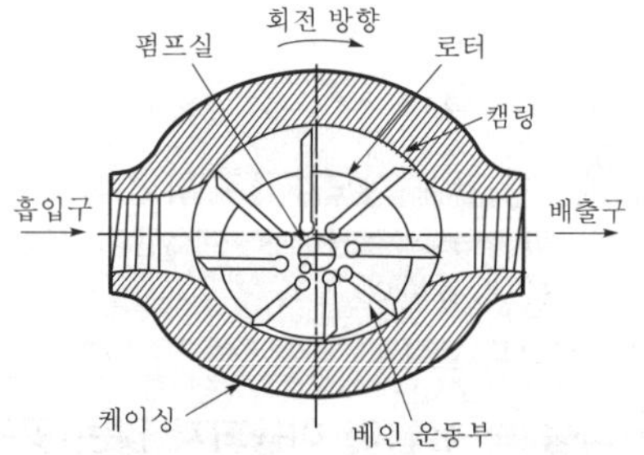


① 나사 펌프　　② 베인 펌프
③ 로브 펌프　　④ 피스톤 펌프

 ㉮ 기어 펌프는 케이싱 내에 상호 물림을 하고 있는 기어의 회전에 의하여 이의 홈에 들어온 기름을 토출하게 된다.
㉯ 베인 펌프는 케이싱(캠링) 내의 로터가 회전함에 따라 2개의 베인 사이에 들어온 기름을 토출하게 된다.
㉰ 액셜 피스톤 펌프는 축 방향으로 배치된 여러 개의 피스톤을 왕복 운동시켜 기름을 토출시키게 된다. 레이디얼 피스톤 펌프는 반경 방향으로 배치된 여러 개의 피스톤을 왕복 운동시켜 펌프 작용을 하게 된다.
㉱ 나사 펌프는 2~3개의 나사가 물려 있는 기구에 의하여 송출시킨다.
㉲ 크랭크형 또는 캠형의 왕복동 펌프가 있다.
㉳ 로터리 로브 펌프는 비접촉, 회전 용적식 펌프로서 다양한 종류의 액체 및 유체를 안정적으로 이송하며, 서로 반대 방향으로 작동하는 2개의 엘라스토머 코팅된 로터리 로브는 모든 로브 위치에 상관없이 밸브리스 용적 펌프의 흡입 측과 토출 측 사이에서 실링을 보장한다.

## 29 다음 중 표준 대기압(1atm)과 다른 값은?

① 760[mmHg]　　② 1.0332[kgf/m$^2$]
③ 1,013[mbar]　　④ 101.3[kPa]

 표준 대기압(1[atm])은 760[mmHg], 730[mmAq], 1.0332[kgf/cm$^2$], 1,013[mbar], 101.3[kPa]과 같다.

## 30 실린더, 로터리 액추에이터 등 일반용 공압 기기의 공기 여과에 적당한 여과기 엘리먼트의 입도는?

① 5[$\mu$m] 이하　　② 5~10[$\mu$m]
③ 10~40[$\mu$m]　　④ 40~70[$\mu$m]

 실린더, 로터리 액추에이터 등 일반용 공압 기기의 공기 여과에 적당한 여과기 엘리먼트의 입도는 40~70[$\mu$m]이다.

## 31 다음은 무슨 회로인가?

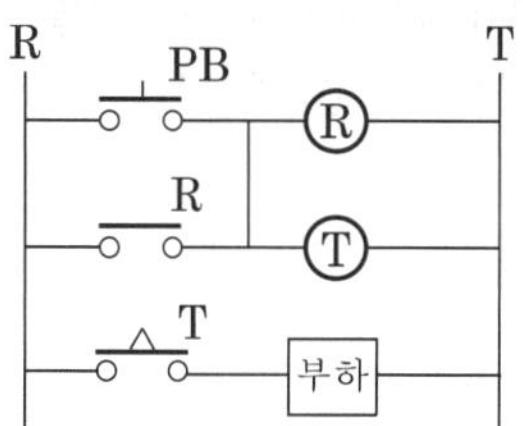


① 인터록 회로
② 정역 회로
③ 지연 동작 회로
④ 일정 시간 동작 회로

 PB 스위치를 누르면 릴레이가 작동되면서 자기 유지 회로가 동작한다. 또한 릴레이 a접점이 작동되므로 타이머 코일에 전류가 인가되고 설정된 시간만큼 지연된 후 부하에 인가된다.

## 32 1차 전지(알칼리 건전지, 리튬 전지) 전압의 크기를 측정하고자 할 때 사용되는 계기로 적당한 것은?

① 메거
② 직류 전압계
③ 검류계
④ 교류 브리지

 1차 전지(알칼리 건전지, 리튬 전지) 전압은 DC 전압이므로 직류 전압계를 사용해야 한다.

## 33 회로 시험기를 사용하여 저항 측정 시 전환 스위치를 R×100에 놓았을 때 계기의 바늘이 30[Ω]을 가리켰다면 저항값은?

① 30[Ω]　　② 100[Ω]
③ 300[Ω]　　④ 3,000[Ω]

 저항 측정 시 전환 스위치를 R×100을 선택하였으므로 실제 나온 저항값의 100배가 된다.

## 34 한 달간 사용한 전력량을 계산하였더니 100[kWh]이었는데, 이를 줄(J) 단위로 환산하면 얼마인가?

① 0.24
② 746
③ $10^5$
④ $3.6 \times 10^8$

 기호 Wh는 1[W]의 공률로 1시간에 하는 일(전기량일 경우에는 1[W]의 전력을 1시간 동안 계속해서 사용했을 때의 전력량)에 해당한다. 1[W]=1[J/s], 1[h](시간)=3,600[s]이므로 1[Wh]=3,600[J]이다. 보통 kWh(킬로와트시 : 1[kWh]=1,000[Wh])가 쓰인다.

## 35 N극과 S극 사이의 자기장 내에 있는 도체를 상하로 움직일 때 도체에 기전력이 유도되는 현상은?

① 자화 유도 현상
② 자기 유도 현상
③ 전자 유도 현상
④ 주파수 유도 현상

 전자기 유도는 자기장이 변하는 곳에 있는 도체에 전위차(전압)가 발생하는 현상을 말하며, 마이클 패러데이가 발견하였으며, 발생한 전압은 자기 선속의 변화율에 비례한다는 사실을 알아내었다. 이 법칙은 자속 밀도가 변화하거나 또는 일정하지 않은 자속 밀도가 퍼져 있는 공간을 도체가 움직일 때 적용할 수 있다. 전자기 유도는 발전기와 전동기 등의 전기 구동기의 바탕이 되는 법칙이다.

## 36 5a 2b의 접점을 지닌 전자 개폐기와 계전기를 사용하여 기동 스위치 1개로 3상 유도 전동기의 운전과 정지가 가능한 제어 회로를 만들고자 한다. 이때 5a 2b에서 보조 a접점의 개수는?

① 2
② 3
③ 4
④ 5

 전자 접촉기가 동작 원리가 같은 소형 릴레이와 다른 점은 주 접점과 보조 접점이 있다는 것이다. 주 접점이란 큰 전류를 흘려도 안전한 대전류 용량의 접점을 말하고, 보조 접점이란 전자 릴레이 접점과 같이 작은 전류 용량의 접점을 말한다. 전자 접촉기의 회로 기호는 릴레이와 동일하나 접점의 명칭은 다르다. 접촉기를 잘 선정하기 위해서는 사용 동력, 적용 등급, 스위칭 횟수 등을 고려해야 한다. 따라서 릴레이에 접점되는 보조 a접점은 보조 b접점이 두 개이므로 a접점도 두 개가 되어야 한다.

## 37 전동기의 기동 버튼을 누를 때 전원 퓨즈가 단선되는 원인이 아닌 것은?

① 코일의 단락
② 접촉자의 접지
③ 접촉자의 단락
④ 철심면의 오손

 철심면의 오손은 단선되는 원인이 아니고 전동기의 효율과 관계가 있다. 예를 들어 4극 전동기의 경우 1,800rpm으로 회전해야 하나 실제는 그 이하의 회전수로 회전을 한다.

## 38 유효 전력( ㉠ ), 무효 전력( ㉡ ), 피상 전력( ㉢ )의 단위를 바르게 나열한 것은?

① ㉠ Var, ㉡ W, ㉢ VA
② ㉠ W, ㉡ VA, ㉢ Var
③ ㉠ W, ㉡ Var, ㉢ VA
④ ㉠ Var, ㉡ Var, ㉢ W

 ㉮ 유효 전력 : 전압에 전압과 동상인 전류 성분을 곱해서 구하거나, 전류에 전류와 동상인 전압 성분을 곱해서 구해지는 전력
㉯ 무효 전력 : 전압에 전압과 90°의 위상차인 전류 성분을 곱해서 구하거나, 전류에 전류와 90°의 위상차인 전압 성분을 곱해서 구해지는 전력. 단위는 [Var](volt-amperes reactive)
㉰ 피상 전력 : 전압과 전류의 실효값을 곱해서 구하며, 단위는 VA(volt-ampere)

**39** 직류기(DC machine) 중 기계 에너지를
전기 에너지로 변환시키는 기기는?

① 변압기　　　② 직류 전동기
③ 유도 전동기　　④ 직류 발전기

 변압기는 전압을 변환하여 가정이나 산업
시설에 보내며, 직류 전동기와 유도 전동기
는 전기 에너지를 기계 에너지로 변환한다.

**40** 일정 시간 동안 전기 에너지가 한 일의
양을 무엇이라고 하는가?

① 전류　　　　② 전압
③ 전기량　　　④ 전력량

 일정 시간 동안 전기 에너지가 한 일의
양을 전력량이라고 한다.

**41** 저항 3[Ω]과 유도 리액턴스 4[Ω]이 직렬
로 접속된 회로에 교류 전압 100[V]를
가할 때 흐르는 전류는 몇 [A]인가?

① 14.3　　　　② 20
③ 24.3　　　　④ 30

 $V = IZ$ 에서 전류는

$$I = \frac{V}{Z} = \frac{100}{\sqrt{3^2 + 4^2}} = \frac{100}{5} = 20[A]$$

**42** 두 개의 저항 $R_1$, $R_2$가 병렬로 접속된 회로
에 $R_1$에 20[V]의 전압이 걸렸다면 $R_2$에는
몇 [V]의 전압이 걸리게 되는가?

① 20　　　　② $20R_1$
③ $20R_2$　　　④ $20R_1R_2$

 병렬 회로는 전압이 일정하므로 20[V]
가 걸린다.

**43** 다음과 같이 전력용 반도체 소자로 구성
된 스위칭 회로의 이름은 무엇인가?

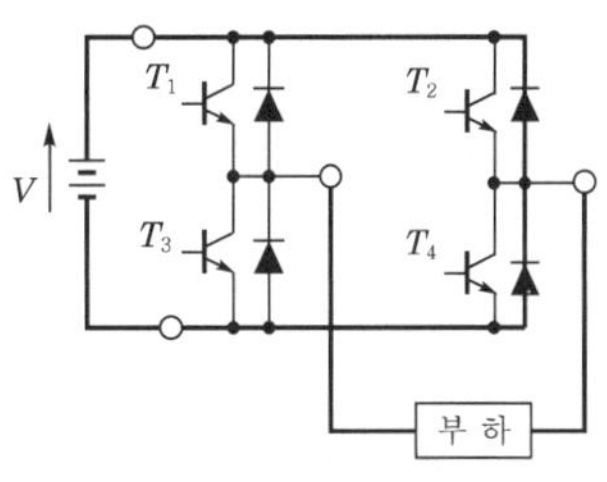


① 증폭기　　　　② 반파정류
③ 인버터　　　　④ 3상 컨버터

 산업체에서 속도 제어를 필요로 하는 동력
원에는 주로 직류 전동기가 이용되어 왔으
며, 유도 전동기는 정속도 운전에 많이 사용
되었다. 인버터 제어는 1957년 Thyristor
(SCR)이 개발되고 1960년대에 이르러 전
력 전자 분야의 발전과 함께 유도 전동기도
속도 제어 계통에 이용할 수 있게 되었다.
Solid State Devices을 이용한 유도 전동기
의 속도 제어 방식에는 여러 가지가 있으나
대표적인 방법은 1차 전압 제어 방식과 주파
수 변환 방식이다.

**44** 정격이 5[A], 220[V]인 전기 제품을 10
시간 동안 사용하였을 때 전력량은 몇
[kWh]인가?

① 1　　　　　② 11
③ 21　　　　　④ 31

 전력량$[kWh] = IVt = 5 \times 220 \times 10$
$$= 11[kWh]$$

**45** 그림과 같이 교류 전류에 대한 저항($R$)만
의 회로에서 전압과 전류의 위상 관계는?

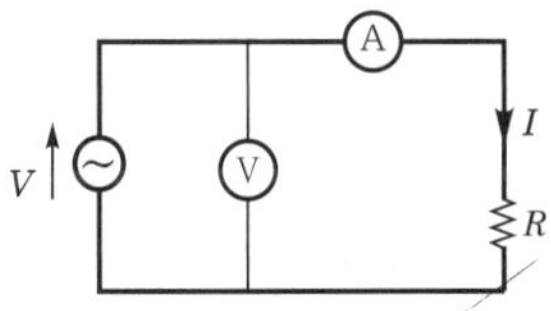


① 전압과 전류는 위상이 같다.
② 전압은 전류보다 위상이 90° 앞선다.
③ 전류는 전압보다 위상이 90° 앞선다.
④ 전압은 전류보다 위상이 180° 앞선다.

 전류는 전압과 동상임을 알 수 있으며, 실효값 $I$와 $V$의 사이에는 다음 식이 성립한다. $I = \dfrac{V}{R}$

**46** 다음 투상법의 기호는 제 몇 각법을 나타낸 기호인가?

① 제1각법
② 제2각법
③ 제3각법
④ 제4각법

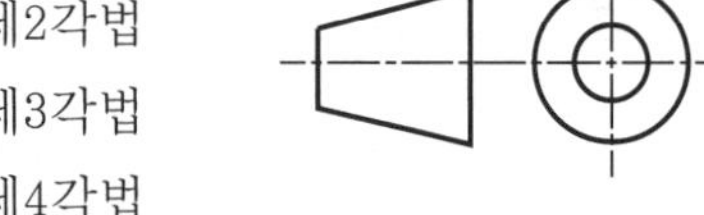

 경사진 끝단이 실선으로 표기되기 때문에 제1각법이며, 제3각법으로 표현한다면 작은 원을 파선으로 나타내야 한다.

**47** 그림과 같이 경사면부가 있는 물체에서 경사면의 실제 형상을 나타낼 수 있도록 그리는 투상도는?

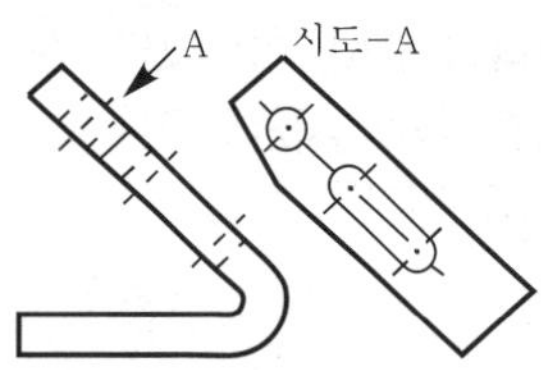

① 보조 투상도
② 국부 투상도
③ 회전 투상도
④ 부분 투상도

 보조 투상도는 나타내고자 한 부분을 경사 방향으로 평행하게 연장하여 나타낸다.

**48** 원호의 반지름이 커서 그 중심 위치를 나타낼 필요가 있을 경우 지면 등의 제약이 있을 때에는 그 반지름의 치수선을 구부려서 표시할 수 있다. 이때 치수선의 표시 방법으로 맞는 것은?

① 중심점의 위치는 원호의 실제 중심 위치에 있어야 한다.
② 중심점에서 연결된 치수선의 방향은 정확히 화살표로 향한다.

③ 치수선의 방향은 중심에 관계없이 보기 좋게 긋는다.
④ 치수선에 화살표가 붙은 부분은 정확한 중심 위치를 향하도록 한다.

 치수선에 화살표가 붙은 부분은 정확한 중심 위치를 향하도록 그려야 가공자가 도면을 이해하기 쉽다.

**49** 강판을 말아서 그림과 같은 원통을 만들고자 한다. 다음 중 가장 적합한 강판의 크기(가로×세로)는?

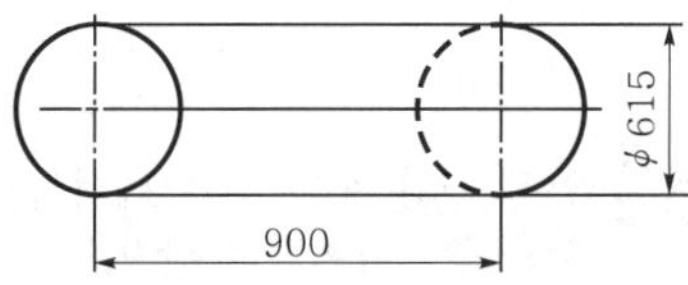

① $966 \times 900$
② $1,932 \times 900$
③ $2,515 \times 900$
④ $3,864 \times 900$

 길이는 현 치수와 동일하며 원 둘레는 $L = \pi D = 3.14 \times 615 = 1,932$이다.

**50** 다음 그림에서 '가'와 '나'의 용도에 의한 명칭과 선의 종류(굵기)가 바르게 연결된 것은?

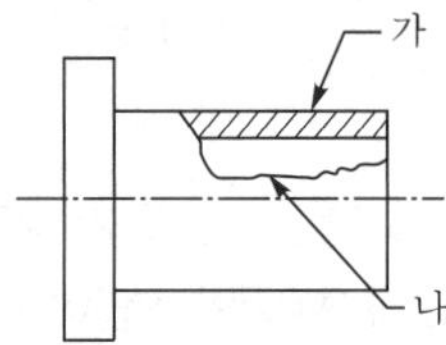

① 가. 해칭선 - 가는 실선
　나. 파단선 - 가는 실선
② 가. 해칭선 - 굵은 실선
　나. 파단선 - 굵은 실선
③ 가. 해칭선 - 가는 실선
　나. 파단선 - 굵은 실선
④ 가. 해칭선 - 굵은 실선
　나. 파단선 - 가는 실선

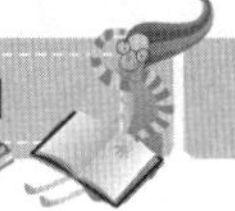

 해칭선은 단면을 절단한 면을 사선 방향에 가는 실선으로 표시하며, 파단선은 내부을 알기 쉽게 표시하기 위해 임의로 절단한 부분을 가는 실선으로 표시한다.

**51** 보기와 같이 입체도를 제3각법으로 그린 투상도에 관한 설명으로 옳은 것은?

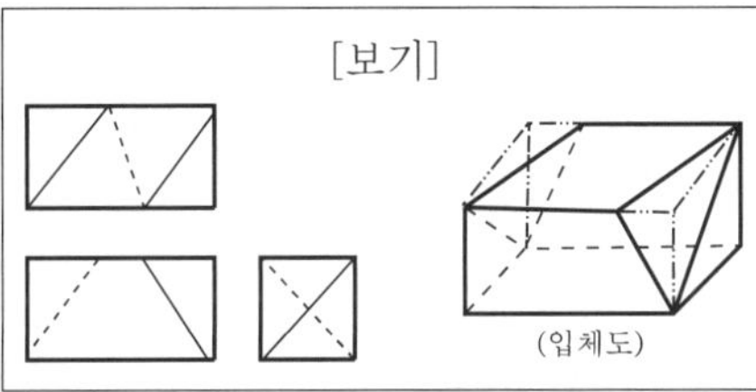


① 평면도만 틀림

② 정면도만 틀림

③ 우측면도만 틀림

④ 모두 올바름

 평면도의 중앙에 파선은 표시하지 않아야 한다.

**52** 도면 부품란에 'SM 45C'로 기입되어 있을 때 어떤 재료를 의미하는가?

① 탄소 주강품

② 용접용 스테인리스 강재

③ 회주철품

④ 기계 구조용 탄소 강재

 SM 45C는 기계 구조용 탄소강재로, '45'는 탄소 함유량을 표시한다.

**53** 양 끝에 왼나사 및 오른나사가 있어서 막대나 로프 등을 조이는 데 사용하는 기계 요소는?

① 나비 너트      ② 캡 너트

③ 아이 너트      ④ 턴버클

나비 너트는 나비 모양의 형태가 너트의 좌우에 마주보게 되므로 손으로 체결하기 쉽게 되어 있으며, 캡 너트는 너트 모양이 개폐가 되지 않고 한쪽이 밀폐된 것을 말하며, 아이 너트는 기계 장치에서 사람이 들기 힘든 장치를 운반하거나 분해, 조립하기 위해 임시로 설치하며 소형 기중기를 사용한다.

**54** 한 변의 길이가 2[cm]인 정사각형 단면의 주철제 각봉에 4,000[N]의 중량을 가진 물체를 올려놓았을 때 생기는 압축 응력(N/mm$^2$)은?

① 10[N/mm$^2$]      ② 20[N/mm$^2$]

③ 30[N/mm$^2$]      ④ 40[N/mm$^2$]

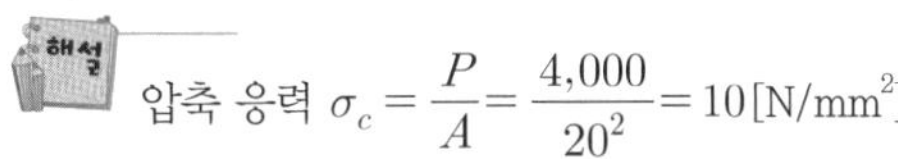 압축 응력 $\sigma_c = \dfrac{P}{A} = \dfrac{4,000}{20^2} = 10[\text{N/mm}^2]$

**55** 다음은 무엇에 대한 설명인가?

> 2개의 축이 평행하지만 축 선의 위치가 어긋나 있을 때 사용하며, 한 개의 원판 앞뒤에 서로 직각 방향으로 키 모양의 돌기를 만들어 이것을 양 축 사이의 플랜지 사이에 끼워 놓아, 한쪽의 축을 회전시키면 중앙의 원판이 홈을 따라서 미끄러지며 다른 쪽의 축에 회전력을 전달시키는 축 이음 방법이다.

① 셀러 커플링      ② 유니버셜 커플링

③ 올덤 커플링      ④ 마찰 클러치

 ㉮ 유니버셜 커플링(universal coupling, KS B 1554) : 유니버셜 커플링은 두 축이 같은 평면 내에서 어느 각도로 교차하는 경우로써, 회전 중 양 축이 맺는 각도가 변화해도 된다.
㉯ 셀러 원추 커플링(seller coupling) : 셀러 원추 커플링은 안쪽은 원통형이고 바깥쪽은 테이퍼진 원추형인 안통과, 내경이 양쪽 방향으로 테이퍼진 바깥통으로 구성된다.

㉘ 마찰 원통 커플링(friction slip coupling)
: 마찰 원통 커플링은 큰 토크의 전달이 불가능하고 진동, 충격에 의해 쉽게 이완된다.

**56** 다음 중 다른 벨트에 비하여 탄성과 마찰 계수는 떨어지지만 인장 강도가 대단히 크고 벨트 수명이 긴 장점을 가지고 있는 것으로, 마찰을 크게 하기 위하여 풀리의 표면에 고무, 코르크 등을 붙여 사용하는 것은?

① 가죽 벨트　　② 고무 벨트
③ 섬유 벨트　　④ 강철 벨트

 탄성과 마찰 계수는 떨어지지만 인장 강도가 대단히 크고 벨트 수명이 긴 장점을 가진 것은 강철 벨트이다. 가죽 벨트, 고무 벨트, 섬유 벨트는 탄성과 마찰 계수가 크다.

**57** 기준원 위에서 원판을 굴릴 때 원판 위의 1점이 그리는 궤적으로 나타내는 선은?

① 쌍곡선
② 포물선
③ 인벌류트 곡선
④ 사이클로이드 곡선

 인벌류트 곡선은 원통에 실을 감았다가 풀어나가는 궤적으로, 호환성이 좋고 값이 저렴하다.

**58** 국제단위계 SI 단위를 옳게 표현한 것은?

① 가속도 : km/h
② 체적 : kL
③ 응력 : Pa
④ 힘 : N・m$^2$

 가속도 : m/s$^2$, 체적 : m$^3$, 힘 : N

**59** 축을 설계할 때 고려 사항으로 적합하지 않는 것은?

① 변형
② 축간 거리
③ 강도
④ 진동

㉮ 강도(strength)
㉯ 강성(rigidity)
㉰ 진동(vibration)
㉱ 열응력(thermal stress) 및 열팽창
㉲ 부식(corrosion)

**60** 코일 스프링 전체의 평균 지름이 30[mm], 소선의 지름이 3[mm]라면 스프링 지수는?

① 0.1　　　　② 6
③ 8　　　　　④ 10

 소선의 지름에 대한 스프링의 평균 지름의 비로 $C = \dfrac{D}{d} = \dfrac{30}{3} = 10$이다.

# 2014년 10월 11일 시행

**01** 공압 장치에 사용되는 압축 공기 필터의 공기 여과 방법으로 틀린 것은?

① 가열하여 분리하는 방법

② 원심력을 이용하여 분리하는 방법

③ 흡습제를 사용해서 분리하는 방법

④ 충돌판에 닿게 하여 분리하는 방법

 압축 공기 내의 수분은 배관 라인 내에서 부식 및 Scale을 발생시키고, 각종 공압 기기에는 오동작을 유발시켜 효율을 저하시킨다. 뿐만 아니라 제품의 질에 있어서도 좋지 않은 영향을 미치고 있다. 이에 압축기 내의 수분을 제거하기 위해 원심력, 흡습제, 충돌판을 이용한다.

**02** 유압 회로에서 회로 내의 압력을 일정하게 유지시키는 역할을 하는 밸브는?

① 체크 밸브　　② 릴리프 밸브

③ 유압 밸브　　④ 솔레노이드 밸브

 유압 회로에서 회로 내의 압력을 일정하게 유지시키므로 정밀한 제어가 가능하다.

**03** 일정량의 액체가 채워져 있는 용기의 밑면적이 받는 압력은?

① 정압　　　　② 절대 압력

③ 대기압　　　④ 게이지 압력

 절대 압력은 대기압과 게이지압의 합이다.

**04** 유압 회로에서 유압 작동유의 점도가 너무 높을 때 일어나는 현상이 아닌 것은?

① 응답성이 저하된다.

② 동력 손실이 커진다.

③ 열 발생의 원인이 된다.

④ 관내 저항에 의한 압력이 저하된다.

 유압 작동유의 점도가 너무 높을 때 일어나는 현상

㉮ 파이프 내의 마찰 손실이 커진다.

㉯ 동력 손실이 커진다.

㉰ 열 발생의 원인이 된다.

㉱ 유압이 높아진다.

㉲ 소음이나 캐비테이션이 발생한다.

**05** 흡착식 건조기에 관한 설명으로 옳지 않은 것은?

① 건조제로 실리카 겔, 활성 알루미나 등이 사용된다.

② 흡착식 건조기는 최대 −70[℃] 정도까지의 저이슬점을 얻을 수 있다.

③ 건조제가 압축 공기 중의 수분을 흡착하여 공기를 건조하게 한다.

④ 냉매에 의해 건조되며 2~5[℃]까지 냉각되어 습기를 제거한다.

 흡착식 건조기의 원리는 공기 중의 습기를 두 개의 탱크 안에 투입된 흡착제가 습기를 빨아들이는 방식이다. 이 방식에는 비 가열 재생 방식과 가열 재생 방식이 있다. 비 가열 재생 방식은 일정 비율의 건조 공기를 흡착제에 통과시켜 흡착제를 재생시키는 것이고, 가열 재생 방식은 전기 히터를 장착하여 흡착제를 말려 건조한 공기의 사용을 줄일 수 있다.

**06** 펌프의 토출 압력이 높아질 때 체적 효율과의 관계로 옳은 것은?

① 효율이 증가한다.
② 효율은 일정하다.
③ 효율이 감소한다.
④ 효율과는 무관하다.

 펌프의 토출 압력이 높아질 때 체적 효율이 감소한다.

**07** 압축 공기에 비하여 유압의 장점으로 옳지 않은 것은?

① 정확성
② 비압축성
③ 배기성
④ 힘의 강력성

 공압은 소음기를 통하여 외부로 배출시킨다.

**08** 복동 실린더의 미터-아웃 방식에 의한 속도 제어 회로는?

① 실린더로 공급되는 유체의 양을 조절하는 방식
② 실린더에서 배출되는 유체의 양을 조절하는 방식
③ 공급과 배출되는 유체의 양을 모두 조절하는 방식
④ 전진 시에는 공급 유체를, 후진 시에는 배출 유체의 양을 조절하는 방식

 실린더로 공급되는 유체의 양을 조절하는 방식은 미터-인 방식이다.

**09** 다음 그림에 관한 설명으로 옳은 것은?

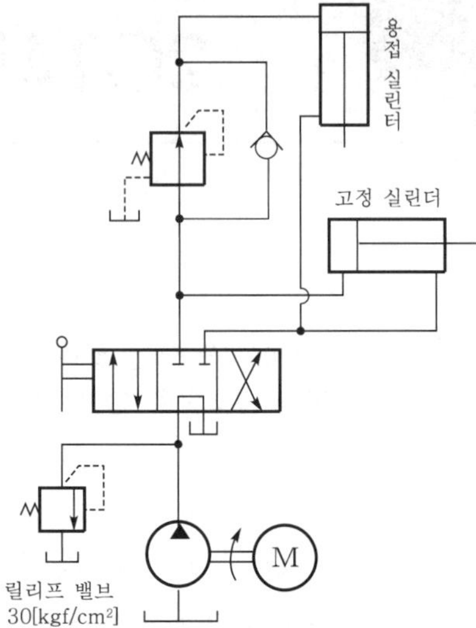


① 자유 낙하를 방지하는 회로이다.
② 감압 밸브의 설정 압력은 릴리프 밸브 설정 압력보다 낮다.
③ 용접 실린더와 고정 실린더의 순차 제어를 위한 회로이다.
④ 용접 실린더에 공급되는 압력을 높게 하기 위한 방법이다.

 감압 밸브의 설정 압력은 릴리프 밸브 설정 압력보다 낮게 설정된 상태이다.

**10** 공기압 회로에서 압축 공기의 역류를 방지하고자 하는 경우 사용하는 밸브로서, 한쪽 방향으로만 흐르고 반대 방향으로는 흐르지 않는 밸브는?

① 체크 밸브
② 시퀀스 밸브
③ 셔틀 밸브
④ 급속 배기 밸브

 시퀀스 밸브는 두 개 이상의 분기 회로를 가진 회로 내에서 그 작동 순서를 회로의 압력에 의해 제어하는 밸브를 말한다.

**11** 다음 중 공기압 장치의 기본 시스템이 아닌 것은?

① 유압 펌프

② 압축 공기 조정 장치

③ 공압 제어 밸브

④ 압축 공기 발생 장치

 유압 펌프는 유압유를 매체로 하여 압력 에너지를 생성시키는 장치이다.

**12** 압력 80[kgf/cm$^2$], 유량 25[L/min]인 유압 모터에서 발생하는 최대 토크는 약 몇 [kgf · m]인가? (단, 1회당 배출량은 30[cc/rev]이다.)

① 1.6  ② 2.2

③ 3.8  ④ 7.6

 유압 모터의 토크는

$$T[\text{kgf} \cdot \text{m}] = \frac{P[\text{kgf/cm}^3] \times q[\text{cc/rev}]}{628}$$

$$= \frac{80 \times 30}{628} \fallingdotseq 3.8[\text{kgf} \cdot \text{m}]$$

**13** 공기 압축기를 작동 원리에 따라 분류할 때 용적형 압축기가 아닌 것은?

① 축류식  ② 피스톤식

③ 베인식  ④ 다이어그램식

 축류식 압축기는 터보형이다.

**14** 유압 시스템의 최고 압력을 설정할 수 있는 밸브는?

① 감압 밸브

② 방향 제어 밸브

③ 언로딩 밸브

④ 압력 릴리프 밸브

 릴리프 밸브(Relief valve)는 회로 내 공압이 밸브의 설정값을 넘을 때 배기하여 회로 내의 공압을 설정값으로 유지하는 기능으로, 안전밸브로 사용하며 회로 주위 기기 파손 방지, 과다 출력 방지 역할을 한다.

**15** 유압 작동유의 적절한 점도가 유지되지 않을 경우 발생되는 현상이 아닌 것은?

① 동력 손실 증대

② 마찰 부분 마모 증대

③ 내부 누설 및 외부 누설

④ 녹이나 부식 발생의 억제

 녹이나 부식이 발생하기 쉽다.

**16** 다음 중 공압 센서로 검출할 수 없는 것은?

① 물체의 유무

② 물체의 위치

③ 물체의 재질

④ 물체의 방향 변위

 공압 센서의 장점
㉮ 물체의 재질, 색에 무관하게 검출
㉯ 고온, 진동, 습기, 충격 등에 사용 가능
㉰ 방폭에도 무관(발열, 불꽃 무관)
㉱ 검출 목적에 따른 센서 제작 가능
㉲ 광범위한 검출 가능(물체의 유무, 치수, 방향, 요철 등)

**17** 압력 제어 밸브의 핸들을 돌렸을 때 회전각에 따라 공기 압력이 원활하게 변화하는 특성은?

① 유량 특성

② 릴리프 특성

③ 재현 특성

④ 압력 조정 특성

 압력 제어 밸브의 핸들을 돌렸을 때 회
전각에 따라 공기 압력이 원활하게 변화
하는 특성은 압력 조정 특성이다.

**18** 유압 · 공기압 도면 기호(KS B 0054)의
기호 요소 중 정사각형의 용도가 아닌
것은?

① 필터　　　　② 피스톤
③ 주유기　　　④ 열교환기

 정사각형의 용도는 필터 드레인 분리기,
주유기, 열교환기 등이 있다.

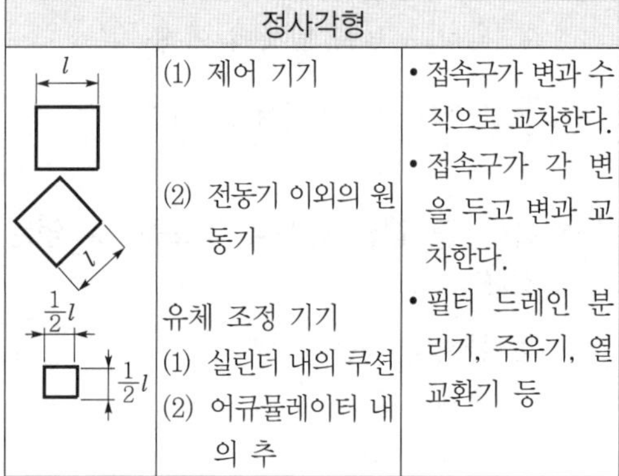

| 정사각형 | | |
|---|---|---|
| $l$ | (1) 제어 기기 | • 접속구가 변과 수직으로 교차한다. |
| | (2) 전동기 이외의 원동기 | • 접속구가 각 변을 두고 변과 교차한다. |
| $\frac{1}{2}l$ | 유체 조정 기기<br>(1) 실린더 내의 쿠션<br>(2) 어큐뮬레이터 내의 추 | • 필터 드레인 분리기, 주유기, 열교환기 등 |

**19** 공기압 실린더의 지지 형식이 아닌 것은?

① 풋형　　　　② 플랜트형
③ 플랜지형　　④ 트러니언형

 지지 형식에 의한 분류
㉮ 고정식 : 풋형(축 직각 : LA, 축 방향 :
　LB), 플랜지형(로드 측 : FA, 헤드 측 :
　FB)
㉯ 요동형 : 크레비스형(1산 : CA, 2산 :
　CB), 트러니언형(로드 측 : TA, 헤드
　측 : TB, 중간 : TC)

**20** 제어 작업이 주로 논리 제어의 형태로
이루어지는 AND, OR, NOT, 플립플롭
등의 기본 논리 연결을 표시하는 기호도
를 무엇이라 하는가?

① 논리도　　　　② 제어선도
③ 회로도　　　　④ 변위 단계선도

 논리도는 디지털 제어 회로에서 1(On)과
0(Off)으로 제어하며, 전압은 DC 5[V]이
고 컴퓨터와 같은 정밀 기계에 적용한다.

**21** 실린더가 전진 운동을 완료하고 실린더 측
에 일정한 압력이 형성된 후에 후진 운동
을 하는 경우처럼 스위칭 작용에 특별한
압력이 요구되는 곳에 사용되는 밸브는?

① 시퀀스 밸브
② 3/2way 방향 제어 밸브
③ 급속 배기 밸브
④ 4/2way 방향 제어 밸브

 시퀀스 밸브(Sequence Valve)
㉮ 공기압 회로에 액추에이터의 작동을
　순차적으로 작동시키고 싶을 때 사용
　하는 밸브
㉯ 2개 이상의 분기 회로를 가진 회로
　내에서 그 작동 순서를 회로의 압력
　에 의해 제어

**22** 필터를 설치할 때 체크 밸브를 병렬로
사용하는 경우가 많다. 이때 체크 밸브
를 사용하는 이유로 알맞은 것은?

① 기름의 충만　　② 역류의 방지
③ 강도의 보강　　④ 눈막힘의 보완

 필터를 설치할 때 체크 밸브를 병렬로
사용하는 이유는 눈막힘을 방지하기 위
해서이다.

**23** 습공기 중에 포함되어 있는 건조 공기
중량에 대한 수증기의 중량을 무엇이라
고 하는가?

① 포화 습도　　② 상대 습도
③ 평균 습도　　④ 절대 습도

 상대 습도는 현재 포함한 수증기량과 공기가 최대로 포함할 수 있는 수증기량(포화 수증기량)의 비를 퍼센트(%)로 나타낸다.

**24** 공압 장치의 공압 밸브 조작 방식이 아닌 것은?

① 수동 조작 방식　② 래치 조작 방식
③ 전자 조작 방식　④ 파일럿 조작 방식

 밸브의 조작 방식에 의한 분류
㉮ 인력 조작 방식
㉯ 기계 방식
㉰ 전자 방식
㉱ 공압 방식
㉲ 보조 방식

**25** 그림과 같이 2개의 3/2way 밸브를 연결한 상태의 회로는 어떠한 논리를 나타내는가?

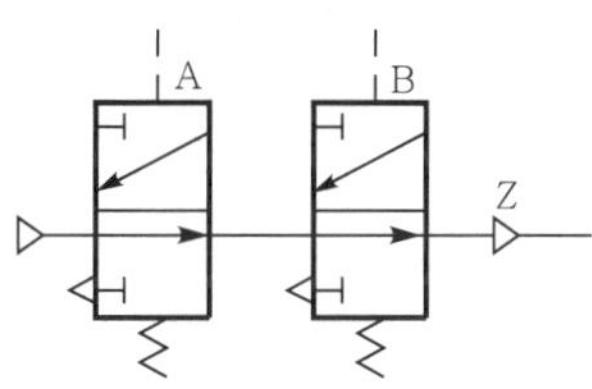

① OR 논리　　② AND 논리
③ NOR 논리　④ NAND 논리

 NOR 논리는 OR 논리의 반대이며 입력 $X_1$과 $X_2$ 양쪽에 신호가 존재하지 않는 경우에만 출력 Y에 신호가 존재하게 된다.
㉮ 논리식 : $Y = \overline{X_1 + X_2} = \overline{X_1} \cdot \overline{X_2}$
　(드 모르간의 법칙)
㉯ 진리표

| $X_1$ | $X_2$ | Y |
|---|---|---|
| 0 | 0 | 1 |
| 0 | 1 | 0 |
| 1 | 0 | 0 |
| 1 | 1 | 0 |

**26** 그림과 같은 회로도의 기능은?

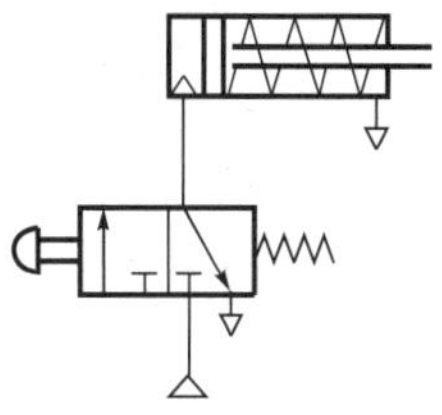

① 단동 실린더 고정 회로
② 복동 실린더 고정 회로
③ 단동 실린더 제어 회로
④ 복동 실린더 제어 회로

 단동 실린더에서 A포트는 공압으로, B포트는 스프링의 복원력에 의해서 제어한다.

**27** 유압·공기압 도면 기호(KS B 0054)의 기호 요소 중 1점 쇄선의 용도는?

① 주관로
② 포위선
③ 계측기
④ 회전이음

 2개 이상의 기능을 갖는 유닛을 나타내는 포위선이다.

**28** 회로 중의 공기 압력이 상승해 갈 때나 하강해 갈 때에 설정된 압력이 되면 전기 스위치가 변환되어 압력 변화를 전기 신호로 나타내게 한다. 이러한 작동을 하는 기기는?

① 압력 스위치
② 릴리프 밸브
③ 시퀀스 밸브
④ 언로드 밸브

 압력 스위치는 회로 내의 압력이 일정압보다 상승하거나 하강 시에 압력 스위치의 마이크로 스위치가 작동하여 전기 회로를 열거나 닫도록 하는 기기이다. 압력 스위치의 접점을 전기 신호로 변화시키므로 전공 변환기라 하며, 그 종류에는 다이아프램형, 벨로스형, 부르돈관형, 피스톤형 등이 있다.

## 29 작동유의 구비 조건으로 옳지 않은 것은?

① 압축성일 것
② 화학적으로 안정할 것
③ 열을 방출시킬 수 있어야 할 것
④ 기름 속의 공기를 빨리 분리시킬 수 있을 것

 작동유가 압축성이 있으면 정밀 제어가 안 되며, 공압은 압축성 유체이며 유압은 비압축성 유체이다.

## 30 유압 장치에 사용되고 있는 오일 탱크에 관한 설명으로 적합하지 않은 것은?

① 오일을 저장할 뿐만 아니라 오일을 깨끗하게 한다.
② 주유구에는 여과망과 캡 또는 뚜껑을 부착하여 먼지, 절삭분 등의 이물질이 오일 탱크에 혼입되지 않게 한다.
③ 공기 청정기의 통기 용량은 유압 펌프 토출량의 2배 이상으로 하고, 오일 탱크의 바닥면은 바닥에서 최소 15[cm]를 유지하는 것이 좋다.
④ 오일 탱크의 용량은 장치 내의 작동유를 모두 저장하지 않아도 되므로 사용 압력, 냉각 장치의 유무에 관계없이 가능한 작은 것을 사용한다.

 오일 탱크의 용량은 장치 내의 작동유를 모두 저장하지 않아도 되므로 사용 압력, 냉각 장치의 유무에 따라 적절한 공간을 가져야 한다.

## 31 1[Ω] 미만의 저저항을 측정하기 위하여 전압 강하법을 사용하였다. 전압 강하법을 이용한 측정 시 유의 사항으로 옳지 않은 것은?

① 내부 저항이 큰 전압계를 이용한다.
② 측정 중에는 일정 온도를 유지한다.
③ 도선의 연결 단자 구성 시 접촉 저항이 작도록 한다.
④ 전원과 병렬로 가변 저항을 삽입하여 전류의 양을 조절한다.

 전원과 병렬로 가변 저항을 삽입하여 전류의 양을 조절하면 저저항을 측정할 수가 없다.

## 32 500[W]의 전력을 소비하는 전기난로를 6시간 동안 사용할 때의 전력량은 얼마인가?

① 0.3[kWh]　　② 3[kWh]
③ 30[kWh]　　④ 300[kWh]

 전력량은 전력에 시간을 곱한 양으로, 같은 전력이라도 오래 사용하면 소비한 전력은 많아진다.
$$전력량(kWh) = P \times t = 500 \times 6 = 0.3[kWh]$$

## 33 다음 중 측정 중 또는 측정 방법으로 인해 발생할 수 있는 오차가 아닌 것은?

① 우연 오차　　② 과실 오차
③ 계통 오차　　④ 정밀 오차

 계통적 오차는 원인을 규명할 수 있으며(측정 가능 오차), 우연 오차는 원인 규명이 불가능(측정 불가능 오차)하다. 과실 오차는 측정의 실수로 인한 오차이다.

**34** 그림과 같은 전동기 정역 회로의 동작에 관한 설명으로 옳지 않은 것은?

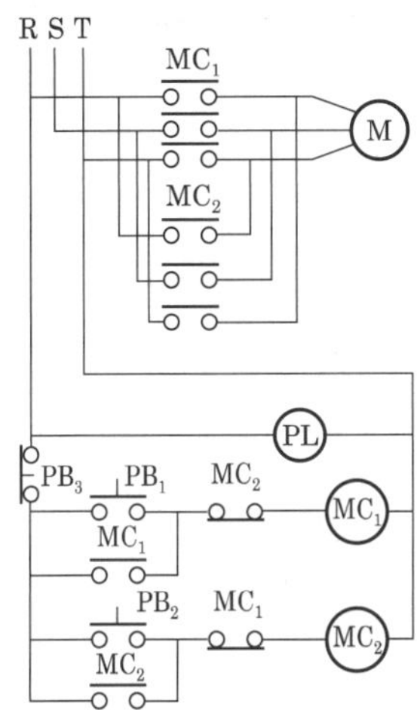

① PL은 전원이 투입되면 PB 스위치와 관계없이 항상 점등된다.
② $PB_1$을 누르면 $MC_1$이 여자되어 $MC_{1-a}$ 접점이 붙고 전동기 M이 정회전 운동을 한다.
③ $PB_2$을 누르면 $MC_2$가 여자되어 $MC_{2-a}$ 접점이 붙고 전동기 M이 역회전 운동을 한다.
④ $PB_3$을 누르면 $MC_1$, $MC_2$가 여자되어 전동기 M이 자동으로 정·역회전 운동을 한다.

$PB_3$이 b접점 조건에서 $PB_1$과 $PB_2$를 누르면 정회전과 역회전이 된다.

**35** 정전 용량 $C$[F]인 콘덴서에 교류 전원을 접속하여 사용할 경우 전류와 전압과의 위상 관계는?

① 전류와 전압은 동상이다.
② 전류가 전압보다 위상이 90° 늦다.
③ 전류가 전압보다 위상이 90° 앞선다.
④ 전류가 전압보다 위상이 120° 앞선다.

정전 용량 $C$[F]인 콘덴서에 교류 전원을 접속하면 전류가 전압보다 위상이 90° 앞선다.

**36** 전열기에 전압을 가하여 전류를 흘리면 열이 발생되는데, $I$[A]의 전류가 저항 $R$[Ω]인 도체를 $t$[sec] 동안 흘렀다면 이 도체에서 발생하는 열에너지는 몇 [J]인가?

① $IRt$ 　　　　② $I^2Rt$
③ $4.2I^2Rt$ 　　④ $0.24I^2Rt$

줄열은 전기 에너지가 열에너지로 전환된 것이므로 저항 $R$인 저항선에 전압 $V$를 걸어 전류 $I$가 $t$초 동안 흘렀을 때 발생한 열량 $Q$는 다음과 같다.
$$Q = IVt = I^2Rt = \frac{V^2t}{R}\,[J]$$
이것을 줄의 법칙(Joul's law)이라고 한다.

**37** 정현파 교류 전압의 순시값이 $200\sin\omega t$ [V]일 때 최댓값은 몇 [V]인가?

① 100 　　　　② 200
③ 300 　　　　④ 400

순시값은 순간순간 변하는 교류의 임의의 시간에 있어서의 값이며,
$V = V_m\sin\omega t$[V]
($V$ : 전압의 순시값[V], $V_m$ : 전압의 최댓값, $\omega$ : 각속도[rad/s], $t$ : 주기[s])

**38** 서보 모터에 관한 설명으로 옳지 않은 것은?

① 저속 회전이 쉽다.
② 급가감속이 어렵다.
③ 정역 회전이 가능하다.
④ 저속에서 큰 토크를 얻을 수 있다.

서보 모터는 피드백 제어로 위치 정도가 좋으며, 급가감속이 어렵지 않다.

**39** 단상 유도 전동기가 산업 및 가정용으로 널리 이용되는 이유로 옳지 않은 것은?

① 직류 전원을 생활 주변에서 쉽게 얻을 수 있다.

② 전동기의 구조가 간단하고 고장이 적고 튼튼하다.

③ 적은 동력을 필요로 하며 가격이 비교적 저렴하다.

④ 취급과 운전이 쉬워 다른 전동기에 비해 매우 편리하게 이용할 수 있다.

 우리나라 상용 전원은 교류 전원이며, 직류 전원은 교류 전원에서 정류 장치를 거쳐 생성된다.

**40** 다음 중 건식 정류기(금속 정류기)가 아닌 것은?

① 셀렌 정류기　② 실리콘 정류기

③ 회전 정류기　④ 아산화동 정류기

 회전 정류기 여자 방식은 회전 전기자형 교류 여자 발전기에서 발생한 교류를 축과 함께 회전하는 실리콘 정류기를 거쳐 직류로 정류하여 주 교류 발전기의 계자 권선을 여자하는 것으로, 이 여자 방식은 슬립링과 브러시가 없으므로 유지·정비가 용이하다. 회전부에 내장된 정류기에서 교류가 정류되므로 이를 회전 정류기라고 한다.

**41** 다음 접점 회로가 나타내는 논리 회로는?

① OR 회로

② AND 회로

③ NOT 회로

④ NAND 회로

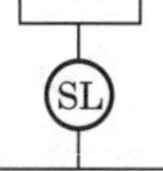

 OR 회로는 A+B → C이므로 A나 B 중에 하나만 b접점이면 코일이 동작한다.

**42** 직류기의 손실 중 전기자 철심 안에서 자속이 변할 때 철심부에 생기는 손실로서, 히스테리시스손, 와류손 등으로 구분되는 것은?

① 동손　　　② 철손

③ 기계손　　④ 표류부하손

 손실의 종류는 다음과 같다.

㉮ 고정손(무부하손) : 부하의 변화에 무관하는 손실

　㉠ 철손(히스테리시스손, 와류손)

　㉡ 기계손(마찰손, 풍손)

㉯ 가변손(부하손) : 부하의 변화에 따라 변화하는 손실

　㉠ 동손(저항손)

　㉡ 표류부하손

**43** 평형 3상 회로에서 △ 결선의 3상 전원 중 2개 상의 전원만을 이용하여 3상 부하에 전력을 공급할 때 사용되는 결선은?

① Y결선　　　② △ 결선

③ V결선　　　④ Z결선

 변압기 결선 방식은 3상 3선식이 유리하기 때문에 변압기 결선은 주로 3상 결선을 한다. 3상 결선에는 Y결선과 △(델타)결선이 있다. V결선은 3상 △결선에서 1상에 상당하는 변압기를 제거한 상태에서 3상의 전력을 공급하는 경우의 변압기 결선을 말한다. V결선으로 하면 △(델타)결선의 출력에 비해 출력 용량은 57.7%로 저하된다. △-△결선 상태에서 1대의 변압기가 고장이 나더라도 V결선으로 3상 전력을 공급할 수가 있다.

**44** 100[Ω]의 부하가 연결된 회로에 10[V]의 직류 전압을 인가하고 전류를 측정하면 계기에 나타나는 값은 몇 [A]인가?

① 10　　　　② 1

③ 0.1　　　④ 0.01

 $V = IR$에서 $I = \dfrac{V}{R} = \dfrac{10}{100} = 0.1\,[\text{A}]$

**45** 전류의 단위로 암페어[A]를 사용한다. 다음 중 1[A]에 해당하는 것은?

 제3각법으로 투상한 것으로, 홈 부분이 있으므로 중간에 파선이 존재한다.

의 투상법란에 그림과 로 표시되는 경우는 몇

② 2각법

④ 4각법

는 위치에서 형상으로 그 만, 제1각법은 작은 원이 나난다.

한 용도 중 가는 실선으 는 선으로 틀린 것은?

② 중심선

④ 외형선

은 실선으로 표시한다.

서 화살표 방향의 정면도 :?

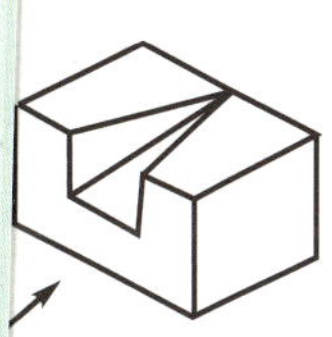

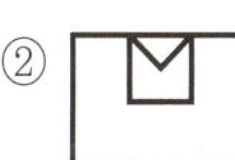
②

④

 정면에서 보면 홈 부분의 형상이 삼각형 으로 보인다.

③

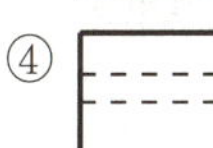
④

## 51 기계 제도에서 척도 및 치수 기입법 설명으로 잘못된 것은?

① 치수는 되도록 주 투상도에 집중하여 기입한다.
② 치수는 특별한 명기가 없는 한 제품의 완성 치수이다.
③ 현의 길이를 표시하는 치수선은 동심 원호로 표시한다.
④ 도면에 NS로 표시된 것은 비례척이 아님을 나타낸 것이다.

 현의 길이를 표시하는 치수선은 현에 평행한 직선으로 표시한다.

## 52 그림과 같이 직육면체를 나타낼 수 있는 투상도는?

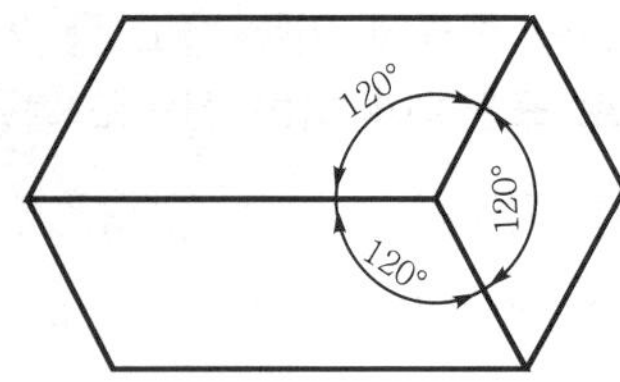

① 정투상도　　② 사투상도
③ 등각 투상도　　④ 부등각 투상도

 물체를 들어 올려 왼쪽 또는 오른쪽으로 돌린 다음 앞쪽 또는 뒤쪽으로 기울여서 두 개의 옆면 모서리가 수평선과 30° 되게 하여 무한대의 수평 시선으로 얻은 물체의 윤곽을 그리게 되면 세 모서리는 120°의 등각을 이루는 그림을 얻을 수 있는데, 이 그림을 등각 투상도(isometric projection drawring)라고 한다.

## 53 기어에서 이끝 높이(addendum)가 의미하는 것은?

① 두 기어의 이가 접촉하는 거리
② 이뿌리원에서 이끝원까지의 거리
③ 피치원에서 이뿌리원까지의 거리
④ 피치원에서 이끝원까지의 거리

 피치원을 중심으로 이끝원과 이뿌리원으로 구분한다. 어덴덤(addendum) 또는 이끝 높이는 피치원에서 이끝까지의 길이이고, 디덴덤(dedendum) 또는 이뿌리 높이는 피치원에서 이뿌리까지의 길이이다.

## 54 607C2P6으로 표시된 베어링에서 안지름은?

① 7[mm]　　② 30[mm]
③ 35[mm]　　④ 60[mm]

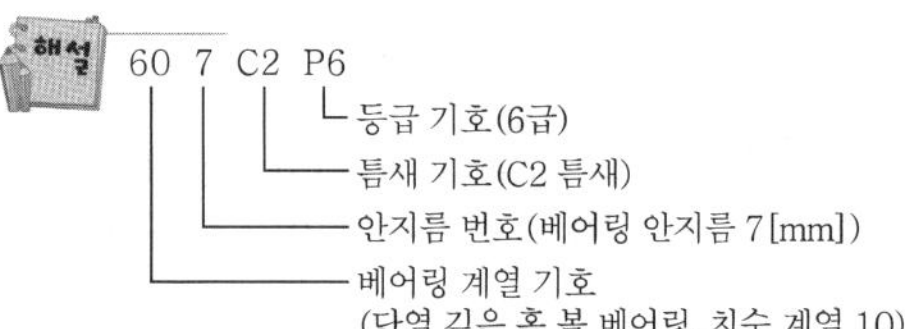


## 55 체결용 기계 요소가 아닌 것은?

① 나사　　② 키
③ 브레이크　　④ 핀

 브레이크는 운동중인 조건을 강제적으로 정지시키는 장치이다.

## 56 코일 스프링에 350[N]의 하중을 걸어 5.6[cm] 늘어났다면 이 스프링의 스프링 상수[N/mm]는?

① 5.25　　② 6.25
③ 53.5　　④ 62.5

 스프링 상수 $k = \dfrac{P}{\delta} = \dfrac{350}{56} = 6.25\,[\text{N/mm}]$

## 57 축에서 토크가 67.5[kN·mm]이고, 지름 50[mm]일 때 키(key)에 발생하는 전단 응력은 몇 [N/mm²]인가? (단, 키의 크기는 나비×높이×길이=15mm×10mm×60mm이다.)

① 2　　② 3
③ 6　　④ 8

$$\tau = \frac{2T}{bld} = \frac{2 \times 67.5 \times 1,000}{15 \times 60 \times 50} = 3[\text{N/mm}^2]$$

## 58 너트의 풀림 방지법이 아닌 것은?

① 턴버클에 의한 방법
② 자동 죔 너트에 의한 방법
③ 분할 핀에 의한 방법
④ 로크 너트에 의한 방법

 턴버클은 고정하고자 하는 양쪽에 잡아 당기는 힘을 생성하는 역할을 한다.

## 59 원동차와 종동차의 지름이 각각 400[mm], 200[mm]일 때 중심 거리는?

① 300[mm]　　② 600[mm]
③ 150[mm]　　④ 200[mm]

중심 거리
$$C = \frac{D_1 + D_2}{2} = \frac{400 + 200}{2} = 300[\text{mm}]$$

## 60 1/100의 기울기를 가진 2개의 테이퍼 키를 한 쌍으로 하여 사용하는 키는?

① 원뿔 키
② 둥근 키
③ 접선 키
④ 미끄럼 키

 ㉮ 원뿔 키는 축과 보스에 홈을 파지 않으며, 한군데가 갈라진 원뿔 통을 끼워 넣어 마찰력으로 고정시키고 1/25 테이퍼를 가진다.
㉯ 반달 키는 축에 원호상의 홈을 파며 축이 약해지는 결점이 있으나, 테이퍼 축에 사용된다.
㉰ 미끄럼 키는 묻힘 키의 일종으로 테이퍼 없이 길이가 길고 축 방향으로 보스의 이동이 가능하며, 키를 고정하는 경우가 많고 미끄럼 키라고도 한다.

# 2015년 4월 4일 시행

**01** 오일 쿨러의 종류가 아닌 것은?

① 증기식　　② 공랭식
③ 수냉식　　④ 냉동식

 오일 쿨러는 오일을 냉각을 시키는 것이 목적이므로 증기식은 없다.

**02** 다음 밸브 중 방향 제어 밸브에 속하는 것은?

① 니들 밸브
② 스로틀 밸브
③ 리듀싱 밸브
④ 2포트 2위치 밸브

 니들 밸브, 스로틀 밸브(교축 밸브)는 유량 제어 밸브이며 리듀싱 밸브(감압 밸브)는 압력 제어 밸브이다. 2포트 2위치 밸브는 방향 제어 밸브로 유체의 상태를 포트를 통하여 차단하는 역할로 ON/OFF 밸브이다.

**03** 기호 요소 중 회전축, 레버, 피스톤 로드 등을 나타내는 기호는?

① 반원
② 정사각형
③ 복선
④ 일점 쇄선

 회전축, 레버, 피스톤 로드 등을 나타내는 기호는 복선으로 표시하며 화살표 방향에 따라 운동상태를 표시한다.

**04** OR 논리를 만족시키는 밸브는?

① 2압 밸브
② 급속 배기 밸브
③ 셔틀 밸브
④ 압력 시퀀스 밸브

 셔틀 밸브(OR 밸브)
- 2개(X, Y)의 입구와 1개(A)의 출구를 가진 3way v/v로서 양체크 밸브 또는 OR 밸브라고도 한다.
- X + Y = A - 병렬연결

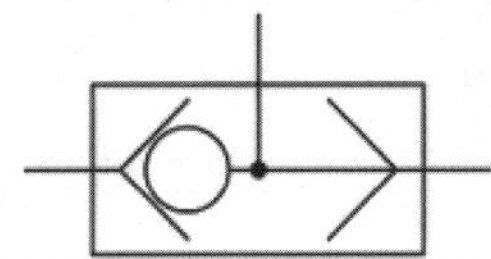

**05** 압력을 비중량으로 나눈 양정(lift)의 단위는?

① m　　　　② N/m$^2$
③ mmHg　　④ kgf/cm$^2$

 압력은 단위 면적당 무게이고, 비중량은 단위체적당 무게로 표시하므로

$$h = \frac{P}{\gamma} = \frac{\mathrm{kgf/m^2}}{\mathrm{kgf/m^3}} = \mathrm{m}$$

**06** 용적식 압축기 중 가장 깨끗한 공기를 만들 수 있는 공기 압축기는?

① 피스톤 압축기
② 축류식 압축기
③ 스크루 압축기
④ 다이어프램 압축기

[정답]　01. ①　02. ④　03. ③　04. ③　05. ①　06. ④

 다이어프램 압축기는 오염과 누설이 없어 고순도 가스, 유해 가스, 유독 가스, 특수 가스의 압송, 실린더 고압 충진 또는 수소 연료 셀 기술 등의 분야에 사용된다.

**07** 다음에 설명하고 있는 요소의 도면 기호는 어느 것인가?

> 이 밸브는 공압, 유압 시스템에서 액추에이터의 속도를 조정하는데 사용되며, 유량의 조정은 한쪽 흐름 방향에서만 가능하고 반대 방향의 흐름은 자유롭다.

① 　　② 

③ 　　④ 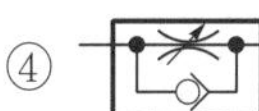

 체크 밸브가 내장된 유량 제어 밸브이다.

**08** 전기제어에 사용되는 접점의 종류가 아닌 것은?

① a접점　　　② b접점
③ c접점　　　④ d접점

 a접점은 전원이 인가되면 ON이 되는 접점이고, b접점은 전원이 인가되면 OFF 되는 접점이며 c접점은 공통접점이다.

**09** 유압 제어 밸브 중 출구가 고압 측 입구에 자동적으로 접속되는 동시에 저압 측 입구를 닫는 작용을 하는 밸브는?

① 셔틀 밸브　　② 셀렉터 밸브
③ 체크 밸브　　④ 바이패스 밸브

셔틀 밸브는 고압 우선 밸브이다.

**10** 유압 실린더의 피스톤 로드를 깨끗이 유지하기 위해 필요한 것은?

① 쿠션 장치

② 슬리브 실린더
③ 로드 와이퍼 시일
④ 피스톤 행정 제한 장치

 쿠션 장치는 끝단에서 충격을 완화해 주며 로드 와이퍼 시일은 고무재질로 로드에 이물질을 제거하는 역할을 한다.

**11** 피스톤에 공기 압력을 급격하게 작용시켜 피스톤을 고속으로 움직이며, 이때의 속도 에너지를 이용하는 공기압 실린더는?

① 탠덤형 공압 실린더
② 다위치형 공압 실린더
③ 텔레스코프형 공압 실린더
④ 임팩트 실린더형 공압 실린더

 탠덤형 공압 실린더는 작은 공간에서 큰 힘이 필요할 때 같은 실린더를 직렬로 결합하여 사용하며 텔레스코프형 공압 실린더는 긴 행정을 필요하며 설치 공간이 좁을 때 적용한다.

**12** 그림 1과 그림 2는 전기제어회로에서 사용되는 제어용 기기의 특성을 입력(i)과 출력(o) 상태로 표현한 것이다. 이들이 각각 나타내는 것은?

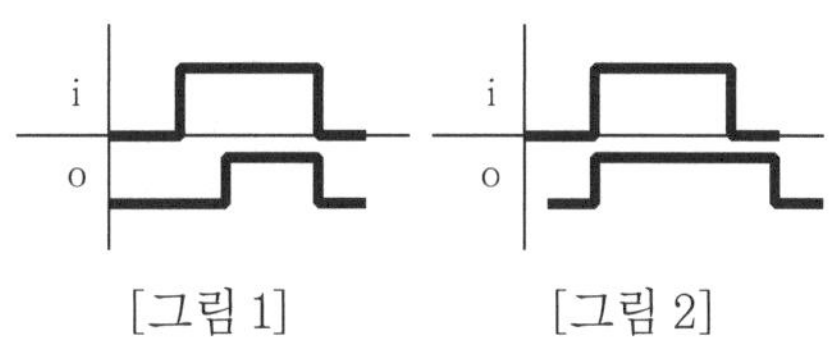

[그림 1]　　　　[그림 2]

① 그림 1 : 소자 지연 타이머, 그림 2 : 여자 지연 타이머
② 그림 1 : 소자 지연 타이머, 그림 2 : 소자 지연 타이머
③ 그림 1 : 여자 지연 타이머, 그림 2 : 여자 지연 타이머
④ 그림 1 : 여자 지연 타이머, 그림 2 : 소자 지연 타이머

 그림 1은 여자 지연 타이머이고, 그림 2는 소자 지연 타이머이다.

## 13 공압의 장점에 관한 설명으로 옳지 않은 것은?

① 큰 힘을 쉽게 얻을 수 있다.
② 환경오염의 우려가 없다.
③ 에너지 축적이 용이하다.
④ 힘의 증폭이 용이하고 속도조절이 간단하다.

 공압은 큰 힘을 얻을 수 없으며 필요 시 유압을 사용해야 하며 장단점은 다음과 같다.
　⑦ 장점
　　㉠ 에너지원을 쉽게 얻을 수 있다.
　　㉡ 힘의 전달 및 증폭이 용이하다.
　　㉢ 속도, 압력, 유량 등의 제어가 용이하다.
　　㉣ 보수, 점검 및 취급이 용이하다.
　　㉤ 인화 및 폭발의 위험성이 있다.
　　㉥ 에너지의 축적이 용이하다.
　　㉦ 과부하가 되어도 안전하다.
　　㉧ 내환경성이 좋다.
　④ 단점
　　㉠ 에너지 변환 효율이 낮다.
　　㉡ 위치, 속도의 제어성이 나쁘다.
　　㉢ 응답성이 나쁘다.
　　㉣ 윤활 대책이 필요하다.
　　㉤ 이물질에 약하다.
　　㉥ 큰 힘을 얻을 수 없다.
　　㉦ 배기 소음이 크다.
　　㉧ 균일한 속도를 얻을 수 없다.

## 14 포핏 방식의 방향 전환 밸브가 갖는 장점이 아닌 것은?

① 누설이 거의 없다.
② 밸브 이동 거리가 짧다.
③ 조작에 힘이 적게 든다.
④ 먼지, 이물질의 영향이 적다.

 구조에 따라 분류하면 포핏 밸브, 스폴 밸브, 슬라이드 밸브가 있으며 포핏 밸브는 버섯형태의 밸브본체가 밸브시트(Seat)면에 직각 방향으로 이동하는 형식으로 밸브 이동거리가 멀다.

## 15 공기압 조정 유닛의 기능이 아닌 것은?

① 여과 기능
② 윤활 기능
③ 저장 기능
④ 압력 조절 기능

 공기압 조정 유닛의 기능은 FRL unit라고도 하며 필터 기능(Filter), 압력 조절(Regulator), 윤활 기능(Lubricator)이 있다.

## 16 공압 장치의 기본요소 중 구동부에 속하는 것은?

① 여과기
② 애프터 쿨러
③ 실린더
④ 루브리 케이터

 실린더는 공압 에너지를 받아서 기계적 에너지로 변화하여 설계자의 의도로 작동한다.

## 17 공기 건조기에 대한 설명으로 옳은 것은?

① 건조제 재생 방법을 논 브리드식이라 부른다.
② 흡착식은 실리카겔 등의 고체 흡착제를 사용한다.
③ 흡착식은 최대 −170℃까지의 저노점을 얻을 수 있다.
④ 수분 제거 방식에 따라 건조식, 흡착식으로 분류한다.

 활성 알루미나, 실리카겔, 분자체 같은 수분흡착제에 의한 건조방식이다. 2개의 건조탱크가 연결되었는데 하나가 가동되어 압축 공기를 건조시키는 동안 또 다른 탱크는 내부 Heater나 증기열에 의해 건조 재생된다. 3가지 드라이어 중 노점이 가장 낮은(보통 −40℃이며, −73℃까지 가능) 공기를 공급할 수 있으며 1PP까지 수분을 제거해 준다. 계장이나 Control System, 실험기기나 습기에 예민한 장비를 보호하는데 많이 사용된다. 이 흡착식 드라이어는 기온이 매우 낮을 때 실외 배관의 동결을 방지할 수 있으므로 현재 가장 널리 사용되고 있다.

## 18 공기의 압축성 때문에 스틱 슬립(stick-slip) 현상이 생겨 속도가 안정되지 않을 때 이를 방지하기 위해 사용되는 기기는?

① 증압기
② 충격 방출기
③ 증폭기
④ 공유압 변환기

 공기압은 작동유체가 압축성 공기 이므로 실린더를 저속으로 작동시키면 공기의 압축성 때문에 스틱 슬립(stick slip) 현상이 생겨 속도가 안정되지 못하는 경우가 있다. 이것을 방지하기 위해 콘버터를 사용하며, 기름이 가진 비압축성을 이용하여 저 유압 실린더에 의한 안정된 속도 제어와 보다 정확한 중간정지, 이속제어 등의 응용에 사용한다.

## 19 다음의 그림이 나타내는 회로의 명칭은?

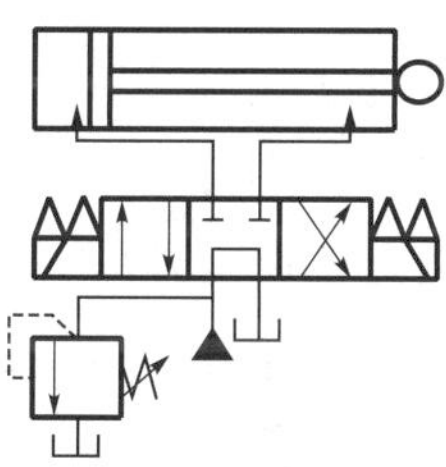

① 로킹 회로　　② 시퀀스 회로
③ 단락 회로　　④ 브레이크 회로

 차동 회로는 일명 재생 회로라 하며 수압면적이 넓은 피스톤 측에 펌프의 송출량과 로드 측에서 귀환하는 유압유가 함유해서 유입되게 하여 피스톤 속도를 빠르게 하는 회로지만 가압력은 약해져 소형 프레스에 간혹 사용된다.

## 20 공압 시스템에서 부하의 변동 시 비교적 안정된 속도가 얻어지는 속도제어 방법은?

① 미터 인 방법
② 미터 아웃 방법
③ 블리드 온 방법
④ 블리드 오프 방법

 미터 아웃 속도 제어는 실린더의 피스톤 양쪽에 모두 압력이 유지되고 있는 상태로 실린더가 움직이게 되므로 실린더에 작용하는 부하의 방향이 바뀌거나 부하의 크기가 갑자기 변화되어도 실린더가 유압적으로 클램프되어 있으므로 미터 인 방법보다 더 안정되게 된다.

## 21 진공발생기에서 진공이 발생하는 것은 어떤 원리를 이용한 것인가?

① 샤를의 원리
② 파스칼의 원리
③ 벤츄리 원리
④ 토리첼리의 원리

벤츄리 관(ventury tube)으로 공기가 흐른다고 할 때, 면적이 작아지는 부분에서는 연속의 법칙에 의하여 속도는 빨라지고, 베루누이 정리에 의해 압력은 낮아진다. 즉, 면적이 가장 작은 부분에서는 속도는 최대가 되고, 압력은 최소가 된다. 다시 면적이 넓어지는 곳을 통과하면서 속도는 느려지고, 압력은 증가하여 처음 공기가 입구로 들어 갈 때의 속도와 압력을 갖게 된다.

**22** 기계 에너지를 유압 에너지로 변환시키는 장치는?

① 유압 모터　　② 유압 펌프
③ 유압 밸브　　④ 유압 실린더

 유압 펌프는 전동기나 엔진 등의 원동기에서 기계적 에너지를 공급받아 유압 액추에이터(유압 실린더, 유압 모터 등)를 작동시키는 데 필요한 압력 에너지로 변환시키는 것이다.

**23** 난연성 유압유가 아닌 것은?

① 석유계(石油系)
② 인산에스테르계
③ 유화계(乳化系)
④ 물-글리콜계

 난연성 작동유에는 비함수계의 것(내화성을 갖는 합성물)과 함수계의 것이 있다. 비함수계의 것으로서는 인산에스테르와 폴리올에스테르가 대표적인 것이며, 함수계 작동유에는 수중유적형(O/W), 유중수적형(W/O), 그리고 물-글리콜계 등이 있다. O/W형은 첨가제를 함유한 광유를 1~10% 물 속에 유화시킨 것이며, W/O형은 물을 40~50% 오일 속에 분산시킨 것이다. 어느 것이나 유화제, 방청제, 마모방지제, 방부제 등의 첨가제가 사용되고 있다. 물-글리콜형은 글리콜, 폴리글리콜(증점제)의 수용액 속에 방청제와 마모방지제의 첨가제를 넣은 것이며 수분량은 40~50%이다.

**24** 다음 중 체적효율이 가장 높은 펌프는?

① 외접 기어 펌프
② 평형형 베인 펌프
③ 내접 기어 펌프
④ 회전 피스톤 펌프

 유압 펌프의 성능 비교를 참조하세요.

| 유압 펌프의 종류 | | | 정격 압력 (MPa) | 배제 용적 (cm$^3$/rev) | 회전 속도 (rpm) | 전효율 (%) |
|---|---|---|---|---|---|---|
| 피스톤 펌프 | 축방향형 | 사판식 | 14~35 | ~500 | 300~3,600 | 80~93 |
| | | 사축식 | 14~35 | ~500 | 300~3,600 | 80~93 |
| | 반지름 방향형 | | ~31.5 | 1,800 | 300~1,800 | 80~93 |
| 치차 펌프 | 외접 치차 | | 17.5 | ~350 | 100~3,000 | 70~85 |
| | 내접 치차 | | 3~7 | ~250 | 100~5,000 | 70~85 |
| | 고압 내접 치차 | | 25 | ~125 | 300~2,500 | 85~90 |
| 베인 펌프 | 평형식 | | 7~9 | ~175 | 300~2,000 | 70~85 |
| | 고성능형 | | 14~17.5 | ~350 | 300~2,700 | 70~85 |
| 나사 펌프 | | | ~7 | ~20,000 | 100~10,000 | ~80 |

**25** 공압 실린더의 전진 속도를 조절하기 위해 사용하는 밸브는?

① 셧-오프 밸브
② 방향 조절 밸브
③ 유량 조절 밸브
④ 압력 조절 밸브

 실린더의 전진과 후진 속도는 체크 내장형 유량 제어 밸브를 사용하여 속도를 조절한다.

**26** 검출용 스위치 중 무접촉형 스위치는?

① 광전 스위치
② 리밋 스위치
③ 압력 스위치
④ 마이크로 스위치

 리밋 스위치와 마이크로 스위츠는 레버를 접촉하며, 압력 스위치는 공기압이 형성되므로 스위치 역할을 한다.

**27** 압력 제어 밸브의 특성이 아닌 것은?

① 유량 특성

② 압력 조정 특성

③ 인터폴로 특성

④ 히스테리시스 특성

 압력 제어 밸브의 특성은 유량 특성, 압력 조정 특성, 히스테리시스 특성은 있으며 특히 히스테리시스 특성값은 제어 밸브의 성능에 대한 신뢰성의 상태를 판단할 수가 있다.

**28** 다음 유압 회로의 명칭은 무엇인가?

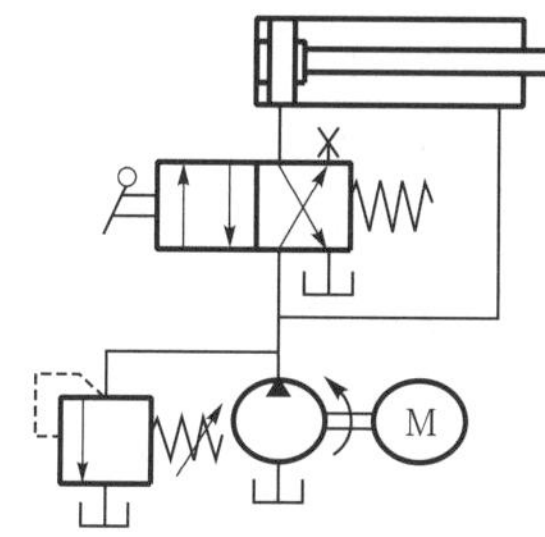

① 로킹 회로  ② 재생 회로

③ 동조 회로  ④ 속도 회로

 실린더 단면적에 대한 로드 측의 단면적의 비율에 따라 속도 증가 비율이 정해진다. 실린더의 전진 속도는 빨라 사이클시간을 단축할 수 있는 반면 그 작용력은 작게 된다. 이 회로는 소형프레스 회로에 응용된다.

**29** 유압 작동유가 구비하여야 할 조건이 아닌 것은?

① 압축성이어야 한다.

② 열을 방출시킬 수 있어야 한다.

③ 적절한 점도가 유지되어야 한다.

④ 장시간 사용하여도 화학적으로 안정되어야 한다.

 유압 작동유는 비압축성이어야 한다.

**30** 2개의 안정된 출력 상태를 가지고, 입력 유무에 관계없이 직전에 가해진 압력의 상태를 출력 상태로서 유지하는 회로는?

① 부스터 회로

② 플립플롭 회로

③ 카운터 회로

④ 레지스터 회로

 플립플롭은 두 가지 상태 사이를 번갈아 하는 전자 회로를 말한다. 플립플롭에 전류가 부가되면, 현재의 반대 상태로 변하며(0에서 1로, 또는 1에서 0으로), 그 상태를 계속 유지하므로 한 비트의 정보를 저장할 수 있는 능력을 가지고 있다. 여러 개의 트랜지스터로 만들어지며 SRAM이나 하드웨어 레지스터 등을 구성하는데 사용 플립플롭에는 RS 플립플롭, D 플립플롭, JK 플립플롭, T 플립플롭 등 여러 가지 종류가 있다.

**31** 시퀀스도를 그리는 일반적인 방법으로 옳지 않은 것은?

① 전원 모선은 상하 또는 좌우에 쓴다.

② 아래(오른쪽) 제어 모선에 전등을 비롯한 부하를 그린다.

③ 위(왼쪽) 제어 모선에 누름 버튼 스위치, 감지기 등을 그린다.

④ 교류전원은 P(+), N(−), 직류전원은 (R), (T) 등으로 표시한다.

 직류전원은 P(+), N(−), 교류전원은 (R), (T) 등으로 표시한다.

**32** 전동기의 정·역 운전 회로에서 다른 계전기의 동시 동작을 금지시키는 회로는?

① 비반전 회로

② 정지 우선 회로

③ 인터록 회로

④ 기동 우선 회로

기기나 작업자의 안전을 위하여 다른 기기의 동작을 금지하는 회로를 인터록(Interlock)회로라고 하며 다음과 같다.

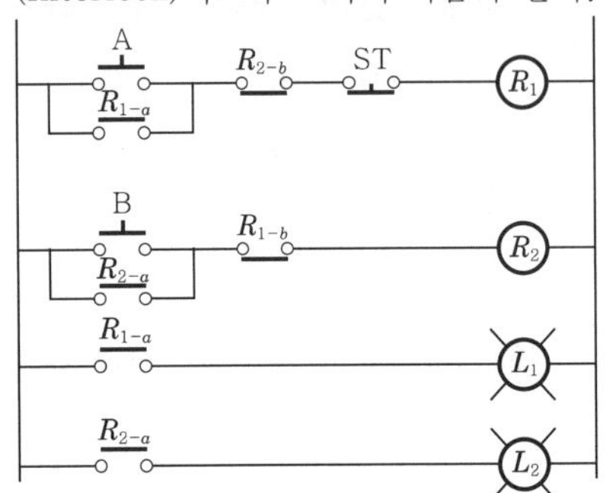

## 33 도체의 저항값에 관한 설명으로 옳은 것은?

① 전압에 비례하고, 전류와는 반비례한다.

② 전류에 비례하고, 전압과는 반비례한다.

③ 도체의 고유저항에 비례하고, 길이에 반비례한다.

④ 도체의 고유저항에 반비례하고, 길이에 비례한다.

 저항은 $V = IR$, $R = \dfrac{V}{I}$

도체는 같은 길이, 단면적이라도 재료가 다르면 저항값이 다르다 이는 재료마다 저항율이 다르기 때문이다.

$R = \rho \dfrac{l}{A}$ 여기서, $\rho$ : 도체의 고유저항, 저항율이라 한다.

## 34 부하가 저항만으로 이루어진 교류회로에서 전압과 전류의 위상 관계는?

① 전류는 전압과 동상이다.

② 전류는 전압보다 위상이 $90°$ 늦다.

③ 전류는 전압보다 위상이 $90°$ 앞선다.

④ 전류는 전압보다 위상이 $180°$ 늦다.

 저항 양단의 전압과, 저항을 통해 흐르는 전류의 위상은 서로 같다.

또한 커패시터를 통해 흐르는 전류는 커패시터 양단의 전압보다 $90°$ 만큼 앞선다.

## 35 그림과 같은 회로도를 갖는 기본 논리 게이트의 논리식은?

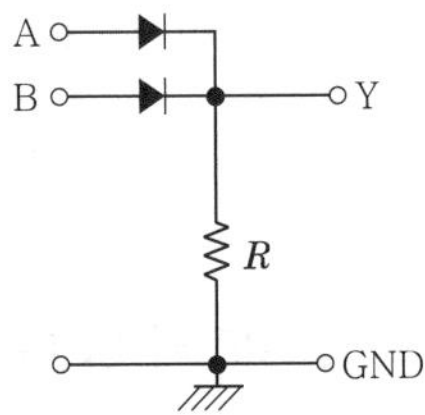

① $Y = A \cdot B$

② $Y = A + B$

③ $Y = A + A \cdot B$

④ $Y = A \cap B$

 OR gate이며 A, B중 하나만 ON이 되면 전류는 흐른다.

## 36 정전 용량이 $2\mu F$인 콘덴서의 1kHz에서의 용량 리액턴스는 약 몇 $\Omega$인가?

① 15.9　　　② 79.6

③ 159　　　④ 796

 용량 리액턴스

$$X_L = \dfrac{1}{2\pi f C}$$

$$= \dfrac{1}{2 \times 3.14 \times 1000 \times 2 \times 10^{-6}}$$

$$= 79.6[\Omega]$$

## 37 220V, 40W의 형광등 10개를 4시간 동안 사용했을 때의 소비전력량은 몇 kWh인가?

① 0.16　　　② 1.6

③ 8.8　　　④ 16

전력량은 어느 일정 시간 동안의 전기 에너지의 총량으로
$$W = P \times t = VIt[\text{W} \cdot \text{s}] = VIt[\text{J}]$$ 이므로
$$40[\text{W}] \times 10 \times 4[\text{hr}] = 1{,}600[\text{Wh}]$$
$$= 1.6[\text{kWh}]$$

**38** 직류발전기의 주요 부분 중 기전력이 유도되는 부분은?

① 계자
② 브러시
③ 전기자
④ 정류자

계자는 자극과 계철로 자속을 생성하고 브러시는 외부에서 내부로 전기를 인가해주며 정류자는 브러시와 접촉하며 교류를 직류로 변환하는 부분이다.

**39** 직류 미소전류의 측정방법에 관한 설명으로 옳은 것은?

① 직류 전류의 측정에는 주로 가동 철편형 계기가 사용된다.
② 전류계는 전류의 크기를 측정하고자 하는 회로에 병렬로 연결한다.
③ 전류의 크기가 얼마나 되겠는지를 미리 짐작한 후 예상 값보다 작은 눈금의 전류계를 선택하여야 한다.
④ 전원장치의 (+)극 쪽에 연결된 도선은 전류계의 (+)단자에, (−)극 쪽에 연결된 도선은 전류계의 (−)단자에 연결한다.

직류 전류의 측정에는 주로 열전형 계기가 사용되고, 전류계는 전류의 크기를 측정하고자 하는 회로에 직렬로 연결한다. 전류의 크기가 얼마나 되겠는지를 미리 짐작한 후 예상 값보다 큰 눈금의 전류계를 선택하여야 한다.

**40** 전기적 신호를 파형으로 보면서 관찰하게 만든 전기·전자 계측기는?

① 함수발생기
② 오실로스코프
③ 디지털 멀티미터
④ 진동편형 주파수계

전기적 신호를 파형으로 보면서 관찰하게 만든 전기·전자 계측기는 오실로스코프이다.

**41** 정류회로에 커패시터 필터를 사용하는 이유는?

① 용량의 감소를 위하여
② 소음을 감소시키기 위하여
③ 2배의 직류값을 얻기 위하여
④ 직류에 가까운 파형을 얻기 위하여

커패시터를 정류 출력에 달아서 맥류를 줄인다. 커패시터가 전압을 충전했다가 전압이 내려갈 때 서서히 뱉어준다. 가장 간단하고 다른 회로의 응용이 되기도 한다.

**42** 3상 유도전동기의 회전 방향을 바꾸기 위한 조치로 옳은 것은?

① 전원의 주파수 변환
② 전동기의 극수 변환
③ 전동기의 Y-△ 변환
④ 전원의 2상 접속 변환

일반적으로 삼상유도 전동기는 산업전반에 걸쳐 사용하고 있는데 사용도중에 MOTOR의 회전 방향이 틀려 바꾸곤 하는데 R, S, T 3상 중에 R-S, R-T, S-T를 서로 바꾸면 회전 방향이 반대로 회전한다.

**43** 저항 $R$인 전선의 길이를 2배로 하고, 단면적을 $\frac{1}{2}$로 변화하였을 때의 저항은 얼마인가?

① $\frac{1}{2}R$　　　② $2R$

③ $4R$　　　④ $8R$

 $R = \rho \dfrac{l}{A}$ 이므로 $R = \rho \dfrac{2l}{\frac{1}{2}A} = 4R$

**44** 그림과 같은 주파수 특성을 갖는 전기소자는?

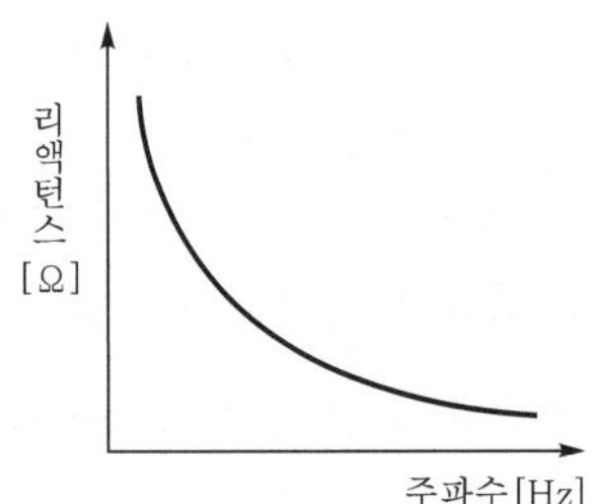


① 저항　　　② 코일

③ 콘덴서　　　④ 다이오드

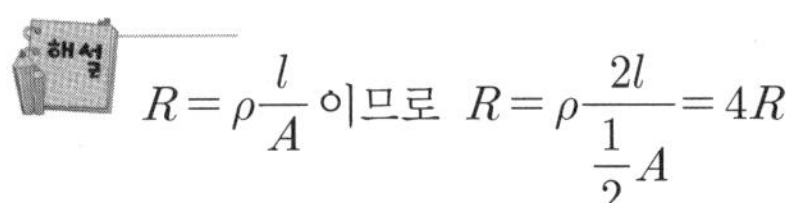 콘덴서는 주파수와 인덕터 리액턴스의 관계는 완전한 비례가 아니고, 주파수를 자꾸 높게 해도, 한없이 무한대가 되는 것이 아니며 일정 주파수에서는 옆걸음이 되어, 그것보다도 높은 주파수에서는 역으로 저하하거나, 물결치거나 하기 시작한다.

**45** 저항만의 부하로 이루어진 단상 교류회로에서 전원 실효전압 $V$ [V], 실효전류 $I$ [A]가 흐른다면 단상전력 $P$ [W]는?

① $P = VI$

② $P = \sqrt{2}\,VI$

③ $P = \dfrac{1}{\sqrt{2}}VI$

④ $P = \sqrt{3}\,VI$

전압과 전류는 동상으로 그 실효값은 옴의 법칙이 그대로 성립한다.

**46** 일반적으로 제도에서 사용할 수 있는 척도로 틀린 것은?

① 10 : 1　　　② 5 : 1

③ 3 : 1　　　④ 2 : 1

 배척은 실제 크기보다 큰 비율로 나타내는 척도로서 2 : 1, 5 : 1, 10 : 1 등을 사용한다.

**47** 다음 제3각 정투상도에 해당하는 입체도는?

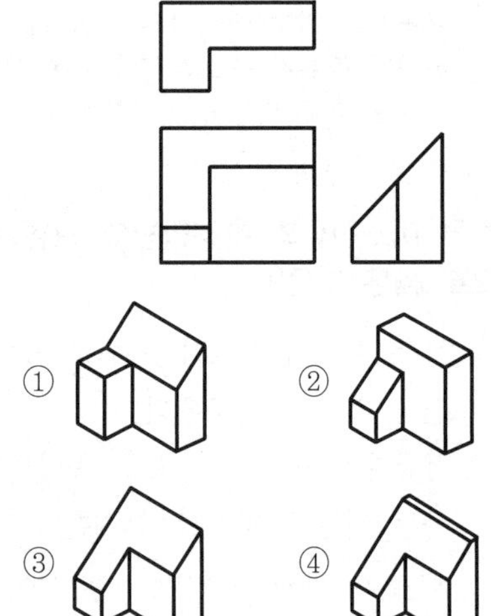

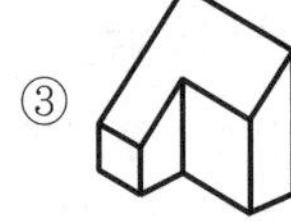 ①

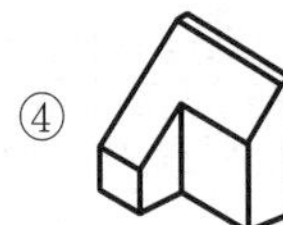 ②

③

④

윗면이 경사로 한 면으로 측면도에서 표현되어 있다.

**48** 그림에서 "①"의 선 명칭으로 옳은 것은?

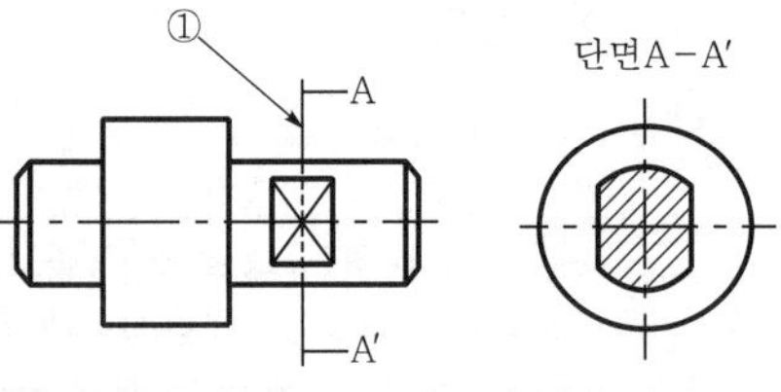


① 파단선　　　② 절단선

③ 피치선　　　④ 숨은선

 절단선은 부품의 형상을 이해하기 쉽게 하기 위해서 전단부분을 SECTION A–A′ 로 표기하며 화살표는 보는 방향을 나타 낸다.

## 49 제3각법 정투상도에서 저면도의 배치 위치로 옳은 것은?

① 정면도의 아래쪽
② 정면도의 오른쪽
③ 정면도의 위쪽
④ 정면도의 왼쪽

 제3각법에서 정면도를 기준으로 위쪽은 평면도, 아래쪽은 저면도, 좌측에는 좌측면도, 우측에는 우측면도를 배치한다.

## 50 다음 입체도에서 화살표 방향이 정면일 때 우측면도로 가장 적합한 것은?

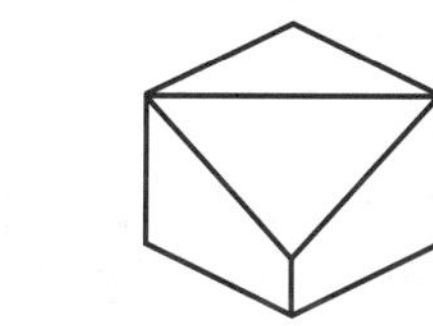

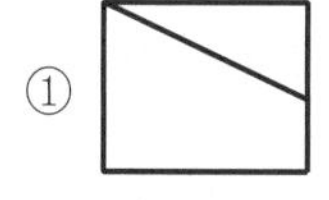 ①　 ②
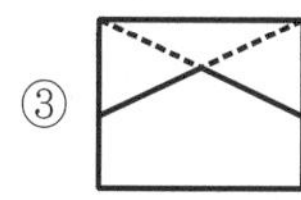 ③　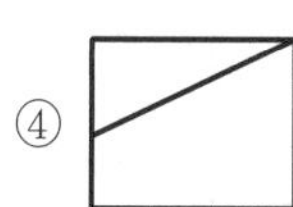 ④

 우측면도는 그림에서 왼쪽이 경사 방향 으로 전단이 되어 있으므로 오른쪽에서 왼쪽으로 경사진 상태로 오형선이 나타 난다.

## 51 기계재료 기호 SM15CK에서 "15"가 의미하는 것은?

① 침탄 깊이　　② 최저 인장 강도
③ 탄소함유량　　④ 최대 인장 강도

 SM15CK는 침탄용 기계구조용강으로 침 탄열처리를 하며 탄소함유량을 나타낸 다. 기계구조용강에서 탄소함유량은 기 계적 성질에 많은 영향을 주기 때문에 설계 시 재료의 선택을 잘 해야 한다.

## 52 치수에 사용하는 기호와 그 설명이 잘못 연결된 것은?

① 정사각형의 변 – □
② 구의 반지름 – $R$
③ 지름 – $\phi$
④ 45° 모따기 – $C$

 표면이 구면으로 되어 있음을 표시할 때 는 구의 지름 또는 반지름의 치수를 기입 하고 $\phi$ 또는 $R$ 앞에 "$S$"를 기입한다.

## 53 두 물체 사이의 거리를 일정하게 유지시키면서 결합하는데 사용하는 볼트는?

① 기초 볼트　　② 아이 볼트
③ 나비 볼트　　④ 스테이 볼트

 기초 볼트는 콘크리트 바닥에 기계장치 를 고정하기 위해 사용되며 아이 볼트는 볼트 상단에 링형태로 되어 있어서 기계 장치를 운반 시나 이동시키고자 할 때 사용한다. 나비 볼트는 손으로 쉽게 체 결할 수 있도록 볼트 상단에 나비형태로 되어 있다.

## 54 지름 50mm인 원형 단면에 하중 4,500N이 작용할 때 발생되는 응력은 약 몇 N/mm²인가?

① 2.3　　　　② 4.6
③ 23.3　　　④ 46.6

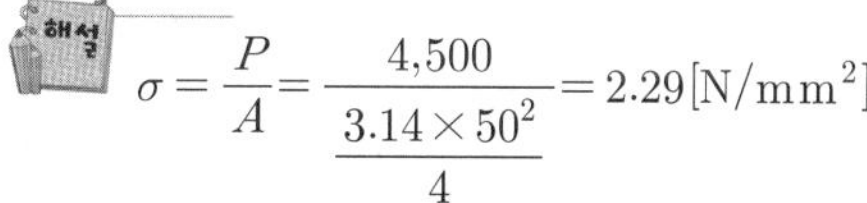 $$\sigma = \frac{P}{A} = \frac{4,500}{\dfrac{3.14 \times 50^2}{4}} = 2.29\,[\text{N/mm}^2]$$

**55** 평 벨트와 비교한 V 벨트 전동의 특성이 아닌 것은?

① 설치면적이 넓어 큰 공간이 필요하다.
② 비교적 작은 장력으로 큰 회전력을 전달할 수 있다.
③ 운전이 정숙하다.
④ 마찰력이 평 벨트보다 크고 미끄럼이 적다.

 V 벨트는 평 벨트보다 설치면적이 좁은 곳에 적용한다.

**56** 너트의 밑면에 넓은 원형 플랜지가 붙어 있는 너트는?

① 와셔붙이 너트
② 육각 너트
③ 판 너트
④ 캡 너트

 와셔붙이 너트는 밑면에 넓은 원형 플랜지가 붙어있으므로 볼트의 체결력을 크게하며 또한 볼트 구멍이 클 경우 체결력을 향상시킨다.

**57** 기계요소 부품 중에서 직접 전동용 기계요소에 속하는 것은?

① 벨트
② 기어
③ 로프
④ 체인

 벨트는 풀리에 의해, 로프는 도르래에 의해, 체인은 스프로켓에 의해 동력을 전달한다.

**58** 시험 전 단면적이 $6mm^2$, 시험 후 단면적이 $1.5mm^2$일 때 단면수축률은?

① 25%　　② 45%
③ 55%　　④ 75%

 단면수축률은

$$\psi = \frac{A_o - A}{A_o} \times 100$$

$$= \frac{6 - 1.5}{6} \times 100 = 75[\%]$$

**59** 축이 회전하는 중에 임의로 회전력을 차단할 수 있는 것은?

① 커플링
② 스플라인
③ 크랭크
④ 클러치

 커플링(Coupling)은 축과 축을 연결해 주며 축선의 공차를 보정하고, 스플라인은 기어 형태의 요철이 축선으로 형성되어 기어를 축 방향으로 이동시켜준다.

**60** 고정 원판식 코일에 전류를 통하면, 전자력에 의하여 회전 원판이 잡아 당겨져 브레이크가 걸리고, 전류를 끊으면 스프링 작용으로 원판이 떨어져 회전을 계속하는 브레이크는?

① 밴드 브레이크
② 디스크 브레이크
③ 전자 브레이크
④ 블록 브레이크

 밴드 브레이크는 디스크를 감싸서 제동력을 형성하고 디스크 브레이크는 측면에서 제동력을 준다.

# 2015년 7월 19일 시행

**01** 그림과 같은 회로도를 무엇이라고 하는가?

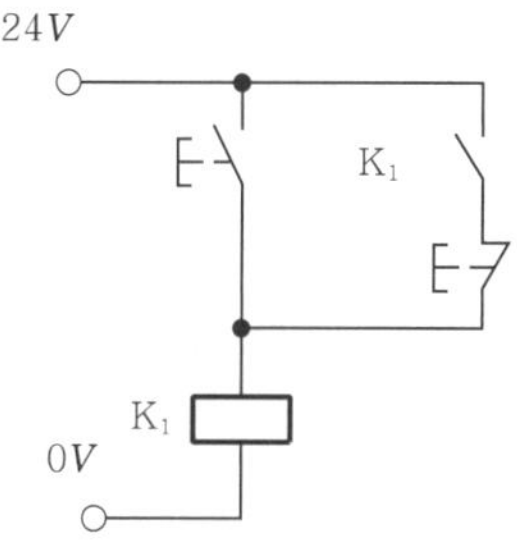


① 인터록 회로
② 플립플롭 회로
③ ON 우선 자기 유지 회로
④ OFF 우선 자기 유지 회로

PB₁, PB₂를 동시에 누르면 릴레이 K₁은 여자되어 회로로 ON 우선 자기 유지 회로이다.

**02** 피스톤 로드의 중심선에 대하여 직각을 이루는 실린더의 양측으로 뻗은 1쌍의 원통 모양의 피벗으로 지지된 공압 실린더의 지지 형식을 무엇이라 하는가?

① 풋형
② 크레비스형
③ 용접형
④ 트러니언형

실린더 지지 형식에 의한 분류는 다음과 같다.
㉮ 고정식
  풋형(축 직각 : LA, 축 방향 : LB), 플랜지형(로드 측 : FA, 헤드 측 : FB)
㉯ 요동형
  크레비스형(1산 : CA, 2산 : CB), 트러니언형(로드 측 : TA, 헤드 측 : TB, 중간 : TC)

**03** 다음 중 실린더의 속도를 제어할 수 있는 기능을 가진 밸브는?

① AND 밸브
② 3/2-way 밸브
③ 압력 시퀀스 밸브
④ 일 방향 유량 제어 밸브

실린더의 속도를 제어할 수 있는 밸브는 체크 내장형 유량 제어 밸브이다.

**04** 유압 펌프의 성능을 표현하는 것으로 단위 시간당 에너지를 의미하는 것은?

① 동력
② 전력
③ 항력
④ 추력

일률(공률) 또는 동력(power)은 단위 시간당 한 일의 양을 의미한다.

**05** 유압 탱크의 구비 조건이 아닌 것은?

① 필요한 기름의 양을 저장할 수 있을 것
② 복귀관 측과 흡입관 측 사이에 격관을 설치할 것
③ 펌프의 출구 측에 스트레이너가 설치되어 있을 것
④ 적당한 크기의 주유구와 배유구가 설치되어 있을 것

펌프의 입구 측에 스트레이너가 설치되어 있어야 이물질을 필터링을 한 다음 밸브, 액추에이터로 보내진다.

**06** 공압 장치의 특징으로 옳지 않은 것은?

① 사용 에너지를 쉽게 구할 수 있다.
② 압축성 에너지이므로 위치 제어성이 좋다.
③ 힘의 증폭이 용이하고 속도조절이 간단하다.
④ 동력의 전달이 간단하며 먼 거리 이송이 쉽다.

 공압은 압축성 에너지이므로 위치 제어성이 유압에 비하여 좋지 않다.

**07** 실린더 로드의 지름을 크게 하여 부하에 대한 위험을 줄인 실린더는?

① 램형 실린더
② 탠덤 실린더
③ 다위치 실린더
④ 텔레스코프 실린더

 ㉮ 램형 실린더(ram type cylinder)
피스톤이 없이 로드 자체가 피스톤의 역할을 하며 로드는 피스톤보다 약간 작게 설계한다. 로드의 끝은 약간 턱이 지게 하거나 링을 끼워 로드가 빠져 나가지 못하도록 한다. 이 실린더는 피스톤형에 비하여 로드가 굵기 때문에 부하에 의해 휠 염려가 적으며, 패킹이 바깥쪽에 있기 때문에 실린더 안벽의 긁힘이 패킹을 손상시킬 우려가 없으며, 공기구멍을 두지 않아도 된다.
㉯ 탠덤(tandem) 실린더
2개의 복동 실린더가 1개의 실린더 형태로 조립되어 있는 것으로 2개의 피스톤에 압축 공기가 공급되어 실린더가 낼 수 있는 힘은 거의 2배가 된다. 이 실린더는 실린더의 지름은 한정되고 큰 힘이 필요한 곳에 사용한다.
㉰ 다위치 실린더
실린더가 원하는 위치에 정지하도록 구조인 실린더이다.

㉱ 텔레스코프 실린더
실린더 설치면적이 좁고 긴 스트로크가 필요한 부분에 사용한다.

**08** 유압 펌프의 동력을 산출하는 방법으로 옳은 것은?

① 힘×거리
② 압력×유량
③ 질량×가속도
④ 압력×수압면적

$$L = F \times V$$
$$= \frac{P \times Q}{6}[\text{kg.m/sec}] \times \frac{1}{75}[\text{PS}/(\text{kg.m/sec})]$$
$$= \frac{P \times Q}{450}[\text{PS}]$$
$$L = F \times V$$
$$= \frac{P \times Q}{6}[\text{kg.m/sec}] \times \frac{1}{102}[\text{kW}/(\text{kg.m/sec})]$$
$$= \frac{P \times Q}{612}[\text{kW}]$$

**09** 자기 현상을 이용한 스위치로 빠른 전환 사이클이 요구될 때 사용되는 스위치는?

① 압력 스위치
② 전기 리드 스위치
③ 광전 스위치
④ 전기 리밋 스위치

 압력 스위치는 설정압력에 도달하면 전기적 신호를 보내어 압력을 차단하거나 통과하게 하며 전기 리드 스위치는 실린더 내부에 영구자석을 부착하여 영구자석 위치에 리드 스위치가 있으면 자력에 의해 전류를 흐르게 하며 전기 리밋 스위치는 한계를 설정하여 전기적 신호를 생성시킨다.

**10** 액추에이터의 공급쪽 관로 내의 흐름을 제어함으로써 속도를 제어하는 그림과 같은 회로는 무슨 방식인가?

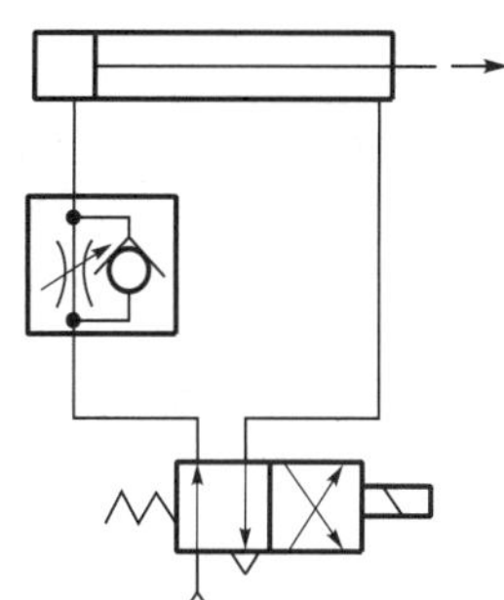

① 미터 인　　② 미터 아웃

③ 블리드 온　④ 블리드 오프

 미터 아웃 회로는 로드쪽은 자유상태이므로 공압이 바로 상승하며 공기는 출구에서 교축되어 방출되므로 배기속도는 제한하고 양쪽의 차압에 의한 추력으로 피스톤은 균일하게 움직인다.

**11** 공압 실린더나 공압 탱크의 공기를 급속히 방출할 필요가 있을 때 또는 공압 실린더 속도를 증가시킬 필요가 있을 때 사용되는 밸브로 가장 적당한 것은?

① 2압 밸브　　② 셔틀 밸브

③ 체크 밸브　　④ 급속 배기 밸브

 셔틀 밸브는 두 개의 공급포트와 하나의 출력포트를 가진 밸브로서 출력포트가 고압을 공급하는 포트에 반드시 접속되고 저압 측의 포트를 닫도록 동작하는 것이다. 직접 실린더를 구동시키는 주회로에 사용하는 비교적 대유량인 것과 전공압 회로에 사용하는 소유량인 것이 있다. 전공압 회로에 사용되는 것은 OR 소자라고도 한다.

**12** 전기 제어의 동작상태에 관한 설명으로 옳지 않은 것은?

① 기기의 미소 시간 동작을 위해 조작 동작되는 것을 조깅이라 한다.

② 계전기 코일에 전류를 흘려 자화 성질을 얻게 하는 것을 여자라 한다.

③ 계전기 코일에 전류를 차단하여 자화 성질을 잃게 하는 것을 소자라 한다.

④ 계전기가 소자된 후에도 동작기능이 유효하게 하는 것을 인터록이라 한다.

 계전기가 소자된 후에도 동작기능이 유효하게 하는 것을 자기 유지 회로이며 자기 유지 회로(self-holding circuit)에는 자기 유지를 시켜주기 위한 ON신호가 자기 유지를 해제하기 위한 OFF신호보다 우선하는 ON 우선 회로(Dominant ON)와 OFF신호가 ON신호보다 우선하는 OFF 우선 회로(Dominant OFF)의 두 가지가 있다.

**13** 다음 중 공압 모터의 장점인 것은?

① 배기음이 작다.

② 에너지 변환 효율이 높다.

③ 폭발의 위험성이 거의 없다.

④ 공기의 압축성에 의해 제어성이 우수하다.

**공압 모터의 특징**
㉮ 장점
　㉠ 회전속도, 토크(torque)를 자유로 조절할 수 있다.
　㉡ 과부하 시 위험성이 없다.
　㉢ 시동, 정지, 역회전 시 충격발생이 없다.
　㉣ 폭발성이 없다.
　㉤ 에너지를 축적할 수 있어 비상용으로 유효하다.
㉯ 단점
　㉠ 에너지 변환효율이 적다.
　㉡ 공기의 압축성 때문에 제어성이 좋지 않다.
　㉢ 부하에 의한 회전속도의 변동이 크다.
　㉣ 배기소음이 크다.
　㉤ 부하에 의한 회전 시 변동이 크고, 일정 속도를 높은 정확도로 유지하기 어렵다.

[정답]　11. ④　12. ④　13. ③

**14** 다음과 같은 회로의 명칭은?

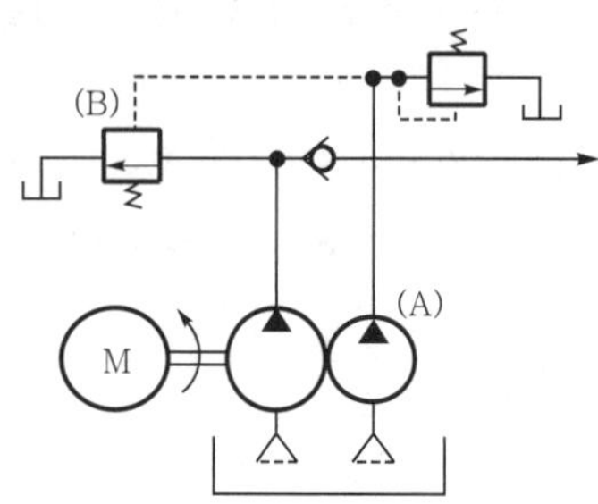


① 로크 회로

② 무부하 회로

③ 동조 회로

④ 카운터 밸런스 회로

 동조 회로는 용량이 같은 유압 모터를 같은 축으로 연결해서 사용하며 릴리프 밸브 두 개를 사용하여 일정한 압력을 유지하도록 한다.
카운터 밸런스 회로는 배압 밸브라고도 하며 실린더에 인장 하중이 걸리거나 부하의 관성에 의한 인장 하중 효과가 발생되면 실린더의 속도조절 기능이 방해받는데 이를 방지하기 위하여 인장 하중이 걸리는 측 배관에 압력 릴리프 밸브를 달아 저항을 주게 된다.

**15** 공기 청정화 장치로 이용되는 공기 필터에 관한 설명으로 적합하지 않은 것은?

① 압축 공기에 포함된 이물질을 제거하여 문제가 발생하지 않도록 사용한다.

② 압축 공기는 필터를 통과하면서 응축된 물과 오물을 제거하는 역할을 한다.

③ 투명의 수지로 되어 있는 필터통은 가정용 중성세제로 세척하여 사용하여야 한다.

④ 필터에 의하여 걸러진 응축물은 필터통에 꽉 차여져 있어야 추가적인 이물질 공급이 차단되어 효율적이다.

 필터에 의하여 걸러진 응축물은 어느 정도 차면 필터통에서 자동으로 드레인하도록 하여야 필터 역할을 한다.

**16** 루브리케이터(Lubricator)에 사용되는 적정한 윤활유는?

① 기계유 1종(ISO VG 32)

② 터빈유 1종, 2종(ISO VG 32)

③ 그리스유 3종, 4종(ISO VG 32)

④ 스핀들유 3종, 4종(ISO VG 32)

 오일러(lubricator)에 넣을 수 있는 유종은 터빈유에는 터빈유 1종과 2종이 있으며 1종은 첨가물이 없는 것이고 터빈유 2종은 방청첨가제, 산화방지제 등을 첨가하고 있어서 보통 에어 루브리게이터에는 터빈유 1종 상당을 사용하여야 한다.

**17** 공압 시스템의 서어징 설계조건으로 볼 수 없는 것은?

① 반복 횟수

② 부하의 형상

③ 부하의 중량

④ 실린더의 행정거리

 압축성으로 인한 압력 변화 때문에 액추에이터가 있는 시스템에서는 맥동현상이 발생하며 맥동현상은 압력이 출렁대며 일정치 않은 상태를 의미한다.

**18** 일의 3요소에 해당되지 않는 것은?

① 크기

② 속도

③ 형상

④ 방향

 일의 3요소는 크기, 속도, 방향이다.

**19** 압력의 크기에 의해 제어되거나 압력에 큰 영향을 미치는 것은?

① 솔레노이드 밸브

② 방향 제어 밸브

③ 압력 제어 밸브

④ 유량 제어 밸브

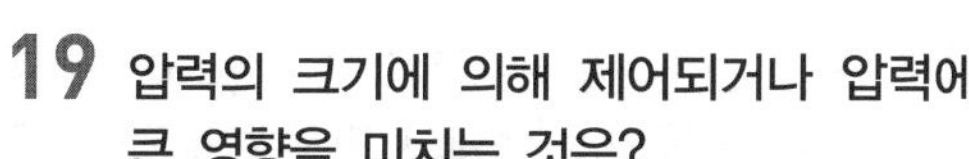 압력의 크기에 의해 제어되거나 압력에 큰 영향을 미치는 것은 압력 제어 밸브 이다.

**20** 접속된 관로를 나타내는 기호는?

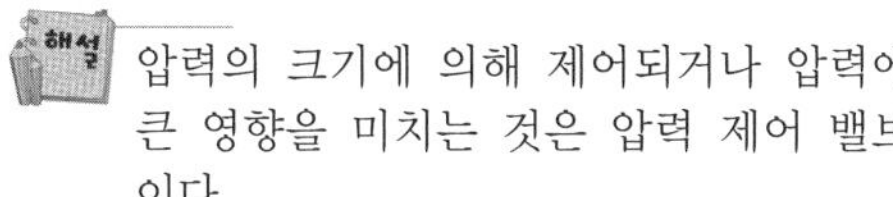

 접속된 관로는 서로 만나는 지점에 검정 색 점으로 표기한다.

**21** 회로 설계 시 주의하여야 할 부하 중 과주성 부하에 관한 설명으로 옳지 않은 것은?

① 음의 부하이다.

② 저항성 부하이다.

③ 운동량을 증가시킨다.

④ 액추에이터의 운동 방향과 동일하게 작용한다.

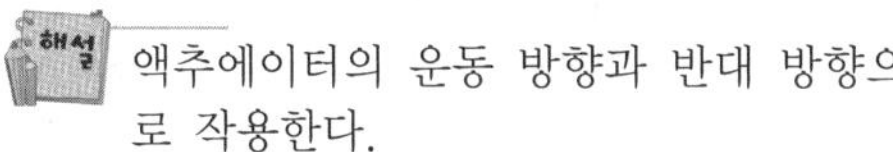 액추에이터의 운동 방향과 반대 방향으로 작용한다.

**22** 유압 제어 밸브 중 회로압이 설정압을 넘으면 막이 유체압에 의해 파열되어 압유를 탱크로 귀환시키고 동시에 압력상승을 막아 기기를 보호하는 역할을 하는 기기는?

① 유체 퓨즈　　② 압력 스위치

③ 감압 밸브　　④ 릴리프 밸브

 감압 밸브는 압력을 감소시키며 파이로 트식 다이어프램, 파이로트 피스톤식, 직동식이 있다.

**23** 공유압 변환기를 에어 하이드로 실린더와 조합하여 사용할 경우 주의사항으로 틀린 것은?

① 열원의 가까이에서 사용하지 않는다.

② 공유압 변환기는 수평 방향으로 설치한다.

③ 에어 하이드로 실린더보다 높은 위치에 설치한다.

④ 작동유가 통하는 배관에 누설, 공기 흡입이 없도록 밀봉을 철저히 한다.

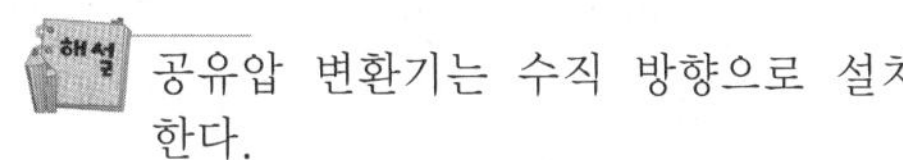 공유압 변환기는 수직 방향으로 설치한다.

**24** 공압 밸브에 부착되어 있는 소음기의 역할에 관한 설명으로 옳은 것은?

① 배기속도를 빠르게 한다.

② 공압 작동부의 출력이 커진다.

③ 공압 기기의 에너지 효율이 좋아진다.

④ 압축 공기 흐름에 저항이 부여되고 배압이 생긴다.

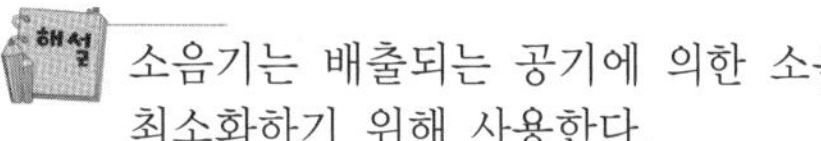 소음기는 배출되는 공기에 의한 소음을 최소화하기 위해 사용한다.

**25** 다음 중 공기압 발생장치에 해당되지 않는 장치는?

① 송풍기　　　② 진공 펌프

③ 압축기　　　④ 공압 모터

 공압 모터는 공기압을 이용하여 기계적 에너지를 생성시킨다.

---

[정답]　19. ③　20. ①　21. ④　22. ④　23. ②　24. ④　25. ④

**26** 그림과 같은 유압 회로의 명칭은?

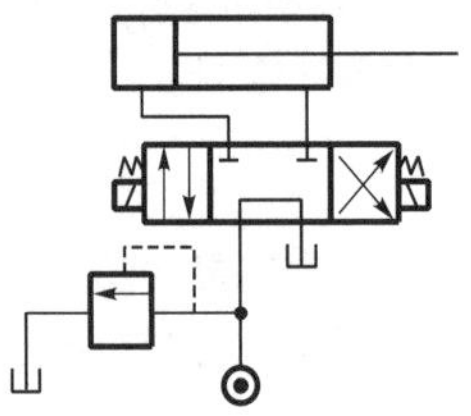

① 감속 회로
② 차동 회로
③ 로킹 회로
④ 정토크 구동 회로

 로킹 회로는 유압 액추에이터를 임의의 위치에 정지시키는 회로이다.

**27** 유압 실린더나 유압 모터의 작동 방향을 바꾸는데 사용되는 것으로 회로 내의 유체 흐름의 통로를 조정하는 것은?

① 체크 밸브
② 유량 제어 밸브
③ 압력 제어 밸브
④ 방향 제어 밸브

 체크 밸브는 한쪽 방향으로만 흐르게 하며 유량 제어 밸브는 유량을, 압력 제어 밸브는 압력을 제어한다.

**28** 연속적으로 공기를 빼내는 공기구멍을 나타내는 기호는?

① 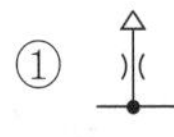　② 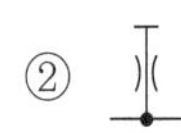
③ 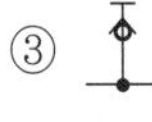　④ 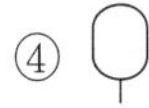

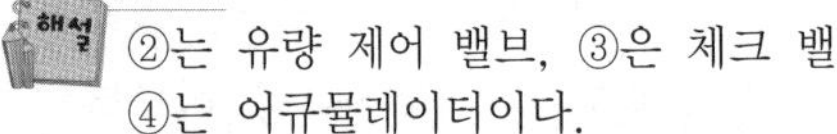

②는 유량 제어 밸브, ③은 체크 밸브, ④는 어큐뮬레이터이다.

**29** 공압 실린더를 순차적으로 작동시키기 위해서 사용되는 밸브의 명칭은 무엇인가?

① 시퀀스 밸브
② 무부하 밸브
③ 압력 스위치
④ 교축 밸브

 무부하 밸브는 외부압력이 설정압력을 초과하면 이 밸브는 완전히 열려 1차 측 압력은 탱크에 접속되어 있는 2차 측 압력 즉, 대기압으로 된다. 프레스 기계 등에서 무부하로 빨리 전환하고 고부하 시에는 저속이송을 하는 경우에 사용되며 전동기의 용량이 작게 되어 동력소비를 절감하는 회로이다.
교축 밸브는 외부로 부터 조절가능한 교축부의 개부면적의 크기에 의하여 유량을 제어한다.

**30** 유압 실린더가 중력으로 인하여 제어속도 이상 낙하하는 것을 방지하는 밸브는?

① 감압 밸브
② 시퀀스 밸브
③ 무부하 밸브
④ 카운터 밸런스 밸브

 감압 밸브는 이 밸브는 2차 측 압력을 제한하는데 사용한다. 2차 측 압력이 설정압력으로 되면 1차 측 압력이 더욱 높아 지더라도 설정 압력을 유지한다. 시퀀스 밸브는 액추에이터의 작동순서를 결정하는 밸브로 제1의 액추에이터가 작동하고 작동종료 시점에서 압력이 상승하면 이 시퀀스 밸브가 열려 제2의 액추에이터가 움직이기 시작하도록 할 때에 사용된다. 표중에 릴리프 밸브로는 전용의 릴리프 밸브가 따로 있고 압력 오버라이드 특성도 나쁘기 때문에 사용되지 않는다.

**31** 전류를 측정하는 기본 단위의 표현이 틀린 것은?

① 나노암페어 : [pA]

② 밀리암페어 : [mA]

③ 킬로암페어 : [kA]

④ 마이크로암페어 : [$\mu$A]

 전류를 측정하는 기본 단위는 밀리암페어[mA], 킬로암페어[kA], 마이크로암페어[$\mu$A]를 사용한다.

**32** 다음 회로는 어떠한 회로를 나타낸 것인가?

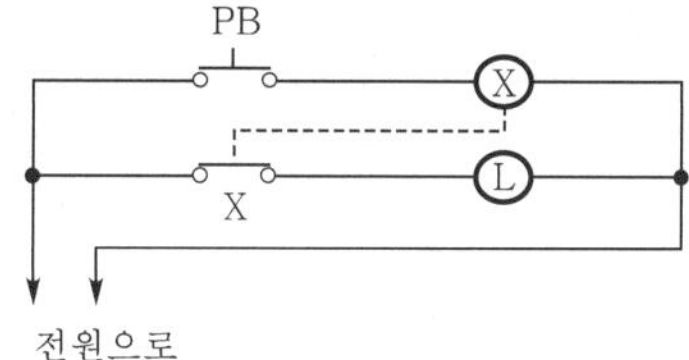

① ON 회로

② OFF 회로

③ c접점 회로

④ 인터록 회로

 PB를 누르면 릴레이코일 X가 여자되고 릴레이 접점 X가 a접점이 되어 램프 L이 점등된다.

**33** 교류 회로에서 위상을 고려하지 않고 단순히 전압과 전류의 실효값을 곱한 값을 무엇이라고 하는가?

① 임피던스

② 피상 전력

③ 무효 전력

④ 유효 전력

 유효전력은 발전소에서 터빈회전수를 3,600rpm으로 유지하기 위해 사용되는

전력이고 무효전력은 발전기의 계자전류 양만 조절하면 되므로 비용이 들지 않는다.

유효전력 $P = EI\cos\theta$

무효전력 $P_r = EI\sin\theta$

**34** 백열전구를 스위치로 점등과 소등을 하는 것을 무슨 제어라고 하는가?

① 자동 제어

② 정성적 제어

③ 되먹임 제어

④ 정량적 제어

 ㉮ 정성적 제어(Qualitative Control)
제어 명령이 ON/OFF, 유/무 상태의 2개의 정보만으로 구성되어 있으며 이산정보(Discrete)와 디지털정보(Digital)가 있다.

㉯ 정량적 제어(Quantitative Control)
제어 명령이 온도, 압력, 위치, 속도, 전압 등과 같은 무한개의 물리적인 양을 정보로 가지고 있으며 아날로그정보(Analog)와 연속정보(Continuous)가 있다.

**35** 정전 용량($C$)만의 교류 회로에서 용량 리액턴스에 관한 설명으로 옳은 것은?

① 기호는 $X_C$, 단위는 [H]를 사용한다.

② 정전 용량($C$)에 각속도 $w$를 곱한 값이다.

③ 정전 용량($C$)에 각속도 $w$로 나눈 값이다.

④ 정전 용량($C$)에 각속도 $w$를 곱한 값의 역수이다.

 용량 리액턴스는 $X_C = \dfrac{1}{\omega C} = \dfrac{1}{2\pi f C}[\Omega]$

**36** 교류 고전압 측정에 주로 사용되는 것은?

① 진동 검류계

② 계기용 변압기(PT)

③ 켈빈 더블 브리지

④ 계기용 변류기(CT)

 진동 검류계는 매우 적은 양의 전류를 측정할 때 사용되고, 계기용 변압기란 어떤 전압 값을 이에 비례하는 전압으로 변성하는 계기용 변성기를 말한다. 켈빈 더블 브리지는 저 저항 측정용으로 휘스톤 브리지에서 접촉 저항 및 리드 선 저항과 같은 영향을 감소시켜 측정하며 계기용 변류기란 어떤 전류값을 이에 비례하는 전류값으로 변성하는 계기용 변성기를 말한다.

**37** 평형 3상 Y결선의 상전압($V_p$)과 선간전압($V_l$)과의 관계는?

① $V_p = V_l$

② $V_p = \sqrt{3}\, V_l$

③ $V_p = 3\, V_l$

④ $V_p = \dfrac{1}{\sqrt{3}}\, V_l$

 평형 3상 Y결선의 상전압($V_p$)과 선간전압($V_l$)과의 관계는 $V_l = \sqrt{3}\, V_p$

**38** 기계설비조정을 위하여 순간적으로 전동기를 시동·정지시킬 때 이용하는 회로는?

① 정역 운전

② 리액터기동

③ 현장·원격제어

④ 촌동 운전(미동, Jog)

 기계설비조정을 위하여 순간적으로 전동기를 시동·정지시킬 때 이용하는 회로는 촌동 운전(미동, Jog)이다.

**39** 다음 중 직류기의 구성 요소가 아닌 것은?

① 계자　　　　② 정류자

③ 콘덴서　　　④ 전기자

 직류기의 구성 요소는 계자, 정류자, 전기자이다.

**40** 직류 분권 전동기의 속도 제어 방법이 아닌 것은?

① 계자 제어　　② 저항 제어

③ 전압 제어　　④ 주파수 제어

 직류 분권 전동기는 계자 회로와 전기자 회로 모두가 일정 직류전원에 연결되어 있기 때문에 타여자일 때와 분권일 때의 결선은 동일하다. 계자 회로의 동작과 전기자 회로의 동작은 관련이 없으며 계자, 저항, 전압 제어가 있다.

**41** 최댓값이 $E$[V]인 정현파 교류전압의 실효값은 몇 [V]인가?

① $\dfrac{1}{\sqrt{2}} E$

② $\sqrt{2}\, E$

③ $\dfrac{2}{\pi} E$

④ $2E$

 최댓값은 $E = \sqrt{2}\, E$[V]이다.

**42** 전선에 흐르는 전류에 의한 자장의 방향을 결정하는 것은 무슨 법칙인가?

① 렌츠의 법칙

② 플레밍의 왼손 법칙

③ 플레밍의 오른손 법칙

④ 앙페르의 오른나사 법칙

---

[정답]　36. ②　37. ④　38. ④　39. ③　40. ④　41. ①　42. ④

㉮ 렌츠의 법칙
　회로에서 발생하는 유도 기전력은 폐회로를 통과하는 자속의 변화에 반하는 유도 자기장을 만드는 방향으로 발생한다.
㉯ 플레밍의 오른손과 왼손법칙
　플레밍의 오른손 법칙 우선 오른손 법칙은 자기장 속에 도체(금속 막대 등)을 놓고, 어떤 방향으로 움직일 때 엄지손가락은 도체를 움직이는 방향, 둘째 손가락은 자기장(자기력선)의 방향, 가운데 손가락은 전류의 방향을 나타낸다. 이것이 발전기의 원리이다. 도체(코일)를 자기장 안에서 움직일 때 전류가 흐르는 방향을 나타낸다. 왼손은, 자기장 속에 있는 도선에 전류가 흐를 때 전류가 받는 힘의 방향을 나타낸다. 이때 둘째 손가락이 자기장의 방향, 가운데 손가락이 전류의 방향인 것은 오른손과 같다. 그런데 엄지손가락은 도선이 받는 힘의 방향을 나타낸다. 이 힘의 방향으로 모터가 회전한다.

**43** 직류 전동기가 기동하지 않을 때 고장의 원인으로 보기에 가장 거리가 먼 것은?

① 과부하
② 제어기의 양호
③ 퓨즈의 용단
④ 계자권선의 단선

직류 전동기가 기동하지 않을 때는 단선이나 과부하로 인하여 고장이 발생한다.

**44** 어떤 전기 회로에 2초 동안 10[C]의 전하가 이동하였다면 전류는 몇 [A]인가?

① 0.2　　　　② 2.5
③ 5　　　　　④ 20

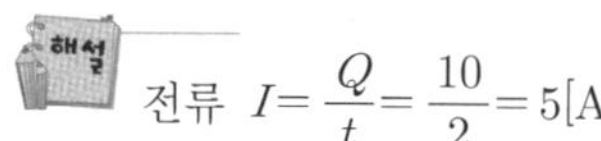
전류 $I = \dfrac{Q}{t} = \dfrac{10}{2} = 5[\text{A}]$

**45** 그림과 같은 기호의 스위치 명칭은?

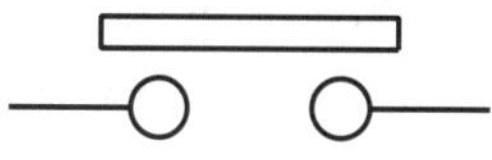

① 광전 스위치　　② 터치 스위치
③ 리밋 스위치　　④ 레벨 스위치

리밋 스위치(Limit switch)는 셋팅한계로 a접점과 b접점으로 작동한다.

**46** 그림과 같은 입체도를 제3각법으로 투상한 도면으로 가장 적합한 것은?

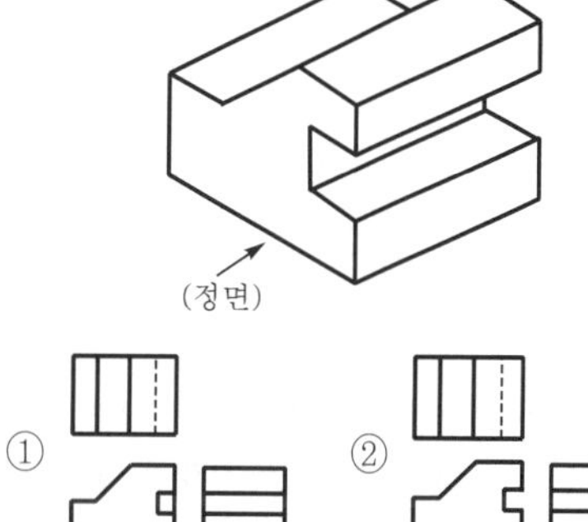


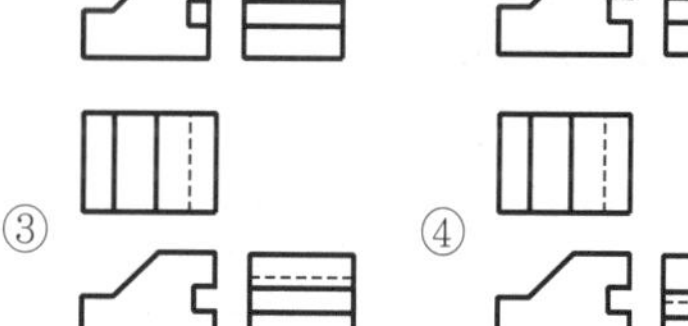

제3각법은 정면도를 기준으로 위에는 평면도, 우측에는 우측면도를 배치한다.

**47** 도면에 표제란과 부품란이 있을 때 부품란에 기입할 사항으로 가장 거리가 먼 것은?

① 제도 일자　　② 부품명
③ 재질　　　　④ 부품번호

표제란에는 회사명, 기계명, 제도날짜, 설계자, 투상법을 표기한다.

**48** 곡면과 곡면, 또는 곡면과 평면 등과 같이 두 입체가 만나서 생기는 경계선을 나타내는 용어로 가장 적합한 것은?

① 전개선  ② 상관선
③ 현도선  ④ 입체선

 곡면과 곡면, 또는 곡면과 평면 등과 같이 두 입체가 만나서 생기는 경계선을 상관선이라 한다.

**49** 관용 테이퍼 나사 중 테이퍼 수나사를 나타내는 표시 기호로 옳은 것은?

① G  ② R
③ Rc  ④ Rp

㉮ G : 관용 평행 나사(인치계)
㉯ Rc : 관용 테이퍼 암나사
㉰ Rp : 관용 테이퍼 평행 암나사

**50** 물체의 구멍, 홈 등 특정 부분만의 모양을 도시하는 것으로 그림과 같이 그려진 투상도의 명칭은?

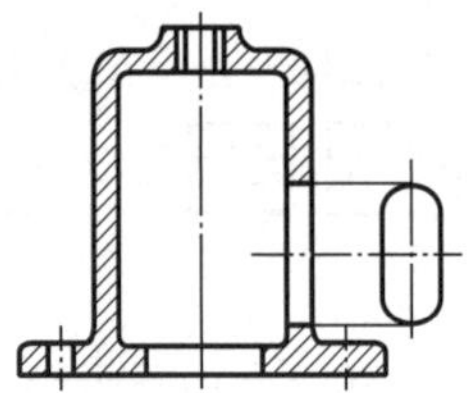

① 회전 투상도  ② 보조 투상도
③ 부분 확대도  ④ 국부 투상도

 ㉮ 보조 투상도 : 경사면의 실제 모양을 도시할 필요가 있을 때 사용
㉯ 회전 투상도 : 투상면이 어느 각도를 가지고 있기 때문에 그 실제 모양을 표시하지 못할 때에는 그 부분을 회전하여 표시
㉰ 부분 투상도 : 물체의 일부분만을 도시하는 것으로 충분한 경우

**51** 도면에서 판의 두께를 표시하는 방법을 정해 놓고 있다. 두께 3mm의 표현방법으로 옳은 것은?

① $P3$  ② $C3$
③ $t3$  ④ $\square 3$

 $C3$은 모따기를 표시하고, $\square 3$은 정사각형을 나타낸다.

**52** 그림과 같은 용접 기호에서 "40"의 의미를 바르게 설명한 것은?

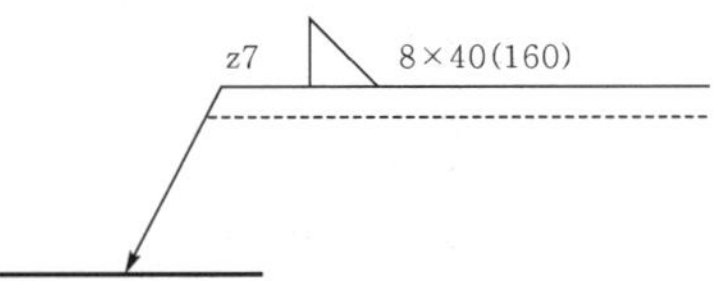


① 용접부의 길이
② 용접부 수
③ 인접한 용접부의 간격
④ 용입의 바닥까지의 최소 거리

용접 기호 표기법은 다음과 같다.

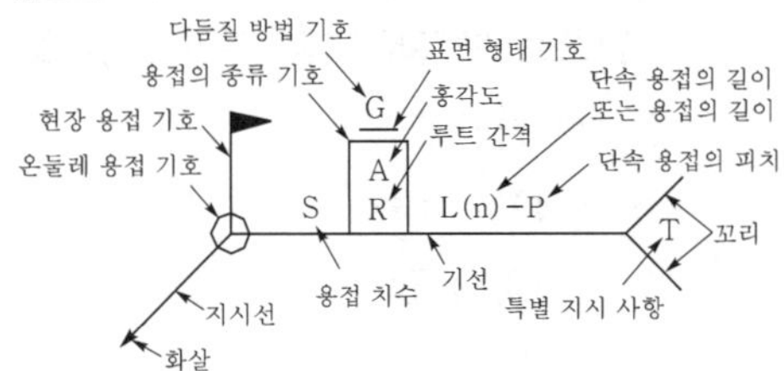


**53** 두 축이 나란하지도 교차하지도 않으며, 베벨 기어의 축을 엇갈리게 한 것으로, 자동차의 차동 기어 장치의 감속 기어로 사용되는 것은?

① 베벨 기어
② 웜 기어
③ 베벨 헬리컬 기어
④ 하이포이드 기어

 ㉮ 베벨 기어 : 종동축과 원동축이 직각인 상태에서 동력을 전달하며 예각과 둔각인 상태도 있다.

㉯ 웜 기어 : 감속장치로 사용하며 웜이 1회전하면 웜 기어는 1개의 이 만큼 회전한다.

㉰ 베벨 헬리컬 기어 : 스퍼 기어 형태가 아닌 헬리컬 기어 형태로 추력을 보정하기 위해 사용한다.

## 54 다음 제동장치 중 회전하는 브레이크 드럼을 브레이크 블록으로 누르게 한 것은?

① 밴드 브레이크
② 원판 브레이크
③ 블록 브레이크
④ 원추 브레이크

 브레이크의 형태는 제동상태의 형상에 따라 밴드, 원판, 블록, 원추의 형태가 있다.

## 55 너트 위쪽에 분할 핀을 끼워 풀리지 않도록 하는 너트는?

① 원형 너트
② 플랜지 너트
③ 홈붙이 너트
④ 슬리브 너트

 너트의 종류는 다음과 같다.

㉮ 사각 너트 : 너트의 모양이 사각인 너트로서 주로 목재에 쓰인다.

㉯ 둥근 너트 : 자리가 좁아 보통의 육각 너트를 쓸 수 없는 경우 또는 너트의 높이를 작게할 필요가 있는 경우에 쓰인다.

㉰ 플랜지 너트 : 너트의 밑면에 큰 지름의 와셔가 달린 너트로, 볼트 구멍이 클 때, 접촉면이 거칠 때, 큰면압을 피하려고 할 때 사용한다.

㉱ 캡 너트 : 유체의 누설 방지용으로 사용한다.

㉲ 홈붙이 너트 : 너트의 위쪽에 분할 핀을 끼워 너트가 풀리지 않도록 할 때 사용한다.

㉳ 슬리브 너트 : 수나사 중심선의 편심을 방지하는데 사용한다.

㉴ 플레이트 너트 : 암나사를 깎을 수 없는 얇은 판에 리벳으로 설치하여 사용하는 너트

㉵ 턴 버클 : 막대와 로프 등을 죄는 데 사용한다.

㉶ 그 밖에 아이 너트, 나비 너트, T 너트 등이 있다.

## 56 원형 나사 또는 둥근 나사라고도 하며, 나사산의 각($a$)은 30°로 산마루와 골이 둥근 나사는?

① 톱니 나사
② 너클 나사
③ 볼 나사
④ 세트 스크류

 ㉮ 톱니 나사 : 축선의 한 방향으로만 하중이 작용할 때 사용되는 나사

㉯ 둥근 나사(너클 나사, 전구 나사) : 전구나 소켓 등에 쓰이는 나사로서 먼지가 들어가기 쉬운 곳에서 운동의 정확도가 요구되지 않는 곳에서 사용된다.

㉰ 볼 나사 : 마찰이 매우 작아 공작기계의 수치제어에 의한 결정 등의 이송 나사에 사용

㉱ 작은 나사 : 지름 8mm 이하의 작은 나사로 힘을 많이 받지 않는 부분과 얇은 판자 등을 붙이는데 사용되며, 머리 부분에는 일자 홈 또는 십자 홈이 파여 있다.

## 57 42,500kgf · mm의 굽힘 모멘트가 작용하는 연강축 지름은 약 몇 mm인가? (단, 허용 굽힘 응력은 5kgf/mm²이다.)

① 21
② 36
③ 44
④ 92

$$d = \sqrt[3]{\frac{10.2M}{\sigma_b}} = \sqrt[3]{\frac{10.2 \times 42,500}{5}}$$
$$= 44\,[\text{mm}]$$

**58** 나사에 관한 설명으로 틀린 것은?

① 나사에서 피치가 같으면 줄 수가 늘어나도 리드는 같다.

② 미터계 사다리꼴 나사산의 각도는 30°이다.

③ 나사에서 리드라 하면 나사축 1회전당 전진하는 거리를 말한다.

④ 톱니 나사는 한 방향으로 힘을 전달시킬 때 사용한다.

나사에서 피치가 같으면 줄 수가 늘어나도 리드는 차이가 생긴다.

$l = np$

여기서, $l$은 리드, $n$은 줄 수, $p$는 나사의 피치이다.

**59** 한 변의 길이가 30mm인 정사각형 단면의 강재에 4,500N의 압축 하중이 작용할 때 강재의 내부에 발생하는 압축 응력은 몇 N/mm$^2$인가?

① 2　　　　② 4

③ 5　　　　④ 10

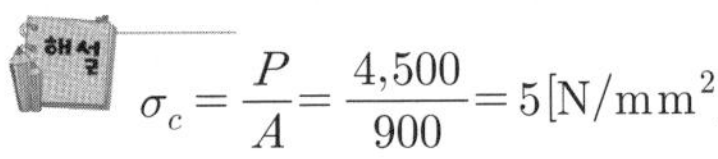
$$\sigma_c = \frac{P}{A} = \frac{4,500}{900} = 5\,[\mathrm{N/mm^2}]$$

**60** 저널 베어링에서 저널의 지름이 30mm, 길이가 40mm, 베어링의 하중이 2,400N일 때 베어링의 압력은 몇 MPa인가?

① 1　　　　② 2

③ 3　　　　④ 4

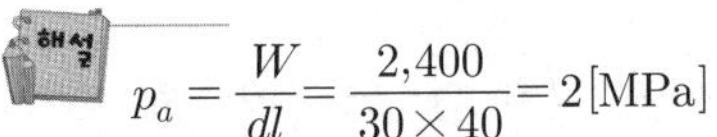
$$p_a = \frac{W}{dl} = \frac{2,400}{30 \times 40} = 2\,[\mathrm{MPa}]$$

# 2015년 10월 10일 시행

**01** 압력 제어 밸브에서 상시 연립 기호는?

① 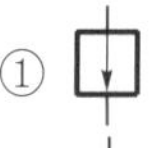   ② 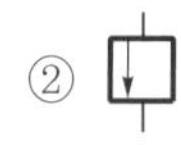

③ 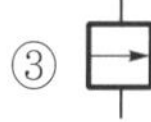   ④ 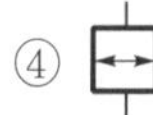

 압력 제어 밸브는 압력을 제어하여 작동부의 최적조건을 유지시키며 상시열림은 포트와 직접 연결되어야 한다.

**02** 유량 비례 분류 밸브의 분류 비율은 일반적으로 어떤 범위에서 사용하는가?

① $1:1{\sim}36:1$   ② $1:1{\sim}27:1$

③ $1:1{\sim}18:1$   ④ $1:1{\sim}9:1$

 단순히 한 입구에서 오일을 받아 두 회로에 분배하며 분배 비율은 $1:1$에서 $9:1$이고 두 오리피스 입구의 압력과 스풀 양쪽의 압력이 같고, 오리피스를 통과하는 압력의 강하가 같기 때문에 작동에 관계없이 양쪽의 유량비가 같다. 양쪽으로 흐르는 유량비를 다르게 하려면 오리피스의 크기를 다르게 하면 된다.

**03** 그림의 회로도에서 죔 실린더의 전진 시 최대 작용압력은 몇 kgf/cm²인가?

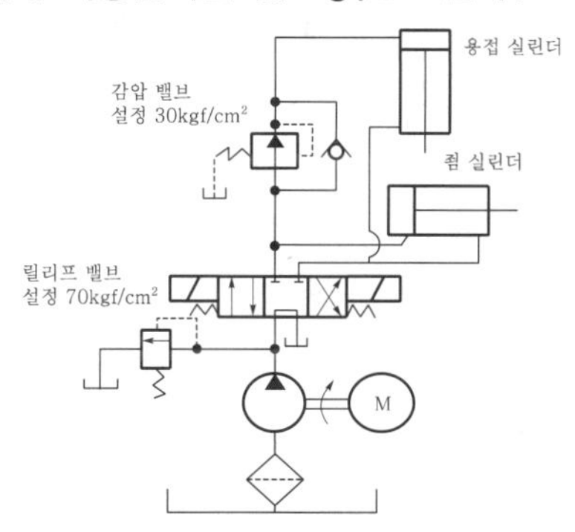


① 30   ② 40

③ 70   ④ 110

 릴리프 밸브에서 $70\mathrm{kgf/cm^2}$로 설정을 하고 중간에 압력 제어 밸브가 없기 때문에 죔 실린더에는 $70\mathrm{kgf/cm^2}$로 압력이 가해진다.

**04** 그림의 실린더는 피스톤 단면적($A$)이 $20\mathrm{cm^2}$, 행정 거리($S$)는 $10\mathrm{cm}$이다. 이 실린더가 전진 행정을 1분 동안에 마치려면 필요한 공급 유량은 약 몇 cm³/sec인가?

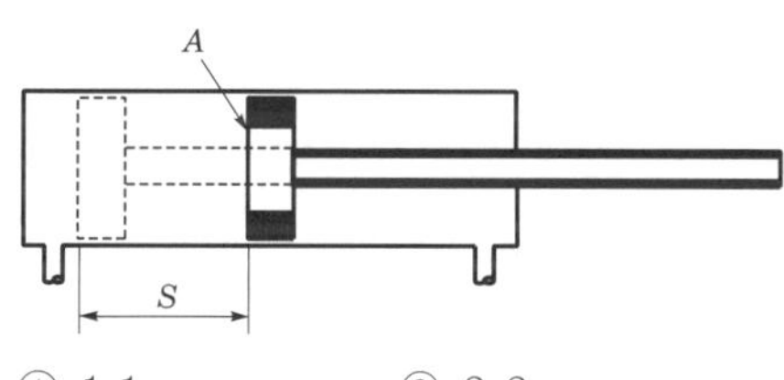


① 1.1   ② 2.2

③ 3.3   ④ 4.4

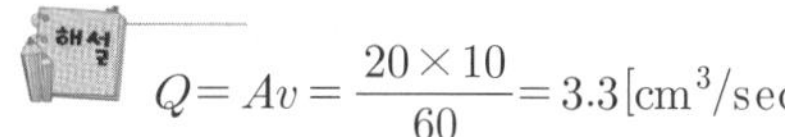 $$Q = Av = \frac{20 \times 10}{60} = 3.3[\mathrm{cm^3/sec}]$$

**05** 미리 정한 복수의 입력신호조건을 동시에 만족하였을 경우에만 출력에 신호가 나오는 공압 회로는?

① AND 회로   ② OR 회로

③ NOR 회로   ④ NOT 회로

 AND Gate는 A와 B가 동시에 ON이 되면 출력신호가 생성된다.

**06** 공기압 장치의 배열 순서로 옳은 것은?

① 공기 압축기 → 공기 탱크 → 에어 드라이어 → 공기압 조정 유닛

② 공기 압축기 → 에어 드라이어 → 공기압 조정 유닛 → 공기 탱크

③ 공기 압축기 → 공기압 조정 유닛 → 에어 드라이어 → 공기 탱크

④ 에어 드라이어 → 공기 탱크 → 공기압 조정 유닛 → 공기 압축기

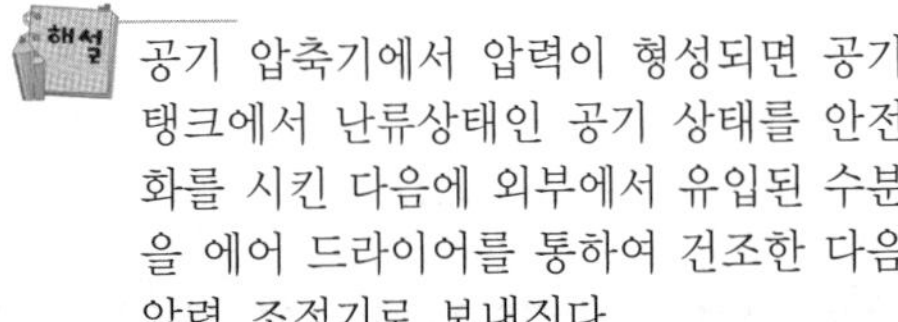 공기 압축기에서 압력이 형성되면 공기 탱크에서 난류상태인 공기 상태를 안전화를 시킨 다음에 외부에서 유입된 수분을 에어 드라이어를 통하여 건조한 다음 압력 조정기로 보내진다.

**07** 자동화 라인에 사용하는 공기압의 게이지가 0.5MPa을 나타내고 있다. 이때 사용되고 있는 공압동력장치는?

① 팬
② 압축기
③ 송풍기
④ 공기여과기

 $kg/cm^2$를 MPa환산하면 10으로 나누고, MPa를 $kg/cm^2$로 환산하면 10을 곱한다. 따라서 공압에서 사용압력은 $5kgf/cm^2$이다.

**08** 유압 실린더의 조립 형식에 의한 분류에 속하지 않는 것은?

① 일체형 방식
② 슬라이딩 방식
③ 플랜지 방식
④ 볼트 삽입 방식

 유압 실린더의 조립 방식은 일체형, 플랜지, 볼트 삽입 방식이 있다.

**09** 방향 제어 밸브의 연결구 표시 중 공급 라인의 숫자 및 영문 표시(ISO 규격)는?

① 1, A　　② 2, B
③ 1, P　　④ 2, R

 방향 제어 밸브에서 A포트는 작업을 하는 포트, B포트는 리턴되는 포트, R은 배기 포트이다.

**10** 다음 중 유체 에너지를 기계적인 에너지로 변환하는 장치는?

① 유압 탱크　　② 액추에이터
③ 유압 펌프　　④ 공기 압축기

 유압 펌프는 유압으로 압력 에너지를 생성하고, 공기 압축기는 공기로 압력 에너지를 생성시킨다.

**11** 다음 중 요동형 액추에이터의 기호는?

① 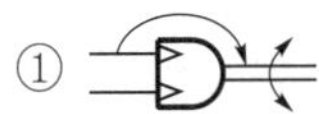　② 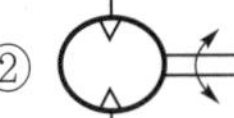

③ 　④ 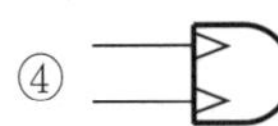

 액추에이터로 공압으로 작동되는 2방향 요동형이다.
②는 2방향 흐름회전 정용량형 공기압 모터, ③은 2방향 흐름회전 가변용량형 공기압 모터이다.

**12** 유압 장치에서 작동유를 통과, 차단시키거나 또는 진행 방향을 바꾸어주는 밸브는?

① 유압 차단 밸브
② 유량 제어 밸브
③ 압력 제어 밸브
④ 방향 전환 밸브

 방향 전환 밸브는 작동유를 통과, 차단하거나 진행 방향을 바꾸어준다.

**13** 공압의 특성 중 장점에 속하지 않는 것은?

① 이물질에 강하다.
② 인화의 위험이 없다.
③ 에너지 축적이 용이하다.
④ 압축 공기의 에너지를 쉽게 얻을 수 있다.

공압은 이물질에 강하지 않기 때문에 에어필터를 설치하여 이물질을 제거한다.

**14** 동력에 관한 설명으로 옳은 것은?

① 작용한 힘의 크기와 움직인 거리의 곱이다.
② 작용한 힘의 크기와 움직이는 속도의 곱이다.
③ 작용한 압력의 크기와 움직인 거리의 곱이다.
④ 작용한 압력의 크기와 움직이는 속도의 곱이다.

동력은 작용하는 힘의 크기와 움직이는 속도의 곱이다.

**15** 그림과 같은 유압 회로에서 실린더의 속도를 조절하는 방법으로 가장 적절한 것은?

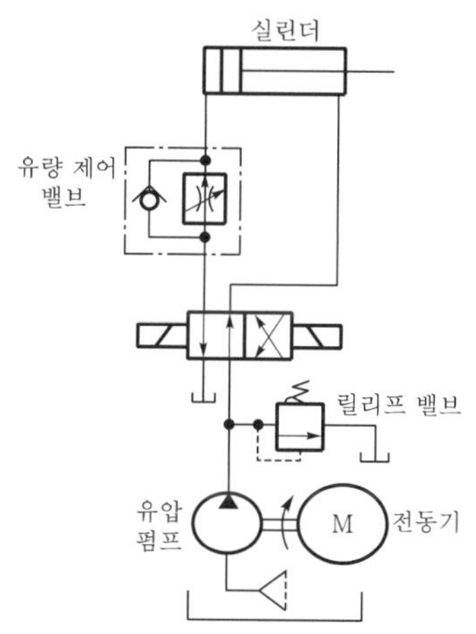


① 가변형 펌프의 사용
② 유량 제어 밸브의 사용
③ 전동기의 회전수 조절
④ 차동 피스톤 펌프의 사용

실린더의 속도는 유량 제어 밸브를 사용하여 속도를 제어한다.

**16** 속도 에너지를 이용하여 피스톤을 고속으로 움직이게 하는 공압 실린더는?

① 텐덤형 공압 실린더
② 다위치형 공압 실린더
③ 텔레스코프형 공압 실린더
④ 임팩트 실린더형 공압 실린더

임팩트 실린더(Impact Cylinder)는 속도 에너지를 이용하여 단조작업의 해머와 같이 사용한다.

**17** 다음 중 작동유의 열화 판정법으로 적절한 것은?

① 성상 시험법  ② 초음파 진단법
③ 레이저 진단법  ④ 플라즈마 진단법

작동유의 열화진단은 오일의 상태를 조사하여 알 수가 있다.

**18** 위치 검출용 스위치의 부착 시 주의사항에 관한 설명으로 옳지 않은 것은?

① 스위치 부하의 설계 선정 시 부하의 과도적인 전기 특성에 주의한다.
② 전기 용접기 등의 부근에는 강한 자계가 형성되므로 거리를 두거나 차폐를 실시한다.
③ 직렬접속은 몇 개라도 접속이 가능하지만 스위치의 누설전류가 접속수만큼 커지므로 주의한다.

④ 실린더 스위치는 전기 접점이므로
직접 정격전압을 가하면 단락되어
스위치나 전기회로를 파손시킨다.

 직렬접속을 많이 하게 되면 전류값의 변
화로 오동작이 될 수가 있다.

## 19 다음 중 유압을 발생시키는 부분은?

① 안전 밸브    ② 제어 밸브
③ 유압 모터    ④ 유압 펌프

 유압 모터는 유압으로 생성된 압력에너
지를 받아 기계적 에너지를 생성시킨다.

## 20 압축 공기의 저장 탱크를 구성하는 기기가 아닌 것은?

① 압력계
② 차단 밸브
③ 유량계
④ 압력 스위치

 압축 공기의 저장 탱크는 일정 압력이
도달되면 압력을 차단하는 밸브와 압력
의 상태를 알 수 있는 압력계, 그리고
일정한 압력이 도달 시 차단 밸브를 작
동시키는 압력 스위치로 구성되어 있다.

## 21 순수 공압 제어 회로의 설계에서 신호의 트러블(신호 중복에 의한 장애)을 제거하는 방법 중 메모리 밸브를 이용한 공기 분배 방식은?

① 3/2-way 밸브의 사용 방식
② 시간지연 밸브의 사용 방식
③ 캐스케이드 체인 사용 방식
④ 방향성 리밋 스위치의 사용 방식

 캐스케이드 체인이란 플립플롭형 밸브
등의 제어요소를 접속할 때 전단의 출력
신호를 다음의 입력신호에 차례로 직렬

연결한 것으로, 각 제어요소는 다음 위
치에 있는 제어요소의 작동을 규제하는
제어체인으로, 캐스케이드란 명칭은 계
단과 같은 직렬연결을 의미한다. 캐스케
이드 제어의 특징은 입출력 관계가 확실
하여 제어 신뢰도가 높지만 많은 밸브들
이 직렬로 연결되어 있어 그룹수가 많은
경우는 압력강하가 크다는 단점이 있다.

## 22 공기 마이크로미터 등의 정밀용에 사용되는 공기 여과기의 여과 엘리먼트 틈새 범위로 옳은 것은?

① $5\mu m$ 이하
② $5{\sim}10\mu m$
③ $10{\sim}40\mu m$
④ $40{\sim}70\mu m$

 여과 엘리먼트의 틈새범위는 $5{\sim}10\mu m$
이다.

## 23 무부하 회로의 장점이 아닌 것은?

① 유온의 상승효과
② 펌프의 수명연장
③ 유압유의 노화 방지
④ 펌프의 구동력 절약

 무부하 회로는 부하가 발생하지 않으므
로 유온이 상승하지 않는다.

## 24 유압을 측정했더니 압력계의 지침이 $50\text{kgf/cm}^2$일 때 최대 압력은 약 몇 $\text{kgf/cm}^2$인가?

① 35
② 40
③ 51
④ 61

 절대압력은 대기압 + 게이지압력이다.

**25** 베르누이의 정리에서 에너지 보존의 법칙에 따라 유체가 가지고 있는 에너지가 아닌 것은?

① 위치 에너지　　② 마찰 에너지
③ 운동 에너지　　④ 압력 에너지

 베르누이 방정식 $\dfrac{P_1}{\gamma}+\dfrac{V_1^2}{2g}+Z_1=\dfrac{P_2}{\gamma}+\dfrac{V_2^2}{2g}+Z_2$로 압력 에너지, 속도 에너지, 위치 에너지가 있다.

**26** 실린더의 동작시간을 결정하는 요인이 아닌 것은?

① 검출 센서의 종류
② 실린더의 피스톤에 가해지는 부하
③ 실린더 흡기 측에 압력을 공급하는 능력
④ 실린더 배기 측의 압력을 배기하는 능력

 검출센서의 종류는 무관하며 센서는 감지를 하면 접점신호를 주는 역할을 한다.

**27** 증압기에 관한 설명으로 옳지 않은 것은?

① 입구 측 압력은 공압을 출구 측 압력은 유압으로 변환하여 증압한다.
② 직압식 증압기는 공압 실린더부와 유압 실린더부가 있고 이들 내부에 증압 로드가 있다.
③ 예압식 증압기는 직압식과 구조가 유사하며, 공유압 변환기가 오일 탱크 전단에 설치되어 있다.
④ 증압기는 일반적으로 증압비 10~25 정도의 것이 많으며 공기압 0.5MPa일 때 발생하는 유압은 5~12.5MPa 정도이다.

 공·유압 변환기의 사용상 주의점은 다음과 같다.
㉮ 공·유압 변환기는 수직으로 설치한다.
㉯ 액추에이터 및 배관내의 공기를 충분히 제거한다.
㉰ 액추에이터보다 높은 곳에 설치한다.
㉱ 정기적으로 유량을 점검하고 부족 시 보충한다.
㉲ 열원의 가까이에서 사용하지 않는다.

**28** 다음의 오염물질 중 밸브 몸체에 고착, 씰(seal) 불량, 누적에 의한 화재 및 폭발, 오염 등의 원인이 되는 이물질은?

① 녹　　② 유분
③ 수분　　④ 카본

 오염물질은 밸브의 수명을 단축하므로 필터의 주기적인 정비가 필요하다.

**29** 입력라인용 필터의 막힘과 이로 인한 엘리먼트의 파손을 방지할 목적으로 라인필터에 부착하는 밸브는?

① 귀환 밸브
② 릴리프 밸브
③ 체크 밸브
④ 어큐뮬레이터

 릴리프 밸브는 유압 탱크에서 추력된 압력을 설정하므로 라인필터가 부착되어 있다.

**30** 실린더의 귀환행정 시 일을 하지 않을 경우 귀환속도를 빠르게 하여 시간을 단축시킬 필요가 있을 때 사용하는 밸브는?

① 2압 밸브
② 셔틀 밸브
③ 체크 밸브
④ 급속 배기 밸브

 셔틀 밸브는 OR 밸브로 고압 우선 밸브이며 체크 밸브는 유체를 한쪽 방향으로만 흐르게 한다.

**31** 그림에서 X로 표시되는 기기는 무엇을 측정하는 것인가?

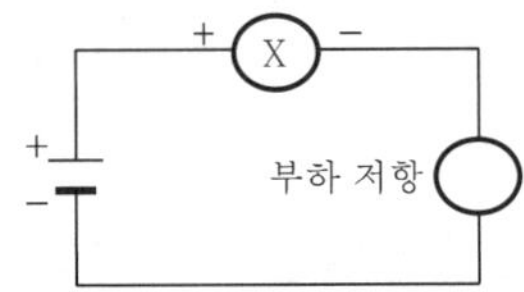

① 교류전압　　② 교류전류
③ 직류전압　　④ 직류전류

 직류전류는 직렬상태에서 흐름을 표시한다.

**32** 빌딩, 아파트 물탱크(수조)의 수위를 검출하는 스위치는?

① 포토 스위치　　② 한계 스위치
③ 근접 스위치　　④ 플로트 계전기

 포토 스위치는 광전 스위치로 투수광기가 있으며, 한계 스위치는 기계적 장치에 의해, 근접 스위치는 자력선을 이용하여 검출한다.

**33** 전력을 바르게 표현한 것은?

① 전압×저항　　② 저항/전류
③ 전압×전류　　④ 전압/저항

 전력 $P=IV$로 전류와 전압의 곱으로 표현한다.

**34** 구동 회로에 가해지는 펄스 수에 비례한 회전각도만큼 회전시키는 특수 전동기는?

① 분권 전동기
② 직권 전동기
③ 타여자 전동기
④ 직류 스테핑 전동기

 스테핑 모터(Stepping motor)는 펄스 수에 따라 회전한다. 예를 들어 3.6°/pulse로 모터에 표기가 되었다면 1회전 하는데 100펄스를 발생하며 자동화장치에 많이 사용한다.

**35** 자석 부근에 못을 놓으면 못도 자석이 되어 자성을 가지게 되는데 이러한 현상을 무엇이라고 하는가?

① 절연　　② 자화
③ 자극　　④ 전자력

 전자력은 밸브와 같이 코일이 감겨진 상태에서 전류를 인가하면 자석이 되는 것을 의미한다.

**36** RL 병렬 회로에 $100 \angle 0°$[V]의 전압이 가해질 경우에 흐르는 전체 전류($I$)는 몇 [A]인가? (단, $R=100$[Ω], $wL=100$[Ω]이다.)

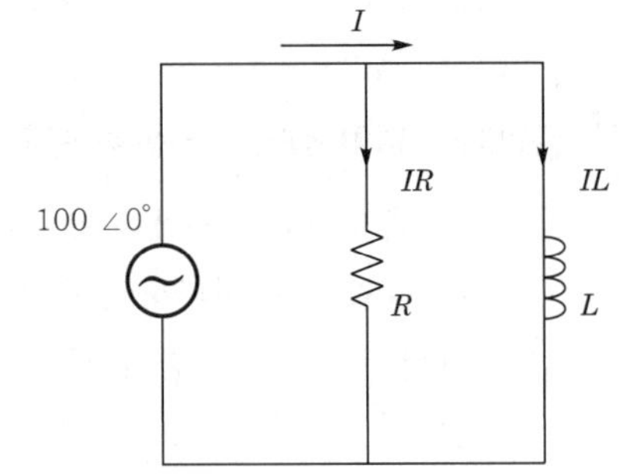

① 1　　② 2
③ $\sqrt{2}$　　④ 100

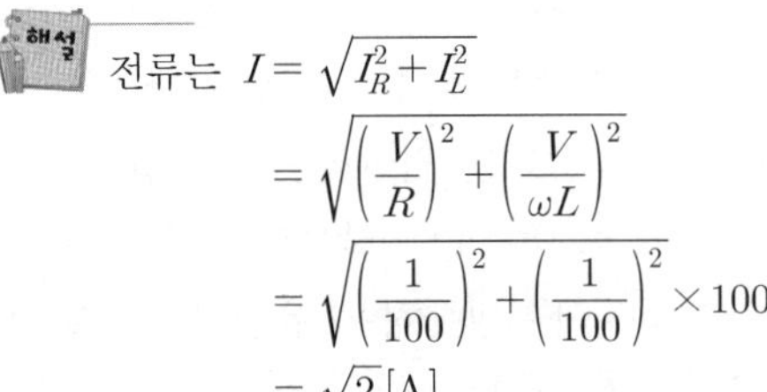 전류는
$$I = \sqrt{I_R^2 + I_L^2}$$
$$= \sqrt{\left(\frac{V}{R}\right)^2 + \left(\frac{V}{\omega L}\right)^2}$$
$$= \sqrt{\left(\frac{1}{100}\right)^2 + \left(\frac{1}{100}\right)^2} \times 100$$
$$= \sqrt{2}\,[\text{A}]$$

**37** 금속 및 전해질 용액과 같이 전기가 잘 흐르는 물질을 무엇이라 하는가?

① 도체　　　　② 저항
③ 절연체　　　④ 반도체

 절연체는 전기의 흐름을 차단하는 물질이고, 반도체는 전기가 흐르지 않은 물질이다.

**38** 시퀀스 제어계의 구성 요소에서 검출부, 명령처리부, 조작부, 표시경보부를 총칭하여 무엇이라 하는가?

① 제어부　　　　② 제어대상
③ 조절기　　　　④ 제어명령

 시퀀스 제어의 각 구성요소에 대한 기능과 역할은 다음과 같다.
㉮ 제어명령 : 외부로부터 주어지는 기동 및 정지 등의 명령 신호를 말한다.
㉯ 입출력변환기 : 제어회로와 조작기기에 신호를 주는 각각의 변환기를 의미
㉰ 제어회로 : 판단 및 연산기능을 가진 인간의 두뇌에 해당하는 역할을 한다.
㉱ 조작기기 : 실제적으로 조작을 행하는 인간의 손발에 해당하는 역할을 한다.
㉲ 제어대상 : 제어하고자 하는 각종 장치 및 기계를 말한다.
㉳ 검출기 : 인간의 시각, 촉각 및 청각 등의 5감에 해당하는 역할을 한다.
㉴ 제어량 : 제어 대상으로부터 발생되는 제어목적의 상태량을 의미한다.

**39** 사인파 교류 파형에서 주기 $T$[s], 주파수 $f$[Hz]와 각속도 $\omega$[rad/s] 사이의 관계식을 바르게 표기한 것은?

① $\omega = 2\pi f$　　　　② $\omega = 2\pi T$
③ $\omega = \dfrac{1}{2\pi f}$　　　　④ $\omega = \dfrac{1}{2\pi T}$

 시간에 대한 각도의 변화율은
$$\omega = \frac{\theta}{t} = \frac{2\pi}{T} = 2\pi f \,[\mathrm{rad/sec}]$$

**40** 발전기의 배전반에 달려 있는 계전기 중 대전류가 흐를 경우 회로의 기기를 보호하기 위한 장치는 무엇인가?

① 과전압 계전기　② 과전력 계전기
③ 과속도 계전기　④ 과전류 계전기

 과전압 계전기는 정상적인 전압보다 높을 때 전압을 차단하여 기기를 보호한다.

**41** 전압계 사용법 중 틀린 것은?

① 전압의 크기를 측정할 시 사용된다.
② 교류 전압 측정 시에는 극성에 유의한다.
③ 전압계는 회로의 두 단자에 병렬로 연결한다.
④ 교류 전압을 측정할 시에는 교류 전압계를 사용한다.

 교류 전압을 측정할 때는 극성에 무관하며 직류 전압을 측정 시 유의해야 한다.

**42** b접점(break contact)에 대한 설명으로 옳은 것은?

① 간접 조작에 의해 열리거나 닫히는 접점
② 전환 접점으로 a접점과 b접점을 공유한 접점
③ 항상 열려 있다가 외부의 힘에 의하여 닫히는 접점
④ 항상 닫혀 있다가 외부의 힘에 의하여 열리는 접점

 a접점은 항상 열려있다가 전원이 인가되면 닫히는 접점이다.

**43** 반도체 소자는 작은 신호를 증폭하여 큰 신호를 만들거나 신호의 모양을 바꾸는 데 사용되어 왔으며, 기술의 발전에 따라 전압과 전류의 용량을 크게 만들 수 있게 되었다. 다음 중 반도체에 관한 설명으로 옳지 않은 것은?

① 저항률이 $10^{-4}[\Omega \cdot m]$ 이하를 말한다.
② P형 반도체는 정공, 즉 (+)성분이 남는다.
③ 다이오드는 P형과 N형 반도체를 접합한 것이다.
④ 대표적인 반도체 소자는 다이오드, 트랜지스터, FET 등이 있다.

 반도체(semiconductor)는 도체와 절연체의 중간적인 성질을 가진다.
반도체는 빛이나 전압, 온도 등의 외부 변화나 가공 및 제조 방법에 따라 전도도가 변한다. 또, 순수한 반도체에 약간의 불순물을 첨가하여 전도도를 마음대로 조절할 수도 있으며 표는 저항율에 따라 도체, 반도체, 절연체를 분류한 것이다.

[표] 저항율에 따른 물질의 분류

| 구분 / 항목 | 도체 | 반도체 | 절연체 |
|---|---|---|---|
| 물질 | 은, 동, 금, 알루미늄 | 실리콘(Si), 게르마늄(Ge) | 운모, 석영, 유리, 고무 |
| 저항율 $(\Omega \cdot m)$ | $10^{-8} \sim 10^{-5}$ 정도 | $10^{-5} \sim 10^{4}$ 정도 | $10^{4} \sim 10^{16}$ 정도 |
| 용도 (외형) | 전선, 기판의 동박 | 다이오드, IC용 웨이퍼 | 절연 재료 |

**44** 직류기를 구성하는 주요 부분이 아닌 것은?

① 계자          ② 필터
③ 정류자        ④ 전기자

 직류기는 계자, 정류자, 전기자로 구성이 되어 있다.

**45** 3상 교류의 △ 결선에서 상전압과 선간전압의 크기 관계를 바르게 표시한 것은?

① 상전압 < 선간 전압
② 상전압 > 선간 전압
③ 상전압 = 선간 전압
④ 상전압 ≤ 선간 전압

 3상 교류의 △ 결선에서 상전압과 선간전압의 크기는 동일하다.

**46** 구의 반지름을 나타내는 치수 보조 기호는?

① $S\phi$          ② $R$
③ $\phi$          ④ $SR$

 $S\phi$는 구의 지름을 표기한다.

**47** 판금 제품을 만드는 데 필요한 도면으로 입체의 표면을 한 평면 위에 펼쳐서 그리는 도면은?

① 회전 평면도     ② 전개도
③ 보조 투상도     ④ 사투상도

 판금제품은 판재를 재단을 한 다음 오려서 형상을 제작해야 하므로 펼쳐진 상태의 도면이 필요하다.

**48** A : B로 척도를 표시할 때 A : B의 설명으로 옳은 것은?

|  A  |  :  |  B  |
|---|---|---|

① 도면에서의 길이 : 대상물의 실제 길이
② 도면에서의 치수값 : 대상물의 실제 길이
③ 대상물의 전체 길이 : 도면에서의 길이
④ 대상물의 크기 : 도면의 크기

 A는 도면에서의 길이, B는 대상물의 실제길이를 표기한다.

**49** 설명용 도면으로 사용되는 캐비닛도를 그릴 때 사용하는 투상법으로 옳은 것은?

① 정투상　　　② 등각투상
③ 사투상　　　④ 투시투상

 투상선이 투상면을 사선으로 평행하도록 무한대의 수평 시선으로 얻은 물체의 윤곽을 그리게 되면, 육면체의 세모리는 경사 축이 $\alpha$ 각을 이루는 입체도이며 45°의 경사 축으로 그린 것을 카발리에도, 60°의 경사 축으로 그린 것을 캐비닛도라 한다.

**50** 그림과 같은 입체도에서 화살표 방향을 정면으로 할 때 좌측편도로 옳은 것은? (단, 정면도에서 좌우대칭이다.)

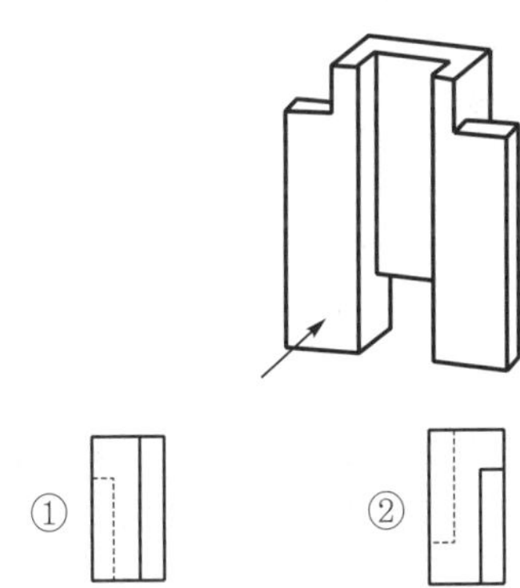

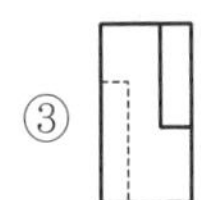

 ④번 우측면도이다.

**51** 일반 구조용 압연강재의 KS기호는?

① SPCG　　　② SPHC
③ SS400　　　④ STS304



---

SS400에서 400은 인장 강도를 나타내고, STS 304는 스테인레스강이다.

**52** 기계제도에서 가는 실선으로 나타내는 선은?

① 외형선　　　② 피치선
③ 가상선　　　④ 파단선

 외형선을 굵은 실선, 가상선은 가는 이점 쇄선으로 나타낸다.

**53** 강도와 기밀을 필요로 하는 압력용기에 쓰이는 리벳은?

① 접시 머리 리벳
② 둥근 머리 리벳
③ 납작 머리 리벳
④ 얇은 납작 머리 리벳

 리벳의 형상과 용도는 다음과 같다.
㉮ 유니버설 머리 리벳(Universal head rivet) AN470 : 기체 내·외부의 구조부에 사용
㉯ 브래지어 머리 리벳(Braziel head rivet) AN455 : 흐름에 노출되는 얇은 판재 연결
㉰ 납작 머리 리벳(Flat head rivet) AN442 : 항공기 구조의 안쪽
㉱ 둥근 머리 리벳(Round head rivet) AN430 : 두꺼운 판재나 강도가 필요한 내부 구조물
㉲ 접시 머리 리벳(Counter sunk rivet) AN426 : 가장 적은 공기저항, 항공기 외피

**54** 다음 중 가장 큰 회전력을 전달할 수 있는 것은?

① 안장 키　　　② 평 키
③ 묻힘 키　　　④ 스플라인

 스플라인은 스퍼 기어 형태로 축의 전체가 치치처럼 되어 있다.

## 55

양끝을 고정한 단면적 2cm²인 사각봉이 온도 −10℃에서 가열되어 50℃가 되었을 때 재료에 발생하는 일응력은? (단, 사각봉의 탄성계수는 21GPa, 선팽창계수는 $12 \times 10^6 /℃$이다.)

① 15.1MPa  　② 25.2MPa
③ 29.9MPa  　④ 35.8MPa

 열응력은 $\varepsilon = a\Delta T, \quad \delta = la\Delta T,$
$\sigma = E\varepsilon = Ea\Delta T$이므로
$\sigma = 21 \times 10^9 \times 12 \times 10^{-6} \times 60$
$\quad = 15.1[\text{MPa}]$

## 56

다음 중 V 벨트의 단면 형상에서 단면이 가장 큰 벨트는?

① A  　② C
③ E  　④ M

 A가 가장 좁고, E가 가장 넓다.

## 57

체결하려는 부분이 두꺼워서 관통구멍을 뚫을 수 없을 때 사용되는 볼트는?

① 탭 볼트
② T홈 볼트
③ 아이 볼트
④ 스테이 볼트

 탭 볼트(tap bolt)
㉮ 일반적 형태의 볼트이나 체결되는 물체에 암나사가 있어 너트를 필요로 하지 않는다.
㉯ 나사부가 돌출되지 않는다.
㉰ 조임 토크 규제가 곤란한 경우가 있다. 나사부를 통해서 누유될 수 있다.
㉱ 반복해서 조립과 해체를 행할 경우 나사산이 손상될 수 있다.
㉲ 암나사 구멍의 깊이는 볼트보다 2~3 깊어야 하며, 암나사 재질에 따라 결정한다.

## 58

표준 기어의 피치점에서 이 끝까지의 반지름 방향으로 측정한 거리는?

① 이뿌리 높이
② 이 끝 높이
③ 이 끝 원
④ 이 끝 틈새

 어덴덤(addendum)은 피치원에서 이 끝까지의 길이이며 이 끝 높이며 디덴덤 (dedendum)은 피치원에서 이뿌리까지의 길이로 이뿌리 높이다. 일반 기어에서 어덴덤은 모듈과 같고 디덴덤은 모듈의 1.25배를 사용하기 때문에 위 그림처럼 기어가 물릴 때 틈새가 모듈의 0.25만큼 발생한다.

## 59

풀리의 지름 200mm, 회전수 900rpm인 평 벨트 풀리가 있다. 벨트의 속도는 약 몇 m/s인가?

① 9.42  　② 10.42
③ 11.42  　④ 12.42

 벨트의 속도
$$V = \frac{3.14 \times 200 \times 900}{60 \times 1,000} = 9.42[\text{m/s}]$$

## 60

나사에서 리드($l$), 피치($p$), 나사 줄 수 ($n$)와의 관계식으로 옳은 것은?

① $l = p$  　② $l = 2p$
③ $l = np$  　④ $l = n$

 리드는 $l = np$ 이다.

# 2O16년 4월 2일 시행

**01** 전기적인 입력 신호를 얻어 전기 회로를 개폐하는 기기로 반복 동작을 할 수 있는 기기는?

① 차동 밸브　　② 압력 스위치
③ 시퀀스 밸브　④ 전자 릴레이

 전자 릴레이는 작은 전류를 이용하여 큰 전류를 전달하는 역할을 하며, 공통 단자, a접점, b접점이 있다. 코일에 전기가 인가되면 철편을 당겨서 접점이 서로 변환되어 전류를 흐르게 한다.

**02** 유관의 안지름을 2.5[cm], 유속을 10[cm/s]로 하면 최대 유량은 약 몇 [cm³/s]인가?

① 49　　② 98
③ 196　④ 250

 연속의 법칙에 의해서
$$Q = AV = \frac{3.14 \times 2.5^2}{4} \times 10$$
$$= 4.9[\text{cm}^3/\text{s}]$$

**03** 유압 회로에서 유량이 필요하게 않게 되었을 때 작동유를 탱크로 귀환시키는 회로는?

① 무부하 회로　② 동조 회로
③ 시퀀스 회로　④ 브레이크 회로

 유압 회로에서 유압이 필요하지 않은 것은 무부하 상태를 유지하는 무부하 회로이며, 동조 회로는 동일한 속도나 위치로 작동을 하고 할 때, 시퀀스 회로는 순차적으로 작동을 할 때 적용한다.

**04** 유압 실린더를 그림과 같은 회로를 이용하여 단조 기계와 같이 큰 외력에 대항하여 행정의 중간 위치에서 정지시키고자 할 때 점선 안에 들어갈 적당한 밸브는?

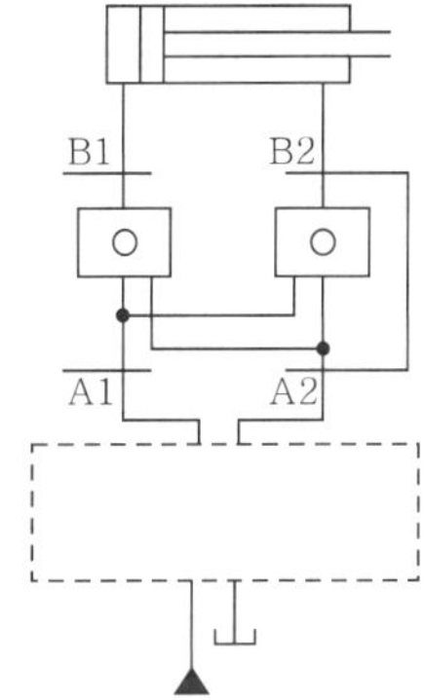


① 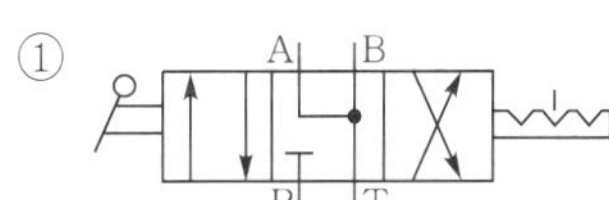


② 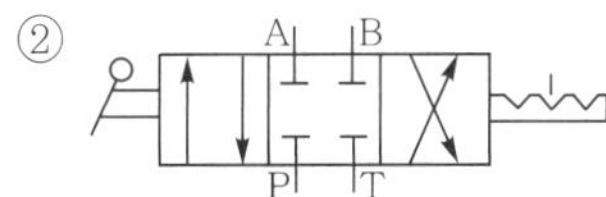


③ 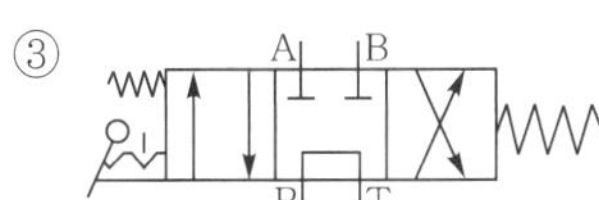


④ 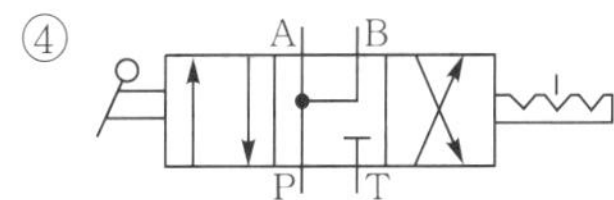

 큰 외력에 견디고 중간 위치에서 정지를 시키려면 A, B포트가 닫히고 압력이 형성된 유압은 탱크로 리턴되어야 중간 정지를 유지할 수가 있다.

**17** 펌프의 송출 압력이 50[kgf/cm²], 송출량이 20[L/min]인 유압 펌프의 펌프 동력은 약 몇 [kW]인가?

① 1.0  ② 1.2
③ 1.6  ④ 2.2

 $L = \dfrac{PQ}{10,200}$

여기서, $P$ : 펌프의 토출 압력[kgf/cm²],
  $Q$ : 유량[cm³/sec]
공식에 대입하기 위해
$$20[l/min] = \dfrac{20,000}{60} \fallingdotseq 333[cm^3/sec]$$
따라서  $L = \dfrac{50 \times 333}{10,200} \fallingdotseq 1.63[kW]$

**18** 방향 제어 밸브의 조작 방식 중 기계 방식의 밸브 기호는?

① 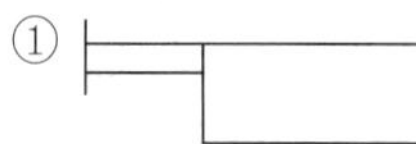

② 

③ 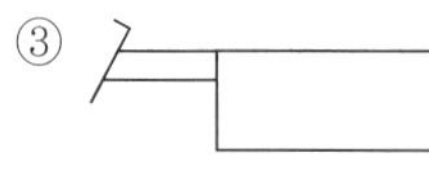

④ 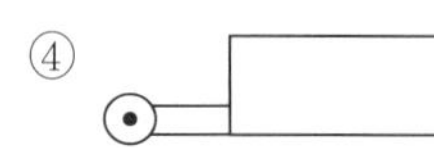

 기계 방식은 접촉부 끝단에 경사판을 만들어 롤러가 접촉되면 굴러가면서 스위치로 조작하도록 한다.

**19** 다음 유압 기호의 명칭으로 옳은 것은?

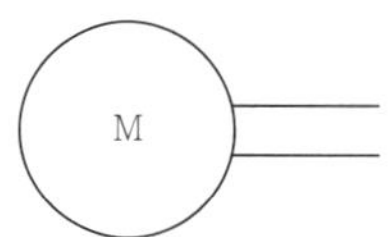

① 공기탱크  ② 전동기
③ 내연 기관  ④ 축압기

 유압 기호에서 모터(Motor)는 원에 "M"를 기입하여 표시한다.

**20** 그림에서처럼 밀폐된 시스템이 평형 상태를 유지할 경우 힘 $F_1$을 옳게 표현한 식은?

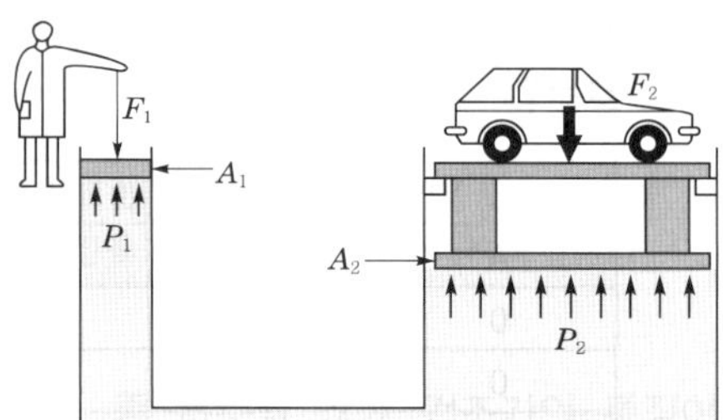

① $\dfrac{A_1 \times A_2}{F_2}$   ② $\dfrac{A_1 \times F_2}{A_2}$

③ $\dfrac{F_2}{A_1 \times A_2}$   ④ $\dfrac{A_2}{A_1 \times F_2}$

 파스칼의 원리에 의해서 $P = \dfrac{F_1}{A_1} = \dfrac{F_2}{A_2}$

이므로 $F_1 = \dfrac{A_1 \times F_2}{A_2}$ 이다.

**21** 공기 압축기를 출력에 따라 분류할 때 소형의 범위는?

① 50～180[kW]
② 0.2～14[kW]
③ 15～75[kW]
④ 75[kW] 이상

 출력에 따른 분류는 다음과 같다.
㉮ 소형 : 0.2~14[kW]
㉯ 중형 : 15~75[kW]
㉰ 대형 : 75[kW] 이상

**22** 유압 실린더의 중간 정지 회로에 적합한 방향 제어 밸브는?

① 3/2way 밸브  ② 4/3way 밸브
③ 4/2way 밸브  ④ 2/2way 밸브

 중간 정지의 조건은 포트수가 4개 이상이며, 3위치 밸브이어야 한다.

**23** 그림과 같은 유압 탱크에서 스트레이너를 장착할 가장 적절한 위치는?

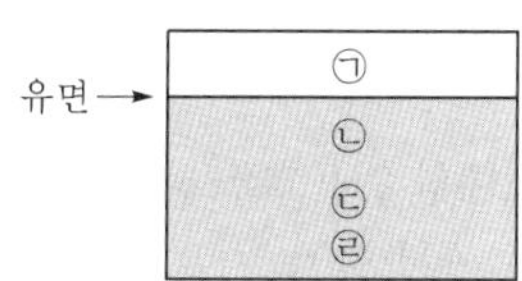

① ㉠과 같이 유면 위쪽
② ㉡과 같이 유면 바로 아래
③ ㉢과 같이 바닥에서 좀 떨어진 곳
④ ㉣과 같이 바닥

　유압 탱크에 스트레이너는 탱크로 복귀한 오일에 이물질을 제거하기 위함으로, 바닥으로부터 약간 떨어진 ㉢의 위치가 적당하며, 바닥에는 철분과 이물질이 침전되는 공간이 되어야 한다.

**24** 다른 실린더에 비하여 고속으로 동작할 수 있는 공압 실린더는?

① 충격 실린더
② 다위치형 실린더
③ 텔레스코프 실린더
④ 가변 스트로크 실린더

　충격(Impact) 실린더는 고속으로 동작을 하며, 공기압 해머로도 사용이 가능하다.

**25** 면적을 감소시킨 통로로서 길이가 단면 치수에 비하여 비교적 짧은 경우의 유동 교축부는?

① 초크(Choke)
② 플런저(Plunger)
③ 스풀(Spool)
④ 오리피스(Orifice)

　유체의 통로에서 단면적의 변화를 주는 것은 초크와 오리피스가 있으며, 초크는 통로의 길이가 단면의 길이보다 긴 경우, 오리피스는 통로의 길이가 단면 길이에 비하여 짧은 경우에 적용한다.

**26** 다음 기호를 보고 알 수 없는 것은?

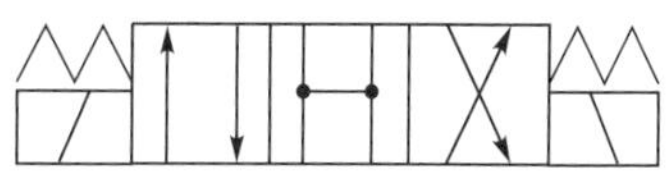

① 포트의 수
② 위치의 수
③ 조작 방법
④ 접속의 형식

　포트의 수는 화살표의 끝과 시작 부분(4포트), 위치 수는 사각형(3위치), 조작 방법은 복동 솔레노이드 스프링 센터형이다.

**27** 유압유에서 온도 변화에 따른 점도의 변화를 표시하는 것은?

① 비중
② 동점도
③ 점도
④ 점도 지수

　점도 지수(VI : Viscosity Index)는 온도 변화에 대한 점도 변화의 비율로 나타내며, 점도 지수가 크면 온도 변화가 적다.

**28** 유압 장치에서 유량 제어 밸브로 유량을 조정할 경우 실린더에 나타나는 효과는?

① 정지 및 시동
② 운동 속도의 조절
③ 유압의 역류 조절
④ 운동 방향의 결정

　유량 제어 밸브는 유량을 조절하여 속도를 제어하며 속도 제어 밸브라고도 한다.

**29** 전기 시퀀스 제어 회로를 구성하는 요소 중 동작은 수동으로 되나 복귀는 자동으로 이루어지는 것은?

① 토글 스위치(Toggle Switch)
② 선택 스위치(Selector Switch)
③ 푸시 버튼 스위치(Pushbutton Switch)
④ 로터리 캠 스위치(Rotary Cam Switch)

 푸시 버튼 스위치(Push Button SW)는 시퀀스 제어에서 시동 스위치(a접점 이용)와 비상 정지 스위치(b접점 이용)를 같이 누르면 ON이 되고, 손을 떼면 OFF가 된다.

**30** 작동유가 갖고 있는 에너지의 축적 작용과 충격 압력의 완충 작용도 할 수 있는 부속 기기는?

① 스트레이너
② 유체 커플링
③ 패킹 및 개스킷
④ 어큐뮬레이터

 축압기(Accumulator)는 공유압에서 공기탱크와 같은 역할을 하며, 에너지 축적과 충격 완화를 한다.

**31** SCR의 활용으로 옳지 않은 것은?

① 수은 정류기
② 자동 제어 장치
③ 제어용 전력 증폭기
④ 전류 조정이 가능한 직류 전원 설비

 SCR(Silicon Controlled Rectifier Thyristor)은 PnPn 접합의 4층 구조 반도체 소자의 총칭으로 일반적으로는 SCR(실리콘 정류 제어 소자)이라고 하는 역저지 3단자 Thyristor를 말하며, 3개 이상의 PN 접합을 갖고 off 상태 및 on 상태의 두 안정 상태를 가져야 하며 on 상태에서 off 상태로, 또한 off 상태에서 on 상태로 이행이 가능한 반도체 소자라 정의하고 있다.

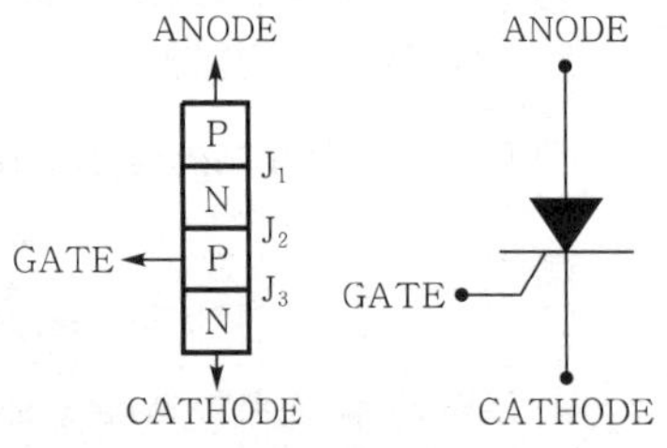

**32** 대칭 3상 교류 전압에서 각 상의 위상차는?

① 60°
② 90°
③ 120°
④ 240°

 대칭 3상 교류 전압 위상차는 120°이다.

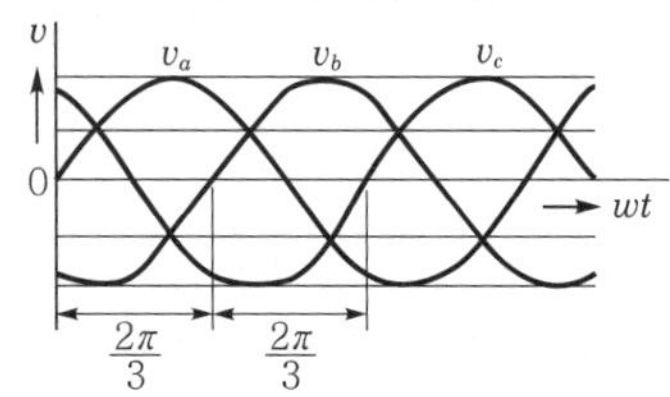

각 코일에 발생되는 전압

$$v_a = \sqrt{2}\,V\sin wt\,[\text{V}]$$

$$v_b = \sqrt{2}\,V\sin\left(wt - \frac{2\pi}{3}\right)[\text{V}]$$

$$v_c = \sqrt{2}\,V\sin\left(wt - \frac{4\pi}{3}\right)[\text{V}]$$

**33** 3상 유도 전동기의 $Y-\Delta$ 결선 변환 회로에 대한 설명으로 옳지 않은 것은?

① $Y$ 결선으로 기동한다.
② 기동 전류가 1/3로 줄어든다.
③ 정상 운전 속도일 때 $\Delta$ 결선으로 변환한다.
④ 기동 시 상전압을 $\sqrt{3}$ 배 승압하여 기동한다.

 기동 시 선간 전압이 $\sqrt{3}$ 배 승압하여 기동한다.

**34** $P[\text{W}]$ 전구를 $t$ 시간 사용하였을 때의 전력량[Wh]은?

① $tP$
② $t^2P$
③ $\dfrac{P}{t}$
④ $\dfrac{P^2}{t}$

 전력량은 일정한 시간 동안에 사용한 전력의 양을 말하며, [Wh]로 나타내면 $W = Pt = IVt\,[\text{Wh}]$이다.

**35** 내부 저항 5[kΩ]의 전압계 측정 범위를 5배로 하기 위한 방법은?

① 20[kΩ]의 배율기 저항을 병렬 연결한다.

② 20[kΩ]의 배율기 저항을 직렬 연결한다.

③ 25[kΩ]의 배율기 저항을 병렬 연결한다.

④ 25[kΩ]의 배율기 저항을 직렬 연결한다.

 전압의 측정 범위를 넓히기 위해 전압계에 저항을 직렬로 연결하며 배율은

$$배율(m) = \frac{R_V + R_m}{R_V} = 1 + \frac{R_m}{R_V}$$
$$\therefore R_m = (m-1)R_V = (5-1)5 = 20[k\Omega]$$

**36** 교류의 크기를 나타내는 방법이 아닌 것은?

① 순시값     ② 실효값

③ 최댓값     ④ 최솟값

 교류의 크기는 순시값, 최댓값, 실효값으로 나타낸다.

**37** 가동 코일형 전류계에서 전류 측정 범위를 확대시키는 방법은?

① 가동 코일과 직렬로 분류기 저항을 접속한다.

② 가동 코일과 병렬로 분류기 저항을 접속한다.

③ 가동 코일과 직렬로 배율기 저항을 접속한다.

④ 가동 코일과 직·병렬로 배율기 저항을 접속한다.

 전류 측정 범위를 확대하기 위해서는 가동 코일과 병렬로 분류기 저항을 접속한다.

**38** 교류 전류에 대한 저항($R$), 코일($L$), 콘덴서($C$)의 작용에서 전압과 전류의 위상이 동상인 회로는?

① $R$만의 회로

② $L$만의 회로

③ $C$만의 회로

④ $R$, $L$, $C$ 직·병렬 회로

 콘덴서 회로에서는 전류가 앞서고, 인덕턴스 회로에서는 전압이 앞선다.

**39** 무부하 운전이나 벨트 운전을 절대로 해서는 안 되는 직류 전동기는?

① 직권 전동기

② 복권 전동기

③ 분권 전동기

④ 타여자 전동기

 직권 전동기는 무부하 운전(고속)이나 벨트 운전(고부하)으로 인하여 정류자가 마모되거나 파손될 위험이 있다.

**40** 그림은 어떤 회로를 나타낸 것인가?

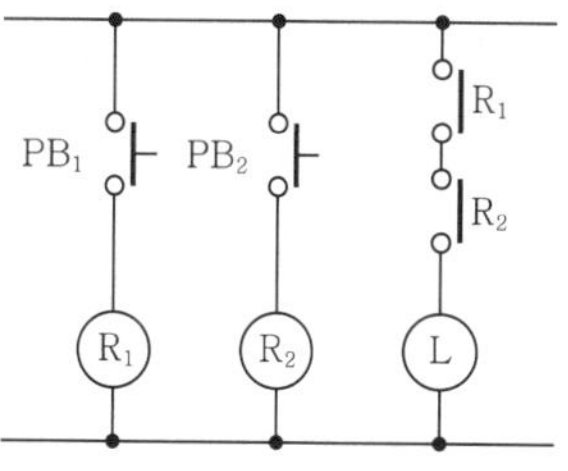


① OR 회로

② 인터록 회로

③ AND 회로

④ 자기 유지 회로

 $PB_1$과 $PB_2$를 누르면 릴레이 코일 $R_1$과 $R_2$가 여자되어 접점 $R_1$과 $R_2$가 $b$접점이 되어 램프가 ON이 된다.

**41** 직선 전류에 의한 자기장의 방향을 알려고 할 때 적용되는 법칙은?

① 패러데이의 법칙
② 플레밍의 왼손 법칙
③ 플레밍의 오른손 법칙
④ 앙페르의 오른나사 법칙

 ㉮ 앙페르의 오른나사 법칙 : 도선에 전류가 흐를 때 오른손 엄지로 전류 방향을 맞추고 네 손가락을 감싸는 방향으로 전류가 흐른다.
㉯ 패러데이 법칙 : 전류가 흐리지 않은 코일에 외부에서 자기장의 변화를 주면 유도 전류가 흐르고 자기장의 변화, 시간적 변화율에 비례하고, 코일의 감긴 횟수에 비례한다.
㉰ 플레밍의 왼손 법칙 : 자기장 속에 전류가 흐르면 자기장으로 인하여 전자기력이 발생한다.
㉱ 플레밍의 오른손 법칙 : 유도 전류 방향을 알 수 있으며, 검지는 자기장, 중지는 전류, 엄지는 힘의 방향을 표시한다.

**42** 자석의 성질에 관한 설명으로 옳지 않은 것은?

① 자석에는 N극과 S극이 있다.
② 자극으로부터 자력선이 나온다.
③ 자기력선은 비자성체를 투과한다.
④ 자력이 강할수록 자기력선의 수가 적다.

 자석은 자기력선이 강하면 자기력선에 비례하여 많아진다.

**43** 시간의 변화에 따라 각 계전기나 접점 등의 변화 상태를 시간적 순서에 의해 출력상태를 (ON, OFF), (H, L), (1, 0) 등으로 나타낸 것은?

① 플로 차트　　② 실체 배선도
③ 타임 차트　　④ 논리 회로도

 계전기의 접점 등을 시간의 변화로 표시하는 것을 타임 차트라 하며, 플로 차트는 시스템의 흐름을 블록화하여 표시하므로 전체적인 흐름을 이해할 수가 있다.

**44** 전압이 가해지고 일정 시간이 경과한 후 접점이 닫히거나 열리고, 전압을 끊으면 순시 접점이 열리거나 닫히는 것은?

① 전자 개폐기
② 플리커 릴레이
③ 온 딜레이 타이머
④ 오프 딜레이 타이머

 오프 딜레이 타이머는 전원이 인가되면 순시에 동작하여 전원이 끊어지면 설정 시간이 경과 후에 접점이 복귀한다.

**45** 전기 저항과 열의 관계를 설명한 것으로 틀린 것은?

① 저항기는 대부분 정특성을 갖는다.
② 전구의 필라멘트는 부특성을 갖는다.
③ 온도 상승과 저항값이 비례하는 것을 정특성이라 한다.
④ 온도 상승과 저항값이 반비례하는 것을 부특성이라 한다.

 필라멘트는 텅스텐을 만들며 온도 상승과 저항값이 정특성을 가진다.

**46** 다음 중 숨은선 그리기의 예로 적절하지 않은 것은?

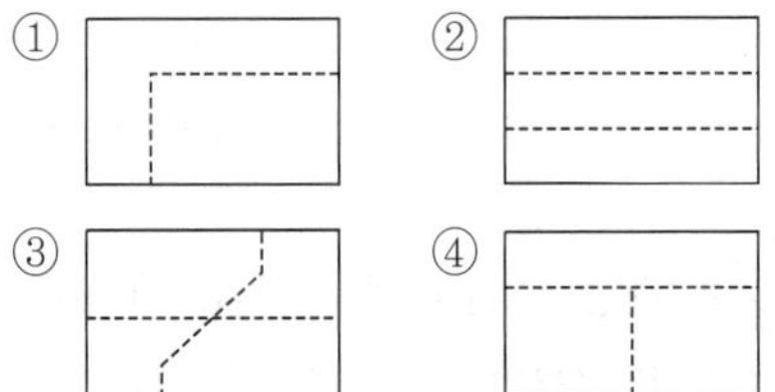

 숨은선은 가는 파선을 표시하며, 교차 부분은 서로 만나게 그린다.

**47** 도면에서 척도의 표시가 "1 : 2"로 표시되는 것은 무엇을 의미하는가?

① 배척      ② 현척

③ 축척      ④ 비례척이 아님

 배척(2 : 1)은 도면을 호가대하는 것이며, 현척은 1 : 1로 그리며, 축척은 실물이 큰 것을 도면에 옮길 수가 없기 때문에 축소(1 : 2)시켜 표기한다.

**48** 그림과 같이 물체의 구멍, 홈 등 특정 부분만의 모양을 도시하는 것을 목적으로 하는 투상도의 명칭은?

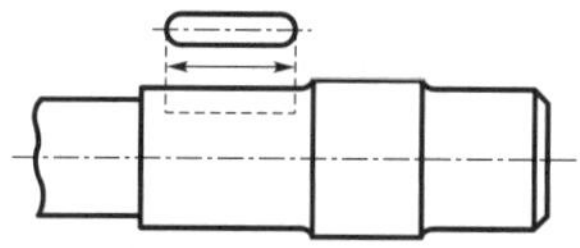

① 국부 투상도      ② 보조 투상도

③ 부분 투상도      ④ 회전 투상도

 ㉮ 보조 투상도 : 경사부가 있는 대상물에서 경사면의 모양을 표시할 필요가 있는 경우

㉯ 부분 투상도 : 그림의 일부를 더 상세하게 표시하는 경우

㉰ 회전 투상도 : 투상면이 원주 상태에서 어느 각도를 가질 때 회전하여 그 모양을 투상하는 경우

**49** 그림과 같은 입체도에서 화살표 방향을 정면으로 한다면 좌측면도로 적합한 투상도는? (단, 투상도는 제3각법을 이용한다)

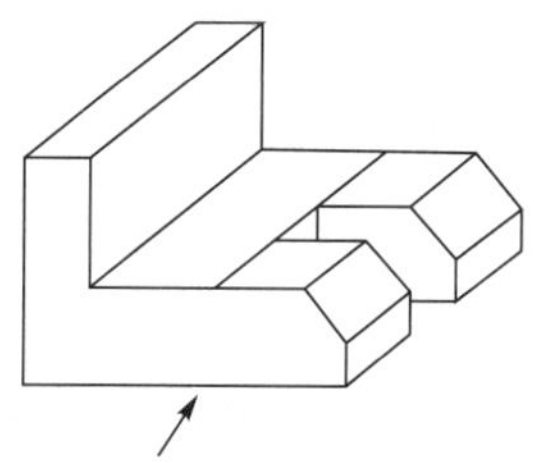

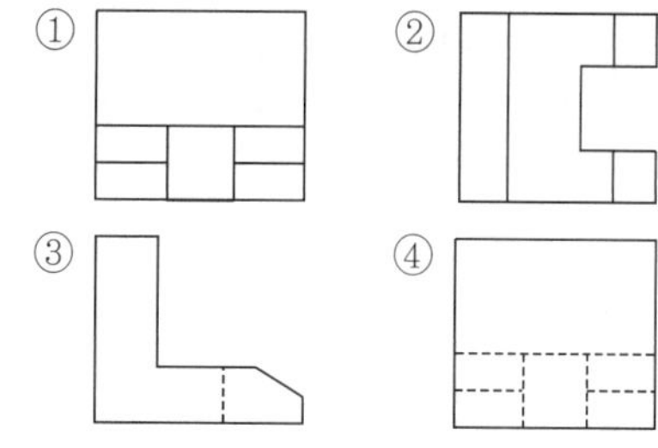

 정면도를 기준으로 오른쪽 부분이 모두 보이므로 좌측면도는 파선으로 나타나야 한다.

**50** 다음 그림의 치수 기입에 대한 설명으로 틀린 것은?

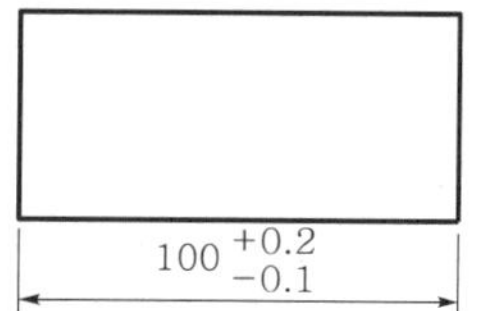

① 공차는 0.1이다.

② 기준 치수는 100이다.

③ 최대 허용 치수는 100.2이다.

④ 최소 허용 치수는 99.9이다.

공차는 최대 허용 공차와 최소 허용 공차의 부호에 관계없이 합산하여 나타낸다.

**51** 나사의 도시 방법에 관한 설명 중 틀린 것은?

① 측면에서 본 그림 및 단면도에서 나사산의 봉우리는 굵은 실선으로 나타낸다.

② 단면도에 나타나는 나사 부품에서 해칭은 나사산의 골 밑을 나타내는 선까지 긋는다.

③ 나사의 끝면에서 본 그림에서는 나사의 골 밑은 가는 실선으로 그린 원주의 3/4에 거의 같은 원의 일부로 표시한다.

④ 숨겨진 나사를 표시하는 것이 필요한 곳에서는 산의 봉우리와 골 밑은 가는 파선으로 표시한다.

[정답]    46. ③    48. ①    49. ④    50. ①    51. ②

 나사의 해칭은 전체를 해칭하며, 수나사와 암나사가 체결되어 있을 경우는 해칭 방향을 다르게 하여 구별할 수 있게 표시한다.

**52** SS 400로 표시된 KS 재료 기호의 400은 어떤 의미인가?

① 재질 번호　　　② 재질 등급
③ 최저 인장 강도　④ 탄소 함유량

 SS 400은 일반 구조용 압연 강재로 두 개의 롤러 사이에 재료를 통과시켜 설정한 두께로 압연하여 사용하며, 400은 최저 인장 강도를 나타낸다.

**53** 12[kN · m]의 토크를 받는 축의 지름은 약 몇 [mm] 이상이어야 하는가? (단, 허용 비틀림 응력은 50[MPa]이라 한다.)

① 84　　　　　② 107
③ 126　　　　　④ 145

 축의 지름을 계산하면 다음과 같다.

$$T = \tau_a \times Z_p = \tau_a \times \frac{\pi d^3}{16}$$ 에서

$$d = \sqrt[3]{\frac{5.1\,T}{\tau_a}} = 1.72\sqrt[3]{\frac{T}{\tau_a}}$$

$$= 1.72\sqrt[3]{\frac{12 \times 10^6}{50 \times 10^6}}$$

$$= 107[\text{mm}]$$

**54** 평벨트 전동 장치와 비교하여 V벨트 전동 장치의 장점에 대한 설명으로 틀린 것은?

① 엇걸기로도 사용이 가능하다.
② 미끄럼이 적고 속도비를 크게 할 수 있다.
③ 운전이 정숙하고 충격을 완화하는 작용을 한다.
④ 비교적 작은 장력으로 큰 회전력을 전달할 수 있다.

 V벨트는 평벨트와 달리 홈의 옆면에서 마찰력을 형성하여 동력을 전달하므로 엇걸기로 사용할 수 없다.

**55** 모듈 5이고 잇수가 각각 40개와 60개인 한 쌍의 표준 스퍼 기어에서 두 축의 중심 거리는?

① 100[mm]　　　② 150[mm]
③ 200[mm]　　　④ 250[mm]

 두 축의 중심 거리는

$$C = \frac{D_A + D_B}{2} = \frac{m(Z_A + Z_B)}{2}$$

$$= \frac{5(40 + 60)}{2}$$

$$= 250[\text{mm}]$$

**56** 애크미 나사라고도 하며 나사산의 각도가 인치계에서는 29°이고, 미터계에서는 30°인 나사는?

① 사다리꼴 나사　② 미터 나사
③ 유니파이 나사　④ 너클 나사

 유니파이 나사는 인치계이며, 나사산의 각도는 60°이다. 너클 나사는 나사산이 둥글며, 둥근 나사라고도 한다.

**57** 둥근 봉을 비틀 때 생기는 비틀림 변형을 이용하여 만드는 스프링은?

① 코일 스프링　　② 벌류트 스프링
③ 접시 스프링　　④ 토션 바

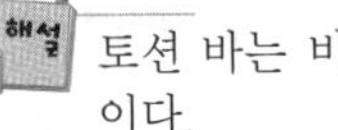 토션 바는 비틀림 변형을 이용한 스프링이다.

**58** SI 단위계의 물리량과 단위가 틀린 것은?

① 힘 – [N]　　　② 압력 – [Pa]
③ 에너지 – [dyne]　④ 일률 – [W]

 줄(J)이며, 1줄은 1N의 힘으로 1m 이동한 것을 말한다.

**59** 고압 탱크나 보일러의 리벳 이음 주위에 코킹(Caulking)을 하는 주목적은?

① 강도를 보강하기 위해서

② 기밀을 유지하기 위해서

③ 표면을 깨끗하게 유지하기 위해서

④ 이음 부위의 파손을 방지하기 위해서

 코킹은 리벳 작업에서 리벳부 주위의 틈새에서 누수나 누유가 새는 것을 방지하기 위해 리벳 주의를 때려서 틈새를 없애는 작업이다.

**60** 나사의 풀림 방지법에 속하지 않는 것은?

① 스프링 와셔를 사용하는 방법

② 로크 너트를 사용하는 방법

③ 부시를 사용하는 방법

④ 자동 조임 너트를 사용하는 방법

 나사의 풀림 방지는 기계가 작동되고 있으면 진동이 발생하므로 나사가 풀릴 수가 있다. 따라서 풀림을 방지하기 위해서는 나사의 체결부에서 지속적으로 힘의 불균형 즉, 나사가 풀리지 않은 힘(압축, 인장)을 유지하거나 접착제에 의한 강제성을 주어야 한다.

# 2016년 7월 10일 시행

**01** 유압유로서 갖추어야 할 성질로 옳지 않은 것은?

① 내연성이 클 것
② 점도 지수가 클 것
③ 윤활성이 우수할 것
④ 체적 탄성 계수가 작을 것

유압유는 체적 탄성 계수가 커야 한다.

**02** 그림과 같은 회로에서 속도 제어 밸브의 접속 방식은?

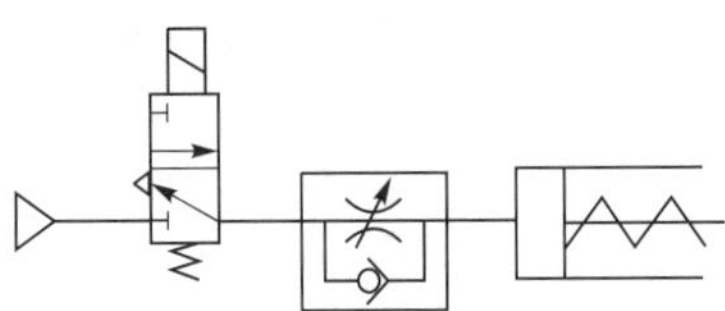

① 미터 인 방식
② 블리드 오프 방식
③ 미터 아웃 방식
④ 파일럿 오프 방식

 단동 실린더 A포트에 직결하였으므로 미터 인 방식이며, 미터 아웃 방식은 실린더 B포트에 직결하는 방식이다.

**03** 조작력이 작용하고 있을 때의 밸브 몸체의 최종 위치를 나타내는 용어는?

① 노멀 위치
② 중간 위치
③ 작동 위치
④ 과도 위치

노멀 위치는 조작력이 작동하고 있지 않은 상태이다.

**04** 시스템을 안전하고 확실하게 운전하기 위한 목적으로 사용하는 회로로 2개의 회로 사이에 출력이 동시에 나오지 않게 하는 데 사용되는 회로는?

① 인터록 회로
② 자기 유지 회로
③ 정지 우선 회로
④ 한시 동작 회로

 ㉮ 자기 유지 회로 : 기억 회로이며 시퀀스 제어 초기에 반드시 적용해야 전원 공급이 지속적으로 된다.
㉯ 정지 우선 회로 : 시퀀스 제어 상에서 작동 중에 이상이 발생하면 정지 버튼 스위치를 누른다. 모든 작동이 정지가 되며, 일명 비상 정지 스위치라고도 한다.
㉰ 한시 동작 회로 : 타이머에 의해서 동작되며, 온 딜레이 상태를 유지한다.

**05** 유압 기본 회로 중 2개 이상의 실린더가 정해진 순서대로 움직일 수 있는 회로에 속하는 것은?

① 로킹 회로
② 언로딩 회로
③ 차동 회로
④ 시퀀스 회로

 ㉮ 로킹 회로 : 실린더가 작동 중 임의 위치에 정지하고자 할 때
㉯ 언로드 회로 : 유압을 사용하지 않을 시 탱크로 보내 무부하 상태로 유지할 때
㉰ 차동 회로 : 복동 실린더에서 차동(피스톤과 로드의 면적비가 2 : 1)을 주어 구성하는 회로

**06** 피스톤이 없이 로드 자체가 피스톤 역할을 하는 것으로 출력축인 로드의 강도를 필요로 하는 경우에 자주 이용되는 것은?

① 단동 실린더
② 램형 실린더
③ 다이어프램 실린더
④ 양 로드 복동 실린더

 다이어프램 실린더는 다이어프램형(비피스톤형)을 사용하여 스트로크는 작지만 큰 힘을 낼 수가 있다.

**07** 유압 장치가 장점이 아닌 것은?

① 작동이 원활하며 진동도 적다.
② 인화 및 폭발의 위험성이 없다.
③ 유량 조절로 무단 변속이 가능하다.
④ 작은 크기로도 큰 힘을 얻을 수 있다.

 유압 장치는 오일을 사용하여 압력을 형성하므로 인화 및 폭발의 위험성이 크다.

**08** 3개의 공압 실린더를 A+, B+, C+, A−, B−, C−의 순서로 제어하는 회로를 설계하고자 할 때 신호의 중복(트러블)을 피하려면 최소 몇 개의 그룹으로 나누어야 하는가? (단, A, B, C는 공압 실린더, "+"는 전진 동작, "−"는 후진 동작이다.)

① 2
② 3
③ 4
④ 5

 트러블이 없게 하기 위해서는 압력의 공급 상태와 접점의 제어에 일관성이 유지해야하므로 캐스케이드 회로에서 작동 순서는 3개의 실린더가 전진과 3개의 실린더가 후진하는 그룹으로 구현하면 된다.

**09** 신호의 계수에 사용할 수 없는 것은?

① 전자 카운터　　② 유압 카운터
③ 공압 카운터　　④ 메커니컬 카운터

 신호의 계수에 사용되지 않은 것은 유압 카운터이다.

**10** 공기 건조 방식 중 −70[℃] 정도까지의 저노점을 얻을 수 있는 것은?

① 흡수식　　　　② 냉각식
③ 흡착식　　　　④ 저온 건조 방식

 ㉮ 흡수식 : 흡수액(염화리튬, 수용액, 폴리에틸렌)을 사용하여 화학적 반응으로 건조하는 방식이다.
㉯ 냉각식 : 이슬점 온도로 낮추어 건조하는 방식이다.

**11** 유압 펌프의 동력($L_p$)을 구하는 식으로 옳은 것은? (단, $P$는 펌프 토출압[kgf/cm$^2$], $Q$는 이론 토출량[L/min]이다.)

① $L_p = \dfrac{PQ}{450}[\text{kW}]$

② $L_p = \dfrac{PQ}{612}[\text{kW}]$

③ $L_p = \dfrac{PQ}{7,500}[\text{kW}]$

④ $L_p = \dfrac{PQ}{12,000}[\text{kW}]$

 $L_s = \dfrac{PQ}{450}[\text{PS}]$는 마력으로 유압 펌프의 동력을 구하는 식이다.

**12** 실린더 피스톤의 운동 속도를 증가시킬 목적으로 사용하는 밸브는?

① 이압 밸브　　　② 셔틀 밸브
③ 체크 밸브　　　④ 급속 배기 밸브

 ㉮ 이압 밸브(AND 밸브) : 두 개의 입구
에 압력이 작용할 때 작동된다.
㉯ 셔틀 밸브(OR 밸브) : 둘 중 한 개 이
상의 압력이 작용할 때 출력 신호가
발생한다.

**13** 압력 제어 밸브의 종류에 속하지 않는
것은?

① 감압 밸브      ② 릴리프 밸브
③ 셔틀 밸브      ④ 시퀀스 밸브

 셔틀 밸브(OR 밸브)는 방향 제어 밸브
이다.

**14** 압축 공기의 응축된 물과 고형 이물질
을 제거하기 위하여 사용하는 필터의 기
호는?

① 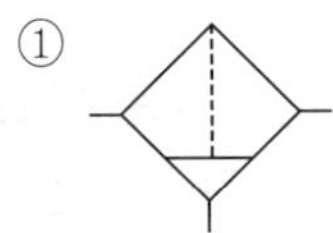      ② 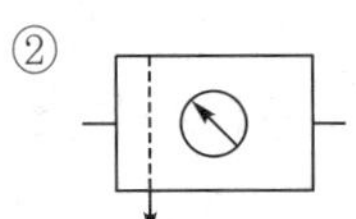

③ 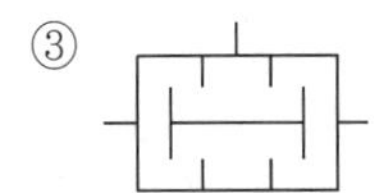      ④ 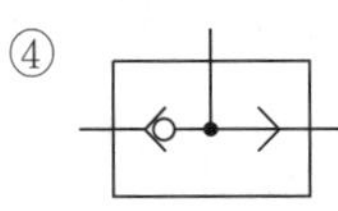

 ② 공기압 조정 유닛(AC Unit)
③ 저압 우선 셔틀 밸브(AND 밸브)
④ 공압 우선 셔틀 밸브(OR 밸브)

**15** 밸브의 조작 방식 중 복동 가변식 전자
액추에이터의 기호는?

① 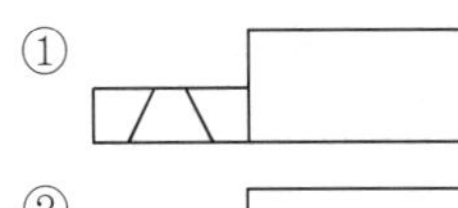

② 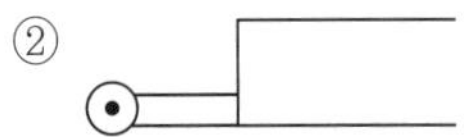

③ 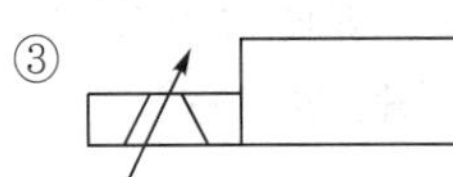

④ 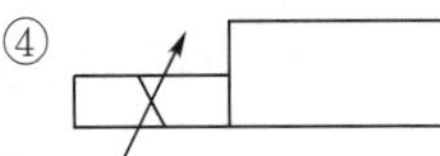

 ① 복동 솔레노이드
② 기계 조작 방식
④ 단동 가변식 전자 액추에이터

**16** 충격 완화에 사용되는 완충기에 관한 설
명으로 옳지 않은 것은?

① 충격 에너지는 속도가 빠르거나 정지
되는 시간이 짧을수록 커진다.
② 스프링식 완충기는 구조가 간단하고
모든 충격력을 완벽하게 흡수할 수
있다.
③ 가변 오리피스형 유압식 완충기는 동
작의 시작과 종료까지 항상 일정한
저항력이 발생한다.
④ 충격력의 완화가 더욱 필요한 때는
쿠션 행정의 길이를 길게 하거나 감
속 회로를 설치한다.

 스프링 완충기는 구조가 간단하지만 탄
성력 때문에 모든 충격력을 완벽하게 흡
수할 수가 없다.

**17** 액추에이터의 속도를 조절하는 밸브는?

① 감압 밸브      ② 유량 제어 밸브
③ 방향 제어 밸브      ④ 압력 제어 밸브

 유량 제어 밸브를 속도 제어 밸브라고도
하며, 액추에이터의 속도를 제어한다.

**18** 그림의 유압 기호에 관한 설명으로 옳지
않은 것은?

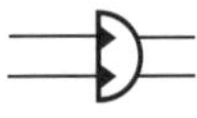

① 요동형 유압 펌프이다.
② 요동형 유압 액추에이터이다.
③ 요동 운동의 범위를 조절할 수 있다.
④ 2개의 오일 출입구에서 교대로 오일
을 출입시킨다.

 요동형 공압 모터는 화살표가 밖으로 향하고 삼각형은 흑색이 아닌 백색으로 표기한다.

**19** 회로의 압력이 설정압을 초과하면 격막이 파열되어 회로의 최고 압력을 제한하는 것은?

① 유체 퓨즈　　② 유체 스위치
③ 압력 스위치　④ 감압 스위치

 유체 퓨즈는 설정압을 초과하면 격막이 파괴되어 안전사고를 방지할 수가 있다.

**20** 기계적 에너지로 압축 공기를 만드는 장치는?

① 공기탱크　　② 공기 압축기
③ 공기 냉각기　④ 공기 건조기

 공기 압축기는 모터를 작동시켜 압축 공기를 생성하며, 예를 들어 왕복동 압축기는 피스톤이 왕복 운동으로 압축 공기를 생성시킨다.

**21** 공유압 변환기의 종류가 아닌 것은?

① 비가동형　　② 블래더형
③ 플로트형　　④ 피스톤형

 공유압 변환기는 공압에서 더 큰 힘이 필요할 때 사용하며, 비가동형, 블래더형, 피스톤형이 있다.

**22** 축압기의 사용 용도에 해당하지 않은 것은?

① 압력 보상
② 충격 완충 작용
③ 유압 에너지의 축적
④ 유압 펌프의 맥동 발생 촉진

 축압기는 유압 펌프에서 생성된 압력을 안정화를 유지하여 맥동 발생을 완화시킨다.

**23** 펌프가 포함된 유압 유닛에 펌프 출구의 압력이 상승하지 않는다면 그 원인으로 적당하지 않은 것은?

① 외부 누설 증가
② 릴리프 밸브의 고장
③ 밸브 실(Seal)의 파손
④ 속도 제어 밸브의 조정 불량

 속도 제어 밸브는 압력이 형성된 상태에서 실린더의 속도가 빠르고 느림을 조절하여 준다.

**24** 공압 시스템 설계 시 사이징 설계를 위한 조건으로 틀린 것은?

① 부하의 종류
② 실린더의 행정 거리
③ 실린더의 동작 방향
④ 압축기의 용량

 공압 시스템의 사이징 설계는 액추에이터의 효율성을 위한 설계로서, 압축기는 공압을 형성시키는 에너지원이다.

**25** 공압 실린더, 제어 밸브 등의 작동을 원활하게 하기 위하여 윤활유를 분무 급유하는 기기의 명칭은?

① 드레인　　　② 에어 필터
③ 레귤레이터　④ 루브리케이터

 ㉮ 드레인인 공압이 형성된 배관에 물을 외부로 배출시킨다.
㉯ 에어 필터는 공기 압축기에서 압축된 공기압에 포함된 이물질을 제거하여 밸브–액추에이터로 보낸다.
㉰ 레귤레이터는 공기 압축기에서 형성된 압력을 사용 압력으로 조정하여 액추에이터로 보낸다.

**26** 밸브의 변환 및 외부 충격에 의해 과도적으로 상승한 압력의 최댓값을 무엇이라고 하는가?

① 배압　　　　② 서지 압력
③ 크래킹 압력　④ 리시트 압력

⑦ 크래킹 압력(cracking pressure) : 릴리프 밸브에서 탱크 내의 압력이 서서히 증가해 갈 때 최초로 스풀이 열리는 시점의 압력을 크래킹 압력(cracking pressure)이라고 한다.
④ 리시트 압력(reseat pressure) : 체크 밸브 또는 릴리프 밸브 등에서 밸브의 흡입측 압력이 저하되어 밸브가 닫히기 시작할 때 오일의 누출량이 어느 규정된 양까지 감소되었을 때의 압력을 말한다.

**27** 관로의 면적을 줄인 길이가 단면 치수에 비하여 비교적 긴 경우의 교축을 무엇이라 하는가?

① 서지　　　　② 초크
③ 공동　　　　④ 오리피스

오리피스는 관로의 면적을 줄인 통로의 길이가 단면 치수에 비하여 짧은 경우이다.

**28** 분사 노즐과 수신 노즐이 같이 있으며 배압의 원리에 의하여 작동되는 공압 기기는?

① 압력 증폭기
② 공압 제어 블록
③ 반향 감지기
④ 가변 진동 발생기

반향 감지기(Reflex sensor)는 배압의 원리를 이용하며 분사 노즐과 수신 노즐이 일체형으로, 감지 거리는 1~6mm 정도로 모든 산업 설비에 이용된다.

**29** 두 개의 복동 실린더가 1개의 실린더 형태로 조립되어 출력이 거의 2배의 힘을 낼 수 있는 실린더는?

① 탠덤 실린더
② 케이블 실린더
③ 로드리스 실린더
④ 다위치 제어 실린더

⑦ 케이블 실린더 : 피스톤 로드 대신에 와이어를 사용한다.
④ 로드리스 실린더 : 로드가 없기 때문에 실린더의 크기 범위에서 스트로크를 적용할 수가 있다.

**30** 공기 조정 유닛의 압력 조절 밸브에 관한 설명으로 옳은 것은?

① 감압을 목적으로 사용한다.
② 압력 유량 제어 밸브라고도 한다.
③ 생산된 압력을 증압하여 공급한다.
④ 밸브 시트에 릴리프 구멍이 있는 것이 논 브리드식이다.

공기 조정 유닛의 압력 조절 밸브는 공기 압축에서 형성된 압력을 액추에이터에서 사용하는 사용 압력으로 감압하는 역할을 한다.

**31** 최대 눈금 10[mA]의 전류계로 1[A]의 전류를 측정하려면 필요한 분류기 저항은 몇 [Ω]인가? (단, 전류계 내부 저항은 0.5[Ω]이다.)

① 0.005　　　② 0.05
③ 0.5　　　　④ 5

비례식으로 풀면
$10 \times 10^{-3} : 1 = R_i : 0.5$이므로
$$R_i = \frac{10 \times 10^{-3} \times 0.5}{1} = 0.005[\Omega]$$

**32** 직류 200[V], 1,000[W]의 전열기에 흐르는 전류는 몇 [A]인가?

① 0.5 　　　　② 5
③ 10 　　　　④ 50

전력 $P=IV$에서
$$I=\frac{P}{V}=\frac{1,000}{200}=5[A]$$

**33** SCR에 대한 설명으로 틀린 것은?

① 교류가 출력된다.
② 정류 작용이 있다.
③ 교류 전원의 위상 제어에 많이 사용된다.
④ 한 번 통전하면 게이트에 의해서 전류를 차단할 수 없다.

SCR(Silicon Controlled Rectifier Thyristor)은 PnPn 접합의 4층 구조 반도체 소자의 총칭으로 일반적으로는 SCR(실리콘 정류 제어 소자)이라고 하는 역저지 3단자 Thyristor를 말하며, 3개 이상의 PN 접합을 갖고 off 상태 및 on 상태의 두 안정 상태를 가져야 하며 on 상태에서 off 상태로, 또한 off 상태에서 on 상태로 이행이 가능한 반도체 소자라 정의하고 있다.

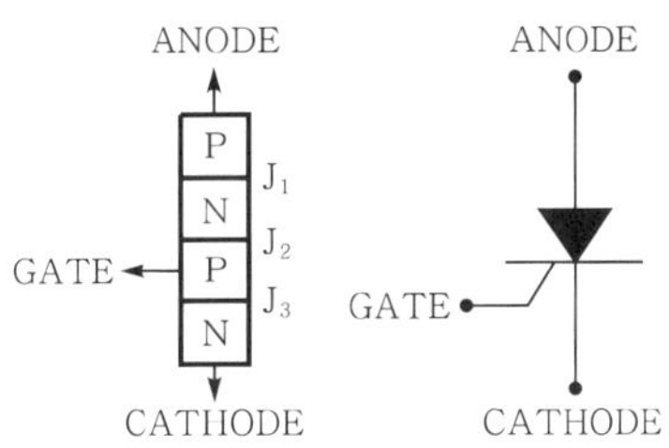


**34** 회로 시험기를 이용하여 저항값을 측정하고자 할 때 전환 스위치의 위치는?

① DC V 　　　　② Ω
③ AC V 　　　　④ DC mA

회로 시험기에서 저항값을 측정하기 위해서는 전환 스위치는 Ω에 위치한다.

**35** Y결선으로 접속된 3상 회로에서 선간 전압은 상전압의 몇 배인가?

① 2 　　　　② $\sqrt{2}$
③ 3 　　　　④ $\sqrt{3}$

선간 전압의 상전압의 $\sqrt{3}$ 배이다.

**36** 두 종류의 금속을 서로 접합하고 접합점을 서로 다른 온도의 차이를 주게 되면 기전력이 발생하여 일정한 방향으로 전류가 흐르는 현상은?

① 가우스 효과 　　② 제벡 효과
③ 톰슨 효과 　　　④ 펠티에 효과

㉮ 톰슨 효과 : 도체에서 온도차에 의해서 기전력이 발생한다.
㉯ 펠티어 효과 : 두 금속의 접점에 전류가 흐르면 가열 혹은 냉각되는 효과를 말한다.

**37** 그림과 같은 $R-L-C$ 직렬 회로에서 공진 주파수가 발생할 수 있는 조건은?

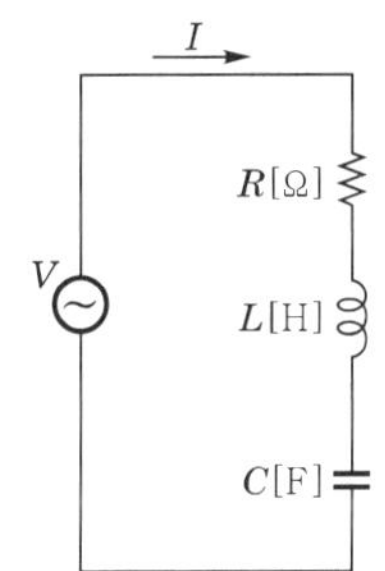


① $R=0$ 　　　　② $\omega L > \dfrac{1}{\omega C}$
③ $\omega L = \dfrac{1}{\omega C}$ 　　④ $\omega L < \dfrac{1}{\omega C}$

**49** 보기 도면과 같이 지시된 치수 보조 기
호의 해독으로 옳은 것은?

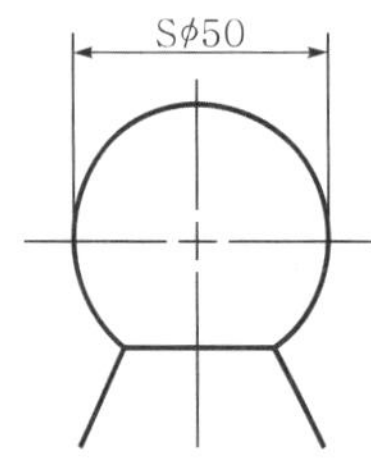


① 호의 지름이 50mm
② 구의 지름이 50mm
③ 호의 반지름이 50mm
④ 구의 반지름이 50mm

 구의 반지름은 SR⌀로 표기한다.

**50** 도면에서 척도란에 NC로 표시된 것은
무엇을 뜻하는가?

① 축척임을 표시
② 제1각법임을 표시
③ 비례척이 아님을 표시
④ 배척임을 표시

 NS는 No Scale의 약어로 비례척이 아
님을 나타낸다.

**51** 정사각뿔의 중심에 직립하는 원통의 구
조물에 대해 그림과 같이 정면도와 평
면도를 나타내었다. 여기서 일부 선이
누락된 정면도를 가장 정확하게 완성한
것은?

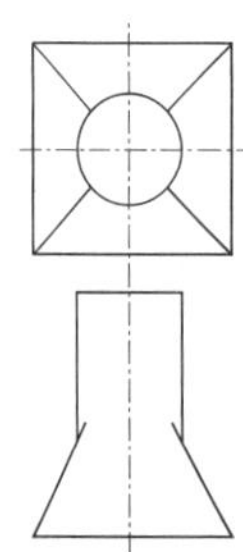

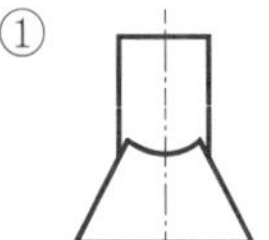 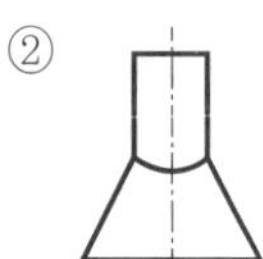

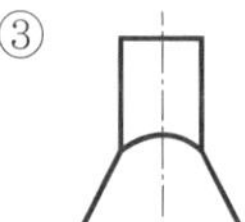 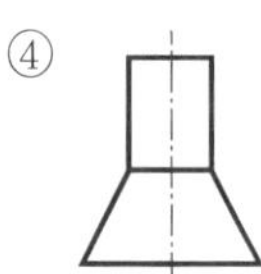

 가운데가 원기둥으로 되어 있고, 밑에는
사다리꼴 형태이므로 경계부에서 원기
둥이 더 표기되어야 한다.

**52** 기계 재료 표시 기호 중 탄소 공구강 강
재의 KS 재료 기호는?

① SCM 415     ② STC 140
③ SM 20C     ④ GC 200

 SM 20C는 기계 구조용 탄소강을 표시
하며, C가 없는 표시는 최저 인장 강도
를 나타낸다.

**53** 페더 키(Feather Key)라고도 하며, 축
방향으로 보스를 슬라이딩 운동을 시킬
필요가 있을 때 사용하는 키는?

① 성크 키     ② 접선 키
③ 미끄럼 키     ④ 원뿔 키

 ㉮ 성크 키(묻힘 키) : 축과 보스에 홈을
파서 고정시킨다.
㉯ 접선 키 : 축과 보스에 접선 방향으로
홈을 파서 서로 반대의 테이퍼를 가
진 키를 조합하여 고정시킨다.
㉰ 원뿔 키 : 축과 보스에 홈을 파지 않
고 마찰력으로 고정시킨다.

**54** 다음 중 V－벨트의 단면적이 가장 작은
형식은?

① A     ② B
③ E     ④ M

 V-벨트는 M, A, B, C, D, E의 6종이 있으며, E에서 M으로 갈수록 단면이 작아진다.

## 55 축 방향 및 축과 직각인 방향으로 하중을 동시에 받는 베어링은?

① 레이디얼 베어링
② 테이퍼 베어링
③ 스러스트 베어링
④ 슬라이딩 베어링

 레이디얼 베어링은 축과 직각인 방향의 하중, 스러스트 베어링은 축 방향의 하중을 받을 때 사용한다.

## 56 지름 15[mm], 표점 거리 100[mm]인 인장 시험편을 인장시켰더니 110[mm]가 되었다면 길이 방향의 변형률은?

① 9.1[%]
② 10[%]
③ 11[%]
④ 15[%]

 길이 방향은 변형률은 늘어난 길이에서 원래의 길이를 뺀 다음 원래의 길이로 나누고 100을 곱한다. 따라서
$$\varepsilon = \frac{\delta}{l} = \frac{110-100}{100} \times 100 = 10[\%]$$이다.

## 57 나사의 풀림을 방지하는 용도로 사용되지 않는 것은?

① 스프링 와셔
② 캡 너트
③ 분할 핀
④ 로크 너트

 캡 너트는 한쪽이 막혀 있는 너트로 이물질이 혼입되는 것을 방지한다.

## 58 그림과 같은 스프링에서 스프링 상수가 $k_1 = 10[N/mm]$, $k_2 = 15[N/mm]$이라면 합성 스프링 상수값은 약 몇 [N/mm]인가?

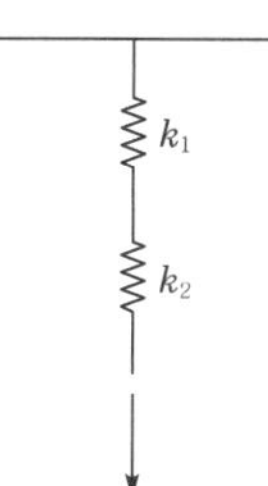

① 3
② 6
③ 9
④ 25

 직렬인 경우 스프링 상수는 다음과 같다.
$$\frac{1}{k} = \frac{1}{k_1} + \frac{1}{k_2} = \frac{3}{30} + \frac{2}{30} = \frac{5}{30} = \frac{1}{6}$$

## 59 동력 전달을 직접 전동법과 간접 전동법으로 구분할 때 직접 전동법으로 분류되는 것은?

① 체인 전동
② 벨트 전동
③ 마찰차 전동
④ 로프 전동

 직접 전동법은 구동축과 종동축이 접촉한 상태이며, 간접 전동법은 구동축과 종동축이 어느 정도 떨어진 상태(체인, 로프, 벨트)에서 동력을 전달한다.

## 60 양 끝이 수나사를 깎은 머리 없는 볼트로 한쪽은 본체에 조립한 상태에서, 다른 한쪽에는 결합할 부품을 대고 너트를 조립하는 볼트는?

① 탭 볼트
② 관통 볼트
③ 기초 볼트
④ 스터드 볼트

 ㉮ 탭 볼트 : 너트를 사용하지 않고 암나사에 체결하는 하는 방법이다.
㉯ 관통 볼트 : 관통을 한 후에 볼트와 너트로 체결한다.
㉰ 기초 볼트 : 기계 구조물을 설치할 때 콘크리트에 구멍을 낸 다음, 기초 볼트를 넣고 조이게 되면 콘크리트 내부에서 직경이 커져서 압축력을 유지하게 한다.

MEMO

# CBT 대비 실전 모의고사

| 자격종목 | 시험시간 | 수험번호 | 성명 |
|---|---|---|---|
| 공유압기능사 | 1시간 | | |

**01** 공동현상(cavitation)이 생겼을 때의 피해사항으로 옳지 않은 것은?

① 충격력이 감소된다.
② 진동이 발생된다.
③ 공동부가 생긴다.
④ 소음이 크게 생긴다.

**02** 작동유 속에 혼입하는 불순물을 제거하기 위하여 사용하는 부품은 어느 것인가?

① 스트레이너　　② 밸브
③ 패킹　　④ 축압기

**03** 다음 중 3포트 2위치 변환밸브를 나타내는 것은?

**04** 다음 그림은 공·유압기호 중 무엇을 나타내는 것인가?

① 기름탱크　　② 공기탱크
③ 전동기　　④ 압력스위치

**05** 유압모터의 특징에 대한 설명으로 옳은 것은?

① 넓은 범위의 무단변속이 용이하다.
② 넓은 범위의 변속장치를 조작할 수 있다.
③ 운동량이 직선적으로 속도조절이 용이하다.
④ 운동량이 자동으로 직선조작을 할 수 있다.

**06** 압력제어밸브에서 급격한 압력변동에 따른 밸브 시트를 두드리는 미세한 진동이 생기는 현상은?

① 노킹　　② 채터링
③ 해머링　　④ 캐비테이션

**07** 다음 중 공압과 유압의 조합기기에 해당되는 것은?

① 에어서비스유닛
② 스틱 앤 슬립유닛
③ 하이드로릭체크유닛
④ 벤투리포지션유닛

**08** 입구측 압력을 그와 거의 비례한 높은 출력측 압력으로 변환하는 기기는?

① 축압기　　② 차동기
③ 여과기　　④ 증압기

**09** 도면에 나타낸 유압회로에서 실린더의 속도를 조절하는 방법으로 적당한 것은?

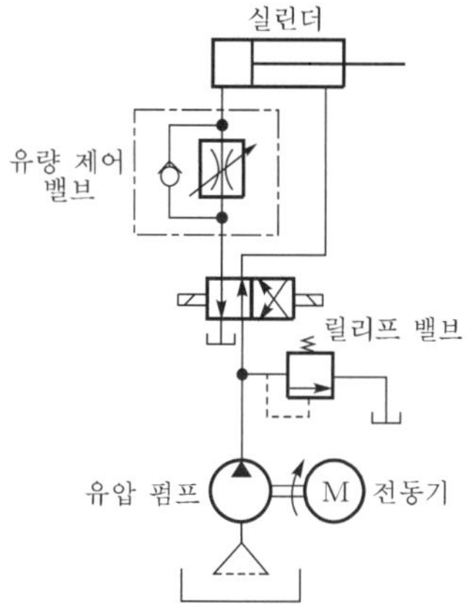


① 전동기의 회전수 조절
② 가변형 펌프의 사용
③ 유량제어밸브의 사용
④ 차동피스톤펌프의 사용

**10** 다음 유입기호의 명칭 중 옳은 것은?

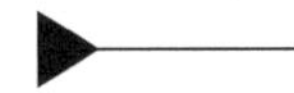

① 온도계          ② 압력계
③ 유량계          ④ 유압원

**11** 다음 중 공기압실린더의 구성요소가 아닌 것은?

① 피스톤(piston)
② 커버(cover)
③ 베어링(bearing)
④ 타이로드(tie rod)

**12** 다음 그림은 무슨 기호인가?

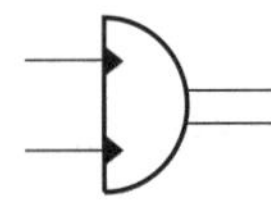

① 요동형 공기압 액추에이터
② 요동형 유압 액추에이터
③ 유압모터
④ 공기압모터

**13** 파스칼의 원리를 이용하지 않은 것은?

① 유압펌프
② 수압기
③ 공기압축기
④ 내부 확장식 제동장치

**14** 유압유가 갖추어야 할 조건 중 잘못 서술한 것은?

① 비압축성이고 활동부에서 시일역할을 할 것
② 온도의 변화에 따라서도 용이하게 유동할 것
③ 인화점이 낮고 부식성이 없을 것
④ 물·공기·먼지 등을 빨리 분리할 것

**15** 도면의 기호에서 A로 이어지는 기기로 타당한 것은?

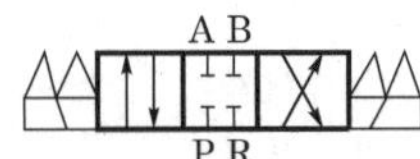

① 실린더          ② 대기
③ 펌프            ④ 탱크

**16** 다음의 유량제어밸브 중에서 압력보상이 되는 것은?

① 스톱밸브
② 니들밸브
③ 유량조정밸브
④ 스로틀밸브

**17** 유압유에 수분이 혼입될 때 미치는 영향이 아닌 것은?

① 작동유의 윤활성을 저하시킨다.
② 작동유의 방청성을 저하시킨다.
③ 캐비테이션이 발생한다.
④ 작동유의 압축성이 증가한다.

**18** 호스의 이음재료가 못 되는 것은?

① 강              ② 황동
③ 고무            ④ 스테인리스강

**19** 유압에 비하여 압축공기의 장점이 아닌 것은?

① 안전성          ② 압축성
③ 저장성          ④ 신속성(동작속도)

**20** 유압장치에서 릴리프밸브의 역할은?

① 유체에 압력을 증가시키는 압력제어밸브이다.
② 유체의 유로의 방향을 변환시키는 방향전환밸브이다.
③ 유체의 압력을 일정하게 유지시키는 압력제어밸브이다.
④ 유압장치에서 유체의 압력을 감소시키는 감압밸브이다.

**21** 베인펌프에서 유압을 발생시키는 주요 부분이 아닌 것은?

① 캠링            ② 베인
③ 로터            ④ 인어링

**22** 다음은 공압실린더의 응용회로이다. 푸시버튼 스위치를 눌렀다 놓으면 실린더는 어떻게 작동되는가?

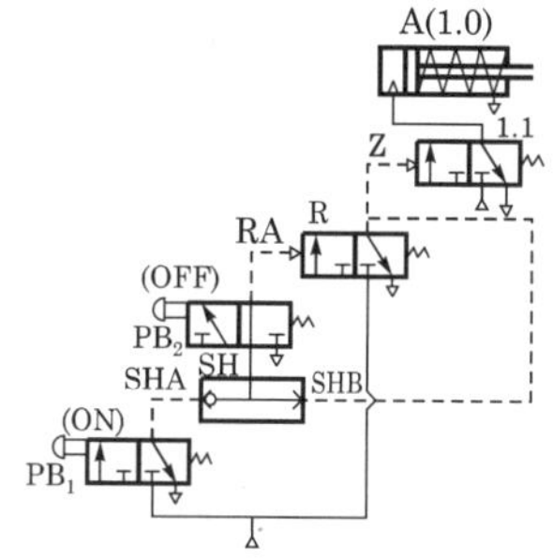

① 스위치 PB₁을 누르면 실린더가 작동되지 않는다.
② 스위치 PB₁을 누르면 실린더가 전진하고 놓으면 후진한다.
③ 스위치 PB₁를 눌렀다 놓으면 실린더가 전진 상태를 유지한다.
④ 스위치 PB₂를 눌렀다 놓으면 실린더가 전진 상태를 유지한다.

**23** 회전속도가 높고 전체 효율이 가장 좋은 펌프는 어느 것인가?

① 축방향 피스톤식
② 베인펌프식
③ 내접기어식
④ 외접기어식

**24** 밸브의 변환 및 피스톤의 완성력에 의해 과도적으로 상승한 압력의 최대값을 무엇이라고 하는가?

① 크래킹압력　　② 서지압력
③ 리시트압력　　④ 배압

**25** 다음 그림은 무슨 유압·공기압 도면기호인가?

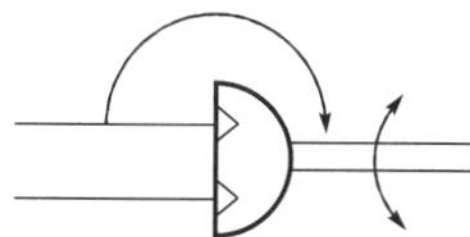

① 요동형 공기압 액추에이터
② 요동형 유압 액추에이터
③ 유압모터
④ 공기압모터

**26** 다음 그림에서 단면적이 5[cm²]인 피스톤에 20[kg]의 추를 올려놓을 때 유체에 발생하는 압력의 크기[kg/cm²]는?

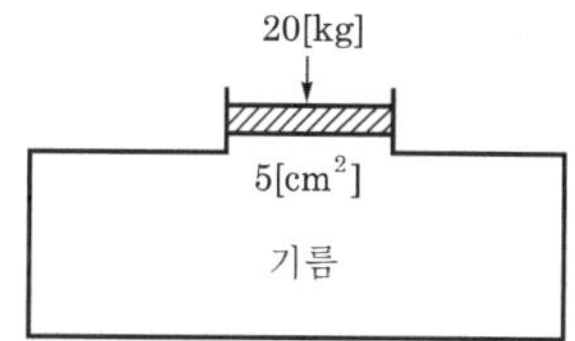


① 1　　　　　　② 4
③ 5　　　　　　④ 20

**27** 다음 기호의 설명으로 맞는 것은?

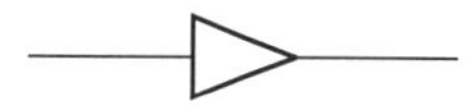

① 관로 속에 기름이 흐른다.
② 관로 속에 공기가 흐른다.
③ 관로 속에 물이 흐른다.
④ 관로 속에 윤활유가 흐른다.

**28** 다음 유압기호의 제어방식에 대한 설명으로 올바른 것은?

① 레버방식이다.
② 스프링제어방식이다.
③ 공기압제어방식이다.
④ 파일럿제어방식이다.

**29** 유관의 안지름 5[cm], 유속 10[cm/s]로 하면 최대 유량은 약 몇 [cm³/s]인가?

① 196　　　　　② 250
③ 462　　　　　④ 785

**30** 입력측과 출력측의 작용면적비에 대응하는 증압비에 따라 압력을 변환하는 기기는?

① 축압기  ② 차동기
③ 여과기  ④ 증압기

**31** 다음 중 유도리액턴스를 나타낸 식은?

① $\dfrac{1}{\omega L}$  ② $\omega C$

③ $2\pi f L$  ④ $\dfrac{1}{2\pi f C}$

**32** 직류기를 구성하는 주요 부분으로 맞지 않는 것은?

① 계자  ② 전기자
③ 정류자  ④ 필터

**33** 농형 유도전동기의 각 기동방식에 따른 특성상 회로구성이 가장 복잡한 기동방식은?

① 전전압기동  ② $Y-\triangle$기동법
③ 기동보상기법  ④ 리액터기동법

**34** 다음 중 줄의 법칙을 설명한 것 중 맞는 것은? (단, $H$ : 열량)

① $H = I^2 R t [\text{J}]$
② $H = 0.241 R t [\text{cal}]$
③ $1[\text{kWh}] = 860[\text{cal}]$
④ $1[\text{J}] = \dfrac{1}{9.186}[\text{cal}]$

**35** $R-C$직렬회로에서 임피던스가 $10[\Omega]$, 저항이 $8[\Omega]$일 때 용량리액턴스$[\Omega]$는?

① 4  ② 5
③ 6  ④ 7

**36** 다음 그림과 같은 회로의 명칭은?

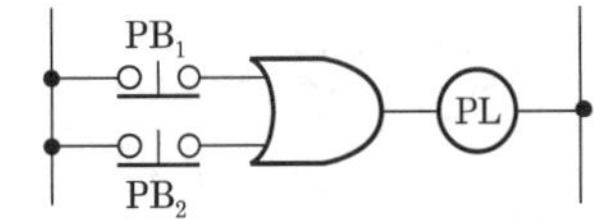


① OR회로  ② AND회로
③ NOT회로  ④ NOR회로

**37** 극성을 가지고 있으므로 교류회로에 사용할 수 없는 콘덴서는?

① 전해콘덴서  ② 세라믹콘덴서
③ 마이카콘덴서  ④ 마일러콘덴서

**38** 직류전동기의 속도제어방법이 아닌 것은?

① 계자제어법  ② 저항제어법
③ 전압제어법  ④ 주파수제어법

**39** 다음 제어용 기기 중 과부하 및 단락사고인 경우 자동차단되어 개폐기 역할을 겸하는 것은?

① 퓨즈  ② 릴레이
③ 리밋스위치  ④ 노퓨즈브레이커

**40** $220[\text{V}]$, $40[\text{W}]$의 형광등 10개를 4시간 동안 사용했을 때의 소비전력량$[\text{kWh}]$은?

① 8.8  ② 0.16
③ 1.6  ④ 16

**41** 다음 그림과 같이 자석을 코일과 가까이 또는 멀리하면 검류계의 지침이 순간적으로 움직이는 것을 알 수 있다. 이와 같이 코일을 관통하는 자속을 변화시킬 때 기전력이 발생하는 현상을 무엇이라 하는가?

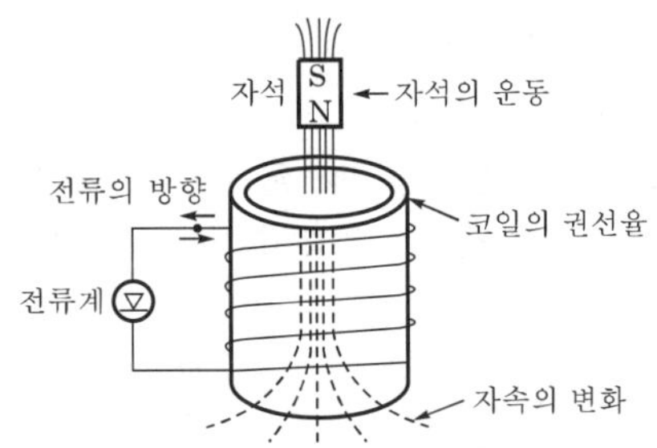


① 드리프트  ② 상호유도
③ 전자유도  ④ 정전유도

**42** 논리기호에서 입력이 있으면 출력이 없고, 입력이 없으면 출력이 있는 게이트는?

① OR  ② AND
③ NOR  ④ NOT

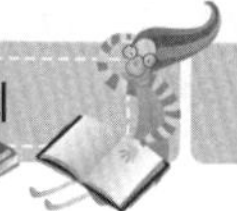

**43** 빌딩, 아파트 물탱크(수조)의 수위를 검출하여 급수펌프를 자동으로 운전하도록 하는 것은?

① 전자개폐기　　② 플로트리스계전기
③ 근접스위치　　④ 한계스위치

**44** 변압기를 병렬운전하기 위한 조건이 아닌 것은?

① 각 변압기의 중량이 같아야 한다.
② 각 변압기의 극성이 같아야 한다.
③ 각 변압기의 권수비가 같아야 한다.
④ 각 변압기의 백분율 임피던스강하가 같아야 한다.

**45** 다음 그림에서 지시선이 가리키는 선의 명칭은?

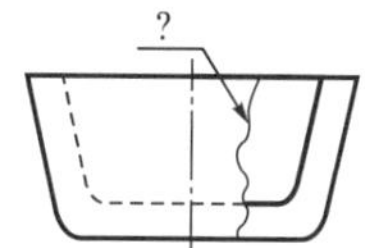

① 외형선　　② 중심선
③ 파단선　　④ 절단선

**46** 다음 투상도법 중 1각법과 3각법이 속하는 투상도법은?

① 정투상법　　② 등각투상법
③ 사투상법　　④ 부등각투상법

**47** 용접부에 다음과 같은 시험기호가 있을 때 해독으로 올바른 것은?

① 초음파 경사각 탐상시험
② 초음파 수직 탐상시험
③ 방사선 투과 부분시험
④ 방사선 투과 2중벽 촬영시험

**48** 평면, 측면, 정면을 하나의 투상면 위에 동시에 볼 수 있도록 같은 기울기로 그려진 도법은?

① 등각투상법　　② 국부투상법
③ 정투상법　　　④ 경사투상법

**49** 기계구조물의 용접부 등에 비파괴검사시험기호에서 RT로 표시된 기호가 뜻하는 것은?

① 방사선투과시험
② 자분탐상시험
③ 초음파탐상시험
④ 침투탐상시험

**50** [보기]에서와 같이 입체도를 3각법으로 그린 투상도에 관한 설명으로 올바른 것은?

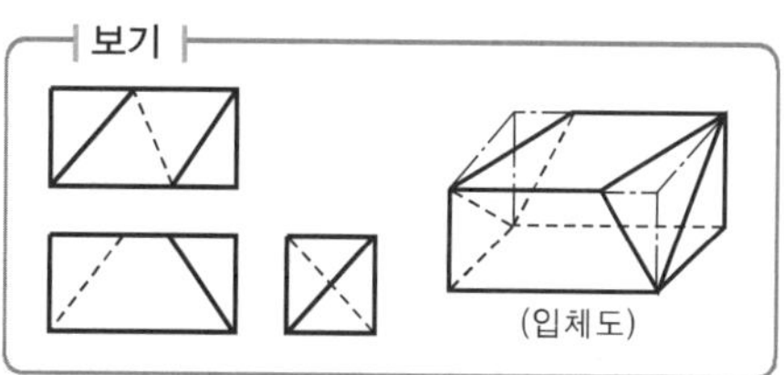


① 평면도만 틀림
② 정면도만 틀림
③ 우측면도만 틀림
④ 모두 올바름

**51** 표제란에 다음 그림과 같은 투상법기호로 표시되는 경우는 무슨 각법인가?

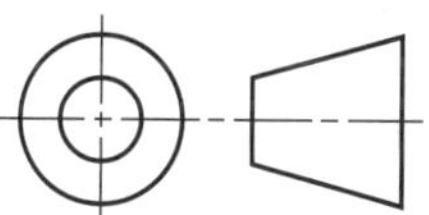

① 1각법　　② 2각법
③ 3각법　　④ 4각법

**52** [보기]의 입체도에서 화살표방향이 정면으로 좌우대칭일 때 평면도의 형상으로 가장 적합한 것은?

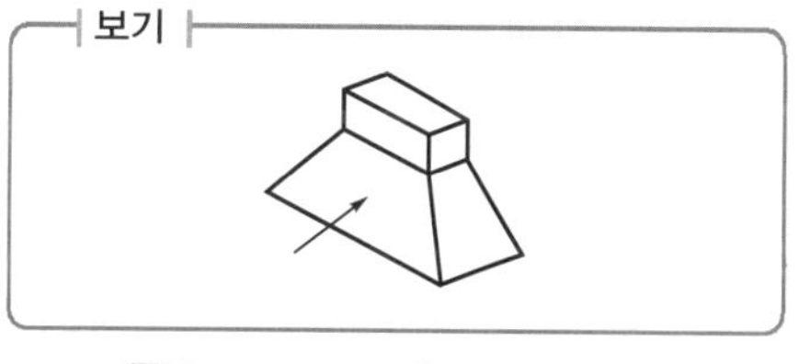


① 　② 
③ 　④ 

**53** 3각법으로 투상한 [보기]의 도면에 가장 적합한 입체도는?

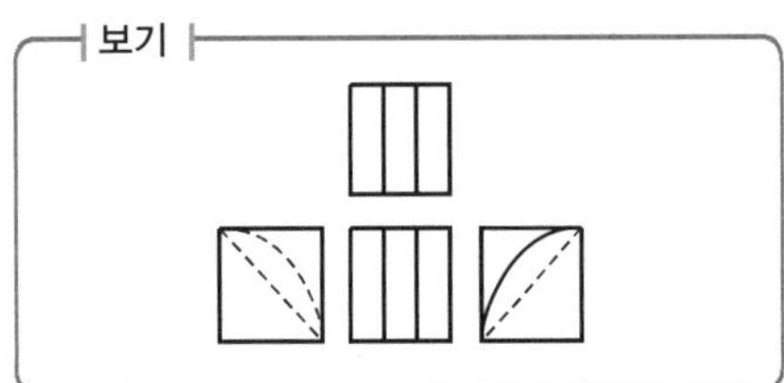

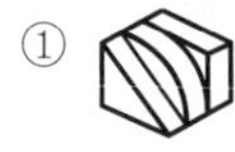 
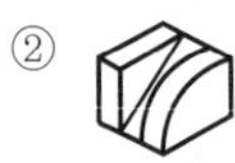 

**54** 대칭형 물체의 1/4을 잘라내고 도면의 반쪽을 단면으로 나타낸 것은?

① 온(전)단면도    ② 한쪽(반) 단면도
③ 부분단면도    ④ 계단단면도

**55** 도면에서 척도란에 NS로 표시된 것은 무엇을 뜻하는가?

① 축척
② 나사를 표시
③ 배척
④ 비례척이 아닌 것을 표시

**56** 다음 나사기호 중 KS 관용 평행나사기호는?

① PT    ② PF
③ PS    ④ SM

**57** 공·유압배관의 간략도시방법으로 신축관이음의 도시기호는?

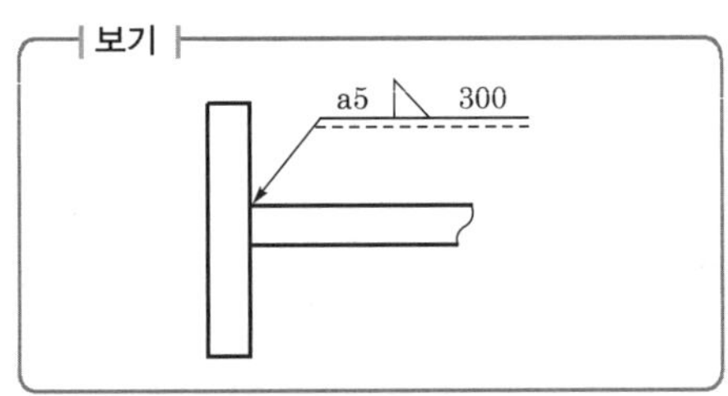

**58** [보기]와 같은 용접도시기호의 설명으로 올바른 것은?

① 홈깊이 5[mm]    ② 목길이 5[mm]
③ 목두께 5[mm]    ④ 루트간격 5[mm]

**59** 기계제도 치수기입법에서 정정치수를 의미하는 것은?

① 50̶    ② 50
③ (50)    ④ ≪50≫

**60** 절단된 면을 다른 부분과 구분하기 위하여 가는 실선으로 규칙적으로 빗줄을 그은 선의 명칭은?

① 해칭선    ② 피치선
③ 파단선    ④ 기준선

# 1회 정답 및 해설

**01** 정답 ①
해설 공동현상이 발생하면 충격력이 커진다.

**02** 정답 ①
해설 스트레이너는 유압탱크에 설치하며 불순물을 제거할 때 사용한다.

**03** 정답 ②
해설 ① 2포트 2위치 변환밸브
③ 4포트 2위치 변환밸브
④ 5포트 2위치 변환밸브

**04** 정답 ②
해설 공기탱크를 나타내며 공압에서 압력의 안정화를 위해 설치한다.

**05** 정답 ①
해설 유압모터는 유량제어밸브에 의해서 무단변속이 자유롭다.

**06** 정답 ②
해설 채터링은 압력이 스프링의 장력과 비슷한 상태에서 떨림이 발생한다.

**07** 정답 ③
해설 하이드로릭체크유닛은 공압과 유압의 조합으로 되어 있다.

**08** 정답 ④
해설 축압기는 압력의 안정화를 유지하고, 여과기는 불순물을 제거한다.

**09** 정답 ③
해설 유량제어밸브는 실린더에 들어오는 양을 제어하므로 속도가 제어된다.

**10** 정답 ④
해설 유압원을 표시하며, 공압은 흰색으로 표시한다.

**11** 정답 ③
해설 실린더는 직선운동을 하므로 베어링은 관계없다.

**12** 정답 ②
해설 요동형 유압 액추에이터이며, 공기압은 흰색 삼각형으로 표시한다.

**13** 정답 ③
해설 공기압축기는 대기의 공기를 압축하여 압력에너지를 생성한다.

**14** 정답 ③
해설 유압유는 인화점이 높고 부식성이 없어야 한다.

**15** 정답 ①
해설 A포트는 실린더에 A포트와 연결된다.

**16** 정답 ③
해설 유량조정밸브는 압력보상을 할 수가 있다.

**17** 정답 ④
해설 작동유의 압축성이 감소하게 된다.

**18** 정답 ③
해설 고무재질은 유압의 압력이 높기 때문에 누유의 원인이 될 수가 있다.

**19** 정답 ②
해설 공기압은 하중에 따라 압축상태가 변화를 한다.

**20** 정답 ③
해설 릴리프밸브는 유체의 압력을 일정하게 유지시키는 역할을 한다.

**21** 정답 ④
해설 인어링은 회전하는 부분의 정확한 위치를 위해 사용한다.

**22** 정답 ④

해설 스위치 PB₂를 눌렀다 놓으면 압력이 차단되어 전진상태를 유지한다.

**23** 정답 ①

해설 축방향 피스톤식이 회전속도가 높고 전체 효율이 가장 좋다.

**24** 정답 ②

해설 서지압력은 과도적으로 상승한 압력의 최대값이다.

**25** 정답 ①

해설 요동형 공기압 액추에이터로서 A, B 두 포트에 압력이 생성될 때 시계방향과 반시계방향으로 일정한 각도로 요동한다.

**26** 정답 ②

해설 $P = \dfrac{W}{A} = \dfrac{20}{5} = 4[\text{kg/cm}^2]$

**27** 정답 ②

해설 공기압은 삼각형에 흰색으로 표기한다.

**28** 정답 ④

해설 파일럿제어방식으로, 밸브 내의 미소압력으로 스풀을 열고 닫게 한다.

**29** 정답 ①

해설 $Q = Av = \dfrac{3.14 \times 5^2}{4} \times 10 = 196[\text{cm}^3/\text{s}]$

**30** 정답 ④

해설 증압기는 부족한 출력측 압력을 증폭하여 사용하는 장치이다.

**31** 정답 ③

해설 ㉠ 유도리액턴스 $X_L = 2\pi f L [\Omega]$

㉡ 용량리액턴스 $X_C = \dfrac{1}{\omega C} = \dfrac{1}{2\pi f L C}[\Omega]$

**32** 정답 ④

해설 직류기는 계자(고정자), 전기자, 정류자, 공극, 브러시로 구성되어 있다.

**33** 정답 ③

해설 기동보상기법은 15[kW] 이상 고압전동기에 사용되며, 감압용 단권변압기에 의해 인가전압을 감소시켜 공급하므로 회로구성이 가장 복잡한 기동방식이다.

**34** 정답 ①

해설 줄의 법칙은 도선에 전류가 흐르면 열이 발생하게 되는데, 이 열은 저항과 전류의 제곱 및 흐른 시간에 비례한다.

㉠ 열량 $H = 0.24 I^2 R t [\text{cal}]$

㉡ 전력량 $W = Pt = I^2 R t [\text{J}]$

※ $1[\text{J}] = 0.24[\text{cal}]$, $1[\text{cal}] = 4.186[\text{J}]$

**35** 정답 ③

해설 $Z = \sqrt{R^2 + X_C^2}\,[\Omega]$

$10 = \sqrt{8^2 + X_C^2}$

$\therefore X_C = 6[\Omega]$

**36** 정답 ①

해설 OR회로로 PB₁, PB₂ 중 어느 하나만 ON되면 출력 PL이 점등되는 회로이다.

**37** 정답 ①

해설 전해콘덴서는 $(+)$, $(-)$의 극성이 표시되어 있으므로 사용 시 극성에 맞도록 접속하여야 한다.

**38** 정답 ④

해설 계자제어법, 저항제어법, 전압제어법은 직류전동기의 제어법이고, 주파수제어법은 교류전동기의 속도제어법이다.

**39** 정답 ④

해설 과부하 및 단락사고인 경우 자동차단되어 개폐기 역할을 겸하는 것을 노퓨즈브레이커(NFB), 즉, 배선용 차단기(MCCB)라 한다.

**40** 정답 ③

해설 $40[\text{W}] \times 10$개$\times 4[\text{h}] = 1,600[\text{Wh}]$
$= 1.6[\text{kWh}]$

**41** **정답** ③
　**해설** 코일에 전류를 흘려주면 자속이 발생하는
　　데, 자속의 변화에 따라 기전력이 발생하
　　는 현상을 전자유도현상이라 한다.

**42** **정답** ④
　**해설** 입력신호와 출력신호가 서로 반대의 값이
　　되는 회로를 NOT회로라 한다.

**43** **정답** ②
　**해설** 부력의 원리를 이용하지 않고 일정한 높
　　이까지 물이 채워지면 전기적인 원리에
　　의해서 급수펌프의 전원을 차단시킨다.

**44** **정답** ①
　**해설** 변압기의 병렬운전조건
　　㉠ 1·2차의 정격전압이 같을 것
　　㉡ 1·2차의 극성이 같을 것
　　㉢ 임피던스의 전압이 같을 것
　　㉣ 각 변압기의 저항과 누설리액턴스의 비
　　　가 같을 것

**45** **정답** ③
　**해설** 파단선으로, 물체의 내부를 보여줄 때 사
　　용하며 굵은 실선이다.

**46** **정답** ①
　**해설** 정투상법은 제1각법과 제3각법에 모두 적
　　용된다.

**47** **정답** ①
　**해설** UT는 Ultrasonic Tangential의 약어로서
　　초음파 경사각 탐상시험이다.

**48** **정답** ①
　**해설** 등각투상도는 평면, 측면, 정면을 하나의
　　투상면 위에 동시에 볼 수 있다.

**49** **정답** ①
　**해설** 방사선투과시험으로 Radiographic Testing
　　의 약자이다.

**50** **정답** ①
　**해설** 평면도가 틀렸으며 파선이 삭제되어야 한다.

**51** **정답** ③
　**해설** 3각법에 의해서 도면을 배치한다.

**52** **정답** ③
　**해설** 평면도는 위에서 본 형상이다.

**53** **정답** ②
　**해설** 좌·우측면도를 보고 형상을 판단해야 하
　　며 ②가 맞다.

**54** **정답** ②
　**해설** 물체의 1/4을 절단하는 단면법을 반단면
　　도라 한다.

**55** **정답** ④
　**해설** NS는 No Scale의 약어로 비례척이 아닌
　　것을 의미한다.

**56** **정답** ②
　**해설** KS 관용 평행나사는 PF로 표시한다.

**57** **정답** ③
　**해설** 신축관이음은 열로 인한 배관의 팽창을
　　보정하는 역할을 한다.

**58** **정답** ③
　**해설** 필릿용접에서 목두께를 나타낸다.

**59** **정답** ①
　**해설** 정정치수는 정정하고자 하는 숫자에 가운
　　데 수평선을 그은 다음 위에다 표시한다.

**60** **정답** ①
　**해설** 해칭선은 절단한 부분을 표시하며 가는
　　실선으로 나타낸다.

| 자격종목 | 시험시간 | 수험번호 | 성명 |
|---|---|---|---|
| 공유압기능사 | 1시간 | | |

**01** 실린더의 지지형식에 따른 분류가 아닌 것은?

① 풋형
② 앵글형
③ 플랜지형
④ 트러니언형

**02** 압축공기 저장탱크에 구성되는 기기가 아닌 것은?

① 압력계
② 압력릴리프밸브
③ 차단밸브
④ 유량계

**03** 다음 그림은 실린더의 속도를 제어하는 회로이다. 회로의 명칭은?

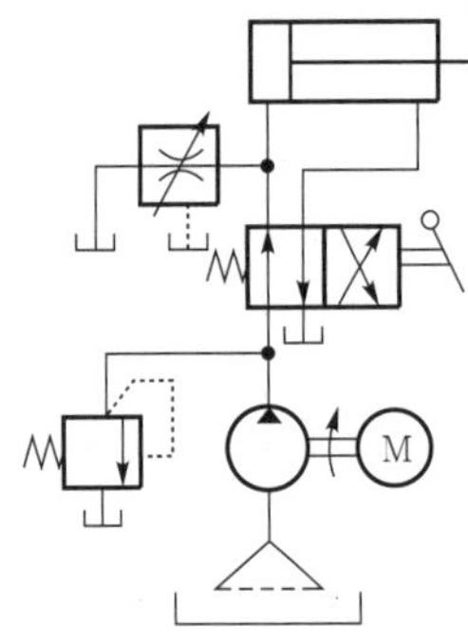

① 미터 인 회로
② 미터 아웃 회로
③ 블리드 오프 회로
④ 블리드 온 회로

**04** 다음 그림은 어떤 실린더를 나타내는 기호인가?

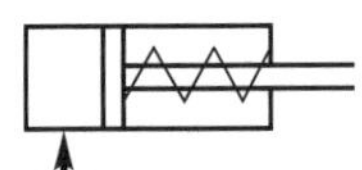

① 단동실린더
② 복동실린더
③ 쿠션장착실린더
④ 다이어프램형 실린더

**05** 다음 그림의 기호는 어떤 밸브를 나타내는가?

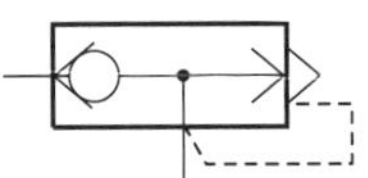

① 파일럿조작 체크밸브
② 고압 우선형 밸브
③ 저압 우선형 밸브
④ 급속배기밸브

**06** 공압발생장치 중 1[kgf/cm$^2$] 이상의 토출압력을 발생시키는 장치는?

① 송풍기
② 팬
③ 공기압축기
④ 공압모터

**07** 공압용 솔레노이드밸브의 전환빈도로 알맞은 정도를 나타낸 것은?

① 매초 1회 이하
② 매초 10회 정도
③ 매초 20회 정도
④ 분당 1회 이하

**08** 다음 그림의 유압기호는 무엇인가?

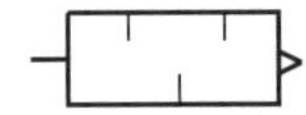

① 축압기
② 증압기
③ 소음기
④ 가열기

**09** 어큐뮬레이터 회로의 목적에 해당되지 않는 것은?

① 저속작동회로
② 압력유지회로
③ 압력완충회로
④ 보조동력원회로

**10** 윤활기의 작동원리는?

① 파스칼의 원리
② 벤투리의 원리
③ 아르키메데스의 원리
④ 보일-샤를의 원리

**11** 동력전달방식 중 공압식이 전기식보다 유리한 점은?

① 동작속도
② 에너지효율
③ 소음
④ 에너지축적

**12** 입력 쪽 압력을 그에 비례한 높은 출구압력으로 변환하는 기기는?

① 사출급유기
② 증압기
③ 공유압변환기
④ 소음기

**13** 다음 그림의 기호는 무엇을 나타내는 것인가?

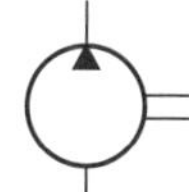

① 유압펌프
② 유압모터
③ 압축기
④ 송풍기

**14** 다음 그림에서 유압기호의 명칭은 무엇인가?

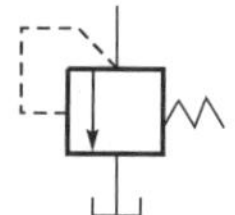

① 릴리프밸브(relief valve)
② 감압밸브(reducing valve)
③ 언로드밸브(unload valve)
④ 시퀀스밸브(sequence valve)

**15** 기화기의 벤투리관에서 연료를 흡입하는 원리를 잘 설명할 수 있는 것은?

① 베르누이의 정리
② 보일-샤를의 법칙
③ 파스칼의 원리
④ 연속의 법칙

**16** 다음 그림과 같은 실린더장치에서 A의 지름이 40[mm], B의 지름이 100[mm]일 때 A에 16[kg]의 물을 올려놓는다면 B는 몇 [kg]의 무게를 올려놓아야 양 피스톤이 평형을 이루겠는가?

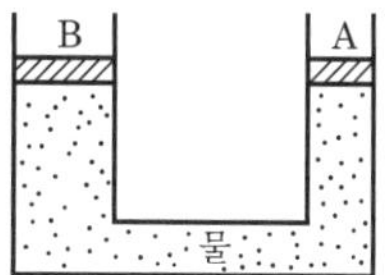


① 10
② 40
③ 100
④ 160

**17** 에너지로서의 공기압을 만드는 기계는 어느 것인가?

① 공기냉각기
② 공기압축기
③ 공기탱크
④ 공기건조기

**18** 다음은 어떤 회로의 진리값 표이다. 해당되는 것은?

| 입력신호 | | 출력신호 |
| --- | --- | --- |
| A | B | C |
| 0 | 0 | 0 |
| 0 | 1 | 0 |
| 1 | 0 | 0 |
| 1 | 1 | 1 |

① NOR회로
② NOT회로
③ AND회로
④ OR회로

**19** 다음 중 유압회로에서 주요 밸브가 아닌 것은?

① 압력제어밸브
② 회로제어밸브
③ 유량제어밸브
④ 방향제어밸브

**20** 공압용 방향전환밸브의 구멍(port)에서 'EXH'가 나타내는 것은?

① 밸브로 진입
② 실린더로 진입
③ 대기로 방출
④ 탱크로 귀환

**21** 체적효율이 가장 좋은 펌프는?

① 기어펌프　　　　② 베인펌프

③ 피스톤펌프　　　④ 로터리펌프

**22** 유압펌프의 동력을 계산하는 방법으로 맞는 것은?

① 압력×수압면적　② 압력×유량

③ 질량×가속도　　④ 힘×거리

**23** 다음 그림과 같이 1개의 입력포트와 1개의 출력포트를 가지고 입력포트에 입력이 되지 않은 경우에만 출력포트에 출력이 나타나는 회로는?

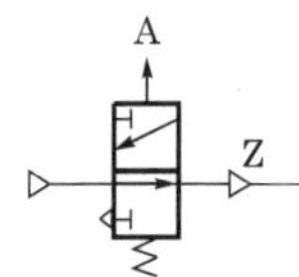

① NOR회로　　　　② AND회로

③ NOT회로　　　　④ OR회로

**24** 다음 그림에 알맞은 명칭은?

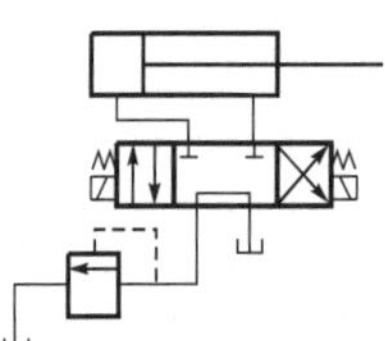

① 감속회로　　　　② 차동회로

③ 로킹회로　　　　④ 정토크구동회로

**25** 유압모터의 종류가 아닌 것은?

① 기어형　　　　　② 베인형

③ 피스톤형　　　　④ 나사형

**26** 다음 중 고압작동에 적합한 특징을 갖는 모터는?

① 피스톤모터

② 기어모터

③ 압력평형식 베인모터

④ 압력불평형식 베인모터

**27** 다음 중 공기압장치의 기본시스템이 아닌 것은?

① 압축공기발생장치

② 압축공기조정장치

③ 공압제어밸브

④ 유압펌프

**28** 양정은 압력을 비중량으로 나눈 값이다. 양정의 단위로 적당한 것은?

① $[kg]$　　　　　　② $[m]$

③ $[kg/cm^2]$　　　④ $[m^2/sec]$

**29** 완전한 진공을 '0'으로 표시한 압력은?

① 게이지압력　　　② 최고 압력

③ 평균압력　　　　④ 절대압력

**30** 유압동력을 직선왕복운동으로 변환하는 기구는?

① 유압모터　　　　② 요동모터

③ 유압실린더　　　④ 유압펌프

**31** 다음 중 회로시험기를 사용할 때 극성에 주의해서 측정해야 하는 것은?

① 저항　　　　　　② 교류전압

③ 직류전압　　　　④ 주파수

**32** SCR의 설명 중 틀린 것은?

① SCR은 교류가 출력된다.

② SCR은 한 번 통전하면 게이트에 의해서 전류를 차단할 수 없다.

③ SCR은 정류작용이 있다.

④ SCR은 교류전류의 위상제어에 많이 사용된다.

**33** 송전선의 전압조정 및 역률 개선용으로 사용할 수 있는 전동기는?

① 타여자전동기

② 직류분권전동기

③ 동기전동기

④ 유도전동기

**34** 회로시험기 사용에서 저항측정 시 전환스위치를 $R \times 100$에 놓았을 때 계기의 바늘이 50[Ω]을 가리켰다면 측정된 저항값[Ω]은?

① 50　　　　　② 100
③ 500　　　　④ 5,000

**35** 다음의 직류전동기 중에서 무부하운전이나 벨트운전을 절대로 해서는 안 되는 전동기는?

① 타여자전동기
② 복권전동기
③ 직권전동기
④ 분권전동기

**36** 변압기의 온도 상승을 억제하기 위해서 갖추어야 할 변압기유의 조건으로 틀린 것은?

① 절연내력이 작을 것
② 인화점이 높을 것
③ 응고점이 낮을 것
④ 화학적으로 안정될 것

**37** 전류측정 시 안전 및 유의사항으로 거리가 먼 것은?

① 측정 전 날씨의 조건(습도)을 확인한다.
② 직류전류계를 사용할 때 전원의 극성을 틀리지 않도록 접속한다.
③ 회로연결 시 그 접속에 따른 접촉저항이 작도록 해야 한다.
④ 전류계의 내부저항이 작을수록 회로에 주는 영향이 작고 그 측정오차도 작다.

**38** 10[Ω]의 저항에 5[A]의 전류를 3분 동안 흘렸을 때 발열량은 몇 [cal]인가?

① 1,080　　　② 2,160
③ 5,400　　　④ 10,800

**39** 사인파 교류전류에서 실효값은 최대값의 몇 배가 되는가?

① 0.27　　　　② 0.5
③ 0.707　　　④ 1.11

**40** 다음 중 단자가 3개가 아닌 것은?

① 사이리스터
② 트라이액
③ 다이오드
④ MOSFET

**41** 전류가 하는 일이 아닌 것은?

① 발열작용
② 자기작용
③ 화학작용
④ 증폭작용

**42** 다음 중 3상 유도전동기는?

① 권선형
② 콘덴서기동형
③ 분상기동형
④ 셰이딩코일형

**43** 10[Ω]과 20[Ω]의 저항이 직렬로 연결된 회로에 60[V]의 전압을 가했을 때 10[Ω]의 저항에 걸리는 전압[V]을 구하면 얼마인가?

① 6　　　　　② 10
③ 20　　　　④ 30

**44** 대칭 3상 교류에서 각 상의 위상차는?

① 60°　　　　② 90°
③ 120°　　　④ 150°

**45** 전원이 $V$결선된 경우 부하에 전달되는 전력은 $\triangle$결선인 경우의 몇 [%]인가?

① 57.7　　　② 86.6
③ 100　　　　④ 147

**46** 교류전압의 크기와 위상을 측정할 때 사용되는 계기는?

① 교류전압계
② 전자전압계
③ 교류전위차계
④ 회로시험기

**47** [보기]와 같은 입체도의 화살표방향 투상도로
가장 적합한 것은?

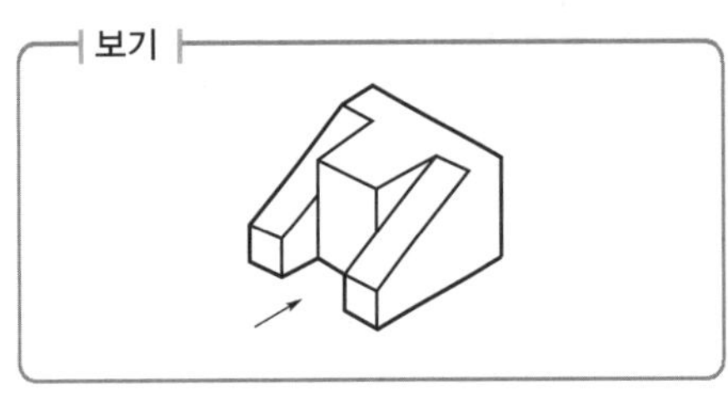

① 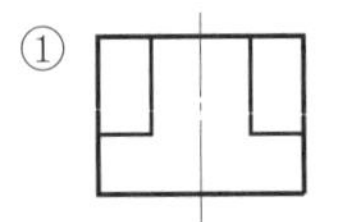   ② 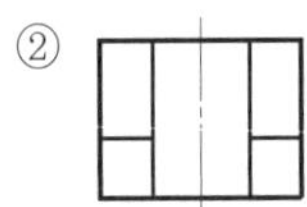

③ 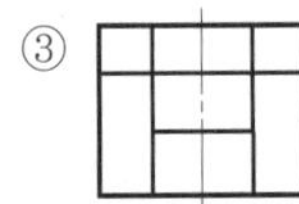   ④ 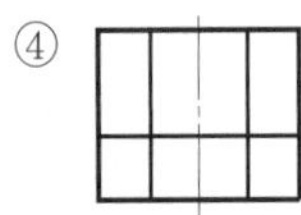

**48** [보기]의 정면도와 평면도에 가장 적합한 좌측
면도는?

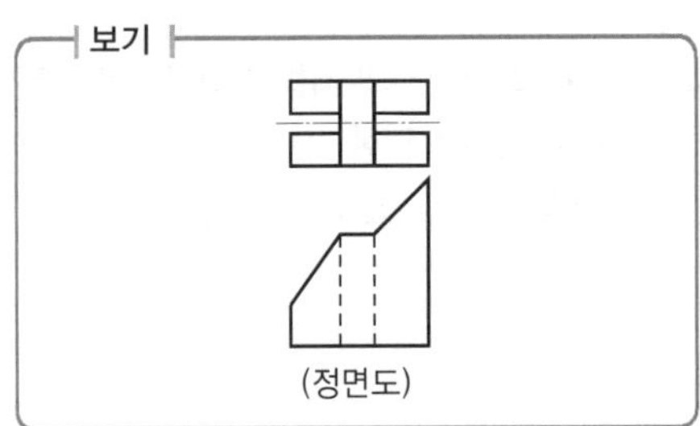
(정면도)

① 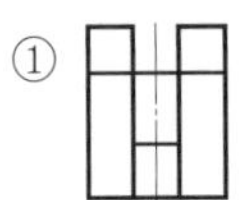   ② 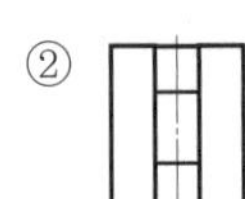

③ 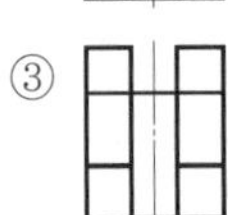   ④ 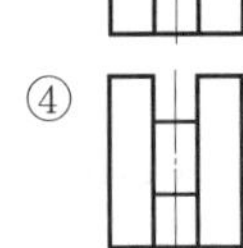

**49** [보기]의 3각법 정투상도의 3면도를 기초로 한
입체도로 가장 적합한 것은?

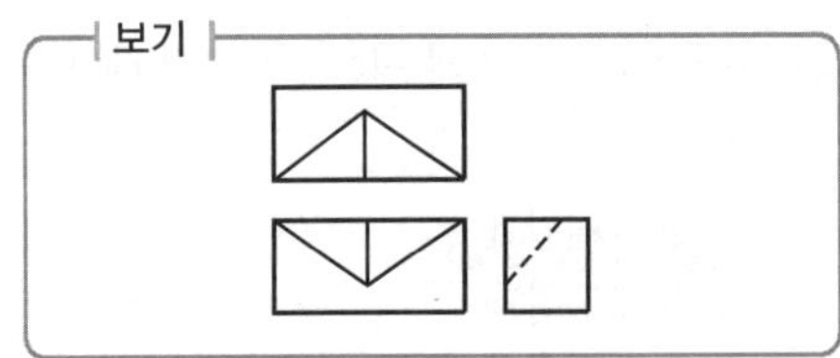

① 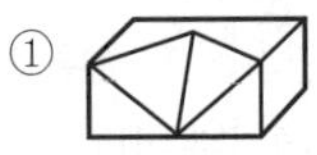   ② 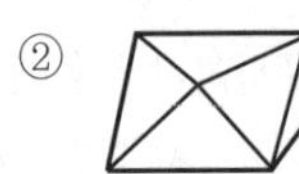

③    ④ 

**50** 다음 중 지그재그선을 사용하는 경우는?

① 도면 내 그 부분의 단면을 90° 회전하여
 나타내는 선
② 제품의 일부를 파단한 곳을 표시하는 선
③ 인접을 참고로 표시하는 선
④ 반복을 표시하는 선

**51** [보기]와 같은 정면도와 평면도의 우측면도로
가장 적합한 투상도는?

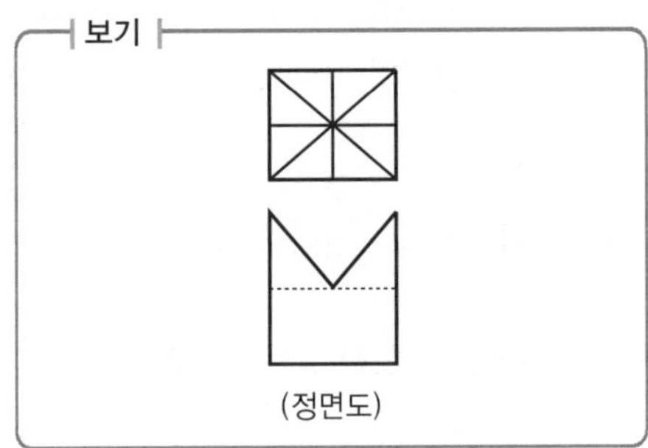
(정면도)

① 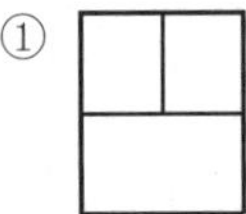   ② 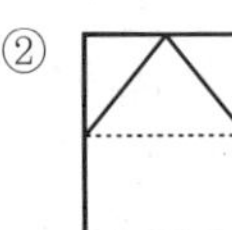

③ 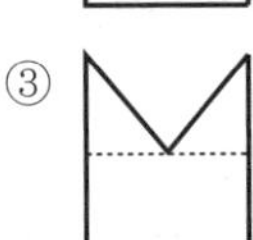   ④ 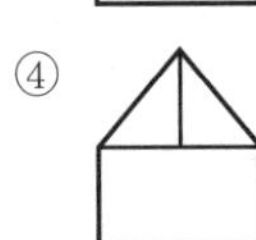

**52** 치수기입 중 정정치수기입방법으로 가장 적합
한 것은?

① ~~50~~
② <u>50</u>
③ (50)
④ ⬚50

**53** [보기]와 같은 입체도의 화살표방향을 정면도로 선택한다면 좌측면도로 다음 중 가장 적합한 것은?

| 보기 |

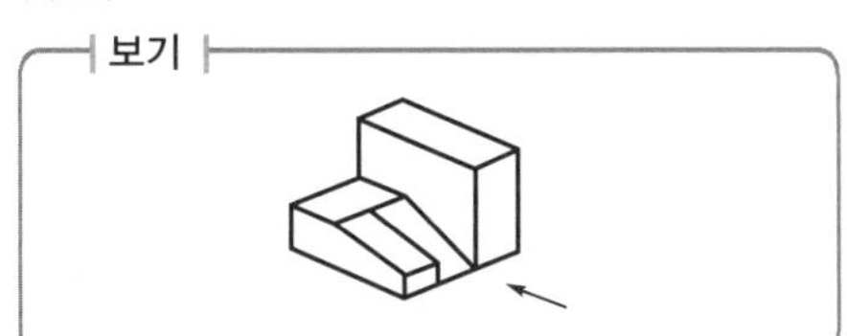

① 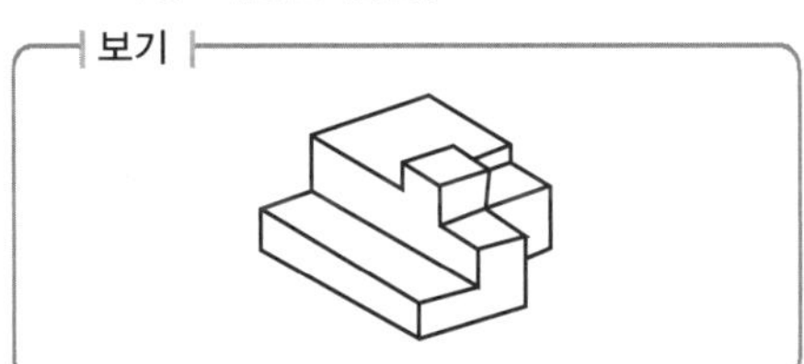

**54** 용접부의 비파괴시험방법기호를 나타낸 것 중 틀린 것은?

① 방사선투과시험 : XT
② 초음파탐상시험 : UT
③ 자기분말탐상시험 : MT
④ 침투탐상시험 : PT

**55** 다음 중 도면에 사용되는 가는 1점 쇄선의 용도가 아닌 것은?

① 중심선
② 기준선
③ 피치선
④ 해칭선

**56** [보기]와 같이 입체도를 3각법으로 투상한 것으로 가장 적합한 것은?

| 보기 |

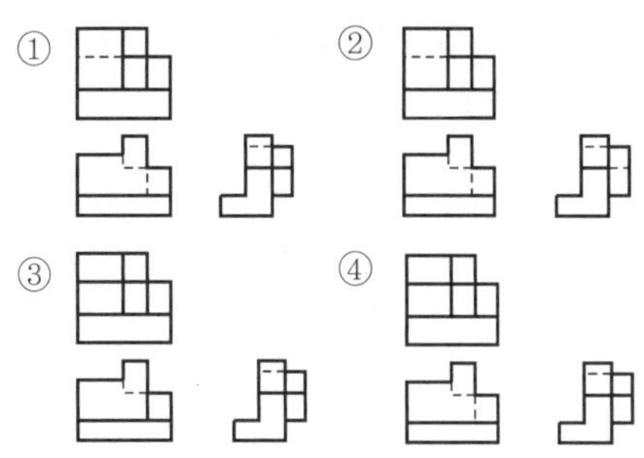

**57** [보기]와 같은 용접기호의 설명으로 옳은 것은?

| 보기 |

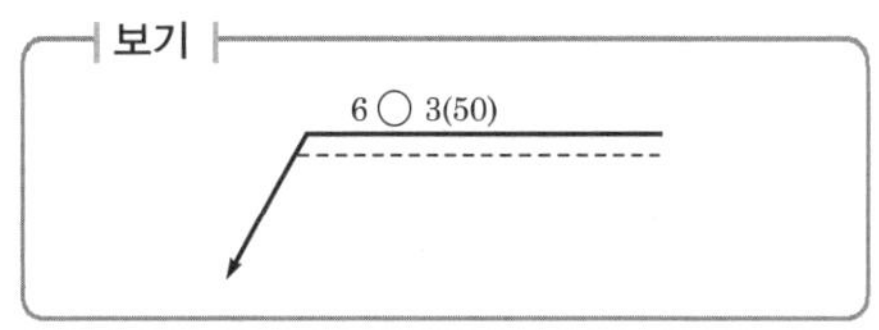

① 심용접으로 슬롯부의 폭이 6[mm]
② 점용접으로 용접수가 3개
③ 심용접으로 용접수가 6개
④ 점용접으로 용접길이가 50[mm]

**58** [보기]와 같은 입체도의 화살표방향이 정면일 때 좌측면도로 적합한 것은?

| 보기 |

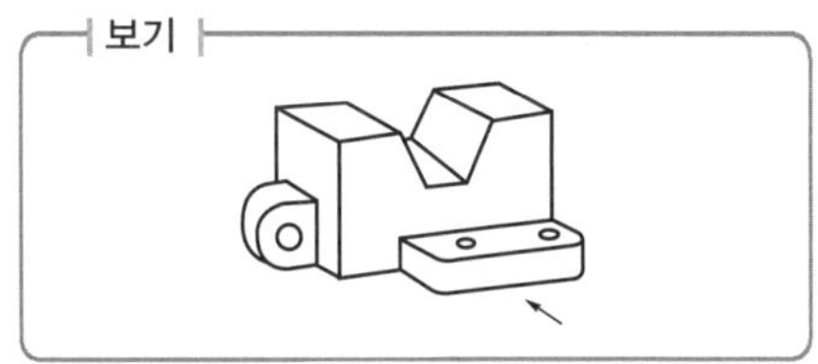

① 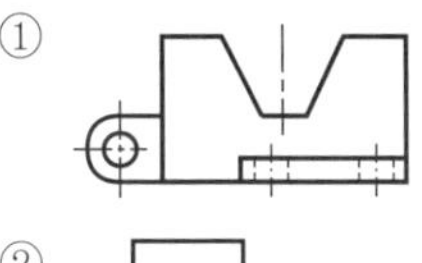

② 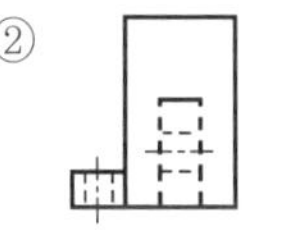

③ 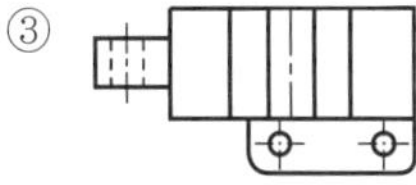

④ 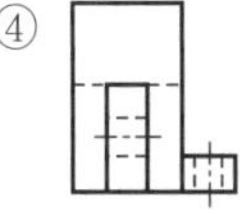

**59** [보기]와 같은 물체의 한쪽 단면도로 가장 적합한 것은?

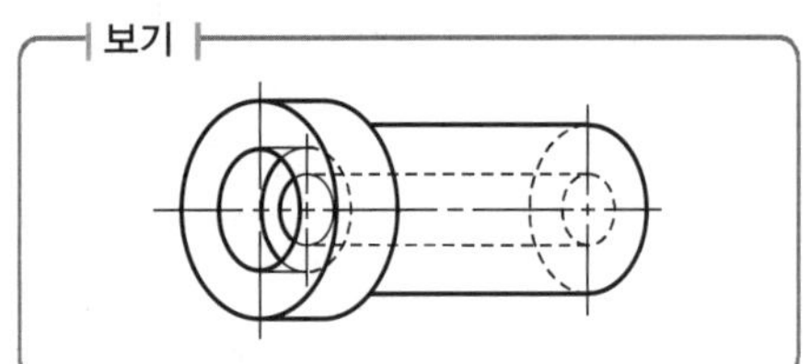

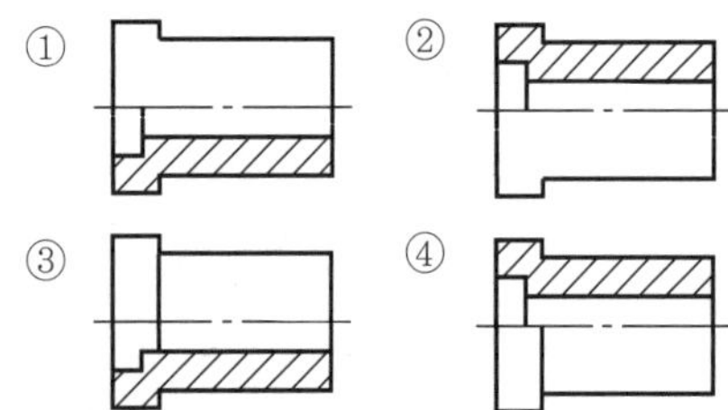

**60** [보기]와 같은 입체도의 화살표방향이 정면이고 좌우대칭일 때 우측면도로 가장 적합한 것은?

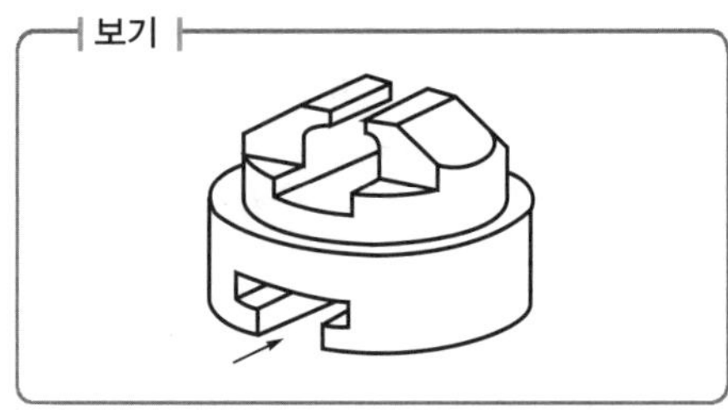

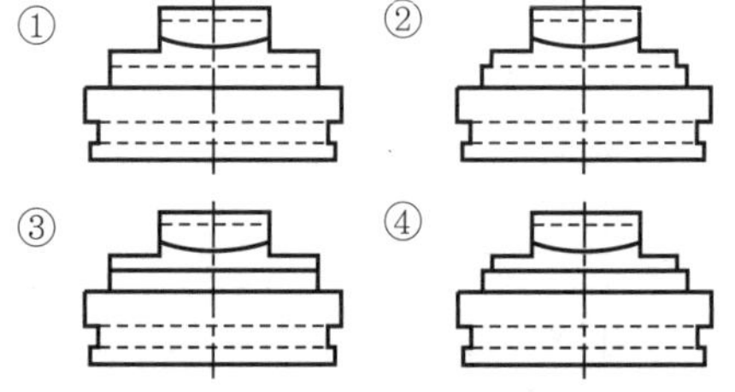

# 2회 정답 및 해설

**01** **정답** ②

**해설** 풋형은 바닥면에 고정하고 플랜지형은 전면이나 후면에 고정하며, 트러니언형은 실린더의 몸체 중간에 고정하여 몸체가 요동운동을 한다.

**02** **정답** ④

**해설** 압축공기는 무색·무취로서 유량계와는 관계없다.

**03** **정답** ③

**해설** 블리드 오프 회로는 실린더에서 배출되는 유량의 일부를 유량제어밸브를 통하여 탱크로 귀환시키는 방법이다. 이 회로의 효율은 미터 인이나 미터 아웃 회로보다 좋은 장점이 있으나 부하변동이 심한 경우에는 실린더의 속도가 불안하므로 많이 이용되지는 않는다.

**04** **정답** ①

**해설** 단동실린더로서 A포트에만 압력이 생성된다.

**05** **정답** ④

**해설** 급속배기밸브로서, 주로 공압에서 장비의 고장이나 트러블이 발생할 때 일시적으로 압력상태를 제거할 경우에 사용한다.

**06** **정답** ③

**해설** 공기압축기는 보통 $10[\text{kgf/cm}^2]$의 압력을 발생하며, 사용압력은 $5\sim6[\text{kgf/cm}^2]$로 사용한다.

**07** **정답** ①

**해설** 솔레노이드밸브의 전환빈도는 지연시간이 길어지면 코일에 손상을 주므로 매초 1회 정도가 알맞다.

**08** **정답** ③

**해설** 소음기는 공기압에서 필요하며, 복귀되는 공기압을 외기로 배출 시 소음을 감소하는 역할을 한다.

**09** **정답** ①

**해설** 어큐뮬레이터는 압력유지, 완충작용, 보조 동력원으로 사용하기 위한 장치이다.

**10** **정답** ②

**해설** 윤활기는 공기압에서 벤투리의 원리에 의해서 윤활유를 분사하는 역할을 하며 각종 액추에이터가 운동할 때 윤활작용을 한다.

**11** **정답** ④

**해설** 공압식은 에너지를 축적하는 역할을 하며 시스템의 조건을 운전자에 의해서 설정할 수가 있다.

**12** **정답** ②

**해설** 증압기는 공압으로 압력을 증폭하여 에너지를 발생하는 장치이다.

**13** **정답** ①

**해설** 화살표가 밖으로 향하고 삼각형이 흑색이면 유압펌프를 나타낸다.

**14** **정답** ①

**해설** 릴리프밸브로, 설정압 이상은 탱크로 흘러보내 항상 설정압을 유지하도록 한다.

**15** **정답** ①

**해설** 베르누이의 정리는 압력, 속도, 위치에 따라 펌프의 수두를 계산할 때 적용한다.

**16** 정답 ③

해설 파스칼의 원리 이용

$$\frac{F_1}{A_1} = \frac{F_2}{A_2}$$

$$F_1 = \frac{A_1}{A_2} \times F_2$$

$$= \frac{\dfrac{3.14 \times 4^2}{4}}{\dfrac{3.14 \times 10^2}{4}} \times 16 = 100\,[\text{kg}]$$

**17** 정답 ②

해설 공기압을 생성하는 기계는 공기압축기이다.

**18** 정답 ③

해설 AND회로는 입력신호가 A, B 모두 1일 때만 출력이 발생한다.

**19** 정답 ②

해설 주요 밸브에는 압력·유량·방향제어밸브가 있다.

**20** 정답 ③

해설 'EXH'는 Exhaust의 약어로서, 공압에서는 대기로 방출하는 의미이다.

**21** 정답 ③

해설 체적효율은 피스톤펌프가 가장 높다.

**22** 정답 ②

해설 유압펌프의 동력은 압력×유량으로 계산할 수가 있으며, $L = \dfrac{PQ}{75 \times 60}$ 로 표시한다.

**23** 정답 ③

해설 NOT회로는 출력에 대해 반대신호가 발생한다.

**24** 정답 ③

해설 로킹회로로 전원이 차단되면 실린더 A, B 포트가 차단되는 상태이다.

**25** 정답 ④

해설 유압모터는 기어형, 베인형, 피스톤형이 있다.

**26** 정답 ①

해설 고압작동에는 피스톤형 모터가 사용된다.

**27** 정답 ④

해설 유압펌프는 유압을 생성하는 장치이다.

**28** 정답 ②

해설 양정을 수두(head)라고 하며

$$H = \frac{P}{\gamma} = \frac{[\text{kg/m}^3]}{[\text{kg/m}^2]} = [\text{m}]\text{가 된다.}$$

**29** 정답 ④

해설 완전한 진공을 '0'으로 표시한 압력은 절대압력이다.

**30** 정답 ③

해설 직선왕복운동은 유압실린더이며 A, B포트에 압력이 번갈아 입력됨에 따라 왕복운동이 된다.

**31** 정답 ③

해설 직류전원을 측정 시 유의할 사항은 전원의 극성을 틀리지 않도록 접속하는 것이다.

**32** 정답 ①

해설 SCR은 단일방향 3단자 소자로, 게이트로 턴 온(turn on)하고 위상제어 및 정류작용을 하여 직류를 출력한다.

**33** 정답 ③

해설 동기전동기는 동기속도로 운전하는 교류전동기로, 회전속도가 전원주파수에 비례하고 슬립이 없다. 주파수가 일정하면 회전속도가 일정하므로 전압조정 및 역률 개선용으로 사용된다.

**34** 정답 ④

해설 측정값은 50[Ω]이고 배율이 100배이므로 저항값 $R = 50 \times 100 = 5,000\,[\Omega]$

**35** 정답 ③

해설 직류전동기 중 직권전동기는 토크의 변화에 비하여 출력의 변화가 적다. 따라서 무부하 운전이나 벨트운전을 해서는 절대로 안 된다.

**36** 정답 ①

해설 절연유의 구비조건

㉠ 절연내력이 클 것

㉡ 점도가 낮고 냉각효과가 클 것

㉢ 인화점이 높고 응고점이 낮을 것

㉣ 고온에서도 산화하지 않을 것

㉤ 절연재료와 화학작용을 일으키지 않을 것

**37** 정답 ①

해설 전류측정 시 측정 전 날씨조건은 관계가 적다.

**38** 정답 ④

해설 $H = 0.24I^2Rt$

$\quad = 0.24 \times 5^2 \times 10 \times 3 \times 60$

$\quad = 10,800[\text{cal}]$

**39** 정답 ③

해설 $I = \dfrac{1}{\sqrt{2}}I_m = 0.707I_m\,[\text{A}]$

**40** 정답 ③

해설 다이오드는 2단자 소자이다.

**41** 정답 ④

해설 전류가 하는 일은 발열작용, 화학작용, 자기작용 등이 있다.

**42** 정답 ①

해설 콘덴서기동형, 셰이딩코일형, 분상기동형은 단상 유도전동기이고, 권선형은 3상 유도전동기이다.

**43** 정답 ③

해설 $I = \dfrac{E}{R} = \dfrac{60}{10+20} = 2[\text{A}]$

$\therefore\ E = IR = 2 \times 10 = 20[\text{V}]$

**44** 정답 ③

해설 대칭 3상 교류는 크기는 같고 서로 $\dfrac{2\pi}{3}[\text{rad}]$ 만큼의 위상차를 가지는 3상 교류이다.

**45** 정답 ①

해설 $\dfrac{P_V}{P_\Delta} = \dfrac{\sqrt{3}\,VI}{3\,VI} \times 100 = \dfrac{1}{\sqrt{3}} \times 100$

$\quad = 0.577 \times 100 = 57.7[\%]$

**46** 정답 ③

해설 전압의 정밀측정에 사용하는 것으로 전류용과 교류용이 있는데, 후자는 교류의 실효값과 위상각을 잴 수 있다. 다시 말하면 전원의 기전력(起電力) 또는 2점 간의 전위차를 측정함에 있어서 표준전지 등의 이미 알고 있는 전압과 비교하여 측정하는 것을 전위차계라고 한다.

**47** 정답 ②

해설 정면도로서 좌우가 두 개의 사각형으로 분리되어 있다.

**48** 정답 ③

해설 좌측면도이므로 모두 외형선으로 표시되어야 한다.

**49** 정답 ③

해설 정면도와 평면도에서 모서리가 골이 형성된 상태이며 측면도에서는 보이지 않은 상태이다.

**50** 정답 ②

해설 지그재그선은 굵은 실선으로 나타내며 부품의 일부를 파단한 곳을 표시한다.

**51** 정답 ③

해설 가운데를 중심으로 정면도와 측면도가 골이 형성된 상태이다.

**52** 정답 ①

해설 정정치수는 도면을 완성 후 제작상에 도면을 수정할 때 치수에 가운데 선을 긋고 수정한다.

**53** 정답 ③

해설 좌측면도이므로 가운데가 파선으로 나타나야 한다.

**54** **정답** ①

**해설** 방사선투과시험의 약자는 RT(Radiographic Testing)이다.

**55** **정답** ④

**해설** 해칭선은 가는 실선으로 표시해야 한다.

**56** **정답** ①

**해설** 입체도에서 넓은 면이 정면도이고, 위에서 본 형상은 평면도, 우측에서 본 형상은 우측면도이다.

**57** **정답** ②

**해설** 원은 점용접을 나타내고 용접수가 3개이며 길이가 50[mm]이다.

**58** **정답** ④

**해설** 좌측면도는 왼쪽에서 본 형상으로 도출 부분이 실선으로 나타난다.

**59** **정답** ④

**해설** 반단면도로 나타내면 중심선 위에는 내부를, 아래는 외부를 나타낸다.

**60** **정답** ②

**해설** 우측면도와 좌측면도는 동일하며 아랫부분은 파선이 두 줄, 윗부분도 파선이 두 줄이나 길이차이가 있다.

| 자격종목 | 시험시간 | 수험번호 | 성명 |
|---|---|---|---|
| 공유압기능사 | 1시간 | | |

**01** 봉함능력이 좋으며 마찰력이 작은 공압실린더는?

① 단동실린더(피스톤식)
② 램형 실린더
③ 다이어프램실린더(비피스톤식)
④ 복동실린더(피스톤식)

**02** 속도제어회로의 종류가 아닌 것은?

① 미터 인 회로
② 미터 아웃 회로
③ 블리드 오프 회로
④ 블리드 온 회로

**03** 구조상 마모에 대해 효율 저하가 가장 적은 펌프는 어떤 것인가?

① 회전피스톤펌프
② 스크루펌프
③ 베인펌프
④ 기어펌프

**04** 방향제어밸브에서 조작방식에 따라 분류한 것이 아닌 것은?

① 인력식  ② 전기식
③ 기계식  ④ 포트식

**05** 다음 중 유압구동기구의 제어밸브가 아닌 것은?

① 회로지시밸브
② 방향제어밸브
③ 압력제어밸브
④ 유량제어밸브

**06** 유압장치에서 오일실을 선택할 때 고려할 사항으로 틀린 것은?

① 압력에 대한 저항력이 클 것
② 오일에 의해 손상되지 않을 것
③ 작동열에 대한 내열성이 클 것
④ 내마멸성이 작을 것

**07** 압력조절밸브에 대한 설명으로 맞는 것은?

① 밸브시트에 릴리프 구멍이 있는 것이 논브리드식이다.
② 감압을 목적으로 사용한다.
③ 생산된 압력을 증압하여 공급한다.
④ 압력릴리프밸브라고도 한다.

**08** 공유압변환기의 사용상 주의점이 아닌 것은?

① 액추에이터 및 배관 내의 공기를 충분히 뺀다.
② 공유압변환기는 수평방향으로 설치한다.
③ 열원의 가까이에서 사용하지 않는다.
④ 공유압변환기는 반드시 액추에이터보다 높은 위치에 설치한다.

**09** 다음 중 같은 크기의 실린더직경으로 보다 큰 힘을 낼 수 있는 실린더는?

① 다위치제어실린더
② 케이블실린더
③ 로드레스실린더
④ 탠덤실린더

**10** 유압실린더를 사용하여 일을 할 때 실린더에 작용하는 부하의 변동은 실린더의 속도가 일정하지 않은 원인이 된다. 이와 같이 부하의 변동에도 항상 일정한 속도를 얻고자 할 때 사용하는 밸브는 다음 중 어느 것인가?

① 카운터밸런스밸브
② 브레이크밸브
③ 압력보상형 유량제어밸브
④ 유체퓨즈

**11** 다음은 어큐뮬레이터를 설치할 때 주의사항을 열거한 것이다. 틀린 것은?

① 어큐뮬레이터와 펌프 사이에는 역류방지밸브를 설치한다.
② 어큐뮬레이터의 기름을 모두 배출시킬 수 있는 셧－오프밸브를 설치한다.
③ 펌프맥동방지용은 펌프의 토출측에 설치한다.
④ 어큐뮬레이터는 수평으로 설치한다.

**12** 유압실린더의 중간 정지회로에 파일럿작동형 체크밸브를 사용하는 이유로 적당한 것은?

① 실린더 내부의 누설방지
② 실린더 내 압력평형의 유지
③ 밸브 내부 누설방지
④ 무부하상태의 유지

**13** 압력제어밸브가 아닌 것은?

① 무부하밸브
② 카운터밸런스밸브
③ 체크밸브
④ 릴리프밸브

**14** 흡착식 공기건조기에서 사용되는 고체흡착제는?

① 암모니아
② 실리카겔
③ 프레온가스
④ 진한 황산

**15** 실린더행정 중 임의의 위치에 실린더를 고정하고자 할 때 사용하는 회로는?

① 로킹회로
② 무부하회로
③ 동조회로
④ 릴리프회로

**16** 기어펌프의 소음원인이 아닌 것은?

① 기어정밀도 불량
② 압력의 급하강으로 인한 충격
③ 밀폐현상
④ 공기흡입

**17** 입력신호 A, B에 대한 출력 C가 갖는 회로의 이름은?

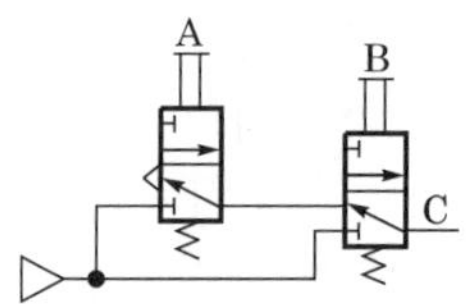

① AND회로　　② OR회로
③ NOT회로　　④ NOR회로

**18** 압축공기가 건조제를 통과할 때 물이나 증기가 건조제에 닿으면 화합물이 형성되어 건조제와 물의 혼합물로 용해되어 건조되는 것은?

① 흡착식 에어드라이어
② 흡수식 에어드라이어
③ 냉동식 에어드라이어
④ 혼합식 에어드라이어

**19** 다음의 공기압회로 도면기호의 명칭은?

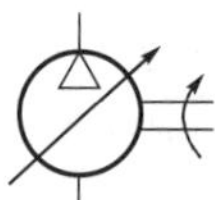

① 정용량형 공기압모터
② 정용량형 공기압축기
③ 가변용량형 공기압모터
④ 가변용량형 공기압축기

**20** 유압장치에 사용되는 관(pipe)이음의 종류에 속하지 않는 것은?

① 나사이음(screw joint)
② 플랜지형 이음(flange joint)
③ 플래어형 이음(flare joint)
④ 개스킷이음(gasket joint)

**21** 다음 기호 중 오리피스를 나타내는 기호는 무엇인가?

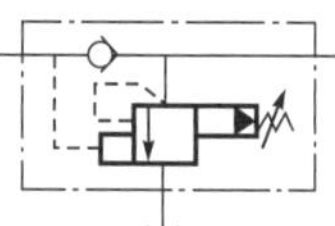

**22** 다음과 같은 기호의 명칭은?

① 브레이크 밸브
② 카운터 밸런스 밸브
③ 무부하 릴리프 밸브
④ 시퀀스 밸브

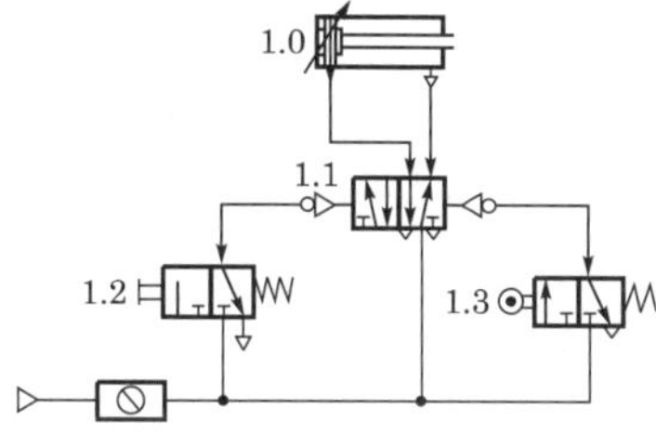

**23** 다음의 공압회로도는 복동실린더의 자동복귀 회로이다. 1.2 스위치가 계속 작동되어 있을 경우 복동실린더의 작동상태를 올바르게 설명하고 있는 것은?

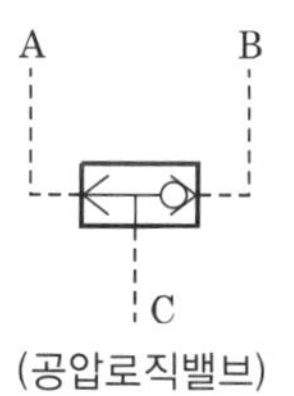

① 전진위치에 있는 1.3 공압리밋스위치가 작동되면 복동실린더는 후진하여 정지한다.
② 전진위치에 있는 1.3 공압리밋스위치가 작동되면 복동실린더는 후진한 후 동일한 작동을 반복한다.
③ 전진위치에 있는 1.3 공압리밋스위치가 작동된 후 복동실린더는 정지한다.
④ 전진위치에 있는 1.3 공압리밋스위치가 작동된 후 일정시간 경과 후 후진한다.

**24** 다음 그림의 기호가 나타내는 것은?

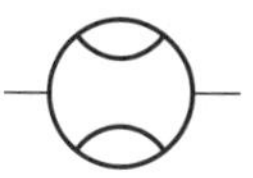

① 압력계　　② 차압계
③ 유압계　　④ 유량계

**25** 유압펌프 중에서 가변체적형의 제작이 용이한 펌프는?

① 내접형 기어펌프
② 외접형 기어펌프
③ 평형형 베인펌프
④ 축방향 회전피스톤펌프

**26** 유압유의 점성이 지나치게 큰 경우 나타나는 현상이 아닌 것은?

① 유동의 저항이 지나치게 많아진다.
② 마찰에 의한 열이 발생한다.
③ 부품 사이의 누출손실이 커진다.
④ 마찰손실에 의한 펌프의 동력이 많이 소비된다.

**27** 작동유의 열화를 촉진하는 원인이 될 수 없는 것은?

① 유온이 너무 높음
② 기포의 혼입
③ 플러싱 불량에 의한 열화된 기름의 잔존
④ 점도가 부적당

**28** 다음 그림에서 공압로직밸브와 진리값이 일치하는 로직명칭은?

$$A + B = C$$

| A | B | 입력신호 | | 출력신호 |
|---|---|---|---|---|
| | | A | B | C |
| | | 0 | 0 | 0 |
| | | 0 | 1 | 1 |
| | | 1 | 0 | 1 |
| | | 1 | 1 | 1 |

(공압로직밸브)

① AND　　② OR
③ NOT　　④ NOR

**29** 유압장치에서 방향제어밸브의 일종으로서, 출구가 고압측 입구에 자동적으로 접속되는 동시에 저압측 입구를 닫는 작용을 하는 밸브는?

① 셀렉터밸브　　② 셔틀밸브
③ 바이패스밸브　　④ 체크밸브

**30** 다음 밸브기호는 어떤 밸브의 기호인가?

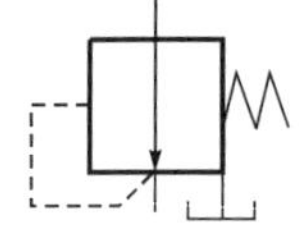

① 무부하밸브　　② 감압밸브
③ 시퀀스밸브　　④ 릴리프밸브

**31** NOT회로의 기호는?

① 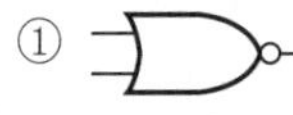　　② 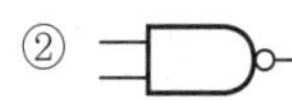

③ 　　④

**32** 정전용량 $88.4[\mu F]$의 콘덴서가 연결된 교류 $60[Hz]$의 주파수에 대한 용량리액턴스$[\Omega]$는?

① 29　　② 30
③ 31　　④ 32

**33** 다음 논리시퀀스의 논리식은?

① $AA+BC$　　② $AB+BC$
③ $AB+AC$　　④ $B+CA$

**34** 다음 그림은 어떤 회로인가?

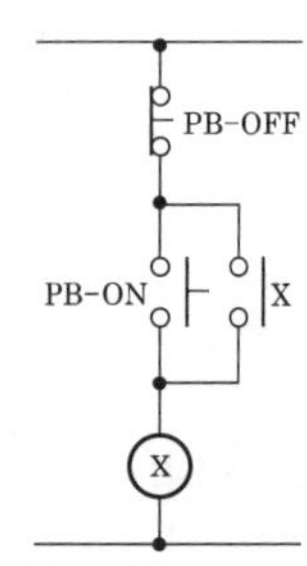


① 정지우선회로　　② 기동우선회로
③ 신호검출회로　　④ 인터록회로

**35** 직류전류측정에 가장 적당한 계기는?

① 전류력계형 계기　② 가동철편형 계기
③ 가동코일형 계기　④ 유도형 계기

**36** 자기회로의 옴의 법칙에 대한 설명 중 맞는 것은?

① 자기회로의 기자력은 자속에 반비례한다.
② 자기회로를 통하는 자속은 자기저항에 비례하고 기자력에 반비례한다.
③ 자기회로의 기자력은 자기저항에 반비례한다.
④ 자기회로를 통하는 자속은 기자력에 비례하고 자기저항에 반비례한다.

**37** 변압기 및 전기기기의 철심으로 얇은 철판을 겹쳐서 사용하는 이유는 무엇을 줄이기 위함인가?

① 자기흡인력　　② 유도기전력
③ 맴돌이 전류손　④ 상호인덕턴스

**38** 콜라우슈브리지에 의하여 측정할 수 있는 것은?

① 직류전압　　② 접지저항
③ 교류전압　　④ 절연저항

**39** 저항 $R[\Omega]$과 인덕턴스 $L[H]$의 교류직렬접속 회로의 임피던스는? (단, $\omega = 2\pi f$)

① $\sqrt{R^2+(\omega L)^2}\,[\Omega]$

② $\sqrt{R^2-(\omega L)^2}\,[\Omega]$

③ $\sqrt{\dfrac{R^2}{(\omega L)^2}}\,[\Omega]$

④ $\sqrt{\dfrac{(\omega L)^2}{R^2}}\,[\Omega]$

**40** 주파수 $60[kHz]$, 인덕턴스 $20[\mu H]$인 회로에 교류전류 $I=I_m \sin\omega t[A]$를 인가했을 때 유도리액턴스 $X_L[\Omega]$은?

① $1.2\pi$　　② $2.4\pi$
③ $36\pi$　　④ $1.2\times 10^3 \pi$

**41** 다음 불대수 $Y = AC + \overline{A}C + \overline{B}C$를 간소화 하면?

① C        ② AB

③ AC      ④ B

**42** 전류의 유·무나 전류의 세기를 측정하는 데 쓰는 실험용 계기로, 보통 1[mA] 이하의 미소 전류를 측정할 때 쓰는 계기는?

① 전위차계      ② 분류기

③ 배율기       ④ 검류계

**43** 다음 그림은 시퀀스제어계의 일반적인 동작과정을 나타낸 것이다. A, B, C, D에 맞는 용어를 순서대로 나열한 것은?

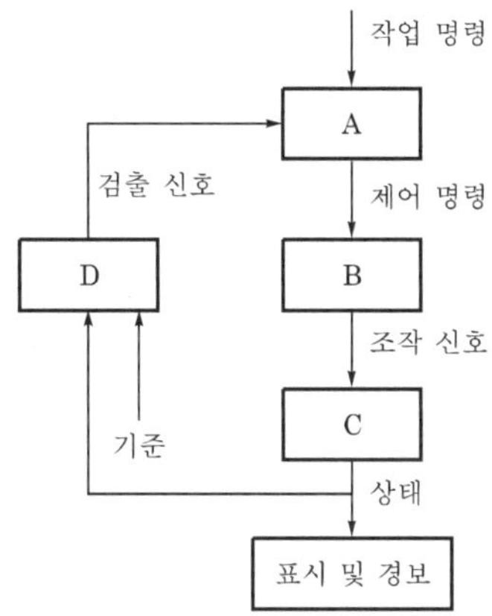


① A : 명령처리부, B : 제어대상, C : 조작부, D : 검출부

② A : 제어대상, B : 검출부, C : 명령처리부, D : 조작부

③ A : 검출부, B : 명령처리부, C : 조작부, D : 제어대상

④ A : 명령처리부, B : 조작부, C : 제어대상, D : 검출부

**44** 다음 중 동기기의 전기자 반작용에 해당되지 않는 것은?

① 교차자화작용      ② 감자작용

③ 증자작용        ④ 회절작용

**45** 금속 및 전해질용액과 같이 전기가 잘 흐르는 물질을 무엇이라 하는가?

① 도체        ② 반도체

③ 절연체      ④ 저항

**46** [보기]의 배관도시기호에 계기표시기호로 유량계일 때 사용하는 글자기호는?

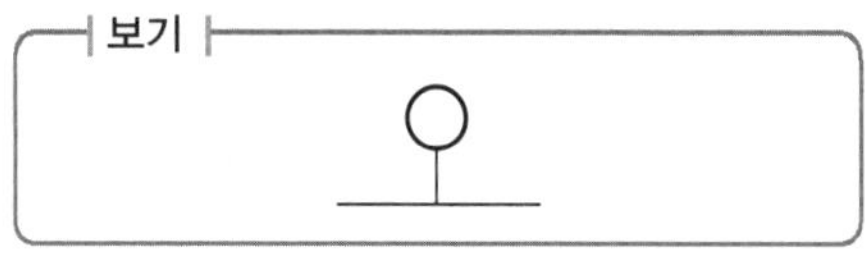


① A        ② P

③ T        ④ F

**47** 내연기관의 피스톤저널은 다음 중 어디에 속하는가?

① 레이디얼 엔드저널

② 스러스트 엔드저널

③ 레이디얼 중간저널

④ 스러스트 중간저널

**48** 나사의 용도로서 운동용 나사에 속하지 않는 것은?

① 톱니나사      ② 관용나사

③ 사각나사      ④ 사다리꼴나사

**49** 배관도에서 파이프 내에 흐르는 유체가 수증기일 때의 기호는?

① A        ② G

③ O        ④ S

**50** 기계설계 시 연강재를 사용할 때 안전율을 가장 크게 선정해야 할 하중은?

① 정하중      ② 반복하중

③ 교번하중     ④ 충격하중

**51** 막대의 양 끝에 나사를 깎은 머리 없는 볼트로서, 볼트를 끼우기 어려운 곳에 미리 볼트를 심어놓고 너트를 조일 수 있도록 한 볼트는?

① 기초볼트      ② 스테이볼트

③ 스터드볼트    ④ 충격볼트

**52** [보기]는 배관의 간략도시방법으로 사용하는 밸브의 도시기호이다. 다음 중 어느 것을 표시한 것인가?

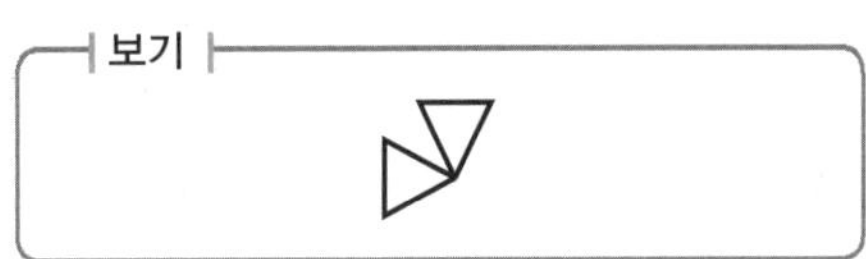



① 앵글밸브    ② 체크밸브
③ 볼밸브    ④ 글로브밸브

**53** 코일의 평균지름을 $D$[mm], 소선의 지름을 $d$[mm]라 할 때 스프링지수 $C$를 구하는 식으로 옳은 것은?

① $C = dD$    ② $C = \dfrac{d}{D}$

③ $C = \dfrac{2d}{D}$    ④ $C = \dfrac{D}{d}$

**54** 다음 중 방향이 변화하지 않고 일정한 방향에 반복적으로 연속하여 작용하는 하중은?

① 집중하중    ② 분포하중
③ 교번하중    ④ 반복하중

**55** 다음 배관도시기호에서 밸브가 닫힌 상태를 도시한 것은?

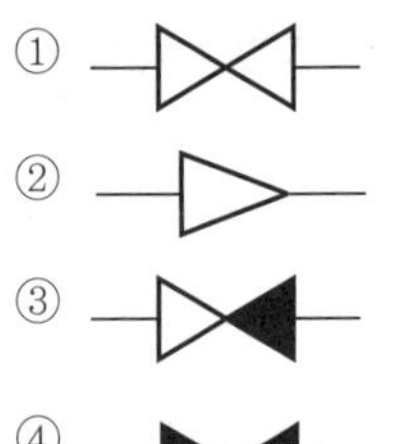

**56** 다음 중 전동용 기계요소가 아닌 것은?

① 벨트    ② 로프
③ 코터    ④ 링크

**57** 재료에 하중이 가해져 어느 한도 이상이 되었을 때 재료에 영구변형이 생기는 현상은?

① 탄성    ② 인성
③ 소성    ④ 연성

**58** 3각법으로 정투상한 [보기]와 같은 정면도와 평면도에 가장 적합한 우측면도는?

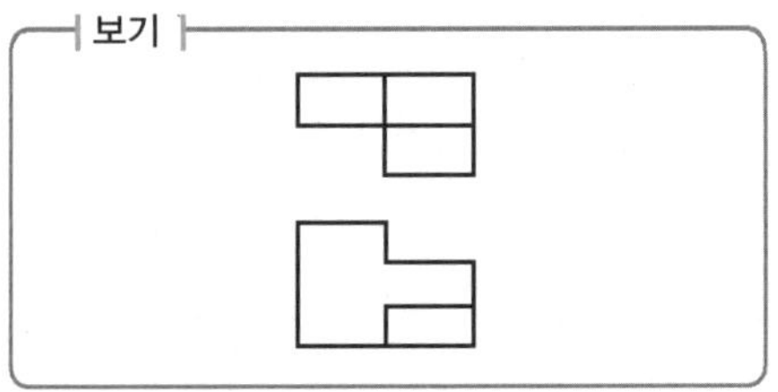



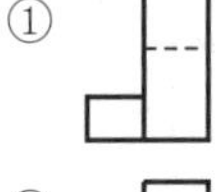 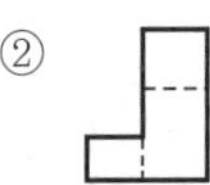
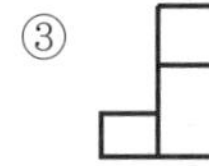 

①  ②
③  ④

**59** 파이프와 같이 두께가 얇은 곳의 결합에 이용되며 누수를 방지하고 기밀유지하는 데 가장 적합한 나사는?

① 미터나사    ② 톱니나사
③ 유니파이나사    ④ 관용나사

**60** 물체에 외력(하중)이 가해졌을 때 단위면적당 작용하는 힘을 무엇이라 정의하는가?

① 변형률    ② 응력
③ 탄성계수    ④ 탄성에너지

**01** **정답** ③
**해설** 다이어프램실린더는 비피스톤식으로 마찰력이 작다.

**02** **정답** ④
**해설** 블리드 온 회로는 실린더에서 배출되는 유량의 일부를 유량제어밸브를 통하여 탱크로 귀환시키지 않는 방법이다.

**03** **정답** ③
**해설** 베인펌프는 베인의 마모량을 스프링이 탄력을 주어 보정한다.

**04** **정답** ④
**해설** 포트식은 조작방식에 존재하지 않고 기계식에 존재한다.

**05** **정답** ①
**해설** 제어밸브의 종류에는 유량·압력·방향이 있다.

**06** **정답** ④
**해설** 오일실은 내마멸성이 커야 한다.

**07** **정답** ②
**해설** 압력조절밸브는 감압을 목적으로 한다.

**08** **정답** ②
**해설** 공유압변환기는 수직방향으로 설치한다.

**09** **정답** ④
**해설** 탠덤실린더는 A, B포트가 각 두 개씩 존재하여 보다 큰 힘을 낼 수 있다.

**10** **정답** ③
**해설** 압력보상형 유량제어밸브는 부하의 변동 없이 일정한 속도를 유지한다.

**11** **정답** ④
**해설** 어큐뮬레이터는 수직으로 설치하여 안전을 유지한다.

**12** **정답** ③
**해설** 밸브 내부의 누설방지를 위해 파일럿작동형 체크밸브를 사용한다.

**13** **정답** ③
**해설** 체크밸브는 방향을 제어하는 밸브이며, 오직 한 방향으로만 흐르게 한다.

**14** **정답** ②
**해설** 고체흡착제는 실리카겔이다.

**15** **정답** ①
**해설** 실린더를 임의의 위치에 고정할 때는 로킹회로를 사용한다.

**16** **정답** ②
**해설** 압력의 급하강으로 인해 충격이 발생하지는 않는다.

**17** **정답** ②
**해설** 솔레노이드 A, B 중 하나만 작동하면 C가 출력되므로 OR회로이다.

**18** **정답** ②
**해설** 물이나 증기가 건조제를 닿으면 화합물이 형성되어 건조되는 것은 흡수식 에어드라이어이다.

**19** **정답** ④
**해설** 공기압축기로서, 화살표가 사선으로 있는 것은 가변형을 의미한다.

**20** **정답** ④
**해설** 유압장치의 관이음에는 나사·플랜지·플래어형 이음이 있다.

**21** 정답 ②

해설 오리피스는 유체가 흐르는 관로 속에 설치된 조리개기구를 의미한다.

**22** 정답 ③

해설 무부하릴리프밸브이다.

**23** 정답 ③

해설 실린더가 전진한 후 1.3 리밋스위치가 작동되면 정지한다.

**24** 정답 ④

해설 유량계를 나타내며 관의 유량상태를 알 수 있다.

**25** 정답 ④

해설 가변체적형 펌프는 축방향 회전피스톤펌프이다.

**26** 정답 ③

해설 유압유에 점성이 커지면 누출손실이 작아진다.

**27** 정답 ④

해설 작동유의 열화는 점도의 부적당과 관계가 없다.

**28** 정답 ②

해설 OR회로는 입력 A, B 중 하나만 신호가 들어오면 작동된다.

**29** 정답 ②

해설 셔틀밸브는 OR회로로 구현되어 고압 우선 회로이다.

**30** 정답 ④

해설 릴리프밸브는 오직 설정압으로만 유지한다.

**31** 정답 ④

해설 ① NOR회로
② NAND회로
③ OR회로

**32** 정답 ②

해설
$$X_L = \frac{1}{2\pi f C}$$
$$= \frac{1}{2\times\pi\times60\times88.4\times10^{-6}}$$
$$= 30[\Omega]$$

**33** 정답 ③

해설 AB는 직렬, AC는 직렬로 접속되었고, 다시 2개가 병렬접속이므로 논리식은 AB+AC이다.

**34** 정답 ①

해설 기동과 정지용 푸시버튼스위치 PB-ON, PB-OFF를 동시에 누를 때 출력 X가 여자되지 않는 정지우선회로이다.

**35** 정답 ③

해설 가동코일형 계기는 직류 전용 계기이고, 열선형 계기는 교류 전용 계기이다.

**36** 정답 ④

해설
$$\phi = \frac{F}{R_m}\,[\mathrm{Wb}]$$
자속은 기자력($F$)에 비례하고 자기저항($R_m$)에 반비례한다.

**37** 정답 ③

해설 고유저항이 큰 규소강판을 사용하는 이유는 맴돌이 전류와 히스테리시스손을 감소시킴으로써 철손을 작게 하기 때문이다.

**38** 정답 ②

해설 접지저항측정방법에는 콜라우슈브리지법과 접지저항계가 있다.

**39** 정답 ①

해설
$$Z = R + j\omega L$$
$$\therefore\ Z = \sqrt{R^2 + (\omega L)^2}\,[\Omega]$$

**40** 정답 ②

해설
$$X_L = \omega L = 2\pi f L = 2\pi\times60\times20\times10^{-6}$$
$$= 2.4\pi\times10^{-3}[\Omega]$$

**41** 정답 ①

해설 $Y = AC + \overline{A}C + \overline{B}C = C(A + \overline{A} + \overline{B})$
$= C(1 + \overline{B}) = C$

**42** 정답 ④

해설 ㉠ 분류기 : 전류계의 측정범위를 넓히기 위한 것
㉡ 배율기 : 전압계의 측정범위를 넓히기 위한 것

**43** 정답 ④

해설 명령처리부는 검출부의 신호값에 따라 신호를 출력하여 조작부에 보내지고 제어대상(액추에이터)을 제어한다.

**44** 정답 ④

해설 동기기의 전기자 반작용은 횡축 반작용(교차자화작용)과 직축 반작용(감자작용, 증자작용)으로 분류된다.

**45** 정답 ①

해설 도체란 전하가 이동하기 쉬운 물질, 즉 전류가 흐르기 쉬운 물질(금속, 염류, 전해질용액)이다.

**46** 정답 ④

해설 유량은 Flow의 약어 'F'로 표기한다.

**47** 정답 ③

해설 내연기관의 피스톤은 축에 직각으로 하중을 받으므로 레이디얼 중간저널이다.

**48** 정답 ②

해설 관용나사는 배관과 같이 기밀을 유지하기 위한 반영구적 상태로 결합된다.

**49** 정답 ④

해설 유체가 수증기일 때는 스팀(steam)이므로 S로 표기한다.

**50** 정답 ④

해설 충격하중은 예측하지 않은 상태에서 가해지는 하중이다.

**51** 정답 ③

해설 스터드볼트는 볼트를 끼우기 어려운 위치에 체결할 때 사용한다.

**52** 정답 ①

해설 앵글밸브는 기밀유지가 좋고 분진에 대해서 저항력이 우수하다.

**53** 정답 ④

해설 스프링지수는 $C = \dfrac{D}{d}$ 이다.

**54** 정답 ④

해설 반복하중으로 압축과 인장이 반복적으로 발생한다.

**55** 정답 ④

해설 밸브가 닫힌 상태는 흑색으로 삼각형이 마주 보게 표시한다.

**56** 정답 ③

해설 코터는 부품을 체결하는 핀이다.

**57** 정답 ③

해설 재료가 하중이 가해져 영구변형이 발생하는 것은 소성영역에서 발생한다.

**58** 정답 ④

해설 측면도에서 정면도 부분만 파선이며, 평면도 부분은 파선이 없다.

**59** 정답 ④

해설 관용나사는 가는 나사로서, 테이퍼가 있어 조일수록 기밀유지가 좋다.

**60** 정답 ②

해설 외력이 가해질 때 단위면적당 작용하는 힘을 응력이라 한다.

| 자격종목 | 시험시간 | 수험번호 | 성명 |
|---|---|---|---|
| 공유압기능사 | 1시간 | | |

**01** 다음 도면의 기호가 나타내는 것은 무엇인가?

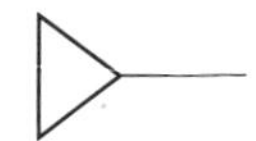

① 압력계  ② 유량계
③ 공압압력원  ④ 유압압력원

**02** 공·유압회로를 보고 알 수 없는 것은?

① 관로의 길이
② 사용 공·유압기기
③ 유체흐름의 순서
④ 유체흐름의 방향

**03** 그림과 같은 회로에서 속도제어밸브의 접속방식은?

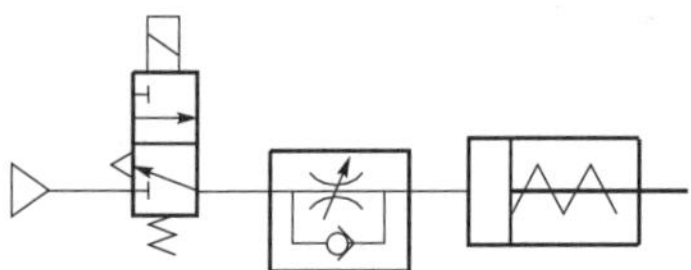

① 미터 인 방식
② 미터 아웃 방식
③ 블리드 오프 방식
④ 파일럿 오프 방식

**04** 4포트 전자파일럿전환밸브의 상세기호를 간략기호로 나타낸 기호는?

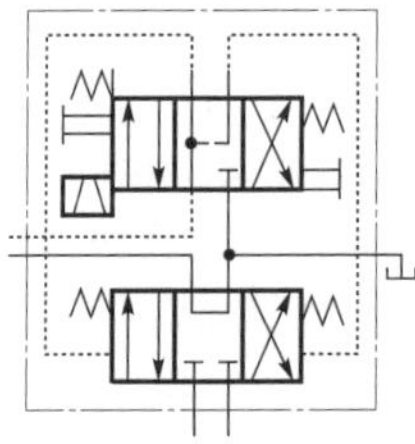

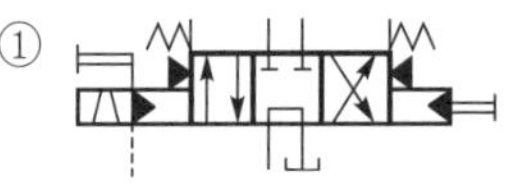
① 

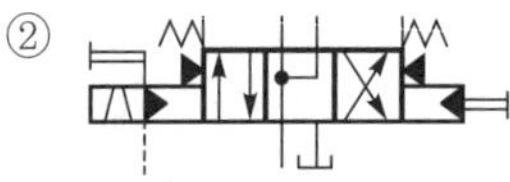
② 

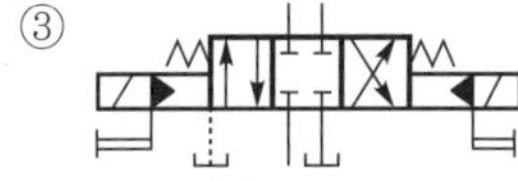
③ 

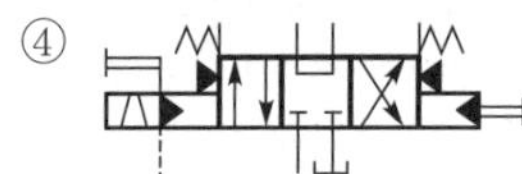
④ 

**05** 과도적으로 상승한 압력의 최대값을 무엇이라 하는가?

① 배압  ② 서지압
③ 맥동  ④ 전압

**06** 기체의 온도를 내리면 기체의 체적은 줄어든다. 체적이 0이 될 때 기체의 온도는 $-273.15℃$ 이다. 이 온도를 무엇이라고 하는가?

① 영하온도
② 섭씨온도
③ 상대온도
④ 절대온도

**07** 일반적으로 사용되는 압력계는 대부분 어떤 것을 택하는가?

① 게이지압력
② 절대압력
③ 평균압력
④ 최고 압력

**08** 다음 공압기호의 설명으로 옳은 것은?

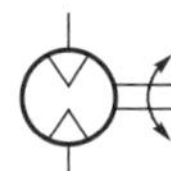

① 공기압펌프 일반기호
② 양방향 유동공기압모터
③ 1방향 유동정용량형 모터
④ 2방향 유동가변용량형 모터

**09** 공압모터의 특징으로 맞는 것은?

① 압축공기 이외의 가스는 사용할 수 없다.
② 속도제어와 정역회전의 변환이 복잡하다.
③ 시동 정지가 원활하며 '출력/중량'비가 작다.
④ 공기의 압축성으로 회전속도는 부하의 영향을 받는다.

**10** 다음과 같은 방향제어밸브의 명칭은?

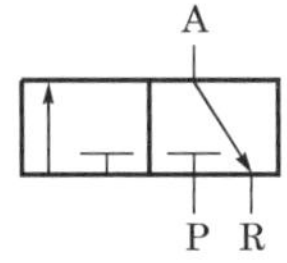

① 2포트 2위치 밸브
② 3포트 2위치 밸브
③ 4포트 2위치 밸브
④ 5포트 2위치 밸브

**11** 다음 중 방향제어밸브에 속하는 것은?

① 미터링밸브
② 언로딩밸브
③ 솔레노이드밸브
④ 카운터밸런스밸브

**12** 다음 그림의 기호가 나타내는 것은?

① 감압밸브(reducing valve)
② 시퀀스밸브(sequence valve)
③ 릴리프밸브(relief valve)
④ 무부하밸브(unloading valve)

**13** 공기압축기를 압축원리·구조로부터 분류할 때 터보형 압축기는?

① 피스톤식
② 스크루식
③ 다이어프램식
④ 원심식

**14** 다음 밸브기호의 표시방법이 맞지 않는 것은?

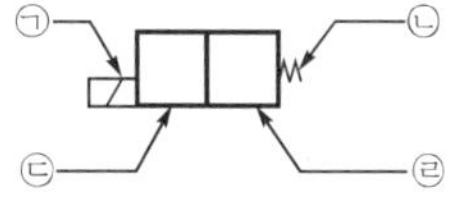

① ㉠은 솔레노이드
② ㉡은 스프링
③ ㉢은 솔레노이드를 여자시켰을 때의 상태를 나타내는 기호요소
④ ㉣은 스프링이 작동하고 있지 않은 상태를 나타내는 기호요소

**15** 공압장치인 서비스유닛의 구성품으로 맞는 것은?

① 윤활기, 필터, 압력조정기
② 윤활기, 실린더, 압축기
③ 압축기, 탱크, 필터
④ 압축기, 필터, 모터

**16** 다음 중 유압액추에이터가 아닌 것은?

① 펌프
② 실린더
③ 모터
④ 요동형 모터

**17** 다음 기호의 명칭은?

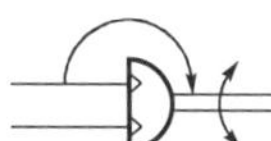

① 공기압모터
② 유압전도장치
③ 요동형 액추에이터
④ 가변형 펌프

**18** 유압작동유의 점도지수에 대한 설명으로 올바른 것은?

① 점도지수가 너무 크면 유압장치의 효율을 저하시킨다.
② 점도지수가 크면 온도변화에 대한 유압작동유의 점도변화가 크다.
③ 점도지수가 작은 경우 저온에서 작동할 때 예비운전시간이 짧아진다.
④ 점도지수가 작은 경우 정상운전 시에 누유량이 감소된다.

**19** 점성이 지나치게 크면 어떤 현상이 생기는가?

① 마찰열에 의한 열이 많이 발생한다.
② 부품 사이에서 윤활작용을 못한다.
③ 부품의 마모가 빠르다.
④ 각 부품 사이에서 누설손실이 크다.

**20** 다음은 공유압장치에 사용되는 부품의 기호이다. 해당되는 명칭은?

① 유압펌프　　② 유압모터
③ 공압펌프　　④ 공압모터

**21** "액체에 전해지는 압력은 모든 방향에 동일하며, 그 압력은 용기의 각 면에 직각으로 작용한다."는 것은?

① 보일의 법칙　　② 파스칼의 원리
③ 줄의 법칙　　④ 베르누이의 정리

**22** 유압펌프에서 축토크를 $T_p[\mathrm{kg \cdot cm}]$, 축동력을 $L$이라 할 경우 회전수 $n[\mathrm{rev/sec}]$을 구하는 식은?

① $n = 2\pi T_p$　　② $n = \dfrac{T_p}{2\pi L}$

③ $n = \dfrac{L}{2\pi T_p}$　　④ $n = \dfrac{2\pi L}{T_p}$

**23** 다음에 설명되는 요소의 도면기호는 어느 것인가?

> 이 밸브는 공·유압시스템에서 액추에이터의 속도를 조정하는 데 사용되며, 유량의 조정은 한쪽 흐름방향에서만 가능하고 반대방향의 흐름은 자유롭다.

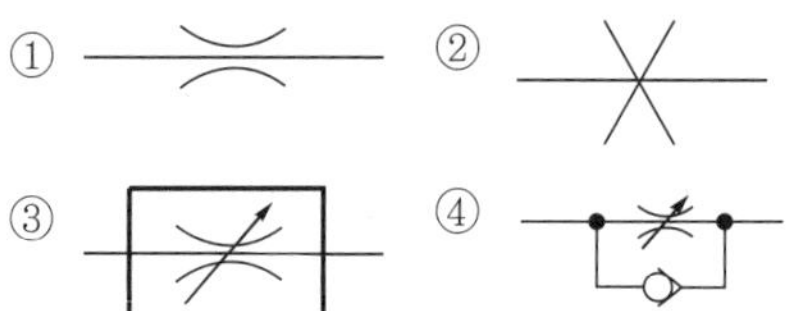

**24** 다음 그림의 기호가 나타내는 것은?

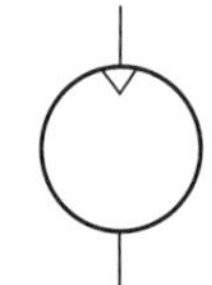

① 진공펌프　　② 유압펌프
③ 공기압펌프　　④ 공기압모터

**25** 공기탱크의 기능을 나열한 것 중 틀린 것은?

① 압축기로부터 배출된 공기압력의 맥동을 평준화한다.
② 다량의 공기가 소비되는 경우 급격한 압력강하를 방지한다.
③ 공기탱크는 저압에 사용되므로 법적 규제를 받지 않는다.
④ 주위의 외기에 의해 냉각되어 응축수를 분리시킨다.

**26** 다음의 유압·공기압 도면기호는 무엇을 나타낸 것인가?

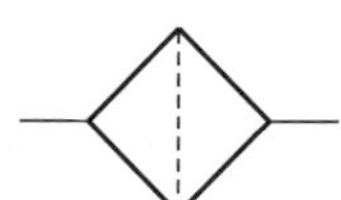

① 어큐뮬레이터　　② 필터
③ 윤활기　　④ 유량계

**27** 회로압이 설정압을 넘으면 막이 파열되어 압유를 탱크로 귀환시켜 압력 상승을 막아 기기를 보호하는 역할을 하는 것은?

① 방향제어밸브
② 유체퓨즈
③ 파일럿작동형 체크밸브
④ 감압밸브

**28** 다음에서 플립플롭기능을 만족하는 밸브는?

① 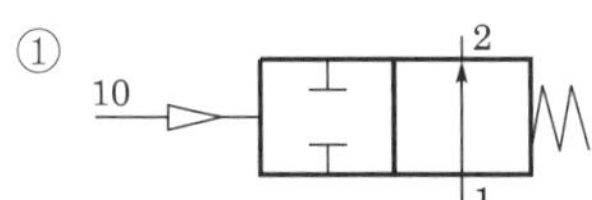

② 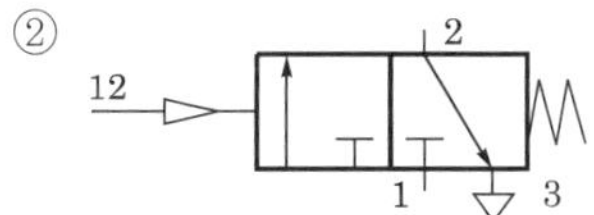

③ 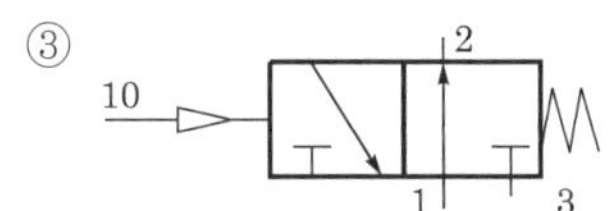

④ 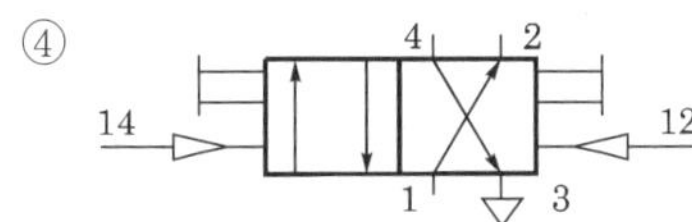

**29** 공압실린더의 쿠션조절의 의미는?

① 실린더의 속도를 빠르게 한다.
② 실린더의 힘을 조절한다.
③ 전체 운동속도를 조절한다.
④ 운동의 끝부분에서 완충한다.

**30** 다음 실린더 중 단동실린더가 될 수 없는 것은?

① 피스톤실린더    ② 격판실린더
③ 램형 실린더    ④ 양 로드형 실린더

**31** 전류계와 전압계를 회로에 동시에 연결할 때 접속방법이 맞는 것은?

① 전류계－병렬, 전압계－직렬
② 전류계－병렬, 전압계－병렬
③ 전류계－직렬, 전압계－직렬
④ 전류계－직렬, 전압계－병렬

**32** 다음 그림과 같은 직류브리지의 평형조건은?

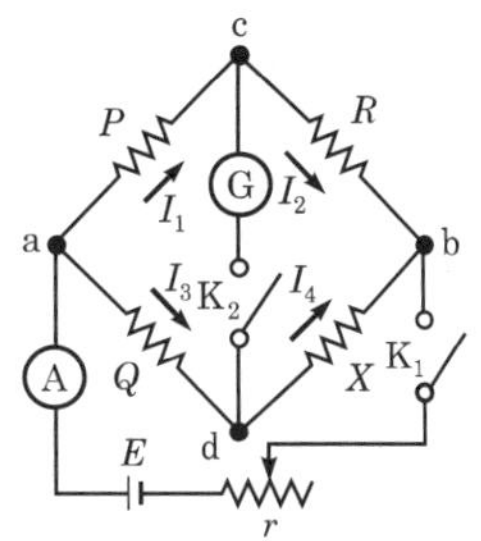

① $QX = PR$    ② $PX = QR$
③ $RX = PQ$    ④ $RX = 2PQ$

**33** 정전용량이 $1[\mu F]$인 콘덴서 2개를 직렬로 접속했을 때의 합성정전용량은 병렬로 접속할 때의 몇 배인가?

① $\dfrac{1}{4}$    ② $\dfrac{1}{2}$
③ $2$    ④ $4$

**34** 변압기 및 전기기기의 철심으로 얇은 철판을 겹쳐서 사용하는 이유는?

① 가공하기 쉽기 때문이다.
② 가격이 싸기 때문이다.
③ 맴돌이 전류손에 의한 줄열 때문이다.
④ 철의 비중이 크기 때문이다.

**35** 검출스위치가 아닌 것은?

① 리밋스위치    ② 광전스위치
③ 버튼스위치    ④ 근접스위치

**36** 저항만의 회로에서 전압에 대한 전류의 위상은?

① 90° 앞선다.    ② 60° 뒤진다.
③ 30° 앞선다.    ④ 동상이다.

**37** 전동기의 전자력은 어떤 법칙으로 설명하는가?

① 플레밍의 오른손법칙
② 플레밍의 왼손법칙
③ 렌츠의 법칙
④ 비오－사바르의 법칙

**38** 동기전동기의 용도가 아닌 것은?

① 가정용 소형 선풍기
② 각종 압축기
③ 시멘트공장의 분쇄기
④ 제지공장의 쇄목기

**39** 다음 그림과 같은 회로의 명칭은?

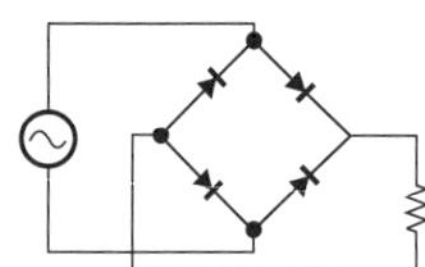

① 전파정류회로    ② 반파정류회로
③ 제어정류회로    ④ 정류기 필터회로

**40** 대칭 3상 교류의 Y결선에서 선간전압 $V_L$과 상전압 $V_p$의 관계는?

① $V_L = V_p$    ② $V_L = \sqrt{2}\, V_p$
③ $V_L = 2V_p$    ④ $V_L = \sqrt{3}\, V_p$

**41** 농형 유도전동기의 기동법으로 맞지 않는 것은?

① 2차 저항법
② 전전압기동법
③ $Y - \triangle$ 기동법
④ 기동보상기법

**42** 유접점시퀀스제어회로의 특징으로 맞지 않는 것은?

① 수명은 반영구적이다.
② 진동·충격에 약하다.
③ 전기적 소음이 크다.
④ 주회로와 동일한 전원을 사용한다.

**43** 권수가 300회인 코일에서 2초 사이에 10[Wb]의 자속이 변화한다면 코일에 발생되는 유도기전력의 크기는 몇 [V]인가?

① 20    ② 1,500
③ 3,000    ④ 6,000

**44** 정격이 5[A], 220[V]인 전기제품을 10시간 동안 사용했을 때 전력량[kW·h]은?

① 1    ② 11
③ 21    ④ 31

**45** 100[Ω]의 부하가 연결된 회로에 10[V]의 직류전압을 가하고 전류를 측정하면 계기에 나타나는 값[A]은?

① 10    ② 1
③ 0.1    ④ 0.01

**46** 베어링의 설명 중 틀린 것은?

① 슬라이딩베어링은 미끄럼접촉이다.
② 레이디얼베어링은 축방향의 하중을 받는다.
③ 구름마찰이 미끄럼마찰보다 마찰계수가 적다.
④ 롤링베어링은 구름접촉이다.

**47** 평벨트풀리에서 벨트와 직접접촉하여 동력을 전달하는 부분은?

① 보스    ② 암
③ 림    ④ 리브

**48** 두께 2[mm]의 황동판에 지름 10[mm]의 구멍을 뚫는 데 필요한 힘[N]은? (단, 전단강도$= 3[N/mm^2]$)

① 158.5
② 188.5
③ 204.5
④ 222.5

**49** 다음 중 축을 작용하는 힘에 의해 분류했을 때 전동축에 관한 설명으로 가장 옳은 것은?

① 주로 휨하중을 받는다.
② 주로 인장과 휨하중을 받는다.
③ 주로 압축하중을 받는다.
④ 주로 휨과 비틀림하중을 받는다.

**50** 모듈이 5이고 잇수가 24개와 56개인 두 개의 평기어가 물고 있다. 이 두 기어의 중심거리 [mm]는?

① 200　　　　② 220

③ 250　　　　④ 300

**51** 나사홈의 높이가 나사산의 높이와 같게 한 원통의 지름은?

① 호칭지름

② 수나사 바깥지름

③ 피치지름

④ 리드

**52** 훅의 법칙(Hook's law)이 성립되는 범위는?

① 최대 강도점　　② 탄성한도

③ 비례한도　　　④ 항복점

**53** 마찰면을 원뿔형 또는 원판으로 하여 나사나 레버 등으로 축방향으로 밀어붙이는 형식의 브레이크는?

① 밴드브레이크　　② 블록브레이크

③ 전자브레이크　　④ 원판브레이크

**54** 키의 길이가 50[mm], 접선력은 6,000[kgf], 키의 전단응력은 20[kgf/mm$^2$]일 때 키의 폭 [mm]은?

① 6　　　　　② 30

③ 12　　　　　④ 9

**55** 온도의 변화에 따라 재료 내부에 생기는 응력은?

① 경사응력　　　② 크리프응력

③ 압축응력　　　④ 열응력

**56** 베어링호칭번호 6203의 안지름치수[mm]는 얼마인가?

① 10　　　　　② 12

③ 15　　　　　④ 17

**57** $\dfrac{극한강도}{허용응력}$ 는 무엇을 나타내는가?

① 안전율　　　　② 파괴강도

③ 영률　　　　　④ 사용강도

**58** 코일스프링의 평균지름이 20[mm], 소선의 지름이 2[mm]라면 스프링지수는?

① 40　　　　　② 0.1

③ 18　　　　　④ 10

**59** 환봉에 압축하중을 가했을 때 최대 전단응력은 최대 압축응력의 몇 배인가?

① $\dfrac{1}{3}$　　　　② $\dfrac{1}{2}$

③ 2　　　　　④ 3

**60** 다음 중 브레이크의 종류가 아닌 것은?

① 블록　　　　② 밴드

③ 원판　　　　④ 토션바

# 4회 정답 및 해설

**01** **정답** ③
해설 공압압력원으로 삼각형을 흰색으로 표시한다.

**02** **정답** ①
해설 관로의 길이는 현장조건에 따라 다르므로 표기하지 않는다.

**03** **정답** ①
해설 미터 인 방식은 A포트에 들어가는 유량을 제어한다.

**04** **정답** ①
해설 솔레노이드에 전원이 차단되면 A, B포트가 차단되고 탱크로 유입되며 파일럿에 의해서 작동된다.

**05** **정답** ②
해설 ① 배압은 흐르는 반대방향에 압력이 형성된다.
③ 맥동은 관의 흐름이 일정하지 않은 상태를 의미한다.

**06** **정답** ④
해설 기체의 온도가 −273.15℃인 상태를 절대온도라 한다.

**07** **정답** ①
해설 압력계는 지시하고 있는 눈금, 즉 게이지 압력을 선택한다.

**08** **정답** ②
해설 양방향 유동공기압모터이다. 유압은 흑색의 삼각형으로 표시된다.

**09** **정답** ④
해설 공압모터는 공기의 압축성으로 회전속도는 부하의 영향을 받는다.

**10** **정답** ②
해설 A, P, R로 3포트이고 사각형이 두 개가 있으므로 2위치 밸브이며 단동실린더 작동에 적용할 수가 있다.

**11** **정답** ③
해설 솔레노이드밸브는 방향을 제어하는 밸브이다.

**12** **정답** ①
해설 감압밸브이며, 압력을 입력압보다 낮게 유지할 때 사용한다.

**13** **정답** ④
해설 터보형은 원심식이 해당되며 회전수가 대단히 빠르다.

**14** **정답** ④
해설 ㉣은 스프링이 작동할 때 유체의 방향을 표시한다.

**15** **정답** ①
해설 서비스유닛을 AC(Air Combination) unit, 또는 FRL(Filter Regulator Lubricator) unit이라 한다.

**16** **정답** ①
해설 펌프는 압력에너지를 생성하는 장치이다.

**17** **정답** ③
해설 공기압을 이용한 요동형 액추에이터이다.

**18** **정답** ①
해설 점도지수가 너무 크면 유압장치의 효율이 마찰열로 저하된다.

**19** **정답** ①
해설 점성은 오일의 끈끈한 정도를 점성으로 표시하고, 점성이 크면 마찰열이 발생한다.

**20** 정답 ①
해설 유압펌프로, 압력에너지를 생성한다.

**21** 정답 ②
해설 파스칼의 원리는 밀폐된 압력이 모든 방향에 동일하게 작용하며 수직으로 작용한다는 것을 의미한다.

**22** 정답 ③
해설 $L = 2\pi n T_p$
$$\therefore n = \frac{L}{2\pi T_p}$$

**23** 정답 ④
해설 체크붙이 유량제어밸브이다.

**24** 정답 ④
해설 기호는 공기압모터이며 압력에너지를 이용하여 토크, 즉 기계적 에너지가 발생한다.

**25** 정답 ③
해설 공기탱크는 안전상에 문제가 되면 법적 규제를 받는다.

**26** 정답 ②
해설 필터는 공기압의 불순물을 제거하여 액추에이터를 보호한다.

**27** 정답 ②
해설 유체퓨즈는 압력 상승을 막아 기기를 보호한다.

**28** 정답 ④
해설 플립플롭기능은 일시적으로 기억하는 기능으로 유체의 흐름이 진행하는 상태이어야 한다.

**29** 정답 ④
해설 쿠션조절은 운동의 끝부분에서 충격을 완화하는 역할을 한다.

**30** 정답 ④
해설 단동실린더는 압력을 생성하는 포트가 하나만 존재한다.

**31** 정답 ④
해설 전압계와 전류계를 동시에 연결할 때에는 전류계는 직렬로 접속하고, 전압계는 병렬로 접속한다.

**32** 정답 ②
해설 $PI_1 = QI_3$, $RI_2 = XI_4$, $I_1 = I_2$ 이고
$I_3 = I_4$ 이므로 $\dfrac{P}{Q} = \dfrac{R}{X}$ 이다.
따라서 $PX = QR$ 이다.

**33** 정답 ④
해설 ㉠ 직렬접속 시의 합성정전용량
$$C_o = \frac{C \times C}{C + C} = \frac{C}{2} = \frac{1}{2}\,[\text{F}]$$
㉡ 병렬접속 시의 합성정전용량
$$C_p = C + C = 2C = 2\,[\text{F}]$$
$$\therefore \frac{C_p}{C_o} = \frac{2}{\frac{1}{2}} = 4 \text{배}$$

**34** 정답 ③
해설 고유저항이 큰 규소강판을 사용하는 이유는 맴돌이 전류와 히스테리시스손을 감소시킴으로써 철손을 작게 하기 때문이다.

**35** 정답 ③
해설 버튼스위치는 수동조작 자동복귀용 스위치이므로 검출용이 아니라 조작용 스위치이다.

**36** 정답 ④
해설 순수한 저항만의 회로에서는 전압과 전류가 동위상이 된다.

**37** 정답 ②
해설 전동기의 전자력은 플레밍의 왼손법칙으로 설명할 수 있다.

**38** 정답 ①
해설 동기전동기의 용도는 각종 압축기, 시멘트공장의 분쇄기, 제지공장의 쇄목기 등이다.

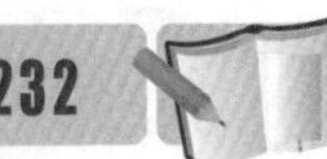

**39** 정답 ①

해설 브리지전파정류회로는 전파정류회로의 일종으로 다이오드 4개를 브리지모양으로 접속하여 정류하는 회로로 중간 탭이 있는 트랜스를 사용하지 않아도 된다.

**40** 정답 ④

해설 $V_L = \sqrt{3}\, V_p$

**41** 정답 ①

해설 농형 유도전동기의 기동법에는 전전압기동법, $Y-\triangle$기동법, 리액터기동법, 기동보상법 등이 있다. 2차 저항법은 권선형 유도전동기의 기동법으로 쓰인다.

**42** 정답 ①

해설 ㉠ 장점
- 개폐부하의 용량이 크다.
- 온도특성이 좋다.
- 전기적 잡음의 영향을 적게 받는다.
- 입·출력이 분리된다.
- 접점수에 따라 많은 출력회로를 얻을 수 있다.

㉡ 단점
- 소비전력이 비교적 크다.
- 제어반의 외형과 설치면적이 크다.
- 접점의 동작이 느리다(스위칭속도가 느리다).
- 진동이나 충격 등에 약하다.
- 수명이 짧다.

**43** 정답 ②

해설 $e = N\dfrac{\Delta\phi}{\Delta t} = 300 \times \dfrac{10}{2} = 1,500[\text{V}]$

**44** 정답 ②

해설
$$W = Pt = VIt$$
$$= 220 \times 5 \times 10$$
$$= 11,000[\text{W}\cdot\text{h}]$$
$$= 11[\text{kW}\cdot\text{h}]$$

**45** 정답 ③

해설 $I = \dfrac{V}{R} = \dfrac{10}{100} = 0.1[\text{A}]$

**46** 정답 ②

해설 레이디얼베어링은 축에 식각하중을 받으며, 스러스트베어링이 축방향 하중을 받는다.

**47** 정답 ③

해설 벨트와 직접접촉하는 것은 림이며, 림의 중간이 좌우 끝단보다 더 높아서 벨트의 이탈을 방지한다.

**48** 정답 ②

해설 $P = \pi dt\tau = 3.14 \times 10 \times 2 \times 3 = 188.5[\text{N}]$

**49** 정답 ④

해설 전동축은 동력을 전달하므로 휨과 비틀림 하중을 받는다.

**50** 정답 ①

해설 $C = \dfrac{m(Z_1 + Z_2)}{2} = \dfrac{5(24+56)}{2} = 200[\text{mm}]$

**51** 정답 ③

해설 피치지름은 나사홈의 높이가 나사산의 높이와 같게 한 지름이다.

**52** 정답 ③

해설 훅의 법칙은 비례한도에서 성립되며, 응력은 세로탄성계수와 변형률에 비례한다.

**53** 정답 ④

해설 밴드·블록·원판브레이크는 지렛대의 원리를 이용하며, 전자브레이크는 전기적 에너지를 이용한다.

**54** 정답 ①

해설 $\sigma = \dfrac{F}{bl}$

$\therefore\ b = \dfrac{F}{\sigma l} = \dfrac{6,000}{20 \times 50} = 6[\text{mm}]$

**55** 정답 ④

해설 온도의 변화에 따라 재료에 발생하는 응력은 열응력이다.

**56** 정답 ④

해설 베어링호칭 6203은 내경이 17[mm]를 나타내며, 6204부터는 마지막 끝자리 수에 5를 곱하면 베어링내경이 된다.

**57** 정답 ①

해설 안전율은 극한강도를 허용응력으로 나누어서 구하며, 구조물의 설계 시 적용해야 한다.

**58** 정답 ④

해설 $C = \dfrac{D}{d} = \dfrac{20}{2} = 10$

**59** 정답 ②

해설 압축력을 가했을 때 전단응력은 최대 압축응력의 1/2배이다.

**60** 정답 ④

해설 토션바는 자동차에 사용되는 스프링의 종류이다.

| 자격종목 | 시험시간 | 수험번호 | 성명 |
|---|---|---|---|
| 공유압기능사 | 1시간 | | |

**01** 다음 그림에서처럼 밀폐된 시스템이 평형상태를 유지할 경우 힘 $F_1$을 수식으로 표현하면?

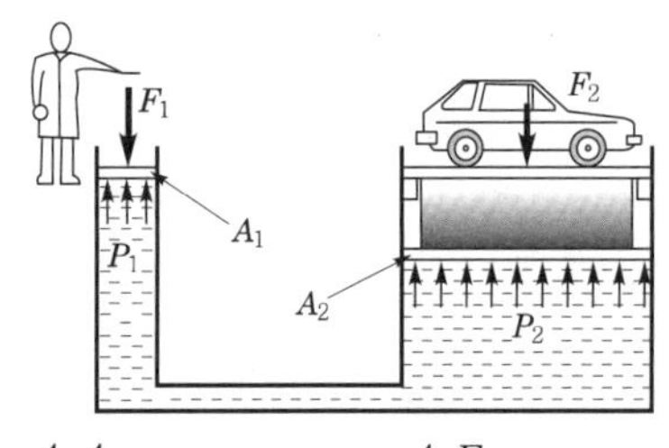


① $\dfrac{A_1 A_2}{F_2}$

② $\dfrac{A_1 F_2}{A_2}$

③ $\dfrac{F_2}{A_1 A_2}$

④ $\dfrac{A_2}{A_1 F_2}$

**02** 다음 그림의 실린더는 피스톤면적($A$)이 8[cm$^2$]이고 행정거리($S$)는 10[cm]이다. 이 실린더가 전진행정을 1분 동안에 마치려면 필요한 공급유량[cm$^3$/min]은 얼마인가?

① 60
② 70
③ 80
④ 90



**03** 다음과 같은 회로를 이용하여 실린더의 전·후진운동속도를 같게 하려 한다. 점선 안에 연결되어야 할 밸브의 기호로 옳은 것은?

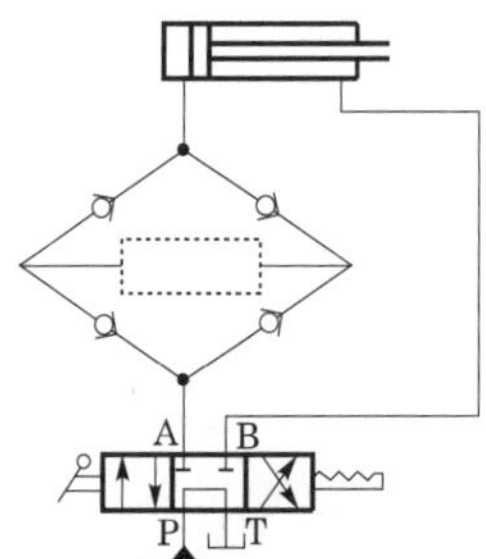


① 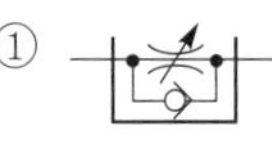

② 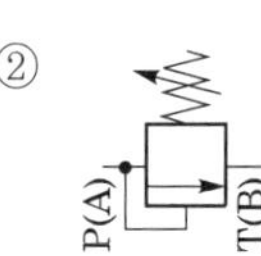


③ 

④ 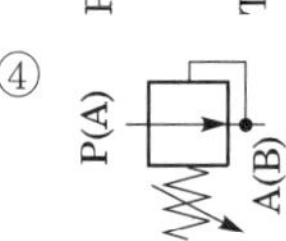


**04** 밀폐된 용기 내의 압력을 동일한 힘으로 동시에 전달하는 것을 증명한 법칙을 무엇이라 하는가?

① 뉴턴법칙
② 베르누이정리
③ 파스칼의 원리
④ 돌턴의 법칙

**05** 유압작동유의 성질 중에서 가장 중요한 것은 무엇인가?

① 점도
② 효율
③ 온도
④ 산화 안정성

**06** 유압실린더에 작용하는 힘을 산출할 때의 원리는?

① 보일의 법칙
② 파스칼의 법칙
③ 가속도의 법칙
④ 플레밍의 왼손법칙

**07** 다음 그림의 설명으로 맞는 것은?

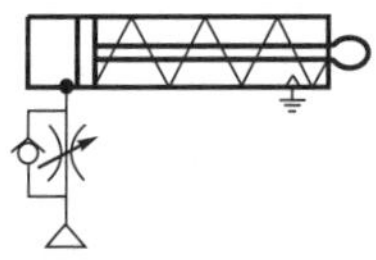

① 전진속도를 조절한다.
② 후진속도를 조절한다.
③ 급속귀환운동을 한다.
④ 전진과 후진출력을 높인다.

**08** 유압유의 주요 기능이 아닌 것은?

① 동력을 전달한다.
② 응축수를 배출한다.
③ 마찰열을 흡수한다.
④ 움직이는 기계요소를 윤활한다.

**09** 공압발생장치의 구성상 필요 없는 장치는?

① 방향제어밸브　　② 에어쿨러
③ 공기압축기　　④ 에어드라이어

**10** 밸브의 양쪽 입구로 고압과 저압이 각각 유입 될 때 고압 쪽이 출력되고 저압 쪽이 폐쇄되는 밸브는?

① OR밸브　　② 체크밸브
③ AND밸브　　④ 급속배기밸브

**11** 유압모터를 선택하기 위한 고려사항이 아닌 것은?

① 체적 및 효율이 우수할 것
② 모터의 외형공간이 충분히 클 것
③ 주어진 부하에 대한 내구성이 클 것
④ 모터로 필요한 동력을 얻을 수 있을 것

**12** 다음 그림은 유압제어방식을 나타낸 것이다. 어떤 제어방식인가?

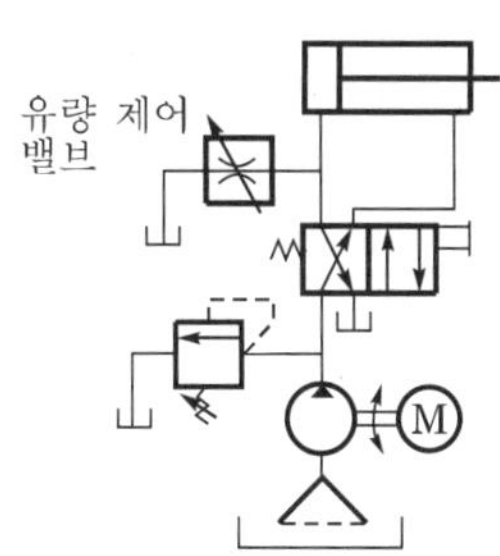


① 미터 인 회로
② 미터 아웃 회로
③ 블리드 오프 회로
④ 리사이클링회로

**13** 방향제어밸브를 기호로 표시할 때 필요하지 않은 것은?

① 작동방법　　② 밸브의 기능
③ 밸브의 구조　　④ 귀환방법

**14** 다음 방향밸브 중 3개의 작동유접속구와 2개의 위치를 가지고 있는 밸브는 어느 것인가?

① 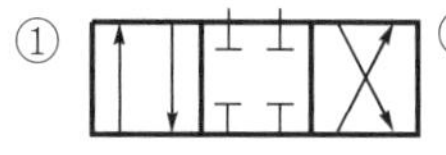　② 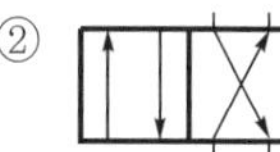
③ 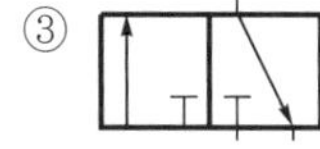　④

**15** 다음 진리표에 따른 논리회로로 맞는 것은?
(단, 입력신호 : a와 b, 출력신호 : c)

| 입력신호 | | 출력신호 |
| --- | --- | --- |
| a | b | c |
| 0 | 0 | 0 |
| 0 | 1 | 1 |
| 1 | 0 | 1 |
| 1 | 1 | 1 |

① OR회로　　② AND회로
③ NOR회로　　④ NAND회로

**16** 유압장치의 특징과 거리가 먼 것은?

① 소형장치로 큰 힘을 발생한다.
② 고압 사용으로 인한 위험성이 있다.
③ 일의 방향을 쉽게 변환시키기 어렵다.
④ 무단변속이 가능하고 정확한 위치제어를 할 수 있다.

**17** 공압장치의 공압밸브조작방식으로 사용되지 않는 것은?

① 인력조작방식
② 랫치조작방식
③ 파일럿조작방식
④ 전기조작방식

**18** 다음 중 기계방식의 구동이 아닌 것은?

① ② ③ ④

**19** 피스톤의 직경과 로드의 직경이 같은 것으로 출력축인 로드의 강도를 필요로 하는 경우에 자주 이용되는 것은?

① 단동실린더
② 램형 실린더
③ 다이어프램실린더
④ 양 로드 복동실린더

**20** 유압유의 성질이 아닌 것은?

① 비열이 클 것
② 10[%] 희석되어도 유압유와 적합성이 있을 것
③ 비점이 높을 것
④ 비중이 클 것

**21** 다음 중 제습기의 종류가 아닌 것은?

① 냉동식 제습기
② 흡착식 제습기
③ 흡수식 제습기
④ 공랭식 제습기

**22** 증압회로를 사용하는 기계는?

① 프레스와 잭
② 프레스와 터빈
③ 잭과 내연기관
④ 잭과 외연기관

**23** 송출압력이 $200[kg/cm^2]$, $100[L/min]$의 송출량을 갖는 레이디얼플런저펌프의 소요동력 [PS]은 얼마인가? (단, 펌프효율=90[%])

① 39.48  ② 49.38
③ 59.48  ④ 69.38

**24** 공압소음기의 구비조건이 아닌 것은?

① 배기음과 배기저항이 클 것
② 충격이나 진동에 변형이 생기지 않을 것
③ 장기간의 사용에 배기저항의 변화가 작을 것
④ 밸브에 장착하기 쉬운 콤팩트한 형상일 것

**25** 유압펌프에 관한 설명이다. 이들의 설명이 잘못된 것은?

① 나사펌프 : 운전이 동적이고 내구성이 작다.
② 치차펌프 : 구조가 간단하고 소형이다.
③ 베인펌프 : 장시간 사용하여도 성능 저하가 적다.
④ 피스톤펌프 : 고압에 적당하고 누설이 적다.

**26** 유압·공기압 도면기호(KS B 0054)의 기호요소에서 기호로 사용되는 선의 종류 중 복선의 용도는?

① 주관로
② 파일럿조작관로
③ 기계적 결합
④ 포위선

**27** 주로 안전밸브로 사용되며 시스템 내의 압력이 최대 허용압력을 초과하는 것을 방지해주는 밸브로 가장 적합한 것은?

① 언로드밸브
② 시퀀스밸브
③ 릴리프밸브
④ 압력스위치

**28** 탠덤실린더를 사용하여 실린더의 램을 전진시켜 높지 않은 압력으로 강력한 압축력을 얻을 수 있는 회로는?

① 시퀀스회로
② 무부하회로
③ 증강회로
④ 블리드 오프 회로

**29** 다음에 설명되는 요소의 도면기호는 어느 것인가?

> 실린더의 속도를 증가시키는 목적으로 사용되는 공압요소로써 효과적으로 사용하기 위해 실린더에 직접 설치하거나 가능한 가깝게 설치한다.

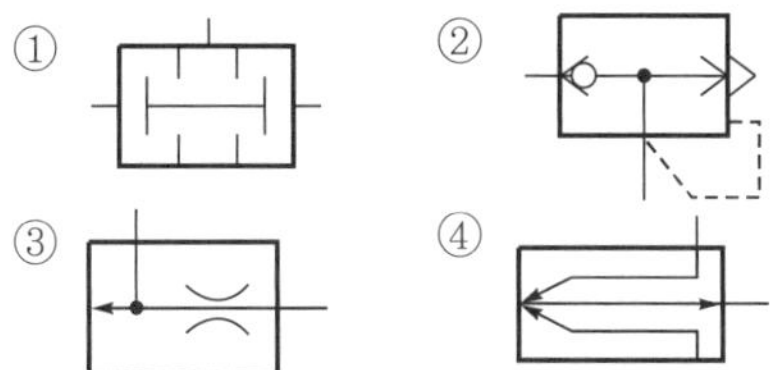

**30** 압력보상형 유량제어밸브에 대한 설명이다. 맞는 것은?

① 실린더 등의 운동속도와 힘을 동시에 제어할 수 있는 밸브이다.
② 밸브의 입구와 출구의 압력차이를 일정하게 유지하는 밸브이다.
③ 체크밸브와 교축밸브로 구성되어 일방향으로 유량을 제어한다.
④ 유압실린더 등의 이송속도를 부하에 관계없이 일정하게 할 수 있다.

**31** 평등자장 내에 전류가 흐르는 직선도선을 놓을 때 전자력이 최대가 되는 도선과 자장방향의 각도는?

① 0°
② 30°
③ 60°
④ 90°

**32** 변압기의 용도가 아닌 것은?

① 교류전압의 변환
② 교류전류의 변환
③ 주파수의 변환
④ 임피던스의 변환

**33** 정현파 교류전압 $120\sqrt{2}\sin(120\pi t - 60°)$ [V]를 멀티미터로 측정할 때 전압[V]은?

① $120\sqrt{2}$
② $60\sqrt{2}$
③ 120
④ 60

**34** 지름 20[cm], 권수 100회의 원형 코일에 1[A]의 전류를 흘릴 때 코일 중심자장의 세기[AT/m]는?

① 200
② 300
③ 400
④ 500

**35** 반도체 PN접합이 하는 작용은?

① 정류작용
② 증폭작용
③ 발진작용
④ 변조작용

**36** 다음 그림과 같은 회로에서 $I_T = 10$[A]일 때 4[Ω]에 흐르는 전류[A]는?

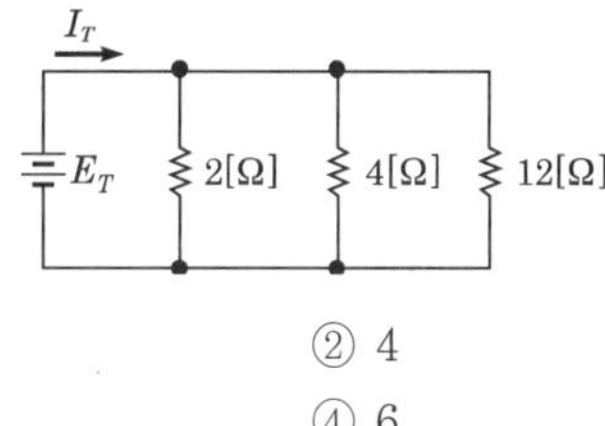

① 3
② 4
③ 5
④ 6

**37** 다음 그림과 같은 접점회로의 논리식과 등가인 것은?

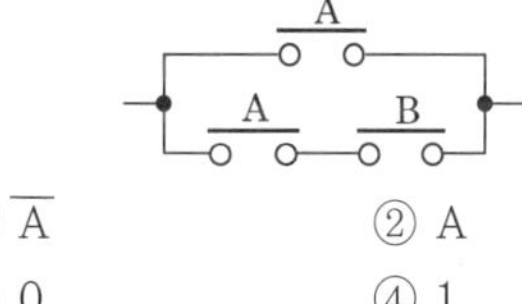

① $\overline{A}$
② A
③ 0
④ 1

**38** 다음 그림과 같은 회로의 명칭은?

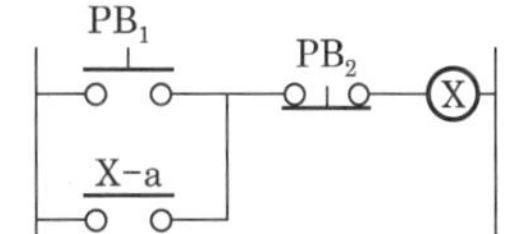

① 자기유지회로
② 카운터회로
③ 타이머회로
④ 플리커회로

**39** 일반적인 도체의 저항에 대한 설명으로 잘못된 것은?

① 단면적이 크면 저항은 작아진다.
② 길이가 길면 저항은 증가한다.
③ 온도가 증가하면 저항도 증가한다.
④ 단면적, 길이, 온도와 무관하다.

**40** 공기 중에서 자기장의 크기가 10[A/m]인 점에 8[Wb]의 자극을 둘 때 이 자극이 작용하는 자기력은 몇 [N]인가?

① 80　　　　　② 8
③ 1.25　　　　④ 0.8

**41** 다음 중 직류의 대전류측정에 알맞은 것은?

① 회로시험기
② 반조검류계
③ 전자식 검류계
④ 직류변류기

**42** 가장 최근 기기의 소형화, 고기능화, 저렴화, 고속화 및 프로그램 수정의 용이함을 실현한 시퀀스제어는?

① 릴레이시퀀스
② PLC시퀀스
③ 로직시퀀스
④ 닫힌 루프제어

**43** 자기저항의 단위는?

① [Ω]　　　　② [H/m]
③ [AT/Wb]　　④ [N · m]

**44** OR논리시퀀스제어회로의 입력스위치나 접점의 연결은?

① 직렬　　　　② 병렬
③ 직 · 병렬　　④ Y

**45** 1차 전압 110[V]와 2차 전압 220[V]의 변압기의 권선비는?

① 1 : 1　　　　② 1 : 2
③ 1 : 3　　　　④ 1 : 4

**46** 수도, 가스, 배수 등의 매설용으로 쓰이며 값이 싸고 내식성이 좋은 관은?

① 강관　　　　② 주철관
③ 비철관　　　④ 비금속관

**47** 비례한도 이내에서 응력과 변형률은 어떠한 관계인가?

① 반비례
② 비례
③ 관계없다.
④ 조건에 따라 다르다.

**48** 너트의 풀림방지법이 아닌 것은?

① 로크너트에 의한 법
② 탄성와셔에 의한 법
③ 접선키에 의한 법
④ 세트스크루에 의한 법

**49** 두 축의 이음을 임의로 단속할 수 있는 축이음은?

① 클러치
② 특수 커플링
③ 플랜지커플링
④ 플렉시블커플링

**50** 빠른 반복하중을 받는 스프링의 압축 · 인장반복속도가 고유진동수에 가까워지면 심한 진동을 일으키는데, 이런 공진현상을 무엇이라고 하는가?

① 피로　　　　② 서징
③ 응력집중　　④ 감쇠

**51** 응력에 대한 설명 중 가장 올바른 것은?

① 단위면적에 대한 변형의 크기로 나타낸다.
② 외력에 대하여 물체 내부에서 대응하는 저항력을 말한다.
③ 전단응력은 경사응력과 같은 의미이다.
④ 물체에 하중을 작용시켰을 때 하중방향에 발생한 응력을 전단응력이라 한다.

**52** 다음 중 모멘트의 단위는?

① [kg · m/s$^2$]　　② [N · m]
③ [kW]　　　　　④ [kgf · m/s]

**53** 다음 중 가장 큰 하중이 걸리는 데 사용되는 키는?

① 새들키　　② 묻힘키
③ 둥근키　　④ 평키

**54** 핀의 용도 중 틀린 것은?

① 2개 이상의 부품을 결합하는 데 사용
② 나사 및 너트의 이완방지
③ 분해·조립할 부품의 위치 결정
④ 분해가 필요 없는 곳의 영구결합

**55** 미터나사에 관한 설명으로 잘못된 것은?

① 기호는 M으로 표시한다.
② 나사산의 각도는 60°이다.
③ 호칭은 바깥지름을 인치(inch)로 표시한다.
④ 피치는 산과 산 사이를 밀리미터(mm)로 표시한다.

**56** 회전운동을 직선운동으로 바꿀 때 사용되는 기어는?

① 스퍼기어
② 랙과 피니언
③ 내접기어
④ 헬리컬기어

**57** 베어링에서 오일실의 용도를 바르게 설명한 것은?

① 오일 등이 새는 것을 방지하고 물 또는 먼지 등이 들어가지 않도록 하기 위함
② 축방향에 작용하는 힘을 방지하기 위함
③ 베어링이 빠져나오는 것을 방지하기 위함
④ 열의 발산을 좋게 하기 위함

**58** 축의 단면계수를 $Z$, 최대 굽힘응력을 $\sigma_b$라 하면 축에 작용하는 굽힘모멘트 $M$으로 옳은 것은?

① $M = \dfrac{Z}{\sigma_b}$　　② $M = \dfrac{\sigma_b}{Z}$

③ $M = \sigma_b Z$　　④ $M = \dfrac{1}{2}\sigma_b$

**59** 피치원지름이 165[mm], 잇수가 55인 표준평기어의 모듈은?

① 2.89　　② 30
③ 3　　④ 2.54

**60** 두 축이 평행하지도 않고 만나지도 않으며 큰 감속을 얻고자 할 때 사용하는 기어는?

① 스퍼기어　　② 베벨기어
③ 웜기어　　④ 헬리컬기어

# 5회 정답 및 해설

**01** 정답 ②

해설 파스칼의 원리로서 $\dfrac{F_1}{A_1} = \dfrac{F_2}{A_2}$ 의 관계이다.

**02** 정답 ③

해설 $Q = ASv$
$= 8 \times 10 \times 1 = 80[\text{cm}^3/\text{min}]$

**03** 정답 ③

해설 유량제어밸브가 설치되어야 전·후진운동 속도가 일정하게 된다.

**04** 정답 ③

해설 밀폐된 용기 내에서 압력을 동일하게 전달하는 원리는 파스칼의 원리이다.

**05** 정답 ①

해설 점도는 유압의 효율과 운동조건에 관계가 있다.

**06** 정답 ②

해설 유압실린더의 작용하는 힘은 파스칼의 원리에 의해서 적용된다.

**07** 정답 ①

해설 단동실린더로서 전진속도를 제어한다.

**08** 정답 ②

해설 응축수를 배출하는 것은 공기압에서 발생한다.

**09** 정답 ①

해설 방향제어밸브는 공기압을 이용하여 액추에이터를 제어할 때 사용한다.

**10** 정답 ①

해설 OR밸브이고 셔틀밸브라고 하며, 저압과 고압이 유입되면 고압측이 출력된다.

**11** 정답 ②

해설 모터의 외형공간이 크면 기계장치가 커지므로 고려사항이 아니다.

**12** 정답 ③

해설 블리드 오프 회로는 실린더에서 배출되는 유량의 일부를 유량제어밸브를 통하여 탱크로 귀환시키는 방법이다. 이 회로의 효율은 미터 인이나 미터 아웃 회로보다 좋은 장점이 있으나 부하변동이 심한 경우에는 실린더의 속도가 불안하므로 많이 이용되지는 않는다.

**13** 정답 ③

해설 밸브의 구조는 기호로 표시할 때 적용하지 않는다.

**14** 정답 ③

해설 3개의 작동유접속구는 3개의 포트를 의미하며, 2개의 위치는 사각형이 2개인 것을 의미한다.

**15** 정답 ①

해설 OR회로로, A, B 입력신호에서 하나만 신호가 ON이 되면 출력이 된다.

**16** 정답 ③

해설 일의 방향을 밸브를 조작하여 쉽게 할 수가 있다.

**17** 정답 ②

해설 공압밸브조작은 인력, 파일럿, 전기조작에 의해서 이루어진다.

**18** 정답 ③

해설 페달방식으로, 인력에 의해서 한다.

**19** 정답 ②

해설 출력축의 로드의 강도를 필요로 하는 부분에 사용하는 것이 램형 실린더이다.

**20**  정답 ④

해설  유압유는 비중이 작아야 한다.

**21**  정답 ④

해설  제습기는 습기를 제거하는 장치로서 공랭식은 없다.

**22**  정답 ①

해설  증압회로는 에너지를 증폭하여 사용하는 것으로 프레스와 잭에 사용한다.

**23**  정답 ②

해설
$$L = \frac{PQ}{60 \times 75 \times \eta}$$
$$= \frac{200 \times 10^4 \times 100 \times 10^{-3}}{60 \times 75 \times 0.9} = 49.38[\text{PS}]$$

**24**  정답 ①

해설  소음기는 배기음을 최소화해야 한다.

**25**  정답 ①

해설  나사펌프는 운전이 동적이고 내구성이 크다.

**26**  정답 ③

해설  복선으로 사용하는 경우에는 기계적 결합이 있을 때 사용한다.

**27**  정답 ③

해설  릴리프밸브는 설정압에서만 작동하여 배관의 압력을 일정하게 유지한다.

**28**  정답 ③

해설  증강회로는 실린더의 램을 전진시켜 강력한 압축력을 얻을 수가 있다.

**29**  정답 ②

해설  셔틀밸브는 배출되는 유량이 많아 속도가 빠르다.

**30**  정답 ④

해설  압력보상형 유량제어밸브는 부하에 관계없이 이송속도를 일정하게 유지한다.

**31**  정답 ④

해설  $F = I \int B \sin\theta [\text{N}]$

따라서 전자력이 최대가 되고 도선과 자장 방향의 각도 $\theta = 90°$일 때가 된다.

**32**  정답 ③

해설  변압기의 원리는 상호유도작용을 이용하여 1 · 2차의 권수비에 의해 전압을 변동시킬 수 있다.

**33**  정답 ③

해설  교류계기는 실효값을 지시하므로 측정전압은 120[V]가 된다.

**34**  정답 ④

해설  $H = \dfrac{NI}{r} = \dfrac{100 \times 1}{20 \times 10^{-2}} = 500[\text{AT/m}]$

**35**  정답 ①

해설  반도체 PN접합이 하는 작용은 정류작용, 트랜지스터를 이용하는 작용은 증폭작용, 터널다이오드를 이용하는 작용은 발진작용을 한다.

**36**  정답 ①

해설
$$R_o = \frac{1}{\frac{1}{2} + \frac{1}{4} + \frac{1}{12}}$$
$$= \frac{1}{\frac{6+3+1}{12}} = \frac{12}{10} = 1.2[\Omega]$$
$$V_T = I_T R_o = 10 \times \frac{12}{10} = 12[\text{V}]$$
$$\therefore 4[\Omega]\text{에 흐르는 전류 } I_4 = \frac{V_T}{R} = \frac{12}{4} = 3[\text{A}]$$

**37**  정답 ②

해설  $A + AB = A(1+B) = A$

**38**  정답 ①

해설  $PB_1$을 누르면 출력 X가 여자되어 X−a접점이 폐로되고, $PB_1$이 개로되어도 X−a접점이 폐로상태로 출력이 여자상태를 유지하는 자기유지회로이다.

**39** 정답 ④

해설 도체의 전기저항 $R=\rho\dfrac{l}{S}[\Omega]$이므로 도체의 길이 $l$에 비례하고 단면적 $S$에 반비례한다. 온도가 변화하면 도체의 저항도 변화하는데, 온도가 증가할 경우 저항도 증가한다.

**40** 정답 ①

해설 $F=mH=10\times8=80[\text{N}]$

**41** 정답 ④

해설 직류의 대전류를 측정할 때 사용되는 변류기로, 직류전류가 통하는 1차 권선과 보조교류전원에 접속되는 교류 2차 권선으로 되어 있어서 교류회로의 인덕턴스가 직류에 의해 변하는 것을 이용하여 측정한다.

**42** 정답 ②

해설 가장 최근 기기의 소형화, 고기능화, 저렴화, 고속화 및 프로그램 수정의 용이함을 실현한 시퀀스제어는 PLC시퀀스이다.

**43** 정답 ③

해설 $R_m=\dfrac{F}{\phi}=\dfrac{NI}{\phi}[\text{AT/Wb}]$

∴ 자기저항의 단위는 $[\text{AT/Wb}]$가 된다.

**44** 정답 ②

해설 AND는 접점직렬연결, OR은 접점병렬연결이다.

**45** 정답 ②

해설 $a=\dfrac{n_1}{n_2}=\dfrac{V_1}{V_2}=\dfrac{110}{220}=\dfrac{1}{2}$

∴ $n_1 : n_2 = 1 : 2$

**46** 정답 ②

해설 주철관은 내식성이 좋아 수도, 가스, 배수 등의 용도로 사용한다.

**47** 정답 ②

해설 비례한도 내에서는 응력과 변형률은 비례하며 훅의 법칙 $\sigma=E\varepsilon$이 적용된다.

**48** 정답 ③

해설 접선키는 풀리와 축을 결합하여 동력을 전달할 때 사용한다.

**49** 정답 ①

해설 클러치는 두 축의 이음을 임의로 단속할 수 있는 축이음이다.

**50** 정답 ②

해설 서징(surging)이란 진폭이 최대로 커지는 현상이다.

**51** 정답 ②

해설 응력(stress)이란 외력에 대해 물체 내부에 대응하는 저항력이다.

**52** 정답 ②

해설 모멘트는 $M=Pl$이므로 단위는 $[\text{N}\cdot\text{m}]$가 된다.

**53** 정답 ②

해설 가장 큰 하중에 사용하는 것은 전단하중에 충분히 견디는 묻힘키이다.

**54** 정답 ④

해설 분해가 필요 없는 곳의 영구결합은 리벳이나 용접에 의해서 한다.

**55** 정답 ③

해설 미터나사는 바깥지름도 [mm]로 표시해야 한다.

**56** 정답 ②

해설 랙과 피니언은 회전운동을 직선운동으로 변환할 수가 있다.

**57** 정답 ①

해설 오일실은 오일 누수와 불순물이 혼입하지 않도록 한다.

**58** 정답 ③

해설 굽힘모멘트는 굽힘응력과 단면계수에 비례한다.

**59** 정답 ③

해설 $m = \dfrac{D}{Z} = \dfrac{165}{55} = 3$

**60** 정답 ③

해설 웜과 웜기어는 속비가 커서 감속장치에 사용한다.

**[저자 약력]**

**김순채**(공학박사 · 기술사)

- 1989년 공학석사 / 2002년 공학박사
- 현) 엔지니어데이터넷(www.engineerdata.net) 대표
  한국공학교육인증원 4년제 대학 평가위원
  한국생산성본부(KPC) 전문위원(대기업 강의)

〈저서〉
- 《산업기계설비기술사》(성안당)
- 《기계안전기술사》(성안당)
- 《건설기계기술사》(성안당)
- 《기계제작기술사》(성안당)
- 《공조냉동기계기능사》(성안당)
- 《현장 실무자를 위한 유공압공학 기초》(성안당)
- 《현장 실무자를 위한 공조냉동공학 기초》(성안당)

〈동영상 강의〉
건설기계기술사, 산업기계설비기술사, 기계안전기술사, 기계설계산업기사, 공조냉동기계기사, 공조냉동기계산업기사, 공조냉동기계기능사, 공유압기능사, 알기 쉽게 풀이한 도면 그리는 법 · 보는 법, 유공압공학 기초, 공조냉동공학 기초

# 공유압기능사 필기


2010. 7. 1. 초      판 1쇄 발행
2013. 3. 27. 1차 개정증보 3판 3쇄 발행
2013. 5. 30. 2차 개정증보 4판 1쇄 발행
2014. 3. 25. 3차 개정증보 5판 1쇄 발행
2015. 1. 20. 4차 개정증보 6판 1쇄 발행
2016. 1. 12. 5차 개정증보 7판 1쇄 발행
2017. 1. 10. 6차 개정증보 8판 1쇄 발행
2017. 3. 24. 6차 개정증보 8판 2쇄 발행
2018. 6. 30. 7차 개정증보 9판 1쇄 발행

지은이 | 김순채
펴낸이 | 이종춘
펴낸곳 | BM 주식회사 성안당
주소 | 04032 서울시 마포구 양화로 127 첨단빌딩 5층(출판기획 R&D 센터)
     | 10881 경기도 파주시 문발로 112 출판문화정보산업단지(제작 및 물류)
전화 | 02) 3142-0036
     | 031) 950-6300
팩스 | 031) 955-0510
등록 | 1973. 2. 1. 제406-2005-000046호
출판사 홈페이지 | www.cyber.co.kr
ISBN | 978-89-315-3630-0 (13550)
정가 | 29,000원


**이 책을 만든 사람들**

기획 | 최옥현
진행 | 이희영
교정 · 교열 | 문 황
전산편집 | 이지연
표지 디자인 | 박원석, 임진영
홍보 | 박연주
국제부 | 이선민, 조혜란, 김해영
마케팅 | 구본철, 차정욱, 나진호, 이동후, 강호묵
제작 | 김유석